U0316005

马钢志

2001—2019 年

《马钢志（2001—2019 年）》编纂委员会　编

北　京
冶　金　工　业　出　版　社
2024

马钢股份南区生产区域全景，摄于 2020 年 7 月 14 日。

马钢股份北区生产区域全景，摄于 2017 年 8 月 18 日。

厂区全景

1. 马钢股份料场，摄于 2006 年 8 月 24 日。
2. 马钢股份 H 型钢生产线，摄于 2006 年 7 月 17 日。
3. 马钢股份新区投产，图为 A 号高炉，摄于 2007 年 2 月 27 日。

4. 马钢股份 390 平方米烧结机，摄于 2007 年 7 月 25 日。
5. 马钢股份 2130 毫米酸洗冷连轧生产线，摄于 2007 年 3 月 28 日。
6. 马钢股份连续退火生产线，摄于 2007 年 4 月 16 日。

7. 马钢股份 4000 立方米高炉，摄于 2007 年 6 月 12 日。

8. 马钢股份 300 吨顶底复合吹炼转炉，摄于 2007 年 6 月 12 日。

9. 马钢股份直弧形高效板坯连铸机，摄于 2007 年 7 月 13 日。

10. 马钢股份 2250 毫米热连轧生产线（精轧机区域），摄于 2007 年 7 月 18 日。

11. 马钢股份车轮轮箍生产线，摄于 2012 年 5 月 22 日。

12. 马钢股份线材生产线，摄于 2016 年 10 月 9 日。

13. 马钢股份轮对压装生产线，图为压装后的轮对倒运摆放，摄于 2018 年 8 月 17 日。
14. 马钢股份新区 2250 毫米热轧生产线投产之加热炉开启瞬间，摄于 2008 年 2 月 9 日。
15. 马钢股份热镀锌生产线，摄于 2007 年 7 月 30 日。

16. 马钢股份板卷生产线，摄于 2016 年 5 月 5 日。
17. 马钢股份硅钢生产装备，摄于 2008 年 3 月 20 日。
18. 马钢股份型材生产线，摄于 2016 年 4 月 26 日。

19. 马钢股份特钢圆坯连铸生产线，摄于 2015 年 5 月 22 日。

20. 马钢股份 CCPP 联合循环发电机组，摄于 2007 年 7 月 17 日。

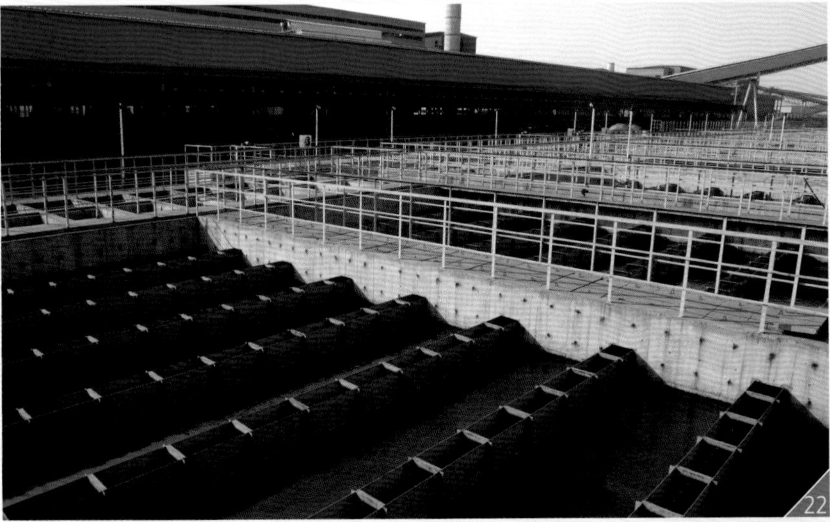

21. 马钢股份 70 孔 7.63 米焦炉，摄于 2007 年 7 月 18 日。

22. 马钢股份水循环系统，摄于 2007 年 7 月 18 日。

23. 2016 年 8 月 28 日，马钢股份焦炭集装箱专列运输正式运行。

24. 马钢股份 H 型钢生产线，摄于 2012 年 5 月 22 日。

25. 马钢股份新区投产的镀锌板卷，摄于 2007 年 7 月 30 日。

26. 马钢股份卷板产品，摄于 2012 年 5 月 23 日。

27. 马钢股份高速线材产品，摄于 2012 年 5 月 22 日。

28. 马钢股份车轮产品，摄于 2013 年 10 月 10 日。

29. 马钢股份特钢产品，摄于 2015 年 5 月 22 日。

30. 马钢股份高速车轴产品，摄于 2018 年 8 月 17 日。

1. 2001 年 3 月 18 日，马钢“平改转”工程建成投产，马钢集团举行“平改转”工程投产仪式，此举结束了黄色烟尘长期污染马鞍山空气的历史，图为投产仪式现场。
2. 2001 年 5 月 29 日，马钢集团高村铁矿恢复建设，图为施工建设现场。
3. 2004 年 4 月 28 日，马钢股份冷热轧薄板工程竣工投产。

4. 2007 年 2 月 1 日，港务原料总厂新区污泥与综合利用工程所有设备联动空负荷试车完成，这是国内第一家高炉循环再利用项目，图为固废利用高架灰仓。
5. 2005 年 5 月 10 日，马钢股份隆重举行新区 500 万吨工程项目奠基仪式，图为建设现场。
6. 2005 年 5 月 10 日，马钢股份在新区建设工地隆重举行新区 500 万吨工程项目奠基仪式。
7. 马钢“十一五”技术改造和结构调整系统工程于 2007 年 9 月 20 日全面建成投产。

8. 2011 年 10 月 31 日，马钢股份 110 吨电炉第一炉钢水冶炼成功。

9. 2015 年，马钢股份 4 号高炉（3200 立方米高炉）建设施工。

10. 2016 年 4 月 29 日，马钢举行高速车轴生产线开工仪式。

11. 2016 年 9 月 20 日，马钢举行奥瑟亚化工公司投产仪式。

12. 2017 年 4 月 9 日，马钢举行高端汽车零部件用特殊钢棒材——优棒生产线工程开工仪式。

13. 2017 年 9 月 20 日，马钢举行“十三五”转型升级重点工程全面开工暨重型 H 型钢项目开工仪式。

14. 2019 年 3 月 16 日，马钢原料场环保升级智能化改造项目正式开工。

1. 马钢集团南山矿，摄于2019年8月9日。
2. 马钢集团正式启动南山矿凹山采场生态修复项目，图为正在进行喷浆播种施工，摄于2017年9月1日。
3. 马钢集团姑山矿白象山矿全景，摄于2017年11月24日。

4. 马钢集团桃冲矿矿区和老虎垅石灰石矿场场景，摄于2014年4月25日。
5. 马钢集团罗河矿选矿区域全景，摄于2013年12月1日。
6. 马钢集团张庄矿，摄于2016年3月9日。

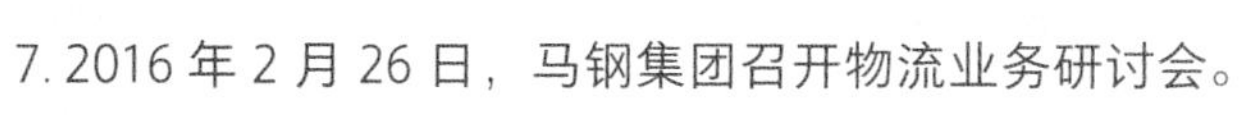

7. 2016 年 2 月 26 日，马钢集团召开物流业务研讨会。

8. 2017 年 10 月 24 日，马钢集团召开 2017 年物流服务商大会。

9. 2018 年 3 月 19 日，马钢集团举行“中联 27”号海轮首航仪式。

10. 2019 年 1 月 18 日，马钢集团召开 2019 年多元产业合作发展大会。

11. 2019 年 1 月 16 日，飞马智科登陆新三板，标志着马钢集团多元发展的信息化产业成功进入资本市场。

12. 2017 年 9 月 5 日，欣创环保新三板挂牌仪式在京举行。

1. 2007 年 12 月 6 日，马钢举办 2008 年钢铁经销（物流）洽谈会。
2. 2014 年 12 月 24 日，马钢集团与淮北矿业集团签署安徽临涣化工公司股权转让协议。
3. 2015 年 7 月 29 日，全省重点用钢企业供需对接会举行签字仪式，马钢集团与奇瑞汽车、格力电器等十家企业签署了战略框架协议。
4. 2015 年 11 月 28 日，马钢集团召开竞争力分析大会。

5. 2015 年 12 月 4 日，马钢集团钢材产品用户交流会在长沙举办。
6. 2015 年 12 月 7 日，马钢集团与法国 ASCO INDUSTRIES 合资组建“埃斯科特钢有限公司”签署合营合同。

7. 2016 年 8 月 5 日，马钢股份举办全国质量奖现场评审末次会议。

8. 2016 年 12 月 16 日，马钢集团与泰尔重工举行项目合作协议签字仪式。

9. 2017 年 4 月 26 日，中国中车与马钢股份举行战略合作协议签字仪式。

10. 2017 年 12 月 9 日，马钢股份在杭州召开 2018 年钢材产品客户大会。

11. 2018 年 1 月 17 日，马钢集团举行重型 H 型钢工程轧钢生产线项目及异形坯连铸机项目合同签字仪式。

12. 2018 年 4 月 12 日，马钢集团与武汉江夏区签订投资意向书。

1

2

3

1. 2004 年 9 月，马钢集团召开庆祝第 20 个教师节暨中小学移交政府管理欢送会。
2. 2005 年 12 月 29 日，合肥市人民政府和马鞍山钢铁股份有限公司签署《重组合钢备忘录》；2006 年 5 月 12 日，马钢（合肥）钢铁有限责任公司成立。
3. 2005 年 12 月 18 日，马钢举行马鞍山市中心医院揭牌仪式。

4

4. 2006 年 1 月 18 日，宝钢集团与马钢集团在上海举行战略联盟框架协议签字仪式。
5. 2006 年 12 月 12—13 日，国有企业厂办大集体改革工作座谈会在马钢集团召开。
6. 2011 年 4 月 27 日，马鞍山钢铁股份有限公司、安徽长江钢铁股份有限公司联合重组协议签字仪式在马鞍山长江国际大酒店举行。

5

6

7. 2012 年 10 月 18 日，马钢集团改制公司——力生公司、钢晨实业公司揭牌。
8. 2014 年 7 月，马钢集团竞购世界高铁轮轴名企法国瓦顿公司，图为瓦顿公司生产现场。
9. 2018 年 4 月 4 日，马钢集团召开机关机构改革 人力资源优化动员大会。

10. 马钢响应国家供给侧结构性改革，2018 年 4 月 23 日，马钢功勋炉原马钢一铁厂 9 号高炉流出最后一炉铁水。图为二铁总厂北区 9 号高炉永久性停产仪式。
11. 2019 年 9 月 19 日，中国宝武与马钢集团重组实施协议签约仪式在合肥举行。

1. 2006 年 6 月 23 日，马钢召开科技大会。
2. 2007 年 8 月 17 日，“十一五”国家科技支撑计划项目“高效节约型建筑用钢产品开发及应用研究”课题评审会在马钢召开。
3. 2008 年 12 月 31 日，马钢召开首届马钢首席技师聘任大会。
4. 2009 年 3 月 6 日，马钢股份与比利时 CMI 工业工程公司合资成立“马鞍山马钢考克利尔国际培训中心有限公司”。
5. 2011 年 5 月 7 日，马钢集团被评为创新型企业。

证书

授予 马钢（集团）控股有限公司

创新型企业

科学技术部 国务院国资委 中华全国总工会

二〇一〇年

6. 2012年3月28日，马钢集团举行汽车板技术支持项目签字仪式。
7. 2014年9月17日，中国钢研集团与马钢集团建立的“先进金属材料涂镀国家工程实验室中试实验基地”在马钢揭牌。
8. 2014年11月21日，马钢集团与上海斐讯数据通信技术有限公司在马鞍山市会议中心举行云计算项目合作签字仪式。
9. 2017年8月25日，中车—马钢技术交流会在马钢集团召开。
10. 2017年11月27日，马钢集团召开技术创新大会。

1. 马钢股份污水处理设施和锅炉脱硫脱硝设施生产区域全景，摄于 2017 年 5 月 18 日。
2. 马钢股份 3200 立方米高炉气动风机节能项目，摄于 2017 年 5 月 18 日。
3. 马钢集团南山矿凹山采场生态恢复，摄于 2018 年 6 月 27 日。
4. 2019 年 3 月起，马钢实施“长江大保护”环境整治系列工程，图为马钢股份能控中心北区制水站浓缩池整治。
5. 2019 年 3 月起，马钢实施“长江大保护”环境整治系列工程，图为实施排烟管道洁化、美化。
6. 2019 年 3 月起，马钢实施“长江大保护”环境整治系列工程，图为实施港料码头料场封闭改造。

1. 2005年3月26日，马钢举办保持共产党员先进性教育专题讲座。
2. 2005年4月21日，马钢组织开展党员先进性教育活动。

3. 2004年12月1日，中国共产党马钢（集团）控股有限公司、马鞍山钢铁股份有限公司召开第三次代表大会。
4. 2009年12月11—12日，中国共产党马钢（集团）控股有限公司、马鞍山钢铁股份有限公司召开第四次代表大会，图为代表团分组讨论环节。

5. 2016年8月10—11日，中国共产党马钢（集团）控股有限公司、马鞍山钢铁股份有限公司召开第五次代表大会，图为选举投票环节。

6. 2008 年 9 月 20 日，马钢举行成立 50 周年庆祝系列活动，图为大会现场。

7. 2008 年 9 月 20 日，马钢举行成立 50 周年庆祝系列活动，图为升旗仪式。

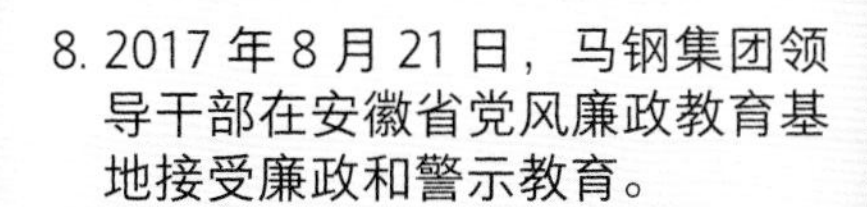

8. 2017 年 8 月 21 日，马钢集团领导干部在安徽省党风廉政教育基地接受廉政和警示教育。

9. 2008 年 6 月 2 日上午，马钢集团第八届职工运动会隆重开幕。本届运动会共设田径、游泳、篮球、大众体育等 11 个项目，共 2700 名运动员参赛。

10. 马钢集团举办 2014 年全国拔河新星系列赛（马钢站）比赛暨马钢职工拔河比赛。

11. 2008年5月4日，马钢举行第二届马钢青年集体婚礼。

12. 2005年4月5日夜，马钢武装部组织高炮分队30名基干民兵赴马鞍山市当涂大青山发射了16发人工降雨弹，帮助扑灭大火。

13. 2017年7月20日，马钢集团举行新员工入职典礼。

14. 2008年5月，马钢组织全体职工向四川地震灾区捐款。

15. 2018年9月30日，马钢集团举办扶贫日募捐仪式。

1. 2006年5月15日，马钢召开马钢价值观、马钢精神新闻发布会。
2. 2008年9月20日，马钢举行成立50周年庆祝系列活动，图为马钢展览馆开馆参观。
3. 2011年6月16日，马钢集团举办庆祝中国共产党成立90周年文艺晚会。
4. 2014年7月，马钢集团举办“平安家庭”知识现场竞答暨职工家庭文化成果展。
5. 2014年10月22日，“马钢家园”微信平台开通上线。
6. 2017年6月13日，马钢集团参加第十七届中国国际冶金工业展。

7. 2017年9月20日，马钢举行纪念日升旗仪式暨马钢新区投产10周年庆典。

8. 2018年5月2日，中央电视台在马钢集团南山矿进行现场直播。

9. 2018年6月27日，马钢举行庆祝公司成立60周年（1958—2018年）中国摄影名家看马钢暨“精益工厂”主题摄影赛启动仪式。

10. 2018年9月20日，马钢集团举行成立60周年升旗仪式暨工业遗产——马钢九号炉奠基仪式。

11. 2018年9月20日，马钢集团在马鞍山大剧院举办“马钢颂”纪念毛主席视察马钢60周年暨马钢成立60周年主题晚会。

12. 2021年4月8—9日，马钢集团举办《马钢志（2001—2019年）》编纂培训班。

《马钢志（2001—2019年）》编纂委员会

主　　任	魏　尧（2019年8月14日—2021年3月31日）
	丁　毅（2021年4月1日—2024年6月17日）
	蒋育翔（2024年6月18日—）
副主任（含总编辑）	陈冬生（2019年8月14日—2020年3月17日）
	刘国旺（2020年3月18日—2023年9月27日）
	王强民（2020年3月18日—2021年3月31日）
	钱海帆（2020年3月18日—2021年3月31日）
	何柏林（2021年4月1日—2022年5月30日）
	高　铁（2022年5月31日—2023年9月27日）
	毛展宏（2023年9月28日—）
	唐琪明（2023年9月28日—）
副总编辑	邓宋高
委　　员	（以姓氏笔画为序）

丁　毅　马桢亚　马道局　王　强　王文忠　王文潇
王东海　王占庆　王光亚　王仲明　王强民　毛文明
毛展宏　乌力平　邓宋高　田　俊　邢群力　朱广宏
朱伦才　伏　明　任天宝　刘永刚　刘国平　刘国旺
许　洲　许继康　严　华　杜松林　李　通　杨子江
杨兴亮　吴　坚　吴芳敏　何红云　何柏林　汪为民
张　建　张　艳　张　峰　张文洋　张吾胜　张晓峰
张乾春　陆克从　陆智刚　陈　健　陈　斌　陈冬生
陈国荣　陈昭启　罗武龙　屈克林　赵　勇　胡玉畅
胡晓梅　查满林　钱　曦　钱海帆　徐　军　徐兆春
徐葆春　高　铁　郭　斐　唐琪明　黄发元　黄全福
崔银会　章茂晗　蒋育翔　程　鼎　蓝仁雷　熊佑发
魏　尧

《马钢志（2001—2019年）》编纂人员

总　　编　唐琪明

副 总 编　邓宋高

总　　纂　邓宋高

副 总 纂　王占庆

统稿人员　（以姓氏笔画为序）

严晓燕　杨定国　金　翔　查满林　姜　宁　徐小苗

黄全福　崔海涛

编 辑 部

主　　任　李一丹

特约编辑　（以姓氏笔画为序）

王　森　叶发智　刘正发　沈良彪　张明伟　罗继胜

祝　凯　戴　虹

编　　辑　（以姓氏笔画为序）

王　广　王　桃　李修远　张　涵

前言

鉴古知今，继往开来。

编纂《马钢志（2001—2019年）》，是马钢集团实施的重大文化工程。这部志书的出版，对于我们坚定不移沿着习近平总书记指引的方向，牢记嘱托、感恩奋进，树牢历史自信、把握时代机遇，统筹推动企业发展高质量、生态环境高水准、厂区面貌高颜值、员工生活高品质，加快打造后劲十足大而强的新马钢，具有十分重要的意义。

炉火照天地，红星乱紫烟。历经70年艰苦创业、自我积累、滚动发展，马钢创造了中国钢铁行业多个第一。从华东第一炉铁水的奔涌，到第一只国产车轮的闪耀；从我国第一套高速线材轧机，到第一条H型钢产线、第一条重型H型钢产线；从“江南一枝花”享誉全国，到钢铁第一股的横空出世……火热的奋斗，绘就了钢铁报国的壮丽篇章；璀璨的钢花，铸就了一座城市的时代荣光。

时间铭记梦想的足迹，历史镌刻奋斗的功勋。今天，当我们回望来路，看到的是一代代马钢人自强不息、改天换地的豪情壮志，筚路蓝缕、风雨兼程的攻坚砥砺，改革创新、转型升级的春华秋实。

一代人有一代人的使命，一代人有一代人的担当。一张蓝图绘到底，一任接着一任干，这是马钢人的基因，也是马钢历任领导班子高度的政治自觉。在这一历史时期，以顾建国同志为班长的领导班子，确立了“做强钢铁主业、发展非钢产业、建立现代企业制度”的战略指南，积极推进淘汰落后、结构调整，相继实施了冷热轧薄板工程、马钢新区建设工程、高速车轮用钢技术改造工程，工艺装备整体实现大型化、现代化，进入行业第一梯队，以“马钢速度”实现了由建材向工业用材的华丽转身；成功重组合肥钢铁公司主业和长江钢铁，体量规模迅速发展壮大，巩固了马钢在中国钢铁工业中的大钢地位。以高海建同志为班长的领导班子，直面钢铁产能过剩、同质化竞争日趋激烈的严峻挑战，变革突破，构建了“1+7”多元产业协同发展新格局，在钢铁“寒冬”困境中闯出了一条新路。以魏尧同志为班长的领导班子，积极抢抓长三角一体化发展战略机遇，聚焦效率效益双引擎，改革创新，做大做强，推动与中国宝武联合重组，马钢融入了世界一流企业发展的新平台。

时间镌刻不朽，奋斗成就华章。

精神引领，文化赋能。我们坚持党建引领、强根铸魂，始终把坚持党的领导、加强党的建设作为引领发展、攻坚克难的航标灯、定盘星、加速器，充分发挥党委把方向、管大局、保落实作用，坚持传承赓续、与时俱进，传承红色基因，紧跟时代发展，以实际行动诠释“江南一枝花”精神新时代新内涵，以信仰之光照亮前行之路，用如磐初心凝聚奋斗伟力。

一基多元，比翼齐飞。我们努力提升全产业链竞争力，在持续做优做强钢铁主业的同时，积极培育新产业新业态，通过握指成拳聚合力，推动矿产资源、工程技术、贸易物流、煤化工及新材料等上下游关联产业和节能环保、金融与投资、信息技术等新产业协同发展，打造了马钢新的经济增长极。

刀刃向内，自我革新。我们始终把改革作为最大红利，分离企业办社会职能，实施部门单位整合，推进人力资源优化，完善激励约束机制，持续精简机构、精干人员、精益管理；坚持把创新作为第一动力，围绕国家战略需求和产业转型升级要求，完善技术创新体系，强化科研攻关、新产品开发和技术服务等工作，加快提升创新竞争力，建成国家级企业创新研发平台 2 个，产品迅速迈向中高端，板带全面升级、特钢强势崛起、型钢国内第一、轮轴全球领先。

十九年栉风沐雨，一路上征途如虹。全国先进基层党组织，国家级创新型企业，第十六届全国质量奖，首批国家级绿色工厂……一串串荣耀的背后，凝结着马钢人攻坚克难的智慧汗水，映照着马钢人钢铁报国的初心使命。

回眸历史，我们备受鼓舞；展望未来，我们豪情满怀。

在这部志书编纂期间，马钢又迎来了一系列大事、要事、喜事。2019 年 9 月 19 日，马钢正式加入中国宝武大家庭，踏上了央企大舞台，打造了整合融合的“马钢样板”。

2020 年 8 月 19 日，习近平总书记亲临宝武马钢集团考察调研，发表重要讲话，勉励马钢在长三角一体化发展中把握机遇、顺势而上，为新时代马钢高质量发展把脉定向，给我们以巨大鼓舞和强力鞭策。

与中国宝武联合重组以来，特别是自 2020 年习近平总书记考察调研以来，马钢牢记习近平总书记把握机遇，顺势而上，扬长补短，在长三角一体化发展中壮大自己，为长三角一体化发展作出自己的贡献殷殷嘱托，感恩奋进，以一年当作三年干、三年并为一年干的奋进姿态，全力以赴加快打造后劲十足大而强的新马钢，企业面貌发生了翻天覆地的重大变化，书写了崭新的历史篇章。

2020 年钢产量突破 2000 万吨，营收突破 1000 亿元；2021 年营收突破 2000 亿元，利润总额突破100亿元；2022年获评宝武首批龙头企业……如今的马钢，战略定位更加清晰，生产经营蒸蒸日上，改革创新蹄疾步稳，环境面貌显著改善，处处生机盎然、人人干劲十足，跨上了大国重器、中流砥柱的崭新平台，迈上了二次创业、转型升级的崭新跑道，呈现出一马当先、奋勇争先的崭新气象。

勿忘昨天的艰难辉煌，无愧今天的使命担当，不负明天的伟大梦想。让我们以史为鉴、察往知来，踔厉奋发、勇毅前行，聚焦创建“产品卓越、品牌卓著、创新领先、治理现代”世界一流企业主要目标任务，全力打造后劲十足大而强的新马钢，为宝武建设世界一流企业，为省、市经济社会发展，为实现中华民族伟大复兴，贡献更多智慧和力量，创造新的业绩与荣光。

在这部志书编纂过程中，一个个历史事件的展现，让我们一次又一次深深感受到，马钢的发展壮大离不开党和国家领导人的亲切关怀，离不开安徽省委省政府的正确领导，离不开马鞍山市委市政府和全市人民的大力支持，离不开社会各界的关心帮助，更离不开一代又一代马钢人的拼搏奉献。谨以此志，献给长期以来关心支持马钢生产经营建设和改革发展的各位领导、各界人士；献给长期以来为马钢发展作出贡献的包括离退休职工在内的全体马钢职工。

蒋育翔

2024年11月25日

凡　　例

一、续修《马钢志》（简称续志）坚持以马克思列宁主义、毛泽东思想、邓小平理论、“三个代表”重要思想、科学发展观和习近平新时代中国特色社会主义思想为指导，运用辩证唯物主义和历史唯物主义观点，客观、全面、准确、完整、实事求是地记述马钢的历史和发展历程，以达到思想性、科学性、系统性、资料性的统一。

二、续志上限始于2001年，下限断至2019年9月19日中国宝武钢铁集团有限公司与马钢（集团）控股有限公司签约重组。

三、续志采用述、记、志、图、表、录等体裁，以文为主，辅以图、表。

四、续志使用语文体、记述体。综述有叙有议，以叙为主，叙议结合；大事记采用编年体以时为序记述；专业志各篇均采用记述文体，寓观点于记事之中。

五、续志采用篇、章、节、目的形式编排。目录按篇、章、节编排。除序言、凡例、综述、大事记、专记、附录外，设组织机构、重点工程建设、钢铁主业、多元产业、经营管理、企业改革、科技工作、节能环保、员工队伍、党群工作、企业文化、人物与荣誉12篇、62章、260节。

六、续志采用以事系人方法。历任领导、劳动模范、先进人物、专家等归于“人物与荣誉”篇。

七、续志称谓书写，国家、省、市机构使用规范简称，本志中的“省”指安徽省、“市”指马鞍山市；企业内部各类机构、团体、单位、会议名称按照企业规定在行文第一次出现时使用全称，后文使用规范简称。本志中“马钢（集团）控股有限公司”“马鞍山钢铁股份有限公司”分别简称“马钢集团”“马钢股份”，2001—2011年期间，简称“马钢两公司”，其余均简称“马钢”。

八、续志数字书写按照中华人民共和国国家标准《出版物上数字用法》（GB/T 15835—2011）的规定执行，除习惯用汉字描述外，均用阿拉伯数字；所用各种数据，一律经马钢集团统计部门或相关部门核定。

九、续志计量单位采用中国法定计量单位，并使用中文；标点符号按照中华人民共和国国家标准《标点符号用法》（GB/T 15834—2011）的规定执行。

十、续志材料（含图片、图表）来源于国家有关部委、省、市、马钢及所属各单位档案资料。为节省篇幅，一般不注明出处。

目　录

● 综　　述

综　　述

钢铁辉煌

扬子江亘古奔流，采石矶壁立千尺。

在这片古老的江东大地上，素有“江南一枝花”美誉的马钢集团巍然屹立。

产能由500万吨迈上了2000万吨平台，在滚动式发展中规模效应凸显；形成“板、型、线、轮、特”的产品结构，在结构调整中品牌更加闪亮；构建“1+N”多元产业布局，在审时度势中搏击市场的惊涛骇浪；机构改革、薪酬制度改革、人力资源优化，在深化改革中内生动力不断增强……一项项耀眼的成绩彰显着马钢力量。

全国先进基层党组织，国家级创新型企业，首届中国工业企业履行社会责任五星级企业，第十六届全国质量奖，首批国家级绿色工厂……一张张靓丽的名片见证着马钢集团的辉煌。

沐浴着新世纪的阳光，承载着一代代马钢人的光荣与梦想，马钢集团以更加昂扬的姿态奋进在高质量发展的大道上，书写出无愧于历史、无愧于时代的崭新篇章。

在“加”与“减”的抉择中坚定不移促升级

在历史的长河中，总有一些时刻因其意义成为坐标，总有一种抉择因其坚定令人佩服，总有一种智慧因其卓越可以致远。

2004年4月28日，马钢冷热轧薄板工程竣工投产。自此，马钢集团拥有了世界一流水平的薄板生产线，马钢集团战略性结构调整取得重大突破。2007年9月20日，于2005年开工建设、当年安徽省最大的工业投资项目，马钢新区500万吨工程项目竣工，马钢集团在工艺装备大型化、现代化上迈出重大步伐。2011年11月29日，高速车轮用钢技术改造工程全线热负荷试车成功……

2001年12月18日，马钢集团举行建筑用薄板工程奠基仪式

2018年4月23日，承载着几代马钢人记忆与情感、毛主席曾经登临的9号高炉永久关停，炼铁产能退出任务全部完成。2018年10月29日，长材北区两座转炉关停，炼钢产能退出任务全部完成。

在转型升级上做加法，在淘汰落后上做减法，加减之间，考量的是智慧，检验的是信念。

平改转，冷热轧薄板工程，新区建设，后续矿山建设，车轮扩能改造，苯加氢、煤调湿，高速车轮用钢技术改造工程，连续退火线、连续镀锌线……19 年来，在党和国家领导人的关心下，在安徽省委省政府的领导下，马钢集团紧跟国家政策方向、行业发展走向，先后进行了一系列设备升级改造，建成了一批节能环保、自动化程度高的一流产线。同时，成功重组合肥钢铁公司主业和长江钢铁，炼钢产能先后登上 800 万吨、1000 万吨、1500 万吨、2000 万吨平台，为马钢集团这艘巨轮破浪远航奠定了坚实的基础。

马钢股份关停的原 9 号高炉

2001 年 3 月 18 日，马钢“平改转”工程建成投产，图为首炉钢水冶炼

在产线升级的同时，不断强化工艺优化、新品研发和技术服务，持续推动产品结构全面升级。通过持续创新，马钢集团形成了“板、型、线、轮、特”的产品系列，让马钢集团在激烈的市场竞争中游刃有余。同时，瞄准科技前沿、盯住国际国内“空白”，奋力增品种、提品质、创品牌。先进轨道交通用钢、汽车板、家电板、高档型钢、精品线棒等拳头产品正推动马钢产品全面迈向中高端。马钢集团轮轴产品彰显中国力量，中国标准动车组时速 420 公里交会实验用的是马钢“跑鞋”，马钢高速车轮风驰电掣进德铁；2018 年，马钢家电板产品国内销量第一，中国每 3 台电脑、5 台空调、6 台冰箱中就有 1 台使用的是马钢家电板，马钢汽车板年产销突破 230 万吨；H 型钢产品竞争力保持国内领先，海洋工程用钢、极寒地带油气用钢等高端产品市场占有率 60%；国家大剧院、鸟巢、大飞机、港珠澳大桥，在国家重大工程中，马钢产品从未缺席……

马钢热轧 H 型钢产品、马钢车轮先后获“中国名牌”产品称号，马钢牌商标成为“中国驰名商标”……马钢集团始终坚持不懈强品牌，制定了清晰的品牌建设路线图，建立推进机制，发布品牌规划，强化营销传播，构建品牌培育管理体系，致力于打造钢铁强势品牌、多元个性品牌、管理精益品牌、文化特色品牌。

一边是积极主动促升级，一边是坚定不移去产能。

2016 年到 2018 年的三年内，马钢集团化解钢铁过剩产能的设备关停任务全部完成——马钢集团（本部）累计压减炼铁产能 224 万吨，炼钢产能 269 万吨，相当于减去了一个中型钢铁企业。同时所有人员全部妥善安置。

2017 年和 2018 年，钢铁市场一片“艳阳”，对于化解产能，马钢集团内部也出现了认识上的差异，但马钢集团始终保持高度的政治责任感和坚定的信念：化解钢铁过剩产能是党中央和国务院的一项重大决策部署。作为省属骨干企业，马钢集团在贯彻落实党中央、国务院重大决策部署上坚定不移，在去产能的目标和方向上坚定不移，在推动企业优化升级、转型发展上坚定不移。

2018 年，去产能任务全部完成，当年，马钢实现利润 58 亿元，创历史最高纪录。在“加”与

“减”的抉择中，马钢集团实现了产能减、结构优、效益增，走出了一条独具特色的转型升级、高质量发展之路。

在“一”与“多”的协奏中多翼齐飞闯市场

一枝独秀不是春，百花齐放春满园。

2019年1月18日，马钢集团多元产业合作发展大会在秀美的雨山湖畔隆重召开。马钢人和450余家国内外合作伙伴共800余名代表共商大计、共绘蓝图，共享成果、共赢未来。

一直以来，马钢坚持把发展多元产业作为支撑主业、分散经营风险的有效途径，注重现有产业和新兴产业协调发展。经多年努力探索，马钢集团多元产业发展迎来了收获的季节。2018年，马钢集团多元产业营业收入和利润总额再创新高。营业收入占集团的29%，其中废钢资源和贸易物流板块分别突破50亿元，矿业板块突破40亿元，工程技术板块在30亿元以上，金融投资和化工能源板块分别突破20亿元，新材料板块也在10亿元以上。所有板块均实现经营性盈利，利润总额占集团的21%，为马钢集团2018年创历史最佳经营业绩作出了应有的贡献。

察势者明，知势者智。“不能把鸡蛋放到一个篮子里”“必须在做精做强做优钢铁的基础上，加快转型、盘活资产、提高效率，大力发展钢铁产业链上下游关联产业和战略性新兴产业，形成新的经济增长极，从而构建起多翼齐飞的产业格局，增强马钢的综合竞争实力。”在市场风雨的洗礼中，马钢人达成了这样的共识。

2002年，马钢制定了《“十五”马钢发展非钢产业指导意见》，随后每一年都对多元产业的发展进行科学设计、统筹谋划。2011年，马钢集团矿业公司成立，安徽欣创节能环保科技股份有限公司正式注册成立，马钢集团财务有限公司开业，马钢集团控股的中联海运万吨海轮首次成功靠泊港务原料总厂码头；2014年，马钢工程技术集团有限公司揭牌；2015年，马钢集团投资有限公司、马钢集团物流有限公司揭牌；2018年，飞马智科公司举行揭牌……

2019年1月9日，马钢集团举行废钢公司、化工能源公司、新型建材公司揭牌仪式

信心坚定，步履铿锵。

借助马鞍山通江达海、城市发展态势良好之利，凭借马钢集团在矿产资源、工程技术、贸易物流等方面固有的内部资源优势以及多年发展积累的品牌效应和市场资源，紧密融入国家战略，积极借鉴国内外先进企业成功经验，马钢集团坚持向改革要红利，向管理要效益。

资产重组、整合资源，科学规划、变革机制，防控风险、过程协调，搭建平台、协同发展，深化合作、谋求共赢，一系列大刀阔斧的举措推动马钢多元产业迈进了健康发展的快车道，初步构建起1+N（“1”即钢铁产业，“N”包括矿产资源板块、工程技术板块、废钢资源板块、贸易物流板块、信息技术板块、节能环保板块、金融投资板块、化工能源板块和新材料板块）的产业发展布局。

大势已明，还需乘势而上。马钢集团明确了“一基多元”产业发展思路：以钢铁产业为基础，坚定不移做大做强多元产业，培育支柱产业。确定了发展路径：坚持有所为有所不为壮大体量，坚持创新驱动创造价值，坚持变革突破活化机制体制，坚持合法合规防控风险，坚持深化合作实现共赢。

广阔的视野、奋斗的姿态、开放的胸怀，马钢多元产业在实现高质量发展的道路上阔步前行。

在“破”与“立”的碰撞中变革突破激活力

物不因不生，不革不成。

2018 年 4 月，一场自上而下的改革拉开大幕，一场力度空前的变革悄然而至——马钢集团机关机构改革及人力资源优化工作全面实施。按照精减高效原则，马钢集团公司机构部门从 15 个精简为 10 个，编制精简 398 人，精简比例为 67%。马钢股份减少了 6 个部门，精简 332 人，精简比例为 43%。这是马钢集团践行中央和安徽省委省政府进一步深化国有企业改革的重要举措，也是马钢集团持续推进体制机制改革的缩影。

敢为人先，是马钢人融入血脉的文化基因；变革突破，是马钢集团推动发展的强劲动力。

2003 年，马钢正式出台《2003 年马钢基本工资制度改革方案》；2004 年，中小学平稳移交政府管理；2006 年，深入推行作业长制，实施公务用车制度改革；2008 年，形成集团层面整体改制方案，出台《关于进一步深化马钢职工住房制度改革意见》；2011 年，彻底告别企业办医院，下发《关于全面推进人力资源系统优化的决定》，马钢新一轮管理体制改革启动，初步构建了集团管控模式；2016 年，马钢集团下发人力资源优化相关政策性文件，为各单位依法合规推进人力资源优化工作提供重要遵循；2017 年，在全集团深入推进卓越绩效管理，欣创环保获批挂牌新三板；2018 年，全面实施机关机构改革及人力资源优化工作……

进入新世纪，伴随着国家深化改革的进程，马钢集团坚持把改革作为最大的红利，刀刃向内、自我革新，大力构建适应市场、更具活力的体制机制，大力构建面向未来、科学合理的职工队伍。

经过“十五”“十一五”“十二五”的积淀，“十三五”以来，马钢集团的改革步入快车道，不断推进钢铁主业由生产制造商向材料服务商转变、多元产业由保产服务型向市场经营型转变、集团公司由产业经营型向投资运营型转变。

模拟国有资本投资运营集团运作。强化集团管控顶层设计，推进母子公司分层分类管理，全力提升企业整体管理效率。同时，扎实开展改革试点，持续深化“授权组阁、竞聘上岗”，不断完善内部市场化运营机制，健全以业绩为导向的薪酬激励和约束机制，实现收入能增能减、人员能上能下。同时，马钢集团积极稳妥发展混合所有制改革，优化产权结构，引进了有实力的战略投资者，有效提高企业资源配置和运行效率；鼓励支持多元板块在探索混合所有制经济、员工股权激励等领域先行先试先受益。

推进资源整合、流程再造。整合资源组建轮轴、板带、长材三大产品业务单元，加快推进产品升级、产业链延伸和国际化经营，钢铁主业不断做强。聚焦专业化运营，重点推进采购、物流、石灰窑生产、轧钢磨辊间、煤化工、耐材总包、检修业务、财务、信息化等业务整合，纳入相关多元板块，通过业务流程再造，优化资源配置，创造整合效益。

持续推进人力资源优化。成立人才工作委员会，统筹推进队伍建设。盘活内部资源，以人才能力建设为中心，以分类分层管理为依托，以培养使用为目标，建立了涵盖公司主体专业、门类齐全的集团人才库。探索实施人才“双轨制”，引进高层次成熟型人才和重要领域急需紧缺的人才，延长内部核心人才服务期限。同时，稳妥、有序、高效实施人力资源优化。

花繁柳密处拨得开，才是手段；风狂雨急时立得定，方见脚跟。敢破敢立，不破不立，在“破”与“立”的碰撞中，在波诡云谲的变化中，马钢集团行稳致远。

在“新”与“旧”的转换中创新驱动强实力

创新是引领发展的第一动力，也是实现高质量发展的关键。

马钢集团获评国家级创新型企业，马钢股份获第十六届全国质量奖，马钢车轮获国内首张 CRCC 证书，马钢镀锌汽车板通过通用汽车全球一级工程认证，马钢股份获首批国家级“绿色工厂”称号……

抢抓国家政策机遇，紧紧盯住市场前沿，马钢集团牢牢抓住“创新”这个关键，促进发展驱动因素由投资和外延式增长向创新和内涵式增长转变。马钢集团始终以创新的理念和创新的方法谋求发展，科技创新强实力，放眼长远促升级，精益运营求卓越，钢城融合促发展。

2016 年，马钢股份被中国质量协会评定为第十六届全国质量奖

科技创新强实力。从 2002 年马钢技术中心成为国家级技术中心，到 2011 年马钢集团成为国家级创新型企业，再到 2019 年“轨道交通关键零部件先进制造技术国家地方联合工程研究中心”成为马钢集团第二个国家级企业创新研发平台，马钢集团始终把科技创新摆在企业高质量发展全局的核心位置，大力实施创新驱动发展战略。通过构建科技创新体系，完善科技创新机制，攻克关键领域难题，加强人才队伍建设，建设激励保障机制，企业的核心竞争力不断增强。2001—2019 年，马钢集团先后获国家、安徽省和冶金行业科学技术奖 168 项，授权专利 1625 件，开发新产品 2000 余个品种，新产品在研发期间销量达 1798 万吨。

放眼长远抓升级。马钢集团确立了钢铁产业、钢铁上下游紧密相关性产业、战略性新兴产业三大主导产业，持续提升全产业链竞争力，培育新产业新业态，抢占未来竞争制高点。加快实施自动化、信息化改造，推进智能化制造。先后完成了马钢股份“整体 ERP 系统”、新版办公自动化系统（OA 系统）、马钢集团财务系统 SAP 项目等项目建设。2018 年，工信部智能制造专项——轮轴智能制造数字化车间项目通过专家组验收，7 大系列的马钢工业机器人成功运用于多个岗位。秉承“绿色制造、绿色产品、绿色马钢”理念，大力推进节能减排、清洁生产和绿色发展，从源头和生产过程控制污染物的产生和排放，以环保倒逼产业升级、环境绩效提升。百年凹山采场回填，姑山生态复垦成为国家示范，马钢集团在生态恢复和环境治理上不遗余力。通过创建精益工厂、实施美化亮化工程、现场环境专项整治等系列，致力打造资源节约型、环境友好型企业，马钢集团获“全国绿化工作先进集体”称号，马钢集团被认定为国家首批“两化融合促进节能减排试点示范企业”，马钢股份公司获国家首批“绿色工厂”。大力推进钢城融合。自 2013 年以来，马钢集团与马鞍山市建立常态化融合发展机制，着力推进政策对接、产业对接、项目对接、工作对接，共建轨道交通、铁基新材料基地，促进产业协同、共生共兴，有效发挥了大型骨干企业的带动作用。

精益运营求卓越。以 2016 年股份公司获第十六届全国质量奖为契机，2017 年，马钢集团在全集团深入推进卓越绩效管理。坚持以战略为导向，以价值为驱动，以信息化为支撑，系统梳理、动态优化业务、管理和经营流程，建立以客户为中心的运营体系。面向终端精准服务。借助加工配售中心和区域销售公司，进一步延伸产品销售服务，满足终端用户的个性化需求。全面实施建立“五位一体”客服体系，构建 APQP（产品质量先期策划）项目组及 EVI（先期介入）服务模式。大力实施产品和服务走出去，推进国际化经营进程，打造马钢国际品牌，形成覆盖亚、欧、大洋洲和美洲的海外市场及业务布局。聚焦“两场”力求精益。坚持开拓在市场、服务在市场、创效在市场，推动“坐商”向“行商”转变。坚持工作在现场、思考在现场、创新在现场，健全订单生命周期管理，创新产销联动，实现产线分工、经济批量柔性组产，不断提升精益制造水平。强化“三流一态”精益化管理理念，以价值流为导向，以系统运行状态为基础，协同优化物质流、能量流两种资源，稳定系统状态，实现整体效益最大化。

在新旧动能的转换中，“创新”这块金字招牌在马钢集团的风雨历程中始终熠熠生辉。

在“守”与“创”的交响中强根铸魂聚合力

如果有一种颜色可以代表马钢集团的基因，那一定是红色。如果有一种积淀可以彰显马钢集团的厚重，那一定是文化。9号高炉的炉火始终在马钢人的心中燃烧，“江南一枝花”一直在江东热土上绽放。

2006年，马钢集团获全国先进基层党组织和全国国有企业创建“四好”领导班子先进集体荣誉称号，这是对马钢集团在加强党的先进性建设、发挥党组织政治核心作用上的充分肯定。

坚持党的领导、加强党的建设，是国有企业的最大优势。一路走来，马钢集团始终把党建引领作为企业高质量发展的定盘星、稳压器、航标灯、动力源，旗帜鲜明讲政治，坚定不移抓党建，在扎实做好党中央部署的各项主题活动的同时，守正创新，强根固魂，汇聚起改革发展、攻坚克难的强大力量。

坚持用党的创新理论武装头脑指导实践。把常态化学习贯彻落实党的创新理论尤其是习近平新时代中国特色社会主义思想作为重大政治任务，做到第一时间学、以上率下学、系统深入学、营造氛围学，确保党中央重大部署在马钢集团有力贯彻落实。坚持融入中心强党建。积极探索党建工作新模式，变“围绕”为“融入”，探索党群组织融入中心工作的新思路、新途径，更好地发挥服务大局功能；同时，以制度化、规范化、常态化抓好监督工作，推进基础管理工作持续改善。坚持凝聚人心促发展。通过开展“安徽在崛起，马钢怎么办”主题教育、“全员找差距，创新争一流”解放思想大讨论、开展“最可爱的马钢人”评选、打造命运共同体、“奋力求生存、携手保家园”主题教育等活动激发职工干事创业、攻坚克难的热情；坚持发展依靠职工，畅通民主管理渠道，尊重职工的知情权、参与权，积极主动回应职工诉求；坚持发展成果由职工共享，把搭建职工成长成才平台、改善职工工作生活条件、提高职工收入水平作为重要责任。坚持强化担当树形象。在抗震救灾、抗击非典、扶贫、志愿服务、和谐企业建设等方面成效突出，先后荣获全国模范劳动关系和谐企业、全国爱国拥军模范单位、首届中国工业企业履行社会责任五星级企业等荣誉，充分展现了马钢集团的社会形象。

企业的发展需要党建的引领，也需要文化的滋养。

2004年，在中外企业文化龙岩峰会和全国冶金企业文化建设成果展示交流会上，马钢集团被授予中国企业文化建设实践创新奖，这是中国企业文化建设方面最高奖项。

文化需要传承赓续，也需要与时俱进。继承红色基因和优良传统，借鉴先进企业文化，紧跟时代奋进脚步，进入新世纪，马钢以体系化构建、系列化宣教、制度化推进，让“江南一枝花”在江东大地上历久弥新、激情绽放。

体系化构建。2006年，马钢集团提炼出了“敬人、精业、共赢”的马钢价值观、“创业、创新、创造”的马钢精神、“打造人文马钢、科技马钢、绿色马钢”的马钢愿景，企业文化体系初步形成。2015年，马钢集团再次对企业文化体系进行完善。随着企业的发展，又深入推进家园文化、精益文化、竞争文化建设，加强多元板块子文化建设。系列化宣教。通过精心组织开展庆祝马钢成立50周年、纪念毛泽东主席视察马钢50周年活动，新中国成立60周年系列庆祝活动，举行“9·20”马钢纪念日升旗仪式暨新区投产10周年庆典，马钢成立60周年系列活动，马钢战略决策集中宣讲，企业文化体系宣贯等形式，进一步激发了职工热爱祖国、建设马钢的热情，不断增强职工的自豪感、荣誉感。制度化推进。编印出版了《马钢企业文化简明读本》，正式发布了《马钢之歌》和《马钢员工行为规范》，发布公司宣传片、重点产品和多元产业宣传画册，实施重点区域美化亮化提升工程。内外结合宣传先进人物、优秀典型，通过参加各类展会、品牌大赛，讲好马钢故事，唱响马钢品牌。

在2007年新区建设的冲刺阶段，在2015年马钢集团陷入严重亏损的危机时刻，在2018年去产能人员安置的特殊时期……无论是顺风还是逆境，鲜红的党旗始终高高飘扬，指引着马钢人破浪远航；即便是波诡云谲，“创业、创新、创造”的马钢精神始终在血脉中流淌，激励着马钢人驭变图强。

辉煌的记忆，在岁月的河流上闪闪发光；美好的未来，在时代的召唤中激情畅想。2019年9月19日，中国宝武与马钢集团联合重组，马钢集团站上了一个全新的平台，开启了一段全新的征程。

风从海上来，潮平好扬帆。马钢人正以一次新的动员、一次新的整队、一次新的升华，不忘初心、牢记使命，在长征中接续长征，在奋进中保持奋进，走向更美好的明天，创造更灿烂的辉煌。

• 大 事 记

大 事 记

2001 年

1 月 8 日　建设部部长俞正声、副部长刘志峰、宁春华和安徽省副省长黄岳忠一行先后到马钢（集团）控股有限公司（简称马钢集团），参观了马鞍山钢铁股份有限公司（简称马钢股份）H 型钢厂。

1 月 8—10 日　马钢集团十二届四次、马钢股份二届四次职工代表大会召开。

1 月 27 日　中共中央委员、全国政协常委、安徽省委老领导卢荣景和副省长黄岳忠到马钢集团考察指导工作。

3 月 18 日　马钢集团举行“平改转”工程投产仪式。

4 月 2 日　马钢集团宣传网站正式开通。

4 月 5 日　马钢集团获全国绿化工作先进集体称号。

4 月 14 日—5 月 14 日　马钢集团、马钢股份（简称马钢两公司）开展企业文化宣传月活动。

4 月 24 日　上午，安徽省委书记王太华到马钢集团考察一钢厂新转炉。下午，全国政协副主席陈锦华、毛致用，全国政协常委卢荣景，安徽省政协副主席季家宏视察马钢股份 H 型钢厂和一钢厂新转炉。

5 月 29 日　马鞍山市代市长丁海中到马钢集团调研，并赴马钢第五幼儿园、四铁厂和煤焦化公司看望教职员工。

△　马钢集团高村铁矿恢复建设正式开工。

6 月 13 日　国务院第 41 次办公会议批准马钢热连轧和冷轧薄板工程可行性研究报告。

6 月 20 日　全国政协副主席万国权率领澳门全国政协委员视察团到马钢视察。

6 月 21 日　马钢两公司召开职代会联席会议，经讨论、表决，原则通过了《两公司劳动纪律管理办法》《2001 年调整职工工资实施方案》《两公司内部退养管理办法（修订）》。

6 月 26 日　马钢集团办公自动化系统全面开通。

6 月 29 日　马钢集团举行庆祝中国共产党成立 80 周年大会。

6 月 29—30 日　受国家计委委托，由安徽省计划委员会副主任李朝东为主任的马钢万能型钢轧机竣工验收评审委员会一行 20 人，对马钢万能型钢轧机工程总体进行评审。通过听取汇报、查阅档案、现场检查等认真高效的工作后达成共识。评审委在验收证书上签字同意该轧机正式交付生产使用。

7 月 1 日　根据马钢集团十二届四次、马钢股份二届四次职代会精神，经马钢两公司研究决定，从 2001 年 7 月 1 日起对在职职工调整工资，调整工资的内容和形式是：一是调整提高现行岗位工资标准；二是调整提高下岗职工的生活费标准。

7 月 20 日—8 月 29 日，马钢两公司开展了以“讲学习、讲政治、讲正气”为主要内容的“三讲”学习教育活动。

7 月 25 日　马钢集团首届优秀科技人员津贴获得者名单揭晓，共有 8 人获一等津贴，41 人获二等津贴。

7月26日　安徽省省长许仲林，副省长张平、黄岳忠，秘书长徐立全，副秘书长邵林生及部分省直部门负责人专程到马钢集团考察并现场办公，专题研究解决马钢集团改革发展问题。

9月29日　马钢建设系统体制改革工作正式启动。

10月18日　全国钢铁企业关心下一代工作研究会成立大会暨2001年年会在马钢集团举行。

10月26日　马钢集团研制的铁道车辆专用SM400B热轧H型钢和空心砖产品，均被国家经贸委列入《国家重点新产品试产计划》，并获其颁发的《国家重点新产品证书》。

11月7日　安徽省委书记王太华一行考察马钢集团新近建成投产的技改工程和节能环保工程。

12月17日　国家经贸委批复马钢建筑用薄板技术改造项目开工。

12月18日　马钢集团隆重举行建筑用薄板工程奠基仪式。全国政协副主席陈锦华、全国政协常委卢荣景、国家经贸委副主任谢旭仁、中国钢铁工业协会会长吴溪淳，安徽省委书记王太华、省长许仲林、省人大常委会主任孟富林、省政协主席方兆祥以及马鞍山市领导等出席奠基仪式。

12月19日　国家经贸委副主任谢旭人一行，在安徽省副省长黄岳忠的陪同下，考察马钢股份车轮轮箍分公司和H型钢厂。

2002年

1月5日　中共安徽省委、安徽省人民政府祝贺马钢集团2001年率先在全省企业中实现销售收入100亿元。

1月8—10日，马钢集团十三届一次、马钢股份三届一次职工代表大会召开。

1月24日　第十五届中央纪委第七次全会表彰全国100个纪检、监察工作先进集体，马钢集团纪委、监察部被评为全国纪检监察系统先进集体。

3月4日　马钢股份一钢厂因成功完成“平改转”工程、消除华东第一“黄龙”，获马鞍山“十佳”好事荣誉。

△　马钢技术中心被经贸委、财政部、税务总局、海关总署批准为国家级技术中心。

3月13日　马钢股份获国家工商行政管理总局颁发的“全国重合同、守信用企业”称号。

3月25日　省经贸委在马钢举行工程建筑用薄板技术改造项目初步设计审查会。马钢薄板技术改造设计通过省经贸委审查。

3月28日　马钢集团推出廉租房，首批160户“人才无房户”和“特困无房户”搬入新居。

△　马钢股份二钢厂新高线（高线轧机）正式开工奠基。

△　马钢集团审计部被评为1999—2001年度全国内部审计先进单位。

4月1日　钢城花园小区正式动工兴建。

4月8日　马钢股份一钢厂圆坯连铸工程竣工投产。

△　马钢股份举行初轧厂永久性停产暨冷轧薄板工程开工仪式。

4月9日　马钢应用铌微合金化技术成果获得铌微合金化技术国际研讨会议最高奖励。

4月25日　马钢工会代表参加在人民大会堂举行的“五一”国际劳动节庆祝大会。

4月26日　马钢两公司召开庆祝建团80周年暨“五四”表彰大会。

4月30日　马钢集团、马钢股份获全国“婚育新风进万家”活动先进单位。

5月28日　马钢股份在美国反倾销案中胜诉。

5月29日　全国冶金上市公司发展研讨会在马钢集团召开。

5月29—30日　省企业工委在马钢集团召开省属企业效能监察现场会。

6月26日　中国金属学会主办的主题为“节能降耗降成本，炼铁环境更好”的2002年全国炼铁生产技术暨炼铁年会在马钢集团召开。

7月1日　马钢股份钢结构生产中心竣工投产。

7月5日　马钢集团获全国基层民兵预备役工作先进单位称号。

7月31日—8月1日　全国人大常委会委员、民进中央常务副主席张怀西，全国政协常委、民进中央副主席王立平等一行13人到马钢集团参观。

8月8日　马钢集团发展非钢产业的第一个开发项目——钢渣生产加工线正式动工。

8月10日　国家档案局局长、中央档案馆馆长毛福民一行到马钢集团检查档案工作。

8月20日　冷轧薄板工程正式动工兴建。

8月23日　马钢设计院由省科技厅审批认定为高新技术企业，并获《高新技术企业认定证书》，成为马钢集团首家获此殊荣的单位。

8月28日　安徽省省长许仲林一行10余人到长江大堤马钢防守区神农洲堤段督导检查防汛抢险工作。

9月25日　马钢集团举行引进宝钢作业长制管理模式签字仪式。

10月11日　安徽省副省长黄岳忠率领有关部门负责人到马钢集团检查工作。

10月22日　马钢干熄焦工程总承包签字仪式在北京举行。这是国内第一个采用国产技术和装备的国家干熄焦示范工程。

10月25日　马钢股份H型钢生产首次突破年生产能力60万吨大关。

△　到马鞍山市参加加快皖江开发开放座谈会的安徽省委书记王太华，省委副书记、代省长王金山等，安徽省沿江8市的市委书记、市长，省直有关部门和省重点企业的负责人共100余人，专程到马钢股份热轧薄板工程工地和H型钢厂参观并检查指导工作。

10月30日　中国钢结构协会第四次会员代表大会暨年会在马钢集团召开。

11月7日　马钢股份干熄焦工程正式开工。

11月22日　在马钢宾馆三楼会议室，马钢与海军工程大学、东北大学、北京科技大学、铁道科学研究院、钢铁研究总院、安徽工业大学等六所院校在“产学研”合作协议上签字并为合作基地揭牌，标志着马钢“博士后流动站”工作正式启动。

12月16日　马钢标识正式启用。

12月24—25日　马钢集团十三届二次、马钢股份三届二次职工代表大会召开。

12月28日　马钢股份H型钢正式通过中国船级社（CCS）认可。

△　安徽省委副书记、省纪委书记杨多良一行到马钢股份热轧板厂建设工地调研指导工作。

2003年

1月18日　国家技术创新项目马钢研制开发的“SM490YB（SM490B）海洋石油平台用热轧H型钢”“SM400B、Q345T铁道车辆用热轧H型钢”两项新产品通过国家经贸委鉴定、验收。

△　马钢集团首家企业、社会法人、职工个人出资组建的产权多元化股份制企业——马钢华鑫金属制品有限责任公司成立。

2月26日　马钢（芜湖）加工配售有限公司在芜湖经济技术开发区注册成立。

3月12日　马钢股份被安徽省消费者协会授予2003—2004年诚信单位。

3月28日　马钢两公司正式启动博士后科研工作站。

4月4日　马钢有线电视中心获全国企业有线电视最佳电视台称号。

4月17日　国家“十五”高新技术发展计划（“863”）项目建筑用抗震耐火钢的研究课题在马钢集团正式启动。

4月20日　安徽省委书记王太华一行考察热轧薄板工程和高线厂新轧线。

4月23日　马钢两公司召开防治非典型肺炎会议，贯彻党中央、国务院及省、市政府关于做好非典型肺炎防治工作的指示和决定，部署马钢两公司非典型肺炎的防治工作。

6月18日　中外合资马钢嘉华商品混凝土有限公司成立。

7月6日　经国务院批准，外交部正式授予马钢集团派遣因公临时出国（境）人员和邀请外国经贸人员来华事项审批权，成为安徽省首家获外事审批权的企业。

7月14日　马钢两公司第一次申报国家“863”项目计划的两项“高速铁路车轮”及“高性能冷镦钢”课题，获国家批准。

7月18日　马钢股份引进的第一条彩色涂层钢板生产线在三轧厂举行开工仪式。

7月23日　马钢两公司正式出台《2003年马钢基本工资制度改革方案》。

7月　原马钢公安分局承担的执法职能移交给马鞍山市公安局楚江分局。

8月19日　中央政治局常委曾庆红到安徽，召开党建工作座谈会，马钢集团党委就党建工作作汇报发言。

9月16日　马钢两公司在一铁厂举行高炉出铁50周年、马钢股份上市10周年纪念大会暨文艺晚会。

9月17日　国务院国资委主任李荣融到马钢集团考察。

10月16日　标志马钢生铁年生产能力跃上800万吨台阶的四铁厂2号高炉提前46天竣工投产。

10月18日　马钢“十五”基建技改龙头工程——年产200万吨热轧薄板工程，按期一次性成功生产出第一卷热轧板卷，结束了安徽省无热轧板卷生产的历史。

10月20日　中国国际工程咨询公司专家委员会主任石启荣率专家组一行到马钢集团，对马钢两公司“十一五”发展规划进行论证分析。

10月30日　马钢职工康复中心主体工程落成启用。

11月16日　国家统计局局长李德水到马钢集团参观指导工作。

11月18日　安徽冶金科技职业学院揭牌。

11月28日　马钢两公司召开科协第四次代表大会。

12月2日　马钢股份召开“三标一体化”管理体系建立整合启动大会。

12月12日　安徽省委、省政府在马鞍山市召开马钢集团新一轮发展规划现场办公会，专题研究、协调、解决关系马钢集团发展的一些重大问题，推动马钢集团实现新一轮跨越式发展。

12月19—20日　马钢集团十三届三次、马钢股份三届三次职工代表大会召开。

12月28日　安徽马钢和菱包装材料有限公司在市经济技术开发区正式开业。

△　马钢集团举行矿内危旧房改造工程奠基仪式。

2004年

1月5日　热轧板厂成功试轧了最薄规格为1.4毫米的带钢。同时，第一次成功完成了把一块板坯切成三卷的半无头轧制。

1月29日　马钢两公司召开2004年第一次党政联席会，对马钢股份铁前系统进行整合试点；根据发展战略要求，进一步加快辅助单位专业化整合，撤销第三机制公司，并入机制公司，在机制公司下增设运输机械设备分公司；成立500万吨钢新区基建指挥部；成立铁前系统整合工作指导组，由公司领导和相关部门负责人参加。

2月14日　马钢烧结余热项目签约仪式在国贸总公司举行。马钢集团本次引进的烧结余热项目是全国冶金行业首次利用低温余热发电的技术项目。

2月28日　马钢“十五”期间重点技改项目，国内第一条完全以CSP生产线为供应原料的冷轧薄板工程，提前两个月顺利下线第一卷冷轧板卷，填补了安徽无冷轧薄板空白，同时创造了国际国内冷轧薄板建设最快纪录。

3月2日　马钢股份举行8家分（子）公司资产（授权）经营责任书签字仪式。

3月5日　国务院发展研究中心办公厅主任刘世锦一行到马钢集团考察。

4月26日　马钢集团利用国家贴息贷款，引进德国立式轧机制造设备和当代先进技术的车轮压轧系统生产线全面建成投产。马钢集团成为世界顶级车轮生产开发基地。

4月28日　马钢股份冷热轧薄板工程竣工投产。《人民日报》、新华社、中央人民广播电台、《经济日报》《科技日报》《中国经济新闻报》《上海证券报》、香港电台、香港《明报》、香港《大公报》、香港《文汇报》等都派记者现场报道。

5月12日　马钢集团获2003年度全国质量效益型先进企业称号。

5月14日　全国人大财经委副主任周正庆一行到马钢集团参观考察。

6月12日　马钢股份首座120吨RH真空精炼处理装置工程竣工投产。

8月21日　马鞍山市政府在马钢宾馆举行接受马钢中小学补充协议签字仪式，马钢中小学正式移交政府管理。

9月8日　历时5个月的马钢第七届职工运动会闭幕。

9月12日　马钢（广州）钢材加工有限公司竣工投产。

9月13日　马钢两公司举行集体合同续签仪式。

9月28日　马钢集团等4家钢厂正式签署合营铁矿合约。由武钢、唐钢、马钢、沙钢4家钢铁公司与BHP Billiton铁矿公司以及日本的伊藤忠和三井公司共同投资组建的澳大利亚威拉拉（Wheelarra）合营铁矿的签字仪式在珀斯举行。

10月12日　马钢股份受国家质量监督检验检疫总局表彰，获全国质量效益型先进企业称号。

10月14日　马钢集团正式启动门禁管理系统项目。

10月26日　马钢两公司颁布实施《高级技术主管管理办法（试行）》。

11月9日　江西省委书记、省人大常委会主任孟建柱，江西省委副书记、省长黄智权率领江西省党政代表团一行40余人到马钢集团参观。

11月21日　在中外企业文化2004年龙岩峰会和全国冶金企业文化建设成果展示交流会上，马钢集团被授予中国企业文化建设实践创新奖和全国冶金企业文化建设成果优秀奖称号。

11月24日　国家发改委正式批复省发改委，原则同意马钢“十一五”期间技术改造和结构调整总体规划。这是马钢集团发展史上又一个重要里程碑，也是中华人民共和国成立以来安徽省最大的工程投资项目。

12月1—3日　马钢两公司召开第三次党代会。

12月18日　中共中央政治局常委、全国政协主席贾庆林在安徽省委书记郭金龙，省长王金山，省政协主席方兆祥，省委常委、省委秘书长张学平和马鞍山市领导丁海中、姚玉舟等陪同下莅临马钢，先后视察了H型钢和冷轧薄板生产线。

12月21—22日　马钢集团十四届一次、马钢股份四届一次职工代表大会召开。

2005年

1月3日　全国政协常委卢荣景一行到马钢集团考察、调研。

1月4日　由马钢股份开发生产的热轧角钢和锅炉用钢板系列，在2004年度全国冶金实物质量认定评选中获“金杯奖”。

1月13日　安徽省“江淮情”艺术团代表省委、省政府向马钢职工献演“为你喝彩”主题晚会。

2月4日　马钢两公司就贯彻《马钢企业年金试行办法》召开工作会议。会议决定，自2005年2月起，马钢企业年金工作正式启动。从2005年1月1日起正式建立马钢企业年金。

2月5日　马钢两公司保持共产党员先进性教育活动正式启动。

2月26日　国务院发展研究中心调研组一行到马钢集团就企业产业发展等问题开展调研。

2月27日　马钢两公司2005年第1次党政联席会议研究决定对机关部分职能部门和部分二级单位进行整合。

△　按照马钢“十一五”技术改造和结构调整总体规划，马钢两公司在马钢股份新区设立第四钢轧总厂。

3月14日　中央电视台《新闻联播》节目报道了马钢“十五”期间产品结构调整取得的突出成绩和记者对顾建国的采访。

3月20日，马钢股份新区钢轧系统工程打下基础第一桩。

4月13日　在中国名牌战略推进委员会发布的2005年中国名牌产品评价目录中，马钢热轧H型钢产品成为首批被列入目录的钢铁产品。这是马鞍山市第一个进入国家名牌产品目录的产品。

4月23日　中共中央政治局常委、国务院副总理黄菊在安徽省委书记郭金龙、省长王金山的陪同下到马钢集团视察。

△　原中共中央政治局常委、中央书记处书记、中央纪委书记尉健行到马钢集团参观。

5月10日　安徽省省长王金山在出席马钢股份新区项目奠基仪式前主持召开调研汇报会。

△　马钢股份新区500万吨工程项目奠基仪式在新区建设工地举行。

5月18日　马钢集团与英国BOC公司共同出资成立的马鞍山马钢比欧西气体有限责任公司签约仪式在“2005中国国际徽商大会”项目推介暨项目签约会上举行。

5月19日　全国人大常委会副委员长何鲁丽在安徽省人大常委会副主任张春生，马鞍山市领导丁海中、姚玉舟等陪同下，视察马钢集团，并围绕如何“弘扬传统文化，加强公民道德建设，构建和谐社会”课题进行调研。

5月29日　马钢集团与淮北矿业集团举行中长期战略合作及煤炭购销协议签约仪式。

6月6日　商务部公布了《2004年中国进出口额最大的500家企业》，马钢股份以2004年实现进出口总额7.05亿美元位列第161位，在全国各大钢中排在第5位，在安徽省名列第1位。

7月1日　安徽省委书记、省人大常委会主任郭金龙，省委常委、省委秘书长张学平等一行到马钢股份新区建设工地，详细察看了解马钢股份新区的建设情况。

7月6日　海关总署署长牟新生一行，在安徽省委常委、常务副省长任海深等陪同下到马钢集团考察调研。

7月12日　国内首台板坯高位出钢机在马钢股份投运。

7月26日　马钢两公司首次聘任50名优秀技术人员为企业高级技术主管。

8月11日　中共中央政治局常委、国务院总理温家宝，在安徽省委书记郭金龙、省长王金山等陪同下视察马钢集团。

8月18日　马钢两公司召开“安徽在崛起，马钢怎么办”主题教育活动动员会。

8月30日　马钢两公司职代会联席会通过《2005年调整职工工资方案》。此次工资调整的主要内容是提高交通费标准和提高岗位工资基额标准。

9月1日　国家质量监督检验检疫总局授权的中国名牌战略推进委员会正式确定马钢热轧H型钢为中国名牌产品。马钢股份荣膺中国名牌产品生产企业称号。

10月18日　由马钢集团承担的国家“863”项目中的“建筑抗震耐火H型钢”“高速车轮钢材料及关键技术”“高性能低成本冷镦钢”研究项目，通过科技部专家组验收。

10月25日　全国政协副主席张思卿一行，在安徽省政协副主席赵培根的陪同下视察马钢集团。

11月4日　中央电视台《新闻联播》节目，用2分55秒时间，播出《马钢：“车轮老大”变身记》节目。

11月6日　共青团中央第一书记周强在团中央组织部部长倪邦文，统战部部长安桂武，安徽省委常委、省总工会主席王秀芳，团省委书记方春明等陪同下，到马钢集团检查指导工作。

△　国务院常务副秘书长汪洋一行在安徽省委副书记王明方，省委常委、组织部部长段敦厚等陪同下到马钢集团考察指导工作。

11月7日　全国冶金企业管理年会在马钢集团召开。40多家钢铁企业的代表共同探讨新形势下企业改革与管理的新路子。

12月6日　马钢医院成功改制为马鞍山市中心医院有限公司。

△　马钢集团“大型国有企业分离厂办大集体的方案设计与实施”管理创新成果获全国企业管理现代化创新成果审定委员会评定的国家级一等奖；“以能源消耗‘减量化’为核心的节约型企业建设”管理创新成果获国家级二等奖。

12月12日　马钢-奇瑞/奇瑞-马钢汽车用钢联合实验室正式揭牌启动。

12月17日　安徽省委书记郭金龙在省委常委、秘书长张学平，马鞍山市委书记丁海中、市长姚玉舟等陪同下到马钢两公司慰问。

12月20日　马钢集团十四届二次、马钢股份四届二次职工代表大会召开。

2006年

1月5日　由全国人大财经委副主任郭树言率领的全国人大财经委“增强自主创新能力”调研组到马钢集团调研。

1月18日　宝钢集团和马钢集团在上海签署《战略联盟框架协议》。

2月6日　中共中央政治局常委、全国人大常委会委员长吴邦国，在安徽省委书记郭金龙、省长王金山等陪同下视察马钢集团。

2月21日　马钢两公司决定全面启动实行工作餐制度。

4月6日　马钢两公司召开“全员找差距，创新争一流”为主题的解放思想大讨论活动动员大会。

5月5日　全国人大常委会副委员长、秘书长盛华仁在安徽省人大常委会副主任黄岳忠，副省长黄海嵩等陪同下视察马钢集团。

5月12日　马钢（合肥）钢铁有限责任公司成立大会在合肥举行。

5月15日　马钢两公司召开马钢价值观、马钢精神新闻发布会。马钢发展战略目标：把马钢建设成为具有国际竞争力的现代化企业集团；马钢愿景：打造人文马钢、科技马钢、绿色马钢；马钢价值观：敬人、精业、共赢；马钢精神：创业、创新、创造；马钢管理方针：精心设计、精细管理、精确操作。

5月26日　马钢（金华）钢材加工有限公司正式投产。

6月2日　根据安徽省政府有关规定和安徽省技师学院评议委评议意见，省政府发文，批准马钢集团设立安徽马钢技师学院。

6月27日　马钢集团党委获全国先进基层党组织称号。

7月1日　自2006年7月1日起，马钢两公司实施公务用车制度改革，取消车改对象无偿使用公车，将暗贴变为明补并实行公务用车市场化。

7月18日　马钢股份与中信证券股份有限公司举行发行分离交易可转债主承销及保荐协议的签字仪式。

9月7—8日　共青团马钢集团第八次、马钢股份第三次代表大会召开。

9月23日　全国人大代表、全国人大常委会委员汤洪高等一行6人到马钢集团考察。

9月29日　马钢两公司举行马钢生产指挥中心奠基仪式。

11月9日　马钢股份三钢轧总厂冶炼出20炉高等级汽车大梁钢MGL510C，为马钢集团的中国名牌H型钢家族再添新成员。

11月13日　马钢股份同时在网上和网下发行分离交易可转债，获得圆满成功。马钢股份成为第一家A股市场发行分离交易可转债这一新品种的上市公司。

11月28—29日　2006年全国冶金科学技术奖、冶金企业管理现代化创新成果发布暨表彰大会在马钢集团召开。

11月30日　马钢集团年钢产量首次突破1000万吨。

12月4日　全国国有企业创建“四好”领导班子先进集体表彰暨经验交流会在北京召开。马钢集团获全国国有企业创建“四好”领导班子先进集体。

12月17日　马钢集团“推进钢铁生产流程一体化的生产组织再造”“以世界一流车轮企业为目标的企业文化建设”2项管理创新成果获全国企业管理现代化创新成果审定委员会评定的国家级二等奖。

12月18日　安徽省省长王金山在马鞍山市领导丁海中、姚玉舟等陪同下到马钢股份新区考察。

12月19—20日　马钢集团十四届三次、马钢股份四届三次职工代表大会召开。

2007年

1月1日　安徽省委书记郭金龙在马鞍山市领导丁海中、姚玉舟的陪同下到马钢集团考察，并召开座谈会听取马钢集团汇报。

1月18日　马钢股份新区热轧工程首座加热炉一次点火成功。

1月22日　马钢股份召开整体ERP系统项目实施启动会。

1月27—28日　在由科技部主持召开的国家“863”计划新材料技术领域专题课题启动大会上，马钢申报的“重载铁路列车用车轮钢及关键技术的研究”项目获国家“十一五”期间首批“863”计划立项。

2月1日　港务原料总厂新区污泥与综合利用工程所有设备联动空负荷试车完成。这是国内第一家高炉循环再利用项目。

2月8日　马钢股份新区A高炉投产，这是马钢股份第一座、国内第六座4000立方米高炉。

2月25日　马钢股份新区2250毫米热轧生产线热负荷试车一次成功。

2月27日　在第三届“全国五一巾帼奖”评选活动中，马钢女职工委员会获全国先进女职工组织荣誉称号。

3月12日　马钢股份新区炼钢项目全程热负荷试车一次成功。

3月25日　全国人大常委会委员、全国人大环资委主任委员毛如柏率全国人大环资委调研组到马钢集团调研。

3月26日　国家发改委党组副书记、常务副主任朱之鑫在安徽省委常委、常务副省长孙志刚，省发改委主任沈卫国及马鞍山市委书记丁海中、市长姚玉舟等陪同下到马钢集团调研。

4月12日　以中共中央政治局委员、湖北省委书记俞正声为团长的湖北省党政代表团，在安徽省委书记郭金龙、省长王金山的陪同下到马钢集团考察。

4月25日　全国政协副主席、中国工程院院长徐匡迪院士率领新一代钢铁可循环流程考察组，在安徽省委书记郭金龙、省政协主席杨多良，马鞍山市委书记丁海中、市长姚玉舟等陪同下视察马钢集团。

△　中国钢研集团和马钢股份共同签订《马鞍山钢铁股份有限公司与中国钢研科技马钢集团战略合作框架协议》。徐匡迪、殷瑞钰、郭金龙、杨多良、刘玠等新一代钢铁可循环流程考察组成员、安徽省领导以及马鞍山市、马钢领导等出席签字仪式。

4月28日　马钢股份新区2130毫米冷轧带钢工程热负荷试车全线启动。

5月4日　马钢两公司举行首届青年集体婚礼。

5月10日　马钢股份新区炼钢第二座全国最大的300吨转炉顺利开炉投产。

5月21日　马钢集团与江淮汽车股份有限公司在马钢宾馆签订汽车用钢联合实验室合作协议。

6月22日　马钢两公司召开职代会联席会，听取、讨论并一致通过2007年职工薪酬调整方案。马钢两公司此次薪酬调整主要是调整住房公积金和提高交通费标准。

7月4日　马钢股份最后一座位于二钢轧总厂的600吨混铁炉拆除。

7月18日　马钢股份新区300吨RH炉热负荷试车一次性成功。

7月25日　马钢江东企业公司全面完成改制工作。

7月27日　马钢两公司召开庆祝建军80周年座谈会。

8月9日　中共中央党校副校长李君如率领中宣部国情考察团一行到马钢集团考察调研。

9月4日　中共中央政治局常委、中央纪委书记吴官正在安徽省委书记郭金龙、省长王金山陪同下视察马钢集团。

9月6日　马钢集团罗河铁矿正式开工建设。

9月11日　在国家质检总局召开的中国名牌产品暨中国世界名牌产品表彰大会上，马钢牌车轮获2007年“中国名牌”产品。

9月20日　马钢两公司在新区隆重举行“十一五”前期技术改造和结构调整系统工程竣工典礼。中共中央政治局常委、全国人大常委会委员长吴邦国，全国人大常委会副秘书长王万宾，中国工程院院士殷瑞钰，香港宝威公司董事局主席陈城及安庆石化、杭州钢铁公司等单位发来贺信。中共中央政治局委员、国务院副总理曾培炎，全国政协原副主席陈锦华，专程到马钢集团出席竣工典礼。国办、部、省、市部门领导及《人民日报》、新华社、中央电视台、中央人民广播电台、《经济日报》《科技日报》《安徽日报》等中央驻皖及省市18家媒体的记者，国内设备制造、工程设计、施工单位的领导，国内主要供应商及销售客户代表和外国公司代表等出席竣工典礼。

△　中共中央政治局委员、国务院副总理曾培炎视察马钢车轮公司和二能源总厂。

9月　马钢集团获中华全国总工会、劳动和社会保障部、中国企业联合会、中国企业家协会联合发文授予全国模范劳动关系和谐企业称号。

11月10日　在“中外企业文化2007太原峰会”上，马钢集团被授予全国企业文化建设优秀单位奖。

11月16—17日　中央纪委企业指导处到马钢两公司调研效能监察工作。

11月20日　马钢股份新区300吨钢渣转鼓在线处理系统热负荷试车一次成功。

12月20—21日　马钢集团十五届一次、马钢股份五届一次职工代表大会召开。

12月27日　马钢集团“以推动跨越式发展为目标的企业文化建设”管理创新成果获全国企业管理现代化创新成果审定委员会评定的国家级二等奖。

2008年

1月4日　在北京人民大会堂，由全国双拥工作领导小组、民政部、解放军总政治部举行的全国双拥模范城（县）命名暨双拥模范单位和个人表彰大会上，马钢两公司被授予“全国爱国拥军模范单位”称号。

1月8日　在国家科学技术奖励大会上，马钢“转炉——CSP流程批量生产冷轧板技术集成与创新”项目，获国家科学技术进步奖二等奖。

2月4日　马钢股份与中国进出口银行战略合作协议签约仪式在马钢宾馆举行。

2月7日　安徽省委书记王金山在马鞍山市领导丁海中等陪同下到马钢集团考察，了解马钢集团雪灾后生产情况。

3月15日　马钢老年大学举行全国企业老年大学示范校挂牌仪式。

3月26日　马钢集团重要的后续矿山建设项目——姑山矿白象山铁矿工程举行开工仪式。

3月27日　马钢两公司召开剩余房源货币化分配暨深化职工住房制度改革大会，部署剩余房源货币化分配工作，通报《关于进一步深化马钢职工住房制度改革意见》。明确停止现行职工住房分配制度实施，给予无房户职工发放一次性的购房补贴金。

3月28日　以国务院发展研究中心原党组书记、副主任陈清泰为组长的调研组及国务院发展中心技术经济研究部部长、研究员、第十一届全国人大常委会委员吕微，在安徽省科技厅厅长徐根应、马鞍山市委书记丁海中等陪同下到马钢集团调研考察。

4月16日　国家科技支撑计划“高效节约型建筑用钢产品开发及应用研究”项目在马钢集团正式启动。

△　马钢股份第一钢轧总厂轧制出0.15毫米极限厚度的冷轧卷。

4月21日　以全国人大常委会委员、全国人大科教文卫委员会委员、同济大学教授、博士生导师吴启迪为组长的调研组到马钢集团，就大型钢铁企业系统节能减排信息与控制技术研发进行专题调研。

5月13日　马钢“863”计划引导项目——“低温控轧控冷型紧固件用非调质钢线材的研究开发”通过科技部组织的验收。

5月19日　马钢两公司职工向汶川地震灾区捐款600万元。

6月2日　马钢第八届职工运动会在马鞍山市体育馆开幕。

6月29日　铁道部与马钢集团签署《中国高速列车车轮自主创新合作协议》。

6月30日　马钢集团十五届二次、马钢股份五届二次职工代表大会召开。

9月10日　马钢集团召开新闻发布会，发布《马钢之歌》和《马钢员工行为规范》。

9月20日　马钢集团在市体育馆隆重集会，庆祝马钢公司成立50周年，纪念毛泽东主席视察马钢50周年。

10月1日　全国人大副秘书长、机关党组书记王万宾到马钢生产一线，看望和慰问节日期间坚守岗位的干部职工。

11月17—28日　马钢股份认股权证第二次行权获得成功，募集资金30.7亿元。

11月20日　马钢集团车轮扩能改造核心项目——第三条车轮压轧线建成投产。

11月21日　中共中央政治局委员、全国人大常委会副委员长、中华全国总工会主席王兆国，在全总副主席、秘书处第一书记孙春兰，安徽省委书记王金山，省委常委、省委秘书长詹夏来，省委常委、省总工会主席王秀芳，省人大常委会副主任任海深等陪同下到马钢集团视察。

12月19—20日　马钢集团十五届三次、马钢股份五届三次职工代表大会召开。

12月23日　马钢集团获"中华宝钢环境优秀奖"称号。

12月31日　马钢两公司召开首届马钢首席技师聘任大会。聘任首次评选出17名首席技师，并颁发聘书。

2009年

2月20日　马钢股份首条连续退火生产线，历经4个月3个阶段的间歇调试，成功实现采用高氢模式退火生产。

△　马钢合肥公司被人力资源和社会保障部、中国钢铁工业协会联合授予"全国钢铁工业先进集体"称号。

3月17日　发改委、省经委与日本新能源及产业技术开发组织（NEDO）在马钢集团举行中日合作煤调湿节能示范项目基本框架协议签字仪式，引进日本新日铁公司的煤调湿技术和主要设备。

3月20日　马钢集团深入学习实践科学发展观活动动员会在马钢会堂召开。

3月30日　中直机关工委常务副书记孙晓群、中央国家机关工委常务副书记杨衍银率领中央调研组一行在马鞍山市委书记丁海中等陪同下考察马钢集团。

3月31日　由省经委、发改委、国资委及财政厅、交通厅、商务厅、国防工办主办，省经委和马钢两公司承办的安徽省交通、家电、装备制造、煤炭、船舶等重点企业用钢产需对接会在马钢集团召开。全省50多家重点用钢企业代表参加会议。

5月15日　安徽省委书记王金山在安徽省委常委、秘书长詹夏来，安徽省委副秘书长、政研室主任任泽峰等陪同下到马钢集团调研。

6月6日　6时06分06秒，马钢办公楼正式搬迁使用。

7月3日　中共中央政治局常委、全国人大常委会委员长吴邦国在全国人大常委会副委员长兼秘书长李建国，全国人大有关部委领导汪光焘、石秀诗、闻世震、李适时、刘振伟、孙伟及安徽省委书记、省人大常委会主任王金山，省委常委、省委秘书长詹夏来，省人大党组副书记、省人大常委会副主任任海深，马鞍山市领导等陪同下到马钢视察。

7月6日　国内首套20万吨/年含锌尘泥转底炉脱锌装置在三铁总厂正式投运。

8月6日　马钢集团高村采场二期工程建成投产。

10月1日　马钢两公司党委书记顾建国，作为全国先进基层党组织的代表应邀参加中华人民共和国成立60周年国庆盛典，并在天安门观礼台观看国庆阅兵式。

10月28日　在北京人民大会堂举行的中国老年大学协会表彰大会上，马钢老年大学获“全国先进老年大学”称号。

12月11—12日　马钢两公司召开第四次党代会。

12月22日　马钢集团“大型上市公司分离交易可转债发行的设计与实施”管理创新成果获全国企业管理现代化创新成果审定委员会评定的国家级二等奖。

12月25—26日　马钢集团十五届四次、马钢股份五届四次职工代表大会召开。

2010年

1月15日　国家工商行政管理总局商标局下发了《关于认定“马钢及图”商标为驰名商标的批复》(商标驰字〔2010〕第239号)，认定马钢牌商标为“中国驰名商标”。

2月26日　马钢高速车轮技术改造项目开工建设。

3月19日　省政府在马钢集团召开马钢商标获“中国驰名商标”现场表彰会，为马钢获此殊荣嘉奖。

3月22日　马鞍山中日资源再生工程技术有限公司合营合同签字仪式在马钢举行。

3月30日　省委书记、省人大常委会主任王金山到马钢考察。

4月14日　马钢股份与达涅利集团在马钢签署马钢动车组车轮用钢合金钢圆坯连铸机技术改造项目合作协议。

4月28日　为期两天的全国冶金机械等行业安全监管工作会暨安全生产标准化现场会在马钢举行。

5月11日　国际钢铁协会总干事依安·克里斯马斯一行到马钢考察。

5月18日　马钢两公司实施采购供应资源整合。此次整合的主要内容：设立马钢股份物资分公司(简称物资公司)；炉料公司与国贸总公司合并，重组设立马钢国际经济贸易总公司（简称国贸总公司)、马钢股份原燃料采购中心，两块牌子一套班子；撤销计财部派驻炉料公司、设备部财务科，新设立计财部派驻配送中心财务科、物资公司财务科；整合中涉及的相关部门（单位）的职能作相应的调整。

5月26日　“2010中国工业经济行业企业社会责任报告发布会”在北京人民大会堂召开。马钢集团在会上发布《马钢集团2009年社会责任报告》，这是马钢集团发布的首份社会责任报告。

6月3日　省委书记张宝顺一行到马钢考察。

6月30日　马钢两公司党委书记顾建国作为全国先进基层党组织代表在北京参加中共中央召开的“深入开展创建先进基层党组织、争当优秀共产党员”活动座谈会。会前，顾建国和全国先进基层党组织、优秀共产党员代表共60人，受到中共中央总书记胡锦涛等党和国家领导人的亲切接见。

7月5日　马钢股份首批发往德铁的DE920G规格264件车轮通过商检验收合格发货，标志着马钢车轮作为中国名牌产品进入欧洲市场。

9月21日　马钢股份四钢轧总厂500余吨MAF1耐指纹热镀锌产品在2号镀锌线顺利下线，标志着该总厂耐指纹热镀锌产品首次批量试制成功。

9月26日　马钢集团原两家全资子公司（马钢集团康泰置地发展有限公司、马钢集团建设有限责任公司）成功实施产权多元化改制并正式揭牌。改制后，两家公司分别冠名“马钢集团康泰置地发展有限公司”和“马鞍山钢铁建设集团有限公司”。

9月28日　马钢两公司推进节能减排、环境保护的两项重点工程——煤焦化苯加氢、煤焦化煤调湿工程正式开工。

9月30日　马钢老区能源管理中心土建工程开工。该工程是国家工业企业能源管理中心建设示范项目、马钢两公司“十一五”节能减排项目的重点工程。

11月28日　马钢股份牵头承担的“十一五”国家科技支撑计划项目——“高效节约型建筑用钢产品开发及应用研究”项目的全部课题顺利通过科技部委托安徽省科技厅组织的专家组验收。

11月　马钢集团获全国冶金矿山“对标挖潜十佳企业”。

12月9日　中国工程院院长周济，中国工程院副院长、钢铁研究总院院长干勇一行参观了马钢股份二能源总厂能源控制中心和四钢轧总厂热轧、镀锌生产线。

12月16—17日　马钢集团十六届一次、马钢股份六届一次职工代表大会召开。

2011年

1月1日　马钢集团姑山矿和桃冲矿职工医院转型为当地社区卫生服务中心，至此，马钢集团彻底告别企业办医院。

1月3日　马钢两公司下发《关于全面推进人力资源系统优化的决定》，通过优化钢铁主业组织结构和业务流程，控制正式用工总人数，提高人均年产钢劳动生产率至600吨以上；通过两公司机关职能整合和组织结构优化调整，提高机关管理和工作效率；二级单位全面开展机构优化和定员精简，减少外部用工，建立灵活用工和人力资源持续优化机制；通过深化潜力、按需转岗，满足公司置换外部协力、配置新建项目、发展新的非钢产业、替代劳务用工等新的人力资源需求。

1月31日　马钢两公司下发《关于印发〈马钢优化中高层管理人员责任体系方案（纲要）〉的通知》，通过优化中高层管理人员责任体系，健全和完善激励约束机制，强化过程控制，提高工作执行力，追求更高管理效率、更好经营效果，实现企业价值最大化。

1月　马钢股份获批为国家首批“资源节约型、环境友好型”试点企业。

2月23日　由新华社、《人民日报》、中央人民广播电台、《经济日报》《人民铁道报》《中国冶金报》《安徽日报》、安徽电视台和安徽人民广播电台组成的联合采访组到马钢参观采访。

4月6日　马钢集团对矿业资源实施整合，成立马钢集团矿业有限公司。该公司为马钢集团出资设立的全资子公司，注册资本为20亿元人民币。马钢集团公司南山矿、姑山矿、桃冲矿的资产全部划入矿业公司。张庄矿、罗河矿、集团设计院委托矿业公司管理。

△　人社部及全国博士后管理委员会对全国521个博士后科研工作站进行综合评估。马钢博士后科研工作站以总分排名第一，获“全国优秀博士后科研工作站”称号。

4月25日　马钢集团与中国南车签署战略合作框架协议，双方约定将在市场营销、客户服务、产品创新等方面展开合作。

4月27日　“马鞍山钢铁股份有限公司——安徽省长江钢铁股份有限公司联合重组”协议签字仪式在马鞍山长江国际大酒店举行。

5月1日　马钢两公司在全公司范围内正式启用新版办公自动化系统（OA系统）。

5月5日　马钢集团南山矿凹山车间电铲工段电器维修班被全国总工会授予全国“工人先锋号”称号。

5月7日　科技部、国务院国资委、全国总工会联合发布第三批国家级创新型企业名单，马钢（集团）控股有限公司榜上有名。

5月18日　在安徽省政府与中国工程院签署的科技合作协议会上，马钢集团等11家单位被正式授牌“安徽省院士工作站”。

6月10日　马钢集团财务有限公司在马钢集团公司办公楼召开公司创立暨第一次股东会会议、第一届监事会第一次会议、第一届董事会第一次会议。

6月21日　马钢股份硅钢二期工程开工建设。热电总厂煤气综合利用发电工程竣工投产。

6月23日　马钢热轧H型钢产品获全国钢铁行业最高产品质量奖——“特优质量奖”。

7月15日　世界贸易组织发布报告，认定欧盟为限制中国碳钢紧固件进入欧洲市场所采取的措施“证据不足”，并最终裁定中国与欧盟关于紧固件的贸易争端中国胜诉。诉讼期间，马钢作为紧固件原材料的主要供应商，协助有关方面搜集翔实数据、提供有力证据，为我国最终胜诉作出了积极贡献。同时，也为自身的产品销售拓展了国际空间。

7月26日　马钢H型钢中标南海荔湾3-1石油钻井平台。

7月　马钢两公司新一轮管理体制改革启动。两公司出台了《关于调整马钢集团公司机关机构设置的决定》和《关于调整马钢股份公司机关机构设置的决定》，进一步完善和规范母子公司管理体制，奠定马钢集团新的管理模式。

8月30日　马钢集团干熄焦项目第二批碳减排量再次获联合国执行理事会签发认可。马钢集团从中获得碳减排收入90.45万欧元。2008年12月、2009年5月，马钢集团分别为老区干熄焦CDM项目、新区干熄焦CDM项目在联合国EB组织成功注册。

9月1日　马钢集团、马钢股份、中钢集团马鞍山矿山设计研究院、马钢设计研究院和马钢实业公司共同注资的安徽欣创节能环保科技股份有限公司正式注册成立；注册资本马钢集团占30%，马钢股份和中钢集团马鞍山矿山设计研究院分别占20%，马钢设计研究院和马钢实业公司分别占15%。

9月5日　马钢股份55亿元公司债券发行成功。

9月21日　国家知识产权局公布“第十三届中国专利奖评审结果公示”，马钢股份申报的“8.8级高强度冷镦钢用热轧免退火盘条的生产方法”专利获中国专利优秀奖项目。

9月30日　中国银监会正式批准马钢集团财务有限公司开业。

10月22日　科技部高技术研究发展中心组织的国家“863”课题“高速动车组用车轮的研究与开发”验收会在马钢集团召开。马钢集团与北京钢铁研究总院、铁道科学研究院、安徽大学、安徽工业大学联合申报的国家“863”课题“高速动车组用车轮的研究与开发”通过验收。

11月2日　国土资源部、财政部在北京钓鱼台国宾馆与21个省级人民政府及6个中央矿业企业签署合作协议，正式启动油气、矿产资源等7大领域的40个示范基地建设。马钢矿业被列入其中。

11月29日　马钢集团高速车轮用钢技术改造工程全线热负荷试车成功。

12月22—23日　马钢集团十六届二次（马钢股份六届二次）职工代表大会召开。

12月23日　马钢集团“大型钢铁企业以客户需求为导向的服务型制造管理”管理创新成果获全国企业管理现代化创新成果审定委员会评定的国家级一等奖。

12月31日　马钢集团控股的中联海运万吨海轮首次成功靠泊港务原料总厂码头。

2012年

1月11日　国务院授予马钢集团“全国扶贫开发先进集体”荣誉称号。

1月13日　中国钢铁工业协会授予马钢股份生产的“冷成形用冷轧低碳钢板和钢带”及“铁路快速客车辗钢整体车轮”两个系列产品2011年度冶金产品实物质量“金杯奖”。

1月14日　安徽省代省长李斌一行到马钢考察调研。

2月14日　马钢股份一钢轧总厂硅钢生产线成功轧制首批牌号为M35W440薄规格电工钢产品。

2月16日　马钢股份举行汽车板ISO/TS 16949质量管理体系认证证书颁发仪式。

3月12日　马钢晋西轨道交通装备有限公司在北京钓鱼台国宾馆揭牌成立。

3月19日　美国GE公司在上海召开“2011年度中国区供应商”大会，马钢集团摘得GE公司设立的对供应商的最高奖项——中国区最佳供应商。

3月21日　安徽省委书记、省人大常委会主任张宝顺一行到马钢集团，先后考察电炉厂和车轮公司。

3月27日　马钢股份生产的铁路车轴钢经检测质量合格，马钢特钢喜添新产品。

4月1日　马钢股份三钢轧总厂小H型钢生产线成功试轧铁塔角钢。这标志着马钢成功开发出铁塔用超大规格角钢。

4月5日　四钢轧总厂新1号300吨转炉热负荷试车一次性成功，顺利生产出第一炉合格钢水。

5月22日　马钢集团姑山采场挂帮二期工程阶段分层空场嗣后充填采矿实验获得成功。这标志着被列为国家科技支撑计划重大项目的“难采选金属矿高效开发关键技术及装备研究”课题，经过马钢集团姑山矿和相关高校、科研院所工程技术人员的共同努力，取得重大突破。

6月7日　由国家安全生产协会组成的专家评审团按照国家安全生产监督管理局下发的考评办法和评级标准对马钢集团姑山矿露天矿山、井下矿山以及尾矿库安全标准化建设进行检查复审验收。经过评审，该矿通过安全标准化一级达标外部评审。

6月25日　安徽省省长李斌到马钢集团主持召开支持马钢集团发展现场会。

△　马钢晋西轨道交通装备项目举行开工仪式。

6月28日　马钢股份首条热轧酸洗板机组建成投产。

8月29日　马钢集团招标中心揭牌并投入运营。

9月20日　马钢集团罗河铁矿举行重负荷联动试车仪式，罗河铁矿进入试生产阶段。

10月12—16日　“马钢杯”第六届全国钢铁行业职业技能竞赛在马钢集团举行。马钢集团代表队以总分210分的成绩获团体第一名。

10月18日　马钢集团在办公楼举行马鞍山力生集团有限公司、马鞍山钢晨实业有限公司改制揭牌仪式。

10月24日　马钢股份成功发行2012年度第一期35亿元短期融资券。

11月18日　马钢集团姑山矿庆祝建矿100周年。

12月2日　马钢集团“十一五”后期重点节能环保项目煤焦化公司苯加氢工程竣工投产。

12月20日　马钢股份三钢轧总厂生产的规格直径为8—14毫米的SWRCH35K-M免退火冷镦钢热轧盘条产品，成为2012年度被认定为冶金产品实物质量“金杯奖”的133个产品之一，马钢集团免退火冷镦钢热轧盘条产品再次获冶金产品实物质量最高奖“特优质量奖”。

12月22日　马钢集团“钢铁企业自有矿山的整体开发管理”管理创新成果获全国企业管理现代化创新成果审定委员会评定的国家级二等奖。

12月27—28日　马钢集团十六届三次（马钢股份六届三次）职工代表大会召开。

12月28日　马钢集团纪委与马鞍山市检察院共同主办“马鞍山市预防职务犯罪论坛”。

2013年

1月22日　马钢股份在办公楼举行汽车板推进处揭牌仪式。

3月15日　安徽欣创节能环保公司环保产业园建成开园。

4月14日　省委副书记、代省长王学军到马钢集团考察。

4月18日　特钢公司日产突破2700吨，首次达到设计日产水平。

6月6—7日　由国土资源部主办的国家矿产资源综合利用示范基地建设成果汇报会在马钢集团召开。

6月7日　马钢集团0.8设计系数X80管线钢通过中石油组织的千吨试制评估。

6月15日　国家机械产品再制造研究中心、冶金装备再制造产业化基地（马鞍山）揭牌仪式，在安徽欣创节能环保科技股份公司举行。

6月22日　马钢集团召开干部大会，宣布安徽省委关于马钢集团主要领导的任免决定。

7月11日　马钢集团党委下发《马钢集团公司深入开展党的群众路线教育实践活动的方案》。

△　马钢集团召开深入开展党的群众路线教育实践活动动员会，按照省委、省国资委党委的部署和实施方案的要求，对马钢深入开展党的群众路线教育实践活动进行全面部署和具体安排。

8月6日　特钢公司成功试制装车考核用动车组车轮用钢。

8月7日　马鞍山市委等四大班子领导与马钢集团领导召开联席会，旨在进一步加强马鞍山市与马钢集团的紧密联系，实现“钢”与“城”的高度融合，共同开创马钢集团和马鞍山市发展的新局面。

9月6日　马钢硅钢二期技术改造项目正式投产。

9月7日　马钢股份举行马钢（合肥）材料科技有限公司汽车板先进加工生产基地开工仪式。

9月11日　“马钢培训网及员工在线学习平台”正式建成开通。

9月16日　马钢集团在一铁总厂隆重召开纪念毛泽东主席视察马钢55周年暨马钢高炉出铁60周年座谈会。

9月27日　马钢集团牵头，钢铁研究总院、安徽工业大学、中国寰球工程公司等联合开发的安徽省科技攻关项目“液化天然气储罐建设工程专用低温钢筋的研制”冶金科技成果通过中钢协组织的成果鉴定，该成果填补了国内天然气储罐低温钢筋空白。

10月30日　马钢集团全面启动马钢集团财务系统SAP项目。

10月　马钢生产的冷轧汽车板4个钢种通过通用汽车全球一级工程认证。这是马钢汽车板首次获高端合资品牌汽车主机厂的全球认证。

11月8日　马钢重庆加工中心正式投入运营。

12月5日　马钢股份四钢轧总厂1580毫米热轧项目热负荷试车一次性成功。

12月6日　马钢集团“钢铁企业集团综合能源优化管理与控制应用示范”课题通过科技部验收。

12月20日　马钢集团“大型钢铁企业以现金流为中心的资金管理”管理创新成果获全国企业管理现代化创新成果审定委员会评定的国家级二等奖。

12月30—31日　马钢集团十七届一次（马钢股份七届一次）职工代表大会召开。

2014年

2月19日　马钢工程技术集团有限公司举行揭牌仪式。

2月　马钢股份“车轮、H型钢产品质量控制和技术评价实验室”获工信部授牌。

3月10日　马钢资产经营管理公司揭牌。

4月11日　马钢集团与德国巴登公司签订企业文化改进诀窍转让合同。

5月30日　马钢集团收购世界高铁轮轴名企法国瓦顿公司。

6月20日　由中国钢铁工业协会、中国金属学会主办，马钢集团承办的2014年冶金科学技术奖评审会在马钢召开。

6月30日　马钢有线电视正式进行台网分离。

6月　马钢集团被评为中国AAA级信用企业。

7月7日　省委书记张宝顺到马钢晋西轨道交通装备有限公司考察。

7月26日　马钢集团被评为首届中国工业企业履行社会责任五星级企业。

8月26日　省长王学军一行到马钢集团调研，在马鞍山市、马钢集团领导的陪同下考察了车轮公司车轮三线和三钢轧总厂大H型钢生产线，随后召开座谈会。

△　马钢股份成功发行50亿元短期融资券。

9月17日　中国钢研集团与马钢集团建立的“先进金属材料涂镀国家工程实验室中试实验基地”在马钢揭牌。

9月20日　马钢合肥公司转型发展动员大会暨连续镀锌线项目开工仪式在马钢（合肥）板材公司举行。

10月8日　马钢集团加入国际钢铁协会。在俄罗斯莫斯科举行的国际钢铁协会理事会第48届年会上，马钢集团成为该协会的新会员。

10月12日　马钢铁合金采购水运首获成功。

10月14—15日　马钢集团纪委承办的全国钢铁企业纪检监察工作研究会第十次年会在马钢召开。

10月22日　“马钢家园”微信公众号平台开通。

11月21日　马钢集团与上海斐讯数据通信技术有限公司在马鞍山市会议中心举行云计算项目合作签字仪式。

12月19日　马钢车轮通过IRIS国际铁路行业标准认证。

12月25—26日　马钢集团十七届二次（马钢股份七届二次）职工代表大会召开。

2015年

1月9日　马钢集团“大型钢铁企业能源精益化管理”“基于全生命周期的冶金装备再制造产业化发展”2项管理创新成果获全国企业管理现代化创新成果审定委员会评定的国家级二等奖。

1月23日　推进钢城一体融合发展工作会议在马鞍山市会议中心召开。会上启动“江南一枝花”市与马钢集团融合发展公共服务微信号。

1月　马钢集团组织申报的国家“863”计划项目课题“30吨轴重重载列车车轮材料服役行为及关键设计、制备技术”获科技部批准正式立项。

2月　马钢集团“铁路车辆用重载车轮产品开发”专利项目被授予安徽省专利金奖。

3月　马钢股份启动高线大修改造项目。

△　马钢集团汽车板首次进入欧洲市场。

4月29日　马钢集团投资有限公司揭牌。

5月7日　马钢集团成功签约中国工程院蔡美峰院士。

5月9日　国土资源部部长、党组书记、国家土地总督察姜大明，安徽省委常委、组织部部长邓向阳，省政府副省长方春明到马钢集团罗河矿业公司调研。

5月　马钢集团发布企业文化新体系。

△　马钢集团“高端车轮研究开发”项目通过验收。

6月23日　省委副书记、代省长李锦斌到马钢集团考察调研。

7月2日　国务院总理李克强与法国总理瓦尔斯共同出席在法国图卢兹举行的中法工商峰会闭幕式。在中法合作项目见证签约仪式上，马钢集团董事长、党委书记高海建签约马钢“高铁轮轴关键技术”使用许可项目。

7月25日　马钢集团物流有限公司揭牌。

7月　马钢股份成功发行2015年第一期20亿元的中期票据。

△　国家“863”计划“30吨轴重重载列车车轮材料关键设计”项目在马钢集团开题。

8月6日　马钢股份成功发行2015年第二期20亿元中期票据。

9月8日　省长李锦斌率省委常委、常务副省长詹夏来等省领导及省直有关部门负责人，到马钢股份三钢轧总厂大H型钢生产线、二铁总厂4号高炉建设工地考察调研。

9月9日　省政府在马钢召开精准帮扶马钢集团调研座谈会。

10月　马钢集团成功发行2015年第一期10亿元中期票据，期限3年，票面利率4.64%。

11月　马钢集团成功研发弹性车轮，填补国内空白。

△　马钢股份获“第十五届全国质量鼓励奖（组织奖）”及“全国实施卓越绩效模式先进企业”称号。

△　马钢股份获“第十届全国设备管理优秀单位”称号。

△　马钢集团获“全国质量管理小组活动优秀企业”称号。

12月30—31日　马钢集团公司十七届三次（马钢股份七届三次）职工代表大会召开。

12月　马钢集团印发《中共马钢（集团）控股有限公司党委常委会议事规则》。

△　马钢集团整合车轮公司、轨道装备公司、马钢瓦顿公司相关资源和业务，成立轮轴事业部。

2016年

1月　马钢集团成功实现1000兆帕以下第一代先进高强钢等7个钢种的系列全覆盖和1500兆帕热成形钢及零件的开发应用。

1月19日　马钢集团“以打造全球一体化轮轴产业链为目标的跨国收购决策与实施”“钢铁企业以精益运营为核心的管理提升”2项管理创新成果获全国企业管理现代化创新成果审定委员会评定的国家级二等奖。

2月　马钢集团“开发高性能铁路机车用整体车轮关键制备技术集成及国产化”项目成果，获安徽省科学技术奖一等奖，技术集成填补国内空白。

△　马钢股份动车组车轮用钢生产线及高性能板材产业1580毫米热轧项目通过省战略性新兴产业项目竣工验收。

△　马钢集团镀锌汽车板通过通用汽车全球一级工程认证。

3月　马钢集团顺利通过环保部主要污染物总量减排核查。

△　马钢订单跟踪OTP平台及日成本分析平台正式开通。

4月29日　马钢集团举行高速车轴生产线开工仪式。

5月10日　全国政协常委、外事委员会主任、调研组组长潘云鹤率全国政协调研组到马钢实地调研。

5月　马钢集团正式下发《员工居家休养暂行办法》《企业与员工协商一致解除劳动合同实施办

法》《员工与企业协议保留劳动关系实施办法》《编外人员管理办法》等人力资源优化相关政策性文件。

6月　马钢股份轮轴事业部通过德国铁路公司EMU动车组车轮供应商资质现场审核。

△　马钢紧凑式带钢（CSP）生产线二级系统升级改造项目顺利通过考核验收。

7月　马钢集团发布《2014—2015马钢社会责任报告》。

8月10—11日　马钢集团召开集团第五次党代会。

8月　马钢动车组车轮首次完成载客运行。

△　马钢集团“轨道交通移动装备用高强高韧紧固件开发研究”项目通过结题验收。

△　马钢集团2万吨“中联26号”海轮首航成功。

9月20日　马钢集团举行“9·20”升旗宣誓活动暨二铁总厂4号高炉投产仪式。

△　马钢集团举行奥瑟亚焦油精制项目投产仪式。

10月11日　中华全国总工会副主席、书记处书记阎京华一行到马钢集团专题调研一线职工自主创新的基本情况。

10月　马钢集团“动车组轮对—转向架总成国产化关键技术研究”科技攻关项目正式通过专家组验收。

△　马钢股份通过中钢协环境友好企业现场评审。

△　马钢财务（SAP）系统整体迁上云平台。

11月2日　马钢集团首次召开技术服务年会。

11月10日　马钢股份获第十六届全国质量奖。

11月　马钢集团车轴用钢首次批量进入地铁行业。

12月7日　省委书记李锦斌到马钢奥瑟亚化工有限公司考察调研。

12月20日　省委副书记、代省长李国英一行到马钢集团调研，就化解过剩产能工作情况深入生产建设现场实地考察。

△　省政府在马钢集团召开钢铁行业化解过剩产能调研座谈会。

12月22—23日　马钢集团十八届一次（马钢股份八届一次）职工代表大会召开。

12月23日　马钢集团十八届一次（马钢股份八届一次）职工代表大会举行第二次全体会议。经过全体与会代表的无记名投票，《马钢集团化解过剩产能实现脱困发展人员退出分流安置总体方案（草案）》《马钢集团化解过剩产能期间员工居家休养暂行规定（草案）》通过。

12月26日　中国出入境检验检疫协会授予马钢股份为“中国质量诚信企业”，省检验检疫协会和马鞍山检验检疫局为马钢股份举行授牌仪式。

12月　马钢成功研发高强度钢丝绳用高碳钢线材产品，填补国内空白。

△　马钢海洋石油平台用H型钢获冶金产品实物质量“特优质量奖”。

2017年

1月1日　马钢集团协同办公系统正式上线。

1月19日　马钢集团高品质整体机车车轮获中国钢铁工业协会授予的2016年度“中国钢铁工业产品开发市场开拓奖”。

1月　马钢集团全流程信息化电子招投标平台上线试运行。

△　马钢铁道车辆用耐候H型钢打入非洲市场。

2月　马钢集团张庄矿顺利取得安全生产许可证，迈入正式生产阶段。

3月2日　马钢集团召开品牌建设动员大会暨品牌培育咨询项目启动会。

3月23日　马钢集团召开质量管理体系 IATF 16949 标准转换和 ISO 9001 标准换版项目启动大会。

3月28日　省政协主席徐立全到马钢集团调研。

3月　马钢车轮为中国标准动车组批量供货。

△　马钢集团与渤海装备公司签订战略合作协议。

4月9日　马钢集团优棒生产线工程举行开工仪式。

4月16日　马钢集团正式启动首届职工健身运动会。

4月18日　马钢集团高速车轴生产线建成投产。

4月26日　马钢集团与中国中车签署战略合作协议。

5月　马钢 H 型钢成功运用于港珠澳大桥沉管隧道工程。

△　马钢镀锌汽车面板首次实现批量生产。

6月　马钢集团成功研制花纹 H 型钢填补国内空白。

△　马钢集团成功开发鹅颈用热轧 H 型钢填补国内空白。

7月18日　马钢集团在长材事业部举行型材升级改造项目开工仪式。

7月　马钢海洋石油工程用 H 型钢首入中东，为中海福陆重工科威特国家石油公司项目供货。

△　马钢集团成功生产 DP980 高强汽车板，在 1000 兆帕级先进高强钢研发制造领域取得新突破。

△　马钢集团耐低温钢筋成功打入中国最大的液化天然气 LNG 项目——中海油福建 LNG 项目。

△　欣创公司获批挂牌新三板。股票简称欣创环保，股票代码 871890，成为马钢集团旗下首家登陆新三板的子公司。

8月23日　工信部发布 2017 年全国第一批绿色制造示范名单，马钢股份公司获首批国家级“绿色工厂”称号。

8月　马钢集团启动时速 400 公里车轴钢及车轴研制，该产品研发已列入 2017 年国家重点研发计划“基于理性设计的高端装备制造业用特殊钢研发”项目。

△　马钢集团成为核能材料发展联盟首届理事会单位。

△　马钢集团“高寒地区结构用热轧 H 型钢关键制造技术研究与应用”项目获冶金科学技术奖一等奖。

△　马钢冷轧高强汽车板获通用汽车全球一级工程认证。

△　马钢矿业成为全国首家通过“三标一体化”综合管理体系认证的冶金矿业企业。

9月1日　马钢集团南山矿隆重举行凹山采场生态修复工程启动仪式。

9月20日　马钢集团举行“9・20”马钢纪念日升旗仪式暨新区投产十周年庆典。

△　马钢集团“十三五”转型升级重点工程全面开工。

9月　马钢集团成功开发新能源汽车用电池壳钢。

△　马钢（杭州）投资管理有限公司（基金公司）通过中国基金协会备案审查，取得基金管理人资格。

10月10日　马钢集团举行模拟职业经理人制度第一批试点的新型建材公司、欣创环保和比亚西公司等单位签字仪式。

10月　马钢集团成为东风汽车核心供应商。

△　在 2016 年度“全国重点大型耗能钢铁生产设备节能降耗对标竞赛”中，马钢股份四钢轧总厂 1 号 300 吨转炉获全国 200 吨及以上转炉“冠军炉”称号、荣膺该竞赛最高奖项，三铁总厂 B 高炉获

4000立方米及以上高炉“优胜炉”称号。

△ 马钢集团成功轧出新能源汽车驱动电机用0.27毫米新品硅钢。

△ 马钢抗震耐蚀耐火热轧H型钢跻身国家重点研发项目。

11月30日 马钢股份与埃克森美孚（中国）投资有限公司举行合作30周年庆典暨战略合作签字仪式。

11月 马钢集团2017年化解过剩产能工作通过国家抽查。

△ 马钢集团成为德铁亚洲首家直接供应商。

△ 特钢公司连铸工艺生产P92产品开国内先河。

12月18日 马钢集团党委召开干部大会。会上宣布省委对公司主要领导的任免决定。

12月28—29日 马钢集团十八届二次（马钢股份八届二次）职工代表大会召开。

12月29日 马钢集团“近城大型露天矿区基于系统理论的协调发展”管理创新成果获全国企业管理现代化创新成果审定委员会评定的国家级二等奖。

12月 马钢铁道车辆用耐大气腐蚀热轧H型钢获中国钢铁工业协会2017年度冶金产品实物质量认定“金杯奖”和“特优质量奖”。

2018年

1月 马钢汽车板首次应用上汽通用新车型。

△ 马钢集团研制出国内最大规格重型H型钢连铸异型坯结晶器铜板。

△ 马钢集团自备码头年接卸量首破千万吨。

2月 马钢股份首次开展期货交割采购。

△ 马钢集团张庄矿入选第二批国家级绿色工厂。

3月19日 马钢集团举行“中联27”号海轮首航仪式。

3月 马钢集团成功开发出深中通道隧道沉管试验段用剖分T型钢，并用于项目现场。

△ 埃斯科特钢首台银亮钢无芯磨床热负荷试车成功。

△ 马钢电子通关系统正式启用。

4月23日 响应国家供给侧结构性改革，马钢集团功勋炉原马钢一铁厂9号高炉流出最后一炉铁水，至此，马钢集团先后永久性关停所有小高炉。

5月16日 全国人大常委会副委员长、民盟中央主席丁仲礼率全国人大常委会执法检查组一行到马钢股份热电总厂新区、利民星火冶金渣环保公司，检查指导环保工作。

5月19日 飞马智科信息技术股份有限公司举行揭牌仪式。

5月 2018年度“品牌钢铁TOP”评选结果揭晓，马钢集团蝉联中国“十大卓越钢铁企业”品牌。

△ 埃斯科特钢顺利通过中车集团两家铁路弹簧制造厂中铁检验认证中心（CRCC）认证，并获得首批采购500吨铁路弹簧用钢的大单，实现轨道交通用钢产品销售零的突破。

△ 中央电视台“共抓大保护、不搞大开发”特别报道《直播长江》节目组走进马钢集团，对南山矿凹山采场生态修复工作进行直播。

7月 马钢集团和马钢股份同时获中诚信国际信用评级有限公司和联合资信评估有限公司双机构“AAA”信用等级。

△ 马钢集团第一艘8.5万吨级船舶“中联86”号海轮首航。

8月7日　马钢—北京科技大学冶金智能制造技术创新中心揭牌。

8月31日　马钢硅钢高牌号改造项目——硅钢适应性改造项目竣工投产。

8月　马钢集团渗碳齿轮钢顺利通过中车戚墅堰机车车辆工艺研究所有限公司认证，并在“复兴号”高铁及“和谐号”动车组装车使用。

△　“马钢高速车轮制造技术创新”项目获2018年冶金科学技术奖一等奖，“地下金属矿山绿色安全高效关键技术开发”“CIX旋转磁场干式磁选机在超细碎闭路碎矿回路中的应用研究”两个项目获2018年冶金科学技术奖二等奖，“大型烧结机高效、环保、节能绿色集成综合技术”“汽车用IF钢优质、高效生产技术集成及应用研究”两个项目获2018年冶金科学技术奖三等奖。

9月13日　华宝冶金资产管理有限公司揭牌仪式在中国（上海）自由贸易试验区世博园区中国宝武大厦举行。

9月20日　马钢集团在马鞍山大剧院举办“马钢颂”纪念毛主席视察马钢60周年暨马钢成立60周年主题晚会。

△　马钢集团在二铁总厂北区9号高炉北广场举行纪念毛主席视察马钢60周年暨9号高炉工业遗产保护仪式。

9月　马钢集团启动钟九铁矿项目建设。

△　马钢股份长材事业部型材升级改造工程完成热负荷试车。

10月26日　马钢财务共享中心揭牌成立。

10月　马钢股份长材北区炼钢系统永久性关停，标志着马钢集团3年产能退出计划全面完成。

△　马钢热轧厚重极限规格大H型钢首次应用于张家口冬奥会场馆。

△　马钢T型钢成功应用于世界级工程项目——深中通道。

12月10日　在“2019中国和全球钢铁需求预测研究成果、钢铁企业竞争力评级发布会”上，马钢集团获2018年钢铁企业综合竞争力评级A+。

12月19—20日　马钢集团十八届三次（马钢股份八届三次）职工代表大会召开。

2019年

1月9日　马钢集团举行废钢公司、化工能源公司、新型建材公司揭牌仪式。

1月21日　中国民生银行与马钢集团战略合作协议签约仪式在北京中国民生银行大厦隆重举行。

1月31日　马钢集团“轨道交通关键零部件先进制造技术国家地方联合工程研究中心”通过发改委批准，这是马钢第二个国家级企业创新研发平台。

2月27日　工信部工业强基工程项目“高性能齿轮渗碳钢工程实施方案”启动会在马钢集团召开。

2月　马钢高寒地区结构用热轧H型钢获中国钢铁工业协会2018年度“中国钢铁工业产品开发市场开拓奖”。

3月1日　马钢股份召开智能制造启动会。

3月　马钢轻轨轮对成功出口印尼，正式打开国际轻轨轮对市场。

4月22日　“马钢杯”第六届全国大学生物流设计大赛举行颁奖典礼。

4月24日　教育部职业技术教育中心研究所发布《关于先期重点建设培育的产教融合型企业建设名单的公告》，马钢集团成功入选。

5月10日　马钢集团选矿工匠基地在姑山矿揭牌并投入运营。

5月　中国冶金报社发布2019年“卓越钢铁企业品牌”“优秀钢铁企业品牌”，马钢集团蝉联中国“十大卓越钢铁企业”品牌。

△　马钢集团“时速350千米高铁用高性能车轴产品开发”课题通过验收。

6月　马钢集团成功研制开发国内最高钢级140V页岩气油井管用钢，填补国内空白。

7月　马钢集团铁道车辆用高耐蚀钢产品通过中铁检验认证中心（CRCC）认证。

8月30日　“轨道交通关键零部件先进制造技术国家地方联合工程研究中心”建设启动会暨“高性能轨道交通新材料及安全控制安徽省重点实验室”学术委员会在马钢集团召开。

8月　在2019年马来西亚吉隆坡举办的世界拔河俱乐部锦标赛中，马钢集团拔河队勇夺世界冠军。

9月19日　中国宝武与马钢集团重组实施协议签约仪式在合肥举行。

第一篇 组织机构

第一篇　组织机构

概　　述

2001年以来，是马钢集团高速发展阶段，马钢集团组织机构的优化调整主要适应做大做强的需要，建立与公司战略转型要求相适应的管控模式和运行机制新的需要，不断提高管理效率和运行质量。

2019年底，马钢集团设置了9个管理部门，包括：办公室（党委办公室、外事办公室、董事会秘书处、信访办公室、保密办公室）、党委工作部（党委组织部、党委宣传部、人力资源部、企业文化部、统战部、团委）、纪委（监察审计部、巡察办公室、监事会工作办公室）、工会、管理创新部和科技管理部、投资管理部、财务部、安全管理部和能源环保部、法律事务部。

“十五”期间（2001—2005年），组织机构的建设致力于进一步理顺马钢集团与马钢股份的管理关系、优化内部生产组织单元，将相对分散的生产组织聚合，形成较强的合力。同时强化了职能管理，进一步提高了效率。例如，对马钢股份铁前、炼钢、轧钢、能源、物流、仓储等生产组织系统实施了重组整合；撤销马钢集团人事部、劳动工资部和教育培训部，设立马钢集团人力资源部等。

“十一五”期间（2006—2010年），组织机构的建设围绕“产权清晰、权责明确、政企分开、管理科学”现代企业制度建设开展，配合“分离辅助，辅业改制”，将部分辅业单位改制成为职工参股的混合所有制企业。根据《中华人民共和国公司法》，维护出资人、公司的合法权益，规范公司的组织和行为。

“十二五”期间（2011—2015年），组织机构的建设，重点依据《马钢2010—2014年发展规划纲要》及马钢“十二五”结构调整发展规划，围绕强化运营管控，提升专业化管理水平以及规范管理职能等方面实施优化调整。聚焦马钢“1+7”多元产业发展，建立市场化的经营主体，包括马钢工程技术集团有限公司、马钢资产经营管理公司等。围绕马钢板带类产品，落实“集中一贯”的专业管理模式，按专业化组建总厂。

“十三五”期间（2016—2019年），组织机构的建设，突出问题导向和市场导向，以提升企业经营活力、发展动力、管理效率为目标，破除制约马钢发展的体制机制障碍；坚持“钢铁主业强、非钢产业活、体制机制新、经营绩效好”思路，以变革求突破、向管理要效益，大力构建适应市场、更具活力的体制机制，在改革创新中增添活力、激发动力。重点按照现代企业制度要求，强化管控体系建立，推动马钢集团及各自公司机关部门组织机构建设，提高管控效率。

第一章 组织沿革

“九五”末，随着马钢总公司改制为马钢集团，马钢集团层面围绕战略转型目标及管控子公司架构，开展系列公司制改制，初步形成马钢集团母子公司架构。

2002 年，为促进教育资源合理配置，马钢集团整合了教育培训资源，将马钢党校与马钢职工大学合并，成功申办安徽冶金科技职业学院；马钢高级技工学校与 11 个培训站合并，申办了技师学院。到 2009 年，为了进一步整合和利用好公司教育培训资源，创新体制机制，全面提升教育、培训水平，打造与马钢发展战略相匹配的一流的教育培训基地，马钢集团组建了马钢教育培训中心。2002 年 12 月，撤销马钢两公司规划发展部、马钢集团公司矿管办、马钢两公司非钢办，在这 3 个部门原有职能基础上，经过合理增减、重新组合，设立马钢集团产业发展部。

2005 年 2 月，撤销马钢两公司人事部、劳动工资部和教育培训部，设立马钢两公司人力资源部；调整党委组织部（干部部）职能。同年为实现新闻宣传业务的统一、规范管理，马钢集团整合了马钢日报社、马钢有线电视中心与《中国冶金报》马钢记者站，设立马钢集团新闻中心，保留马钢日报社、马钢有线电视中心，作为新闻中心的下属单位。

2007 年，马钢集团对现行能源和环境管理机构和职能进行调整，组建两公司能源环保部。2008 年，为加强和完善公司治安保卫管理体制，进一步明确厂区保卫职责，充分发挥二级单位治安保卫的积极性，加大厂区综合整治力量，确保公司生产秩序稳定，马钢集团整合成立了保卫部（武装部）。

为建立适应集团化发展的管控模式和运行机制，优化人力资源配置，2011 年 6 月马钢集团对机关组织机构进行了调整，马钢集团设职能部室 13 个：办公室（党委办公室）、党委工作部（团委）、纪委（监察审计部）、工会、企业管理部、人力资源部、社会事业部、法律事务部、安全生产管理部、能源环保部、财务部、工程管理部、资本运营部。其中：

（1）组干部、宣传部、团委合并，成立党委工作部；

（2）监察部（纪委）与审计部合并，成立监察审计部，与纪委合署办公；

（3）武装部与保卫部单独挂牌，机构合并；

（4）撤销战略研究室，成立资本运营部；

（5）撤销基建技改部职能和产业发展部，成立工程管理部。负责公司技改工程项目管理、总图、土地管理、征迁、拆迁、工程招标等工作。

2013 年，按照职能清晰、权责明确、管理和服务流程顺畅的原则，对各部门管理职能进行了分解和调整：将马钢集团科技创新部和马钢股份技术质量部合并，成立马钢集团科技质量部。马钢集团设职能部门 14 个：办公室、党委工作部（团委）、纪委（监察审计部）、工会、企业管理部、人力资源部、社会事业部、法律事务部、安全生产管理部、能源环保部、财务部、工程管理部、资本运营部、科技质量部。

为加强不动产管理，于 2014 年成立了马钢集团资产经营管理公司。

2016 年 9 月，马钢集团成立马钢人力资源服务中心，同时撤销劳动服务公司。2018 年对标宝武集团及宝钢股份，为实现机构和人员进一步精简高效，马钢集团开展机关机构改革，马钢集团部门由

2018 年初的 15 个精简为 10 个，机关人员由 591 人精简为 167 人，马钢集团设职能部门：办公室（党委办公室、外事办公室、董事会秘书处、信访办公室、保密办公室）、党委工作部（党委组织部、党委宣传部、人力资源部、企业文化部、统战部、团委）、纪委（监察审计部、巡察办公室、监事会工作办公室）、工会、管理创新部、投资管理部、财务部、科技管理部、安全管理部和能源环保部、法律事务部。

2019 年上半年马钢集团对机关机构再次进行调整，将管理创新部与科技管理部合署办公，将纪委（监察审计部、党委巡察办公室）更名为纪委（审计稽查部、党委巡察办公室）。

为深入落实长三角一体化发展战略，进一步推进国有经济布局调整，推动强强联合、优势互补，在安徽省和中国宝武的主导下，9 月 19 日，安徽省国资委和中国宝武签订了《关于重组马钢集团相关事宜的实施协议》，马钢集团正式成为中国宝武控股子公司。

第二章　组织体系

第一节　治理结构

一、董事会

根据省国资委2009年3月2日下发的《关于印发〈马钢（集团）控股有限公司章程〉的通知》，马钢集团设董事会，董事会下设秘书处，负责处理董事会的日常事务。2017年4月10日，省国资委印发皖国资法规〔2017〕53号文，对《马钢（集团）控股有限公司章程》进行了重新修订。董事会成员为7—9人，其中，设职工董事1人。职工董事由职工代表大会民主选举产生，其他董事按管理权限由安徽省政府或省国资委委派。董事会对省国资委负责，行使下列职权：向省国资委报告工作；执行省国资委的决议；制订公司的发展战略、经营方针和投资计划；根据出资人批准的经营方针和投资计划决定公司的经营计划和投资方案；制定公司的年度财务预算方案、决算方案；制定公司的利润分配方案和弥补亏损方案；制定公司增加或者减少注册资本以及发行公司债券的方案；制定公司合并、分立、解散或者变更公司形式的方案；决定公司内部管理机构的设置、职能和隶属关系；决定聘任或者解聘公司总经理，并根据总经理的提名决定聘任或者解聘副总经理等高级管理人员及其报酬事项；制定公司的基本管理制度等。

2009年12月24日，马钢集团召开第一届董事会第一次会议。截至2019年9月19日，第一届董事会共召开91次会议，审议议题367项。内容涵盖公司战略、重大投资、重大项目等事项。

二、监事会

2002年，安徽省政府为加强对省属国有企业的监督，依据《中华人民共和国公司法》和国务院《国有企业监事会暂行条例》，制定了《安徽省省属国有企业监事会暂行规定》，授权省国资委从2003年开始向省属企业外派监事会，对各省属企业监事会工作进行集中管理。2003年8月，省国资委正式向马钢外派监事会，同意马钢集团1名中层管理人员为省政府向马钢集团派出的监事会兼职监事。2009年3月2日，省国资委制定下发《马钢（集团）控股有限公司章程》，决定马钢集团设监事会，同时进一步明确外派监事会的监管模式。安徽省向马钢集团外派的监事会按照相关法律法规及省国资委的监管要求，监督马钢集团财务、经营效益、利润分配、国有资产保值增值、资产运营等情况；监督董事和高级管理人员执行公司职务行为，发现异常情况予以纠正和调查。监事由省国资委直接委派，成员中有1名职工监事，由马钢职工代表大会选举产生，监事会主席由安徽省国资委任命，相关工作由省国资委监事会工作处统一安排，马钢集团按要求接受监管。2001—2019年，监事会成员通过列席董事会、总经理办公会等决策会议，对马钢集团生产经营情况进行监督，督促健全马钢集团内部控制制度，监督公司历届董事会成员及高级管理人员能按照国家有关法律法规和公司章程规定忠实履职。

三、经营层

2001—2008年，采用党委书记、总经理主要负责人分设的领导体制。

为建立“产权明晰、权责明确、政企分开、管理科学”的现代化企业制度，维护出资人、公司的合法权益，规范公司的组织和行为，2009年3月2日，省国资委制定下发了《马钢（集团）控股有限公司章程》，决定设立董事会，设置董事长1名。

2009—2010年，党委书记、董事长、总经理1人兼任。

2011年后，党委书记、董事长1人兼任，总经理1人担任。

第二节 职能部门

马钢集团管理部门共7个，分别为：办公室（党委办公室、外事办、董事会秘书处、监事会秘书处、信访办、保密办）、党委工作部（党委组织部、党委宣传部、企业文化部、统战部、团委）、纪委（审计稽查部、党委巡察办公室）、工会、管理创新部（科技管理部、安全管理部、能源环保部）、财务部、投资管理部（法律事务部）。

其中，党群与行政复合3个：办公室（党办）、党委工作部（党委组织部、党委宣传部）、纪委（审计稽查部、党委巡察办公室）。

第三节 直属机构

马钢集团直属机构8个：行政事务中心（马钢公积金中心、档案馆）、人力资源服务中心、财务共享中心、离退休中心、教培中心（党校、安冶院、技师学院、技校、卫校）、新闻中心、保卫部（武装部）、资产经营公司。

第三章　分子公司

第一节　分　公　司

［概况］

2019年9月，马钢集团下属分公司仅一家单位，为资产经营公司。

第二节　子　公　司

［概况］

2019年底，马钢集团设有一级子公司22家，具体情况见表1-1，其中全资子公司11家，是马钢集团发展钢铁、矿山资源、节能环保、资源综合利用、工程技术、智慧服务、新材料、化工能源等“1+7”板块的载体。

2001—2019年成立的一级子公司及重要二级子公司包括：

2001年9月，设立马钢集团建设有限责任公司（简称马建公司），2010年马钢集团对马建公司实施“主辅分离，辅业改制”，马钢集团不再控股马建公司。

2001年9月，马钢集团成立劳动服务公司。

马钢股份于2001年、2002年先后将设计院和自动化工程公司依法改制为有限责任公司。

2002年，对房地产公司进行公司制改制，成立了康泰置地有限公司。2010年，马钢集团对康泰公司实施“主辅分离，辅业改制”，康泰公司由全资公司变成控股公司。

2006年5月，兼并重组合肥钢铁公司，更名为马钢（合肥）钢铁有限责任公司（简称合肥公司）。

2009年6月，将马钢集团南山矿业有限责任公司、马钢集团姑山矿业有限责任公司由全资子公司变更为马钢集团下属分公司；马钢股份成立设备检修公司。

2011年，力生公司、实业公司改制，马钢集团不再控股这2家子公司。

2010年6月，设立财务公司。

2011年3月，马钢股份设立马钢设备安装工程有限公司、马钢表面工程技术有限公司、马钢钢结构工程有限公司、马钢电气修造有限公司。同年4月，马钢集团设立马钢矿业公司。

2012年，马钢股份设立废钢公司、马钢国际经济贸易有限公司；10月，由马钢股份有限公司和安徽长江科技股份有限公司共同出资组建的安徽马钢粉末冶金有限公司。

2013年6月，马钢集团收购马钢股份马鞍山马钢电气修造有限公司100%股权、马鞍山马钢钢结构工程有限公司100%股权、马钢国际经济贸易总公司100%股权、马鞍山马钢表面工程技术有限公司100%股权、马鞍山马钢设备安装工程有限公司100%股权、马鞍山市旧机动车交易中心有限责任公司100%股权、马钢控制技术有限责任公司93.75%股权、安徽马钢工程技术有限公司58.96%股权、安徽马钢粉末冶金有限公司51%股权、马钢联合电钢轧辊有限公司51%股权、马鞍山港口（集团）有限责任公司45%股权。

2014年，马钢集团设立马钢工程技术集团有限公司（简称工程技术集团）。

2015年，马钢集团设立马钢集团投资有限公司（简称投资公司）、马钢集团物流有限公司（简称马钢物流）。

2017年，马钢集团设立马钢集团招标咨询有限公司（简称招标公司）。

2018年，马钢集团设立安徽马钢化工能源科技有限公司、马钢诚兴金属资源有限公司（2019年底股权转让到废钢公司，成为废钢公司子公司）。

2019年，马钢集团设立安徽马钢创享财务咨询有限公司（简称创享公司）。

2015年4月29日，马钢集团投资有限公司揭牌

表1-1　2019年马钢集团一级子公司统计表

序号	单位名称	控股股东单位名称（全称）	控股股东持股比例/%
1	马鞍山钢铁股份有限公司	马钢（集团）控股有限公司	45.54
2	安徽马钢矿业资源集团有限公司	马钢（集团）控股有限公司	100
3	安徽马钢工程技术集团有限公司	马钢（集团）控股有限公司	100
4	马钢集团物流有限公司	马钢（集团）控股有限公司	100
5	马钢国际经济贸易有限公司	马钢（集团）控股有限公司	100
6	马鞍山马钢废钢有限责任公司	马钢（集团）控股有限公司	55
7	安徽马钢化工能源科技有限公司	马钢（集团）控股有限公司	55
8	马钢集团投资有限公司	马钢（集团）控股有限公司	100
9	安徽欣创节能环保科技股份有限公司	马钢（集团）控股有限公司	24.51
10	飞马智科信息技术股份有限公司	马钢（集团）控股有限公司	83.115
11	安徽马钢粉末冶金有限公司	马钢（集团）控股有限公司	50.26
12	安徽马钢嘉华新型建材有限公司	马钢（集团）控股有限公司	40
13	马钢集团招标咨询有限公司	马钢（集团）控股有限公司	100
14	马钢集团康泰置地发展有限公司	马钢（集团）控股有限公司	50.8
15	安徽马钢创享财务咨询有限公司	马钢（集团）控股有限公司	100
16	深圳市粤海马实业有限公司	马钢（集团）控股有限公司	75
17	安徽马钢耐火材料有限公司	马钢（集团）控股有限公司	100
18	马鞍山马钢嘉华商品混凝土有限公司	马钢（集团）控股有限公司	70
19	马鞍山博力建设监理有限责任公司	马钢（集团）控股有限公司	100
20	马钢诚兴金属资源有限公司	马钢（集团）控股有限公司	51
21	马钢集团南山矿业有限责任公司	马钢（集团）控股有限公司	100
22	马钢集团姑山矿业有限责任公司	马钢（集团）控股有限公司	100

［马钢股份］

一、治理结构

董事会：

马钢股份董事会成员由股东大会选举产生。董事会履行法律、法规及公司章程赋予的职权，职能包括：

负责召集股东大会，并向股东大会报告工作；执行股东大会的决议；决定公司的年度经营计划和重要的投资方案；制定公司的年度财务预算方案、决算方案；制定公司的利润分配方案和弥补亏损方案；制订公司增加或者减少注册资本的方案及发行债券或其他证券及其上市的方案；拟订公司重大收购或出售、购回本公司股票或者合并、分立、解散及变更公司形式的方案；在股东大会授权范围内，决定公司对外投资、收购出售资产、资产抵押、委托理财、关联交易等事项；决定公司内部管理机构的设置；聘任或者解聘公司总经理，根据总经理的提名，聘任或者解聘公司副总经理、财务负责人等高级管理人员，决定其报酬事项；制定公司的基本管理制度；制定公司章程修改方案；在公司年度财务预算内，行使公司的重大借款权；决定专门委员会的设置和任免有关负责人；股东会议及公司章程授予的其他职权，但董事会在行使该项职权后，应向股东周年大会报告有关执行情况；决定公司章程或有关法规没有规定应由股东会议决定的其他重大业务和行政事项，以及签署其他的重要协议；任免董事会秘书；管理公司信息披露事项；向股东大会提请续聘或更换为公司审计的会计师事务所；听取公司总经理的工作汇报并检查总经理的工作。

在此期间，董事会审议的重要事项有：

1. 2005 年 4 月 25 日，马钢股份第四届董事会第二十二次会议审议通过公司“十一五”技术改造和结构调整总体规划。总投资约 300 亿元人民币，其中投资约 250 亿元人民币（固定资产投资 230 亿元，铺底流动资金 20 亿元）新建 500 万吨高附加值板卷产品生产线，主要包括 1 条 2250 毫米热连轧线、1 条 2130 毫米酸洗冷连轧线、2 条热镀锌线等，以及相配套的炼铁、炼钢及全部公用辅助设施。该生产线将主要增加国内短缺的产品，包括用于汽车、家电、高档建筑的高附加值薄板；投资约 50 亿元人民币，对现有生产系统进行配套、改造和更新，包括建设 1 座年产 150 万吨球团的链算机回转窑，外部铁路运输线改造，对现有生产设施进行节能、环保及提高产品质量的技术改造，以及必要的设备更新。

2. 2006 年 4 月 25 日，马钢股份第五届董事会第五次会议批准与非关联方合肥市工业投资控股有限公司共同投资设立合肥公司。该公司注册资本 5 亿元，其中公司出资 3. 55 亿元，占注册资本的 71%，合肥市工业投资控股有限公司出资 1. 45 亿元，占注册资本的 29%。在双方出资中，公司全部以现金出资，合肥市工业投资控股有限公司以 1. 15 亿元现金和 3000 万元净资产出资，该净资产为经评估后的原合肥钢铁集团的有关资产及债务。

3. 2006 年 5 月 29 日，马钢股份第五届董事会第六次会议通过关于拟发行分离交易可转换公司债券的议案。本次分离交易可转换公司债券共发行人民币 55 亿元，每张面值为 100 元人民币，每 10 张为 1 手，每 1 手为一个申购单位，每个申购单位所需资金 1000 元。每手马钢股份分离交易可转债的最终认购人可以同时获得发行人派发的 230 份认股权证。

4. 2011 年 4 月 27 日，马钢股份第六届董事会第二十二次会议批准投资重组安徽长江钢铁股份有限公司。该公司原注册资本为 5. 4 亿元人民币，经评估，截至 2010 年 9 月 30 日净资产价值为 10. 6 亿元。经商议，重组各方同意该公司经评估基准日净资产折价为 10. 1 亿元，以此确定定向增发每股价格为（10. 1/5. 4）元。马钢股份投资 12. 34 亿元人民币，购买该公司非公开发行股份 6. 6 亿股，占该公司增资扩股后股份总数的 55%，占控股地位。

2001—2019年期间，马钢股份董事会任期情况：

第三届董事会：任期起止日期自1999年9月1日至2002年8月31日。

第四届董事会：2002年8月31日，马钢股份股东大会选举公司第四届董事会，任期起止日期为自2002年9月1日至2005年8月31日。

第五届董事会：2005年8月31日，马钢股份股东大会选举公司第五届董事会，任期起止日期为自2005年9月1日至2008年8月31日。

第六届董事会：2008年8月31日，马钢股份股东大会选举公司第六届董事会，任期起止日期为自2008年9月1日至2011年8月31日。

第七届董事会：2011年8月31日，马钢股份股东大会选举公司第七届董事会，任期起止日期为自2011年9月1日至2014年8月31日。

第八届董事会：2014年8月29日，马钢股份股东大会选举公司第八届董事会，任期起止日期为自2014年9月1日至2017年8月31日。

第九届董事会：2017年11月30日，马钢股份股东大会选举公司第九届董事会，任期起止日期为自2017年12月1日至2020年11月30日。

监事会：

2001—2019年期间，马钢股份监事会任期情况：

第三届监事会：监事会成员任期起止日期为自1999年9月1日至2002年8月31日。

第四届监事会：2002年8月31日，马钢股份股东大会选举公司第四届监事会，任期起止日期为自2002年9月1日至2005年8月31日。

第五届监事会：2005年8月31日，马钢股份股东大会选举公司第五届监事会，任期起止日期为自2005年9月1日至2008年8月31日。

第六届监事会：2008年8月31日，马钢股份股东大会选举公司第六届监事会，任期起止日期为自2008年9月1日至2011年8月31日。

第七届监事会：2011年8月31日，马钢股份股东大会选举公司第七届监事会，任期起止日期为自2011年9月1日至2014年8月31日。

第八届监事会：2014年8月29日，马钢股份股东大会选举公司第八届监事会，任期起止日期为自2014年9月1日至2017年8月31日。

第九届监事会：2017年11月30日，马钢股份股东大会选举公司第九届监事会，任期起止日期为自2017年12月1日至2020年11月30日。

股东大会：

马钢股份股东大会由马钢股份全体股东组成，是马钢股份的权力机构，依法行使职权，职能包括：

决定公司的经营方针和年度投资计划；选举和更换董事，决定有关董事的报酬事项；选举和更换由非职工代表出任的监事，决定有关监事的报酬事项；审议批准董事会的报告；审议批准监事会的报告；审议批准公司的年度财务预算方案、决算方案；审议批准公司的利润分配方案和弥补亏损方案；对公司增加或者减少注册资本作出决议；对公司合并、分立、解散和清算或者变更公司形式作出决议；对公司发行债券作出决议；对公司聘用、解聘或者不再续聘会计师事务所作出决议；修改公司章程；审议代表公司有表决权的股份3%以上（含3%）的股东的提案；决定公司对外投资、资产出租、资产抵押及委托经营、委托理财等事项；审议批准本章程第五十六条规定的担保事项；审议公司在一年内购买、出售重大资产超过公司最近一期经审计总资产30%的事项；审议批准变更募集资金用途事项；审议股权激励计划；法律、行政法规及公司章程规定应当由股东大会作出决议的其他事项。

股东大会授权或委托董事会办理下列事项：在公司最近经审计净资产10%的范围内，决定公司的对外投资、资产出租、资产抵押、委托经营、委托理财等事项；对于法律、法规及公司章程没有规定的其他重大事宜，在必要、合理的情况下，授权董事会决定或处理。

2001—2019年，马钢股份共召开41次股东大会，其中年度股东大会20次，临时股东大会21次。

每年股东大会审议的常规事项包括：年度董事会工作报告、监事会工作报告、经审计财务报告、利润分配方案及聘任审计师并授权董事会决定其酬金的议案。

股东大会审议的其他事项主要包括：

1. 批准公司战略发展规划。

2. 批准修订公司章程。依据国家法律法规的不断更新及公司实际情况的变化，马钢股份对公司章程进行了13次修订。

3. 批准签署关联交易协议。根据上海证券交易所《股票上市规则》和香港联合交易所《证券上市规则》规定，上市公司重大关联交易须经股东大会审议批准后方可实施。在此期间，马钢股份股东大会共审议批准24项关联交易协议，主要包括马钢股份与马钢集团之间的矿石购销协议、持续关联交易协议、马钢股份与欣创环保之间的节能环保协议、马钢财务公司与马钢集团之间的金融服务协议等。

4. 选举马钢股份董事、监事，审议批准董事、监事报酬的议案。

5. 批准发行马钢股份债、分离交易可转换公司债券、短期融资券等融资议案。

6. 批准马钢股份股权分置改革方案。

经营层：

2001—2008年，党委书记、董事长、总经理主要负责人分设。

2009—2012年，党委书记、董事长1人兼任，总经理1人担任。

2013—2019年，不再设置党委书记职务，董事长、总经理分设。

二、机构设置

2001年以来，为提高管理效率，马钢股份机关机构与马钢集团大部分进行合署办公（期间，仅有2011—2013年及2018—2019年，马钢股份机关机构单设运行）。组织机构主要设置原则为马钢集团和马钢股份都必须设立的部门，采取马钢集团设置、马钢股份挂牌方式运作，马钢股份单独设立专业管理部门。

2011年，马钢集团与马钢股份组织机构分开设立。马钢集团设立公共管理和服务监督部门，马钢股份综合性管理职能委托集团管理。马钢股份设立与钢铁主业直接有关的专业管理部门和监管部门要求必须设立的部门，不再设立综合管理部门，一般以“马钢（集团）控股有限公司”一个名称对外。在监管部门对上市公司有特别要求或政府有其他情形要求时，可以以“马钢股份公司”名称单独对外。由于在实际中运作不畅，2013年相关机构再次进行了合署。

2018年，机构改革过程中，马钢股份组织机构与马钢集团机构再次分设，管理单元共15个，分别是：办公室（党委办公室）、党委工作部（党委组织部、党委宣传部、企业文化部、统战部、团委）、纪委、工会、法律事务部、运营改善部、人力资源部、安全生产管理部、市场部、计划财务部、制造部、设备管理部、技术改造部、能源环保部、督察办公室。机构设置一直延续至2019年底。

制造单元的变革主要结合产品结构调整和信息化建设，对马钢股份生产主线厂按区域和业务流程进行重组和再造，建立钢铁主体集中一贯的管理体制。

2001年1月，以原马钢钢铁研究所为基础，通过对马钢内部有关技术研究力量和信息资源的整合，成立了马钢技术中心，从而为完善科研开发体系和有效的运行机制，进行新产品开发、工艺优化和培育马钢核心技术奠定了基础。

2004 年 1 月，马钢两公司撤销了马钢股份第二烧结厂、马钢股份第一炼铁厂、马钢股份第二炼铁厂，成立马钢股份第一炼铁总厂。撤销马钢股份第三烧结厂、马钢股份第四炼铁厂，成立马钢股份第二炼铁总厂。

2005 年 2 月，马钢两公司决定进一步按照钢铁产品生产流程对马钢股份生产单位进行整合，实现业务流程化管理：整合三厂区的一钢厂、热轧板厂、冷轧板厂、板带部，设立第一钢轧总厂。整合二厂区的二钢厂、二轧厂，设立第二钢轧总厂。整合三厂区的三钢厂、高速线材厂、H 型钢厂，设立第三钢轧总厂。设立第一能源总厂，由动力厂、供排水厂以及从气体分公司中剥离出的煤气、压缩空气等管供业务单位构成。马钢新区设立第三炼铁总厂、第四钢轧总厂和第二能源总厂。实行物流整合，设立仓储配送中心，将炉料公司的炉料、燃料、废钢等物料的仓储、加工、配送职能分离出来设立马钢仓储配送中心。

2007 年 7 月，马钢股份第三炼铁总厂和球团厂进行业务整合，将球团厂并入第三炼铁总厂。

2010 年 5 月，原国贸总公司进口备品备件采购职能、设备部的备件采购及供应职能，与材料公司承担的相关材料采购和供应职能整合，撤销材料公司，成立物资公司。炉料公司与国贸总公司合并，重组设立马钢国际经济贸易总公司（简称国贸总公司）、马钢股份原燃料采购中心，两块牌子一套班子。

为加强板带产品管理，实现板材产品集中一贯管理，2013 年，成立马钢股份汽车板推进处。2014 年，马钢股份制造部、冷轧总厂成立，5 月 13 日，马钢股份炼铁技术处成立。

2013 年，对车轮公司、特钢公司、原彩涂板厂实行事业部制，分别成立车轮事业部、特钢事业部、彩涂板事业部。

2015 年，马钢股份优化调整能源管控体系。9 月，公司下发《关于马钢股份公司能源管控体系优化调整的决定》。优化调整后，赋予能源总厂能源运行管理职责，能源总厂更名为能源管控中心（简称能控中心）。

2015 年 9 月，马钢股份公司优化调整能源管控体系成立能源管控中心

2015 年，马钢股份对采购系统进行优化整合。将原物资公司相关材料采购资源整合并为原燃料采购中心，原燃料采购中心更名为采购中心。将原物资公司备品备件等物资采购职能整合至设备部。

2016 年，马钢股份调整优化生产制造体系。强化资源协同效应，引领长材产业发展，将第二钢轧总厂、第三钢轧总厂合并，设立长材事业部。为保障新高炉建设，将一铁总厂与二铁总厂合并，合并后的单位名称为马钢股份公司第二炼铁总厂（简称二铁总厂）。为发挥“集中一贯制”管理优势，将冷轧总厂与彩涂板事业部合并，合并后的单位名称为马钢股份冷轧总厂（简称冷轧总厂）。

2017 年，进一步强化资源业务整合，整合成立马钢股份炼铁总厂（简称炼铁总厂）。

马钢股份业务单元共 4 个，分别是：马钢股份技术中心（新产品开发中心）（简称技术中心）、马钢股份销售公司（简称销售公司）、马钢股份采购中心（简称采购中心）、马钢股份检测中心（简称检测中心）。

马钢股份制造单元共11个，分别是炼铁总厂、马钢股份炼焦总厂（简称炼焦总厂）、马钢股份一钢轧总厂（简称一钢轧总厂）、马钢股份四钢轧总厂（简称四钢轧总厂）、马钢股份冷轧总厂（简称冷轧总厂）、马钢股份港务原料总厂（简称港务原料总厂）、马钢股份铁运公司（简称铁运公司）、马钢股份资源分公司（简称资源分公司）、马钢股份仓配公司（简称仓配公司）、马钢股份热电总厂（简称热电总厂）、马钢股份能控中心（简称能控中心）（含部分管理职能）。

事业部制单位共2个，分别是马钢股份长材事业部（简称长材事业部）、马钢股份特钢公司（简称特钢公司）。

马钢股份全资、控股子公司共计32家，分别是马钢集团财务有限公司、安徽长江钢铁股份有限公司（简称长江钢铁）、马钢（合肥）钢铁有限责任公司、马钢废钢有限责任公司、安徽马钢和菱实业有限公司、安徽马钢嘉华新型建材有限公司、马钢（芜湖）加工配售有限公司、马钢（芜湖）材料技术有限公司、马钢（合肥）钢材加工有限公司、马钢（合肥）材料科技有限公司、马钢（广州）钢材加工有限公司、马钢（金华）钢材加工有限公司、马钢（扬州）钢材加工有限公司、马钢（重庆）材料技术有限公司、马鞍山马钢慈湖钢材加工配售有限公司、南京马钢钢材销售有限公司、马鞍山马钢慈湖钢材加工配售有限公司常州分公司、马鞍山钢铁无锡销售有限公司、马钢（上海）钢材销售有限公司、马钢（杭州）钢材销售有限公司、马钢（武汉）钢材销售有限公司、马钢（长春）钢材销售有限公司、马钢（澳洲）有限公司、MG贸易发展有限公司、马钢（香港）有限公司（海外事业管理部）、马钢瓦顿公司、美洲公司、马钢轨道公司、马鞍山马钢欧邦彩板科技有限公司、埃斯科特钢有限公司、马鞍山迈特冶金动力科技有限公司、安徽马钢防锈材料科技有限公司。

第二篇 重点工程建设

第二篇　重点工程建设

概　　述

2003年8月，马钢两公司正式委托冶金工业规划研究院为马钢股份“十一五”期间的发展编制了一份《马鞍山钢铁股份有限公司“十五”后期和“十一五”技术改造和结构调整总体规划》。2003年10月20日上午，中国国际工程咨询公司专家委员会主任石启荣率专家组一行来到马钢，对马钢两公司“十一五”发展规划进行论证分析。2003年12月12日上午，安徽省委、省政府召开马钢发展规划现场办公会，专题研究、协调马钢未来发展的一些重大问题，以推动马钢抓住机遇，实现新一轮跨越式发展。会议听取了马钢股份“十一五”技术改造和结构调整总体规划的汇报，对马钢两公司新的发展规划给予高度评价，并表示大力支持。2003年12月28日，冶金工业规划研究院编制完成的《马鞍山钢铁股份有限公司“十五”后期和“十一五”技术改造和结构调整总体规划》由国家发改委委托中咨公司进行项目评估。2004年1月15日，马钢股份公司正式委托SMS公司为马钢“十一五”系统工程进行总体布置方案设计。2004年4月10日，“十一五”各系统工程可研报告编制完成。2004年9月29日，马钢股份公司“十一五”技术改造与结构调整原料厂工程初步设计审查会在马钢原料厂召开，2004年11月24日，马钢股份公司“十一五”技术改造与结构调整规划获国家发改委批准，11月29日收到发改委《关于马鞍山钢铁股份有限公司“十一五”发展建设规划的批复》，批复同意马钢股份“十一五”（2006—2010年）技术改造和结构调整总体规划。规划的主要内容：在安徽省马鞍山市邻近本公司现有厂区的新区建设500万吨高附加值板卷产品生产线，主要包括新建1条2250毫米热连轧线、1条2230毫米酸洗冷连轧线、3条热镀锌线、2条彩涂线以及相配套的炼铁、炼钢及全部公辅设施。该规划主要增加国内短缺的产品产量，包括热轧板卷、冷轧板卷、镀锌板和彩涂板等高附加值产品，产品主要用于汽车、家电、建筑等行业，总投资估算为205亿元人民币。2005年3月15日，在马钢宾馆三楼，马钢股份基建技改领导小组召开第十三次扩大会议，宣布成立新区项目部，举行了责任书签字仪式。

2005年10月8日上午9点58分，伴随着重达7.5吨的第一根厂房立柱在酸洗-轧机跨拔地而起，拉开了冷轧项目厂房立柱连续吊装作业的帷幕。2005年11月12日上午9点整，伴随着单件重达25吨的B列14线第一根厂房下立柱拔地而起，拉开了连铸项目钢结构吊装作业的帷幕。2005年12月18日上午9时16分，伴随着单件重达105吨的J列13线高层框架第一根厂房下立柱拔地而起，拉开了炼钢项目钢结构吊装作业的帷幕。2006年4月22日上午，新区钢轧系统2130毫米冷轧项目酸轧机组轧机牌坊吊装仪式在新区现场建设工地举行，这是该工程建设的一个重要里程碑节点。2006年5月16日上午9点18分，在马钢冷轧无取向硅钢工程工地上，硅钢主厂房第一根柱子开始吊装，标志着马钢硅钢工程已进入厂房结构施工阶段。2006年6月28日下午，烧结机及配套工程的“A”360平方米烧结机于15点18分正式开始试车，并一次性试车成功。烧结主体设备——“A”烧结机一次试车成功，标志着烧结工程主体工艺设备已具备试生产条件。至此，马钢股份新建一条热连轧线，一条酸洗冷连轧线，热镀锌线以及相配套的炼铁、炼钢及全部公辅设施。该项目从第一根桩基开始到正式试车，仅用了355天，创造马钢新速度。2007年9月20日上午，马钢两公司在新区隆重举行“十一五”前期技术改造和结构调整系统工程竣工典礼。

“十二五”期间，马钢股份开展的主要重点工程有马钢硅钢二期技术改造工程、马钢新区后期结构调整—四钢轧热轧酸洗板工程、电炉厂合金棒材精整生产线工程、第二炼铁总厂国外粉矿加工利用系统、三铁总厂B号烧结机烟气脱硫、铁运公司铁水第二运输通道工程、马钢开展合肥公司环保搬迁——港务原料总厂适应性改造工程、合肥公司环保搬迁——二铁总厂4号高炉工程和合肥公司环保搬迁——二铁总厂3号烧结机工程、5号焦炉大修工程和三钢轧总厂高线改造工程。

2011年，马钢开展的主要重点工程有马钢股份硅钢二期技术改造工程和马钢股份新区后期结构调整——四钢轧热轧酸洗板工程。

其中，马钢股份硅钢二期技术改造工程总投资额达14.93亿元，主要包括扩建现有厂房，建一条年生产能力15万吨高牌号、高磁感无取向硅钢生产线（包括常化酸洗机组、单机加可逆轧机、连退机组、重卷机组、2号RH炉、热轧配套改造，以及相应的公辅配、厂房设施等）。

马钢股份新区后期结构调整——四钢轧热轧酸洗板工程总投资额达3.47亿元，主要包括新增一条热轧酸洗板生产线主体工艺设备及必需的配套设施，主要包括生产线工艺设备及控制系统、酸再生设备、供配电系统、热力、燃气设施、给排水和水处理设施、暖通设施等。

2012年，马钢集团开展的主要重点工程有电炉厂合金棒材精整生产线工程和第二炼铁总厂国外粉矿加工利用系统。其中，电炉厂合金棒材精整生产线工程总投资额达2.24亿元，主要包括：增设一条圆钢精整线（包括抛丸机一台、进口二辊矫直机一台、抛丸机一台、倒棱机一台、自动打捆机一台等）；增设一条方坯精整线（包括新增抛丸机一台、磁粉探伤机组一套、超声波内部探伤机组一套、修磨机组及台架等）；一套离线压力矫直机组（方钢和大直径圆钢共用）；一套直径380—600毫米圆坯抛丸线；增建厂房17100平方米及配套公辅设施等。

第二炼铁总厂国外粉矿加工利用系统总投资额达3641.49万元，建设一座原矿处理规模为90万吨/年的进口矿选矿厂，包括矿石粗颗粒破碎系统、粗矿粉铁精粉胶带输送系统、精矿和尾矿脱水系统及公辅设施。

2013年开展的主要重点工程有三铁总厂B号烧结机烟气脱硫和铁运公司铁水第二运输通道工程。

其中，三铁总厂B号烧结机烟气脱硫总投资额达4800万元，主要包括新增增压风机一台、脱硫塔一座、石膏和滤液处理系统各一套，相应配套土建、钢结构和电气控制系统。

铁运公司铁水第二运输通道工程总投资额达6941万元，主要包括新建道口、磅房和桥涵以及电气照明、电讯、铁路信号、物流信息化、路基、道路和地坪。

2014年开展的主要重点工程有合肥公司环保搬迁—港务原料总厂适应性改造工程、合肥公司环保搬迁——二铁总厂4号高炉工程和合肥公司环保搬迁——二铁总厂3号烧结机工程。

其中，合肥公司环保搬迁——港务原料总厂适应性改造工程总投资额达2.53亿元，主要包括二铁总厂4号高炉和3号烧结机生产所需的各种原燃料储运设施及其相应配套的公辅设施等。

合肥公司环保搬迁——二铁总厂4号高炉工程总投资额达11.49亿元，主要包括新建一座高炉，包括供料系统、炉顶系统、煤气处理及TRT系统、炉体系统、出铁场系统、水渣系统、热风炉系统、水处理系统、通风除尘系统、焦炭贮运系统及喷煤制粉系统和配套的电气仪控系统。

合肥公司环保搬迁——二铁总厂3号烧结机工程总投资额达4.99亿元，主要包括新建一台烧结机，包括燃料破碎系统、胶带运输系统、烧结原料配料及混合系统、烧结冷却室、主抽风机室、成品筛分系统、烟气脱硫设施、除尘系统、给排水系统、暖通系统及配套的电气仪控系统。

2015年，马钢开展的主要重点工程5号焦炉大修工程和三钢轧总厂高线改造工程。5号焦炉大修工程总投资额达1.5亿元，主要包括焦炉顶板以上的炉体及气体介质管道拆除，还建一座6米50孔顶装焦炉，新增机侧除尘地面站和变电站。三钢轧总厂高线改造工程总投资额达1.18亿元，主要包括新建一座步进式加热炉、12架平立交替短应力线轧机，新增2台飞剪，对厂房、水及电气配套作适应性改造，关键零部件引进等。

第一章　铁前系统

第一节　矿山系统

［铁矿工程］

（1）高村采场一、二期工程项目。为解决凹山采场后续产能不足，保证高村铁矿前期建设工作成果，2001年5月，高村铁矿一期恢复建设工程上马，项目投资约6000万元，建设期为18个月，工程设计规模为150万吨/年。该项目主体工程自营率在90%以上，先后建成铁路、公路涵洞7座，铺设铁路4.13千米，建成铁路道口3座，转载台1座，基建剥离275万吨，生产矿石30万吨。项目2002年9月竣工投产，2003年达产。

同时，为加快后备矿山建设，实现可持续发展，2002年9月，高村采场二期工程被批准立项，设计规模为450万吨/年，建设投资1.8亿元，建设工期为3年，主要建设项目是采场基建剥岩工程和生产、生活设施土建工程。2006年5月，高村二期项目经理部成立。2009年6月30日，高村二期建设的各项目标全面完成，转入试生产阶段。

（2）和尚桥铁矿项目。和尚桥铁矿项目为省“861”计划项目、市重点工程，是南山矿“十一五”规划开发建设的大型露天矿山。2008年7月4日，项目正式破土动工。原计划基建工期为2年8个月，主要建设内容为：3.5千米运输通道建设；原高村200万吨规模选厂改建为500万吨选厂，因无法实现改为新建500万吨采场，采场基建剥岩2300万吨，尾矿系统建设。

2011年1月30日，和尚桥铁矿运输通道正式试车运行，具备500万吨/年的运输能力；2012年9月30日，和尚桥采场基建剥离998万立方米完成，采场基本建成；2013年建成年处理量100万吨的低品位矿回收系统；2014年始采场建设已经达到设计水平。

和尚桥铁矿的建成使南山矿铁矿石生产能力达到1200万吨，铁精矿生产能力300万吨，达到了原计划目标。

（3）马鞍山铁矿综合利用国家级示范基地马钢高村项目。2015年2月18日开工，该项目包括半连续工艺生产线、工业试验场地两部分，建设内容为采场内固定和移动粗破碎系统各一套、中碎及细碎系统各一套以及矿石干选系统、胶带通廊、排土场系统各一套、工业试验场地设施等。2015年11月6日竣工。

（4）南山矿凹选节能减排升级改造项目——碎矿前移工程项目。该项目2017年4月6日开工，主体工程有：粗破站两个系列，中细碎厂房，筛分厂房，除铁站，干抛尾矿筛分楼，1—7号转运站，1—9号、11号、12号、3—20号胶带通廊。辅助生产工程有：电气工程、给排水工程、除尘工程、自动化工程。该项目建成后年处理650万吨原矿规模，项目总投资1.224亿元。2018年3月6日竣工。

（5）和睦山铁矿工程。2002年7月，和睦山矿区立项建设，2003年2月28日正式开工建设。和睦山铁矿为地下开采，工程建设为4条竖井，即主井、副井、回风井和设备井。设计生产能力70万吨/年，品位约65.2%。2007年1月28日，和睦山铁矿举行试生产仪式，这是姑山矿第一个地下开采矿山，为姑山矿的可持续发展奠定了基础。

（6）白象山铁矿工程。白象山铁矿是国家1991年规划给马钢的后备矿山项目。2003年，马钢集团批准立项。2005年11月，经安徽省发改委核准，被列为安徽省“861”行动计划重点工程建设项目。2007年5月，被列为国家“十一五”期间科技支撑项目。前期先后陆续完成了风井、供电工程、前期防治水以及副井井筒地面灌浆工程。

2008年3月26日，白象山铁矿工程正式开工建设。同年，完成主要主副井掘进工程、风井过断层及相关附属公路、净化站等土建安装工程。2010年11月26日，白象山选厂场平工程开工，后续湿式筛分厂房、磨选厂房及充填站土建也相继完成。2013年5月15日，白象山铁矿实现试生产。该工程投资7.8亿元，年设计产能200万吨原矿，93万吨磁精矿。

（7）钟九铁矿工程。钟九铁矿属于原国家计委、地矿部以计国土〔1991〕166号文批准的全国16个冶金及辅助原料国家规划矿区之一，被列为马钢后备矿山。自2004年取得了钟九铁矿探矿权以来，经过10多年努力，先后取得了项目核准、安评、环评等所有14项审批文件。2017年委托金建工程设计院设计，采矿能力200万吨/年，年产品位65%铁精矿77.08万吨，设计利用资源储量5430万吨，设计概算投资9.47亿元。

2019年，钟九铁矿着重做好开工前期系列准备工作。

（8）罗河铁矿工程。罗河铁矿属国家规划矿区，是特大型井下矿山，安徽省“861”行动计划重点工程建设项目。矿区拥有丰富的矿石资源，探明铁矿石资源储量4.1亿吨，国家储委批准的储量为3.4亿吨。矿山分期建设，滚动发展：一期建设规模为300万吨/年原矿处理能力，初步设计工作由中冶北方工程技术有限公司和马钢集团公司设计研究院分工合作于2006年8月共同完成，设计文件由中冶北方工程技术有限公司汇总。罗河铁矿一期工程于2007年9月6日正式开工建设，2014年9月全面建成，2015年3月取得安全生产许可证，正式投产。罗河铁矿一期项目经审计核定投资16.88亿元，其中，建筑部分8.56亿元，设备及安装3.76亿元，其他建设费用4.56亿元。一期设计生产产品为含铁65%的优质铁精矿97.62万吨/年；含硫品位39.64%的硫精矿28.38万吨/年。一期开采范围为地下负620米水平以上。采用竖井开拓方案，共布置6条竖井和1条措施井。采矿方法为充填法。

[生态矿山建设]

经过半个多世纪的开采，南山矿面临用生态循环恢复链来解决矿山物流、土壤的破坏与再造、矿山开采的时间与空间、生态修复、可持续发展等问题。2011年6月以来，南山矿开展了一系列生态矿山建设实践。通过凹山坑地质环境治理，充分回收利用废弃资源，2012—2014年，累计回收矿石580万吨，同时新增“受尾”库容500万立方米。至2017年，凹山采场闭坑，开始实施地质环境综合治理。2018年5月2日，中央电视台在凹山采场直播了凹山坑生态治理实况。在和尚桥铁矿开发建设中，南山矿融合城市发展，初期建设山体公园，后期待和尚桥铁矿闭坑后将其建设成为城市湖景区，探索生态治理、环境保护的生态矿山建设之路，实现区域生态环境的良性循环。南山矿还成为全国首批矿产资源综合利用示范基地，回收极贫矿加工成为合格铁精矿，废弃的石子加工为建筑材料，促进了矿区生态良性循环。

2018年，南山矿打响了蓝天、碧水、净土保卫战。制定和实施南山矿《2018年蓝天保卫战工作方案》，开展重要环境风险识别，共梳理出33项环境风险点，与高校院所合作组建了“南山环保管家”

团队，提升环保管理人员业务能力，打造专业环保队伍。以中央和省、市环保督察为契机，全面梳理各产线、各项目存在的环保问题，投入8000多万元实施环保提升项目，解决环境突出问题，矿区生态环境面貌得到较大改善。

2002年，姑山矿争取到科技部立项的“冶金矿山生态恢复示范试验”建设项目，钟山排土场成为生态环境综合整治技术示范基地。2008年马鞍山市环保局批准了“钟山排土场生态恢复工程”项目。钟山排土场地质环境治理是省国土资源厅批准的工程项目，实施客土运输及表土回填、绿化种植灌溉系统，已经形成生态重建区、生态经济林园区、生态防护区三大区域于一体的格局。

第二节 原料系统

［料场改造工程］

港务原料厂原设计规模是具有向2座2500立方米高炉、2台300平方米烧结机和活性石灰车间等新高炉系统的原、燃料装卸、储存、混匀加工、供料运输及马钢现有水运原料、燃料的储存和中转能力。

一期工程于1993—1994年陆续投产后，为新2号高炉系统作了一定的位置预留，其中一次料场预留2个料条及相应的进出胶带机系统、混匀料场预留1个料条及相应的进出胶带机系统、第二套混匀取、制样系统、外供K300胶带机系统。

2001—2019年，港务原料厂（2005年更名为港务原料总厂，以下称港务原料总厂）进行了扩建和改造。

“十五”期间，根据马钢集团“十五”产业结构调整战略，港务原料总厂进行了料场码头改扩建工程，工程投资1.09亿元，主要项目包括：新增一个混匀料场；增加1台混匀堆料机；更换1台混匀堆料机；增建3个混匀配矿槽以及对应的3套圆盘配料系统；增建25台外供原料输送系统胶带机，扩容改造相应的电控系统。该工程于2002年1月8日动工，2003年5月16日竣工投产，比计划工期提前5个月。扩建改造后，港务原料总厂完成由“一机一炉”向“二机三炉”的配套转变。

“十一五”期间，按照马钢集团“十一五”前期发展建设规划的要求，港务原料总厂于2005年进行了新区综合原料场、水运进料系统、高炉污泥综合利用三大工程建设，总投资9.96亿元，占地面积60公顷。主要项目包括：新建一次料场进料系统4个料条，混匀料场2个料条，烧结供料系统，高炉供料系统，落地料场系统，焦化供料系统，向石灰窑供料系统，码头进料系统，高炉污泥处理系统。主要设备为新增9台大型移动机、14台圆盘给料机、新建系统胶带机总长24.8千米、13台电动卸料小车、12套除尘器、1台每小时1500吨的振动筛和配套的起重设备、工业计算机控制系统、供电系统及电讯仪表、洒水系统等，2006年，三大工程相继竣工投产，同时，完成新区A号、B号烧结机，A号、B号炉，石灰窑等配套工程建设。

“十二五”期间，港务原料总厂进行了马钢码头结构加固改造项目建设，工程总投资3262万元，工程主要包括增加了13个靠船构件以及相应的附属结构；工程于2014年10月8日开工，2015年4月22日竣工。2018年，根据国家钢铁去产能规划，马钢集团投资6094.21万元，对港务原料总厂高炉污泥综合利用系统进行改造，进行了港务原料总厂新料场功能置换固废处理系统工程，该项目于2018年1月开工，9月投产，年处理能力为32万吨。该系统是国内唯一的先进固废处理系统，可实现多种固废综合处理及环保利用。

2014年11月10日，马钢股份仓配公司建成的块矿烘干筛分系统交至港务原料总厂，该项目12月23日点火烘炉，25日产出第一批烘干块矿。2017年6月，港务原料总厂完成对块矿烘干系统的振动筛项目改造，生产能力由年产180万吨提升至264万吨。2018年进行第二次产能提升改造，生产能力提升至年产360万吨。

“十三五”期间，港务原料总厂进行了合肥公司环保搬迁港务原料总厂适应性改造工程，该工程投资总额2.53亿元，主要为马钢股份4号高炉和3号烧结生产配套建设所需要的各种原燃料储运设施及其相应通风除尘设施、供配电设施、仪表检测、过程自动化控制、电信、给排水、消防及热力管网等公辅设施。工程于2015年1月开工，2016年9月竣工达产，新增年处理原料总量2047.73万吨。

至此，港务原料总厂已建设成为具有国际水平的大型综合原料处理工厂。

第三节 烧结系统

［**300平方米烧结机移地大修项目**］

为解决铁、钢不平衡，钢、轧的能力远大于炼铁能力的问题，充分发挥现有钢、轧设施效能，马钢集团拟定以合肥公司搬迁置换出的产能，在炼铁总厂南区内建1座3200立方米高炉，年产炼钢生铁270万吨，配套建1台360平方米3号烧结机，年产整粒烧结矿385万吨，其中363万吨烧结矿供给新建的3200立方米高炉，余下的22万吨烧结矿通过新建的供料系统供给3座高炉使用，从中置换一部分球团用来满足3200立方米高炉需要。

3号烧结机系统为新建3200立方米高炉配套设施。该项目由中冶华天EPC总包承建。年产烧结矿385万吨，该烧结机系统设计上采用了一系列先进的工艺技术，有新型密封结构、变频多辊偏析布料器、幕帘式点火炉，能够实现900毫米厚料层烧结；采用国内首创新型水密封环冷机、环保集成菱形环保筛、双压余热锅炉回收环冷高温烟气，除尘灰气力输送，节能和环保效果明显。系统配套喷雾干燥工艺法脱硫和选择性催化还原法脱硝技术设施，烧结烟气能够达到环保超低排放要求。2014年11月7日，与马钢集团签订了《马钢（合肥）钢铁有限责任公司环保搬迁项目——360平方米烧结总承包工程合同附件》，签署关于《马钢（合肥）钢铁有限责任公司环保搬迁项目——360平方米烧结总承包工程合同附件谈判会议纪要20141107》，2015年3月5日开工建设，2015年10月开始机架安装，2016年5月29日正式投产。

马钢股份炼铁总厂1号烧结机于1994年投产，其有效烧结面积300平方米。为满足高炉产能释放需求，提升烧结矿产量，从2014年开始对系统工艺设备进行一系列改造，主要包括主抽风机能力提升、台车加宽栏板加高、混合机扩径加长、幕帘式点火炉应用、污泥蒸汽预热等。系统配套喷雾干燥工艺法脱硫和选择性催化还原法脱硝技术设施，烧结烟气能够达到环保超低排放要求。

马钢股份炼铁总厂2号烧结机于2003年投产，其有效烧结面积300平方米。为满足高炉产能释放需求，提升烧结矿产量，从2014年开始对工艺设备进行一系列改造，主要包括台车栏板加高、幕帘式点火炉应用、污泥蒸汽预热、成品筛立体改造等。系统配套喷雾干燥工艺法脱硫（选择性催化还原法脱硝正在建设中）技术设施，烧结烟气中二氧化硫和粉尘能够达到环保超低排放要求。

北区两台380平方米烧结机（A号、B号烧结机），于2007年建成投产。该机参照南区的300平方米烧结机进行设计，烧结机面积为360平方米，料层设计高度为700毫米。360平方米烧结机系统投运后，为突破原设计料层厚度，进一步降低烧结能耗、提高烧结矿质量，先后对两台烧结机进行扩容改造，于2010年1月实现国内首家大型烧结机（单机烧结面积380平方米）900毫米超厚料层生产，并逐步进行一系列超厚料层均质烧结技术的开发与应用。

第四节　焦化系统

［干熄焦工程］

2002 年 10 月 16 日，马钢“十五”发展重点配套建设项目——5 号、6 号焦炉干熄焦工程的初步设计方案，顺利通过省经贸委组织的审查。马钢干熄焦技术与设备国产化率达 90%以上，是国内干熄焦项目设计、施工总承包的第一家企业。马钢干熄焦工程是国内第一条自行设计制造的国家冶金工业“十五”期间重点推广应用干熄焦技术的示范工程。

2002 年 10 月 22 日，国家经贸委在北京中国科技会堂组织“干熄焦技术与设备国产化工作座谈会及马钢干熄焦工程总承包签字仪式”。马钢 5 号、6 号焦炉干熄焦工程是国家经贸国债贴息项目，也是国内第一次采用国产技术和设备的大型干熄焦总承包示范工程。

2002 年 11 月 7 日，马钢干熄焦国产化示范工程正式开工。设计规模为年处理红焦 100 万吨，项目总投资 1.7 亿元，相应配套了凝气式发电机组。项目建设期间，广大参战职工克服工期紧、任务重、人员紧张等困难，加强工程管理、施工组织、质量控制及现场管理，使这一工程建设成为当时国内进度最快的示范工程。2004 年 3 月 31 日，马钢 5 号、6 号焦炉干熄焦工程顺利装入第一炉红焦，干熄焦工程主体设备干熄炉投入试生产运行。该工程投产至今，一直保持着稳定的生产态势，为马钢大型高炉产能释放提供了有力的能源支持。

随着 5 号、6 号焦炉干熄焦工程的建成投产，为马钢取得了良好的生产、经济效益，马钢干熄焦技术愈发成熟，并相继得到推广实践。2006 年 6 月 24 日，作为当时马鞍山市和马钢“十一五”环保节能改造的重点项目之一的马钢 1—4 号焦炉干熄焦工程 1 号、2 号干熄焦装置开工建设，先后于 2007 年 4 月、2007 年 8 月建成投产，助力炼焦事业节能环保水平的提升。此外，在焦化新区建设过程中，为 7.63 米特大型焦炉配套建设的新区干熄焦工程于 2006 年 5 月 1 日开工建设，处理能力为 130 吨/小时，新区 4 号、5 号干熄焦于 2007 年 6 月建成投产，为新区焦炉稳产提供了重要保障。2015 年 10 月，新区 6 号干熄焦装置顺利建成投产，与 4 号、5 号干熄焦系统配合使用，使得马钢新区焦炭生产进入全干熄焦时代。

马钢股份干熄焦装置，摄于 2007 年 7 月 17 日

［苯加氢工程］

原马钢煤焦化公司轻苯精制装置建于 20 世纪 70 年代初，工艺落后，设备老化，已无法满足生产发展需要，为此马钢股份决策，在马钢三厂区中小薛村建设一套年处理量 8 万吨的苯加氢装置。苯加氢工程项目由中冶焦耐工程技术有限公司设计，中冶成工上海五冶建设公司承建，总投资 3.19 亿元，占地面积约 8.1 万平方米；采用加氢精制工艺。主要设备有主反应器进料加热炉 1 套、导热油加热炉 1 台、补充氢压缩机 2 台、轻苯原料泵 2 台及蒸发器 1 台，主要产品为纯苯、甲苯、二甲苯、非芳烃、重芳烃等。工程于 2010 年 4 月 10 日开工，2012 年 3 月 22 日开始试生产，2012 年 12 月 2 日竣工投产。截至 2019 年底，苯加氢生产装置共计加工轻苯 49.86 万吨。

[奥瑟亚焦油精制项目]

为吸收和采用国外先进技术，解决马钢股份煤焦油产能与处理能力不匹配的矛盾，提升煤焦油资源的利用，提高装置的安全、环保效果，增加煤焦油加工的经济效益，马钢股份与韩国 OCI 株式会社（OCI 中国投资有限公司）于 2014 年 9 月 28 日签订了合作合同，共同投资成立合资公司。

经过相关审核批准，马钢奥瑟亚化工有限公司于 2015 年 2 月 13 日成立，注册资本为 4712.5 万美元，占投资总额的 65%。马钢股份与奥瑟亚株式会社的股权比例为 4∶6，马钢股份以人民币现金和土地出资，奥瑟亚株式会社以美元现金出资，经营期限为 50 年。公司主要从事研究、开发、生产、储藏及销售煤焦油深加工产品，产品主要有轻油、酚油、粗酚、洗油、焦化萘、蒽油、炭黑油、改质沥青等。

马钢奥瑟亚的焦油精制项目为新建年处理 35 万吨煤焦油的加工装置，投资总额 4.44 亿元人民币。选址位于雨山经济开发区化工产业集中区沥青池路 51 号，总用地面积 1.02 万平方米，装置主要包括煤焦油装置、沥青装置、萘装置、脱酚及粗酚装置、环保设施、罐区、装卸站、办公楼和食堂门卫、控制室及变电站、检修间、循环水系统、配套消防设施等。另外，马钢奥瑟亚公司还在江阴市丽天码头以租赁方式改造建成了 1.60 万吨容量的沥青储罐，便于公司出口沥青产品。

2014 年 12 月 20 日，马鞍山市雨山区政府主持了化工产业集中区及该工程项目的奠基仪式。2015 年 4 月，完成了项目所在地场平及部分开山工作。2015 年 5 月 11 日，项目正式开工建设。该项目的建设由韩国 OCI 派驻的 7 名专员组成的建设团队进行工程指挥及管理，另外马钢煤焦化公司也成立了项目推进组配合项目建设。在工程项目部及马钢焦油项目推进组、施工单位等共同努力下，9 月完成了主要土建工作，10 月主要设备开始进场安装，11 月底核心设备中所有塔器均已吊装到位，2016 年 7 月工程机械竣工，进入设备单体和系统联动试车，9 月 6 日正式投料试生产，9 月 20 日举行竣工投产仪式。2016 年，该项目被列为省“861”项目和市重点工业项目之一。

截至 2019 年底，焦油精制项目累计处理加工煤焦油 76.9 万吨，出口沥青产品 16.7 万吨，为企业创造了可观的经济效益。

[2 座 65 孔 5 米焦炉项目]

2002 年 6 月 6 日，马钢股份煤焦化公司新一号焦炉开工建设，新一号高炉作为“2 号焦炉移地大修工程”的主要建设内容为炭化室高 5 米 65 孔焦炉，由鞍山焦耐院根据煤焦化公司的生产特点专门设计，设计年产冶金焦 50 万吨，工程投资 1.72 亿元。2 号焦炉移地大修工程是马钢“十五”发展规划重点配套项目的其中之一，标志着煤焦化公司适应马钢实现跨越式发展进入实质性阶段。2003 年 11 月 11 日，新一号焦炉装入第一炉煤，进入试生产阶段。新一号焦炉在设计结构当中做了许多改进，采用了先进的节能和环保工艺。

此外，由于公司生产规模的扩大，焦炭产量满足不了公司生产需求，煤焦化公司于 2004 年 3 月建设一座年产焦炭 50 万吨的 5 米 65 孔焦炉，并于 2004 年 12 月 29 日投入运行，有力缓解了马钢钢铁生产所需二次能源紧缺的“瓶颈”矛盾，为马钢钢铁产能提升做到强有力的支撑。

2007 年 3 月，3 号、4 号焦炉大修工程全面拉开序幕，拆除旧有炉体，砌筑两座新焦炉，新建的 3 号、4 号焦炉先后于 2007 年 12 月 26 日和 2008 年 1 月 16 日竣工投产，两座焦炉全部投产后，每年可生产 83 万多吨的冶金焦炭，为马钢进一步释放产能提供可靠能源支撑作出了新的贡献。

2015 年 10 月 12 日，达到一代炉龄的 5 号焦炉全面停产大修，历经 286 天的辛苦奋战，5 号焦炉大修改造工程各项任务圆满完成，新建后的 5 号焦炉于 2016 年 7 月 25 日顺利投产，推出第一炉红焦。

[2 座 70 孔 7.63 米焦项目]

2005 年 6 月 28 日，马钢股份新区焦化工程 2 座 70 孔 7.63 米焦炉开始施工建设，生产能力 220 万吨/年，分别于2007年1月和2007年4月投产。新区焦化工程2座70孔7.63米焦炉是当时国内最大容积焦炉，配套1个煤场、3套干熄焦装置、1套煤气净化系统，是马钢集团“十一五”规划建设工程重要的能源支撑。该焦炉引进德国伍德公司2×70孔7.63米焦炉，其炭化室长、宽（平均）、高分别为18000毫米、5900毫米、7630毫米，设计结焦时间为25.2小时，每年产全焦接近220万吨。焦炉炉体为双联火道、分三段加热、废气循环、焦炉煤气、低热值混合煤气均下喷、复热式焦炉，可以实现炭化室温度高向分布的均匀性，以保证焦炭成熟度上下均衡。

第五节　炼铁系统

［高炉建设工程］

（1）2号高炉。2号高炉是马钢集团“十五”结构调整的重点工程之一。高炉始建于2001年10月，工程投资概算7.95亿元，于2003年10月16日9:18点火开炉。高炉设计有效容积2500立方米，年生产铁220万吨，高炉采用自立式框架结构，设有30个风口、3个铁口、4座新日铁式外燃热风炉、卢森堡保尔沃特串罐无料钟炉顶，重力除尘器+双文式煤气洗涤器，基于因巴法改进的马钢法水渣系统，全炉冷却壁+工业水开路冷却，其中炉腹到炉身下部五段采用铜镶钻砖冷却壁。9—11段加铜冷却板板壁结合，炉缸关键部位采用进口微孔碳砖+陶瓷杯结构，矿焦槽并列共柱集中布置，每排12个槽，共设24个矿焦槽，均单独筛分和称量。

（2）3号高炉。3号高炉是马钢两公司“十五”结构调整、适应“两机对三炉”生产新格局、解决铁水供应“瓶颈”、发挥工序最大潜能的重点工程之一，于2004年4月30日下午4时58分开炉投产。3号高炉共有18个风口、2个铁口（铁口夹角160°），设有铁口框，出铁场为平坦化式，铁钩、渣沟为封闭式，提高了除尘效果；炉缸设置完善的检测系统，保证高炉的正常操作维护；炉顶采用西冶串罐式无钟炉顶布料，拥有皮带上料和槽下称量筛分系统；热风原采用3座内燃式热风炉，于2014年升级改造为3座卡鲁金顶燃式热风炉，提高风温到1160摄氏度以上；煤气处理系统采用“重力+旋风+布袋除尘器”的干法除尘系统，有效提高了除尘效果，增加余压发电；渣处理采用明特克法水渣处理系统。

（3）A、B高炉。A、B高炉是马钢集团“十一五”规划中建设新区的重点工程。高炉始建于2005年，A高炉于2007年2月8日10:58点火开炉，B高炉于2007年5月24日16:28点火开炉，高炉设计有效容积4000立方米，年产生铁325万吨。高炉本体采用框架结构，设有36个风口、4个铁口、4座新日铁外燃式热风炉，串罐PW无料钟炉顶、环缝湿法煤气处理系统、高炉软水密闭循环冷却系统，炉体采用全冷却壁冷却。

（4）4号高炉。4号高炉第一代炉役于2016年9月6日15:58点火开炉。4号高炉炉体结构采用自立式框架结构，砖壁合一薄内衬结构，炉底炉缸采用了陶瓷杯+碳砖炉底和炉缸结构，关键部位采用进口超微孔碳砖。冷却设备采用全冷却壁冷却结构、联合软水密闭循环冷却系统，炉腹、炉腰、炉身下部共5段关键部分采用了铜冷却壁。炉前出铁场采用双矩形平坦式环保型出铁场设计，出铁场完全平坦化，风口平台采用全覆盖主铁钩设计，出铁场除尘系统采用两套低压长袋脉冲布袋除尘设施。槽下供料系统矿、焦槽并列共柱集中布置，每排10个槽，共设置20个矿焦槽，炉顶系统采用串罐无料钟炉顶和相应的布料模型。热风炉采用3座卡卢金顶燃式热风炉（预留1座位置），入炉风量为6580立方米/分钟。高炉煤气经过重力除尘器和旋风除尘器进行粗除尘，煤气精除尘采用全干法布袋除尘系统。高炉炉渣处理采用环保底滤法。

[高炉大修工程]

(1) 1号高炉。1号2500立方米高炉作为马钢的第一座大高炉，第二代炉役自2007年6月18日投产，2018年10月10日，1号高炉停炉，第二代炉役结束，累计产铁2383万吨，单位炉容产铁9533吨/立方米。第三代炉役自2019年2月23日14:18送风点火。

该高炉配备4个焦炭仓、12个矿石仓、1个焦丁仓、1个小粒烧仓和1个地坑。采用串罐式炉顶装料流程，配备下罐净煤气一级均压和下罐煤气回收系统。热风炉系统有4座热风炉，使用板式预热器，煤气、空气双预热。煤气系统使用重力、旋风、布袋三级除尘，配有TRT余压发电和脱盐塔，煤气总管前使用水封和蝶阀相配套的切断系统。高炉本体使用软水闭路循环，循环水量4900立方米/小时，使用通道式的铜和铸铁冷却壁相配套。

为实现高炉大数据和模型构建，该高炉安装了1500多支热电偶，300多个流量计，400多块压力表，用于监测炉缸耐材温度、水温差、炉体静压力、煤气系统和水系统的流量与压力等。

(2) 2号高炉。2号高炉第一代炉役于2003年10月16日9:18点火开炉，一代炉役历时13年7个月，因炉壳及冷却壁损坏较多、炉底炉缸水温差偏高、高炉其他系统及三电等设备需要整改等原因，2017年5月18日停炉大修，历时145天，工程总投资3.7亿元，于2017年10月10日15:58点火开炉。二代炉役进行了一系列改造，如湿法除尘改成干法除尘、水渣改底滤法、软水密闭循环冷却、出铁场平坦化改造，以及除尘能力的大幅提升。2号高炉冷却系统采用了中冶南方自主研发的软水密闭循环冷却系统，该系统具有不结垢、无污染、冷却效果好、能耗低、泄漏少、自动化程度高、运行安全可靠等诸多特点。干式布袋除尘工艺是一种新型节能环保型工艺系统。此工艺净化煤气质量高，煤气能量能够得以充分回收利用，加之不用水，动力消耗大大减少，同时省去了污水处理，避免了水污染，改善了环境。全干法煤气净化系统提高了吨铁的发电量，开炉后TRT发电量达到45千瓦时/吨。渣处理系统引进了中冶京诚自主研发的“环保底滤高炉炉渣处理工艺”，该工艺是一种经济、环保、省地的新型渣处理工艺，具有炉渣粒化效果好、渣水分离好、占地面积小、系统投资低、运行成本低、系统故障率低、环境友好等特点。

(3) 3号高炉。至2016年，3号高炉已连续生产超过12年，达到一代炉役的设计寿命。经过长期运行，3号高炉存在大面积冷却壁及通道破损、炉缸碳砖侵蚀速度加剧、炉役后期检修困难、高炉本体及配套系统的设备老化严重等问题，严重制约了高炉安全稳定运行。2016年10月10日，安全结束一代炉龄，高炉总产量960.69万吨。经过95天停炉大修，于2017年1月13日点火投产，开炉6天达产。

[含锌尘泥转底炉脱锌装置工程]

为解决高炉冶炼中锌元素富集导致高炉炉况不顺、寿命降低的问题，同时推进固体废弃物综合利用、变废为宝，在马钢新区原第三炼铁厂高炉系统即将建成投产之际，马钢系统研究含锌尘泥处理问题。经反复研究论证，决定采用转底炉（RHF炉）工艺，建设一条17万吨/年含锌尘泥转底炉脱锌生产线。该生产线选址于炼铁总厂北区（原第三炼铁总厂）B高炉矿槽西侧，占地面积9085平方米，是国内第一条含锌尘泥脱锌生产线。

2006年下半年，马钢两公司开始启动含锌尘泥转底炉脱锌项目，开展转底炉脱锌工艺技术和设备研究试验，由马钢设计研究院承担项目可行性研究和初步设计工作，项目内容主要包括转底炉本体、配料造球、生球干燥、成品冷却、锅炉废气处理等系统。2007年11月，马钢股份与日本新日铁工程技术公司正式签订项目关键技术合作协议。2008年3月，项目通过立项；2008年5月22日，工程开工建设，原马钢修建部承担土建施工任务。2009 年 3 月，项目建成调试；2009 年 7 月 6 日，正式投产。参与该工程项目设计、科研、设备制造和建筑安装的单位还有马钢技术中心、原马钢第二机制公司、原马钢修建公司、原马钢机电安装公司等。

马钢 17 万吨/年含锌尘泥转底炉脱锌工程总投资为 2.80 亿元，建设投资为 2.65 亿元。主体设备引进日本新日铁 RHF 技术，其余均由马钢自主研发集成。依据国家发改委《关于请组织实施循环经济高技术产业重大专项的通知》，该项目享受国家专项资金补贴。该工程建成投产，实现了对先进技术的引进吸收并实现转化突破，以及冶金尘泥的高效循环利用，开辟了国内含锌尘泥转底炉脱锌的新途径，为马钢集团节能减排、固废综合利用、绿色低碳发展作出了重要贡献。

第二章 炼钢系统

第一节 转炉工程

[“平改转”工程]

原马钢股份第一炼钢厂拥有公称容量125吨碱性固定式平炉两座，分别于1963年10月、1964年12月建成投产，原设计年产量24万吨。投产后相继进行了由煤气炼钢改为重油炼钢、采用双枪顶吹氧工艺等十多次重大技术改进，年产量达到45万吨以上。由于平炉炼钢工艺落后，特别是烟尘污染不能根治。1997年，马钢集团公司做出“平改转”的决策。“平改转”工程是国务院第三批环保治理项目、国家第一批国债贴息技改项目，是马钢集团“十五”期间重点的基建技改项目之一，总投资12.5亿元人民币，包括平炉改转炉工程和与薄板坯连铸连轧配套工程，主要有1号转炉、2号转炉、3号转炉、1号钢包精炼炉+真空脱气钢包精炼炉、2号钢包精炼炉、3号钢包精炼炉、板坯连铸机、圆坯连铸机、真空循环脱气炉外精炼装备等工程组成。“平改转”工程主体由武汉钢铁设计研究院设计，公辅设施由马钢集团公司设计院设计。2000年1月8日，“平改转”工程破土动工。2001年2月28日，1号100吨转炉热负荷试车成功，彻底消除了“黄龙”污染，被马鞍山市委、市政府授予2001年市精神文明“十件好事”之一。2001年8月11日，板坯连铸机热负荷试车成功。2002年3月31日，圆坯连铸机热负荷试车成功，标志着马钢实现了全连铸。2002年11月18日，2号120吨转炉热负荷试车成功。2003年10月29日，与薄板坯连铸连轧工程配套的3号120吨转炉热负荷试车成功。3号转炉的投产标志着包括“平改转”工程和与薄板坯连铸连轧配套工程的技改工程主要节点全部竣工。

[三钢4号转炉项目]

为满足马钢“十五”期间形成1000万吨的年生产能力，根据拟建1条H型钢轧制生产线对坯料的需求，马钢决定在三钢厂新增建1座年生产规模约90万吨的4号转炉。

新增4号转炉采用活底炉、四点全悬挂、扭力杆平衡、全正力矩、全水冷（炉口、炉帽、托圈）结构形式、氧枪系统双枪双升降小车、防坠枪型式、OG煤气净化回收等新技术、新工艺。同时，工程实施后，能够对现有公用辅助设施配置能力进行优化，发挥已有设施的潜力，使三钢厂在工艺布置、物流管理、环境整治、设备装配等方面有较大的改善和提高，也解决了混铁车兑铁水对环境造成的污染。

该工程于2003年5月进行可行性研究，7月初，通过了《三钢厂增建4号转炉工程初步设计》审查，总投资2.1亿元，计划2004年6月投入生产。7月，马钢股份公司成立了三钢厂增建4号转炉工程项目经理部，工程正式启动。

三钢4号转炉工程位于三钢厂炼钢炉台3号炼钢转炉西头，该项目于2004年建成投产。设计公称容量60吨，平均出钢量70吨，年产能90万吨。

4号转炉炉容比0.91，宽高比1.39，平均冶炼周期（32±4）分钟。采用转炉长效复吹技术，使炉内冶金反应趋于平衡，根据不同品种需求，采用溅干渣留渣、高拉碳一次补吹法、双渣留渣法等操作；采用两步脱氧工艺、自动下渣检测+滑板挡渣技术提高钢水质量。

该工程建成后，三钢厂形成4座转炉对4台连铸机的生产格局，工艺布置趋于合理，炉机匹配和物流管理更加顺畅，届时炼钢年生产能力由目前的270万吨提高至350万吨以上水平。

[三钢厂LF-VD精炼炉项目]

为做强马钢股份线材精品生产线，决定充分利用马钢股份第一炼钢厂LF（钢包）精炼炉固定资产，搬迁至马钢股份第三炼钢厂组建1套70吨LF（精炼炉）-VD（真空精炼炉）钢包精炼炉。

2002年4月，该项目进行了可行性研究。6月，马钢股份通过《马钢股份公司第三炼钢厂70吨LF-VD钢包精炼炉初步设计》审查，总投资2640万元，工期为6个月。

2002年7月，马钢股份成立马钢股份第三炼钢厂LF-VD工程项目经理部，正式启动工程建设。

新建VD（真空脱气）钢包精炼炉工程于2003年1月10日一次性热负荷试车成功，2003年1月22日，LF-VD联动热负荷试车一次成功。

该工程的建成，实现了铁水预处理→转炉冶炼→炉外精炼（LF精炼炉-VD真空精炼炉）→新六机六流连铸机至新高线的精品钢生产工艺路线，在质量和规模上满足了"双高"产品对钢水的需求。

第二节 电炉工程

高速车轮用钢技术改造项目（简称电炉工程）是马钢集团"十二五"规划实施继续深化产品结构调整、提升产品档次和附加值、打造中国高速车轮及大功率机车车轮生产基地、瞄准精品圆钢而实施的重大技术改造项目，工程建设总投资21.54亿元，年生产能力100万吨。

电炉工程的生产线配备有超高功率电弧炉冶炼、LF（钢包）精炼、真空精炼、大圆坯连铸/模铸、开坯、热连轧以及各种热处理、在线和离线无损检测、精整等先进装备，并配备各类先进的检测仪器，能充分满足用户对中高端产品在质量、性能上的需求。主要装备包括：110吨超高功率电弧炉1座、LF精炼炉2座、RH（真空循环脱气）真空精炼炉1座、VD（真空脱气）真空精炼炉1座、五机五流圆坯连铸机1台、VC（真空浇筑）真空浇铸系统1套、坑式模铸系统1套、坑式大铸件系统1套、二辊可逆式闭口牌坊开坯轧机1架、精轧机组6架等。该生产线关键技术和设备从意大利西马克-康卡斯特、德国西马克-美瓦克、意大利达涅利公司引进。

2010年2月26日，高速车轮用钢技术改造项目举行开工仪式，2010年5月10日正式成立马钢高速车轮用钢技术改造工程项目部。2011年9月20日，成功举行电炉本体倾动仪式，标志着高速车轮技术改造工程成功步入全面设备调试阶段。2011年10月底建成投产。

第三节 连铸工程

[北区炼钢、连铸工程]

北区炼钢、连铸工程是马钢"十一五"技术改造和结构调整总体规划重点项目，建设内容有：3座公称容量300吨的顶底复吹转炉、2套300吨双工位LF钢包精炼炉、2套300吨双工位RH真空处理装置、3台二机二流板坯连铸机及配套公辅设施，设计年产钢水834万吨/年，年产合格铸坯807万吨/年，主要产品为汽车板、家电板和压力容器等特殊领域所需要的顶级钢板等。该工程分两期实施，一期工程计划投资39.66亿元，于2005年3月开工，2007年9月20日在四钢轧总厂举行马钢"十一五"技术改造和结构调整系统工程竣工投产典礼。2号、3号转炉工程，2号LF精炼炉工程，1号、2号板坯连铸机由中国十七冶集团有限公司承建。1号RH精炼炉工程由德国西门子股份公司、奥钢联公司、西安重型机械研究所、中国十七冶集团有限公司等单位承建。二期工程计划投资20.271亿元，实际投资14.3441亿元，于2011年2月21日开工，2012年4月5日新1号300吨转炉热负荷试车一次性成功，LF精炼炉项目于2013年12月20日热试成功。第一台中国最大的500吨冶金行车在炼钢主厂房加料跨安装，并于11月15日投入运行。连铸和RH精炼炉项目于2014年1月底前陆续热试成功。1号转炉工程、2号RH精炼炉工程、2号LF精炼炉工程、3号板坯连铸机由中国十七冶集团有限公司承建。

[三钢异型坯项目]

为实现马钢集团"十五"期间产品结构调整，计划适当压缩常规建材比例，增加技术含量高的板、型材比例。马钢股份计划新建1条中小型H钢轧机生产线与已建成的第一条H型钢生产线产品优化组合，配套完整各类H型钢产品，提高马钢H型钢产品市场竞争力。

4号异型坯连铸机项目即"三钢厂小异型坯连铸机工程"。该工程作为中小型H钢轧机生产线（近终形H型钢铸轧项目）配套项目，新建4号异型坯连铸机位于马钢股份第三炼钢厂3号大异型坯连铸机南侧，于2004年8月开工建设。

小异型坯连铸机采用近终形异型坯连铸机，该连铸机关键部件、自动化控制和工艺技术引进美国西门子康卡斯特公司的生产技术和设备，是马钢股份第三炼钢厂第二台异型坯连铸机，型号为四机四流全弧形连铸机。工程主体投资2.17亿元人民币（其中外汇941.52万美元）。工程建设和设备安装由马钢集团公司路桥、钢结构、机电安装公司承担。主要生产碳素结构钢、低合金结构钢、桥梁钢、船用结构钢、耐候钢等钢种，年设计能力为80万吨。铸坯规格为BB3：430毫米×300毫米×90毫米、BB2：320毫米×220毫米×85毫米的异型坯和380毫米×250毫米矩形坯，定尺长度为4—12米。

小异型坯连铸机于2005年3月底建成，2005年4月6日热负荷试车一次成功，2005年4月18日正式投产。

[三钢方坯项目]

马钢股份第三炼钢厂新六机六流方坯连铸机工程（三钢新六机六流方坯连铸机项目），是马钢"十五"期间重点基建技改项目之一，是马钢集团实现高端线材产品的坯料生产线。

该工程位于马钢股份第三炼钢厂1号方坯连铸机南侧，于2001年9月1日开工建设，工期历时6个月。

新六机六流方坯连铸机是由马钢股份设计研究院、奥地利钢铁联合企业公司共同设计的。一、二级自动化控制系统软件分别由马钢自动化工程公司及奥钢联编制。该铸机主体核心部件、二级应用软件包等均从奥钢联引进，其中二级自动化控制系统，可快速准确设定操作方式。质量跟踪模型可周期性地控制影响铸坯质量的重要变量值，若超过变量值允许范围，计算机可自动打印出可能出现质量缺陷铸坯的技术报告。动态二次冷却模型可根据拉速的变化，自动调节配水，使铸坯得到均匀冷却。结晶器液面自动控制，可实现稳定的最佳浇铸过程。结晶器电磁搅拌装置能明显抑制柱状晶生长和降低中心碳偏析程度，改善铸坯表面和内部质量。该铸机主要设备由马钢股份一、二机制公司制造，马钢集团建设公司（路桥、机电安装、钢结构子公司）承担建设安装及调试任务。工程总投资1.29亿元，年设计能力为70万吨。

生产钢种主要为优碳（包括中、高碳钢、82B高碳钢）、铆螺、焊条、弹簧以及轴承钢等，生产的铸坯主要供给高速线材厂。

2002年3月8日首次热试成功，3月18日正式热负荷试车并转入正常生产。

[特钢新建大方坯连铸机及配套项目]

特钢公司新建大方坯连铸机及配套改造工程项目是顺应国家"十三五"规划中提出产业迈向中高端水平的目标要求及《马钢"十三五"发展规划》中提出钢铁做强，坚定不移地走产品升级、产业链延伸、国际化经营的发展道路而实施的重大工程。

工程于 2019 年 4 月开工建设，总投资 4.35 亿元，工程项目位于特钢公司原模铸生产线区域。工程由意大利达涅利公司负责总体工艺，马钢设计研究院承担 EPC 总包，工期 18 个月。

大方坯连铸机为五机五流大方坯连铸机，生产铸坯断面规格为 250 毫米×250 毫米和 380 毫米×450 毫米。产品主要有轴承钢、弹簧钢、齿轮钢、紧固件用钢、合金结构钢、汽车连杆和曲轴用钢等，年设计产能为 55 万吨。铸机的关键设备由意大利达涅利公司引进，配备中间包感应加热、结晶器/末端电磁搅拌、拉矫机轻重压下等设备，为生产高品质铸坯提供了保障。

第三章 轧钢系统

第一节 板材工程

[薄板工程]

(1) 热轧薄板工程。热轧薄板工程是马钢集团“十五”期间重点技改项目，工程占地面积约11.5万平方米，设计年产热轧薄板坯200万吨，产品主要以建筑用材为主，兼顾轻工家电、汽车结构钢、管线钢、集装箱用耐候钢等板材，产品规格厚度为1.0（0.8）—8.0毫米，宽度为900—1600毫米，产品最大卷重为28.8吨。生产线工艺技术及主体设备引进德国西马克公司的薄板坯连铸连轧技术，加热炉及电气设备分别引进意大利皮昂特公司、德国西门子公司的技术，并引进德国蒂森克虏伯的三级计算机管理控制系统。工厂设计及国外图纸的转化设计由武汉钢铁设计总院承包，主体建设由马钢建设公司总承包，2座辊底式加热炉建设由北京凤凰工业炉公司总承包。2003年1月1日，热轧薄板工程主轧线设备精轧机第三架轧机牌坊就位，9月17日子系统卷取机安装竣工。9月18日14时55分，1号连铸机开浇拉出第一块70毫米厚的薄板铸坯。10月18日10时58分，连铸连轧生产线热试轧成功。

(2) 冷轧薄板工程。冷轧薄板工程分两期进行。一期工程主要是改造、利用初轧厂已有厂房、公辅设施和新建9万平方米工业厂房，引进国际先进技术和关键设备，建设一条酸洗—冷连轧薄板生产线、一条热镀锌连续生产线以及相对应的钢卷平整机组、全氢罩式退火炉、精整剪切生产线、轧辊加工设备和各种公用辅助设施。二期工程建设2号热镀锌连续生产线。

2001年7月23日，马钢股份成立冷轧薄板项目经理部，冷轧薄板工程正式启动。

冷轧薄板一期工程由马鞍山钢铁设计研究院和马钢设计院共同承担设计，由第二十冶金建设公司和马钢设计院共同建设。一期工程各类机械设备1.65万吨，生产线电气设备总容量6.18万千瓦。于2002年8月20日开工建设。

酸洗—冷连轧薄板生产线于2004年2月28日建成投产。设计年产厚度0.30—2.00毫米，宽度900—1575毫米的冷轧板卷152.8万吨。产品主要以建筑用材为主、兼顾轻工家电、包装容器等用材。生产线采用连续酸洗连轧技术，可提高产品质量和成材率，减少工艺设备，缩短厂房，降低投资，而且产品生产周期缩短，降低了生产成本。轧机采用三菱-日立公司开发的四机架六辊万能凸度控制（UCM）轧机，可轧制薄规格、大压下率的产品，轧机可采用无凸度工作辊生产各种产品，根据轧制程序表选择不同的工作辊凸度，可减少轧辊储备，便于生产管理。

1号热镀锌连续生产线于2004年1月20日建成投产，年设计生产能力35万吨，产品等级为普通商用级、冲压级、深冲级、低合金高强度级等，产品规格为厚度0.3—2.5毫米，宽度900—1575毫米。在国内首次采用了锌铝合金（GF）工艺，可生产纯镀锌层（GI）和锌铝合金层（SZ）两种产品（SZ产品填补了国内空白）。机组由日本新日铁公司提供（电气设备由东芝-通用电气公司提供）。

精平整生产线由全氢罩式退火炉生产线、钢卷平整机组、精整剪切生产线三部分组成。罩式退火炉采用奥地利艾伯纳公司生产工艺，共有48座全氢罩式退火炉台，40个最终冷却台，年退火能力为82万吨，全部实行全自动控制，产品质量可得到良好的控制。钢卷平整机组采用意大利达利涅公司的湿式平整工艺，以单机架4辊式平整机组处理罩式退火炉的退火钢卷，可获得较高的平整质量。精整剪切生产线由4米横切机组1套、6米横切机组1套、纵切机组1套、重卷及包装线1条组成，采用意大利菲米公司的生产工艺，剪切精度高，可满足各类客户的不同需求。

马钢股份卷板产品，摄于2012年5月23日

（3）2130冷轧带钢工程。2130冷轧带钢工程是马钢“十一五”前期技术改造和结构调整的重点工程。2005年5月立项，计划总投资45.48亿元。工程于2005年5月开工建设，工程建设分两期，一期生产冷轧板卷90万吨，汽车、家电等热镀锌板卷85万吨，冷硬卷36.1万吨；二期生产冷轧板卷90万吨，汽车、家电等热镀锌板卷120万吨。产品规格：厚度0.3—0.5毫米，宽度800—2000毫米，钢种有IF钢、低碳钢、低合金钢、DP和TRIP钢等。2007年7月，一期工程完工投入运行。2130冷轧带钢主要提供高档汽车板和家电板产品，为马钢提升产品档次，增强市场竞争能力和抵御风险能力。2130冷轧带钢工程的建设规模为210万吨/年。

2130冷轧带钢工程引进了国外先进技术和部分关键设备。主要生产线：1条2130毫米酸洗—轧机联合机组；1条连续退火机组；2条热镀锌机组（3号机组以生产汽车板为主，4号机组以生产家电板为主）；2条重卷检查机组；2条半自动化包装机组；1条热镀锌机组（预留，二期建设）；1条重卷纵切机组（预留，二期建设）及其相关辅助设施。

轧钢厂房采用钢结构形式，建筑面积为13.28万平方米。设备总重量约3.50万吨，其中引进设备重量约3500吨。设备总装机容量为191.22兆瓦。工程设计单位：中冶南方工程技术有限公司、马钢股份设计院；主要施工单位：第二十冶金建设公司。

2007年3月6日，冷轧酸连轧机组第一卷冷硬卷轧制成功；6月30日，连退机组第一卷冷轧卷下线；7月26日，3号镀锌机组生产出第一卷镀锌卷；9月17日，4号镀锌机组热试成功。2007年9月20日，马钢“十一五”技术改造和结构调整系统工程竣工投产典礼，在四钢轧总厂隆重举行。

（4）2号热镀锌生产线。2号冷轧镀锌线位于1号冷轧镀锌生产线东侧，部分利用原旧厂房和新建1.5万平方米工业厂房。工程由德国西马克公司负责总体设计，马钢设计研究院承担工厂及辅助系统设计，土建施工由马钢路桥公司负责，设备安装由二十冶和北京凤凰炉公司负责。项目合同于2003年11月18日正式生效，合同工期24个月。2005年11月18日建成投产。年设计生产能力35万吨，产品定位于汽车板和高档家电板等，产品主要有GI（镀锌）和GA（合金化）板，产品规格为厚度0.30—2.00毫米，宽度900—1600毫米。生产线所需的原料主要来自马钢生产的低碳钢或超低碳钢。主体机械设备从德国西马克公司（SMS-DEMAG）引进，东芝、三菱-通用电气公司（TMEIC）电气配套，法国斯坦-赫雷蒂公司（STEIN-HURETEY）配套炉子，西马克、德马克（SMS-DEMAG）技术总负责，蒂森克虏伯提供生产技术支持。设备总重量约6000吨，电气设备总装机容量为20000千瓦。

[2250热轧工程]

2250热轧工程是马钢“十一五”期间技术改造和结构调整一期工程钢轧主要建设项目之一。2250

热轧工程由德国西马克公司机械工艺总承包，电气设备及控制系统从日本东芝三菱电机产业系统株式会社引进，由马钢设计研究院负责设计，施工由马钢集团建设有限责任公司承担。2005年5月10日开工建设，2007年2月25日热负荷试车一次成功。

2250热轧工程建设规模550万吨/年，其中供2130冷轧原料225万吨/年，平整分卷机组80万吨/年，横切机组50万吨/年，主要生产产品为普通碳素结构钢、优质碳素结构钢、超低碳钢、深冲（IF）钢、低合金高强度结构钢、中碳合金钢、汽车结构钢、锅炉用钢、压力容器用钢、船用结构钢、桥梁钢、管线钢、双相（DP）钢、相变诱导（Trip）钢等。

主要设备配置有：步进式加热炉3座、压力定宽机1台、双机架四辊粗轧机组、预留1台热卷箱、1台边部加热器、1台切头剪、七机架CVC精轧机组、带钢层流冷却装置1套、3台地下卷取机、1条钢卷运输线含取样检查装置、1条平整分卷线、1条横切线以及与生产线相配套的电气自动化系统、水处理设施、液压润滑等辅助设施。

马钢股份2250热轧带钢生产线出卷，摄于2008年4月7日

［**1580热轧工程**］

1580热轧工程是马钢“十一五”期间技术改造和结构调整二期工程钢轧主要建设项目之一。1580热轧工程立足国内（马钢）技术集成，马钢集团为技术总负责，主体机械设备由中国第一重型机械集团公司设计制造，电气及自动化控制设备由日本东芝三菱电机产业系统株式会社供货，加热炉部分由北京京诚凤凰工业炉公司总包，工厂设计及部分配套的非标设备设计由马钢设计研究院负责，施工由马钢集团建设公司承担。2011年2月28日开工建设，2013年底建成投产。

1580热轧工程年设计生产能力350万吨。产品主要满足汽车、家电、机械、轻工、造船等行业的中高端要求。产品规格：带钢厚度1.6—12.7毫米，带钢宽度800—1450毫米，钢卷内径762毫米，钢卷外径1000—2150毫米，钢卷最大重量28.0吨。

1580生产线工艺配置情况：步进式加热炉3座（其中第三座2018年建成投用）+高压水除鳞（HSB）+定宽压力机（SSP）+二辊粗轧机及附着式立辊（EIRI）+四辊粗轧机及附着式立辊（E2R2）+保温罩+热卷箱+转鼓式切头剪（CS）+精轧机除鳞（FSB）+七机架精轧机组（F1—F7）+测量房（MFG+CLG+FLG）+层流冷却系统+2台地下卷取机（D1+D2）+托盘式钢卷运输线。

1580热轧工程被马鞍山市政府授予2012—2014年马鞍山市“十大功勋”工程。

［**硅钢生产线工程**］

冷轧硅钢生产线工程是马钢“十一五”期间技术改造和结构调整的重点工程，是马钢第一条全工艺冷轧硅钢生产线，也是国内第一个利用紧凑式带钢生产线（CSP）提供原料生产冷轧硅钢的生产线。以生产中低牌号无取向硅钢为主，兼顾生产热轧酸洗板和普冷板。

冷轧硅钢生产线工程由中冶南方公司总承包，项目合同于2005年11月18日正式生效，合同工期25个月。

冷轧硅钢生产线由一条设计年产量45万吨的推拉式酸洗机组（PPL）、两台设计能力共43万吨的单机架可逆轧机（RCM-1和RCM-2）、两条年设计生产能力共42万吨连续脱碳退火机组（CA-1和

CA-2）及相配套的磨辊间、一条酸再生机组（ARP）及相关辅助设施组成。

冷轧硅钢生产线坐落于西山脚下，占地面积 4.7 万平方米，建筑面积 5.75 万平方米。工程于 2006 年 4 月 18 日正式破土动工，2007 年 3 月 28 日连退线投入试生产；2007 年 12 月 26 日 1 号单机架可逆轧机投产；2008 年 3 月 20 日工程全面竣工。工程概算投资 12 亿元。

冷轧硅钢生产线的建成，对马钢集团公司进一步优化产品结构、提升产品档次，起到了积极的促进和保证作用，具有较高的经济价值和社会价值。

［硅钢技改工程］

硅钢技术改造工程是马钢实施精品战略的重要措施，是安徽省建设的第一条高品质硅钢片轧制生产线，坐落于花山区七里甸，天门大道高架桥南段西侧，主厂房建筑面积 4.16 万平方米，设计年生产能力 15 万吨，其中高牌号无取向硅钢 10 万吨、高磁感无取向硅钢 5 万吨。

硅钢技术改造工程由中冶南方工程技术公司总承包，负责工程设计、采购和施工，工程监理单位为马钢博力监理公司。工程合同总工期为 22.5 个月（2011 年 7 月 29 日—2013 年 6 月 20 日），工程静态投资 11.53 亿元（含外汇 4093 万美元）。工程由酸洗—轧机跨、退火剪切及成品跨两个平行跨组成。其生产工艺流程为：热轧原料→常化酸洗→轧制→焊接并卷→脱碳退火→重卷→包装入库。

工程建设自 2011 年 11 月 26 日开工，2013 年 7 月 6 日竣工，2013 年 9 月 6 日正式投产。

主体设备单机架可逆轧机由日本三菱-日立公司设计，马钢重机公司制造，为 6 辊万能凸度控制轧机。

主要配置生产设备有：常化酸洗机组（CP）1 条，将热轧原料常化退火后进行抛丸酸洗处理，均匀热轧带钢组织并去除带钢表面附着的氧化铁皮，为冷轧轧制做好准备，该机组于 2013 年 1 月投产。单机架小辊径可逆轧机（RCM-3）1 台，采用三菱-日立高级万能凸度（控制）轧机（AUCM），该轧机具有良好的板形控制能力和厚度控制精度，将热轧酸洗卷冷轧至目标厚度，该机组于 2013 年 6 月投产。准备机组（CW）1 条，将冷轧后有缺陷钢板切除并将小吨位钢卷拼接大吨位钢卷后提高连续退火机组的作业率。连续脱碳退火机组（CA-3）1 条，将冷轧后的钢卷进行中间退火或最终脱脂、脱碳、形变再结晶及涂敷绝缘层，该机组于 2013 年 1 月投产。重卷机组（CS）1 条，对最终退火涂层后的钢卷进行切边、剔除缺陷、分卷并进行成品包装，以及相配套的磨辊间和酸再生及相应的给排水及供配电等设施。该机组于 2013 年 2 月投产。

［1720 酸轧线设备能力提升工程］

针对 1720 酸轧机组生产线原设计产品定位为普通低强度碳钢产品，不具备生产高强度产品以及高精度硅钢产品能力，随着市场消费升级，已不能满足市场发展的需求，同时设备经过长期满负荷运行，稳定性和精度难以控制，对产品质量影响较大。在对冷轧产品市场以及该机组在整个工艺流程中的地位充分预测、研判的基础上，决定对 1720 酸轧线进行设备能力提升改造，使其具备高强钢以及高精度硅钢产品的生产能力。设备能力提升改造主要包括以下内容。

酸洗段：入口双层剪、焊机改造；焊机及 1 号月牙剪废料输送系统、拉矫机系统（含张紧辊）改造；酸洗和漂洗段（含酸槽及其循环系统、漂洗槽及其循环系统、热风干燥本体改造、挤干辊换辊车）改造；2 号月牙剪废料输送系统、切边剪碎边剪国产化改造；垂直检查站、入口除尘改造。

轧机段：1 号、2 号轧机机架改造增加工作辊窜辊功能改造；3 号轧机整体改造；1—4 号测厚仪整体更新；新增边降仪；换辊装置改造；轧机区入口新增感应加热器；轧机入口分切剪配套改造；轧机区原液压及气动管路更换；轧机封闭更换；乳化液系统改造。

增设智能化装备：入口拆捆带机器人；焊接自动检查装置（含在焊机内）；智能管理系统；操作室改造；出口钢卷内芯点焊装置。

改造项目于2019年1月正式立项，与日本三菱商事的主要工艺设备合同也同期完成签订。

1720酸轧线设备能力提升工程是冷轧总厂在自主集成国内外多项技术，实行设计、采购、设备安装一体化（EPC）模式，实行项目部负责制，工程由马钢集团设计研究院总承包，工厂设计由马钢集团设计研究院承担，工程监理由马钢博力监理公司承担，由江东建安公司、银峰建安公司、中国二十冶承建。主要设备供货商有：普瑞特-日本（PTJ）、日立、米巴赫、马钢重机公司、马钢表面公司、中冶南方、华利浦、西重所、易姆斯（IMS）、阿西亚公司和布朗勃法瑞（ABB）、信诺、航天环境。

第二节 型材工程

[重型H型钢项目]

马钢股份长材事业部重型H型钢项目，是马钢集团“十三五”期间转型升级重点工程之一。是马钢填补国内重型H型钢产品空白，形成大、中、小、厚重全系列H型钢产品配套能力，增强马钢H型钢产品国内外竞争力的项目。

2017年9月20日，马钢股份长材事业部重型H型钢项目轧钢生产线全面开工建设。

2018年1月17日，马钢股份与中标方——西马克公司、普锐特公司、达涅利公司正式签订重型H型钢工程轧钢生产线项目及异形坯连铸机项目合同。年设计产能80万吨，总投资16.5亿元。

重型H型钢轧钢生产线工艺装备采用1-1-3轧机布置形式，即2架开坯轧机和1组“粗轧—轧边—精轧”串列万能轧机，以及大型门式矫直机，使用近终形异型连铸坯、万能粗轧机组串列轧制小张力控制、QST（淬火自回火）等先进工艺和技术。关键工艺和轧线主要设备由国外引进，全线自动控制，具有当代国际先进水平。

该生产线采用当时世界先进的近终形异型坯连铸、LF炉及全保护浇铸保证钢水洁净度；万能轧机采用液压AGC（自动厚度控制系统）、动态轴向调整DAA（调整指令）、小张力控制和拥有自主知识产权的轧后超快冷却等工艺技术，确保产品外观尺寸、控制精度和产品性能。主打目前国内不能生产的重型系列、厚壁系列、宽翼缘系列等高附加值H型钢产品，产品最大高度1118毫米、宽度476毫米、翼缘厚度115毫米。部分补充超大规格角钢、U型钢板桩、铁路车辆用帽型钢等异型钢产品，所有产品能够按照日标、美标、英标、欧标和国标组织生产。该项目的建成使马钢集团成为全球第五家、国内首家具备重型、厚壁、宽翼缘H型钢生产能力的厂家。

[中小型H型钢生产线工程]

马钢股份H型钢厂中小型H型钢生产线工程（近终形H型钢铸轧项目），是马钢“十五”后期重点工程之一，也是2005年马钢三大工程之一。中小型H型钢生产线是马钢大H型钢生产线的配套项目，也是马钢第二条H型钢生产线。该工程位于马钢股份H型钢厂大H型钢生产线厂房西侧与宁芜铁路之间。

2002年初，该工程（近终形H型钢铸轧项目）正式立项，2003年10月15日，中小型H型钢生产线工程轧机合同正式签订生效，意大利达涅利公司提供机械设备，东芝GE公司提供全线的自动化控制技术。

该项目工艺装备采用先进的5架平立交替布置粗轧机，两辊和万能布置的中精轧机全连续短应力轧机组。整个生产线主要设备：1. 加热区1座端进侧出步进式加热炉；2. 轧制区15架轧机、1台除磷机、1台火焰切割机、1台在线尺寸测量仪和1台飞剪；3. 冷精整区1座78米步进式冷床、1架十辊矫直机、2台冷锯和3台打捆机。

该生产线以H型钢产品为主，H型钢规格范围为H100—400毫米，翼缘50—200毫米，其轻型薄壁 H 型钢产品腹板厚最小仅为 3. 2 毫米，也生产槽钢、工字钢、角钢、叉车门架钢等产品，年设计产能 50 万吨。

2004 年 2 月 1 日，中小型 H 型钢生产线项目在 H 型钢厂破土动工，2005 年 2 月 27 日，加热炉顺利点火烘炉，3 月 28 日正式投产。

中小型 H 型钢生产线建成投产，马钢股份 H 型钢产品形成配套系列化，产品规格覆盖 H100—800 毫米全系列。同时，成为国内唯一生产轻型薄壁 H 型钢的厂家，填补了国内空白。

[型材升级改造项目]

马钢股份长材事业部型材升级改造项目（中型材生产线），是马钢股份型材产品迈上高端制造的项目，是马钢集团“十三五”期间重点工程之一。该生产线建在马钢大道中段西侧、马钢股份公司长材事业部南区连铸机生产线东侧、三钢南路北侧区域内。

中型材生产线采用连铸坯热送热装，加热炉采用双蓄热加热技术，8 架轧机为 1-1-6 半连续布置形式，精整区域为长尺冷却→长尺矫直→冷锯切定尺→自动码垛→自动打捆的工艺形式。

主要设备有：步进式加热炉 1 座、BD 轧机 2 架、精轧机 6 架、步进式冷床 1 台、A900 矫直机 1 台、A700 矫直机 1 台、移动冷锯 1 台、固定冷锯 1 台、码垛机 2 台、全自动打捆机 3 台。

产品范围包括工角槽系列、矿用支护钢系列，小规格 H 型钢系列（H100—175 毫米），同时具备开发船用不等边角钢、叉车门架钢及其他异型材的能力。

该项目建设由马钢工程技术集团总包，工艺总负责为中冶华天，土建、钢构、设备安装分别由马建集团、马钢股份钢结构工程分公司、马钢股份设备检修公司承担，设计年生产能力 60 万吨，项目总投资 4. 5 亿元。

2017 年 7 月 18 日正式开工，2018 年 7 月 18 日建成调试投产。

第三节　线 棒 工 程

[高线改造工程项目]

马钢股份高速线材厂高速线材轧机技术改造工程项目，是马钢“十五”期间结构调整的重大举措之一。1987 年，马钢率先从德国引进并建成中国第一条高速线材生产线，填补国内优质线材制造空白，成为当时国内外最先进、轧制速度最快和国内唯一的优质高速线材生产厂，被誉为“中国高线摇篮”。为提升该生产线产品档次，2000 年初，马钢两公司决策层决定对马钢股份高速线材厂高速线材生产线进行首次大修改造（高速线材轧机技术改造工程项目）。

该项目于 2000 年 12 月开始筹备。2001 年 8 月 30 日，马钢与西马克公司签署改造协议。2001 年 10 月 22 日，合同正式生效。

该项目采用世界线材轧制领域前沿的热机轧制技术、减定径机技术和二级自动化控制技术，可根据不同钢种和热机轧制的需要选择不同的轧制路径，满足全方位的质量要求，其装备技术达到当时世界顶级水平。设计年生产能力 50 万吨。

主体设备有步进组合式加热炉、6 架粗轧机、8 架中轧机、2 架预精轧机、8 架精轧机、4 架减定径机和夹送辊、吐丝机、大风量辊式运输机、集卷筒、运输机、打捆机等，电气设备装机容量 3. 26 万千瓦。该套轧机采用单线生产，28 道次轧制，保证终轧速度 105 米/秒，最快可达 120 米/秒。

生产钢种主要有优质碳素结构钢、冷镦钢、弹簧钢、轴承钢、焊条钢、低合金钢等。产品规格为直径 5—25 毫米光面圆钢和螺纹钢盘条，盘卷最重可达 2. 5 吨。

2003 年 1 月 18 日，该工程正式启动。2003 年 3 月 3 日，全线热负荷试车成功，3 月 18 日举行投产剪彩仪式。

马钢股份高速线材改造工程项目是马钢提升线材产品市场占有率和竞争力的项目，是马钢“十五”期间重点基建技改项目之一。

马钢股份第二炼钢厂高线项目经理部于2001年8月1日成立。工程项目由马鞍山钢铁设计院、马钢设计研究院联合设计，由北京凤凰工业炉有限公司、苏州冶金机械厂、上海电机厂、重庆齿轮箱有限责任公司等单位承担设备制造。设计生产能力为45万吨，工程总投资1.35亿元。

该项目设计线材卷重为2吨，轧制保证速度为75米/秒，设备总重量为2300吨，总装机容量为1.8万千瓦，是国内首条全无扭、控冷、短流程的生产线。

产品规格为直径6—13毫米光面圆钢和螺纹钢盘条，钢种为碳素结构钢、优质碳素结构钢和低合金钢。

该工程于2002年3月28日在二钢厂内正式破土动工。全部采取招投标总包运作，由第十七冶金建设公司机电公司、第十八冶金建设公司机电公司、马钢建筑安装分公司、钢结构制作安装分公司、机电设备安装分公司、建筑路桥有限责任公司、利民企业公司等承担建设。

2002年6月，该工程进入设备安装。2003年1月底开始单体调试并进入全线联动调试，2月20日22点38分成功轧出第一卷线材，3月18日正式投产。

[二钢连续棒材生产线工程项目]

马钢股份第二炼钢厂连续棒材生产线工程，是马钢填补小规格棒材产品空白，提升马钢棒材产品配套能力的重点项目。

该项目由马鞍山钢铁设计总院设计，于2003年9月10日通过设计审查。该生产线关键设备全部从国外引进，自动化控制程度达到当时世界先进水平。年设计生产能力为50万吨，工程总投资2.2亿元。

该生产线采用全连续高速无扭控冷轧制，最高成品轧制速度可达35米/秒。

马钢股份棒材产品，摄于2016年10月9日

产品规格为直径10—16毫米光面圆钢和螺纹钢筋，钢种有低合金钢、碳素结构钢，棒材定尺长度为6—12米。该工程于2004年1月3日破土动工。按照公司“投资省、工期短、质量优、达产快、效益好”的建设要求，工程建设绝对工期仅用7个月，于2004年9月16日全线热负荷试车成功，9月24日正式投产。

[埃斯科特钢项目]

埃斯科特钢有限公司是马钢“十三五”期间，为加快马钢产品结构调整和转型升级，推进马钢特钢产业链的发展，马钢股份和法国ASCOMETAL公司合资成立的公司（埃斯科特钢有限公司），生产高端汽车零部件用特殊钢线材棒材深加工产品。合资公司成立于2016年3月，注册资本3200万欧元，总投资3.6亿元，拥有全氢罩式退火炉、连续酸洗线、进口拉拔机、全自动卷到棒剥皮生产线等先进装备。年设计总产能15万吨（含棒材退火工序）。

[优棒生产线工程项目]

优棒生产线工程是马钢集团“十三五”期间结构调整重点项目之一，工程投资5.9亿元，工程项目占地面积8.20公顷，建筑面积6.40公顷，建设地点在特钢公司厂区内。设计年产量40万吨，产品为直径16—90毫米的合金直条棒材。该项目主要为满足下游埃斯科特钢公司热轧圆钢25万吨/年的原料需求而建。项目于2017年4月投建，2018年9月全线贯通热负荷试车成功。

这条产线由中冶华天总体设计、工艺总负责，90%以上设备国产化，少量设备引进，全线采用控轧控冷和高精度尺寸轧制技术。生产的钢种含轴承钢、弹簧钢、齿轮钢等，主要应用于汽车零部件、轨道交通、能源用钢和高端机械制造领域。

工艺设备配置：步进式加热炉1座，常规轧制时加热能力每小时120吨，侧进侧出出料方式，有效分段控制炉温，加热质量好，操作灵活，加热效率高，为生产优质产品提供了保证；轧线布置26架轧机，粗轧机组4架、中轧机组8架、预精轧机组6架、精轧机组4架、减定径机组4架配置，采用连续轧制工艺，粗轧机组4架可单独调节速度，实现较高速度轧制，以适应不同钢种对轧制温度的要求。

第四节　车轮系统工程

[车轮系统扩能改造工程项目]

为配合中国铁路进一步向“高速重载”发展，马钢股份申请车轮系统扩能改造，建立第3条车轮生产线。项目设计方为马钢设计研究院，施工方为马钢修建部。该项目采用整体设计、分期施工的方式完成，车轮系统扩能改造工程分两期建设。2005年4月开工，2008年11月全面建成投入使用。一期工程投资3.8亿元，于2005年4月10日破土动工，在现有厂区东北角区域新建了300米×72米厂房，配置了热处理区的淬火加热炉和回火炉、数控机床加工区、车轮检测区，一期工程于2006年5月完成。2006年8月，马钢股份董事会批准投资4.5亿元进行车轮系统扩能改造二期工程（含老厂房内增建的8台RQQ-1数控加工机床），在一期工程已建成的新厂区基础上配套建设钢坯锯切区、钢坯加热区、四机组压轧区、缓冷炉群。2006年8月，扩能改造二期工程开始启动，2008年11月完工。车轮系统扩能改造工程新建的车轮第三条生产线分为6个区：钢坯锯切区、加热区、压轧区、热处理区、数控机床加工区、车轮检测区，是一条从原料准备到成品发货的完整、专业的火车车轮生产线，该线主要用于生产铁路使用直径840—915毫米客、货车轮，年设计产能40万件。2007年底压轧区土建开始施工，2008年4月陆续结束，开始设备安装，2008年8月，压轧区建成，进入试轧、功能考核阶段，2008年11月20日正式投产。

马钢股份车轮产品，摄于2007年11月29日

[车轮轧机改造项目]

为了提高车轮轧制质量和产能，新建车轮轧制二线设置在原有的轮箍压轧生产线与车轮压轧生产线之间，搬迁原有的地下地库，利用其空出的位置，在主厂房B-C跨19-25线之间布置一条由90兆牛油压机、立式车轮轧机及50兆牛油压机组成的三机组模式的车轮压轧线。主要引进设备有：1台立式车轮轧机，1台车轮尺寸激光检测机（德国SMS公司制造及配置），2台固定式机械手，2台桥式机械手（德国GLAMA公司制造），液压系统、润滑及冷却系统、电控系统由德国SMS公司配置。主要国产设备有：1台90MN成型压力机，1台50MN压弯压力机（国外设计、中国第一重型机械集团公司转

化设计制造），1台高压水除鳞机及供水系统（上海欧联流体控制技术有限公司制造），1台热打印机（济南捷迈液压机械工程公司制造），70米冷床等部分配套设备（马钢股份机制公司制造）。该生产线由德国SMS公司负责总体设计，马钢设计研究院负责工厂设计及部分配套设备的设计，施工方为马钢修建部。2003年8月开始进行设备安装，年底转入调试阶段，车轮轧制三线2004年3月开始调试和试生产，同年5月并入生产序列。

［高速车轮技改项目］

为满足我国高速车轮国产化及高等级轨道交通用材的开发需要，2010年马钢两公司投资25亿元新建了一条电炉钢生产线，并于2011年10月底建成投产。2012年，部分车轮品种开始采用电炉钢批量试生产。2013年，除了出口北美市场和GE公司的AAR钢车轮外，其他车轮均已采用了电炉钢批量生产。

［高速车轴生产线项目］

为新建一条高速车轴生产线，以高速、重载车轴为重点，覆盖其他车轴产品，年产各类车轴4万根。高速车轴生产线项目厂址位于马鞍山市经济技术开发区马钢轨道公司内，新增主要生产机组3套、主要配套单体设备21台及其他辅助设备，新增生产厂房建筑面积9680.05平方米。项目设计方为马钢集团设计研究院，施工方为马鞍山钢铁建设集团有限公司。2016年6月高速车轴生产线项目启动，2017年7月高速车轴生产线厂房工程竣工，开始设备安装，2018年8月项目全部完工。

第四章　公 辅 系 统

第一节　马钢生产指挥中心工程

马钢集团的生产指挥系统和办公设施始建于20世纪50年代，经过几十年扩建、改建，仍存在管理部门分散、占地面积大、管理效率不高的现象，已经远远不能满足功能要求。为适应建设具有国际竞争力的现代化企业集团的需要，公司决定兴建综合性的马钢生产指挥中心（后改名为马钢集团办公楼）。

马钢生产指挥中心位于马鞍山市中心地带，北临万达广场、市政广场，南临开发区，东西分别为湖东路、太白路城市干道。该中心由日本株式会社INA新建筑研究所与马钢设计院研究按照“适应需要、科学设计、适度超前、展示形象”的总体要求联合设计，总占地面积8万平方米，一期办公楼总建筑面积7.61万平方米，概算投资3.5亿元，主体建筑由21层办公主楼、12层贸易中心辅楼和4层裙楼三部分组成。该工程由马钢设计院总承包，2006年8月18日正式立项，9月举行了工程奠基仪式，2009年初建成，2009年6月6日6时06分06秒，马钢集团公司办公楼正式搬迁使用。同时在办公楼的东面预留了马钢研发中心的位置，工程全部建成后将形成马钢集团管理、销售、技术研发为一体的现代化管理研发中心。

马钢生产指挥中心搬迁使用

第二节　燃 气 系 统

煤气综合利用发电工程：为减少富余煤气放散，提高煤气综合利用能力和水平，在慈湖塘岔新建煤气综合利用发电工程。项目总投资2.20亿元，由马钢集团设计研究院设计，安徽省电建公司施工，包括一台60兆瓦抽凝式汽轮发电机组，配套一座220吨/小时全烧煤气锅炉，主要设施包括锅炉、汽轮发电机、双曲线冷却塔及配套系统。

2009年11月2日工程正式启动，2010年5月16日工程建设全面展开，2011年6月8日机组一次并网成功。项目竣工投产后每年可回收16亿立方米煤气，年发电量3.78亿千瓦时，马钢股份新区冶金煤气充分回收利用，自发电比例增加近5个百分点，具有降低吨钢制造成本、扩大绿色制造比重的经济和环保效益。

第五章 环保项目

第一节 水资源工程

[六汾河污水处理工程]

为充分利用水资源、改善排水水质，在马钢股份第一能源总厂33号净化站东侧紧邻六汾河区域新建一座日处理污水10万立方米的污水处理站，对排入六汾河污水实施截流处理，达到回用水指标后作为循环水系统的补充水进行回用。六汾河污水处理工程是马钢“十一五”期间重点环保建设项目，项目总投资9990万元，马钢集团设计研究院EPC（设计、采购、施工一体化）总包。

2007年10月六汾河污水处理站破土动工，2008年8月31日建成投产。项目投运后年减排污水3500万吨，使马钢三厂区的主排口六汾河得到彻底治理。

[原料场环保升级改造]

根据国家环保政策要求，2018年8月31日，马钢原料场环保升级及智能化改造工程批准立项《马鞍山钢铁股份有限公司董事会决定事项》，2018年9月3日，马钢股份下发投资计划《马钢股份公司固定资产投资项目计划》。马钢股份原料场环保升级及智能化改造工程投资概算15亿元，由马钢工程技术集团、中冶华天、中冶赛迪等单位设计施工，计划工期2018年9月—2022年4月。该工程是在现有一次料场区域内，新建2跨封闭式C型一次料场，对现有西侧、东侧2个混匀料场分别进行原地B型封闭改造，计划最终形成“2C+2B”工艺布局，所有原料作业均入库或入棚，消除面源污染，并在此基础上进行智能化生产工艺改造。2019年3月16日，马钢股份原料场环保升级及智能化改造工程开工。

第二节 电力工程

节能减排CCPP综合利用发电工程：为实现煤气资源高效利用、满足国家超净排指标要求，在慈湖塘岔新建燃气蒸汽联合循环发电机组（简称CCPP）。CCPP综合利用发电工程是马钢新区综合配套项目，由中冶华天工程技术有限公司设计，安徽电建一公司施工，主要由主厂房、静电除尘室、吸入空气过滤器、配电室、主变压器、循环水泵房、冷却塔、化水站等部分组成，发电机额定功率153兆瓦。2005年6月，该工程开工建设，2007年8月一次性通过168小时试运行考核，实现迅速达产并保持稳定运行CCPP年耗煤气折合标准煤29.6万吨，年供电量10.9亿千瓦时成为马钢股份新区工程的节能减排亮点。

2018年，热电总厂第二台燃气蒸汽联合循环发电机组综合利用发电项目正式立项，在马钢南区湖北西路北侧新建一台180兆瓦高效发电机组。截至2019年9月，顺利完成主设备招标，项目额定电压15.70千伏，利用冶金工厂煤气平衡中富余的高炉煤气、焦炉煤气进行燃气-蒸汽联合循环发电。

第三篇 钢铁主业

第三篇　钢铁主业

概　　述

从“十五”到“十三五”时期，马钢集团钢铁主业实现历史性跨越，生产规模逐年扩大。铁、钢、材产量分别从2000年的397万吨、392万吨和355万吨上升到2019年的1809万吨、1983万吨和1877万吨。吨钢综合能耗从2000年的978千克标准煤降至2019年的572.88千克标准煤。2000年销售收入、税后利润和上交税金分别是80亿元、1.76亿元和10.4亿元，到了2019年马钢实现营业收入991亿元、利润总额36.8万元，上交税金54亿元。

马钢集团生产组织随生产格局、生产规模、生产结构的不断变化和发展，在不同阶段大胆探索、创新思维。“十五”期间，马钢两公司生产格局发生了变化，工序生产能力从过去的铁大于钢、钢大于材朝着材大于钢、钢大于铁转变。公司主导产品升级换代。形成了能够替代进口的以薄板、H型钢、优硬线（棒）材和车轮轮箍为主导的新的“板、型、线、轮”产品结构，板带比由14.6%上升到36.5%。伴随着大规模技术改造和结构调整，公司规模扩张并淘汰一批落后生产工艺，建设完成一条薄板坯连铸连轧生产线和一条冷轧薄板生产线，推进铁前系统结构调整，改造、整合一些重点公辅项目。

“十一五”期间，马钢集团实现生产组织模式优化和再造，采取包括“平衡及优化生产与基建、生产与检修方案，制定生产组织预案”“推行晚调会制和周生产分析会制”“开展铁前高炉长周期稳定顺行攻关，确保高炉长周期的均衡稳定”“钢后优化组产模式，提高订单兑现率”“创新用料模式，降低生产成本”等举措，品种质量显著提升。马钢集团深化全面质量管理，调整经济责任制考核导向，建立“五位一体”的“研产销”工作机制，进一步推动品种质量改善；大力落实科学发展观，结构调整卓有成效。积极实施节能减排，继2005年之前淘汰一大批落后炼钢和轧钢装备后，继续淘汰落后工艺技术装备，2007年又淘汰并先后永久性关闭一铁总厂5座小高炉、1座90平方米烧结机和二钢轧总厂混铁炉。新建马钢新区500万吨钢综合配套工程、一钢轧总厂硅钢生产线，完成马钢股份本部生产规模从产钢1000万吨发展到1500万吨，并具备批量生产高档次板材的能力。

“十二五”期间，马钢集团制造系统坚持创新求进，坚持转型发展，实现从注重规模扩张到注重精细管理的转变，在高效组产、深度降本、结构调整、产线分工及物流优化等各方面实现较大的突破，为公司推进精益运营、做大做强钢铁主业作出应有的贡献。马钢集团紧密围绕产品结构调整增效目标，坚持资源配置向高技术含量、高附加值产品倾斜，加快推进产品结构调整，扩大优势产品比重，积极拓展汽车板、家电板、电工钢及车轮等产品的市场份额。硅钢二期、热轧酸洗机组、1550酸轧机组以及两条连退机组、热轧1580机组等相继投产，形成3条热轧机组对应1条酸洗机组、3条酸轧机组、4条冷轧退火机组、4条镀锌机组以及3条硅钢连退机组的生产新格局。

“十三五”期间，马钢集团制造系统以客户为关注焦点，以客户需求为导向，强化“效率、效益”

双引擎，大力推进技术创新和管理增效，淘汰落后产能之后的优势产能得到迅速恢复，不断提升公司生产制造能力。产品结构分工更加合理，组产经济性、合理性显著提升。热轧薄规格高强钢、冷轧高强钢/双相钢、汽车板实现常态化生产且产品质量实现飞跃；硅钢产量及质量实现突破；家电涂层板产品质量达到浦项同一水平。马钢集团经过20年的调整结构和技术改造，有序推进产线分工，形成当今世界先进的冷热轧薄板、彩涂板、镀锌板、H型钢、高速线（棒）材和车轮轮箍等生产线，板带比超过50%，70%工艺装备达到世界先进水平。

同时，在发展钢铁主业方面加大管理和改革力度，为适应公司铁烧、钢轧一体化生产组织的需要，先后在铁前、钢轧及公辅系统实施了生产组织结构再造，按生产流程和物流方向将生产厂整合成若干个总厂，钢铁主业实行总厂、分厂、作业区三层生产组织管理体制，实现基层生产组织扁平化管理。实施特色产品新型运营模式，为更好地满足客户要求，加快提升汽车板和车轮、特钢、彩涂板等产品的研发、制造和服务能力，提升公司战略产品和特色产品的市场占有率，公司先后组建汽车板推进处和车轮、特钢、彩涂板三个事业部，对车轮公司、特钢公司和彩涂板事业部按照事业部制运作。加强铁前技术质量管理，整合高炉生产技术人才资源，组建炼铁技术处，发挥专业管理团队优势，夯实炼铁技术质量基础管理，实现高炉长周期均衡稳定顺行，提升高炉各项经济技术指标水平。

全流程、全要素开展降本增效，实现低成本经济运行。推动铁前、钢轧等制造系统对标挖潜，逐步建立起以生产为中心、以采购为导向、以销售为龙头、以物流为基础的产供销运联动机制。坚持低库存运营模式，大幅压缩大宗原燃料、产成品、备件库存。完善“投入经济、风险可控”管理模式，强化设备状态控制和“零故障”管理。强化集团资金归集，提高资金使用效率。探索实施料场封闭管理，提高物流的经济性。发挥资源集中优势，大力推进招标集中管理，有效促进采购和销售降本增效。以推动炼钢污泥、沉降料、钢渣等废弃物回收利用为抓手，探索形成一套固废资源综合利用的固有规范运行及管理模式。以成本管理精细化为目标，启动日成本核算工作，逐步建立起日成本核算工作推进机制。为满足不断升级的环保要求，实现低成本、高效率运营的目标，按照专业化管理、市场化运作模式，推行环保设施专业化托管运营，把主线生产单位解放出来，集中精力抓好主业生产。

钢铁主业开始向服务型制造管理转型。面对复杂多变的市场形势，加强了市场研判和经济活动分析，及时调整生产经营组织方式。开展抓指标、抓品种、抓市场、抓贸易工作，围绕改进品种质量，加快产品结构调整和重点产品研发。以市场为导向，优化资源配置，资源优先向边际贡献高的产线和产品倾斜，充分发挥技术和装备相对优势，扩大优势产品比重。强化质量责任追究，建立重大质量异议定期通报制度，着力提升质量管理体系运行有效性，巩固提升产品质量。

坚定不移做精做优钢铁，深化产品结构调整，围绕“轮轴、板带、长材”三大特色板块，积极推进绿色发展、智慧制造。坚定不移贯彻国家去产能部署，自2016年以来，抢抓政策机遇，自我加压，主动作为，系统推进去产能。按照“一次规划、分步实施、有序退出、稳妥安置”的原则，在2015年关停合肥公司炼铁产能160万吨、炼钢产能204万吨、炼焦产能30万吨；2016—2017年本部退出炼铁产能124万吨、炼钢产能141万吨的基础上，2018年又关停两座450立方米高炉和两座40吨转炉，退出炼铁产能100万吨，炼钢产能128万吨。截至2019年，马钢集团累计退出炼铁产能224万吨、炼钢产能269万吨，全面提前完成去产能的目标任务。

第一章 钢铁生产

第一节 生产组织

进入21世纪，马钢集团生产步入发展快车道，从2001年起，连续3年钢产量突破400万吨、500万吨、600万吨钢产能平台。2006年，马钢集团重组合肥钢铁，成为年产钢千万吨级行列的股份制企业。2007年9月20日，新区系统工程全面竣工投产，马钢股份具备1500万吨钢生产能力。2011年，马钢重组长江钢铁，形成1800万吨钢及配套生产规模。

“十五”期间，马钢两公司的生产组织随生产格局、生产规模、生产结构不断变化和发展，先后淘汰了7台小烧结机、8座小高炉、2座平炉、7座小电炉和小轧机等，淘汰落后的轧钢能力150万吨。建设完成了1条薄板坯连铸连轧生产线、1条冷轧薄板生产线以及罩退生产线、1号热镀锌机组以及两条彩涂机组。易地大修建设2号2500立方米新高炉和以此为核心的系统配套工程。钢轧系统通过一系列技术改造，一钢轧用转炉取代平炉炼钢的二期工程改造，新建一钢2号、3号转炉、铁水预处理、VD精炼炉、圆坯连铸机、三钢新六机六流方坯高效连铸机和VD精炼炉、小异型坯铸机和小H型钢轧机，高线轧机系统工艺改造、车轮压轧系统改造以及新建煤焦化公司干熄焦工程、4万立方米制氧机、厂区间辅助设施的供电、供水、供气等一些重点公辅项目进行改造、整合等，工序生产能力已从铁大于钢、钢大于材转变为材大于钢、钢大于铁。公司产品完成了升级换代的演变，形成了“线、型、板、轮”的产品结构。

“十一五”期间，一铁总厂1号、2号、3号、4号、12号小高炉和二钢轧总厂混铁炉先后永久性退出生产序列。2号镀锌线建成投产，2座7.63米70孔焦炉及干熄焦装置，2台380平方米烧结机，A、B两座4000立方米高炉，KR法脱硫站，2座300吨转炉，1座300吨LF钢包炉，1套300吨RH-TB真空装置，2台双流板坯连铸机，1条2250毫米热轧线，1条2230毫米冷轧线，2条热镀锌线，1条连退线，1套150兆瓦燃汽蒸汽联合循环发电机组，1座135兆瓦煤气综合利用热电机组，2台4万立方米/小时制氧机组相继建成投产，中板产线完成四辊轧机改造，马钢形成年产烧结矿1800万吨、球团矿538万吨、产焦470万吨、铁水1350万吨、钢1500万吨的生产能力。通过淘汰部分落后工艺装备，生产组织立足于优化组产模式，推进结构调整，降低生产成本，实现经济运行。

“十二五”期间，马钢制造系统坚持创新求进，坚持转型发展，实现了从注重规模扩张到注重精细管理的转变，在高效组产、深度降本、结构调整、优化产线分工及物流管理等方面取得进步，“十二五”末，马钢集团公司板带比68.01%，较“十一五”末增加13.83个百分点，吨铁、吨钢制造成本均已低于行业平均水平。铁前在国内钢铁行业首创高炉体检制度，建立了高炉炉况评价体系，同时完善高炉预警机制，形成了马钢特有的高炉稳定顺行模式。钢后本着效益最大化的原则，坚持“以客户为关注焦点”，动态优化组产模式，灵活调整生产计划，各新建产线投产后快速达产。硅钢二期、热轧酸洗机组、1550酸轧机组以及两条连退机组、热轧1580机组、四钢轧3号连铸机、1号转炉等相继投产，形成了3条热轧机组对应1条酸洗机组、3条酸轧机组、4条冷轧退火机组、4条镀锌机组以及3条硅钢连退机组的生产新格局，实现了板带各产线的差异化、专业化生产。车轮用钢项目110吨电炉建成投产，逐步迈入高速车轴钢领域。在此期间，马钢成功开发出高档家电板、高牌号无取向硅钢、大功率机车轮、车轴用钢、耐低温 H 型钢等产品，汽车板突破年产 150 万吨。产品结构也由“十五”末的“线、型、板、轮”升级为“板、型、线、轮、特”。

“十三五”期间，面对日趋激烈的市场竞争，制造系统紧盯“市场”和“现场”两大战场，始终以满足用户需求为前提，以标准化管理和标准化作业为抓手，以工艺设计和质量控制为基础，进行制造过程最优化控制，实现合同兑现、质量稳定、生产顺行、经济运行。铁前以高炉高水平下长周期稳定运行为目标，强化高炉体检和预警机制，加强生产组织和物流管理，保障生产用料稳定。钢后以提升订单兑现为核心，产销联动，建立质量红黄牌预警机制，订单兑现水平稳步提升。强化工艺技术管理水平，加大工艺技术质量改进力度，建立实施质量预警和质量叫停机制，实施质量责任追溯和质量专业考核，强化统计过程控制点管理，持续开展质量督查，开展产品审核和制造过程审核，提升制造过程控制能力和产品质量。贯彻落实公司从生产制造型向客户导向型转变的战略，推进“五位一体”客服体系建设，以效益为根本，实现成本最小化，提升产品竞争力。

2019 年是供给侧结构性改革的持续深化之年，淘汰落后产能之后的优势产能得到迅速恢复，制造系统始终以客户为关注焦点，以客户需求为导向，强化“效率效益”双引擎，大力推进技术创新和管理增效。四钢轧总厂、特钢公司全年产钢分别达到 840 万吨、86 万吨，均创历史最好水平。新建一钢轧方坯铸机、长材事业部中型材轧机均快速达产，一钢轧方坯铸机最高月产突破 9 万吨，供特钢线材冷墩钢基本实现了原有品种全覆盖。中型材最高月产超过 5 万吨，规格由原来的角钢、槽钢、U 型钢扩展到工字钢、H 型钢，为巩固市场竞争领先地位加重了砝码。

第二节 生 产 管 理

[生产管理网络]

马钢集团延续 20 世纪形成的以总调为中心的多级生产调度网，但随着产线、规模、品种的不断变化，生产管理模式也从的“组织、控制、协调”发展为“以订单为中心，以效益和效率提升为目标”的订单全生命周期管理和技术质量一贯制管理，同时承担公司重大事件应急响应职能。

随着制造能力提升，马钢股份公司产品逐步进入家电、汽车等领域，制造部组织销售公司、技术中心及生产厂，成立了包括客户经理、技术经理、工厂代表 MR、产品研发工程师及应用技术工程师的“五位一体”客服小组，聚集研发、生产、技术、销售等团队力量主机厂和重点客户，提供售前、售中和售后全流程产品服务和技术服务，打造客服体系的雏形。

[历史沿革]

2003 年，为适应一钢厂、热轧板厂和冷轧板厂现代化工艺装备水平管理的需要，确保“产销一体化”管理模式有效运行，公司成立板带部，实现管控一体运行模式。按合同组织生产，以全面质量一贯制管理为主线，以物流控制为基础，以主数据建立维护为支持，使物流与信息流相互畅通，做到三流同步、管控一体，实现生产、消耗、质量、合同等产销信息全方位动态、实时反映。

2004 年，生产运行总调实现网络视频化，水运实现信息化。通过港口集中管理、整合仓储布局、新建公路、鱼雷罐重轨线全线贯通等工作，实现汽运、铁运、水运三足鼎立、保障有力，形成公司生产组织的新局面。按照工序服从、流程再造改革调度会议。

2005 年，马钢股份建立基本覆盖公司主要生产厂矿和工序关键点总调视频监视系统，接入水运进料管理信息系统、高炉数据查询系统信息平台、铁前检化验系统信息平台、CSP 四级信息系统、动力介质系统信息平台等信息化管理系统，实现了对公司整体生产情况实时监控和快速反应。同年，生产部增加对炉料需求计划和供应计划的管理。

2007 年，马钢“十一五”前期技术改造和结构调整系统工程竣工投产。SAP、MES、计划排程系统等一批信息化系统的投用，逐步形成了以订单为主线，从销售订单的录入、资源平衡、生产计划的编制、生产过程控制，到产品判定、物流发货，全流程数字化生产管控模式，生产、销售、财务、计划、采购、供应等实现数字化、一体化集成管理。

2009 年，铁前系统建立随高炉炉况而变化的原料保供模式，调度系统建立了优化资源配置管理模式，钢后系统建立了马钢股份日计划确定、跟踪、反馈、调整管理模式，确保公司计划的执行和为快速决策提供准确信息。马钢股份在大生产系统内建立系统检修时生产组织预案，制订了各种不同情况下的保产预案。

2011 年，马钢股份下发《关于马钢股份公司机关机构设置的决定》，将市场部马钢股份月度生产经营综合计划管理职能调整至生产部，生产部开始编制马钢股份生产月度计划。

2012 年 4 月，为解决高炉炉况失常问题，马钢股份成立高炉长周期稳定顺行推进办公室，推进高炉长周期稳定顺行。

2014 年 5 月，整合原高炉长周期稳定顺行办公室和科技质量部炼铁技术质量职能，马钢股份成立了炼铁技术处，旨在强化铁前技术质量管理，推进高炉长周期均衡稳定顺行，推进高炉体检制度建立。同年，合肥公司板材各产线纳入马钢股份本部组产流程，逐步形成跨子公司生产管控模式。制造部负责一钢轧总厂、四钢轧总厂、冷轧总厂、合肥公司板材各产线生产技术质量一贯制管理，长材事业部、特钢公司、彩涂事业部月度资源平衡管理。

2015 年 12 月，制造部和设备部正式进驻现场，与能控中心“无缝衔接”，合署办公，形成“生产—设备—能源”三调联动的管控新模式。

2016 年，马钢股份撤销彩涂板事业部，其订单管理、计划管理权限，归并至制造部生产计划室，实现了板带产品生产技术质量一贯制管理。同年，为贯彻落实公司从生产制造型向客户导向型转变的战略，推进“五位一体”客户服务体系建设，制造部成立客服中心，负责板带产品售前、售中、售后技术服务，识别客户需求并进行过程设计转换，跟踪交付及客户使用情况，提出改进建议，建立客户档案。

2018 年，铁前技术质量管理职能并入制造部，实施铁前钢后一贯制技术质量管理。

[历年成效]

2001 年，马钢两公司产能较 1990 年翻一番，实现年产钢 400 万吨。2500 立方米高炉全年利用系数达到了 2.31（最高 11 月达到了 2.51 吨/(立方米·天)），已居全国大高炉领先水平。一铁厂全年利用系数达到 2.61，二铁厂全年利用系数达到 2.68。铁钢比达到 0.97，二钢厂全年达到 0.91，最低 0.88。一钢厂板坯 10 月 4 日开始红送，年底就达到同行先进水平，红送温度平均 700 摄氏度，红送率达到 82.02%。二钢厂到二轧钢厂的红送率也大幅度提高，全年红送率达到 79.39%。一钢厂 1 号转炉 3 月 28 日投产后，炉龄已超 5720 炉，二钢厂平均炉龄 13774 炉次，比 2000 年同期平均炉龄 4862 炉次提高了 8912 炉次，三钢厂均炉龄 11267 炉次，比 2000 年同期平均炉龄 8374 炉次提高了 2893 炉次。转炉日历作业率，二钢厂由 2000 年同期 52.14%上升到 70.98%；三钢厂由 2000 年同期 83.37%上升到 85.94%。10 月 H 型钢产量突破月产 5 万吨大关，达到设计水平，全年完成 52.82 万吨。

2002 年，全年钢产量首次跃上 500 万吨平台，马钢两公司自己铸造两板牌坊、水压机横梁。物流区域管理细化，铁钢、钢轧实现“零库存”的运作模式，一年内月产纪录 11 次被刷新。各项经济技术指标连续刷新，毛焦比、喷煤比、钢铁料消耗、连铸比、转炉炉龄、轧机机时产量、综合成材率均创出历史新高。大高炉月平均利用系数最高 2.615，中型高炉系数全面登上 3.0 台阶，月平均利用系数最高达3.19。100吨、50吨、25吨转炉，圆坯、板坯、异型坯、三流、四流、六流连铸机，实现了全连铸。中板厂、H型钢厂月产双双突破万吨，新产品总量达104.73万吨。吨钢消耗铁水915千克，第一次材产量大于铁21.35万吨。8条钢轧4季度热装率达70.0%。3个钢厂的转炉煤气实现回收，吨钢综合能耗降至806千克标准煤。

2003年，全年钢产量跃上600万吨台阶，马钢股份在抓钢的同时促铁带材共同步入快节奏、高水平、高效率的生产轨道，铁、钢、材的年产量分别达545万吨、604万吨和554万吨。2号2500立方米大高炉投产次月系数稳定在2.0吨/(立方米·天）以上，刷新了全国冶金行业同炉型快速达产纪录。经过整合红送线路，红送热装突破了在厂区区域内运转的禁锢，高线棒材红送方式由铁路改为公路，使热装温度提高了100℃以上。为释放二厂区产能，公司实施南坯北调，并采用热装的方式，年底成功地将320吨鱼雷罐开进了二钢。一钢、三钢通过煤气、蒸汽回收，实现了负能炼钢。大、中、小三种炼钢炉型推广溅渣护炉新工艺，炉龄都过万炉。轧钢机时产量比上年提高17.85%，成材率提高0.42。

2004年，马钢生产组织“稳定、均衡、有序”，经历3次产能提升，建立新的生产格局，钢产量一举突破800万吨。吨钢耗铁水881千克，炼铁毛焦比415千克/吨，钢铁料消耗1087千克/吨，吨钢综合能耗758千克标准煤，综合成材率95.37%，销售收入267亿元。马钢两公司的产品结构发生了变化，品种档次提高，从普通的线、棒、角、轮到热轧板卷、冷轧、镀锌、彩涂全面进入。

2007年，新区500万吨产能并入生产序列，马钢股份成立13个“研产销”工作组，重点开发管线钢、汽车板、电工钢、冷镦钢等产品。全年产铁1152.65万吨，与2006年的891.11万吨相比净增261.54万吨，增长率29%，三铁总厂A号、B号高炉实现快速达产。全年产钢1457万吨、钢材1332万吨，其中本部钢完成1270.41万吨，较2006年净增246.33万吨，增长率24%；钢材完成1176.14万吨，较2006年净增221.82万吨，增长率23%，品种钢比例由2006年底30%上升至2007年9月的52.5%。马钢牌车轮获“中国名牌”产品称号，这是继热轧H型钢获“中国名牌”产品称号后再次获得的荣誉。国家重点工程“西气东输”指定用材X80管线钢在马钢新区钢轧生产线正式批量生产。

2010年，生产组织围绕打造“以成本为中心生产管理模式，以效益为中心生产组织模式”。铁前生产“点菜配矿”工作进一步深入。由采购部门提供及时、全面、准确的市场原料资源和价格信息，同时炼铁总厂可向市场寻找低价原料，经公司技术评审后进入“点菜配矿”范畴，采购部门进行采购。2010年是马钢生产品种寻求突破的一年，电工钢、管线钢、汽车板、家电板、铁路耐候钢等重点品种钢生产步入大批量稳定生产阶段，成为新的利润增长点。

2013年，马钢集团生产组织紧紧围绕职代会的指导方针，落实公司各项工作措施，以实现生产顺行为基础，全面开展降本增效。全年马钢股份本部产铁1344.8万吨、钢1404.2万吨、成品材1336.4万吨，与2012年同期比分别增产10.32万吨、76.16万吨、58.56万吨。

2014年，在汽车板产量大幅提升、品种规格更为复杂、小订单和薄规格产品增多的同时，订单产量和条目兑现率分别达到90.33%、84.67%。铁钢比0.933，比2013年下降了0.026。板带比65.07%，比2013年净增9.16%。马钢股份吨材质量总损失10.57元（含新产品），与2013年按同品种结构加权平均指标12.59元相比，吨材质量损失降低了2.02元，降低质量损失2735.81万元，其中内部质量损失（含带出品）比2013年降低1881.45万元，外部质量索赔损失同比2013年降低854.36万元。金属平衡单耗1045.0千克/吨，比2013年1046.3千克/吨下降1.3千克/吨，技术质量指标进步促进钢轧总厂的降本增效。

2015年，基于MES、SAP构成的整体ERP系统，制造系统开始实施产线分工，推进分产线钢种级日成本核算。板带比68%，较2014年提升5.06个百分点。四钢轧总厂炼钢开展产能提升拉练，突破月产钢73万吨，热轧材71万吨；汽车板月产突破16万吨，汽车板年产量超140万吨，比2014年提升

16.8%；成功开发出高档家电板、高牌号硅钢、大功率机车轮、车轴用钢、耐低温H型钢等产品，完成了公司产品结构调整的任务。马钢股份全年完成出口产品120.5万吨，比2014年增加57.8%，并首次实现出口欧洲汽车板2.5万吨。

2016年，大型高炉的稳定顺行突破1000天，铁水成本处于同行业较低水平，汽车板产品连续刷新产量纪录，并在12月达到24.6万吨的新产能平台，全年共生产汽车板200万吨，板带产品品种钢比例达到50%，较2015年增长117%，为马钢集团产品结构调整增效较2015年增加6.9亿元提供了支撑。

2017年，四钢轧总厂炼钢月产量突破75万吨，2250机组月产量突破49万吨。板带产品品种钢比例达到63.6%，较2016年提高2.6个百分点。订单条目兑现率86.23%。质量总损失8.09元/吨，较设定目标下降0.62元/吨；万吨材质量异议起数0.91起，同比降低41.14%。CSP产线薄规格品种占比60.5%，较去年增长6%。其中薄规格耐候钢产量逐渐上升，非计划材逐月降低，形成了单、双线不同组产模式。2250、1580机组高强薄规格产品生产常态化，厚度2.5毫米以下生产量逐步提升。冷轧产线具备了1万吨以上汽车外板的月产能力，镀锌汽车外板生产取得突破。镀铝硅产品产能稳步提升，形成了1万吨的月产能力。四钢轧总厂在满足管线钢质量需求的同时，积极优化炼钢和物流计划，确保了每月3万吨硅钢基料的保供。同年，马钢股份成立88个"五位一体"的客服小组，集中资源优势为客户提供个性化的产品和服务。

2018年，高炉利用系数、燃料比均达到行业平均水平，2018年铁水成本排名由2017年行业的47位提升至29位，煤比143千克/吨，同比提高4.3千克/吨；燃料比519.4千克/吨，同比降低1.1千克/吨。转炉铁钢比完成0.936，创近年来最好水平。转炉钢铁料消耗1069.1千克/吨，同比降低5.3千克/吨。板带订单条目兑现率86.73%，万吨材质量异议起数0.81起；品种钢比例股份本部板带产品66.41%，合肥板材67.13%，同比分别增长2.74、10.99。汽车板产量比2017年增加54万吨，支撑公司完成了280万吨汽车板年度销售目标。镀锌汽车外板合格交库3.08万吨，综判合格率78.5%，同比增加1.47万吨、合格率提高1.3。冷轧、镀锌汽车外板月生产能力稳定在2万吨水平。大功率机车轮、重载车轮产量分别同比增长19%、147%。特钢车轴坯市场占有率保持行业第一，300千米/小时复兴号高铁齿轮钢顺利通过小批量试用，并实现装车；弹簧钢线材销量1.38万吨，同比增长了5.3倍。汽车紧固件用钢每月产量稳定在1000吨以上，市场规模逐步扩大。鹅颈H型钢批量生产0.33万吨。HR500E以上级别抗震钢筋生产6.98万吨，同比增加6.13万吨。

2019年，铁水制造成本与行业平均的差距较去年缩小2.58元/吨。综合成材率94.91%，同比增加0.26个百分点。板带订单兑现率88.33%，同比增加1.61个百分点，板带非计划材占比12.14%，同比降低0.84个百分点。质量总损失9.21元/吨，同品种结构比下降0.74元/吨；万吨材质量异议起数0.75起，与2018年累计比下降0.08起/万吨。热轧薄规格高强钢、冷轧高强钢/双相钢、汽车外板实现常态化生产且产品质量实现飞跃。硅钢产线经设备改造后，产量及质量实现突破。300级别以上牌号硅钢产品稳定放量组产，新能源系列生产取得较大突破，W470产品同比增长24%。家电涂层板较2018年增量1.1万吨，产品质量达到韩国浦项同一水平。高强钢、双相钢、汽车外板等品种分别较2018年增量8000吨、3000吨和2.2万吨。全年累计完成20家主机厂、40款车型、790个零件的试模认证工作，其中外板140件；累计完成各类试模认证订单0.43万吨的按时交货，支撑汽车板类新车型的开发。覆盖长安整车等21款车型、119个零件保供，并实现长安S311车型全部25个自制件的整车供货，同时支撑了全年镀锌外板1.8万吨的订单增量。推进硅钢一贯制管理，提升硅钢产品生产过程控制稳定性，性能让改率由2018年5%下降至1%。

[应急响应]

2008年1月下旬起，马鞍山地区遭遇历史上罕见的雪灾，马钢两公司内、外部运输严重受阻。外部原料进不来，产品出不去，内部火车、汽车运输受到严重挑战。设备、动力介质、管网均受到最严峻的考验。生产面临着随时停产的危险境地。马钢两公司制定以煤定焦、以焦定铁、以铁定钢的原则。两次下达限产指令，平衡各类资源，确定组产原则和保产顺序，维持低水平安全运行。全面监控对生产可能有影响的运输线路等环节和保产条件，确保高炉、转炉以及各生产线均平衡渡过难关，保持较好的生产状态。重新确定钢后品种安排，保证了重点品种计划兑现。1—2 月，公司生铁、钢、钢材产量月均分别达到 96. 40 万吨、105. 48 万吨、96. 33 万吨，实际运行达到年产 1265 万吨钢生产水平。

第三节 生 产 装 备

进入 21 世纪以来，马钢以创新驱动为主线，经过两轮总投资 400 多亿元的大规模结构调整，至 2019 年，炼铁、炼钢设备能力分别达到年产 1833 万吨、2060. 5 万吨。

通过一系列兼并重组，形成了马钢股份本部、长江钢铁、合肥公司、瓦顿公司四大钢铁生产基地，拥有先进的冷热轧薄板、镀锌板、彩涂板、无取向电工钢、H 型钢、高速线材、高速棒材、车轮轮毂等生产线，主体装备均已实现大型化和现代化，70%的工艺装备达到世界先进水平，形成独具特色的“板、型、线、轮” 产品结构，2019 年生产钢材 1877 万吨。

［高炉］

2001 年，马钢共有大、中高炉 10 座，其中 300 立方米高炉 9 座，2500 立方米高炉 1 座，设备能力 510 万吨/年。

2003 年，2 号 2500 立方米高炉；2004 年，3 号 1000 立方米高炉相继建成投产。2006 年，合肥钢铁公司 4 座高炉并入马钢股份，炼铁设备能力首次突破千万吨级，达 1054 万吨/年。

2007 年，新区 2 座 4000 立方米高炉建成投产，2011—2013 年并入长江钢铁 4 座高炉，炼铁设备能力增加到 1944 万吨/年。

2016 年，新增 3200 立方米高炉 1 座，同期淘汰落后产能，至 2018 年 4 月，原一铁厂、合肥公司 1000 立方米以下高炉全部退出，2016 年马钢集团 10 座高炉装备水平国内领先，设备能力 1833 万吨/年。

从马钢集团第一座 1 号 2500 立方米大型高炉设计原则“先进、实用、可靠、成熟、环保”到 2 号高炉以“高效、优质、低耗、环保、长寿”技术方针作为高炉技术改造的基本原则，采用了当今国内先进、成熟的大型现代化技术装备，高炉运行稳定，开动率高于 99%，检修周期超过 4 个月，每座高炉均使用 TRT 机组（高炉煤气余压透平发电装置），节能环保水平达到国内一流水平。

2007 年 7 月 18 日，马钢股份厂区高炉夜景

［转炉］

2019 年，马钢集团共有转炉 14 座，设备能力达 2060. 5 万吨/年。其中顶底复合吹炼转炉 12 座，顶吹转炉 2 座。

2001 年，原一钢轧总厂 95 吨、120 吨转炉各 1 座，2003 年新建 120 吨转炉 1 座，原 95 吨转炉扩容至 120 吨；二钢轧总厂 20 吨转炉 3 座、30 吨转炉 1 座，4 座转炉 2009 年全部扩容至 40 吨；三钢轧总厂 50 吨转炉 3 座，2006 年分别对该 3 座转炉进行了扩容改造；2004 年新建 1 座 60 吨转炉投产，炼钢设备能力首次达 1030 万吨/年。

2006年，合肥公司3座转炉并入，2007年新区投产，新增2座300吨转炉，16座转炉设备能力大幅增加，粗钢产能达到1847万吨/年。

2011年，长江钢铁3座转炉并入，2012年新区再增1座300吨转炉，2013年新增1座120吨转炉，2015年合肥公司转炉全部退出；至2018年，长江钢铁3座45吨转炉、长材北区4座40吨转炉也陆续完成退出。14座转炉设备能力达到2060.5万吨/年。

[轧线]

大H型钢生产线：1998年9月投产，设计能力为年产60万吨，主要产品规格为H200—700及U型钢板桩，后期拓展H型钢为800毫米×300毫米。其技术装备为20世纪90年代亚洲第一、世界一流水平。

小H型钢生产线：投产于2005年6月，设计能力为年产50万吨，主要产品规格为H100—400×75—200毫米热轧H型钢；25—40号热轧槽钢。投产后又开发了按美国ASTM标准生产的W12和W10系列热轧H型钢。产品除用于建筑结构外，还专门开发了汽车大梁用H型钢，技术装备相当于当时国内先进水平。

中型材生产线：马钢集团“十三五”规划重点工程，于2017年7月18日正式开工，2018年9月热负荷试车，设计年生产能力60万吨。产品范围包括工角槽系列（工10—25、∠9—18、[10—25），矿用支护钢系列（工11—12矿、25U—36U），小规格H型钢（H100—175），同时具备开发船用不等边角钢、叉车门架钢及其他异型材的能力。中型材生产线是马钢加快产品结构调整、加大技术改造升级步伐、全力打造钢铁强势品牌的重要战略举措，也是构建全系列、高端化型材特色品牌的重点产线。

高速线材：北区线材生产线投产于2003年，主要设备有上料设备、加热炉设备、初中轧设备、预精轧设备、精轧设备、风冷设备及精整设备，属于中等装备水平，年产能在70万吨。2009年精轧机组升级改造，由摩根三代改为由哈飞工业品公司生产摩根精轧机五代机型。

南区高速线材前身为1987年5月建成投产，是当时国内第一套具有世界先进技术水平的轧机，于2016年搬迁至特钢公司，精轧机组又于2012年改造为哈飞的10机架45°仿摩根五代顶交悬臂辊环式精轧机，线材最高轧制保证速度90米/秒，年产能力70万吨。

大棒生产线：投产于1998年12月，设计能力为年产60万吨。最大轧制速度18米/秒。历史最高产能：130万吨。主要产品：直径16—40毫米热轧带肋钢筋（直条）。

小棒生产线：2004年9月24日正式投产，目前，精轧机组是2010年设备改造从意大利引进的达涅利型6机架45°顶交悬臂辊环式精轧机，最高轧制保证速度35米/秒，年设计产能45万吨，历史最高产能60万吨。主要产品：直径6—14毫米热轧盘条及热轧光圆。

薄板坯连铸连轧（CSP）：2003年10月投产，是马钢“十五”期间重点基建技改工程最大项目。拥有2台薄板坯连铸机、2座辊底式加热炉、1套7机架连轧机组、2台地下卷取机及相应的水处理配套设施。是马钢第一条板带生产线，处于全国先进产线，由德国西马克设计，机械设备主要为进口产品，电气控制主要是德国西门子控制，加热炉主要是意大利产品。生产线能满足铁素体、超薄规格和半无头轧制，其工艺技术和装备水平是当今世界薄板坯连铸连轧的最高水平。设计生产能力为年产钢220万吨、热轧板卷200万吨（其中80%以上的热轧板卷供冷轧总厂冷轧和硅钢生产线做基料，其余对外销售）。

中板生产线：建成于1975年4月，于2018年3月关停。

2250热轧线：由德国西马克设计并提供部分关键设备，电气控制装置由TMEIC提供。主体设备有步进式加热炉3座、双机架四辊粗轧机组2台、七机架CVC精轧机组，其中机械传动、CVC窜辊、精轧机主传动轴等关键设备均从国外引进。

1580 热轧线：由马钢工艺自主集成，主体设备由中国一重设计制造，电控由 TEMIC 总负责。全线装配有大侧压定宽机、R1R2 可逆粗轧机机组、F1—F7 精轧机组等，全线测量设备、电控设备采用国外先进技术。

南区冷轧生产线：2004 年 4 月 28 日建成投产。拥有 1720 酸洗冷连轧联合机组、1 号热镀锌机组、精整机组和全氢罩式退火炉等主体设备和先进的酸再生、水处理等配套设备。1 号热镀锌机组、精整机组和全氢罩式退火炉设计年产能分别为 85 万吨、35 万吨。2 号热镀锌机组于 2005 年 11 月建成投产，设计年产能 35 万吨。冷轧生产线的建成，开创了安徽省冷轧薄板和镀锌板生产历史，投产一年就达到设计生产能力。

南区冷轧硅钢生产线：是马钢“十一五”期间技术改造和结构调整的重点工程，建成于 2007 年 12 月。是马钢第一条全工艺冷轧硅钢生产线，也是国内首条利用热轧 CSP 技术供热轧原料的冷轧硅钢生产线。

硅钢二期工程：建成于 2013 年 6 月。该工程项目是马钢集团深化结构调整，提升企业竞争力的主要项目之一，包括一套年产 15 万吨高牌号无取向电工钢和高磁感电工钢机组。

北区 1680 毫米热轧酸洗板：生产线于 2012 年 7 月投产，设计年产量 100 万吨。关键技术和设备引自德国 MIEBACH 等。

北区 2130 毫米酸轧：生产线采用喷流式浅槽酸洗工艺，德国米巴赫激光焊工艺，机组设计年产量 210 万吨，钢卷最大重量 45 吨。

北区连续退火机组：引进国外先进工艺技术和部分关键设备，产品定位于具有高附加值的高档汽车外板和内板、高档家电板产品。在国内首家采用 35%的高 H_2 喷气冷却的闪冷控制，可生产高性能、高光洁度的连退产品。该机组产量 90 万吨/年。

北区 3 号、4 号镀锌生产线：引进美钢联法热浸镀工艺，可用于生产表面质量要求严格的汽车板。同时是为了提高马钢高附加值产品的产量和市场占有率。在“十一五”期间技术改造和结构调整中，将镀锌线工程作为马钢重点项目。

两条彩涂生产线：2004 年 9 月 24 日建成投产，年设计生产能力为 30 万吨，其工艺技术及主体设备均由意大利法塔亨特（FATA-Hunter）公司提供，荟萃了当今世界最先进的彩涂装备、工艺技术和环保设施，主要产品为以镀锌板为基板的环氧类、聚酯类彩涂板，还有以镀铝板、冷轧板为基板的彩涂产品。

[焦炉]

2019 年，马钢集团拥有 8 座现代化焦炉、6 座干熄焦装置、其中南区 6 座焦炉（1—6 号），1 号、2 号焦炉炉型 JN50-02，孔数 2×65，炭化室高 5 米；3 号、4 号焦炉炉型 JN43-804，孔数 2×65，炭化室高 4.3 米，5 号焦炉炉型 ZS6045D，6 号焦炉炉型 JN60-82，孔数 2×50，炭化室高 6.0 米；北区 2 座焦炉（7 号、8 号），炉型伍德 7.63 米，孔数 2×70，炭化室高 7.63 米。设计年产能为 504 万吨，实际年产量约为 450 万吨。主要为马钢提供优质冶金焦炭及焦炉煤气。

股份本部：2001—2007 年，拥有国内领先 1—6 号焦炉，1 套煤气净化装置及其他配套辅助设施。

2004 年，新建 JNG86-1 型 3 号干熄焦配套 5 号、6 号焦炉，为国内首套国产化干熄焦装置。

2006 年，合肥公司 45 孔焦炉 1 座并入，2014 年合肥公司 4.3 米焦炉退出。

2007 年，新建 7—8 号焦炉，为德国伍德 7.63 米型焦炉，1 套真空碳酸钾煤气净化装置及 2 套各 130 吨/小时干熄焦能力的 4 号、5 号干熄焦及其他配套辅助设施，实现了北区焦炭全干熄，处于国内先进水平。

2009 年，新建 JNG86-1 型 1 号、2 号干熄焦分别配套 1 号、2 号焦炉和 3 号、4 号焦炉，南区基本实现焦炭全干熄。

第四节　原料采购

［概况］

马钢股份原料采购品种主要包括含铁原料、熔剂、其他冶金辅料、生铁、废钢、合金等炉料，以及洗精煤、燃料煤、动力煤、焦炭等燃料，由采购中心负责从采购计划到合同签订、质量控制、物流配送、库存平衡、采购结算等进口和国内采购供应全程管理。采购中心同时负责耐材、钢材、轧辊等生产、检维修类材料、备件，以及工程设备等采购供应。

原料采购总量随着生产规模扩大而增加，2001—2005年采购总量8850万吨，2006—2010年采购总量14000万吨，2011—2015年采购总量20405万吨，2016—2019年采购总量16174万吨。

［供应品种、渠道及采购方式］

含铁料：主要采购渠道包括进口采购、国内采购和自产矿采购。

进口铁矿石主要来自澳大利亚和巴西。主要品种包括必和必拓公司生产的纽曼块矿、纽曼粉矿、杨迪粉矿，力拓公司生产的皮尔巴拉块矿、皮尔巴拉粉矿、哈默斯利杨迪粉矿，淡水河谷公司生产的卡拉加斯粉矿、巴西混合粉矿、高硅巴西粗粉矿等，福特斯克金属集团生产的国王粉等品种。2019年进口矿采购量约占含铁料总量的70%。

进口矿采购主要通过与矿山公司签订长期协议，锁定保供资源。2005年，马钢投资必和必拓纽曼矿山并签订长期购销协议，年采购量约250万吨。实现低库存安全保供，实施进口矿现货采购。

国内铁矿石主要来自安徽、江苏、湖北、海南等地，包括块矿、粉矿、精矿、球团矿。2019年采购量约占含铁料总量的10%。

自产矿来源于马钢自有矿山，以精矿为主。2019年采购量约占含铁料总量的20%。

进口铁矿石运输为水运。自产矿以铁运、水运为主，汽运补充。

燃料：主要采购渠道包括进口采购和国内采购。

进口燃料主要来自澳大利亚、加拿大、美国等，主要品种包括必和必拓公司生产的峰景焦煤、萨阿吉焦煤、加拿大泰克公司生产的鹿景焦煤等。采购方式主要为年度长期购销协议和远期现货。

国内煤炭主要来自安徽、山东、山西、河南、陕西等地，供应商以国有矿务局为主，主要包括焦煤、肥煤、气肥煤、烟煤、无烟煤、动力煤、焦炭等品种。2004年，马钢投资的济源市金马焦化有限公司、滕州市盛隆化工有限公司两个合资焦化厂投产，开启了焦炭合资企业供应渠道。2016年，马钢投资临涣焦化股份有限公司二期建设，开启了定制焦炭采购供应渠道。

进口燃料采购为水运，国内燃料以铁运为主。

熔剂：国内采购，产地主要有安徽、江西、湖北、江苏等。主要品种石灰石、白云石。2003年，马钢投资铜陵远大矿业有限责任公司，建立良好的石灰石采购供应关系。2011年起，白云石粉由马钢集团公司桃冲矿业公司总包供应。

熔剂运输以水运为主。

合金有色：国内采购，产地主要有内蒙古、河南、云南、贵州等地，主要品种包括硅锰、硅铁等合金和锌、铝、铜等有色金属。2002年，硅锰、硅铁、锰铁三大合金开展网上招标，此后逐步推进全品种实施招标采购。

合金主要运输方式为铁运和汽运。

废钢、生铁：以国内采购为主。2001 年，为满足公司生产需求加大生铁采购量，在铜陵、山东等地区建立生铁供应基地，并首次采购进口废钢；2002 年首次采购进口热压铁块。

耐材：产地主要有辽宁、江苏、河南、马鞍山等地。2010 年前，由马钢耐火材料厂生产和对外采购供应。2010 年起，由原燃料采购中心归口采购，全品种实施招议标，经马钢耐火材料有限公司供应。2012 年起，实施生产用耐材分段总包招标采购。

[原料采购管理]

马钢股份原料采购管理以经济保供为基本目标，通过制订和完善采购供应管理制度，实施采购计划、合同、物流、库存、成本、风险等采购供应全流程管理，打造安全、稳定、高效、可持续的采购供应链，不断提高体系能力。

[编制采购计划]

采购计划分年度采购计划和月度采购计划。

采购中心根据年度生产经营计划、配煤配矿计划、市场资源情况，编制年度采购计划，报公司同意后组织实施。年度采购计划主要用于指导采购策略的制定、长协资源、战略资源的组织和采购。

根据月度生产需求计划、期初库存情况、期末库存控制目标评审编制月度采购计划，组织资源采购、物流回运。为保证计划的准确性，月度需求计划由生产单元报制造管理部，制造管理部组织配煤、配矿会议，确定含铁料、煤焦、熔剂、铁前辅料等配用方案，评审确定钢后辅料、废钢需求计划。市场部存续期间，由市场部组织采购计划评审，编制采购计划，下发采购中心执行。

采购计划实行动态平衡。通过月度采购计划落实和平衡年度采购计划。根据月度生产、领用需求的变化，制造管理部调整月度需求计划，采购中心平衡库存和后续资源情况，确定是否变更采购计划。如变更，下发采购变更计划，增加或减少采购到货。

对生产急需的供应，由生产单元提出紧急需求计划，报制造管理部审批确认后，发采购中心实施紧急采购。

[签订采购合同]

采购中心定期开展市场分析会，预测市场趋势，指导月度采购方案的制订。采购中心通过商谈、比价、招标等方式发现和确定合理市场价格，并以文件形式备案。公司招标管理办法，采购中心年度采购策略对各品类物料采购定价方式进行认可。采购中心组织采购合同的签订和实施，落实采购计划，并开展计划兑现考核。

[库存管理与均衡供应]

主要根据生产需求和采购供应周期设定各品类物料库存标准，实施库存管理，保障均衡供应。

马钢集团公司炉料需求量和结构随着发展而变化。为保障采购供应，2004 年起，建立主要品种库存目标预警机制，包括矿石、煤炭、焦炭、硅锰、硅铁等品种。2013 年起，提出低库存保供战略，根据生产、季节性等因素，核定铁矿石、燃料等重要大宗原料库存目标，开展目标库存管理，保障供应的同时，减少原料库存资金占用。为此，采购中心将 20%—30% 的进口矿以现货方式实施采购，保障各品种阶段性不足得到补充。部分辅料、耐火材料、废钢等品种实施零库存管理，按照生产日需求计划直送现场。

[采购物流运输]

采购中心设置采购物流专业部门，负责水运采购物流运输。2016 年 1 月—2018 年 6 月期间，采购物流由马钢股份采购中心委托马钢集团物流公司实施。

马钢进口原料远洋运输主航线有澳洲航线和巴西航线，根据货物合同贸易条款，马钢开展装港交货条款的货物远洋租船运输。进口原料卸港以长江口附近的上海港、宁波港等战略合作港口及长江内太仓、南通、镇江、南京等港口为主，北向青岛、黄骅，南向可门、湛江等港口，形成“一体两翼”布局。根据综合物流成本测算和物流安全布局需要，部分进口大船实施一船两港卸载。

国内水运物流由马钢租船，分年度招标和临时采购航次议标。为保障港口物料安全布局，同时满足马钢港口对船型的要求，进口原燃料国内水运物流实施海江直达和进江分流两种模式。

中联海运万吨海轮，摄于 2011 年 12 月 31 日

第五节 主要产品产量

截至 2019 年，钢铁产业拥有马钢股份本部、长江钢铁、合肥公司、瓦顿公司四大钢铁生产基地，冷热轧薄板、彩涂板、镀锌板、H 型钢、高速线材、高速棒材和车轮轮箍等先进生产线，长材、板带、轮轴三大系列产品。马钢股份的主要产品有烧结矿、球团矿、生铁、粗钢、钢材、焦炭及煤焦化产品、耐火材料、电力、气体、冶金机械产品。

2003 年 10 月 18 日，马钢“十五”基建技改龙头工程——年产 200 万吨热轧薄板工程，按期一次性成功热轧生产出第一卷热轧板卷，结束了安徽省无热轧板卷生产的历史。

2004 年 2 月 28 日，国内第一条完全以 CSP 生产线供应原料的冷轧薄板工程，提前两个月顺利下线第一卷冷轧板卷，填补了安徽省冷轧薄板空白，标志着冷轧板厂正式投产。

2007 年 9 月 20 日，马钢在新区隆重举行了“十一五”前期技术改造和结构调整系统工程竣工典礼，标志着新区 500 万吨钢生产线竣工投产。

随着热轧、冷轧、镀锌、彩涂生产线的陆续投产，极大丰富了马钢股份冷热轧薄板、彩涂板、镀锌板产品系列。

2018 年 9 月，特钢公司优棒轧机投产。

2002 年、2006 年、2010 年，马钢粗钢产量分别突破 500 万吨、1000 万吨、1500 万吨。2019 年粗钢产量达到 1984 万吨（粗钢产量，2002 年 538.03 万吨；2006 年 1091.23 万吨；2010 年 1539.76 万吨；2019 年 1983.53 万吨）。2001—2019 年，马钢集团主要产品产量统计表见附录中附表 2。

第二章　生产制造

第一节　炼铁总厂

［概况］

炼铁总厂由南北两个区域组成，南区位于马鞍山市三台西路，北区位于马钢新区西北部。2019年2月，炼铁总厂成立，职能互补，资源共享，高效协同，持续开展管理流程再造，分厂由原来的13个合并为12个，即：炼铁一分厂、炼铁二分厂、炼铁三分厂、烧结一分厂、烧结二分厂、球团一分厂、球团二分厂、综合分厂、能介分厂、喷铸分厂、点检一分厂、点检二分厂。机关部门由10个整合为7个，即：综合管理部、党群工作部、安全管理部、能源环保部、生产运行部、技术质量部、设备保障部。2019年，炼铁总厂在职员工2500余人。

［历史沿革］

2001—2004年，马钢股份设第一烧结厂、第二烧结厂、第三烧结厂、球团厂、第一炼铁厂、第二炼铁厂、第四炼铁厂。

2004年1月30日，马钢股份对铁前系统进行区域整合试点，原第二烧结厂、第一炼铁厂和第二炼铁厂成建制重组成立“第一炼铁总厂”。原第三烧结厂和第四炼铁厂成建制重组成立了“第二炼铁总厂”。2005年3月7日，第三炼铁总厂成立，球团厂并入第三炼铁总厂。2008年8月5日，按照马钢股份继续推进厂区区域整合要求，第一烧结厂成建制并入第二炼铁总厂。2016年，根据马钢股份结构调整的需要，第一炼铁总厂与第二炼铁总厂成建制重组成立了“第二炼铁总厂”。

2019年2月21日，第二炼铁总厂与第三炼铁总厂合并成立炼铁总厂。

［主要技术装备与产品］

2019年，炼铁总厂具备实际炼钢生铁1436万吨/年产能水平。

主要工艺装备为高炉6座。其中，4000立方米高炉2座、3200立方米高炉1座、2500立方米高炉2座、1000立方米高炉1座；烧结机5台，其中380平方米烧结机2台、360平方米烧结机1台、300平方米烧结机2台；竖炉3座，其中14平方米竖炉2座、16平方米竖炉1座；250平方米链箅机一台。

主要产品有：炼钢用生铁，中间产品有烧结矿、球团矿；副产品有水渣、高炉煤气、电、粗锌粉、转球。年设计炼钢生铁产能1385万吨（南区745万吨、北区640万吨）。

［主要技术经济指标］

第一烧结厂：2001—2007年生产烧结矿32.96万吨，生产球团矿945.85万吨，生产冶金石灰51.84万吨。

第二烧结厂：2001—2003年生产烧结矿727.92万吨，生产冶金石灰21.73万吨。

第三烧结厂：2001—2003年生产烧结矿1007.5万吨，生产冶金石灰24.08万吨。

球团厂：2001—2004年生产球团矿336万吨。

第一炼铁厂：2001—2015年生铁产量3389.28万吨；高炉利用系数最高3.55吨/(米·日)，毛焦比最低384千克/吨，喷煤比最高155千克/吨。

第二炼铁厂：2001—2018 年生铁产量 8602.75 万吨，高炉利用系数最高 3.167 吨/（日·立方米）；毛焦比最低 383 千克/吨；煤比最高 161 千克/吨铁。

第三炼铁总厂：2005—2018 年生铁产量 7293.65 万吨，高炉利用系数最高 2.184 吨/（日·立方米）；毛焦比最低 378 千克/吨。

第四炼铁厂：2001—2003 年生铁产量 651.75 万吨。

炼铁总厂：2019 年生产铁水 1405.1 万吨、烧结矿 1796.9 万吨、球团矿 476.3 万吨、水渣 214.28 万吨；自发电：北区 20725.56 万千瓦时，南区 32607.33 万千瓦时；铁水质量合格率 100%；燃料比：南区 528 千克/吨，北区 512 千克/吨；煤比：南区 135 千克/吨，北区 141 千克/吨；降本兑现率：南区 107.12%、北区 104.92%，全年降低成本 14.6 亿元。

[技术进步与技术改造]

烧结工艺技术进步：2001—2002 年，第一、二烧结厂引进热风烧结技术、蒸汽预热混合料技术、混合料制粒系统实行三段混合技术等，改善了烧结主要经济技术指标，通过增设喷氯化钙装置，改善了烧结矿的低温还原粉化性能。2003 年，“75 平方米烧结机系统优化技术”获国家冶金科技进步和安徽省省科技成果三等奖。2015 年，“全国重点大型耗能钢铁生产设备节能降耗对标竞赛”中，第三炼铁总厂 A 号烧结机获得全国年度“创先炉”。2017—2018 年，北区烧结工序加大对原料粒级、水分和过程智能控制技术的研究，对余热发电提效优化，形成了独具特色的“低压、恒速、均风、超厚料层”低燃耗稳质量的操作控制技术，一级品率提高 17.29%，工序能耗降低 1.75 千克煤/吨，固体燃耗降低 4.31 千克/吨。其中，“大型烧结机高效环保、节能绿色集成综合技术”获中钢协冶金科学技术三等奖。2018 年，“全国重点大型耗能钢铁生产设备节能降耗对标竞赛”中，A 号烧结机获得“冠军炉”称号。

球团工艺技术进步：2012 年，第二炼铁总厂设计产能为 75 万吨/年的球团粗粉加工系统快速建成投产，有效缓解了球团精长期依赖高价国内精的矛盾。2016 年，开展了链窑球团“系统低风温、大风量热工操作”的技术攻关，窑头焦炉煤气使用量较之前下降 10%左右，链球氧化亚铁（FeO）指标稳定在 1%以下。2018 年，转底炉工序通过对转底炉配料系统和热工参数的攻关，攻克危废电炉灰首次进转底炉使用的难题，危废电炉灰稳定配用 3%，累计处理固（危）废 8.26 万吨。

喷煤工艺技术进步：2002 年，第四炼铁厂无烟煤和贫瘦煤混合喷吹的开发利用，获公司科技攻关一等奖。2004 年，第二炼铁总厂对高炉喷煤技术改造，顺利实现烟煤混喷，使高炉煤比大幅度攀升。2009 年，第二炼铁总厂实施焦化除尘灰（CDQ 粉）混入煤场，喷入高炉，节能减排取得新进展。2016 年 7 月 12 日，南区新喷煤系统正式生产，该系统是配套新建 4 号 3200 立方米高炉进行建设，采用了先进合理的工艺，自动化水平达到国内先进水平，系统运行经济合理，设备维护方便。

高炉原料配套系统技术进步：2011 年，铁前原燃料质量信息平台成功运行，实现了高炉原燃料质量在线查询。2013 年，第二炼铁总厂球团汽运料场顺利建成投运，每月直供马钢自产精矿 2 万吨，优化了球团生产用料，年节约物流成本 480 万元。2016 年 5 月 30 日，南区焦炭库投入使用，成功进行了大型高炉“一站式”焦炭储运系统技术的工业实践。

高炉工艺技术进步：2006 年 8 月，1 号高炉外供小粒焦、3 号高炉小粒烧回收使用项目的投产，降低了全厂毛焦比，提高了烧结矿的利用率，降低了成本。2014 年，2 号 2500 立方米高炉为保障炉役晚期炉缸安全生产，利用定修时间，将高炉炉底第 4 至 6 层碳砖区域重新钻孔安装了热电偶，实现炉缸在线监测，保障了晚期安全生产。2015 年，“全国重点大型耗能钢铁生产设备节能降耗对标竞赛”中，第三炼铁总厂 B 号高炉获得全国年度“创先炉”。2017 年，第二炼铁总厂全年开展增煤节焦攻关，高炉燃料比与上年比下降了 9 千克/吨，2 号高炉投产后煤比快速突破了 160 千克/吨。2018 年，“全国重点大型耗能钢铁生产设备节能降耗对标竞赛”中，B 号高炉获 4000 立方米及以上组别“优胜炉”称号。4 号高炉获 3000—4000 立方米级别“创先炉”称号。“提高 B 号高炉年均喷煤比”获安徽省冶金行业 QC 成果一等奖。2019 年，炼铁总厂“在线再造特大型高炉冷却壁”获中国创新方法大赛三等奖。

节能环保技术进步：2005 年 9 月 6 日，投资 1.44 亿元的烧结余热发电项目，正式并网发电。9 月 17 日，投资 1800 万元的 3 号高炉余压发电项目正式并网发电。2014 年 8 月，烧结 B 号机烟气脱硫投入运行。2015 年 4 月 21 日—9 月 15 日，完成了 1 号（2 号）竖炉烟气脱硫设施建设与投产。2015 年 5 月 8 日—10 月 25 日，完成了 2 号烧结机烟气脱硫设施建设与投产。链窑脱硫项目工程于 2015 年 1 月 10 日完成并试运行。2015 年 9 月 20 日，烧结脱硫废水预处理项目完成并投入调试运行。2019 年 2 月，1 号高炉炉顶均压煤气回收系统建成投用，该系统由马鞍山钢铁设计院设计，利用 1 号高炉大修进行建设，主要是提升高炉环境绩效，日回收炉顶煤气 3000 立方米。

[改革与管理]

在生产管理方面，以高炉长周期稳定顺行为前提，设定生产、操作等参数标准，判断高炉稳定顺行指数，完善高炉预警机制，建立了高炉“体检制度”。

在设备管理方面，编制设备“四大标准”，推行设备点检定修制，实施定机定额管理，建立炼铁、烧结、球团一体化标准检修模型。

在基础管理方面，目标引领、问题导向、聚焦现场，全员参与，持续改善，持续推进精益工厂创建。

第二节　一钢轧总厂

[概况]

一钢轧总厂位于马鞍山市雨山区天门大道 899 号与市区湖南路交界处，占地面积 13.6 万平方米。

2019 年末，一钢轧总厂下设 5 室、9 分厂、1 站，即综合管理室、党群工作室、生产技术室、安全环保室、设备管理室及炼钢分厂、精炼分厂、连铸分厂、热轧分厂、炼钢物流分厂、热轧物流分厂、炼钢点检分厂、热轧点检分厂、能介分厂和质量检验站，职工总数 1267 人。

[历史沿革]

根据《2001—2010 年马钢发展纲要》，经马钢两公司 2005 年第一次党政联席会议研究，决定进一步推进马钢股份区域和业务整合。2005 年 2 月 27 日，马钢集团党委、马钢股份党委、马钢集团、马钢股份联合下文《关于马钢股份公司区域和业务整合的决定》。根据决定，原马钢股份第一炼钢厂、热轧板厂、冷轧板厂、板带部整合成立一钢轧总厂。3 月 2 日，一钢轧总厂召开成立大会，总厂机关设立设备保障部、生产安环部、技术质量部、办公室、人力资源室、政治处、工会 7 个科室，设立炼钢分厂、精炼分厂、连铸一分厂、连铸二分厂、轧钢一分厂、轧钢二分厂、轧钢三分厂、精整一分厂、精整二分厂、镀锌分厂、物流分厂、运转车间、准备车间、点检一车间、点检二车间、点检三车间、水处理车间、质检站 18 个分厂、车间、站。

为解决马钢股份板带生产系统存在的“管理流程过长、责任主体不明确，机构设置不合理、专业技术力量分散，客服体系不完整，总厂跨专业管理幅度过大”等问题，实现板带产品生产、技术、质量、订单的“集中一贯制”管理，提高订单兑现率，提升产品质量水平，满足客户需求，经马钢股份公司研究，决定对公司板带制造系统实施整合。2014 年 12 月 18 日，马钢股份下发《关于板带制造系统整合的决定》，将原一钢轧总厂、四钢轧总厂冷轧系统生产线（冷轧、精整、硅钢、酸洗、连退、镀锌等）整合，成立马钢股份冷轧总厂。2014 年 12 月 31 日，冷轧部分成建制划拨冷轧总厂后，一钢轧总厂部分机构进行了调整，整合生产安全部、技术质量部，组建生产技术室；整合办公室、人力资源部，组建综合管理室；整合工会、政治处（纪委、团委）、武保科，组建党群工作室；整合技术质量部质检站、检测中心驻厂热轧产品终判、产品质量保证书业务的相关岗位，组建质量检验站；整合连铸一分厂、连铸二分厂，组建连铸分厂。设备保障部更名为设备管理室，运转车间更名为炼钢物流分厂，水处理车间更名为能介分厂，炼钢点检室更名为炼钢点检分厂，热轧点检室更名为热轧点检分厂。

2014 年 7 月，因马钢股份产线结构调整，一钢轧总厂圆坯生产线停产封存。因削减落后产能，一钢轧总厂板坯连铸机、中板轧机分别于 2018 年 3 月 15 日、3 月 23 日永久性停产。

[主要技术装备与产品]

炼钢生产线拥有 3 座 120 吨级转炉、1 座钢包精炼炉+真空脱气钢包精炼炉、2 座钢包精炼炉和 1 座真空循环脱气炉外精炼装备，设计生产能力 320 万吨/年。

薄板坯连铸连轧（CSP）生产线拥有 2 台薄板坯连铸机、2 座辊底式加热炉、1 套 7 机架连轧机组、2 台地下卷取机及相应的水处理配套设施。能满足铁素体、超薄规格和半无头轧制，产品规格为厚度 1.0（0.8）—8.0 毫米，宽度 900—1600 毫米，产品最大卷重 28.8 吨，设计生产能力 200 万吨/年。

1 台六机六流方坯连铸机，设计生产能力 60 万吨/年。

炼钢产线可冶炼 50 多个钢种，主要有薄板坯连铸连轧各种品种钢，还开发市场紧俏的高强度耐候钢、硅钢等钢种。薄板坯连铸连轧（CSP）生产线产品主要以建筑用材为主，兼顾轻工家电、汽车结构钢、管线钢、集装箱用耐候钢等板材。六机六流方坯连铸机主要产品为供长材事业部北区棒材热轧带肋钢筋的坯料，供特钢公司线材中低碳冷镦钢、高强合金冷镦钢及优硬线的坯料。

[主要技术经济指标]

一钢轧总厂 2005—2010 年产钢 2152.91 万吨、圆坯 175.51 万吨、中厚板 576.64 万吨、热轧薄板 1275.80 万吨，2010 年钢铁料消耗 1111.31 千克/吨，中厚板合格率 99.97%，热轧薄板合格率 99.85%，中厚板成材率 93.96%，热轧薄板成材率 97.63%。2011—2015 年产钢 1469.48 万吨、圆坯 67.55 万吨、中厚板 472.47 万吨、热轧薄板 925.71 万吨，2015 年钢铁料消耗 1082.43 千克/吨，中厚板合格率 99.94%，热轧薄板合格率 99.89%，中厚板成材率 95.21%，热轧薄板成材率 97.86%。2016—2018 年产钢 647.25 万吨、中厚板 134.13 万吨、热轧薄板 489.25 万吨，2018 年钢铁料消耗 1069.94 千克/吨，中厚板合格率 100%，热轧薄板合格率 99.98%，中厚板成材率 94.73%，热轧薄板成材率 97.96%。2019 年产钢 233.99 万吨、方坯 93.84 万吨、热轧薄板 137.98 万吨，钢铁料消耗 1072.03 千克/吨，钢坯合格率 100%，热轧薄板合格率 99.99%，热轧薄板成材率 98.18%。

[技术改造与技术进步]

中板四辊轧机及其配套项目改造。2006 年 12 月 5 日—2007 年 1 月 18 日，已运行 31 年的老中板生产线进入全线停产升级改造阶段，此次停产改造的主要项目为原四辊轧机区域设备拆除、新四辊轧机区域设备安装、四辊主电机更换、四辊高低压线路及控制系统更换等，该项目累计发生费用 1.85 亿元，改造后的中板生产线年生产能力提升到 120 万吨。

1 号转炉扩容改造。2015 年 4 月 15 日—5 月 19 日，进行 1 号转炉适应性改造大修，主要项目为炉壳和托圈更换，并进行了多项技术改造。利用本次 1 号转炉大修更换托圈机会，炉体按 2 号、3 号转炉炉容进行改造，即由 100 吨扩容至 120 吨，实现 3 座转炉容量大小一样，备件统一，便于调度组织生产。

薄板坯连铸连轧升级改造。2012 年 6 月，热轧带钢板型判定系统正式上线，实现了热轧带钢在整个长度、宽度方向上动态跟踪，更精确地分析热轧带钢板型质量。2015 年，对铸机 B 线 TCS 系统进行升级改造，提高了运行稳定性。2016 年 6 月、2018 年 12 月分别对轧机 F7、F6 主传动进行升级改造，由原来的 ML 系统升级为德国西门子 SM150 系统，提高了设备稳定性。2016 年 7 月，进行轧机二级控制系统升级改造，提升了轧制精度和产品质量。2018 年 12 月，完成了轧机加热炉 L2 系统整体升级，提高了温度控制精度和稳定性；完成了轧机表检仪国产化升级改造，提高了缺陷检出识别率。

六机六流方坯连铸机工程。2018 年 3 月 5 日开工建设六机六流方坯连铸机，2018 年 12 月 21 日成功进行热负荷试车。

转炉三次除尘系统工程。转炉三次除尘系统工程为环保项目，是安徽省环保局列为省环境污染整治重点督办项目之一，项目的投资效益主要体现为社会效益。改造完成后，消除厂房屋面无组织烟尘的排放，减少生产制造过程中的环境风险，有利于提升绿色生态环境管理水平。工程总投资 2984 万元，由中冶华天设计院设计、采购、施工总包，建设单位主要是马钢利民公司。工程建设主要包括将原有 3 号转炉二次除尘站系统改造为转炉三次除尘系统，利用 2 号钢包精炼炉和真空循环脱气炉外精炼装备除尘站位置，新建 3 号转炉二次除尘系统，并将 2 号钢包精炼炉、真空循环脱气炉外精炼装备、异形坯连铸机和钢包处理区的除尘点统一纳入到该除尘系统中，以及配套建设相应的供配电等设施。工程于 2018 年 12 月开工建设，新 3 号转炉二次除尘 2019 年 5 月 23 日投用，转炉三次除尘于 2019 年 10 月底投用。

重型 H 型钢异形坯连铸机工程。重型 H 型钢异形坯连铸机工程是重型 H 型钢生产线配套工程，马钢“十三五”期间转型升级重点工程之一。2018 年 2 月 6 日，一钢轧总厂成立重异型坯和小方坯连铸机项目部，以保障连铸机项目建设顺利推进。2018 年 11 月 12 日，以基础破除开挖为标志，重型 H 型钢异形坯连铸机工程全面展开。

[改革与管理]

人力资源管理方面。2015 年 10 月，一钢轧总厂稳步推进清退、替代外部用工工作，通过岗位职责优化、劳务项目招标，共清退 4 家外部用工单位，清退替代外部用工 202 人，年节约费用 820 万元。

生产管理方面。优化 3 座转炉对 3 台铸机的组产模式，以细化生产标准化过程管理、提升产品质量为工作重点，强化生产过程监控和结果评价，深入推进精益生产。

技术质量管理方面。围绕生产稳定、工艺优化、质量提升、降本增效和设备保障等方面，2005—2019 年共开展 619 项技术攻关。

成本管理方面。建立总厂工序间的成本运作管理体系，规范分厂（车间）成本管理行为，将降本任务层层分解，实施以“日成本”核算为核心的成本管理模式，同时，推行工艺降本、节能降本、备件修复降本等措施，制造成本连年递减，2019 年降本 2.1 亿元。

第三节　四钢轧总厂

[概况]

四钢轧总厂位于马鞍山慈湖高新区，东临慈湖河，西与炼铁总厂北区为邻，2019 年末，占地面积 136 万平方米，固定资产 134.22 亿元。机构设有生产技术室、设备管理室、安全环保室、综合管理室、党群工作室（工会）5 个科室，炼钢、精炼、连铸、炼钢点检、炼钢物流、热轧一、热轧二、精整、热轧点检、热轧物流、能介 11 个分厂和质量检验站。2019 年末，全厂职工 1711 人。

[历史沿革]

2003 年 10 月，为改善产品和工艺结构，提升市场竞争能力，马钢决定在慈湖新区新建具有国际先进水平的板材生产线。

2004 年 11 月 24 日，《马钢“十五”后期和“十一五”技术改造和结构调整总体规划》获得国家正式批准，拉开了马钢“十一五”期间技术改造和结构调整的序幕。

2005年2月27日，以生产高质量高档板材为主要产品目标的新区主体，占马钢新区投资近60%的马钢股份第四钢轧总厂正式成立。

按照“统一规划、分步实施”的原则，四钢轧总厂分两期建设。一期工程包括炼钢、热轧、冷轧三大工程项目，设计年产钢567万吨，于2005年5月开工建设，2007年9月20日，炼钢、连铸、热轧、冷轧、连退、镀锌等主辅产线全面建成投产。四钢轧一期工程仅用两年多时间全面建成投产，创造了冶金工程建设奇迹。四钢轧总厂二期工程主要包括炼钢、精炼、连铸、渣处理、1580热轧、热轧酸洗板和信息化等项目，2011年2月开始建设，2013年底陆续建成投产。2014年6月开始，四钢轧总厂全面开启了“三炉三机”生产模式。

2014年12月，马钢集团决定成立冷轧总厂，将四钢轧总厂酸轧、连退、2条镀锌、热轧酸洗板生产线所有装备及相应操作、技术、管理人员，成建制划入了冷轧总厂。

[主要技术装备与产品]

四钢轧总厂分炼钢和热轧两个区域。炼钢区域主要装备有2座KR铁水预处理装置、3座300吨顶底复合吹炼转炉及相关配套设施、2座双工位LF精炼炉、2座双工位RH真空精炼炉、3台双流直弧形高效板坯连铸机、1台板坯自动火焰清理机。铁水预处理采用日本引进的搅拌式脱硫（KR）技术。3座300吨转炉采用意大利达涅利公司（DANIELI）副枪、烟气分析和声呐系统；连铸机采用动态轻压下、液面自动控制、电磁搅拌技术。1号、2号连铸机从德国西马克引进、3号连铸机从奥钢联引进。热轧区域主要装备有1条2250热轧生产线、1条1580热轧生产线、1条平整分卷线、1条横切线。2条主轧线均由加热炉、粗轧机、精轧机、卷取机等组成。

主要产品包括：汽车板、家电板、电工钢、管线钢、船板、容器板等六大类286个品种。

[主要经济技术指标]

从2007年建成投产到2019年底，累计产钢7457万吨、热轧材7263万吨。相关技术经济指标如下：

2007—2010年，产钢1522万吨、热轧材1471万吨，钢铁料消耗1104.93千克/吨，热轧成材率97.35%，炼钢工序能耗4.35千克标准煤/吨，热轧工序能耗80.27千克标准煤/吨。

2011—2015年，产钢2734万吨、热轧材2666万吨，钢铁料消耗1084.97千克/吨，热轧成材率97.30，炼钢工序能耗-10.30千克标准煤/吨，热轧工序能耗73.23千克标准煤/吨。

2016—2019年，产钢3201万吨、热轧材3126万吨，钢铁料消耗1077.51千克/吨，热轧成材率97.39%，炼钢工序能耗-27.14千克标准煤/吨，热轧工序能耗58.53千克标准煤/吨。

[技术改造与技术进步]

以技术攻关为主体，质量控制（QC）、合理化建议、劳动竞赛、创新工作室等多种创新创效活动并举，驱动技术进步和产品升级。一是不断完善技术攻关管理体制。理顺以产品制造主管部门为主体、相关部门配合的技术攻关运行管理体制，强化以分厂、作业区为主的技术攻关应用、持续改进的基础网络体系，形成职责明确、层次清晰、上下联动、高效运转的技术攻关格局。二是活化技术攻关运行机制。不断完善技术攻关立项、课题管理、产品开发、评审鉴定、推广应用运行机制，完善攻关人才能力评价激励机制。积极推进重要攻关项目签订目标责任书机制，推进跨部门、跨单位攻关课题的选题和人才配置机制，加强攻关人员的优化组合，完善成果转化激励机制，推进攻关成果加速转化。三是强化攻关成果固化执行。部门牵头，及时将技术攻关成果写入工艺技术规程，固化到岗位作业标准和设备四大标准中，注重标准的可操作性，落实好“写所需”。各分厂以作业区为单元持续开展标准的验证、改进，落实好“做所写”“记所做”。

技术进步取得主要成果包括：2009年，“高钢级X70—X80热轧管线钢的研制”获冶金科学技术奖二等奖、获省科技进步奖一等奖。2014年，“冷成型用冷轧低碳钢板和钢带”获冶金产品实物质量“金杯奖”。2015年，“钢渣在线实时分类处理及综合利用”获冶金科学技术奖二等奖，“锅炉和压力容器用钢板”被中钢协授予冶金产品实物质量金杯奖，“压力管道制管专用钢板（带）”获省名牌产品称号。2017年，“高品质汽车板IF钢生产技术集成及应用研究”获省科学技术奖三等奖，“降低IF钢终点氧大于800ppm比例”质量控制（QC）课题获省优秀质量管理小组成果一等奖。2018年，“汽车用IF钢优质、高效生产技术集成及应用研究”获冶金科学技术奖三等奖，转炉作业区质量控制（QC）小组获中质协“全国优秀质量管理小组”。2019年，“热轧板带表面氧化机理研究与新一代控制技术开发及应用”获冶金科学技术奖一等奖，铁路用高强耐候钢板被中钢协认定为“金杯优质产品”。

技术创新推进产品升级：汽车板方面，2009年实现对江淮汽车公司的整车供货，汽车板产量2014年突破100万吨，2017年突破200万吨，2018年突破300万吨，2019年通过了长安福特、吉利商用车、东风本田、东风神龙、特斯拉等合资品牌汽车厂二方审核。管线钢方面，X42—X100系列管线钢应用于国家西气东输二期、三期和中亚C线等重点工程。硅钢方面，2018年实现了低、中、高牌号无取向硅钢规模化生产，年产量突破40万吨。

［改革与管理］

在人才培养方面，从2005年四钢轧总厂项目筹建开始，四钢轧总厂致力于打造“思想好、作风正、技术精、纪律严”的员工队伍，注重员工职业生涯规划，搭建管理、专业技术、操作技能3支队伍成长晋升通道，以构建学习型组织为抓手，加强3支队伍教育培训。通过技能比武、导师带徒、交流学习、专家讲授、现场培训、网络学习等多种方式和途径提高培训效果。通过改善学习条件、自编学习教材、建立奖励机制、领导亲自授课，以及为解决工学矛盾与海工大等高校联办研究生班，推进“学习工作化、工作学习化”。制订并实施了《单位绩效评价管理办法》《员工绩效考评管理办法》《中层管理人员绩效评价管理办法》《内部转岗、试岗、待岗管理办法》《员工岗位竞聘管理办法》《星级员工评选管理办法》等，创造人才公平竞争机制，形成人才良性发展环境。建厂15年，四钢轧总厂晋升马钢首席技师4人、高级技术主管15人。

在体系建设方面，从建厂开始，依照《企业标准体系》要求，搭建管理体系基本构架，以标准的PDCA循环运行为手段，以体系认证为抓手，加强标准化与信息化的融合，推进管理水平螺旋式上升，不断进步。2007年10月通过GB/T 19001质量管理体系认证，2008年12月通过ISO/TS 16949质量管理体系认证，2009年5月通过ISO 10012测量管理体系认证，2014年12月通过GB/T 28001职业健康安全管理体系和GB/T 24001环境管理体系认证，2016年5月通过GB/T 23331能源管理体系认证。

在精益管理方面，紧抓关键管理过程，力推“管理精细化、生产精益化、设备维护精度化、员工操作精准化”的“四精管理”。管理精细化，坚持按章办事，按制度办事。做到制度不留空白、不断完善、严格执行，推进管理工作走上制度化、规范化、高效化轨道。生产精益化，“精”体现在质量上，追求尽善尽美、精益求精；“益”体现在成本上，成本越低，越能为用户创造价值。充分利用精益生产的管理流程、手段和方法以及信息技术，持续摸索创造在多品种、小批量生产条件下的生产作业计划排程规则，物料、动力介质平衡方案，不断加快生产安全启停响应速度，提高生产应急响应能力，推进高质量、低消耗、快速交货的生产运行管理模式。设备维护精度化，不断完善点检定修制，提高机组可开动率，和设备功能精度，大力推进设备系统由“保生产顺行”向“保产品质量”转变。员工操作精准化，将“点滴求完美，细节定成败”工作理念贯穿于操作的每一个环节，具体到每一个动作，落实标准化作业要求。管理取得的主要荣誉包括：2013年，炼钢分厂3号转炉作业区被中华全国总工会授予“工人先锋号”，四钢轧总厂团委被评为全国钢铁行业“青安杯”竞赛先进集体。2017

年，1号300吨转炉获全国性节能降耗对标竞赛“冠军炉”称号。2019年，2号300转炉获全国性节能降耗对标竞赛“冠军炉”称号。

第四节 冷轧总厂

［概况］

冷轧总厂主厂区由南区、北区、二硅钢、彩涂四个区域组成。南区位于马鞍山市雨山区西山东麓，天门大道西侧、马钢大道南段，建筑面积12.78万平方米，其中工业建筑面积12.19万平方米，域内设有冷轧一分厂、镀锌一分厂、精整分厂、硅钢一分厂、点检一分厂、物流一分厂。北区位于马鞍山东麓、慈湖河西岸，慈湖路西端，建筑面积18.28万平方米，其中工业建筑面积17.14万平方米，域内设有冷轧二分厂、镀锌二分厂、连退分厂、点检二分厂、物流二分厂。硅钢二分厂位于花山区七里甸，天门大道高架桥南段西侧，建筑面积6.48万平方米，其中工业建筑面积6.25万平方米。彩涂分厂位于幸福路中段，孟塘南侧，建筑面积4.77万平方米，其中工业建筑面积3.32万平方米。

冷轧总厂机关设生产技术室、设备管理室、安全管理室、综合管理室、党群工作室、质量检查站，截至2019年9月底，共有员工1871人。

［历史沿革］

为解决马钢股份板带生产系统管理流程长、责任主体不明确、机构设置不合理、专业技术力量分散、客服体系不完整、总厂跨专业管理幅度过大等问题，实现板带产品生产、技术质量、订单的“集中一贯制”管理，提高订单兑现率，提升产品质量水平，满足客户需求，2014年12月18日，马钢股份下发《关于板带制造系统整合的决定》，以一钢轧总厂、四钢轧总厂的冷轧、精整、硅钢、酸洗、连退、镀锌等生产线为主体，组建冷轧总厂。2014年12月29日，冷轧总厂揭牌成立。

2015年5月，撤销硅钢分厂，增设硅钢一分厂、硅钢二分厂。

2016年4月5日，马钢股份下发《关于冷轧总厂与彩涂板事业部合并的决定》，将彩涂板事业部与冷轧总厂合并，不再保留“马钢股份公司彩涂板事业部”建制。

2017年8月17日，成立安全管理室，同时将生产技术安全室更名为生产技术室。

［主要技术装备与产品］

冷轧总厂现有主体设备34台（套），年设计生产能力500万吨，产品覆盖酸洗、冷轧、镀锌、硅钢、彩涂五大类，广泛应用于汽车、家电、建筑等行业。主体设备包括：南区，1720酸洗-连轧机组1套、1720镀锌机组2套、1720脱脂机组1套、1400千瓦全氢罩式退火炉48座、1720平整机组1套、重卷机组1套、纵切机组1套、硅钢推拉式酸洗机组1套、6辊可逆单机架硅钢轧制机组2套、硅钢连退机组2套、硅钢重卷机组2套；北区，2130酸洗-连轧机组1套、1680热轧酸洗机组1套、2130连续退火机组1套、2130热镀锌机组1套、1850热镀锌机组1套、重卷机组2套、半自动化包装机组2套；二硅钢区域，硅钢常化酸洗机组1套、硅钢常化机组1套、6辊可逆单机架硅钢轧制机组1套、准备机组1套、连退机组1套、重卷机组1套；彩涂区域，1250彩涂机组1条、1575彩涂机组1条、横向包装与纵向包装机组各1条。

［主要技术经济指标］

2015年，钢材产量430.26万吨，其中，汽车板104.11万吨，家电板81.01万吨，建筑板100.62万吨，硅钢47.23万吨，其他用板材97.29万吨。冷轧产量168.11万吨，成材率93.13%；镀锌产量134.62万吨，成材率92.25%；硅钢47.23万吨，成材率87.50%；酸洗产量80.30万吨，成材率94.86%。

2016 年，钢材产量 463.21 万吨，其中，汽车板 155.99 万吨，家电板 94.24 万吨，建筑板 91.45 万吨，硅钢 54.54 万吨，其他板材 66.99 万吨。冷轧产量 172.27 万吨，成材率 92.78%；镀锌产量 147.26 万吨，成材率 92.69%；硅钢 54.54 万吨，成材率 87.03%；酸洗产量 82.45 万吨，成材率 94.62%；彩涂板 6.69 万吨，成材率 97.84%。

2017 年，钢材产量 465.36 万吨，其中，汽车板 162.15 万吨，家电板 101.96 万吨，建筑板 79.02 万吨，硅钢 57.58 万吨，其他板材 64.65 万吨。冷轧产量 171.93 万吨，成材率 92.26%；镀锌产量 144.72 万吨，成材率 92.67%；硅钢 57.58 万吨，成材率 87.03%；酸洗产量 81.60 万吨，成材率 94.12%；彩涂板 9.53 万吨，成材率 98.41%。

2018 年，钢材产量 452.70 万吨，其中，汽车板 193.37 万吨，家电板 64.11 万吨，建筑板 84.33 万吨，硅钢 42.87 万吨，其他板材 68.02 万吨。冷轧产量 174.81 万吨，成材率 92.23%；镀锌产量 126.78 万吨，成材率 92.13%；硅钢 42.87 万吨，成材率 83.57%；酸洗产量 90.86 万吨，成材率 94.08%。彩涂板 17.38 万吨，成材率 98.39%。

2019 年，钢材产量 427.31 万吨，其中，汽车板 180.55 万吨，家电板 66.39 万吨，建筑板 73.29 万吨，硅钢 43.08 万吨，其他板材 64 万吨。冷轧产量 163.52 万吨，成材率 92.76%；镀锌产量 116.76 万吨，成材率 92.70%；硅钢 43.08 万吨，成材率 87.30%；酸洗产量 87.20 万吨，成材率 94.69%；彩涂板 16.75 万吨，成材率 98.37%。

[技术进步与技术改造]

冷轧总厂自成立以来，以“做精品板带生产基地”为目标，大力推进技术进步、技术改造和科技攻关。至 2019 年末，先后实施了新增脱脂机组、一硅钢适应性改造、二硅钢新增常化机组、2130 磨辊间新增电火花打毛机（EDT）、智能制造等 381 项工艺设备技术改造。成功开发出高强度汽车板、宽幅汽车板、镀锌汽车外板、搪瓷钢、油桶用单色和双色涂层彩板、高端家电用板、中高牌号硅钢、取向硅钢系列新产品。产品获国家专利授权 47 件，其中发明专利 11 件，实用新型专利 36 件。

新增脱脂机组项目。针对冷轧钢带表面的轧制油、乳化液、铁屑灰尘等污染物，经罩式退火的高温物理化学变化，易导致退火后钢板表面出现斑迹、黏接，影响产品质量现象，2015 年 4 月，马钢股份正式下达了投资计划，在南区轧后库 2 跨 2—10 柱至 2—20 柱区域内，增设 1 条 70 万吨/年电解脱脂机组，机组总长 75 米。主要设备包括：入口段、焊机、清洗段、出口段、钢卷自动打捆机、喷码机、点焊机等。项目总投资 8000 万元，由马钢工程技术集团总承包，于 2015 年 8 月开工建设；土建施工由马钢建设公司负责，厂房屋面改造、钢结构制作与安装由马钢钢构公司承担，设备设计与供货单位为中冶南方公司，监理单位为马钢博力监理公司。2016 年 4 月 28 日，带钢厚度为 0.4—2.5 毫米，带钢宽度为 900—1600 毫米，最大运行速度为 500 米/分钟的冷轧总厂电解脱脂机组竣工投产，使罩式退火卷的表面质量得到彻底改观，可满足汽车、高端家电用板的需求。

一硅钢适应性改造项目。为提高中高牌号硅钢产品占比，2017 年初，马钢股份决定投资 1.32 亿元，对硅钢进行适应性改造，提高高牌号硅钢生产能力。项目采取设计、供货、施工及设备安装调试一体化（EPC）模式，由中冶南方工程技术公司总承包，年设计产能 20 万吨。一硅钢适应性改造选用设备以先进、适用、成熟、可靠为标准，新增磨床采用德国乔格产品。2 号连退线的辐射管烧嘴采用二级换热结构，增加了两台余热锅炉，废气尤其是氮氧化合物排放达到了长三角标准。1 号轧机小辊径改造由普瑞特-日本（PTJ）设计并负责部分关键设备供货，采用的 MH 型传动轴可实现小轴径传递大转矩，新增张力计实现自动厚度控制功能，通过在出入口板形仪辊下各增设了 1 台压头，实现了张力由模拟量控制到数字化控制，可实现带钢厚度精确控制在 2 微米级。2018 年 3 月 21 日，一硅钢适应性改造开工建设。2018 年 7 月 15 进入设备调试，2018 年 8 月 31 日竣工投产。

二硅钢新增常化机组项目。针对高牌号硅钢产品市场需求增加，2017 年 9 月 18 日，马钢集团“十三五”重点技改项目——二硅钢新增高牌号硅钢常化机组项目正式开工，静态计划投资 1.488 亿元，建设工期 14 个月，设计能力 22 万吨/年。工程由中冶南方工程技术公司总承包。机组选型和主要技术特点是机组入口采用自动高度对中、宽度对中和自动上卷，自动方式进行带头、带尾剪切，降低了操作人员的劳动强度。机组出口采用自动剪切、甩尾、卸卷、卷取准备和带头穿带，降低了操作人员的劳动强度。常化炉采用无氧化炉加热，并设置了烟气余热回收装置；均热炉采用电加热，炉温控制精度高，无污染。在开卷机上、圆盘剪前分别设置带钢边部加热装置，提高带钢塑性。单独交流变频齿轮电动机传动炉辊，提高控制精度和运转可靠性。圆盘剪采用动力剪，以获得更好的剪切质量；圆盘剪采用双头回转型式，可以实现在线换剪刃。活套采用水平卧式活套，摆动门形式，运行稳定，定位准确。2018 年 9 月 30 日，新增常化机组完成全线穿带。10 月 2 日，开始全线冷试车联动。10 月 17 日，常化炉点火升温。10 月 19 日上午 10 时 58 分，新增常化机组热试车一次成功。

智能装备、机器人应用项目。2017 年 5 月 23 日，首台机器人——彩涂自动上纸套筒机器人投入使用。2017 年 9 月，首台贴标机器人列装北区连退机组。随后，连退出口段贴标签机器人、1720 酸轧线出口段贴标签机器人、2130 酸轧线出口段贴标签机器人、1680 酸洗线出口段贴标签机器人、2 号重卷线出口段贴标签机器人、南区脱脂线喷码机器人等陆续投入使用。

[改革与管理]

冷轧总厂以贯彻国际标准化组织（ISO）汽车行业生产件与相关服务件的质量管理体系的特殊要求和德国汽车工业协会颁布的汽车行业顾客标准第 6 卷第 3 部分过程审核标准（VDA6.3/TS16949）为推动，以体系审核为契机，不断健全各类管理体系，全面推行标准化作业。2017 年，通过上汽通用汽车、东风神龙汽车、一汽解放汽车等客户二方审核以及国际汽车工作组质量体系规范（IATF 16949:2016、ISO 9001:2015、ISO 14001:2015）转版换证审核。2018 年，通过海信、观致、美的、众泰、华晨汽车二方审核，通过日本工业标准（JIS）产品认证第一阶段和第二阶段审核以及杭州汉德质量认证公司对汽车用钢产品国际汽车工作组质量体系规范（IATF 16949:2016）质量管理体系的监督审核。2019 年，通过江铃汽车、长安福特、日本索尼、吉利汽车、三菱电机二方审核，通过日本质量保证协会（JQA）对板带产品进行日本工业标准（JIS）认证的第三阶段审核以及杭州汉德质量认证服务有限公司（TUV-NORD）对汽车用钢产品国际汽车工作组质量体系规范（IATF 16949:2016 ）质量管理体系的监督审核，通过北京国金衡信管理体系认证有限公司“五标一体化”的监督审核。

在品牌建设方面，创建质量预警模式，对产线机组质量控制能力常态化监测，对质量结果进行趋势性预判，及时发现潜在的产品质量风险，快速找出问题症结所在，有的放矢，制定对策措施，最大限度地减少质量损失。推行工厂代表（MR）工作模式，选派质检经验丰富的员工进入客户现场，与终端用户零距离相互交流，准确识别、及时反馈客户的特殊需求，确保各阶段的工作控制有效、持续改进；建立矩阵式质量监控体系。将质量控制指标层层分解，落实到岗，责任到人。实施“一卷一档”制，细化在线跟踪记录，提高质量监控能力，将用户需求落实在现场，产品市场信誉度得到提升。“马钢牌汽车用结构钢板”获省质量技术监督局、省名牌战略推荐委员会联合颁发的 2014 年安徽品牌产品称号。“马钢牌冷成型用冷轧低碳钢板和带钢 DC04”2016 年获省经济和信息化委员会颁发的“安徽工业精品”称号。“马钢牌冷轧钢板及带钢”“马钢牌家电结构钢板”“马钢牌热镀锌钢板与带钢”获省质量技术监督局、省名牌战略推荐委员会联合颁发的 2015—2016 年度安徽品牌产品称号。“汽车构件用低合金高强度冷轧钢带”2016 年 12 月被中国钢铁工业协会授予冶金产品实物质量金杯奖。“冷成型用冷轧低碳钢带”2017 年 12 月被中国钢铁工业协会授予冶金产品实物质量金杯奖。“马钢牌无取向硅钢”获安徽省质量技术监督局、省名牌战略推荐委员会联合颁发的 2017 年度安徽名牌产品称号。“冷轧钢板及带钢”2018 年 10 月获冶金工业质量经营联盟颁发的《冶金行业品质卓越产品证书》。

在工厂管理方面，2015 年作为马钢股份试点单位，冷轧总厂率先开展规范作业区设置和作业长配置工作，将原有 90 个作业区减少至 70 个，作业长由 110 名减少至 75 名。2016 年，根据马钢股份“授权组阁、竞聘上岗、承包经营、年年考核、三年一届”原则，率先完成了各层级人员授权组阁和竞聘上岗工作。推进以“设备稳定、精益运行”为主的精细化管理，树立“生产主导，设备主动”的理念，将质量的要求转换为设备功能精度的要求，自主开发了设备能力评价系统，通过推进精密点检和设备预知维修，使重要设备故障能够被及早发现、及早处理；通过梳理主要用能设备，逐步淘汰高能耗的设备设施。环保设施开动率达 100%，危险废物安全处置率 100%。2016 年 4 月，通过国家安全生产标准化二级企业审核认证。“降低平整液斑迹缺陷的产生量”获 2016 年安徽省冶金行业 QC 成果发布一等奖。“以产品升级为目标打造精益化工厂”获 2018 年中钢协管理创新成果二等奖。“依托‘冷轧大讲堂’全面提升员工岗位能力”获 2019 年第十五届中国企业培训创新成果金奖。

第五节　长材事业部

［概况］

长材事业部成立于 2016 年 1 月 18 日，主体由南、北两个生产区域组成。南区域内设有炼钢生产单元（位于马鞍山市雨山区西山脚下，东邻一钢厂）、线棒生产单元（位于马鞍山市雨山区西山东麓，东邻宁芜公路）、H 型钢生产单元（位于马鞍山市雨山区宁芜公路陶庄段），占地面积 117. 66 万平方米，建筑面积 34. 75 万平方米。北区域内设有炼钢生产单元（位于马鞍山市金家庄区北塘路）、线棒生产单元（位于马鞍山市金家庄区北塘路）、型钢生产单元（位于马鞍山市金家庄区二轧路，东靠马钢粉末冶金公司），占地面积 78. 12 万平方米，建筑面积 26. 39 万平方米。负责长材产品的生产及销售，具备年产钢 420 万吨、材 500 万吨的能力。

截至 2019 年 12 月，在岗员工 3239 人。

［历史沿革］

2005 年 2 月 28 日，按照马钢股份区域钢轧一体化整合部署，由始建于 1959 年的第二炼钢厂和第二轧钢厂整合成立第二钢轧总厂。由始建于 1972 年的第三炼钢厂、成立于 1985 年的高速线材厂和成立于 1996 年的 H 型钢厂整合成立第三钢轧总厂。

2016 年 1 月 18 日，按照马钢股份专业化整合部署，第二钢轧总厂与第三钢轧总厂合并，成立长材事业部。

2016 年 5 月 1 日，长材事业部南区线棒生产单元高速线材生产线划属马钢股份特钢公司。2018 年 10 月 29 日，长材事业部北区炼钢生产单元 3 号转炉及 4 号转炉永久性停产，永久退出炼钢产能 128 万吨。北区炼钢生产单元炼钢、连铸分厂机构分别与南区炼钢生产单元炼钢、连铸分厂合并。

［主要技术装备与产品］

截至 2019 年 9 月，主要装备有：2 座铁水预处理站，4 座 60 吨炼钢转炉，4 座炼钢吹氩站，2 座炉外（LF）精炼炉，1 座真空（VD）精炼炉，2 台六机六流方坯连铸机，大、小 2 台异型坯连铸机，大、小 2 条棒材生产线，1 条线材生产线，大、小 2 条 H 型钢生产线，1 条中型材生产线以及在建国内首条重型 H 型钢生产线。

主要产品有线棒材系列和型钢系列。线棒材系列：规格直径 6—14 毫米盘圆、盘螺的高速线材，规格为直径 12—40 毫米的直条螺纹钢筋，钢种包括建筑钢筋、高强钢筋、低温钢筋等。型钢系列：H 型钢（大、中、小和厚重）系列、工字钢、角钢、槽钢、矿用钢，其中工字钢、角钢、槽钢钢种有碳素结构钢、低合金钢、耐候结构钢、海上石油平台用结构钢等。

［主要技术经济指标］

第二炼钢厂：2001 年产钢 159.2 万吨，2002 年产钢 176 万吨，2003 年产钢 196 万吨，2004 年产钢 202 万吨。

第三炼钢厂：2001 年产钢 256.18 万吨，2002 年产钢 258.21 万吨，2003 年产钢 274.25 万吨，2004 年产钢 290.76 万吨。

第二轧钢厂：2001 年中型材产量 78.49 万吨，2002 年中型材产量 84.33 万吨，2003 年中型材产量 85.63 万吨，2004 年中型材产量 90.2 万吨。

高速线材厂：2001 年线材产量 80.12 万吨、棒材产量 82.77 万吨，2002 年线材产量 82.38 万吨、棒材产量 96.42 万吨，2003 年线材产量 44.62 万吨、棒材产量 109.84 万吨，2004 年线材产量 60.02 万吨、棒材产量 118.34 万吨。

H 型钢厂：2001 年 H 型钢产量 52.82 万吨，2002 年 H 型钢产量 78 万吨，2003 年 H 型钢产量 90.05 万吨，2004 年 H 型钢产量 98.6 万吨。

第二钢轧总厂：2005 年产钢 233 万吨、产材 222 万吨，2006 年产钢 254.5 万吨、产材 243.3 万吨，2007 年产钢 247 万吨、产材 241.5 万吨，2008 年产钢 231.49 万吨、产材 228 万吨，2009 年产钢 241.1 万吨、产材 239.8 万吨，2010 年产钢 234.6 万吨、产材 234.6 万吨，2011 年产钢 237.4 万吨、产材 236.8 万吨，2012 年产钢 217.78 万吨、产材 221.63 万吨，2013 年产钢 218.16 万吨、产材 222.59 万吨，2014 年产钢 164.42 万吨、产材 178.49 万吨，2015 年产钢 146.3 万吨、产材 166.8 万吨。

第三钢轧总厂：2005 年产钢 347.95 万吨、产材 337.67 万吨，2006 年产钢 374 万吨、产材 370 万吨，2007 年产钢 367.3 万吨、产材 361.84 万吨，2008 年产钢 344.48 万吨、产材 335.86 万吨，2009 年产钢 365.7 万吨、产材 359.3 万吨，2010 年产钢 365.32 万吨、产材 360.52 万吨，2011 年产钢 368.54 万吨、产材 365.84 万吨，2012 年产钢 346.3 万吨、产材 352.2 万吨，2013 年产钢 348 万吨、产材 347.8 万吨，2014 年产钢 270.35 万吨、产材 270.33 万吨，2015 年产钢 249.39 万吨、产材 240.76 万吨。

长材事业部：2016 年，产钢 428 万吨、产材 408 万吨，销售收入 92 亿元；2017 年，产钢 442 万吨、产材 407 万吨，销售收入 138 亿元；2018 年，产钢 447.4 万吨、产材 406.5 万吨，销售收入 150 亿元；2019 年，产钢 368.6 万吨、产材 414.8 万吨，销售收入 149.7 亿元。

［技术进步与技术改造］

产品开发：2001 年，第二炼钢厂成功开发冶炼热轧带肋钢筋两个牌号（BSG460、HRB400）、国标 H 型钢牌号 Q345AV，以及矿用钢牌号 20MnSi 共 4 个新钢种。第三炼钢厂成功开发冶炼英标 H 型钢牌号 BS55C、热轧带肋钢筋牌号 BSG460 等新钢种 54 万吨。2003 年，第三炼钢厂成功开发生产低碳冷镦钢系列、中碳冷镦钢系列、自攻螺钉系列、弹簧钢系列四大类 10 多个品种。2001 年，高速线材厂全年新产品总量达 24.15 万吨，尤其是开发了冷镦钢系列新产品，进一步增强了马钢高线产品竞争力。2004 年，高速线材厂确定冷镦钢为重点开发项目，并纳入马钢“十五”期间重大科技攻关项目、国家级火炬计划，成功开发冷镦钢免退火系列并实现大批量生产，全年冷镦钢产量达 33.83 万吨，占全年高线产量 54.6%以上，取得了显著市场效益。2009 年，第三钢轧总厂成功开发轻型薄壁 H 型钢，以及超大规格角钢、槽钢、铁道车辆用耐候钢等专用钢。2010 年，第二钢轧总厂成功开发热轧带肋钢筋牌号 HRB335、HRB400（直径 8 毫米、直径 10 毫米）盘螺系列，并取得盘螺生产许可证。第三钢轧总厂重点开发了高强度耐候铁路、海洋石油平台用 H 型钢，以及非调质冷镦钢、高强焊丝、免退火螺帽用钢等新产品，全年共生产新产品 31.2 万吨。2011 年，第三钢轧总厂分别成立线棒材、H 型钢两个

“研产销”工作组，线棒工作组重点开发了免退火螺帽用冷镦钢、焊丝钢、高强度集装箱自攻螺钉用钢和盘螺新产品，全年生产盘螺7万吨。H型钢工作组重点开发了海洋石油平台、铁路车辆用耐候钢、轻薄高强度汽车大梁钢、日标抗震系列、高层建筑和叉车门架用H型钢，全力拓展H型钢产品市场。2012年，第二钢轧总厂开发了牌号Q345C槽钢、牌号HRB500、HRB500E热轧带肋盘条钢、牌号Q420B国网铁塔钢、9—14毫米等边国网角钢、新规格11毫米等边角钢及直径6毫米牌号HRB500E抗震钢筋。2013年，第二钢轧总厂成功开发生产牌号HRB400（E）、HRB500（E）高强度抗震钢筋和盘螺、牌号HW330B焊网钢丝、国网角钢、牌号Q345C槽钢、11毫米等边角钢等新产品，全年产量达20万吨。2014年，第三钢轧总厂开发了耐候（耐极寒）H型钢供俄罗斯亚迈尔（Yamal）项目共22个系列54个规格7600吨，成功开发异型坯BB2坯料牌号H650X300、MGL550D汽车大梁钢，以及海洋工程用A和D36牌号热轧H型钢及超厚壁重型H型钢等，成功试制牌号HRB500DW低温钢筋，成功试制油淬火-回火弹簧钢丝用牌号60Si2MnA。2015年，第二钢轧总厂成功开发牌号HWZ330Cr焊网钢筋、优硬线材、俄罗斯亚迈尔（Yamal）项目用钢、牌号HRB600热轧带肋钢筋等新品种。第三钢轧总厂开发了俄罗斯亚迈尔（Yamal）项目俄标H型钢、欧标槽钢、耐候工字钢等高附加值产品及美标、英标、欧标等新规格产品，创造了较大效益，成功试轧直径14毫米螺纹钢。2016年，长材事业部成功开发庞巴迪供上海地铁8号线导向轨专用H型钢、U型矿用钢牌号36U，以及极限规格工字钢新产品；成功试制第六代牌号HRB600和HTRB600高强钢筋、高强抗震钢筋。2018年，长材事业部成功开发生产天然气储备罐用零下165摄氏度超低温钢筋；自主成功开发用于坑道支护领域的花纹H型钢，以及中集专用车用鹅颈钢、伸缩车梁用钢。

工艺技术：2002年，第二炼钢厂开展型材牌号Q345AV钢种铸坯表面质量攻关，实现合格率97%以上。第三炼钢厂美标牌号ASM1008线材、牌号BS55C英标H型钢、牌号H08系列工业线材新品种质量攻关取得新突破，全年新品种开发生产达101万吨。高速线材厂全年开发生产高附加值产品41.51万吨。2003年，第二炼钢厂4座转炉煤气实现回收，开启负能炼钢。第三炼钢厂转炉负能炼钢达到6.5千克标准煤/吨。2004年，第二炼钢厂4号转炉应用顶底复吹工艺，降低消耗，改善钢水质量；第二轧钢厂实施矿工钢工艺优化，将U25和U29两个牌号U矿工钢在650Ⅰ架轧机实施“两U合一”轧制工艺，提高了轧辊共用性。2005年，第二钢轧总厂推广转炉顶底复合吹炼新工艺，进行出钢在线吹氩，延长吹氩时间，提高了钢水成分和温度均匀性。型材按质量等级B级组织生产，全面提升了型材产品档次。2011年，第二钢轧总厂“提高结晶器铜管通钢量”攻关由通钢量最高4800吨提升到5800吨。2012年，第二钢轧总厂《控冷镦控轧在新型重载精轧机应用》论文在全国轧钢生产技术会议发表；“转炉煤气回收系统节能减排智能优化控制技术的开发与应用”申报省科技成果鉴定。2015年，第三钢轧总厂开展异型坯内裂、欧标H型钢S450J0腹板裂纹、异型坯BB3断面含铋钢腹板裂纹等攻关，质量改善取得明显成效。2016年，长材事业部首次成功试制钛合金型材，为有色金属成型开辟了新的工艺线路。

产品认证：2006年，第二钢轧总厂线材冶金产品实物质量“金杯奖”通过申报验收；热轧带肋钢筋通过冶金产品实物质量“金杯奖”年度复审，并通过英国亚瑞斯质量体系（CARES）认证。第三钢轧总厂“热轧H型钢产品开发与应用技术研究”获国家科学技术奖三等奖。冷镦钢产品与奥地利INTE-CO公司开展技术攻关，产品质量改善取得一定成效。H型钢产品通过日本工业标准（JIS）认证，热轧带肋钢筋通过英国亚瑞斯质量体系（CARES）认证。2007年，第二钢轧总厂矿用钢通过冶金产品实物质量“金杯奖”复审，线材获冶金产品实物质量“金杯奖”称号，热轧带肋钢筋相继通过英国亚瑞斯质量体系（CARES）认证年度审核、生产许可证换证、安徽名牌产品抽检和国家免检产品认证。第三钢轧总厂热轧带肋钢筋和热轧盘条通过英国亚瑞斯质量体系（CARES）认证年度审核。2008

年，第二钢轧总厂完成棒材产品国家名牌产品认证申报，角钢、槽钢系列产品通过英国劳氏质量认证有限公司（LRQA）产品质量现场认证审核及英国亚瑞斯质量体系（CARES）认证年度审核。2009年，第二钢轧总厂角钢、槽钢系列产品通过英国劳氏质量认证有限公司（LRQA）对马钢新加坡BCI产品扩证现场审核和年度监督审核，以及英国亚瑞斯质量体系（CARES）认证年度审核。通过了全国工业生产许可证办公室的光圆钢筋、抗震带肋钢筋生产许可证检查和中钢协组织的热轧系列角钢“金杯奖”复评，完成铁塔角钢申报“安徽名牌产品”工作。2013年，第三钢轧总厂海洋石油平台用热轧H型钢、低合金高强度结构用热轧H型钢、钢筋混凝土用热轧带肋钢筋三项产品被评为国家冶金产品实物质量“金杯奖”，其中，海洋石油平台用热轧H型钢被授予“特优质量奖”。2014年，第三钢轧总厂耐候（耐极寒）热轧H型钢通过俄罗斯亚迈尔（Yamal）项目第三方现场审核认证，成为国内唯一一家此项目供应商。冷镦钢热轧盘条获国家冶金产品实物质量“金杯奖”。2015年，第三钢轧总厂免退火冷镦钢热轧盘条荣获国家冶金产品实物质量“特优奖”。2016年，长材事业部通过全国质量奖现场评审，H型钢产品通过欧盟（CE）扩证现场审核和韩国（KS）体系现场审核，海洋石油平台用热轧H型钢获中国2016年度冶金产品实物质量“金杯奖”中最高奖项“特优质量奖”。2018年，长材事业部H型钢产品通过欧盟（CE）认证、新加坡（BCI）认证监督审核和日本（JIS）认证现场监督审核，热轧H型钢获得省精品奖、“高低温韧性热轧H型钢关键技术制造研究”获省科学技术奖一等奖、“高低温韧性热轧H型钢开发与市场开拓”获中国钢铁工业产品开发市场开拓奖。2019年，长材事业部热轧H型钢通过欧盟（CE）认证、新加坡（BCI）认证监督审核以及马来西亚（SIRIM）认证监督审核，热轧H型钢和中型材产品通过欧盟质量体系认证首次审核，热轧H型钢、热轧带肋钢筋通过冶金产品（MC）认证年度监督审核，热轧H型钢SHN275、SHN355牌号产品通过韩国（KS）扩证审核，热轧H型钢SS275牌号产品通过韩国（KS）年度监督审核，热轧H型钢牌号Q355B、Q355C、Q355D、SM490YB产品和热轧带肋钢筋牌号HRB400（E）产品通过“金杯奖”复评，热轧H型钢牌号SM490YB石油平台用钢产品通过“特优质量奖”复评。

技术改造：2001年，第二炼钢厂启动高速线材搬迁技改项目，初步设计方案通过马钢股份审定，并完成工程保产搬迁工作；高速线材厂高线技改项目于8月30日正式启动，并签订引进技术和设备合同。2003年，高速线材厂高线技改项目工程于3月完工投产；H型钢厂近终形H型钢铸轧项目（小H型钢生产线）于10月15日正式签订引进技术和设备合同，完成了土建项目招标，并实施了南扩厂房及道路改造工程。2004年，第三炼钢厂开工新建4号转炉、弗卡斯石灰窑和小异型坯连铸工程，弗卡斯石灰窑和4号转炉分别于7月9日、7月15日相继投产，小异型坯连铸工程加紧建设；H型钢厂近终形H型钢铸轧项目（小H型钢生产线）进入土建收尾、设备全面安装阶段。2005年，第三钢轧总厂小H型钢、小异型坯工程分别于3月28日、4月6日进行全线热负荷试车顺利投产。2013年，第二钢轧总厂炼钢成功实施除尘粗颗粒回收使用、生白云石造渣等技改工作。2017年，长材事业部型材升级改造项目完成投资3.2亿元，占总投资4.5亿元的71%，完成南区连铸2号连铸机适应性改造；计划总投资11.9亿元的重型H型钢项目正式启动，年内完成全部技术商务谈判和招标。2018年，马钢“十三五”重点工程长材事业部型材升级改造项目（中型材生产线）顺利完工，7月5日加热炉点火烘炉，9月6日热负荷全线贯通，进入生产阶段。全年产品开发完成原630生产线的产品全覆盖，并储备了开发普通工字钢、不等边角钢规格的能力，增强品种规格市场竞争力。2019年，总投资16.5亿元、设计年产80万吨的长材事业部重型H型钢项目工程开工建设。

［改革与管理］

2005年2月28日，第二钢轧总厂、第三钢轧总厂成立。通过资源科学配置、流程优化再造，第二钢轧总厂下设炼钢分厂、线棒分厂、中型材分厂等若干分厂。第三钢轧总厂共设7个部门、15个分厂

（车间），即办公室、人力资源部、政治处、工会、生产安环部、技术质量部、设备保障部和炼钢、连铸、精炼、石灰、炼钢维护、运转、原料、线材、棒材、线棒成品、线棒维护、大 H、小 H、H 型钢成品、H 型钢维护等分厂（车间）。

2016 年 1 月 18 日，长材事业部成立。通过精简组织机构，优化业务流程，合并减少 7 个部室、1 个车间、79 个作业区。优化减少科级管理人员 14 人、作业长 59 人、操作维护岗 354 人。由整合初的 5319 人优化为 4633 人，钢轧系统人均年产钢量提升 122 吨。

第六节　特钢公司

［概况］

2010 年 2 月 26 日，马钢举行高速车轮用钢技术改造工程启动仪式。2010 年 7 月 16 日，马钢股份电炉厂挂牌成立。2011 年 10 月 31 日，第一炉钢水冶炼成功，11 月 11 日圆坯连铸热试。11 月 29 日成功实现轧钢生产线热试，工程全线热负荷试车宣告成功，标志着电炉厂建成投产。2013 年 2 月 28 日，特钢公司正式成立，模拟事业部运营。2016 年 5 月 1 日整合高速线材生产线。

特钢公司下设部门：综合管理部、党群工作部、生产管理部、安全管理部、技术质量与产品服务部、设备保障部、销售部。分厂：炼钢分厂、连铸分厂、轧钢分厂、物流分厂、特钢点检室、高速线材分厂、高线点检室。截至 2019 年 9 月 19 日，在岗员工 1129 人。

［主要技术装备］

特钢公司拥有 110 吨超高功率电弧炉→精炼→真空脱气→大圆坯连铸生产线、电炉→精炼→真空脱气→模铸浇注或真空浇注模铸生产线、大规格棒材轧制生产线、高速线材生产线和小规格棒材轧制生产线共 5 条主要生产线。关键设备及技术从德国西马克、康卡斯特、意大利达涅利等引进。设计年产特殊钢 100 万吨、精品棒材（含优质合金棒材的产能）78 万吨、高速线材 50 万吨。

［主要技术经济指标］

2016 年，钢产量 50.49 万吨，同比 2012 年增加 66.5%；轧钢产量 12.2 万吨，同比增加 200%。

2019 年，钢产量 87.5 万吨，同比 2017 年增加 18%；大棒产量 30 万吨，同比增加 11%；线材产量 43.5 万吨，同比增加 74%。2019 年，优棒线产量 2 万吨。

［技术改造与技术进步］

2012 年，累计开发生产新钢种 75 个，其中，连铸品种 52 个，模铸品种 23 个。成功开发出动车组车轮样轮、出口重载车轮、地铁车轮等。

2013 年，累计开发生产新钢种 107 个，其中，连铸品种 81 个，模铸品种 26 个，轧钢产品规格 33 个。方钢、圆钢最大规格由设计的 250 毫米提高到 280 毫米。基本完成了产品设计大纲中所有产品开发试制工作。

2014 年，累计开发生产新钢种 81 个，其中，动车组车轮、大功率机车车轮、特殊要求车轮等产品共 10 个，重载车轴、高速车轴等产品共 4 个。大功率机车车轮、重载车轮用钢批量供货使用。连铸工艺车轴钢技术开发与应用取得突破，率先在国内采用连铸技术全面替代模铸工艺生产车轴钢，性能稳定，表面质量、力学性能和热处理稳定性均为优良，并批量生产。

2015 年，轧钢方坯精整线、圆钢精整线于 6 月投入试生产，基本实现设计功能，圆坯连铸机扩大规格改造项目（直径 700 毫米断面）热试成功。累计开发生产新钢种 102 个，其中，连铸品种 83 个，模铸产品 19 个。用于石油行业 4145H、4137H 等多个钢种已实现批量稳定供应，其终端产品出口到欧美；用于风电的 42CrMo4 终端产品进入 FMC、VESTAS、德枫丹等国际公司市场；“中国造” 250 公里/

小时、350公里/小时中国标准动车组高速车轮、车轴已装车试验运行正常。

2016年，新增直径500毫米断面改造工程于2月26日热负荷试车成功。累计开发生产新钢种154个，产品进入轨道交通、能源、汽车、高端制造等领域。成功开发GE油气、GE轨道、Vestas、FMC、美国Flour、韩国斗山、金风科技、咸阳宝石等高端优质客户。超超临界高温高压P91锅炉管用钢实现稳定、高效、低成本批量生产。

2017年，优棒生产线项目的厂房钢结构、设备基础、总图道路、水处理系统土建施工已全面展开，按工程节点稳步推进，进口、国产设备订货完成95%以上。累计开发生产新钢种166个。石油钻杆用钢AISI4145H探伤合格率由89%提高到99%；成功解决页岩气开采用4340等高合金钢大断面铸坯偏析问题。车轮总探伤报警率由2.1%降低至1.0%；钢锭质量损失降低了93%。“液化天然气储罐建设工程专用低温钢筋的研制”项目获2017年省科学技术进步奖三等奖；连铸工艺生产铁道车辆车轴LZ50钢坯获2017年冶金行业品质卓越产品。

2018年，马钢“十三五”重点工程优棒生产线实现了“起点高、投资省、速度快、效果好”的工程建设总目标，于8月8日顺利建成投产。全年累计开发生产新钢种102个，申报专利23项，其中发明专利14项，9项专利授权。“马钢高速车轮制造技术创新”项目获冶金科学技术奖一等奖。

2019年，马钢“十三五”重点工程大方坯连铸机及配套改造项目的电炉增加炉门氧枪、炉后加铝粒装置、精炼炉除尘改造、真空脱气炉顶枪、轧钢步进梁式加热炉、退火炉搬迁等项目，均已完成并投入使用。累计开发生产新钢种122个；成功开发美国通用电气公司、FMC、蒂森克虏伯、采埃弗、卡麦隆、瓦卢瑞克、韩国新罗、瓦轴、南高齿、南京迪威尔等高端优质客户。“免退火冷镦钢热轧盘条”获中国钢铁工业协会认定的“金牌特优产品”“金杯优质产品”称号，“连铸工艺生产铁路车辆车轴用LZ50钢坯”获中国钢铁工业协会认定的“金杯优质产品”称号，“石油钻铤钻杆及钻杆接头用热轧圆钢”新产品获省新产品称号，“破碎锤活塞杆用GCr15轴承钢”新产品被认定为省高新技术产品。

［改革与管理］

2012年，在消化吸收引进技术和充分论证的基础上，编制了电炉、精炼、连铸等整个流程的标准化作业文件，各工序每日对标评价、月度考核，并在运行中不断总结、完善和提升各类作业标准，形成PDCA（计划、执行、检查、处理）良性循环。

2013年，以物料清单（BOM）主成本数据为基础，建立了横向到边、纵向到底的成本管控体系，各条生产线以同行业先进的经济技术指标为标杆全面开展对标挖潜工作。在现行绩效管理考核体制框架的基础上，逐步推行了全员岗位目标绩效管理体系。“以提升品种质量、降低成本、强化基础管理”为重点，对各项考核指标，通过层层分解，细化到点、责任到岗、落实到人。

2014年，在销售员队伍中实行“赛马”机制，建立了“快速查询”（新产品技术标准的查询）、“快速评审”（客户要求的技术评审）、“快速报价”（根据核算物料清单成本报价）的快速响应机制，实现售前、售中、售后服务。

2015年，修订《事故管理考核办法》，规定事故当天分析原因，当天落实责任、制定措施，两日内发布考核通报，制定《关于日成本系统钢铁料消耗指标的管理规定》，进一步规范日成本在线分析系统的运行。

2016年，设立上海、武汉、重庆、广州4个外部销售网点，加强与客户的沟通与服务。打造“一小时”询报价的特钢速度，通过“研产销”（研发、生产、销售）联动、APQP（产品质量先期策划）小组作用，全面满足客户的个性化需求。

2017年，通过优化市场布局、加强市场研判、持续深化“服务+技术型营销”、大力开发直供终端客户、创新销售模式（全力推进电商平台销售等，此举开创中国特钢企业先河）等多措并举，特钢销售取得了投产以来的历史最好业绩，产品辐射到全国 80 余个城市或地区。

2018 年，在上海、武汉、重庆、广州外部销售网点的基础上，增加了东北、西南两个区域市场，产品辐射到全国 90 多个城市或地区。组织开展了为期 5 个月的“质量大反思、大讨论、大整改活动”，系统梳理并完成各类改进提案共计 1155 条。以整理、整顿、清扫、清洁、素养、安全（6S）和全面规范化生产维护（TnPM）小组活动为基石，按照计划扎实推进，将改善提案与效率、质量、交货期、成本、安全、士气、环境、智能化（PQDCSMEI）要素管理相结合，通过微信、简报、媒体等多形式宣传管理成果，鼓舞士气，全员自我管理、自主管理和创新能力显著增强。

2019 年，以精益工厂创建为目标，贯彻“清洁生产、精益制造”管理理念，建立健全两级精益工厂推进机构，通过“样板先行，以点带面”全面改善现场作业环境。围绕精简产线人员配置，通过对工序外委、技术装备的改造、大工种作业等优化措施，整体规划正式员工向关键岗位逐步收缩集中，有效提升了人事效率。

第七节 炼焦总厂

［概况］

炼焦总厂成立于 2018 年，位于马鞍山市雨山区三台西路，毗邻炼铁总厂、长材事业部等单位，占地总面积 71 万多平方米，具备 510 万吨/年的焦炭生产能力，是给马钢高炉炼铁生产提供焦炭支撑与保障的重要单位。

截至 2019 年底，炼焦总厂下设 5 个部室，分别为综合管理室、党群工作室、生产技术室、设备管理室、安全环保部；设 7 个分厂，分别为第一炼焦分厂、第二炼焦分厂、第三炼焦分厂、第一备煤分厂、第二备煤分厂、能源分厂、综合保障分厂；设消防大队（保卫科）；在岗员工 975 人。

［历史沿革］

炼焦总厂的前身是马钢股份煤焦化公司（简称煤焦化公司）。2001 年 3 月，煤焦化公司为顺应公司发展战略和管理体制的要求，对科室等机构进行了相应的调整：劳动人事科更名为劳资培训科；计器仪表维护车间更名为计器仪表车间。同年底，煤焦化公司设有党委、经理室、办公室、政治处、工会、财务科、劳资培训科、配煤车间、一炼焦车间、二炼焦车间、回收车间、精苯车间、焦油车间等共计 28 个机构。从 2002 年至 2017 年，煤焦化公司顺应市场变化，不断优化企业管理，每年都对内部机构进行适当调整。

2018 年 1 月，炼焦总厂在煤焦化公司基础上重新组建成立，设立综合管理室、党群工作室、设备管理室、安全环保部、第一备煤分厂、第一炼焦分厂、第二炼焦分厂、第三炼焦分厂、能源分厂、综合保障分厂、生产技术室、第二备煤分厂、消防大队（保卫科），主要担负马钢高炉生产所需的焦炭和焦炉煤气供应任务，不再承担煤气净化、化产品制造等职能。

［主要技术装备与产品］

2019 年底，炼焦总厂固定资产原值 40.13 亿元。专业设备包括大型现代化焦炉 8 座、焦炉配套干熄焦炉 6 座、干熄焦发电机组 3 台、汽轮发电机组 2 台、焦炉烟道气脱硫脱硝装置 1 座。

8 座大型现代化焦炉包括 2 座 5 米焦炉（1 号、2 号焦炉）、2 座 4.3 米焦炉（3 号、4 号焦炉）、2 座 6 米焦炉（5 号、6 号焦炉）和 2 座 7.63 米焦炉（7 号、8 号焦炉）。1 号焦炉，JN50-02 型号焦炉，炭化室数量为 65 孔，炭化室高度为 5 米，具备 50 万吨/年的焦炭生产能力，于 2003 年 12 月建成投产。2 号焦炉，JN50-03 型号焦炉，炭化室数量为 65 孔，炭化室高度为 5 米，具备 50 万吨/年的焦炭生产能力，于 2004 年 12 月建成投产；3 号焦炉，JN43-804 型号焦炉，炭化室数量为 65 孔，炭化室高度为

4.3米，具备45万吨/年的焦炭生产能力，于1982年3月建成投产；4号焦炉，JN43-804型号焦炉，炭化室数量为65孔，炭化室高度为4.3米，具备45万吨/年的焦炭生产能力，于1973年4月建成投产；5号焦炉，JN60-82型号焦炉，炭化室数量为50孔，炭化室高度为6米，具备50万吨/年的焦炭生产能力，于1990年3月建成投产；6号焦炉，JN60-82型号焦炉，炭化室数量为50孔，炭化室高度为6米，具备50万吨/年的焦炭生产能力，于1994年3月建成投产；7号焦炉，炭化室数量为70孔，炭化室高度7.63米，具备110万吨/年的焦炭生产能力，于2007年4月建成投产；8号焦炉，炭化室数量为70孔，炭化室高度7.63米，具备110万吨/年的焦炭生产能力，于2007年4月建成投产。

6座干熄炉分别是125吨/小时干熄炉3座，年处理焦炭产能为102万吨；130吨/小时干熄炉2座，年处理焦炭产能为106万吨；140吨/小时干熄炉1座，年处理焦炭产能为110万吨。这6套干熄焦炉均采用了国产化干熄焦技术。2004年，第一套国产化示范干熄焦装置落户煤焦化公司。干熄焦较湿熄焦而言，在环保和节能方面有着巨大的优势，为马钢高炉的稳定生产提供了强有力的支撑。

3台干熄焦发电机组包括1.5万千瓦发电机组2座，1.8万千瓦发电机组1座；2台汽轮发电机组均为1.8万千瓦发电机组。

2001—2017年间，煤焦化公司生产的主要产品为焦炭、化工产品和发电量。其中，生产焦炭包括冶金焦、小块焦、粉焦；生产炼焦副产品主要是焦炉煤气；生产芳香烃及其衍生物、苯类产品、萘类产品、焦油类产品、酚类产品以及其他化工产品包括：焦化苯、焦化甲苯、焦化二甲苯、轻苯、重苯、非芳烃、二甲残油、工业萘、粗蒽、硫磺、粗酚钠、煤焦油、苯渣等。

2018年1月，炼焦总厂由煤焦化公司基础上新整合成立，其主要生产任务是负责高炉冶金焦炭供应和安徽马钢化工能源科技有限公司焦炉煤气供应。2018—2019年间生产主要产品为焦炭、焦炉煤气和发电量。

[主要技术经济指标]

2001—2003年，煤焦化公司年生产焦炭205.4万—207.7万吨，煤气输出量8.25万—8.43万立方米/小时，大宗化工产品出厂合格率100%；粉尘合格率84%以上，污染物综合排放合格率95%—98.3%。

2004—2006年，年生产焦炭220万—268万吨，煤气输出量9万—13.53万立方米/小时；轻苯收率1.0%以上，工业萘提取率84.21%—86.60%；化产品出厂合格率100%；粉尘合格率84.5%以上，污染物综合排放合格率91%—95%。

2007年，生产焦炭374万吨，超计划12万吨；煤气输出量13.94万立方米/小时；轻苯收率0.82%，工业萘提取率86.88%；粉尘合格率80%，污染物综合排放合格率88.55%。

2008—2011年，年生产焦炭461万—470.58万吨，煤气输出量19.95万—20.53万立方米/小时。苯精制率92.13%以上，三苯收率88.78%—89.35%，焦油精制率95.32%—95.85%，工业萘提取率86.50%—90.43%。污染物综合排放合格率89.20%—95.3%。

2012—2017年，年生产焦炭467万—470万吨，干熄焦系统平均全年发电5.3亿千瓦时，化产品销售收入5.3亿—9.4亿元，污染物综合排放总量控制率为100%，环保设施同步运行率为98%以上。

2018年，炼焦总厂生产焦炭451.2万吨，干熄焦发电5.24亿千瓦时，完成了以“焦炭保供”为主的各项目标任务。2019年，炼焦总厂生产焦炭456万吨，完成率100.88%，比上年增产4.8万吨；干熄焦发电5.22亿千瓦时，完成率104.78%；全年降本2.9万元，完成率102.5%；冶金焦合格率99.66%，炼焦煤耗1.38吨/吨，工序能耗105.99千克标准煤/吨焦。

[生产与经营]

2001—2017年，煤焦化公司以市场为导向，以改革为动力，以提升效益为目标，克服设备老化、超负荷运行困难，实现均衡生产、稳定生产。克服边基建边生产、配煤、化产品加工瓶颈制约多种困难，协同调配新老设备综合能力。面对马钢股份对焦炭产量、质量要求提高以及新老区同时建设生产的形势，周密计划，精心布局，从而最大程度地满足了用户的需求。经过不懈努力，煤焦化公司始终保持在国内大容积焦炉生产管理的领先地位，并以优质产品和优质服务赢得市场，也获得了较好的经济效益，2003 年化工产品销售收入突破 3 亿元，2006 年突破 5 亿元，并一直保持着较高的利润水平。2009 年，煤焦化公司确定均衡、稳定、高效的生产组织原则，强化新老区煤场动态管理，严格装、平煤操作，抓好筛分操作控制和焦仓槽位管理，持续提升焦炭质量，5 套干熄焦装置保持长周期稳定高效运行。2014 年，化工市场竞争异常激烈，化工产品价格连续大幅度下跌，针对华东地区中温固体沥青市场进一步萎缩的局面，不断调整生产结构和产销策略，开拓液体沥青市场，实现了增收增效。面对低迷的工业萘市场，积极开拓用户青睐的液萘产品，与用户实现了双赢。2017 年，煤焦化公司以高炉需求为重点，克服上半年消化大量冬季储煤、下半年煤炭资源市场品种和质量大幅度波动的困难，精准施策，加强过程管理，努力提升配煤准确性，稳定焦炭产量质量，为大高炉超 1300 天稳定顺行提供了强有力的支撑，全年生产秩序平稳。化产系统也总体实现了系统稳定、流程可控和产品优良的目标。

2018—2019 年，炼焦总厂以高炉需求为关注点，以高炉保供稳定顺行为中心，开展煤焦质量全流程管理控制，稳定焦炭产量及质量，实现了生产秩序平稳、高效。进一步控制煤场管理和周期置换，完善信息记录，加强质量异常煤的管理，加强配煤精确性管理、焦炉热工优化管理，走访用户了解需求，保持焦炉与干熄炉生产长久稳定。

[技术改造与技术进步]

2001 年，煤焦化公司 4 座焦炉在全国炼焦行业焦炉晋级升级评比中均被评为“特级炉”，先后完成配无烟煤炼焦试验、再生酸净化利用工业试验等，组织干熄焦和 2 号焦炉移地大修、新回收工艺的技术论证和交流并且取得了实质性的进展。2002 年，完成新产品改质沥青的研制和投产任务，各项指标均达到一级品标准，首批远销西北，运行分散控制系统（简称 DCS 系统）进行工艺过程控制，实现内部管理机联网。2004 年，对配煤比不断试验，使焦炭技术指标有所提高；进行配煤预粉碎项目研究，基本实现了四大机车自动对位与连锁控制，同时 5 号、6 号焦炉干熄焦装置，是国内第一套采用自主技术及主要设备皆国产化的工程，于 2004 年 3 月建成投产。2005 年，继续开展红旗焦炉竞赛、焦炭质量技术攻关活动；提高煤气净化指标、循环水运行质量等技术攻关活动，使各系统产品质量得到提升。随着公司对干熄焦技术、设备等的钻研与改进，干熄焦技术在马钢炼焦事业广泛运用并取得了成功实践。在随后的炼焦发展中，干熄焦工艺取代了湿熄焦，焦炭质量显著提升。为了使干熄焦技术不断延绵发展，于 2012 年成功完成干熄焦故障操作仿真软件的研发投用，并于 2019 年完成了具有干熄焦特色的仿真教学系统的研发投用。

2008 年，煤焦化公司开展提高焦炭平均粒级技术攻关活动，改变了平均粒度偏低的被动局面，至 10 月，3 个炼焦系统的平均粒级分别达 51. 21 毫米、51. 34 毫米和 49. 72 毫米，满足了马钢股份炼铁需求。2009 年，确定“高炉长周期稳定顺行”为攻关重点，以提高焦炭平均粒级为突破口，使焦炭质量基本满足高炉生产需求，同时开展了新老区“焦炉无组织排放”攻关活动，治理焦炉冒烟效果显著。2010 年，完善焦炉自动加热系统，延长焦炉使用寿命，开展了 2 项科研攻关和 43 项技术攻关，促进了生产工艺的优化和化工产品质量的提升，改善了经济技术指标。2011 年，组织科研攻关 4 项、技术攻关 15 项，进行“高炉长周期稳定顺行”科技攻关，对煤种进行了分析研究，确保焦炭质量，优化炼焦工艺，实现焦炉稳定顺行。

2012 年，煤焦化公司围绕生产经营、重点工程的疑难问题，开展技术攻关，做好煤场信息化管理、焦炉6项技术应用和干熄焦长周期运行及系统优化的攻关活动；开展苯加氢技术攻关，确保苯加氢产品合格率达100%；研究煤调湿对相关工序的营销，开展焦油攻关活动，全年科研开发和技术攻关项目47项，申报专利18项，获授权专利5项。2013年，组织力量开展科研攻关，完成了“马钢发展煤化工产业的研究”，为马钢决策提供了参考。结合“煤炭资源劣化情况下的新资源的开发与利用”课题，开展煤焦科研和产研学工作，探索新的煤炭资源。全年开展技术攻关42项，申报专利15项，获授权专利11项，同时还积极推进重点项目的前期验证和技术研讨，探索新发展思路。

2014年，煤焦化公司开展技术攻关48项，申报专利23项，获授权专利11项。2015年，积极开展科技攻关，焦炭质量、化产品质量稳定高水平，全年申报专利28项，获授权专利7项。2016年，通过攻关解决了高炉槽下返粉和新区焦炉倒焦问题，优化了1—4号焦炉四车联锁系统等，全年共获得马钢及以上科技攻关奖近30项，提交专利30项，参与修订行业标准5项，征集各类科研论文80余篇，再次获得中国炼焦行业“技术创新型企业”称号。2017年，获授权专利19项，其中发明专利4项，另获国家软件知识产权2项。2018年，炼焦总厂抓住生产建设的重点难点问题，积极开展科研及技术创新活动，全年受理专利25项，获授权专利20项，其中发明专利4项。2019年，承担省级科研项目2项，马钢股份科研及攻关项目3项，获第二届中国创新方法大赛总决赛三等奖，充分发挥了国产化干熄焦示范引领作用。

据统计，从2001年到2019年间，共取得马钢及以上技术进步成果50余项，获省部级以上荣誉20多项。其中，“干熄焦引进技术消化吸收‘一条龙’开发与应用”成果在2005年和2009年分别获冶金科学技术奖一等奖、国家科学进步奖二等奖；“马钢真空碳酸钾法焦炉煤气脱硫工艺优化与创新”成果获冶金科学技术奖二等奖；“干熄焦技术应用与推广”和“各类型焦炉节能环保与二次资源清洁利用集成技术及其装备开发应用”分别于2012年、2016年获中国炼焦行业协会焦化行业技术创新成果一等奖；“焦化行业过程气体净化及节能减排关键技术研究与应用”成果在2017年获省科学技术奖三等奖。

［改革与管理］

2001年，煤焦化公司结合贯标工作，进一步完善质量保证体系，焦炭和化工产品质量均达到马钢股份考核指标或国家标准。2002年，贯标工作经冶金管理认证中心复评，再获新认证，起草修订10项产品标准。2003年，通过推行设备零故障管理实施方案，使因设备原因影响系统生产的时间大大减少，共完成大中修36项，主要设备完好率100%，重大设备故障率为零。2004年，通过以巡代定、协力辅助、岗位兼并、设立一体化工种、专业集中管理，压缩岗位定编、整体划拨配置人员等方法，对现有人力资源进行了整合，共调配人员560人次，老系统减员121人。2005年，质量管理工作以“三标一体化”为龙头，修订39个管理类作业文件，修改225个管理工作标准，设备管理推进全面规范化生产维护（TnPM）工作。2006年，顺应作业长制推进和测量体系建立，对39个管理体系作业文件进行符合性确认和修改。2007年，制定出相关岗位标准目录403个，编制和审定155份岗位标准作业标准，2089名职工参加《岗位作业标准》培训与考试，合格率100%。2008年，根据新区焦化管理需要，4月成立了新区焦化管理控制中心。2009年，以“三标一体化”和测量管理体系作业文件为龙头，对40个管理类作业文件进行了修改和确认，清理更换目录清单396个。

2011年，煤焦化公司以企业资源计划（ERP）生产订单成本项目为依据，结合实际完善标准成本管理，在计划值大配比不变的前提下，合理调整小配比结构，深入对标挖潜，提高吨焦发电量。2012年，实行安全绩效奖励考核办法，完善环境职业健康安全基础管理，开展隐患排查治理和施工现场安全督查，切实抓好节能减排设施的稳定运行，强化设备保障能力，以设备经济运行为基础，不断夯实设备专业管理技术，强化设备巡检系统（PMS）的建设和使用。2013年，继续围绕设备长周期稳定运行和经济运行两大主题，做好设备“零故障”绩效管理工作，建立健全设备岗位绩效评价体系。2014年，优化人力资源管理，完成作业长聘用工作，积极开展导师带徒活动，做好全员岗位绩效工作，加大现场整治力度，加强绿化管理。2015年，抓住马钢构建“1+7”多元产业发展平台的机遇，探索谋划煤化工产业发展，提出了“一体多翼”协同发展的思路，同时与安徽工业大学在科研开发人才培养上实施深度合作，依托马钢奥瑟亚合资公司平台，扩展化产品的深加工。

2018—2019年，炼焦总厂在原先具备炼焦、化产品生产能力基础上，转变成专一的炼焦生产企业。以服务高炉，做好焦炭保供工作为中心和重心，有序组织开展生产、基建、安全、环保等各项工作，通过精益管控、创新驱动、协同发展，完成了以“焦炭保供”为主的各项目标任务，为马钢炼铁输送优质焦炭。

第八节　港务原料总厂

[概况]

港务原料总厂是承担马钢股份冶金原料装卸、贮存、混匀加工、供料运输的工厂。改造后的自备码头拥有2个2万吨级泊位。主要有原燃料受入、混匀、供料、综合利用及块矿烘干产线。混匀生产主要矿石原料为巴西矿、澳洲矿、国内矿、自产矿。其生产的混匀矿供马钢股份5座烧结机使用，并转供烧结矿、球团矿、PB块、云粉、灰片、焦炭、石灰石等原燃辅料，保障马钢股份6座高炉生产。

2019年9月，港务原料总厂设置为综合管理室、党群工作室、生产技术安全室、设备管理室、港口分厂、混匀分厂、外供一分厂、外供二分厂、运行车间、综合利用分厂、汽车队。截至2019年底，在岗员工1014人。

[历史沿革]

马钢股份港务原料厂于2005年3月5日更名为马钢股份港务原料总厂。2006年7月，根据马钢股份新区建设需要，增设综合利用分厂。2011年11月，撤销除尘车间。2016年5月，根据马钢股份《关于下达2016年机构设置与岗位定员实施方案的通知》精神，港务原料总厂变更机构设置，设置综合管理室、党群工作室、生产技术室、设备管理室、港口分厂、混匀一分厂、混匀二分厂、外供一分厂、外供二分厂、综合利用分厂、运行车间、汽车队。2019年3月，合并混匀一分厂和混匀二分厂，成立混匀分厂。

[主要技术装备]

港务原料总厂受料系统有桥式卸船机6台、翻车机1台、卸车机2台、堆料机4台及相应的胶带机和烘干筒1座、振动筛1台。混匀系统有斗轮取料机4台、定量圆盘给料装置25套、混匀堆料机4台、双向双斗轮混匀取料机6台及相应的胶带机。供料系统有定量圆盘给料装置4套、振动筛1台及相应的胶带机。固废处理系统有脱水系统、强力混合机2台、高架灰仓18座、直供仓4个、倒运仓2个、埋刮板输送机7台及胶带机。

设备控制级由通用电气公司的可编程逻辑控制器（PAC3i、GE_VerasMax）和西门子公司的可编程逻辑控制器（S7-1200、S7-1500）及其操作站组成。服务器、可编程逻辑控制器、操作站之间通过工业互联网以太网（Profinet）进行通信。

除尘设备为大型脉冲布袋除尘器和电除尘器，共计30套；其中布袋除尘28套、电除尘2套，处理风量为548.8万立方米/小时。

[主要技术经济指标]

2016年底，随着马钢股份4号高炉投产，五机六炉局面形成，港务原料总厂配套工程同步建成投产，水运进料、混匀矿生产和外供总量不断提升：2001 年分别为 294 万吨、252 万吨、819 万吨；2004 年分别为 489 万吨、500 万吨、1716 万吨；2007 年分别为 744 万吨、940 万吨、3338 万吨；2017 年，自备码头进料首次突破 1000 万吨、混匀矿生产达到 1465 万吨、外供总量 4841 万吨。

2019 年，自备码头进料 1025 万吨，陆运进料 175 万吨，生产混匀矿 1516 万吨，外供总量 5072 万吨，固废综合利用产量 24 万吨。2019 年，总成本费用 1.63 亿元，主要设备可开动率 99.3%，主要设备故障停机率 0.12‰，万元产值综合能耗 11.77 吨标准煤。

[技术改造与技术进步]

“十二五”开始，港务原料总厂在混匀生产、块矿烘干、固废处理等方面进行了大量科研与技术攻关。2012—2013 年，回收利用沉降料 30.76 万吨。2014 年“混匀矿堆积系统中皮带秤示值误差变化的自动监测方法”及皮带机纠偏、故障检测，2016 年“卸料码头岸线防护装置”，2017 年“马钢进口块矿烘干筛分系统优化的技术研发与应用”等多项科研成果获国家专利。混匀矿一级品率 100%，居行业先进水平。

[改革与管理]

“十五”和“十一五”期间，马钢股份港务原料厂生产组织与管理以计划管理为中心，推进系统优化，实现均衡稳定生产，在编制计划和生产组织上增强预见性，努力降低客观因素对生产的影响，强化内部管理，并创造“定点供料”新模式突破供料“瓶颈”，保供能力逐年提升。“十二五”期间，在严峻的市场形势下，港务原料总厂积极响应马钢股份“低库存”战略，落实长周期稳定均衡的生产方针，推行精益运行，持续开展降本增效，推进指标进步和系统降本。“十三五”期间，随着科技水平不断提高，港务原料总厂面对“五机六炉”新生产格局，以高效、低耗、灵活、准时为目标，运用现代化新工艺提升料场管理、生产组织、远程运维智能化操作水平。贯彻“运行有效、保障有力、系统优化、节能降耗”的设备工作方针，全面提升设备管理、运行管控、系统功能保障三大能力。

2016 年，根据马钢股份《“授权组阁、竞争上岗”工作实施方案》和人力资源优化方案总体要求，港务原料总厂精简机构 4 个，精简作业区 22 个，向新建 4 号高炉转岗 70 人，向新上项目补充 37 人。2017 年、2018 年管理、技术业务、操作维护 3 个序列人员全部重新竞聘上岗。

第九节　销售公司

[概况]

销售公司是马钢股份的二级公司，负责马钢板带、长材、特钢等产品的营销工作，受马钢股份委托，负责马钢股份 10 个钢材加工中心和 6 个区域公司的经营管理。拥有完善的营销体系和稳定的销售渠道，销售网络遍布全国主要的钢材消费区域，部分钢材产品远销东亚、东南亚、欧洲、美洲市场。销售公司坚持以客户为中心，积极适应市场变化，为更快速地响应客户需求，2014 年以来分别在上海、杭州、无锡、南京、常州、武汉、长春成立了区域公司；同时原有设立在慈湖、扬州、金华、合肥、广州、重庆、芜湖的加工中心将专注于终端客户及当地市场的钢材加工配送服务。

2019 年，销售公司下设经营管理部、综合管理部、分（子）公司管理部、合同执行部、现货中心、家电部、彩涂部、冷轧部、热轧部、汽车板部、国际贸易部、重点工程部、清欠办、客服管理室、技术经理室、客户代表室；在岗员工 264 人。

[历史沿革]

2001 年 11 月，为适应新形势下市场竞争，销售公司对原有机构进行重大调整，撤销了冶金建材门市部，其业务转移至相应的品种部，共设有线材部、棒材部、板带部、型材部、H 型钢部、初级产品部和工程部等7个业务部，另设有办公室、政治处、经营管理部、财务部、调运部、销售服务办、清欠办等部门。

2013年1月，马钢股份成立汽车板推进处，汽车板销售业务划入汽车板推进处，2月，马钢股份成立轮轴事业部和彩涂板事业部，车轮和彩涂产品销售职能划到相应部门。2014年7月，马钢股份对财务人员机构进行整合，销售公司财务部划入马钢股份计财部。2015年9月，马钢集团成立物流有限公司，销售公司物流部划入物流有限公司。2016年1月，马钢股份成立长材事业部，线棒和型钢销售职能划入长材事业部；4月，彩涂板事业部与冷轧总厂合并，彩涂销售职能划入销售公司。

[国内营销]

2001—2003年，销售公司对销售模式进行了重大调整，逐步改变原先的联销制等手段，与经销商签订年度销售协议，建立起长期稳定的合作伙伴关系，并从销售量、品种结构、到款时间、到款结构等多个方面，对客户的综合能力进行评价，鼓励客户在数量、品种结构上实现突破。通过贯彻“小市场、大份额”的原则，开展市场调研，促进产能释放，增加规模效应。2002年，销售钢材504万吨，首次突破500万吨大关。2003年，对售后服务工作进行了整合，形成售前、售中、售后全过程的销售服务体系，塑造马钢诚信形象。经过几年的发展，营销模式调整为以本部直发为主，分（子）公司仓储销售为辅的销售策略，初步形成代理、直供、分（子）公司销售的格局。

2004—2008年，为适应马钢两轮技术改造产品升级形势，销售公司逐步形成了服务型薄板销售模式，大力发展终端客户。2004年8月，马钢股份整合和优化了对外贸易流程，马钢钢材出口业务划入销售公司。2006年，建立销售服务平台，提高了服务质量和效率。积极开拓战略终端用户，对薄板的营销重点放在提高应用档次上，加强了对高端产品的市场研究和开拓。把奇瑞汽车作为突破口，发挥芜湖加工中心的加工配送优势，为马钢薄板在汽车行业更广泛的应用积累经验。此外，开发了格力、春兰、富士康等国内知名家电企业用户。2007年，马钢新区投产后，销售公司在产销衔接、物流平衡、新产品促销等方面做了大量工作，保证了新区产品快速走向市场。全年销售钢材1300万吨，首次突破1000万吨大关。开发了电子商务平台，实现从客户需求的提出到满足需求为止的网络服务功能，并帮助16家经销商通过了北京国金恒信质量体系审核，产业链体系得到进一步延伸。

2008年，在全球金融危机的持续影响下，钢铁行业的形势急转直下，钢材价格大幅下跌，9—12月，短短4个月时间，钢材价格下跌达到50%，下跌之快、跌幅之大历史罕见，销售公司贯彻“风险共担、利益共享”销售策略，整合经销商队伍，稳定、巩固重点客户、直供客户的合作关系，夯实销售渠道，也抓住国家投资4万亿元拉动内需的重要机遇，争取订单，保持了销售渠道的畅通和产销平衡。

2009年4月，销售公司整合了车轮产品销售业务，车轮、环件产品纳入销售公司体系，启动了汽车面板、整车型供货试制工作。

2011—2015年，营销体系发生了深刻转型。产品结构调整取得成效，板带比达68%，持续提升高档汽车板、家电板高端产品比重，产品用户逐步高端化，产品服务逐步个性化。销售公司承担了“板、型、线、轮、特”几乎所有钢材品种的销售，后期马钢股份为适应市场严峻形势的挑战，采取“分兵突围”，陆续成立汽车板推进处、车轮事业部、特钢事业部、长材事业部，相关销售职能也一并划入新设立的部门。2012年，建立面向市场及用户为导向的销售团队，成立了30个行业营销团队，实施行业经理+客户经理的营销服务模式。开始对江淮、奇瑞、格力等大客户派驻了30多名客户经理，做到点对点的专业服务。并在后期马钢股份全系列产品中推广TS16949管理体系，以产品质量先期策划（APQP）质量先期策划为依托，通过制造、研发的捆绑，进一步支撑了专业化销售的市场开拓能力。2014年，对原有组织架构进行重组，增设7个区域公司，强化马钢在优势区域的市场份额。形成品种行业、国际贸易、加工配送、区域销售和现货电商五大销售板块。开发了CJK物流服务平台，实现质保书网上传递和标签二维码打印，提高客户满意度。9月，取消传统的线螺代理销售，全部实行仓储零售，根据销售和库存规格动态调整生产计划，掌控区域价格主动权。9月19日，现货中心揭牌成立，通过电子商务平台，专注于非计划品的网上竞价销售，在快速回笼资金、充分竞争价格方面取得显著成效。2015年12月，销售物流业务划转到物流公司，销售公司至此不再负责物流运输业务。

2016—2019年，汽车板、彩涂等产品重新纳入销售公司体系，销售模式快速向直供服务转型，板带直供比稳定在80%，营销服务方式进入更高的层次。2016年，销售公司创新组织机构，开展“授权组阁、竞聘上岗”，设立7个销售总监岗位，成立7个专业团队，对团队成员实行全员竞聘上岗。采取“日定价、月度调整定价、月度锁定定价”三种方式，同时配套招投标定价、一事一议定价、对标定价等模式，通过灵活的价格政策，最大限度锁住订单。年汽车板销售突破200万吨，达到210万吨，市占率提升至7.5%，进入行业第五位。2017年，从增量经营向存量经营转变，推进了19项重点客户的供应商先期介入（EVI）合作项目，将EVI的理念向产业链上下游延伸，促进产业链的融合。开发了大型重点工程项目，向中海油福建液化天然气（LNG）项目、芜湖长江二桥等供应马钢钢材，重铸了马钢建材“金字招牌”。传承马钢营销文化，自主编写了《营销人员基本素养》培训教材，内容涵盖产品应用、业务流程、风险控制、商务政策、财务、法律等诸多与销售直接相关的基础知识。2018年，汽车板销售281万吨，首次达产，汽车板产品陆续开启了美系、德系、日系等高端合资品牌汽车主机厂认证，具备中高端轿车用钢整车供货能力。推行营销集中一贯制管理，打造管理部、品种部、分（子）公司三大板块“纵到底、横到边的矩阵式管理协同机制”。建立了销售公司内部安全管理体系，并持续推进9个加工中心的安全生产标准化。

2019年4月，马钢股份将制造部客服中心、销售公司客户服务部和各生产单元MR（工厂代表）进行整合，统一并入新的客户服务中心，新客户服务中心纳入销售公司体系。实施APQP+EVI+客服小组+客户代表零距离贴身服务，树立全面客户观，提升客户感知度和满意度。热轧非计划材及可利用材进行网上竞价销售，至此所有非计划产品全部实现网上销售。建立建筑钢材信息化平台，建筑钢材销售实现从线下渠道转为线上零售。

[产品出口]

马钢钢材出口产品结构是伴随马钢产线的发展而变化的，1998年国内第一条H型钢生产线在马钢投产以后，马钢的出口产品由之前线螺产品为主转变为以H型钢为主，并适时弥补了国内H型钢订单的不足。H型钢的出口量从2001年开始就突破了10万吨，达到了14.8万吨。虽然遭遇了美国反倾销，但是由于开发了东南亚、韩国等市场，H型钢的出口在2003年仍然保持了11.52万吨，占当年钢材总出口量的37.8%。2004年以后，伴随着马钢CSP和冷系产品的逐步投产，马钢的出口产品品种又增加了热卷和镀锌产品，并恢复了角槽钢的出口。

2004—2008年金融危机之前，是马钢产品出口逐年增加的繁荣期，在密切配合内贸销售的基础上，积极组织传统产品如H型钢、螺纹钢出口的同时，努力开辟镀锌、彩涂、美标H型钢等高附加值产品的出口，以实现整体销售的利益最大化。2007年，出口量达到了122.16万吨的历史纪录，其中，H型钢的出口量达到了44.62万吨的新纪录，出口市场进一步多元化，开辟了欧洲、中东、印度市场。

2009年，受2008年金融危机和国家对普碳线材螺纹加征出口关税的影响，马钢出口陷入低谷，全年出口量只有13.18万吨。

2010—2015年，是马钢钢材出口重新崛起的阶段，为了应对中国出口退税政策的变化，逐步开发了合金类产品的出口，如合金热轧、合金线材、合金H型钢，带动了出口量的回升；另一方面，马钢进一步调整出口产品结构，以产品差异化增强出口产品的竞争力，如马钢的冷墩线材、H型钢中的抗震H型钢和打桩用H型钢、低合金高强度的热轧产品、家电用的涂镀产品、汽车板等。经过不懈努力，马钢出口量在 2014 年达到了 76.79 万吨，2015 年达到了 120.55 万吨，基本恢复到金融危机之前的最好水平。在此阶段，国外针对中国钢铁的反倾销案呈井喷式地爆发，使得马钢多个产品出口受阻，对马钢出口量影响比较大的有：韩国对 H 型钢反倾销，欧洲、美国、巴基斯坦对冷轧、镀锌反倾销，土耳其对热轧反倾销。这些反倾销对于马钢钢材出口放量是一个极大的制约因素。

2016—2018 年，是马钢出口平稳发展阶段，以效益为导向，聚焦优势产品 H 型钢和热轧的出口，着力开发终端客户为主，新开发了 64 家直供终端客户（含三方直供），这两个品种的出口占 2016—2018 年出口量的比例分别为 71.65%、79.31%、73.16%。马钢 H 型钢的优势品种——香港打桩钢 S450J0 订货量由 2015 年同期的 5.14 万吨，增加到 2016 年的 9.02 万吨，2017 年继续维持 9.36 万吨，2018 年出口 8.49 万吨。经过 3 年的努力，2017 年马钢打桩钢在香港市场的占有率已经达到 65% 的水平。

2019 年，由于国内市场比较火爆，马钢从效益角度考虑，大幅减少了热轧的出口量，但维持了拳头产品 H 型钢的出口，增加了高附加值冷系产品的出口，其中汽车板出口量大幅增长，同比增长 87.39%，彩涂出口量同比增长 25.77%，H 型钢出口量同比增长 25.81%，尤其是 S450JO，凭借优势拿到了香港启德体育园项目 7.5 万吨订单，当年的出口量达到了 15.99 万吨，环比增长约 88.40%。

[分子公司]

经过对销售渠道的整合，2001 年马钢驻外销售分（子）公司形成了合肥、南京、南昌、郑州、青岛、福州和上海中马公司 7 家分（子）公司销售网络，11 月，福州公司因业务需要停业。

2003—2014 年，随着马钢板材的投产，为打开板材产品市场，定位长三角和珠三角家电、汽车用户集中区域，提高终端用户黏性，陆续成立起了马钢（芜湖）加工配售有限公司、马钢（广州）钢材加工有限公司、马钢（扬州）钢材加工有限公司、马鞍山马钢慈湖钢材加工配售有限公司（下设常州分公司）、马钢（金华）钢材加工有限公司、马钢（合肥）钢材加工有限公司、马钢（芜湖）材料技术有限公司、马钢（重庆）材料技术有限公司、马钢（合肥）材料科技有限公司等 9 家加工中心。利用好马钢区位优势，借助长江黄金水道，降低物流成本，2014 年沿长江经济带陆续成立了南京马钢钢材销售有限公司、马钢（上海）钢材销售有限公司、马钢无锡销售有限公司、马钢（杭州）钢材销售有限公司、马钢（武汉）钢材销售有限公司、广州马钢钢材销售有限公司、马钢（重庆）钢材销售有限公司等 7 家区域公司。

2018—2019 年，为打开东北区域市场、深扎华中区域市场，贴近服务好一汽系和东风系主机厂，2018 年分别成立了马钢（长春）钢材销售有限公司和马钢（武汉）材料技术有限公司。因业务调整以及推动集中一贯制管理原因，2019 年注销了马钢（重庆）钢材销售有限公司、广州马钢钢材销售有限公司，拟注销马钢（武汉）钢材销售有限公司，相关业务转至对应加工中心。

自 2001 年以来，马钢驻外分（子）公司突出服务和协调职能，发挥分（子）公司在钢铁供应链中的前沿优势，在提供产品、技术的同时，更注重解决终端用户与马钢合作过程中遇到的问题，提供解决方案。销售布局始终立足于客户端、着手于市场端、放眼于未来端，以沿长江流域及重点区域为核心，逐步形成了 10 家加工中心、5 家区域公司辐射全国的销售、加工以及售后的服务网，实现了销售规模从年销量 69.44 万吨到年销量 581.25 万吨的量变，营销模式从产品销售到“售前、售中、售后”闭环式服务机制的质变。

第十节　采购中心

[概况]

采购中心是马钢股份下属业务部门，主要承担马钢股份原燃辅料、材料、备品备件、废钢等采购供应工作，同时负责采购供应服务一体化工作组织、协调等工作。

2019 年 9 月，采购中心下设组织机构 13 个。其中，管理部门 4 个：综合管理部、经营管理部、体系管理部、一体化管理部；采购业务部门 9 个：矿石资源部、燃料资源部、远洋物流部、合金资源部、耐辅资源部、金属机电部、石油化工部、通用备件部、非标备件部。在册员工 145 人。

［历史沿革］

2001—2005 年，炉料供销公司作为马钢股份二级单位，主要承担马钢股份原燃辅料、废钢、生铁、耐材等物料采购供应和仓储配送工作。

2005 年 3 月 11 日，根据马钢股份区域和业务整合决定，马钢股份下发《关于仓储配送中心和炉料公司职能调整的通知》，将炉料供销公司的原料、燃料、废钢等物料的仓储、配送职能分离出来，设立马钢股份仓储配送中心。炉料供销公司主要承担炉料采购集中统一管理职能，其原承担的仓储配送等管理职能划入仓储配送中心，承担的马钢股份配矿领导小组办公室及炉料定额管理职能划入生产部。

2010 年 5 月 18 日，为建立运行有效的采购管理体制，理顺采购管理职能，减少机构，提高采购效率，降低采购成本，马钢集团和马钢股份下发《关于马钢股份公司采购体制改革的决定》，决定对采购供应资源进行整合，将炉料供销公司与国贸总公司合并，重组设立马钢国际经济贸易总公司、马钢股份原燃料采购中心，两块牌子，一套班子。新成立的国贸总公司（原燃料采购中心）吸收合并原国贸总公司除备品备件进口采购和机电产品（车轮轮箍）出口外的采购职能、炉料公司采购职能，同时将材料公司的含锆纤维、硅酸钙隔热板、硅酸铝纤维及入炉铝、铅、锌等有色金属及耐火材料采购职能也一并划入。新设立的国贸总公司是马钢股份全资子公司，原燃料采购中心是马钢股份二级单位，2010 年 6 月 1 日起新机构投入运行。

2012 年 4 月 28 日，为加快多元产业发展，积极应对市场竞争，马钢集团下发《关于组建马钢国际经济贸易有限公司的决定》，将原燃料采购中心与国际经济贸易总公司分离，分别成立马钢股份原燃料采购中心和马钢国际经济贸易总公司，原燃料采购中心对马钢股份生产用原燃料经济保供、质量管理、商务风险及成本控制负责。原燃料采购中心废钢资源部划出，并入新成立的废钢公司；对外贸易部销售业务划出，并入新成立的资源公司。原属国贸总公司的外事办划出，并入办公室。

2015 年 12 月 17 日，为优化采购业务流程，提高采购效率和效益，马钢股份下发《关于马钢股份公司采购系统优化整合的决定》，对采购系统进行优化整合，将原燃料采购中心更名为采购中心，同时承接原物资公司机电劳保部、金属材料部、石油化工部、基建工程部采购业务。优化后的采购中心下设综合管理部、党群工作部、经营管理部、矿石资源部、燃料资源部、合金资源部、耐辅资源部、远洋物流部、金属机电部、石油化工部等 10 个部门。

2018 年 4 月 19 日，马钢股份将工程管理部工程采购、设备部备件采购业务及人员划拨到采购中心。2019 年 4 月 4 日，为加强专业化管理，马钢股份下发《关于成立技术改造部的决定》，采购中心工程设备采购业务及人员划出并入技术改造部。

［采购供应量］

2001 年，马钢股份原燃辅料采购供应总量为 1493 万吨。随着钢铁生产产能的增长，2019 年采购供应总量已达到 4200 万吨。

［保产供应］

2001—2019 年期间，面对灾害天气、环保督察、安全监管、突发事件等给资源保供带来的严峻挑战，采购中心迎难而上、积极应对，坚持与重点供应商长期合作战略，紧贴生产现场，加强研产供系统联动，积极寻求新的资源点，加大优质供方合作，密切关注计划兑现，在突发形势下及时启动应急保供预案，密切跟踪库存消耗，协调物流运输装卸，一切以满足生产需要为前提，实现了各类资源平稳有序供应。

2001 年，首次组织实施了进口废钢采购工作，从日本进口了 6000 吨废钢。2002 年，与 8 家国有大矿签订煤炭中长期供货协议，稳定了供货渠道。2006 年，在安排好马钢老区、合肥公司生产原料供应的同时，提前启动马钢新区备料各项准备工作，制定《新区投产炉料采购预案》，从需求计划、资源组织、进料时间、物流运输等环节上精心设计，确保了新区投产所需原料的安全、稳定、有序供应。2008 年，面对雨雪冰冻灾害、汶川地震等突发事件，积极采取应急措施，及时引进新的资源点，启动铁路运输方案，加大水运卸船力度，多处派员驻点催发，安全保供体系作用得到了有效发挥。2009 年，主动适应马钢股份推行的“点菜吃饭”这一供料新模式，加强市场调研，强化计划管理，调整采购策略，在满足采购质量标准基础上，以直供为主，以战略供方为主，以铁路运输为主，满足了马钢股份生产需求。2018 年，在连续暴雪灾害天气和马钢自备码头停产整治困难期间，及时启动应急保供预案，外部落实资源、内部平衡物流，统筹兼顾物流和场地调配，多措并举，保证了各类资源按生产需求时间节点到达。2019 年，克服淡水河谷矿山溃坝、澳洲连续飓风等给保供带来的资源组织及物流运输困难，通过年度长协保障安全供应、现货调节成本库存、定制满足特殊需求等方式，保证了铁前矿石用料的均衡稳定。

[采购降本]

每年针对马钢股份下达的采购降本目标，层层分解落实，坚持召开市场分析会，分析研判各类资源市场动态、价格走势、资源状况等情况，灵活调整采购策略，加大招议标和比价采购力度。通过长期总包、聚量招标、指数定价、价格联动、总包定价、协同谈判等采购模式积极降低采购成本。坚持精益采购、对标找差，从业务流程、定价模式、采购策略、采购标准等多维度找差，不断提升采购质量和水平，全面完成了马钢股份下达的采购降本目标任务。

2002 年 6 月 18 日和 12 月 18 日，对硅锰、硅铁、高炉锰铁三大合金品种进行了网上招标并取得圆满成功。2006 年 7 月，由于钢材市场价格深度下滑，马钢股份在下达给炉料供销公司全年降本任务 2.5 亿元的基础上，每月再追加降本 2200 万元的指标，炉料供销公司上下统一思想、提高认识，指标层层分解且细化到每个品种，通过招议标、比价采购等多种定价策略降低采购价格，同时利用采购批量、资金支付对价格的调控作用，全年共降低采购成本 5.56 亿元，为马钢股份综合效益提高作出了应有贡献。2012 年，推动淡水河谷等长协矿采取卸港期间指数平均价定价模式，使采购价格更加贴近市场。2013 年，通过实施进口矿国内航运“北流南移”战略调整和年度招议标等方式，全年进口矿国内水运物流费用比 2012 年下降 6000 多万元。2016 年，对现货进口矿采取“避峰就谷”采购，强化内部系统联动，全年采购价格低于行业平均成本 28.77 元/吨，在全国 55 家钢企对标中累计采购成本排名第 7 位。2018 年，坚持精益采购、降本创效要求，全年开展 1236 个项目的招标，招标品种、范围进一步扩展和延伸，全年采购降本 4.07 亿元，超额完成马钢股份下达指标。

[质量管理]

组织实施贯标工作，规范采购质量管理工作。制定年度质量管理目标，进行质量管理考核。制定《不合格品处置管理办法》《原燃料到货质量异议处理办法》等专项管理制度和各品种质量异议处理办法，实施质量异议管理和扣罚，控制不合格品，将质量指标作为供应商管理评价主要指标。2006 年起，每年组织对供应商实施二方审核，从源头加强采购质量管理。2008 年，随着企业资源计划系统的运行，根据管理需要制定《自产矿质量异议处理办法》，将自产矿纳入系统中管理。对到货质量不合格的供应商，及时下达整改通知书并落实质量扣罚。坚持开展原燃辅料质量督查和抽查，发现问题及时反馈、整改，并将督查结果纳入供应商年度评价。

[供应链建设]

坚持以供应链建设为抓手，持续推动供应链多层次、多领域合作，努力打造安全、稳定、高效、可持续、有竞争力的供应链。2009 年起，组织开发了供应商管理系统，基本实现供方档案电子化、新供方准入三级电子审批和供方分级动态自动评价，该系统在 2010 年获中国钢铁工业协会管理创新奖三等奖。2013 年起，逐步建立供方“黑名单”和警示目录，引导供方规范商业行为。2014 年，建立了“原燃料采购供应商信息平台”，广开供应商引入大门，实现所有采购品种依托招标平台向社会公开征集供应商，同时引入科学合理的二维评价方法，从采购和质量两方面对供方进行评价。2017 年，积极开展与供应商早期介入合作，合金板块与中信金属实施多领域研发，进一步提升马钢产品品质；材料板块与帕卡濑精公司建立联合实验室，共同研发板材表面涂层技术与应用；煤焦板块通过技术交流与合作，开发了山东能源付村 5 级 1/3 焦煤、山西焦煤统购统销焦煤等新品种，满足了马钢不同焦炉的个性化配比需求。为加强对供应商的动态评价，制定了《供应商评价与选择管理办法》《供应商动态评价管理办法》等制度，实施供应商分级管理，完善优胜劣汰机制，规范供应商选择与评价，评价选择战略供应商，稳定重点保供品种供应主渠道，持续强化供应链建设。2019 年，战略供应商采购资金占比近 70%。

[采购信息化管理]

2002 年，开发了炉料采购管理信息系统，实现采购计划、合同审批等流程的系统管理，提高了工作效率，完善了约束机制。2007 年初，开始按企业资源计划系统推进，完成了现状调研、流程梳理、蓝图设计、研发测试、报表开发等一系列工作，于 2007 年底顺利上线，通过企业资源计划系统实现了国内原燃料采购业务（除耐材业务）从采购计划、采购方案、采购合同、到货验收、质量异议处理、采购结算的全流程信息化管理。根据管理要求，采购中心不断优化完善系统各项功能，并于 2018 年将耐材业务也纳入系统进行管理，进口矿现货也通过系统实现了采购计划、采购方案、采购合同、采购收货及结算管理。2019 年上半年，采购供应链协同平台和财务共享平台上线运行，采购结算和资金支付管理转至采购供应链协同平台和财务共享平台实现。

第十一节　检 测 中 心

[概况]

检测中心位于马鞍山市雨山区湖南西路马钢 8 号门院内。

检测中心设 7 个室，分别是：综合管理室、党群工作室、生产安全技术室、检验技术室、质量督查室、设备管理室、物资量室；设 11 个站，分别是位于马鞍山火车站交接口附近的原料取样站、位于电炉西路中段的原料制样站和检化检二站、位于马钢北区钢轧中路北段的检化验一站、位于马钢东路与供水北路交叉口附近的检化验三站、位于天门大道马钢 5 号门对面的物理站、位于高线路线棒综合楼的钢轧站、位于热轧路马钢轮轴事业部附近的车轮轮箍站、位于马钢 8 号门院内的标准站、位于马钢大道中段的物量站和维检站。截至 2019 年底，在岗员工 895 人。

[历史沿革]

检测中心的前身是 1998 年 9 月马钢股份质量监督中心（简称质监中心）。2002 年 3 月，马钢股份为了便于统一管理，将质量管理职能从原科技质量部划入质监中心。

2002 年 12 月，马钢股份为提高生产现场检验情况的反馈速度，将炼钢工艺监督、轧钢成品表面质量、外形尺寸的在线检验工作从质监中心划到各生产厂。质监中心负责钢、轧产品在线质量技术管理，钢轧系统 10 个质量监督站按区域、生产工艺流程重组为第一钢轧质量检查站、第二钢轧质量检查站、第三钢轧质量检查站、第五钢轧质量检查站。

2003 年 10 月，马钢股份为建立车轮公司的质量监督检验机制，将车轮轮箍质量监督检验职责从质监中心整体划到车轮公司。

2007 年 2 月，为满足马钢股份新区的检验需求，质监中心成立质检总站，负责新区的质量监督检查和理化检验。2007 年 10 月，质监中心质监总站理化检验职能划到技术中心，质检总站更名为第四钢轧质量检查站。

2009 年 9 月，质监中心成立车轮轮箍质量监督检查站。2010 年 8 月，质监中心为适应马钢股份生产需求，加强检验工序管理，对原辅料质量检验系统进行了整合，撤销耐火站、炼铁一站、炼铁二站，成立原料质量检查三站、原料质量检查四站和炼铁站；将废钢检验业务从各站剥离，成立废钢质量检查站。

2011 年 5 月，马钢股份实行质量管理与质量检验分离，将质监中心质量异议处理职能划到销售公司。2011 年 8 月，质监中心质量管理职能划到技术质量部，技术中心检验管理部、理化检验一站、理化检验二站和理化检验三站划入质监中心，质监中心更名为检测中心。2012 年 11 月，马钢股份对废钢实行集中管理，成立废钢公司，检测中心废钢检验职能划到废钢公司，废钢质量检查站撤销。

2014 年 12 月，马钢股份对板带制造系统和检验系统进行整合，将板带产品综合判定、质量证明书签发职能划到生产厂，将检验试样加工和物理检验职能划入检测中心。检测中心第一钢轧站、第四钢轧站综合判定和产品质量保证书业务的相关岗位划到一钢轧总厂、四钢轧总厂，技术中心试样加工站和检验所划入检测中心。

2016 年 2 月，检测中心对 4 个原料取样站进行重组，成立统一管理的新取样站。2016 年 3 月，为适应马钢股份机构改革和生产需求，检测中心将钢材部、技术质量部整合为检验技术室，政治处、保卫科、工会整合为党群工作室，办公室、人力资源部整合为综合管理室，生产安全部、原料部整合为生产技术安全室；将原料质量检查一站、原料质量检查二站、原料质量检查三站、原料质量检查四站、炼铁站整合为原料取样站、原料制样站，第二钢轧质量检查站、第三钢轧质量检查站整合为钢轧质量检查站；将理化一站更名为检化验一站，理化二站更名为检化验二站，理化三站更名为检化验三站，理化四站更名为物理站。

2018 年 5 月，马钢股份改革计量管理，计量处计量标准器具的维护及溯源、外委计量器具的量值溯源、水尺检测、水运物料取样、物资计量业务划入检测中心。同年 6 月，检测中心成立物资量管理室、标准站、物量站和维检站。

[主要技术装备与产品]

2019 年底，检测中心拥有固定资产原值 3.442 亿元，其中检验用固定资产原值 1.365 亿元。设备仪器共 690 台（套），其中，大型仪器 106 台（套），自动检测线 6 条。

主要设备仪器有：电感耦合等离子体发射光谱仪 10 台，X 射线荧光光谱仪 13 台，火花源原子发射光谱仪 23 台，高频红外碳硫仪 10 台，硫碳分析仪 2 台，氧氮分析仪 6 台，数控加工中心 7 台，数控车削加工中心 4 台，拉力试验机 9 台（套），汽车衡 13 台，动态轨道衡 11 台，静态轨道衡 4 台，皮带秤 38 台。

主要自动检测线有：检化验一站 X 荧光自动线，服务区域是四钢轧总厂和炼铁总厂（北区）。1 号、2 号钢水自动检测线，服务区域是四钢轧总厂。检化验二站快速分析自动控制系统，服务区域是特钢公司、炼铁总厂（南区）。检化验三站快速分析自动控制系统，服务区域是长材事业部（南区）。原料制样站烧结矿自动取制样系统，服务区域是炼铁总厂（北区）。

检测中心负责马钢股份外购原燃辅料和工序产品检验、生产过程和成品的理化检验；承担马钢股份购、销、厂内及厂际间物料转移计量工作。检测的类型和品种主要有：原燃料和辅料，包含铁矿石、煤、焦、石灰石等原燃料，废钢、生铁、铁合金、保护渣等辅料和耐材，冷轧用锌粒、锡粒和涂料、钢管涂料等；铁、钢快速分析，包含铁水、钢水等冶炼过程样品及煤气检验；过程检验，包含中间产品、生产过程工艺、介质试验；成品检验，包含冷轧、热轧、型钢、车轮、硅钢彩涂等产成品的成分和性能试验。

［检验产值和物资计量收入］

2001—2011 年，质监中心不计检验产值和收入。2012—2016 年，检测中心理化检验产值为 11.93 亿元。2017—2019 年，理化检验产值 6.34 亿元。2018—2019 年，物资计量收入共计 1.19 亿元。

［技术改造与技术进步］

技术改造方面。2004 年 6 月，为加快火车运输物料检测节奏，质监中心在马鞍山火车站附近开工建设车站交接口检化验系统，该项目投资 1350 万元，由马钢设计院设计，马钢建设公司建筑安装分公司第一工程处施工，新建门式采制样装置及轨道，建设检化验楼，配置物料检化验的质量和计量信息硬件等，2005 年 4 月竣工。2014 年 12 月，为提高马钢北区钢自动化分析系统检验效率，检测中心开始在理化检验一站新建钢水自动分析线，该自动分析线投资 790 万元，包含 1 套控制系统、2 台火花光谱仪和 2 台自动铣样机等，由检测中心自行设计、组织安装，2016 年 8 月竣工。2016 年 3 月，为提升检验能力，满足南区高炉生产的检验需求，检测中心对理化检验二站原有的自动化分析系统进行改造，该项目投资 950 万元，新增 4 号高炉配套的全自动风动送样装置、3 号烧结机手动风动送样装置，将 1 号、2 号、3 号高炉原风动送样更换为全自动风动送样装置，新增自动铣样机、熔融炉、工业分析仪、冶金性能分析仪、热态性能分析仪等，由检测中心自行设计、组织安装，2016 年 12 月竣工。2018 年 1 月，为满足一钢轧总厂、长材事业部南区升级改造后的检验需求，检测中心在马钢东路与供水北路交叉口西南角新建一座钢铁快速分析实验楼，该项目投资 5500 万元，具有日分析 1500 块钢样、铁水预处理试样的能力，主要建设 1 套全自动分析系统，包括直读光谱仪、机器人、自动铣样机、全自动风动送样装置、气体分析仪等，由马钢设计院设计，马钢建设集团施工，2019 年 1 月竣工。2018 年 1 月，为满足长材事业部南区升级改造后检验需求，检测中心建设 1 条全自动硅钢性能检验系统，该系统投资 2000 万元，包含 1 套冷板拉伸试样加工中心、2 套数控超高强钢双开肩铣床、1 套数控高速锯床、1 套电液伺服万能试验机、1 套反复弯曲试验机、1 套冲击试样加工中心、1 套多功能取样机床、2 套棒材拉伸冲击试样加工中心、1 套摩擦焊机等，由检测中心自行设计、组织安装，2019 年竣工。2018 年 6 月，为提高马钢北区烧结矿自动化取样、制样能力，检测中心在北区理化大楼附近建设烧结矿智能取制样系统，该系统投资 1200 万元，新建 1 套烧结矿快速取样、制样自动化系统、制样检测室及皮带机通廊、供配电、给排水、压气电气控制、电讯设施和自动化仪表等，由马钢设计院设计，马钢江东建筑安装有限责任公司施工，2019 年竣工。

技术进步方面。2014—2019 年，检测中心申请的“轨道用车轮辐板表面油漆厚度的定位测量装置”“轨道用车轮带尺校验装置”“生铁试样夹具”“火车车轮轮毂孔检验装置”“ARL 火花发射光谱仪激发稳定装置”“一种剪板机样片收集装置”“一种高速公路称重用地磅”“轨道用车轮注油孔和注油槽测量装置”“H 型钢检验平用尺”9 项实用新型专利分别获国家知识产权局授权。

2016—2018 年，检测中心申请的“轨道用车轮辐板表面油漆厚度的定位测量装置及其测量方法”“火车车轮轮毂孔检验装置及其检验方法”“轨道列车车轮滚动圆直径的检测装置及其检测方法”3 项发明专利分别获国家知识产权局授权。检测中心起草的中华人民共和国黑色冶金行业标准《转底炉法粗锌粉 锌含量的测定 EDTA 络合滴定法》（YB/T 4604—2018）由中华人民共和国工业和信息化部发布，2018 年 7 月 1 日实施。2019 年，“马钢检测中心试样进度跟踪管理平台 V1.0”获国家版权局计算机软件著作权。

［产品与体系认证］

为完善质量管理体系，提高企业管理效益，拓展市场占有率，质监中心（质量管理办公室）开展质量管理体系及产品质量认证工作。2003 年 7 月，经北京国金恒信管理体系认证公司（简称国金恒信）审核，马钢股份质量管理体系在国金恒信认证注册。8 月，美国铁路协会（AAR）对马钢股份车轮生产质量体系进行审核，并于 2004 年通过 AAR 工厂认证。2006 年，马钢股份“三标一体化”管理体系通过了国金恒信的认证注册。2009 年，马钢股份通过了英标管理体系认证有限公司（BSI）的认证注册。

2003 年，马钢股份船体结构用钢板通过了英国劳氏、中国、美国和法国船级社的工厂认可，铁路快速客车整体辗钢车轮和铁路机车用粗制轮箍通过了国家钢铁产品质量监督检验中心产品质量认证，热轧槽钢通过了国家建筑钢材质量监督检验中心产品质量认证。2005 年，马钢股份海洋石油平台用 H 型钢、船体结构用钢板通过中国船级社认可。2006 年，马钢股份 H 型钢产品获日本工业标准（JIS）认证，螺纹钢筋产品获英国亚瑞斯质量体系认证机构（CARES）认证，H 型钢和螺纹钢筋分别获得了进入日本、欧洲市场的“通行证”。2008 年，马钢股份一钢轧总厂、四钢轧总厂 2 条生产线均获得生产锅炉和压力容器用钢板的特种设备制造许可。马钢股份船体结构用钢板通过了韩国船级社（KR）工厂认可；热轧 H 型钢通过了欧盟的安全认证（CE 认证）。2009 年，热轧光圆钢筋和热轧抗震钢筋产品重新申请生产许可证获得批准，H 型钢获日本质量保证协会（JQA）认证注册，中厚板、角钢、槽钢和 H 型钢产品获新加坡“钢结构协会工厂生产控制”（FPC）质量认证，车轮产品取得德国铁路公司“欧盟铁路互联互通技术规范”（TSI）认证证书。2010 年，马钢股份铸钢件和锻钢件取得中国船级社认可，车轮产品通过了美国铁路协会新版认证，管线钢、焊瓶钢等特种设备用钢获得国家钢铁产品质量监督检验中心颁发的制造许可证，普通热轧钢筋（盘卷）产品获得国家质量监督检验检疫总局颁发的新的全国工业产品生产许可证。

2004 年，在中国质量协会组织的全国质量效益型先进企业评比中，马钢股份获“全国质量效益型先进企业”称号，同时获国家质检总局授予的“全国质量管理先进企业”称号；马钢热轧角钢、锅炉用钢板系列产品获得中国钢铁工业协会冶金产品实物质量“金杯奖”（简称“金杯奖”）。2005 年，热轧 H 型钢被国家质量检验检疫总局授予“中国名牌产品”称号，填补马钢无国家名牌产品的空白。同年，热轧 H 型钢、钢筋混凝土用热轧带肋钢筋获“金杯奖”。2006 年，彩涂板、连续热轧镀锌钢板及钢带、低碳钢热轧圆盘条、优质碳素钢热轧盘条等 4 个产品通过了中国冶金质量协会现场审核，获“金杯奖”；冷轧薄板、热轧盘条获国家“免检产品”称号。2007 年 9 月，马钢车轮产品获“中国名牌产品”称号，H 型钢、车轮产品参加了中国名牌产品博览会。2010 年，车轮产品获美国通用电气公司“最佳质量奖”。

[改革与管理]

为改善实验室人员资质，提高检测服务质量，2014 年，检测中心与安徽工业大学协调，开办“应用化工技术”成人大专班，21 名化学分析工通过考试进入大专班学习，并于 2017 年毕业。2018 年，为统一管理、统一调度原燃辅料、理化、钢轧 3 个检验板块工作，加快样品流转，及时掌握钢轧检验信息，检测中心在生产安全技术室设立检验管控中心，对原燃辅料、检化验和钢轧综合判定实行全流程集中管控。

第十二节　马钢（合肥）钢铁有限责任公司

[概况]

马钢（合肥）钢铁有限责任公司（简称合肥公司）成立于 2006 年 5 月，由马钢股份与合肥工业投资控股有限公司（简称合肥工投）共同组建设立。合肥公司注册资本 25 亿元，其中，马钢股份占股

71%，合肥工投占股29%。合肥公司分为两个生产区域。冶炼区域位于合肥市瑶海区大兴镇，占地3377.92亩，板带区域位于肥东县合肥循环经济示范园，占地2123.23亩。2015年底，冶炼区域关停。

截至2019年9月19日，合肥公司机构设置为7个部门：制造运营部、设备管理部、综合管理部（党群工作部）、运营企划部、安全管理部、计划财务部和能源环保中心；6个分厂：动力分厂、酸轧分厂、连退分厂、镀锌分厂、机修分厂和物流分厂。员工800人。

［**历史沿革**］

合肥公司是在原合肥钢铁集团有限公司主业基础上组建的。合肥公司诞生于新中国成立后的第一个五年计划时期，有着光荣和悠久的历史。1956年6月，省委决定成立合肥钢铁厂（简称合钢）筹备处，1957年4月决定在合肥市东郊建厂，9月，筹备处撤销，正式成立安徽省钢厂。1958年，为适应“大跃进”需要，根据省委指示，合钢先建1座0.5吨示范性小型侧吹转炉，7月1日8时20分，示范炉冶炼出了第一炉钢水。自此小型炼钢炉在全省“遍地开花”，合肥市先后兴建了44家钢铁厂。9月1日，合钢第一座3吨转炉建成投产。在此期间，冶金部建议合钢按年产20万吨特殊钢厂的规模建设，1959年10月，更名为合肥特殊钢厂。1960年6月20日，根据冶金部指示，为防泄密，合肥特殊钢厂对外称“合肥钢厂”，对内仍称“合肥特殊钢厂”。1962年6月30日，合肥特殊钢厂撤销，成立合肥钢铁厂。1964年3月，更名为合肥钢厂。

1961年底，合钢将3吨转炉车间改建为电炉车间，配套建设轧钢车间。是年，省委机关钢厂（此后的合钢三厂区）、东郊大兴集的省财贸钢厂（此后的合钢二厂区）等7家单位并入合钢。至1970年底，合钢先后建成5座5吨电炉，形成了10万吨优钢规模。

在发展优钢的同时，1969年3月，省革委会成立合钢基建指挥部，以二厂区为重点，开展铁前系统配套及普钢系统建设。1970年4月底，8吨侧吹转炉建成投产；7月，4座61型焦炉投产。是年10月，合肥钢厂撤销，成立合肥市冶金工业局。1971年5月，100立方米高炉建成投产，结束了合钢有钢无铁的历史。1973年1月，合肥市冶金工业局更名为合肥钢铁公司。至1976年底，合钢先后建成投产矽铁、烧结、制氧、薄板、管、带、锻和机修加工、耐火材料等车间，增加了文化教育、医院等设施，基本形成了一个钢铁联合企业。

党的十一届三中全会以后，合钢发展步入新的时期。1980年1月，省计委决定合钢建设资金不再由国家投资，改由合钢自筹。1983年8月，300立方米高炉建成投产；1985年12月，线材车间投产；1989年3月，20吨顶吹转炉投产，与此相配套的2座30吨化铁炉、110千瓦变电所、4500立方米/小时制氧机、10000立方米转炉煤气回收工程先后建成投产。1992年1月—1994年6月，3台R6全弧形四机四流连铸机先后投产，转炉炼钢实现了全连铸。1998年5月，合钢经改制后更名为合肥钢铁集团有限公司，下辖14家子（分）公司。2001年9月18日，年产40万吨小型连轧工程建成投产；2003年5月1日，年产30万吨大焦炉项目投产；2004年8月，420立方米新2号高炉投产。至2005年底，合钢拥有固定资产原值29.43亿元，净值18.68亿元，形成了年产铁120万吨、钢130万吨、钢材125万吨的综合生产能力。

合钢的发展历经波折。建厂初期，规划几经调整。在20世纪70年代至90年代间逐渐形成优钢、普碳钢两个炼钢生产系列。1995年，合钢在实现“五六五”规划（铁50万吨、钢60万吨、钢材50万吨）后，省、冶金部批准了合钢的百万吨钢规划目标，经过10年努力，实际产量终究未达预期。自90年代中期始，合钢逐渐陷入困境，曾引以为傲的电炉炼钢也于1999年6月退出生产序列。1996年至1999年，钢产量徘徊于65万吨水平；2000年至2002年，钢产量从70万吨增加至95万吨，此后逐年递减，又回落至不足70万吨水平。2003年起亏损逐年增加，2005年亏损4.3亿元，2006年前4个月月均亏损达3150万元，濒临破产境地。

50年间，合钢也有过辉煌。1958年9月18日、1959年10月28日，毛泽东主席两次视察合钢。1960年2月，中共中央总书记邓小平同志视察合钢。1960—1970年，合钢作为华东地区优钢生产基地，能生产经济建设中急需的钢种及军用合金钢，45号扁钢成为合钢的传统产品。至90年代中期前，合钢发展相对平稳。50年间，合钢为国家经济建设作出了应有的贡献，生产出了45号扁钢国优产品、工业蔡部优产品和碳结圆钢、普碳薄板、螺纹钢筋、热轧带肋钢筋等一批省优产品。2006年5月，合钢因生产经营难以为继被马钢重组，新成立的合肥公司继承了合钢深厚的红色基因和艰苦奋斗的优良传统，新一代合钢人在后期的发展过程中，又一次书写了新的辉煌。

[主要技术装备与产品]

合肥公司技术装备和产品分为冶炼和板带两个系列。冶炼产线主要技术装备包括420立方米高炉4座、95平方米烧结机2套、JN-43-804型焦炉1座、45吨转炉3座、连续式高线轧机组1套、连续式棒材轧机组1套、半连轧合金带钢轧机组1套、14000立方米/小时制氧机组1套、1500立方米/小时制氧机组2套、3200立方米/小时和4500立方米/小时制氧机组各1套及相应的配套设施。产品包括高速线材产品有直径6.5—12.0毫米4个规格及拉丝、盘条、二级盘螺、三级盘螺4个品种。小型连轧产品有直径12.0—32毫米9个规格及二级螺纹、三级螺纹2个品种的热轧带肋钢筋，还有直径14—40毫米14个规格圆钢产品。

截至2019年9月，板带产线包括1条1550酸轧机组、2条连续退火机组、1条重卷检查机组、1条连续热浸镀锌生产线、2条半自动包装机组及相应的公辅设施。具有年产冷硬卷150万吨、冷轧退火卷120万吨、热镀锌板32万吨的生产能力，可生产100多种型号的产品，主要生产高档家电板和汽车板。合肥公司主要产品包括新能源电池壳用钢、铝硅涂层家电板、普碳钢、无间隙原子钢、含磷高强钢、低合金高强钢、先进高强钢、热冲压成形钢等，其中铝硅涂层板为合肥公司核心产品。

[主要技术经济指标]

2006年5月—2010年底，合肥公司共生产铁559.06万吨，转炉钢648.91万吨，线材、棒材产品637.38万吨，累计实现利税14.95亿元，利润6.73亿元。

2011—2015年底，共生产铁681.3万吨，转炉钢737.21万吨，线材、棒材产品753.83万吨，板带产品144.33万吨，合并利税1.33亿元，合并利润-2.5亿元。

2016—2019年底，累计生产板带产品421.24万吨，合并利税-1498.92万元，利润-1.91亿元。

板带产线自2017年起结束了投产以来的连续亏损状态，2017—2019年底，累计实现利税1.19亿元，利润6460万元。

[技术改造与技术进步]

合肥公司技改工作按照满足冶炼产线配套补齐和着眼转型发展两个方向推进。

2×95平方米烧结机大修搬迁项目。利用马钢存量资产，从马钢一铁总厂二烧分厂搬迁2×95平方米烧结机，使合肥公司烧结工序整体生产能力达到230万吨/年的水平，满足170万吨炼铁产能需求。2号线于2006年11月28日开工，2007年11月12日建成投产，总投资16895.22万元。1号线于2008年5月20日动工，10月16日热负荷试车、投运，总投资5670.39万元。工程由马钢设计院设计，马钢建设公司、马钢修建工程公司、马钢机电公司、马钢钢构公司、马钢自动化工程公司、马钢第一能源总厂参与施工与安装，湘潭煤矿机械电器有限公司、马钢重型机械设备制造公司、江苏百斯特环境工程有限公司供货。

1号高炉大修项目。该工程由中冶华天工程技术有限公司设计，利用马钢部分旧设备和合肥公司已有的矿槽、水渣池、风机房等设施对高炉进行改造，使吸入流量达到1300立方米/分钟，热风温度达到1100℃，年产生铁39.2万吨，使合肥公司4座高炉年产量达到150万吨以上，满足转炉炼钢的需求。工程总投资8647.42万元。该工程于2007年5月2日开始土建施工，10月12日高炉点火，10月13日高炉出铁。马钢建设公司、马钢修建公司、马钢第一能源总厂、马钢自动化工程公司参与施工安装，马钢重型机械设备制造公司、马钢股份第二机械设备制造公司供货。

高速线材项目。2006年6月，淘汰了原合钢横列式中型生产线，并决定利用棒材与连铸厂房之间场地以及棒材成品跨场地，建设1条年产60万吨高速线材生产线。该工程是由中冶华天设计，工程实际总投资23236.93万元。产品规格为光面盘条直径6—13毫米，带肋钢筋盘条直径6—12毫米，成品以盘卷方式压紧打捆后交货，标准盘卷重量约2000千克，盘卷直径1250毫米/850毫米；盘卷打捆后高度1600—2000毫米；产品钢种为碳素结构钢。由4号连铸机提供150毫米×150毫米×12000毫米的方坯热送热装入加热炉。采用全线无扭轧制和控制冷却（包括控制水冷和风冷）。全线主传动采用交流变频、全数字控制系统。该工程于2006年9月10日开工建设，2007年5月4日建成投产，同年6月达到设计生产能力。马钢建设公司、马钢修建公司、中冶华天南京工业炉公司、马钢机电设备安装工程分公司、中国第十八冶金建设公司、马钢控制技术有限公司参与建设，武汉威仕工程监理有限公司监理。

转炉改造项目。合肥公司原有的3座公称容量为20吨转炉，历经多次改造，其实际出钢量达到了45吨，年生产能力200万吨，但转炉本体和系统未做彻底改造，转炉入炉料超装严重，存在生产安全隐患，并在冶炼过程中存在较严重的喷溅现象，配套设施装备水平落后。为此，合肥公司决定委托马钢设计研究院对3座转炉进行设计改造。方案按4座转炉、4台连铸机300万吨/年规模进行总体设计，分两期实施，实现“4炉对4机”。改造后钢水装入量最大39吨，平均出钢量36吨/炉，平均冶炼周期30分钟/炉。1号转炉改造2007年2月24日开工，3月13日完成改造；3号转炉2007年6月5日开工，6月15日竣工；2号转炉2007年6月27日开工，7月8日竣工。马钢修建公司、合钢建设公司、马钢自动化公司参与工程建设。工程实际投资5426.57万元。

万四制氧机搬迁项目。该项目利用马钢存量资产，将马钢气体厂闲置的制氧机组搬迁至合肥。项目规划计划分两期实施，一期先搬1套14000立方米/小时制氧机组，二期再搬1套10000立方米/小时制氧机组。该项目于2006年7月18日开工，2007年1月23日一次开车成功，12月8日，万四制氧机向钢轧厂供应管道氩。该工程由马钢设计院设计并监理，中国化学工程第六建设公司第三分公司、马钢建设公司、马钢自动化公司、中国化学工程第三建设公司、马鞍山江东建安公司参与建设安装。一期工程总投资6399.31万元。后由于公司战略规划的调整，二期工程未予实施。

薄板深加工项目。为实施“向钢铁深加工领域迈进”的转型发展战略，合肥公司决定实施薄板深加工项目。该项目原名为“马钢（合肥）公司环保搬迁项目—冷轧工程”，项目可行性研究报告于2010年9月由中冶南方工程技术有限公司编制完成。2011年6月，合肥市发改委以《关于马钢（合肥）钢铁有限责任公司薄板深加工项目备案的通知》批复该项目立项。项目主要内容包括新建1550毫米酸洗-轧机联合机组1条，冷轧连续退火机组2条，重卷检查机组1条，半自动包装机组1条及其必要的公辅设施，以及消防、安全、环保等配套设施。1550冷轧生产线由马钢2250热轧和1580热轧供料，生产规模为120万吨/年，全部为冷轧退火卷，产品定位主要为汽车板及家电板。其中，1号连退线侧重于汽车板兼顾部分家电板，2号连退线侧重于家电板。项目选址于合肥循环经济示范园，工程占地面积37.81万平方米，总建筑面积14.2万平方米，总装机容量10.44万千瓦，累计投资30.64亿元。该项目由中冶南方工程技术有限公司对工艺技术总负责，马钢主导工艺设备配置。主体设备由法国SELAS公司、比利时DREVER、CMI公司及日本TEMIC等国际知名企业设计供货。工程建设历时2

年多时间，2011 年 3 月动工，2013 年 10 月酸轧线热负荷试车，12 月 1 号连退线热试，2014 年 2 月 2 号连退线热试。

BOT 工业供水项目。为满足入园企业工业用水需求，合肥循环经济示范园采用 BOT 特许经营模式建设 1 座工业用水生产厂，规模为一期供水能力 5 万吨/日，二期为 10 万吨/日，供水压力 0.45 兆帕，浊度不大于 5，2012 年 3 月 31 日前具备供水条件。考虑到 1550 冷轧项目将来作为园区的主要用水企业，2011 年 3 月 10 日，合肥公司投标该项目并最终中标。工业水厂为独立法人的项目公司，负责融资、设计、建设，并被授予 25 年特许经营权，在特许经营期限内自行承担费用、责任和风险，按照常规运营惯例负责运行与维护，特许经营期届满时将整个净水厂及取水、管网等项目设施完好、无偿移交给园区。7 月底项目开始建设。该项目一期总投资 1.42 亿元，设计生产能力每日 5 万立方米，于 2012 年 4 月 23 日正式运营；2017 年 10 月建设二期工程，投资 1761 万元，于 2018 年 4 月完工。项目取水泵站、制水厂、输水管道安装、园区外管网安装等四个标段分别由中国中铁股份有限公司、中冶建工集团有限公司、安徽省兴利建设工程有限责任公司、安徽省工业设备安装公司负责施工建设。

连续镀锌线项目。为提高马钢涂镀产品产能，有序推进城区老工业区搬迁改造工作，2014 年 9 月 20 日，连续镀锌线项目动工兴建。该项目总投资 7.96 亿元，项目内容包括新建 1 条热镀锌生产线、1 条半自动包装线及配套整合相应的公辅设施。产品定位为轿车高强钢、高级家电板，年生产规模为 32 万吨热镀锌钢卷。镀锌线所需的原料冷硬卷主要由 1550 酸洗-冷轧机组供给，工程占地面积约 9.2 万平方米。项目设计、建设由马钢工程技术集团总包。2017 年 5 月 27 日建成投产。

冶炼产线经过 10 年发展，取得了一系列技术成果。2007 年 12 月，合肥公司热轧带肋钢筋产品获全国产品质量免检证书，并获政府奖励基金。2009 年，开发抗震钢筋系列产品并通过国家检验，领取生产许可证，获省质量监督局“2009 年度安徽省质量奖”。

板带产线建立后，合肥公司先后开发了 MCJD5 高级家电板、DC04 和 DC06 等 IF 钢、双相钢产品、电池用钢等一系列新产品，实现了 0.4—0.5 毫米薄规格家电涂层板批量生产。2018 年，通过引进光伏发电、稀碱废水项目和争取直供电优惠，降低了能源成本，获工信部“全国工业领域电力需求侧管理示范企业”称号。2019 年，空压站节能改造、1 号连退机组余热回收节能改造、1 号连退循环水系统改造及 6 号循环水高压变频泵改造等合同能源改造项目投入运营，年获效益 163 万元；连续镀锌线获评数字化车间。截至 2019 年底，共申请专利 22 件，其中发明 6 件，实用新型 16 件，已授权 2 件，15 件正在受理中。

［**改革与管理**］

2006 年 5 月，合肥公司成立后，对管理体制与机制进行了彻底的改革，构建了组织结构扁平化、业务流程化、管理规范化、作业标准化的新型管理模式。将合钢原 12 个生产单位整合优化为 2 个主体生产单位、1 个公辅运行保障单位和 1 个物资与物流保障单位。将合钢原 28 个职能部门整合归并为 6 个职能部门，2010 年 11 月增设安全管理部。在管理流程设计方面，对财务、采购、销售、仓储物流、动力辅助系统、后勤保障等均实施集中一贯管理。冶炼产线关停后，2016 年 8 月合肥公司重新组建了机关部门与分厂。

以板带产线以体系建设为突破口，先后完成了 ISO 9001/IATF 16949 质量管理体系、环境管理体系、职业健康安全管理体系、两化融合管理体系、能源管理体系和测量体系认证，建立了内控管理体系，导入了卓越绩效管理模式，开展了精益工厂创建工作。2017 年和 2018 年，合肥公司深入推进层级管理，形成了专业管理层、技术业务层和操作层 3 个层级。2019 年起，合肥公司全面推进以马钢冷轧总厂为标杆的对标管理工作，成材率、订单条目兑现率、产品让改率、质量异议起数及质量总损失等关键指标均优于考核指标。

第十三节　安徽长江钢铁股份有限公司

［概况］

长江钢铁是安徽省重要的建筑用钢生产基地，位于马鞍山市当涂县太白镇工业园，主营业务为黑色金属冶炼及其压延加工与产品销售。企业注册资本12亿元人民币，占地面积2700亩，总资产104亿元，具备450万吨钢生产能力。

长江钢铁下设20个厂及部门（即烧结厂、炼铁厂、炼钢厂、轧钢厂、机修厂、公司办公室、党群工作部、监察部、企管部、计财部、采购中心、销售部、生产部、机动部、安管部、能环中心、品质部、运输部、物管部、武保部）。截至2019年底，在职员工4312人。

［历史沿革］

长江钢铁前身是创办于20世纪90年代的乡镇集体企业——当涂县龙山桥钢铁总厂，通过民营改制，于2000年7月成立马鞍山市长江钢厂，2008年12月更名为安徽长江钢铁股份有限公司。2011年4月27日，与马钢股份联合重组，成为国有控股混合所有制企业（其中马钢占55%股份，长江钢铁自然人股东占45%股份），按照马钢总体发展战略，规划为精品建材基地。

［主要技术装备与产品］

长江钢铁拥有14平方米球团竖炉1座、192平方米烧结机3台、1080立方米高炉2座、1250立方米高炉1座、40吨转炉2座、120吨转炉2座、110万吨棒材生产线2条、90万吨棒材生产线1条、60万吨高速线材生产线1条及公辅设施。主要产品为：直径6—40毫米，屈服强度400兆帕、500兆帕的热轧带肋钢筋和热轧带肋抗震钢筋，屈服强度600兆帕的热轧带肋钢筋；直径6—22毫米，屈服强度300兆帕的热轧光圆钢筋；直径18—25毫米，屈服强度335兆帕、400兆帕、500兆帕的锚杆钢。

［主要技术经济指标］

2001—2005年，共生产铁77万吨、钢72万吨、材152万吨，实现销售收入51.2亿元，利润总额1.3亿元，上交税金1.2亿元。2006—2010年，共生产铁469万吨、钢554万吨、材553万吨，实现销售收入173.3亿元，利润总额2.2亿元，上交税金6.9亿元。2011—2015年，共生产铁1442万吨、钢1419万吨、材1374万吨，实现销售收入394.8亿元，利润总额2亿元，上交税金8.5亿元。2016—2019年，共生产铁1574万吨、钢1719万吨、材1723万吨，实现销售收入552.7亿元，利润总额73.8亿元，上交税金41亿元。

［技术改造与技术进步］

为满足生产需要，提升装备水平，2002年9月，长江钢铁在单一轧钢产线的基础上，投资新建2座258立方米的高炉、2座40吨转炉，项目由中冶华天工程技术有限公司总包。2003年8月13日，1号高炉投产；同年12月9日，2号高炉投产。2004年5月30日，1号转炉生产出长江钢铁第一根钢坯；2005年10月20日，2号转炉开炉，长江钢铁达到100万吨钢规模。

为提高工艺装备水平，淘汰落后产能，完善产能配套，长江钢铁从2008年开始实施“300万吨产能置换技改项目”。项目主要内容为新建3台192平方米烧结机、11座4平方米球团竖炉、2座1080立方米高炉、1座1250立方米高炉，2座120吨转炉，配套1条50万吨高线生产线和2条110万吨棒材生产线。同时淘汰2台36平方米烧结机、1台72平方米烧结机、2座258立方米高炉、8座3平方米球团竖炉和510轧机、420轧机。项目总投资为60亿元，由中冶华天工程技术有限公司总包，分两期完成，一期工程于2011年12月全部竣工。二期工程于2011年12月开工，2013年7月建成投产，至此，长江钢铁形成380万吨钢生产能力。

为促进企业转型发展、绿色发展，根据钢铁产业政策等相关要求，2019 年，长江钢铁实施产能减量置换技改项目 140 吨电炉炼钢工程，项目淘汰原有的 2 座 40 吨转炉，利用其炼钢产能新建 1 座 140 吨电炉及其相应的配套设施，实现炼钢产能的减量置换。项目总投资 7. 49 亿元，由马钢工程技术集团总包，项目于 2019 年 9 月开工。

为优化产品品种规格，提升市场竞争力，长江钢铁注重新产品开发。2014 年 3 月 13 日，长江钢铁轧钢厂首次使用边长 165 毫米方坯试轧出直径 14 毫米的热轧带肋钢筋。2014 年 8 月 18 日，轧钢厂正式全面生产边长 165 毫米断面方坯。2016 年 8 月，长江钢铁产品首次闯入国际市场，为海外客户定制生产 1800 吨直径 12 毫米、14 毫米、16 毫米及屈服强度 500 兆帕的英标钢筋。2016 年 9 月 12 日，长江钢铁成功开发出屈服强度 600 兆帕的高强热轧带肋钢筋。

为提升生产效率，长江钢铁积极探索新技术应用。2015 年 4 月，长江钢铁成功实现烧结烟气脱硫设施无旁路生产，属省钢铁行业首例。2019 年 5 月，长江钢铁与安徽工业大学产学研合作项目——炼钢区域智能管控系统正式上线。

2013—2019 年间，长江钢铁共取得 18 项专利授权。其中，2013 年，获《称重膨润土输送皮带》《料仓衬板的安装结构》《推拉式球团双层生球筛》等 7 项专利授权。2019 年，获《一种多限位故障快速检测系统》《一种长度可调节式卸煤机大臂》《一种用于高炉渣装运渣罐》等 11 项专利授权。

[改革与管理]

2011 年 4 月 27 日，长江钢铁与马钢股份联合重组。重组后，长江钢铁从马钢引入专业技术人才 22 人，引进马钢人力资源管理、安全生产管理、精益现场 6S 管理等先进的管理经验，取得突飞猛进的发展。为提升职工福利待遇，2017 年 2 月 1 日，长江钢铁在原来购买养老保险、医疗保险、失业保险、生育保险和工伤保险的基础上，实施住房公积金制度。

2009 年 5 月，长江钢铁被安徽省民政厅、省慈善协会、省红十字会授予“首届安徽慈善奖爱心慈善企业”。2014 年 1 月，被安徽省计量技术监督局授予“2013 年度安徽省卓越绩效奖”。2015 年 4 月，被安徽省工商行政管理局授予“2013—2014 年度守合同重信用单位”。2019 年 7 月，被人力资源和社会保障部、中国钢铁工业协会授予“全国钢铁工业先进集体”。

第十四节　埃斯科特钢有限公司

[概况]

埃斯科特钢有限公司（简称埃斯科特钢）是由马钢股份、马鞍山市雨山区城市发展投资集团有限责任公司和法国特钢公司阿斯科工业公司（ASCO INDUSTRIES）共同设立的一家中外合资企业。埃斯科特钢于 2016 年 3 月 4 日正式成立，中文注册名为“埃斯科特钢有限公司”，英文注册名为“MASCOMETAL Co. , Ltd. ”。注册资本为 3200 万欧元，预计投资总额为 9000 万欧元。占地面积 8. 34 万平方米，厂房面积 5. 39 万平方米。

截至 2019 年 9 月，埃斯科特钢共设立 5 个部门、2 个分厂，分别为财务部、综合管理部、市场营销部、生产制造部、技术质量部、加工一分厂、加工二分厂，在册员工 146 人。

[历史沿革]

埃斯科特钢的成立是为了发挥马钢和法国特钢公司阿斯科工业公司两家公司的优势，生产合金钢高速线材和合金钢棒材及深加工产品，促进马钢产品转型升级，抢占市场高端前沿、发展前沿，更加贴近用户，拓展马钢特殊钢的销售渠道。2016 年成立时设立 5 个部门、1 个分厂，2017 年新增设 1 个分厂为加工二分厂，截至 2019 年共计 5 个部门、2 个分厂。

[主要技术装备与产品]

埃斯科特钢项目主要建设分为两部分，分别为特殊钢精制棒材生产线、特殊钢精制线材生产线。其中，特殊钢精制棒材生产线截至2019年共有1条卷到棒银亮材生产线、2条卷到棒盘条开卷矫直生产线、1条棒材矫直锯切生产线、1条探伤锯切生产线、2条剥皮加工线、1台二辊精矫机、2台无芯磨床。主要产品是汽车用弹簧钢、轨道交通用弹簧钢、汽车用轴承钢。特殊钢精制线材生产线截至2019年共有3台线材罩式退火炉、1条线材酸洗磷化线、5台线材拉拔机，主要产品是汽车及工程机械用冷镦钢及轴承钢。

[主要技术经济指标]

2017年，埃斯科特钢销售量2278吨，完成率56.95%；2018年，销售量12718吨，完成率115.62%；2019年，销售量29072吨，完成率126.40%。

2017年，销售收入1105万元，完成率49.55%；2018年，销售收入6406万元，完成率105.22%；2019年，销售收入13430.44万元，完成率120.26%。

2017年，利润-521万元，完成率166%；2018年，利润-1212万元，完成率123%；2019年，利润-2250万元，完成率110%。

[技术改造与技术进步]

在设备改造方面，2017年完成“开卷线材9100mm定尺改造”；2019年完成“剥皮机设备改进技术攻关”。

在新产品开发方面，2017年，累计开发6个钢种11个规格的新产品，并通过了汉德公司IATF 16949认证；2018年，累计开发15个钢种53个规格的新产品，其中，成功开发精制线材用强缩用冷镦钢产品并供货投入使用，开发铁路弹簧货车转向架产品60SI2CRVAT获中铁检验认证中心认证；2019年，累计开发17个钢种174个规格的新产品。

在新技术、新工艺应用方面，2017年开展“银亮棒材精加工对棒材表面硬度影响的研究”“剥皮银亮材未回火摩擦马氏体攻关”；2018年开展“强缩冷镦钢丝酸洗磷化工艺开发”“解决银亮材表面振痕问题”“轨道交通用弹簧钢银亮材技术开发”“退火工艺研究”；2019年开展“套筒类精线工艺开发”“滚珠用轴承钢精丝球化工艺开发”。

在知识产权管理方面，截至2019年，累计申报专利19项。

[改革与管理]

在安全责任方面，安全生产一直保持较为稳定的局面，各类安全事故为零。

在环保建设方面，环保设备设施同步运行率达到100%，危废处置率100%，各类环保事故为零。

在市场营销开拓方面，在进行产品开发生产的同时，通过体系内审，推动管理体系内审和产品认证工作全面开展，使产品销售从最初的月销售几吨几十吨到突破上千吨，发展潜在客户43家，开发客户45家，批量供货33家。成功通过中国中车股份有限公司下属4家弹簧制造企业的认证，成为德国蒂森克虏伯（辽阳）弹簧、中国弹簧两大国内顶尖弹簧厂以及索格菲（苏州）汽车部件有限公司的合格供应商。成功推动韩国最大的精密锻造厂大明精密机械与马钢达成战略合作，并实现高端凸轮轴用银亮材的来料加工批量供货。与国内外汽车紧固件标杆上市企业建立业务合作关系，成为全世界最大的“汽车乘员保护系统”生产商、跨国公司奥托立夫的指定供应商。产品质量趋于稳定，实现向上汽、吉利、长城等主机厂下游供应商稳定批量供货。积极调整产品结构，逐步开拓高端乘用车零部件用精制线材市场，成功与国内、国际知名紧固件制造企业建立联系，实现向昆山宾科（美资公司）、湘火炬（上市公司）等企业供样。

在产品技术质量方面，以ISO 9001和IATF 16949质量管理体系为基础，构建了多元化的质量管理体系，工艺技术及产品质量得到快速进步，质量管理方面逐步成熟，产品实物质量达到国内一流水平。通过了蒂森、索格菲、中国弹簧等一批国内外一流的汽车零部件企业认证，精制棒材产品的尺寸公差、粗糙度、表面质量均得到客户的一致认可。精制线材方面通过了雷逊汽车配件有限公司、深圳航空标准件有限公司、裕泰汽车部件有限公司等国内一流汽车零部件企业的认证，在脱碳层控制、球化等级、力学性能、质量等方面得到客户的认可，磷化质量有所提高。

在生产效能提升方面，建立和形成了独具埃斯科特钢特色的生产组织模式、作业管理流程，同时通过加快项目建设、技术创新、一岗多能、设备改进等手段，大幅度提升了分厂生产效率。2019 年，精制棒材产量 6619 吨，比 2017 年增加 6154 吨，增幅达 10 倍以上；精制线材产量 14526 吨，比 2017 年增加 9867 吨，增幅达 3 倍以上。通过管理和技术等手段，精制棒材和精制线材制造成本持续下降，不断缩小和同行业之间的差距。

在设备保障能力方面，以全面推进全员设备管理、设备精度管理、设备综合开动率为抓手，持续改进设备检修模式，不断加大老旧设备技术攻关和新设备驾驭能力提升，以满足企业不断向前发展的需求。成立至今，设备运行管控逐渐成熟，设备故障率不断下降，故障处理能力不断提升。其中，通过老旧设备技术攻关，让精制棒材生产线顺利投入生产运行。

在人力资源优化方面，按照相同产线先进企业人力资源配置水平为标杆，通过加强技能培训、员工素质提升，达到降低人员配置和人工成本的目标。随着产线的不断完善，生产线劳动生产率快速提高，人均吨钢产量从 2017 年到 2019 年提升了 1.5 倍。

在精益现场推进方面，自 2018 年开始推进精益现场工作以来，以 6S 活动为基石，按照计划扎实推进，运用多种形式宣传管理成果，鼓舞士气，全员自我管理、自主管理和创新能力显著增强。

第三章 公辅单位

第一节 热电总厂

［概况］

热电总厂前身是马钢股份热电厂，位于马鞍山市区西部，濒临长江，东邻炼焦总厂，南靠六汾河，西隔沿江大道与滨江湿地公园薛家洼生态园相望，占地面积48.5万平方米，固定资产原值32.64亿元。2005年3月，马钢股份推进新一轮区域与业务整合，马钢股份热电厂更名为马钢股份热电总厂。

热电总厂机构设置为综合管理室、党群工作室、生产技术安全室、设备保障室、经营室以及发电一分厂、发电二分厂、综合保障分厂、运行保障分厂。截至2019年底，在岗员工525人。

［主要技术装备］

2001—2006年，热电南区先后建成4号、5号、6号全烧煤气锅炉和3号、4号汽轮发电机组。2006—2011年，热电北区11号、12号、13号发电机组相继建成投产。

截至2019年，热电总厂规模为“九炉七机”，总装机容量578兆瓦，分南区、北区两个生产区。南区“六炉四机”，有3台220吨/小时掺烧煤气煤粉锅炉、3台220吨/小时高温高压全燃煤气锅炉，配套3台60兆瓦抽汽式汽轮发电机组、1台纯凝式50兆瓦汽轮发电机组；北区“三炉三机”，拥有国内首台153兆瓦燃气蒸汽联合循环发电机组、1台135兆瓦热电联产汽轮发电机组、1台60兆瓦资源综合利用汽轮发电机组。

［主要技术经济指标］

2001—2005年，累计发电57.37亿千瓦时，供热量1527.63万吉焦；2006—2010年，累计发电163.04亿千瓦时，供热量2348.23万吉焦；2011—2015年，累计发电217.95亿千瓦时，供热量2696.79万吉焦；2016—2019年，累计发电165.78亿千瓦时，供热量1988.53万吉焦。

2019年，南区机组发电标准煤耗392.16克/千瓦时，北区11号、12号、13号机组发电标准煤耗分别为290.26克/千瓦时、312.30克/千瓦时、370.22克/千瓦时。南区、北区厂用电率分别为9.74%、6.01%。

［技术改造与技术进步］

2001年，220吨/小时全烧高炉煤气锅炉工程建成并网发电，结束了2500立方米大高炉煤气放散的历史。2003年，实施全厂机炉集散控制系统（DCS）改造，完成电气综合自动化改造并建成炉机集中控制室，实现了2号机、3号炉、4号炉及新上5号炉的集中控制。2004年，3号汽轮发电机组工程顺利投产。2005年，4号发电机组工程历时10个月建成投产，比计划工期提前2个月，创造了全国同类型机组建设的新纪录。2006年，6号全烧煤气锅炉工程建成投产。2009年，承接国内外项目技术工作，分别选派优秀职工赴泰国、越南、印度等地开展技术输出。2011年，马钢重点节能环保项目热电总厂煤气综合利用发电工程竣工，发电机组首次并网一次成功。2013年，自主开展的《一种旧离子树脂的处理方法》获得国家发明专利，“锅炉石子煤真空清理技术”等11项成果被马钢股份列为技术秘密。2018年，推动设备节能改造，完成南区煤粉锅炉6台引风机变频改造、北区12号机5台风机水泵变频改造，恢复 11 号机 2 台循环水泵变频功能，节电率近 20%。

［改革与管理］

2001 年，加大现场管理考核范围和力度，有计划、有步骤整治跑、冒、滴、漏生产场所，推行标准化房所建设。2006 年，全面启动以作业长制为中心的配套改革，按区域（含新区）及主辅工序优化整合组织机构、岗位配置，盘活人力资源，解决了新区配员问题，实现管理重心下移、管理层次清晰。2016 年，马钢股份批准热电总厂以事业部制模式运作，热电总厂设立经营室加强外部市场开拓，当年实现粉煤灰等副产品销售总收入 800 余万元、技术输出创效 200 余万元。

第二节 能控中心

［概况］

能控中心位于马鞍山市天门大道中段 122 号，占地面积 30.19 万平方米，固定资产原值 62.73 亿元，所辖 75 个站所遍布马钢各个厂区，是具有动力运行管理职能的公辅介质生产和保供单位，同时也是具有公司级能源环保管理职能的管理部门。

2019 年底，能控中心机构设置为综合管理部、党群工作部、生产技术部、设备保障部、安全管理部、市场经营部、能源管理室、环保管理室（环境监察大队）、综合利用室以及能中一分厂、能中二分厂、供电分厂、制氧分厂、燃气分厂、热力分厂、供水分厂、水处理分厂、质量检验站；在岗员工 1465 人。

［历史沿革］

2001 年—2005 年 3 月，马钢股份设动力厂、供排水厂、气体销售分公司。2005 年 3 月 5 日，马钢股份推进新一轮区域与业务整合，由动力厂、供排水厂的完整建制和气体销售分公司剥离出的煤气、压气系统整合组建成立第一能源总厂。2005 年 3 月 7 日，马钢股份在新区设立第二能源总厂。

2009 年 5 月，第一能源总厂电检、水检、动检 3 个检修车间整建制划出，归属马钢股份公司设备检修公司。2011 年 7 月，第一能源总厂电机变压器维管中心及修理车间整建制划出，成立马钢电气修造公司。

2014 年 4 月 4 日，第一能源总厂、第二能源总厂合并，成立马钢股份能源总厂。

2015 年 9 月 29 日，马钢股份赋予能源总厂能源运行管理职责，能源总厂更名为能源管控中心。马钢股份气体销售分公司氧、氮、氩管网运行职能划归能控中心。

2018 年 4 月 4 日，马钢集团、马钢股份能源环保部管理的马钢股份能源环保职能调整到能控中心。

2019 年 4 月 4 日，马钢股份气体销售分公司生产经营系统并入能控中心。同时，为优化职能配置、提高效率效能，构建科学规范、管控高效的能源环保管理体系，提升专业化管理水平，成立马钢股份能源环保部，与能控中心合署办公。

［主要技术装备］

能控中心承担马钢股份水、电、风、气（汽）等 5 大类 37 种能源介质的生产、回收、储存、输配、调控任务，管辖范围包括 75 个运行站所以及动力管网 458 千米、电力线路 1058 千米，并拥有能源中心（EMS）2 座，部分实现了能源管控（操调）一体化以及站所无人值守化。

电力系统 220 千伏变电站 3 座，110 千伏变电站 25 座，总变电容量 4107.5 兆伏安。110 千伏及以上线路 66 回，总长 110 千米，中压系统线路总长 920 千米。

燃气系统各类燃气加压机组 73 台，气柜 10 座，制氢站 2 座，高焦炉煤气放散 7 座，各类球罐 31 座。煤气管线总长 120 千米。

热力系统各类空压机组 42 台，高炉鼓风机 9 台，余热蒸汽发电机组 1 台，软水站 1 座。蒸汽管线 70 千米，压气管线 60 千米，软水管道 13 千米。

给排水系统建有循环供水泵站 8 座，供水泵站 5 座，制水站 4 座，排涝泵站 4 座，污水集中收集处理站 6 座。各类供水泵组 200 余台，供水主干管道 227.9 千米。19 条厂区主排水沟渠全长 20.7 千米。

［主要技术经济指标］

2001—2005 年，完成转供电 160.32 亿千瓦时，供应工业原水 22.37 亿吨、工业净水 7.99 亿吨、循环水 29.25 亿吨、生活水 2.64 亿吨、软化水 0.15 亿吨，生产冷风 286.53 亿立方米，蒸汽 0.21 亿吉焦。2006—2010 年，完成转供电 236.97 亿千瓦时，供应工业原水 16.82 亿吨、工业净水 7.96 亿吨、循环水 29.57 亿吨、生活水 2.31 亿吨、软化水 0.18 亿吨，生产冷风 544.33 亿立方米，蒸汽 0.33 亿吉焦，加工输送高炉、焦炉、转炉煤气 4.20 亿吉焦，压缩空气 89.40 亿立方米。2011—2015 年，完成转供电 325.86 亿千瓦时，供应工业原水 11.98 亿吨、工业净水 6.80 亿吨、循环水 17.64 亿吨、生活水 1.57 亿吨、软化水 0.15 亿吨，生产冷风 750.62 亿立方米，蒸汽 0.41 亿吉焦，加工输送高炉、焦炉、转炉煤气 5.92 亿吉焦，压缩空气 122.24 亿立方米。2016—2019 年，完成转供电 337.36 亿千瓦时，供应工业原水 7.11 亿吨、工业净水 4.30 亿吨、循环水 4.71 亿吨、生活水 1.02 亿吨、软化水 0.06 亿吨，生产冷风 622.92 亿立方米，蒸汽 0.32 亿吉焦，加工输送高炉、焦炉、转炉煤气 4.83 亿吉焦，压缩空气 108.71 亿立方米。2014—2019 年，供应氧气 54.97 亿立方米、氮气 66.76 亿立方米、氩气 1.88 亿立方米。

2019 年，吨钢综合能耗 572.88 千克标准煤。

［技术改造与技术进步］

2004 年，在 51 号变电所建成 1 号集控站，对 220 千伏热轧变、110 千伏制氧变和 511 号变电所实行集中控制。2006 年，马钢新区公辅系统各项目完成土建收尾和结构、设备安装调试任务，由工程建设阶段转入生产状态。2007 年，“2500 立方米高炉蒸汽制冷脱湿工艺技术的研究与应用”和“2500 立方米高炉风机自动拨风工艺技术的研究与应用”通过省级科技成果鉴定，达到国内领先水平。三厂区钢厂饱和蒸汽发电、铁二区锅炉房汽机发电两个项目建成投运，当年发电 2116 万千瓦时。2008 年，建成投运马钢首座日处理 10 万吨污水的六汾河水处理站。2009 年，马钢新区能源中心通过对能源系统实行集中监控和有效管理，实现从能源数据采集、过程控制、能源介质消耗分析、能耗管理全过程的自动化、高效化、科学化管理，提升了能源管理的整体水平，被工业和信息化部《钢铁企业能源管理中心建设实施方案》（工信部节〔2009〕365 号）列为全国钢铁企业组建能源中心的样板工程。2013 年，20 吨/小时锅炉房及二厂软水站永久性退役，彻底解决了高能耗、低效率的老旧设备争抢煤气资源问题。2016 年，3200 立方米高炉汽动鼓风机站项目及高炉配套公辅项目竣工，并向高炉供风。2019 年，25 号变电所、13 号水泵站、二钢转炉煤气柜相继退役，南区制氢站净化系统、第三空压站、二气柜加压站完成无人值守改造，301 号水处理站完成集控改造，至 2019 年底，能控中心 75 座运行站所中已有 38 座实现无人值守。

［改革与管理］

2011 年，制定《第一能源总厂 2011 年经济运行纲要》，创建 8 大类能源产品的成本模型，设立 12 项经济运行考核指标和依次爬坡的 3 档指标值，开展“班班对标”活动，将经济运行、降本增效覆盖到每个单元、落实到每个岗位。2014 年，启动能源发展规划，明确能源系统发展定位和总体目标，编制了供配电、热力、燃气、供排水、电气自动化 5 个专业实施规划及配套的人力资源、资金规划。2015 年，通过采取“跟班写实”“岗位测评”方式，历时半年完成 139 个主要操作维护岗位的劳动测定，形成分层分类岗位评价体系。优化目标定员方案，编制《“一专多能”管理办法》等配套制度。2016 年，编制完成马钢股份能源评审报告，确定了主要能源使用清单、能源管理实施方案，建立了涵盖马钢股份各主要产线的工序能耗档案。

第三节　仓配公司

［概况］

仓配公司办公地址位于马鞍山市湖南路 49 号，占地面积 14. 32 万平方米。仓配公司主要承担马钢股份原辅材料与备品备件等物资的收货、仓储、发货、配送、废旧物资回收销售、闲置库房出租等业务。

仓配公司下设管理部门 5 个：综合管理部、党群工作部、安全保卫部、生产配送部、设备保障部；生产作业机构 10 个：焦炭供应站、原料供应站、合金辅料站、铁前供应站、长材供应站、轮轴供应站、板材供应站、配送中心、综合回收站、备件中心。10 个生产作业机构除原料供应站位于马鞍山港口集团内，合金辅料站、配送中心、综合回收站位于马鞍山市恒兴路，其余各站均分布于马钢厂区内。截至 2019 年 9 月，共有员工 665 人。

［历史沿革］

仓配公司的前身是马钢股份炉料供销公司，成立于 1991 年 5 月 1 日。因物流业务整合，2005 年 3 月炉料供销公司具有加工作业与仓储配送职能的车间及具有相关管理职能的科室整体划拨出来成立了马钢股份仓储配送中心，主要承担外购炉料的接收、仓储、加工、配送、回收和废钢管理。

2006 年 3 月，港务原料厂机械装卸队整建制并入仓储配送中心。2010 年，因业务机构整合，划入有色金属及耐火材料的管理职能。

因废钢业务整合，2012 年 8 月，废钢加工一站、加工二站的人员、资产整体划拨到马钢废钢有限责任公司。仓储配送中心依托现有组织机构，成立了冶金固废资源分公司，全面接管马钢股份冶金固废资源相关业务，实现了钢渣等冶金固废资源的集中管理。

因物流板块优化整合，2015 年 12 月，仓储配送中心炉料、合金、辅料的仓储配送职能及业务和马钢股份物资公司的单体设备、备品备件、材料、大宗办公用品的仓储配送职能及业务，重组成立仓配公司。2016 年 9 月，仓配公司与冶金固废资源分公司划分开，仓配公司人员整体从马钢股份划拨至马钢集团。2016 年 12 月，更名为马钢集团物流有限公司仓配分公司。2018 年 12 月，仓配分公司划入马钢股份，更名为仓储配送公司。

［主要技术装备与业务］

2019 年底，仓配公司拥有固定资产原值 1. 76 亿元，净值 6364 万元。主要仓储设施和物流相关装备：综合备件库、合金辅料库、四钢轧总厂备品备件库等大小库房 130 座，占地总面积 21. 6 万平方米，各类仓储起重设备 65 台，各类特种车辆 55 台，各类保产车辆 30 台。

主要产品：为马钢股份提供原辅材料与备品备件等物资的收货、仓储、发货、配送服务以及废旧物资回收销售业务。

［主要技术经济指标］

2001—2005 年，各种炉料到货结算量 8641. 13 万吨；实现销售利润 1. 38 亿元；回收增值 1705 万元；降本增利 2400 万元。

2006—2010 年，进出各类原燃料 14185. 5 万吨；回收增值 1. 36 亿元；降本增利 1. 86 亿元。

2011—2015 年，进出各类原燃料 13624. 9 万吨；实现销售收入 3. 54 亿元；回收增值 7500 万元；降本 1. 34 亿元。

2016—2019 年，炉料出入库总量 9857.57 万吨；物资出入库总金额 271.1 亿元；废旧物资回收销售总额 4.44 亿元；降本 2100 万元；外部经营收入 102 万元。

[技术改造与技术进步]

为顺利实施长材系列升级改造项目，马钢股份投资工程公辅配套项目：备件库搬迁还建工程项目。该项目由马钢集团设计研究院设计，马钢利民建筑安装有限责任公司和马鞍山钢铁建设集团有限公司施工，投资金额 2980 万元。2017 年 10 月在备件中心库区开工，历时 12 个月拆除 1.3 万平方米老旧库房，新建 1.7 万平方米钢结构库房以及配套库区道路、围墙、供排水、绿化等辅助设施。于 2018 年 10 月完工，此项目建成提高了备品备件仓储配送能力。

为解决雨水、生活污水混合排放污染河道的问题。2019 年 7 月 1 日，仓配公司（南区）雨污分流改造项目开工，由马钢集团设计研究院设计，施工单位为宝钢工程安徽分公司总承包，投资金额 158 万元。该项目对南区的生活污水及雨水进行分开收集、处理、排放，项目完成后，仓配公司南区各站生活污水全部收集排入生活污水管网，杜绝了对河道的污染，维护了市区水生态环境。

[改革与管理]

体制改革。2010 年，仓配公司开始推行以作业长制为中心的基层管理模式，制订完善作业长选拔聘用管理办法等配套制度。2014 年，以看能力、重业绩为导向，结合生产实际，推行全员岗位绩效考核。随着马钢股份物资公司划入仓配公司，2017 年 2 月，在物资板块推行作业长制。

对外经营。因划入马钢集团物流板块，2017 年，仓配公司全面开展经营业务，涉及库房租赁、原燃料仓储装卸、钢材转储、润滑油仓储接卸、合金加工管理。对内面向马钢股份各厂矿，对外面向社会用户进行招租。在物流配送上，开拓并逐渐稳固了马钢股份重点工程用钢材、粉末冶金焦粉、金雪驰润滑油等仓储物流服务。

企业管理。在生产保供方面，以配合高炉长周期稳定顺行工作为重点，及时了解马钢的生产信息及高炉炉况，做好生产保供过程的动态管理。采取炉料“先进先出”的仓储配送原则，按储存周期及时置换炉料，优化库存结构。在炉料的回收使用上，做好沉积矿回收、塔粉筛分、炉灰加工、弃置合金利用等工作。2009 年，全面推进设备的全面规范化生产维护管理，缩短了设备检修时间。2012 年，依照“不必需的就取消，能替代的一律替代”的原则，对劳务项目进行优化：削减劳务单位 6 家，取消劳务合同 11 项，完成了月降 80 万元、月降 140 万元的两轮指标。2018 年，启动精益工厂创建，按马钢股份要求建立了推进组织体系，广泛动员，加强培训，按计划有序推进，并于 2019 年挂牌 9 个精益工厂创建样板区。

第四节　资源分公司

[概况]

马钢股份冶金固废资源综合利用分公司（简称资源分公司）是马钢股份钢铁生产链上重要的生产单元和冶金固废资源综合利用产业板块，主要承担马钢股份固危废处置及利用、高炉水渣及固废产品销售、自循环废钢回收加工、冶金石灰生产保供等任务。截至 2019 年末，拥有 10 座石灰窑生产线、2 条钢渣处理生产线、1 条废钢加工生产线和 4 大回收料场，账面总资产 2.74 亿元，年回收加工各类固废 800 万吨（含高炉水渣），销售冶金固废 730 万吨，生产冶金石灰 110 万吨，合规处置危废 3.5 万吨，回收加工自循环废钢 20 万吨，销售收入 13 亿元。

资源分公司 2012 年 5 月成立，截至 2019 年末，累计回收各类固废资源近 2110 万吨，生产冶金石灰约 360 万吨，实现营业收入 23 亿元，为马钢股份降本增效贡献超过 10 亿元。

2019 年，资源分公司下辖 4 个部门和 4 个分厂，分别为：综合管理室、生产安全技术室、设备管理室、经营销售室和第一回收分厂、第二回收分厂、第一石灰分厂、第二石灰分厂，在册员工 313 人；财务室由马钢股份计划财务部派驻。

［**历史沿革**］

2012 年 5 月，马钢股份资源分公司成立并正式运营，负责马钢股份钢渣等有价固废资源全面集中回收管理。2012 年 12 月，增设销售部，在负责钢渣等固废资源集中回收管理的基础上，增加对外销售职能。

2014 年，马钢股份实施各主线生产厂资源类外委加工业务优化整治，资源分公司承担马钢股份资源类外委加工业务。

2016 年 9 月，吸收合并马钢股份石灰业务，成建制承接原属三铁总厂、长材事业部和四钢轧总厂的石灰生产业务，同时脱离原仓配公司独立运行。2017 年，全面承接马钢股份危废处置业务及部分管理职能。

2018 年 12 月，正式启动马钢股份自循环废钢回收加工配送业务整合和集中管理，11 月 20 日建成废钢加工基地。2019 年 1 月 1 日，承接马钢股份自循环废钢销售结算及部分自产废钢回收和外委加工业务。2019 年 4 月，承接原属销售公司负责的马钢股份高炉水渣销售业务。2019 年 9 月，承接并开展原属销售公司的马钢股份废次材线上销售和线下处理业务。

［**主要业务**］

钢渣处理加工业务。钢渣年处理量约 170 万吨，分南区和北区钢渣处理综合利用基地，分别处理马钢南区（一钢轧总厂、长材事业部、特钢公司）和北区（四钢轧总厂）生产的各类钢渣。马钢南区钢渣处理综合利用生产线主要包括一条 68.5 万吨/年（远期设计规模 110 万吨/年）钢渣热闷生产线和脱硫渣、铸余渣热泼生产线，主要产品为热闷钢渣、热泼铸余渣等；北区钢渣资源化综合利用生产线主要包括 1 条年处理 10 万吨脱硫渣生产线和 1 条年处理 32 万吨钢包铸余渣、12 万吨中包铸余渣加工生产线；主要产品：回收加工的重废和渣钢、脱硫渣、热泼铸余尾渣等。

高炉水渣处理业务。主要对马钢股份炼铁总厂的高炉水渣进行回收保产和销售，年销售量约 530 万吨。高炉水渣定向销售给安徽马钢嘉华新型建材有限公司加工成矿渣微粉。

回收保产业务。主要包括马钢股份工业垃圾、铁前干渣、瓦斯泥、污泥水、废旧耐火材料、大中修固废、转底炉球团、粗锌粉、氧化铁红、氧化铁皮等固体废弃物和有价物料的回收、仓储、加工分选、直供、销售外发等工作，年回收废旧资源约 70 万吨。

固废资源销售业务。主要销售品种为高炉水渣、钢渣、工业垃圾、含铁尘泥、氧化铁红、氧化铁皮、转底炉球团、部分可利用材及无法再利用的工业废料，年销售量 220 万吨。

冶金石灰生产保供业务。石灰年产量约 110 万吨，供炼铁烧结和炼钢使用。石灰一分厂有 3 座 220 吨/天焦炭窑、1 座 450 吨/天套筒窑和 1 座 250 吨/天弗卡斯窑，位于长材事业部南区，主要产品为 40—80 毫米的冶金石灰；石灰二分厂有 5 座 530 吨/天麦尔兹窑，分别位于原三铁总厂和四钢轧总厂，主要产品为 30—80 毫米的冶金石灰。

危废处置及管理业务。主要承担马钢股份危险废物的收储、暂存和转移、处置管理工作，确保马钢股份危废的处置管理工作依法合规。负责处置的危废有 23 个品种，年处置量约 4 万吨。

自循环废钢回收加工业务。主要对马钢股份各单位产生的废钢（含大中修和备件）、渣钢、大中包铸余、连铸中包、废坯、废钢材等废钢进行集中回收、切割加工、统一配送，各类废钢供马钢股份各钢厂利用。年处理量 20 万吨的自循环废钢加工基地一期项目于 2019 年 9 月建成投产。

废次材销售及处理业务。主要对马钢股份内部各单位钢材制造过程中产生的废品、次品等合同订单无法正常使用的钢材，进行招标销售和网上销售，不能增值的回炉再利用。

加工承揽业务及劳务。主要是为马钢股份主线生产单位提供工序外委合同签订及费用支付，年合同总额2亿多元。

[主要技术装备]

冶金石灰窑。3座250立方米机械化焦炭竖窑，引进日本技术，在国内转化应用，1979年12月建成投产；1座500吨/日套筒窑，引进德国贝肯巴赫公司技术，1998年建成投产；1座400吨/日弗卡斯窑，引自意大利弗卡斯公司，2004年建成投产；5座600吨/日麦尔兹竖窑，引进瑞士麦尔兹公司，2007年建成投产。

钢渣热闷装置。采用国内先进钢渣热闷技术，7米×5米×5米、内衬150毫米钢坯热闷装置主体8套，7米×5米热闷翻转盖成套装置8套，直径3500毫米脱硫旋转罩成套装置4套，8米×10米热泼场伸缩集汽罩成套装置3套，63吨/25吨铸造桥式起重机2台，配套水处理设施等。

[技术改造与技术进步]

马钢南区钢渣处理综合利用工程。南区钢渣处理综合利用工程是马钢“十三五”规划重点工程之一和重要环保工程，前期总投资6800万元，主体项目为年处理60万吨钢渣热闷生产线，70万吨钢渣加工及金属回收生产线，10万吨脱硫渣、铸余渣热泼生产线，30万吨脱硫渣、铸余渣、工业垃圾加工及金属回收生产线及配套的水循环处理系统。工程于2016年9月立项和开工建设，2017年9月20日建成投产，有效解决了钢渣热泼中产生的粉尘问题，大幅改善了员工工作环境，大大降低厂区环境污染，同时有利于渣铁分离和再利用，具有显著的环境效益、经济效益和社会效益。

马钢北区钢渣处理综合利用工程。总投资约5600万元，主要建设内容为1条10万吨脱硫渣生产线，1条32万吨钢包铸余渣和12万吨中包铸余渣切割生产线，1座长120米、宽32米的钢渣堆场（配套封闭厂房）。工程于2017年7月开工，2018年11月竣工投产。该工程建成后，大大改善了区域内大气环境质量，从根本上杜绝了水污染问题，环境效益和社会效益显著。

围绕冶金固废资源综合利用、质量提升、环保提标、节能降耗、固危废处置等，实施技术攻关项目20多项。修编了《冶金固废资源产业化发展规划》，编制形成《马钢冶金渣综合利用示范基地建设规划》并上报国家发改委，完成“钢渣制备高性能橡胶功能充填料技术开发”“基于钢渣的生态护岸工程用材料制备及应用技术研究”等产学研合作项目，参与编制《马钢炼铁技术与管理》。

[改革与管理]

根据钢铁行业发展形势变化和马钢股份战略发展需要，2011年下半年起启动钢渣资源集中管理，2012年5月成立资源分公司，原先被视为废弃物的冶金渣、冶金尘泥、工业垃圾等固废被视为重要资源而加以利用。

2016年9月，根据马钢股份做精主业、剥离辅业的改革思路，推进石灰业务专业化整合，成建制承接原属马钢三铁总厂、长材事业部和四钢轧总厂的石灰生产业务。

2016年9月，按照“因需设岗、以岗定人、人员精简”原则，推进人力资源改革，优化岗位配置，资源分公司岗位从原来的139个整合至123个。

创新人才工作机制，2017年5月起建立实施了资源分公司内部高级技术业务主管评聘管理制度。

积极发展混合所有制，2018年在与民营企业合资建设钢渣处理综合利用项目上进行了有益探索。

第五节　铁路运输公司

[概况]

马钢股份铁路运输公司（简称铁运公司）位于马鞍山市幸福路96号。作为马钢股份的主体保产单位，主要承担原燃料铁路到达、产品铁路发送和内部铁路运输保产任务；同时承担专用铁路管理职能工作。固定资产原值 15.70 亿元，其中生产经营用固定资产 12.99 亿元，净值 3.37 亿元。建筑面积 7.84 万平方米，其中工业建筑面积 3.97 万平方米。

2019 年，铁运公司在岗员工 1454 人。

［历史沿革］

2001 年底，铁运公司机构设置为机关 6 科 1 室 1 处 1 会，即：运输计划科、机动科、安全环保科、技术质量科、劳资培训科、保卫科、办公室、政治处、工会。站段 17 个，即：一厂站、一铁站、焦化站、平炉站、高炉站、三钢站、向山站、江边站、二厂站、二铁站、港口站、机务段、车辆段、工务段、检修段、电务段、加工段。

2004 年 5 月，根据马钢股份统一部署，撤销二级单位保卫科编制。2005 年 3 月撤销一铁站，7 月撤销加工段。2006 年 2 月撤销港口站。2007 年 6 月成立能源环保室，设在机动科；安全环保科更名为安全生产管理科。2008 年 1 月，一钢站并入高炉站，撤销一钢站。

2008 年 11 月 11 日，成立铁运公司保卫科，保卫科设在安全管理部，实行合署办公。2013 年 2 月，工务段和电务段整合为工电段。2016 年 3 月，铁运公司实施“授权组阁　竞聘上岗”，机构设 5 室、6 站、4 段。

截至 2019 年 9 月，铁运公司机关管理部室 5 个：生产技术室、设备管理室、安全管理室、综合管理室、党群工作室；站段 8 个：一厂站、二厂站、三钢站、高炉站、原料站、机务段、车辆段、工电段。

［主要技术装备］

2019 年底，铁运公司现有各种专业生产设备 1817 台（套）。设备综合完好率 98%，其中，内燃机车完好率 93%，普通车辆完好率 98%，冶金车辆完好率 99%、铁路线完好率 100%，道岔完好率 100%。

运输生产设备中内燃机车 55 辆。铁道车辆 797 辆，其中，普通车辆 646 辆（敞车 368 辆、方坯车 60 辆、普通平板车 161 辆、集装箱平板车 57 辆），特种车辆 151 辆（隔离车 31 辆、渣罐车 48 辆、混铁车 72 辆）。铁路总延长 184.74 千米。铁路道岔 800 组，其中，电动道岔 740 组，手动道岔 60 组。铁道装卸机械 4 台，其中，100 吨、160 吨内燃液压轨道吊车各 1 台，16 吨内燃液压轨道吊车 2 台。汽车 18 辆，其中，载重汽车 11 辆，载客汽车 7 辆。

各类道口 190 处，其中有人道口 59 处（内含社会化道口 23 处）；自 2013 年开始，对其中的 24 个道口实施远程控制改造。

［主要技术经济指标］

马钢铁路运输量随着马钢产能的不断扩大而提高，从 2001 年至 2019 年，铁运公司共完成铁路运输量 7.96 亿吨，外部总运量 2.64 亿吨；内部总运量 5.32 亿吨。其中，2001—2005 年完成 1.80 亿吨，2006—2010 年完成 2.33 亿吨，2011—2015 年完成 2.26 亿吨，2016—2019 年完成 1.57 亿吨。

［技术改造与技术进步］

技术改造方面。2001 年 7 月 14 日，铁运公司车辆普修厂房正式投用，优化了检修工艺和装备，设备保障能力得到提升。2002 年 2 月 7 日，三钢移动式渣线改建为固定式渣线。2003 年 10 月 11 日，马钢首条橡胶铺面铁路道口——杨家山道口改造成功。2005 年 8 月 15 日，交接口站场扩能改造工程的竣工，标志马钢“十五”外部铁路运输配套工程全面结束，期间共投资 1629 万元。2013 年 7 月 30 日，铁运公司车辆特修库改造竣工投入使用。2019 年 1 月 15 日，马钢股份重点技改项目“六机六流”三钢“合金小站”区域铁路信号相关改造正式完成。2019 年 11 月 18 日，铁运公司用数字平调手持机遥控液力传动机车上线试验成功。2019 年 6—12 月，自行完成 57 台集装箱平板车改造。2019 年 9—11 月，TPC（320 吨混铁车）无轴箱滚动轴承改造为国内首次试验。

技术进步方面。2003 年 8 月，铁运公司首台东风 7 型（DF7）电传机车投入使用，提升了运输能力。2005年7月15日，马钢新、老区320吨混铁车调运线路开通，组织三厂区铁水倒运到二钢厂，缓解了二钢铁水紧张，满足公司快节奏保产要求。2006年6月20日，铁运公司GK1（工矿1型）内燃机车首次自行大修成功并完成上线试车。2006年9月24日，铁运公司最后一台蒸汽机车退役，实现全内燃化。2007年4月，马钢新区铁路工程全面竣工并投入使用。2007年10月1日，经过5个月时间，在9个站14个作业点及机房安装工控机39台，集调度集中、车号自动识别、计划无线传输、物流管理为一体的马钢铁路运输调度指挥系统开通使用。2011年10月，马钢电炉工程配套铁路投产运行。2013年7月，新型铁路车辆C70（敞车，载重70吨）首次投入使用。2013年8月3日，铁运公司道口远程操控正式开通运行。2014年7月29日，马钢股份铁水二通道成功开通运行，缓解一通道铁水瓶颈问题，大幅提升跨区（南区北区）调运能力。2015年7月，全国首套铁路信号全电子计算机联锁系统（GKI-33e）在高炉站信号楼投入运用。2016年8月18日，马钢4号炉项目总图运输工程全线竣工投入使用。2016年8月28日，与八达物流合作的外购焦炭集装箱专列运输正式运行。2017年3月29日，牵头研发铁路货票无纸化系统正式投入运行，提高了物流管理水平。2017年4月26日，马钢铁路调度监控中心正式投用，规范车站作业，提升基础管理。2017年5月18日，相控阵检测技术首次在320吨混铁车车轴及轴承检测上运用成功，有力保障了混铁车在线运行安全。2017年8月25日，铁运公司首台工矿D1型（GKD1）电传机车自行中修成功并完成上线试车，标志着铁运公司已具备电力传动机车自主检修的能力。

[改革与管理]

基础管理方面。2006年8月，铁运公司经过充分的准备、试验，首次在高炉站炉下试行了机车调乘一体化的作业模式（调乘制是指在原一台作业机车每班由2名乘务员、1名调车员组成的一个作业组的基础上，通过对乘务员进行调车员作业培训和对调车员进行乘务员作业培训，使之成为既能驾驶机车、又能进行调车作业，两人可以互换作业的“调乘一体化”创新作业模式，简称调乘制），并制定下发了《调乘制作业规定》，通过实施调乘制，使一台作业机车由每班3人优化到只需要2名调乘员组成一个作业组，比原有作业模式减少1/3作业人员，以达到内部挖潜、减员增效的目的。2008年3月24日，铁运公司顺利地通过马钢股份验收，成为第18家作业长制单位，聘任了63名作业长，制订作业长任期目标责任书，并完成签订工作。2007年7月10日，根据马钢股份《2007年标准化工作推进计划》，铁运公司颁布生产服务岗位作业标准79个，管理岗、技术业务岗工作标准146个，标准覆盖面达100%。2009年10月28日，由铁运公司牵头的路企联办合署办公点在一厂站交接口正式投用，负责协调铁路到达、接卸和产品外发工作。2013年3月26日，铁路马钢台在上海路局调度所正式开通，加强与路局调度所协调沟通，强化源头发运控制，做好重点品种保供，实现外部到达均衡稳定。2016年1月13日，将原先铁运公司负责的路企联办职能划归物流公司管理。2018年1月，铁运公司检修模式转变，车辆铆焊工序外委。7月21日起，实现南区钢渣“全热焖”，既实现固废二次利用，又满足环保需求。

安全创新方面。2012年12月26日，警企双方关注的马钢铁路交通事故调处中心在铁运公司揭牌投用，为进一步规范马钢厂区路外事故处理，维护社会稳定，保障企业正常生产经营秩序，提供了良好的工作机制。2013年5月14日，通过省安全标准化二级达标现场验收。2015年5月15日，由马钢人民调解委员会和楚江公安分局共同设立的联调中心在铁运公司正式运行，负责马钢各类内外部矛盾纠纷的调解工作。

第六节　气体销售分公司

[概况]

马钢股份气体销售分公司（简称气体公司）位于马鞍山市雨山区湖南西路马钢8号门院内。气体公司分设南北两个生产区域，南区位于马钢东路南段，占地面积6.99万平方米。北区位于马钢二厂路与北塘路交叉口，占地面积3.94万平方米。

2019年1月，气体公司机构设置为5个室2个分厂1个站：综合管理室（党群工作室）、生产技术室、设备管理室、安全环保室、营销室、氧气一分厂、氧气二分厂、质量检验站。共有员工253人。

[历史沿革]

2001年，气体公司机构设置为：办公室、政治处、工会、劳资科、财务科、安全科、机动科、生产科、营销科、技术科、氧气一车间、氧气二车间、煤气车间、煤气防护站、压气车间、检修车间。2005年上半年，根据马钢部署进行区域整合。气体公司煤气车间、煤气防护站、压气车间及机关部分管理人员共684人划转归属一能源总厂。2006年初，由于江东公司改制，气瓶充装业务划归气体公司，气体公司成立充装站接管充装业务。4月，气体公司全面实施作业长制，建立起以作业长制为中心的基层管理模式。2009年，马钢对检修资源实行整合，气体公司检修车间76名检修维护人员及相应的资产成建制划归设备检修公司。2014年7月，马钢实施财务集中管理，气体公司财务科归属马钢股份计财部，派驻气体公司管理财务。2016年，根据马钢股份公司总体部署，气体公司实施机构精简，将办公室、政治处、工会、人力资源室合并为综合管理室（党群工作室），武保科与安全环保室合并为安全环保室；气体充装站（钢瓶检验站）、化学分析区整合成立质量检验站。

2019年4月4日，根据马钢股份部署，能控中心与气体销售分公司整合，将气体销售分公司的生产经营系统并入能源管控中心。

[主要技术装备与产品]

气体公司主要技术装备为4台制氧机组，分别为4万立方米/小时制氧机组、3.5万立方米/小时制氧机组、3万立方米/小时制氧机组、2万立方米/小时制氧机组。

主要产品有气氧、气氮、气氩、液氧、液氮、液氩、瓶氧、瓶氮、瓶氩、医用氧、食品添加剂氮气、高纯氮、高纯氩、氪气、氙气、粗氪氙、粗氖氦。

[主要技术经济指标]

2001—2005年，共生产合格氧气10.54亿立方米，氮气7.24亿立方米，氩气0.15亿立方米；2006—2010年，共生产合格氧气41.84亿立方米，氮气36.91亿立方米，氩气1.06亿立方米；2011—2015年，共生产合格氧气35.89亿立方米，氮气31.75亿立方米，氩气0.50亿立方米；2016—2019年，共生产合格氧气35.73亿立方米，氮气45.73亿立方米，氩气0.82亿立方米。

2001—2019年，打造经营型营销，努力建设“马钢气体”品牌。积极参与市场竞争，开发新产品新客户，对外销售收入持续增长。2001年销售收入3388万元，2010年销售收入突破1亿元，2019年销售收入9211.78万元。

[技术改造与技术进步]

气体公司围绕安全保供工作主题、瞄准制约设备稳定及经济运行的问题，推进设备升级，提升设备性能和产能，提高安全保障能力。2002年11月28日，马钢“十五”规划重点工程——4万立方米/小时制氧机组破土动工，于2004年1月13日竣工投产；拥有1台空压机（型号RIKT 112-1+1+2）、1台增压机（型号GT 063 L2K1/GT 032 L3K1）、2台氮压机（型号GT 063 N3K1、GT 056 N4K1）、1套预冷系统、1套分子筛吸附系统、1套冷箱内精馏系统。2003年2月28日，马钢“十五”规划重点工程——2万立方米/小时制氧机组破土动工，于2004年1月15日竣工投产；拥有1台空压机（型号GT 087L3K1）、1台增压机（型号TAE-100AM6R3RCD/30）、1台氮压机（型号3CI-C255MX5 N2）、1套预冷系统、1套分子筛吸附系统、1套冷箱内精馏系统。随着马钢股份产能增加，配套新增3万立方米/小时制氧机组，2004年7月15日破土动工，于2005年12月11日竣工投产；拥有1台空压机（型号

VK125-3）、1台增压机（型号6R3MSGE-9ARCD/15）、1套预冷系统、1套分子筛吸附系统、1套冷箱内精馏系统、3台氮压机。2006年，3万制氧机组新增液氧气化系统。2010年，4万制氧机组增建冷冻机，缓解马钢股份氮气需求不平衡状况。2011年9月20日，4万制氧机组增设4万立方米/小时液氮汽化装置，减少故障停机对生产的影响，提高后备保障能力。2012年，投资105万元自主设计实施3.5万、2万制氧机组控制室、水泵房“四合一”集中控制改造，不仅优化操作流程，而且节省人力物力成本。2013年12月—2014年1月，实施国内首例内压缩流程“3万制氧机系统优化增氮改造”，新增3.5万立方米/小时氮压机。2017年，实施3.5万、2万制氧机组低压氮气管网连通改造，实现氮压机互备。2018年，完成2万制氧机空分系统阀门自动控制投入。2019年5月，新建3000立方米/小时液氧储槽投运；6—9月，新建南北区氧气连通管项目竣工、投运。

气体公司在做好气体介质保供的同时，不断利用和挖潜设备优势开发低温空分产品、开拓低温空分产品外销市场。2007年，顺利完成4万制氧机组稀有气体系统改造，开发出精制氪、精制氙稀有气体低温产品。同年，申办医用氧药品生产许可证，成功取得省食品药品监督管理局颁发的医用氧生产许可证书；2010年，申报医用氧药品注册，通过了国家食品药品审评中心的审核，获得药品批准文号：国药准字H20103367；2011年，通过医用氧药品生产质量管理规范（GMP）认证。据此成为市唯一一家有医用氧生产和销售资质的企业。2015年2月16日，气体公司实现医用氧销售零的突破，截至2019年底，医用氧产品位列省市场占有率第一。2015年，在3万制氧机上研制开发出粗氪氙产品、在4万制氧机上研制开发出粗氖氦产品。2017年1月，取得食品添加剂氮气生产许可证。2018年，成功开发出高纯度氮气、高纯度氩气产品。

气体公司2011—2019年间获得专利11项。授权时间：2013年9月18日发明专利《一种用于解决空分系统中阀门故障的装置和方法》；2014年8月13日实用新型专利《一种防止低温液体泵传动轴冻结的装置》《一种管道气用作化学仪器载气的装置》《一种立式径向流分子筛吸附器吸附剂的更换方法》；2014年12月10日实用新型专利《一种槽车向低温液体储槽倒液的装置》；2015年9月9日实用新型专利《一种提高分子筛纯化器再生性能的装置》；2016年8月31日实用新型专利《一种医用液氧的取样装置》；2018年1月2日实用新型专利《一种消除制氧机冷却系统喷淋器堵塞的装置》；2018年2月16日实用新型专利《一种空分装置热启动倒灌液氧快速启动的装置》；2019年10月1日实用新型专利《一种膨胀机增压侧端面密封除冰装置》；2019年11月8日实用新型专利《一种用于低温液体槽车的泄压降噪回收装置》。

[改革与管理]

气体公司始终坚持标准化建设，推进管理不断走向科学、规范。2001年，产品质量管理体系（ISO 9000）通过上海方圆认证机构的认证。2005年，全面加入马钢股份“三标一体化”体系。2001—2019年，先后通过安全生产标准化、质量、测量、环境、职业健康安全管理体系认证及医用氧药品生产质量管理规范（GMP）认证等，取得安全生产许可证、全国工业产品生产许可证、气瓶充装许可证、移动式压力容器充装许可证、钢瓶检验许可证、危险化学品登记证、特种设备检测机构核准证、药品生产许可证、食品生产许可证。

气体公司是全国冶金制氧行业会员，于2007年9月24—28日、2016年10月26—28日成功承办全国冶金企业动力节能促进会制氧专业年会。

第七节　比欧西气体有限公司

[概况]

马钢比欧西气体有限责任公司（简称马钢比欧西）位于马鞍山市花山区北塘路21号，是马钢股份与林德（中国）投资有限公司共同投资8.2亿元设立的中外合资企业，双方各占50%的股份。马钢比欧西于2005年2月16日正式注册成立，是当年省投资规模最大的外商投资企业，拥有两套世界先进水平的40000标准立方米/小时空气分离装置，通过管道向马钢新区提供氧气、氮气、氩气等气体产品，并提供相关的工程和技术服务。截至2019年底，马钢比欧西累计销售各类工业气体超过164.71亿标准立方米，累计向政府交纳各类税款11.22亿元。

［历史沿革］

2005年1月7日，林德（中国）投资有限公司（原名为比欧西（中国）投资有限公司）与马钢股份签订合资公司章程和供气合同。2005年2月16日，马钢比欧西气体有限责任公司正式注册成立。2005年5月18日，马钢比欧西成立新闻发布会在合肥举行。2005年7月28日，项目基础打桩。2007年3月8日，1号空分氧气并网成功。2007年6月16日，2号空分氧气并网成功。2011年3月，获省"安全生产标准化二级企业"称号。2016年5月，获省"能源资源计量示范企业"称号。2017年1月，获省"职业卫生基础建设示范单位"称号。2018年12月，获"省劳动保障诚信示范单位"称号。2019年，成功推广林德富氧燃烧技术在马钢四钢轧总厂的应用。

［主要技术装备与产品］

马钢比欧西主要技术装备包括1号和2号制氧机（深冷空气分离设备）、后备系统、高低压供配电系统、循环水系统等。

主要设备配置情况：2套每小时制氧量40000标准立方米制氧机、2台40000标准立方米/小时氮气压缩机、1台20000标准立方米/小时氮气压缩机、1台2000立方米液氧储槽、1台2000立方米液氮储槽、2套氧水浴式汽化器、2套氮水浴式汽化器、2台100立方米液氩储槽及氩后备系统、2台110千伏/10千伏主变及其中低压配电系统、1座循环水塔等。

马钢比欧西通过管网向马钢提供高纯度气体产品：氧气、氮气、氩气，供炼钢炼铁使用。少量低温液体产品（液氧、液氮和液氩）按照等价等量原则批发给马钢和林德向市场销售。氧产品纯度不小于99.6%，氮产品纯度不小于99.999%，氩产品纯度不小于99.999%。

［技术改造与技术进步］

马钢比欧西自成立以来高度重视技术改造与进步，在林德集团及其大中华区运行与技术部门指导下不断对标挖潜，汲取先进经验与实践，创新思维，精心论证，实施了一系列的技术升级与改造，取得丰硕的成果。

2009年6月，开始上线的自动变负荷（LMPC）项目不仅替代了操作人员的手动变负荷操作，实现了精准调节和控制，还保证了设备稳定运行，有效减少了管网放散。氮气"一拖二"运行模式将单套空分产出的氮气供应至两台氮压机，保证一套空分停机时依然满足对客户氮气的供应。2019年开始的1号空分产线升级改造项目将1号空分的富余氮气压缩后供管网，减少了液氮汽化，避免了原氮气压缩机的超负荷运行，既节能降耗又保证了原有设备安全。

［改革与管理］

马钢比欧西拥有精干高效的组织架构和优秀的企业文化，自2007年投产以来，马钢比欧西生产效率和设备运行可靠性在国内外同类现场名列前茅，先进控制系统及自动变负荷系统的应用，有效提高生产效率、降低运行成本，两套4万空气分离设备成为马钢气体管网的负荷调节中心，为马钢气体保供、降低管网放散发挥了至关重要的作用。连续多年获当地政府"突出贡献企业金奖"荣誉，在全国、省、市和马钢多次介绍过安全管理理念和做法。

• 第四篇 多元产业

第四篇　多 元 产 业

概　　述

“十五”以来，马钢非钢产业发展工作围绕“做强钢铁主业、拓展非钢产业、完善现代企业制度”的战略方针，按照“做好现有的，发展新兴的”工作思路，依托钢铁主业向推进产业链延伸，上游重点发展矿业，下游着力发展相关联产业，通过“引进来、走出去”，机械制造、建筑、钢构、房地产、贸易等产业努力做大，在钢材资源深加工、二次资源综合利用及原材料保障等方面重点研究开发，向金融、环保、煤化工等领域积极拓展。

“十一五”期间，在省国资委的授权和市委、市政府的支持下，平稳实施康泰公司和建设公司产权多元化改革、职工身份置换和股权激励。和菱实业新基地、轧辊镀铬生产线、结晶器铜板电镀生产线竣工投产，安徽冶金科技职业学院新校区顺利建成。

为了延伸产业链和拓展相关非钢产业，马钢先后与比利时、美国等国家和中国香港及内地一些大企业集团相继开展合资合作。

在此期间开展了钢渣矿粉“双掺粉”试验、钢渣粉配制水泥、钢渣粉混凝土试配等应用研究，完成钢渣微粉产品性能试验、工艺路线、设备选型、市场调研、分析评价等工作。开展了H型钢深加工、矿山爆破工程合资合作、环保产业、钢筋加工配送、石灰石供应基地等项目市场调研论证及绿化、钢构等同业整合调研工作，绿能公司LCH新型焊割气体项目论证后在当涂开发区顺利开工建设。

“十二五”以来，面对钢铁行业市场持续低迷、盈利急速下降、竞争不断加剧的严峻形势，马钢在抓钢铁主业降本增效的同时，加快发展非钢产业，培育新的经济增长点，以整合、合资和改制方式，充分发挥非钢板块协同优势，打造一批具有潜力、能够形成有效支撑的业务板块。

以机制驱动增强非钢产业发展活力，建立了马钢集团领导层成员分工负责制，形成“一板块一领导”的领导责任体系。马钢集团严格按目标完成情况考核兑现，突破长期存在的“主辅”思维，发挥考核的激励与导向作用。

实施系列业务、人员剥离。马钢股份5吨以上货车、危险品运输车两类车辆及相关人员集中至汽运公司。原行政事务部承担的办公楼设备设施日常运行、维护业务及相关人员移交工程技术集团设备检修分公司。制定实施《马钢股份物流业务由物流公司总包方案》，促进责、权、利统一，确保马钢股份下达的生产经营目标顺利实现。编制《马钢股份公司煤化工资源整合方案》，依托现有资源，对煤焦化公司化工业务实施剥离整合，优化资源配置，成立相应化工实体，夯实煤化工及新材料板块发展基础。促进化工资源深度利用开发，提升煤化工板块管理效率。开展马钢股份计量业务整合方案编制与实施，提升公司计量专业化管理水平，系统优化资源配置，统筹推进计量设备改造与新技术应用，规范计量数据管理与运用，提升公司生产制造与经营决策过程中相应数据的可靠性，积极创建国家计量标杆企业。关停二铁总厂等6家单位原有9条净化水生产线，统一交由力生公司集中供应，解决职工饮水安全隐患。将长材事业部和一钢轧总厂的两个新建工程水处理站合并，由能控中心统一管理。实施司磅业务剥离，将长材事业部司磅业务的相关资产和人员全部划拨至计量处。针对二铁总厂和三铁总厂的水渣业务，划分利民公司和新型建材公司的分工界面。针对铁运公司车辆段铆焊作业外委业务，交由钢结构公司承接。将各单位信息化业务及人员整合至自动化公司，马钢股份二级单位档案人员关系划拨至马钢集团档案处。能控中心、港务原料总厂、长材事业部、车轮公司、检修中心5家单位部分设备维检人员定向划拨至马钢集团。

结合马钢集团做大多元产业，马钢股份“瘦身减负”等管理要求，以不增加马钢股份负担为前提，细化操作原则，拟订各项服务费，规范相应经济关系。完成2016年力生公司、康泰公司与马钢集团、马钢股份具体服务协议签订工作，确保2家单位在马钢各项服务的正常开展。

全面推进资产证券化。飞马智科公司、表面技术公司成功登陆新三板，持续激活体制机制。引入江东控股、绍兴富圆、经华碳素等战略投资者，飞马智科公司国企改革“双百行动”方案加快落实，粉末冶金公司员工持股试点有序推进。

经持续发展，多元产业各板块进步明显。

矿业资源产业。以提高资源开发利用保护水平，进一步做大做强矿业资源为发展路径，矿山系统努力克服可开采资源不足、开采难度大、原矿品位低等困难，充分挖掘现有矿山开采潜能，加快推进后备矿山建设。高村采场、和尚桥铁矿、和睦山铁矿、白象山铁矿、罗河矿、张庄矿等一批项目工程相继建成投产。践行绿色发展理念，将绿色矿山建设、美丽矿山规划和企业发展相结合，着力强化各矿山单位资源开发、环境整治、生态修复及综合利用，马钢矿业先后获评全国冶金矿山十佳厂矿、全国首批生态矿山示范区、国家级绿色矿山、国家级矿产资源综合利用示范基地等，高质量转型发展蹄疾步稳，努力打造含铁产品、冶金熔剂和资源综合利用产品3个千万吨级生产基地。

轨道交通用钢产业。高速车轮材料设计及制造工艺技术形成系统集成，2016年马钢高速轮轴产品获国内首张高铁车轮CRCC证书，2017年应用于“复兴号”中国标准动车组，2018年首批160件高速车轮出口德国，大功率机车轮替代进口。

工程技术产业。以建设成为国内一流工程技术全过程服务商和面向全球服务的优秀企业集团为目标，获建筑工程总承包特级资质、多项国家颁发的甲级资质和对外承包工程经营权等多项资质，具备工程勘察设计、工程建设安装、装备制造、设备维检服务等多项专业能力，累计获国家技术专利30余项，在冶金设计施工领域形成了一定品牌优势。

物流产业。以打造生态智慧钢铁物流企业为目标，归并马钢汽运、仓配、航运、港口四大物流板块，推进物流业务一体化发展，年物流总量达7900万吨。多式联运成为国家示范项目。

化工能源产业。以建设成为国内先进的煤化工新型产业基地为目标，先后投资河南金马能源、滕州盛隆化工、安徽临涣化工等企业，获良好投资收益。与韩国OCI公司合资建设焦油深加工生产线，延伸焦化产业链。整合煤化工业务，成立化工能源公司。

节能环保产业。以建设成为国内节能环保领域知名综合型服务商为目标，先后获国家颁发的环保工程二级资质、中国设备维修企业咨询类一级资质、无损检测计量认证资质（CMA）等，“诊断检测→方案设计→项目建设→专业化服务”一体化能力、市场竞争能力进一步提升。欣创公司成功挂牌“新三板”。

信息产业。以打造IT行业具有较强竞争力的信息技术服务公司为目标，积极探索应用云计算、工业大数据、移动互联网等信息技术，以云计算平台为核心，参与智慧城市建设，成功开发贴标签机器人，形成以华东地区为主、覆盖10多个省市的客户群体。

2019年，马钢多元产业实现营业收入408亿元、利润总额25.42亿元，分别占马钢集团的34%和53%。

第一章 矿产资源

第一节 安徽马钢矿业资源集团有限公司

[机构设置]

2011年4月7日，经马钢集团2011年第3次党政联席会研究决定，成立马钢集团矿业有限公司（简称矿业公司）。内设机构为：办公室、党群工作部、计划财务部、生产技术部、工程管理部、安全环保部、机动物资部（与采购供应中心合署）、工会。2016年9月，成立设备保障部，撤销机动物资部（采购供应中心）、工程管理部。2017年5月，因机构整合和部分职能调整，内设机构为：办公室（党委办公室）、党群工作部（监察审计部）、生产技术部、计划财务部、设备保障部、安全环保部、工会。

2019年，机构设置调整为：办公室（党委工会）、党委工作部（人力资源部）、规划发展部（运营改善部）、市场部（非金属矿产部）、生产技术部（技术中心）、计划财务部、工程与设备部（采购供应中心）、安全环保部。

[历史沿革]

2011年，矿业公司成立，将南山矿业公司、姑山矿业公司、桃冲矿业公司、罗河矿业公司及张庄矿业公司5家分子公司集中整合。

2014年5月14日，马钢集团将持有的张庄矿100%国有股权和罗河矿55%国有股权无偿划转至矿业公司。2017年11月，罗河矿业公司股东会同意矿业公司持有罗河矿股权增至66.16%。

2014年10月30日，马钢集团将持有的安徽皖宝矿业股份有限公司35%股权、马鞍山江南化工有限责任公司35%股权、华唯金属矿产资源高效循环利用国家工程研究中心有限公司3%股权无偿划转给矿业公司，同意将马钢国际经济贸易有限公司持有的铜陵远大石灰石矿业有限责任公司18%股权无偿划转给矿业公司。

2018年3月2日，马钢（上海）商业保理有限公司成立，矿业公司持股10%。2018年12月10日，设立安徽马钢矿业资源集团建材科技有限公司，矿业公司持股51%。2019年4月28日，设立安徽马钢矿业资源集团材料科技有限公司，矿业公司持股51%。“马钢集团矿业有限公司”更名为“安徽马钢矿业资源集团有限公司”，为马钢集团出资设立的全资子公司。下辖：3家分公司，分别为南山矿业公司、姑山矿业公司、桃冲矿业公司；1家全资子公司，为安徽张庄矿业有限公司；3家控股子公司，分别为安徽罗河矿业有限公司（持股66.16%）、安徽马钢矿业资源集团材料科技有限公司（持股51%）、安徽马钢矿业资源集团建材科技有限公司（持股51%）。参股公司6家，分别为安徽皖宝矿业股份有限公司（持股35%）、马鞍山江南化工有限责任公司（持股35%）、中钢爆破公司（持股34%）、铜陵远大石灰石矿业有限责任公司（持股18%）、马钢（上海）商业保理有限公司（持股10%）、华唯金属矿产资源高效循环利用国家工程研究中心有限公司（持股3%）。

第二节　南山矿业有限责任公司

［概况］

马钢矿业资源集团南山矿业有限责任公司（简称南山矿）是马钢主要的矿石基地、中国华东地区规模最大的黑色冶金露天矿山、国内大型冶金矿山之一，矿区位于市东南8千米的向山镇境内，地处苏、皖边界。南山矿主体生产分高村和和尚桥2个采、运、选联合生产体系，全矿固定资产原值29.32亿元，净值14.47亿元，设备总重量2.1万吨，占地约16平方千米，工业建筑12.7万平方米，民用建筑35.21万平方米。

截至2019年底，南山矿机构设置为：党委工作部、办公室、工会、生产技术部、地质测量部、安全环保部、人力资源部、工程保障部、财务部、保卫（武装）部，下辖高村铁矿、和尚桥铁矿、铁路运输车间、凹山选矿厂、和尚桥选矿厂、东山车间、尾矿车间、动力车间、检修车间、生活服务公司、物资供销公司、双退办公室、花山留守处、开发公司、利民公司、建安公司；在册员工2963人。

［历史沿革］

2000年12月17日，为适应现代企业制度的要求，马钢集团决定将南山矿改制为全资子公司，成为自主经营、自负盈亏、自我约束、自我发展的法人实体和市场竞争主体，并更名为“马钢集团南山矿业有限责任公司”。

2002年5月，马钢集团将南山矿职工医院成建制划归马钢总医院管理。10月，南山矿财务科机构保留，其人员整体划归马钢集团财务部管理。2003年7月，南山矿保卫科剥离出部分人员和职能，划归公安系统。

2004年，马钢集团设计研究院成建制划归南山矿管理，为副县级单位，相对独立。9月，根据国家分离企业办社会职能的要求，南山矿中、小学移交政府管理。2005年5月，根据省、市和马钢对江东集体企业改制的要求，南山实业公司实施了改制，不再接受南山矿管理。2006年8月，鉴于硫酸厂长期亏损且扭亏无望，经报请马钢集团批准，南山矿关闭处置了硫酸厂。

2007年11月，根据国家民爆行业产业发展政策要求和马钢产业发展要求，在炸药加工车间基础上，由江南化工有限公司出资51%，马钢集团出资35%，中钢集团马鞍山矿山研究院出资14%，合资成立了马鞍山江南化工有限责任公司，炸药加工车间退出南山矿生产序列。

2009年6月，马钢集团根据生产经营管理的需要，将“马钢集团南山矿业有限责任公司”变更为“马钢（集团）控股有限公司南山矿业公司”。2011年，马钢集团成立矿业公司，南山矿划归矿业公司管理。马钢集团设计研究院划归矿业公司管理。

2017年9月1日，南山矿举行了隆重的“凹山采场生态修复工程”启动仪式，此举也标志着拥有百年开采历史、横跨两个世纪的凹山采场纵深开采宣告结束。

［主要技术装备］

截至2019年底，南山矿高村、和尚桥两个采场有采掘设备44台，其中，牙轮钻机7台、潜孔钻3台、10立方米挖掘机5台、4立方米挖掘机8台、推土机21台。运输设备293台，其中，80吨电机车2台、150吨电机车15台、60吨级自翻车122台、90吨级矿用大车汽车16台、套胶带运输机138台。

南山矿有3个选矿厂。凹山选矿厂主要生产设备70台套，其中，颚式破碎机3台、圆锥破碎机6台、高压辊磨1台套、球磨机22台、永磁圆筒磁选机38台。和尚桥选矿厂主要生产设备46台套，其中，颚式破碎机2台、圆锥破碎机3台、高压辊磨1台套、球磨机4台、永磁圆筒磁选机36台。东山车间主要设备有：球磨机2台、自磨机2台。

[主要产品]

南山矿是马钢集团的主要原料基地之一，主要产品为铁精矿，专供马钢内部生产。

[主要技术经济指标]

2001—2019 年，南山矿共采出铁矿石 15898.78 万吨，生产铁精矿 4412.41 万吨，其中，2001—2005 年共计 989.49 万吨，2006—2010 年共计 992.54 万吨，2011—2015 年共计 1285.02 万吨，2016—2019 年共计 1145.36 万吨。采剥总量、采矿量、精矿量和铁精矿品位 4 项主要经济技术指标的历史最高水平分别是：3135.51 万吨、1330.04 万吨、318.07 万吨、64.53%。2001—2019 年，南山矿累计为马钢集团创造内部经济效益 32.5 亿元。

[技术改造与技术进步]

2001—2019 年是南山矿新老系统生产建设交织、产能实现千万吨级规模跨越的重大转折时期。南山矿抓住矿业发展的历史机遇，立足南山大量极贫磁铁矿的资源背景，先后围绕矿“十一五”发展规划目标和“十二五”目标任务，组织广大生产技术人员坚持资源节约、生态环保的经营理念，依托科技进步，在加速建设新系统的同时，采用先进适用技术不断改造旧有生产系统，实现了新老系统的平稳过渡、有效融合，开创了持续发展的新局面。

实施选厂提升能力技改工程。一是开展中细碎技改。2001 年以来，南山矿采用了世界先进的德国制造的 H8800 破碎机和 HP500 破碎机，主要解决了原矿处理能力小、破碎效率低、生产成本高等问题；二是超细碎技改。工艺技术改造采用德国 Coppern（魁伯恩）公司生产的高压辊磨机，将 20—0 毫米的细碎产品继续破碎至 3—0 毫米后，用中场强湿法磁选提前抛弃 40%以上的粗粒尾矿，粗精矿再继续进行两段磨选得到最终精矿，具备了处理高村采场极低品位矿石的技术手段，同时解决了扩产后尾矿输送和堆存的难题；三是凹选三段磨矿技改。2008—2010 年，通过更换大型磁选机和再建细筛磨矿分级闭路系统，解决了精矿处理能力和稳定精矿品位问题。

尾矿库安全监测技术研究与实施。在南山矿生产中，尾矿库安全是安全生产的重中之重。凹山总尾矿库和城门峒尾矿库是南山矿重要的生产基础设施之一，两库设计接受尾矿砂总量为 420 万吨/年。2001 年以来，南山矿尾矿车间协同相关单位，从创新尾矿库监测系统、减少入库尾矿量并改善入库尾矿级配到科学合理做好尾矿排放管理等方面对尾矿库安全监测持续进行技术创新与实践，系统地运用自动化技术、水工理论技术、计算机信息管理技术，设计建立一套“尾矿库区数字化管理系统”，可以实时、直观地掌握坝体的实际动态，进行安全评价、预警预报，并及时反馈信息指导生产。

优化东山选厂立磨系统的技术攻关。2014 年，南山矿为提高东山车间精矿品位实施了三段磨选工艺技术改造，首次引入国产 JM-1800B 立磨机，增设了三段磨矿。当年 6 月底技改成功，精矿品位从 61%提高到 63.5%以上。

2015 年，南山矿先后实施了“优化改造高村采场东部空间的优化改造”“凹山采场西南帮-90 米以下边坡治理工艺的优化”“完善和尚桥采场截洪排水系统”“降低和尚桥选厂入磨粒度”“优化凹山总库输尾工艺”“高村铁矿资源综合利用的工业应用研究”等项技术攻关并取得成功，发挥了技术支撑作用。

2018 年，创新应用淘洗工艺，实施“提质降杂”工艺技术改造，精矿品位得以提升，和尚桥选矿厂积极开展以“降铝控硅”为代表的工艺技术改造，稳质稳产。通过技术攻关，淘洗机将精矿品位平均提高 3.54 个百分点，基本冲抵了凹山采场闭坑带来的精矿质量的大幅降低，淘洗机精选工艺满足了凹山选矿厂稳定精矿品位的要求。

2010—2019 年，南山矿获省级以上的科技进步成果有：2010 年，“低品位铁矿石综合利用新技术及装备研究与应用”获中国钢铁工业协会、中国金属学会冶金科学技术奖二等奖。2012 年，“大孔径水力增压环保爆破技术研究”“大量过期炸药深孔爆破法销毁技术”分获中国工程爆破协会科技进步奖一等奖。2014 年，“高含泥尾矿多空间安全高效处置关键控制技术”获中国冶金矿山协会冶金矿山科学技术奖二等奖。2015 年，“降低环水浓度”获省 QC 成果特等奖，“大型露天采掘设备操检方法的创新和应用”获中国钢铁工业协会科学技术奖三等奖。2017 年，“凹山采场爆破减震技术试验研究”获省爆破协会科学技术奖特等奖，“爆振区内保证高村半连续系统建设和设施安全的关键控振技术”项目获省爆破协会科学技术奖一等奖。2018 年，“大型金属露天矿绿色开发爆破关键技术研究”获中国爆破行业协会科学技术进步奖一等奖。2019 年，“复杂低贫磁铁矿绿色集成开发关键技术研究”获中国冶金矿山企业协会科学技术奖二等奖，“大型露天低贫磁铁矿绿色智能开发关键技术与工程实践”获中国钢铁工业协会、中国金属学会冶金科学技术奖二等奖。

［改革与管理］

2001 年以来，面对凹山采场矿产资源即将枯竭的生存危机，面对较大的成本费用考核压力，南山矿坚持以严格落实经济责任制考核为主线，以对标挖潜为重点，通过科学采掘、精细操作、合理调运，确保了生产经营持续、稳定、高效运行。

2015 年，面临矿价断崖式下跌的严峻生产经营形势，南山矿以“失血保矿业增效，蛰伏谋创新发展”为工作方针，以“努力成为全国黑色冶金矿山最后一批运营中的之一”为工作目标，眼睛向内，强管理、降成本，扎实开展各项工作，奋力求生存，携手保家园，创造南山建矿史上年产 318.07 万吨的铁精矿最高产量，实现了全年在国际矿价基于每吨 60 美元时不亏损的目标。

在企业内部管理中，南山矿把现代企业科学管理渗透到传统的管理方法之中，形成了一整套较为完善的企业管理体系，使企业的各项工作逐渐步入制度化、规范化的运行轨道。

推进管理创新活动，提高管理效果。一是针对矿山安全生产实际，南山矿坚持“安全第一、预防为主、综合治理”的方针，以安全标准化为主线，全面落实企业安全生产主体责任，保持了安全生产的良好态势。高村采场、凹山采场、和尚桥采场、东山采场、凹山总尾矿库、城门尾矿库等独立生产系统获国家安全生产标准化一级企业称号。凹山选矿厂 3 号泵房班、高村铁矿爆破班获全国安全标准化示范班组称号。二是严格经济责任制考核。南山矿每年以上级公司的经济责任制考核办法为指导，遵循“按劳分配、效率优先、兼顾公平”的分配原则，围绕生产经营目标，实行经济责任承包，充分发挥考核机制的激励与约束作用，正向激励，强化管理，有效调动了全员的工作积极性，年年完成上级公司确定的生产经营任务。三是以现场管理为纽带，夯实各项基础管理，强化设备、工程、物资、资源等各项专业管理，扎实推进标准化、信息化、贯标认证等管理工作，促进了南山矿整体管理水平的提高。四是稳步推进相关改革。开展了人力资源优化改革，机关科室由 18 个精简为 10 个。实施了公务用车改革，推行了科级管理人员绩效考核、公开招聘基层管理人员，简化了管理流程，调动了广大干部员工的积极性和创造性。

标杆管理深入开展。南山矿选取采矿、选矿、工艺、产品、社会责任等关键性指标，建立了切合实际的标杆管理体系，以“对比标杆找短板，对比短板定项目，对比项目提绩效，对比绩效促改进”的工作思路，确保各项指标达标创新。通过“立标、对标、超标、创标”，优化生产工艺，完善工艺流程，合理组织生产，寻找自身差距，加强指标的管理和控制，持续改进，追求卓越，柴油单耗、炸药单耗、磨机效率等指标均有不同程度的进步。

精益工厂创建成效明显。作为马钢集团八家试点单位之一，南山矿遵循“试点先行、重点突破、全员跟进、稳步实施”的原则，通过采取领导分片包干、和尚桥产线样板先行、建立例会制度、全员宣贯培训等举措，完善创建机制，建立评价体系，拓展创建范围，提升创建水平，由常态化的 6S 进阶到 TnPM 的全面深入，发现问题点 9256 个，问题点整改率 100%，员工受教育比例达 100%，评比表彰精益班组 26 个，取得了阶段性成效。

2018 年，南山矿制定了“2018 年品牌就在身边工程”实施方案，打造“凹精（凹山铁精矿）”产品质量、“精益工厂创建”“工匠基地创新平台”三大品牌。通过技术攻关，凹精外运品位基本稳定在 64%以上，职工创新工作室共完成岗位创新创效项目 232 项，提交合理化建议 316 条。南山矿“近城大型露天矿区基于系统理论的协调发展”创新成果获第二十四届全国企业管理现代化创新成果二等奖。

2019 年，南山矿推行差异化绩效考核评价。制定发布及完善各项管理办法 23 项，制定并实施了《南山矿 2019 年经营绩效考评办法》，督促指导各单位绩效评价结果的准确性和真实性，以考核和激励促进生产经营绩效的提高，促进了生产经营管理。

第三节　姑山矿业有限责任公司

[概况]

马钢矿业资源集团姑山矿业有限责任公司（简称姑山矿）是有着 100 多年开采历史的老矿山，是马钢重要的铁矿石开采加工基地。姑山矿区是长江中下游地区铁矿分布最集中的地区之一，在 10 平方千米范围内，已探明的较大铁矿床有六七处，总储量约 4 亿吨。有白象山铁矿、和睦山铁矿、姑山铁矿 3 个生产矿山，姑山露转井和钟九铁矿 2 个在建矿山，白象山、龙山 2 个选矿厂及青山尾矿库。产品主要有白精、和精、姑精、姑块 4 个品种。近年来，姑山矿始终秉持“生态优良、环境友好、资源节约、和谐发展”的理念，以安全管理规范化、资源利用高效化、生产工艺科学化、矿山环境生态化为基本要求，依托技术创新，优化资源利用，全力打造绿色生态矿山。

2019 年 9 月，姑山矿在册员工 1250 人。

[历史沿革]

2002 年 3 月 5 日，姑山矿明确了经济责任，主要划分为主体车间：采矿车间、选矿车间、铁运车间；模拟子公司：机制公司、材料公司；辅助单位：汽运队、矿山工程队；自主经营：实业公司；放开单位：生活服务公司、医院。

2002 年 7 月，和睦山矿区立项建设，2003 年 2 月 28 日正式开工建设。2007 年 1 月 28 日，和睦山铁矿举行试生产仪式，这是姑山矿第一个地下开采矿山，为姑山矿的可持续发展奠定了坚实的基础。

2004 年 9 月 1 日，姑山矿业中、小学从姑山矿分离，移交政府管理。2005 年 8 月 29 日，隶属姑山矿的马钢江东综合厂集体企业职工身份置换和产权制度改革工作基本完成。

2004 年 11 月 16 日，马钢集团下达白象山建设计划。白象山铁矿是国家 1991 年规划给马钢的后备矿山项目，马钢集团于 2003 年批准立项，2005 年 11 月经省发改委核准、被列为省“861”行动计划重点工程建设项目，2007 年 5 月被列为国家“十一五”期间科技支撑项目。2013 年 5 月建成投产，设计年产 200 万吨原矿、93 万吨磁精矿。

2009 年 6 月 8 日，马钢集团将姑山矿变更为分公司，变更后的名称为马钢（集团）控股有限公司姑山矿业公司。

2010 年 8 月 30 日，马钢集团将姑山矿代管的马钢集团当涂钢材经营分公司成建制划入马钢实业公司。

2011 年 1 月 1 日，姑山矿职工医院正式转型为市政府举办的社区卫生服务中心。

截至 2019 年，姑山矿设有白象山铁矿、和睦山铁矿、姑山铁矿（露转井项目办）、龙山（白象山）选矿厂、铁路运输车间、汽车运输队、综合保障公司、钟九铁矿项目办、保卫部（武装部）、实业公司等 10 个二级单位；下设办公室（党委办公室、运营改善部）、党委工作部（人力资源部）、规划发展部、地测质量部（检测中心）、安全环保部、生产技术部、计划财务部、工程与设备部（采购供应中心）、工会等9个职能部门。

［主要技术装备与产品］

姑山采场的采剥设备主要是KQ-200潜孔钻、4立方米电动挖掘机，31—35辆矿用自卸载重汽车运输，矿石经过破碎后由火车运输到龙山选矿厂加工成红矿与块矿。

和睦山铁矿是井下矿山，主要凿岩设备为YGZ-90凿岩机，采用WJD-1.5电动铲运机出矿，井下采用ZK10-6/550架线式电机车牵引1.2立方米固定式矿车进行矿石运输，由主井JKMD3.25×4型落地多绳提升机提升的双层双车间罐笼运至地表，运输到龙山选矿厂生产出和睦山精矿。

龙山选矿厂主要设备有擦洗机、破碎机、干磁选机、高压辊磨机、高频细筛、淘洗机、球磨机、精矿经浓密机、过滤机脱水成合格粉精矿，尾矿经浓密机浓缩输送至充填站用于井下充填和生态治理。

白象山铁矿是井下矿山，采矿由掘进、支护、铲装、运输等工序组成，巷道掘进主要采用CYTJ-76型矿用液压掘进台车和锚杆台车联合作业，采矿崩落矿石经FL10铲运机卸至采区溜井。在-500米有轨运输水平，采区溜井内矿石通过震动放矿机卸入6立方米底侧卸式矿车中，列车由14吨架线电机车牵引运往卸载站，通过卸载曲轨后，矿石卸入主溜井中，进入溜破系统，经山特维克CJ612型颚式破碎机粗破后，在-583米水平由皮带装入计量箕斗，由主井提升至地表，进入选矿系统，主井采用双箕斗提升，单箕斗一次可提升矿石18吨，由皮带运输至白象山选矿厂生产出白象山精矿。

白象山选矿厂设备包括中碎圆锥破碎机、中碎双层香蕉筛、中碎单层香蕉筛、高压辊磨机、磁翻转强磁滚筒、直线振动筛（辊压产品）、一段旋流器、二段旋流器、MQY3660球磨机、精矿分级旋流器、高频细筛、湿式预选磁选机、高效磁选机、浓缩磁选机、全自动淘洗机、尾矿浓密机等。

［主要技术经济指标］

2005年，根据马钢股份炉料配比要求，姑山矿将块矿打成粉矿，4月正式投产，全年加工粉矿15.53万吨，超计划2.03万吨。2012年，经过多年努力，白象山开始试生产，当年生产原矿2.47万吨，精矿1.17万吨。2015年，随着白象山铁矿产能的逐步释放，全年生产成品矿突破200万吨大关，达201.20万吨，创历史新高。2019年，共生产成品矿171.65万吨，其中白精113.95万吨，创历史新高。

［技术改造与技术进步］

姑山矿一贯重视环境保护和生态复垦技术研究，2006年“冶金矿山生态环境综合整治技术示范研究”取得成功并获得马鞍山市科学技术进步奖。

2007年，姑山矿实施采场挂帮矿开采，弥补露天采场矿量的不足，与马鞍山矿山研究院合作“姑山采场露天转井下平稳过渡关键技术研究”获省科学技术成果奖一等奖。

2011年，“姑山青山尾矿库细粒高粘尾矿沉积规律和筑坝技术研究”“姑山矿露天采场第四系砾石层承压水下开采综合技术研究”获国家安监总局安全生产科技奖。

姑山矿在科技创新与智能矿山方面重视平台建设，以问题为导向，以效益为目标，开展技术创新工作。开展了白象山选厂湿筛厂房降噪技术、姑山矿区生活污水处理技术、细粒尾矿综合利用等课题的研究，为环境保护的落实提供了支撑。开展了白象山选矿磨选关键设备结构优化技术攻关，促进了效益增加。其中，“CTX旋转磁场干式磁选机在超细碎闭路碎矿回路中的应用研究”项目获冶金行业科学技术奖二等奖。

［改革与管理］

在质量管理体系建设方面，建立和实施了符合GB/T 19001—2016/ISO 9001:2015标准要求的质量管理体系，体系全面覆盖铁精矿、铁块矿的生产、销售和服务。2017年8月，获《质量管理体系认证证书》（北京国金衡信认证有限公司）。

在绿色发展和环境保护管理方面，建立和实施了符合 GB/T 24001—2016/ISO 14001:2015 标准要求的环境管理体系，体系全面覆盖铁精矿、铁块矿的生产、支持性服务及相关的管理活动。2017 年 8 月，获《环境管理体系认证证书》（北京国金衡信认证有限公司）。

在职业健康安全管理方面，建立和实施了符合 GB/T 28001—2011/OHSAS 18001:2007 标准要求的职业健康安全管理体系，体系全面覆盖铁精矿、铁块矿的生产、支持性服务及相关的管理活动。2017 年 8 月，获《职业健康安全管理体系认证证书》（北京国金衡信认证有限公司）。

姑山矿对安全生产、产品质量、资源综合利用、环境保护、科技创新等建立了严格的管理考核制度，促进了矿山管理科学化、规范化。矿山始终坚持“安全第一、预防为主、综合治理”的安全生产方针，严格执行“先安全后生产”的要求。按照《中华人民共和国安全生产法》和《中华人民共和国矿山安全法》有关规定进行规范化管理，走出了一条资源安全与生态保护相统筹，矿山建设与绿水青山相协同，企业发展与人民意愿相一致的矿业发展新路子。

第四节　安徽马钢矿业资源集团桃冲矿业有限公司

［概况］

安徽马钢矿业资源集团桃冲矿业有限公司（简称桃冲矿）位于安徽省芜湖市繁昌区荻港镇桃冲村境内，是安徽马钢矿业资源集团有限公司的全资子公司，公司占地面积 385.46 万平方米，建筑总面积 17.20 万平方米，其中工业建筑面积 3.56 万平方米。固定资产原值 2.97 亿元，固定资产净值 0.99 亿元。有长龙山铁矿、老虎垅石灰石矿和青阳白云石矿、江边自备码头，主要产品有铁精矿、石灰石、白云石。产能规模：铁矿采选 50 万吨/年。老虎垅石灰石矿经过 2018 年技改扩能，产能规模达到 200 万吨/年。青阳白云石矿为马钢冶金辅料基地之一，设计能力 100 万吨/年。青阳白云石矿、老虎垅石灰石矿分别为池州市、芜湖市绿色矿山。

截至 2019 年，桃冲矿下设 5 个厂矿（车间），分别为：老虎垅石灰石矿、青阳白云石矿、长龙山铁矿、长龙山选矿厂、运输车间；9 个部室，分别为：办公室、党委工作部、规划发展部、计划财务部、生产技术部、市场营销部、工程与设备部、安全环保部、工会办公室。

截至 2019 年底，员工 560 人。

［历史沿革］

桃冲矿自 1911 年发现铁矿石，至 2019 年已有 100 多年历史。

1999 年 2 月，马钢总公司桃冲铁矿更名为马钢集团桃冲矿业公司。

2003 年 5 月 8 日，青阳白云石矿正式开工建设。根据《“十五”马钢发展非钢产业指导意见》和《桃冲矿业公司“十五”及十年发展规划》要求，围绕多元化、可持续发展的基本思路，经马钢集团批准，开展青阳五溪白云石矿项目建设，11 月 20 日成功负荷试车进入试生产阶段。

2004 年 9 月 1 日，桃冲矿学校正式移交市教育局直接管理，企业办社会的改革工作迈出了实质性的一步。

2007 年 6 月 29 日，老虎垅石灰石矿破碎系统一次试车成功，顺利进入试生产阶段。2009 年 2 月，正式成立老虎垅石灰石矿，具备规模生产条件。

2011 年 1 月 1 日，市“三险”（生育险、基本医疗险、工伤险）并轨，桃冲矿医院一并划入市医疗集团，成立马鞍山市桃冲医疗服务中心。

2011 年 4 月，马钢集团将所属的桃冲矿业公司资产全部划入矿业公司。

2013 年 5 月，在国家淘汰落后产能的背景下，桃冲矿水泥厂处于大幅亏损状态，为缓解主业经营压力，桃冲矿果断关闭水泥厂，分流相关人员。2019 年 12 月 20 日，因铁矿石资源枯竭，开采百余年的桃冲长龙山铁矿退出生产序列，铁矿石系统的长龙山铁矿、长龙山选矿厂停止生产。

［主要技术装备与产品］

桃冲矿拥有各种设备 436 台（套），总重量 2539. 68 吨。拥有矿山主体设备 220 台（套），总重量 1472. 14 吨。长龙山铁矿设备有主井提升机、副井提升机、铲运机、凿岩台车、工矿电机车、翻车机等。选矿厂设备有颚式破碎机、板式喂矿机、圆锥破碎机、美卓 GP100 破碎机、皮带机、球磨机、磁选机、陶瓷过滤机、螺旋分级机、槽式洗矿机等。运输设备有内燃机车、装载机、自卸汽车、平板车、1067 毫米窄轨铁路专线 8. 8 千米等。老虎垅矿拥有设备 76 台（套），设备总重量 465. 43 吨，主要设备有 JSPCD2224 单段锤式破碎机 1 台、JSPCD1416 单段锤式破碎机 1 台、2YKR2060 振动筛 2 台、2LKBB2461 香蕉筛 3 台、YKR3060H 圆振筛 1 台、KX163-5 挖机 1 台、5 吨装载机 5 台等。青阳矿拥有设备 139 台（套），设备总重量 527. 27 吨，主要设备有挖掘机 2 台、矿用汽车 2 台、NP1313 破碎机 1 台、NP1110 破碎机 1 台、VS1500A 破碎机 3 台、B9100SE 破碎机 1 台、振动筛 8 台、装载机 5 台。

主要产品包括石灰石寸子（30—35 毫米）、石灰石分子（12—30 毫米）、石灰石粉料（0—5 毫米）、石灰石寸子混合料、白云石云片（40—80 毫米）、白云石云粉（0—5 毫米）、铁精、非矿资源。

［主要产量指标］

2001—2005 年，铁矿石采掘总量 313. 6 万吨，生产铁矿石 234. 5 万吨、水泥 125. 8 万吨、白云石 67. 6 万吨。2006—2010 年，铁矿石采掘总量 314. 8 万吨，生产铁矿石 286. 5 万吨、白云石 211. 3 万吨、水泥 179. 6 万吨、石灰石 85. 1 万吨。2011—2014 年，生产铁矿石 212. 1 万吨、白云石 294. 8 万吨、石灰石 287. 6 万吨、水泥 61. 3 万吨（水泥厂 2013 年关闭）。2015—2019 年，生产铁矿石 141. 8 万吨、白云石 412. 1 万吨、石灰石 650. 7 万吨。

［技术改造与技术进步］

技术改造。青阳矿 100 万吨/年达产技改工程。2018 年，为进一步提升青阳白云石矿生产效率，深化绿色矿山水平，完成了青阳矿 100 万吨/年达产技改工程建设并组织试生产，工程设计单位为马钢集团设计研究院有限责任公司，施工单位马钢集团建设有限责任公司。现场完成了观景台、皮带长廊封闭、除尘设施升级等绿色矿山深化、拓展各项工程，生产效果远超预期。

青阳白云岩矿 200 万吨/年技改工程项目。2019 年，经马钢集团董事会批准，“青阳白云岩矿 200 万吨/年技改工程项目”正式立项，总投资 2. 15 亿元。本项目主要分为两部分：一是在原产线的基础上，通过升级改造和绿色矿山再提升，使原冶金用白云岩生产线达到 200 万吨/年的生产能力；二是综合利用矿区一期开采境界内 2774 万吨围岩，在矿区东南部新建一条 200 万吨/年围岩综合利用生产线，实现矿山无废化开采，提高资源利用水平，目前正在建设中。

老虎垅矿绿色矿山建设工程。2018 年，桃冲矿老虎垅石灰岩矿在原有矿山生态环境治理基础上，以绿色矿山创建实施方案为指南，以创建芜湖市和国家级绿色矿山为目标，投入资金 1923 万元落实各项绿色矿山创建工作，经过 6 个月工程建设，12 月 18 日以芜湖市第一名成绩通过验收，取得芜湖市级绿色矿山荣誉称号。

老虎垅石灰石灰岩矿 400 万吨/年技改扩建工程项目。为提高老虎垅矿生产能力，改善企业经营状况，2018 年 9 月 30 日，经马钢集团批准“老虎垅石灰石灰岩矿 400 万吨/年技改扩建工程项目”正式立项，2019 年完成了储量核实报告、可行性研究等 6 个文本编制和专家评审，确定设计单位马钢集团设计研究院有限责任公司，2019 年 9 月在积极建设中。

技术专利：《颚式破碎机动颚铜套的紧固定位装置》实用新型专利（2012 年），《一种新型的磨矿分级装置》实用新型专利（2013 年），《自由面掏槽一次成井工艺》发明专利（2015 年），《一种皮带机用轴承座》实用新型专利（2016 年），《一种筛分用竖孔筛网》实用新型专利（2018 年），《一种斜井变坡点适用的简易地滚》实用新型专利（2018 年），《一种井下移动两面卸矿漏斗》实用新型专利（2019 年）。

［生产管理］

铁矿石生产。长龙山铁矿 2001 年完成五、六中段生产转移，实现中段转移当月达产效果，实施粉矿系统改造，进一步满足了马钢股份对矿产品需求量以及质量、规格等方面的新要求。2002 年，全面应用大间距采矿技术，完成了井下采矿分层高度从 10 米向 12.5 米的过渡，实施了细碎 GP100 设备系统改造。2003 年，实施井下高品位残矿的回收工作，选矿增加脱泥设备，提高精矿品位，改一段扫选为两段扫选，提高了金属回收率，无尾输送工程主体厂房竣工。2004 年，七中段开拓工程开工，井下五中段矿石生产已结束，矿块生产完全转入六中段，井下 93 米水平边矿回收正式生产，产品运输码头堆场初步建成。2008 年 3 月，井下八中段开拓工程正式施工，选矿开始生产高炉块矿。2009 年，井下矿石生产完成向七中段转移，选矿压滤机安装结束，完成选矿脱泥工程，选矿自动化改造工程结束，破碎、细碎、粉矿实现自动化操作。2010 年，井下八中段工程顺利结束，选矿完成了选矿球磨分级机改造，用直线筛代替了分级效率较低的螺旋分级机，实施了选矿压滤机自动化改造工程。2013 年，长龙山铁矿顺利通过审查，成为国家级绿色矿山建设试点单位。2018 年，随着井下资源量萎缩，选矿进行产品结构调整，不再生产铁精粉，全部生产铁粉矿。2019 年 12 月 20 日，根据马钢矿业资源集团公司决策部署，109 年开采历史的长龙山铁矿系统平稳、有序退出了生产序列。

姑山露转井项目建设。2015 年，为盘活人力资源、创立创效，抽调 90 人进行姑山二期挂帮矿开采的二次创业，并开启姑山露转井项目。2016 年，姑山露转井项目立项。2017 年，姑山铁矿露天转地下项目开工。2018 年 4 月 2 日，姑山挂帮矿项目部根据马钢集团战略部署，正式停止生产，组织员工撤离姑山，积极投身打造千万吨级辅料基地建设。

水泥生产。2001 年，在市租赁经营原江东水泥厂粉磨生产线。2004 年，进行技术改造，产量由 25 万吨达到 50 万吨。2006 年，水泥厂新建熟料库工程竣工。2013 年 5 月，为减少亏损，关闭水泥厂。

青阳白云石矿。2003 年 5 月 8 日，工程破土动工。2004 年，正式投入生产试运行，2 月 28 日，青阳白云石矿第一船云粉 3000 吨由池州码头发往马钢炉料公司。2011 年，青阳矿破碎系统进行自动化改造，由协力单位承揽采场采、装、运、剥土运输作业。2015 年，青阳白云石矿开始进行爆震区内民房拆迁项目。2016 年，青阳白云石矿爆破影响区域民宅拆迁项目基本完成。2017 年，青阳白云石矿开展池州市Ⅰ期绿色矿山创建工作，取得池州市绿色矿山称号。

老虎垅石灰石矿。2004 年，省国土资源厅正式批准下发老虎垅石灰岩矿采矿权证。2006 年，全面启动老虎垅石灰石矿项目的建设工程。2007 年 6 月，老虎垅石灰石矿设备系统全面调试，进入试生产。2013 年，老虎垅石灰石矿实施优化产品结构、提升产能的第一轮技术改造。2014 年，老虎垅石灰石矿进行提高建材比例的第二轮技术改造。2016 年，老虎垅石灰石矿外部市场开拓成效显著，石灰石产品进入宝钢、南钢市场，覆盖范围涉及建筑、水泥、电厂、钢厂等，不断探索增加利润增长点，实现扭亏为盈。2017—2019 年，连续 3 年实现生产经营同比双升。

第五节　安徽马钢罗河矿业有限责任公司

［概况］

安徽马钢罗河矿业有限责任公司（简称罗河矿）位于长江经济带上的安徽省合肥市庐江县城南 35 千米处的罗河镇，矿区总面积 4.76 平方千米。

马钢集团为了探索新型企业运作模式，创新管理机制，打造新型体制，开拓矿山企业发展新思路，于 2005 年 12 月与民营企业安徽庐江龙桥矿业有限公司（简称龙桥矿）共同出资，依法成立了罗河矿。《合资合同书》约定双方出资比例：马钢集团占 55%，龙桥矿占 45%，合资公司组织形式为有限责任公司，实行独立核算，自负盈亏。2011 年，罗河矿归属马钢矿业集团管理。由于双方实际投资的变化，2017 年，双方股权比例变更为马钢矿业集团占 66. 16%，龙桥矿占 33. 84%。

罗河矿一期 300 万吨/年工程为新建矿山项目，于 2007 年 9 月正式全面开工建设，2014 年 9 月通过安全验收，2015 年 3 月正式投产，2017 年 12 月全面达产。

2019 年 9 月，罗河矿员工总数 573 人。

[历史沿革]

2006 年，罗河矿内部机构设置办公室、财务部、技术部、工程部等 4 个职能部门。2007 年，职能部门增加机动物资部、人力资源部、安全环保部，增设生产机构试验选矿厂。2008 年，增设销售部、土地征迁办公室等部门。2011 年，成立罗河铁矿、检修服务中心、罗河选矿厂等生产服务机构。

随着工程建设的逐步推进，从以建设管理为重心，逐渐转型为生产型矿山企业。2019 年，内部管理机构基本完善，生产单位设置基本固定。

截至 2019 年，罗河矿机构设置为：办公室（党委办公室、工会、团委）、计划财务部、党委工作部（人力资源部、纪委、武装保卫）、市场营销部、生产技术部（研发中心）、安全环保部、工程与设备部、规划发展部（运营改善部）、地测质量部（检测中心）等 9 个管理部门；生产单位：罗河铁矿、罗河选矿厂等 2 个生产单位。

[主要技术装备与产品]

罗河矿采矿机械设备总重量 1419 吨，装机总容量 2. 25 万千瓦，设备工作总负荷 1. 65 万千瓦。采准掘进设备包括掘进台车、天井钻机、凿岩机、铲运机等；回采设备包括凿岩台车、凿岩机、铲运机等；运输设备包括电机车、矿车、卡车等。地下破碎设备包括破碎机、给料机、皮带机等。主井提升采用载重 24 吨底卸式箕斗，双箕斗提升机，副井采用单罐双层双车多绳罐笼提升，充填系统、通风系统、排水系统等配套装备完善。选矿机械设备总重量 3575 吨，装机总容量 2. 10 万千瓦，设备工作总负荷 1. 77 万千瓦。碎矿设备包括圆锥破碎机、振动筛 、皮带机等；磨矿设备包括溢流型球磨机、旋流器等；选矿设备包括浮选机、弱磁选机、强磁选机、螺旋溜槽等；脱水设备包括陶瓷过滤机等。辅助设备包括清水泵、渣浆泵等。尾矿输送系统及尾矿库设施齐全。

生产主要产品：铁精矿和硫精矿。

[主要技术经济指标]

罗河矿于 2008 年 9 月建成了 20 万吨/年处理能力的试验选矿厂，承担了井下开拓带矿的生产加工任务。2009—2011 年，共处理原矿 63. 88 万吨，含铁品位 35. 80%；生产铁精矿 25. 86 万吨，含铁品位 64. 35%；金属铁回收率 72. 76%。2011 年底，选矿厂联动试车，至 2014 年底共加工基建带矿 424. 19 万吨；生产品位 65. 35%铁精矿 137. 33 万吨，生产品位 43. 12%硫精矿 37. 04 万吨，生产红精矿 19. 77 万吨；金属铁回收率 72. 48%。2015 年 3 月，罗河矿竣工投产，截至 2019 年，处理原矿 1384. 65 万吨，生产品位 66. 43%铁精矿 469. 11 万吨，生产品位 42. 1%的硫精矿 102. 62 万吨，生产红精矿 11. 04 万吨；金属铁回收率 73. 48%。其中，2019 年处理原矿 398. 82 万吨，生产成品矿 137. 54 万吨，品位 67. 15%铁精矿 104. 39 万吨，品位 41. 79%硫精矿 28. 98 万吨，金属铁综合回收率 79. 20%。

[技术改造与技术进步]

罗河矿紧紧围绕磁铁精矿的实际需求，通过自主研发，不断加大研发投入，突破了磁铁精矿开采领域的共性和关键性技术。2017—2019 年，共获 5 项实用新型专利授权(《一种集约化整体结构井下水仓系统》《一种过滤机槽体的冲洗系统》《一种振动漏斗及给料机》《一种矿井支护结构》《一种棒条给料筛分机》)、3 项发明专利授权(《一种超高度无切割井斜线对称强制拉槽方法》《一种大型轮胎更换系统及更换方法》《一种过滤机槽体的冲洗系统及冲洗方法》) 及 16 项软件著作权的登记。

2019 年 9 月，省科学技术厅、省财政厅、国家税务总局安徽省税务局共同认定罗河矿为“高新技术企业”。罗河矿高度重视绿色矿山科学技术进步工作。2019 年 5 月，自主研发“矿山高湿高浓度微细粉尘防治关键技术装备开发及工程应用”技术，获绿色矿山科学技术奖一等奖（中关村绿色矿山联盟）。

罗河矿一贯坚持依靠技术进步促进可持续发展理念，重视自我研发能力及技术成果转化工作，2018 年 5 月，铜硫分离经过多次试验研究获得成功，开创了国内硫精矿中含铜低于 0.35%，在工业生产上实现铜硫分离并获得铜精矿品位 17.27%、回收率 60.26%的先例。2016 年开始，研究“高硫磁铁矿高效提铁降硫关键技术研究及示范”技术在磨矿分级数字化、优化磨矿分级细度提高铁精矿品质、降低铁精矿杂质含量等方面取得重大突破。2019 年，铁精矿含硫从 0.5%以上降低至 0.3%左右，铁精矿的经济技术品级跃入特优级。2018 年，科研技术“井下电机车无人驾驶与远程遥控装矿”取得成功，于 2019 年正式投入生产运用。2015 年 7 月—2019 年 12 月，“复杂水患条件下厚大矿体安全高效开采关键技术研究”取得创新性突破，攻克了复杂水患条件下厚大矿体开采隔水矿柱防护、水患地质条件下超高溜井支护、高频集水条件下水仓的施工与维护等行业共性及关键技术难题。

［改革与管理］

在职业健康安全管理方面，建立和实施了符合 GB/T 28001—2011/OHSAS 18001:2007 标准要求的职业健康安全管理体系，体系全面覆盖铁精矿、铁粉（块）矿、硫精矿产品的生产、支持性服务及相关的管理活动。2017 年 8 月获《职业健康安全管理体系认证证书》(北京国金衡信认证有限公司)。

在绿色发展和环境保护管理方面，建立和实施了符合 GB/T 24001—2016/ISO 14001:2015 标准要求的环境管理体系，体系全面覆盖铁精矿、铁粉（块）矿、硫精矿产品的生产、支持性服务及相关的管理活动。2017 年 8 月获《环境管理体系认证证书》(北京国金衡信认证有限公司)。

在质量管理体系建设方面，建立和实施了符合 GB/T 19001—2016/ISO 9001:2015 标准要求的质量管理体系，体系全面覆盖铁精矿、铁粉（块）矿、硫精矿产品的生产、销售和服务。2017 年 8 月获《质量管理体系认证证书》(北京国金衡信认证有限公司)。

在推进全面规范化生产维护工作方面，运用科学的设备现场管理方法和理论，准确识别“六源”类别，成立攻关小组，制定“六源”改善目标，保证和提升产品质量，消除浪费、减少危险因素、降低故障率、改善环境，更重要的是极大提高生产效率。2018 年 9 月，中国设备管理大会授予“安徽马钢罗河矿业有限责任公司全面规范化生产维护六源消减攻关六项改善案例奖”优秀奖。

在能源管理、节约资源、低碳环保方面，按照 GB/T 23331—2012/ISO 50001:2011、RB/T 103—2013 能源管理体系钢铁企业认证要求、标准要求，建立并实施了能源管理体系。2018 年 12 月取得《能源管理体系认证证书》(广州赛宝认证中心服务有限公司)，体系涵盖能源绩效和能源管理，适用于铁精矿、铁粉（块）矿、硫精矿产品的生产。

在信息化和工业化融合管理体系建设方面，2018 年 10 月，两化融合管理体系评定机构认为：罗河矿管理体系符合 GB/T 23001—2017 信息化和工业化融合管理体系要求，获得《两化融合管理体系评定证书》(中国信息通信研究院)，评定范围在“与铁矿石选矿过程先进控制能力建设有关的两化融合管理活动”。

变革突破取得实效。2019 年，全面对接矿业板块管控方案，按照“八部一室”机构设置，优化部门职能和人力资源配置，建立并初步形成管理岗位、技术业务岗位和操作维护岗位 3 条员工晋升通道及薪酬体系。

第六节　安徽马钢张庄矿业有限责任公司

［概况］

安徽马钢张庄矿业有限责任公司（简称张庄矿）2010 年 6 月注册成立，注册资本 11.48 亿元人民币。位于安徽省六安市霍邱县城西北约 36 千米处，北距阜阳市 45 千米，地理坐标为：东经 115°57′04″—115°58′00″、北纬 32°27′58″—32°29′40″，行政区划属霍邱县周集镇和冯井镇管辖。张庄矿占地面积 30.22 万平方米，建筑面积 8.96 万平方米。

2008 年 7 月 25 日，马钢集团决定上马张庄铁矿项目，2010 年 6 月张庄矿注册成立。2011 年 10 月取得采矿许可证，11 月通过国家发改委核准。2012 年 2 月获国家安监总局安全专篇批复，项目正式开工建设。2015 年 8 月全系统重负荷试车。2016 年 4 月进入试生产，12 月通过安全“三同时”验收。2017 年 2 月取得安全生产许可证正式投产，11 月 500 万吨采选工程项目环境保护通过验收。2019 年 4 月 500 万吨采选工程项目通过竣工验收。

张庄矿设计开采规模 500 万吨/年，主要生产铁精粉（张庄精）、块矿、砂石骨料，采出原生矿石为单一磁铁矿，品位全铁（TFe）31.27%，经选矿加工年产全铁（TFe）65%的铁精矿 170.8 万吨和 30—75 毫米、0—30 毫米、0.75—3.15 毫米三种粒级建材 200 万吨。

张庄矿组织机构设综合管理部、党群工作部、财务部、安全环保部、生产技术部、地质质量部、设备保障部、营销部等科室和张庄铁矿、选矿厂 2 个生产车间。

截至 2019 年底，员工 336 人。

［主要技术装备与产品］

张庄矿按照智能化、大型化配置设备。采掘设备：井下采矿配备 Simba1254 凿岩台车、4 立方米山特遥控铲运机、20 吨变频电机车和 10 立方米底卸式矿车。井下破碎选用了两台瑞典产的 CJ613 颚式破碎机。提升机选用 4.5×6 型摩擦塔式提升机，单井提升能力 600 万吨。选矿设备：选矿中细碎选用了 2 台进口的 HP8700 圆锥破碎机，配置 1 台直径 1.9 米国内最大德国产的高压辊磨机，实现多碎少磨，最大限度降低制造成本。充填系统选择 1 台直径 20 米美国进口的深锥浓密机，实现连续匀质充填。

张庄矿采出原生矿石为单一磁铁矿，采出品位全铁（TFe）31.27%，选矿厂建设规模年处理原矿 500 万吨/年，经选矿加工后年产全铁（TFe）65%的铁精矿 174 万吨和 3 种粒级建材 200 万吨。

［主要技术经济指标］

2017—2019 年，张庄矿累计生产铁成品矿 458.95 万吨，综合利用产品 423.75 万吨，累计完成营业收入 30.26 亿元，利润总额 7.84 亿元，经济增加值 3.40 亿元，实现各类税费 5.09 亿元。

［技术改造与技术进步］

张庄矿积极借鉴国内领先技术，率先实施高浓度大流量连续充填开采技术、高压辊超细碎技术、选矿全过程预抛尾工艺，实现全资源化利用。同时，在深井高阶段开采技术方面取得技术突破。

2019 年 1 月，“地下金属矿山绿色安全高效关键技术开发”项目获中国冶金矿山科技进步奖二等奖，授权专利 27 项（其中发明专利 2 项）。张庄矿承担“十三五”国家重点研发计划“金属非金属矿山重大灾害致灾机理及防控技术研究”——（课题六）“超大规模矿山重大灾害预控与充填技术”课题 1 项。

2018 年，张庄矿被认定为省级企业技术中心，依托“产学研”平台，加强与科研院所合作，持续增强科研开发和成果转化能力，推动科技创新，提升企业核心竞争力。

[改革与管理]

自 2012 年 2 月正式开工以来，张庄矿致力于打造霍邱矿区乃至全国一流现代化特大型地下矿山，坚持“经营矿山”理念为指导，紧扣“投资、进度、质量、安全”等项目建设目标，创新项目管理模式，全面实现了“起点高、投资省、速度快、效果好”的项目建设目标总要求。投资省：计划投资 26.98 亿元，实际投资 22.06 亿元，节省投资 4.92 亿元，吨矿投资低于行业水平 100 元。速度快：2012 年 2 月开工建设，2015 年 8 月全系统重负荷试车，3 年半建成、8 个月完成系统调试，创马钢矿山建设新速度；效果好：废气超低排：采用微孔膜除尘技术，做到废气低排放；废水零排放：生产、生活污水经处理后，循环利用；固废不出厂：无尾矿库，无排矸场，实现全资源综合利用。

张庄矿形成了以“劳动生产率高、无废开采、无尾矿库”为主要内容的核心竞争优势。劳动生产率高：劳动生产率超过 1700 吨/年。无废开采：废石作建材、污水处理回收再利用，全资源利用。无尾矿库：500 万吨特大型地下矿山取消尾矿库。

张庄矿通过“三标一体化”体系、两化融合管理体系认证，获省高新技术企业、省企业技术中心、第六届冶金行业“十佳厂矿”、工信部第二批“绿色工厂”等称号。

第二章 工程技术

第一节 马钢工程技术集团有限公司

［概况］

安徽马钢工程技术集团有限公司（简称工程技术集团）是马钢集团全资子公司，位于马鞍山经济技术开发区太白大道1889号。

截至2019年，机构设置为综合管理部、党委工作部、计划财务部、产业管理部、安全管理部和投资管理部。下设马钢集团设计研究院有限责任公司、安徽马钢工程技术集团有限公司钢结构工程分公司、安徽马钢设备检修有限公司、安徽马钢重型机械制造有限公司、安徽马钢表面技术股份有限公司、安徽马钢输送设备制造有限公司、马鞍山博力建设监理有限责任公司等7家子公司。

截至2019年9月，在册员工4300人。

［历史沿革］

2014年1月22日，马钢集团为了打造多元产业，实施资产重组，推动非钢产业持续稳定发展，整合工程技术资源，将安徽马钢工程技术有限公司、马钢集团设计研究院有限责任公司、安徽马钢冶金建设工程有限公司、安徽马钢自动化信息技术有限公司、马鞍山马钢钢结构工程有限公司、安徽马钢重型机械制造有限公司、安徽马钢输送设备制造有限公司、安徽马钢表面技术有限公司和安徽马钢设备检修有限公司整合成立工程技术集团。2月，马钢集团授权工程技术集团对马鞍山博力建设监理有限责任公司进行全面托管，同时，马钢集团对马建集团业务委托工程技术集团管理。10月30日，为了扩大非钢产业板块，马钢集团决定将马钢集团持有的马钢比亚西钢筋焊网有限公司50%的股权划转给工程技术集团。11月7日，以安徽马钢自动化信息技术有限公司为主体，联合上海斐讯数据通信技术有限公司合资成立马钢云计算有限公司，开展云计算数据存储及运算、互联网信息、计算机系统等相关软件的设计和服务业务。12月17日，工程技术集团召开第二届董事会第四次会议，会议审议通过将安徽马钢自动化信息技术有限公司100%股权无偿划转马钢集团。2016年3月1日，为提高工程技术集团检修板块技术实力和市场竞争力，马钢集团决定将电气修造公司100%股权划入至工程技术集团。2018年，为进一步优化维检技术服务资源，工程技术集团与雨山经济开发区合资成立冶金工业技术服务公司。2019年5月22日，马钢集团推进非钢产业板块多元化，将其持有34%马钢共昌公司的股权无偿划转给工程技术集团。

［主要经济指标］

2014年，工程技术集团完成营业收入28亿元（不含比亚西公司），实现利润总额428万元，净利润-438万元（考核口径利润，不含公司收取的土地租金）。2015年，完成营业收入26.78亿元，利润总额-1900万元。2016年，完成营业收入26.66亿元（含监理公司），实现利润总额4675万元，净利润4370万元。2017年，完成营业收入34.6亿元（含监理公司），实现利润总额3337万元，净利润2798万元。2018年，完成营业收入37.16亿元（含监理公司），实现利润总额6237万元，净利润5200万元。截至2019年9月，完成营业收入39.82亿元（含监理公司），实现利润总额5792万元，净利润

4770万元。

［技术进步］

2017年12月20日，工程技术集团获评省企业技术中心。由中国勘察设计协会、欧特克软件公司联合举办的第八届“创新杯”建筑信息模型（BIM）应用大赛颁奖典礼在北京隆重举行，工程技术集团“合肥清溪全埋式地下净水厂PPP项目”获优秀市政给排水BIM应用奖，“合肥市第一人民医院门急诊及住院综合楼”获医疗BIM应用新秀奖。获全国优秀工程勘察设计计算机软件二等奖1项、咨询成果三等奖1项，获全国冶金建设行业优秀工程设计、软件一等奖2项、二等奖3项、三等奖4项。

2019年，工程技术集团大力开展新产品研发工作，先后研发出车轮生产线检测线用机器人、机械手、矿山智能皮带桥、移动运输设备、钢结构焊接机器人新产品。截至9月，工程技术集团共获得国家技术专利200项、行业专有技术70项。

［改革与管理］

2014年，工程技术集团形成统一营销模式，平衡销售解决了整合前的各自为战、发展不平衡和指标波动等问题。做好应收账款账龄分析、风险评估等相关工作，确保完成应收账款清欠工作目标。持续加强存货管理，降低库存资金占用。定期组织对各类存货进行盘点，做到存货数据真实准确，制定存货管控目标，每月对存货占用情况进行分析，及时查找存货升降变动的原因，做好长账龄存货清理相关工作。

2016年，工程技术集团推广使用马钢集团财务公司电子承兑汇票支付，提高票据流转效率，降低人力及财务成本，有效管控资金。确保重点工程设备制作项目和生产经营所需运转资金。

2017年8月，安徽马钢表面工程技术有限公司5.153%股权转让给慈湖高新区，推动全国中小企业股份转让证券交易（“新三板”）挂牌。2019年5月7日上午，马钢表面技术股份有限公司新三板挂牌仪式在位于北京金融街的全国中小企业股份转让系统有限责任公司举行。

2019年，工程技术集团采用钢材、电缆集中采购基本实现100%集中。减少人力浪费，使采购作业成本降低，减少库存，效率提升。立足内部市场，发挥工程技术资源的协同效应，优质高效地完成马钢集团各类项目。外部市场业绩显著，连续完成六安大昌原料场项目、南京钢铁股份有限公司4号连铸机等外部项目。国际化经营取得进展，有序完成俄罗斯马格尼托哥尔斯克钢铁公司带冷机、土耳其车轴、玻利维亚穆通综合钢厂、莫桑比克钛钢钒等海外项目。大力拓展转型业务。与新日铁住金公司合作推广转底炉技术。与上海化工院合作开展土壤与地下水污染监测业务。同时，通过岗位优化、岗位竞聘、人员分流等环节，稳妥、有序、高效实施人力资源优化，在岗人数由成立之初的8500人降至4300人。

第二节　马钢集团设计研究院有限责任公司

［概况］

马钢集团设计研究院有限责任公司（简称马钢设计研究院），为安徽马钢工程技术集团控股，中钢设备有限公司、马鞍山经济技术开发区建设投资有限公司注资的合资公司，是国家高新技术企业，通过质量、环境和职业健康与安全“三标”管理体系认证，注册资本为2846万元，注册地址位于安徽省马鞍山经济技术开发区太白大道3号。

马钢设计研究院拥有冶金行业工程设计甲级、建筑行业（建筑工程）专业设计甲级、建材行业（非金属矿及原料制备工程）专业设计甲级、环境工程专项设计甲级、市政行业（道路工程、桥梁工程、给水工程、排水工程）专业设计乙级、电力行业（火力发电）专业设计乙级、风景园林工程设计专项设计乙级资质，具有工程咨询单位冶金（含钢铁、有色）专业甲级资信证书，特种设备生产许可［压力管道设计（公用管道 GB1. GB2）、（工业管道 GC1. GCD）］。信用等级“AAA”级。

截至 2019 年 9 月，在册员工 300 余人。

［历史沿革］

2000 年 12 月，马钢集团授权资产经营，马钢设计研究院成为马钢全资子公司，更名为“马钢集团设计研究院有限责任公司”。

2001 年 10 月 8 日，整体改制为马钢股份控股子公司——马钢设计研究院。

2011 年 12 月，马钢设计研究院有限责任公司正式更名为“安徽马钢工程技术有限公司”。

2014 年 1 月，由于组建马钢工程技术集团，将马钢设计研究院和安徽马钢工程技术有限公司两家公司合并，更名为“安徽马钢工程技术集团有限公司设计研究院”，设立 10 个管理部门（管理部门为工程技术集团和设计研究院合署办公）以及 6 个事业部，并将其作为工程技术集团本部。

2018 年 4 月，马钢集团进行内部机构重组并引进战略投资者，将原隶属于工程技术集团的设计研究院成建制划入马钢设计研究院，相关的咨询、设计和 EPC 等业务随机构重组同步并入马钢设计研究院，重组后的马钢设计研究院为工程技术集团控股，中钢设备有限公司、马鞍山经济技术开发区建设投资有限公司注资的合资公司，设置 6 个职能部门和 9 个业务部门。

［主要工程设计项目和成果］

马钢设计研究院主要提供工程项目前期咨询，以及资质证书范围内的（冶金矿山、金属材料、金属冶炼、非金属矿及原料制备工程、建筑、建材、压力管道等）工程设计、工程总承包、项目管理等服务。经过多年的工程项目积累，形成了诸多具有专业特色和较强竞争力的技术和工程案例，具有代表性的工程项目如下。

非煤矿山项目：南山矿和尚桥铁矿 500 万吨/年采选工程（E）、张庄矿业公司 500 万吨/年选矿厂工程（EPC）、南山矿凹山选矿厂碎矿前移工程（EPC）、姑山矿业公司发展规划（E）、马钢矿业绿色矿山建设规划（2018—2020 年）（E）、国家级示范基地建设南山矿高村项目（EPC）、福建马坑铁矿 550 万吨/年选矿厂扩能工程（E）。

原料场项目：合肥公司环保搬迁港务原料总厂适应性改造工程、济源钢铁（集团）有限公司 2 号高炉及 2 号烧结机技术改造工程（高炉矿槽及上料系统）、山东富伦机械化料场扩建工程（E）、首矿大昌原料场工程（EPC）。

烧结球团项目：马钢 2×300 平方米、2 号 360 平方米烧结机工程（E），马钢 200 万吨/年链箅机-回转窑球团工程（E），马钢 2×8 平方米、3 号 10 平方米竖炉球团工程（E），长江钢铁 16 平方米竖炉球团工程（E），山东张店钢铁 150 平方米烧结机工程（E），山东富伦钢铁 1 号、2 号 320 平方米烧结机工程（E），马来西亚 PSSB 120 万吨/年链箅机-回转窑球团工程（E），伊朗 ZISCO 250 万吨/年带式焙烧球团工程（E），俄罗斯 MMK 336 平方米带冷机设计及供货（EP）。

炼铁、炼钢项目：马钢 3 号 1000 立方米高炉大修改造工程（E），马钢股份第二炼铁总厂 4 号 3200 立方米高炉热风炉、炉渣处理工程（EPC），济源钢铁 2 号 1080 立方米高炉及 2 号烧结机技术改造工程（E），富伦钢铁 1650 立方米高炉大修技术改造工程（E），淮钢 6 号 690 立方米高炉大修工程（E）。

连铸、轧钢项目：重型 H 型钢轧钢生产线项目、重型 H 型钢异形坯连铸机工程（EPC），特钢圆坯、大方坯连铸机系列工程（EPC），一钢六机六流方坯 连铸机（EPC），埃斯科特钢棒线材深加工工程（EPC），小 H 型钢生产线工程、四钢轧总厂 2250 热轧薄板工程（E），四钢轧总厂 1580 热轧薄板工程（E），热轧酸洗板生产线工程（E），马钢新建大环件生产线工程（E），车轮系统改造工程（E），车轮扩能改造工程（E），车轮公司新建精品车轮加工检测线工程（E），中国台湾东和钢铁桃园厂120吨电弧炉炼钢工程（EP），土耳其ICDS钢厂120万吨棒材工程、中国台湾东和棒材生产线工程（P），特钢高线改造（EPC），土耳其TOSYALI950带钢生产线工程（E）。

规划、环保项目：马钢股份“十一五”技术改造和结构调整500万吨/年钢铁联合工程总体规划、1580热轧生产线水处理工程（E），三铁总厂烧结机湿法脱硫工程（E），20万吨/年含锌尘泥转底炉脱锌工程（E），马钢资源分公司北区钢渣处理综合利用工程（EPC），二铁总厂转炉污泥综合利用工程（EPC）；市花山区城西片区控制性详细规划设计，张店钢铁总厂（360万吨/年）总体规划，山东富伦钢铁有限公司（800万吨/年）总体规划，越南万利河静钢铁马钢股份（50万吨/年）总体规划，河北东海特钢8号烧结机脱硫工程（EPC），和县乌江镇污水处理厂工程（E）。

建筑项目：马钢光明新村H型钢轻板结构体系高层住宅1号、2号楼工程（EPC）（建设部住宅产业化试点工程），二能源总厂能控管理中心工程（EPC），马钢生产指挥中心工程（76000平方米）（EPC），一能源总厂能源管理中心建筑工程（EPC）；安徽动力源工厂、无为大润发项目，苏州扬子江二期工程，江北现代物流园项目，宿马产业园三期保障房。

电气及自动化项目：马钢51号变电所110千伏系统GIS改造工程（E），2号、3号车轮检测线技术改造工程自动化系统调试（EPC），31号变电所改造及进出线工程EPC总承包（EPC），马钢合肥公司连续镀锌线工程半自动包装生产线（EPC），马钢型材升级改造工程-外部电缆通道（EPC）。

BIM三维设计项目：合肥清溪全地埋式地下净水厂PPP项目、德仁广场商业综合体项目、合肥市第一人民医院门急诊住院综合楼项目。

［主要工作成效］

2001—2019年，马钢设计研究院共实现营业收入58.39亿元，利润总额3.72亿元。其中，在“十五”期间共实现营业收入4.19亿元，税后利润6193万元；完成工程设计934项，工程监理128项，工程总承包27项，累计发图量为7.23万张。“十一五”期间，共实现营业收入13.33亿元，利润总额2.5亿元；完成工程设计725项，工程监理78项，工程总承包21项，累计发图量为9.40万张。“十三五”期间，共实现营业收入40.87亿元，利润总额5980万元。

［技术进步］

经过近20年的工程项目实践和专业技术积累，马钢设计研究院通过自主、研发形成了高压辊磨超细碎新工艺、超级铁精矿制备工艺、金属矿山露天全连续开采新工艺等一批核心技术，在行业内处于领先地位。在料场烧结方面具有大中小型机械化料场、大型烧结机工艺及设备成套技术，大型链箅机-回转窑球团工程主线设备成套技术。多年来致力于高炉炉体长寿、热风炉高温长寿、平坦化出铁场、各种供上料、高炉渣粒化、煤粉制备及喷吹等技术方面设计和技术研究，尤其是在顶燃式热风炉、底滤法渣处理工艺方面具有丰富的EPC经验。在炼钢连铸领域，能为国内及海外用户提供铁水预处理、转炉、电炉、炉外精炼、不同规格的方坯、圆坯、异形坯和板坯连铸机以及钢渣处理等领域的咨询、设计、设备成套、系统集成、工程总承包等全方位工程服务。在棒线材、型钢、冷轧（镀锌、彩涂）、热轧带钢、车轮及环件轧制领域拥有丰富的工程设计和设备成套经验，对棒线材黑皮精整、剥皮精整以及酸洗、热处理、拉拔等深加工以及板带材热冲压成型、辊压成型新型加工工艺具有深入的技术研究和系统集成能力。此外，掌握土壤修复、冶金固废处理、危废处理工艺技术以及污泥综合利用技术。同时，在民用建筑、市政基础设施设计、钢结构建筑产业化、测绘等方面均具有丰富的工程实践。始终坚持“质量为本、科技兴院”的发展战略，注重科学技术的开发与应用，与东北大学、安徽工业大学、中钢设备、中材国际等高等院校和企业在料场封闭和智能化、选矿实验、铁精矿提质降杂等方面积极开展合作研究和技术攻关。2001—2019年期间，共获国家、行业优秀设计奖100多项，其中，全国优秀工程勘察设计金奖1项，全国优秀工程设计铜奖2项，冶金行业优秀工程设计奖80余项，获得省、市技术成果奖50多项，拥有100余项专利和专有技术。在BIM技术方面，获国际、国家、省级BIM技术应用奖近30项，初步实现了全专业、全过程BIM技术应用，已成为省数字化设计的领军企业之一。

[改革与管理]

2006年，原马钢设计研究院全面通过了质量、环境及职业健康安全“三标一体化”的认证。2007年，被省国资委授予第一届省属企业文明单位称号，获“全国软件正版化先进单位”称号。2009年，正式通过享受国家税收优惠政策的高新技术企业认定。2010年，获省“守合同 重信用”企业和省“先进卫生单位”称号。2018年，成立合资公司以来，倾心打造“马钢设计”品牌，促进业务升级、服务提升和品牌增值，不断扩大市场影响力，先后获国家级高新技术企业、省工业固体废弃物资源综合利用评价机构、市经开区知识产权优秀企业等多项授牌和荣誉。

第三节 安徽马钢重型机械制造有限公司

[概况]

安徽马钢重型机械制造有限公司（简称马钢重机公司），坐落于马钢三厂区，东面紧靠马钢长材事业部重型H型钢厂，东南相邻马钢第一钢轧总厂，西北相接2500立方米高炉。占地面积18.07万平方米，其中建筑面积10.145万平方米。

截至2019年9月，马钢重机公司设有综合管理部（纪委、监察部、党群工作部、团委）、生产部、营销部、设备保障部、安全环保部、质量部、财务部、设计研究所等8个部门和技术服务部（下设维保一分厂、维保四分厂、表面工程分厂、车轮预加工分厂）、重型加工厂、结构分厂、锻热分厂、物流分厂。

截至2019年底，员工626人。

[历史沿革]

马钢重机公司前身为马钢股份机制公司，2000年12月13日，第一机械厂等9家单位改制为分公司，实施资产授权经营，第一机械厂更名为机械设备制造公司（简称机制公司）。2004年1月30日，第三机械制造设备公司并入机制公司，增设马钢股份输送机械设备制造公司（简称输送公司）。2005年3月7日，机制公司更名为重型机械设备制造公司。

2013年9月27日，重型机械设备制造公司从马钢股份剥离到马钢集团，更名为安徽马钢重型机械制造有限公司。同时，输送公司从马钢重机公司剥离。2014年1月22日，马钢集团为了打造多元产业，实施资产重组，整合工程技术资源。经马钢集团第一届董事会第二十三次会议审议决定，同意组建工程技术集团，马钢重机公司隶属于工程技术集团。2016年6月30日，马钢重机公司引进外部优势资源，携手宁波动力传动设备有限公司开展减速机再制造业务，双方合资成立安徽马钢东力传动设备有限公司，马钢重机公司占股比例51%，在满足马钢内部减速机需求的同时，开拓周边减速机再制造市场。

[主要技术装备与产品]

马钢重机公司拥有从事机械设备、金属制品的设计、制造、组装、修复，金属成型及加工和工业技术服务配套设备537台（套）。

锻造热处理类：主要设备有8000吨自由快锻油压机、德国全液压轨道式锻造操作机（DDS）、700千瓦台车式电阻炉、高频淬火设备（CP20094）、120平方米大型退火炉。

焊接、切割类：主要设备有数控火焰多头切割机（DHG-7011）、数控火焰等离子切割机（HCG-

7014）、三辊卷板机（EZW11）、数控折弯机（EW67K-300/400）。

检测仪器类：主要设备有金相显微镜、硬度测试仪、冲击试验室、拉伸试验室。

金属加工类：主要设备有数控桥式铣床（德国产 PowerTec6500AG/S2）、龙门镗铣床（北一机 XKA2140×120）、X51K/I 型升降台铣床、落地数显镗铣床（捷克产 W160）、镗铣机（俄罗斯 HC212）、落地数显镗铣床（捷克产 W200HA）、落地数显镗铣床（捷克产 W200HD）、落地数显镗铣床（捷克产 W250H）、落地数控镗铣床（齐二 TK6920/L120）、HCW3-250NC 落地数控镗铣床（捷克产）、数控立式铣床（XK5763/1）、数控立式加工中心（VC-140）、定梁龙门加工中心（TH42125）、龙门数显铣镗床（俄罗斯进口 Y5220）、龙门移动式结晶器数控龙门铣床（GBZF-VP）、龙门移动式数控铣床（中捷 GMB300×100）、万向划座式摇臂钻床（Z3550）、电火花数控线切割机床（DK77 型）、数控定梁立车（CKD5116D）。

起重设备类：主要设备有 QD-250/75 吨桥式起重机、QD-100/20 吨桥式起重机。

主要产品如下。

铁前设备及备件：7.63 米干熄焦热焦罐车、360 平方米烧结台车成套、415 平方米环冷机、大型水冷转鼓。

炼钢设备及备件：300 吨转炉托圈、钢包回转台、连铸扇形段再制造。

轧钢设备及备件：硅钢轧机成套设备、1580 项目轧机机组、2250 项目轧机机组、合钢镀锌线剪、2250 粗轧万向接轴、2800 毫米中板矫直机、宣钢 480 矫直机、摆剪、3400 千牛飞剪曲轴修复、轴承座修复、CSP 主减速机箱体修复大型电机中间轴。

铸锻件：油压机上下横梁、锻钢轮带、轴类锻件、石油高压阀块、BD 辊、大型支撑辊、万能轧机水平辊轴。

出口设备：俄罗斯马格尼托哥尔斯克钢铁厂（MMK）带冷机、印度塔塔集团（TATA）机架和大型立轧机机架。

技术服务：轧机精度检测。

[主要经济指标]

2001—2005 年，马钢重机公司销售收入 19.59 亿元，利润总额 4884 万元。2006—2010 年，销售收入 45.66 亿元，利润总额 8452.34 万元。2011—2015 年，销售收入 30.38 亿元，利润总额-15313.86 万元。2016 年—2019 年 9 月，销售收入 19.09 亿元，利润总额-1135.55 万元。

[技术改造与技术进步]

技术改造：为适应马钢生产经营建设的发展需要，加快技术改造和工程建设的步伐。为解决结构件制作对加工件影响瓶颈问题，2002 年 9—12 月新增铆焊车间厂房面积 1872 平方米。以大件工段、三金工、重型为标志的面积达 3767 平方米的重型生产线投入使用。2005 年 7 月 23 日，有机脂砂技改生产线厂房投产。2006 年 10 月，从日本 JRC 公司引进了世界一流全自动托辊生产线投产。2009 年 3 月，占地面积 1.2 万平方米的大型锻钢工程试生产。2010 年 5 月，占地面积 1.2 万平方米的马钢联合电钢轧辊公司支撑辊生产线试生产。

为适应国家淘汰产能的要求，2014 年 8 月 15 日，马钢重机公司 20 吨电炉和铸铁两条生产线实现永久性停产。

技术进步：从 2001 年 7 月至 2002 年 8 月，马钢重机公司与清华大学共同研发，利用挂砂外冷铁对立柱疏松区强制冷却方法浇注成功净重达 140 吨的马钢热轧薄板轧机机架、北京首钢机电有限公司 109 吨的大型铝箔机架、马钢新区 2130 冷轧 S2 机架、410 吨的山东通裕重工股份有限公司上横梁、86 吨的两件中国第二重型机械集团公司下横梁。成为国内具有独立铸造大型铸坯、加工的企业之一，实现马钢重机公司高端设备闯入欧美市场的新突破。

2005年4月8日，成功研制棒材生产线850吨冷剪机及定尺成套设备，成为国内制造大型冶金剪切设备厂家之一。2006年1月，自主研发的花纹板轧辊投入马钢薄板坯连铸连轧（CSP）生产线，成功轧制出市场走俏的花纹板材新品种。7月，自主研制成功25立方米渣罐和干熄焦热焦罐车，其中，渣罐净重53吨，最大直径4600毫米，罐底直径2500毫米，壁厚100—120毫米；7.63米干熄焦热焦罐车是国内首台带驱动装置旋转热焦罐车。9月，马钢新区首套国内最大的300吨大包回转台和380平方米烧结机制作成功交付现场，且一次性热负荷成功。

2005年，“马钢薄板轧机机架及5000吨油压机横梁大型铸钢件的研制”获中国钢铁工业协会科学技术奖三等奖、中国金属学会冶金科学技术奖三等奖、省科技成果一等奖。

2007年3月，成功研制马钢三钢轧总厂阀高4.5米、密封直径2.6米、开阀角105度的转炉煤气回收（OG）装置，并发往现场安装使用，此举标志着马钢重机公司具有研制精密重型阀体的坚实能力，可取代进口设备。

2008年8月21日，拥有自主知识产权的矫直厚度2800毫米、高6.8米、重达380吨的十一辊热矫直机一次性通过红钢热负荷试车。11月11日，自主制造安装8000吨油压机主体设备，实现了核心设备制造到核心设备安装历史性的突破。

2010年9月，成功修复三钢轧大H型钢高端核心设备——德国赫格里斯轧辊车床，突破机床修复技术，具备世界高端数控设备修复能力。

2010年11月，船用产品——锻钢、铸钢件通过中国船级社质量认证。

2011年，成功开发车轮技改项目大包回转台，成功修复300吨转炉托圈、马钢新区铁水罐，完成三铁总厂转鼓测绘与设计，成功制作德国西马克公司为台湾中龙钢铁公司设计的四条带式成套输送设备。

2012年5月24日，世界著名船用发动机设计与服务企业瓦锡兰公司向马钢重机公司颁布船用铸钢气缸盖生产许可证。

2015年12月10日，国内先进烧结机415立方米环冷机主体设备在马钢重机公司试运行成功，这是马钢在烧结冷却设备制造领域取得的新突破。

2017年11月17日，马钢重机公司获国家级高新技术企业认定。

[改革与管理]

2001年1月—2003年12月底，作为马钢9家资产授权经营单位之一的机制公司，严格遵循“自主经营、自负盈亏、自我发展、自我约束”的运行模式。实行工资总额与实现利润为主的挂钩考核办法。坚持按计划、依法签约采购的原则，坚持招标、议标、比价采购的原则，坚持先货后款的原则。

2004年，实现库房微机管理，进行月末存货盘点和分析，防止不良资产发生。2018年，建立技术服务系统信息化平台，确保预警、计划，成本可控。2019年，盘活存量资产，对报废设备和物资备件进行处置。

第四节　安徽马钢设备检修有限公司

[概况]

安徽马钢设备检修有限公司（简称马钢检修），主要履行马钢内部设备维检、基建技改工程建设等职能，并对外承揽同类项目及其他跨行业工程建设项目，业务范围覆盖钢铁生产全流程，是集维保检修、工程施工、设备再制造三大产业于一体的大中型专业化生产性装备技术服务企业。位于安徽省马鞍山市雨山区天门大道300号，占地面积3.58万平方米。

截至2019年，马钢检修设有7个职能管理部门，分别是综合管理部、党群工作部、人力资源部、生产技术部、经营计划部、安全管理部、机动物资部，另外，马钢检修公司财务部为母公司马钢工程技术集团派驻业务部门；下辖14个维检部（工程部），分别是矿山维检部、焦化维检部、铁前维检部、炼铁维检部、炼钢维检南部、轧钢维检南部、炼钢维检北部、轧钢维检北部、能源维检部、动力工程部、电力工程部、检修安装工程部、修理加工部、吊装物流部；受安徽马钢工程技术集团有限公司委托对马鞍山马钢电气修造有限公司，进行管理体系覆盖，马钢电修对外作为独立法人开展经营业务，对内作为基层作业单元进行管理（电气修造部）。

2019年9月，马钢检修在册员工2474人（含马鞍山马钢电气修造有限公司（简称马钢电修））。

［历史沿革］

马钢检修前身为马钢集团机电设备安装工程有限责任公司，2001年9月25日，马钢集团机电设备安装工程有限责任公司更名为马钢建设公司机电设备安装分公司。2005年2月27日，撤销马钢集团建设公司机电设备安装分公司，马钢股份将其成建制整体收购后，组建“马鞍山钢铁股份有限公司机电设备安装工程分公司”，作为马钢股份的二级单位。2009年5月14日，以马钢股份机电设备安装工程分公司为主体整合马钢股份相关单位的检修资源组建“马钢设备检修公司”。2009年5月27日，成立马钢股份设备检修公司。2013年10月8日，马钢集团批准设立安徽马钢设备检修工程有限公司。2014年1月30日，组建工程技术集团，安徽马钢设备检修工程有限公司纳入组建范围。2014年10月31日，马钢集团决定设立工程技术集团设备检修分公司。2015年4月7日，工程技术集团决定成立工程技术集团设备检修分公司。2015年4月13日，工程技术集团设备检修分公司正式成立。

2016年2月21日，马钢集团决定，马钢电修100%国有股权从马钢集团无偿划转至工程技术集团，按检修资源归类、专业化聚集为原则，工程技术集团委托马钢检修管理马钢电修。2016年2月22日，原马钢冶建公司铁前维保部、钢轧维保部、检修安装工程部、机电安装工程部、建安工程部划入马钢检修。2016年6月20日，马钢能控中心能源保障分厂及燃气分厂燃气检修作业区划入马钢检修。2016年7月2日，马钢股份根据设备维检业务优化整合工作安排，将能控中心能保分厂成建制划入马钢检修（更名为能源维检部），马钢股份轮轴事业部、长材事业部、检测中心3个单位的相关人员划入，马钢检修正式职工队伍新增229人。2016年8月25日，马钢检修建安工程部成建制整合到马钢钢构公司。为推进检修业务专业化发展，提高企业管理效率，2016年12月25日，工程技术集团召开第二届董事会第十五次会审议同意马钢检修由分公司设立为独立子公司。2017年4月26日，马钢集团第一届董事会第五十二次会议审议通过成立设备检修子公司。2017年7月31日，安徽马钢设备检修有限公司正式注册成立，同月，马钢集团召开马钢电修改革专题会，明确马钢电修整体并入马钢检修管理，对内作为下属分厂（车间），同时保留马钢电修法人资格、名称及相关资质。

［主要技术装备］

马钢检修拥有较为齐全的冶金设备安装和维检工艺装备，主要包括：400千克动平衡机1台、5000千牛轴压机1台、可编程逻辑控制器试验设备2套、硫化机3台、封闭式管管焊枪1台、开放式管管焊接枪1台、三辊卷板机5台、扁钢纵剪机组1套、超薄中空液压扭矩扳手1套、超声波探伤仪2台、绝对跟踪仪1台、全站仪3台、多功能仪表校验仪1台、激光对中仪7台、数字水准仪2台、水准仪2台、发电机空载特性测试仪1台、水内冷发电机直流耐压测试仪1台、水内冷发电绝缘特性测试仪1台、手持合金分析仪1台、继电保护测试仪1台、立式试验台1套、120吨汽车吊1台、250吨汽车吊1台、600吨履带吊1台、桥式起重机1台、工程车6辆、挂车4台、红岩货车6台、牵引车2台、数控自动弯管机1台等。

[主要技术经济指标]

2001—2005年，完成建安工作量5.34亿元，利润1602.86万元；2006—2008年，完成建安工作量5.40亿元，利润2708.1万元；2009—2013年，实现完工净收入1.03亿元；2014—2018年，实现收入27.31亿元，利润-2503.1万元；2019年，实现收入8.38亿元，利润2709万元。

[技术改造与技术进步]

至2019年9月，马钢检修公司共拥有专利103项，其中发明专利17项、实用新型专利86项，技术秘密5项。拥有冶金行业创新工作室1个、省劳模创新工作室1个。

2002年5月10日，马钢建设公司机电设备安装分公司工程办机动物资部开出了第一张物资进出库电子票据，在马钢基层单位中首次实现物资供管用的电脑动态管理；9月，马钢检修成功开发出二级库存核算管理软件。

2007年5月，马钢检修“循环酸洗、冲洗合二为一施工技术”在中国安装协会第八届科技成果评审中荣获三等奖。2007年9月，马钢检修承接的马钢2250热轧带钢工程液压润滑气动系统安装和马钢二能源氧、氮、氩系统管道安装工程被中国工程建设焊接协会评为“全国优秀焊接工程”。2008年8月，马钢检修承建的马钢新区2250毫米热轧带钢机电安装工程及供水系统机电安装工程，被中国冶金建设协会评为2008年度“冶金行业优质工程”。2010年5月，马钢检修质量控制成果“降低液压泥炮的季度更换台数”，获省冶金协会2010年度全省冶金行业质量控制成果一等奖。

2012年12月，马钢检修与安徽工业大学联合开发的设备维检管理信息系统进入上线试运行阶段，于2013年1月1日正式运行。

2014年6月，马钢检修发布的质量控制成果“降低线材打捆机故障率”，获省冶金系统优秀质量控制成果一等奖。

[改革与管理]

2007年12月11日，马钢机电公司跨行业承接业务取得较大进展，在福建泉州从中国石化集团第二建设公司承接到一炼油工程项目，正式参与到石油化工行业工程项目。2015年，马钢检修积极推进联合营销模式，6月29日与芜湖新力工程技术有限责任公司联合承揽无锡蓝天燃机热电有限公司机务检修维护项目，联合营销首单正式落地。2014年8月8日，马钢检修与马钢一铁总厂签署高炉煤气余压透平发电装置（TRT）总包协议，高炉煤气余压透平发电装置（TRT）专业化总包服务正式实施。2016年12月21日，马钢检修与三铁总厂签订TRT总包协议，马钢检修对马钢股份区域TRT总包实现全覆盖。为进一步推进马钢内部计量业务，满足生产现场仪表、仪器检定要求，马钢检修积极推进内部计量资质申报，2008年9月14日，顺利获得马钢计量管理处颁发的两项《工作计量标准》，具备之后3年内承接计器仪表工程项目的资质。2016年9月29日，马钢检修正式接管马钢机关办公区域运行维检工作。2017年9月1日，马钢电修正式纳入马钢检修管理。

2018年7月，马钢检修正式通过质量、环境、职业健康安全管理体系认证，并通过工程建设施工企业质量管理规范认证。2018年8月，马钢检修正式获批市级企业技术中心。2018年7月，马钢电修正式通过质量、环境、职业健康安全管理体系认证。2018年12月，马钢检修正式获批省高新技术企业。

2010年10月13日，马钢检修正式面向全体科级管理人员推行绩效考核，并投入使用绩效考核信息系统。2016年3月15日，根据马钢“授权组阁 竞争上岗”工作总体安排，马钢检修全面开展经营（管理）团队的竞聘工作。

第五节　安徽马钢表面技术股份有限公司

[概况]

安徽马钢表面技术股份有限公司（简称马钢表面公司），主要从事中小型非标设备备件制造、安装、修理，表面工程技术应用，各种铸锻件及金属制品、建材的生产和销售，机电工程安装，轧辊及辊类备件制造、修旧及电镀，结晶器铜板、铜管制造、修旧及合金电镀，复合耐磨板制作，技术咨询服务，家电维修，自营和代理各类商品及技术的进出口业务。马钢表面公司位于花山区幸福路1000号，毗邻长江，交通便利，占地面积103亩。

截至2019年，马钢表面公司设综合管理部（党群工作部）、生产安全部、技术质量部、市场营销部、设备管理部、物资供应部、财务部7个部门和金属结构厂、机械设备制造厂、表面修复厂、特种电镀厂4个生产厂。

截至2019年9月，员工195人。

［历史沿革］

2000年10月，马钢集团决定将马钢股份第二机械厂改为分公司，12月正式更名为马钢股份第二机械设备制造公司。2011年3月22日，马钢批准投资设立马钢表面工程技术有限公司。2014年1月22日，经马钢集团公司第一届董事会第二十三次会议审议决定，同意组建工程技术集团，马钢表面公司隶属于工程技术集团。2018年8月27日，马钢表面公司召开创立大会，引入股东马鞍山慈湖高新技术产业开发区投资发展有限公司，企业名称变更为安徽马钢表面技术股份有限公司。2019年3月27日，马钢表面公司正式挂牌新三板，在全国股转系统挂牌公开转让。

［主要技术装备与产品］

马钢表面公司积极引进国内外先进的生产设备设施，确保设备设施先进性，构建了结构合理的“热喷涂类、环保电镀类、特种堆焊类、成套冶金设备及备件类”产品生产线，拥有各类设备297台（套）。关键设备、核心技术来自德国、日本等国际知名设备公司，30%的工艺装备达到国内或世界先进水平，主体装备实现大型化和现代化。

精密数控加工设备：主要设备有MK84160×6000数控轧辊磨床、6625Y 2500毫米×6000毫米俄数显龙门镗铣床、6620Y 2000毫米×6000毫米俄数显龙门镗铣床、2A636ϕ-1ϕ160毫米数控卧式镗铣床、2A637ϕ-1ϕ160毫米数控俄罗斯铣床、XK2420毫米×502000毫米×5000毫米数控龙门镗铣床、XHAD2415 1500毫米×3000毫米数控龙门铣床、GMB250 2500毫米×6000毫米数控龙门铣床、XKZ2320A/4 2000毫米×4000毫米数控龙门铣床、SKODA W160HA ϕ160毫米数显落地镗铣床、HTC 160800middle数控轧辊车床、GMB2250数控龙门铣、XK718数控铣床、伊萨数控切割机、DHD2130数控深孔钻。

超音速生产线设备：主要设备有WokaStar © 640超音速火焰喷涂系统、JP8000HP/HVOF热喷涂集成系统、MH50-20长臂机械手、VH1600/6000喷涂机床转台、TR7500喷砂机、FDO-F3S真空喷砂系统、AccuraSpray-g3焰流监测装置、ϕ1200/5000羽布磨、ϕ1200/5000镜面磨、G60-D空气等离子切割机、PINHOLE INLAY点焊机、HM5BU动平衡机。

电镀生产线设备：主要设备有日本KOKA轧辊镀硬铬生产线、结晶器铜板铜管电镀生产线、结晶器电镀合金设备槽、结晶器加工设备群、水处理装置、500吨油压机。

实验仪器：主要设备有VHX-1000数字显微镜、SYJ-160低速金相切割机、OHK1801离心机、AA320N原子吸收分光光度计、JZ-200A自动界面张力仪、HMV-2T硬度计、日本Koka SRS311HA搅拌加热器、SJ301便携式粗糙度仪。

起重设备类：主要设备有GMB2500毫米×6000毫米通用桥式起重机、QD-20/5吨桥式起重机、QD-50/10吨桥式起重机。

主要产品如下。

喷涂类产品：超音速喷涂冷轧沉没辊、稳定辊、中低温炉辊、冷轧镀锌线工艺辊、重卷线工艺辊、脱脂线工艺辊。

电镀类产品：冷轧工作辊、结晶器铜板、结晶器铜管。

堆焊（喷焊）类产品：热轧线上下夹送辊、喷焊辊、连铸辊、四辊、中板工作辊、复合耐磨衬板、四辊破碎机辊皮、助卷辊、星轮箅板、层流冷却辊。

机械类产品：机械手、锌液排渣装置、液压泥炮、中间罐、单辊破碎机修复、台车及链节、九辊布料机、H 型钢导卫、20 万吨含锌尘泥脱锌转底炉、车轮淬火台、360 平方米烧结带冷机。

在线修复：车轮公司 9000 吨油压机在线修复，6300 吨油压机在线修复，环形轧机主孔在线修复，长材事业部 H 型钢轧机设备在线修复，一钢轧总厂 CSP 生产线 F3、F6 精轧机机架牌坊在线修复。

［技术改造与技术进步］

在技术改造方面。2001 年 10 月，马钢表面公司在原生产管理部露天毛坯库的基础上砌墙加顶改造成为连铸设备制造车间装配厂房，面积 600 平方米。2002 年 12 月，为适应铆焊发展需要，在厂区西南角建造面积为 2052 平方米的新铆焊厂房。2003 年 4 月，围绕打造特色产品，增添了 XHAD2415 定量式数控加工中心、KG-400 数控切割机等关键设备，形成了当时马鞍山地区最大的数控加工设备群。2005 年 3 月，新建 4000 平方米的连铸设备制造厂房，160 镗铣机和数控龙门铣等 9 台数控数显设备陆续安装，形成了较强的高精尖设备加工能力。2009 年 5 月，总投资 3100 万元的轧辊硬镀铬生产线建成投产。2010 年，总投资 4500 万元的超音速喷涂生产线建成。围绕超音速项目建设，马钢表面公司先后完成了铜管分厂结晶器生产线、修复分厂辊系修复生产线、铆焊车间明弧焊耐磨衬板生产线的重新布局和搬迁，实现部分产品封闭式生产。2011 年，超音速喷涂设备进入试生产阶段。2018 年，对超音速退锌槽、电镀二期镀槽及清洗槽进行改造，订购数控龙门铣、数控立式铣床、自动焊接工作站、20 立方米空气压缩机、等离子喷涂等设备，提升了设备及公辅设施配套能力。

在技术进步方面。2001 年 2 月，承制的 146 吨无锡雪丰四机四流连铸工程设备顺利完工，标志着马钢表面公司已具备制造大型成套设备的能力。2002 年 9 月，成功制作马钢高速线材厂高线精轧机高速齿轮箱箱体，达到进口产品的技术要求。成功制作三烧 300 平方米带冷机成套设备，单项工程量创历史之最。2003 年 6 月，成功开发 2500 立方米和 850 立方米高炉冷却壁，开创了铸钢冷却壁在大高炉上整带采用的先河，其中，双层蛇形冷却管工艺和铸钢冷却壁在大高炉上的应用处于国内领先水平。2004 年，研制的高炉铸钢冷却壁先后打入南京钢铁集团、杭州钢铁集团和天津钢厂等外部市场。2006 年，成功开发冷热轧机轴承座、薄板坯连铸机夹送辊及热轧薄板轧机工作辊修复，一钢板坯结晶器铜板完成本地化。2007 年，为马钢股份制作的漏斗形结晶器、板坯结晶器、钻石型结晶器铜管上机使用，并通过性能测评。2009 年，采取明弧焊技术制作的耐磨复合板项目取得新进展，全年累计完成 500 平方米，在煤焦化公司排焦溜槽等备件上得到成功应用。2010 年，大型热轧支承辊堆焊修复攻关取得历史性突破，7 月热轧 R1/R2 机架支承辊成功上线试用。同时，电镀辊产品质量稳步提升，酸轧生产线电镀辊使用寿命比非电镀辊提高 1—2 倍，镀锌生产线电镀辊使用寿命比非电镀辊提高 5 倍。

2011 年，“车轮压轧线重载机械手研制”“冷轧工作辊镀铬技术的研究与应用”分别获马钢技术创新成果奖一等奖和三等奖。2013 年，CSP 连铸辊堆焊修复产品取得新成果，一次上线过钢量达 600 炉以上。同年，首批 130 支电镀辊和 300 支结晶器铜管成功打入华南市场。超音速喷涂沉没辊、稳定辊产品通过省高新产品认证。2014 年，“新型超音速喷涂层复合材料设计及其冶金装备应用的关键技术”项目被确立为省 2015 年科技攻关计划项目，“复合表面工程技术在冶金装备绿色再制造中的综合应用”项目申报使马钢表面公司成为市 2014 年度市科技“小巨人”（培育）企业。同年，马钢表面公司组织申报国家高新技术企业并获通过。2015 年，四钢轧大铜板试用成功，过钢量超过 1200 炉，新开发的冷轧平整机电镀辊试用良好，通钢量提高 1 倍。马钢表面公司被认定为市级和省级技术中心、省第七批创新型企业试点单位、市冶金装备增材工程技术研究中心主要组建单位。其中，“基于超音速喷涂技术的高性能冶金备件”获国家火炬计划立项，“镍钴钨复合涂层结晶器铜板”被认定为省高新技术产品，

“超音速喷涂沉没辊、稳定辊的开发与应用”被列为市第一批科学技术研究成果。2016年，四钢轧大铜板和CSP铜板试用取得新突破，2支高温炉辊上线试用，H型钢轧机机架精度恢复项目获广泛赞誉。2017年，开发当时国内最大的津西西线1240异形坯结晶器铜板，为马钢即将建设的重型H型钢异形坯结晶器铜板制作积累了经验。采用新型堆焊工艺的二铁总厂3号烧结机的星轮和箅板使用寿命提高2倍。研制的车轮检测线搬运机械手样机通过验收。2018年，自主设计制造的8台套车轮检测线机械手在2条生产线投入运行，性能获用户认可，为马钢表面公司带来良好的声誉和效益。首支高温炉辊实现上线试用。在长材事业部H型钢轧机修复中，利用新添置专用机具首次尝试孔类修复并获成功。首次完成的2250轧机牌坊在线修复项目，质量和工期得到用户高度认可。2019年，自主研发的桁架式伺服重载机械手，顺利替代进口产品，填补同类产品的国内空白。自主研发的自动淬火台，实现参数调整系统化，车轮性能的稳定性显著提高，淬火效率提升5倍，达到世界同类产品领先水平。首次实现高温炉辊自主喷涂，并完成3件1号镀锌线高温炉辊的喷涂。同时，掌握了防腐型结晶器水箱制造的关键技术，实现了防腐型750结晶器水箱的自主制造。开发出钴基和镍基的激光合金化工艺，使方钢轧辊轧制量提高1倍。“冶金苛刻服役环境关键部件的长寿化高可靠复合涂层技术”项目获得冶金行业科学技术奖三等奖。主导制定的国际标准进入投票阶段，主导制定的国家标准和行业标准获受理。省重点研究与开发计划项目“新型连铸结晶器铜板防护涂层关键技术联合研发”获批。获批设立省级博士后工作站，成功引进2名博士进站工作。

［改革与管理］

2001年，马钢表面公司为适应改制需要，进行机构改革，机关管理机构由12个调整为8个，二级生产机构由7个调整为10个。探索设立了内部银行，相继出台《内部银行运行规范》《产品价格分解管理办法》《产品出入库管理办法》等一系列配套制度。2003年1月，中国方圆标志认证中心安徽审核中心对马钢表面公司质量管理体系运行进行现场审核，并获得一次性通过。2005年，以质量管理体系复评为契机，对规章制度进行全面清理、修订和完善。2007年，完成了63项生产服务岗位标准的编制。同期，建立了视频监控系统，进一步加强劳动纪律管理。

2009年，按照马钢股份要求，启动了内部控制体系建设工作，组建内控体系组织网络，编写了《内部控制手册》。在推行标准化工作中，修订了68项岗位作业标准。2011年，为配合改制，整合了内部资源，完成机构撤并、人员调配、职能划分等配套工作，使企业运行更加贴近市场。

2018年2月，导入卓越绩效管理体系，一批年轻骨干通过考核成为自评师，参加市长质量奖申报工作。同年，“马钢表面”商标获得注册批准，顺利通过三标一体化体系认证。后全面启动申报新三板挂牌工作，围绕企业股份制改革要求，对内部管理和原有运营模式进行规范改造，完成了203名员工的合同换签工作。

2019年3月27日，全国中小企业股份转让系统有限公司批准马钢表面公司在新三板挂牌，股票简称“马钢表面”，股票代码873245。

第六节　马钢钢结构工程分公司

［概况］

安徽马钢工程技术集团有限公司钢结构工程分公司（简称钢结构公司），位于马鞍山经济技术开发区红旗南路39号，土地面积34.11万平方米，建筑面积9.74万平方米，其中钢结构制造厂房面积5.5万平方米。

钢结构公司在钢结构制作安装、非标设备制造、锅炉B级部件及压力容器制造等领域具有较强的专业实力。主要业务范围为民用钢结构、冶金工业钢结构、工业厂房、石油化工、铁路市政、体育场馆管桁架钢结构制作。产品涵盖住宅、办公建筑及高层建筑工程、大型场馆及公共建筑工程、钢结构厂房及工业建筑工程、矿山建设项目、海外钢结构工程、冶金工程、节能环保工程、H 型钢加工配售、特种设备及压力容器制造安装等多领域，年产能 4 万吨。

截至 2019 年 9 月，钢结构公司下设市场经营部、工程技术部、安全环保部、机动物资部、财务部、党群工作部和综合管理部 7 个职能部门，以及钢结构制作分厂、设备制造厂、H 型钢加工配售中心、炉窑（混铁）工程部、建安工程部 5 家基层单位。

截至 2019 年 9 月，在册员工 622 人。

[历史沿革]

2001 年 5 月，为拓展 H 型钢延伸加工及市场销售空间，改善 H 型钢仓储条件，马钢股份决定将原销售公司现货市场（655 库）成建制划归修建工程公司 H 型钢加工配售中心管理。

2001 年 9 月 25 日，根据马钢集团对建设系统体制改革的决定，成立马钢集团建设有限责任公司钢结构制作安装分公司。优化钢结构制作安装分公司内部的机构设置，机关设置 3 科 1 室（经营科、工程管理科、财务科、办公室）。设 3 个车间：钢构一车间、二车间、三车间。

2001 年 10 月 20 日，为提升设备制造、安装能力和规模，原马钢机电安装公司金结车间制作工段 130 人划拨到修建工程公司，成立修建工程公司钢构分公司。2005 年，修建工程公司钢构分公司更名为修建工程公司设备制造二厂。

2005 年 2 月 27 日，马钢集团决定撤销马钢集团建设公司钢结构制作安装分公司，马钢股份将其成建制整体收购后依法改制为“马鞍山钢铁股份有限公司钢结构制作安装有限责任公司”。

2011 年 4 月 1 日，马钢股份董事会决定由修建公司部分人员与资产设立“马鞍山马钢设备安装工程有限公司”；设立“马鞍山马钢钢结构工程有限公司”，由分公司转变为全资子公司。2012 年 8 月 28 日，原修建公司正式成立机电安装分公司，下设综合管理部和工程技术部，以及机械、液压、电气 3 个工程处。

2013 年 10 月 31 日，“马鞍山马钢设备安装工程有限公司”更名为“安徽马钢冶金建设工程有限公司”。2014 年 2 月 25 日，根据省国资委批复，“安徽马钢冶金建设工程有限公司”和“马鞍山马钢钢结构工程有限公司”与马钢其他 6 家全资子公司进行整合，组建“安徽马钢工程技术集团有限公司”。2014 年 5 月 7 日，“马钢股份有限公司修建工程公司”和“马钢股份有限公司 H 型钢加工配售分公司”注销。

2014 年 10 月 24 日，马钢集团董事会决定同意工程技术集团设立 5 家分公司。2014 年 11 月 7 日，工程技术集团董事会决定，设立“安徽马钢工程技术集团有限公司冶金建设分公司”“安徽马钢工程技术集团有限公司钢结构工程公司”。

2016 年 2 月 22 日，根据《关于实施工程技术集团优化和业务整合的决定》，原马钢冶金建设工程有限公司除划入设备检修公司作业单元和部门外，其余作业单元和部门的人员和资产与钢构分公司人员和资产合并，成立“安徽马钢工程技术集团有限公司钢结构建设公司”，原“安徽马钢工程技术集团有限公司冶金建设分公司”名称因特种设备资质需求予以保留。

2017 年 10 月 16 日，根据市工商局《变更登记公告》，“安徽马钢工程技术集团有限公司冶金建设分公司”变更为“安徽马钢工程技术集团有限公司钢结构工程分公司”。

[主要技术装备]

截至 2019 年 9 月，钢结构公司拥有设备数量 566 台套，资产原值 3.64 亿元，资产净值 1.53 亿元。

钢结构公司拥有的主要大型设备：100毫米×4000毫米大型数控卷板机1台、德国产德玛格300吨液压履带吊和600吨液压履带吊各1台、德国产利勃海尔250吨全路面液压汽车吊1台、抚挖重工产150吨液压履带吊2台、抚挖重工产50吨液压履带吊和80吨液压履带吊各1台、日本T型钢生产线、10000千牛卧式轮轴压装机、瑞典产遥控拆炉机1台、60毫米×3000毫米数控三辊卷板机1台、瑞典产遥控热态罐口清渣机1台、瑞典产沃尔沃大型拖车1台、三辊型材卷弯机1台、瑞士产表面热喷涂系统2套、美国产混铁车数控液压同步顶升系统1套。

[主要技术经济指标]

2001—2005年，实现经营总收入33.13亿元，利润5404.12万元；2006—2010年，经营总收入62.1亿元，利润10419万元；2011—2015年，实现经营总收入59.97亿元，利润7914万元；2016—2019年，经营总收入27.69亿元，利润3596万元。

[主要工程项目]

冶金工程：马钢二铁总厂2号2500立方米高炉安装工程，是马钢"十五"发展规划中的重点项目。该工程于2001年10月18日破土动工，修建公司在高炉安装中，克服了从未系统建设过超过380立方米以上高炉的难点，最终比原计划工期提前3个月于2003年9月5日竣工投产，并且在投产不到1个月的时间内，该高炉生产就达到了设计指标，既创造了施工工期的全国纪录，也创造了高炉达产的全国纪录。

马钢新区两座360平方米烧结机建设工程和2座4060立方米高炉建设工程，是马钢"十一五"期间技术改造和结构调整的重点建设项目之一，烧结工程于2005年1月开工建设，计划工期26个月。经过精心组织，该工程于2006年10月18日正式投产，施工工期提前了5个月。高炉工程于2005年3月30日开工建设，钢结构安装总量为4.79万吨，设备安装总量为2.62万吨，工艺管道制作安装总量为8742吨，耐材砌筑总量为6.2万吨。A、B高炉分别于2007年2月8日和5月24日竣工投产。该工程获省建设工程"黄山杯"、中国冶金建设协会"优质工程"奖。

在马钢3万立方米制氧机工程建设中，首次尝试铝镁焊接工艺，仅用10个月就顺利完成建设任务，缩短工期2个月，并实现一次性试车出氧成功，改写了马钢内部队伍不能建造制氧机的历史。

2001年至2010年的10年间，共承建了3万—20万立方米煤气柜14座，其中3万立方米煤气柜4座、5万立方米煤气柜2座、8万立方米煤气柜2座、10万立方米煤气柜2座、15万立方米煤气柜1座、20万立方米煤气柜3座。其中，曼式（焦炉）煤气柜6座、威金斯（转炉）煤气柜7座。2003年8月，承建的马钢5万立方米威金斯式煤气柜工程，被中国工程建设焊接协会授予"中国优秀焊接工程奖"。2004年8月，承建的马钢20万立方米稀油曼式煤气柜，被中国冶金建设协会授予"全国优秀焊接工程奖"；2005年5月，被中国冶金建设协会评为"部级工法"；2006年2月，被建设部评为"国家级工法"。

钢结构工程：承接马钢特钢公司埃斯科二期厂房制作安装工程、特钢公司优棒厂房钢结构制作安装工程、长材事业部型材升级改造项目厂房制作安装工程、马鞍山汽车城钢结构工程、江苏省大剧院、南京朗诗国际广场51层大楼钢结构工程、济南机场管桁架工程、杭州国际博览中心、华能巢湖电厂等一大批钢结构代表性工程。

[技术改造与技术进步]

2002年，在国内率先设计建造的光明新村钢结构住宅楼，因质量优质，获得首批国家建筑钢结构金奖。

2005年8月，承接马钢新区2座300吨转炉制作，该转炉是当时国内最大的转炉，因转炉自重加铁水重量最重可达600吨左右，因此对Z向板的材质和焊接质量要求极其严格，经过反复试验、讨论总结，严格执行周密的焊接工艺，焊接制作圆满完成，焊缝经过无损检测100%合格，达到设计要求，且投入使用后每次检查焊缝均无缺陷，同时在超厚板异种钢焊接方面实现马钢零的突破。

2006年8月13日，成功获得锅炉A级部件制造许可，结束了马鞍山地区无锅炉A级部件制造单位的历史，填补了马钢锅炉制造领域的空白。承建的5万立方米威金斯式煤气工程和20万立方米稀油曼式煤气柜工程被授予“全国优秀焊接工程奖”。

2013年1月，“300吨转炉托圈制造工法”“300吨转炉托圈焊接逆向工艺工法”获省级工法，“300吨转炉耳轴同轴度控制工法”获部级工法。11月，“大型转炉托圈制造耳轴同轴度控制新技术开发与应用”获省职工优秀技术创新成果奖三等奖，“CO_2气保焊立向下焊接操作法”获省职工先进操作法。张烨技能大师工作室获“安徽省技能大师工作室创新成果奖”。

2014年，“大型转炉托圈悬挂装置在线更换焊接施工方法创新”被评为2014年全国工程建设优秀QC成果、“武钢杯”冶金行业优秀QC成果、省质量协会QC成果二等奖。

［改革与管理］

质量管理资质：钢结构公司拥有日本全国铁骨评价（JSAO）H级、美国焊接协会（AWS）、加拿大焊接局认证（CWB）、欧盟钢结构焊接认证（EN1090）和国际焊接体系认证ISO3834。拥有冶金工程施工总承包一级、钢结构工程专业承包一级、机电工程施工总承包二级、建筑工程施工总承包二级、建筑幕墙工程专业承包二级、建筑装饰装修专业承包二级、市政工程施工总承包三级、电力工程施工总承包三级、起重设备安装工程专业承包三级等资质。2018年6月，获省安全生产协会授予的“安全生产标准化二级企业（冶金）”称号。

钢结构公司先后获国家鲁班奖，中国建筑钢结构金奖，全国工程建设优秀QC小组活动成果一、二等奖，全国钢结构质量优秀企业奖，上海市金刚杯，省科技成果奖，上海市重大工程立功竞赛优秀集体，上海市金属结构建设工程优质工程“金钢奖”等荣誉。

第七节　安徽马钢输送设备制造有限公司

［概况］

安徽马钢输送设备制造有限公司（简称马钢输送）位于马鞍山市经济技术开发区阳湖路499号，马钢输送占地面积10.21万平方米，厂房面积3.58万平方米，注册资本1亿元，设备220台（套），输送装备、技术和工艺在国内行业具有领先水平，是全国重点钢铁企业唯一具有系统设计、产值上规模的专业化输送设备制造企业，国家级高新技术企业。

截至2019年9月，马钢输送下设6个部门（综合管理部、财务部、营销部、安全生产部、机动供应部、技术质量部），4个分厂（托辊分厂、机加分厂、架体分厂、精铸分厂）。

截至2019年9月，员工141名。

［历史沿革］

2004年2月1日，马钢输送与马钢股份重机公司合并重组，定名为“马钢股份有限公司输送设备制造公司”。2005年4月，投资2亿元在马鞍山经济技术开发区兴建新厂区，2006年底建成，2010年10月完成精铸车间异地搬迁改造，保留了精铸车间的主打产品炉箅条，同时进行扩容升级，新增先进的消失模生产线。2011年，新建货架车间全封闭喷漆房及一个面积近4200平方米的露天成品库。

2013年10月，马钢输送从马钢股份剥离到马钢集团，成立安徽马钢输送设备制造有限公司，为马钢集团全资子公司。2014年1月，划入工程技术集团。2018年5月，被认定为市高端输送设备工程技术研究中心，7月被认定为“国家级高新技术企业”。2019年，成功注册“MGSS”商标，9月被认定为市级企业技术中心。

[主要技术装备与产品]

马钢输送主要技术装备分为机械加工、铆焊、精密铸造三大类。

机械金属加工设备170台（套），代表性的有JRC托辊全自动生产线1套，喷漆及漆雾处理系统1套，托辊半自动生产线1套，数控龙门铣1套，数控刨台镗1套，数控落地镗1套，数控车床、磨床等专业设备。

铆焊设备主要有15台（套），主要有托辊横梁焊接机器人1套，滚筒焊接机器人1套，激光切割机1套，数控火焰切割机、多工位、滚筒双头自动焊接中心1套，60卷板机1套，630吨的四柱压力机，400吨的单柱压力机，喷漆及漆雾处理设备等。

精密铸造设备有5台（套），主要有IGBT中频炉、消失模生产线、履带式抛丸清理机、光谱分析仪等。

主要产品如下。

输送机整机设计制造系列：环保型圆管带式输送机、通用带式输送机、大倾角输送机、埋刮板机、斗式提升机、卸车机、圆盘给料机等。

输送机备件：托辊、滚筒、支架等。

冶金成套设备：输送辊道、推钢机、冷床、H型钢导卫、高速线材风冷设备、开卷机、卷取机轴等。

高端智能输送成套设备：智能皮带桥、履带式移动多功能输送机、储带移置输送机等。

非标冶金设备备件：输送辊、行车轮、喷淋装置等。

消失模精密铸造产品系列：烧结机台车箅条、隔热垫、钢球等耐磨、耐热件等。

其他机械产品：链斗式卸车机、炉箅条、冷却装置等。

[技术改造与技术进步]

2003年8月，为淮南矿务局张集北矿设计制造的DTL140/200/3×315带式输送机顺利投产并首次通过“MA”（煤炭安全）认证。2006年，为马钢煤焦化公司设计制造的首条管径250毫米、长度1100米管状输送机成功投入运行。2013年，承担的淮南矿业集团唐家会井下输送机（功率2×1800千瓦）首次成功投入运行。2015年，设计制造的B1800高炉主皮带机、首条直径400毫米圆管输送机投入运行。2018年7月，为马钢南山矿自主研发生产的首套露天多自由度多功能带式输送机通过中国重型机械工业协会重大科技成果鉴定。2019年，移动破碎后连续智能皮带桥设计与开发被省科技厅列为2019年重点研发项目；同年，为马钢南山矿自主研发生产的首套履带式储带移置输送机通过中国冶金矿山企业协会科技成果鉴定。

[改革与管理]

2002年1月，对精铸车间劳动组织重新调整，稳定生产秩序。2002年7月，对职工养老保险、医疗保险、失业保险、岗位工资、车贴进行了调整，同时在生产服务岗和技术岗设立优秀岗位津贴。

2005年9月，启动马钢输送ERP项目，覆盖营销、生产、物资采购系统，项目投资26万元，12月投入试运营。2007年，将营销部门外协职能进行调整，划归生产部门。

2010年，完成了ISO 9001:2008新版质量体系外审及换证工作，推行营销业务主管选聘制，实行营销人员的奖金分配、业务招待费使用、通信费提取等与个人分解指标挂钩考核。2012年，完善售后服务体系，成立售后服务领导小组，明确工作职责，规范售后服务程序。在2012年度工业企业产品质量分类监管（监督检查）中，马钢输送被列入保障能力较强和实现程度较好的A类良好自律企业。

2013年，精铸车间推行单位产品成本预算考核，合理安排铸造及热处理班次，错峰用电。通过了安全生产标准化二级达标，修订部门工作职责和科级管理人员岗位工作标准，在技术岗位推行导师带徒试点工作，促进青年技术人员成长。组织新一轮优秀科技人员和岗位之星的评审，并坚持季度动态考核。

2014 年，安全生产标准化工作通过三级达标验收；优化生产绩效考核，精铸车间实行单位成本考核和产量考核，机加车间、货架车间实行净增加值考核并与产值、产量 20%工资挂钩。

2015 年，模拟市场价格，细化对分厂皮带机工程项的产值核算单价，组织编制马钢输送三年发展战略规划，实行指纹人脸识别自助考勤，启动全员岗位绩效工作，修订完善岗位工作标准，组织编制岗位评价表，制定岗位绩效管理办法，建立员工按岗位绩效进行考核与分配的机制。

2016 年，组织开展经营管理团队组阁和全员竞聘上岗。2017 年，完成金蝶 EAS 系统上线和内部 ERP 系统升级改造。2018 年，通过国金衡信 QEO 三标体系认证，完成征信体系建设，信用等级达标 AA+。2019 年，组织选聘公司法律顾问，防范企业风险；开展技术技能津贴评审，评选出优秀科技人员津贴 6 人、技术能手津贴 3 人。

关注后备人才培养，建立“1+2+4”后备人才。积极组织员工参加技术比武活动，先后组织参加市总工会第二届职业技能竞赛、市第八届职业技能竞赛、马钢第九届职业技能竞赛，共有 24 人次参加数控车工、钳工等工种技术比武，达到了学习交流、提升技能水平的目的；以铆焊专业技能人才为主体的职工创新工作室初步建成。

第八节　马鞍山博力建设监理有限责任公司

［**概况**］

马鞍山博力建设监理有限责任公司（简称监理公司）位于马鞍山经济技术开发区阳湖路 499 号。监理公司是中国冶金建设协会会员、省建设监理协会理事、市建筑业协会监理分会常务理事单位。监理公司拥有冶炼工程、房屋建筑工程、市政公用工程甲级及矿山工程乙级等 4 项专业监理资质，可开展资质范围内相应类别建设工程的项目管理、技术咨询等业务。

截至 2019 年 9 月，监理公司设综合管理部、经营部、项目管理部 3 个职能部门。下设 2 个监理事业部，即监理事业一部、监理事业二部。

截至 2019 年年底，监理公司在册员工总数 44 人。

［**历史沿革**］

监理公司成立于 1999 年 1 月，2002 年 12 月因业务整合需要，原马钢规划发展部工程科 6 人整体划入监理公司。监理公司设综合科、经营科、项目管理一部、项目管理二部。

2004 年 2 月，因同业整合需要，原马钢规划院监理公司（11 人）整体划入监理公司。撤销经营科，相关业务并入综合科，增设项目管理三部。2011 年 3 月，为理顺内部管理关系并细化管理职能，撤销项目管理一部、项目管理二部、项目管理三部，重新成立综合科、经营科、技术科和项目管理科。

2014 年 1 月，经马钢集团第一届董事会第二十三次会议审议决定，组建安徽马钢工程技术集团有限公司，将原隶属马钢集团的监理公司委托工程技术集团管理（监理公司法人主体地位不变）。

2014 年 4 月，为加强技术业务管理工作，撤销技术科，相关业务并入项目管理科。2015 年 1 月，因同业整合需要，将工程技术集团设计研究院下属的工程咨询分公司（19 人）整体划入监理公司。划入后，因人员增加及业务管理需要，监理公司设立 4 个部门，即综合管理部、经营部、项目管理部和总工程师办公室，下设 3 个监理事业部，即监理事业一部、监理事业二部、监理事业三部。

2016 年 8 月，根据马钢集团办公室下发的《关于调整部门单位 2016 年机构设置与科级管理岗位标准实施方案的通知》有关要求，减少职能编制，撤销总工程师办公室，其职能并入项目管理部，将原来监理事业一部、监理事业二部、监理事业三部合并调整为监理事业一部、监理事业二部。

［**主要技术装备**］

为满足监理工作需要，监理公司配备了检测工具、照相机、录像机和常用检测工具，重点配备了精密仪器徕卡 TC1202 全站仪 1 台、水准仪 1 台、徕卡激光测距仪 1 台、ZBL-R620 钢筋扫描仪 1 台等。

［技术进步］

监理公司从 2003 年单一的质量管理体系认证到 2019 年通过了质量、环境和职业健康安全三标体系认证，对应建立和完善了管理制度 10 多项。在技术业务管理方面，编制了《监理标准化作业指导书》《公司项目工程定置化管理台账模块》和《安全生产管理的工作清单》等标准化作业指导书。多年来，监理公司借助技术管理团队和监理实务经验积累，认真编制了监理策划类文件等实务运用技术标准，逐步涵盖监理公司资质范围内（冶炼工程、矿山工程、房屋建筑工程和市政公用工程）监理规划、监理实施细则及危大工程管理等。在冶炼工程业务拓展方面，涵盖铁前和钢后全流程监理业务。在对标找差方面，技术标编制和对外业务洽谈对标行业排头兵。

［业务情况］

监理公司从成立之初的年营业收入 94.5 万元，到 2019 年营业收入达到 1881 万元，实现了平均每年 16.2%的比例递增。利润总额从成立之初的年利润总额 5 万元，到 2019 年利润总额 210 万元，实现了平均每年 20.6%的比例递增。监理业务建安年工作量从成立之初的 1000 万元，到 2019 年的 20 多亿元，实现了平均每年超过 30%的比例递增。

［改革与管理］

2009 年以前，监理公司主要承揽马钢内部工程监理，自 2010 年起，监理公司贯彻“走出去”发展战略，工程承揽由马钢内部发展到市、省及省外市场，外部市场占比逐年提升，到 2019 年，公司外部市场占比达到 18.2%。

监理公司自成立以来，先后获全国冶金行业优质工程奖 3 项，省建设工程“黄山杯”优质工程奖 8 项，马鞍山市级“翠螺杯”优质工程奖 12 项，省、市级“安全文明标准化工地”“监理示范工程”合计 14 项，并获 2014—2015 年度、2016—2017 年度、2018—2019 年度、2020 年度省、市“优秀监理企业”称号。近年来，监理公司还连续被评为省“重合同，守信誉”单位，以及 2017—2018 年“立信示范单位”。

第九节　马钢共昌联合轧辊有限公司

［概况］

马钢共昌联合轧辊有限公司（简称马钢共昌），主要开发、加工和生产并销售轧辊及机械产品，提供售后服务及相关技术服务。马钢共昌占地面积 2.2 万平方米，注册资本 3000 万美元，总投资达 4500 万美元，设计年生产锻造硬化钢支承辊 10000 吨。

截至 2019 年 9 月，马钢共昌设技术品管部、供销部、综合行政部、财务部、运行管控部 5 个部门。

截至 2019 年年底，在岗员工 94 人。

［历史沿革］

马钢共昌始建于 2007 年，由马钢集团（占股比例 51%）和联合钢铁（香港）有限公司（占股比例 49%）两方共同出资组建。2016 年 7 月，改革重组，由马钢集团（占股比例 34%）、江苏共昌轧辊股份有限公司（占股比例 33%）和联合钢铁（香港）有限公司（占股比例 33%）三方共同出资组建。2019 年，马钢集团将其 34%的股权无偿划转至安徽马钢工程技术集团有限公司。

［主要技术装备与产品］

马钢共昌引进的美国联合电钢锻钢支承辊全套生产工艺流程及制造技术，涵盖主流板带轧机支承辊的成分设计、熔（精）炼、铸锭、锻造、机加工、热处理及性能检验等一整套工艺参数和制造技术，使产品具有晶粒组织细、冲击韧性值高等特点，使用性能和寿命均超越普通铸造和离心铸造的支承辊。以支承辊制造技术为核心，马钢共昌已获实用新型专利 3 项，向中国知识产权总局申请发明专利 3 项并已受理。

马钢共昌配备重型数控车床、美国英格索尔（Ingersoll）大型数控铣床、意大利塔基（Tacchi）大型数控镗床、德国赫克力斯（Herkules）大型数控轧辊磨床、塞拉斯（Selas）差温炉等国际一流的锻钢支承辊加工及热处理设备。同时还配备了高精度的检测仪器，为产品性能提供了重要保证。

马钢共昌主要生产锻钢支承辊，产品适用于国内外主流钢铁冷、热轧轧线，产品最大辊身直径 1700 毫米，最大辊身长度 2500 毫米及最大轧辊总长 8000 毫米，同时，马钢共昌配置的国际先进加工设备也为高端机械加工协作提供服务。

[技术改造与技术进步]

鉴于马钢共昌设备以国际先进设备为主，维修配件、生产刀具需大量外购，马钢共昌团队经过不断推进国产化，实现了进口设备自主维修改造，特别是美国铣床液压系统改造等，年节省成本 35 万元。积极开展进口备件国产化工作，其中刀具总消耗量同比减少 18.69%，国产刀具占比 98.05%，每年节约成本 21 万元；热处理备件国产化每年节约成本 10 万元。

马钢共昌引进美国联合电钢锻钢支承辊制造技术，初期生产美国联合电钢牌号 DH3Cr、5CrMo、DH15 的材质轧辊，基本满足了国内外冷、热轧机的使用要求。自 2016 年重组以来，鉴于国内有些客户习惯于采用中国早期的轧辊材质牌号 70Cr3Mo，为了满足这部分用户的要求，马钢共昌技术团队改进开发了 70Cr3Mo 热处理工艺，产品性能满足了客户技术要求。2019 年，为满足马钢重型 H 型钢新产线轧辊需要，马钢共昌研究开发了适用于重型 H 型钢一系列产品，包括开坯（BD）辊制造和水平辊服务加工，进一步拓展了产品业务范围并加强了内部协同能力。马钢共昌技术中心加强内部技术改造，通过热处理炉技改，成功实现辊身长度 2800 毫米中大型支撑辊的工艺突破，拓展了共昌轧辊业务范围。

[改革与管理]

自 2016 年重组以来，马钢共昌借助各方股东的供应链，加强采购系统核心原材料渠道拓展，通过反复试用验证，成功引入多家国内锻钢毛坯供应商，借助市场竞争机制有效降低了采购价格，仅毛坯采购价格一项下降 3%。技术系统细化质量分析，工艺纪律巡检，开展标准操作规程（SOP）培训等系列措施，产品质量稳步提高，至 2019 年，工艺一次合格率提升 10%。财务系统加强效益测算，积极预测，从成本角度加以分析，从经营角度加以管控，严控非生产性支出，加强资金安全管理，确保汇票安全兑付。有效控制财务费用，同比 2016 年下降 11 万元。配合销售部门对超信用期应收账款走法律诉讼途径，收回 3 年期以上应收账款 62.5 万元。拓展银行融资渠道，新增建行资金贷款授信 4000 万元。

第十节　安徽马钢东力传动设备有限公司

[概况]

安徽马钢东力传动设备有限公司（简称马钢东力），位于马钢三厂区马钢大道北终点，占地面积 1 万平方米，建筑面积 3697 平方米，工业厂房建筑面积 3215 平方米。

截至 2019 年 9 月，马钢东力员工 11 人。

[历史沿革]

2016 年 8 月 3 日，为拓展安徽马钢重机公司业务，盘活其部分闲置资产，利用马钢内部市场提供的机遇，借助宁波东力传动设备有限公司专业化技术，由马钢重机与宁波东力共同出资组建马钢东力，其中马钢重机持股51%，宁波东力持股49%。

2018年5月25日，马钢重机将其持有的51%股权转让给工程技术集团，马钢重机不再持有股份，工程技术集团成为马钢东力的控股股东。马钢东力设有总经理办公室、技术质量部、市场部、生产部、财务部。

[主要技术装备与产品]

马钢东力主要技术装备：5吨双梁吊钩桥式起重机1台、10吨双梁吊钩桥式起重机2台、16吨桥式起重机1台，有普通车床（CA1640ϕ）1台、万象摇臂钻床（2Z3040×ϕ40）1台、外圆磨床（MQ1320ϕ）1台、内圆磨床（M250Aϕ500×450）1台、平面磨床（M7130Hϕ）1台、立式铣床（X53K-400×1600）1台、电动平车（KP-20-1A，20T）1台，以及单柱液压机（YF41-100）1台，300吨四柱液压机1台和装配试验平台（2000×4000×450）1台。

对外供应类产品：高精模块化减速机、减速电机、焦炉、转炉、轧钢等专用设备齿轮箱及其备件。

维修再制造产品：三合一减电齿轮箱、模块化高精减速机、行星齿轮减速机、轧机齿轮箱、冶金重载齿轮箱、煤焦化提升机齿轮箱、转炉倾动齿轮箱以及冷锯等传动设备。

[主要技术经济指标]

2016年，实现销售收入81万元，利润总额1.8万元，减速机备件销售120台，年维修减速机40台。2017年，销售收入482万元，年利润65万元，减速机备件销售700台，年维修减速机240台。2018年，销售收入1428万元，年利润102万元，减速机备件销售2000台，年维修减速机700台。2019年，销售收入2036万元，年利润总额121万元，减速机备件销售3000台，年维修减速机1000台。

[业务发展]

2016年8月，马钢东力成立后，利用宁波东力专业化技术对废旧减速机、专用齿轮箱进行维修再制造，变废为宝，避免了弃旧购新的现象，直接降低了采购成本。同时，宁波东力公司授权给马钢东力，为马钢生产线提供齿轮箱及专用传动设备供应保障，实现了马钢“活化运行机制，发挥一体化协同优势”战略发展方向落地。同时，马钢东力与市万丰机电发展有限公司、圣戈班管道有限公司等外部单位合作，努力开拓马钢外围市场，进行齿轮箱及专用传动设备的销售、维修和技术服务。截至2019年底，销售额逐年上升，马钢外部市场销售收入占比42%。

第十一节　马钢集团招标咨询有限公司

[概况]

马钢集团招标咨询有限公司（简称马钢招标公司）是马钢（集团）控股有限公司全资子公司，注册资金1000万元，注册地址为安徽省马鞍山市九华西路8号。负责马钢集团范围内货物、工程、服务的采购招标与废旧物资、固废资源销售竞价。同时，面向社会承揽政府、企事业单位的采购及招标业务，为省招标投标协会副会长单位。

截至2019年底，在册员工42人。

[历史沿革]

为推进马钢招标集中管理，实现马钢采购降本的最大化，2012年8月28日，马钢集团招标中心挂牌成立，下设综合管理部、业务一部、业务二部、业务三部4个部门。

为进一步提升招标业务服务能力，实施市场化运营，促进产业化发展，2017年5月，经马钢集团第一届董事会第五十三次会议研究决定成立招标公司，2017 年 9 月 26 日完成工商登记，作为独立法人市场化运营。成立初期设有综合管理部、市场经营部、财务科、业务一部、业务二部、业务三部共 6 个部门。2018 年，马钢财务共享中心成立后，根据马钢财务管理要求，撤销财务科。

截至 2019 年 9 月，下设 5 个部门，分别为综合管理部、市场经营部、业务一部、业务二部、业务三部。

[主要业务]

马钢招标公司主要业务包含招投标业务咨询、工程建设项目招标代理、机电产品国际招标代理、政府采购代理、工程项目管理及工程咨询服务等。

[主要技术经济指标]

马钢招标公司自成立以来，经营指标逐年攀升，2012—2016 年累计承接招标项目数 10930 项，招标总金额 157.34 亿元；2017—2019 年累计承接招标项目数 16909 项，招标总金额 283.79 亿元；累计实现营业收入 8518 万元，利润总额达到 5805 万元。

[改革与管理]

在制度建设方面，马钢招标公司作为马钢集团招标办公室，负责马钢集团范围内招投标专业管理工作，牵头制定马钢集团招标管理制度，2012 年 11 月下发《马钢（集团）控股有限公司招标管理办法（暂行）》，2015 年 12 月发布管理文件《招标管理办法》，2018 年 5 月对《招标管理办法》进行适应性修订。2019 年，为适应马钢集团分层分级管控模式的要求，依据相关法律法规的要求，马钢招标公司重新修订马钢《招投标管理办法》，新办法既保证依法合规，又符合马钢实际，具有可操作性。同时组织开展宣贯培训，增强各单位对招投标法律法规及制度的刚性意识。

在电子平台建设方面，2012 年 10 月 1 日，自主研发的电子商务平台上线，打通了与主要合同主体单位信息化委托渠道；2013 年 4 月，实现“工程、货物、服务”招标专业及竞价销售全覆盖。2018 年，马钢招标公司完善优化马钢电子招投标平台功能，实现电子招投标全流程运作。2018 年 5 月，一次性通过中国信息安全认证中心（ISCCC）检测认证，成为国内钢企中继宝武集团、鞍钢集团之后，第三家通过认证的电子招投标交易平台。

在人才队伍建设方面，马钢招标公司倡导“简单真诚、协调共享”的工作理念。通过开展案例分析会、周末大课堂、市场分析会、招标学习周、岗位技能竞赛等特色活动，助力员工成长成才。同时，鼓励员工参加职业资格培训、考试，至 2019 年，持有招标师证书的员工占比达 59%、建造师 19%、造价师 16%、监理师 5%，初步打造了招标实战、市场拓展、平台运营、管理咨询 4 支“精英团队”。

在风险防控方面，马钢招标公司建立了内控体系，每季度开展风险识别和评价，不断提高风险防控意识。规范合同评审流程，重大敏感项目事前组织专家评审，事后做好效果跟踪评价。总结典型案例，开展季度案例分析会，建立招标风险负面清单，避免招标过程出现不规范行为。依法合规处理异议、投诉，持续提高风险防控能力。

[项目实例]

工程建设项目招标：通过标前策划，全力支撑高炉总承包（EPC）、高速车轴、特钢优棒、高端汽车零部件、型材升级、焦化净化系统、姑山矿露转井等系列工程项目，追求最优性价比，在保证项目质量的情况下实现效益最大化。

保险集中招标：深入研究保险市场运营特点，积极探索集中保险新模式。2014 年，首次开展货运险和财产险年度招标，同比上年度节约保费 4000 多万元。陆续开展了职工商业险、产品责任险、短期信用险的招标，成效显著。

物流运输招标：2015 年，首次推进采购与销售水运物流联动招标，实现全年运输降本 1.4 亿元。

2016年，为进一步降低运行成本，强化承运商队伍的优质保供，面对“海、江、河”上百条运输线路的复杂局面，采用关键线路系数法（选择一条线路作为基准线路，其他线路根据运输距离及以往价格情况确定系数，只对基准线路报价，其他线路乘以相应的系数计算运价），实现采购与销售水运招标年度降本1.1亿元，综合运费价格降幅达到23.93%。

合同能源管理（EMC）项目：马钢日常产线或设备有大量节能空间，如电、水、蒸汽等，需进行投资改造，一些专业化节能企业以合同能源管理（EMC）的形式提供投资、管理，产生的节能效益与马钢分享，为此，马钢招标公司深入研究新型的市场化节能机制，了解项目内容和特点，成功完成了能控中心3号干燥机改造、四钢轧1580生产线2号加热炉氧化烧损等项目招标，为今后合同能源管理（EMC）项目的开展提供经验积累。

耐材总包招标：为提高马钢耐材相关资源集中度，支撑耐火材料板块产业化发展，实现钢铁主业系统降本，2015年开始，从铁前高炉、钢后转炉、连铸、精炼等，通过对耐材供货和施工进行功能性整合，将耐材功能性相关很强的内容进行总承包招标，让总承包方承担耐材供货和施工乃至后期维护质量，倒逼总包方自觉提高产品质量，从而保证总包质量，提高了耐材整体的使用效果，实现了产线长周期稳定顺行，维护了与实力供应商之间的战略供应链关系。

市场开拓：马钢招标公司高度重视市场创效，以用户需求为导向，提前介入，主动服务，大力开拓外部市场。与马鞍山监狱、武警支队、安工大、港口集团、市环卫处、市城管局等单位建立良好合作关系，持续提供优质服务，形成稳定业务渠道，社会业务收入超470万元。

第三章 废钢资源

第一节 马鞍山马钢废钢有限责任公司

[概况]

马鞍山马钢废钢有限责任公司（简称马钢废钢公司）是以原马钢再生资源公司为载体，整合马钢股份原燃料采购中心采购部、马钢配送中心废钢仓储、加工、配送系统，组建集废钢采购、检验、收货、仓储、加工、配送为一体的专业化废钢管理公司，是具有良好的基础设施、较好的工艺装备、规模化废钢加工能力的新型企业。经营范围为：废旧金属回收、加工、销售、生铁销售、仓储、国内贸易代理服务。马钢废钢公司确立从“质量保供型”向“经营效益型”转变的中远期发展目标，大力推动废钢产业发展和再生资源的综合利用，把经济效益和社会责任有机统一起来，实现企业的良性和可持续发展。

[历史沿革]

2012年8月27日，马钢废钢公司成立，为马钢股份的全资子公司，注册资本1亿元。设4个管理部门，即：经营部、生产安环部（含设备管理）、质量管理部、综合管理部（含财务管理），下设2个废钢仓储配送分厂。

2018年，马钢股份将持有的马钢废钢公司55%股权转让给马钢集团，马钢集团持股55%，马钢股份持股45%，马钢废钢公司成为马钢集团一级子公司。2019年6月12日，马钢废钢公司董事会审议批准马钢股份与马钢集团以现金的方式，按现有股权比例对马钢废钢公司增资，增资金额为3亿元人民币。

[业务发展]

在马钢废钢公司成立初期，一是厘清废钢业务流程。在马钢股份和有关部门的指导下，为理顺马钢废钢公司业务及运行方式，与马钢股份在计划、价格、质量、财务等职能管理界面和工作流程进行对接。马钢股份制定了《废钢供应管理办法》《废钢、生铁技术条件》等，为废钢业务的顺利开展创造了前提条件。二是对原再生资源公司业务、资金、账目、现场实物库存进行盘点，其业务由原燃料采购中心纳入马钢废钢公司；做好配送中心加工一站和加工二站相关业务的交接等工作。三是开展注册资本金的调整工作。根据马钢股份计财部的安排，聘请马鞍山永涵会计师事务所对马钢再生资源公司的注册资金使用情况进行审计。开立新增资本金验资账户，接受马钢股份增加的注册资金，以及做好企业名称变更、企业法人、注册资金及经营范围等工商登记和税务登记工作。四是进一步健全内部管理制度。依托原属单位废钢业务管理基础，结合整合后废钢业务开展和管理需要，组织修订了采购、销售、合同、供应以及财务、生产安全、质量等方面的管理制度，以保证马钢废钢公司维护好相对稳定的供应链和客户群。

2013年，根据马钢股份调整铁钢比及废钢采购大幅增量的要求，确定了“本地以自我管理的基地供应，外地以长协大供方供应”的经营思路，先后与丰立集团、海江金属、华诚金属、舟山长宏、安徽双赢5家全国知名的废钢加工配送示范企业建立战略合作关系。成立定价小组动态跟踪市场走势，准确研判市场，编制了“废螺指数”以及废钢和螺纹钢期指主力合约与现货价差变化情况，根据市场情况将库存分为较低库存、正常库存、较高库存三种调整策略。每月定期与废钢使用厂召开对接会，与生产厂联动，掌握生产厂所需品种、数量，以此作为采购品种、数量、价格基准。在满足生产保供前提下，为钢厂降低生产能耗、提高盈利能力。

首先，2014 年，以钢厂生产为依托，把供应链建设作为保障资源供给的首要，在稳定战略供方、基地供方合作的基础上，积极开拓江浙地区和周边地区废钢、生铁资源，拓宽资源选择空间。其次，选好供应商，保证“货源”质量。坚持采购“源头”控制，把稳定和保证废钢、生铁质量作为“准入”的关键，加强与产废企业的合作，加强和改进供方评价工作，实行严格“准入”和“退出”机制。从 2014 年度供方评价的结果来看，除去马钢内部回收供方，废钢供应商 29 家中有 9 家是直接的产废企业，生铁供应商 22 家中有 5 家是生铁生产实体企业。通过评选，还评出了战略供方 1 家、基地供方 1 家、A 类供方（废钢、生铁合计）7 家，占整个供应量的65%以上，2 家因合同违约被退出。再次，把准市场脉络，准确研判市场。马钢废钢公司定价小组适时动态跟踪市场走势，随时开展市场比较分析，以旬、周定价为基础，采取灵活的定价策略，以价格杠杆、可控的采购成本获得优质的资源。最后，采购和钢厂生产需求紧密结合，不断满足钢厂对废钢数量、质量和品种的要求。

2015 年，一是适时调整采购策略，利用市场下跌的机会降低采购成本 20 元/吨；二是充分利用马钢股份给予的资金政策支持，与供应商协商一致，借助资金支付优先条件及当月两次结算付款，促成供应商让价 10 元/吨，月降采购成本 100 万元左右；三是与产废企业直接合作，进一步减少采购中间环节。重点与拆船、汽车拆解、造船、煤矿、家电等产废企业进行合作；四是进一步调整废钢品种结构，注重废钢采购“性价比”；五是加大初级废钢采购力度，提高增效能力；六是积极“走出去”开展对外销售工作。主动出击找市场，向合钢、长钢、新兴铸管等客户销售产品，实现外销收入 7107 万元，盈利 146 万元。同时，开创性地实施了生铁直供模式，起到了降低库存、降低物流成本的双重作用。全年直供废钢比例达 53. 26%，同比增加 9. 23%，降低物流成本 2052 万元。

2016 年，面对市场形势，一方面积极培养供应链，另一方面强化市场研判，看准价格走势和机遇，采取“一单一议”的采购模式，锁价优质废钢资源，实现了采购增效。在做好对钢厂保供的同时，积极盘活废钢资源，开拓对外销售渠道，通过议标、比价、谈判等方式，把优质废钢卖出好价钱。全年废钢外销量 1. 45 万吨，实现外销收入 1799. 89 万元，盈利 524. 51 万元。同时制定了《马钢废钢企业标准》，并于 3 月 30 日发布执行。建立了“三查、一公开”监管机制。“三查”：一是废钢质量巡检及对废钢质量管理的各个环节进行巡视检查，强化废钢质量管理；二是直供废钢实施码头监装检查，制定了详细的工作流程，明确了工作职责，使码头监装工作规范化操作；三是成立监督组对废钢检验的判杂开展分选抽检，以验证检验判定的可靠性，强化检验对质量的控制力。“一公开”：质量检验数据得在现场实时公开，接受供方监督。一、三、四钢轧总厂的废钢采取水运直供模式，不仅保证了马钢股份公司在低库存状态下没有发生断供，而且减少了废钢进分厂的二次装卸、短倒数量，降低了物流成本。全年直供量 73. 60 万吨，占保供量比例 66. 90%，降低费用 809. 6 万元。马钢废钢公司 SAP 信息化系统正式上线运行以后，利用 SAP 系统的模块实现废钢公司采购、生产、检验、加工、销售、结算管理功能。

2017 年，积极拓展外销业务，先后到南京钢铁公司、芜湖新兴铸管公司、常州中天钢铁公司、宁波钢铁公司等大型钢铁企业进行走访。接洽废钢合作事宜，达成了废钢供应意向。与韩国现代制铁公司、日本三井公司、英国 EMR 公司以及英国斯坦科公司联系，在马钢国贸公司配合下，获得了对韩国现代制铁出口废钢 6500 吨销售合同。创新供应管理模式，以基地建设为龙头，强化供应链建设。以诚兴基地的成功经验为基础，进一步扩大合作空间，启动了“破碎生产线”项目建设的前期工作，以此推动新型合作关系的形成。在深入考察和有效评估的前提下，选择滁州市洪武、绍兴市富李、安徽双赢、常州同正等四家可靠供应商，签订合作基地建设框架协议，设立“马钢废钢公司废钢合作基地”，实现合作双赢。同时，积极强化体系和标准建设。一是完善管理体系，制定“三标”管理体系换版推进计划，开展了管理评审，推进部门过程识别和《管理手册》修订工作；二是修订技术标准，满足采购、验收和使用的需要。修订《优质打包块等技术条件》《精选废钢1等技术要求》，应中国废钢铁应用协会邀请，执笔《废钢铁行业标准》；三是提高检验信息效率和透明度，实施了检判数据快速传递系统和检判数据实时显示开发项目，提高了效率。完善ERP信息化管理工作，加强系统内物料数据维护，协调解决各单位提出的系统操作功能、运行等问题；对新增物料、已有物料进行物料编码、工艺路径维护、系统错误数据更正，针对系统漏洞提出改进建议，优化完善了系统数据。

2019年，马钢废钢公司已逐步构建起“基地+贸易+金融”“互联网+废钢”新型商业模式，在规范有序生产经营、快速开拓市场、高效推进基地建设、完善风险防控等方面取得了良好业绩。经营废钢约600万吨，营业收入150亿元。

［**分子公司**］

马钢废钢公司根据业务发展的需要，按经营范围、资源产地、钢企所在地设立分子公司，利用协同效应促进贸易多元化，做大贸易规模。积极引入国有、集体或民营多种体制成立混合所有制公司。大力推动马钢诚兴、马钢富圆和马钢智信、马钢利华分子公司废钢业务经营。

马钢诚兴：马钢诚兴的主要业务是为钢铁生产企业保供，其中销往马钢的废钢占马钢诚兴销售额的三分之一、占马钢废钢采购量的50%。2018年10月，马钢诚兴投入试运营，设计年产合格废钢140万吨。马钢诚兴客户分布于12个省（直辖市、自治区），其中以马钢、南钢、梅钢、沙钢、日照钢铁为代表的华东市场占60%，以唐钢、东海、德龙等为代表的华北市场占20%，华南、西南市场占20%。

马钢富圆：马钢富圆是马钢废钢公司与绍兴富圆再生物资有限公司共同出资组建。2019年2月27日，正式注册成立，注册资本5000万元。马钢废钢公司持有51%股权，绍兴市富园再生物资有限公司持有49%股权，形成废钢年加工、配送能力100万吨的规模，年销售收入20亿元以上。

马钢智信：马钢智信成立于2019年2月27日，主要从事废钢铁采购、加工、仓储、销售、贸易等业务。马钢智信地处江苏、山东、河南三省交界，位于安徽省宿州市宿马工业园区马钢皖北循环经济产业园，周边废钢资源丰富，拥有便捷的水陆交通条件。以加快推进“一总部、多基地、网络化、辐射状”战略布局，按照“基地+平台”模式，高标准建设新中心加工基地，打造成为国家级循环经济示范产业园区。项目位于宿马园区，占地面积160亩，集废钢集中回收、加工利用、汽车拆解等功能为一体，所有设备均按照工信部准入标准购置安装，成为苏鲁豫皖四省及周边区域金属再生资源标杆基地。

马钢利华：马钢利华成立于2019年7月15日，是马钢废钢公司的合资子公司，注册资本2亿元，注册地址是安徽省宣城经济技术开发区宝城路299号。

第四章　贸易物流

第一节　马钢国际经济贸易有限公司

[历史沿革]

马钢国际经济贸易有限公司（简称马钢国贸公司）是马钢集团的全资子公司，是一家集矿业、原燃料、钢材贸易、机电产品、食品预包装、农资、投资于一体的综合性贸易公司，负责除马钢股份以外的原燃料、设备、备品备件采购、国际物流、钢材贸易、贴牌、加工、消费品等业务以及外经、外贸、外事、外资“四位一体”的海外管理工作。

2012年6月，马钢集团提出做强钢铁主业、发展非钢产业，整合内部各单位非钢业务，重新组建马钢国贸公司，赋予其全新的贸易公司职能。

2013年11月，马钢集团协议收购马钢国贸公司，投资主体由马钢股份转为马钢集团。

2014年4月，马钢国贸公司经马钢集团董事会并报经省国资委批准完成公司化规范改制，更名为“马钢国际经济贸易有限公司”，注册资金增至5亿元。

[上海马钢国际贸易有限公司]

为响应国家在上海设立自贸区号召，充分发挥上海自贸区政策优势、区位优势，推动马钢国贸贸易和物流板块的业务延伸，根据马钢集团董事会决定，马钢国贸公司在上海自贸试验区设立子公司。2014年4月，在中国（上海）自由贸易试验区注册成立上海马钢国际贸易有限公司，注册资本2000万元。

[安徽江南钢铁材料质量检验有限公司]

2009年9月28日，安徽江南钢铁材料质量检验有限公司由马钢国贸公司出资组建，注册资本人民币100万元整。经营范围：钢铁材料与产品、铁合金、耐火材料制品、原燃辅料质量监督检验；理化检验技术与服务；理化检测设备应用、检定和维修。

[马钢（香港）有限公司]

马钢（香港）有限公司是由马钢股份和马钢国贸公司共同出资，1997年9月，在中国香港注册成立，成立初期注册资本为480万港币，马钢股份占80%股权，马钢国贸公司占20%。马钢（香港）公司成立初期主要是作为马钢股份了解外经贸和外事业务的窗口，同时从事钢铁产品贸易、物流业务。2014年，马钢国贸公司归属马钢集团后，因涉及关联交易的原因，马钢国贸公司在马钢（香港）公司的股份减持到9%。

[美泰澳门离岸商业服务有限公司]

美泰澳门离岸商业服务有限公司是马钢国贸公司于2018年1月在中国澳门设立的全资子公司，注册资本25000澳门元。

[安徽马钢长燃能源有限公司]

安徽马钢长燃能源有限公司于2019年4月30日注册成立，6月正式运营。

第二节　马钢集团物流有限公司

[概况]

马钢物流坐落于马鞍山市太白大道 3 号，主要从事公路、水路货物运输、仓储配送、全程物流及物流供应链服务等。主要服务客户为钢铁、矿山、煤炭、建筑等企业。

截至 2019 年 9 月，马钢物流下设 10 个部门，即：综合管理部、党委工作部、安全环保部、财务部、规划发展部、物流运行部、采购物流部、生产物流部、销售物流部、业务拓展部；2 个全资子公司，即：安徽马钢汽车运输服务有限公司、马钢（合肥）物流有限责任公司；3 个控股子公司，即：安徽中联海运有限公司（马钢物流控股 62%）、机动车循环科技公司（马钢物流控股 41%）、安徽马钢物流集装箱联运有限公司（马钢物流控股 40%）；3 个参股子公司，即：马鞍山钢晨实业有限公司（马钢物流持股 23. 4%）、中国物流合肥有限公司（马钢物流持股 15%）、安徽马钢比亚西钢筋焊网有限公司（马钢物流持股 50%）。

2019 年底，员工 580 人。

[历史沿革]

2015 年 9 月，马钢集团为实现物流产业专业化发展、集约化经营，将原马钢股份采购中心、制造部、销售公司所属采购、生产、销售物流实施归口管理和协调，实现“三流归一”，成立马钢集团物流有限公司。2016 年，将马钢汽运、中联海运、仓配公司、马鞍山港口集团、省郑蒲港务有限公司等单位进行资本性整合。2017 年，为了拓展外部市场业务，成立市场经营部。2018 年 4 月，为了开展集装箱业务，马钢物流成立安徽马钢物流集装箱联运有限公司。2018 年 11 月，因马钢集团管理体制改革，仓配分公司人员成建制划至马钢股份，仓配分公司办理注销。2018 年 12 月，因省委、省政府关于省港口资源整合的总体部署，马钢物流所持有马鞍山港口集团 50%的股权、安徽省郑蒲港务有限公司 17. 5%的股权无偿划转至省港航集团。2019 年 9 月，为构建从汽车销售、维修、报废处理及零部件再制造的机动车全生命周期服务体系，马钢物流成立机动车循环科技公司。

[主要技术经济指标]

马钢物流 2015—2016 年营业收入 14. 26 亿元、利润总额 4542. 18 万元、完成实物物流量 7505 万吨。2017 年，营业收入为 5. 7 亿元，其中，外部收入 8908 万元、外部收入占比 15. 61%、利润总额为 7896 万元，人均营收 94 万元、完成实物物流量 7924 万吨。2018 年，营业收入 9 亿元，其中，外部收入 2. 66 亿元、外部收入占比 29. 57%、利润总额 1. 13 亿元、人均营收 81 万元、完成实物物流量 8382 万吨。2019 年，营业收入 11. 31 亿元，其中，外部收入 4. 22 亿元、外部收入占比 37. 32%、利润总额 1. 52 亿元、人均营收 195 万元、完成实物物流量 8086 万吨。

[技术改造与技术进步]

为优化马钢物流技术研发组织体系，提升技术研发与创新创效能力，增强核心竞争力，加快马钢物流从传统企业物流向物流企业转型步伐，共获得专利 8 项《一种运输车辆拖车车钩防脱落装置》获实用新型专利（2016 年），《一种企业铁路物流控制系统及其计算方法》获发明专利（2017 年），《适于汽车尾气采样探头自动拔插的控制系统及工作方法》《一种钢卷集装箱托架及钢卷的装箱方法》《一种可装载单体超重货物进行铁水联运的通用集装箱及其运输货物的方法》获发明专利（2018 年），《一种铁路平板车超长型钢材装车方法》获发明专利、《一种钢卷集装箱托架》《一种可装载单体超重货物进行铁水联运的通用集装箱》获实用新型专利（2019 年）。

[改革与管理]

马钢物流充分利用马钢丰富的物流资源及自身专业化物流服务能力，不断提升管理水平，先后实施张庄矿和姑山矿产品回运物流全程总包业务，为马钢各类产品自提客户提供全程物流服务。通过市场化原则，与浙江海港集团、合肥晨光船舶货运、淮南金桥物流开展互为市场业务，实行各方货物、运力资源协同共享。

2017 年，马钢物流被评为国家多式联运示范工程单位。2018 年，被评为国家 5A 级综合服务型物流企业。2019 年，被评为国家高新技术企业，“构建‘绿色、智慧、协同、共享’综合性大型钢铁物流公司的探索与实践”获省企业管理现代化创新成果奖一等奖、中钢协管理创新成果奖一等奖。

[安徽马钢汽车运输服务有限公司]

安徽马钢汽车运输服务有限公司（简称马钢汽运）为马钢物流全资子公司，始建于 1970 年 4 月。截至 2019 年 9 月，马钢汽运下设六部一会，即：综合管理部、党群工作部、运输经营部、设备保障部、物资经营部、安全环保部、工会。下设 5 个运输分公司、1 个汽车修理厂、1 个危险品运输公司、1 个旧机动车交易市场、2 个加油站。所属二级全资子公司共 2 家，分别为马鞍山市旧机车交易中心有限责任公司和安徽马钢危险品运输有限公司。员工总数 473 人。

马钢汽运是以汽车运输为主、涵盖车辆维修、危险品运输、租赁和油品贸易等多元产业链业务同步发展的综合性汽车运输和汽车服务企业，拥有大型、专业、先进、环保车辆和特种装备 600 余台，在为马钢股份提供运输保产服务的同时，积极拓展外部运输市场，年货运量为 4000 万吨，是华东地区较大的专业汽车运输、汽车修理企业之一，是中国物流与采购联合会理事单位、国家 4A 级物流企业。

2007 年 7 月，成立马鞍山市旧机动车交易中心有限责任公司，主要承担二手机动车交易、新车销售、汽车美容装潢及汽车租赁任务。

2013 年 9 月，马钢集团启动资产重组改革，马钢汽运被回购进入马钢集团，成为马钢集团全资子公司，并于 2013 年 10 月 22 日更名为安徽马钢汽车运输服务有限公司。2014 年 9 月，马钢集团将危险货物运输车辆集中统一管理，成立子公司安徽马钢危险品运输有限公司，2016 年 8 月 16 日，该公司由马钢集团划归马钢物流，变更为马钢物流全资子公司。2018 年 7 月，马钢集团实施机关人力资源优化，办公室车队及其他部门的司机业务及人员整体划拨到马钢汽运，成立安徽马钢汽车运输服务有限公司租赁分公司。

自 2013 年以来，马钢汽运经营绩效持续增长，营业收入、利润总额分别由 2016 年的 3.19 亿元、2522 万元增长到 2018 年的 4.35 亿元、4533 万元，总体经营绩效良好。

马钢汽运在推进技术改造、技术创新方面做了大量工作，以创新工作室为依托，坚持全面创新、全面精益，纵深推进岗位创新向基层延伸。坚定专、精、特主业发展方向，实现高质量服务保障，打造汽运服务品牌。做好专业化汽运业务总包工作。借助物流板块大平台，整合马钢集团内部资源，拓展和延伸运输及产业链业务范围，进一步推进专业化运营总包工作。持续提升运输服务质量，加强运输专业化人才队伍建设，提高专业化服务保障能力，提升品牌影响力，做强马钢汽运品牌。

加强运输业务精细化管理。完善业务总包管理体系，实现统得住、管得好。强化制度建设，搭建统一平台，统一标准规范，推进公路运输运营标准化、规范化、信息化，实现所有承运商一体化管控。开发、使用适应工艺保产要求的特种车型。主动对接马钢股份相关单位，了解各产线对运输车辆的不同需求，提出一对一解决方案。联合汽车制造厂，开展特种车型的开发和应用，在环保运输的条件下使物料与承运车型达到最佳匹配，满足马钢股份工艺运输保产要求。

坚定高质量发展方向，以马钢集团内部市场为依托，坚持有所为、有所不为的原则，做大做强多元辅业，构建汽车产业链多元业务协同发展新格局。提升技术水平，分别派人参加了红岩重卡修理技术培训、法士特变速箱修理技术培训、新能源车拆解业务培训等外部培训学习，同时还邀请江淮叉车厂技术专家来修理厂现场授课指导，开展了劳务工技能培训、考试，提升了修理厂的维修能力。不断提高服务质量，拓展油品市场，截至 2019 年 9 月，已与 4 家销售物流承包商建立了油品供应服务关系，实现了燃油供应服务，马钢天门大道加油站也已于 11 月正式运营。把准功能定位，做强交易市场，与江淮叉车、马钢采购中心签订了叉车采购销售三方协议，成为马钢股份的合格供方。积极主动参与马钢股份采购中心的叉车招标和比价采购。强化安全管理，密切关注马钢股份相关危化品运输项目的进展情况，积极做好沟通对接工作，拓展外部市场。

第五章　金融投资

第一节　马钢集团财务有限公司

[概况]

马钢集团财务有限公司（简称财务公司）是以加强马钢集团资金集中管理和提高资金使用效率为目的，凭借自身16项金融业务资质，为马钢集团及其所属成员单位提供金融服务的非银行金融机构。办公地点位于安徽省马鞍山市九华西路8号。

[历史沿革]

2010年12月前，马钢集团资金主要由马钢集团、马钢股份和其他独立法人子公司分散管理，造成整个集团资金存贷双高，财务费用居高不下。马钢集团决定成立财务公司，进一步加强账户全面管控和资金集中管理，提高资金使用效率，控制资金风险，为马钢集团成员单位提供结算及金融服务，合理调配资金，降低财务成本。

2010年12月，马钢集团正式向中国银行业监督管理委员会（简称中国银监会）提出申请，斥资10亿元筹建财务公司。2011年9月30日，中国银监会正式批准财务公司开业，注册资本10亿元人民币（含500万美元），马钢集团、马钢股份分别持股51%和49%。

2011年10月9日，财务公司完成工商注册登记，正式成立。10月11日，马钢集团召开资金集中管理动员大会，对马钢集团资金和账户集中管理作出部署，由财务公司在各家金融机构开立资金主账户，将成员单位外部银行账户与财务公司账户应连尽连，外部银行的资金应归尽归，由财务公司对资金进行集中管理。

2011年10月18日，财务公司正式投入运营，日常经营管理设总经理1名、风险总监1名、副总经理1名，下设综合管理部、计划财务部、结算业务部、信贷业务部、风险管理部和稽核部6个职能部门。

2012年2月9日，针对马钢股份上市公司关联交易限制，导致财务公司资金归集、信贷服务等金融服务功能受限的不利局面，对财务公司股权结构进行了调整，马钢集团、马钢股份分别持股9%和91%，马钢股份变更为财务公司的控股股东，拓宽了财务公司的业务规模和发展空间。2012年12月27日，因金融机构同业资金业务拓展需要，成立资金运营部。主要职能：编制财务公司内部资金预算，进行资金调拨；与金融同业直接开展资金交易，进行同业拆借、转贴现和再贴现业务。

2017年1月4日，通过对注册资本进行变更，进一步提升财务公司金融服务能力，增强抗风险能力。马钢集团、马钢股份同比例增资10亿元人民币，持股比例不变，注册资本变更为20亿元人民币（含500万美元）。

[主要业务]

财务公司主要业务：对成员单位办理财务和融资顾问、信用鉴证及相关的咨询、代理业务；协助成员单位实现交易款项的收付；经批准的保险代理业务，代理成员单位企业财产保险、机动车辆保险、信用保险、责任保险、货物运输保险、职工意外健康保险等；对成员单位提供担保；办理成员单位之间的委托贷款及委托投资；对成员单位办理票据承兑与贴现；办理成员单位之间的内部转账结算及相应结算、清算方案设计；吸收成员单位的存款；对成员单位办理贷款及融资租赁；从事同业拆借；承销成员单位的企业债券；有价证券投资，仅限于银行间市场发行的各类产品、货币市场基金、证券投资基金、地方政府债券、公司债券，以及银行理财产品、信托及其他金融机构发行的理财产品；成员单位产品的买方信贷；对成员单位办理即期结售汇业务；作为主办企业开展马钢集团跨境外汇资金集中运营业务；作为主办企业开展马钢集团跨境双向人民币资金池业务。

［主要技术经济指标］

2011—2015 年，财务公司累计实现营业总收入 13.22 亿元、利润总额 6.4 亿元、净利润 4.66 亿元，累计为成员单位提供低利率信贷优惠及让利 3.23 亿元，上交各项税费 2.44 亿元。

2016—2019 年，累计实现营业总收入 17.31 亿元、利润总额 10.73 亿元、净利润 8.59 亿元，累计为成员单位提供低利率信贷优惠及让利 3.34 亿元，上交各项税费 2.9 亿元。

［改革与管理］

财务公司依托马钢集团、服务马钢集团，不断加强马钢集团资金集中管理，提高资金使用效率，控制资金风险，规范经营、创新服务，全力建设成为马钢集团资金归集、结算、监控和金融服务平台，为马钢集团转型升级、高质量发展提供有力金融支撑。

信贷管理：不断丰富信贷业务品种，健全服务功能，强化服务意识，提升服务水平。持续拓宽为马钢集团服务的渠道，坚持以专业高效为成员单位提供授信支持，发放流动资金贷款，办理票据融资，最大限度满足集团内成员单位生产经营资金需求。充分发挥金融牌照优势，丰富财务公司承兑汇票支付手段，通过自身信用缓解成员单位资金紧张压力、丰富其支付手段，为成员单位开具财务公司承兑票据，妥善解决成员单位资金需求，为成员单位经营发展和降本增效提供金融支撑。全面打通产业链金融服务的上下游通道，为马钢集团提供全产业链金融服务，提升金融服务水平，拓展马钢集团产业链规模。

资金管理：兼顾监管要求，制定 20 余项制度、规程，包括《流动性风险处置预案》《结售汇业务管理办法》《存款准备金管理办法》《投资业务管理办法》等，规范了业务操作原则、流程、方法及应急处置措施，使资金管理的各项流程顺行。同时，专门配置具有外汇交易中心本外币交易资格的交易员、具有证券从业资格的投资人员从事特定业务。为适应业务发展，财务公司不断提升资金管理的业务范围和业务资质，先后经人民银行批准开展票据交易市场，经国家外汇管理局获批跨境人民币和跨境外汇资金的主办资格，经中国银监会批准开办有价证券投资；经全国银行间同业拆借中心获准进入银行间债券市场、中国外汇交易市场，进一步丰富完善业务范围和资金融通渠道。

结算管理：围绕马钢集团发展需要，持续提升结算管理水平。2015 年 4 月，马钢集团正式启动票据集中管理，财务公司精心搭建集团票据池系统，于 2015 年 8 月上线运营。财务公司为马钢集团内 39 家成员单位提供纸质票据查验、入池托管、到期托收等服务，帮助解决驻外销售分子公司等成员单位票据实物管理难题，降低了纸质票据管理风险，实现马钢集团票据信息集中管理。随着纸质票据业务逐步实现电子化，票据信息集中功能逐步转至财务共享平台资金管理模块中统一管理。

紧跟马钢集团转型发展步伐，2018 年 10 月，通过资金系统升级、结算信息化项目建设等功能创新，充分发挥结算服务优势，助推马钢集团财务共享平台建设。利用高效信息化手段，使金蝶 EAS 财务共享平台与财务公司网上银行系统通过共同确定的数据接口和安全保障模式实现自动联机运行，系统间数据自动双向传输。财企直连结算通道打通后，实现财务公司与马钢集团财务共享中心的高质量联动运行，促进了马钢集团资金管理的标准化和集中化，有效提高资金管理及运作效率，同时为马钢集团各单位节约财务费用，提升马钢集团整体结算效率和资金集中管理水平。

财务公司自成立以来，稳健合规开展各项业务，取得较好经营业绩，2014 年，获评全国外商投资优秀企业，2017 年，获评省外商投资优秀企业，2018 年、2019 年，连续两年被评为中国银行业监督管理委员会监管评级一类财务公司。

第二节　马钢集团投资有限公司

[历史沿革]

2015 年 3 月 24 日，省国资委批准设立马钢集团投资有限公司（简称投资公司）。5 月 4 日投资公司正式成立，注册资本为 10 亿元人民币。

2016 年，投资公司与科达机电合资设立售电公司，取得省第一批售电公司牌照。同年，投资入股江苏共昌公司，收购马钢智能车库公司 8. 94%股权。

2017 年，投资公司设立子公司马钢（杭州）投资管理有限公司，取得管理人资格，并接管马钢债转股基金，帮助马钢集团降低资产负债率 1. 6%。

2018 年，投资公司设立下属 2 家子公司，分别为马钢（上海）融资租赁有限公司和马钢（上海）商业保理有限公司，旨在积极构建金融产业布局，打造新的投融资平台。

截至 2019 年，投资公司下设综合管理部、资本市场部、股权管理部、风险管理部、计划财务部和研究发展部 6 个部门。

[主要业务]

投资公司自 2015 年成立以来，按照马钢集团“1+7”产业布局，打造马钢集团专业化的金融投资运作平台，围绕证券投资与股权投资这条主线，为马钢多元化产业发展作出了积极贡献。

2015 年，通过减持马钢股份帮助马钢集团实现减持收入 20. 44 亿元、减持效益 15 亿元；出售包括宝钢股份在内的 7 只股票，通过实施分级基金、货币基金、可转债等投资项目，实现投资收益 4700 万元，利润总额 4470 万元。

2016 年，抓住新股申购新政策的市场机会，组织精干力量，认真细致地做好新股申购的核查、询价、申购、缴款与出售全流程管控，参与全部新股的网下申购。

2017 年，围绕资本运作主线，谋划股权投资，强化证券投资，与券商合作，成立 3 个定向资管计划，在银行间市场开展马钢债投资，配合马钢集团 10 亿元中票和马钢股份 20 亿元短融发行，降低发债成本 2000 万元。

2018 年，设立下属 2 家子公司，分别为马钢（上海）融资租赁有限公司和马钢（上海）商业保理有限公司，积极构建金融产业布局，打造新的投融资平台。同时，公开选聘中国诚信信用管理公司，对投资公司、融资租赁公司、商业保理公司进行风险管理体系搭建咨询，发布风控手册，构建与行业实践接轨的风险管理体系、制度和流程，建立风险管理与控制流程的长效机制。

2019 年，通过对钢铁行业和马钢集团的形势分析，从资本运作角度提出有益建议，立足金融控股平台，助力马钢集团发展。投资公司实施券商定向资管计划项目、临时性资金管理项目及可转债/可交换债投资项目，获较好收益。

第三节　创享财务咨询公司

[概况]

安徽马钢创享财务咨询有限公司（简称创享公司）位于马鞍山市花山区湖南东路 2 号，属于马钢集团全资子公司。为拓展内外部财务服务市场，提高企业财务管理现代性、精准性，经马钢集团董事会批准，创享公司于2019年8月1日成立，注册资本500万元。创享公司主要为各类企业提供会计代账、税务核算、财务信息咨询和会计咨询等服务。

创享公司下设3个管理部门，分别为业务组、总务组、财务部。截至2019年底，员工7人。

［主要业务］

创享公司成立初期，积极开拓市场。同年，创享公司与金蝶软件（中国）有限公司合肥分公司（简称金蝶合肥分公司）签订《咨询服务收费协议》，主要负责帮助金蝶合肥分公司为上峰水泥集团介绍财务共享平台及相关专业系统开发、集成、实施以及EAS系统上线使用情况。

创享公司为实现发展成为市具有重要影响力的财务管理咨询服务商的目标，制定了严格、完善的公司章程，采用先进的EAS财务管理系统进行业务流程控制，为客户提供专业诚信、高效优质的服务。

第六章 节能环保

第一节 安徽欣创节能环保科技股份有限公司

［概况］

安徽欣创节能环保科技股份有限公司（简称欣创环保）于2011年8月31日注册成立，注册资本1亿元，注册地址在安徽省马鞍山市经济技术开发区，位于马鞍山市雨山区西塘路665号，占地约120亩。欣创环保的成立，是贯彻落实马钢集团依托钢铁主业、加快发展非钢产业步伐，寻求新的利润增长点的重要举措。

欣创环保专业从事节能环保专项设计与工程建设、环境设施托管运营、合同能源管理、环保产品（水处理药剂、环保设备）生产与服务、第三方环境监测和设备诊断液压备件修复等业务。

截至2019年9月，欣创环保本部员工233人。

［历史沿革］

欣创环保是股份制合资企业，发起人有5家，其中马钢集团出资3000万元、占30%股权，马钢股份出资2000万元、占20%股权，中钢集团马鞍山矿山研究院有限公司出资2000万元，占20%股权，马钢设计院有限责任公司和马钢集团实业发展有限责任公司分别出资1500万元、各占15%股权。公司经营范围：节能工程与服务，烟气治理（除尘、脱硫），防腐工程与服务，工业污水处理，噪声治理，废弃资源综合利用，技术研发，工程设计、施工及总承包，合同能源管理，工业环保设施托管运营，环境监测及分析，环保设备和水处理药剂制造和销售等。

2011年11月15日，欣创环保设置综合管理部、工程管理部、能源工程部、环保工程部、环保设施运营部、水务工程部、产品研发和防腐保温工程部7个部门。2012年3月20日，增设计划财务部。

2013年3月18日，为适应企业发展，进一步理顺流程，欣创环保对组织机构进行调整，撤销工程管理部、水务工程部、环保工程部、产品研发和防腐保温工程部，成立计划经营部、工程部、设计研发部、物资部；原计划财务部更名为财务部，原环保设施运营部更名为环保运营部，原能源工程部更名为能源服务部。2013年8月15日，欣创环保增设市场营销部。2017年10月17日，欣创环保设立环保设计研究院，与设计研发部合署办公，下设大气环境污染防治研究所、水环境污染防治研究所、综合研究所。

截至2019年9月，欣创环保下设4个管理部门，分别为综合管理部、计划经营部、财务部、物资部。设5个业务部门，分别为环保运营部、能源服务部、环保设计研究院、市场营销部、工程部；设1个分公司，即合肥分公司；设5个控股子公司，分别是马鞍山欣创佰能科技有限公司、安徽马钢欣巴环保科技有限公司、马钢华阳设备诊断工程有限公司、贵州欣川节能环保有限责任公司、马鞍山市洁源环保有限公司。另有2个参股子公司，即马鞍山中冶华欣水环境治理有限公司、安徽南大马钢环境科技股份有限公司。

［主营业务］

环境设施托管运营。马钢集团于2011年印发《马钢发展节能环保非钢产业工作计划》，全力支持欣创环保以功能总包和专业运营的方式，承接马钢的包括工业水质、大气环保设施在内的托管运营业务，以实现环保业务在欣创环保平台的归集，推动马钢节能环保产业与钢铁主业的共同发展。2013年，托管了合肥公司水质运营，同时筹建了欣创环保驻合肥公司办事处，全面负责合肥公司水质运营、环保除尘工程、滤袋产品备件的供应等。2013 年 5 月，承接原马钢股份二铁总厂 1 号烧结机烟气脱硫托管运营业务，标志着公司致力于推动的环保设施托管运营模式顺利落地。2013 年 8 月，承接了马钢股份港务原料总厂外供系统除尘设施的托管运营工作，负责该厂外供系统区域内的 39 台除尘设施的运行、点检、维护、检修、大中修、固定资产更新建议等全方位工作。2013 年 8 月，承接了原马钢股份二铁总厂 2 号高炉槽下除尘设施托管运营。2014 年，建立完善了环保运营部的设备、质量、操作各项规章制度，调整充实了环保运营部的管理力量，按照“二组、五区”（技术管理组、生产运行组、二铁脱硫区、三铁脱硫区、热电区、港料外一区、港料外二区）架构，公开招聘各个组、区的负责人及专业技术人员，优化了人力资源配置，提升了专业化管理水平。2014 年 1 月，正式以 BOT 模式（即建设-经营-转让）托管运营了原马钢股份三铁总厂 A 号 380 平方米烧结机烟气脱硫项目；2014 年 1 月，承接了原马钢股份热电总厂发电二分厂 1×135 兆瓦机组烟气脱硫托管运营业务。2014 年 9 月，承接了原马钢股份三铁总厂 B 号烧结机烟气脱硫托管运营业务。2015 年 1 月，承接了原马钢股份三铁总厂链箅机烟气脱硫设施托管运营业务。2015 年 6 月，承接了原马钢股份二铁总厂烧结及炼铁区域除尘项目。2015 年 8 月，承接了原马钢股份热电总厂 135 兆瓦机组锅炉烟气脱硝项目。2015 年 12 月，承接了原马钢股份二铁总厂球团 1 号、2 号、3 号竖炉烟气脱硫项目。2017 年 6 月，承接了马钢矿业公司张庄矿选场除尘项目。2018 年 8 月，承接了马钢矿业公司姑山矿除尘项目托管运营。

在深耕内部环保设施托管运营业务的同时，外部市场开拓也实现了零的突破。2017 年 10 月，欣创环保承接了安徽铜陵旋力特钢环境设施托管运营项目，托管运营业务成为区别于其他环保公司的竞争能力，是公司赖以生存发展的基本盘。

环保工程项目市场开拓。欣创环保凭借大气、水环境工程设计专业资质，在大气、水环境污染治理领域具备较强的设计能力，以设计为龙头，采用 EPC（设计→采购→施工）、EPCO（设计→采购→施工→运营）等模式，相继承接环保治理（大气、水环境）和能源服务工程。2013 年 6 月，承接的原马钢股份三铁总厂 A 号烧结机烟气脱硫工程竣工，7 月底完成了马钢股份下属长江钢铁煤气发电项目主体建设，10 月承接的原马钢股份热电总厂二分厂 1×135 兆瓦机组烟气脱硫投入运行。2014 年，马钢加快环保设施改造进度，环保工程开工量增加。先后承接了原马钢股份一铁总厂 11 号、13 号炉除尘改造、原二铁总厂 2 号炉高炉槽下除尘改造、原三铁总厂 B 号烧结机脱硫及 AB 高炉矿槽除尘等一大批环保工程项目。2015 年，先后建成马钢股份五套脱硫（原一铁总厂 1 号、3 号烧结脱硫等）、原热电总厂 135 兆瓦机组脱硝、张庄矿选矿除尘等一批重点环保项目，使马钢股份顺利完成安徽省政府挂牌督办项目的环保验收及“摘牌”验收，体现了专业化环保公司的价值。2016 年，如期建成原二铁总厂的 3 号烧结机烟气脱硫、4 号高炉除尘等环保工程项目。2017 年，全力以赴投身于马钢股份众多环保改造工程中，先后建成原二铁总厂 2 号高炉技术改造配套环保设施、马钢矿业公司姑山矿除尘以及原马钢股份三铁总厂除尘工程等环保项目。

2018 年，欣创环保在外部市场开拓上成绩斐然。先后完成天长市 11 个镇污水处理厂项目、铜陵 PPS 污水厂项目、山西余吾瓦斯发电项目、马鞍山市中心城区水系治理 PPP（政府和社会资本合作）项目部分标段等工程建设任务。

2019 年，为进一步提升自身管理能力，打造专业化能力，制定了《项目经理制管理办法》和《项目管理办法》，在马钢股份炼铁总厂 3 号高炉槽上除尘等项目试行项目经理制，承建的 3 号烧结机脱硝及超净排、焦化系统除尘、矿山除尘等环保工程治理项目工期、质量、安全、成本总体可控，为马钢股份打赢蓝天保卫战作出积极贡献。同时，加快推进马鞍山市中心城区水系治理 PPP（政府和社会资本合作）项目部分标段工作，重点实施孟塘及孟塘支渠、雨山河及黄家塘等多条水系治理，强化河道的水质管控，顺利通过国家开展的黑臭水体等专项检查。

［主要技术经济指标］

欣创环保成立以来，经营业绩总体上呈逐年上升态势。2012 年，营业总收入 35099 万元，利润 1324 万元；2013 年，营业总收入 32442 万元，利润 2044 万元；2014 年，营业总收入 48924 万元，利润 3015 万元；2015 年，营业总收入 57620 万元，利润 2555 万元；2016 年，营业总收入 55495 万元，利润 5168 万元；2017 年，营业总收入 76500 万元，利润 6566 万元；2018 年，营业总收入 99186 万元，利润 7960 万元；2019 年，营业总收入 110192 万元，利润 9109 万元。

2019 年，欣创环保托管运营马钢股份区域的 14 套脱硫脱硝设施同步运行率 99. 96 %，二氧化硫减排 34544 吨，氮氧化合物减排 4339 吨，平均脱硫效率 90. 07%，脱硝效率 88. 88%。

欣创环保托管运营马钢股份区域的 61 套除尘设施同步运行率 100%，颗粒物减排 383578 吨。

［技术进步与技术改造］

技术创新平台能力建设：2013 年 6 月，基于欣创环保在电气修造等业务方面的竞争能力，国家机械产品再制造研究中心、冶金装备再制造产业化基地，在欣创环保挂牌。2014 年 1 月 27 日，获第二批国家高新技术企业称号。2016 年 10 月，获安徽省专精特新中小企业称号。

2017 年底，欣创环保获批成为安徽省国资委首批深化改革、创新发展的试点单位，为后期改革发展赢得政策支持。2018 年 7 月，获得环保工程专业承包一级资质，成为马鞍山市乃至周边地区为数不多的拥有环境（大气、水）污染防治设计专项资质与市政公用工程施工总承包、建筑工程施工总承包等资质于一体的环保企业。2018 年 10 月，获批成为国家服务型制造示范企业、国家环保装备制造行业（大气治理）规范条件企业（第三批）。2018 年 12 月，被安徽省经信委、发改委、科技厅、财政厅、国税局、地税局六个权威部门认定为 2016 年省级企业技术中心。2018 年 12 月，获环境工程设计专项（大气污染防治工程）甲级资质，这是我国环境工程设计专项资质的最高等级，标志着资质能力建设取得了重要突破。

技术研发：建有安徽省冶金环境综合治理工程技术研究中心、省级企业技术中心等重点研发平台，承担省级及以上科研项目 3 项。高效防湿微孔膜除尘器、脱硫脱硝技术设备等相关研究成果多次获得安徽省名牌产品、省级新产品、省高新技术产品、首台套重大装备等荣誉称号，入选国家鼓励发展的重大环保技术装备目录。高炉矿槽颗粒物治理集成技术荣获安徽省五个一百重大技术称号；推焦水封地面站除尘技术成为公司核心竞争力。

截至 2019 年 12 月，欣创环保累计获安徽省级科学技术进步奖二等奖、冶金行业创新创意大赛一等奖等省级、行业科学技术类奖励 4 项。累计获得软件著作权 1 项；累计申请专利 121 项，授权专利 83 项，其中发明专利 16 项、实用新型专利 67 项。

［改革与管理］

股份制改革：2015 年底，欣创环保在马钢集团的指导下，开始筹备引进战略投资者、挂牌全国中小企业股份转让系统（简称新三板）工作。

2016 年 6 月 1 日，马钢集团召开欣创环保挂牌新三板上市工作启动会，确定成立欣创环保挂牌新三板项目推进小组。2016 年 7 月 21 日，欣创环保召开第 13 次股东大会，会议审议批准了《关于增资扩股的议案》及增资扩股协议书，同意欣创环保增资扩股、引进战略投资，引进江东控股 5000 万元人民币现金增资入股。2016 年 7 月 26 日，江东控股 5000 万元现金注资到位，瑞华会计事务所出具了验资报告。次日，欣创环保完成各项资料的工商登记及营业执照的变更工作。以 2016 年 7 月 31 日为基准日，欣创环保开展新三板上市工作。2016 年 10 月，在马钢集团的协助下，办理国有资产股权登记备案，制定欣创环保国有资产管理方案，11 月获得安徽省国资委批复同意。2017 年 1 月初，欣创环保董事会继续聘任瑞华会计事务所为欣创环保审计单位。4 月 7 日，瑞华会计事务所出具了审计报告。4 月 19 日欣创环保成功向股转公司报送材料，4 月 20 日收到股转公司的受理函。2017 年 7 月 24 日，欣创环保收到股转公司的通知函，批准在新三板挂牌，股票简称欣创环保，股票代码 871890。9 月 5 日，欣创环保新三板挂牌仪式在北京全国中小企业股权转让系统有限公司举行。

体系建设：2013 年，欣创环保启动体系贯标认证工作。发布了质量体系手册，并于 2013 年 12 月通过质量体系贯标认证；推进安全生产标准化建设工作，按照安全生产标准化要求，丰富安全生产标准化工作内容，并于 2014 年 1 月顺利通过三级安全生产标准化达标验收。2014 年初，欣创环保发布了公司环境体系手册，9 月接受上海质量审核中心环境体系第一次外部审核，11 月接受环境体系认证审核和质量体系监督审核。12 月，通过环境体系外审认证。2015 年初，启动职业健康安全体系认证工作，10 月接受国家职业健康安全管理体系认证审核，并于 11 月获得了上海质量体系审核中心颁发的证书，标志着公司的质量、环境、职业健康安全“三标一体化”体系正式建成。此后，每年接受上海质量体系审核中心的“三标一体化”外审，并于 2016 年通过 ISO 新版标准的换版认证。2015 年初，欣创环保发布内控手册并启动内控体系建设工作。10 月，通过马钢集团内控专家组的审核。2017 年 8 月起，开始导入卓越绩效管理体系，接受中国质量协会专家诊断指导，深入开展知识宣贯，梳理 21 项、70 多条问题，并开展了整改工作。

对外合资合作：2014 年 5 月，欣创环保与北京佰能蓝天科技股份有限公司合作，注册成立了项目公司——马鞍山欣创佰能能源科技有限公司，以 BOT 模式（即建设-经营-转让）承揽了长江钢铁烧结余热发电项目，注册资本 3000 万元。欣创环保持有 51%股权，北京佰能蓝天科技股份有限公司持有 49%股权。2015 年 11 月，欣创环保与巴联投资管理（上海）有限公司共同出资，在马鞍山市合资设立安徽马钢欣巴环保科技有限公司，注册资本 2200 万元，主要开展工业、民用水处理产品制造与销售及环保工艺技术咨询等业务。欣创环保持有 55%股份，巴联投资管理（上海）有限公司持有 45%股份。

2016 年 8 月，欣创环保合肥分公司成立。

2016 年 10 月，马鞍山中冶华欣水环境治理有限公司成立，注册资本 69600 万元。欣创环保参股，持有 20%股权，徽银基金持有 45%股权，中冶华天持有 28.95%股权，江东控股和安徽黄河水处理公司持有余下 6.05%股权。2016 年 12 月，为在马钢集团层面优化节能环保资源配置，发挥专业化和协同优势，马钢股份将其持有的马鞍山马钢华阳设备诊断工程有限公司 90%权转让给欣创环保。欣创环保完成了对马鞍山马钢华阳设备诊断工程有限公司的控股。

2017 年 5 月，欣创环保借助南京大学环境规划设计研究院有限公司的院校背景和科研能力，组建了安徽南大马钢环境科技股份有限公司，注册资本 1000 万元，重点开拓环境咨询、环保工程设计、市政工程设计与工程总承包，固废综合利用、土壤修复及水处理等市场。南京大学环境规划设计研究院持有 51%股权，欣创环保持有 49%股权。2017 年 5 月，欣创环保借助北京日川公司绿基金背景优势及贵州六盘水的区位优势和政策支持，成立了贵州欣川节能环保有限责任公司，注册资本 1960 万元，主要致力于低氮燃烧器技术开发、工程设计与施工和技术服务；新能源技术开发利用、能源综合利用工程服务；节能环保设备研制、生产、销售等业务。欣创环保持有 51%股权，北京日川环保科技股份有限公司持有 49%股权。

2019 年 8 月，由欣创环保牵头，中钢集团马鞍山矿山研究院有限公司、安徽省高新创业投资有限责任公司共同出资组建马鞍山市洁源环保有限公司，注册资本 2000 万元，建设了安徽省首个且唯一一般工业固废（含Ⅱ类）填埋场，在固废处置市场赢得先机。欣创环保持有 41%股权，中钢马鞍山矿院持有 39%股权，安徽省高新创业投资有限责任公司持有 20%股权。

第七章　信息技术

第一节　飞马智科信息技术股份有限公司

［概况］

飞马智科信息技术股份有限公司（简称飞马智科）位于马鞍山市雨山区湖南西路 1390 号。2018 年 4 月，经股份制改革，原安徽马钢自动化信息技术有限公司更名为飞马智科信息技术股份有限公司。

飞马智科是一家国家级高新技术企业，致力于用新一代信息技术为客户提供专业化服务，注册资本 3.61 亿元，是国务院国资委"双百行动"企业，2019 年，登陆新三板。（证券简称：飞马智科，证券代码：873158。）

2019 年底，飞马智科在岗职工总数 928 人。

［历史沿革］

2001 年 1 月 1 日，马钢股份自动化部整体改制为马钢股份自动化工程公司。自动化工程公司仍与计量处实行两块牌子、一套班子，行使对马钢自动化（包括仪表、电控、计算机、信息、电讯）的各项管理职能，同时成为马钢自动化科研、开发应用、保产维护的专业实体。下设部门（车间）：计控部（自动化车间、衡器车间）、工程部、电讯部、信息工程部（信息中心）、产品开发部。下设管理科室：办公室、政治处、工会、生产计划科、安全环保科、计量办、量值科、劳资培训科、保卫科。

2002 年 5 月 15 日，马钢控制技术有限责任公司登记成立，注册资金 800 万元，由马钢股份以自动化工程公司部分资产作为出资，马钢集团设计研究有限责任公司以现金 50 万元投资参股共同设立。

2010 年 3 月，推行作业长制，对内部机构进行调整。下设部门（分厂），自动化分厂、衡器分厂、自动化事业部、电讯分厂、信息事业部（信息中心）、量值传递中心。下设管理科室，办公室、政治处、工会、人力资源部、生产安全环保部、设备保障部、计量办、量值科、经营部、技术质量部、武保科。

2013 年 11 月，根据马钢股份资产重组实施方案，马钢控制技术有限公司接收原自动化工程公司的信息化和自动化控制的全部资产和人员，并更名为安徽马钢自动化信息技术有限公司；原计量管理处及所属机构衡器分厂、量值传递中心、计量办、量值科，留在马钢股份。

2014 年 7 月 1 日，根据马钢集团"台网分离"的决定，原隶属马钢新闻中心的有线电视业务及相关人员整体划归安徽马钢自动化信息技术有限公司。2015 年 2 月，安徽马钢自动化信息技术有限公司从马钢工程技术集团划出，成为马钢集团子公司。2018 年 4 月，经股份制改革，安徽马钢自动化信息技术有限公司更名为飞马智科信息技术股份有限公司。

截至 2019 年 9 月，飞马智科共设置机构 15 个：设 6 个管理部门，综合管理部、党群工作部、运行与安全管理部、战略发展部、科技创新部、财务评价部；设 5 个业务单元，计控技术分公司、工程技术分公司、市场拓展分公司、系统集成分公司、智能制造研究院；设 2 个全资子公司，深圳市粤鑫马信息科技有限公司、安徽祥盾信息科技有限公司；设控股子公司 1 个，安徽祥云科技有限公司；设合资子公司 1 个，爱智机器人（上海）有限公司。

［市场开拓］

2001年，开发完成的马钢股份“平改转”基础自动化工程一次投运成功，为“平改转”工程的顺利投产提供了保证，为全面打开内外部自动化工程市场树立了样板工程。2003年，中标承揽江苏永联钢铁公司两座35吨转炉自动化工程合同（1060万元），创造了自动化工程公司开拓外部市场新纪录。2004年，成功自主开发二钢连续棒材自动化控制系统，实现了连续轧钢自动化系统全流程制造的突破。2007年，完成马钢新区3号300吨转炉自动化系统投入运行，其中300吨转炉交流传动控制技术为国内首创。2008年，签订印度尼西亚烧结、高炉自动化工程，实现海外业务新突破，中标亚洲铝业（中国）数据接口开发项目，马钢信息技术首次走进非钢行业，自主成功地完成轮箍轧线数控重载机械手控制系统并成功投入使用，实现了在机械装备领域的新突破，圆满完成唐钢数据支撑（DDS）系统软件开发项目，实现马钢信息化走向外部市场零的突破。2009年，参与实施的马钢ERP系统正式投入运行，为马钢实现财务甩账作出积极贡献。2010年，建设完成ERP灾备系统并举行实战演练，确保ERP系统在发生灾难性故障时数据安全可靠。2011年，与合肥公司签订薄板深加工1号、2号连续退火机组电器自动化控制系统集成工程合同。2012年，所承建的印尼苏钢集团60平方米烧结自动化系统无负荷联动试车一次成功，总承包的长江钢铁双棒工程成功投产。2014年，与北京工业设计院、中冶华天联合承揽了日照钢铁烧结机配套料场自动化系统、沙钢连铸工程三电系统等自动化工程。2015年，研发的马钢冷轧重卷线自动化控制系统投入运行，技术达到国内外先进水平。2016年，经项目团队攻坚克难，马钢SAP升级与迁移顺利完成，与联通马鞍山分公司联合投标，中标市平安城市四期建设项目，标志着安徽马钢自动化信息技术有限公司在积极寻求与社会化专业公司的合作方面取得了突破性进展。2017年，在马钢彩涂板厂实施的2号机组机器人全自动安装套筒项目取得圆满成功。2019年，承揽马钢料场环保升级和智能化改造项目，与腾讯合作在瑞泰马钢率先打造数字化透明工厂，实现透明式生产与智慧运营。

［科研成果］

2002年，“大型钢铁联合企业计算机信息管理系统——MGMIS”获国家经贸委冶金协会科学技术进步奖二等奖。2005年，与西门子、浙大中控建立战略合作伙伴关系，建成冶金行业中自动化设备最为齐全的自动化工厂实验中心。2009年，《马钢MCT质量检化验系统》《马钢MCT高炉冶炼自动化控制软件》《马钢MCT制造执行系统》《马钢MCT一卡通管理系统》《马钢MCT机械手智能控制软件》《马钢MCT焦化熄焦车指动化控制软件》获国家版权局计算机软件著作权登记证书。2010年，《高速棒材连轧自动化控制系统》《马钢MCT机械手智能控制软件》《企业计算机网络技术应用系统》《马钢MCT质量检化验系统》获安徽省高新技术产品证书。2011年，“高速棒材连轧机自动化控制技术开发与应用”成果获全国冶金科学技术进步奖三等奖。2015年，“冷轧连退线自动化系统研发”项目荣获中钢协2015年度科学技术进步奖二等奖和马钢技术创新成果奖一等奖。2017年，马钢SAP系统升级迁移项目获2017年度CSUA金龙出海奖。

［改革与管理］

2001年，马钢股份自动化工程公司实施资产授权，模拟子公司运作。2002年，具有独立法人资格的马钢控制技术有限责任公司在马鞍山市工商局注册成立，注册资金800万元，获建设部核发的电子工程、建筑智能化工程二级专业承包资质，获省公安厅核发的安全技术防范设计、成套、安装、维修二级资质。2005年，获安徽省消防设施工程专业承包资质证书，通过了安徽省软件企业资质认定。

2006年，全面启动马钢股份测量管理体系认证工作，发布马钢股份测量管理体系《管理手册》，通过由中启计量体系认证中心主持的第三方认证注册审核，为马钢加快实施低成本战略和品牌战略提供了强有力的计量保证。2008年，创办以计量数据为核心的马钢股份《计量资讯》，以真实的计量数据反映公司生产经营状况，为公司决策提供科学依据。2009 年，马钢控制技术公司通过国家高新技术企业认定，同时通过工信部计算机信息系统二级资质认定，成为在马鞍山市率先取得信息集成二级资质企业。2010 年，推行作业长制，顺利通过公司组织的验收并正式运行。

2011 年，“实施以市场为先导的技术创新管理，创建国内一流自动化企业”的管理创新成果，获马钢集团管理创新成果奖一等奖。2012 年，建立绩效目标考核体系，全面推行绩效目标考核工作。2013 年 11 月，马钢控制技术有限公司接收原自动化工程公司的信息化和自动化控制的全部资产和人员，并更名为“安徽马钢自动化信息技术有限公司”，隶属于马钢集团新成立的子公司马钢工程技术集团。2015 年 2 月，安徽马钢自动化信息技术有限公司从马钢工程技术集团划出，成为马钢集团子公司。

2017 年，安徽马钢自动化信息技术有限公司被安徽省国资委确定为安徽省首批深化改革创新发展试点企业之一。2018 年，顺利完成一期战略投资者引入和股份制改造工作，引入中冶赛迪、冶金规划院两家战略投资者，安徽马钢自动化信息技术有限公司更名为飞马智科信息技术股份有限公司。12 月 25 日，收到全国股转中心同意飞马智科股票在全国中小企业股份转让系统挂牌的函，证券代码 873158，标志着公司成功迈入资本市场；入选国务院国资委国企改革“双百行动”企业，再获改革创新发展新平台。2019 年 1 月 18 日，在北京全国股转中心举行新三板挂牌仪式，启动新一轮增资扩股工作，累计募集 7.16 亿元，股票发行认购率 88%。增资后完成，公司股东数由 4 个增加至 8 个，成功引进马钢合肥公司、基石智能制造产业基金、江东控股集团、苏盐国鑫发展基金，涵盖了行业合作伙伴、产业基金、地方融资平台。马钢集团股权由 87%降低至 63%，股权结构实现了进一步多元化。

第八章　新材料及化工能源

第一节　马钢轮轴事业部

[历史沿革]

2001年，马钢车轮轮箍分公司（简称车轮公司）共设科室15个、车间8个，具体科室为生产计划科、技术质量科、产品开发科、自动化科、营销部、劳资培训科、总务科、保卫科、安全环保科、技术改造办公室、机械动力科、财务科、办公室、监察科、武装部。车间有原料、轧钢、加工、精整、热处理、机动、检修、工模具。

2001年5月—2005年3月，车轮公司为适应市场变化和企业管理的需要，每年都对其内设部门进行适当调整。

2005年3月，在马钢进行的新一轮区域和业务整合中，经两公司党政联席会议决定，马钢车轮轮箍分公司正式更名为马钢车轮公司。这是马钢构建以产品制造流程为中心、实现业务流程化管理的一项重大决定。对于马钢车轮扩大企业影响、提升品牌价值、增强企业竞争力具有重要作用。

2005年9月1日，车轮公司按照作业长制的要求进行重新调整，新设立了轧钢和加工两个分厂，成立了生产准备、物流、维修3个车间和安全制造部、研发部、装备部3个职能部门。机关由办公室、人力资源部、工会、销售部、财务部、政治处组成。作业长制基层管理体系在公司全面推行。

经过不断优化调整，截至2011年1月，车轮公司下设11个部室和6个分厂。部室包括办公室、工会、政治处、人力资源部、财务部、客户服务中心、武保科、安全制造部、研发部、装备部、质量部；分厂包括生产准备分厂、环轧分厂、热轧分厂、加工分厂、车轮二分厂、检测中心。

2011年5月31日，马钢股份和晋西车轴成功签订了《合作框架协议》。同年11月30日，马钢股份和晋西车轴股份有限公司（简称晋西车轴）同时召开董事会，审议通过共同出资设立马鞍山马钢晋西轨道交通装备有限公司项目，双方各出资1.5亿元。2012年3月，双方完成首次出资。2012年3月，马钢晋西轨道交通装备有限公司在北京钓鱼台国宾馆揭牌成立。2015年7月，马鞍山马钢晋西轨道交通装备有限公司名称变更为马钢轨道交通装备有限公司（简称轨交公司），公司股东变更为马钢股份（100%股权）。

2014年6月，马钢股份斥资1300万欧元收购法国瓦顿公司。

2016年1月4日，车轮公司、轨交公司、瓦顿公司整合成马钢轮轴事业部。

[企业发展]

通过对研发、生产、销售、服务等资源的整合和优势互补，实现产品升级和产业链延伸，进一步提升了马钢车轮、轮轴品牌形象。全体员工面对严峻的市场形势和生存危机，迅速转变思想观念、大胆改革经营管理体制，推行设备系统改造，向管理、质量、品种和节能要效益，积极开拓国内外市场，及时调整营销思路，改进售后服务，重塑企业形象。

在2004年4月19日和20日的两次试生产中，67件HDSA车轮顺利通过新轧线，联动试车取得成功，一条世界一流的车轮生产线在马钢建成，车轮公司以这一历史性的重大突破为基点，确立了扩能改造工程新的目标。车轮扩能改造工程是马钢“十一五”期间钢铁主业结构调整基建技改项目之一，是马钢积极应对国内外车轮市场的巨大需求，为进一步提升车轮产能而进行的又一次重大技术改造。2006年4月20日，车轮公司扩能改造一期工程全面投入生产。车轮公司当年首次迈上70万件规模平台，成为当时全球最大的车轮生产基地。2007年12月20日，车轮公司新建的第三条车轮数控加工线RQQ-1机组建成投产，这标志着车轮公司扩能改造二期工程取得重大进展，车轮公司一举迈上了年产车轮110万件规模平台。作为此次改造工程的核心项目，车轮热轧三线主要设备中除车轮轧机和液压系统分别从德国SMS公司和日本三菱公司引进外，其余3台油压机、加热系统、辅助系统设备均为国内制造，尤其是7台机械手，由马钢二机制公司、自动化工程公司和马钢车轮公司设计并制造成功，替代了改造一期工程中从国外进口的同类设备。2016年，总投资约1.5亿元的车轴生产线建成投用，车轴生产线包括3台单头锯，1座中径10米环形加热炉、1套12.5兆牛快锻机组、3台Z3080钻床、1座悬挂式电加热连续热处理线。车轴生产线主要由原料锯切、轴坯加热、锻造、校直、钻孔、热处理等组成，具备年产车轴4.5万根的制造能力。车轴生产线建成投用使马钢实现轮轴产品全谱系覆盖，也是目前国内唯一一家集炼钢、车轴制造全流程、车轴检测一体化生产模式企业。2017年，马钢车轴生产线锻造工序热负荷试车成功。

[机制创新]

推行作业长制：2005年8月31日，车轮公司召开作业长制实施大会，宣布自9月1日起正式启动以作业长制为中心的基层管理模式，以作业区为最基层的现场管理单位，以作业长为最基层的管理者，按马钢现场管理要求，组织开展作业区及作业长各项管理工作的企业基层管理制度。车轮公司作为马钢全面推行作业长制首批试点单位，在生产经营任务最为繁重的时期引进和移植作业长制这一新的管理模式，对实现管理高效化、民主化意义重大。在新的基层管理模式中，作业长是基层的综合管理者，全面负责所辖作业区的安全、生产、技术等多项工作。随着作业长制的深入开展，在实践中广大职工感受到了这一现代化管理原则的科学性、有效性，各工序之间提高了工作效率，在人员精简的情况下，普遍出现了产量增长、各项指标都有提高、设备故障率明显下降的好势头，经济效益也有了较大增长。向管理要效益，是车轮公司实施作业长制之后在决策层、管理层和全体员工中达成的共识，一方面，车轮公司以信息化建设和“三标一体化”为依托，优化管理流程，推进管理的机构性变革，建立集中一贯的组织体制和各项专业化管理制度，使生产经营管理实现可视化、迅捷化、准确化；另一方面，通过在各个作业区大力推进标准化、TnPM等工作，不断强化基础管理和基层生产指挥，使作业区的各项管理工作朝着标准化、制度化、规范化的方向不断迈进。各主线作业区产量、质量等经济技术指标不断刷新，使车轮公司的生产经营业绩达到了历史最高水平。自2005年实行作业长制开始，车轮公司在岗人数由1949人减少至2019年的1409人，人力资源优化率27.7%。

[技术创新]

2004年，铁道部实施第五次全国铁路大提速。为保证再次提速后铁路的安全运行，同时大力推进机车轮的国产化工作快速发展，车轮公司技术开发人员和生产员工，成功设计并生产出型号为SS8的整体车轮，至此，车轮公司成为我国当时唯一能够生产大直径整体机车轮的企业，SS8整体车轮投放市场，改变了我国此类产品依赖进口的状况。2004年12月31日，俄联邦铁路运输许可证登记局向车轮公司签发了马钢车轮产品进入俄罗斯市场的许可证，标志着马钢车轮出口独联体国家市场工作取得实质性突破，车轮产品出口范围得到进一步拓展。2006年3月24日，车轮公司生产的65件高精度齿圈启程赴德国，这是马钢环件产品首次进入欧洲市场，也为马钢挤占国际高端环件市场开辟出一条绿色通道。

2006年7月1日，世界上海拔最高的铁路——青藏铁路正式投入运营。在这条高原天路上，马钢车轮大展风采，由马钢自主研发的1050整体机车轮装载在美国GE公司的青藏铁路专用机车上。2007

年4月9日，由车轮公司为中国南车集团株洲车辆厂试制的16件当时国际上级别最高的40吨轴重车轮顺利通过技术检验，装上澳大利亚FMG公司定制的载重160吨矿石敞车，标志着重载车轮研制生产取得了阶段性成果。2010年8月，首批国产大功率机车在车轮公司问世，改变了我国机车车轮完全依赖进口的局面。

作为世界最大的辗钢车轮生产企业，车轮公司早已不局限于生产国内铁路交通需要的产品。在产品打入美国、韩国、东南亚等国家和地区后，2009年打入欧洲市场。与此同时，瞄准近年来迅猛发展的城际交通和城市地铁，投入技术力量开发研制新的车轮品种，2006年初，获得九广铁路局600件地铁车轮的订单；2011年1月，成功开发HZ840低噪声车轮，有效降低我国地铁运行时产生的噪声，为我国轻轨交通在“十二五”期间实现绿色发展奠定了坚实的基础。

2016年6月，轮轴事业部顺利通过BA004轮对欧洲互联互通TSI认证资格，标志着马钢轮对取得了欧洲市场的通行证。7月，我国自主设计研制、全面拥有自主知识产权，装有马钢制造的中国标准动车组以420公里的时速成功进行了交会试验。2017年，53件350公里/小时中国标准动车组车轮从轮轴事业部下线，实现了马钢为中国标准动车组的批量供货；马钢股份获国内首家CRCC证书。2018年7月，马钢160件时速320公里高速车轮顺利运抵德国铁路公司，这是中国制造的高速车轮首次驶出国门，马钢集团也成为国内首家向海外出口高速车轮的企业。

第二节　安徽马钢防锈材料科技有限公司

[机构设置]

马钢防锈材料科技有限公司（简称防锈材料公司）是马钢股份与武汉市洪福防锈包装化工有限公司（简称武汉洪福）共同出资组建的合资公司，2017年4月20日注册成立，注册地址为马鞍山市经济开发区红旗南路19号马钢和菱实业公司院内。

防锈材料公司成立时股东双方指派人员成立了股东会和董事会，股东会和董事会均由3人组成，其中马钢股份2人，武汉洪福1人，董事长由马钢股份公司委派。

防锈材料下设综合管理部、生产安全部、财务部和市场部。

[股权结构]

2016年7月25日，马钢股份董事会批准马钢与武汉洪福合资成立安徽马钢防锈材料科技有限公司，注册资本1000万元（实缴资本600万元），其中马钢股份出资510万元（实际出资306万元）、占51%，武汉洪福出资490万元（实际出资294万元）、占49%。

2019年7月，因武汉洪福单方要求停止合作，防锈材料公司进入停产状态。2019年8月3日，股东会和董事会批准公司停产清算。

[经营范围]

经营范围：防锈技术开发、技术转让、技术咨询、技术服务；生产低碳钢、硅钢、镀锌、镀锡等各种气相防锈纸，防锈剂、复合包装纸及塑料板等产品。

主要产品：各种气相防锈纸、气相防锈罩等，产能为每年3000吨，能满足马钢每年1200吨防锈产品的需求量，还有1800吨的产能可以外销其他钢铁企业。

[主要经营指标]

2017年5月1日投产，当年5—12月销售量753吨，销售额580.6万元，利润-30.6万元；2018年，销售量1368吨，销售额1370.8万元，利润-38.4万元；2019年1—6月，销售量754吨，销售额683.2万元，利润5.71万元。

第三节　安徽马钢耐火材料有限公司

［概况］

安徽马钢耐火材料有限公司（简称耐火公司）创建于1958年，注册资本8000万元，位于马鞍山市区的跃进桥西南侧，东与马鞍山火车站毗邻，西靠宁芜公路，南与炉料公司原料库接壤，北以幸福路和马向路为界；占地面积21.88万平方米，建筑面积7.24万平方米。

2001年，耐火公司内设10科1所1处1会1室、3个车间、1个分厂。分别是技术质量科（研究所）、监察科、生产（安环）科、人力资源科、机动科、财务科、营销科、供应科、耐火科、保卫科，政治处、工会、办公室（企管办），散状料车间、滑动水口车间、黏土高铝车间，机械制造分厂。

2013年11月1日，耐火公司重组为安徽马钢耐火材料有限公司，注册资本为人民币8000万元，由马钢股份资产重组到马钢集团，成为马钢集团全资子公司。

2015年，成为中国耐火材料行业协会副会长单位。

2019年7月23日，马钢集团决定解散耐火公司，同时成立耐火公司清算组，全面接管耐火公司资产及相关债权债务，有序推进耐火公司清算工作。

［主要技术装备与产品］

技术装备：耐火公司拥有镁质散状料生产线、筛分及不定形生产线、预制件生产线、含碳钢包衬生产线、滑动水口生产线和黏土高铝生产线等7条生产线，以及机制分厂等辅助生产线的技术装备。主要生产设备有破粉碎系统4套、自动配料系统5套、各型混碾设备30台套、1250吨全自动摩擦压砖机2台、1000吨摩擦压砖机5台、630吨压机2台、振动加压成型机2台、400—260吨压机19台、隧道式干燥器22条、中温处理窑1座、高温梭式窑3座、高温隧道窑1座、滑动水口产品沥青高压浸煮及碳化设备2套等。

主要产品：不定形耐火材料，包括各类高炉、转炉、钢（铁）包、中间包、加热炉、工业窑炉用黏土砖、高铝砖、低蠕变黏土砖和高铝砖、莫来石质浇钢砖、镁碳砖、铝镁碳砖、镁铝碳砖、微粉结合钢包预制砖、铝碳化硅碳砖、滑动水口系列砖、钢包透气砖、转炉挡渣闸阀等。定形耐火材料，包括出铁沟用铝硅碳浇注料、转炉用系列补（护）炉料、钢包用系列浇注料、中间包用系列镁质涂抹料、干式料、加（均）热炉系列浇注料等不定形产品，以及大型高炉出铁沟、中间包用各类预制产品，砌筑用各类耐火泥浆等。

［主要技术经济指标］

2001—2005年，生产耐火材料37.32万吨，销售耐火材料36.23万吨，销售收入4.26亿元，利润-3894.46万元。

2006—2010年，生产耐火材料55.33万吨，销售耐火材料55.33万吨，销售收入10.828亿元，利润1072.28万元。

2011—2015年，生产耐火材料40.1万吨，销售耐火材料39.35万吨，销售收入30.24亿元，利润1504万元。

2016年，生产耐火材料6.21万吨，销售耐火材料6.17万吨，销售收入6.16亿元，利润188万元。

2017年，生产耐火材料8.77万吨，销售耐火材料8.79万吨，营业收入10.15亿元，利润1919万元（此为耐火公司和新合资的瑞泰马钢新材料科技有限公司合并指标，2018年以后为瑞泰马钢新材料科技有限公司指标）。

［技术进步与技术改造］

新建、扩建工程：2002年9月30日，马钢第一条不锈钢生产线在耐火公司厂区内正式投产。

2003—2009 年，新建预制梭式窑和预制电加热窑，引进 1250 吨抽真空压机等一批国内先进生产设备，推广试用耐磨合金模具。新建和移地扩建镁质散状料生产线，扩建铝镁滑板和预制件生产线，新建 38 立方米梭式碳化窑，扩建沥青浸煮装置，新增 1000 吨摩擦压砖机。

技术改造工程：2001 年 6 月，为加快产品结构调整，改造建成烧制黏土及高铝质耐火材料的小断面隧道窑，研发连用四次滑板等新产品。2002 年，对滑板生产线、大面补炉料生产线进行技术改造，扩建散状料生产线，研发钢包浇注料等新产品。2003—2009 年，先后进行滑动水口车间技术改造，完成 56 立方米梭式窑和 2 条电干燥器建设、4 台磨床搬迁；在滑板生产线新增混碾、压砖、干燥、浸煮、炭化、加箍、压套、转运等设备，进行炉窑和隧道窑油改气、镁球生产线改造、铝碳滑板生产线配料系统改造。对老旧设备、破旧厂房进行维修和更新改造。2010—2016 年，新建铝镁碳包装生产线，移地改造水口加套包装生产线、改造滑板制箍生产线。对 14 条老式干燥器实施整修和改烧煤气。对运行 30 多年的黏土高铝生产线实施自动化改造，新增 4 台液压机、2 台电动螺旋压砖机，进行 6 台摩擦压砖机电动螺旋改造、4 台混碾机程序自动控制改造、振动输送机除尘改造；建设渣罐隔栅板生产线。2017 年，实施黏土高铝生产线关停并转，部分产品贴牌生产，处置压机等 4 台闲置设备。

主要科研成果：2003—2009 年，组建研发中心，取得镁碳砖、高炉高铝砖、高炉黏土砖、铝镁碳砖、滑板砖生产许可证。2008 年，多次连用铝锆碳滑板研究与应用获安徽省科学技术进步奖三等奖。2010—2016 年，完成质量体系再造，主持制定《加热炉用高铝质锚固砖》和《莫来石流钢砖》行业标准由工信部发布，“多炉连用烧成铝锆碳滑板的研制与应用”和“莫来石流钢砖的开发与运用”获安徽省科学技术进步奖三等奖，“生产洁净钢用中间包耐火材料的开发与应用”通过安徽省科学技术成果鉴定，通过安徽省高新技术企业认定。2017 年，“优质合金钢模铸用莫来石流钢砖开发与应用”获安徽省科学技术奖三等奖。高挡渣率转炉闸阀砖、高附着性钢包包壁整体修补料、优质合金钢模铸用莫来石流钢砖获得高新技术产品认定。

[改革与管理]

内部市场：2001 年，马钢股份将此前由炉料公司承担的耐材采购职能及耐材工艺管理授权耐火公司，耐火公司成为马钢股份耐材产供销总代理。2003 年开始，钢包、转炉挡渣滑板系列产品进入马钢股份各炼钢厂，同时开展钢铁包、中间包耐材整体承包业务。2010 年，马钢股份耐材产供销总代理职能划转给马钢股份采购中心；耐火公司先后对马钢股份四钢轧总厂、一钢轧总厂、特钢公司实行产线吨钢耐材总承包。2016 年 1 月 1 日起，耐火公司按产线对马钢股份各冶炼总厂实行耐火材料吨钢费用总承包。

外部市场：2003 年开始，先后开拓马钢合肥公司中间包以及山西新泰钢铁公司钢包、中间包耐材整体承包业务。钢包、转炉挡渣滑板系列产品先后开发了宝钢本部、宝钢湛江、首钢京唐、宝钢梅山、安阳钢铁、韩宝钢铁、太原钢铁、新余钢铁、宝武武钢、印度钢铁等国内外市场；RH 无铬化耐材先后开发了宝钢、湘钢等市场；优质钢模铸用莫来石流钢砖先后开发了宝钢特钢、武汉重工、德国雷法等国内外市场；钢包衬砖先后开发了武钢等国内外市场。

人力资源：2001 年，实施工资总额承包，重新核定车间定员，优化劳动组合，部分车间、科室实行轮岗、歇岗，制定鼓励全民工替代外来劳务工奖励政策。2003 年，开展劳动定员测评，压缩机关富余人员充实到生产一线，压缩和调整班组机构设置，撤销工段建制，成立大班建制，推行岗位绩效工资制度。2006 年，建立灵活多样的用工机制和薪酬与绩效考核体系，将劳务工人员管理纳入正式工管理中。2009 年，进行一般技术业务岗设置和人员配置调整。2013 年，推进人力资源优化和劳务费用总包，开展岗位定员和工作量测定。2016 年，以修订和完善内控体系为主线，建立规范高效的子公司管理体系，实施“工序、业务、区域”整合、正式工替代劳务、取消顶岗劳务、消除混岗等工作，内部各生产工序全面实施产品生产工序委托加工模式，完成经营（管理）团队竞聘、科级管理人员竞聘上岗和全员聘用上岗。2017年，做好合资进程中的人员、资产、业务和财务四项交割工作，推进机构改革和人力资源优化，开展导师带徒、公开选聘分厂厂长和部长（分厂厂长）助理等工作。

绩效考核：2002年，实行新的岗位工资标准和车间自主考核，引导主体车间参与营销工作，实施对标挖潜，降本增效。2004年，实行车间（分厂）利润总包、机关科室奖金二次分配，按10%比例削减计时劳务工，在散状料和滑动水口车间的部分劳务用工岗位推行计件工作制。按马鞍山市政府和马钢集团部署，参与石灰窑、耐火村现场整治。2005年，全面推行车间（分厂）自主核算承包制。2011年，建立运行“三标一体化”管理体系，先后在一分厂镁质作业区，机制分厂电气、检修和模具作业区实行劳务费用承包。2015年，开展全员岗位绩效管理考核。

精益管理：2005年，定为管理年，进行规章制度修订汇编。2007年，推进标准化，完成规章制度增补汇编、实现办公信息化。2008年，推进标准化作业和信息化建设。2009年起，连续6年获安徽省“守合同、重信用”企业称号。2012年，推进产权多元化改制。2014年，取得自营进出口权。

第四节　安徽马钢嘉华新型建材有限公司

[概况]

安徽马钢嘉华新型建材有限公司（简称嘉华建材）位于马鞍山市花山区沿江大道中段959号，占地面积5.55万平方米，建筑面积1.17万平方米。

2019年，嘉华建材在岗职工总数106人。

[历史沿革]

嘉华建材前身系安徽嘉安新型建材有限公司（简称嘉安建材）。2001年12月，香港嘉华集团所属利达投资有限公司Profit Access Investment Limited）（英属维尔京群岛注册）和马钢股份以7∶3比例合资成立了嘉安建材，系香港嘉华集团控股子公司。

2002年12月，两位股东投资及股权比例对调，裁撤嘉安建材，马钢股份和香港嘉华集团所属利达投资有限公司以7∶3比例合资成立嘉华建材，系马钢股份控股子公司。2018年12月，嘉华建材增资扩股，成为马钢集团控股子公司。嘉华建材股权比例变更为马钢集团持股40%，马钢股份持股30%，利达投资有限公司持股30%。

2003年1月，根据工厂建设需要，嘉华建材下设筹备组，主要负责土建工程、机电工程和人员招聘培训工作。2004年12月，随着矿渣微粉生产线建成投产及工厂运营需要，嘉华建材撤销筹备组，设立三部一室，即生产技术部、供销部、财务部、办公室。

2008年1月，为加强技术和质量管理，化验室从生产技术部划出，以化验室为基础增设品质部；生产技术部更名为生产部。2013年9月，为强化矿渣微粉技术攻关和新产品开发，增设技术中心。2015年8月，为承担马钢股份销售公司移交的高炉水渣汽运和水运管理业务，增设物流部。

2018年5月，嘉华建材机构重组为6部，即生产安全能环部、设备部、营销部、技术质量部（研发中心）、财务部、综管党群部。

[主要产品和技术装备]

嘉华建材主营S95矿渣微粉产品生产销售，产品符合GB/T 18048—2017规定的28天活性指数大于95%的技术要求。矿渣微粉是高炉水渣综合利用产品，高强混凝土的掺合料、优质水泥混合材，国标范围内可等量替代混凝土中的水泥，具有改善混凝土致密性和抗蚀性、提高后期强度、降低成本等特性。

嘉华建材拥有2条年产60万吨矿渣微粉产品生产线。生产线将水淬高炉矿渣计量输送，经立磨系统设备的挤压、烘干和风选，由收尘器收集，在筒仓储存及散装外发，向建材市场供应比表面积达每平方米420千克的超细粉体。

生产线主要设备：德国莱歇出品的磨盘直径4.6米、2组工作辊、2组辅助辊的立磨2台套，每套设备设计出产能力为每小时90吨矿渣微粉。气箱式脉冲收尘器及排风机2台套，每套过滤面积6751平方米，处理风量每小时37万立方米。沸腾式热风炉2台套，每套供热能力每小时6688千万焦耳。皮带机、斗提机、空气斜槽等原燃料、粉料输送设备。

生产线主要设施：2座“8”字形、直径15米、筒身高38米的双联筒仓，1座水渣料场厂房5418平方米，1座燃料堆棚1459平方米，以及6千伏高压配电和中控楼、低压配电站、循环水泵房、空压机站。

其他主要设施：备品备件库468平方米，食堂浴室669平方米，办公及质检楼1905平方米，地磅房43平方米。

[**主要技术经济指标**]

2005—2010年，嘉华建材矿渣微粉年产销量自42万吨增长到67万吨，合计338.30万吨；年度营业收入自5100万元增长到11600万元，合计51025万元；年利润总额自650万元增长到2100万元，合计7767.5万元；总资产自1.2亿元增长到1.83亿元。

2011—2015年，嘉华建材年平均矿渣微粉产销量为111万吨，合计555.03万吨（含委托加工22.40万吨）；水渣销售合计166.62万吨（嘉华建材2015年8月开始具有水渣转销业务）；年度平均营业收入19900万元，合计99698万元；年利润总额自盈利1800万元逆转至亏损480万元，合计1479.2万元；总资产自1.95亿元减少到1.73亿元。

2016—2019年，嘉华建材年平均矿渣微粉经销量为367万吨（其中自有产线产量年平均134万吨），合计1470.29万吨（含委托加工933.92万吨）；年平均销售高炉矿渣77万吨，合计306.97万吨；年度营业收入自38900万元增长到113700万元，合计339885万元；年利润总额自2180万元增长到12100万元，合计39889.4万元；总资产自2.16亿元增长到6.86亿元。

[**工程建设、技术改造与技术创新**]

2002年1—12月，为实现高炉矿渣及冶金二次资源综合利用，嘉安建材委托南京水泥工业设计研究院进行了年产40万吨矿渣微粉生产线项目可行性研究，以及拟建厂址（马鞍山市原肉联厂）的测绘与初步设计。

2003年1—2月，嘉华建材经过对国内矿渣碾磨加工装备发展状况和经济规模的调研，确定调整产线规模为年产60万吨。由于高炉水渣原料和矿渣微粉产品均为大宗散装料，产品在水泥及混凝土中掺量有限，用户分散，物流成本占比高，需要具有水运及码头便利，因而产线继续选址于马钢港务原料厂北侧。

2003年2—9月，由化工部马鞍山地质工程勘探院承担勘探，南京凯盛水泥工程技术公司承担设计（含年产60万吨矿渣微粉生产线项目的可行性研究，60万吨矿渣微粉生产线及配套设施施工图设计），完成施工场地拆迁和三通一平，基本完成双联筒仓的深56米入岩钻孔灌注桩分项工程。2003年9月，因马钢新区500万吨项目建设，嘉华建材矿渣微粉生产线项目停工迁址。2003年12月，嘉华建材最终选址于马鞍山市人头矶下的临江地块，即现址——马鞍山市沿江大道中段959号。

嘉华建材实施第一条60万吨矿渣微粉生产线和配套设施建设。2004年3月，嘉华建材工厂重新开工建设，项目边征迁边推进，主要建设生产线包括露天料场、燃煤堆棚，原燃料运输廊架及皮带，原料中间储仓和计量、输送皮带，立磨及其油站、回料斗提机，热风炉和热风管，收尘器和排风机，产品输送斜槽和双联筒仓，高低压配电室，压缩空气站、气罐和管路。同时建设公辅设施，包括中央控制室、循环水磅房和水池、地磅房、备件库、排涝泵站，以及建设办公楼和实验室，食堂浴室，厂区道路、给排水、围墙和厂区绿化等。2005 年 1 月，嘉华建材第一条生产线及配套设施建成投产。

嘉华建材实施第二条 60 万吨矿渣微粉生产线建设。2009 年 11 月，为提高高炉水渣加工利用能力，满足矿渣微粉市场需求，嘉华建材在厂内预留地块开工建设第二条生产线，主要建设原料中间储仓和计量、输送皮带，立磨及其油站、回料斗提机，热风炉和热风管，收尘器和排风机，产品输送斜槽和双联筒仓，码头输送计量楼，其余原燃料输送、水电气、自动化需求在旧有设施基础上填充或扩容改造完成。2010 年 10 月，第二条生产线建成投产，嘉华建材形成 120 万吨矿渣微粉规模。

实施环保治理项目。2013 年 6 月—2014 年 3 月，嘉华建材进行水渣堆场改造，将露天堆场改造为跨度 33 米、桥式起重机造堆上料的封闭厂房。2019 年 2 月—9 月，嘉华建材进行输送设施改造，将各条原燃料皮带通廊及转运站加装门形挡墙和屋面封闭。同时，嘉华建材将将灰库散装收尘系统更新改造，将水渣辅助堆场地面用混凝土硬化防渗，最大程度降低粉尘和渣水排放，努力保护蓝天碧水。

运用信息化技术实现产品发货及销售管理水平提升。2018 年 7 月，嘉华建材完成发货系统改造，集成产品散装库 IC 卡装料子系统、过磅子系统、各加工点进销（软件）管理系统，实现各加工点提货量和货款自动关联，严控应收账款。通过车载导航定位系统并在中控大屏显示追踪，检查订单用户和产品终端用户一致性，及时了解不同区域串货情况，以信息化技术提升产品发货及销售水平。

积极研究井下充填固结剂要求，探索开发矿渣微粉新产品。2013 年 9 月—2018 年 5 月，嘉华建材使用矿渣微粉与减水剂复配，试制生产井下充填固结剂产品。固结剂试制产品先后在马钢集团矿山和铜陵有色集团矿山进行了井下充填批量试验使用，用户普遍反映 3 天、7 天、28 天强度达到充填要求，嘉华建材将井下充填固结剂配置技术作为高新技术成果进行整理，向经信委和科技局申报，2017 年 6 月，马鞍山市经信委认定嘉华建材技术中心为市级企业技术中心。2017 年 11 月，马鞍山市科技局颁发证书，认定嘉华建材“井下矿山充填高强度干粉砂浆固结剂”为省高新技术产品。2017 年 12 月，省科技厅认定嘉华建材成为安徽省 2017 年第二批高新技术企业。

［**经营发展和内部管理**］

2005—2010 年，通过拓展市场、保证质量、扩大供给，嘉华建材经营业绩取得不断进步。2005 年 1 月，矿渣微粉产品通过上海建科院检测及进沪许可，在浦东、常熟、扬州、南京、安庆等地市场布局。2006 年，矿渣微粉产品不仅在马钢新区工厂建设广泛采用，而且成功应用于当时世界最高建筑—491 米上海环球金融大厦工程项目，同年，嘉华建材获得质量、环境、职业健康安全管理三标一体化体系认证。2007 年，矿渣微粉产品在受咸潮影响的水下工程暨吴淞口外长兴岛江南造船基地得到应用，也得到上海世博会场馆以及杭州地区市场推广。2008 年，矿渣微粉产品通过铁科院检测及入路许可，成功中标京沪高铁、南京长江四桥等国家重点交通项目。2009 年，矿渣微粉相继在淮南、阜阳等地市场获得份额，同时中标马鞍山长江大桥、宁安高铁、合福高铁等工程项目。2010 年，借助国家 4 万亿投资拉动和节能减排强制措施形成的利好，以及第二条矿渣微粉生产线 11 月投产的产能增加，嘉华建材产销量和收益创造建厂以来最佳纪录。

2011—2015 年，嘉华建材经营走入低谷。马钢新区建成后，钢铁主业规模发展较快，但水渣资源配置分散，嘉华建材综合利用马钢本部水渣量占比从 40%降至 27%，市场影响力和话语权下降减弱。同时，国内经济“三期叠加”，市场持续下行和长期低迷，区域矿渣微粉产业过度无序竞争，造成嘉华建材 2012 年后开工不足，在上海市场的销量大幅下降，基本退出扬州、安庆等地市场，虽然年度产值有所增加，但成本费用占比大幅增加，效益严重下挫，甚至在 2014—2015 年发生了近千万元的亏损。为扭转被动局面，马钢集团于2015年8月对水渣资源实施整合，将马钢本部水渣资源（约510万吨）配置给嘉华建材统一管理、统一外销、统一开发，实现高炉保产、水渣销售、矿渣微粉产业一体化发展，促进水渣资源利用水平和效率提升。2015—2016年，嘉华建材采取措施全面提升管理水平：第一，加强班子建设，选聘马钢集团机关长期从事水渣及非钢产业管理骨干充实嘉华建材领导层；第二，出台并实施《权限管理手册》，明确董事会、经营层、部门负责人各岗位事权，规范主要策略制定、支出和合同签订与付款、存货清理、信用控制、资金、人力资源等各项工作的发起、审核、批准程序和标准；第三，根据马钢集团党委第二巡察组开展专项巡查、马钢计划财务部开展财务风险检查、马钢监察审计部开展内控审核、马钢第四监事组开展现场监督反馈意见，对董事会议事规则、员工流动调整和干部选拔任用管理、薪酬分配4项制度，以及采购、招投标、合同、销售、盘点、财务等18项管理办法有序展开修订、审核、发布，对内控缺陷进行和完成针对性整改，有效提高了企业治理水平和防范风险能力。

2016—2019年，嘉华建材落实矿渣微粉一体化发展战略，经营实现跨越式发展。

采用委托加工、统一销售模式，在邻近区域内进行同业整合。2016年1月、3月、7月，嘉华建材分别与马鞍山中天新型建材有限公司（120万吨/年规模）、马鞍山利民星火冶金渣环保技术开发有限公司（50万吨/年规模）、合肥清雅建材有限公司（70万吨/年规模）三家企业签订委托加工协议（一年一签）。2017年3月，嘉华建材与和县浙徽新型建材有限公司（70万吨/年规模）签订委托加工协议（一年一签），矿渣微粉运营规模由120万吨/年提高到430万吨/年。2019年1月，与巢湖市亿利达建材科技有限责任公司（70万吨/年规模）签订委托加工协议，保持嘉华建材在江北地区产能，维护在合肥、巢湖市场竞争力和市场份额。通过资源、产能和市场整合，嘉华建材不仅发展速度快、产能规模扩张投入少，而且有效降低了扩张发展的资金、人力资源等方面需求，规避了潜在的债务、资产纠纷等风险，抓住一体化经营的关键，通过轻资产、低风险、低成本的途径，有效提高了区域矿渣微粉行业集中度，改善了区域矿渣微粉行业生态，保障行业整体利益；不仅在既有市场区域增强影响力，而且新增进入省会合肥矿渣微粉市场，大大提升了在皖中市场以及巢湖地区水泥厂、滁州地区矿渣微粉市场的份额，从而发展成为区域龙头企业，有力影响和带动区域矿渣微粉行业健康发展。

通过并购，嘉华建材矿渣微粉自有产能由120万吨/年增长到240万吨/年，矿渣微粉一体化核心和稳定力量增强，并且自备码头从无到有，水运进出货能力显著改观。马鞍山中天新型建材有限公司（简称中天型材）2015年4月全面停产，由法院主导破产清算。2017年10月，当涂县人民法院向马钢集团来函，邀请参加中天型材的资产重组。2018年12月、2019年3月，当涂县人民法院先后两次在淘宝网司法拍卖网络平台上公开拍卖中天型材资产，但因多种原因流拍。2017年10月—2019年9月，在马钢集团和嘉华股东单位，尤其是股东法务、投资管理部门的支持下，在中天型材资产管理人、中天型材债权人等相关方的配合下，嘉华建材持续与当涂县人民法院、当涂县经济开发区管理委员会三方反复磋商，2019年9月15日，达成以多赢方式收购中天型材资产的意向书。意向书主要内容为：嘉华建材和马鞍山市亿嘉美实业发展有限公司（中天型材债权人组建的购买中天型材资产的平台公司）按照65%、35%出资比例，在安徽省当涂县注册设立马钢嘉华（当涂）新型建材有限公司（简称：嘉华建材当涂子公司）。当涂县人民法院变卖破产企业资产，嘉华建材当涂子公司合法购买中天型材破产资产，具体包括土地约180亩、两条60万吨/年矿渣微粉生产线、162米长江岸线以及2个1000吨级码头。

第五节　马鞍山马钢欧邦彩板科技有限公司

［概况］

马钢股份为开发彩涂板市场，进一步增强彩涂产品的市场竞争力，决定在开发彩涂类产品的同时开发覆膜板类产品。2015 年 5 月 18 日，由马钢股份和江苏欧邦塑胶有限公司（简称江苏欧邦）共同投资，设立了马鞍山马钢欧邦彩板科技有限公司（简称欧邦彩板）。

欧邦彩板董事会由 5 名董事组成，其中马钢股份推荐 3 名，“江苏欧邦”推荐 2 名。欧邦彩板监事会由 3 名监事组成，其中马钢股份、江苏欧邦各推荐 1 名，另 1 名为职工监事。欧邦彩板设销售部、制造部、财务部、综合管理部 4 个职能部门。

欧邦彩板注册资本 5000 万元，由马钢股份控股，股权比例 67%。

[投资管理]

2015 年，马钢股份立项投资 780. 37 万元，对欧邦彩板的生产经营厂房，进行简单生产配套公辅设施的适应性改造。

为配套钢卷加工和开平剪切生产的需要，欧邦彩板利用自有资金，购置济南泽业机床制造有限公司生产的 ZSL-2. 5×1600 纵剪线和 ZFL-2. 5×1250 飞剪线各一条，合同价款 410 万元。2017 年 6 月验收，入固定资产。

2018 年，根据股东会决议，投资 200 万元投建一条覆膜板生产线，年产量为 100 万平方米，该线以建筑覆膜板生产为主，配套家电覆膜的制样生产。

[主要经济指标]

欧邦彩板 2016 年正式投入运营，当年实现销售收入 3103 万元，亏损 14. 2 万元。2017 年，实现销售收入 7971 万元，盈利 9. 7 万元。2018 年，实现销售收入 6106 万元，亏损 83. 56 万元。

[决策管理]

2018 年 1 月，欧邦彩板的股东方江苏欧邦第二笔注册资本金未按时到位，同时发函正式提出撤资。股东方江苏欧邦提出撤资后，自身经营持续恶化，2019 年初，生产经营已全面停止，面临破产风险，动摇了公司的合作基础，有鉴于此，欧邦彩板经营层结合近 3 年经营状况及市场环境，对未来 3 年经营做出预测并形成方案，于 2019 年 4 月 11 日向马钢股份上报，建议尽快关停欧邦彩板，有效止损，走清算程序。4 月 25 日，马钢股份决定关停欧邦彩板。7 月 25 日，马钢股份董事会决定欧邦彩板解散清算。而江苏欧邦因经营恶化，涉及多起应付账款法律诉讼，进入法律诉讼程序。

[公司清算]

2019 年 8 月 2 日，欧邦彩板召开临时股东会，会议通过了关于欧邦彩板解散清算的议案，根据马钢股份提议，通过了关于成立清算组及成员组成的议案，聘请北京大成（南京）律师事务所进行清算过程中的法律援助，聘请北京天健兴业资产评估有限公司进行资产评估工作。至此，欧邦彩板由清算组开展清算工作，对人员安置、资产处置、债权清收、资料归档、清算备案公告等工作，按清算程序有序进行。

第六节　安徽马钢和菱实业有限公司

[概况]

安徽马钢和菱实业有限公司（简称和菱实业）成立于 2003 年，注册资本为 3000 万元人民币，马钢股份出资 2130 万元，占注册资本的 71%；马钢（香港）有限公司出资等值于 870 万元人民币的港币，占注册资本的 29%。

和菱实业本部位于马鞍山经济技术开发区（占地 70. 65 亩），包装分公司位于慈湖高新区（占地 65. 54 亩），总占地面积 9 万平方米，总建筑面积 5. 6 万平方米。

和菱实业生产经营范围包括：提供钢材及其他产品的包装材料，金属、塑料、化工原料、纸木制品的生产、销售、代理；提供设计咨询、设备制造、运输和现场包装服务。汽车（包括重卡、重型半挂车、特种运输车等）关键零部件研发、制造和销售。光机电一体化产品的研发、制造和销售。高分子复合材料的研发、生产和销售。金属的回收、加工、销售、仓储服务和装卸搬运服务。

截至 2019 年底，和菱实业共有员工 1213 人。

[历史沿革]

2003 年 12 月 2 日，马钢集团与和菱工程（国际）有限公司（香港）在马鞍山经济技术开发区共同投资设立安徽马钢和菱包装材料有限公司，为中外合资企业。马钢集团出资 2100 万元人民币，占注册资本的 70%；和菱工程（国际）有限公司出资等值于 900 万元人民币的港币，占注册资本的 30%。

2004 年 9 月 15 日，应马钢集团要求，和菱工程（国际）有限公司将其所持有的安徽马钢和菱包装材料有限公司的 1%股权转让给马钢集团。股权转让后，马钢集团持股比例变更为 71%，和菱工程（国际）有限公司的持股比例变更为 29%。

2004 年 10 月 20 日，为解决安徽马钢和菱包装材料有限公司与马钢股份关联交易问题，马钢集团将其所持有的安徽马钢和菱包装材料有限公司的 71%股权全部转让给马钢股份，马钢股份成为安徽马钢和菱包装材料有限公司的绝对控股股东。股权转让后，安徽马钢和菱包装材料有限公司的股东变更为马钢股份和和菱工程（国际）有限公司。

2006 年 9 月 27 日，经安徽省工商行政管理局与马鞍山市工商行政管理局核准登记，安徽马钢和菱包装材料有限公司更名为安徽马钢和菱实业有限公司。

2010 年 3 月 29 日，和菱工程（国际）有限公司将其所持有的和菱实业的 29%股权全部转让给马钢（香港）有限公司。至此，和菱实业的股东变更为马钢股份和马钢（香港）有限公司。

[主要装备与产品]

包装材料生产设备及产品：

主要设备有铁制品生产线，纸制品生产线，开平、纵切生产线，捆带生产线；

主要产品有内外包板、内外钢护角、内外纸护角、钢质圆护板、钢制捆带、S 形护角等。

车桥生产设备及产品：

主要设备有轧制生产线、热处理线、机加工生产线、焊接生产线、车桥装配线等；

主要产品有车轴轴管、车桥总成、中置轴轿运车车桥等。

[主要技术经济指标]

2004—2008 年，实现营业收入 121679 万元，利润总额 34162 万元，净利润 31035 万元，上缴税收 11945 万元；2008 年底，资产总额 39998 万元，股东权益 15006 万元。

2009—2013 年，实现营业收入 167672 万元，利润总额 19767 万元，净利润 16999 万元，上缴税收 13371 万元；2013 年底，资产总额 54928 万元，股东权益 16805 万元。

2014—2019 年，实现营业收入 196455 万元，利润总额 11235 万元，净利润 8884 万元，上缴税收 15566 万元；2019 年底，资产总额 30585 万元，股东权益 23795 万元。

[技术进步与技术改造]

13 吨刹车片加宽车桥的开发：常规 13 吨车桥配装 180 毫米宽的刹车片，在长距离下坡或高速行驶时，会出现制动不足的情况。常规解决方案是增大制动气室的输入气压或降低载货量及车速。前者将降低刹车片的寿命，后者会牺牲经济效益。和菱实业针对行业现状，2006 年，开始着手研发，重新设计了车轴轴管以及焊接和装配工艺，在 13 吨车桥上改用 220 毫米宽的刹车片，2007 年，正式推出 13 吨刹车片加宽车桥，解决了行业痛点，引领了行业的潮流。13 吨刹车片加宽车桥已成为了行业内主流产品。

钢制捆带生产线技术改造：2014 年，为降低钢卷板包装的成本，和菱实业马鞍山经济开发区厂部自建一条 10 根带钢质捆带生产线。至 2019 年，由于产能及工艺技术水平已不能满足公司内外部客户需求，通过技术升级改造，于当年 6 月将原有的钢制捆带生产线技术改造为 20 根带中高强钢制捆带生产线，改造后的生产线具备产能提高、产品工艺齐全、产品规格实现对应国标宽窄厚薄系列覆盖的能力。

［改革与管理］

2003—2019 年，和菱实业经过 18 年的发展，年钢材（板卷）包装业务量已超过 1400 万吨，钢制中高强捆带生产能力达到 1 万吨/年。作为基业的钢材（板卷）包装已拥有专利 28 项，包装质量一流，色彩美观大方，通过技术创新、科学管理、循环经济，使钢材（板卷）包装始终处于行业领先地位。

［产业拓展］

2006 年 3 月 22 日，和菱实业、北京创鑫恒源科技有限公司、中鑫（香港）实业有限公司共同出资设立安徽奥马特汽车变速系统有限公司。经营范围包括开发、制造和销售汽车 AMT 自动变速器产品及相关汽车零部件。提供与产品相关的设计技术，设备制造服务。2012 年 12 月 3 日，安徽奥马特汽车变速系统有限公司因无法持续经营，停业注销。

［标准化管理］

2003—2008 年，和菱实业参与制定企业标准《冷连轧和镀锌钢板及钢带包装、标志及质量证明书的一般规定冷连轧和镀锌钢板及钢带包装、标志及质量证明书的一般规定》（Q/MGB 458—2006）和《彩色涂层钢带包装、标志及质量证明书一般规定彩色涂层钢带包装、标志及质量证明书一般规定》（Q/MGB 459—2006）。

2005 年 9 月，获质量、环境和职业健康安全三体系认证。2016 年 5 月，获安全标准化二级认证。2016 年，和菱实业作为主要起草单位，参与修订行业标准 YB/T 4567—2016《捆带用冷轧带钢》。2017 年，挂车车轴的设计和生产通过 TS16949 体系认证。2018 年，和菱实业作为主要起草单位，参与修订国家标准 GB/T 25820—2018《包装用钢带》。

［管理成效］

2008 年，获安徽省企业技术中心认定、高新技术企业证书。2010 年，“高档板材 L 型包装”获安徽省高新技术产品认定证书。2011 年，“山地桥”牌车桥产品获安徽名牌产品称号。2012 年，获安徽省创新型企业认定证书，“山地桥”商标获安徽著名商标称号，清洁生产审核报告通过技术评估。2013 年，高档板材 L 型包装技术、20 吨半挂车减重车桥制造技术项目通过省科技厅组织的成果鉴定。2014 年，高档板材 L 型包装产品获安徽名牌产品称号。

第七节　安徽马钢比亚西钢筋焊网有限公司

［概况］

安徽马钢比亚西钢筋焊网有限公司（简称马钢比亚西公司）位于马鞍山市经济技术开发区采石河路 1500 号，由马钢集团和新加坡 BRC（亚洲）公司共同投资组建而成，其股本组成双方各 50%，马钢方由马钢物流公司代为持股。2019 年底，马钢比亚西公司拥有固定资产原值 1396 万元。

截至 2019 年 9 月，马钢比亚西公司下设 5 部和 2 个分公司，5 部分别是营销部、制造部、运营保障部、综合管理部和财务部，2 个分公司分别是郑浦港分公司，位于在马鞍山郑浦港新区内；成都分公司，位于四川省成都市新都区新都工业东区金荷工业园内。马钢比亚西公司从业人员 163 人。

［历史沿革］

马钢比亚西公司前身为 1993 年成立的黑马交通器材公司，地址在马鞍山市雨山区采石街道，1998

年，更名为马鞍山黑马钢筋焊网公司，2000 年，搬迁至雨山九村，是马钢集团全资子公司。

2003 年 10 月 30 日，马钢集团以马鞍山黑马钢筋焊网公司为投资主体与新加坡 BRC（亚洲）公司合资成立了现在的安徽马钢比亚西钢筋焊网有限公司，持股方为马钢集团实业公司，2007 年初，搬迁至现址至今。合资后，原新加坡 BRC（亚洲）公司的上海独资公司成为马钢比亚西公司上海分公司，后因经营问题，于 2016 年清算关闭。

2012 年 4 月，因持股方马钢集团实业公司改制，马钢比亚西公司的中方投资主体变更为马钢集团。2010 年，马钢比亚西公司设立成都分公司，2017 年，设立郑蒲港分公司。

［主要产品及技术装备］

主要加工生产装备：意大利披帝尼（Pittini）公司冷轧生产线 1 条、天津建科冷轧生产线 5 条，冷轧生产线是将光圆钢筋通过减径刻痕使之成为冷轧带肋钢筋的设备；自制高速矫切机 5 台、天津建科高速矫切机 12 台，矫切机是将钢筋盘条经过反复弯曲成为定尺直条产品的设备；奥地利意唯奇（EVG）公司焊网机 1 台、天津建科高速焊网机 6 台，焊网机是将纵、横钢筋焊接成为网状产品的设备；钢筋加工设备，拥有意大利施耐尔公司剪切生产线 2 条、奥地利意唯奇（EVG）公司弯曲加工中心 2 台、弯箍机 2 台；拥有 60 吨万能试验机一台、10 吨数显拉压试验机一台，试验机作为检测设备是用于冷轧带肋钢筋及钢筋焊接网产品强度、延伸、抗剪等物理性能的测定；用于物料计量的 100 吨电子汽车衡一台。

马钢比亚西公司主营钢筋焊接网、成型钢筋及冷轧带肋钢筋，钢筋焊接网是纵向钢筋和横向钢筋分别以一定的间距排列且互成直角、全部交叉点均用电阻点焊方法焊接在一起的网片，主要用于工业与民用建筑、市政建设、高速公路、高速铁路等。

［主要技术经济指标］

2001 年，主要产品钢筋焊接网产量 0.79 万吨，销售收入 2780 万元。2006 年，钢筋焊接网产量 5.65 万吨，销售收入 1.95 亿元，利润 262 万元。2011 年，钢筋焊接网产量 8.86 万吨，销售收入 3.75 亿元，利润 306 万元。2016 年，钢筋焊接网产量 8.85 万吨，销售收入 2.01 亿元，利润 516 万元。2018 年，钢筋焊接网产量 8.9 万吨，销售收入 3.98 亿元，利润 647 万元。

［技术改造与技术创新］

技术改造：2006 年，根据合资协议，为了改善生产环境，增大企业生产规模，由马钢集团投资在马鞍山市经济技术开发区内建设新厂房，马钢比亚西公司租赁使用，新厂区建筑面积 1.8 万平方米，包括 1.4 万平方米的主厂房及办公楼、辅房等设施，由马钢设计院设计，江东建安等单位施工。2006 年 7 月，项目开工，2007 年 1 月，工程竣工后马钢比亚西公司整体搬迁至此，同时还增加了两条焊网生产线及配套设施，产能规模有了较大提升。2008 年 9 月，为合肥西伟德公司配套装配式住宅的生产，引进天津建科一条钢筋桁架生产线，开发了建筑叠合板用钢筋桁架产品；2010 年，为提升马钢比亚西公司工厂化钢筋加工配送的生产能力，相继从奥地利引进了两条钢筋弯曲生产线，从意大利引进了两条钢筋剪切生产线。2015 年 2 月，为改善主厂房内的环境，对厂房内原有的生产工艺布局进行了调整，将冷轧生产线从厂房内的 2、3 跨整体移至厂房内的 4 跨，使上线区域处于厂房外部，解决了该工序生产过程产生粉尘对于环境的污染，项目自主设计，江东建安施工，施工周期一个月。

技术创新：2001 年，在借鉴国外先进技术的基础上，成功开发拥有两项自主知识产权的高速矫直切断机，最高矫直速度达到 130 米/分钟，长度误差±1 毫米，实现了国内矫切机的升级。2012 年，配合叠合板用钢筋桁架力学性能检测，研制的钢筋桁架力学性能实验用夹具获得了国家发明专利，解决了桁架焊点抗剪力检测难题，为国家行业标准的推出创造了条件。2018 年，与马钢技术中心合作开发出焊网专用 350 高速线材，用于高延性冷轧带肋钢筋 600 级产品的生产，其技术获得国家发明专利授权。

2011年，主持制定了行业标准《钢筋混凝土用钢筋桁架》（YB/T 4262—2011），2016年，主持制定了国家标准《钢筋混凝土用钢筋焊接网　试验方法》（GB/T 33365—2016）。另外，还参与编制了现行的国家及行业标准5项，其中包括国家标准《钢筋混凝土用钢　钢筋焊接网》（GB/T 1499.3—2010）及行业技术规程《钢筋焊接网混凝土结构技术规程》（JGJ 114—2003、J 276—2003）等。

截至2019年底，马钢比亚西公司拥有有效授权专利40项，其中发明专利8项；10项产品被认定为省级高新技术产品。

[改革发展与内部管理]

2008年3月，马钢比亚西公司作为主要牵头单位之一，推动成立全国钢结构协会焊网行业分会，被推选为常务副理事长单位。在中国钢结构协会对焊网行业综合实力和企业规模的评级中2013年、2019年连续两次被评为特级。

2004年，马钢比亚西公司通过了质量管理体系认证；2012年8月，通过了质量、环境及职业健康安全的“三标一体化”管理体系认证；2018年10月，又通过了“工业化”和“信息化”的两化融合管理体系认证。2007年初，结合国内焊网行业实际开发了金蝶K3系统（ERP），建立了一个从销售订单管理、合同管理、采购管理、仓储管理、生产管理、控制到财务管理实现全面集成的供应链管理系统，该系统软件《焊网行业生产作业系统V1.0》获得了国家版权局颁发的计算机软件著作权登记证书。2004年合资后，在吸收双方股东管理精髓的基础上，推行了多项管理创新。在销售上，推行项目前期预测（FORECAST）管理，按项目的实施进展和状态进行ABC分类，A类为具有建设信息的项目，B类为转化出图的项目，C类为合同签订的项目，技术人员通过掌握的项目信息提升出图转化率（也就是焊网使用率），销售人员做好项目维护直至合同签订，达到信息量保出图量，出图量保合同量，合同量保销售量的过程控制方法，使在手订单结合现有产能始终处于可控状态。在财务上，实行预算分析控制管理，预算的制定在市场分析的基础上参考当期数据，执行上严格预算控制并对标分析，纵向的自我对标及横向的行业对标，以此检验企业经营效果；在风险防控上推行以合同管理为主线、突出法务角色的全过程风险防范体系，拟定出适用于不同情况的合同模板，在符合法律的框架下从合同主体的资质审核到技术质量要求、资金状况等层层把关，防范风险。

2008年，马钢比亚西公司被认定为安徽省高新技术企业。2014年8月，被省经信厅授予省两化融合示范企业。2014年9月，被省科技厅、发改委等7部门联合认定为省级创新型试点企业，2014年11月，被科技部火炬高技术产业开发中心认定为国家火炬计划重点高新技术企业，2019年7月，被安徽省经信厅认定为省专精特新中小企业。2019年12月，被国家知识产权局认定为国家知识产权优势企业，马钢比亚西公司“皖马”商标被国家工商行政管理总局确定为中国驰名商标。

第八节　安徽马钢化工能源科技有限公司

[概况]

安徽马钢化工能源科技有限公司（简称化工能源）位于马鞍山市雨山区人头矶南侧，总占地面积约42.6万平方米。

截至2019年底，职工总数426人。

[历史沿革]

化工能源前身为原马钢股份煤焦化公司的化工生产部分。为加快化工板块发展，2018年1月31日，马钢股份以煤焦化公司化工生产部分为主体，成立化工能源，2018年3月，完成注册，初始注册资本金6亿元，为马钢股份全资子公司。2018年12月，马钢集团对马钢化工增资7.33亿元，股权结构变更为马钢集团占股55%、马钢股份占股45%，化工能源成为马钢集团控股子公司。

2019年1月，化工能源与山西省介休市经华炭素有限公司在山西省介休市合资建立山西福马炭材料科技有限公司，注册资本5亿元，化工能源占股51%、山西省介休市经华炭素有限公司占股49%，为化工能源第一家控股子公司。2019年2月，化工能源与南京特种气体厂股份有限公司在安徽省马鞍山市合资建立马鞍山晨马氢能源科技有限公司，注册资本1亿元，化工能源占股60%，南京特种气体厂股份有限公司占股40%，为化工能源第2家控股子公司。

2019年，化工能源下设6部、2中心、5分厂，分别为综合管理部、党群工作部、生产技术部、设备管理部、财务部、投资部，营销中心、研发中心，第一煤气净化分厂、第二煤气净化分厂、第三煤气净化分厂、化产精制分厂、综合保障分厂。

[主要技术装备与产品]

化工能源拥有2套煤气净化装置，即南区氨水法煤气脱硫工艺净化系统，煤气最大处理量为每小时18万立方米；北区真空碳酸钾脱硫工艺煤气净化系统，煤气最大处理量为每小时13万立方米，和一套年处理量8万吨苯加氢装置。

主要产品有焦炉煤气、煤焦油、焦化苯、甲苯、二甲苯、硫酸铵、硫磺等。

[主要技术经济指标]

2018年，处理焦炉煤气3167万吉焦，加工轻苯6.93万吨；生产各类化产品29.41万吨，主要出厂化产品合格率均为100%；实现销售收入23.26亿元，利润2.37亿元。

2019年，处理焦炉煤气3200万吉焦，加工轻苯7万吨；生产各类化产品29.61万吨，主要出厂化产品合格率均为100%；实现销售收入28.1亿元，利润总额1.7亿元。

[技术进步与技术改造]

化工能源自成立以来，全力推进技术创新和科技进步，针对技术难题，开展科技攻关。2018—2019年，获得国家知识产权局专利局授权专利6项、国家版权局软件著作权4项。

煤气净化合并项目。原马钢煤焦化公司南区两套煤气净化系统经过多年的运转设备老化及腐蚀情况严重，无法满足安全环保要求，经马钢研究决定，对两套煤气净化系统进行合并升级改造。项目总投资约3.8亿元，由中冶焦耐（大连）工程技术有限公司总承包，主要建设内容为：在原煤焦化公司焦油系统搬迁之后的土地上新建一套改进的脱酸蒸氨单元和氨分解硫回收装置，在二净化系统冷凝鼓风单元的基础上新建粗苯蒸馏、溶剂脱酚单元、油库装置。项目全部完成后，最大煤气处理量将达到每小时18万立方米。项目分两期进行，一期煤气净化系统2017年9月开工、2019年4月投产，二期粗苯、溶剂单元2019年7月开工。

2019年，制定《焦化燃料油》行业标准，“提高焦化废水污染物去除效率”获得全国创新方法大赛二等奖。

第九节　金马能源股份有限公司

[概况]

河南金马能源股份有限公司（简称金马能源）位于河南省济源市虎岭高新技术产业开发化工园区，现有职工1600余人，占地面积90万平方米。2017年10月，在香港联交所主板挂牌上市，是内地同行业在香港上市的第一家企业，也是河南省第一大苯加工基地和第三大炼焦基地，并进入河南省百户重点企业和河南省民营企业100强行列。

[历史沿革]

2003年2月，济源市金马焦化有限公司（简称金马焦化）注册成立，豫港（济源）焦化有限公司、马钢股份、萍乡钢铁有限责任公司共同出资，其中豫港焦化占股45%、马钢股份占股40%、萍乡钢铁占股15%。2005年6月，金马焦化100万吨/年焦化项目全面竣工。2005年9月，博海化工30万吨/年焦油深加工项目一期工程投产运行。2008年3月起，金马焦化注册资本变更，马钢股份占股变更为36%。2008年12月，金马焦化捣固焦项目3号焦炉投产出焦。2011年12月，金马焦化捣固焦项目4号焦炉投产出焦。

2013年2月，10万吨/年苯加氢项目（金源化工）投产试运行。

2014年5月，济源市金马焦化有限公司更名为河南金马能源有限公司。2015年8月，济源中移能160吨/小时干熄焦工程投产。2016年8月，金马能源完成股改工作，河南金马能源股份有限公司成立。2017年10月10日，公司在香港联交所主板成功上市。

2018年3月，金瑞能源1亿立方米/年液化天然气项目进入开工试生产阶段。2018年5月，金瑞燃气南二环油气综合站、北官庄油气综合站同时开始对外进行LNG、CNG车辆加气服务。2019年5月，河南金马中东能源有限公司注册成立。

[主要技术装备]

备煤系统，由汽车受煤坑、贮配煤室、粉碎机室、转运站及连接它们的带式输送机等设施组成。

炼焦系统，主要由焦炉、焦处理系统（筛贮焦楼、回送焦坑、转运站及连接它们的带式输送机）等组成。

干熄焦系统，干熄焦本体、锅炉等组成。

煤气净化装置，由冷凝鼓风系统、脱硫单元、蒸氨单元、硫铵单元、终冷洗苯单元及粗苯蒸馏单元组成。

辅助生产设施，主要有焦炉机侧除尘地面站、筛贮焦楼除尘地面站、汽车受煤坑除尘系统、低温脱硫脱硝装置、氨水汽化单元、焦化循环水系统、消防水系统、制冷站及凝结水回收站、泡沫站、锅炉给水泵站、汽轮发电站、换热站、汽车采样室和汽车衡等组成。

[主要产品]

主要产品有焦炭、衍生化工产品及能源产品，焦炭有冶金焦炭、焦粒、焦末等。衍生性化学品包括两大类别：一是由粗苯制得的苯基化学品（主要为纯苯及甲苯）；二是由煤焦油制得的煤焦油基化学品（主要为煤沥青、油及工业蒽）。能源产品主要为焦炉煤气加工成煤气，并从中提炼成LNG。

[主要技术经济指标]

金马能源生产每吨焦炭煤耗控在1.33吨以下，工序能耗控制在130千克/吨以内，焦粒、焦末含量控制在130千克/吨以内，生产化工产品粗苯吨耗洗油38千克以下，硫铵吨耗硫酸735千克以下，焦炭、焦油、苯、硫铵、煤气出厂合格率均达到100%。

[技术进步与改造]

2006年，金马能源被评为河南省工业企业专利申请二十强。2007年，“关于宽幅焦炉加热动态数学模型的研究与应用”获河南省科技成果奖三等奖。2009年，“5.5米捣固焦炉装煤出焦除尘站的研究与应用”被确认为河南省科技成果，获得济源市科学技术进步奖二等奖。2010年，“车载煤灰分自动取样在线检测系统”被确认为河南省科技成果。2011年，“煤气脱硫废液中副盐的提取新工艺的开发及工业化应用”被确认为河南省科技成果，获得济源市科学技术进步奖一等奖，同年，金马能源被认定为河南省省级技术中心。2019年，“焦化剩余氨水负压蒸氨工程技术”被确认为河南省科技成果，获得济源市科学技术进步奖二等奖。

[改革与管理]

质量管理。始终坚持以高品质产品为用户创造价值的质量理念，牢固树立“以质量求生存，以质量抢市场”的质量意识，严格工艺质量指标考核，不断加强产品质量管控：一是严把生产关，加强工艺指标控制和考核，切实抓好关键工艺指标控制，落实责任追究制；二是严把原料关，稳定优质采购渠道，确保原煤供应质量稳定；三是持续开展“三体系”认证工作，完善质量管理体系，积极开展QC活动，优化工艺指标，提高产品质量和工艺管理水平。

营销管理。始终坚持诚信为本，合作共赢的经营理念，拓宽供销渠道，完善供销体系，确保生产经营稳定。一是培养优质的供应商及客户，降低供销结算亏损，加大货款回收力度，及时反馈用户产品质量化验和使用结果，做好售后服务工作；二是落实供销价格联动机制，加强运输协调，合理利用原材料和产成品价格在时间和区位的差异，争取更加合理、高效的供销差价；三是严格招标比价程序及供应商准入和评价制度，充分利用网络平台优化竞价销售和集中采购，推进备件采购公平、公正、公开。

安全管理。始终贯彻“安全第一，预防为主；全员参与，共同安全，关注健康，科学发展”的安全方针，立足于安全生产标准化，以双重预防机制为实施手段，建立完善的安全生产管理体系：一是不断强化安全生产规范化建设，采用PDCA动态循环模式，依据安全生产标准化要求，建立安全绩效持续改进的长效机制；二是通过制定《安全生产责任制度》《安全作业管理制度》《特种设备安全管理制度》《隐患排查与公示制度》等管理制度，形成完善的安全标准化制度体系；三是建立“专业安全检查、日常检查、季节性综合检查”“三位一体”的安全监督检查机制，实现问题及时跟踪整改的闭环管理；四是建立完善的应急管理体系及应急机制，编制形成《综合应急预案》《专项应急预案》《现场处置方案》，同时上线运行安全应急指挥平台，通过模拟演练预测设备的实用性，不断提高应急处置的实战化水平。

第十节　盛隆化工有限公司

[概况]

盛隆化工有限公司（简称盛隆化工）成立于2003年6月，是由山东能源枣矿集团、马钢集团、江苏沙钢集团合资兴建的煤化工企业。总占地面积1200亩，总投资约22亿元，盛隆化工股权比例分别为枣矿集团36%、马钢集团和沙钢集团各占32%。

2019年底在册职工1316人。

[主要经济指标]

盛隆化工自2004年8月投产以来，在3家股东注入原始资本金只有2.088亿元的基础上，依靠自立自强的创新发展，持续释放混改活力，至2019年底，累计实现销售收入500多亿元，实现利税近60亿元，合并报表后资产总额达到50多亿元。连续16年保持盈利，保持独立焦化领先。

[机制创新]

盛隆化工成立以来，致力于2+1混合所有制模式的探索和创新，走出了一条在混合所有制模式下高效稳健发展的新路。新华社把“盛隆模式”作为混合所有制改革的范例进行了深度解读，《中国改革报》《经济参考报》等媒体予以刊发。盛隆化工先后被评为山东省节能减排示范单位和管理创新先进单位，获得山东省“AAA”级诚信企业称号，2019年，又被批准为山东省首批重点监控点企业。

[管理创新]

盛隆化工实行机构设置扁平化、非主业外包、采供销运一体化，推行“一长制”管理模式，最大限度减少管理人员职数，共下设1室10部7车间，1室是党政办公室；10部分别是经营部、财务部、人力资源部、监察审计部、战略发展部、生产技术部、设备工程部、安全管理部、环保部、保卫部；7车间分别是煤焦一车间、煤焦二车间、化产车间、甲醇车间、机动车间、洗煤厂车间、质检中心。通过细化分工，明确职责，人员高度精简、运转灵活高效，有效避免了人浮于事，利用扁平高效的配置确保了企业高效运行。

［主要技术装备］

盛隆化工现有技术装备主要由焦化生产部分和甲醇生产部分组成，其中焦化生产部分由备煤系统、炼焦系统、煤气净化系统三部分组成。备煤系统主要由卸料系统、预破碎系统、备料系统、配煤粉碎系统构成；炼焦系统包括炼焦工段、熄焦工段、筛储焦工段三部分；煤气净化系统分为冷鼓工段、硫铵工段、脱硫工段、洗脱苯工段；甲醇生产部分的组成主要分为合成气制备系统、甲醇合成系统、甲醇精馏系统。主要产品有焦炭、甲醇、粗苯、焦油、硫磺、硫铵等。

［技术创新］

盛隆化工积极推进技术创新工作，每年年初排定技改计划和实施方案，成立技改项目工程推进管理机构，重点技术改造项目得到稳步实施、有序推进。小合成技改项目充分利用驰放气中的有效成分进一步合成甲醇，将驰放气中有效成分吃干榨尽。干熄焦余热发电项目投产后，可回收焦炭余热发电2.2亿千瓦时/年，增收1.39亿元电网创效。已完成的洗脱苯冷凝冷却器放散苯蒸汽的冷凝回收、脱盐水浓水回收项目、5.5米焦炉机侧除尘及炉顶M管导烟车的环保治理改造等项目实现正规循环，现场作业环境得到了进一步改善，实现增收的同时，也为企业可持续发展提供了内生动力。

盛隆化工拥有2项发明专利、2项计算机软件著作权、16项实用新型专利。

第十一节　马钢奥瑟亚化工有限公司

［概况］

马钢奥瑟亚化工有限公司（简称马钢奥瑟亚）位于安徽省马鞍山市雨山经济开发区化工新材料产业集中区沥青池路51号，土地面积8.5万平方米，主要从事研究、开发、生产、储藏及销售煤焦油深加工产品。

截至2019年9月，拥有员工118人。

［历史沿革］

马钢奥瑟亚于2015年2月13日注册成立，是一家由马钢股份与奥瑟亚（中国）投资有限公司按4：6比例合资组建的中韩合资的煤化工生产企业。

为解决当时马钢股份煤焦油精制装置处理能力与资源量不匹配的矛盾，2014年9月28日，马钢集团与韩国奥瑟亚株式会社签订合作合同。同年12月20日，35万吨焦油精制项目在雨山化工新材料产业园举行奠基仪式，历时1年多的建设，马钢奥瑟亚于2016年9月顺利竣工投产。

2019年9月，马钢奥瑟亚设市场管理部、产品管理部、企划财务部、环安管理部和生产工务部5个部门。

［主要技术装备与产品］

马钢奥瑟亚拥有生产设备167台套，配套辅助设施15处。设备之间通过网络交互控制，主要包括焦油蒸馏装置（35万吨/年），主要设备包括焦油蒸馏塔、杂酚油蒸馏塔、焦油脱水塔；改质沥青装置（10万吨/年），主要设备包括真空闪蒸塔、反应器；工业萘装置（4万吨/年），主要设备包括溶剂蒸馏塔、萘蒸馏塔、焦油酸萃取塔。配套辅助设施包括原料及产品储罐（5000立方米焦油储槽2个，5000立方米蒽油储槽1个，5000立方米炭黑油储槽1个，500立方米工业萘储槽3个，500立方米洗油储槽2个，200立方米沥青储槽4个）、原料及产品装卸台、DCS控制室、变电站、机修间、实验室等。

马钢奥瑟亚引进韩国先进的生产工艺，主要产品有轻油、脱酚酚油、粗酚、工业萘、洗油、炭黑油、改质沥青、燃料油、蒽油等，除了改制沥青主要销往韩国、中东、澳大利亚等海外市场以外，其余产品主要面向国内华东地区。

[主要技术经济指标]

2016年，马钢奥瑟亚投产试运行当年即盈利，营业收入9631万元，利润总额26万元。

2017年，营业收入72667万元，利润总额2878万元，上缴税收733万元，出口创汇2400万美元。

2018年，营业收入82933万元，利润总额5970万元，上缴税收2094万元，出口创汇4747万美元。

2019年，营业收入69598万元，利润总额1607万元，上缴税收2606万元，出口创汇3650万美元。

[技术改造与技术创新]

投产以来，马钢奥瑟亚根据生产需要，现场进行技术改造10余处，主要包括：

2016年底，为解决物流车辆过多导致物流效率低下的问题，马钢奥瑟亚对卸车泵区进行改造，能同时满足3台车卸货，提高了卸车效率。并且新增装车平台，使黏油类产品可以近距离装车，减少长距离装车管道堵塞的风险。

2017年，为提高装车的自动化水平、精度和安全性，防止发生冒罐等现象，对发货系统进行改造，引入了定量装车系统，系统由现场控制部分和远程管理部分组成。现场控制部分使用定量装车控制仪及流量仪表对装车数据进行采集和控制，远程管理部分使用工业计算机进行集中管理，构成集散式定量装车系统。操作人员既可在现场进行参数设定、操作和监视，又可在中控室进行集中远程监控和管理，实现管控一体化。

2018年，为提高工业萘产品的标准等级及产品稳定性，对工业萘装置进行改造，增加了一套工业萘冷却装置，降低了工业萘的回流和采出温度，通过此次改造，工业萘的质量指标达到国标里的一级品，增加了产品的竞争力。同年，由于蒽油蒸馏塔在使用时发现腐蚀严重，原材质塔盘仅能使用半年时间，造成很大的安全及环境风险，因此经过多方面的考察咨询，马钢奥瑟亚结合多方面的情况对蒽油蒸馏塔塔盘材质进行更换，通过后续使用观察发现新材质的抗腐蚀性良好，此举大大提高了设备的使用寿命。

2019年，为解决高温差换热器冷却水路结垢堵塞严重的情况，对高温差冷却器的冷却水系统进行改造，单独采用软水进行冷却，再使用循环水冷却软水，此举彻底解决了冷却器水路结垢堵塞的问题。

此外，马钢奥瑟亚与安徽工业大学建立了产学研合作，先后制定了6项企业标准，开展了20余项技术研发项目。为了解决主要产品单一的问题，技术部门创新性地采用了配制法进行新品种——中温改质沥青的生产，在不影响原有产品生产的情况下，增加了沥青产品的种类，提升了马钢奥瑟亚的经济效益。

[改革发展与内部管理]

马钢奥瑟亚成立后，先从马钢内部通过技术服务的形式引入了15名生产技术人员，又在马钢公开招聘了15名生产、技术和管理人才，后又利用社会资源招聘了80余名员工。为了迅速提升员工技能，马钢奥瑟亚对全体职员工开展了全方位的岗位技能培训。首先，分三批次派遣生产、技术和管理人员前往韩国的奥瑟亚光阳工厂和山东奥瑟亚化工有限公司进行培训；其次，邀请韩国奥瑟亚光阳工厂和山东奥瑟亚化工有限公司的技术人员来马钢奥瑟亚开展为期一个月的开工技术交底培训；最后，在外部培训结束后，生产工务部班组内以师徒结对的形式，进一步强化培训、落实责任，为打造一支团结合作、作风过硬、富有效率的职工队伍夯实了基础。

同时，在马鞍山市雨山经济开发区管理委员会的帮助下，2016年底，马钢奥瑟亚成立了工会和党组织，发挥党员先锋模范作用，充分调动职工的主动性和创造性，为营造良好氛围、提升员工凝聚力和创造力奠定了基础。

此外，在吸纳了股东双方制度优势的基础上，马钢奥瑟亚创造性地建立了符合自身发展需要的各项管理制度。2016年，马钢奥瑟亚获安徽省推进重点项目建设先进集体；2018年4月，通过《质量管理体系》（ISO 9001）、《环境管理体系》（ISO 14001）和职业健康安全管理体系（OHSAS 18001）的认证。

第九章 其他企业

第一节 马钢集团康泰置地发展有限公司

[概况]

马钢集团康泰置地发展有限公司（简称康泰公司）位于马鞍山市雨山区湖西南路和印山路交界处，具体地址为马鞍山市雨山区印山路656号。

康泰公司为马钢集团控股子公司，注册资本为1.5亿元，其中马钢集团出资7620万元（出资比例为50.8%），康泰公司员工出资7380万元（出资比例为49.2%）。康泰公司设股东会、董事会、监事会。康泰公司下设办公室（董秘室）、党群工作部（工会、纪委）、安全和企业管理部、资产及信息管理部、财务审计部共5个部室，马钢集团康泰置地发展有限公司开发公司（简称开发公司）、马钢集团康泰置地发展有限公司房产分公司（简称房产分公司）2个分公司，安徽裕泰物业管理有限责任公司（简称裕泰物业公司）、马钢集团康诚建筑安装有限责任公司（简称康诚建安公司）2个全资子公司。

康泰公司主要经营房地产开发与代建、房（资）产经营与管理、物业管理、建安工程、物资贸易、园林绿化、白蚁防治、电梯维保与加装等城市综合服务领域相关业务。承担马钢集团、马钢股份托管房（资）产经营与管理，马钢旧区拆迁安置及改造建设、马钢职工住宅小区物业管理等后勤保障工作。

截至2019年9月，康泰公司在册员工274人。

[历史沿革]

康泰公司前身为马钢房地产公司，系1998年10月由原马钢总公司房地产管理处与民用设施统建办公室合并成立的马钢集团二级单位。

2002年2月，马钢房地产公司实施了内部体制改革，对机关部门进行了精简和调整，基层按条块分割后成立了4个分公司，即物业分公司、房产分公司、实业分公司、开发分公司。同年12月，根据《关于对房地产公司进行公司制改制的决定》，在原房地产公司的基础上，组建了具有独立法人性质的马钢（集团）房地产有限责任公司。

2003年3月，马钢房地产公司更名为马钢集团康泰置地发展有限公司，并完成工商登记注册，注册资金2.1亿元。康泰公司机关设1室、1处、1会、2科和1个临时机构，下设4个分公司，即房地产开发公司、房产管理分公司、物业管理分公司、经营公司。同年7月，经营公司改制为康泰公司全资子公司（三级法人），更名为马钢集团康泰建安实业有限责任公司（后于2011年3月9日更名为马钢集团康诚建筑安装有限责任公司），并完成工商登记，注册资金600万元。

2004年12月，经马钢集团批准，康泰公司注册资金变更为4000万元。

2005年7月，物业分公司改制为康泰公司全资子公司（三级法人），更名为马钢集团康泰物业管理有限责任公司（先于2011年3月16日更名为马鞍山裕泰物业管理有限责任公司，后于2016年6月更名为安徽裕泰物业管理有限责任公司），并完成工商登记，注册资金500万元。

2008年4月，增设服务分公司，将机关6个科室精简为5个。

2009 年 3 月，根据经营与管理需要，压缩管理层级，增设廉租房建设项目部，负责马钢廉租房建设任务。

2010 年 9 月，经市政府批准，马钢下发了《关于对马钢集团康泰置地发展有限公司实施产权制度改革的决定》，康泰公司实施了产权多元化改制，改制后注册资金为 1.5 亿元，其中，马钢集团出资 9820.13 万元（主要是资产），占出资总额的 65.5%；康泰公司经营管理层出资 216.91 万元，占出资总额的 1.4%；康泰公司职工出资 4962.97 万元，占出资总额的 33.1%。康泰完善法人治理结构，依法设立了股东会、董事会、监事会，组建了新的经营管理团队。同年 12 月，完成工商变更登记。

2011 年 6 月，为适应企业改革和发展的需要，康泰公司合资成立上海中宏业投资咨询有限公司，主要从事投资咨询、管理咨询、房地产经纪、营销策划等业务。同年 12 月，康泰公司利用人才资源合资成立马鞍山市永鑫房地产评估有限公司，主要从事房地产评估、招标代理、房地产中介服务、工程技术咨询等业务。同年 10 月 25 日，为进一步优化康泰公司股权结构，马钢集团将其持有的康泰公司 2200 万国有股权公开挂牌转让给康泰公司经营管理层和技术骨干。至此，康泰公司注册资金出资比例变更为马钢集团公司出资比例为 50.8%，康泰公司员工出资比例为 49.2%。

2013 年 4 月，为充分利用公司各类资源探索多元化业务市场，经市场环境调研和可行性分析，康泰公司与自然人股东合资成立了马鞍山市泉涌锦池洗浴有限公司，主要经营范围为洗浴和餐饮服务等。

2015 年 2 月，根据省国资委监管部门相关要求和建议，康泰公司为加强对合资公司的管理，全面梳理和评估了 3 家合资公司的经营状况和发展前景，决定注销马鞍山市永鑫房地产评估有限公司和上海中宏业投资咨询有限公司两家合资公司，分别于同年 12 月和 2016 年 4 月完成工商注销登记。同年 2 月，根据省国资委检查和省委巡视组反馈意见，协助马钢集团对金海岸名邸和盛泰名邸两个开发项目进行了审计、分账和剥离，明确了两个项目的产权归属问题，由马钢集团房地产开发项目部负责运营管理。同年 7 月，根据马钢集团非钢产业发展部署，结合实际，制定了《康泰公司 2015—2017 年度发展规划》，确立了城市运营商的发展方向，获得马钢集团评审通过。

[主要经济指标]

2001—2005 年：共完成住房建设（代建）投资总额 11.15 亿元。其中，2001—2002 年子公司改制前，由马钢集团实施费用补贴，两年共补贴费用 5594 万元。2003 年，子公司改制后，实现收入总额 4171 万元、利润总额 69 万元。至 2005 年，实现收入总额 1.80 亿元、利润总额 2044 万元。

2006—2010 年：共完成住房建设（代建）投资总额 11.83 亿元。其中，2006 年，实现收入总额 1.81 亿元、利润总额 1489 万元。至 2010 年，实现收入总额 1.52 亿元、利润总额 593 万元。

2011—2015 年：产权多元化改制后，2011 年，实现收入总额 3.22 亿元、利润总额 5282 万元。至 2015 年，实现收入总额 1.82 亿元、利润总额 1488 万元。

2016—2019 年：2016 年，实现收入总额 2.58 亿元、利润总额 1650 万元。至 2019 年，实现收入总额 3.28 亿元、利润总额 1628 万元。

[企业改制与改革]

为适应国有企业深化改革的需要，康泰公司作为钢铁企业的房地产企业，在经历了分公司改制后，自 2001 年至 2019 年在管理体制上又先后经历了两个阶段的改革。

第一阶段是 2003 年 3 月实施的子公司改制。将马钢集团房地产公司由分公司改制为独资子公司，成立了康泰公司，在管理体制上，建立以董事会为主体的法人治理结构；在经营方式上，全面推行承包经营责任制，实行独立核算，自负盈亏。子公司实行“四位一体”三级管理体制，即以资产为纽带组建了康泰开发公司、康泰房产管理分公司 2 个分公司和康泰物业公司、康泰建安实业公司 2 个全资子公司。

第二阶段是2010年9月实施的产权多元化改制。马钢集团实行了“主辅分离，辅业改制”的企业改革发展战略，将独资经营的康泰公司，改制成产权多元化的控股子公司，公司名称不变，注册资本1.5亿元，即将康泰公司整体改制为包括马钢集团公司、经营管理者、管理技术骨干、普通职工等多方共同出资的产权多元化的有限责任公司，依法设立了股东会、董事会、监事会，构建完善的法人治理结构，并按市场化原则运作，实行“自主经营、自负盈亏、自我约束、自我发展”的经营模式。仍然实行“四位一体”三级管理体制，即开发公司和房产分公司的名称和分公司性质不变，物业公司和建安实业公司的独资子公司性质不变，名称分别变更为马鞍山裕泰物业管理有限责任公司和马钢集团康诚建筑安装有限责任公司。康泰公司机关增设了董事会秘书室（与办公室合署办公）和资产经营管理部，开发公司增设了营销策划科、房产分公司增设了拆迁整顿办公室，同时对相关业务进行了归并。

［房（资）产经营与管理］

2003年3月，康泰公司将房产管理功能剥离出来成立房产分公司，承担着马钢房产管理的主要职能，主要负责马钢集团委托管理的未出售公有住房的实物管理、拆迁安置管理、单身宿舍管理、商业用房租赁及管理，以及历史遗留二次供水供电等公用配套设施的修缮养护等工作。截至2019年，康泰公司管辖单身楼15栋、中转楼及平房102栋（其中平房48栋）、未出售职工住房443套、经营性用房51项、老旧马钢职工住宅小区、疑似C、D级危房109栋。

近年来，房产分公司完成了马钢职工住房货币化分配、马钢每年新招大学生入住、二次供水供电改造移交，以及慈铁新村、和平村、矿内新村、前进村、前后杨桥等一批城市重点建设的拆迁任务。康泰公司管理模式正从“服务型”向“经营型”转变。走出了一条精细管理、独立核算、服务马钢、走向社会、自我发展的运行模式。

职工住房分配及政策变迁情况：一是职工住房政策演变。2003年7月，调整职工住房公积金缴存基数；2008年3月，停止职工住房分配制度；2009年1月，马钢两公司不再进行无房户登记工作。二是职工住房分配情况。1999年，实行第一次职工住房货币化分配以后，2001—2008年，又进行了四次大规模的住房货币化分配，共分配住房156套。

单身楼（中转楼）管理：受马钢集团委托对马钢单身楼、中转楼进行管理。主要负责：制修订管理办法和规章制度，拟定并组织实施调整计划。审核、办理单身职工的进住、退住手续；对辖区安全、环境卫生、公用设施设备、小修养护、水电费收取等进行日常管理；组织住宿的单身职工开展业余文化娱乐活动。按规定收取相关费用，保证各项公用设施使用性能完好，并努力降低管理成本。

拆迁安置：2001—2008年，拆迁安置是按照当时货币化住房分配政策执行，即拆迁户在安置新房时，按照当时马钢货币化住房分配价格购买安置房屋。2009年后，拆迁安置执行的是市场化拆迁政策，但马钢拆迁职工仍享有一定的价格优惠政策。

第一阶段：福利分房阶段（1998年12月底之前），即住户拆迁后，由马钢分配新房租赁，后期实行房改政策后，按房改价格购买所住房屋。

第二阶段：是马钢实行货币化政策（1999年起至2008年底）后，住户拆迁安置新房（或旧房），拆迁户可按照货币化价格购买拆迁安置房。原金家庄区的货币化价格是每平方米880元，花山、雨山地区的货币化价格是每平方米1180元。职工享受65平方米，超出65平方米，价格上浮10%。

第三阶段：市场化拆迁（2009年起至2019年底）安置，马钢停止货币化分配住房后，对无房户职工提高了补贴标准，即在每平方米200元的基础上，从结婚后每年增加了4000元（从1997年到2008年每名职工最高增加48000元）。该政策实施后，拆迁户不再适合货币化政策安置，考虑到房地产市场的发展变化和马钢住房政策的调整，经市场调研，综合各方利益，对马钢公有住房拆迁户采取市场优惠价方式进行安置，即在市场价的基础上给予一定优惠。

租赁管理：受马钢集团委托对其商用房屋租赁进行管理，主要负责商用房屋租赁合同的签约，保障水、电、气的正常使用。房屋安全（消防）检查、维修等日常管理，以及租金收缴等多项工作。2001—2008 年，由房产分公司下属各房产所和物业公司下属各物业管理处分散管理经营各自辖区内的商用房屋。2008 年后，公司成立了房产经营中心集中管理商用房屋租赁业务。2001 年，公司管理的商用房屋资产面积为 7 万平方米，2010 年，企业产权多元化改制后管理的总资产面积增至 12.93 万平方米，其中：马钢托管资产面积为 9.95 万平方米。

“三供一业”移交改造：2018 年 11 月 30 日，康泰公司根据《安徽省人民政府办公厅转发省国资委、省财政厅关于全省国有企业职工家属区“三供一业”分离移交工作实施意见的通知》和马钢集团统一部署，历时两年基本完成了马钢职工家属区“三供一业”分离移交协议的签订。其中：第一批物业移交协议（雨山区）于 2017 年 1 月 20 日签订，第二批物业移交协议（雨山区、花山区）于 2017 年 3 月 15 日签订，第三批物业移交协议（雨山区、花山区）于 2017 年 8 月 30 日签订，第四批物业移交协议（雨山区、花山区）于 2018 年 11 月 30 日签订。

[房地产开发与建设]

2003 年 3 月，正式成立了马钢集团康泰置地发展有限公司开发公司；2004 年 6 月 9 日，经安徽省建设厅批准，成为房地产开发三级资质企业；2006 年 6 月 18 日，经安徽省住房和城乡建设厅批准，晋升为房地产开发二级资质企业。2018 年 5 月 31 日，因业务萎缩开发资质调整为三级。

开发公司为适应市场经济发展需求，本着“服务马钢、面向社会”原则，先后开发了经济适用房、商品房、廉租房、集资代建房等一批商住房产。

经济适用房建设：马钢集团为加快住房建设、分配、管理制度的改革，委托原马钢房地产公司先后开发了八一大院、钢城花园、光明新村、马钢医院住宅楼等经济适用房。

建成后的钢城花园职工住宅区

八一大院住宅项目：位于雨山路与湖西南路交叉口东南处，是马钢利用存量土地为改善职工住房条件而新建的一批住宅楼。该项目总投资 6340 万元，1998 年 10 月 8 日开工建设，2001 年 3 月 30 日全面竣工交付使用。

钢城花园住宅项目：位于红旗南路以东、印山路以北、湖西南路以西、与朱然文化公园为邻，是马钢集团为改善职工住房条件和环境投资兴建的住宅小区。该项目总投资 9.2 亿元，建设用地 49 公顷，建筑总面积 64.6 万平方米，100 个单体工程（其中住宅楼 87 栋、4623 户，公共建筑 13 栋），于 2001 年 4 月 1 日开工建设，2006 年 12 月 30 日全部建成竣工交付使用。该项目获得国家级安全文明工地 2 项、省级安全文明工地 3 项。

光明新村住宅项目：位于雨山路与石岗路东南交叉口处，1999 年 12 月 1 日开工建设，2005 年 4 月 30 日全部竣工交付使用。该项目总投资 7490 万元，占地面积约 3 万平方米，建筑总面积 4.1 万平方米，总户数 350 户。其中，二期工程为 2 栋 18 层的高层建筑，建筑形式采用 H 型钢结构新技术，内部装饰及水、电、气、讯、厨卫设施一步到位（为拎包入住建筑），被列为国家、省、市科技示范工程。该工程先后获得省、国家级科技示范工程，2 号楼获安徽省用户满意工程荣誉称号。

马钢医院住宅项目：位于马钢医院内，是马钢利用原存量土地，为留住马钢医务人才，拆除原平房而新建的住宅楼。该项目总投资1230万元，总建筑面积1.04万平方米，2000年2月28日开工建设，2001年1月25日竣工。

商品房建设：2003年初，康泰公司将房地产开发作为一项主要产业，拉开了商品房开发建设的序幕，先后开发建设了“康泰佳苑”“红星轩”“金海岸名邸”和“康泰南苑”等商品房项目。

建成后的商品房住宅区——康泰佳苑

康泰佳苑项目：毗邻市政公园西侧，位于太白大道与湖西南路、印山路与花园路的围合处。该项目总投资7.559亿元，利润1.5亿元。项目占地222亩，建设面积28.6万平方米（共35栋住宅楼、1272套），2005年3月8日开工建设，2009年8月全部竣工交付。

红星轩项目：位于马钢便道与雨田路交叉口，总建筑面积1.6万平方米，总投资3000万元，利润1200万元。该项目于2005年10月开工建设，2006年10月全部竣工交付。

金海岸名邸项目：坐落于采石河畔，相依节庆广场南侧。一期工程建筑面积15万平方米（5栋高层、49栋别墅共511户），2010年11月开工建设，2014年4月竣工交付。

马钢集团建成的金海岸名邸住宅小区

康泰南苑项目（2013年3月，更名为盛泰名邸项目）：位于印山西路南侧、朱然路西侧，占地面积1.97万平方米，共5栋楼，总户数554户，建筑面积为8.04万平方米，总投资2.57亿元。2011年2月16日开工建设，2013年底竣工交付。

旧区住房改造建设：为改善城市形象，创建国家文明卫生城市，马鞍山市政府把矿内新村危旧房改造、和平楼危旧房改造等工程项目列为2003年、2004年为民办实事工程。

雨田路与雨田村改造项目：共9栋多层住宅，建筑面积共2.4万平方米、281户，总投资2630万元，1999年开工建设，2004年全面竣工交付使用。

矿内危旧房改造项目：2003年，列为马鞍山市政府为民办实事的民心工程。从2003年上半年房屋拆迁到2003年11月工程开工，2005年8月住宅区竣工交付投入使用。该项目总投资5370万元，住宅建筑面积6万平方米，15栋多层住宅（共594户），建设了物业综合楼、多功能幼儿园等配套工程设施。

雨山九村改造项目：共4栋住宅、62户，建筑面积7586平方米，总投资720万元，2003年开工建设，2004年竣工投入使用。

马钢矿山新村危旧房改造项目：位于江东大道与湖南路交叉口矿山新村生活小区内，原有2栋旧房（建筑面积3509.03平方米）及1个5224平方米的死水塘。该处房屋建造年代久远，已成危房；死水塘逢高温天气散发异味，严重影响住户居住。为彻底改善此处住户居住条件，配合政府搞好该地块的绿化、环保，加强城市配套建设。在市政府的大力支持下，康泰公司对该地块进行了改造。该项目占地面积1.69万平方米，总建筑面积2.30万平方米，总投资约1500万元，建成农贸市场（即天天市场）一座、多层住宅2栋。住宅楼工程于2004年7月28日开工建设，2005年7月31日竣工，农贸市场工程2004年5月31日开工建设、2005年4月22日竣工。

和平楼危旧房改造项目：和平楼小区原系以马钢职工为主的居住生活小区，地处花山区北部，东邻马向铁路，西至花山路，北沿红旗北路是连接花山、金家庄两个行政区交通主干道结合部。该住宅区始建于50年代中期，共有33栋住宅建筑，均为简易平房和砖木结构楼房，是一个规模较大、亟待改造的居住小区。2003年，市政府把和平楼小区列入旧区改造重点工程项目计划，并作为为民办实事的政治任务交给马钢集团，由康泰公司负责改造项目实施。该项目总投资6940万元，占地面积3.37公顷，新建多层住宅13栋、602户，总建筑面积5.97万平方米，2006年3月8日开工建设，2007年4月交付使用。

廉租房建设：为切实解决马钢职工住房困难，改善职工住房条件，马钢集团于2009年2月向市政府提交了利用马钢集团存量土地建设廉租住房的报告。2009年3月20日，省发改委以文号为（发改投资〔2009〕223号）文件批复下达了马钢新工房廉租住房项目，市政府于2009年6月16日以文号为（马政〔2009〕39号）文件正式批准立项。该廉租住房项目投资系由马钢住房公积金分中心利用历年积累的、按照规定从住房公积金增值收益中提取的城市廉租住房建设补充资金和中央、省财政下拨的专项配套补助资金构成；由康泰公司负责代建。根据立项计划，马钢廉租房工程项目总建筑面积3.74万平方米，住房672套，总投资7226万元（不含拆迁和配套工程建设费用），2009年9月底正式开工建设，2013年底全部竣工交付。

集资房代建：利用国家、省财政拨款和住房建设优惠政策，新建南山矿集资建房工程。该工程是马钢南山矿为改善矿山职工住房条件，拆除平房、危房，提高居住质量的利民工程，列入马鞍山市《关于2007年度危旧房改造项目追加计划的通知》，后经请示，依据《马鞍山市人民政府关于〈安徽省集资建房管理暂行办法〉有关问题的批复》相关规定，同意列为集资建房计划，2011年，列入工矿棚户区改造计划。由康泰公司实行项目总承包。该项目位于马鞍山市雨山区向山镇平南村、西山村、石山村，共拆迁安置732户。项目总建筑面积约13万平方米、1326户，总投资约1.4亿元，2007年6月开工建设，2015年6月全部竣工交付。

[物业管理]

裕泰物业公司于2005年7月，由物业分公司改制成为康泰公司全资子公司（三级法人），于2013年5月成为马鞍山市唯一一家取得国家一级物业管理资质的企业。

20世纪90年代中期，为适应国家房改政策落实和住宅管理制度改革的需要，马钢在新建的鹊桥小区推行物业管理试点。之后，随着马钢住房制度改革的逐步深化，马钢住宅管理逐步由行政福利型管理模式向经营型管理模式转变，马钢集团逐步对过去实施房产管理的住宅小区推行物业管理。1999—2001年，在马鞍山市政府的指导和大力推动下，先后对新工房、新风、王家山、山南、东岗、新岗、大冶安民等住宅小区实施了物业管理。从2002年起，继企业内部改革，房管和物管分离，组建了康泰物业分公司，对物业小区实施统一管理，同时承担着马钢住宅区域内的文明卫生城市创建等社会责任。2019年，裕泰物业公司管理的物业形态已由单纯的住宅小区拓展到公共楼宇、农贸市场、高校园区、医院等多种类型，物业市场也由本市拓展到池州市青阳县、芜湖市繁昌区等周边城市。

“三标一体化”管理：裕泰物业公司为夯实企业内部管理，规范服务行为，提高核心竞争力，于

2002 年引入《质量管理体系》（ISO 9001—2000），2005 年，引入《环境管理体系》（ISO 14001—2004），2010 年，引入《职业健康安全管理体系》（GB/T 28001—2001）。2011 年 8 月，由中质协质量保证中心组成的专家审核组，经过现场认证审核，形成审核报告，同意裕泰物业公司“三标一体化”管理体系整合有效并认证注册。2016 年 12 月 28 日，ISO 9001 完成 2015 标准换版升级。2017 年 3 月 24 日，“三标”体系经上海奥世管理体系认证有限公司专家审核组现场审核通过。

农贸市场管理：裕泰物业公司下辖天天农贸市场、新岗农贸市场、新风农贸市场 3 个农贸市场，主要负责维护市场秩序、环境卫生保洁及摊位费收取。

物业类型拓展代表项目：2017 年 3 月 24 日，中标安徽工业大学物业服务项目。该服务项目是裕泰物业公司签订的体量最大的高校园区服务项目。

2018 年 4 月 1 日，根据国家、安徽省、马鞍山市及马钢有关“三供一业”分离移交政策以及马钢集团与马鞍山市人民政府签署的《关于马钢集团公司职工家属区“三供一业”分离移交框架协议》相关要求，与马钢集团矿业公司、马鞍山市当涂县人民政府、马鞍山市住房和城乡建设委员会签订《马钢姑山矿家属区物业移交协议》后，正式入驻姑山矿姑山、钟山、龙山职工家属区实施物业服务。

2018 年 5 月 28 日，与马鞍山市立医疗集团姑山社区卫生服务中心签订了该中心物业服务协议。该服务项目是裕泰物业公司第一个医疗机构物业服务项目。

2018 年 7 月 17 日，通过竞标获得中国供销 · 华东农产品物流园物业服务项目，并与其管理公司——当涂县中合商业管理有限公司签订了服务协议。该服务项目是裕泰物业公司承接的第一个大型物流园物业服务项目。

2018 年 11 月 19 日，与马钢集团姑山矿、当涂县龙芜新型建材有限公司签订了当涂县太白镇新年路段道路保洁服务协议。该服务项目是裕泰物业公司第一个道路清扫服务项目。

[建安贸易及其他业务]

康诚建安公司于 2003 年 7 月由经营分公司改制成为康泰公司全资子公司（三级法人）。康诚建安公司紧紧围绕服务于房地产业这一主线，依托马钢内外部市场，以建安工程与物资贸易两大业务模块为主，同时开展电梯安装与维修、绿化园艺、白蚁防治、花卉租摆等综合经营业务。截至 2019 年，拥有建筑装修装饰工程专业承包二级资质、防水防腐保温工程专业承包二级资质、建筑工程施工总承包三级资质、市政公用工程施工总承包三级资质、古建筑工程专业承包三级资质、钢结构工程专业承包三级，施工劳务（不分等级），白蚁防治三级资质等多项资质。

建安工程：根据住房及配套设施设备维修保养等房（资）产管理需要，原马钢房产处于 2000 年开始开展马钢辖区内职工住房公共部位维修、固定资产维修、住宅区水表出户等工程业务，陆续取得装饰装修二级、建筑施工总承包三级、装饰装修设计施工一体化二级等资质，承揽工程包括园林景观、楼体加固、装饰装修、维修改造等业务类型。2013 年起，开展房屋建筑施工业务。2019 年，建安业务量由初期的 300 万元发展到 1.1 亿元。

物资贸易：主要为康泰公司房（资）产维修、住房开发建设及代建项目提供各类维修、建筑材料和售后服务，先后取得钢材、水泥、涂料、配电设备、电线电缆、橡胶轮胎等一系列品牌产品代理业务。2019 年，市场份额已拓展到马钢集团下属多个二级单位，年利润总额由 2001 年的 50 万元增长至 160 万元。

其他业务：

绿化园艺业务：始于 1999 年 4 月，2006 年 12 月，取得城市园林绿化企业三级资质。2019 年，业务市场分布在本市及马钢下属多家单位，业务内容包括园林绿化工程施工、花卉租摆及苗木销售等。

白蚁防治业务：始于 1993 年 2 月，业务内容包括白蚁预防与灭治，是马钢集团专业白蚁防治单位，具有安徽省防治白蚁单位三级资质证书。业务开展范围主要在马钢区域内，自 2009 年 12 月起，每两年负责对马钢下属各单位进行白蚁危害普查及科普宣传等具体工作。2012 年，取得金海岸名邸住宅建设的白蚁防治工程项目。

电梯安装与维修业务：始于 2008 年取得 B 级资质后，业务内容包括多种电梯的安装、维修，并于 2008 年 9 月成为马鞍山市特种设备行业协会的会员单位。

第二节　深圳市粤海马钢实业公司

［机构设置］

1992 年 11 月 25 日，马钢与深圳南山粤海实业公司共同出资设立深圳蛇口粤海马钢联合企业有限公司，注册资本 300 万元，其中：马钢出资 225 万元，占 75%股权，南山粤海公司出资 75 万元，占 25%股权。1997 年 9 月，公司名称变更为深圳市粤海马钢实业公司（简称粤海马公司），粤海马公司股东由马钢变更为马钢总公司。2002 年 9 月，股东由马钢总公司变更为马钢集团实业发展有限公司。2014 年 4 月，股东由马钢集团实业发展有限公司变更为马钢集团。粤海马公司的经营范围为国内商业、物资供销业，房屋租赁。

1992 年 11 月，粤海马公司成立后，隶属马钢集团管理部管理。2002 年 4 月，集团管理部撤销后，隶属马钢集团实业发展有限公司管理。2012 年 7 月，隶属马钢集团资本运营部管理。2014 年 4 月，隶属马钢集团资产经营管理公司管理。

［企业发展］

粤海马公司主要经营内容，一是自有房产的租赁，二是与马钢集团内部单位的贸易往来。截至 2019 年 9 月，粤海马公司资产总额 1246. 13 万元，负债总额 786. 34 万元，净资产 459. 79 万元。资产主要是南山区临海路半岛花园 28 套商品房，建筑面积共 2221. 80 平方米，账面价值 916. 58 万元。

2017 年 9 月，按照安徽省国资委清理整合非主业企业的工作要求，粤海马公司全面停止商贸业务，仅存续房屋租赁业务，人员关系划转至飞马智科信息技术股份有限公司下属深圳市粤鑫马信息科技有限公司。截至 2019 年 9 月，粤海马公司处于停业存续状态。

第三节　马钢宏飞电力能源有限公司

［概况］

马钢宏飞电力能源有限公司（简称马钢宏飞），注册地位于马鞍山慈湖高新区双创示范基地。主要经营范围包括售电业务、配电业务、综合能源供应业务、电力运维服务等。2019 年 9 月，在岗员工 11 人，另有马钢股份委派干部 2 人。

［历史沿革］

马钢宏飞成立于 2019 年 6 月 27 日，是马钢股份与安徽宏飞新能源科技有限公司、飞马智科信息技术股份有限公司共同投资的一家混合所有制企业，注册资本为 10000 万元人民币，其中，马钢方出资 5100 万元人民币，占注册资本的 51%；宏飞新能源方出资 4000 万元人民币，占注册资本的 40%；飞马智科方出资 900 万元人民币，占注册资本的 9%。马钢股份通过组建马钢宏飞，以合法合规的市场化交易方式，利用大用电客户集中为基础与发电企业谈判，获取优惠价格采购电量，为企业降低用电成本，增强主业市场竞争力，实现钢电联动。马钢宏飞的成立，顺应了国家电改政策趋势，参与了安徽省电力体制改革，丰富了马钢集团清洁低碳发展的企业形象。

截至 2019 年 9 月，马钢宏飞下设综合管理部、市场营销部、技术服务部、财务部 4 个职能部门。

[改革与管理]

售电业务。2019 年 7 月，组建工作团队，确定发电、用电企业电力市场交易业务为先期拓展业务，制定了依托马钢、立足全省、覆盖全国的市场营销策略。8 月，在安徽省内作为批发商，为电力用户和发电企业达成交易提供服务，拜访上百家大型工业企业及省内经济开发区。与 37 家电力用户商定 2020 年电量代理意向，意向代理电量累计 23.11 亿千瓦时，37 家客户分布在马鞍山、合肥、滁州、芜湖、宣城、六安等地。

内部管理。2019 年 6 月，搭建公司组织架构，组建经理层，设立职能部门。招聘 10 名专业技术人员，掌握电力系统基本技术、具备电能管理、节能管理、需求侧管理等能力，包含 1 名高级职称和 3 名中级职称的专业管理人员。7 月，正式开始售电业务，同时搭建电力市场技术支持系统需要的信息系统和客户服务平台。8 月，建章立制，制定了《马钢宏飞电力能源有限公司基本管理制度》《马钢宏飞电力能源有限公司风险防控方案》。

资质认证。2019 年 8 月，马钢宏飞已满足参与电力市场的各项准入条件，为参与电力交易，向安徽电力交易中心申请售电牌照，9 月 10 日，安徽电力交易中心发布《关于 2019 年第三批市场主体准入公示的通知》，确认马钢宏飞符合准入条件。通过电话、走访等方式，开展省内电力市场调研，明确以马钢大用户为基础，安徽省用电大户为拓展对象的营销模式。

第四节　马钢利民企业公司

[概况]

马钢利民企业公司（简称利民公司）是一家集协力劳务、建筑安装、生产贸易为一体的企业，位于马鞍山市雨山区湖南西路 1399 号，占地面积约 15.71 亩。

截至 2019 年 12 月，在职集体职工 1717 人，全民职工 30 人。

[历史沿革]

利民公司前身是马钢土地征迁办公室，后马钢公司将其更名为征迁安置办公室，主要承担安置马钢公司征用土地而形成的农民工。随着安置人员的增多，1984 年成立利民公司，与征迁安置办公室实行两块牌子一套班子的管理模式，经济上独立核算，自负盈亏。

2001 年 12 月 18 日，根据马钢集团和马钢股份关于对部门企业进行优化组合，将集体企业原矿山公司利民矿建队整体划归利民公司管理。

2001 年 12 月 28 日，根据马钢集团和马钢股份决定，与实业开发公司共同合资组建马钢钢渣综合利用开发公司。2003 年 12 月，按建筑系统改革改制工作要求，成立马钢利民建筑安装有限责任公司（简称建安公司），利民公司将下属建安系统 11 个分公司，归并给建安公司，初步形成了生产保产、建筑安装、劳务、商贸四大系统。

2009 年，成立马鞍山利民星火冶金渣科技环保有限公司。2010 年，为提高运行效率，利民公司机关与利民建安公司机关合并整合。

2012 年，马钢固废资源由马钢资源分公司集中管理，利民公司从 5 月 26 日起停止钢渣副产品的销售，将销售经营权交还马钢，开始向协力劳务单位转型发展。

2013 年，马钢协力劳务业务交由利民公司集中管理，利民公司成立马鞍山钢城利民劳动服务有限责任公司。

截至 2019 年 9 月，利民公司共设置 9 个机关科室，分别为综合办公室、财务科、党群工作部、人力资源科、技术质量科、市场经营科、安保科、建安项目管理部、内退办；18 家分、子公司，分别为建安第一分公司、金结分公司、钢结构加工厂、水电工程分公司、管道工程分公司、道桥工程分公司、铁路工程分公司、特机分公司、设备检修分公司、钢渣开发公司、回收有限公司、协力分公司、劳务一分公司、铁渣利用有限公司、劳动服务公司、星火公司、商贸有限公司、固废公司。

［主要技术经济指标］

1999—2004 年，实现劳务收入、建安工作量、钢材销售额及工业产值总计为 30.16 亿元，新增固定资产 2244 万元。

2005—2009 年，实现主营业务收入 34.79 亿元，其中，建安系统 12.13 亿元，劳务收入及钢材销售 22.66 亿元，新增固定资产 3994 万元。

2010—2014 年，实现主营业务收入 30.2 亿元，其中，建安系统 13.11 亿元，协力保产劳务系统 7.47 亿 元，商业贸易系统 9.62 亿元，新增固定资产 6046.69 万元。

2015—2019 年，实现主营业务收入 49.8 亿元，其中，建安施工产值 20.45 亿元，协力保产劳务 20.48 亿元，商业贸易 8.87 亿元，新增固定资产 12880.87 万元。

［技术进步与技术改造］

2009 年，利民公司新购 130 亩土地建设钢渣微粉产品项目，总投资近 2 亿元，主营钢渣深加工，高科技、多性能的渣处理工艺，总设计能力为年产微粉 140 万吨，由两条钢渣微粉生产线和一条矿渣微粉生产线组成。整个项目分两期，2009 年 11 月开工，2012 年 12 月 16 日全面建成投产，并一次性联动试车成功。承担马钢钢渣微粉生产和磁选加工生产等任务。

2017 年，马钢既有的固废处置生产线能力不能满足要求，尤其是二铁北区停产后，每年增加的炉灰及危废无法处理，利民公司按照《利民公司相关问题专题会议纪要》要求，利用马钢现有存量土地利民创业园，对原老化陈旧的固废处置生产线进行改扩建，于 7 月启动新型回转窑协同处置钢铁企业冶金尘泥项目，该项目总投资约 1.2 亿元，占地面积 4.3 万平方米，2019 年 5 月，正式投产。新建 4 米×60 米火法回转窑含锌尘泥综合利用生产线 1 条，设计年回收再利用含锌尘泥 30 万吨。

［改革发展与内部管理］

2002 年 1 月，根据马钢集团要求，利民公司接管原矿山工程公司利民矿建队，并改名为马钢利民建筑安装公司第四建筑工程分公司。同年，利民公司获得中国方圆标志认证委员会颁发的 ISO 9001：2000 质量管理体系认证和国际认证联盟（IQNET）标志认证双项证书。

2003 年 5 月，利民公司作为一个整体医保单位进入马钢医疗保险系统，完成职工医疗制度改革，解决了 4140 名在职职工、1080 名退休职工和 1783 名集体职工独生子女的就医问题。自 2005 年 7 月起，利民公司社会保障体系全部建立健全，医疗保险与市医保并轨，实现“五险一金”并轨。

2010 年，利民建安公司晋升国家建筑工程施工总承包一级企业资质。

2015 年，利民公司对基层单位统筹管理、强化监督，实行条块管理，划分为建安片、协力保产劳务片、产品开发与贸易片，外加公司机关目标管理。

2016 年，马钢集团实行劳务总包由利民公司承揽。同年，利民商贸公司积极向农产品和实体经济转型，锁定兰香型茶叶资源，在泾县大南坑设立茶叶产销基地，并在国家注册“占嶺蘭芽”牌商标。获安徽省十大品牌名茶和安徽省最具有竞争力品牌称号。2018 年，利民公司筹建了金蝶财务核算系统并于 2019 年 1 月正式上线运行，一方面通过财务统一核算平台进行实时穿透查询，有效监控各基层单位的经济运行；另一方面快速获得准确完整的财务会计数据，为利民公司的财务管理和经营决策提供信息支撑。

第五节　马钢集团建设有限责任公司

[概况]

马钢集团建设有限责任公司（简称建设公司）位于马鞍山市花山区佳山南麓，湖东路与雨山路交汇处，基地占地4万平方米，建筑物面积1.6万平方米。2010年，在册职工1364人。建设公司机关设置为“8部1室”，即企管审计部、人力资源部、计划财务部、党群工作部、市场经营部、工程管理部、资产管理部、海外事业部、办公室（董事会秘书室）。下设4个全资子公司、10个专业工程公司（厂）和3个区域分公司。

4个全资子公司：安徽天开路桥有限公司，基地位于市花山南路马濮路口；节能环保门窗工程有限责任公司，基地位于马鞍山市花山区佳山乡三窑村；马鞍山市精诚工程质量检测有限责任公司，基地位于市雨山区湖西南路八一大院内；马鞍山市湖西有限责任公司，基地位于马鞍山市花山区雨山中路马钢建设公司办公大院内。

10个专业工程公司：第一建筑工程公司，基地位于市雨山区红旗中路67号；第二建筑工程公司，基地位于市花山南路马濮路口安徽天开路桥有限公司院内；第三建筑工程公司，基地位于市花山南路马濮路口安徽天开路桥有限公司院内；第四建筑工程公司，基地位于市雨山区红旗中路67号；钢结构制作安装工程公司，基地位于市雨山区花园路。机电设备安装工程公司，基地位于市花山区湖东路与雨山路交汇处，马钢建设公司院内；物流公司，基地位于市雨山区天门大道南端958号；材料设备租赁公司，基地位于市花山南路马濮路口安徽天开路桥有限公司院内；物资供销公司，基地位于雨山区雨山路61号八三大院内；汽车修理厂，厂部及大修厂基地位于市花山南路马濮路口安徽天开路桥有限公司院内。小汽车修理厂基地位于市花山区红旗北路79号。

3个区域分公司：合肥分公司，基地位于安徽合肥市和平路1号合钢一厂区；上海分公司，基地位于上海嘉定工业区叶城路925号U314；铜陵分公司，基地位于安徽铜陵市铜芜公路开发区内。

[历史沿革]

建设公司前身为中国人民解放军基本建设工程兵（驻马鞍山）部队。1983年，遵照国务院、中央军委的命令，就地集体转业到马钢，改编为马钢建设公司。

2001年9月，根据马钢集团《关于马钢集团公司建设系统体制改革的决定》，经马钢两公司2001年9月21日第九次党政联席会研究，决定对马钢集团建设系统按专业化实行资产重组。撤销马钢集团第一建筑工程有限责任公司、马钢集团第二建筑工程有限责任公司、马钢集团机电设备安装工程有限责任公司、马钢集团建筑安装工程有限责任公司、马钢集团建筑装潢工程有限责任公司和马钢建筑业管理办公室，依法设立马钢集团建设有限责任公司、马钢集团建筑路桥有限责任公司（简称马钢建筑路桥公司）。马钢集团授权马钢建设公司管理马钢建筑路桥公司。马钢建设公司和马钢建筑路桥公司建立规范的法人治理结构，设立三总师（总经济师、总工程师、总会计师，三总师为公司高级管理人员）。建设公司机关设置三部一室一处一会。即经营部、工程管理部、财务部、办公室、政治处、工会；下设3个专业分公司和1个事业部（建筑安装分公司、机电设备安装分公司、钢结构制作安装分公司、设备租赁事业部），所属各专业分公司和马钢建筑路桥公司的管理机构按“三科一室”（经营科、工程管理科、财务科、办公室）设置。

2005年2月，经马钢两公司第一次党政联席会议研究，决定对马钢建设公司再次进行资产重组。根据马钢两公司《关于对建设公司进行资产重组的决定》的精神，撤销马钢建设公司机电设备安装分公司，由马钢股份将其成建制整体收购后组建马鞍山钢铁股份有限公司机电设备安装工程公司，作为马钢股份公司的二级单位。撤销马钢建设公司钢结构制作安装分公司，由马钢股份将其成建制整体收购后依法改制为马鞍山钢铁股份有限公司钢结构制作安装有限责任公司。按照钢结构工程专业承包一级企业资质标准规定的注册资本金要求，设置总股本、申报资质。注销马钢建筑路桥有限责任公司，马钢建设公司以马钢建筑路桥有限责任公司、建筑安装分公司、设备租赁分公司资源进行重组，马钢建设公司机关设置六部一处一会，即市场开发部、经营管理部、工程管理部、机动物资部、财务部、综合管理部、政治处、工会。下设 3 个分公司，即路桥分公司、建筑安装分公司、设备租赁分公司。将马钢建设公司环保防腐设备分公司、兴武工贸分公司、实业分公司 3 家三产实体成建制整体划拨到马钢集团实业公司，绿化工程分公司成建制划拨到马钢集团力生公司。马钢集团建设公司后勤物业所属职工住房及物业管理部分资产和人员，成建制划拨到马钢集团康泰置地发展有限责任公司。解除马钢集团授权马钢建设公司管理马鞍山马钢嘉华商品混凝土有限公司协议，马钢集团按照合资企业管理模式对马鞍山马钢嘉华商品混凝土有限公司进行管理。

2009 年，成立海外事业部。建设公司于 2008 年走出国门承建了埃塞俄比亚 Messebo（梅塞堡）日产 3000 吨水泥生产线工程，为满足这项工程的管理要求，以隶属于市场开发部的海外科为基础，成立海外事业部，主要是从事海外项目的对接、跟踪、承揽以及海外工程建设的管理工作。

2010 年 7 月，马钢集团按照辅业改制工作总体部署和安排，对建设公司实施产权制度多元化改制。改制工作基准日为 2010 年 6 月 30 日，进行了全员身份置换。9 月 26 日，新公司举行揭牌仪式，更名为马鞍山钢铁建设集团有限公司。

[主要技术装备与产品]

2010 年，建设公司主要技术装备有 242 台（套）。

地基处理等主要技术装备：直径为 2 米的复合式多功能冲击回转钻 2 台（GCPS-20），功率 90 千瓦的步履式多功能沉拔桩机 1 台（JZB90），液压高喷灌浆台车 1 台（GP1800-2 型），液压履带式三支点打桩架 1 台（DH558-110M-2M 型），柴油打桩锤 1 台（D80 型），功率为 165 马力的液力型履带式推土机 1 台（TY165A），惊天智能三角形型挖掘机液压破碎锤 1 台（GT80）。

机械化运输等主要技术装备：自重为 20 吨级的液压履带挖掘机 1 台（CAT320 型），现代液压挖掘机 1 台（60-5 型），12 吨自卸车 10 台，12 吨红岩自卸车 7 台，小松履带液压挖掘机 3 台（PC200LC-7 型），重庆红岩自卸车 6 台（CQ3240TF2G-121 型），上海交通自卸车 10 台（SH3240 型），功率为 220 马力的推土机 1 台（PD220），功率为 140 马力的推土机 1 台（PD140 型），最大起重能力为 50 吨的液压汽车起重机 1 台（NK500E 型）、1 台（NK500E-Ⅲ型），铲斗最大举升能力为 5 吨的装载机 2 台（ZL50C）、3 吨的装载机 2 台（ZL30C），1 台（XGL30 型），自重为 20 吨级的挖掘机 1 台（三一 SY200C 型），最大起重能力为 100 吨的履带式起重机 1 台（QUY100 型）、50 吨的履带式起重机 1 台（QUY50A 型）、1 台（QUY150A 型），最大起重能力为 80 吨的汽车起重机 1 台（NK800 型），伸缩臂 8 米、最大额定起重量为 8 吨的汽车式起重机 1 台（QY8M 型），加油车 1 台。

土建施工及辅业生产主要技术装备：混凝土搅拌机 1 台，10 吨和 125 吨龙门吊各 1 台，5—20 吨跨度为 24 米的龙门式起重机 1 台（20/5T×24M 型），数字全站仪 2 台（GTS-102N），直径为 300—1000 毫米、长为 4 米的自动变径滚焊机 1 台（直径 300—1000×4M），直径为 1000—2400 毫米、长为 4 米的手动变径滚焊机 1 台（ϕ1000—2400×4M 型），高 28 米、吊篮提升高度 23 米、最大起重量为 1 吨的门式起重机 3 台（SMZ100B 型），举升能力为 3.2 吨的专用双柱龙门式汽车举升机 1 台（XG3.2A）、龙门式举升机 1 台（XG3.3A）、龙门式举升机 1 台（XG3.4A），每小时生产能力为 70 立方米的混凝土搅拌站 1 套（M70），每台每次只能生产 0.5 米立方米的混凝土搅拌机 2 台（JS500×2），举升能力为 3 吨的双柱汽车举升机 2 台（YSJ3 型），举升能力为 5 吨的四柱汽车举升机 1 台（YSJ5 型）。

2010年，建设公司主要产品（主要经营、服务项目）。

汽车修理厂：建设公司汽车修理厂为一类大型汽车修理厂，于2009年3月由原汽车大修厂和原小汽车修理厂专业整合组成。总厂位于市花山南路马濮路口安徽天开路桥有限公司院内，拥有各类厂房3500平方米，保产车辆6台。分厂位于市花山区红旗北路79号，厂房面积1080平方米。汽车修理厂资质：总厂为一类综合汽车修理厂，拥有250吨移动吊车、客车、货车、工程机械的维修资质，并拥有马鞍山市唯一的危险品运输车辆维修资质。专修各种型号工程机械、吊车、叉车、装载机、危险品车辆、大中型客车及货车等。分厂为二类维修资质，精修国内外各种类型轿车、小货车，为马鞍山市公务用车定点维修单位、人保合作单位，有海马汽车马鞍山服务店、一汽大众特约售后服务站、金龙客车特约维修站，并与合肥润安汽车维修服务公司携手合作，设立压缩天然气汽车改装服务站。汽车修理厂被评为安徽省道路运输系统先进单位、文明单位，市维修行业“重质量、讲信誉”先进单位，市运管处先进集体、机动车维修企业质量信誉AAA级企业。

节能环保门窗工程有限责任公司：建设公司节能环保门窗工程有限责任公司成立于1996年，公司地址位于马鞍山市花山区佳山乡三窑村（原马钢材料厂库）处，占地面积2万多平方米，为马鞍山市门窗行业龙头企业。获国家技术监督局颁发的塑钢窗、铝合金窗生产许可证，安徽省首家获ISO 9001—2000、ISO 14001—2004、GB/T 28001—2001国家体系认证标准，为马鞍山装饰协会副会长单位，是马鞍山市唯一拥有检验室和销售服务中心的金属门窗专业生产厂家。拥有塑钢生产线五条，彩铝生产线四条，中空玻璃生产线三条，门窗年生产量达20余万平方米，子公司年生产量达10余万平方米。主要产品有：彩铝、塑钢材质的整板、拼板、半玻、全玻的推拉门及单开、双开的平开门、带纱或不带纱的推拉窗、平开门、上悬及中悬窗、百叶窗、地弹簧门，工业提升门、变压器门、防火门、电动卷帘门、复合型卷帘门，并能制作室内各种隔断，户外采光顶、阳光房等玻璃工程。实行设计、生产、安装一条龙服务。

建设公司材料设备租赁公司：地址位于安徽省马鞍山市花山区马濮路口安徽天开路桥公司大院内，主要从事钢管脚手架及建筑设备的租赁业务。常年经营工程建筑（0.7—6米）定尺寸钢管脚手架以及多品种扣件出租，是一家集钢管出租、扣件出租、塔吊出租为一体的专业化租赁公司。

马鞍山市精诚工程质量检测有限责任公司：是建设公司下属的全资子公司，是由原马钢第一建筑公司、马钢第二建筑公司、马钢民建公司、马钢矿山工程公司、马钢机电设备安装工程公司5家实验室合并重组而成的法人单位。地址位于马鞍山市湖西南路八一大院内，拥有各类检测仪器设备100余台套，固定资产200余万元。具有安徽省质量技术监督局颁发的CMA计量认证资质，安徽省住建厅颁发的建设工程质量检测资质，业务范围包括建设工程材料见证取样检测、主体结构检测、钢结构检测，现已获资质批准的检测能力达73个检测参数。

物流公司：位于市雨山区天门大道南端958号，主要从事各类货物运输，特大件运输，大型仓储配送和吊装设备租赁服务。拥有20—60吨平板汽车28台，20—40吨半挂汽车38台，180—300吨全液压平板车，8—350吨汽车吊18台，50—600吨履带吊多台，能够承接单件为20—300吨重的大型设备和钢构件运输任务，同时拥有近8000平方米的仓储配送基地。

马鞍山市湖西有限责任公司：成立于1995年，是建设公司全资子公司。公司注册资本金200万元，由马钢建设公司全额出资。地址位于马鞍山市花山区雨山中路马钢建设公司办公大院内，公司经营范围为汽车、板车、货物装卸，土石方工程，建筑工程、劳动服务，经济信息服务（不含中介）。至2010年，已为省内外近千项工程成功提供了劳务承包服务。

[主要技术经济指标]

2001—2005年，建设公司共完成建安产值35.37亿元。其中，2001年，完成建安产值2.89亿元，上缴管理费 350 万元。2005 年，完成施工产值 11.09 亿元（年施工主业产值突破 9 亿元，辅业营业收入突破 2000 万元）。

2006—2010 年，建设公司共完成施工产值 52.64 亿元。其中，2006—2009 年，实现利润 550 万元。2010 年，全年未经审计毛利率 1000 万元。

[技术创新]

2001—2005 年，承建的马钢光明新村 H 型钢高层住宅楼工程，获 2004 年安徽省科技示范工程。该工程为当年度建设部高层建筑试点项目，全国首栋 H 型钢高层住宅楼，采用的新技术、新工艺为 H 型钢结构代替了框架混凝土结构，墙体材料选用 ALC 蒸汽加压泡沫混凝土墙板新工艺，楼板钢筋选用成品钢筋焊网代替了传统式的钢筋绑扎，工程优点属于绿色建筑且墙体保温隔热性能好。墙体采用的新工艺比常规钢筋混凝土施工的墙体要薄很多，大大提高住户的使用面积，钢结构安装为三层一单元吊装，施工进度快。建设公司获 2005 年全国工程建设科技创新示范单位。

2006—2010 年，建设公司确立的“轧辊磨床基础惯性快免拆模板施工技术”“池体施工压剪筒型抗浮锚杆施工技术”“土钉墙支护施工技术”“超深、大直径地下筒体结构‘两壁合一’逆作法施工技术”和“地下室超长混凝土结构后浇式加强带施工技术”5 项施工技术成果通过了市科技局专家组鉴定，确认具有一定的创新性，提高了施工工效，确保了工程实物质量。其中，“轧辊磨床基础惯性快免拆模板施工技术”主要创新点在于解决了马钢“十一五”规划的重点项目——马钢新区 500 万吨钢工程中的四钢扎总厂磨辊车间 7 个由意大利设计的磨床设备基础施工难题。其惯性快顶升一次成功，设备安装后运转正常，对磨床基础及其他工作面狭小的混凝土施工具有广泛的推广价值，同时节约成本 4 万余元，提前 10 天完成了工期。

[改革发展与内部管理]

改革发展：2001—2005 年，完成了 2001 年 9 月重组整合后，以冶炼工程施工总承包一级资质为主项的 18 项施工资质（包括路桥公司 7 项资质）就位工作。工业项目营业额被列为 2004 年全国 10 强企业第八位。2005 年，企业年名列安徽省建筑企业 50 强第 9 位。

内外埠市场开拓：2001—2005 年，在承揽内部工程的同时，走出马钢闯市场，先后承揽了重庆市万洲巨龙宝河综合整治、福建省泉州市中外合资三安钢铁公司综合机械化料场省外工程。2005 年，突破了安徽省外（上海区域）建筑市场壁垒，承揽该区域工程任务 2 亿元。

建设公司于 2006 年获境外工程项目施工承包资格，名列中国首届建筑业 500 强第 76 位、中国建筑创新百强排名榜第 65 位、全国建筑机械设备租赁企业综合实力 50 强第 5 位。

2006—2010 年，外部市场份额逐步提高。2008 年，承揽外部工程达 80%，马钢内部工程占比 20%。同时实现了境外工程零的突破，承建了埃塞俄比亚 Messebo（梅赛堡）日产 3000 吨水泥生产线工程。

工程质量安全管理：2001—2005 年，以重组整合为契机，以在建工程为抓手，将质量安全过程管理作为抢占市场、提升企业信誉度、打造企业品牌的重点工作来抓，同时加强施工现场质量员、安全员、施工员、技术员的业务管理培训工作。2001 年，总承包建设的马钢年产 60 万吨 H 型钢厂工程获国家优质工程“鲁班奖”，承建的马鞍山市朱家岗 B 楼工程获“冶金工业优质工程”奖。2004 年，承建的马钢热轧薄板坯连铸连轧工程、第一炼钢厂 2 号转炉工程获安徽省建设工程（优质工程）“黄山杯”奖和马鞍山市建设工程（优质工程）“翠螺杯”奖。2005 年，承建的马钢第一钢轧总厂转炉二期工程获全国“冶金行业优质工程”奖，承建的马钢钢城花园二组团小区住宅楼工程获马鞍山市（优质工程）“翠螺杯”奖，承建的马钢花园大型超市工程获“冶金行业优质工程”奖，承建的马钢钢城花园三组团小区住宅楼工程获“全国安全文明工地”称号，承建的马钢钢城花园七组团小区住宅楼工程获“全国建筑安全文明工地之最”称号。

2006—2010 年，承建的中船长兴造船基地 3 号室内船台厂房工程获 2006 年上海市金属结构建设工程（市优质工程）“金钢奖”特等奖。承建的马钢花园居住区七组团 2 号楼工程获 2007 年安徽省建设工程（优质工程）“黄山杯”奖。承建的马钢“十一五”技术改造结构调整高炉与烧结系统工程获安徽省建设工程（优质工程）“黄山杯”奖。承建的马钢“十一五”技术改造结构调整 2250 毫米热轧带钢工程获 2008 年安徽省建设工程（优质工程）“黄山杯”奖。承建的南通联合重工科技有限公司 900 吨栈桥工程获 2009 年上海市金属结构建设工程（市优质工程）“金钢奖”特等奖。承建的马钢技师学院实训楼工程获安徽省“安全质量标准化示范工地”。承建的首钢（京唐）一期项目 2250 毫米热轧工程获 2010 年全国“冶金行业优质工程”奖。承建的首钢（京唐）一期项目 2250 毫米热轧工程钢卷库钢结构工程获中国“钢结构金奖”。承建的首钢（京唐）一期项目 1580 毫米热轧工程获全国“冶金行业优质工程”奖。

综合管理：2001—2005 年，结合当年重组整合实际，梳理了 54 项在建工程的管理归属问题，重点抓管理盲区和薄弱环节，推进全面质量管理，组织开展施工组织设计、施工方案评审、专题技术讲座、QC 成果撰写、企业级工法撰写、职工转岗专业业务培训，提升了企业的综合管理水平。2002 年，获全国“工程建设重质量、讲信誉优秀施工设计示范单位”；2003 年，获全国“工程建设质量管理优秀企业”、全国“质量服务诚信示范单位”、中国“工程建设施工质量、安全保障、社会声誉三优示范单位”、全国“工程建设质量管理优秀企业”奖；2004 年，被国际认证联盟授予管理优秀奖；2005 年，被评为全国工程建设“重质量、讲信誉优秀施工示范单位”；2009 年，被评为全国“建筑行业 AAA 级信用企业”。

2010 年 9 月，完成产权制度多元化改制，马钢集团持有初始股权 16.72%，建设公司经营管理层、技术业务骨干、普通职工多方共同持股 83.28%。

第六节　马钢嘉华混凝土公司

［概况］

中外合资马鞍山马钢嘉华混凝土公司（简称嘉华混凝土）是由马钢集团和香港嘉华建材集团利达投资有限公司共同投资成立的一家专门从事商品混凝土生产并提供配套的售后服务和咨询的专业化生产企业。

经营范围：水泥制品制造、建筑材料批发、道路货物运输、煤炭洗选、非金属矿物制品制造、非金属废料和碎屑加工处理、金属矿石批发、房屋租赁、机械设备租赁、密封用填料制造、砼结构构件制造、建筑废弃物再生技术研发，技术服务、技术开发、技术咨询、技术交流、技术转让、技术推广，信息技术咨询服务，国内贸易代理。

截至 2019 年底，嘉华混凝土共有员工 152 人。

［历史沿革］

2001 年 9 月 25 日，马钢集团所属各建筑单位混凝土搅拌站合并成一家搅拌站，隶属于新整合后的马钢建设公司建筑安装分公司。

2002 年 2 月 28 日，成立马钢建设公司商品混凝土分公司。机构设置为综合办公室、机动物资科、生产经营科、财务科；第一搅拌站、第二搅拌站、综合队、车队。

2003 年 6 月 18 日，成立中外合资马鞍山马钢嘉华商品混凝土有限公司。机构设置为行政人事部、营销采购部、生产安环部、技术质量部、财务部；第一混凝土搅拌站、租二站。

［技术装备和产品］

为有效提高设备运行效率，缩短单方混凝土生产的时间，作为安徽省 20 强企业、本地区头部企业，嘉华混凝土先后进行了设备工控系统和控制系统的改造。同时，为适应市场结构的新变化，强化企业品牌建设，提升市场竞争力，经公司董事会研究，于2019年12月购置了一台臂长为67米的汽车混凝土输送泵车，进一步扩大企业在混凝土行业影响力，为后续抢占工建项目市场份额起到了作用。

主要技术装备：

罐车、37M泵车、50M泵车、52M泵车、67M泵车、2方机搅拌站、3方机搅拌站、零排放回收系统等。

主要产品：

生产、销售各类型号的商品混凝土，并提供配套的运输和售后服务及技术咨询，砂石销售，普通货物运输，车辆清洗设备的制造与销售，湿拌砂浆和灌浆料的生产与销售。

[主要技术经济指标]

2001—2019年，累计生产销售商品混凝土992.41万立方米，实现销售收入21.81亿元，税前利润1.40亿元，上交税金2.46亿元。其中：

2001—2005年，生产销售商品混凝土133.46万立方米，实现销售收入2.92亿元，税前利润2185.74万元；上交税金2942.73万元。

2006—2010年，生产销售商品混凝土286.08万立方米，实现销售收入8.65亿万元，税前利润5138.98万元；上交税金7323.94万元。

2011—2015年，生产销售商品混凝土380.5万立方米，实现销售收入1.17亿元，税前利润4577.09万元；上交税金9089.23万元。

2016—2019年，生产销售商品混凝土192.37万立方米，实现销售收入9.05亿元，税前利润2139.87万元，上交税金5274.69万元。

[技术进步和技术改造]

随着国家固废法的实施，嘉华混凝土原有的废弃混凝土回收设备老旧，无法达到分离砂石和环保的要求，马鞍山分公司和铜陵分公司于2019年先后更换新式回收设备，计划资金分别是109.6万元、90万元。

新式废弃混凝土回收设备规格型号：WST-900。购置成本75万元，该设备为第三代工作设备，通过矿石筛分离石子、螺旋装置进行粗砂分离、旋风分离器进行细砂颗粒分离，最终实现浆水可以输送至搅拌楼直接使用，不需要压滤设备或沉淀池，将废弃混凝土中砂、石、浆水100%全部应用于混凝土生产中，从而实现零污染、零排放，符合现有环保要求、运行成本低。

2018年，针对各分公司环保方面存在的实际问题，嘉华混凝土多次对马鞍山、铜陵两家混凝土主业分公司进行过环保升级。作为当地同行业中的头部企业率先实现了污染物零排放，得到了政府相关部门的高度评价，并视为样板工程组织其他企业观摩学习。

2019年，嘉华混凝土在环境风险和质量风险受控的情况下，坚持“市场导向和效益最大化”“质量、环保双受控”的原则，成功地将马钢矿业内部的兄弟企业选矿尾砂石和马钢股份公司的风淬渣等冶金固废运用在混凝土生产中，同时风淬渣深加工等固废运用研发工作也正持续地按计划进行，为下一步融入宝钢资源后板块的协同与发展奠定了良好的基础。

第七节　马鞍山钢晨实业有限公司

[概况]

马鞍山钢晨实业有限公司（简称钢晨实业）位于马鞍山经济技术开发区天门大道南段2888号。钢晨实业主营钢材贸易、冶金原辅料贸易、工业润滑油贸易、报纸印刷、物流运输、仓储、新型工业气体、废旧资源回收管理等业务，是以多产业为一体的金属冶金行业综合服务商。

2019 年，钢晨实业下设 4 个职能部门，即综合管理部、运营部、财务部、人力资源部，实行集团管控模式；拥有 3 家分公司，即钢材分公司、润滑油分公司、报业印务分公司；5 家子公司，即马鞍山钢晨钢铁物流园有限公司、马鞍山神马冶金有限责任公司、马钢集团绿能技术开发有限公司、马鞍山钢晨氢业有限公司、铜陵远大石灰石矿业有限公司。

截至 2019 年底，共有员工 288 人。

[历史沿革]

2012 年 3 月，根据马鞍山人民政府批准，改制成立。2012 年 4 月 28 日，钢晨实业完成工商登记变更，由马钢集团实业发展有限责任公司更名为马鞍山钢晨实业有限公司，注册资本 6000 万元，其中马钢集团持股 23.4%，员工持股 76.6%。2012 年 6 月，马钢集团实业发展有限责任公司报业印务分公司更名为马鞍山钢晨实业有限公司报业印务分公司。2012 年 7 月，马钢集团实业发展有限责任公司润滑油分公司更名为马鞍山钢晨实业有限公司润滑油分公司。

2013 年 11 月 14 日，根据《马鞍山市生产性服务业重点产业集聚区发展规划纲要》（“一基地四园区”规划），建设钢铁物流园项目，成立马鞍山钢晨钢铁物流园有限公司。2013 年 12 月 24 日，成立马鞍山钢晨氢业有限公司。

2014 年 5 月 26 日，成立马鞍山钢晨实业有限公司钢材分公司。

2015 年 9 月，马鞍山钢晨实业有限公司物流分公司注销。

2016 年 7 月，马钢集团公司持有的钢晨实业股权划转入马钢集团物流有限公司。

2017 年 2 月，马鞍山钢晨实业有限公司南京钢材经营分公司注销。

2017 年 12 月，马钢集团实业发展有限责任公司环保防腐分公司注销。

2019 年 6 月，马鞍山钢晨实业有限公司当涂新桥钢材分公司注销。

[改革与管理]

运营管理：改制后，对钢晨实业经营模式进行调整，下发了《马鞍山钢晨实业有限公司管理职权划分细则》《钢晨实业合同管理办法》等制度，基础管理体系基本成形。同时在体制机制方面进行创新，试行阿米巴经营模式，实行分、子公司经理任期经济责任制。整合管理机构，完成两化融合贯标、安全、工程、权证、战略澄清、市场开发、现代企业管理模式标准化推进等日常管理工作；利用信息化再造工作流程，上线了企业资源计划、宝盈通、享运 3.0 等信息化系统，从粗放型管理模式走向精确管理、及时管理。

财务管理：组织开展融资工作，努力拓宽融资渠道，在维持原有授信额度的基础上，新增了保理公司、农商行、徽行等融资渠道。建立健全资金运行评价体系，强化资金收付内部控制、资金风险防控，建立公司内部审计制度。

人力资源管理：梳理、明确了所有组织及岗位的职责，引进专业人才，启动人才晋升的四个通道。制定并完善薪酬福利及绩效考核制度，同时为员工制定了新的企业年金和住房公积金方案并正式实施。

[主要技术经济指标]

2012—2019 年，钢晨实业累计实现销售收入 185 亿元、钢材销量 454 万吨、铁矿石销量 232 万吨，报纸印刷共计 51264 万对开张，润滑油销量 1207 万升，丙烷充装 53 万瓶，新气体充装 127 万瓶，石料产销 786 万吨。2015—2019 年，共计仓储 807 万吨，2014—2019 年，氢气充装共计 1162 万立方米。

第八节　马鞍山力生生态集团有限公司

[概况]

马鞍山力生生态集团有限公司（简称力生公司），2019 年，注册资本 1.24 亿元，在职正式员工

857 人，主要承担马钢职工工作餐、洗浴、防暑降温物品供应、环卫保洁、厂容绿化、旅游接待、园林工程、暖通工程等职能（原托管的马钢幼教中心及十三所幼儿园已于 2018 年 12 月移交地方管理）。在做好马钢食堂后勤服务工作的同时，也为社会提供公共餐饮服务，承接了政府机关、学校、医院、金融机构、部队食堂的供餐保障工作。2019 年，实现服务经营收入 4.40 亿元，其中主体服务收入 2.09 亿元，实体经营收入 2.31 亿元。

［历史沿革］

2001 年 6 月 6 日，力生公司下属餐饮公司与机关行政科分立。分立后的机关行政科纳入行政科序列统一管理，餐饮公司归入经济实体序列管理。8 月 6 日，力生公司将园林路桥公司环卫系统成建制划入花木公司，对外称花木公司，对内称绿化环卫队。将修建工程公司制冷维修中心成建制划出，组建马钢力生公司制冷维修中心。8 月 13 日，力生公司将园林路桥工程公司与修建工程公司实行合并，合并后实行两块牌子、一套班子（园林路桥工程公司、修建工程公司）的管理体制。新组建马钢力生公司旅游开发部，列入经济实体序列管理。

2002 年 2 月 27 日，力生公司董事会决定撤销项目开发部、餐饮公司、党校行政科三个科级机构，组建力生公司实业开发公司，统一管理小汽车修理厂、同达汽车修理厂、湖西餐厅等一批小实体。决定将楚江假日旅行社改制为马钢集团楚江旅游有限公司，将园林路桥（修建工程）公司改制为马钢集团力生建筑安装工程有限责任公司（3 月 18 日，力生公司召开成立大会）。为加强对子公司的监管，公司成立联合监督小组，承担对改制后所属法人单位的监管职能。10 月 30 日，根据马钢集团关于原机运公司机械队分流方案，原机运公司 11 台车辆设备和 39 名职工分流进入建设公司，15 台车辆移交利民公司。

2003 年 12 月 15 日，力生公司召开生活服务分公司、厂容绿化工程分公司成立大会。

2005 年 4 月 26 日，力生公司董事会讨论有关桂林疗养院出让事宜，决定将马钢桂林疗养院出让给柳钢。

2006 年 3 月 27 日，力生公司对部分机构进行整合，撤销一能源总厂行政科，并入车轮公司行政科管理；撤销一烧结厂行政科，并入一铁总厂行政科管理；撤销劳资培训部，成立人力资源部，政治处部分职能并入人力资源部。4 月 29 日，成立力生公司旅游与酒店业管理协会。6 月 5 日，力生公司对厂容绿化分公司和绿化工程分公司进行整合。

2010 年 3 月 4 日，力生公司调整机关管理职能、变更部分机构名称。调整内容主要有：机关增设安全环境保卫部（简称安保部），其管理职能从相应部门划入；将综合管理部变更为办公室，市场经营部变更为企业管理部，设备保障部变更为机动部，幼儿保教协会变更为幼儿教育管理中心（简称幼教中心）；现由生活服务分公司、绿化环卫分公司分别代表公司行使检查与考核的职能集中调整至企业管理部；设立马钢办公楼服务中心，为副科级机构，暂挂靠生活服务分公司管理。

2011 年 10 月 25 日，马钢集团召开经理办公会议，研究部署力生公司、实业公司、嘉华混凝土公司三家单位改制工作。12 月 10 日，力生公司召开四届二次职代会，审议《改制方案》、审议通过《职工劳动关系调整和安置方案》，与会全体职工代表通过无记名投票，表决通过《职工劳动关系调整和安置方案》，参与改制职工 1459 人，标志着力生公司从国有独资公司成功改制为产权多元化公司。

2012 年 3 月 9 日，力生公司改制方案获得马鞍山市政府批复通过。10 月 18 日，马鞍山力生集团有限公司正式挂牌成立。

2013 年 2 月 1 日，马钢集团党委、市委组织部联合在马钢宾馆东二楼会议室举行力生公司、钢晨实业公司党群关系移交仪式，公司党群关系按照属地管理原则正式划入雨山区委管理。

2016 年 7 月 14 日，力生公司开展行政科区域整合，撤销一铁总厂行政科、二铁总厂行政科、一钢轧总厂行政科、二钢轧总厂行政科、三钢轧总厂行政科、车轮一能源总厂行政科、彩涂板厂行政科、新区行政科、煤焦化热电行政科、机关行政科，成立第一、第二、第三、第四、第五后勤服务区。因经营需要，马鞍山力生集团有限公司更名为马鞍山力生生态集团有限公司。

2019年，力生公司设置8个职能部室，分别为办公室、党群工作部、企业管理部、品牌质量部、人力资源部、财务部、机动部、安全环境保卫部；17个基层单位，其中主要从事主体服务的单位9个，包括生活服务分公司及5个后勤服务区、绿化环卫分公司、食品饮料厂、采供中心，实体经营单位8个，包括园林建设公司、暖通技术工程公司、餐饮管理公司、马钢宾馆、饭店、黄山太白山庄、盆山度假村、楚江旅游公司。

[服务经营]

(1) 工作餐。

2005年4月18日，三钢轧总厂行政科（三钢、高线、H型钢厂4个食堂）开始工作餐供应。4月26日，二铁总厂行政科（四铁、三烧）开始工作餐供应。4月28日，一铁总厂（一铁、二铁、二烧）开始工作餐供应。5月1日，二钢轧总厂（二钢、二轧）、一烧行政科开始工作餐供应。5月31日，港务原料厂开始工作餐供应。6月20日，彩涂板厂开始工作餐供应。8月8日，热电总厂行政科开始工作餐供应。8月27日，球团厂开始工作餐供应。

2006年2月21日，马钢两公司决定从2006年1月起在公司范围内全面实行工作餐。3月15日，马钢食堂联网就餐在二机制食堂试运行成功，6月28日，新区热电中心食堂正式投入使用，8月29日，新区三铁中心食堂正式投入使用。

2007年5月25日，力生公司正式接收四钢轧中心食堂，7月10日，高线棒材食堂正式投入使用。

2009年6月1日，正式启用办公楼职工餐厅。2010年6月29日，新区热电食堂历经4个月易地重建并正式启用；11月18日，一铁总厂行政科硅钢食堂开业运营；11月29日，一铁总厂行政科铁运食堂开业运营。

2013年7月8日，矿业公司食堂营业。11月，耐火食堂内部改造工作全部完工，投入正常运行。12月，电炉厂两座食堂及综合楼整体划拨车轮一能源行政科管理。

2018年3月1日，马钢合肥板材有限公司食堂正式营业。5月，马钢轨道交通食堂开业。

(2) 托管食堂。

2010年7月12日，力生公司对分别由一钢轧总厂、机关行政科和生活服务分公司托管的市红星中学、市中心医院、姑山矿、人民银行等四个食堂集中由生活服务分公司统一管理。

2012年1月29日，力生公司托管的马鞍山市地税食堂正式营业。

2014年2月17日，安徽工业大学食堂正式开业运营，安工大食堂是力生公司拓展社会公共餐饮市场第一家单位。

2015年2月，力生公司托管花山区政府机关食堂。7月，力生公司中标马鞍山第二中学食堂经营管理。11月，力生公司与马鞍山十七冶医院正式签署食堂托管协议。

2016年3月，力生公司托管的马鞍山农商行培训中心餐厅、中国十七冶集团有限公司机关食堂正式供餐。5月，托管中冶华天职工食堂正式开业。6月，托管的马鞍山十七冶医院食堂正式开业。

2017年5月，力生公司中标人民医院食堂餐饮经营服务项目，这是继托管马鞍山市中心医院、十七冶医院后，力生公司托管的马鞍山市又一家三级甲等综合性医院。2018年9月，市郑蒲港保税局食堂开业。12月，市供销社、民生银行食堂开业。

(3) 饮品。

2003年4月25日，在盆山度假村举行茶叶供货会，这是力生公司第一次通过招标形式采购茶叶，以茶叶超市形式向马钢供应防暑降温茶叶。

2007 年 7 月 25 日，食品饮料厂果汁生产线试生产成功。9 月 24 日，食品饮料厂瓶装纯净水生产线投入生产，填补了马鞍山没有小瓶装纯净水生产线的空白。

2010 年 3 月 1 日，马钢办公楼咖啡厅正式开业。

2012 年 2 月，食品饮料厂 QC 小组（延长制冰搅拌电机的使用寿命）获 2011 年度安徽省冶金行业优秀质量管理小组及成果奖二等奖。

2014 年 9 月 29 日，马钢集团能环部召开职工食堂增设净水装置验收会，标志着马钢股份 16 家食堂装置净水设备工程全部完成。

（4）园林绿化。

2006 年 9 月 30 日，马钢力生花卉超市开业。

2010 年 4 月 14 日，经安徽省建设厅核准，力生公司风景园林工程设计专项资质由丙级升为乙级。

2013 年 3 月，力生公司与马鞍山郑蒲港新区现代产业园区管委会正式签订《马鞍山郑蒲港新区道路绿化长廊建设协议书》。

2014 年 4 月，园林绿化工程建设有限公司中标马鞍山圳秀国际都会金湖湾一期园建工程，总金额 1000 余万元，工期 6 个月，是力生公司近年来承接的最大单项工程。

2016 年 3 月，园林绿化工程公司中标和县林业局绿色长廊苗木栽培工程，中标价 1572 万元，创力生公司单项工程中标金额历史最高。

2017 年 4 月，力生公司成功竞得慈湖高新区道路清扫保洁市场化服务东部标段，服务期限为两年，服务费用近 700 万元。

（5）宾馆、酒店。

2001 年 10 月 18 日，力生公司与上海东部集团马鞍山房屋开发公司合作经营的国际花园大酒店（原新世纪大酒店）开业。

2003 年 2 月 18 日，马钢南京大酒店试营业。2014 年 12 月，南京大酒店实物资产正式移交马钢集团资产经营公司。

2007 年 9 月 16 日，马钢饭店“御食王”加盟店正式开业。12 月 12 日，马钢宾馆三星级酒店正式挂牌，这是继宝龙、海兴大酒店后，马鞍山市第三家三星级酒店。

2011 年 4 月 19 日，马钢饭店与马鞍山餐饮民营企业——宝庆美食园正式签订合作经营协议。

2012 年 6 月 12 日，马钢宾馆改造维修工程正式启动，维修改造计划投资 550 万元，改造项目涉及配电房、中央空调、室内装修等。

2013 年 5 月，楚江国旅、马钢宾馆分别获安徽省四星“诚信旅行社”、安徽省 4A“诚信酒店”称号。

2016 年 9 月，力生公司中标马鞍山市机关事务管理局市政公园酒店等食堂餐饮服务项目，该项目为力生公司近年来食堂投标最大项目。2017 年 4 月，力生公司托管的首家社会餐饮酒店——市政公园酒店正式经营。

（6）黄山疗养院（黄山太白山庄）。

2008 年 4 月 16 日，马钢黄山太白山庄装修改造项目正式开工建设。2009 年 10 月 25 日，黄山太白山庄装修改造竣工正式运营。

2011 年 2 月 23 日，黄山疗养院 1 号客房楼改造工程正式开工。黄山疗养院 1 号客房楼由马钢集团投资 560 万元，进行客房内部装修、更新家具电器、增设电梯等改造。

2012 年 9 月 1 日，黄山疗养院与艺龙网签订网上订房业务。

2014年5月16日，安徽省摄影家协会会员之家授牌仪式在黄山太白山庄举行。力生公司与安徽省摄影家协会签署合作协议，马钢疗养院（黄山太白山庄）正式成为安徽省摄影家协会会员之家基地。

（7）盆山度假村。

2002年9月29日，高尔夫球场暨保龄球馆在盆山度假村开业。2006年10月18日，马钢拓展训练基地开营仪式在盆山度假村举行。

2007年1月19日，盆山度假村通过国家3A景点验收。

2009年9月9日，马鞍山市人防办和力生公司达成协议，决定在盆山度假村建立疏散基地。2010年4月1日，盆山度假村取消入园门票，部分游乐项目价格同时下调。

2013年7月，盆山度假村开展生猪养殖。2014年1月，盆山度假村开展生态肉牛试养。

（8）旅游服务。

2001年12月29日，力生公司托管马鞍山中国国际旅行社签字仪式在盆山度假村天鹅山庄北苑会议室举行。2006年3月，力生公司托管马鞍山中国国际旅行社协议提前终止。

2007年5月12日，楚江假日国际旅游有限公司票务中心正式营业。

[改革管理]

2008年3月，在省政府、省发改委、省烹饪协会共同主办的第四届中国国际徽商大会·餐饮峰会上，力生公司获安徽省十大诚信餐饮企业荣誉称号。2012年7月，力生公司正式在中心食堂推行食品安全管理体系认证（HACCP）工作。

2013年5月31日，力生公司食堂餐饮服务获得《食品安全管理体系ISO 22000认证证书》和《质量管理体系ISO 9001认证证书》。10月9日，力生公司通过国家安全标准化三级企业达标考评。2014年2月，力生公司《食品安全管理体系ISO 22000》和《质量管理体系ISO 9001》认证通过复审。

2014年5月28日，力生公司与马鞍山市技师学院签署校企合作协议，委托其在2014年应届、历届初中毕业生中招收烹饪（中式烹调）专业学生30名，学制3年。2015年5月5日，力生公司与马鞍山技师学院举行了2015年度烹饪专业力生冠名班联合招生签字仪式。

2016年5月18日，力生公司引进安徽省卓越绩效管理促进会作为咨询机构，对公司管理层以及部分骨干员工进行了为期2天的“卓越绩效导入管理”专题培训。9月21日上午，力生公司在马钢宾馆中三楼会议室召开卓越绩效现场评审动员会，邀请安徽省质量奖评审专家到会辅导。

2016年6月，力生公司申报省级服务业标准化试点工作。12月12日，安徽省质量技术监督局、省民政厅、省商务厅、省旅游局四部门联合发文批准力生公司成为安徽省级服务业标准化32家试点项目单位之一，也是全省唯一的团膳服务标准化试点单位。

2017年4月，力生公司在第12届中国国际团餐产业大会上获2016年度中国团餐百强企业，中心食堂获2016年度中国百家好食堂。10月，力生公司获安徽省质量奖。11月，力生公司当选为安徽省餐饮行业协会副会长单位，并被安徽餐饮行业协会评为2017安徽省餐饮业十佳团餐品牌。11月，力生公司获2016年度安徽省园林绿化企业50强和优秀园林绿化企业称号。

2018年5月13—14日，第十三届中国国际团餐产业大会上，力生公司获全国首批AAA（最高级别）企业信用评价荣誉（安徽仅两家企业获奖），马钢办公楼食堂获中国百家好食堂美誉（安徽仅5个食堂获选）。

2019年3月，力生公司取得《马鞍山力生生态集团有限公司集体用餐配送中心食品经营许可证》，获得了集体用餐配送单位资质。4月，力生公司顺利通过方圆标志认证集团有限公司《食品安全管理体系ISO 22000》《质量管理体系ISO 9001》再认证和《食品企业危害分析与关键控制点（HACCP）体系》《职业健康安全管理体系GB/T 28001》《环境管理体系认证证书》的监督审核。6月5日，力生公司服务企业标准化试点项目顺利通过省级专家组的考评验收，是安徽省唯一一家试点项目的餐饮企业。

第九节　马鞍山市中心医院有限公司

[概况]

马鞍山市中心医院有限公司（简称中心医院）前身为马钢医院，始建于1938年4月。2005年，由市委、市政府和马钢主导进行整体改制，经安徽省卫生厅批准，由原马钢医院更名为马鞍山市中心医院，是一所股份制（混合所有制）、非营利性综合性医院，也是马鞍山市功能齐全的一所集医疗、科研、教学、预防、康复为一体的三级甲等综合性医院。

马钢医院占地面积208亩，建筑面积10.6万平方米，核定床位1060张。2018年，门（急）诊量约75万人次，住院约2.5万人次，手术病人约1.6万台次。医院设有临床科室36个，医技科室11个，下辖9个社区医疗服务机构，1所分院和1个职业病防治院。有职工1702人，其中高级专业技术人员184名、医学博士硕士70人、硕士生导师3人，皖南医学院兼职教授和副教授18人，安徽省中医学院兼职教授2人，江淮名医2人，诗城名医3人。

[历史沿革]

马钢医院前身为始建于1938年4月的华中股份有限公司马鞍山矿业所医院，由日本人创建，当时设有病床50张，医护人员大多为日本人，只供日本课长以上高级职员就诊。新中国成立后，相继更名为华中矿业局马鞍山分矿附属医院、华东工业部马鞍山矿务局附设医院、马鞍山铁厂医院。1958年8月1日，随着马鞍山钢铁总公司的成立，医院更名为马鞍山钢铁公司医院。人员扩大至224人，床位增至167张，下属卫生所发展至10个，基本形成综合性职工医院规模。

1980年6月，成立马钢医院。1993年9月1日，马钢医院随着马钢总公司重组分立，更名为马钢总公司医院。2001年8月，马钢南山矿职工医院由马钢医院接管。2002年4月，正式划归马钢医院，更名为马钢医院南山分院。

2005年5月，为贯彻国家八部委关于国有大中型企业实施主辅分离、辅业改制的精神，启动医院股份制改制。12月18日，更名为马鞍山市中心医院有限公司。2006—2015年，马钢集团持股6.48%；2016年1月，马钢集团将持有的中心医院6.48%股权转让至马钢集团投资公司。

[发展历程]

国家开始医院等级医院评审工作后，1996年10月3日，由马鞍山市卫生局批准成为二级甲等医院。1998年1月，安徽省卫生厅批准马钢医院为三级乙等医院。

2001年4月，成为武汉科技大学医学院附属医院。2002年11月，成为安徽中医学院教学医院。

2002年4月1日，南山矿职工医院正式划拨并更名为马钢医院南山分院。

2003年10月，投资1亿多元，能容纳1000张病床的马钢职工康复中心（新住院大楼）主体工程竣工投入使用，医院住院条件得到明显改善。

2005年2月，马鞍山市中心医院精神科挂牌为马鞍山市精神卫生中心。

2006年1月，马鞍山市中心医院成为皖南医学院附属医院。

2007年，急诊中心竣工投入使用。新农合、城镇职工医保和城镇非职工医保对医院全面开放。建立7个社区卫生服务站，规范公共卫生服务工作，其中大治卫生服务站被列为全国示范点，雨山、佳山站被省、市确定为民生工程费用补助单位。

2008年11月，被安徽省卫生厅批准为三级甲等医院。

2010年，调整院外医疗机构，原佳山门诊转型为湖东社区卫生服务中心，新建解放街道社区卫生服务中心。

2012年5月，一次性通过省卫生厅三甲医院复审、大型医院巡查暨医疗机构动态校验的检查。住院部4号楼建成并投入使用，迁入血透中心、心血管疾病中心、消毒供应中心、信息中心。

2015年10月，中心医院向最大股东——马钢集团书面上报了《关于马鞍山市中心医院拟引入战略投资者的情况汇报》，说明中心医院改制10年虽然运营状况平稳，但发展后劲不足，急需引入大量的资金，提升医院的整体实力，获马钢集团支持。

2016年，中心医院完成体检中心改造建设，职业病防治院由院外搬迁至院本部。心血管内科成为北京阜外医院心血管诊疗质量监测网络基地，启动胸痛中心建设。

2017年5月，成立以神经内科为主体的院卒中中心，获国家高级卒中中心认证授牌。同年，中心医院全面展开引进战略投资工作。

2018年9月，中心医院通过三级甲等医院复审。

2019年，中心医院拥有4个省级临床重点专科（心内科、肾内科、急诊医学科、内分泌科）和6个市级重点专科（耳鼻喉科、重症医学科、神经内科、烧伤整形科、泌尿外科、老年医学科），是皖南医学院附属医院、蚌埠医学院和南京医科大学临床学院、国家爱婴医院，是安徽省急诊急救、ICU、血液净化专科护士临床教学基地，马鞍山市医疗文书、重症医学科、护理、血液净化、病理、医学整形美容、口腔等7个专业的质量控制中心，是卫生部首批“万名护理人才培训——县级专科护士培训”百家帮扶医院之一。

［主要医疗设备与专科特色］

医院固定资产净值1.3亿元，其中设备总净值3300万元。大型设备有：经颅多普勒血流分析仪、彩色多普勒超声诊断系统、双排CT、X射线计算机体层摄影设备、核磁共振成像装置、高清腹腔镜、电子鼻咽喉镜系统、医用氧舱医疗装置等。

心血管病中心是中心医院技术力量较强的专业化科室之一，是安徽省地、市级医院中规模较大的心血管病中心。2019年，成功通过中国胸痛中心认证。2007年，马钢医院新建了急诊中心大楼，组建了一支素质过硬、装备精良的急救队伍。牵头成立了“马鞍山市医学会重症医学分会”，成为主任委员单位。急诊中心已成为全市设备先进、技术一流的急危重症救治中心。在重症胰腺炎、严重多发伤、多脏器功能衰竭等疾病的治疗方面有独特的经验，治疗水平已达到市内领先、省内先进水平。尤其是“严重创伤一站式”救治模式获得了省内外专家的一致好评。连续10年举办“急危重症诊治进展学习班”，共计培养学员近千名、为本地区的急危重症救治水平的整体提高作出了努力和贡献。

肾内科1979年设专科病床，1986年，设立血液透析室，开展血液透析工作，是安徽省血液净化专科护士临床教学基地。2019年，肾内科病房床位28张，新建成的血液净化中心床位80张、各种进口血液透析机/血液净化机76台。全年住院病人约800人次，常规开展门诊血液净化治疗、每年4万余人次，接收来自全市和周边地区各类医保的血透病人。

内分泌科成立于1977年，经过规范的学科建设，临床诊治水平不断提高，建立并完善糖尿病慢性并发症早期筛查诊断治疗技术体系，是较早应用胰岛素泵进行血糖强化控制的科室，动态血糖监测系统和实时胰岛素泵在安徽省率先用于临床。2015年，开展了3C治疗及甲状腺细针穿刺术。同时，建立并完善糖尿病慢性并发症早期筛查诊断治疗技术体系，建立了从医院到社区再到一体化糖尿病管理模式及预防到治疗再到研究的研网络。

自20世纪70年代初，骨科在国内较早地开展断指再植、拇指再造、各类皮瓣及骨皮瓣修复四肢创伤性组织缺损，显微外科技术一直居于全国前列。科室关节镜技术已常规应用于膝关节前后叉韧带重建、肩袖损伤修复、半月板修复重建、关节清理（游离体取出）等治疗，近年来在脊柱微创外科领域亦发展迅速。在安徽省同行中较早开展了腰椎间孔镜下髓核摘除（椎管减压）手术，经皮微创椎体成型（PVP）及经皮球囊扩张后凸成型手术（PKP），独立开展了经皮微创椎弓根螺钉固定手术治疗胸腰椎骨折及脊柱滑脱。科室在小儿先天性髋关节脱位及臀肌挛缩手术治疗上填补了马鞍山市内空白，同时在成人发育性髋关节发育不良矫形手术上也具有较高诊治水平。

耳鼻咽喉头颈外科（五官科）始建于1958年，20世纪70年代初，在马鞍山市率先设有独立的专科病房，现有病床25张，2010年，在我市率先开展过敏性鼻炎的过敏原检测及舌下脱敏治疗。已完成舌下脱敏治疗及现在册脱敏治疗病人1000余人，有效率90%，取得较好社会效益。

卒中中心于2017年组建成立，以神经内科为主体，包括神经外科、急诊科、康复科、影像科、检验科，药学部、护理部等多部门整合，为急性脑梗死、脑溢血病人提供高效、便捷、快速的治疗途径。经过不断建设与完善，2018年通过认证，获得国家卫健委授予的国家示范卒中防治中心称号，同时也被安徽省卫健委授予脑血管病筛查基地，是马鞍山市唯一获此殊荣的医院。

泌尿外科经过20多年的发展，已开展全部泌尿外科的各项开放和内镜手术，尤其擅长泌尿系结石、前列腺疾病、泌尿系肿瘤等疾病的诊治，并以微创手术治疗泌尿系疾病为特色。

烧伤整形科成立于1988年8月1日，在特大面积深度烧伤病人的治疗方面积累了丰富经验，在皖南及周边地区享有较高声誉。同时，在此基础上组建的医学整形美容科，是马鞍山市当时唯一一家三甲医院医学美容机构。

第五篇 经营管理

第五篇　经营管理

概　述

进入21世纪，马钢集团的发展进入快车道，从2000年钢产量392万吨到2015年底具备2000万吨钢配套生产能力，实现了历史性跨越，企业科技开发能力、市场竞争能力和抗风险能力显著增强。

回望来路，马钢人依托政府支持，充分发挥自身优势，从战略到战术、管理到技术、主业到多元，精心策划，勇于实践，不断走向壮大。

坚持战略导向，持续完善企业战略体系。结合使命和愿景，在系统分析内外部环境基础上，建立战略执行情况年度评估机制，对中长期战略规划和职能规划进行滚动调整，确保战略规划的有效性和可执行性，不断形成产品升级、产业链延伸、国际化经营的战略思想，国际市场占有率也在不断提升。

坚持以发展为第一要务，紧紧围绕结构调整这条工作主线，抢抓机遇，真抓实干。“十五”期间，创造了广受赞誉的“马钢速度”，仅用3年时间完成了总投资达150多亿元的钢铁主业结构调整，企业规模迅速扩大，平均每年增产钢110多万吨，拥有了国内领先，世界一流的冷热轧薄板、彩涂板、镀锌板、H型钢、高速线材、高速棒材。

技术进步深入推进，着力开展新工艺、新技术、新装备的消化、吸收和创新工作，促进炼钢、冷轧、车轮等新项目产能的快速释放，CSP生产线成为当时世界供冷轧基料比例最大的生产线，冷轧产品进入家电行业。

面对钢铁行业风起云涌的联合重组态势，积极探索强强联合和低成本扩张。与宝钢签订战略联盟框架协议，建立高层互访机制，合作范围不断拓宽、合作层次不断提高。按照规范运作要求，重组合钢主业，合肥公司通过更新观念、强化管理、深化改革，依托母公司的采购和销售平台，经营状况稳步改善，扭亏为盈的目标提前3个月实现。2011年，马钢股份与民营安徽长江钢铁股份有限公司签订联合重组协议，马钢出资购买长江钢铁非公开发行股份，控股长江钢铁，重组当年，长江钢铁实现销售收入58亿元，利润总额超亿元。2014年，马钢股份收购法国瓦顿公司。

分离办社会职能稳步进行，改革和管理同步推进。将建设系统5家单位重组整合为马钢集团建设有限责任公司，马钢医院完成股份制改制，制定幼教移交方案并实施，围绕用好去产能政策，加大居家休养等安置政策力度，稳妥有序做好人员分流安置工作。

推进多元产业持续发展。坚持“规划引领、机制推动、过程协调、风险防控、氛围营造、融合发展”理念，按照“一板块一规划、一板块一核心、一板块一领导”原则，落实集群化发展、专业化运营、市场化运作。加快引入战略投资者、探索资产证券化，坚持体系化管理、打造公共服务平台，寻求围绕马钢产业链招商引资，制定落实非钢板块发展规划和经营目标责任制；推进资源优化整合，推动多元板块拓展市场、提质增效、打响品牌。开展资产重组，完成马钢集团并购马钢股份20家子（分）公司的资产重组工作，精干钢铁主业，明确非钢产业发展方向，马钢集团层面建成工程技术、产品产业化、节能环保、贸易与物流、金融与投资、房地产与服务业等非钢板块。持续优化增量、壮大体量，多元产业提质增效成效显著。

持续深化节能减排。加快节能环保项目建设，通过污水处理、水系清淤、生态恢复等项目，烧结烟气脱硫、余热发电、污泥管道回收、煤气回收、高炉鼓风脱湿等项目建设，深化资源综合利用，制定落实固体废弃物综合利用专项奖励政策，实施固体废弃物从资源产生到收料使用全方位管理，完善节能减排管理体制机制，环境面貌持续改善。

人力资源优化不断深入。统一两级机关设置标准、推进公司机关机构改革，机构不断精简、人员逐步精干。坚持稳中求进、系统推进、精准施策、补齐短板，通过产线定员对标、实施大工种区域化作业、完善离岗安置政策、补充新员工等途径，规范高层次人才聘用管理，实行市场化引进关键技术人才，推选高级技术主管、首席技师。推进劳务集中管理和优化整合，马钢集团层面规范的劳务协同平台基本构建。

第一章 发展规划

第一节 战略规划

[机构设置]

根据2000年6月16日马钢两公司党政联席会作出的《关于加快马钢改革和发展工作的会议纪要》要求，为全面、系统、科学地研究马钢两公司发展战略，两公司决定成立战略研究室，主要职责包括：负责建立马钢内部和外部的咨询网络体系；担负企业战略研究的管理职能；负责马钢两公司发展战略研究报告的起草和论证及其各类相关课题的组织、协调、研究和外聘专家论证；负责会同各部门研究与马钢相关的国家政治、经济、文化政策，提出政策性建议供领导决策；负责与有关部门共同进行企业重大战略课题的选择、研究、咨询和论证工作。

2011年7月21日，马钢集团撤销战略研究室，成立资本运营部，战略研究职能划入新的内设科室战略研究室。主要职责包括：负责围绕马钢集团发展的全局性、战略性和前瞻性重大课题进行研究，研究与制定战略，为公司提供决策依据和可供选择的解决方案；负责研究和制定集团发展战略和中长期发展规划，指导、评估和审核子公司中长期发展规划的研究和制定工作；负责公司产业发展研究，参与集团及所属业务板块战略性投资、资本运作、并购重组、产业整合方案的研究和制定；负责战略实施跟踪与评估，跟踪和评价集团战略规划的实施情况，提出不断改进和完善的对策建议，并适时调整马钢集团的发展目标和规划指标。

2018年4月4日，马钢集团机关机构改革，撤销资本运营部，设立投资管理部，马钢集团战略规划管理职能由新设立的管理创新部承担，马钢股份战略规划管理职能由新设立的运营改善部承担。

[战略管理体系]

2010年9月，马钢两公司制定了《战略管理办法》，明确了战略管理机构，包括董事会、经营班子、战略研究室、各职能规划和产业规划小组，其中，董事会是战略规划的最高决策机构，战略研究室是战略规划的综合管理机构。马钢集团长期规划时间区间为五年，与国家五年发展规划保持同步。短期规划周期为一年，与会计年度核算同步。根据内外部环境的变化，每年10月，编制下一年度预算。程序上，每轮规划期前一年的3月前，战略研究室组织马钢相关部门、直属机构和各子公司开展规划评估工作，对上轮规划的执行情况进行系统总结。马钢经营班子召开战略务虚会，研讨未来战略，提出制定战略规划的设想和要求。战略研究室编制完整的马钢战略规划后，经马钢集团党委会研究讨论、经营班子审核，董事会审议通过后，报省国资委审批。

[战略规划编制]

马钢“十五”发展规划：

2000年，马钢两公司编制“十五”发展规划。在冶金行业控制总量、调整结构背景下编制规划，坚持“做强钢铁主业”的战略方针，预示着马钢21世纪发展的走向。马钢“十五”时期发展的思路是：深化改革，促进增长方式的转变，控制总量，抓好存量资产的优化重组，加快产品结构和工艺结构的调整步伐，全面提升“线轮板型”的产品质量和档次，提高产品的市场竞争力和经济效益，促进企业持续、快速、健康发展。

规划主要内容为：（1）淘汰初轧工艺，以先进工艺装备把初轧厂改造成年产130万吨的冷轧薄板（带）生产线；（2）建设1套年产200万吨薄板坯连铸连轧生产线；（3）移地大修建1座2500立方米高炉和与之配套的300平方米烧结机1台，混匀料场扩建；（4）新建2号、3号转炉及吹氩站，2座LF精炼炉，1座VD精炼炉和2号铁水脱硫站；（5）改造高速线材厂和车轮轮箍厂，增加高级钢种的线（棒）材和高速重载车轮产量。

规划实施后，马钢将形成由3个炼铁厂、2个炼钢厂和6套先进轧机为主线的现代化钢铁联合企业。到2005年，实现年产生铁620万吨、钢659万吨和钢材620万吨的生产能力，产品的结构调整初见成效，全面实现生产工艺和装备结构的大型化和高效化。

马钢“十一五”发展规划：

2005年，马钢两公司在充分研究分析面临的未来环境变化和企业内部条件的基础上，紧密结合国家钢铁产业政策，研究编制并上报了《马钢“十一五”发展规划》和《马钢2000年—2020年发展战略和“十一五”发展规划》。提出了马钢集团和马钢股份战略定位，以及马钢集团业务单元整合的基本思路。马钢集团战略定位为资本运营公司。马钢股份定位为以钢铁为主业的经营业务发展平台，建设成为具有国际竞争力的现代化钢铁企业。

规划主要内容为：建设500万吨高附加值板卷产品生产线。主要增加国内短缺的产品产量，包括热轧板卷、冷轧板卷、镀锌板和彩涂板等高附加值产品。产品主要用于汽车、家电、建筑等行业。

马钢“十二五”发展规划：

《马钢“十二五”发展战略与规划》于2010年10月9日经马钢2010年第六次党政联席会审议通过，并根据2011年12月9日安徽省国资委组织的专家论证会意见作了修改和完善。2011年12月27日，省国资委以皖国资规划函〔2011〕867号文同意马钢实施“十二五”发展战略与规划。“十二五”马钢战略定位是成为具有国际竞争力的现代化钢铁企业。

规划主要内容为：马鞍山本部加快淘汰落后高炉，完善新区配套能力，建设1座4000立方米以上高炉、1座300吨转炉、1条热轧板生产线，形成板材产品多规格、系列化的竞争优势；加大对改善关键品种质量的投入，提高机械产品用钢的比例。根据铁路产品开发需要，建设100吨直流高功率电炉和圆坯连铸，开发高速火车车轮、整体机车车轮；根据市场需求，适时建设中宽带冷轧薄板生产线，形成宽窄规格结构合理、生产组织柔性集成、市场覆盖面宽的产品结构。结合长钢技术改造，整合优化马钢长材资源，形成一期300万吨、二期500万吨的建材基地。合肥公司淘汰炼铁生产能力180万吨、炼钢生产能力200万吨，积极探索有效利用现有人力、市场等资源的途径。瞄准合肥及周边地区汽车、家电、工程机械市场，建设冷轧和连退生产线，向用户近终形产品延伸，形成200万吨生产能力的精品钢材深加工基地。

马钢“十三五”发展规划：

“十三五”时期是马钢集团加快转型升级、深化改革创新的关键时期。为科学筹划“十三五”发展，2015年，根据《省国资委关于做好“十三五”规划编制工作的通知》要求，马钢正式启动“十三五”规划编制工作。由资本运营部牵头，会同企管部、科技质量部、财务部等职能管理部门，工程技术集团、国贸公司、欣创公司、煤焦化公司等非钢产业板块牵头单位，基于马钢“十二五”发展战略与规划实施中期评估情况和“十三五”发展基本取向，结合省国资委的有关要求，草拟了《马钢“十三五”发展战略与规划》的基本思路。在合肥公司、长江钢铁、矿业公司、工程技术集团、自动化公司、粉末冶金公司、新型建材公司、和菱实业、财务公司、欣创环保、国贸公司、汽运公司、轨道交通装备公司、耐火材料公司、嘉华混凝土15家集团，马钢股份下属子公司中，启动了非钢产业

7个板块的“十三五”期间业务发展规划编制工作。各板块核心企业在客观分析企业内外部发展环境和自身基础条件基础上，编制完成战略发展规划的正式文本。

2016年，马钢集团委托冶金工业规划研究院编制了钢铁主业五年战略发展规划，在结合非钢产业7个板块规划文本的基础上形成《马钢“十三五”总体规划》。规划明确了马钢“十三五”总体发展思路和目标：以提升综合竞争力为核心，以提升发展质量和效益为主线，坚持产业主导、品牌引领、绿色发展、改革创新、人才为本，加快转型升级，努力建设成为“效益良好、环境友好、家园美好”的国际化一流企业集团。力争通过五年努力，基本形成具有自身特色和竞争优势的“三足鼎立”产业格局，国际化经营局面打开，企业综合竞争力达到国内行业先进水平。

第二节　战略研究与管理

[决策方案研究与策划]

根据马钢两公司安排，2000年7月，启动马钢未来十年发展战略研究工作，研究工作从公司选定的15个子课题战略开始，并在公司部门和单位进行了分工。战略研究室负责对各部门研究成果进行汇集研究，草拟马钢今后十年发展战略研究报告。

在完成15个子课题战略研究基础上，马钢两公司编制了《马钢2001年—2010年发展纲要》，经过反复研究讨论，2002年3月15日，马钢两公司党政联席会议讨论通过，3月22日正式颁发。

2004年，马钢两公司战略研究室编制了《马钢“十一五”发展规划》和《马钢2000年—2020年发展战略和“十一五”发展规划》，经两公司党政联席会议讨论通过。规划中明确了企业定位，马钢集团定位为资本运营公司，马钢股份定位为以钢铁为主业的经营业务发展平台、建设成为具有国际竞争力的现代化钢铁企业。同时，战略研究室还提出了马钢集团业务单位整合的基本思路，开展了“企业人力资源战略”“技术创新战略”“组织结构调整”“企业文化”等职能战略的框架研究。

2005年，在对《马钢2001—2010年发展纲要》全面评价的基础上，根据企业内外部环境变化和发展需要，对该纲要进行了全面修订，形成了《马钢2006年—2015年发展纲要》（初稿）。

2006年，战略研究室修订了《2001—2010马钢发展纲要》，并形成《马钢发展纲要（修订版）》（2006—2010年），经马钢两公司研究确定为马钢未来发展的指导性文件。

2008年10月以后，马钢集团内外部环境发生重大变化。全球爆发金融危机，钢铁市场竞争格局随之改变，国家和安徽省相继出台钢铁产业调整与振兴规划。战略研究室组织研究和制定了《2010—2014年马钢发展纲要》。在制定过程中，征询了公司部门和单位意见建议，吸收了国际咨询公司的咨询意见。该纲要经马钢两公司党政联席会议审议通过，于2009年12月29日印发。

2010年，马钢集团部署由战略研究室牵头，会同产业发展部、计财部、人力资源部、技术中心等部门，完成《马钢“十二五”发展战略与规划》的编制工作。在规划编制过程中，研究了安徽省对马钢发展的意见，吸收了波士顿咨询公司对马钢发展战略的诊断意见。2010年，战略与规划经马钢集团第6次党政联席会议审议通过，进一步完善形成最终文本后于2010年10月报送安徽省国资委，成为马钢集团“十二五”发展的指导性文件。2013年，根据安徽省委、省政府提出的“三步走”目标要求，顺利完成资产重组和非钢板块构建，在马钢集团层面初步形成“1+7”多元产业发展平台。2014年，由马钢集团领导分管各板块，按照“一板块一核心业务”原则，加强各板块战略管理，在“规划引领”下推进板块内部资源和业务整合优化，推动各板块规范化运作、专业化运营。

2015年，根据《省国资委关于做好“十三五”规划编制工作的通知》要求，马钢集团正式启动“十三五”规划编制工作。在完善相关考核机制、强化激励约束和有效引导，积极为马钢非钢产业实现跨越式发展创造条件的同时，由资本运营部牵头，率先在合肥公司、长江钢铁、矿业公司、工程技术集团、自动化公司、粉末冶金公司、新型建材公司、和菱实业、财务公司、欣创环保、国贸公司、汽运公司、轨道交通装备公司、耐火材料公司、嘉华混凝土 15 家集团、股份公司下属子公司中，启动了非钢产业 7 个板块的“十三五”业务发展规划编制工作。各板块核心企业准确地把握当前行业发展的形势和背景，客观地分析了企业内外部发展环境和自身的基础及条件，在认真考虑未来发展和建设中的困难和问题的基础上，编制完成五年战略发展规划的正式文本。

2017 年和 2018 年，在对《马钢“十三五”总体规划》执行情况进行评估的基础上，结合企业内外部环境变化和自身发展需要，每年对发展规划进行了滚动调整，分别形成《马钢 2018—2020 年发展规划》《马钢 2019—2021 年发展规划》，提出马钢公司及各产业板块未来三年战略目标和发展重点。

2019 年 9 月，马钢集团与宝武联合重组，马钢集团成为宝武控股子公司，根据宝武“一基五元”战略业务布局和“一企一业、一业一企”发展原则，马钢集团立即启动规划修编工作，编制形成《马钢 2020—2022 年发展规划》，将业务结构进一步向钢铁主业聚焦，公司愿景、使命、战略目标及实施路径与举措同步进行了调整，有利于公司战略的实施和愿景的达成。

[前瞻性战略研究]

“十五”期间，围绕公司改革与发展主题，研究了马钢集团如何培养主导产业和推进子公司产权多元化，对公司内部的钢铁经营管理、矿山资源、建设系统、医院、实业等进行开展调研，考察了解沙钢竞争策略、产权制度和组织管理体系、分配关系、信息化建设、技术装备、发展方向等，形成考察报告。跟踪研究国家宏观政策、产业政策、国有资产管理新体制和国企改革与发展动态，向省市反馈政策意见。在“做强钢铁主业”方面，跟踪研究国内外钢铁市场竞争变化趋势，形成《全球 1500 万吨以上规模钢铁企业初步研究》《马钢钢铁主业“十一五”发展的建议》《海螺集团、南钢集团整体产权制度改革方案的研究》《马钢整体产权制度改革思路研究》《马钢产权制度改革配套政策研究》《企业产权改革成本研究》《马钢辅业改制职工身份转换补偿金标准研究》《马钢医院改制总体方案研究》《马钢饭店产权制度改革方案研究》《马钢力生公司总体改革前期研究》《马钢建设公司产权制度改革前期研究》等研究报告。为适应钢铁主业发展规模保产服务和做强钢铁产业的需要，提出了马钢建筑、检修保产资源整合思路。

“十一五”期间，系统研究了 2005 年国家出台的《钢铁产业发展政策》，对企业发展纲要、企业战略举措方面作了相应的设计和安排。就城市环境保护对马钢的要求、中钢协关于钢铁企业联合重组意见以及政府相关部门对企业发展规划提出的要求等，提出意见和建议。深入研究了马钢集团与宝钢集团建立战略联盟有关问题，与公司有关部门组成马钢—宝钢联盟工作组，与宝钢工作组磋商合作具体问题，签订了《宝钢—马钢战略联盟框架协议》。深入研究了国内外钢铁行业并购重组的趋势、主要特征和发展态势，重点研究了国内外钢铁行业中具有重要影响的并购案例，详细分析了马钢集团在未来国内钢铁行业并购中面临的多种可能的局面和机遇与挑战，为企业在并购重组中

2006 年 1 月 18 日，宝钢集团和马钢集团在上海签署了《战略联盟框架协议》

争取主动提出了具有针对性的应对策略。根据安徽省委、省政府关于推进国有企业改革的要求和公司主要党政领导的工作部署，在深入研究相关政策和考察分析省属大型企业集团改革的成功经验和基本做法的基础上，系统研究了马钢产权结构、主辅分离辅业改制、配套的长期激励与约束制度等。跟踪世界钢铁行业前20家企业的动态，形成相关问题的研究报告，重点研究国内外与马钢有实质性竞争关系的对手，分析上下游产业链变化的趋势。研究国内外钢铁企业兼并、重组、整合，形成分析报告。就车轮技术创新路径、钢铁行业兼并重组最新政策和目标企业选择以及公司发展策略等，形成研究报告。

"十二五"期间，马钢集团承办了第四届大钢发展战略与管理研讨会，交流各大钢"十二五"发展战略与规划的目标和思路，研讨2011年钢铁市场趋势。研究了马钢在省会城市发展的机会，对合肥公司进行了调研，就该公司转型发展进行了研究，对国家确定的七大新兴战略性产业给马钢带来的机会和挑战进行了研究。基于公司战略规划，开展产业发展项目和投资机会研究，完成"母子公司管理体制下马钢多元产业体系的构建与管理"课题研究。开展了长江矿业重组、瓜州风电法兰项目、天水100万吨铸造项目，与中国建材合资耐火材料等重点项目的前期工作，完成澳大利亚霍桑铁矿、伊朗伊斯法罕沙巴铁矿等海外项目的内部论证。聚焦"1+7"板块的构建，在资产重组、钢铁主业、矿业、高端装备制造及煤化工等领域开展战略研究。开展了在新加坡设立公司的研究，以最大限度地发挥海外公司的功能。把握上海自贸试验区成立带来的贸易便利化和金融开放机遇，研究制定了在上海自贸试验区设立马钢国贸子公司的方案。

"十三五"期间，马钢集团召开了"1+7"板块产业发展规划研讨会，研究"十三五"期间"1+7"板块发展的基本思路和主要发展方向，在合肥公司、长江钢铁、矿业公司、工程技术集团、自动化公司等15家经营单位中启动了"十三五"产业规划编制工作。组织召开了13场产业规划论证会，分别对矿业、工程技术、轨道交通、节能环保、金融与投资、贸易物流、信息产业、煤化工、资源综合利用板块以及耐火材料公司、粉末冶金公司、和菱实业公司三家经营单位的13个规划进行了评审。组织召开10场职能规划初审会，分别对钢铁产品规划、集团管控规划、非钢产业规划、资金平衡规划、技术创新规划、人力资源规划、节能减排规划、采购规划、销售规划、信息化管理规划10个职能规划进行评审。参加在内蒙古包头市召开的第十二届大型钢铁企业战略与管理研究沙龙，与首钢、宝钢、鞍钢、武钢、河北钢铁集团、山东钢铁集团等大钢的战略研究部门人员，围绕钢铁工业面临的主要问题及转型之路、"十三五"发展战略重点、主要发展举措等议题进行研讨和交流。制定多元产业板块构建初步方案，编制形成《马钢多元产业发展探索与实践》《规划引领、机制推动、过程协调，开创多元产业集群化发展专业化运营新局面》《多元产业战略评估报告》等战略性研究材料。参加中钢协举办的"中国钢铁工业转型升级战略和路径"课题研究。推进产城共融发展，提出《着力"钢城一体"培育全市支柱产业的建议》。

[产业发展方案策划]

"十五"期间，围绕改革与发展主题，马钢集团研究了如何培养主导产业和推进子公司产权多元化，对发展非钢支柱产业、加快产权制度改革进行了研究。根据公司发展战略纲要，对公司决策管理、组织结构和管理流程如何适应新的环境和竞争需要以及提高管理效率等问题进行了研究，对公司内部的钢铁经营管理、矿山资源、建设系统、医院、实业等进行调研。在发展非钢产业和建立现代企业制度方面，开展了马钢医院、马钢饭店、建设公司、力生公司改制的前期研究，并提出了马钢整体产权制度改革思路设计的意见和建议。

"十一五"期间，深入研究了2005年国家出台的《钢铁产业发展政策》，对企业发展纲要、企业战略举措方面作了相应的设计和安排，深入研究了马钢与宝钢建立战略联盟有关问题。为提高企业发展战略的科学性和前瞻性，更好地实施既定的企业发展纲要，并为应对企业内外部环境变化及时有效调整发展战略作准备，邀请了国际著名咨询公司对企业发展战略和经营策略进行了咨询和诊断。深入研究了国内外钢铁行业并购重组的趋势、主要特征和发展态势，重点研究了国内外钢铁行业中具有重要影响的并购案例，详细分析了马钢在未来国内钢铁行业并购中面临的多种可能的局面和机遇与挑战，为企业在并购重组中争取主动提出了具有针对性的应对策略。

“十二五”期间，根据安徽省委省政府提出的“三步走”目标要求，系统研究了资产重组和非钢板块构建方案，在马钢集团层面初步形成“1+7”多元产业发展平台。由马钢集团领导分管各板块，按照“一板块一核心业务”原则，加强各板块战略管理，在“规划引领”下推进板块内部资源和业务整合优化，推动各板块规范化运作、专业化运营。按照建立和完善母子公司管理体制要求，系统研究了与“做精钢铁、多元并举”发展思路相适应的集团管控模式，并按照新的集团管控模式要求相应地调整了部分管理部门及职能，初步实现马钢集团在战略层面上统筹产业发展，马钢股份集中精力做精做强钢铁主业。

马钢新区四钢轧总厂 1580 热轧生产线，摄于 2015 年 6 月 19 日

“十三五”时期，是马钢集团加快转型升级、深化改革创新的关键时期。公司重点研究了国有资本投资运营公司体制机制，围绕“钢铁产业、钢铁上下游紧密相关性产业、战略性新兴产业”三大主导产业，开展了钢铁和 7 个多元产业板块的业务发展规划研究，准确把握当时行业发展的形势和背景，客观地分析了企业内外部发展环境和自身的基础及条件，在认真考虑未来发展和建设中的困难和问题的基础上，编制了马钢“十三五”总体发展规划以及企业文化、品牌建设、人力资源、技术创新、管理创新、信息化、财务、节能环保 8 个职能规划和钢铁、矿产资源、工程技术、贸易物流、新材料和化工能源、节能环保、金融投资、信息化 8 个产业规划，明确了钢铁产业建设成为“独具特色的钢铁材料服务商”和“绿色和谐钢铁企业”，多元产业培育形成 3—4 家具有较大经济体量、较强市场竞争力和一定品牌影响力的多元支柱板块的战略定位和发展目标。

第二章 企业管理

第一节 机构设置

管理创新部前身为企业管理部，2000年后，随着母子公司体制构建，为更好完善监督体系，2001年3月，马钢两公司成立监事联合小组，挂靠企业管理部，2004年初，因马钢两公司机构调整，取消监事联合小组，企管部形成新的组织机构，包括办公室、考核科、企管科、法规科、体改科和经济研究室。

2013年4月，根据《关于调整马钢集团公司机关组织机构的决定》《关于调整马钢股份公司机关组织机构的决定》的文件精神，公司信息化管理职能调整到企业管理部，马钢集团和马钢股份考核职能统一由企业管理部履行，企管部对内部机构及职能进行梳理和整合，并报公司编委办公室批准，设置成新的七科一室：分配管理科（办公室）、业绩考核科（原名考核科）、运行管理科（原名企业管理科）、基础管理科（原名法规科）、信息化管理科、体制改革科、管理研究室（原名经济研究室）、江东善后小组。

2016年5月，根据《关于下达2016年机构设置与科级管理岗位编制实施方案的通知》的精神，企管部调整设置科级机构7个，即办公室、绩效管理科（原名业绩考核科）、运行改善科（原名运行管理科）、体系管理科（原名基础管理科）、信息化管理科、体制改革科、管理研究室。

2018年4月，根据《关于集团公司机关机构改革及人力资源优化的决定》的文件精神，撤销企业管理部，设立管理创新部，明确其承担战略管理、运营管控、体制机制改革、组织绩效、风险管理、信息化管理职能。

2019年3月，根据《关于集团公司机关机构调整与职能优化的决定》的文件精神，管理创新部和科技管理部合署办公，承担战略管理、公司治理、组织绩效与运营提升、风险管理、科技发展、品牌管理、信息化管理职能。

第二节 管理创新

［管理制度］

1998年，马钢总公司改制为马钢集团，按照《中华人民共和国公司法》，广泛借鉴了国内外先进、成熟的管理经验和系统实施方法，通过重点关注专业管理、基础管理的规范化和标准化，实施了符合自身实际情况的制度创新，增强了企业的活力，促进了企业的发展。

制度标准化建设：

2001年以来，马钢集团把持续完善制度建设和推进企业标准化视为企业基础管理的两个重要着力点，齐头并进，稳步推进，不断夯实基础管理。公司制订并发布年度标准化工作计划，明确了目标和任务，通过明确职责、建立流程、制定标准等一系列工作步骤，结合期间组织机构调整产生的管理过程与业务流程和变化，对制度文件进行必要梳理和清理，不断优化和完善公司现行规章制度体系。

持续推动制度建设的改进。2013年，针对“马钢集团和马钢股份的制度管理所采用的标准以及管理方式方法不一致，文件管理存在多头管理”等问题，企业管理部经过统筹安排，修订并发布了《马钢集团公司管理文件管理办法》。2014年，针对“一个管理过程和业务流程有多个管理部文件、一项管理业务重复提出管理要求及补充规定”等现象，对标同行先进企业管理制度，进行清查、梳理，对于缺失的管理文件，组织责任部门增补、完善，当年共修订完善管理标准171项，其中马钢集团107项、马钢股份64项。

制度管理体系建设：

2015年，马钢集团导入卓越绩效管理模式，同时以《企业标准体系　要求》（GB/T 15496）为框架，对“质量、环境、职业健康安全、测量、能源、内控”等管理体系，进行系统整合优化，构建了“一体化”综合管理体系。围绕企业战略规划、经营目标，基于提升核心竞争力要求，以“质量管理体系ISO 9001、ISO/TS 16949过程方法”，系统梳理，共识别一级过程79个，其中“价值创造过程”22个，“支持过程”57个，建立了与上述过程相匹配的管理制度，按照“制度编制、贯彻执行、改善提高”的指导思想，引导广大职工把“写所需、做所写、记所做”的精神贯穿到日常工作中，促进企业管理制度化、规范化、标准化程度的持续提升，使制度建设工作与企业发展相适应，不断地向前进步。

制度管理信息化：

2008年，全面完善马钢集团规章制度电子汇编版的编制，充分利用信息化手段，通过内部局域网，为各单位提供一个查阅和学习的良好平台。2015年，在马钢股份文件管理平台的基础上，建立了马钢集团统一的制度管理和发布平台。2017年6月，公司办公系统升级为泛微e-cology协同管理平台，公司管理制度发布也随之迁移至该系统。

[**管理体制**]

构建母子公司管理模式：

初步形成母子公司架构。2000年10月，马钢集团正式颁发了《关于马钢近期体制改革的决定》，明确了马钢母子公司体制的总体构想、基本目标、实施步骤和近期体制改革的具体方案。经过资产清理、界定和相应分割，马钢集团将所属11个单位依法改制为10家全资子公司，成为独立法人企业。马钢股份通过资产界定，将9家辅助单位依法改制为分公司，领取分公司营业执照，在资产授权经营范围内享有经营自主权，模拟子公司运作，面向马钢内部及市场自主开展生产经营活动。

建立母子公司管控模式。按照母子公司体制，马钢相继制定了《马钢（集团）控股有限公司全资子公司管理通则（试行）》和《马钢分公司管理通则（试行）》。2009年3月，安徽省国有资产监督管理委员会制定下发了《马钢（集团）控股有限公司章程》，决定马钢（集团）控股有限公司设立董事会，规范马钢集团层面运作。

2011年，进一步优化和调整马钢机关组织机构的初步方案，制定下发了《关于调整马钢集团公司机关机构设置的决定》《关于马钢股份公司机关机构设置的决定》。2018年4月，马钢启动了马钢集团、马钢股份机关机构改革及人力资源优化工作，并于6月完成了第一阶段的工作。2019年，马钢集团又在2018年改革的基础上开展机关改革“回头看”，进一步压缩机构，精简人员。此次改革明确了马钢集团总部承担的6大类职能，强化了对下属各产业板块的引领、服务、监管功能，更好地促进各产业板块的协调发展，实现集团价值最大化。与此同时，为承接马钢集团机关改革的目标和内容，确保下放的权限及管控事项能有效落实，达到“接得住、行得稳、走得远”的目标，2018年7月，开始推进子公司机关改革工作，对一级子公司机关改革提出总体要求。由马钢集团10个职能部门组成改革方案联合审查组，分4批对13家一级子公司机关改革方案进行审查，对未通过的方案进行修改后的二次审查，审查通过后由各子公司完成内部决策程序后组织实施。

实施采购集中管理：2010 年，马钢两公司下发了《关于马钢股份公司采购体制改革的决定》，决定对采购实施集中管理，设立马钢股份物资分公司（简称物资公司）。原国贸总公司进口备品备件采购职能、设备部的备件采购及供应职能，与材料公司承担的相关材料采购和供应职能整合，撤销材料公司，成立物资公司。保留原材料公司供应站和设备备件总库建制和红旗南路加油站；炉料公司与国贸总公司合并，重组设立马钢国际经济贸易总公司（简称国贸总公司）、马钢股份原燃料采购中心，两块牌子一套班子。采购管理体制改革实现了采购计划管理与具体采购业务相分离，实现了原燃料、辅料进口采购与国内采购一体化，材料、备品备件采购实行有机整合，实现了集中采购和配送。

优化调整能源管控体系：2015 年，马钢股份下发《关于马钢股份公司能源管控体系优化调整的决定》，赋予能源总厂能源运行管理职责，能源总厂更名为能源管控中心（简称能控中心），能控中心是马钢股份具有能源运行管理职能的公辅制造单元。马钢股份能源环保部负责对能控中心实施能源的宏观管理。设备部对能源相关的管理内容只保留对设备、基础设施的管理和对外协调。

优化调整生产制造系统：围绕马钢板带类产品，落实“集中一贯”的专业管理模式。2014 年底，公司成立制造管理部，完成生产计划、订单管理、技术质量管理业务整合，实现板带产品生产、技术、质量的“集中一贯制”管理，提升订单兑现率，提升产品质量，满足客户需求，提升市场竞争力。整合生产计划及技术质量管理流程，发挥人才的团队优势，挖掘制造潜能，提高产品质量水平和交付能力，快速响应客户需求，进一步提升市场竞争力。按专业化组建总厂，缩小管理幅度，解决专业跨度、管理幅度过大问题，让总厂真正做到“做所写”，实现作业现场“精细、稳定”。

［管理变革］

整合管理：马钢股份铁前与机制系统部分厂（公司）整合重组。2004 年，马钢股份决定对铁前系统生产组织实行重组整合。1 月 30 日，分别以党政联合文件 1 号、2 号和 3 号下发了《关于组建马钢股份公司第一炼铁总厂的决定》《关于组建马钢股份公司第二炼铁总厂的决定》《关于对第三机械设备制造公司与机械设备制造公司进行合并重组的决定》。马钢股份决定撤销第二烧结厂、第一炼铁厂、第二炼铁厂，成建制重组成立第一炼铁总厂。撤销马钢股份第三烧结厂、第四炼铁厂，成建制重组成立第二炼铁总厂。撤销马钢股份第三机械设备制造公司，其资产、债权、债务、人员划入机械设备制造公司，成为机械设备制造公司下辖的运输机械设备公司。

煤焦化板块整合：2017 年，开展煤化工板块资源整合方案编制工作，对煤焦化公司化工业务实施剥离整合，优化资源配置，分别设立炼焦总厂和安徽马钢化工能源科技有限公司，注销煤焦化公司，夯实煤化工及新材料板块发展基础；2018 年，整理形成《股份公司煤化工资源整合方案》，依托现有资源，对煤焦化公司化工业务实施剥离整合，优化资源配置，成立相应化工实体。

党委宣传部、新闻中心整合：2017 年，开展党委宣传部、新闻中心改革方案编制工作，促进全面整合宣传部和新闻中心人才资源，创新体制机制，激发人的活力，提升工作效率，支撑企业文化建设。2018 年，编制《党委宣传部、新闻中心改革方案》并实施，做强文化宣传品牌，提升工作效率。

区域和业务整合：2005 年初按业务流程对生产主体厂和公辅单位进行了重组整合。起草并多次修改了《人力资源部组建方案》《建设公司资产重组方案》和《公司新闻宣传管理体制调整方案》。两公司党政联席会通过后下发了《关于组建马钢两公司人力资源部并对党委组织部（干部部）的职能作适当调整的决定》《关于马钢股份公司区域和业务整合的决定》《关于对建设公司进行资产重组的决定》和《关于调整马钢新闻宣传管理体制的决定》。成立了 7 个总厂和 1 个仓储配送中心。对建设公司、机关的部分单位进行整合，成立了组干部、人力资源部，理顺了新闻宣传管理体制。之后，又积极参与了三个钢轧总厂、能源总厂和仓储配送中心的整合工作，及时了解和掌握整合进展情况，对重组整合的具体工作，按公司要求做好具体牵头协调；牵头落实建设公司实体划拨到实业公司和力生公司，牵头落实建设公司物业移交到康泰公司，牵头落实一能源总厂实体移交到实业公司；参与理顺新闻宣传管理体制和人力资源管理体制的有关工作。

经马钢两公司2005年第一次党政联席会议研究，决定马钢的管理将逐步实现经营决策层、管理执行层、操作层层级清晰、职责分明、运作高效的目标。马钢股份按照业务流程，对内实行集中一贯的生产管理模式，采购与销售由马钢股份集中管理。总厂为产品制造单元，根据生产流程的长短和管理幅度的大小，组建适合各自特点的组织管理体制，可实行总厂、分厂、作业区或总厂、分厂（车间）、作业区三层生产组织管理体制，强化总厂管理责任和组织协调能力，使组织结构扁平化，业务流程更加顺畅。推进信息化管理和作业长制等现代化管理措施。优化资源配置，提高经济效益和管理效率。

按照钢铁产品生产流程对马钢股份生产单位进行整合，实现业务流程化管理。设立第一钢轧总厂，由原第一炼钢厂、热轧板厂、冷轧板厂、板带部等整合而成。总厂下设炼钢分厂、热轧板分厂、冷轧板分厂等若干分厂。设立第二钢轧总厂，由原第二炼钢厂、第二轧钢厂整合而成。总厂下设炼钢分厂、线棒材分厂、中型材分厂等若干分厂。设立第三钢轧总厂，由原第三炼钢厂、高速线材厂、H型钢厂整合而成。总厂下设炼钢分厂、H型钢分厂、线棒材分厂等若干分厂。设立第一能源总厂，由原动力厂、供排水厂以及从气体分公司中剥离出的煤气、压缩空气等管供业务单位构成，再按专业设置若干分厂。气体分公司仍保留制氧及相关业务。新区设立第三炼铁总厂、第四钢轧总厂和第二能源总厂。第三炼铁总厂下设烧结分厂、炼铁分厂等若干分厂。第四钢轧总厂下设炼钢分厂、热轧分厂、冷轧分厂等若干分厂。第二能源总厂下设若干专业分厂。

物流整合：设立仓储配送中心，将炉料公司的炉料、燃料、废钢等物料的仓储、加工、配送职能分离出来设立马钢仓储配送中心。小机修由整合后的各总厂适时进行整合。新区焦化系统、矿石供应、电力分别纳入煤焦化公司和更名后的港务原料总厂和热电总厂管理，其他辅助业务，由协力公司为新区提供。

马钢股份制造部和设备部进驻现场合署办公：2015年12月，马钢股份决定，制造部和设备部正式进驻现场，与能控中心“无缝衔接”，合署办公。紧邻四钢轧总厂、三铁总厂和冷轧总厂北区，强化了各部门之间的沟通协作，提高了管理技术人员的应急响应能力，真正实现了“推窗见炉台，出门进轧线”。围绕公司板带生产核心区域，扎根一线、现场办公，以提高现场问题解决效率，切实提升现场竞争实力。

计量业务整合：2017年，开展马钢股份计量业务整合方案编制工作，优化资源配置，统筹推进计量设备改造与新技术应用，规范计量数据管理与运用，提升公司生产制造与经营决策过程中相应数据的可靠性，积极创建国家计量标杆企业。

开展马钢股份相关业务整合剥离工作：2017年，关停二铁总厂等6家单位原有的9条净化水生产线，统一交由力生公司集中供应，解决职工饮水安全隐患。将长材事业部和一钢轧总厂的两个新建工程水处理站合并，由能控中心统一管理。司磅业务剥离，将长材事业部司磅业务的相关资产和人员全部划拨至计量处。针对二铁总厂和三铁总厂的水渣业务，明确利民公司和新型建材公司的分工界面。将铁运公司车辆段铆焊作业外委业务，交由钢结构公司承接。

整合职工教育培训资源：2002年7月，马钢集团对马钢教育资源进行整合优化。一是马钢党校与马钢职工大学合并，申办“安徽冶金科技职业学院”。2002年8月，正式向省政府提出申办“职业学院”申请。二是马钢高级技工学校与11个培训站合并，申办“技师学院”。三是马钢职工教育培训的管理职能划入拟设立的“人力资源部”。至2002年8月22日，随着11个培训站正式并入高级技工学校，马钢集团教育资源按期取得阶段性成果。

马钢股份废钢公司揭牌成立：为提高马钢资源综合利用水平，实现马钢股份利益最大化，整合马钢股份内部钢渣等冶金固废资源的回收、加工业务，实现对冶金固废资源的统一管理、统一规划、统一开发、统一利用，先后草拟了《马钢资源公司组建方案》《关于组建马钢冶金固废资源综合利用公司、重组马钢再生资源公司的方案》两套方案报公司研究，草拟《关于整合马钢冶金固废资源业务的决定》。为理顺公司废钢管理体制，实现废钢采购、检验、收料、仓储、加工、配送等业务的一体化、责权利相统一，公司决定以现有马钢再生资源有限公司为载体，整合原燃料采购中心、配送中心加工一站和加工二站等相关业务机构，组建集废钢采购、检验、收货、仓储、配送为一体的专业化的马钢废钢公司。2012 年 11 月 6 日，废钢公司揭牌成立。

组建马钢国际经济贸易有限公司：2012 年，马钢决定整合外部贸易资源，在原马钢国际经济贸易总公司基础上组建专门从事外部贸易的马钢国际经济贸易有限公司，印发了《关于组建马钢国际经济贸易有限公司的决定》。马钢国际经济贸易有限公司作为公司统一的外部贸易平台已正式运营。

成立马钢集团产业发展部：2002 年 12 月，公司研究决定：撤销马钢两公司规划发展部、马钢集团公司矿管办、马钢两公司非钢办，在这 3 个部门原有职能基础上，经过合理增减、重新组合，设立产业发展部。

生产厂化验室整合：2004 年 2 月，技术中心对 11 家生产厂化验室整合优化，由检验科统一管理生产检验业务，并逐步对 11 家驻厂检验、理化室开展了优化整合。

2004 年，研究起草马钢集团设计院整合方案，办理设计院调整移交工作，完成设计院的重组。做好机关小车有偿服务改革工作，起草《公司机关工作用车费用测算意见》。研究马钢新闻宣传体制，起草《调整马钢新闻宣传体制方案》并逐步组织实施。

继续推进流程整合，原球团厂并入第三炼铁总厂：根据《2001—2010 年马钢发展纲要》，2007 年 7 月 25 日，经两公司党政研究，决定对马钢股份第三炼铁总厂和球团厂进行业务整合。将球团厂并入第三炼铁总厂，整合后的三铁总厂下设烧结分厂、炼铁分厂、球团分厂等若干分厂，厂部所在地设在三铁总厂厂部。原球团厂党群组织及机构并入三铁总厂。

马钢股份制造部、冷轧总厂成立：2014 年，马钢集团启动了马钢股份板带制造系统整合工作，编制了《马钢股份公司板带制造系统整合方案》。2014 年 6 月，拟订了详细的推进实施计划，成立生产制造系统资源整合领导小组和企业管理组等 6 个工作组，明确了各阶段工作内容、工作目标。

2014 年 12 月 19 日，马钢集团批准下达《关于板带制造系统整合的决定》《关于检验系统整合的决定》《关于调整汽车板推进处管理职能的决定》。2014 年 12 月 29 日下午，马钢股份制造部、冷轧总厂成立大会与揭牌仪式先后举行。

马钢海外事业管理部成立：2015 年 9 月，公司下发《关于海外业务优化整合的决定》，对马钢集团、马钢股份外经、外事业务进行优化整合，在国贸公司基础上挂牌成立海外事业管理部，实行“一套班子、两块牌子”的工作机制，将公司办公室的外事办公室职能及业务人员成建制划拨到国贸公司（海外事业管理部）。将马钢股份原燃料采购中心技术项目部业务及人员成建制划拨到国贸公司（海外事业管理部）。2015 年 9 月 1 日下午，马钢海外事业管理部成立大会在马钢办公楼 413 会议室举行。

整合轨道交通装备板块成立轮轴事业部：2015 年 12 月，马钢集团下发《关于设立轮轴事业部的决定》。马钢股份设立轮轴事业部，将车轮公司、轨道交通装备公司管理职能及机构全部上移到轮轴事业部，车轮公司下属生产制造单元和轨道交通装备公司是轮轴事业部的生产制造单元；轨道交通装备公司对内称为轮对分厂。暂保留车轮公司和轨道交通装备公司牌子；瓦顿公司委托轮轴事业部管理。

改组改制：

积极推进马钢医院改制：2005 年，集中精力、不断探索，重点做好马钢医院改制和职工身份置换工作。通过机关职能部门和马钢医院的共同努力，先后完成马钢医院改制的 20 多份必备文件。2005 年 8 月 10 日，马鞍山市政府下达了有关马钢医院改制的批复。根据市政府的批复，起草了马钢医院的改制决定，经公司党政联席会通过后，9 月 1 日正式颁发。决定下发后，组织相关部门起草并讨论了《市立医院期股管理办法》《市立医院首届董事会、监事会选举办法》《市立医院名义股东推选办法》等，马钢医院改制顺利注册、挂牌。与此同时，按照公司总体安排，对建设公司的改制工作也进入先期的研究和论证，起草了建设公司改制方案的初稿。

合资成立安徽马钢粉末冶金有限公司：2012 年 10 月 10 日，由马钢股份和安徽长江科技股份有限公司共同出资组建的安徽马钢粉末冶金有限公司正式成立。马钢集团选择安徽长江科技股份有限公司作为合资对象，双方于 2011 年 12 月 28 日签订了粉末冶金项目合作框架协议。2012 年 3 月，双方委托马钢工程技术公司进行了 3 万吨铁粉项目可研性研究和专家论证，并委托安徽省国信资产评估公司，以 3 月 31 日为评估基准日对马钢粉末冶金公司存货及纳入合资范围的经营性资产进行了评估。2012 年 8 月 28 日，双方签订了出资人协议。2012 年 9 月 20 日，双方在安徽长江国际酒店举行了合资公司揭牌仪式。合资公司于 2012 年 12 月 1 日起正式独立运营。

安徽马钢欣巴环保科技有限公司揭牌成立：欣创环保与美国先进环保企业巴克曼实验室经过长期接洽，2016 年初，决定合作成立安徽马钢欣巴环保科技有限公司。2016 年 1 月 30 日，由马钢欣创节能环保科技股份有限公司控股的安徽马钢欣巴环保科技有限公司揭牌成立。

组织申报首批安徽省深化改革创新发展试点单位：2017 年，在各子公司中进行遴选并择优申报，其中自动化公司、欣创环保 2 家单位成功入选首批试点企业名单，对试点工作的各项内容进行整理、细化，启动试点企业初步诊断和方案编制工作，明确试点工作推进机制及责任体系。2018 年，开展飞马智科、欣创环保申报“安徽省创改首批试点单位”工作，协助指导两家单位细化试点工作方案，分解落实试点任务，跟踪试点进展，及时解决试点工作中的问题。

组建技术中心：2001 年 1 月，以原马钢钢铁研究所为基础，通过对马钢内部有关技术研究力量和信息资源的整合，成立了马钢技术中心，从而为完善科研开发体系和有效的运行机制，进行新产品开发、工艺优化和培育马钢核心技术奠定了基础。

改制有限责任公司：马钢股份于 2001 年、2002 年先后对设计院和自动化工程公司依法改制为有限责任公司，使它们直接以市场的要求转换内部经营机制，以期实现更多的效益。

成立教育培训中心：经马钢两公司 2009 年第五次党政联席会研究，决定组建马钢教育培训中心，保留原“安徽冶金科技职业学院”“安徽马钢技师学院”“马钢党校”“马钢高级技工学校”“马钢卫校”的牌子，实行多块牌子、一套班子的管理体制。2009 年 9 月 10 日，马钢教育培训中心挂牌成立。

成立人力资源部、调整党委组织部职能：经马钢两公司 2005 年第一次党政联席会议研究，决定组建人力资源部，并对党委组织部（干部部）的职能作适当调整。2005 年 2 月，撤销马钢两公司人事部、劳动工资部和教育培训部，设立马钢两公司人力资源部，调整党委组织部（干部部）职能。

组建新闻中心：2005 年，马钢两公司第一次党政联席会议研究决定，从 3 月份起，将马钢日报社、马钢有线电视中心、《中国冶金报》马钢记者站、宣传部对外宣传业务进行成建制整合，组建马钢集团新闻中心。同时，保留马钢日报社、马钢有线电视中心，作为新闻中心的下属单位。

调整党委宣传部机构：2005 年，党委宣传部在不增加现有机构编制的基础上，按管理职能调整内设机构，将宣传文化科更名为“宣传科”，撤销“新闻报道科”，设立“企业文化科”。

组建能源环保部：2007 年，经马钢两公司 2006 年第六次党政联席会议研究，决定对两公司现行能源和环境管理机构和职能进行调整，组建两公司能源环保部。

马钢股份成立设备检修公司：2009 年 5 月，经马钢两公司党政研究，决定撤销马钢股份部分检修单位建制，将其整合组建为设备检修公司（简称马钢设备检修公司），撤销港务原料总厂、一铁总厂、二铁总厂、一钢轧总厂、二钢轧总厂、三钢轧总厂、煤焦化公司、彩涂板厂、气体分公司9家单位检修车间建制；撤销一能源总厂的电检、水检和动检建制。将马钢股份机电设备安装工程分公司和以上10家单位的检修及维护人员划入马钢设备检修公司。为清理相关债权债务和承接有关专业资质需要，保留“马钢股份公司机电设备安装工程分公司”的牌子。2009年6月20日，马钢股份设备检修公司挂牌成立。

马钢冶金建设工程有限公司揭牌成立：2013年5月，马钢集团启动资产重组工作，对马钢股份12家子公司、8家分公司股权和资产进行出售，实现钢铁主业以外的20家单位从马钢股份向马钢集团的转移。2013年10月30日，马钢（集团）控股有限公司第一届董事会第二十一次会议决定批准《马鞍山马钢设备安装工程有限公司章程修正案》，马钢冶金建设工程有限公司名称变更为安徽马钢冶金建设工程有限公司，股东变更为马钢集团公司。2013年11月6日，马鞍山马钢设备安装工程有限公司召开二届一次董事会和监事会，安徽马钢冶金建设工程有限公司揭牌成立。

马钢股份汽车板推进处成立：2013年1月22日，马钢股份汽车板推进处成立。马钢股份对车轮公司、特钢公司、原彩涂板厂实行事业部制，2013年2月，马钢集团研究决定成立车轮事业部、特钢事业部、彩涂板事业部。

新设管理部门和实体：

马钢集团成立劳动服务公司：2001年9月21日，经马钢两公司党政联席会议研究决定，成立马钢集团劳动服务公司（简称劳动服务公司），与马钢再就业服务中心合署办公，挂靠两公司劳资部，为半县级机构，财务独立核算，管理人员的行政关系挂靠两公司劳资部。

马钢集团设立董事会：2009年3月2日，安徽省国有资产监督管理委员会制定下发了《马钢（集团）控股有限公司章程》，决定马钢集团设立董事会。根据省委、省委组织部和省国资委的意见和要求，第一届董事会由五位董事组成，任期三年，任期自2010年1月1日起。

马钢集团财务有限公司成立：2010年6月，马钢集团决定设立财务公司，作为加快战略转型的重要支撑。2011年2月28日，马钢财务公司获中国银监会批准筹建，9月30日获中国银监会批准开业，10月18日成功投入运营。

马钢集团招标中心成立并投入运营：为进一步规范公司招投标工作，保护公司利益和投标人权利，完善招标工作的管理和运行机制，确保招标活动的廉洁、高效、公开、公平，根据实际工作需要，2012年6月18日，马钢集团决定成立招标中心。2012年8月20日，马钢集团2012年第六次党政联席会议决定组建马钢集团招标中心。2012年8月29日，招标中心揭牌并投入运营。

马钢工程技术集团有限公司揭牌：2014年，马钢集团决定成立工程技术集团。组建工程技术集团工程板块的单位共有10家，均为马钢集团二级子公司，分别为工程技术公司、集团设计院、冶金建设公司、自动化信息公司、钢结构公司、重机公司、输送设备公司、表面技术公司、设备检修公司和监理公司。其中，监理公司是工程技术集团有限公司按马钢集团的要求对其进行全面托管。2014年2月19日上午，马钢工程技术集团有限公司举行揭牌仪式。

马钢资产经营管理公司揭牌：2014年3月10日，马钢集团举行资产经营管理公司揭牌仪式。资产经营管理公司的成立是马钢聚焦“1+7”多元产业发展迈出的新步伐，标志马钢集团对资产集中管理和经营进入实质性操作阶段。

马钢股份公司现货中心揭牌：2014年8月18日，马钢股份现货中心试运营，9月19日正式揭牌营业。

安徽祥云科技有限公司揭牌：2015年12月17日，由马钢自动化公司和上海斐讯公司合资组建的安徽祥云科技有限公司举行揭牌仪式。

马钢集团投资有限公司揭牌：2015 年 4 月 29 日，马钢集团投资有限公司举行揭牌仪式。

马钢集团物流有限公司揭牌：2015 年 9 月，公司下发《关于组建马钢集团物流有限公司的决定》，经公司研究，决定由物流公司对马钢股份物流业务实服务总包，并下发了《物流公司对股份公司物流业务实施服务总包方案》。2015 年 7 月 25 日上午，马钢集团物流有限公司举行揭牌仪式。

马钢党委成立巡察工作办公室和巡察组：2016 年 2 月 28 日，马钢集团党委印发《关于成立巡察工作办公室和巡察组的决定》，明确巡察工作办公室是马钢集团党委的工作部门，在马钢集团党委的领导下，具体负责马钢集团巡察工作日常事务管理及巡察的沟通协调、组织服务工作。巡察工作办公室与马钢集团纪委合署办公，由马钢集团纪委副书记担任巡察工作办公室主任，配备少量专职人员和兼职人员。

马钢人力资源服务中心揭牌：马钢集团在经过充分调研、认真筹划的基础上，决定成立人力资源服务中心。2016 年 9 月 30 日，马钢人力资源服务中心举行揭牌仪式。

马钢集团招标咨询有限公司成立：2017 年，开展组建招标公司实施方案编制工作，成立马钢集团招标咨询有限公司。

推行模拟职业经理人制度：2017 年，积极推行模拟职业经理人制度试点，遴选欣创环保、比亚西公司、新型建材公司 3 家子公司开展第一批模拟职业经理人制度试点工作。2018 年，组织推进飞马智科、粉末冶金公司开展第二批模拟职业经理人制度试点。

［**管理创新成果**］

经过“十五”“十一五”期间两轮大规模技术改造和结构调整，马钢 70% 的工艺装备实现了大型化、现代化，达到了世界一流水平，主导产品全面升级换代，形成了独具特色的“板、型、线、轮”产品结构。马钢从驾驭千万吨级现代化大型钢铁企业的战略考虑，在企业改革与管理创新方面做了大量工作，提出“新系统、新体制、新机制”的思想。掌握先进的操作技术，提升驾驭现代化、大型化装备的能力，坚持“硬改造”和“软改造”同步进行，是马钢管理创新的主线。

管理创新工作从初始阶段只重视成果评审，逐步向两端延伸，即把推进管理创新项目与总结、推广管理创新成果有效衔接起来，使公司管理创新活动逐步走上良性循环轨道。2002 年公司制定《马钢创新项目管理办法》，形成了“研究实施一批项目、总结申报一批成果、应用推广一批成果”规范运作模式，管理创新工作成为公司日常管理的重要内容。

成立管理创新组织机构。马钢管理创新项目管理委员会全面负责公司管理创新项目各项工作。委员会设主任、副主任和委员。主任、副主任由公司领导担任，委员由 3 部分人员组成：（1）公司领导及职能部门负责人；（2）有关二级单位负责人；（3）专家库抽选的专家。每年根据创新项目的情况，对委员会成员进行调整。

强化成果选题立项工作。根据马钢集团战略规划、管理决策和行业发展趋势，做好马钢集团层面及二级单位总结现有管理模式、管理经验，收集、研究和筛选国内外先进管理模式、方法和技术，确立公司管理创新项目课题。

规范项目立项审批和实施计划编制管理。每年年初组织专家对征集汇总的管理创新项目进行研究和论证，形成马钢集团和二级单位两级管理创新项目汇总表，提交马钢集团审核后，以文件形式批准立项。对批准立项的管理创新项目，明确项目负责人、时间安排、预期达到目标等，作为项目验收的标准。

加强项目实施过程管理。管理创新项目实行项目责任制。项目负责人负责项目研究、实施过程的推进、协调、指导工作。项目课题长负责项目的研究、实施工作。相关协作单位为项目组成员。管理创新项目管理办公室对公司级管理创新项目研究、实施过程进行监督，不定期检查项目进展情况，协调需要解决的问题。

规范成果评审验收管理。马钢管理创新项目管理办公室每年年初将各单位上报的管理创新成果进行整理，提交评审专家对按照规范的评审程序和评审标准对申报成果进行逐项打分、综合评价，办公室对评审结果汇总后，组织管理创新管理委员会召开评审会审定，最终评出获奖等级。

2002 年以来，马钢共获国家级管理创新成果 16 项，其中一等奖 2 项，二等奖 12 项。冶金行业管理创新成果 81 项，其中一等奖 18 项。马钢创造的“大型国有企业分离厂办大集体的方案设计与实施”“大型钢铁企业以客户需求为导向的服务型制造管理”分别于 2005 年、2011 年获国家级企业管理现代化创新成果奖一等奖（见表 5-1）。

表 5-1　2002—2019 年马钢管理创新成果获省级以上奖项情况

获奖年度	管理创新成果名称	所获奖项
2002 年	以低成本战略为导向的责任制体系管理	中钢协二等奖
	全方位现代化管理的实践与思考	中钢协二等奖
2003 年	构建马钢全方位诚信管理体系，塑造上市公司形象	中钢协一等奖
	系统分析　对标挖潜　节能降耗	中钢协二等奖
	企业战略管理与全员定置	中钢协二等奖
	构建成本预警管理体系，实现成本领先发展战略，提升中型材核心竞争力	中钢协二等奖
	创建以自营为主的高村铁矿建设和精干高效的生产管理模式	中钢协二等奖
2004 年	钢铁企业产品结构优化的决策与实施	国家级二等奖
	推行“三精方针”，实现全面协调可持续发展	中钢协一等奖
	创新项目管理模式，推进结构调整	中钢协二等奖
	销售客户关系管理系统	中钢协二等奖
2005 年	大型国有企业分离厂办大集体的方案设计与实施	国家级一等奖
	以能源消耗“减量化”为核心的节约型企业建设	国家级二等奖
	厂办集体企业分离改制的实践与探索	中钢协一等奖
	再造物流流程提升 CSP 产能	中钢协一等奖
	创一流企业的系统优化管理	中钢协二等奖
	发展循环经济　构建绿色企业	中钢协二等奖
	创建优化模型精确计划管理	中钢协三等奖
	大型国有企业分离厂办大集体的方案设计与实施	安徽省一等奖
	以能源消耗“减量化”为核心的节约型企业建设	安徽省一等奖
	创一流企业的系统优化管理	安徽省二等奖
2006 年	推进钢铁生产流程一体化的生产组织再造	国家级二等奖
	以世界一流车轮企业为目标的自主创新管理	国家级二等奖
	基于战略实施的钢铁生产基层组织结构再造	中钢协一等奖
	实行资源节约管理　提高资源利用效率	中钢协二等奖
	企业年金计划管理	中钢协三等奖
	自主创新的策划与实践	中钢协三等奖
	基于战略实施的钢铁生产基层组织结构再造	安徽省一等奖
	马钢车轮自主创新的策划与实践	安徽省一等奖

续表 5-1

获奖年度	管理创新成果名称	所获奖项
2007 年	以推动跨越式发展为目标的企业文化建设	国家级二等奖
	企业文化的构建与创新	中钢协一等奖
	运用市场化原则推进企业联合重组	中钢协二等奖
	以流程控制的 CSP 冷热轧一体化管理	中钢协三等奖
	以推进以推动跨越式发展为目标的企业文化建设	安徽省一等奖
	基于自主知识产权的 H 型钢品牌建设	安徽省一等奖
2008 年	以结构优化提升竞争力的战略决策与实施	中钢协一等奖
	排产决策支持信息系统的构建与管理	中钢协二等奖
	生产物流管理的优化	中钢协三等奖
2009 年	大型上市公司分离交易可转债发行的设计与实施	国家级二等奖
	中国境内第一例分离交易可转债的设计与实施	中钢协一等奖
	企业重组兼并的文化整合	中钢协三等奖
	大型新老交替矿山系统优化管理	中钢协三等奖
2010 年	企业内部控制体系建设与实施	中钢协一等奖
	马钢新区循环经济建设的探索与实践	中钢协二等奖
	供应商管理系统的开发与应用	中钢协三等奖
	基于 SAP 企业管理套装软件平台的月度财务预算	中钢协三等奖
2011 年	大型钢铁企业以客户需求为导向的服务型制造管理	国家级一等奖
	传统钢铁企业由生产型制造向服务型制造转变的设计与实践	中钢协二等奖
	大型钢铁企业设备零故障管理的设计与实践	中钢协二等奖
	基于资源节约的露天铁矿开采与排土管理再造	中钢协三等奖
2012 年	钢铁企业自有矿山的整体开发管理	国家级二等奖
	基于整体采矿理念的铁矿资源战略管理	中钢协一等奖
	基于整体采矿理念的铁矿资源战略管理	安徽省一等奖
2013 年	大型钢铁企业以现金流为中心的资金管理	国家级二等奖
	实现节能环保产业化发展实践	中钢协二等奖
	以现金流为中心的资金管理实践	中钢协三等奖
	投入经济风险可控的设备管理模式实践	中钢协三等奖
	利用信息化技术再造水尺计量流程	中钢协三等奖
2014 年	大型钢铁企业能源精益化管理	国家级二等奖
	基于全生命周期的冶金装备再制造产业化发展	国家级二等奖
	大型钢铁企业环保设施全生命周期的托管运营实践	中钢协二等奖
	大型钢铁企业能源高效转换与精益化运行管理	中钢协二等奖
	极贫铁矿资源的大规模集约开发利用	中钢协三等奖
	装备再制造技术的集成应用与产业化实践	中钢协三等奖
2015 年	以打造全球一体化轮轴产业链为目标的跨国收购决策与实施	国家级二等奖
	钢铁企业以精益运营为核心的管理提升	国家级二等奖
	以打造全球一体化轮轴产业体系为目标的技术和市场型横向跨国收购	中钢协一等奖
	以国际一流钢铁企业为赶超目标的精益运营管理	中钢协一等奖
	国家一级安全生产标准化体系建设	中钢协二等奖

续表 5-1

获奖年度	管理创新成果名称	所获奖项
2015 年	1580 热轧生产线自主集成创新实践	中钢协三等奖
	基于内部资源整合形成设备制造产业协同机制的转型发展实践	中钢协三等奖
	以打造全球一体化轮轴产业体系为目标的技术和市场型横向跨国收购	安徽省一等奖
	以国际一流钢铁企业为赶超目标的精益运营管理	安徽省二等奖
	以打造基层创新平台为目标的职工创新工作室建设	安徽省二等奖
2016 年	钢铁企业以提质增效为目标的全方位结构调整	国家级二等奖
	以提升国产铁矿竞争力为目标的经营型生态矿山建设	中钢协二等奖
	产品横向一体化多功能小组管理模式探索与实践	中钢协二等奖
	国有钢铁企业化解过剩产能的实践	中钢协三等奖
	国有钢铁企业以转型升级化解过剩产能	安徽省一等奖
	产品横向一体化多功能小组管理模式探索与实践	安徽省二等奖
	基于专业化管理和产业化发展的战略转型实践	安徽省二等奖
2017 年	近城大型露天矿区基于系统理论的协调发展	国家级二等奖
	基于提升有效供给能力为导向的卓越绩效管理	中钢协一等奖
	高炉运行评价与预警保障体系的构建与实施	中钢协一等奖
	基于云平台的钢铁企业两化深度融合发展	中钢协一等奖
	以 EVI 技术服务战略推动商业模式创新	中钢协二等奖
	特大型地下矿山建设发展模式的构建与实施	中钢协二等奖
	基于环境经营与城市融合发展的绿色和谐示范钢铁企业建设	中钢协三等奖
	扎根现场紧贴市场提升精益运营能力	中钢协三等奖
	以产业协同为导向的全方位供应链体系建设	中钢协三等奖
	基于环境经营与城市融合发展的绿色和谐示范钢铁企业建设	安徽省一等奖
	以 EVI 技术服务战略推动商业模式创新	安徽省二等奖
	基于云平台的钢铁企业两化深度融合发展	安徽省二等奖
	与城市共享发展的生态矿区建设与管理	安徽省二等奖
	基于提升有效供给能力为导向的卓越绩效管理	安徽省三等奖
	以产业协同为导向的全方位供应链体系建设	安徽省三等奖
	特大型地下矿山建设发展模式的构建与实施	安徽省三等奖
	扎根现场紧贴市场提升精益运营能力	安徽省三等奖
2018 年	基于设备综合效率（OEE）评价体系的设备效率提升实践	中钢协一等奖
	以产品升级为目标打造精益化工厂	中钢协二等奖
	基于卓越绩效的产业协同管理	中钢协三等奖
	以打造高铁轮轴知名品牌为目标的技术创新管理体系构建	中钢协三等奖
	以智能制造为导向的产业转型升级发展	中钢协三等奖
	构建以财务公司为平台的跨境资金集中运营新模式	中钢协三等奖
	“六位一体”群众性经济技术创新体系构建与实施	中钢协三等奖
	基于国有控股民营机制的混合所有制企业高质量发展	中钢协三等奖
	以生态智能为目标的现代化钢铁物流企业建设	中钢协三等奖
	“六位一体”群众性经济技术创新体系构建与实施	安徽省一等奖

续表 5-1

获奖年度	管理创新成果名称	所获奖项
2018 年	以打造高铁轮轴知名品牌为目标的技术创新管理体系构建	安徽省一等奖
	以“四个结合”为核心的化解钢铁过剩产能方案设计与实施	安徽省二等奖
	以智能制造为导向的产业转型升级发展	安徽省三等奖
	以产品升级为目标打造精益化工厂	安徽省三等奖
	以生态智能为目标的现代化钢铁物流企业建设	安徽省三等奖
2019 年	构建“绿色、智慧、协同、共享”综合性大型钢铁物流公司的探索与实践	中钢协一等奖
	特大型钢铁企业集团品牌战略的构建与实施	中钢协二等奖
	以高效生产为目标的大型转炉标准化管理体系构建与实践	中钢协二等奖
	大型钢铁企业基于要素管理的精益工厂创建探索与实践	中钢协三等奖
	以效益效率为导向构建一体化产销联动平台	中钢协三等奖
	以打造精益团队、提升创新创效为目标的工匠基地建设	中钢协三等奖
	构建“绿色、智慧、协同、共享”综合性大型钢铁物流公司的探索与实践	安徽省一等奖
	特大型钢铁企业集团品牌战略的构建与实施	安徽省一等奖
	基于打造国内一流矿业公司的“六型矿山”建设	安徽省二等奖
	以效益效率为导向构建一体化产销联动平台	安徽省二等奖
	以构建信息产业生态圈为发展目标的综合改革创新实践	安徽省二等奖
	以打造精益团队、提升创新创效为目标的工匠基地建设	安徽省三等奖

第三节　风险控制

［风险管理体系］

2008 年 6 月，中华人民共和国财政部、证监会、审计署、银监会、保监会（简称五部委）联合发布了《企业内部控制基本规范》。为了实现经营目标，保护资产的安全完整，保证会计信息资料的正确可靠，确保经营方针的贯彻执行，保证经营活动的经济性、效率性和效果性等，2008 年起，马钢以五部委发布的《企业内部控制基本规范》《企业内部控制应用指引》为依据，建立了合理保证企业经营管理合法合规、资产安全、财务报告及相关信息真实完整，提高经营效率和效果，促进企业实现发展战略为目标的全面风险管理和内部控制体系。公司先后发布并运行《内部控制手册》《马钢股份公司风险管理办法》《马钢股份公司反舞弊工作管理办法》《马钢股份公司金融衍生品业务管理办法》等一系列管理办法，完善了公司内部控制的制度体系，编制《关键风险清单》，开展了公司内控体系的风险评估工作，开展了内部控制的系列培训工作。组织完成了公司内控体系的运行测试和内部审计工作。同时协助矿业公司、欣创环保、国贸公司等子（分）公司建立了内控体系，指导、督促其他子公司持续建立和完善内控体系。

［风险管理机制］

马钢集团组织修订了《内部控制手册》《内控管理办法》《全面风险控制管理办法》等文件制度，组织研究风险评价标准和风险等级，开展风险评估，提出风险应对策略；确定各风险项目的责任归属部门和责任岗位，有效推进相关部门做好相关流程风险管理，并将风险管理各项要求融入各项管理和业务流程中，通过风险识别、风险分析、风险评估及应对等步骤对风险进行全面和全过程的管理。构筑以业务单元为第一道防线、以风险管理职能部门为第二道防线、以内部审计部门和专门委员会为第三道防线的三道风险管理防线，并持续优化改进三道风险管控防线体系。公司的风险管理体系坚持全面性原则，实现全过程控制和全员控制，避免风险管理出现空白和漏洞。坚持重要性原则，重点关注高风险业务领域，识别重大风险，积极应对，规范管理。坚持有效性原则，以合理的成本实现有效的风险控制，定期检查系统运行的有效性并持续改进。坚持制衡性原则，力求在治理结构、机构设置及权责分配、业务流程等方面形成相互制约、相互监督的合理组织结构和良好企业环境，并兼顾企业的运行效率。坚持合规性原则，符合有关法律、法规的规定。同时，根据公司特点将内部控制的18个控制流程，分解成138个控制活动，每季度组织对公司实现总体经营目标可能遇到的各类风险进行全面排查，重点对各过程、活动的风险识别是否全面，采取应对措施是否有针对性，责任归属单位和部门是否准确，部门是否定期进行核查等情况进行监控。

多年来，马钢集团通过加强内控体系的运行和监督，有针对性地开展内控培训、辅导提高公司及各子公司的内控管理水平。动态识别公司面临隐的各类风险，有针对性地制定风险应对措施，有计划地开展内控体系和全面风险管理建设以及内控审计等工作针对外部审计、内控自评、内控审计等各类内控审计发现的内控缺陷，按流程归属明确落实责任，强力开展缺陷整改工作，并对各类内控缺陷的整改情况进行跟踪验证，持续改进全面风险管理和内控体系的有效性，按季度完成《内部控制和内控体系工作情况报告》报马钢集团和马钢股份董事会审议。

马钢集团全面风险管理和内控体系建设和运行的效果，受到了国务院国资委、证监会、证券交易所的表扬，获得了国际咨询公司的高度评价和积极推荐。

第四节 绩效管理

[概况]

马钢集团及马钢股份的绩效管理工作，在2014年之前按经济责任制方式推行，在2014年以后按生产经营绩效管理方式推行。

[经济责任制]

2001年，按照“市场倒推、工序服从、系统优化、效益优先”的原则，马钢股份对铁前系统在确保产品质量的前提下，重点突出规模效益。对钢、轧系统除规模效益外，重点突出品种（规格）、质量的考核。对辅助保产单位在突出保产任务、安全运行及优质服务的基础上，鼓励其外部创收创利。对改制的9家单位，以利润及资产运营效率指标为考核中心，同时考核各分公司的重点保产工作。对营销、采购等面向市场的部门，以市场的要求进行反向倒推动态考核，在政策上鼓励其从市场上取得效益。继续坚持以成本（利润）为中心，实行成本否决，严格考核，共否决5个厂次。2001年制造成本比2000年降低3.81%。先后调整了中板厂等9个单位考核分配办法，中板月产量由5万吨提高到6万吨。一钢厂“平改转”后，为鼓励其尽快达产，分两个阶段下达了考核办法，板坯投产后，对产量加大激励政策，促使其上台阶，从而使一钢厂从竣工到正常生产，实现了时间最短、达产最快的目标。建立了以吨钢综合能耗、工序能耗、主要动能设备达标三级目标为内容的考核体系，10月马钢股份吨钢综合能耗累计首次破9见8（实现从2000年的986千克标准煤降至890千克标准煤），对一钢厂转炉煤气回收、三钢厂转炉煤气回收、中板厂红送、三轧钢厂红送、供电线损等，采取按项目分档设立目标值，达标按月奖励的办法；对3个铁厂实行高炉喷煤达标奖励办法，各铁厂喷煤比较上年均有不同幅度的提高。2000年12月9日，马钢集团同马钢股份各分公司的经营代表签订了2001—2003年《资产授权经营责任书》；2000年12月20日，马钢集团与马钢集团所属南山矿业公司、力生公司等10家全资子公司签订了2001—2003年《资产经营责任书》，与桃冲矿业公司签订了《资产授权经营责任书》。

2002年，在原有的基础上对各单位降本增资比例分别增加了3—5个百分点，调整了关键技术经济指标的提奖水平，鼓励各单位在提高技术经济指标上下功夫。在降本的导向上引导各单位把指标进步作为降本增资的主渠道，提高技术经济指标降本占总降本额度的比例。为继续挖掘炼铁系统设备的生产能力，鼓励铁前系统在确保质量的前提下，提高产品产量，对炼铁厂、煤焦化公司设置了超产奖；为进一步优化品种结构，对钢、轧系统重点突出品种的考核。围绕公司生产、经营和管理，适时调整考核政策。为提高公司销售合同的兑现率和钢后生产保障能力，制定下发《品种兑现考核细则》《2002年马钢股份公司节能工作要点及考核办法)《一钢转炉煤气回收奖励办法》《三钢转炉煤气回收奖励办法》。对3个钢厂组织开展了为期3个月的降低铁钢比活动，制定了单项奖励办法；为进一步推进钢坯热送工作，6月公司对钢坯红送热装又制定了阶段性考核办法。为精心打造优硬线、焊线、三级螺纹钢筋和铁塔用角钢等马钢品牌，相应制定了内控标准。在试运行期间对符合内控标准的钢坯、钢材制定了相应的奖励办法。针对生产、设备及安全事故有所上升的趋势，对原有的考核办法进行了修订，下发了《生产操作事故考核办法》《设备专业管理考核办法》《安全生产管理考核细则》。围绕公司“十五”规划重点建设项目，实施风险抵押责任制。对厂区公辅项目考核中存在的问题及时与有关部门进行协商，下达了《公辅项目工程承包奖管理实施细则》。

2003年，围绕马钢两公司预算目标，以经济效益为中心，以优化产品结构、提高产品质量、节能降耗、对标挖潜为重点考核。对公司新建项目，分台阶设置达产攻关奖。加强公司存货管理，提高周转率，制定了新的存货资金占用考核办法。围绕两公司节能重点、难点，设立了单项考核办法。结合公司新产品开发特点，实行项目目标责任制。如对首批新高线产品，实行专家组风险抵押考核办法。为促进“十五”期间重点建设工程项目早日竣工投产，及时做好节点奖的兑现工作，如新高线生产线、二钢厂高线车间、2号2500立方米高炉、CSP生产线、料场码头改扩建工程等。

2004年，制定20多项专项考核办法，包括《马鞍山钢铁股份有限公司非自产钢铁产品贸易工作管理办法（试行)》《转炉煤气回收等专项考核办法》《2004年存货资金考核办法》《卸船定量单项奖励办法》《煤焦化公司干熄焦达产攻关奖励办法》《保卫部厂区保卫工作考核办法》《马钢两公司对外委派人员考核办法（试行)》《检修工程津贴管理考核办法》《冷轧生产线专项考核办法》《一钢RH炉生产攻关奖励办法》《二钢棒材及三轧彩板阶段性达产攻关奖励办法》等。为加强“十五”期间重点建设项目的施工管理，有效地控制投资、质量和工期，促进工程项目早日竣工投产，对项目经理部实行了风险抵押责任制，对施工单位进一步细化了考核内容及节点奖的考核兑现程序。对一烧结厂3号竖炉、一铁总厂“三改二”工程、二铁总厂3号高炉、冷轧生产线等一些短平快项目的快速建成起到了有力促进作用。

2005年，通过激励机制促进公司新建项目最大限度地发挥能力，达产创效。鼓励各单位通过管理创新和技术创新，提升各项技术经济指标。推出对3个钢轧总厂和一能源总厂等单位经济责任制新的考核政策，重点体现了统一、简化、针对性强的考核思路。制定了新一轮、为期3年的子（分）公司资产（授权）经营责任书。钢构公司、机电公司被马钢股份收购后，根据马钢股份管理模式制定了钢构公司、机电公司资产（授权）经营责任书。围绕公司生产经营，及时制定相关考核办法，如《高炉系数稳定奖励办法》《降低铁钢比临时性奖励办法》《高炉单炉利用系数劳动竞赛奖励办法》《能源利用专项考核办法》《技术中心科研项目考核办法》《RH生产DQ级产品专项奖励考核办法》《三钢轧总厂弗卡式炉生产冶金石灰专项考核办法》《峰谷分时电价考核办法》等。为实现公司基建技改工程建设的各项目标，保证公司重点项目的顺利实施，制定了《马钢股份公司基建技改工程考核办法》《重机输送公司开发区新建工厂工程目标责任书》《一钢轧总厂中板线改造项目目标责任书》等。

2006年，围绕马钢两公司生产、经营、管理上的重点、难点，制定了9个专项管理考核办法，如《高炉单炉利用系数劳动竞赛奖励办法》《转炉煤气等能源利用专项考核办法》《高炉瓦斯泥富集生产专项管理考核办法》《公司新产品考核细则》《2006年存货资金占用考核办法》《进口备件国产化项目考核办法（试行）》《稳定生产提高产品兑现的奖励办法》等。根据《两公司薪酬非现金形式发放管理暂行办法》要求，制定了《两公司单项奖非现金发放实施办法》，做到动态考核、动态调整。针对市场和生产经营具体环节的变化，按照铁前系统实际运行的配料结构，并结合公司原料状况，对配料结构计划进行了修订，调整了铁前系统原料成本考核计划，还原了铁前系统原料成本的真实情况，调整了相关考核办法。

2007年，新区项目陆续提前投入试生产，为促进新区项目尽快达产顺产，相继出台对新区的各项导向政策，如煤焦化公司新区1号焦炉2月初投运后，制定了达产专项奖励办法。三铁总厂A座高炉2月下旬投运后，实行达产达标奖励办法。四钢轧总厂炼钢、热轧系统投运后，下达了专项考核办法。随着公司新区工程全面投产，为最大化地促进新区发挥优势，形成新的经济增长点，根据新区各单位的运行特点，对其考核模式进行了新的尝试，制定了以稳定运行为基础、以提高品种兑现、产品质量为导向的新的考核机制，并制定下发了下半年三铁总厂、四钢轧总厂、二能源总厂经济责任制。与此同时，对转炉煤气回收、余热发电等节能重点、难点问题，对加强存货资金的管理，提高资金周转效率问题，对进一步规范和提高公司新产品开发工作的管理水平，持续推进标准化作业工作的开展和公司重点产品、新产品技术经济指标的进步，促进公司产品结构调整和优化工作，对港务原料厂加大水运卸煤力度，缓解公司原燃料装卸矛盾等问题，均及时制定了相应的达标专项考核办法。根据下半年公司品种生产重点，对4个钢轧总厂也分别制定了重点品种专项奖励办法。

2008年，为确保完成预算目标，根据年度经营方针，对经济责任制考核模式进行了重大调整，初步建立了以计划值管理为中心的经济责任制考核体系。在公司机关24家单位开展绩效管理信息系统的推进工作，下发了《公司机关绩效管理信息系统推进计划》，组织召开机关绩效管理信息系统推进动员会，组织项目组人员、机关全体管理人员分七批次进行培训。同时到各推进单位调研，与各单位沟通、指导岗位说明书、工作日志等规范性操作，及时协调、解决推进过程中的具体问题及相关需求。

2009年，进一步推进“研产销”工作长效运行机制，加快高附加值产品开发及产品质量的提升，支撑公司经营目标的实现，对6个“研产销”工作组制定了专项考核办法。为加快推进马钢股份“研产销”工作组以外的单项攻关产品的开发和产品质量的提升，制定了单项产品攻关奖励办法。为进一步巩固铁前系统一体化工作长效运行机制，对铁前系统制定了《高炉长周期稳定顺行攻关考核奖励办法》。为鼓励技术中心、销售公司等相关单位及人员通过调整公司产品结构，6月制定了品种结构调整增效专项奖励办法。为配合公司20亿元降本增效任务的完成，多次制定降本增效配套考核办法。5月对降本增效考核办法进行了修订，采取分系统挂钩考核的办法，并设立降本增效特别奖，6月对下半年经济责任制考核办法进行了调整，将两轮降本增效任务作为硬性指标纳入考核，9月根据1.5亿元对标挖潜降本增效目标，下达《对标挖潜降本增效奖励办法》。10月根据两公司经济活动分析会议精神，在9月下达的《对标挖潜降本增效奖励办法》前提下，制定了《四季度对标挖潜降本增效奖励办法的补充规定》，将对标挖潜降本增效目标的1/5（3000万元）作为硬性指标纳入考核。同时，根据公司4季度经营策略及工作重点，对经营单位下发了四季度重点工作任务及考核办法，并对相关职能部门建立了重点工作挂钩考核制度。

2010年，马钢股份考核重点主要放在优化品种结构、提升产品质量和降低生产成本3个方面。马钢集团考核重点主要放在鼓励矿山系统继续抓好安全生产、在矿山采场资源条件急剧恶化的前提下，努力增产。进一步推进研产销工作长效运行机制，加快高附加值产品开发及产品质量的提升，3月，对研产销工作组制定了专项考核办法，以比较利润、销售量、品种开发作为主要考核指标；为进一步推动铁前系统长周期稳定顺行工作，建立研产供工作运行机制，提升铁前系统抗风险能力，保证铁前各工序原燃料稳定供应，实现稳定、均衡、低成本生产。对公司确定的一铁、二铁、三铁、炼焦配煤4个工作组制定了《铁前长周期稳定"研产供"工作组考核办法》，并以高炉稳定顺行为主要考核指标，实行达标奖励。为确保公司吨钢综合能耗总目标的实现，按照公司成立的炼铁、炼钢、轧钢等7个攻关组工作目标，制定了《2010年能源经济运行专项奖励办法》。为提升设备保障能力，推动零故障管理工作上台阶，对公司拳头产品生产线或对物流平衡影响重大的12条关键生产线制定了创建零故障生产线奖励办法，实行累进考核奖励。为了鼓励积极开展对外贸易及加强国家、安徽省、马鞍山市各项优惠和补贴政策的研究和争取工作，制定了《马钢两公司对外贸易创收及争取国家政策奖励办法》。鼓励检修公司进一步提高协力保产工作质量，承接公司外委工程，减少资金外流，鼓励各钢轧总厂根据公司铁水资源安排，5月，对原品种结构调整奖励办法作适当调整：对纯品种结构调整增加的边际利润按原经济责任制规定的奖励办法执行。为进一步强化铁前产量意识，6月，对铁前经济责任制与长周期攻关（研产供）相关政策进行部分调整，加大了生铁产量考核力度，同时将"完成月度生产计划"作为"均衡生产率"和"高炉利用系数"两项指标奖励的前提。对采购体制实施了改革，为进一步提高公司外购原燃辅料质量，确保生产稳定顺行，有效降低成本，结合公司开展的外购原燃辅料质量专项治理工作，7月对质监中心制定了《质监中心检验外购原燃辅料质量工作专项考核办法》。

2011年，马钢集团考核重点主要放在鼓励矿山系统继续抓好安全生产、在矿山采场资源条件急剧恶化的前提下，努力增产。马钢股份考核重点围绕研产销、生产稳定、经济运行、工程建设等方面。为实现对公司基建技改工程"工期、投资、质量和安全"4项目标的有效控制，保证公司重点基建技改项目的顺利实施，下发了《马钢股份公司基建技改工程考核办法（试行）》。为加快高附加值产品开发、提升产品实物质量、增强产品综合竞争力充分调动各方面人员的积极性，支撑公司经营目标的实现，制定下发了《2011年"研产销"工作考核办法》，将参与研产销工作的中高层管理人员、高级技术主管绩效年薪与研产销工作实绩挂钩，其他成员实行封闭考核。加强炼钢辅料管理，控制和降低炼钢辅料消耗，根据公司2011年预算及控制目标，制定下发了《炼钢辅料专项考核办法》。为促进各有关单位节能降耗，制定下发了《能源经济运行专项奖励办法》。为进一步推动铁前系统长周期稳定顺行，实现稳定、均衡、低成本生产，制定并下发了《2011年"研产供"工作专项奖励办法》。根据公司对标挖潜工作重点，制定了《对标挖潜考核办法》。为进一步提升品种结构调整工作质量，下发了《降本增效及品种结构调整增效考核办法》，并对销售公司、技术中心分别增加部分增效品种产销量和产品研发进度的考核。为确保公司炼铁生产稳定，促进煤焦化公司提高干熄焦率，制定下发了《关于调整煤焦化公司2011年下半年干熄焦率考核指标的通知》《关于增加对2500立方米、4000立方米高炉外购一类焦炭使用量考核的通知》。为促进炼铁总厂均衡稳定生产，制定下发了《调整炼铁总厂均衡生产率等相关考核指标及考核办法》。为规范子公司管理和促进子公司发展，建立有效的激励、监督、约束机制，本着"责、权、利"三者相统一的原则，制定了《股份公司高层管理人员2011年8—12月经营目标责任书》《矿业公司和财务公司2011—2012年经营目标责任书》，并于9月14日举行了签字仪式。

2012年，根据母子公司管控模式，引导各单位通过稳定顺行、结构调整、对标挖潜、拓展非钢产业、技术和管理创新等多种有效途径，努力降低生产成本、增加公司效益。为规范管理、有效发挥奖励基金的作用，充分调动广大员工的积极性、主动性和创造性，根据马钢集团2012年经济责任制考核办法相关规定，下发了《马钢集团公司厂长、经理（董事长、总经理）奖励基金管理办法》。为调动电炉厂积极性，制定了电炉厂经营目标责任书，于2012年3月6日举行了签字仪式，鼓励公司相关单位拓展外部贸易业务。为公司开辟新的经济增长点，进一步调动相关人员积极性，在结合公司外部贸易业务整合工作基础上，制定了《马钢集团公司外部贸易业务专项考核办法》。

2013年，在马钢集团层面上，按照母子公司管控模式，实行分层管理、分类考核，以强化经营管理为主线，以提高效益为核心，通过激励和约束机制的导向作用，鼓励各单位充分利用内部资源，发挥人力、物力优势，深挖潜力，全面满足内部市场需求，积极开拓外部市场，发挥集团整体优势。引导各单位努力完成公司下达的预算目标，实现钢铁主业扭亏为盈，提升矿产资源业和非钢产业盈利水平，增强集团整体竞争力。马钢集团先后与马钢股份、合肥公司、长江钢铁、矿业公司等10个单位签订了经营目标责任书。马钢股份在内部生产经营绩效考核上，对生产制造单元重点突出稳定顺行、降本增效、结构调整、产品质量的考核，对公辅单元重点考核安全保供，突出主辅联动，对科研技术单位推行《科研项目委托制》，对销售、采购单元实行价格对标、产销（供）联动。在实施过程中，围绕公司生产、经营、管理上的重点，适时制定和调整相关考核办法，先后修订了产品结构调整激励政策、经营抓商机激励政策、进口矿采购岗位专项激励政策、当期型新产品激励政策、产品质量扣奖与激励政策，下半年围绕公司打造降本增效升级版工作主题，出台了降本增效递进奖励办法等。在月度经济责任制考核过程中，严格按照经济责任制考核办法进行考核、兑现。通过各项政策的有效实施，公司上下共同努力，推动了公司降本增效目标达成率逐月攀升。

[绩效考核与评价]

2014年，马钢集团发布了《经营绩效管理办法》，对马钢股份、矿业公司按照分层管理的原则，逐级建立绩效考核评价体系。对公司职能部门、各二级单位制定了绩效考核办法，将公司重点工作、预算中的主要指标分解落实到各相关单位，明确责任和目标。根据马钢股份年度预算目标，修订、完善了《生产经营绩效管理办法》，制定并下发了《汽车板专业管理考核办法》《高炉长周期稳定顺行专项奖励办法》《研产销专项奖励办法》《对标管理办法》等。同时，根据生产制造单元8家单位月度降本情况，制定了降本激励政策。为提升港务原料总厂码头卸船人员积极性，制定了卸船量激励政策。针对公司板带产品表面擦划伤缺陷质量问题，根据公司降低产品表面擦划伤缺陷目标，对一钢轧总厂、四钢轧总厂及合肥板材厂制定了考核办法。为调动销售人员积极性，制定了销售公司各品种部、加工中心及区域公司“承包制”。根据公司下达的下半年重点工作要求，修订和完善《对标管理办法》，确定对标管理体系及流程，建立工序、产线长效对标机制，开展全面对标工作。通过政策导向，推动各单位降本水平逐月提升。2014年之前，马钢集团、马钢股份的绩效管理以经济责任制方式推行。

2015年，对马钢集团下属子公司从财务、客户、内部运营和管理4个维度设置评价指标，对马钢股份下属二级单位依据各产线特点设置不同的关键绩效指标，对铁前系统突出均衡稳定生产，以均衡生产率、成本、产量为关键绩效指标，对钢轧系统突出精益生产。2015年起，马钢集团、马钢股份绩效管理按生产经营绩效方式推行。

2016年，通过政策导向作用，引导各单元和相关单位“密切关注市场”“精确抓好现场”，促进各单位全面对标挖潜、系统经济运行、产品结构调整、提升产品质量，不断提高公司竞争力。修订并下发了财务管理、制造管理、设备管理等10个专业考核办法。制定了相关激励政策，如《聚焦现场突击队专项奖励办法》《二铁总厂3号高炉大修工程项目专项考核办法》《争取国家政策等激励办法》。将基建工程津贴、技术输出创收等单项奖励纳入了公司人力资源管理信息系统中发放，并制定了非现金发放流程。在日常考核中，及时沟通，动态调整，加强对过程的测评和监控，对各单位出现的指标异常情况，及时组织相关人员进行讨论，针对存在的困难和问题，进行剖析，加强整改，以促进各单位经营业绩的提升。

2017年，按市场化原则构建绩效评价体系，完善绩效考核办法。本着“以绩效定收入、以标杆为目标、以过程保结果、以专项带全局、强化系统联动”的原则，修订、完善了马钢集团《经营绩效管理办法》、马钢股份《生产经营绩效管理办法》。制定下发了《多元产业APQP及EVI项目专项激励办法》《能源经济运行专项奖励办法》《检修工程项目管理考核办法》等，修订完善了《聚焦现场突击队专项奖励办法》《对外技术和管理输出管理办法》等，根据《检修工程项目管理考核办法》，组织与各项目部签订《检修项目目标责任书》，根据公司《2017年公司“包、保、核”行动计划》，定期跟踪评价降本增效、“包、保、核”行动计划进展情况，推动“保障”工作落实。

2018年，对各子公司引入经济增加值（EVA）评价指标，促进子公司树立资本成本意识，在马钢股份内部推行目标计划值管理，引导各制造单元按计划组织生产，实现资源配置最优化和组产效益最大化。加大外部创收激励力度，调动各子公司对外创收积极性，促进多元产业由“内生型”向“外向型”转变，修订完善《多元产业APQP及EVI项目专项激励办法》，促进多元产业创新模式，打造品牌，提升效益。制定《集团公司争取政策专项激励办法》，鼓励公司各单位加强对国家、省、市各项优惠和补贴政策的研究和争取，为公司降本增效。马钢集团总经理与各板块负责人签订经营目标责任书，制定《2018年股份公司领导班子经营业绩评价标准》，制定《模拟职业经理人年度和任期绩效考核办法》，发挥目标计划值在绩效管理导向上的作用，引导工作思路跟随公司转变。每月跟踪核心计划准确率，将异常监控和纠偏降偏纳入月度分析，建立分析模型，生产经营预算、计划、实际通过生产经营情况分布图形象展现，月度计划与实际偏差的原因一目了然。

2019年，马钢集团分类设置子公司绩效评价指标，突出利润总额、经济增加值、营业收入（或外部收入）核心指标的考核，对不同子公司针对性提出人事效率提升、国有资本保值增值率、安全生产环保、风险管控方面要求，实行清单制考核，并按定绩效目标、定工资总额、定经营团队薪酬的“三定”原则，编制各子公司组织绩效及经营团队绩效评价办法，减少了考核指标、频次，与各厂、部公司经营层分别签订《年度经营目标责任书》，充分放权、有效监督，使子公司内在动力和职工工作热情不断得到激发；马钢股份绩效管理以目标与计划值管理（MBO）为统领，围绕公司战略及年度预算目标，实行战略目标管理，并将目标通过计划值管理，逐级分解，并与经营层、管理层绩效挂钩，以保证战略落地。在团队落实环节（经营团队），为承接战略指标，分层级编制平衡计分卡（BSC），以战略目标为核心，从财务、顾客与市场、内部运营、学习与成长4个维度对管理过程进行全面测评，并以此作为对各单位经营团队绩效评价的依据。从BSC中提取关键绩效指标（KPI）评价各单位组织绩效，在激励引导环节，围绕生产经营，打造目标与关键成果（OKR）平台，促进公司实现创新发展，实现系统性增值。树立激励项目与战略目标一致的理念，激励攻关团队围绕取得关键成果贡献聪明才智，杜绝各项激励的“先斩后奏”行为，促使项目管理持续改进，推广应用。在结果运用环节，评估结果实现年度考核评比、行政奖励、行政问责、年度预算安排4个结合，促进管理的持续推进，努力实现动态、全过程、闭环式管理。

第五节　信息化管理

[信息化规划]

2001年，马钢集团积极策划公司整体信息化项目并作前期准备。为配合新区建设目标，在“两板”信息化建设基础上，通过开展较大范围前期调研，编制“十一五”期间公司信息化建设发展规划和分步实施方案。

2015 年，马钢集团起草发布《马钢信息产业发展规划（2015—2017）》，把信息产业列入“3+4+3”战略性新兴产业。确立了信息产业一个核心平台、五个业务方向，即围绕一个“云计算平台”发展，“钢铁主业自动化和信息化”“行业企业信息化解决方案”“参与智慧城市解决方案”“IDC 数据中心托管服务”“研发实验基地”五个业务方向。利用国家大力发展信息产业和实施“1+7”产业发展模式的时机，在自动化、信息化方面支撑马钢钢铁主业稳步发展的基础上，积极探索云计算、工业大数据、移动互联网等信息技术的研发应用，逐步发展马钢信息产业，使之成为马钢集团“1+7”战略的重要部分。

根据年度规划评估，结合内外部环境变化，逐年对规划滚动调整，2017 年完成编制《马钢信息产业发展规划（2017—2021）》。

［生产自动化与管理信息化］

2001 年，完成二烧结厂 3 号机、二铁厂 3 号炉、二钢厂吹氩、一钢平改转 1 号炉、中板厂四辊主传动、动力厂 2 号汽机、三钢厂 OG、新六机六流连铸机自动化控制系统等 40 余项自动化工程项目。开发制作低压电气开关控制柜、非标电气控制装置、节流装置、无纸记录仪、工业气体分析预处理装置（获国家专利）、特殊传感器、工业数字调度总机和短信息综合服务系统等产品。

2002 年，完成二烧结厂 1 号、2 号烧结机，二铁厂 1 号高炉，一钢厂 2 号转炉，二钢厂 2 号、3 号、4 号转炉等 70 余项自动化工程项目。

2003 年，完成马钢办公自动化系统，在所有二级单位和部门开通使用，实现网上发文和网上办文，加强计算机信息系统的技术防范，要求各单位计算机涉密不上网、上网不涉密。

2003 年，完成四铁厂 2 号 2500 立方米高炉、1000 立方米高炉建设、一钢平改转 3 号炉、圆坯改造、冷轧 1 号镀锌线、中板厂二辊改造、煤焦化公司煤气放散等 80 余项自动化工程项目。

2004 年，完成一铁厂 13 号高炉、三钢厂 4 号转炉、二钢厂连铸、棒材、一铁总厂 2 座 450 立方米高炉等自动化工程项目和冷轧薄板、彩涂板、四万制氧机、二万制氧机等自动化控制系统工程，同时自主开发了二钢厂连铸、棒材自动化控制系统，实现了连铸、轧钢领域自动化系统全流程制造的突破。推进“公司管理信息系统二期工程项目”建设，整合销售、生产、技术、质量及成本管理流程，为公司冷热轧薄板工程项目和信息化项目顺利实施提供保证。

2005 年，完成第一炼铁总厂 12 号高炉、第一钢轧总厂中板轧机、新区铁前等自动化、信息、通信工程，完成冷轧 2 号镀锌线 3 万立方米制氧机等自动化工程。

2006 年，完善“两板”信息化系统。在“两板”系统范围内，协调各相关部门和生产单位，通过系统运行和业务操作的实际磨合，保证“两板”和 H 型钢系列产品的生产经营管理稳定顺行。完成冷轧 2130 酸轧线、2250 热轧线、中板四辊轧机改造、热轧板坯库等工程，以及合肥公司新建高速线材、四万制氧机组、计算机网络等 10 余项工程。

2007 年，完成新区 300 吨 2 号、3 号转炉自动化控制系统，3 号压轧线，冷轧 1 号、2 号硅钢轧线，四钢轧总厂横切线自动化控制系统工程和新区焦化热焦罐车的电气及自动化设备国产化工程，实现热焦罐车的控制心脏——电气自动化装置“中国造”。

2008 年，完成轮箍轧线数控机械手控制系统研发和投用，完成唐钢数据支撑（DDS）系统开发项目，完成中板后续改造、合肥公司高炉喷煤等自动化工程

2009 年，完成三铁总厂转底炉、唐钢马钢股份信息化改造项目，马钢第一钢轧总厂热轧中厚板自控系统通过省级、市级鉴定。

2010 年，完成江苏永联球团 2 期、山西晋城福盛钢铁高炉三电自动化控制系统、合肥公司棒材自动化系统改造和窄带钢自动化控制系统工程、长江钢铁股份公司 2×180 平方米烧结机三电自动化、兴

澄特钢2号加热炉三电自动化等工程项目。开展冷热轧板带控制技术的前沿研究，制定了大型连续退火线控制技术方案。完成具有完全自主知识产权的窄带钢自动化系统，实现在板带连续轧制自动化工程能力方面的突破。“热轧横切线自动化控制系统”等产品通过安徽省科技厅科技成果鉴定，“马钢MCT机械手智能控制软件”通过安徽省科技厅“高新技术产品”评审。

2011年，完成三钢轧总厂高线传动系统改造、110吨电炉公辅、电炉厂开坯连轧项目、3.5万制氧机改造、山西晋城福晋钢铁公司信息化管理及1080立方米高炉自动化项目、联峰钢铁公司新建料场及煤气柜项目等内外部工程完工。与合肥公司签订薄板深加工1号2号连续退火机组电气自动化控制系统集成工程合同。

2012年，完成四钢轧总厂1号转炉、二钢轧总厂线材精轧机改造、长江钢铁“双棒”工程、张家港联峰钢铁公司能源公辅三电控制系统、联峰钢铁140万吨高线水处理控制系统、山东日照、云南呈钢180平方米烧结等自动化工程完工。印度尼西亚苏钢集团60平方米烧结机、450立方米高炉投产成功。

2013年，完成合肥公司1号冷轧连退线、三钢轧棒材改造、长江钢铁二期烧结、联峰钢铁公司综合料场扩建、抚顺新钢铁高线轧机、津西钢铁、印度尼西亚苏钢维保等工程项目。

2014年，完成合肥公司2号冷轧连退线、白象山铁矿、张庄铁矿通信与监控、弱电工程、永新棒材轧机传动控制系统改造、兴澄特钢新增3号探伤精整线自动化系统、伊朗烧结及料场等建设项目。先后与北京工业设计院、中冶华天联合完成了日照钢铁烧结机配套料场自动化系统、沙钢连铸工程三电系统等自动化工程。

2015年，完成第二炼铁总厂1号高炉，第四钢轧总厂热轧1580、2250轧线，一能源总厂1号风机控制系统改造，三钢轧高线生产自动化系统改造，冷轧总厂2号重卷线，马钢股份新建高炉，烧结自动化等工程项目。首次自主研发完成的干熄焦控制系统，在新区6号干熄焦装置应用成功。按时完成冷轧总厂、合肥板材整体信息化系统改造、废钢公司信息化等项目建设任务。

2016年，完成4号高炉系统工程、第三钢轧总厂高线自动化系统改造等重点工程。

2017年，完成合肥板材5号镀锌线、热轧2号平整检查线。配合公司机构调整、管理变革举措及业务提升要求，及时组织信息系统改造及新项目开发实施。包括铁前信息化二期项目，汽车、家电板OTP订单跟踪平台应用推广工作，电子招投标平台在试点单位上线运行基础上推广，启动马钢数字档案馆项目二期建设，推进马钢轮轴产品QMS系统、埃斯科特钢信息化项目、公司新门禁管理信息系统前期工作等。

2018年，完成长材中型材、特钢优棒生产线、马钢焦化无人车等自动化项目。

2019年，完成马钢料场环保升级和智能化改造、马钢重型H型钢加热炉、炼焦总厂新建筒仓三电自动化、港务原料总厂5G覆盖、芜湖雪亮工程、防城港钢铁基地长材系统等项目。与腾讯合作在瑞泰马钢率先打造数字化透明工厂，实现透明式生产与智慧运营。

[产销系统信息化]

2002年，实施基建技改设备管理系统、材料供销公司电子商务网络、炉料管理系统、档案管理信息系统、人事干部调配管理系统等，完成多项两公司MIS子系统的二次开发和完善工作。“大型钢铁联合企业计算电管理信息系统”获国家经贸委冶金协会科学技术进步奖二等奖。

2004年，马钢股份炉料公司原燃料收发存（收货、发货、存货）系统上线。

2005年，两公司生产部水运管理系统、马钢门禁管理系统正式上线。两公司人力资源系统实施完成并上线运行。

2007年，两公司产品信息化项目、整体ERP系统、设备资产管理信息系统正式上线。

2003—2007 年，马钢两公司“两板”信息化项目顺利实施，配套有多个 MES 系统、二级系统的建设。

2008 年，马钢两公司物流支撑系统、新区冷热轧 MES 系统、检化验等系统、一钢轧总厂、二钢轧总厂、三钢轧总厂、四钢轧总厂 MES 等系统顺利上线运行。

2009 年，国贸公司相关业务在 SAP 系统定制实施。

2010—2011 年，做好 SAP 系统各类财务主数据的日常维护和管理工作，加强系统的财务和月结检查，提前做好财务年结准备。为保证财务人员正常使用 SAP 系统，处理好财务用户及其权限的遗留问题，使“存货资金统计表”正常使用。优化 SAP 系统财务应用，提高 SAP 系统的管理效率，根据业务需求提交相关的 ERP 变更申请，解决高科技计划项目独立核算需求。建设完成马钢集团 ERP 灾备系统并举行实战演练，确保 ERP 系统在发生灾难性故障时，数据安全可靠。

2012 年，加强对马钢科技成果总结梳理，“机械手智能控制系统”“马钢物流支撑系统”通过市科技局组织的成果鉴定。“高速棒材连轧机自动化控制技术开发与应用”获全国冶金科学技术进步奖三等奖。自动化公司连续两年获“安徽省优秀软件企业”称号。知识产权体系管理工作进一步强化，发布《马钢两公司计算机软件著作权管理办法》，全年申报并获得计算机软件著作权 8 项，申报专利 1 项。

2013 年，“马钢股份高级计划排程系统（APS）”在 2012 年度“徽商杯”安徽省信息化十件大事评选中被评为“信息化示范工程”。

2014 年，完成日成本核算平台的建设实施，持续开展“日成本”管理工作，同时在马钢集团 7 家子公司 SAP 系统财务上线的基础上，推进统一财务管控平台建设。自主开发合肥板材信息化系统并投入使用。网上招投标“第一单”业务顺利完成，标志着“马钢招标”信息化建设进入新的阶段。马钢股份日成本核算平台上线运行。

2017 年，信息化工作紧紧围绕“中国制造 2025”“互联网与工业融合”战略要求，以逐步实现“智能工厂”“数字矿山”“绿色马钢”建设目标，开展工作：一是保障系统总体运行平稳，实现 SAP 系统升级并向 HANA 云平台迁移，完成轮轴事业部车轮新 MES 系统向云平台迁移并切换上线；二是持续深入开展“日成本”管理工作，按照《日成本核算与控制管理办法》《日成本核算工作激励办法》，跟踪落实“日成本分析”及“日清日结”各项措施，持续提升日成本核算数据质量，有效推进日成本核算信息化系统持续改进；三是完成 SAP 系统升级迁移项目，成为钢铁行业里迁移至 HANA 平台的首例成功案例。

2018 年，围绕“十三五”期间信息化规划内容及年度工作计划，推进重点信息化项目建设。主要有马钢集团信息化试点项目、马钢集团财务系统信息化、马钢一体化计划系统、板带质量管理信息系统（IPS&QMS）及基础网络设施配套升级改造项目、马钢股份客户服务管理移动平台、“十三五”长材系列技改工程（中型材、重型 H 型钢、特钢优棒产线）配套信息化项目（含公司检化验系统升级改造）前期工作。铁前信息化二期项目完工。汽车、家电板 OTP 订单跟踪平台应用推广。马钢数字档案馆项目二期、马钢轮轴产品 QMS 系统、埃斯科特钢信息化项目、马钢集团新门禁管理信息系统启动。同时完成集团信息化试点项目，集团财务系统信息化，马钢一体化计划系统、板带质量管理信息系统（IPS&QMS）及基础网络设施配套升级改造项目，马钢股份客户服务管理移动平台，组织“十三五”期间长材系列技改工程（中型材、重型 H 型钢、特钢优棒产线）配套信息化项目（含公司检化验系统升级改造）前期工作。

2019 年，持续优化马钢电子招投标平台，完善平台功能，开发电子发票功能、优化评标专家抽取模块。5 月，一次性通过中国信息安全认证中心（ISCCC）检测认证，成为国内钢企中继宝武集团、鞍钢后，第三家通过认证的电子招投标交易平台。

2007—2019 年，完成马钢集团整体 ERP 系统实施，功能范围包括财务成本、综合计划与生产执行、产品设计、采购、销售、生产物流及 SAP 与其他系统的集成关系等方面内容。

［面向用户的信息化］

2005 年，马钢两公司人力资源系统实施完成并上线运行。

2007 年，设备资产管理信息系统的实施完成，正式上线，马钢集团协同办公系统成功选型“泛微”，结合手机 APP 应用，实现集团范围内的沟通、分享、协同的办公管理，6 月马钢数字档案馆一期项目上线。

2011 年，10 月电炉厂 MES 系统上线，12 月冷轧总厂 MES 系统上线。同年建设完成马钢集团 ERP 灾备系统并举行实战演练，确保在发生灾难性故障时，系统数据安全可靠。老区能源管理系统（EMS）上线。

2012 年，“马钢物流支撑系统”通过马鞍山市科技局组织的成果鉴定。

2014 年，冷轧总厂配套 SAP 系统、MES 系统进行了改造，并在同年 4 月上线，3 月马钢日成本核算平台上线，环保信息化系统上线。12 月电子招标平台顺利投运，12 月 31 日顺利完成了网上招投标“第一单”业务，标志着“马钢招标”信息化建设进入新的阶段，汽车板、家电板 OTP 订单跟踪平台上线。

2016 年，组织“进一步加强公司网络安全管理”项目，完成“马钢一体化计划系统改造项目”前期三轮技术谈判，完成制订“股份公司两化融合管理体系贯标项目”推进计划，推进“马钢股份经营决策支持系统”项目，销售板块于 2016 年 10 月投入试运行。推进铁前信息化二期项目实施，电子招投标平台改造项目完成设计开发，11 月进入测试阶段。马钢数字档案馆项目已完成设计开发培训，业务模块具备上线条件。车轮公司信息化系统整体上线，5 月铁前信息化系统一期上线。组织梳理优化材料供应结算流程并配套完成相关信息系统支持工作，实现材料物流、资金流、信息流三流同步，组织完成相关信息系统的适应性调整，及时支撑马钢股份制造单元整合（原一铁、二铁合并；彩涂板事业部整合到冷轧总厂，长材事业部高线分厂整合到特钢公司），将二铁总厂新建 3 号烧结机、4 号高炉生产线信息管理纳入整体 ERP 系统范围。完成相关三、四级系统调整实施工作，以满足公司石灰业务整合进度要求，实现马钢股份经营决策支持系统销售板块投入运行等。

2017 年 12 月，轨交公司数字化车间项目顺利上线。

2018 年，配合公司结构调整管理变革举措及业务提升要求，及时组织信息系统改造及新项目开发实施。具体有：铁前信息化二期项目，汽车、家电板 OTP 订单跟踪平台应用推广工作，电子招投标平台在试点单位上线运行基础上推广。启动马钢数字档案馆项目二期建设和公司新门禁管理信息系统前期工作，组织提供相关系统转换升级的支持，公司 HR 系统（SAP）上线。推进马钢集团统一财务核算信息系统建设，在公司层面统筹规划会计核算方式与财务软件系统资源，除马钢股份及其他分子公司已上线 SAP 系统的单位之外，推进公司下属 30 家会计核算主体集中上线金蝶 EAS 系统，财务共享中心建设工作全面启动，组织建设满足马钢目前与未来业务发展要求统一的报账平台，支持集中财务核算和各类财务管理的数据共享。人力资源信息系统一期上线。推进完成海关与马钢 ERP 系统数据联网交换相关工作，马钢“智慧党建”平台一期完成。推进马钢股份一体化计划系统、板带质量管理信息系统、长材系列技改工程等项目建设。

2019 年，马钢集团信息化试点项目、马钢集团财务系统信息化、马钢一体化计划系统、板带质量管理信息系统（ IPS&QMS）及基础网络设施配套升级改造项目、马钢股份客户服务管理移动平台、“十三五”期间长材系列技改工程（中型材、重型 H 型钢、特钢优棒产线）配套信息化项目（含公司检化验系统升级改造）等上线运行，销售公司分子公司信息化项目上线。

［云系统建设］

2014年，初步构建形成“1+7”多元产业发展模式，并把信息产业作为马钢多元产业战略格局中的重要组成部分进行规划。信息技术板块抢抓“互联网+”机遇，加快云计算平台项目建设。积极探索应用云计算、工业大数据、移动互联网等信息技术，推进两化融合和智能制造。11月21日，马钢集团与上海斐讯在马鞍山市会议中心举行云计算项目合作签字仪式，双方将建立强强战略合作伙伴关系，以“以销定产”模式稳健发展云计算产业。

2015年5月7日，注册成立安徽祥云科技有限公司（简称祥云公司）。5月11日，皖江信息产业园项目签约仪式在马鞍山市会议中心举行，祥云公司成为首家入园企业。9月15日，祥云公司一期数据中心开始建设。12月17日，祥云公司正式挂牌运营。发展过程中，祥云公司先后通过ISO 9001质量管理体系认证、ISO 27001信息安全管理体系认证、ISO 20000信息技术服务管理体系认证、国家信息系统安全等级保护测评等，并取得相应资质证书。具备开展IDC/ISP/CDN业务的资格，通过高新技术企业认定，是安徽省首批“皖企登云”推荐云平台服务商。截至2019年底，共拥有1项发明专利，1项商标权，31项软件著作权。

2016年3月3日，第一套系统正式上线。4月2日，第一家外部客户正式入驻。7月22日，共建安工大工业大数据产学研实训平台。7月26日，联通皖南数据中心挂牌。10月21日，马钢SAP系统及管理类应用上线云平台。2017年3月1日，渲染云项目正式上线。

［电子商务］

电子商务交易平台2001年12月31日成功投运，展示马钢科技队伍的实力，并为马钢计算机信息产业走向冶金行业乃至全国，树立良好形象。同时也为马钢电子商务平台的建设和市场开拓积累了丰富的经验。

2015年，电子招标平台二期建设稳步推进。

2017年，电子招投标平台在试点单位上线运行基础上推广。

［集团管控与共享系统］

2018年4月4日，马钢集团批文筹建财务共享中心，按照透明运营、刚性支付、系统集成、提质提效的总体要求，全面启动财务共享系统建设。系统筹建初期，共享中心在马钢集团的安排部署下，同管理创新部、飞马智科等单位密切配合，多次奔赴宝钢股份、长虹集团、万科地产集团、唐钢股份等已实施财务共享的大型企业进行学习考察，借鉴同行的成功经验，坚持改革引领、创新驱动加快推进马钢财务共享系统建设。历经5个月的时间，与金蝶项目组共同对马钢集团94家分子公司124家核算主体单位进行调研，对公司不同业态的48家分子公司进行现场访谈，梳理诊断建设条件，明确共享需求，建立公司层面财务共享系统整体规划制度、流程及体系。通过共享蓝图规划，明确了公司管控需求，明确了与公司管控需求相匹配的财务共享中心战略定位，梳理优化了财务核心业务流程，规划满足共享要求的全集团信息化系统集成方案，为马钢集团稳健发展提供管理支撑。

2018年10月26日，马钢财务共享中心揭牌成立。

［网络与信息安全］

马钢网络的历史分为4个阶段：

1995—2001年，FDDI（Fiber Distributed Data Interface，光纤分布式数据接口）网络；

2002—2019年，基于OSPF（Open Shortest Path First，开放式最短路径优先）协议的城域网；

2018—2019年，基于MPLS（Multi-Protocol Label Switch，多协议标签交换）协议的承载网；

2019年，“一网双平面”的广域主干网。

马钢网络安全初期只是在网络边界加装防火墙以及做一些访问控制策略限制，但仅是针对于 IT 网络的简单防护，工控网络由于不与外界网络互通，网络安全更是一片空白。

伴随着信息化网络的高速发展，特别是工业互联网时代的来临，智能制造提倡的 IT/OT 一体化已成为必然趋势，随之而来的网络攻击事件不断增多，网络安全形势愈发严峻。特别是 2016 年 11 月 7 日《中华人民共和国网络安全法》的正式施行，更加促进了国有企业对网络安全的重视程度。2016 年，马钢建立企业测评机构。2018 年，安徽祥盾信息科技有限公司正式成立，也代表着马钢网络安全建设的开端。

2016—2018 年，积极开展整体 ERP 系统内控测试与公司重要信息系统和重点网站安全自查。按月组织完成信息化专业管理及日成本工作绩效评价。加快云资源应用，推进公司重要系统和二级单位管理系统向云平台迁移。积极配合省网信办、省经信委、市国安局、市等保办开展的各项信息安全检查工作，保障 IT 运行环境安全可靠，组织软件正版化检查及统计备案工作，并接受政府主管部门的审查。针对 2017 年全球暴发大规模比特币恶意勒索病毒感染，及时跟踪并转发信息安全预警并组织做好预防措施，定期开展 SAP 系统用户清理和不相容岗位系统权限检查，保障信息系统运行环境安全可靠。

第三章 财务与审计管理

第一节 财务管理

［机构设置］

2001年，马钢集团财务部下设资金科、预算科、税费科、会计科、资产科、办公室、机关财务科等科室。2011年，因产业发展部撤销，统计管理职能并入。2013年，为进一步推动马钢集团财务管控体系建设，相对分离财务服务与财务管理职能，财务部下设机关财务服务中心，撤销各费用单位财务科，其业务核算内容及人员划入财务服务中心。实行财务委派试点，首批试点单位共9家，对原马钢股份计财部派驻单位会计人员转由马钢集团财务部委派。2019年，因机构调整，集团财务部财务核算相关人员及职能转入马钢集团财务共享中心，保留资金科、预算科、税费科、会计科、资产科5个科室。

［预算管理］

制度建设。2001—2019年，预算管理遵循。一是战略目标导向原则：全面预算必须以企业中长期发展规划和战略目标为导向，并成为企业战略规划细化、实施、控制和评价的重要载体；二是资源优化配置原则：通过实施全面预算，优化配置各项资源，提高资源的价值创造能力；三是全面性原则：全面预算必须全员参与、全面覆盖、全程跟踪及控制；四是激励约束原则：实行以年度预算为基础的考核奖惩制度，预算执行结果与经营者业绩挂钩。2011年，马钢集团制定了《马钢集团公司全面预算管理暂行办法》，对全面预算的组织、编制、报告、执行、调整与监督、考核与奖惩等相关工作，作出了明确规定，规范了企业全面预算管理工作，建立了以预算目标为中心的各级责任体系，促进了资源的优化配置和经营管理水平的提升。2019年4月，新制定的《全面预算管理办法》正式发布实施。

预算工作。2001—2019年，根据马钢集团下达的年度预算目标，狠抓各单位预算指标分解落实，督促重点单位预算目标分解，确保预算保障措施落地，经营压力传递到位。围绕年度预算目标和各单位生产经营具体情况，每月下达月度生产经营计划，对各单位月度经营计划进行刚性考核。在市场预期与年度预算偏差较大时，对预算目标重新审核调整。

预算分析。完成马钢集团各年预算执行分析报告、安徽省国资委年度全面预算编制、上半年预算执行分析报告等。向安徽省、马鞍山市发改委、经信委等部门以及公司相关职能部门提供季度经济活动分析材料，编制完成国有资本经营收支规划。规范月度经营情况快报和分析制度，制定月度经营分析报告模板，预测和分析各项经济指标完成情况。组织召开马钢集团经营快报分析会，对重点单位的经济活动运行情况进行动态评价监督。

［成本管理］

从2004年起，马钢集团针对财务管理基础薄弱的状况，开展了为期3年的成本巡查工作，陆续对矿山、建设、费用补贴单位进行了成本巡查。在推进和巩固巡查的同时，组织了非钢产业经济效益、库存物资等专项课题的调研。通过专项调研，完成了3个矿山30多个车间的账外物资普查和统计工作。2007年，建设系统以驻外项目部为重点，矿山系统以推进物资管理信息化和车间电算化为重点，后勤系统以抽查方式，查漏补缺，进一步固化成本巡查成果，将基层成本管理工作推向纵深。

2006—2007 年，以矿山为突破口，下发了《矿山系统全面预算编制基础工作推进方案》，以推进矿山定额管理为突破口，组织矿山系统各单位制定生产消耗定额，并取得了实效。2009 年，马钢集团在国际金融危机进一步蔓延、国内需求减缓的背景下，积极应对，强化预算控制力度，深入开展降本增效工作。2015 年，落实公司《降本增效行动纲领》，分阶段层层动员，通过制定集团本部各单位具体降本增效目标，压缩各项办公和运行费用，列入部门月度考核，确保降本目标落地，顺利打赢马钢生存保卫战。

［**资金管理**］

制度建设。2005 年，为加强内部贷款管理，保证内部贷款资金安全，马钢两公司制定了《内部贷款管理办法》。2006 年，为规范票据管理，制定了《票据管理办法》。2007 年，针对对外担保可能存在的风险，制定了《马钢集团对外担保管理办法》，为理顺两公司日常关联交易，制定了《集团公司日常关联交易财务结算实施细则》。2011 年，随着银监会批准马钢集团筹建财务公司，马钢集团出台了《马钢集团资金集中管理办法》，实现了全集团的资金集中管理。2015 年，为推进票据集中管理，防范票据运作风险，制定了《马钢集团票据集中管理办法》。根据情况变化，2014 年，马钢集团重新制定和发布了《资金集中管理办法》，2016 年，重新制定和发布了《担保管理办法》。

资金回笼及融资管理。2001—2006 年，马钢两公司累计实现售房款回笼 7. 38 亿元，在确保售房收入资金全部安全及时到账的同时，规范了住房建设资金支付的报批、审核程序，保证了购建房资金的安全高效使用。

2007—2010 年，财务部提出了年度资金增值运作计划，以自有资金对急需资金的子公司提供了内部贷款和委托贷款，帮助子公司累计筹措资金 7. 36 亿元，解决了子公司的资金困难，提高了资金使用效益。同时为减少应收款项资金占用，加速资金周转，降低经营风险，提升管理水平，财务部开展清欠行动，通过按月开展清欠例会，加强内部联动等行动大大提升应收账款回收效率。

2011—2015 年，为适应国家货币政策变化及利用其他不同融资方式资金成本低于贷款利率的有利时机，财务部与各银行保持紧密联系，采取了票据贴现、信用证抵押融资和财务公司商票保贴业务，开具银行承兑汇票等多项融资措施，确保公司生产经营资金需求，最大限度节约了财务费用。2012 年 8 月，获得中国银行间市场交易商协会批准，在中国境内发行注册金额为人民币 30 亿元的中期票据，注册额度 2 年内有效，2013—2015 年，共发行中期票据 20 亿元，实际发行成本比同期银行贷款基准利率降低 20%。2014 年，按期融入 7. 46 亿元中行债权融资工具，缓解了资金周转的巨大压力，完成资产重组专项融资 15. 8 亿元资金支付，保证了生产经营所需资金支付。

2016—2017 年，面对融资难、融资成本快速上升、规模趋紧、续贷及时性受限的现状，财务部及时调整融资策略，拓展中期票据、股票质押、交易所小公募债、融资租赁等融资渠道，千方百计确保现金流的稳定。2018—2019 年，持续统筹优化融资结构，拓展创新融资方式，先后完成了民企清欠、应收账款清理、两金管控统计及融资结构调整等重点工作。本部财务费用、马钢集团财务费用与预算相比，双双下降。其中：2016 年，本部财务费用全年比预算降低 1. 41 亿元，降低率 28%，马钢集团财务费用比预算降低 6. 64 亿元，降低率 37%。2017 年，组织发行中票 10 亿元、协助马钢股份发行短融 30 亿元，完成市场化债转股两批共 19 亿元资金投放工作，通过设立权益基金委托贷款的方式使马钢集团净流入资金 15 亿元。本部财务费用实际发生 3. 9 亿元，比预算 4. 9 亿元降低 20%；公司财务费用实际发生 14. 3 亿元，比财务费用预算 16. 3 亿元降低 12%。2018 年，本部财务费用全年比预算下降 0. 35 亿元，下降率 8%。公司财务费用比预算降低 1. 5 亿元，降低率 9%。

清欠工作。为加强公司应收款项管理，加速资金回笼，公司成立清欠小组，由财务部牵头，多部门配合，开展应收账款清欠工作。2009 年，马钢两公司将清欠资金回笼指标列入当年财务预算，按月下达清欠计划，加速了资金回笼。2015 年，财务部与相关单位开展联合清欠，推动表面技术、耐火材料等公司的协同清欠工作。2016 年，调整应收账款考核目标，至 12 月末应收账款余额 16.2 亿元，比年初下降 2.7 亿元，下降比例为 14.23%；应收账款周转率为 7.56 次/年，比考核值高出 0.56 次/年，超额完成加速 10%的清欠目标；并发布了《清欠工作管理办法》《关于进一步加强清欠工作管理的通知》，规范清欠工作管理。2017 年，在工程管理部的协调下，实现三方抹账清欠 1.52 亿元；协同企管部制定了《外部超信用期应收款项清欠奖励办法》，用于奖励超信用期、清欠难度大的应收款项回笼；协调法务部积极为各单位重难点清欠提供法律援助；年末应收账款余额 19.02 亿元，应收账款周转率 9.43 次/年，比考核值 7.56 高 1.87，完成应收账款周转率清欠目标。2019 年 5 月，审计署南京特派办到马钢集团开展了关于拖欠民营企业中小企业账款问题的专项审计。2019 年底合并报表应收账款由二季度的 36.6 亿元下降至四季度的 27.46 亿元，实际清欠 1.48 亿元。

[会计体系]

队伍建设。从 2001 年开始，通过财务委派、人员轮岗等多种方式，建立健全考评激励机制，锤炼财务人员业务能力和管理水平。通过组织业务骨干到知名财经高校参加学习，聘请财税专家现场授课，举办全员专题培训等多种形式，提升财务人员理论水平和业务素质。2006 年，安徽省国资委授予马钢集团财务部“2006 年度省属企业财务工作先进单位”称号。

制度建设。2001—2005 年，根据会计电算化管理需要，马钢集团下发了《马钢集团公司会计电算化工作指导意见》，制定并下发了《财务人员绩效考核管理办法》《财务部工作人员行为准则》等财务人员行为和绩效考核规范。根据《企业会计制度》有关规定，制定完成了《马钢集团公司会计制度、会计科目和会计报表》。2009 年是马钢集团实施《企业会计准则》的第一年，财务部开展了一系列会计转换和制度完善工作，修订并下发了《马钢集团对外担保管理办法》《马钢已售公有住房维修基金财务管理内部控制制度》《关于安全生产费用与维简费用计提与使用会计政策调整的通知》。2015—2017 年，发布修订及新拟管理制度 17 个，分别是：《统计管理办法》《分子公司财务负责人员委派管理办法》《担保管理办法》《交易对象授信管理办法》《机关部门备用金管理办法》《存出证券投资款管理办法》《票据集中管理办法》《票据集中管理实施细则》《委托贷款管理办法》《清欠工作管理办法》《职工福利费管理办法》《资产评估管理办法》《产权登记管理办法》《子公司财务风险管理办法》《固定资产投资项目审批管理办法》《资产转让管理办法》《EAS 财务系统管理办法》。

风险监管。从 2012 年起，财务部新增财务风险日常监督管理职能，负责对纳入马钢集团合并报表范围内的全资子公司、控股子公司和分公司的财务风险进行监督管理。财务部每年对马钢集团合并报表范围内子公司财务状况及风险情况进行汇总，并分析存在的风险问题，提出下年度财务风险防控措施。2016—2018 年，财务部开展了财务风险互查互排、专项检查、参加公司巡察等工作，重点关注内控制度建设及执行情况，针对财务基础工作、项目风险、效益及合规情况等方面，进行重点检查和分析，提高了风险监管的能力。

会计信息化。2001 年起，马钢集团财务部正式使用用友软件，初步建立了财务部内部局域网，实现了会计信息共享，提高了工作效率。2016 年，为提高财务信息化管控水平，公司开展了以金蝶 EAS 系统替代用友老系统的建设，并于 2017 年 7 月正式运行。2018 年 1 月，本部财务共享正式上线运行，并于 9 月实现验收。

会计管理。2001 年以来，马钢集团每年开展实物资产盘点工作，准确掌握公司各项实物资产的真实情况，保证公司财产的安全、完整，充分挖掘财产物资潜力。组织每月合并报表、财务快报、经济运行旬报编报，为公司领导及内外部相关部门提供数据支撑。按时完成年度财务决算报告，关注各单位年报审计进展，及时处理年报审计中的问题。从 2006 年开始，按年编制完成国资委年报编报体系。

综合统计管理。从 2011 年开始，财务部增加综合统计管理职能，负责协调、管理马钢集团各部门、单位的统计工作，保证统计资料的完整性、准确性、及时性。2013 年和 2018 年，根据第三次和第四次经济普查工作要求，组织集团内所有普查单位，按照时间节点分步骤圆满完成了经济普查工作。

［资产管理］

清产核资。为真实反映企业资产价值，夯实资产质量。2002 年，根据马鞍山市政府相关文件精神，马钢集团制定了《马钢集团公司清产核资实施方案》及其操作细则，共核销不良资产 8.5 亿元。其中：处理流动资产损失 3.52 亿元，处理在建工程损失 3.38 亿元，处理固定资产损失 1.3 亿元，处理长期投资损失 0.42 亿元。2003 年，针对上年因取证不足未予核销的不良资产项目，开展了以“补充完善取证资料”为主要内容的继续清产核资工作，共核销不良资产 1.69 亿元。2005 年，根据安徽省国资委要求，马钢两公司组织开展了全公司范围内的清产核资工作，共清理出资产损失 5.27 亿元。为做好清产核资善后工作，2006 年，马钢集团制定了《马钢集团公司账销案存资产管理办法》，针对清产核资中暴露出的马钢各单位资产相互占用、产权不清等问题，组织清理统计，理顺产权关系，为马钢集团下一步改革、改制做好基础工作。

固定资产及工程项目管理。2002—2010 年，先后参与了后观音山、高村二期工程等项目的可研论证。制定了《工程建设项目资金支付办法》《马钢生产指挥中心工程财务核算办法》《BOC 厂房工程财务核算办法》，规范项目资金支付程序。2011—2015 年，针对在建工程项目普遍存在的入账手续滞后问题，实地到各矿山调研，逐项清理，开展了马钢集团闲置、低效资产清理和处置工作，有效防控国有资产流失。2016—2019 年，跟踪落实南山矿、工程技术集团资产盘活工作，从销售、调剂使用、报废等方面进行督促。2017—2019 年，对马钢集团本部 31 项、分子公司 23 项固定资产投资项目进行了核查、程序审核或立项。

股权投资管理。2005—2011 年，配合做好建设公司改制、吉顺和皖宝公司增资扩股、康泰公司、建设公司国有股权转让等涉及的审计、资产评估和账务处理相关工作。2007—2015 年，通过马钢法人股股票转让、适度开展资本运作等方式，取得了良好收益。2015 年，马钢集团卖出所持 4.93%马钢股份上市股票，增加收入 20 亿元。2014—2018 年，配合办理马鞍山港口集团 5%股权受让、马钢有线与省网整合、欣创公司、张庄矿新三板上市、工程技术集团与马建资产重组、与介休市经华炭素公司合资等涉及的财务审计和资产评估相关工作。

产权管理。2011 年以来，组织马钢集团相关单位完成省国资委要求的产权新系统登记工作，审核各单位登记上报资料，开展年度国有产权登记数据汇总分析。规范马钢集团及所属全资子公司、控股子公司、参股公司的产权管理，做到及时、真实、动态、全面地反映马钢集团的产权状况，建立健全产权登记制度。根据国家和省国资委的相关规定，起草并发布了马钢集团《产权登记管理办法》，同时也对各子公司的制度执行情况进行抽查，督促各子公司完善产权管理。2016 年，安徽省国资委开展了省属企业产权登记专项自查工作，并对马钢集团等 15 家省属企业进行了抽查，马钢集团的产权工作得到了检查组的一致肯定。完善产权登记的档案管理，同时建立电子档案与纸质档案，加强产权登记数据的分析工作，撰写产权登记分析报告，客观分析、评价企业的经营实绩，找出企业经营管理中的薄弱环节，改善企业经营管理工作，促进企业经营效益提高和国有资产的保值增值。

[扭亏增盈]

2001年，马钢集团各单位在确保完成预算目标的前提下，开源节流，以丰补歉，取得了显著经济效益。南山矿业公司通过自营尾矿坝筑坝工程，全年节约工程费用400万元，消化辅助生产单位人工成本325万元。姑山矿业公司积极开拓钢材销售市场，实现销售收入2.69亿元，利润435万元；马钢医院对药品采购采取集中议标，节约药品采购成本200万元。

2006年，关闭了姑山矿空心砖厂、南山矿硫酸厂。

2012年，马钢集团以提高预算编制与控制工作质量为核心，积极应对经营困境。各二级单位、机关各部门统一思想认识，压缩可控费用20%。深入矿山了解预算指标的分解和经营情况，督促开展对标挖潜，完成可比产品成本同比降低3%目标。

2015年，钢铁行业持续恶化，产能过剩与需求下降交织，生产成本持续上升与钢材价格断崖式下跌叠加，挤压利润空间。面对严峻的形势，马钢集团公司紧紧围绕“全力推进精益运营，全面激发人的活力”这一工作主题，马钢集团财务部从加强成本管理、降低财务费用、挖掘节税潜力和完善固定资产投资管理等方面，全力推进降本增效、对标挖潜、管理水平提升等重点工作。2016年，马钢集团顺利实现扭亏为盈，2016—2019年，马钢集团效益持续提升，取得了良好效果。

[税务管理]

税费管理。2001—2005年，马钢两公司争取到资源税按40%缴纳的政策，每年可为公司创造2000万元的收益。资源补偿费返还，每年可创造300多万元的效益。签订“预约定价安排”，解决了矿石销售关联交易定价的重点税收问题，使马钢集团本部亏损税前得到弥补，极大降低了整体税负，有效规避了涉税风险。2002年，财政部、税务总局联合下文明确3.68亿元税收承包返还转作为国家资本金。2006—2010年，根据各级财税部门出台的各项政策，积极争取财税返还。结合矿山开采难度加大的实际情况，对于资源补偿费返还申请提高返还比例，每年约收到返还或减免约500万元。2009年，根据2009年资源税改革情况，向市有关部门协调高村资源税返还，2010—2011年，返还2931万元。按照《安徽省人民政府关于促进职业教育发展的若干政策意见》的规定，针对马钢对职业教育的投入，每年申请教育附加费返还200万元。积极争取矿山资源节约与综合利用资金、南山矿棚户区改造财政拨款等政府补助项目。2011—2015年，税收减免及返还工作取得丰硕成果。2011年，争取教育费附加、土地增值税、高村资源税返还、矿山资源补偿费减免等共计3682万元。2013年，经协调市经信委和财政局，获得打包奖补资金696万元。完成以前年度水利基金1007万元减免工作，并争取到2011年度资源补偿费410万元。2014年，全年实现各项财政补助、税费减免共9532万元。2015年，争取土地税、高村资源税、改制土地出让金返还、争取稳岗补贴资金等，全年实际争取到位资金接近4亿元。2016—2019年，马钢集团争取各项政策资金分别为22.01亿元、16.16亿元、24亿元、15.41亿元，增加当期利润分别为8.98亿元、13.08亿元、19亿元、13.93亿元。2016年，化解钢铁过剩产能政策实施以来，至2019年底，申请并使用财政奖补资金8.73亿元。

保险集中管理。从2014年开始，为降低公司保险投保费用，马钢集团开始对各项保险投保进行集中管理。2014年，马钢集团组织开展了年度货运险、财产险、安责险、马钢股份国内贸易短期信用险等招标工作，使年度各项保险费用降低约4000万元，实现了以较少保费支出取得较大保障的预期目标。2017—2019年，马钢集团保险集中管理工作的重点从“降费率”转为“提服务、保赔付”。2017年，将职工商业险中的重大疾病赔付险种由25种扩大到33种，切实提升了职工理赔保障。在车险、财产险、货物运输险等险种上通过续标、费率商谈的方式，保费同比均有5%—10%的下降。马钢集团所属合资公司本着“自愿参加、费用自理”的原则，也可按公司保险集中招标的费率进行各项险种的投保。

第二节　资本运营

［机构设置］

2011 年 7 月，马钢集团决定成立资本运营部，负责马钢集团发展战略研究、产业规划、并购重组、产业投资、产业管理和目标考核管理等职能。部内设办公室、战略研究室、对外投资科和产业管理科四个科室。

2013 年 1 月，马钢股份增设资本运营部，履行发展规划、产业投资、对外投资企业管理等职能。资本运营部成为马钢集团和马钢股份双跨职能部门。

2015 年，设立产业信息科。2016 年，撤销产业信息科、战略研究室，成立产业规划科。

2016 年 12 月，马钢在资本运营部设立监事会工作办公室，下设 1 个综合组、5 个工作组，决定向马钢集团矿业有限公司等 65 家公司派出监事工作组。派出监事工作组将通过列席相关会议、查阅有关资料、参与专项检查等主要方式了解派出公司的经营管理情况，履行对国有资产、产权的监督管理工作。

2018 年 4 月，马钢决定设立投资管理部，承担资本管理、投资管理、投资风险管理职能，内设资本证券化、股权投资与变动管理、股权投资风险管理 3 个职能模块。

2019 年 3 月，投资管理部增加“子公司董事、监事选任需求”职能。

［资本运作］

2011 年，马钢集团并购重组了长江钢铁，组建矿业公司、裕远物流公司、钢结构工程公司、表面工程技术公司、设备安装工程公司、电气修造公司、再生资源公司、马钢（上海）工贸公司 8 家全资子公司。设立财务公司、欣创环保节能公司、一重集团马鞍山重工有限公司、马钢（重庆）材料技术公司等 4 家合资企业。实业公司和国贸公司共同出资 5280 万元，受让铜陵远大石灰石矿业公司 60%股权，实施控股经营。

2012 年，合资设立国汽（北京）汽车轻量化技术研究院有限公司、马鞍山马钢晋西轨道交通装备有限公司、马钢（合肥）材料技术有限公司、安徽马钢粉末冶金有限公司、济源市金源化工有限公司。组建马钢国际经济贸易有限公司和马钢股份公司冶金固废资源综合利用分公司，完成安徽马钢工程技术有限公司更名和马钢废钢公司挂牌。受让马宿建设投资有限责任公司 30%股权。完成奥马特公司清算、停车设备公司股权转让以及马钢比亚西公司和粤海马公司投资主体变更。

2013 年，马钢集团和马钢股份实施资产重组，原马钢股份 20 家单位收购至马钢集团，整合变更为马钢集团 16 家直接对外投资企业，资产重组工作既精干钢铁主业，又明确非钢产业发展方向。同年对合肥公司、安徽张庄矿业有限公司、中国十七冶集团有限公司进行了增资。

2014 年，组织竞购世界高铁轮轴名企法国瓦顿公司，完成对合肥材料公司增资，推进马钢奥瑟亚化工有限公司组建，受让淮北矿业股份有限公司持有的安徽临涣化工股份有限公司 12%股权，推动矿业公司与中钢马鞍山矿院组建爆破公司，国贸公司在上海自贸试验区设立子公司，马钢（香港）公司增加注册资本，马钢集团受让长航集团持有的马鞍山港口集团 5%股权，推进欣创环保公司增资扩股、引进战略投资，与北京佰能合资成立长江余热发电 BOT 项目公司。

2015 年，马钢集团设立全资子公司物流公司、投资公司，马钢股份设立全资海外公司马钢美洲公司，合资设立马钢奥瑟亚化工有限公司、马钢欧邦彩板科技有限公司，受让晋西车轴所持原马钢轨道交通装备有限公司 50%股权，自动化公司设立安徽祥云科技有限公司，欣创环保合资设立马钢欣巴环保科技公司。完成投资公司股权整合，将马钢集团持有的部分小股权无偿划转投资公司。开展收购江淮物流持有的合肥加工中心股权，配合金马能源上市。

2016年，推进与中国建筑材料总院、瑞泰科技、中国物流、新晋集团、浙江东力集团、科达机电集团、江东控股、泰尔重工等企业集团建立合资合作关系。马钢股份合资设立埃斯科特钢公司，欣创公司增资扩股引入战略投资者、参股设立马鞍山中冶华欣水环境综合治理公司，马钢重机公司与宁波东力合资成立安徽马钢东力传动设备有限公司，投资公司与科达机电合资组建安徽科达售电有限公司，自动化公司设立深圳子公司，物流公司设立全资子公司马钢（合肥）物流公司，财务公司完成增加注册资本，实施马钢联合电钢轧辊有限公司股权和债务重组。

2017年，马钢集团设立全资子公司招标咨询公司，与瑞泰科技公司合资设立瑞泰马钢新材料科技有限公司，马钢股份设立全资海外公司中东公司、合资设立安徽马钢防锈材料科技公司，欣创公司合资设立贵州欣川节能环保公司、参股设立南大马钢环境科技公司，国贸公司收购丽盛公司及增资，投资公司设立全资子公司马钢（杭州）投资管理公司，完成马钢物流公司、上海国贸公司、马钢（香港）公司增加注册资本，完成香港黄山公司1.95%股权转让。

2018年，马钢集团设立化工能源公司，重组废钢公司，合资设立马钢诚兴金属资源有限公司，重组马钢嘉华新型建材公司，马钢股份设立全资子公司马钢（长春）钢材销售公司、马鞍山迈特冶金东力科技有限公司，合资设立马钢（武汉）材料技术有限公司，马钢瓦顿公司增资，投资公司合资设立马钢（上海）商业保理有限公司、马钢（上海）融资租赁有限公司，参股华宝冶金资产管理公司，飞马智科增资扩股引入两家央企冶金规划院和中冶赛迪、设立全资子公司安徽祥盾信息科技有限公司，物流公司合资设立物流集装箱联运有限公司，工程技术集团增加注册资本，马钢集团设计院增资扩股引入央企中钢设备和马鞍山经开区，马钢集团将持有的淮北矿业0.95%股权转换为上市公司股票，实现资产证券化，推进飞马智科、表面技术公司新三板挂牌。

2019年，马钢集团设立全资子公司安徽马钢创享财务咨询有限公司、参股设立中铁物总资源科技公司、增资投资公司。马钢股份合资设立马钢宏飞电力能源公司，对轨交公司和马钢瓦顿公司进行增资。矿业资源公司合资设立建材科技公司、材料科技公司，工程技术集团合资设立大连长兴环境服务公司、对检修、重机、输送三家公司进行增资。国贸公司合资设立马钢长燃能源公司，物流公司合资设立机动车循环利用科技公司，欣创环保合资设立马鞍山市洁源环保公司，飞马智科设立全资子公司长三角（合肥）数字科技公司、合资设立爱智机器人（上海）公司。废钢公司合资设立马钢富圆金属资源公司、马钢智信资源科技公司、马钢利华金属资源公司。化工能源公司合资设立山西福马炭材料科技公司、马鞍山晨马氢能源科技公司。马钢嘉华新型建材公司合资设立当涂马嘉新型建材公司。投资公司参与淮北矿业、物产中大定向增发，对商业保理增资，实现飞马智科、表面技术公司新三板挂牌。

第三节 审计管理

［机构设置］

马钢集团、马钢股份审计管理由监察审计部负责，下设内部审计职能模块，专门负责经营审计、投资审计、管理审计、专项审计督查、审计成果运用等内部审计工作。

2001年，马钢集团审计部和马钢股份审计部自马钢集团公司改制后一直实行两块牌子一套班子，合署办公，下设办公室、审计一科、审计二科和审计三科4个科室。2011年7月，为理顺马钢母子公司管理体制，建立适应集团化发展的管控模式和运行机制，优化人力资源配置，马钢集团审计部与监察部合并成立监察审计部，并与纪委合署办公，保留审计3个科架构，负责内部审计工作。马钢股份同步设立监察审计部，委托马钢集团监察审计部行使管理职能。2012 年 7 月，监察审计部调整内设机构设置，将审计一、二、三科合并为审计室。2018 年 7 月，根据马钢集团机关机构改革和推行集团管控模式，将审计室内设机构设置为审计职能模块。

［管理制度］

为提高马钢集团内部审计工作质量，改善内部审计环境，提升内部审计水平，促进内部审计的规范化和制度化建设，审计部先后制定一系列管理办法。2007 年，制定《马钢内部审计工作规定》《马钢审计部审计报告规范》。2008 年，制定《马钢审计部审计实施方案编制规范》，逐步在审计报告、审计底稿、审计方案编制方面形成了系列规范。2014 年，制定发布《建设项目审计管理办法》，修订《内部审计管理办法》《中层管理人员任期经济责任审计管理办法》《内部控制审计管理办法》。2016—2017 年，编制《内审操作指南》，完成资金管理、应收款项、存货管理、长期资产、权益、生产与外包、采购业务、销售业务、废旧物资、工程审计、合资经营、内部控制测试、清产核和 SAP GUI 14 项分类编制，界定各分类操作指南的业务内容、程序以及审计方法，用以指导审计实践。2017 年，制定《关于规范聘请中介机构开展审计等工作的实施意见》《关于推进审计全覆盖的实施意见》，联合相关部门制定《马钢集团公司中层管理人员任前经济责任告知办法（试行）》。2018 年，制定印发《马钢集团公司审计人才库建设实施方案》《马钢内部审计报告规范》，进一步加强审计管理，规范指导实际工作。

［经营审计］

经营审计是对企业生产、经营、管理的全过程进行审计，其任务是检查经营管理过程中存在的问题和薄弱环节，探求堵塞漏洞、解决问题的有效途径，提出改善经营管理、提高经济效益的措施。主要包括生产经营审计、财务收支审计、领导人员任期经济责任审计等。依据马钢集团《内部审计管理办法》等相关管理办法，审计机构结合实际编制年度内审工作计划，组织力量对马钢集团下属单位、部门、直属机构、全资或控股子（分）公司的财务收支、经营管理和经济效益进行生产经营审计，对马钢集团及全资、控股子公司财务收支及其有关经济活动的真实性、合法性和效益性进行财务收支审计，对马钢集团全资及控股子（分）公司、单独财务核算的职能机构及其他需要审计的单位和部门领导人员任职期间经济责任履行情况进行监督、评价和鉴证的行为。2001—2019 年，共完成经营审计 351 项，其中任期经济责任审计 228 项，生产经营及财务收支审计（含合资公司审计）123 项。

2017 年，马钢集团 1 项经济责任审计项目被安徽省审计厅评为“全省优秀内部审计项目”。

［投资审计］

投资审计是在固定资产投资过程中，为了健全投资管理机制，节约建设资金，保证投资来源正当、使用合理，提高经济效益而对建造、购置或更新固定资产的经济活动进行的监督、检查。固定资产投资审计包括前期审计、在建期审计和竣工后审计。2001—2019 年，完成审计项目 102 项，跟踪审计项目 26 项，累计核减工程造价 3.41 亿元。投资审计揭示了工程管理上存在的招投标过程不规范、工程量误差、部分工程内容未实施、现场签证不规范、竣工资料编制不完整等问题，促进了企业规范投资决策、提升项目管理水平和经济效益。

［管理审计］

管理审计是审计人员对被审计单位经济管理行为进行监督、检查及评价并深入剖析的一种活动，是对管理行为的监督检查行为。马钢内部审计通过对企业生产组织、工艺流程、技术改造、投资决策、业务经营、劳动人事等各个环节管理的经济性、效率性、效益性进行评价来实现对企业生产经营全过程的管理，对企业管理的各个环节灵活地开展监督和服务。2001—2008 年，根据需要开展有针对性的专项审计或审计调查，主要有：马钢股份外委汽车运输和外委机动车辆修理情况的专项审计调查、处理公司物资部资产清理专项调查、耐火材料报废调查、劳务工的使用与管理的调查以及为落实审计成果，促进被审计单位管理改进和经营效益提升而开展跟踪审计。

2009年，国家五部委颁布了《企业内部控制基本规范》，要求上市公司执行，马钢之后每年都对核心单元马钢股份开展内控测试与评价，对涉及的18个业务流程进行检查与评价，并出具内控评价报告。2017—2019年，发现内部控制缺陷152个，通过缺陷整改完善公司制度，提高制度执行力，促进公司内控体系设计与运行的有效。2009—2019年，开展了备件库存及管理情况专项审计调查、车轮公司与江发劳务公司劳务费用结算问题调查、马钢股份废旧物资回收情况专项审计调查、公务支出公款消费监督检查、非主业及三级以下子公司情况进行专项检查、集团及下属单位聘请社会中介机构开展审计调查、企业补充医疗保险专项审计、党（团）费缴纳使用管理专项审计、钢结构公司潜亏及生产经营能力审计调查、江东集体企业内退职工生活费及养老保险政府补贴发放情况专项审计、废钢公司专项审计调查、风险管理评价等。针对某一管理环节或某一事项，揭示了存在问题，提出管理建议，督促整改，有利于公司在这一领域改善管理、提高效率。如备件管理专项审计调查，提出公司备件库存较高、积压时间较长，建议不断地消化处置长期积压备件，促进库存不断下降。风险管理评价，对公司确定重要风险管控措施及结果进行评价，揭示了公司在全面风险管理体系还不够健全、三道防线职能不清晰等。废钢公司存在税务风险、环保风险、资金风险、贸易风险等。钢结构公司潜亏及生产经营能力审计调查，揭示了经营管理过程中存在的问题和薄弱环节，提出改善经营管理、提高经济效益的措施。

［审计成果运用］

马钢集团审计工作在注重发现问题、揭示问题的同时，强化审计问题整改和成果应用管理，实行从审计发现问题跟踪整改计划、到执行、再到检查、最后到处理（PDCA）的循环，促进审计成果运用和转化。

建立了马钢集团总经理办公会领导下的审计发现问题整改工作机制，压实整改落实责任。明确审计稽查部对审计发现问题整改落实负有监督检查责任，被审计单位对问题整改落实负有主体责任，单位主要负责人是整改第一责任人，相关业务职能部门对业务领域内相关问题负有整改落实责任。实行审计发现问题报告、整改制度，被审计单位在收到审计报告90天内将整改结果报送马钢集团监察审计部（审计稽查部）。2016年起，审计发现问题整改落实纳入马钢集团总经理办公会议题，实行常态化管理。

强化整改跟踪审计。建立和完善问题整改台账管理及“销号”制度，内部审计机构制定统一标准并对已整改问题进行审核认定、验收销号。对长期未完成整改、屡审屡犯的问题开展跟踪审计和整改回头看等，细化普遍共性问题举一反三整改机制，确保真抓实改、落实到位。将审计发现问题整改的责任与被审计单位领导班子的经营绩效挂钩，有力推动了问题整改的落地生根。马钢集团实施的“双百”考核发展考评指标设计中，将风险防范作为规范管理指标纳入考核，明确了审计问题整改的要求。

［子公司监事会管理］

2016年10月，马钢集团为适应多元产业快速发展，强化对子公司运行的监督，在马钢集团资本运营部设立了监事会工作办公室（简称监事办），主要负责对集团、股份下属子公司监事会和子公司规范运作的监督管理。

2016年底，马钢集团决定实施派出专职监事制度，以向子公司派出监事工作组的方式开展工作，并逐步用专职监事替代兼职监事，监事办负责专职监事的日常管理。在公司范围内择优选聘了16名专职监事，共分成5个工作组，分片联系监管65家子公司。制定了《专职监事工作管理办法》等相关制度，组织专职监事加强日常监管，开展工作调研，做好重点监督检查，认真落实监督职责。

2018 年 4 月，为适应集团管控模式要求，马钢集团将监事办职能归并划转至监察审计部，与马钢集团纪委（监察审计部、巡察办）合署办公。主要职责是委派监事履职情况的综合管理、对下属子公司监事会及子公司规范运作的监督管理。其后，为进一步强化监事办监督服务和监管工作职能，监事办牵头依据工商登记信息两次对马钢集团、马钢股份投资设立公司情况进行调研，并跟踪问题整改落实；组织开展马钢集团和马钢股份直接管理的 29 名委派监事 2018 年履职情况考核评价，指导专职监事履行监事职责，加强子公司规范运行的监督。

第四章　办公事务管理

第一节　机构设置

2001—2003年，办公室设置为：马钢集团办公室（党委办公室）、马钢股份办公室（股份党委办公室）（简称办公室）两块牌子一套班子运行。主要承担公司文书保密、秘书接待、调研信息、综合史志、汽车队、档案处、信访办、董事会秘书处以及驻京联络处、驻沪联络处、冶金报记者站等职能。

2004年5月，为切实规范马钢职工住房公积金管理，有序推进职工住房制度改革，根据《安徽省人民政府关于同意滁州、安庆、淮南、马鞍山市设立住房公积金管理分中心的批复》和马鞍山市住房公积金管理委员会《关于市住房公积金管理中心马钢（集团）控股有限公司分中心机构设置的批复》精神，公司决定设立市住房公积金管理中心马钢（集团）控股有限公司分中心（简称马钢分中心），其人事、党团等关系由马钢集团办公室管理。

2005年3月，《中国冶金报》记者站机构从办公室划出，成建制并入新闻中心。

2011年，驻京联络处更名为驻京办事处。

2012年6月，公司对外事办机构和职能进行了调整，外事办与办公室合署办公。2015年9月，公司决定将外事工作职能从办公室调整到国贸公司。2018年4月，外事办由国贸公司划入办公室。

2018年4月，马钢集团办公室（党委办公室）、马钢股份办公室（股份党委办公室）分设，作为两个机构独立运行。根据《关于集团公司机关机构改革及人力资源优化的决定》设马钢集团办公室（党委办公室、外事办公室、董事会办公室、信访办公室、保密办公室），承担文书、保密、秘书、接待、调研、信息、董事会办公室、信访、外办、北京办事处、上海联络处职能。根据《关于股份公司机关机构改革及人力资源优化的决定》设马钢股份办公室（党委办公室），承担文书、保密、秘书、接待、调研、信息、信访职能。2018年4月20日，为深化机关总部改革，精简机构及人员，推进辅助业务剥离，平稳有序开展人员安置工作，将隶属于办公室的公积金管理、档案管理、史志办、保洁业务及人员拨到行政事务中心，车队业务及人员划拨到汽运公司。

2019年3月，根据《关于集团公司机关机构调整与职能优化的决定》，马钢集团办公室增加应急办职能。

截至2019年9月，办公室的设置为：马钢集团办公室（党委办公室、外事办公室、董事会秘书处、信访办公室、保密办公室）。主要承担公司文书保密、秘书接待、调研信息、董事会秘书处、信访、外办、应急办、北京办事处、上海联络处等职能。

马钢股份办公室（党委办公室）主要承担马钢股份文书保密、秘书接待、调研信息、信访等职能。

第二节　文秘管理

[公文管理]

2001年，马钢办公室系统全部实现了网上发文、收文、阅文和批文，改变了传统公文处理方式。拟定了《马钢办公自动化管理暂行办法》，重新修订《五日阅办》《阅文反馈》等公文处理工作制度。

2002年，修订印发了《马钢两公司党政公文处理实施细则》，进一步规范了公文文种、文件格式、行文规则。自2002年7月1日开始，公司正式取消了纸质文件印发，实现了公司内部文件的网上发送。2003年，首次编印下发《马钢两公司办公室规章制度汇编》，促使办公室系统各项工作逐步走上制度化、规范化的轨道；开展“百日优质服务”活动，做到“文明办公、礼貌用语”，坚持首问负责制，实行插牌服务。2005年，印发了《关于做好公司领导批示件管理工作的通知》，规范了领导批示件的管理。

2006年，马钢集团开通了办公室网站，与自动化公司合作开发，网站设置了办公业务、工作交流、大事记、领导讲话等栏目。

2007年，印发《关于推进标准化、规范公文处理有关工作的通知》，制定下发13项保密规章制度，编制《保密制度及工作知识汇编》。进一步做好对合资企业的服务工作，创新管理模式，及时向合资企业发送公司级普发公文。

2008年，组织修订5项岗位标准和公司制发公文工作流程等4项管理流程文件，进一步完善公文处理程序。

2009年，参与并做好办公室老办公楼向新办公楼的搬迁工作。起草文印中心管理规定，完善文印中心工作人员工作流程、职责分解等工作。将多年来的作废印章以及介绍信存根进行登记移交档案处。安装了马鞍山市委、市政府电子政务平台，提高了接收马鞍山市委、市政府文件的效率。

2011年5月，办公室牵头自动化公司，以关系型数据库为基础，针对原Lotus平台的缺陷进行全新开发的公文处理系统正式运行，首次增加了外来公文处理流程、用短信催办以及增加了公司中层以上管理人员的请假系统模块。以规范化为重点，推进公文处理工作再上新台阶，下发《马钢公文处理工作季度考核办法（试行）》，并坚持每季度进行考核。根据公司体制和机构的变化，下发《关于调整公司内部发文有关事项的通知》《关于进一步规范内部公文上报工作的通知》《关于进一步规范公文格式的通知》，从多方面规范公文的上报、制作等工作。

2012年，根据新的公文处理工作条例，对公司2002年印发的《马钢党政公文处理实施细则》进行了初步修订，按照国家新格式标准下发了《马钢执行公文格式新标准的通知》。为有效提高公文办理效率，办公室牵头开发了公文处理系统的移动办公平台，公文处理系统更加高效、方便、快捷。

2014年，修订印发《马钢集团公司党政公文处理管理办法》《马钢股份公司党政公文处理管理办法》，推进公司公文处理工作更加规范化、制度化。

2016年，根据马鞍山市委机要局要求，刻制了“马钢（集团）控股有限公司发电专用章”，用于巡视整改材料的报送工作。

2017年1月1日，马钢集团协同办公系统正式上线，新系统完全改变了过去的公文处理工作必须在电脑端进行的状况，通过手机APP和微信实现了移动化办公，用户可以随时随地办公，最大化地利用碎片时间处理工作，提高了工作效率。

2018年，适应加强集团管控的新要求，将马钢股份公文从马钢集团公文中剥离出来独立运转。

2019年，协同办公系统搭建了“二级子公司内部员工协商性流动OA系统流程”“财务相关系统需求变更申请”“财务相关系统用户及权限管理申请流程”等10个公司层面业务流程，逐步推进业务流程的无纸化工作。

［秘书工作］

2010年3月，办公室根据公司对领导秘书配备方式进行改革的决定和要求，减少岗位人数，不再为公司领导配备专职秘书。随着办公室机构调整和职能优化，将原来的秘书科调整为综合室，岗位人数减少，强化了人力资源管理，激发内部潜能，提高了工作效率。

多年来，办公室不断增强基础管理工作规范性，提升办文办会的工作效率，先后制定了《办公室岗位工作标准》《办公室会务安排规范》等多项内部管理制度，规范了办公室及二级单位秘书工作的管理。

秘书工作主要职责为承办公司有关大型会议的会务工作、重要的参观接待工作及大型活动安排。协调公司领导集体活动安排，负责承担公司党委常委会、党政联席会、党委理论学习中心组学习会、总经理办公会的会务、记录和会议纪要的整理工作。负责公司领导批阅的公文、批示件（信件）的呈送、运转及签发文件的内容审核；协助做好对外联络工作等。

第三节　调研信息与督办工作

[机构设置]

2000 年 1 月—2008 年 4 月，马钢集团办公室、马钢股份办公室合署办公，调查研究室全面负责两公司调研信息工作。2008 年 4 月，办公室成立信息科，并将信息工作转由信息科承担。2011 年 9 月，信息工作重新转由调查研究室承担。2016 年 11 月，调查研究室变更为调研信息职能。2018 年，马钢集团办公室和马钢股份办公室分立，调研信息职能同步分立。

[综合文字工作]

主要承担马钢历届职工代表大会工作报告、党代会工作报告、历年党委工作会议工作报告、党委和行政重要会议和重大活动领导讲话、向上级领导和上级单位汇报材料、与外部单位交流材料等文稿起草工作。2001—2019 年，共起草文稿 6000 余篇，3500 多万字。

[调查研究工作]

主要承担马钢调查研究的综合管理工作，组织开展公司重点工作调研活动，指导各单位开展调查研究工作。2001—2004 年，共刊发《调查研究》48 期，刊登各类调研文章 200 余篇。2004 年 12 月，《调查研究》停刊。2006 年，车改工作牵涉面广，时间紧、任务重，办公室在前期调研、方案设计、组织实施、沟通协调和过程监控等方面开展了大量艰苦细致的工作，为车改工作取得圆满成功做出了贡献。2005—2019 年，围绕公司重点工作，共起草《资源回收利用情况调研报告》《科技人员激励机制调研报告》《修理费总包试点工调研报告》等专题调研报告 40 余篇，多篇调研报告得到公司主要领导的重视和批示。

[信息工作]

主要承担公司信息的综合管理工作。2008 年 4 月创办《马钢信息资讯》，2019 年 6 月停刊，累计出刊 278 期。2010 年 2 月创办《信息编报》，2018 年创办《一周动态》，主要刊发一周以来马钢在生产经营、改革管理以及党建工作等方面的重大事项和重要信息。2001—2019 年，向安徽省委、安徽省国资委、马鞍山市委、市政府、中国钢铁工业协会上报信息 2300 余条，多次被上级单位评为信息工作先进单位。2004 年，安徽省委办公厅对马钢的信息工作给予了高度评价："马钢信息已成为省领导及时了解掌握马钢在各方面态势的重要窗口"。2018 年，安徽省国资委办公室就马钢信息报送工作发来感谢信，并评价马钢"信息采用数量名列省属企业前列，为省委省政府掌握省属企业情况，研判形势、科学决策、推动落实提供了有力支持"。

为了给公司内部各单位提供良好的网上信息服务，2006 年 4 月，办公室网站正式使用。办公室网站设置了通知公告、信息快递、领导讲话、电子刊物、网上投稿等栏目，提供文件查询、档案查询、住房公积金查询、小车查询等功能，并搭建了信息快递栏目，重点收集选发国家、地方、行业和公司各单位动态信息。2007—2019 年，累计编发信息 18000 余条。

[督办工作]

2004年，跟踪办理马鞍山市人大、政协提案8件，做到件件有落实；全年共下基层开展督查督办17次，及时反馈处理意见。2005年，处理市人大代表建议5件，马鞍山市政协委员提案6件；全年共下基层开展督查督办12次。2008年，积极、及时跟踪31项重点工作，掌握进度，了解推进情况，编印材料，建言献策。2012年，根据公司相关重点工作安排，经公司主要领导同意，确定了6项督查工作，还以两次通报的方式对各类未办理公文进行督查督办。

制定《马钢集团公司督办工作管理办法》《关于加强督查督办工作的通知》等管理文件，建立起督查督办常态化、长效化机制。根据公司总体安排和领导指示精神，按照公司党委全体（扩大）会议、职代会和党委工作会议等工作部署，将督办工作分为重点工作督办、日常公文督办和专项督促检查，加大督查工作力度，有力地推动了公司各项决策和工作部署的落实。

第四节　外 事 管 理

[机构设置]

马钢外事办公室于1998年9月成立，与马钢国际经济贸易总公司合署办公。2012年6月，外事办公室与公司办公室合署办公，实行两块牌子一套班子，只具有外事管理职能。2015年9月，为加强公司走国际化经营道路，成立海外事业管理部与外事办公室和马钢国际经济贸易总公司合署办公，实行三块牌子一套班子，实行外经、外贸、外资、外事四位一体。2018年4月，外事办公室又与马钢集团公司办公室合署办公，实行两块牌子一套班子，仅有外事管理职能。

[外事工作]

马钢外事办公室主要负责马钢集团公司因公出访团组的办理和重要的外事接待工作。马钢自2000年起大规模结构调整，引进了大量进口设备，出访团组和来访外宾也大量增加。根据外交部等6部委《关于印发国有企业和国有控股的公司派遣临时出国（境）人员和邀请外国经贸人员来华的审批办法的通知》，马钢两公司在经营、出口、劳务合作等方面已具备外事审批权的条件。2003年7月，经国务院批准，外交部正式授予马钢集团派遣因公临时出国（境）人员和邀请外国经贸人员来华事项一定的外事审批权，成为安徽省首家获得审批权的企业。外事审批权的取得简化了外事审批流程，提高工作效率，为公司对外开展合作交流提供了便利。

马钢外事工作始终以企业生产建设工作为中心，认真执行国家外事工作的有关政策，严格归口管理，分级负责，积极有效开展工作。遵循“严格管理，高效服务”的工作方针，为公司的生产经营服务。特别是取得审批权以后，简化了审批流程，高效地为企业发展作出贡献。2005年和2006年，马钢新区建设过程中，每年办理因公出国（境）达到1000人次以上，占整个安徽省全年因公出访人数的十分之一，为中外之间的便捷交流提供了支撑。积极支持公司外经项目工作，对2012年自动化公司在印度尼西亚的苏钢项目，2013年炼铁总厂在印度的高炉项目，2014年热电总厂在印度尼西亚的电力公司项目人员的派遣提供了高效的服务，为项目顺利推进提供保障。2014年，外事工作在马钢收购法国瓦顿公司过程中积极主动配合相关部门，保证收购团队及时顺利往来，同时对法国常驻人员的管理也有别其他国家常驻人员，根据不同的需求及时做好相关服务。

马钢不仅获得了外事审批权，也是安徽省因公出国（境）证件自行保管单位，每年因公出国（境）证件收缴率100%。

第五节 联络与接待

［承办会务］

2001—2004 年，共完成会务 4500 余次。主要完成全国炼铁工作会议、全国大钢安全协作会、全国冶金研究会大钢学组第 18 次年会、冶金行业信息化与自动化年会、全国总工会研究室主任会、全国冶金上市公司发展研讨会、冶金系统信访工作常务理事会、全省思想政治工作研究会第九次年会等重要会议的会务接待。组织承办冷热轧薄板工程竣工典礼仪式、马钢第三次党代会、全委会、职代会、工代会等各类会议。

2005—2007 年，共承办各类会议 4000 余次。主要组织了安徽省企业法律顾问工作会议、马鞍山市与马钢联谊会等重要会议，主要承办了“大钢调研信息工作研讨会”“薄板坯连铸连轧技术交流与开发协会第四次交流会”“冶金科学技术进步奖、冶金企业管理现代化创新成果发布暨表彰大会”“国有企业厂办大集体改革工作座谈会”、经销商大会、马钢煤炭重点供方座谈会，安排了马钢两公司与 SMS-DEMAC 公司的合作会议、马钢建设循环经济试点企业规划评审会、千家企业节能会议、冶金设备委员会会议等各类会议，以及参与了公司党委工作会议、劳模表彰大会、马钢科技大会、合肥公司挂牌成立大会、干部大会等重要会议。

2008—2015 年，每年组织安排重要会议千余次。主要组织安排安徽省重点企业钢材产需对接会、全国冶金系统离退休职工管理工作年会、全国冶金机械等行业安全监管工作会暨安全生产标准化现场会、中国冶金建设协会工厂建设委员会 2011 年年会、工信部贯彻国办发 34 号文件座谈会等大型会议。特别是在庆祝马钢成立 50 周年系列活动及相关工作中，精心设计“9. 20”庆祝大会方案，保持与国家部委、省、市相关部门的多层次、多方面信息沟通和工作协调，使公司的总体活动方案得到了方方面面的认可。

2016—2017 年，每年共承办各类会议近 800 次。认真组织了品牌建设动员大会、精益管理推进大会、多元产业大会、技术创新大会、干部大会、战略评审大会、党委工作会议、职代会等重要会议。先后完成党委常委会、马钢集团总经理办公会、马钢股份总经理办公会、“1・20 非钢产业工作大会”“3. 12 生产经营动员会”、全国质量奖首次和末次会议、“8. 27 竞争力分析大会”“9. 28 市与马钢融合发展大会”“10. 28 战略执行评估会”“11. 29 精益运营大会”等重要会议的会务工作。

2018 年，参与安排公司级会议 200 余次。主要参与安排机关机构改革、人力资源优化动员大会、经济活动分析会、职代会、纪念毛主席视察马钢 60 周年系列活动等。协助做好 2018 年世界制造业大会和 2018 年中国国际徽商大会、迎接中华人民共和国应急管理部部级核验首次会、第二届职工经济技术创新成果发布会暨创新论坛、2018 年供应商大会、马钢集团与中冶赛迪、十七冶战略框架协议签字仪式、重型 H 型钢工程项目合同签字仪式等大型活动。

2019 年，参与安排公司级会议 300 余次。重点做好 2019 年马钢集团多元产业合作发展大会、2019 年马鞍山市与马钢集团融合发展工作对接会、西洽会、省委第八巡视组对马钢集团党委巡视、中国宝武与马钢集团重组实施协议签约仪式的组织协调工作。

［公务接待］

接待工作是办公室重要工作之一。主要负责中央、国家机关和各省、自治区、直辖市领导，机关团体，企事业单位以及港、澳、台同胞来马钢视察、参观、指导的接待工作，负责有关企业来马钢学习、交流的接待工作，承担公司级各类会议组织安排的接待工作。

2001—2005 年，马钢两公司共接待和陪同国家部委、省市有关部门、外埠单位以及外商到马钢视察、调研、参观、学习共 900 余次。

2006—2010 年，共接待和陪同国家部委、省市有关部门、外埠单位以及外商到马钢视察、调研、参观、学习共 1300 余次。其中，2007 年，接待党和国家领导人及厅局级领导 843 人次，接待到马钢调研、参观的各界人士 64 批、2980 人次。主要参与接待了时任的全国人大常委会委员长吴邦国，全国人大常委会副委员长盛华仁，中共中央政治局常委、中央纪委书记吴官正一行，中共中央政治局委员、国务院副总理曾培炎一行，全国政协副主席、中国工程院院长徐匡迪院士等中央领导视察马钢，接待了宝钢集团、京唐钢铁公司、奇瑞汽车、江淮汽车、淮北矿务局等领导班子到马钢两公司参观，澳大利亚驻华大使、台湾东和钢铁公司、TMEIC 公司、日本邮船株式会社、普华永道、香港宝威公司交流等重要接待工作。

2011—2012 年，马钢完成了澳大利亚前总理霍华德一行，全国人大常委会原副委员长盛华仁、安徽省委书记张宝顺、安徽省省长李斌、南京军区司令员赵克石一行等领导考察马钢以及冶金工业规划研究院院长一行、唐钢集团、海螺集团、中国南车股份公司、中信证券、上海铁路局、浙商控股集团等企业、友好单位到马钢参观交流的各项接待工作。

2013—2014 年，马钢接待了省委书记张宝顺、省长王学军等省委省政府领导，以及中冶南方、一重股份、淮北矿业、晋西集团等大型企业领导到马钢参观交流。

2015—2019 年，马钢组织重要接待活动 600 余次。主要参与了接待全国人大常委会副委员长、民盟中央主席丁仲礼一行，中国工程院院士孙永福一行，中国工程院院士、钢研总院名誉院长，中国工程院原副院长、钢研总院原院长干勇一行，接待中国工程院院士、原冶金工业部副部长翁宇庆一行等领导。参与接待国家钢铁行业化解过剩产能验收抽查工作组一行，中钢集团、京煤集团、安徽省能源集团、酒钢集团等重要接待活动。

［驻外机构］

马钢驻京办事处、驻上海联络处（简称驻外机构）为马钢集团公司派出机构，隶属于公司办公室，日常工作由公司办公室负责管理。2016 年 9 月，为认真遵守中央八项规定精神和安徽省委、安徽省政府“三十条”，以及《安徽省省属企业负责人履职待遇、业务支出管理办法》《安徽省属企业负责人履职待遇、业务支出管理实施细则》等规定和制度，修订了《马钢驻外机构管理办法》，进一步规范了驻外机构的各项管理制度。

驻京办事处位于北京市海淀区蓝靛厂南路 59 号，玲珑花园 6 号楼 2 单元，房屋面积 1421. 38 平方米，占地总面积 284. 92 平方米。主要承担接待服务、资料传递、信息收集、协调联络、会务安排、车辆接送、职工疗休养和销售汽车板等工作。每年接待马钢到京人员约 1100 人次。

上海联络处位于上海普陀区曹杨路 540 号中联大厦 8 楼，房屋面积：1446. 47 平方米，占地面积 181. 8 平方米。主要承担接待服务、商务安排、车辆接送、协调联络等工作。每年接待马钢到沪人员约 500 人次。

第五章　综合事务管理

第一节　机构设置

行政事务中心于成立 2018 年 4 月，马钢集团下发《关于集团公司机关机构改革及人力资源优化的决定》，将原马钢集团行政事务部、住房公积金分中心、史志办和档案馆合并成立行政事务中心。

2015 年 8 月，马钢集团下发《关于成立行政事务部的决定》，撤销机关工作部、社会事业部，原机关工作部的机关服务职能和办公大楼管理职能与社会事业部职能整合，重组成立行政事务部。负责机关办公楼办公设施日常维护、办公用房分配和调整、会议室日常管理、办公用品采购等管理职责，承担公司赈灾扶贫捐赠等社会事务、厂容绿化、医疗卫生、人口与计划生育、后勤服务管理等职责。

第二节　厂容环境卫生

[概况]

截至 2019 年，马钢厂区道路保洁面积 274. 61 万平方米，绿化养护面积 354. 55 万平方米，每年厂区现场巡查累计近 10 万千米，通过机械清扫和人工循环保洁，每年清理生活垃圾约 8000 吨，结合季节特点和植物特性，做好浇水、施肥、除草、修剪、病虫害防治等绿地养工作。厂容环境卫生管理充分发挥巡查监察作用，对厂区清扫保洁和绿地养护工作进行监管，对车辆抛洒和车轮夹带、擅自损毁占用绿地、施工现场未工完场清、卫生死角未及时清理等影响厂容环境卫生的情形进行查处。在此基础上，通过开展专项整治，解决厂区环境卫生突出问题，厂区环境面貌持续改善。

[厂容环境卫生管理]

2004—2008 年，先后制定了《马钢厂容环境卫生管理暂行办法》《马钢厂容环境卫生管理程序文件》《厂容环境卫生管理考核工作标准》《中水回用管理办法》等管理制度。2004 年，对马钢股份范围内所有室外独立公厕及生活垃圾收集点进行统计汇总，建立了基础本底资料。2009 年，厂容监察职能并入社会事业部，监察队员、车辆及办公、通信设备配置齐全，厂容监察工作有效运转。

2010 年、2013 年、2014 年，先后开展以整治厂区道路环境卫生为重点的专项行动，严厉查处厂区车辆超高、超速、抛洒等现象，对道路保洁和绿化养护情况进行全面检查。2016 年，开展重污染区域环境卫生专项整治活动。

2018 年，围绕蓝天保卫战行动和环保督察“回头看”，制定了《蓝天保卫战厂区环境卫生行动方案》《重点区域绿植保洁方案》和《行政事务中心迎接中央环保督察“回头看”工作实施方案》等工作制度，对道路保洁、重点区域绿植保洁、厂区生活垃圾的收集与转运、物料堆场、地磅房出入口清理、运输车辆管理和施工扬尘管控等方面明确标准和要求，并形成长效机制。

2019 年，围绕在马鞍山市召开的“央视长江大保护警示片”反映问题整改工作现场会，组织开展

“长江大保护”厂容环境专项整治工作，对天门大道、湖南西路、恒兴路等路段两侧、长江大堤马钢段以及六汾河、雨山河、慈湖河两岸涉及的马钢区域绿地退化、围墙破损、管线拖挂、设施锈蚀、建筑物外立面积尘等39项问题进行整治。同年，对厂区绿化养护和道路保洁面积进行测绘，经过校准，马钢集团绿化养护面积52.39万平方米、道路保洁面积39.99万平方米，马钢股份绿化养护面积302.26万平方米、道路保洁面积234.62万平方米。

植树

[数字城管工作]

2018年7月起，马钢开始接受处理马鞍山市数字城管平台转办的马钢数字城管案件。2018年7月至2019年底，及时落实数字化城管各项任务，对市城管提交的环境卫生案件进行确权，属于马钢辖区内的及时督促责任单位进行整改，共处理案件433起，办理及时率98%，结案率100%。

第三节　机关事务

[固定资产维修]

2001年至2011年7月23日，经马钢集团同意，机关工作部受产业发展部委托，承接机关办公区域固定资产实施维修管理工作。2009年，完成机关现存固定资产数量、状况及分布情况核查工作，并组织机关整体搬迁至九华路8号的新公司办公楼。在公司机关搬迁至新办公楼后，为加强设备设施管理工作，制定《公辅设施及节能管理办法》等一系列制度，保证了机关办公区域设备设施的安全稳定运行。2010年，配合产业发展部完成原机关办公区域固定资产清理工作。2011—2016年，机关固定资产维修由马钢集团机关工作部承担。2017年10月1日，马钢集团实施专业化整合，将机关办公区域设备管理全面委托设备检修公司，行政事务部承担设备监管工作。2018年4月，行政事务中心继续受托承担固定资产维修工作。

2001—2019年，机关固定资产维修工作共发生较大维修工程累计600多项，零星维修工程累计近4万项，约计2亿多元。重点工程有2010年马钢办公楼中央空调系统改造项目、2017年办公楼系统维修项目等。

[会务服务]

2009年，马钢集团机关搬迁至新办公楼，为做好机关会议服务工作，机关工作部成立会议中心。公司新会堂由工会划归机关工作部管理，并入会议中心会务管理范畴。2018年4月，成立行政事务中心后，会议服务具体工作继续由行政事务中心机关总务科会议中心承担。

机关会务服务主要工作为公司机关会议室管理，从硬件入手，对会堂、会议室设备定期开展检查、维护、检修，确保完好，从软件挖潜，对会议安排、准备、接待、记录实行全程标准化服务。2001—2019年，累计承办各类会议约2万场次，服务会议出席人员约43万人次。每年圆满完成职代会、党代会、工代会、干部大会、科技大会、文艺汇演等重要会务服务工作。

第四节 综合卫生

[两线四室]

自2001年起，职工休息室、操作室等由各单位按照设施状况，每年使用修理费自行维修、维护。2006年，《工业建筑管理办法》修订，提出了明确的管理要求。马钢股份厂区道路一直由汽运公司进行管理、维护，至2014年，马钢集团机构调整，汽运公司划至马钢集团，马钢股份委托汽运公司代为管理厂区道路，每年投入300万—1500万元，对厂区道路进行维护、更新。

2014年，马钢集团公司明确提出“两线四室”的概念，并下发了《关于对两线四室专项整治的通知》，设备管理部按照公司要求开展工作，以后几年内，在前期工作的基础上，协同各二级单位持续推进该项工作。

2014年，马钢开始集中开展两线四室整治工作，对厂区皮带通廊、落料点、落灰点封闭，通廊沿线电缆桥架清理等。并在此后要求各厂持续开展此项工作。2016年，《钢结构工程防腐管理办法》发布，除各单位自行防腐项目外，公司制订了主要钢结构防腐滚动计划，每年投资300万—900万元，对道路沿线管道通廊、动力管线、支架进行整治、防腐、美化。2017年，马钢集中对马钢大道、轮箍东路等8条线路沿线进行整治。2018—2019年，马钢集团公司立项600万元，集中实施300米通廊沿线环境整治，主要进行垃圾清理、区域绿化、美化等。

2016年，马钢大力推进“四室”建设，印发了《马钢“四室”卫生检查考核实施细则》，对“四室”建设情况进行全面的统计和梳理，“四室”共有4900个。为推动“四室”建设，开展以“四室”卫生为主的卫生宣传和专项整治系列活动，并定期巡查，按季通报。同时开展“最佳四室”评选活动。2017年，马钢集团根据多元板块现场管理专项整治工作要求，对多元板块“四室”建设工作进行现场指导，促进多元板块“四室”建设水平整体提高。加强对“四室”的检查管理，共抽查55家单位1027个“四室”，下发卫生整改通知书22份，考核通知书7份，对需整改的364个“四室”进行了验收。围绕进一步提高“四室”建设达标率，马钢加强调研，积极探索“四室”等级评定管理新模式，开展年度“最佳四室”微信评选表彰活动。2018年，编撰了“四室”建设标准化指南，以图文方式直观进行指导，启动筹建“数字四室”信息化管理平台。2019年，通过“四室”等级评定及“最佳四室”网络投票评比活动等多种举措，提高“四室”管理成效。

[职工食堂]

为进一步提高职工福利待遇，2006年，马钢两公司印发《关于在两公司全面实行工作餐的通知》和《关于印发〈马钢两公司工作餐管理办法〉的通知》，全面实行职工工作餐。从3月15日在二机制公司启用马钢卡就餐试点开始，截至10月，两公司37所食堂实现了联网供餐，持卡就餐人数达到47244人（不含矿山）。

2007年，马钢两公司共74个单位实行了工作餐，实行率98.7%，联网就餐69个单位，享受工作餐人数6.49万余人。2008年，岗位协力工实现持卡就餐。

2011年，完成26家食堂备餐间改造，改善食堂卫生条件。2017年，公司在部分食堂试点设立“三低窗口”、工作餐费查询系统等多种措施为职工提供多方位和更便捷的服务。

为保障职工工作餐质量，马钢集团分别于2007年、2008年、2011年、2017年4次调整工作餐餐费标准，由最初标准4元/份调整至8元/份。

[健康体检]

2002年，马钢两公司印发《关于职工健康体检工作的实施意见》，为职工进行健康体检。两公司成立“职工体检工作领导小组”，下设职工体检管理办公室，负责两公司职工体检的组织协调等日常管理工作。马钢医院及南山矿、姑山矿、桃冲矿等医疗机构负责体检的实施、体检结果的初步诊断。针对职工所从事的岗位对身体健康影响不同，体检周期也不同，对于在有毒、有害岗位作业的职工每2年体检1次，其他职工每3年体检1次。2002—2005年，马钢组织7.4万名职工健康体检，对体检结束的单位及时出具体检结果统计，向职工出具体检结果报告，对有“体检阳性提示”的职工发放自编的《健康教育处方》8万余份，对已体检单位进行体检工作质量及满意度跟踪调查，基本满意率达95%以上。

2006—2010年，组织完成职工体检11.25万余人，发放《健康教育处方》约10万份，在此期间，为了早发现早治疗，职工体检周期由3年1次调整为2年1次。2007年，安排内退职工一次性健康体检。2008年7月起，马钢为简化体检录入程序，避免体检单交叉、遗漏，缩短录入和结果发放时间，协调体检医院将体检录入前台移至医院体检中心。为保护员工的个人隐私，员工本人的体检结果封入特定信封后送至员工所在单位，由员工本人拆阅。

2011—2015年，组织职工体检约10.2万人次，不断升级优化健康体检项目，并对职工健康体检中常见病、异常指标进行统计分析，建立职工健康档案。2011年，开展了女职工TCT专项检查；2013年，新增CEA消化系统肿瘤标志物和AEP原发性肝癌肿瘤标志物测定两个项目；2014年，B超由黑白超更换为彩超，胸透检查升级为胸部DR胸片检查。

2016年，马钢印发《关于进一步加强马钢职工健康管理工作的实施意见》，对促进职工健康的一系列举措进行统筹管理。与马鞍山市中心医院配合，对职工健康体检场所和软、硬件设施进行全面升级改造，启用了全新的体检信息系统，大幅改善了职工的健康体检条件。2017年，为女职工增加了乳腺钼靶检查项目，为“三高”及患糖尿病的职工建立健康档案长期随访、开通职工健康体检报告网上查询等为职工提供多方位和更便捷的服务。2019年，在优化体检项目和市场比价基础上体检周期调整为1年1次的职工健康体检，优化升级体检项目，增加肺部CT及甲体腺彩超检测项目，为职工及时发现早期疾病发挥重要作用。2016—2018年，马钢共组织职工健康体检5.35万人；2019年，体检人数4.16万人。

2001—2018年，马钢集团还组织公司级以上劳动模范、离退休处级干部、在职副处以上干部及高级专业人员每2年1次健康体检。

[爱国卫生运动]

2001年，爱国卫生运动与现场管理、厂容综合整治有机结合起来，开展治脏治乱、大力铲除卫生死角和除“四害”活动。第13个爱国卫生月活动中实行目标责任制，加强督查考核，在鼠密度防制方面，针对年内发生的4起鼠媒停电事故，将工业鼠害的防治工作列入议事日程。赴宝钢等兄弟企业考察学习，编发了《工业鼠害防治专辑》。2003年，以防治“非典”为契机，结合第15个爱国卫生活动月，公司开展了以“让环境更洁净、让市民更健康、让城乡更美好”为主题的全民爱国卫生运动。从加强环境卫生整治、除害灭病、消毒杀虫和健康教育等方面作出部署，全力阻击“非典”传播。2003年，除防治非典期间开展除害灭病工作外，两公司重点抓了春秋两季突击灭鼠活动和夏季消杀灭活动。2004—2005年，两公司完善防治设施，加强日常监测，集中投药消杀。广泛组织开展群众性的除“四害”活动，组织春、冬季灭鼠及夏季消毒杀虫灭鼠突击活动。据不完全统计，2002—2015年，马钢共整治各类卫生死角1368处，投放消毒剂2吨，鼠药11吨，粘鼠板11000张，灭蟑药0.2吨，杀虫剂气雾剂7200瓶，未发生工业鼠害事故，“四害”密度经市有关部门多次监测，均控制在国家标准以内。

2006年，为巩固国家卫生城市创建成果，做好迎接国家卫生城市复审工作，确保国家卫生城市复审顺利通过，利用报纸、电视、网站等多种宣传舆论工具营造爱卫、创卫氛围。强化责任管理，进行卫生情况整治检查，跟踪督查，限期整改，前后共下达九批“迎接国家卫生城市复审整改通知”，共447项整改任务；组织全公司开展和参与区政府组织的卫生突击整治活动5次。8月14—18日，公司开展“爱国卫生突击周”活动，集中“除四害”、清理卫生死角和卫生大扫除，共出动5万多人(次)，清运各类垃圾8800吨，清除蚊蝇孳生地2364处，投放鼠药2000千克，堵塞鼠洞1574处。2007年，围绕“回顾光辉历程，创建卫生家园”的主题，爱国卫生运动开展了以整治厂区环境为重点、促进厂容厂貌整洁的爱国卫生月活动和“共建和谐家园，共享美好生活”为主题的“马钢万人百点春季卫生整治活动”，共清理各类卫生死角和清除蚊蝇孳生地587处，集中突击灭鼠活动2次，投放鼠药2吨，发放粘鼠板8000张。全年组织爱国卫生宣传活动2次，发放《安徽省爱国卫生条例》等宣传资料6806册，在职工中广泛开展以控烟为重点的形式多样的健康教育活动。2008年，两公司组织开展了以“清洁卫生家园，服务健康奥运，创建和谐安徽”为主题爱国卫生月活动，全面推进健康教育，强化健康保健意识。开展了以春、秋两季突击灭鼠和夏季消杀灭活动为主题的除四害活动，以食堂为重点开展鼠蟑螂密度监测工作。开展创建达标活动，彩涂板厂等10家单位获安徽省卫生先进单位。2009—2010年，两公司分别开展了以“清洁城乡、保护健康”和“城市与健康”为主题的爱国卫生月活动以及春秋两季突击除“四害”活动。2010年，马钢集团首次获“安徽省爱国卫生先进单位”。

2011—2015年，以马鞍山市“四城同创”为契机，马钢集团与各创卫责任单位签订《2011年度马钢爱国卫生工作目标责任书》，全面深入落实《马鞍山市2012年爱国卫生工作考核内容与办法》，制定了《马钢爱国卫生工作考评实施办法》，4家省级爱国卫生先进单位一次性通过复核。“倡导健康生活，打造美丽马钢”，组织大规模的重点环境卫生大整治行动。建立健全“创卫”考核机制，组织省级卫生先进单位申报和复审，巩固“创卫”成果。2012—2014年，马钢集团与各单位签订爱国卫生目标责任书，多次举办爱国卫生知识培训班，有效提高职工的健康意识和卫生意识。2011—2015年，马钢按照国家爱国卫生委员会除“四害”标准，认真做好“清、堵、防、投”四个环节工作，铲除“四害”孳生地，共投放鼠药5.3吨、粘鼠板27000块等。

2016年，马钢集团以创建“全国质量奖”为契机，大力开展爱国卫生运动，以“四室”建设为抓手，全面动员各单位参与卫生创建活动，组织16家省市级卫生先进单位和7家无烟单位申报和复审工作。2017年，马钢集团爱国卫生工作以营造整洁优美工作环境和提高全员健康意识为目标，调动一切力量，在公司范围内大力开展爱国卫生运动。组织17家单位省市级卫生先进单位的复审迎检工作，并组织了6家单位参与2017年省市级卫生先进单位、无烟单位及健康单位创建活动。2018年，马钢集团在国家卫生城市复审年加强爱国卫生管理，围绕国家卫生城市复审迎检及病媒生物防制工作，组织各单位开展卫生大扫除和“除四害”活动，组织19家单位申报创建爱国卫生先进单位、无烟单位和健康单位，组织3家单位爱国卫生先进单位复审迎检，无烟单位和健康单位的创建以爱国卫生先进单位为前提，突出主题，通过开展控烟知识宣传与指导、设置禁止吸烟警语和标志、无烟灰缸摆放等，打造控烟环境；通过开展健康教育活动，提高健康知识普及率，“创卫”单位均顺利通过审核。2019年，马钢开展“第32个爱国卫生活动月”和“第10个爱国卫生法制宣传周”专项活动、做好病媒生物防制工作，不断提升各单位创建省级、市级爱国卫生先进单位、健康单位和无烟单位的能力，并牵头组织创卫评审。

公共卫生管理：2001年，马钢两公司成立霍乱疫情救灾防病小分队，加强霍乱疫情管理。2002年，两公司成立了马钢救灾防病霍乱疫情监控机动队，加强传染病管理，以霍乱防治为重点。在中小学组织了“拒吸第一支烟”禁烟宣传健康教育和万人签名活动。2003年，两公司成立了马钢重大疾病疫情监控机动队，加强传染病控制管理。马钢集团承办全国冶金系统第十届卫生防疫年会。2004年

2 月初，马鞍山市所辖郊区发生高致病性禽流感，马钢迅速建立禽流感防治组织和疫情值班制度，保证信息畅通，密切关注禽流感疫情动态，充分做好人、财、物准备工作；积极开展禽流感防治知识宣传，加强食品卫生监督检查，确保职工食堂不经销禽肉制品。2005 年，公司开展群众性的生殖健康知识普及教育。

2006 年，马钢两公司成立了公司和二级单位两级健康教育领导小组，确定了健康教育工作责任人，建立健全了公司健康教育组织网络。加强禁烟宣传，定制并发放“禁烟标志”1200 个。2007 年，马钢广泛开展以控烟为重点的形式多样的健康教育活动。2008 年，公司组织开展了突发公共卫生事件应急演练，提高突发公共卫生事件应急处理能力。与安徽医科大学公共卫生学院合作完成预防控制艾滋病健康教育和行为干预评价工作。2009 年，甲型 H1N1 流感暴发，马钢两公司成立了甲型 H1N1 流感防控领导小组，印发了《马钢甲型 H1N1 流感防控工作预案》《关于加强甲型 H1N1 流感防控工作的紧急通知》《关于开展对从国外（境外）来公司人员实施登记报告制度的紧急通知》等文件，通过建立日报零报制度严控大型室内活动以及对学校、幼儿园等重点场所实施重点监控、指导等综合措施，积极做好各项应急准备，加强对甲型 H1N1 流感防控，马钢两公司未发生甲流病例。2010 年，马钢两公司调整了马钢健康教育领导小组，分片区定期召开例会，研究部署健康教育。组织开展了“突发公共卫生事件应急演练”，对公司 46 家单位、3112 名职工进行了甲流疫苗接种工作。

2011 年，马钢集团开展了“生育保险杯”健康教育征文活动，营造健康教育的良好氛围。2012 年，马钢集团修订突发公共卫生事件应急预案，组织突发公共卫生事件应急演练活动。2013 年，围绕春季流行病和职工关注的健康重点，马钢集团举办健康教育培训班，讲解 H7N9 禽流感防治和恶性肿瘤防治的相关知识，特别是对 H7N9 禽流感可防可控各单位健康教育管理员有了进一步的认识。公司开展健康保健及生育保险知识竞赛活动，38 家单位 8289 名职工参加竞赛答题，将健康教育宣传工作落到实处。2015 年，马钢集团组织完成了 4 家省级卫生先进单位复审和 2 家无烟单位申报工作。

2016 年，马钢集团联合中心医院“慢病管理中心”启动“慢病健康宣讲”活动，积极推广“万步有约”活动，在“悦动圈”APP 上搭建“马钢职工万步有约活动群”，并举办“日行万步、科学健走”百人健步走活动。2018 年，马钢集团组织 200 名职工参加为期 100 天的全国“万步有约”职业人群健步走激励花山赛区大赛。联合马钢新闻中心在马钢日报上开设健康专栏，每周发布健康科普知识，提高职工健康教育知晓率。邀请市中心医院慢病专家先后到 18 家单位，为 2 万多名职工健康宣讲，提高防病、控病意识。

应对非典疫情：2003 年，面对非典疫情，马钢两公司成立了公司级和 62 个二级单位（子分公司）两级防治非典领导小组，公司级防治非典领导小组下设防治非典办公室（简称防非办）。下发了《关于加强非典型肺炎防治工作的通知》《关于加强疫区来往人员管理、防止非典型肺炎病例输入的补充通知》和《关于预防非典加强环境卫生整治工作的通知》等 19 份文件，并及时转发马鞍山市防治非典指挥中心和市环境卫生整治指挥中心下发的通告、文件和规定 12 份。

马钢防非办从 2003 年 4 月 21 日至 6 月 27 日，坚持 24 小时值班，开通 5 部防、治“非典”热线电话，纵向与领导小组成员和 62 个二级单位（子分公司），横向与马鞍山市防治非典指挥中心，保持 24 小时联络畅通。马钢集团制定了疫区进出人员登记表，建立了每日“零报告”制度等各项举措，将每日收集汇总各单位有关防治“非典”的各类报表，按时报送市指挥中心，同时成立了防治“非典”疫情处理机动队，以应对突发事件，先后共接到疫情报告 6 起。马钢集团组织对疫区返马人员进行体检 1756 人，对 10948 名流入及外地返回马人员进行医学观察及监控管理，对马钢两公司 8867 名外来劳务、施工人员情况进行统计，督查各用工单位做好外来劳务、施工人员登记、体温测试、环境消毒等工作。对各单位、食品、公共场所的防非工作进行 4 轮检查，督查 158 次，下达改通知书 40 项。在预防

"非典"物资十分紧张的情况下购置了大量防护用品，配制过氧乙酸原液100千克，酒精消毒液400瓶。

马钢两公司编发《马钢防治非典型肺炎工作快报》52期，发放宣传册5种，近2万份，举办了两期培训班。马钢宣网刊登有关防治"非典"的稿件、照片40多篇（张）。《马钢日报》开辟了防治"非典"专栏，刊发防治"非典"及环境卫生整治稿件226件，马钢有线电视中心制作了"马钢职工众志成城抗'非典'"专题节目，播发防治非典的专稿80多篇（条）。

［**食品及桶装饮用水安全**］

食品及桶装饮用水安全管理：食品及桶装饮用水安全管理主要加强食品及桶装饮用水卫生监督检查与考核管理，对食品生产经营单位进行双月考核，监督食品卫生、餐具、生活饮用水生产点，监测水质，确保职工饮食安全。2002—2004年，马钢两公司加强对从业人员管理，对从业人员体检、办理健康合格证5579人，应体检率、健康证办理率100%。2004年，马钢印发《关于加强马钢瓶装饮用纯净水卫生管理工作的通知》，加强桶装饮用水卫生管理工作。2005年，为进一步加强食品、饮用水卫生管理，严确保职工饮食、饮食安全，两公司印发《关于进一步加强食品、饮水卫生管理，严防食源性疾患发生的紧急通知》《马钢生活饮用水卫生管理考核暂行办法》等文件，加强对餐饮服务机构、生活饮用水净化站及水源、纯净水生产单位及冷饮加工厂等食品、饮用水的检查考核，食品每两个月为1个考核周期，饮用水每季度为1个考核周期。

2007年，马钢两公司编制《食品卫生（饮用纯净水）检查考核工作标准》等5个工作标准和《食品卫生（饮用纯净水）检查考核工作流程》等14个工作流程，进一步细化食品卫生检查考核流程和标准。2008年，马钢两公司印发了《关于做好春节期间食品卫生工作的通知》和《关于加强夏秋季食品卫生管理工作的通知》，加强节日期间食品安全管理。2010年，马钢两公司开展了夏季专项检查，全年监督检查覆盖率400%以上，连续数年实现集体食物中毒事故和水源性疾患为零的目标。

2006年2月21日，马钢两公司全面实行工作餐制度，以门禁卡作为就餐卡，联网管理结算

2011—2015年，马钢集团加强食品、生活饮用水卫生监督，确保职工饮食安全。2012年，马钢开展了"生活饮用水法制宣传周"活动。2014年，针对马钢老区供水管道使用几十年老化严重，水质越来越差，职工反映厂区生活饮用水水质不稳定，公司对厂区生活饮用水现状进行调查核实，研究制定整治措施，本着"解决问题、节约成本"的原则，结合各单位的实际情况，决定原则上统一使用力生公司的桶装水，解决老区职工饮水问题。2015年，马钢集团配合市卫生监督局进行生活饮用水水质卫生监测，协调解决了姑山水厂和桃冲矿水质检测问题，针对三铁厂职工反映的生活饮用水不合格等问题，与相关部门单位联系，研究制定整治措施，解决了水质问题，保证了广大员工喝上放心水。

2016—2017年，定期或不定期现场督查食堂和饮用水卫生状况，2018年，每月开展食堂食品和桶装饮用水卫生情况的专项巡查。2019年，对食堂食品卫生安全和桶装饮用水安全进行不定期巡查，加大对加工环节、食品储存和原材料采购源头的监管力度，确保食品安全事故和水传染疾病发生率为零。截至2019年，马钢集团重大食物中毒事件为零；突发性公共卫生事件应急响应率100%，生活饮用水介水传染病暴发流行为零。

第五节　企业补充医疗保险

[医疗保险制度改革]

2000年，马钢根据国家、省、市城镇职工医疗保险制度改革相关政策，经市政府批准，建立职工基本医疗保险制度，按照"统一政策、统一制度、资金封闭运作、盈亏自负"的原则实行医疗保险内部封闭运行。医疗保险基金由个人和企业共同筹集，职工住院和大病门诊医疗费用按比例由个人和医保基金共同负担，离休人员、老红军、二等乙级以上革命伤残军人实行免费医疗，建国前老工人比照离休人员享受医疗待遇，职工供养直系亲属享受一定额度的医疗费报销。

2000年10月，马钢两公司建立大病重症医疗救助制度，对恶性肿瘤、尿毒症等13种大病患者给予补助。2002年1月，修订职工医疗保险制度改革办法，此后马钢医疗保险制度根据市医保政策变化不断进行调整，保持与市医保政策基本一致。2004年6月，对退休硅肺患者按照一期硅肺100元/月、二期硅肺200元/月标准给予伙食补助。

2004年11月，按照马鞍山市政府文件精神，马钢两公司对退休人员70岁以上、70岁以下，在职职工45以上、45岁以下4个年龄段，每人一次性分别注入铺底账户金3000元、2400元、1800元、1200元，合计注入资金约1.7亿元。

2005年，经马鞍山市政府批准，马钢两公司建立工伤保险和生育保险制度，制定《马钢两公司工伤保险暂行办法》《马钢职工生育保险暂行办法》及其配套文件，实行工伤、生育保险内部封闭运行。

2006年7月，马钢两公司与改制后的中心医院签订《医疗服务协议书》和《退养人员有关费用支付协议》，指定中心医院为马钢医疗、工伤、生育保险和职工保健定点医疗机构，医院退养人员移交马钢管理，提留费用4248.79万元由医院分期足额支付给马钢两公司。

2006年1月，修订《马钢职工生育保险暂行办法》，将职工婚前常规检查费和怀孕女职工孕期常规检查费纳入生育保险基金列支范围。2006年11月，印发《关于做好马鞍山市城镇非职工居民基本医疗保险工作的通知》，职工家属原医疗保险政策执行到2006年11月30日止，12月1日起执行《马鞍山市城镇非职工居民基本医疗保险暂行办法》，同时对家属个人承担的参保费按比例予以报销。

2007年1月，马钢两公司就工伤医疗超范围和超标准费用问题进行专题研究，按照医疗必需原则和自愿协商原则，对"三个目录"中无替代的由企业负担，有国产替代但职工要求使用的，由企业和个人各负担50%。2007年3月，马钢制定工伤职工住院期间生活护理费发放标准和办理程序。

2009年初，马钢两公司根据职代会提案，就职工自主选择医疗机构和定点药店问题进行专题调研。2月，下发《关于完善马钢职工医疗运行管理模式的调研报告》，在全公司组织学习讨论。3月，由两公司领导牵头组织基层单位厂长、党委书记和工会主席代表分片召开座谈会，广泛听取基层单位意见。4月，马钢两公司主要领导听取专题汇报，确定自6月1日起，中心医院与全市24家药店实现联网，新增汤阳门诊部和康泰社区卫生服务站，初步解决职工就近就医购药的问题。

2009年9月，马钢两公司调整补充医疗保险补助政策，补助范围与市医保保持一致，起补线由4000元降为2000元，2000—4000元医疗费补助标准与马鞍山市医保一致，4000元以上补助标准仍按原政策执行。

[医疗、工伤、生育保险市级并轨]

2010年3月，马钢集团收到马鞍山市政协《关于加快马钢医保和市医保实现制度并轨运行的建议》，要求督办。同月，马鞍山市政府下发《关于印发马鞍山市2010年实施医改重点任务工作方案的通知》，将马钢集团"三险"市级统筹列入2010年市医改的重点工作任务。4月，马鞍山市人社局向马钢两公司发送《关于做好医疗、工伤、生育保险市级统筹的函》，就马钢两公司“三险”与市级并轨工作小组、审计及准备工作情况函告。

4月15日，马钢两公司成立马钢“三险”市级并轨工作领导小组，召开“三险”市级并轨第一次准备工作会议，对三险并轨工作作出部署。4月30日，召开“三险”市级统筹工作领导小组会议，研究部署马钢三险并轨工作。5月5日，马钢两公司召开“三险”市级并轨第二次工作会议，明确职责和工作任务。7月13日—8月11日，市审计局委托永涵会计事务所驻点马钢对“三险”费用进行审计。9月19日，市审计局出具《审计报告》，对马钢三险封闭运行期间基金运作的规范性、真实性、安全性予以肯定。

2010年11月3日，市政府召开常务会议，听取马钢两公司职工医疗、工伤、生育保险与市本级管理并轨工作汇报，初步确定2011年1月1日正式并轨。11月15日，马钢两公司参加市人大议案办理情况汇报会，就三险并轨工作情况进行汇报。11月15日，市委常委会听取马钢两公司三险并轨工作汇报。同日，马钢两公司与市政府签署《马钢职工医疗工伤生育保险与市本级管理并轨协议》，社会事业部与市人社局签订《马钢职工医疗工伤生育保险与市本级管理并轨补充协议》，自2011年1月1日起，马钢两公司在职职工及退休人员共96110人、合资企业职工605人、代管的江东改制企业退休及内退人员7696人等医疗、工伤、生育保险全部移交市社保管理。2011年2月1日，马钢两公司447名离休人员和38名二等乙级革命伤残人员的医疗统筹工作正式移交市干部保健科管理；12月20—21日，马钢两公司发放第一批社保证历；2011年1月19—20日，发放第二批社保证历。

2010年10月15日，马鞍山市政府就姑山矿、桃冲矿医院移交管理问题予以批复，同意将两矿医院改制为政府举办的社区卫生服务中心，人员编制70人。12月9日，马鞍山市立医疗集团制定两矿医院转型方案、职工选聘方案、主任选聘方案及医院资产移交方案。12月31日和2011年1月1日，马钢集团与市立医疗集团分别在姑山矿、桃冲矿医院举行社区卫生服务中心揭牌仪式，两矿医院正式移交市立医疗集团管理。

[企业补充医疗保险]

2011年1月，马钢两公司制定工伤急救暂行规定，与中心医院签订协议，确定中心医院为马钢两公司工伤急救定点医疗机构，工伤急救凭单位工伤介绍信实行绿色通道。

1月7日，马钢集团人力资源部、财务部，马钢股份人力资源部、计财部联合发文，明确5项社会保险征缴由马钢集团人力资源部统一管理。2011年1月—2013年12月，马钢集团医疗保险按缴费基数的8%征缴，6.2%上缴，1.8%留存；工伤保险按缴费基数的2%征缴，1.5%上缴，0.5%留存；生育保险按缴费基数的0.4%征缴，0.3%上缴，0.1%留存。自2014年1月1日起，工伤保险费率仍按1.5%缴纳。

2014年1月，马钢三险基金征缴优惠政策到期，医疗、生育保险分别按照8%、0.4%上缴市人社局，工伤保险仍按照1.5%上缴，留存0.5%。

2014年3月，马钢集团制定《职工家属医疗保险费报销管理办法》。

2015年6月，马钢集团制定《马钢员工进入合资企业工作劳动关系及相关事项的管理办法》，明确相关待遇。2015—2017年，社会事业部与和菱实业、嘉华新型建材、嘉华商品混凝土、欣创环保、欧邦彩板、瑞泰马钢、埃斯科特钢、飞马智科、集团设计院、表面技术公司10家合资企业签订企业补充医疗保险托管协议，医保办负责费用审核相关服务，费用由各合资企业承担。

2015年6月，马钢职工医保账户金（红卡）停止使用，医保办常年开设退款窗口，职工凭医保账户卡随时办理退款。截至2019年底，累计退款18015人、5138.56万元。

2015年10月，马钢集团工伤保险征缴费率由2%降为1.3%，征缴基金全额上缴市人社局，马钢集团不再留存。

2017 年 4 月，马钢集团修订《企业补充医疗保险管理办法》，将离休人员和二等乙级革命伤残人员医疗统筹费、职工家属参保费及大病救助金等费用纳入企业补充医疗保险列支范围。

2019 年 1 月，马钢集团党委常委会议听取行政事务中心《关于调整企业补充医疗保险范围和列支项目的情况汇报》，同意将职业健康检查、职业病危害因素检测评价、职业病诊断鉴定等费用调出企业补充医疗保险列支范围。

2019 年 6 月，马钢集团按照 2018 年职工工资总额 1. 3%计提企业补充医疗保险基金 4700 万元。

[职工人身商业保险]

2015 年 1 月，马钢集团召开职工人身商业保险专题会，研究部署人身商业险投保内容及招标事宜。

2015 年 3 月，马钢集团召开职工人身商业险招标会，中国人寿等 6 家保险公司投标，经过评审，中国人寿、人保财险、平安财险及泰康人寿 4 家公司中标，合计投保金额 615 万元。保险类别包括重大疾病（保险行业 25 个病种加工会 28 个病种，保费 8 万元）、意外伤害（包含职工家属，伤残最高 5 万元、医疗最高 2 万元、身故 5 万元）、住院津贴（每天 50 元）及身故（病故 1 万元、猝死 5 万元）4 个部分。

2015 年 4 月 1 日，马钢集团举行职工人身商业险协议签字仪式。该年度商业保险累计理赔 2333 人次、995 万元。

2016 年 3 月，经协商确定采用谈判方式续保，总保费 615 万元。中国人寿放弃承保，太平财险参与承保。该年度商业保险累计理赔 2447 人次、1107 万元。

2017 年 2 月，马钢集团召开商业保险专题会议，确定马钢医保办负责职工人身商业险的具体业务工作。3 月，公司召开商业保险招标谈判会议，与 4 家保险公司就保费和协议条款进行协商，确定 35 种重大疾病的释义（保险行业协会指定的 25 种与工会 28 种合并为 35 种），增加保险补充协议。经协商，该年度继续由人保财险、平安财险、泰康人寿、太平财险 4 家保险公司以续标方式承保，保费总额 1050 万元。该年度商业保险累计理赔 3107 人次、1229 万元。

2018 年 3 月，通过招标，确定继续由人保财险、平安财险、泰康人寿、太平财险 4 家保险公司承保，保费 1150 万元。该年度商业保险累计理赔 2811 人次、1325 万元。

2019 年 3 月，通过招标，确定由人保财险、平安财险、太平财险 3 家公司承保（泰康人寿退出），保费 1200 万元。该年度商业保险累计理赔 3315 人次、2172 万元。

第六节 档案管理

马钢集团档案工作坚持依法治档、强化档案职能，通过加强基础设施建设、完善档案工作制度、丰富档案馆藏、提升档案信息化水平、提高档案工作人员素质、加强档案业务指导、强化考核机制、切实做好档案服务利用，深入推进档案制度、档案资源、档案安全和利用等体系建设，强化管理，服务大局，助力企业发展。

人员情况：截至 2019 年底，马钢集团档案专职人员 55 人。马钢集团档案馆 25 人。

馆藏情况：截至 2019 年底，共有全宗 121 个，馆藏档案 959535 卷，594631 件，照片档案 50154 张，实物档案 5739 件。其中公司档案馆馆藏 112 个全宗，档案 475642 卷，231405 件，照片档案 22668 张，实物档案 1883 件。

基础设施：截至 2019 年底，用于档案管理（包括档案人员办公室、库房、查阅室）的总建筑面积

25251 平方米。档案馆总建筑面积 12562 平方米，分为档案馆本部、南区分库和北区分库 3 部分。其中：档案馆本部建筑面积 6074 平方米，南区分库库房面积 3880 平方米，北区分库库房面积 2608 平方米。配置档案密集架 908 列，去湿机 37 台，A0 工程机、A3 扫描仪、A4 扫描仪等数字化设备，以及视频监控、火灾自动报警、气体灭火系统等安防设施。

[机构设置]

马钢档案处（馆）于 1990 年 11 月成立，为副处级机构，隶属于马鞍山钢铁公司经理办公室。1993 年，马钢实施股份制改革过程中，马钢档案处（馆）划归马钢总公司办公厅。1998 年，马钢实施集团化改组，档案处（馆）划归集团公司办公室。2010 年 3 月 15 日，撤销综合科，按业务流程设置档案指导科、档案整编科、档案管理科。

2016 年 5 月 31 日，档案指导科、档案整编科合并为档案整编科。同时，公司决定实施马钢股份档案资源整合，将马钢股份档案资源按区域归并到马钢集团集中统一管理。6 月 30 日，马钢股份二级单位档案人员 38 人统一划拨至马钢集团档案处。11 月 30 日，马钢股份北区港务原料总厂、三铁总厂、四钢轧总厂、冷轧总厂、长材事业部北区（原二钢轧总厂）、能控中心（北区）、热电总厂（北区）等 7 家单位档案资源完成整合，实行集中统一管理，12 月 1 日正式对外服务。马钢股份南区档案工作实行驻点服务。

2018 年 4 月，因马钢集团机关机构改革，档案处（馆）与公司行政事务部、史志办、住房公积金分中心合并成立行政事务中心（公积金分中心、档案馆）。2018 年 8 月 27 日，按照档案工作“收集整编、保管利用、档案数字化”三大业务流程，公司档案馆设立档案整编科、档案管理科、数字档案室，进一步整合档案资源，强化数字档案管理，实现档案业务流程再造。2019 年 6 月，在马钢股份北区档案资源集中统一管理的基础上，公司对马钢股份南区档案用房进行维修改造，并完成 14 家二级单位档案搬迁工作，顺利实现马钢股份档案人员、库房、利用全面集中统一管理，7 月 1 日正式对外服务。

[档案管理体系建设]

马钢集团成立档案工作领导小组，对全公司档案工作进行统一领导。档案馆对全公司档案工作履行监督、检查和指导职能，负责马钢集团机关及办公楼内经营性公司、马钢股份机关及二级单位档案集中统一管理；马钢集团下层子公司（除马钢股份外）综合档案室负责本单位档案集中统一管理。按照《档案工作专业评价与考核办法》要求，采用单位自查与公司组织检查相结合的方法，开展档案工作专业评价考核工作。

[档案制度体系建设]

2002 年，马钢两公司修订、完善《马钢两公司档案工作专业管理考核办法》《马钢档案人员持证上岗实施办法》《档案处内部人员工作职责、工作程序及考核办法》《马钢基建技改工程档案编制整理与交付验收实施细则》等。2003 年，马钢两公司修订《马钢档案分类编号细则》《马钢两公司声像档案管理办法》《马钢两公司科学技术档案案卷整理规则》。2004 年，下发《档案工作评比表彰管理办法》。2005 年，下发《基建技改工程项目档案管理办法》《马钢两公司闲置设备处置档案管理办法》。

2006 年，编制《建筑安装工程施工技术资料管理指南》，修订《档案业务指导人员参加重点工程例会制度》《工程档案交付验收工作程序》，进一步规范了工程档案工作程序和管理要求。2008 年 11 月 24 日，下发《档案工作突发事件应急处置管理办法》。2010 年 8 月 30 日，马钢集团制定《马钢档案工作规范》《马钢重大活动档案管理办法》。

2011 年 7 月 26 日，印发《档案验收进馆工作暂行规定》《马钢电子文件及电子档案管理办法》。2013 年 5 月 2 日，印发《马钢建设项目档案验收管理办法》。2014 年 1 月 1 日，修订并印发了《马钢档案分类编号细则》（2014 版）。2014 年 1 月，马钢集团顺利通过安徽省档案局贯彻实施国家档案局

10号令试点单位验收，下发《马钢集团公司管理类文件材料归档范围和档案保管期限表》，在全公司推广实施。2014年6月24日，修订了《档案工作专业管理标准》。2015年3月11日，制定印发《归档电子文件移交与接收管理办法》。

马钢集团档案工作制度体系现已形成工作规章、管理制度、业务规范（标准）三个层级。工作规章主要包括《马钢档案工作规范》《档案工作突发事件应急处置管理办法》《对外投资企业档案工作规范》《境外企业档案管理办法》等。管理制度主要包括《档案收集工作制度》《档案整理工作制度》《档案保管工作制度》《档案鉴定工作制度》《档案统计工作制度》《档案利用工作制度》《档案保密工作制度》《档案安全工作制度》等。业务规范主要包括《档案工作专业管理标准》《档案分类编号细则》《建筑安装工程施工技术资料管理指南》等。

[档案资源体系建设]

档案资料来源：（1）马钢集团机关形成的具有保存价值的各类文件材料及电子文件；（2）马钢集团所属各单位重点工程、重要设备、名优产品、出口产品、科研成果（省级及以上鉴定或奖励）和专利档案等；（3）马钢集团机关会计核算文件材料及电子文件；（4）马钢集团地形、地质、总图、土地征迁、房地产权等专门档案；（5）省级及以上表彰的公司荣誉档案和国内外友好往来的实物档案；（6）征集的历史档案和名人档案；（7）马钢股份机关及所属各单位档案，包括：马钢股份机关每年形成的具有保存价值的各类文件材料及电子文件，马钢股份所属各单位机关每年形成的具有保存价值的各类文件材料及电子文件，马钢股份会计核算文件材料及电子文件，马钢股份所属各单位基建、设备、产品、科研（专利）、地形地质、房地产权、声像、荣誉、电子及其他重要档案；（8）接收公司所属撤销单位的档案。

档案分类：主要包括管理类（文书）档案、科技档案、会计档案、特种载体档案等。

管理类（文书）档案系统地反映了马钢生产建设、组织建设、经营管理及党、政、工、团等各方面的内容，主要包括公司设立、改革、改组、改制；党委、行政各类会议；马钢生产、经营、建设、安全、质量、能源、环保、外事、科学技术、文化教育、劳动工资、承包经营、财务工作、机构设置、干部任免、人员奖惩、职改、双退、整党、落实政策、生活福利、武装保卫以及工会、团委等管理工作中形成的文件材料，真实地记录公司各职能部门的活动。

科技档案包括基建、设备、科研、产品、地质等，反映了马钢各个历史时期生产、建设、科研活动的全貌。

会计档案真实地反映公司的产、供、销以及基建技改活动的情况，对公司的营销决策起着重要作用。

特种载体档案包括荣誉实物、声像档案、电子档案等，反映了马钢集团、马钢股份及所属二级单位上级表彰、友好往来、重大事项以及各项管理活动等多种载体的历史记录。

《马钢档案分类编号细则》实行企业档案整体分类，并于2003年、2014年、2019年进行3次改版升级，确定统一的马钢档案分类编号体系。

管理类（文书）档案整理：2000年，根据国家档案局下发的《归档文件整理规则》，取消文书档案立卷制度，采用以件为单位进行整理，一直沿用至今。2013年，为贯彻实施国家档案局《企业文件材料归档范围和档案保管期限规定》，马钢集团被列为安徽省第一批试点单位，档案处（馆）对文件材料归档范围和档案保管期限划分实施了改革，统一将文书档案改为管理类档案，按照“轻整理、重利用”的原则，对原有的文书档案分类整理规范进行了优化和完善，并与电子文件归档同步推进。

会计档案整理：2018年，根据国家档案局79号令和安徽省档案局相关规定，档案馆对会计档案分类整理规则进行了修改和完善。

科技、特种载体档案整理：随着《马钢档案分类编号细则》版次修改而逐步修改完善，做到分类科学、整理规范。

［档案信息化建设］

马钢档案信息化工作起步较早，2000 年，与东大阿派合作，购买东大 SEAS 2000 档案管理系统，采用客户端模式实现档案网络化管理。2010 年，对 SEAS 2000 档案管理系统进行改造，档案处（馆）与马钢自动化公司联合自主研发了马钢档案管理系统，按照一级管控的模式，开始构建马钢档案信息中心。2016 年，根据国家档案局《数字档案馆建设规范》，启动数字档案馆项目建设。档案处（馆）与飞马智科（原自动化公司）、青岛元果公司（合作第三方）联合组成课题组，进行马钢数字档案馆系统技术攻关和研发工作，全面推进数字档案馆（室）建设，构建了统一的数字档案管理系统平台。

马钢数字档案馆项目建设，分为三期建设。第一期项目建设于 2016 年启动，2017 年底上线运行。主要成果：依靠公司信息化基础设施建设环境，集成建设适应公司数字档案管理需要的网络平台，开发应用符合功能要求的管理系统，推动馆（室）藏存量档案资源数字化、增量档案电子化和在线数据自动归档，逐步实现数字档案信息资源网络化管理、利用和企业共享服务。二、三期项目建设完成的主要成果：完善数字档案管理系统功能，完成了公司原有协同办公平台，SAP 系统 SD、PP、QM、MM 业务模块，招投标等业务系统归档接口研发工作，对人力资源服务中心、采购中心、设备部、技改部等单位业务系统文件材料归档情况进行调研，拟定归档接口方案。执行《马钢数字档案馆备份方案》，实现系统数据异地备份，提升档案信息安全防控能力。

推进增量档案电子化。具体措施：开发业务系统（协同办公系统、SAP 系统等）在线归档接口。要求档案形成部门移交纸质文件资料的同时，同步移交电子版。工程项目资料移交时需提供扫描件并实施数字化前置，即移交纸质版之前，需在系统中导入电子版等措施。

开展存量档案数字化技术攻关。马钢档案处（馆）按照“统一规划、分步实施”的总体思路，对馆藏存量档案进行数字化。2014 年 2 月 17 日，启动公司档案处（馆）存量档案数字化工作。2016 年，基本完成存量管理类档案永久、长期卷、照片档案、证书、题词等实物档案的数字化工作并研究制定相关规范。2017 年起，工程项目档案数字化工作被纳入马钢股份技术攻关项目，公司档案馆先后与工程技术集团传媒公司、芜湖兆通科技信息公司合作，完成了一、二期存量档案数字化技术攻关项目。主要成果：完成了热电总厂、炼焦总厂、港务原料总厂、炼铁总厂、四钢轧总厂、冷轧总厂、能控中心、一钢轧总厂、长材事业部等马钢股份二级单位工程项目档案数字化技术创新工作。持续开展存量档案数字化工作，丰富数字档案资源，创新档案利用模式，为实现档案数字化管理和远程利用奠定基础。据统计，截至 2019 年底，档案馆先后完成馆藏管理类档案（文书档案）永久、长期卷数字化 12305 卷/93455 件、781096 页；马钢股份主线厂存量工程项目档案 40290 卷、图纸 397900 张、文字资料 182960 页，录入二级目录 321950 条；馆藏证书、题词等实物档案数字化 2341 件；馆藏所有照片档案数字化 11609 张。

国家试点项目建设。2017 年，依据国家档案局办公室、国家发改委办公厅下发的《关于确定企业电子文件归档和电子档案管理第一批试点单位的通知》精神，马钢集团被确定为 ERP 系统电子文件归档和电子档案管理第一批全国试点单位，该项目由公司档案处（馆）承担。马钢档案处（馆）组建课题组，花了近 3 年的时间，对 ERP 业务系统形成的电子文件归档范围、归档过程、归档存储格式、电子文件四性检测、元数据管理、基于大数据的电子档案管理与服务利用等试点工作内容进行重点研究，攻克技术难关，最终完成 ERP 业务系统电子文件归档和电子档案管理系统项目的研发任务并通过验收。

［档案安全体系建设］

档案实体安全保障。加强档案库房“八防”管理，开展日常巡查、保洁。开展定期或不定期的安全自查、检查工作。为加强档案馆本部及分库日常安全管理，在档案馆本部、南区、北区分别安装视频监控，监控室设置在档案馆本部集中管理，实现档案安全管理远程监控。

档案信息安全保障。制定《数字档案馆系统运行维护管理制度》，系统设置使用权限，使用系统的人员设有独立的用户和密码，实行严格的分级管理。数据存储在公司云平台上，采用双机热备。在张庄矿部署异地备份库房，定期拷贝服务器上的数据存放异地备份库房，保障数据的安全性。

［档案开发利用体系建设］

检索工具：管理类（文书）档案主要有案卷目录、全引目录，部分文件卡片、计算机目录体系、部分全文检索。科技档案有总账、分类账、计算机目录体系，会计档案分别按报表、账簿、凭证建立了台账、目录；特种载体档案有纸质目录、计算机目录检索体系。

档案利用：2018 年，开展马钢股份工程项目档案数字化以后，同步为相关单位开放远程利用用户，实现了工程项目档案远程利用服务。据统计，截至 2019 年底，提供档案利用达 869113 卷（件）、221653 人次。马钢集团档案部门在机关机构改革、领导离任审计、反倾销调查等各项重点工作中充分发挥档案资源优势，积极配合相关部门，开展档案开发利用工作，取得显著成效。如：配合美国商务部结构型钢反倾销调查、澳大利亚车轮“双反”实地核查、安徽省国资委专项检查、省审计厅专项审计、美国“337 调查”反倾销案例以及硅钢二期申报国家奖补资金验收专项审计等工作，提供利用各类档案，较好地发挥了档案的凭证作用，为企业生产经营建设和发展创造较好的经济效益和社会效益。开通远程管理和网上利用服务，提高了档案利用效率。

档案编研：分为基础编研和深层次编研两种。基础编研主要包括编制全宗介绍、组织沿革、大事记、统计年报等，根据每年归档文件材料内容进行编制。深层次编研主要根据公司阶段性工作需要，以馆藏档案为依据进行编制。组织编印《马钢档案开发利用典型效益（第 7—10 辑）》。

第七节　职工住房公积金管理

［机构设置］

鉴于马钢职工住房公积金在全市所占较大的体量，为进一步加强对住房公积金业务的管理，马钢两公司积极争取在马钢设立住房公积金管理分支机构，得到马鞍山市政府的支持，2003 年 12 月 18 日，安徽省人民政府批复同意马鞍山市设立马钢（集团）控股公司住房公积金管理分中心（简称分中心）。2004 年 4 月 22 日，马鞍山市住房公积金管理委员会批复了马钢集团上报的关于分中心机构设置及人员编制调整的意见，批复中明确：分中心在市住房公积金管理委员会的领导下，根据市住房公积金管理中心的授权，履行《住房公积金管理条例》赋予的职责；分中心不是独立的事业法人，不单独设立登记；分中心的人员和业务经费从其管理的住房公积金增值收益中列支，管理费用实行收支两条线，与市住房公积金管理中心统一编报。分中心为独立核算、不以营利为目的的按市住房公积金管理中心统一规定运作的副处级管理机构，原马钢房改领导小组的常设办事机构——马钢房改办，改设在分中心；分中心编制 21 人，其中处级职数 1 人，科室负责人职数 4 人，工作人员 16 人。2004 年 5 月 9 日，马钢集团下发了《关于设立市住房公积金管理中心马钢（集团）控股有限公司分中心的决定》，为副处级机构，隶属于马钢集团办公室。原“马鞍山市住房资金管理中心马钢分中心”予以撤销。为完善分中心的住房公积金管理，2007 年 11 月 15 日，马钢两公司编制委员会批复分中心增设财务科，自此，分中心的科室设置为：综合科、归集管理科、贷款管理科、政策法规科、财务科。

2018 年 4 月 27 日，根据马钢集团《关于集团公司机关机构改革及人力资源优化的决定》，分中心自公司办公室整体划拨到马钢集团直属机构行政事务中心。

［公积金缴存、归集］

2002 年 12 月，马钢集团按照马鞍山市政府 2002 年度调整职工住房公积金缴存比例的通知精神，结合马钢职工的工资结构特点，对于实行岗位技能工资制的职工，以职工本人技能工资、岗位工资、工龄工资和物价补贴四项档案工资之和作为住房公积金缴存基数；对于试行岗位绩效工资制的职工，以职工本人岗位工资、积累工资和物价补贴三项档案工资之和作为住房公积金缴存基数，调整工作自2003年1月起执行。2003年，由于马钢两公司实施了《2003年马钢基本工资制度改革方案》，决定自2003年10月起，将职工的住房公积金缴存基数统一调整为岗位、积累、补贴三项工资之和。

为统一“新职工”“老职工”的概念，切实维护职工的住房公积金权益，2005年11月17日，马钢两公司下发了《关于对职工住房公积金缴存情况进行清理复核的通知》，通知明确：“新职工”是指1999年1月1日之后通过招工、学校分配、部队转业、复退和外单位调入等方式进入马钢工作的职工；“老职工”是指1998年12月31日之前进入马钢工作的职工。“新职工”缴存住房公积金的标准为个人10%，单位为17%；“老职工”缴存缴存住房公积金的标准是个人和单位均为10%。

2006年6月29日，马钢两公司统一界定职工住房公积金的缴存基数为职工本人上一年度月平均四项工资之和，即岗位工资、保留工资、工龄工资和物价补贴（106元），新的标准自7月1日起执行。

2007年6月27日，马钢两公司对职工住房公积金缴存基数和比例做了调整，7月1日以后，职工住房公积金缴存基数为职工本人岗位工资、积累工资、物价补贴、物业补贴、书报费、洗理费、交通费七项之和，缴存比例上调为15%；对1999年1月1日以后进马钢的职工，企业缴存比例上调为22%。

2010年7月22日，经马钢两公司党政联席会研究、并经公司职代会联席会议通过，决定对职工的住房公积金缴存基数和比例进行调整，从7月1日开始，职工的住房公积金缴存基数调整为职工本人上一年度月平均工资，缴存比例调整为12%，其中1999年1月1日以后进马钢的职工，企业缴存比例调整为19%，住房公积金缴存基数上限定为6000元。此次调整，使得马钢职工的住房公积金缴存基数和比例完全符合国家标准，但是，缴存基数上限低于全市的标准。

2018年7月18日，将职工住房公积金缴存基数最高限额为16182元，单位和个人月缴存额最高限额为3884元，自7月1日起执行，自此，马钢住房公积金缴存政策与马鞍山市全面接轨。

2019年，马钢住房公积金归集额为11.27亿元，公积金缴存职工为44085人，缴存职工公积金支取额为9.18亿元，发放公积金贷款1277笔，贷款金额3.74亿元，公积金使用率为92.09%；公积金存款（含增值收益）9.74亿元。

[**政策法规**]

2001年6月，经马鞍山市住房资金管理中心批准，分中心发布《住房公积金存款质押贷款暂行办法》，实施该办法扩展了住房公积金个人贷款的形式，促进了职工的住房消费。

为方便住房公积金贷款职工使用本人和配偶的住房公积金直接偿还公积金贷款，分中心参照市住房公积金管理中心的做法，于2006年12月18日推出了《职工委托按月划转住房公积金偿还住房公积金贷款暂行规定》，这一举措极大地方便了职工还贷，在全省属于创新之举。

2012年4月25日，分中心收集、整理、编印的《住房公积金与房改政策文件汇编》正式成册，全书分为公积金篇（上下册）和房改篇共三册一套，收集了自1999年1月至2011年10月国家部委、省、市、马钢发布的相关文件、会议纪要195份。2015年4月9日，马鞍山市住房公积金管理委员会发布《关于提取住房公积金支付房租的实施细则》，这一政策进一步拓展了住房公积金的使用范围，完善了住房公积金的住房保障功能。

为强化对分中心业务的内部监督控制，分中心结合自身的特点，于5月11日成立了内审稽核小组，制定了《马钢住房公积金管理分中心内部稽核暂行规定》，并据此展开了工作。6月10日，分中心整理出版了《2011—2014年住房公积金政策文件汇编》和《2011—2014年房改政策文件汇编》，共收集 2011 年 11 月—2014 年 12 月安徽省、马鞍山市、马钢集团关于住房公积金和住房制度改革政策的文件 93 份。

2019 年，分中心收集、整理并编印了《2015—2019 年住房公积金政策文件汇编》（上下册）和《2015—2019 年房改政策文件汇编》，共收集 2015 年至 2019 年 8 月国家、安徽省、马鞍山市、马钢集团关于住房公积金和住房制度改革政策的文件 155 份。

[内部管理]

在档案管理方面，2010 年 12 月 16 日，经省档案局组织验收，分中心档案管理工作达到“机关档案工作目标管理省一级标准”。2011 年 7 月 11 日，经省住建厅、财政厅考评，分中心达到 2010 年度省住房公积金业务管理考核优秀等级，这是省厅首次将分中心列为独立单位参加年度考核。

2014 年底，住房和城乡建设部向全国住房公积金管理机构提出了在 2017 年底前完成“贯彻住房公积金基础数据标准、接入住房公积金结算应用系统”的工作要求（简称“双贯标”），分中心于 2017 年 2 月正式启动了“双贯标”工作，经过学习考察、方案制定、上报申请、组织实施，于 8 月 8 日顺利通过了住建部、省住建厅联合验收组的现场验收，“双贯标”的完成，为接入全国统一的数据平台，实现数据交换打下了基础，同时，职工提取公积金可以实现在业务大厅柜台“秒到账”，极大地方便了职工。按照省住建厅关于 12329 住房公积金短信服务平台建设的总体要求，分中心于 11 月完成了 12329 短信服务平台的开发与接入工作，使得职工可以即时收取个人住房公积金使用信息。

为贯彻国务院关于个人所得税改革信息共享工作的部署，2019 年 1 月 16 日，住房和城乡建设部发出了限时完成接入全国住房公积金数据平台的通知，分中心迅速行动起来，通过参加培训、策划方案、组织实施，于 5 月 30 日完成了数据平台的接入工作，并开始每日业务数据的上传工作。

第八节　计 划 生 育

[机构设置]

2001 年以来，马钢计生办随着马钢两公司机构改革进行了两次机构设置改变。2015 年 8 月，马钢集团撤销机关工作部、社会事业部，重组成立行政事务部，计生办随机构改革设立在行政事务部。2018 年 4 月，马钢集团再次进行机构改革，计生办随机构改革调整设立在行政事务中心。

[主要工作]

2001 年初，马钢两公司转发了马鞍山市委、市政府关于贯彻中央《关于加强人口与计划生育工作稳定低生育水平的决定》（以下简称《决定》）的意见，并把《决定》及人口理论纳入各中心组学习内容，不断提高对人口问题的认识。2002 年，马钢计生委将宣贯《人口与计划生育法》和《安徽省人口与计划生育条例》（以下简称《省条例》）作为工作重点。发放《人口与计划生育法》等学习资料 1 万余册，举办计生领导和专干《一法一例》培训班，专题讲解《省条例》颁布意义和有关条款释义，并印发《省条例》5000 余册。2004 年 2 月 26 日和 3 月 30 日，先后召开了马钢计划生育委员会会议和计划生育工作会议，重点解决了整合单位的人口和计生工作以及独生子女父母退休补助金的问题。发布《关于领取〈独生子女父母光荣证〉的退休职工相关待遇的通知》，规定：从 2001 年 7 月 1 日起，领取《独生子女父母光荣证》的马钢职工退休时不再提高计发退休待遇比例，改按发放一次性补助 3000 元。同年 8 月 24 日，马钢公司计生委召开了第二次委员会全体会议，讨论通过了《马钢人口与计划生育管理办法》，并于 2005 年 1 月 1 日施行。2005 年 12 月，马钢计生委更名为“马钢人口与计划生育委员会”。

2006 年 6 月 1 日和 6 月 9 日，重点宣传贯彻《安徽省人民政府关于进一步完善人口和计划生育工作“一票否决制度”的意见》，明确规定各单位行政一把手为负责人，明确分管领导，厂及各车间（分厂）均设立人口和计划生育专（兼）职工作管理人员。同年，马钢两公司召开第三届马钢计划生育协会会员代表大会，选举产生了新一届人口和计划生育协会理事，通过并颁发了《马钢计生协会章程》，进一步规范了计生协会的活动。2007 年，马钢两公司认真组织学习宣传中共中央、国务院《关于全面加强人口和计划生育工作统筹解决人口问题的决定》，组织各单位开展学习和理论研讨活动，积极探讨新形势下做好人口和计划生育工作的新途径。举办了一期研讨班，各单位领导和计划生育专兼职管理干部撰写论文 130 余篇，评选出优秀论文 30 余篇。

2008 年 2 月 26 日，马钢两公司召开人口和计划生育全体委员会议，会议讨论通过了新的《马钢人口和计划生育工作管理办法》，该管理办法对公司人口和计划生育管理工作进行了全面规划，明确各级党政一把手为第一负责人，分管领导负具体领导责任，管理人员负直接管理责任。明确规定各单位必须健全两级计生网络，3000 人以上的单位必须配备专职计生干部，3000 人以下的单位要配备兼职计生干部，提高专兼职人员的岗位津贴。建立人口计生管理考核体系，首次将人口计生工作纳入公司经济责任制考核，与领导年薪、职工效益工资挂钩，严格考核，实行“一票否决”制度。

2009 年，马钢两公司两级人口与计划生育协会以“5・29”计划生育协会活动日、“7・11”世界人口日、“9・25”公开信发表纪念日、“10・28”男性健康日以及“12・1”世界艾滋病日为契机，组织了 120 多场次讲座和活动，3 万多名职工和 4000 多名在校大学生参加了丰富多彩的宣教活动。2011 年，举办了人口计生业务培训班。计生工作人员撰写的 2 篇人口计生理论论文，刊登在《中国人口报》上，其中 1 篇获《中国人口报》“优秀理论文章奖”。

2016 年，修订了《马钢人口和计划生育工作管理办法》，调整了产假、政策性奖励等相关规定，进一步明确了相关职能部门的管理责任，为全面实施两孩政策提供了制度保障。通过召开季度例会、人口和计划生育业务培训班传达两孩政策，营造良好的宣传氛围。在全公司范围内组织开展了“生育保险杯”人口和计划生育征文活动，共征集征文 120 余篇。利用形式多样的工作方式引导专职计生干部，通过宣传倡导、政策引导、服务关怀不断增强计划生育家庭的能力建设。

[荣誉]

2001 年，马钢两公司被中宣部、国家计生委授予全国“婚育新风进万家”活动先进单位。2003 年、2010 年、2013 年，马钢计生协会获全国计划生育协会先进单位称号。2004 年，马钢计生协会获中国计划生育先进拓展项目点称号。2005 年，马钢两公司获全国“婚育新风进万家”活动先进单位、全国青少年性与生殖健康宣传教育项目先进拓展点称号。2007 年，三钢轧总厂获全国计划生育协会先进单位称号。2009 年，马钢计生协会获 2008—2009 年全国冶金计生先进协会称号。2011 年，马钢集团、南山矿业、力生公司和设备检修公司被评为“全国冶金系统 2010—2011 年度计划生育协会先进单位”。

第六章　法律事务管理

第一节　法务体系建设

［机构设置］

从2000年至2011年7月，马钢集团、马钢股份设立法律事务部（简称法务部），合署办公。2011年7月21日，根据马钢集团《关于调整马钢集团公司机关机构设置的决定》，马钢集团设法律事务部，马钢股份不再设法律事务部。2013年1月21日，马钢集团下发《关于调整马钢集团公司机关组织机构的决定》，决定马钢股份增设法律事务部，与马钢集团法律事务部合署办公。2018年4月4日，马钢集团下发《关于集团公司机关机构改革及人力资源优化的决定》，决定马钢集团设法律事务部；马钢股份下发《关于股份公司机关机构改革及人力资源优化的决定》，决定马钢股份设法律事务部，马钢股份与马钢集团法律事务部合署办公。

［制度建设］

2005年，制定并下发《马钢两公司合同管理持证上岗管理暂行办法》；2007年，制定并下发了《马钢两公司法律事务管理办法（试行）》；2009年，制定并下发《马钢法律事务管理办法（试行）》和《马钢两公司重大合同管理办法》；2011年，制定并下发《马钢两公司商标管理办法》；2015年，修订并下发《马钢股份公司合同管理办法》（第一版）；2016年，制定并下发《马钢集团公司合同管理办法》（第一版），并修订下发《马钢股份公司合同管理办法》（第二版）；2018年，制定并下发《马钢集团公司法律纠纷案件管理办法》和《马钢集团公司外聘律师管理办法》；2019年，制定并下发《马钢集团公司重大事项法律审核管理办法》，并修订下发了《马钢集团公司合同管理办法》（第二版）。

2019年，上述制度中现行有效的制度为：《马钢集团公司合同管理办法》（第二版）、《马钢股份公司合同管理办法》（第二版）、《马钢集团公司法律纠纷案件管理办法》《马钢集团公司外聘律师管理办法》《马钢集团公司重大事项法律审核管理办法》，切实为维护公司合法权益、健全依法、科学决策机制，规范公司合规运作，实现公司对合同管理及诉讼仲裁类法律风险的全面管理和动态监控，避免或挽回经济损失，有效防控法律风险、防范经营风险提供制度依据。

第二节　法务管理成果

［非诉讼业务］

2001—2019年，马钢的非诉讼法务业务工作主要是通过合同管理、工商管理、商标及公证管理、重大法律服务等方面进行有效风险防控。

（1）合同管理。为更好地防范风险，顺应市场变化，制定切实可行的标准文本。2012年，钢贸纠纷发生后，法务部积极与销售公司、设备部、采购中心等主要合同管理单位就银企商合同、销售合同、仓储合同、运输合同、抹账协议、设备买卖合同、EPC总包合同、承揽合同、设备采购合同等标准文本进行梳理、分析风险并提出修改意见努力降低马钢的合同风险，实现合同管理精细化、程序化、制度化。每年中及年底法务部会联合企业管理部等部门对马钢内被授权可签署合同的单位及子（分）公司的合同管理工作进行全面检查考核，从制度建设到合同签订、履行过程，再到客户评价等方面进行全方位的梳理和督促，加强贯彻落实合同管理制度，创新合同管理流程和举措，提高合同风险意识，以防范合同风险。针对各单位提交的难以把握的及重大合同的法律条款及合规性进行审查，共计审查重要合同、制度1140余份。2001年，马钢股份被评为国家级“守合同重信用”单位，马钢集团被评为省级“守合同重信用”单位。截至2019年，马钢集团下属子公司12家获安徽省级“守合同重信用”单位，2家获国家级“守合同重信用”单位。

授权委托管理。自2001年开始在合同管理制度较为完善的子（分）公司推行授权委托管理工作，每年对于符合上述条件的子（分）公司的授权委托工作进行审核批准备案；同时对于授权委托管理定期开展清理工作。共计办理临时授权1500余份，常年授权委托书600余份。

合同专用章管理。负责审查合同管理单位的刻章申请并刻制、下发启用文件及缴销。2001—2019年，共清理旧合同专用章64枚，刻制新章216枚，截至2019年底，合同专用章共计87枚，其中马钢股份75枚，马钢集团12枚。

合同培训。每年至少举办两期“持证上岗”合同管理培训，不定期举办合同文本专项培训，2001—2019年，马钢集团有近5000人，包括但不限于委托代理人、合同管理员通过了合同管理培训并取得合同管理资格。

（2）工商管理。2001年，印发《马钢集团（控股）有限公司企业法人营业执照使用暂行规定》后，新设立登记、变更登记、注销登记、营业执照等证照管理及年报申报等工商事务共计3000余件。2013—2014年，为马钢集团资产重组工作涉及重机公司、输送设备公司、汽运公司、设备检修公司、耐火材料公司的14家公司办理注册设立及注销工作。2017年，根据工商部门的要求，集中组织办理马钢集团下属32家冠名“马钢”的不规范企业名称的专项整改工作，彻底解决历史遗留问题，并根据省国资委“党建进章程”的要求，完成马钢集团章程修改，并集中组织马钢集团全资、控股子公司开展章程修改工作，完善公司章程管理。

（3）商标事务。2003年，在马钢集团新标识启用后，法务部立即提出标识的法律保护意见，即采用商标注册的形式避免被抢注。在完成新标识注册准备工作的同时，对扩大现有商标的适用范围、提供商标的使用率、避免商标被假冒侵权等提出法律意见并付诸实施。对马钢股份商标从文字图形两方面在12大类65种产品上进行注册申请，使公司的商标完全覆盖所有现有及未来产品，并定期进行续展。同时全面启动并开展商标国际注册工作和驰名商标申报工作。2008年，起草、制定《马钢股份公司商标管理办法》，建立并完善马钢股份的商标管理体系。2010年，马钢股份“马钢牌车轮”商标终获国家工商总局商标局认定，成为马鞍山市历史上首个“中国驰名商标”。

（4）重大法律服务。除日常的合同管理、工商管理之外，马钢集团、马钢股份法务部参与公司生产经营中的所有投资类、担保类及其他类的重大事项审查，通过出具法律意见或全程介入的方式进行合法合规性风险防范。

1）参与公司所有改制工作：主要有参与马钢集团及主辅分离、辅业改制工作，马钢医院改制工作，马钢矿业公司组建工作、力生公司和实业公司改制工作，马钢股份电气修造公司、表面技术公司、设备安装工程公司、钢结构公司4家单位的改制翻牌工作，工程技术集团组建工作等。牵头部署安排资产重组所涉及子公司股权转让工作、子公司设立或变更工作，子公司合同、债权债务转移工作。起草、审定资产重组中所有法律文件，包括资产（股权）转让交易以及债权债务转让合同等，并协助办理资产交割以及债权债务转让工作。配合完成马钢采购体系、仓配公司机构整合工作，梳理合同管理流程和机构变更相关法律事务。

2）参与所有投资类及重大合同审查工作：主要有参与安徽马钢BRC焊网有限公司合资项目，庐江罗河铁矿合资开采项目，安徽马钢和菱包装材料有限公司合资事宜及股权转让、收购项目，合资成立粉末冶金有限公司项目，安徽马钢智能立体停车设备有限公司股权转让项目，汽运物流合作项目，马钢裕远物流有限公司受让马钢股份对郑蒲港及港口集团股权项目，马鞍山中联海运股份有限公司减资并代持股权项目，招标中心设立论证工作，实业公司投资兴建新型工业焊割气体项目，投资重组安徽长江钢铁股份有限公司项目，马钢股份与奇瑞汽车的汽车零部件生产合资项目，马钢财务公司前期论证、审批及登记工作，安徽欣创节能环保科技股份有限公司项目，铜陵远大石灰石矿业有限公司项目，投资重组江苏申特钢铁有限公司项目，主导马钢股份收购法国瓦顿公司项目，与韩国奥瑟亚公司合资的煤焦油深加工项目，瑞泰科技合资项目，钢渣处理综合利用合资项目，三联泵业合资项目，工程技术集团技术服务公司合资项目，和菱防锈纸合资项目，美标H型钢合资项目，设立中东公司项目，化工公司项目等，为其提供法律框架设计、法律文件起草、谈判等法律服务，发挥专业功能积极寻求对策，在有效防止法律风险方面做了大量工作和努力。

3）其他专项法律服务工作：主要有2008年专门配合人力资源部完成劳动合同清理工作，为公司清理劳务派遣用工以及建立劳动规章制度多次提供重要的法律意见，为公司劳动合同文本的完善进行慎重审查，力求杜绝公司经营中的劳动用工违法风险。对马钢国贸总公司参与贴“马钢”牌螺纹钢加工业务的论证以及唐山东华公司贴“马钢”牌加工合同的审查、公证工作；参加嘉华混凝土铜陵分公司建设干混砂浆项目的讨论与调研工作；参加利民星火公司资金困难解决方案论证工作。2014年，牵头组织韩国对马钢H型钢反倾销问卷答卷工作；参与出口美国部分车轮（最终用户诺福克公司）产品质量问题的处理。牵头组织贸易及融资风险防控检查，参与处理合肥公司转产分流工作，并紧密跟进肥东工业园5个项目的推进。参与去产能职工分流安置工作，澳大利亚双反应诉事项。牵头办理办理广州、重庆区域销售公司、迈特冶金公司、耐火公司、考克利尔公司等符合“退资”要求的子公司的清算工作。

[诉讼及援助]

（1）境内法律纠纷。2001—2019年，马钢集团境内诉讼、仲裁法律纠纷共1074起，涉案标的额为26.23亿元，挽损24.73亿元，挽损率达94.3%；处理的非诉法律纠纷共536起，涉及破产、清欠及其他纠纷解决。法律纠纷多分布在买卖合同纠纷、劳动、劳务用工纠纷、人身侵权责任纠纷等领域。其中2012年、2013年，因钢材贸易纠纷的连锁纠纷、常州系列案件纠纷，形成43起诉讼、仲裁案件，涉案金额高达15.99亿元，在涉案总金额中占比高达60.96%。针对扰乱市场经济秩序、损害马钢集团合法权益的违规行为，马钢集团通过民事诉讼、刑事调查、行政申诉多维出击，配合公检法机构维护市场经济秩序、维护自身权益。2012年，马钢集团向马鞍山市中级人民法院申请对裕远物流破产重整，由法院指定破产管理人进行破产重整、破产清算。马钢集团作为裕远物流股东，积极配合管理人工作，通过诉讼、与债权人沟通等方式协助管理人妥善处理裕远物流公司破产债权债务，履行了股东应尽职责，同时规避自身被缠诉的法律风险。马钢集团实行以案促管、以案推管，自2015年起，发布典型案例40起，均为案件高发领域典型案件，以评析形式清理管理盲区，提出管理提升建议。

（2）境外诉讼及调查。2001—2019年，马钢集团应诉了美国、马来西亚、泰国、韩国等多国发起的反倾销、反补贴、侵犯商业秘密等贸易救济调查。马钢集团实现多部门、跨区域联动，在律师团队指导下按时提交调查资料、问卷，并协助商务部、中国钢铁工业协会完成行业抗辩，成功获得优惠关税政策，维护了自身的出口权益。其中，2002年取得入世第一诉的胜利。

（3）*法律援助*。马钢集团多年来协助马鞍山市公检法机关开展普法便企实践活动，如与市区两级法院在马钢集团设立了“法官工作室”、司法区块链的企业端口、民事调解工作组；与公安局设立警民联调中心等。2001—2019 年，马钢集团本着保护公司利益、维护职工福祉的初心，完成司法协助 939 起，严格筛查司法协助事宜，对于损害公司、员工利益的协助据理力争，避免损失的产生。对于合法合理的协助积极履行，打造优质的司法协助口碑。

第七章 安全生产监督与管理

第一节 机构设置

2001 年，马钢两公司安全环保部（简称安环部）合署办公，下设办公室、环保科、综合利用科、安全科、防尘科、特机科、劳保科、教育培训科、焊培中心、环境监测站、锅炉检验所等。2007 年，马钢两公司机关机构整合，将环保职能从安全环保部管理进行分离，单独成立能源环保部，马钢安全环保部更名为马钢安全生产管理部（简称安管部），下设办公室、安全科、矿山科、职业卫生科、劳保科、特机科（焊培中心），将不具备机关管理职能的锅炉检验所划归修建部，将环境监测站划归欣创环保。2011 年，马钢集团成立矿业公司，安管部矿山科撤销。2018 年，马钢集团实施层级管理，分别成立马钢集团安环部和马钢股份安全生产管理部。

第二节 安全生产监督

马钢集团高度重视安全生产工作，认真贯彻落实国家、安徽省有关安全生产工作精神及相关法律法规和政府规范性文件的各项要求，深入落实安全生产主体责任。开展危险源辨识工作，重大危险源的监控管理以及隐患排查治理专项行动，强化安全风险分级管控和隐患排查治理双重预防机制。开展了安全生产专项检查，有效防范重特大事故的发生。强化检修、建设工程安全管理，加强重点工程安全监管。加强特种设备的日常管理工作，组织对各单位特种设备目录进行重新梳理，进一步明确特种设备的监督管理范围；组织开展特种设备相关作业单位的特种作业资质审查工作。扎实推进安全生产标准化建设，不断加强各项安全基础工作，不断完善安全管理制度体系，开展形式多样的安全教育培训，并加强应急救援体系建设及提高应急响应能力。认真开展防汛排涝、防暑降温和节假日安全生产工作，加强职业病监测和职业健康体检工作。严格按照国家法律法规要求，开展在建工程项目安全设施和职业卫生“三同时”工作。多年来公司安全生产的有效监督，为生产经营活动提供了强有力的安全保障。

按照国家法律法规及体系运行要求，马钢集团成立安全生产委员会，办公室设在安全生产管理部。各单位按照要求也成立安全生产委员会，同时设立安全管理机构。分厂（车间）级均成立安全领导小组，配备专职安全员，作业区、班组均配备兼职安全员。截至 2019 年，共配备专职安全管理人员 275 人，其中有注册安全工程师 62 人。

2005 年，马钢集团通过 OHSMS 18001 职业健康安全管理体系认证，各单位均通过职业健康安全管理体系认证。从 2011 年开始，公司组织开展安全生产标准化达标创建工作，2013 年底，公司所有单位均通过安全生产标准化达标验收。2019 年底，马钢集团组织特钢公司、冷轧总厂两家试点单位开展一级标准化达标创建工作。

根据国家、安徽省、马鞍山市及马钢集团的有关工作部署，自 2014 年起，开展隐患排查治理体系建设，2017 年起，开展安全生产风险管控“六项机制”建设，构建安全风险分级管控和隐患排查治理双重预防机制。但在体系的运行中，仍然存在着双重预防机制建立不完善、实效不明显等问题。为进一步完善双重预防机制，强化风险防控意识，加大隐患排查治理力度，杜绝重大安全生产事故发生，严控一般事故发生，马钢集团制定下发了《强化安全风险分级管控和隐患排查治理双重预防机制实施方案》，布置各单位按《方案》全面开展各项工作。先后制定完善公司安全责任体系、安全基础管理、安全风险管控、安全考核评价等方面制度18项，制度执行情况总体较好。

第三节　安全生产管理

马钢集团坚持“安全第一、预防为主、综合治理”的方针，以落实安全生产责任制为核心，紧紧围绕“依法整治，强化监督，落实责任，标本兼治”这一中心，以贯彻党中央、国务院、省委、省政府关于加强安全生产工作的一系列指示精神和决策部署为主线，积极开展安全生产管理工作。紧密结合马钢生产经营建设实际，创新企业安全生产管理方式，大力推进职业健康安全管理体系运行，不断强化双重预防机制，全面打造以人为本的本质安全型企业，提升核心竞争力，持续改进安全生产绩效。通过不断改进安全标准化体系和职业健康安全管理体系运行的规范性和有效性，实现安全生产形势持续平稳，生产经营稳定得到有效保障。

2001—2005年，大力推进职业健康安全管理体系运行工作，创新安全生产管理方式，发挥“党、政、工、团”齐抓共管安全工作的优势，扎实开展了党员“两无”、工会“安康杯”、团委“青安杯”竞赛活动。2002年，马钢两公司顺利通过“全国安全生产万里行”检查。为了不断强化企业安全生产基础管理工作，2003年，安环部开展了OHSMS 18001职业健康安全管理体系贯标准备工作，从无到有，走出去，请进来。建立健全职业健康安全管理体系文件记录体系，并通过认证。按照马钢安全持续改进的原则和要求，不断改进完善体系，切实提高体系运行的有效性。2004年，马钢两公司又积极响应安徽省要求开展安全生产江淮行宣传教育活动。自2005年起，马钢两公司将安全管理的重点由生产主线单位向矿山及外来劳务用工倾斜。

2006—2010年，按照“以人为本，构建和谐社会”重要思想为指导，继续强化“党、政、工、团”齐抓共管，运用OHSMS 18001职业健康安全管理体系平台，不断深化安全管理，建立以体系为中心的企业安全文化，创建安全环境，有效地保障职工的身体健康和生命安全。2007年11月21日，马钢顺利通过国家四部委联合检查组对马钢尾矿库专项整治工作的专项检查。2008年，二铁总厂、一钢轧总厂获得由国家安全监管总局、国家安全生产协会颁发的“国家安全标准化一级企业”奖牌。2010年，重新修订了《马钢两公司危险源点监控管理办法》并组织各单位对危险源进行了重新辨识、风险评价和控制措施的制定工作，开展了两公司重大危险源普查、登记和确认工作，根据国家最新的标准对重大危险源进行了调整，对查出的事故隐患，实施分级管理，至此，马钢集团开启了多年的隐患排查治理活动。通过隐患的排查与治理，各单位安全管理水平得到不断提升。2010年6月，合肥公司被安徽省安全生产监督管理局核准为“国家二级危险化学品安全标准化企业”。10月南山矿及该凹山总尾矿库和城门峒尾矿库获“国家大中型非金属矿山安全标准化建设百家示范单位”称号。

2011—2015年，马钢集团牢固树立安全生产的“红线意识”和“底线思维”，落实“四个到位”的总体要求，坚持安全发展理念，按照上级政府的各项工作部署，强化安全责任落实，深入实施安全生产标准化，持续改进体系运行实效，不断加强安全生产基础建设，努力遏制各类安全事故发生，保障全体员工安全健康，确保公司生产经营的安全稳定。2012年6月，马钢姑山矿通过了安全标准化一级达标外部评审。2013年，马钢集团组织开展公司应急预案体系的全面修订，将修订后的26项预案装订成册。

2016—2019年，不断学习贯彻国家在新形势下有关安全生产工作精神，坚持依法依规开展安全生产工作；增强新常态下的安全意识，加强规范管理；以务实、创新为工作原则，坚持问题导向、需求导向、目标导向，积极配合公司系列变革举措，有效应对安全生产工作面临的新任务、新挑战。着力强化“五落实、五到位”要求的贯彻实施；加强安全管理专业能力建设；提升安全教育培训工作实效，推进安全标准化在基层深入实施；立足生产、施工现场，加强对重大危险源监控管理，加大安全监督检查和隐患排查治理工作力度。2017年，制定了《马钢公司构建完善安全生产风险“六项机制”强化安全生产风险管控工作实施方案》。马钢集团及各单位层层组织开展新《安全生产法》学习，明确了“一岗双责，党政同责”的指导思想。2019年，马钢集团制定并下发“1+2+N”《马钢股份公司安全生产隐患集中排查治理专项行动实施方案》。

[防震减灾]

组织机构：马钢防震减灾工作由马钢集团和马钢股份统一领导、分级负责，各职能部门与二级单位分工协作、共同完成。下设防震减灾办公室（行政隶属马钢股份设备部），主要职责：负责与市地震局的联络；传达上级相关指示；开展抗震救灾宣传；保证通信联络畅通。

应急预案：《马钢破坏性地震应急预案》对于公司震时高效有序地做好抢险救灾和恢复生产具有重要的指导意义。原“预案”是1999年编制下发，但近年来随着马钢生产、建设的飞跃发展，其实用性和可操作性降低；为此，马钢集团分别于2006年10月、2012年8月，两次组织修订下发《马钢破坏性地震应急预案》。

抗震加固：2005—2008年，马钢集团下达抗震加固专项资金772万元，对75栋建筑物进行了加固；2008年后，不设专项资金，抗震加固资金从各生产制造单位修理费列支。

2010—2019年，委托中冶建筑研究总院和西安建筑科技大学对71栋建构筑物进行可靠性检测鉴定，并对8栋评定为三、四级的建筑物进行了加固。

防震减灾系统网站建设：2003年，因信息化建设需要，马钢防震减灾系统整合马钢公路管理系统，完成防震减灾系统网站项目建设。2006年，防震减灾系统增加一项功能模块——马钢工业建筑管理系统，建立马钢股份工业建构筑物管理数据库。

宣传普及工作：2003年，防震减灾网上线至今，通过网络平台向职工发布防震减灾专题新闻、工作动态及地震防御领域相关成果。

第四节　职业病防治

马钢职业病防治工作初始于20世纪80年代，隶属马钢卫生处，依托原马钢医院（企业医院）职业病防治所开展工作，于20世纪90年代成立马钢公司劳动卫生研究所。1998年，机构调整，职业卫生管理职能划归至马钢公司安管部，安管部成立防尘科，后改为职业卫生科。

马钢职业病危害防治控制工作坚持“预防为主、防治结合”的方针，实行分类管理、综合治理，依法为职工创造符合国家职业卫生标准和卫生要求的工作环境和条件，保障获得相应的职业卫生保护，依法为职工缴纳工伤社会保险。2003年，马钢集团开展了OHSMS 18000职业健康安全管理体系贯标准备工作。2004年，马钢集团制定了《职业卫生和职业病防治管理程序》《职业危害监控管理办法》《职业健康监护管理规定》等制度，进一步规范职业卫生专业管理。2006年，制定下发了《放射源管理办法》《CO报警仪和空气呼吸器管理规定》，建立了《CO报警仪、空气呼吸器管理台账》并对两公司各单位所用放射源及射线装置应用情况进行了重新核查、登记，建立了档案清单。

从2008年开始，马钢两公司逐步完善职业卫生“三同时”工作，为公司的专业化管理奠定了基础。自20世纪80年代，马钢连年开展职业病危害因素的现场检测及职业健康检查，依据监测结果进行现场设备及环境的改造与治理。每年都会投入大量资金用于安措技改项目，以实现改善和治理职业危害严重的岗位作业环境。2016年6月，在国家安监总局组织的职业病危害防治评估抽查中，三铁总厂、煤焦化公司接受了资料审核，二铁总厂接受了现场检查。通过检查，马钢集团的职业病危害防治评估工作受到检查组的好评。2018年，职业病防治法再度修订后，马钢集团公司重点要求各单位严格依法落实用人单位主体责任，采取了多种综合防治措施。

马钢通过逐步建立完善个人职业监护档案，完善职业病申报、告知、培训等工作，确保现场各项职业病危害因素检测合格率逐年提升。

第五节　特种设备安全管理

马钢集团作为我国特大型钢铁联合企业，拥有钢铁冶金工业的全流程产线，在用的特种设备的种类多、数量大。截至2019年，在用特种设备涵盖起重机械973台、压力容器811台、锅炉42台、叉车328台、电梯67台、压力管道440千米等。特种设备管理专业性强、技术性高、危险性大，一旦发生事故往往造成严重后果，因此马钢始终将特种设备安全管理作为安全生产工作的重中之重来抓，坚持“安全第一、预防为主、节能环保、综合治理”的原则。公司按照“党政同责、一岗双责、齐抓共管、失职追责”和“三个必须”要求，建立健全了“横向到边、纵向到底、各司其职、各负其责”的特种设备安全管理责任体系。公司主要负责人对特种设备安全管理工作全面负责，分管设备的领导对特种设备安全管理工作具体负责。公司安全生产管理部作为特种设备安全监管部门，负责特种设备使用登记、状态变更、人员取证复审的管理，对特种设备采购、安装、使用、维修、改造、检验的过程进行安全监督。设备管理部作为特种设备专业管理部门，负责特种设备的技术管理、专业点检、维保修理和检验检测的管理。其他技改、采购等相关部门具体负责专业职责内特种设备管理工作。各生产单位作为特种设备的使用单位具体落实特种设备的日常使用管理工作，履行特种设备安全管理主体责任。

2005—2007年，根据市质量技术监督局要求，开展特种设备注册登记工作，将公司所有在用的特种设备进行梳理、申报、注册登记。2009年1月14日，国务院第549号令颁布了《特种设备安全监察条例》，于5月起执行，安全生产管理部组织公司各单位特种设备管理人员对法规进行了学习。2010年8月，马钢两公司制定并下发《马钢承压类特种设备安全监督管理办法》《马钢机电类特种设备安全监督管理办法》，10月又制定并下发《马钢气瓶安全监督管理办法》《马钢生活热水（汽）设备设施安全监督管理办法》。2001—2011年，马钢集团、马钢股份特种设备作业人员培训考核工作一直由马钢集团教培中心和马鞍山市特种设备检测中心共同承担。2011年，为了方便对公司内部在职特种设备作业人员的培训和考核，经安徽省质量技术监督局批准，安全生产管理部申请建立了马钢股份的“特种设备焊接操作人员考试机构”和“特种设备作业人员考试机构”，负责公司内部特种设备相关作业人员取证、复审的培训和考核工作，平均每年为公司培训、考核人员约3000人次。2011年6月，根据国家质量监督检验检疫总局《起重机械检验规则》要求，额定起重量在1吨以上的起重机械，在2011年底前均需安装重量限制器。为确保起重机械的安全使用和定期检验工作的顺利进行，经设备部、安全管理部两部门对公司各二级单位起重机重量限制器安装情况进行排查后发现，马钢两公司各二级单位在用1吨以上桥式起重机械共2770台，其中2294台未安装重量限制器（其中马钢股份2038台，马钢集团256台）。马钢集团于2012年底前统一安排完成了这些起重机超载限制器的安装。2013年6月29日，第4号主席令颁布《中华人民共和国特种设备安全法》，2014年1月1日起执行。2013

年8—11月，安全生产管理部组织各单位特种设备负责人和管理人员对该法律进行了学习。2014年1月，马钢集团下发《马钢集团公司特种设备安全监督管理办法》，并将《马钢承压类特种设备安全监督管理办法》和《马钢机电类特种设备安全监督管理办法》作废。2015年3月6日，国家质量监督检验检疫总局公布《安装安全监控系统的大型起重机械目录》，马钢集团安管部根据总局要求督促相关吊运熔融金属起重机单位遵照落实。2016年以后，教培中心继续承担特种作业人员培训工作，但考核工作交由市安全生产监督管理局考试中心承担。考试通过者由安徽省安全生产监督管理厅颁发上岗资格证书。2017年4月，马钢集团对《特种设备安全监督管理办法》进行了修订并发布。2018年6月，安全生产管理部制定并下发《马鞍山钢铁股份有限公司安全阀使用管理办法》。2019年1月，马钢股份颁布《锅炉、压力容器、压力管道安全管理办法》和《电梯、起重机、叉车、吊索具安全管理办法》。

第八章　资产经营与管理

第一节　机构设置

为强化马钢集团资产管理与经营运作，提高资产使用效率和收益，经马钢集团第一届董事会第二十三次会议审议批准，2014 年 3 月 10 日，马钢集团资产经营管理公司（简称资产经营公司）挂牌成立，资产经营公司的成立从马钢集团层面落实了本部资产经营管理的责任主体，为马钢开展资产运作构建了平台。

资产经营公司性质为马钢集团所属分公司，内设综合管理部、计划财务部、经营发展部、工程管理部、土地开发部 5 个部门，总人数编制在 60 人以内。

成立之初，马钢集团将离退休中心、教培中心、保卫部等单位的部分资产全部划拨至资产经营公司，对接管资产的现状、构成和数量逐项进行核实，统一登记造册，明确权属关系，平稳移交划拨资产，实现了对马钢集团本部资产的管理与控制。

根据资产集中管理的实际情况，结合工作中面临的实际问题，马钢先后建立《马钢单身宿舍管理办法》《资产经营公司合同管理办法》《资产经营公司经营性房产租赁管理办法》等多项管理制度，涵盖综合管理、财务管理、资产租赁等方面，构建起内部管理制度框架，从制度上保障内部分工明确、经营稳健规范。

自 2014 年 3 月资产经营公司成立以来，依托马钢集团本部资产的集中管理，提高资产使用效率和效益，确保所管资产的有效保值增值。利用政策，择机不断盘活存量、低效、闲置资产，逐步将公司打造成为马钢集团资产运营承载平台和城市新产业发展的利润增长点。截至 2019 年 9 月，累计实现营业收入 26.95 亿元，实现利润总额 8.15 亿元。

第二节　资产经营

马钢集团坚持“一手抓经营、一手抓管理”，以盘活低效、闲置存量资产为突破口，多渠道、多手段开辟新的经济增长点；以强化安全管理、财务管理、工程管理、土地管理为切入点，不断夯实管理基础，着力提升管理水平，确保经营稳定顺行。

截至 2019 年 9 月，马钢集团授权经营和管理的实物资产 1210 项，资产原值 17.49 亿元，资产净值 11.99 亿元，其中，房屋、土地资产合计 11.2 亿元。房屋资产 6 亿元，主要包括：马钢办公楼、安冶院、离退休中心、新闻中心、保卫部等本部单位使用的办公用房；武装部人防设施；委托康泰公司管理的单身楼、中转楼、平房、未出售公有住房；委托力生公司托管的马钢宾馆、黄山太白山庄和盆山度假村；对外出租的经营性房产和外地房产。土地资产 5.2 亿元，主要包括：集团划拨性质土地和集团租赁给子公司有偿使用的出让性质土地。

［盘活存量资产］

通过政府收储、转让等方式积极盘活存量土地和房产，为马钢集团创造效益，增加现金流。

2014—2019 年，累计盘活处置集团土地、房产和设备等 37 项，实现收益 3.59 亿元。通过市土地储备中心以收储方式盘活土地 6 宗，面积 750 亩，实现收入 2.45 亿元；完成市政府征迁土地 2 宗，面积 5.84 亩，实现收入 156.58 万元；集团内部转让土地 18 宗，面积 1529 亩，实现转让收入 3.7 亿元。

积极寻求与马鞍山市文化旅游集团、深圳会慧科技公司、和嘉健康投资公司、中冶华天等企业，在养老、大健康、文化旅游和智慧城市产业上，利用政策，结合马钢宾馆、盆山度假村、黄山太白山庄资产实际，寻求盘活途径。

[不动产租赁]

规范子公司土地有偿使用，按“谁使用、谁付费”原则，根据各单位所使用资产的属性、地理位置、使用状况的不同，确定合理的租赁价格；结合各单位的实际情况，制定不同的土地租金政策，在马钢集团层面树立“资产成本”的概念。2014—2019 年，与马钢集团下属马钢股份、工程技术集团、汽运公司等 8 家子公司，比亚西公司等 5 家合资公司和利民公司签订了土地有偿使用合同，累计收取土地租金 2.95 亿元。

经营性房产的租金收益是马钢集团重要的收入来源，马钢集团通过主打“马钢”牌，利用马钢的声誉吸引新客户，扩大市场知名度和影响力；坚持“贴近市场、公开公正、手续完备、过程严谨”的原则，加强租赁业务的规范管理；对内强化经营性房产租赁使用管理，对外挖掘空置房产的经营价值，不断规范房产租赁行为，提高租金收益。2014—2019 年，与 10 家马钢集团内部单位、49 家外部单位（马鞍山市内 46 家、安徽省外 3 家）签订房产租赁合同，累计收取房产租金 2.95 亿元。

第三节　资产管理

马钢集团逐步强化安全消防管理、资产管理、运行保障管理、资产托管监管等，强化制度执行力，建立压力逐级分解、责任逐级落实的管理机制。

[安全和消防管理]

坚持安全发展理念，牢固树立“安全第一”思想，通过建立健全安全生产责任制和相关配套管理办法，强化安全教育，做到安全生产责任制签订率 100%，在岗职工接受安全教育率 100%，工程项目、商业租赁房安全（消防）协议签订率 100%，实现几年来重大安全、消防事故为零。坚持以经营性房产消防安全和工程施工现场安全为重点，定期开展安全（消防）检查，落实隐患整改并监督整改到位；完善马钢办公楼消防安全应急预案，定期开展安全演练；根据安全管理需要，配置必要的安全（消防）设施，保障必要的安全资金投入，实现公司长周期的安全发展。

[资产管理]

对马钢集团本部账面资产进行全面盘点，确保资产账实相符。资产管理信息化平台上线试运行，实现了资产经营、资产管理、工程管理、土地管理以及合同管理等的多部门协同合作，资产管理信息的实时采集、在线管控。将土地巡查纳入日常工作，及时处理巡查过程中发现的违占马钢土地和违建行为，其中，会同楚江分局制止了粉末冶金公司东侧院墙被村民非法拆除后强行占用土地达数亩，确保了马钢集团资产权益和粉末冶金公司正常的安全生产。

[运行保障管理]

按照“效益优先、确保重点、消除隐患”的原则，重点保障公司资产的正常运转，消除资产的安全隐患，管理和实施固定资产维修项目。2014—2019 年，组织实施的重点维修改造项目，包括原技校办公区域人力资源服务中心、财务共享中心办公楼维修改造及区域配套，马钢人才公寓 5 号、6 号楼维修改造，上海裕安大厦马钢集团办公用房维修改造，马钢档案馆维修改造、马钢纪委谈话室等。

[托管资产管理]

行使对资产托管单位的监管职能，2016—2019 年，每年与康泰公司签订《资产委托管理协议》，制定了《康泰公司托管资产经营和管理考核办法》。2019 年，与力生公司签订马钢宾馆、黄山太白山庄、盆山度假村三处资产的《资产委托管理协议》，定期对托管单位的经营情况、管理水平和服务质量进行督查和评价考核，逐步提高托管资产管理的效率和效果。

[三供一业分离移交]

马钢集团职工家属区“三供一业”分离移交维修改造主要在马鞍山市主城区、姑山矿（当涂县）、花山矿（含山县）、桃冲矿（芜湖市繁昌县）。改造总户数 91225 户，其中花山片区 32452 户、雨山片区 42465 户、桃冲矿片区 5458 户、姑山矿片 10850 户。

2016 年 8 月，研究制定了《马钢集团公司职工家属区“三供一业”分离移交工作方案》上报安徽省国资委。马钢集团成立了分离移交工作领导小组，成员单位有公司办公室、财务部、计财部、工程管理部、资产经营公司、矿业公司、能控中心、康泰公司等。分管领导负责指导、监督、协调和调度分离改造移交工作，资产经营公司会同设备管理部作为牵头实施单位定期组织召开供电、供水和物业维修改造调度协调会，不定期前往现场督导，落实具体实施项目单位和责任人，建立周调度、月报告工作机制，对遇到的重、难点问题，采取“一事一议”的方式，及时协调解决。截至 2019 年 9 月，根据省财政补助资金相关政策，马钢集团已向省财政申领补助资金共 31482. 75 万元，马钢集团实际支付金额为 30119. 36 万元。

2016 年 12 月，马钢集团与马鞍山市住房和城乡建设委员会签订《马钢房改房维修资（基）金移交协议》，移交已售房改房维修基金 1. 33 亿元，涉及住户 4. 76 万户。2017 年 1 月，马钢集团与马鞍山市人民政府签署《省属企业职工家属区“三供一业”分离移交协议》。10 月，马钢集团矿业有限公司与繁昌县人民政府签订《桃冲矿职工家属区“三供一业”分离移交（框架）协议》。

[历史遗留问题处理]

2014—2019 年，资产经营公司清理出账实不符土地资产 38 项，盘点核查 102 个家属小区未出售职工住房并核销长期挂账，处置了深圳、海口无产证房产；处理北京办事处未缴房产税、马钢办公楼欠缴土地税等历史遗留问题，为马钢集团增加效益或降本合计约 9000 万元。

第九章　离退休管理

第一节　机构设置

[概况]

马钢集团公司离退休职工服务中心（简称离退休中心），集中统一管理除矿山外的马钢离退休职工和公司改制单位内退职工，并承担着马钢关心下一代工作委员会、老年大学与老年教育、新四军历史研究会日常事务及江东公司、江轧厂集体企业改制后遗留问题的协调处理等工作。

截至 2019 年 9 月，马钢集团、马钢股份离退休职工总人数为 45036 人（离退休中心 38332 人、南山矿 3749 人、姑山矿 1884 人、桃冲矿 1071 人），其中离休干部 177 人、中层以上退休干部 606 人、建国前老工人 67 人、离退休职工党员 13096 人（离退休中心 11402 人、矿山 1694 人）。

离退休中心下设党群管理室、综合管理室、离退休干部管理室、退休职工管理室、工伤职工管理室、关工委办公室、老年大学办公室、金家庄服务站、新工房服务站、花山服务站、王家山服务站、双岗服务站、山南服务站、鹊桥服务站、雨山服务站。

各服务站按离退休职工居住地行政区划，建立 63 个片、366 个组，由身体好、素质高、能力强、相对年轻且热爱老龄事业的离退休职工担任片、组长，采取“站—片—组”三级服务管理模式，管理服务离退休职工。

[历史沿革]

2001 年，离退休中心下设 1 处 1 会 2 办 6 科 8 站，即政治处、工会、办公室、老年大学办公室、离休干部管理科、退休职工管理一科、退休职工管理二科、财务科、工伤管理科、综合服务科、金家庄服务站、新工房服务站、花山服务站、王家山服务站、双岗服务站、山南服务站、鹊桥服务站、雨山服务站，关工委办公室挂靠在离退休中心。

2005 年 8 月 16 日，根据两公司实行改制单位内退职工集中管理的工作需要，增设内退职工管理科。

2008 年 9 月 26 日，根据中组部下发的《关于进一步加强离退休干部工作的意见》精神，结合马钢退休副处以上干部实际情况，增设退休干部管理科，原退休职工管理一科与退休职工管理二科合并为退休职工管理科。

2018 年 4 月 4 日，设置离退休中心为马钢集团直属的 7 个服务保障机构之一，承担集团离退休人员的管理，江东集体企业改制留守处工作。

2018 年 7 月 13 日，根据马钢集团机关机构改革及两公司机关人力资源优化的需要，对内部机构进行调整，政治处与工会合并为党群管理室，办公室与综合服务科合并为综合管理室，离休干部管理科与退休干部管理科合并为离退休干部管理室，退休职工管理科与内退职工管理科合并为退休职工管理室，工伤管理科改为工伤职工管理室。

第二节　离退休干部管理

［机构设置］

2001年初，马钢集团、马钢股份离休干部人数为646人，到2019年9月，离休干部人数为170人。

2008年9月，经马钢集团批准，成立退休干部管理科，对马钢集团、马钢股份中层（处级）以上的退休人员进行单独分类管理。设有7个退休干部党支部、14个退休干部党小组。2012年，离退休中心对离休科、退休干部科进行合署办公。2018年7月，根据马钢集团机构改革的指导意见，离退休中心将离休科、退休干部管理科进行整合，成立离退休干部管理室。

［政治待遇落实］

落实阅文制度，中心每个服务站均有老干部阅文室，供老干部前来阅文。定期组织离休干部进行政治理论学习，为他们购买学习资料，订阅《开心老年》杂志，每年举办离休干部党支部书记培训班。通过座谈会、报告会、茶话会、公司老领导咨询会、团拜会等形式，向他们传达中央、省市有关文件精神，通报公司生产经营情况。抗战胜利60周年（2005年）、65周年（2010年）、70周年（2015年）、新中国成立70周年（2019年）等重大节日均安排了颁发纪念章等庆祝活动。

［生活待遇落实］

一是按时发放离休干部的企业补贴、特需经费、疗养费、防暑降温费、书报费、医疗铺底资金及马钢效益奖；二是及时按照国家政策为他们办理高龄费、护理费、提高待遇等工作；三是每年走访慰问离休干部家庭达千余人次，定期看望住院的离休干部，送上慰问金，并协助家庭处理好每名去世老干部的丧事；四是每两年组织一次体检，2001—2019年，共组织近8000人次参加体检；五是每两年组织离休干部外出疗养，分别赴青岛、武夷山、西安、巢湖半汤、南京汤山等地参观疗养700多人次。自2010年起，考虑老干部普遍高龄，外出参观风险高，将外出疗养改为就近就地参观工农业生产建设；六是做好异地安置、异地居住的离休干部管理服务工作，每两年进行一次慰问，根据中组部〔2016〕3号文及安徽省委〔2016〕51号文精神，自2016年改为每年进行一次慰问，2001—2019年，共走访慰问异地离休干部96人次。

第三节　退休职工管理

［主要工作］

为了加强马钢离退休职工管理工作，保证离退休职工集中管理工作规范、有序地开展，1999年，马钢两公司制定了《马钢两公司离退休职工集中管理的若干规定》，集中管理的对象主要是指两公司全民离退休职工（含退职、提前退休人员，不含内退退养人员），矿山（桃冲、姑山、南山、花山）系统不集中管理，集中管理的主要内容为工资关系、经费、档案、活动、党员五个集中。

2001年，离退休职工26978人。2005年以后，分三批对马钢两公司改制单位内退职工实行中心集中管理，共计1869人，主要有力生公司、实业公司、马建公司、马钢医院、退养中心、江东公司、康泰公司，实现工资关系、档案、活动、党员关系四个集中管理。

为加强管理，实行“站—片—组”三级服务模式，按居住地划分设立8个服务站，站下设片，片以下分组。8个服务站共设有10个离退休职工活动室和阅览室，总面积4872平方米，配有各类报刊、活动器材，供离退休人员学习、健身和娱乐。各站还相继组建了集邮、书画等兴趣小组和门球、桥牌等运动队数十个。

截至2019年，共有38641名离退休职工，其中居住外地的2753名离退休职工分散在22个省（市、自治区），10人定居国外。聘用429名退休职工担任片、组长，同时兼任党支部书记、党小组长。

针对服务对象人数众多、居住分散、情况复杂的特点，按照“情、礼、细、实”四字服务要求，贴近基层，贴近实际，贴近老同志，做好离退休职工企业和物业补贴审核发放、新退休人员接收、丧事处理、家属参保费报销、住院慰问、各类咨询等日常服务工作。通过开展“大走访、大调研”活动，全面了解掌握离退休职工、离退休党员真实状况情况及帮困诉求，对2500多名困难人员信息资料分门别类，建档立卡，实行动态管理。建立困难帮扶机制，加大帮扶力度，实现生活困难退休职工帮扶全覆盖。2011—2019年，大病救助共计14010人，800多万元；慰问特殊困难退休职工2万多人，送去慰问金600多万元。认真做好离退休人员信访维稳工作，及时处理回复离休职工来电、来访、来信及公司信访办转办的市长热线，保持离退休职工队伍的和谐稳定。

［**文体活动**］

根据离退休职工的身体特点和需求，在春节、五一、重阳等节日期间，组织开展扑克、麻将、象棋、门球等形式多样的文体活动，受到普遍欢迎和喜爱。在活动中，注重培养发现具有专项特长的人员，组队参加各类赛事。2002年，获“第三届夕阳红老年合唱电视大赛暨永远的辉煌第四届中国老年合唱节铜奖”，国家文化部、广播电影电视总局、中央电视台、中国合唱协会授予离退休中心“老年文化贡献奖”。2004年5月，获全国老年桥牌双人赛金奖和银奖。2005年5月，获全国老年桥牌比赛“全省双人赛金奖”。2007年，获安徽省首届老干部门球赛优秀团队奖。2010年，获安徽省第二届合唱节暨第四届“金色晚霞”合唱节最高奖“金荷花”奖。多次获马钢职工文艺调演组织奖和马钢职工运动会乒乓球、桥牌、羽毛球比赛道德风尚奖。2018年，男子羽毛球队冲甲成功，女子乒乓球蝉联团体冠军。

2008年，在北京奥运会举办和马钢成立50周年之际，成功举办以“年轻的心　有为的人”为主题的马钢第二届老年文化艺术节，组织开展了开幕式文艺演出、奥运邮票展、老年书画展、纪念马钢成立50周年座谈会、百鸟争鸣展、健康讲座和巡回义诊、体育比赛、老年论坛、艺术展板展示等9项活动。参与人数超过1.3万人次，《马钢日报》和马钢电视台对艺术节各项活动进行全程报道，《马鞍山日报》《皖江晚报》《马鞍山集邮》对部分活动项目进行了报道。

2010年，举办了“夕阳红胜火”第三届老年文化艺术节，参与人数1.4万人次，受到社会各界广泛关注。

2018年，结合毛主席视察9号高炉暨马钢成立60周年纪念活动，协助公司档案馆深入老同志家中征集老照片96张、老物件92件，协助公司工会举办“辉煌60年”马钢职工美术书法摄影作品展、“马钢颂”主题晚会。结合自身特点，组织开展“我与马钢共成长”之“永恒的记忆，不变的情怀”主题征文活动，举办“纪念毛主席视察马钢六十周年”集邮展览等活动。在庆祝新中国成立七十周年“江南之花”全市老干部系统合唱比赛中，离退休中心合唱团获“优秀演唱奖”。

［**社会化管理**］

2004年1月1日，马钢两公司离退休职工基本养老金进入社会化发放，离退休中心完成27000名离退休职工的指纹鉴定及养老金存折重新发放工作。2004年7月4日，马钢与市政府签订《马鞍山市政府接收马钢退休人员纳入社区管理服务的协议》。省国资委、省劳动和社会保障厅领导分别在协议上签字。2004年10月22日，马鞍山市企业退休人员服务中心马钢分中心正式挂牌。

2019年3月6日，中共中央办公厅、国务院办公厅印发了《关于国有企业退休人员社会化管理的指导意见》，要求2020年底前，集中力量将尚未实行社会化管理的国有企业已退休人员移交街道和社区实行社会化管理。此项工作正在稳步实施中。

第四节　马钢老年大学

［机构设置］

马钢老年大学于1991年6月正式成立。在30多年的发展历程中，学校以全面提高老年人的文明素质和生活、生命质量为目标，按照“正规办学，规范管理”的方针，教育规模不断扩大，教学功能不断增强，办学质量不断提高。

2019年，马钢老年大学拥有一个校本部，一个东校区，三个矿山分校，有两座共6018平方米综合教学楼，30多间教室。设有文史法系、书画系、健身系、舞蹈系、声乐系、器乐系、信息技术系、生活艺术系等9个大系，40多个专业，200多个班级，校本部在校学员近8000人次，教职员工100多人。

［主要工作］

2001—2005年，马钢老年大学扩大办学规模，新建专用教学楼，以满足越来越多的学员学习需求。另外，新办花山矿教学点，由南山矿分校代管，马钢集团4个矿山全部拥有了老年教育场所；狠抓教学质量的提升，制定和完善规章制度，聘用具有一定影响力、品德优、水平高的兼职教师和系主任；开辟第二、第三课堂，组织各种有益的活动。学校于2002年4月组织1600多学员以“忆往昔流金岁月，江东崛起献青春；看今朝古稀年华，马钢建设挂骥心”为主题，参观南山铁矿、三钢和高速线材厂等。成立合唱团，并组队前往北京参加“第三届‘夕阳红’老年合唱电视大赛暨‘永远的辉煌’第四届老年合唱节”决赛，获大赛铜奖第一名。2005年3月，在安徽省老年大学协会创建省级老年大学示范校活动中，学校以总分第一的成绩跻身全省老年大学地级市六强。

2006—2010年，马钢老年大学在专业设置上不断突破，新开设电脑、电子琴、钢琴、数码视像、烹饪等专业。每学期末，学校组织各专业结合自身专业特点，举办文艺汇演、体育比赛、书画摄影作品展、班级联谊会或学习成果展示。积极参与全国省市及公司的活动，合唱队、舞蹈队、书画专业学员等多次参加各级比赛，赢得了广泛的声誉。例如，学校组织校合唱团赴南京参加“全国首届老年大学文艺汇演”，学校演唱的歌曲《瑶山夜歌》等获二等奖（梅花奖）；学校选派31名太极拳学员参加省第二届传统武术比赛，获体育道德风尚奖，参赛学员均获得各类别项目比赛一、二、三等奖。另外学校还组织学员为汶川地震灾区捐款，共收到23000多元。学校获“全国企业老年大学示范校”和“全国先进老年大学”称号。

2011—2015年，马钢集团将马钢技术学院一号楼整体改造为马钢老年大学东校区，东校区可使用面积近3000平方米，东校区的启用，使学员选择适合自己课程的余地大为增加，特别是为第二课堂、第三课堂举行各种活动开辟了广阔的空间。学校坚持政治建校的原则，将学校的发展壮大与社会和企业的发展相适应，与改革开放的深化相同步，将传统历史文化和现代文化相结合，通过对时政形势、卫生保健、老年文体、书法绘画等多学科多形式的教学，使离退休职工掌握了科学的养生之道，树立了正确的世界观、人生观、价值观和老年观。学校获“全国老年教育宣传工作先进单位”和《老年教育》杂志学刊用刊先进单位。

2016—2019年，马钢集团2018年初调整了公司老教委成员和老年大学领导班子。新的领导班子经过调研，提出了“正规办学规范管理”的办学方针，做到“五个抓手”，全面提升学校的管理水平和教学质量。学校提升了学校信息化系统（信息管理系统、微信覆盖面及各班级普遍建群等）。为解决教学教材短缺问题，学校历时数月组织部分教师编写了4部教材并送省评审。省老年大学协会组织精品教材和优秀教学大纲的评选，学校报送的5部教材和5本教学大纲全部获奖。其中，有2部教材获一等奖，1 部教材获二等奖，2 部教材获三等奖，5 本教学大纲中，3 本获一等奖，1 本获三等奖，1 本获优秀奖。学校获首届“全国示范老年大学”称号。

第五节 马钢关心下一代工作委员会

[机构设置]

1991 年 6 月 25 日，马钢集团党委成立马钢老干部关心下一代协会。1992 年 9 月 20 日，马钢党委将“马钢老干部关心下一代协会”更名为“马钢关心下一代工作委员会”（简称马钢关工委）。

第一届马钢关工委（1991 年 6 月—2004 年 3 月）会长：彭守贤。

第二届马钢关工委（2004 年 3 月—2012 年 5 月）主任：王树珊。

第三届马钢关工委（2012 年 5 月—2015 年 10 月）主任：郭玉声。

第四届马钢关工委（2015 年 11 月—2019 年 5 月）主任：胡献余。

第五届马钢关工委（2019 年 5 月至今）主任：胡献余。

[核心价值观教育]

2001 年以来，马钢关工委在党的十六大、党的十七大、党的十八大和党的十九大精神的指引下，认真贯彻落实中国关工委、安徽省关工委和省国资系统关工委的指示精神，紧密围绕马钢集团实际积极开展关工委工作。19 年来，先后组织了“八荣八耻”社会主义荣辱观教育，社会主义核心价值体系教育和社会主义核心价值观教育。在 2004 年中小学移交社会之前，组织各类宣讲团 20 余个，有 80 多名“五老”深入学校，开展传统教育、爱国主义教育。志愿军老战士石强在 10 多年里，到 20 多所中小学进行“国旗下的讲话”251 场，受到师生们的欢迎。结合重大节日开展社会主义核心价值观教育是关工委工作的一大特色。在庆祝建党 80 周年、90 周年，庆祝新中国成立 60 周年、70 周年，庆祝“五四运动”100 周年，庆祝改革开放 40 周年暨马钢成立 60 周年等重要节日，都组织了有特点、有声势的活动，通过征文、座谈会、邮展、书画展、微视频、微信群等形式，形象地宣传社会主义核心价值观，激发青年员工干事创业的积极性，让立足岗位、成就梦想成为广大青工共同的价值取向。

关注“工匠基地”建设，使之不仅成为提高操作技能、提升技术水平的基地，而且成为开展社会主义核心价值观教育的基地，引导青工树立正确的人生观、价值观和世界观的基地。弘扬“工匠精神”，引导青工在干好现场、抢占市场中发挥先锋模范作用。实施青工技术素质提升工程，协同各单位开展“导师带徒”“技术练兵”“对标挖潜”“难题攻关”等一系列活动。组织“大师进校园”活动，通过大师的言传身教，弘扬“工匠精神”，为打造后劲十足大而强的新马钢作贡献。

[法制、禁毒、禁赌宣传教育]

马钢关工委主动配合马钢集团主管部门抓好法制教育工作，组织宪法报告会、讲座，增强依法治企的自觉性。自 2010 年以来，每年都组织法制征文活动。抓好禁毒禁赌宣传是关工委的一项重点工作，在每年的“6・26”国际禁毒日，开展形式多样的禁毒禁赌活动。10 年来，编印的“禁毒宣传专辑”和“马钢禁赌宣传教育资料”两本册子，先后印制 35000 余册，让“无毒青春，健康成长”成为青年职工的自觉行动。积极参与社会综合治理，先后有 500 多名“五老”为骨干的网吧监督员，参与网吧监督工作，为网吧“守门”、为孩子“把关”，当好净化网络环境的“啄木鸟”，以实际行动参与社会治理创新，净化青少年成长环境。

[青工成长成才]

加强青年员工教育引导，对职工子女给予关注，举办暑期书法培训班、暑假托班和社会实践班，既减轻职工的负担，又有利于中小学生的健康成长。对退休职工抚养的孙子辈、单亲子女进行帮扶，每年“六一”都对部分困难中小学生进行资助，10多年间共资助200人次，共计10万元，增强他们战胜困难的信心，完成自己的学业。积极参与“金秋助学”活动。近年来，加大了对“马钢大学生公寓”的工作力度，定期召开大学生座谈会，听取大家的意见和建议。与主管部门一起，先后协调80余万元，完善基础设施建设和改造环境。

［**自身建设**］

历届马钢关工委把抓好自身建设作为重点工作，按照中国关工委章程，制定《马钢关工委章程》，坚持把政治性放在第一位，按照“领导班子建设好、骨干队伍作用好、制度健全执行好、活动经常效果好、积极探索创新好”的“五好关工委”条件，加强关工委的全面建设。加强调查研究，强化责任担当，不定期出版《关工通讯》，加强对基层关工委工作的指导。助力脱贫攻坚，关心支持社会公益事业，积极参与汶川大地震捐款和抗击新冠疫情捐款。建立健全关工委各项工作制度，努力把关工委建设成一个学习型、服务型、创新型的关工委，建设成为关心下一代工作的坚强堡垒。

主要荣誉：

2005年6月，马钢关工委获中国关工委、中央精神文明建设指导委员会办公室“全国关心下一代工作先进集体”。

2013年9月，马钢关工委获中国关工委“五好基层关工委先进集体”。

第六节　马钢新四军历史研究会

马钢新四军历史研究会（简称研究会）于1999年12月14日正式成立。马钢集团党委对研究会工作给予高度重视和大力支持，把其列入老干部工作的重要组成部分，明确由公司级领导担任会长，离退休中心党政负责同志、新四军老战士担任常务副会长、副会长、秘书长、理事，组成了马钢新四军历史研究会理事会，制定了《马钢新四军历史研究会章程》。马钢集团每年拨款10万元活动经费。研究会成立后，共吸收81名新四军老战士会员。研究会办公室设在离退休中心离休干部科，并确定专门的工作人员。研究会本着“围绕中心，服务大局，以史鉴今，资政育人”的宗旨，研究新四军光荣历史、宣传新四军革命精神，使“铁军精神”丰富了马钢的企业精神。

19年来，研究会弘扬“铁军精神”，持续向企业精神文明建设凝聚传递正能量，助力马钢高质量发展。先后组织举办各类报告会、纪念会、座谈会20余场次；制作专题宣传图片展板80余块，走进公司机关大楼、二级厂矿、社区、学校和离退休中心8个服务站以及皖南事变烈士陵园巡展20余场次，参观人数达万人次以上。

讲好新四军故事。研究会与时俱进，结合建党建军建国、新四军成立、抗日战争胜利以及新四军重大事件纪念日等，有针对性地宣传“铁军精神”，弘扬伟大的“抗战精神”，开展庆祝活动。或拍摄一部专题片、或编印一本纪念画册、或出版一本书籍，并邀请公司机关厂矿代表和新四军老战士代表参加首播式、首发式，召开座谈会。累计向马钢集团、马钢股份机关厂矿和相关单位送发画册《铁血》《铁军颂》500余册，老战士抗战回忆录《铁军岁月》《铁军足迹》800余册，《新四军军部的变迁》《新四军传说故事汇》《新四军诗词文选》3本书籍共1100余册。专题片《云岭慰忠魂》《战地黄花分外香》《重温铁军足迹》《纪念抗日战争胜利70周年》1000余盘。在庆祝中华人民共和国成立60周年之际，研究会撰写的《铁军精神耀马钢》在《铁军》杂志2009年第10期首篇发表。共推选30余篇老战士抗战回忆文章，分别在国家、安徽省、马鞍山市级和马钢报刊杂志上刊载和安徽省新四军历史丛书中收录。安徽省新四军历史研究系列丛书还收录了《铁军精神百人谈》《试论长征精神与其内涵》两篇文章。

多项工作受到表彰肯定。征集马钢新四军老战士史料抢救工作。通过逐一访谈新四军老战士，深入挖掘、整理、撰写完成了老战士抗战经历《攻打兴化城》《尖刀组歼敌》《老兵新传》《13岁的女队长》《突袭敌碉堡》等回忆文章9篇。《攻打兴化城》刊登于2015年《铁军》杂志第六期。2015—2017年，连续3年被评为全省史料抢救工作先进单位。研究会组织老战士赴马钢集团扶贫帮扶对口阜南县开展帮扶活动，为地城镇小圩小学及建档立卡的22名贫困学生，送去了《铁军足迹》《新四军军部的变迁》《新四军传说故事汇》等50本书籍和慰问金。

2013年3月，研究会创办《资讯动态》季刊，主要宣扬新四军光辉业绩以及老战士抒发革命情怀、发挥余热的阵地。两次受到安徽省新四军历史研究会的表扬。共出刊28期，每期分送到老战士手中和送发到公司机关处室和厂矿单位。

2017年11月，在中共安徽省委老干部局召开的“全省离退休干部党建工作座谈会、发挥老同志正能量工作推进会暨离退休党支部书记培训班”上，研究会获“全省离退休干部正能量活动优秀团队”称号。

第六篇 企业改革

第六篇　企业改革

概　　述

“十五”期间，马钢集团以改革为动力，转变职工观念，不断提高企业管理水平和转换内部经营机制，有力地提升了马钢集团的市场竞争力，促进了企业的健康和可持续的发展。

体制改革不断深入。20多家单位完成了子（分）公司改制；管理部门归并、管理职能调整、厂区区域整合稳步推进；作业长制和项目经理部顺利实施并取得显著成效；财务、职工培训、保卫、离退休职工实现了集中管理。机制转换成效明显。以分配制度改革为突破口，推行全员岗位绩效工资制，中层干部模拟年薪制、优秀科技人员、公司级技能专家、技术能手岗位津贴制等多种分配办法，激励机制逐步形成。社会配套改革稳步推进。进行了医疗制度、养老保险制度和住房货币化分配制度改革；分离企业办社会工作取得突破性进展，马钢医院成功改制，中小学和退休职工正式移交政府管理。科学管理初见成效。深入开展“三反”活动，“三标一体化”管理体系正式运行，推行了全面规范化生产维护（TnPM）系统工程。启动了人力资源信息管理系统。厂区综合整治有序推进，环境进一步改善。管理创新活动成果显著，《大型国有企业分离厂办大集体的方案设计与实施》获国家级企业管理现代化创新成果奖一等奖，实现了国家级一等奖“零”的突破。

“十一五”期间，马钢集团以改革为动力，深入贯彻国家关于国有企业改革的政策精神，不断转换内部机制和提高企业管理水平，有力地提升了马钢的市场竞争力，促进了马钢的持续健康发展。整合内部资源，打造与马钢发展战略相匹配的业务单元。进一步优化马钢股份消防资源配置，有效预防和减少各类火灾爆炸事故。将分散教育、检修、仓储、采购管理等资源进行整合集中，进一步提高管理运行效率。优化部门设置，加强专业化管理，组建能源环保部。为确保厂区生产经营环境和秩序的良好稳定，在各二级单位增设保卫科。

实施公务用车制度改革，推进职务消费货币化为方向的车改，从源头上治理马钢公务用车中存在的问题。推进产权多元化改制，继续推进江东企业改制、马钢医院改制等后续工作，同时，贯彻国家和省市关于国有企业主辅分离辅业改制文件精神，将马钢集团建设有限责任公司和马钢集团康泰置地发展有限公司作为实行产权多元化改制试点单位。

“十二五”期间，我国经济发展进入新常态，钢铁行业发展方式加速转变，面对“冰火两重天”的钢材市场行情和举步维艰的生产经营态势，马钢经受了前所未有困难挑战。产能布局不断优化，钢产量迈上1800万吨台阶，形成马钢股份公司本部、合肥公司、长江钢铁“一业三基地”发展格局。产业布局拉开框架，钢铁产业、钢铁上下游紧密相关性产业、战略性新兴产业等三大主导产业有效确立。“轮轴、板带、长材”三大产品系列基本定型，主导产品全面升级换代；收购法国瓦顿公司，轮轴产品全球化进程加快。初步建立服务型营销体系，以客户为关注焦点，建立客户经理制。深入推进节能减排，全面推进合同能源管理。

法人治理结构逐步完善，马钢集团董事会规范化建设有序推进，探索构建母子公司分类管控模式。流程再造、专业化整合、机关职能调整和机构精简稳步实施。推行目标定员、工资总额包干和全员岗位绩效考核，畅通三支队伍职业发展通道。有序开展清理在册不在岗、实施大病重症编外管理、压缩劳务用工等工作。按照“因需设岗、因岗选人、带题上岗”原则，优化高级技术主管、首席技师评聘管理办法及薪酬政策。初步构建卓越绩效管理模式，马钢股份公司被评为“全国实施卓越绩效模式先进企业”。内控体系有效运行，现场管理、安全标准化建设卓有成效，资金管理、成本管理、工程建设、治安保卫等专项管理不断夯实，4 项成果获全国和冶金企业管理现代化创新成果奖一等奖。积极履行社会责任，马钢被评为“中国工业企业履行社会责任五星级企业”。剥离企业办社会职能，实施马钢有线电视网络整合，实现“一城一网”。

“十三五”期间，继续开展机关机构改革，实现机构进一步精简，持续优化人力资源，按照每年 8%底线要求，完善配套政策，实施流程再造，推行扁平化管理，拓展安置渠道，进一步提升人事效率。稳妥有序完成新闻中心机构改革、文体中心管理模式调整、马钢集团驻京办事处和驻上海联络处撤销工作；进一步强化资源业务整合，整合成立炼铁总厂，有序推进轨交资源整合。加强创新型人才培养，系统推进“1+2+4”人才培养工程，实施“领航计划”和“腾飞计划”，马钢入选全国先期重点建设培育的产教融合型企业。不断深化品牌建设，持续完善品牌培育管理体系。

2019 年是马钢发展史上具有里程碑意义的一年。为深入落实长三角一体化发展国家战略，进一步推进国有经济布局调整，推动强强联合、优势互补，在安徽省和中国宝武的主导下，9 月 19 日，安徽省国资委和中国宝武签订了《关于重组马钢集团相关事宜的实施协议》，马钢集团正式成为中国宝武控股子公司。

第一章　深化国企改革

第一节　分配制度改革

2003年，为进一步深化企业内部工资分配制度改革，建立与现代企业制度相适应的激励与约束机制，充分调动广大职工的积极性，经马钢两公司研究决定，从2003年7月1日起实施基本工资制度改革，全面推行实施岗位绩效工资制，由过去的岗位技能工资制转变为岗位绩效工资制。主要改革内容是建立由岗位工资、积累工资、津补贴和奖金4个工资单元组成岗位绩效工资制度。新岗位工资仍设置3个岗位系列，将原生产服务岗的名称更改为操作维护岗，将原技术岗及部分管理岗的名称更改为技术业务岗，管理岗的名称不变。在人员划分上将原属管理岗位系列的科员划入新的技术业务岗位系列。岗位工资标准的设计采用了基额系数法，岗位归级采取了统放结合的方法。岗位工资为基额×岗位系数。积累工资单元由工龄工资和职工原技能工资在压缩250元后的保留工资部分组成。津补贴体现对职工一部分特殊劳动的补偿和某些政策性的津贴，取消原带有岗位性质的津贴如班组长津贴、车间主任津贴等。奖金直接与单位的经济效益和职工的工作业绩挂钩。改革优化了工资结构。统计资料显示，1999年，马钢两公司各工资单元结构和比例是：岗位工资占8.7%，技能工资占39.2%，奖金占22.9%。为实现和建立以岗位工资为主体的基本工资制度，两公司在2000—2002年，连续3次进行以调整岗位工资标准为主的工资调整，合计人均增加岗位工资244元。再加上工资制度改革人均增资119元，岗位工资由1999年人均76元，占整个工资单元比重的8.7%，调整为2003年人均717元，占整个工资单元比重的42.2%。与此同时，工资结构进一步优化，经过对各工资单位的重新整合，整个工资单元由过去的6个单元整合为现在的4个单元，使得作为活工资单位的岗位工资和奖金之和占整个工资单元的70%以上，达到和实现国家和安徽省对实施以岗位工资为主体的基本工资制度改革的要求。

2004—2007年，马钢两公司继续深化内部工资分配制度改革，期间相继调整岗位工资基额标准，提高岗位工资系数标准，不断增加岗位工资在薪酬结构中占比。从2005年7月1日开始，将岗位工资基额由450元调整为500元，在2008年、2010年、2011年分别提高了岗位工资系数，岗位系数由原来的1.0—4.6提高到2.7—6.6，岗位工资由2003年的人均717元，调整为2018年人均1800元，岗位工资占比进一步加大。同时，对薪酬结构不断优化，在2009年，马钢集团为规范马钢福利费列支项目，提高薪资发放系统效率，在不降低职工收入和工资制度框架基本不变的前提下，行文下发《关于简化和调整薪酬项目的通知》，从10月1起执行，将薪酬中物价补贴（106元）、交通费（365元）、洗理费（男34元、女36元）项目进行归并，归并后取名为“综合补贴”，标准统一调整提高为510元。

2018年，根据“调结构、提保障”薪酬调整总体思路，进一步优化工资结构，设立基础工资单元，调整岗位工资单元。基础工资分保留工资和年功工资，保留工资为原积累工资和工龄工资之和，新设立年功工资，根据工龄分段，分为9档，年功工资从520—740元。同时调整岗位工资系数，系数范围由2.7—6.6调整为1.7—5.6，基额由500元提高至600元。2019年，调整年功工资各档级薪资标准，提高档级之间的级差，调整后仍为9档，标准调整为820—200元。

从 2017 年起，逐步建立与效益挂钩的工资总额决定机制，促进了公司经营效益和人事效率提升。按照“整体预算、月度监控、季度盘点、年度清算”方式进行工资总额动态管理。明晰马钢集团和各子公司薪酬分配权力界面，实行薪酬分配分级管理。多元产业结合行业薪酬分配特点，实施“一企一策”薪酬分配模式，鼓励外部创收，探索“基薪+提成”模式。

第二节　机关机构改革

[公务用车制度改革]

为认真落实 2005 年马钢两公司开展保持共产党员先进性教育活动中的整改任务，根本解决公务用车中存在的问题，2006 年 6 月 20 日，马钢两公司第三次党政联席会议研究决定，自 2006 年 7 月 1 日起实施马钢公务用车制度改革。马钢在借鉴有关企业车改经验的基础上，结合实际，以实现马钢公务用车消费货币化、管理规范化、服务市场化为总体目标，按照务实、规范、节约的原则，以及方案合理、配套完整、过程透明、操作公正、车辆精简、费用节约的总体要求，确定了车改方案，并制定了《马钢公务用车制度改革实施细则》和配套措施。到 2006 年 10 月，改革的主要工作顺利完成。通过这项改革，大幅减少了公务用车费用支出，降低了管理成本，促进了党风廉政建设，公务用车效率大幅提高。每年可节约开支 4000 余万元。

[机关机构改革]

马钢集团机关管理机构和管理职能经过历年来的不断调整，机关机构和相应的职能逐渐得以完善，但仍存在机构庞大、管理界限不清、人员素质结构不合理等现象。因此，机关机构改革迫在眉睫。2018 年初在改革方案设计前，马钢集团派出工作团队先后赴宝武集团、沙钢集团开展调研，了解学习先进企业的管控模式、组织机构设置、运作方式等。马钢集团主要领导向安徽省委、省政府及省国资委进行了专题汇报，得到省委、省政府的大力支持。2018 年 2 月下旬，马钢集团成立了由原企管部、办公室、党委工作部、人力资源部组成的《集团公司、股份公司机关机构改革及人力资源优化方案》制定小组，实行例会制度，定期和不定期召开例会 20 多次，在经反复研究讨论、多方征求意见的基础上，经过多次研讨，于 3 月中旬完成了《集团公司机关机构改革及人力资源优化方案》和《股份公司机关机构改革及人力资源优化方案》的总体设计。改革方案形成后，公司进行讨论和决策，发布了《关于集团公司机关机构改革及人力资源优化的决定》《关于股份公司机关机构改革及人力资源优化的决定》。

在推进过程中，坚持系统策划，务实推进。加强了组织保障。公司成立了由主要领导担任组长的机关改革工作领导小组，下设综合保障、人员安置、信访维稳 3 个专项工作小组，实行集中办公制和例会制，及时协调并解决改革推进过程中遇到的各类问题。细化了工作内容。对改革方案的具体内容进行分解、细化，做好时间安排，落实牵头单位和责任人，同时确保各项具体工作保持协调一致。做好了各类预案。在充分做好风险评估的基础上，完善各类预案工作，包括网络舆情、群体事件等，做好突发事件的应对措施。上下联动，推进人力资源优化。具体做法：一是组织有力。人力资源优化是本次机关机构改革的重要环节，在人员优化的过程中，全员牢固树立大局意识、责任意识。各部门负责人开展了与职工多轮次一对一思想工作，使大家对改革工作有深入的理解和统一的认识，充分尊重工作岗位安排。二是联动有效。各二级单位积极响应马钢集团机关改革，在人力资源优化阶段共计有 29 家单位提供了 226 个岗位，为转岗安置工作提供了保证。机关广大职工理解改革、支持改革、参与改革，体现了强烈的大局意识和家园情怀。三是交接有序。在人员调整、转岗安置实施工作中，公司安排各部门主要领导将所有定向安置及业务划拨人员送到新的单位，举行了 19 场交接会，交接工作实施顺利，未发生任何负面事件。

本次改革从进一步明确马钢集团功能定位着手，基于马钢集团转型发展的总体要求，突出马钢集团总部制度与规则制定、督导、评价功能。根据精简高效的需要对部门职能进行整合，成立了10个职能部门。剥离了马钢集团执行性、事务性职能，相关职能平移下沉。基于改革后的机关机构职能和集团管控模式，制定并发布了《集团管控管理办法》，以管控模式构建推动机制变革，为顶层推动放权、活化机制明确了导向。依据管理成熟度情况，马钢集团通过“方法共享、有效监控”，对二级子公司，实施战略管控为主的差异化管控模式。对参股子公司，实施财务管控模式。对马钢集团直属机构和分公司，通过管理制度、工作计划、指令等实施管控。

经过此次改革，马钢集团机关部室由原15个精简为10个，机关员工数量由608人精简为189人。马钢股份机关部室由原18个精简为13个（其中5个部室与马钢集团合署办公），机关员工数量由775人精简为443人（不含与马钢集团合署办公5个部室）。马钢集团将原机关部室承担的服务保障性质的业务进行剥离，结合原有的组织架构，重新梳理并设置了7个服务保障机构。改革后，马钢集团母子公司管理体制更加清晰，职能管理归位于专业，服务归位于高效、便捷，机关人力资源进一步优化，为子公司机关机构改革树立了典范。

第三节 医疗改革

2001年，马钢集团医疗保险改革工作坚持贯彻国家关于医疗卫生（医疗保险制度、医疗机构、药品流通体制）三项制度改革宗旨，修订了职工医疗保险制度，初步建立了大病重症职工的医疗补助办法，医疗保险金规范管理，全公司职工个人账户资金集中管理。同时，进一步完善了医疗费用审核工作制度和工作程序，加强了费用监督与管理，促进了医院各项管理，医疗服务质量有了显著提高。组织试行了医疗机构药品集中招标采购工作，为降低药品采购成本，减轻职工医疗负担，做了有益的尝试。促进了公司内部医疗机构的联合协作，为马钢在发挥医疗资源方面的规模、地域和技术优势取得突破起到积极作用。

2002年，调整职工医疗保险制度。根据马鞍山市医疗保险政策的调整，马钢两公司分别于2002年2月和8月两次对马钢医疗保险政策进行了调整。其中：（1）扩大乙类药品的范围，增加省药品目录新增加的乙类药品154种，取消乙类药品个人先行自付的费用；（2）适当降低部分付费诊疗项目个人先行自付比例；（3）取消统筹基金费用段并降低个人自付比例；（4）扩大规定病种范围，按年龄段重新确定起付标准；（5）对规定病种门诊基本医疗费用实行统筹和医疗救助基金限额补助。

同时，马钢两公司对医疗救助政策也进行了调整，其中：提高医疗救助基金的年最高支付限额，降低医疗救助基金支付段个人自付比例，将医疗救助基金年最高支付限额由原来的10万元提高到15万元，同时新增加了住院补贴。

2004年，调整职工医疗保险有关政策。根据《马鞍山市卫生局离休人员、老红军、二等乙级以上革命伤残人员医疗费征缴工作的通知》，以及市政府《关于调整我市城镇职工医疗保险有关政策的通知》，马钢两公司研究决定从2004年4月1日起按市政府规定调整马钢医疗保险政策。经2004年9个月的运作，马钢两公司全年拨付医改计划指标较上年实际增加了1383.81万元，共扣除医院超指标费用1095万元。

2012年，推进马鞍山市中心医院岗位期股转为实股的兑现工作。根据原马钢改制方案和市政府批复，马钢集团将持有的市中心医院的1500万元国有股中的900万元作为对改制后医院经营管理层和技术骨干的岗位期股，2012年是偿付期最后一年。为了做好转股工作，在多次与马鞍山市企业改革主管部门、市国有资产管理部门、产权交易所等机构沟通下，起草了关于市中心医院岗位期股的实施意见，并向马钢集团董事会提交了《关于市中心医院岗位期股转为实股方案》，经马钢集团董事会批准后，向安徽省国资委请示备案。安徽省国资委备案批复后，组织了岗位期股转为实股的协议起草，在经法律事务部门审核后，于9月12日完成了协议的签订工作。截至2012年10月20日，900万元岗位期股款项已汇入马钢集团账户，转股工作完成。

第四节　住房制度改革

［住房分配］

马钢于1999年6月全面实施住房货币化分配，住房货币化分配的基本思路是：停止住房实物分配，对符合条件的无房职工和住房面积未达到规定标准的职工发放住房补贴，职工根据自己的工资收入、住房公积金、住房补贴、个人住房贷款以及实际需要购房。这个政策标志着企业从福利分房向住房市场化的过渡。2001年4月、2003年9月和2005年12月，马钢两公司按照职工住房货币化分配政策，三次集中实施了职工住房货币化分配，2003年陆续建成的马钢花园经济适用房住宅小区和雨山九区、和平楼、矿山新村等地区的危旧房改造也投入了使用。截至2007年底，累计向职工出售公有住房47743套，向无房和住房拥挤的职工出售经济适用住房20000套左右，为50523名职工发放货币化补贴56341万元，还通过住房公积金贷款促成10683名无房职工和3862名住房面积未达标的职工在市场选购了住房，马钢职工的住房条件发生了重大变化。

从2003年开始，城市土地一律实施“招、拍、挂”，马钢两公司原有的住房自建、自分、自管的传统模式已无法持续。为了尽快使马钢集团的住房建设、分配、管理工作与马鞍山市住房的商品化、货币化、社会化并轨，同时慎重处理好在与市场对接过程中的一些问题和矛盾，马钢两公司经过反复研究和论证，于2008年3月25日下发了《关于进一步深化马钢职工住房制度改革的意见》（简称《意见》），《意见》明确：（1）停止公司现行职工住房分配制度的实施，现行的经济适用房价格、无房户职工按登记顺序分房、住房未达标拥挤户职工在公司内部换购住房以及拆迁改造中的公房租赁户职工比照公司经济适用房价格执行的相关制度一并终止，2009年1月1日起，马钢不再进行无房户登记工作；（2）为保持公司对无房户职工关心的一惯性，经公司核准的1998年12月31日之前进入马钢至下文件之日未分房的无房户职工，自本规定下发之日起，在市场购房时除正常发给住房分配货币化补贴之外，再增发“无房户职工购房补贴金”。《意见》的出台，标志着马钢职工的住房制度全面市场化。

2014年2月，马钢集团再次把解决无房户职工住房问题提上了议事日程，7月下旬公司提出以已建成的盛泰名邸项目（原称康泰南苑）解决部分无房户职工的住房问题。2015年4月20日，马钢集团党政联席会听取并讨论了房改办提交的《关于将盛泰名邸用于解决无房户职工住房问题的报告》。在公司的积极争取和市政府及相关部门的大力支持下，从7月28日开始，房改办和康泰公司先后组织了四轮面向职工的出售工作，至2016年7月14日，盛泰名邸全部554套住房出售完毕。

［职工住房补贴管理］

职工住房补贴发放是职工住房保障的一个重要组成部分，1999年，马钢两公司下发《马钢职工住房货币化分配暂行办法》后，职工住房补贴申领成为一项常态化工作。为强化公司无房户管理工作，2015年3月底，分中心组织对康泰公司存档移交的11000余份无房户登记表进行了全面清理，经过5个月的核查，认定当时公司在册的无房户4300余人。截至2019年底，累计有71881名职工申领住房补贴93260万元，其中有5434名职工领取购房补贴金21055万元。

[公有住房出售]

1996年1月经马鞍山市住房制度改革领导小组批复的《马钢深化住房制度改革实施办法》和1996年7月马钢两公司印发的《马钢出售公有住房实施细则》两个文件的发布，标志着马钢公有住房出售的开始，也是马钢住房商品化的开始，公有住房出售对改善职工的住房条件发挥了重大作用，成批量的公有住房出售工作至2007年底基本完成，随着2008年马钢住房全面商品化、货币化、社会化，之后的公有住房出售主要解决一些遗留问题。截至2019年底，马钢累计向职工出售公有住房48260套，总建筑面积280万平方米，归集售房款6.15亿元。

[公共租赁住房的建设与管理]

玫瑰园解困安置房：为多渠道解决职工家庭住房困难，从1999年开始，马钢集团积极向马鞍山市政府争取廉租住房项目，11月25日，马鞍山市住房制度改革领导小组下发《关于对马钢公司使用房改增值资金建设廉租住房意见的批复》，2000年4月4日，马鞍山市住房资金管理中心马钢分中心与市房地产综合开发公司签订了《委托代建廉租房协议》，2002年下半年，玫瑰园小区分4栋楼共160套住房作为马钢自有解困安置房投入使用。截至2013年6月底，玫瑰园项目已累计为127户低收入无房户职工家庭和82户人才型职工家庭临时性地解决了住房问题。随着国家统一的廉租住房标准和管理规范的出台，玫瑰园解困安置房显然不符合国家廉租住房标准，2012年底，马钢纳入全省统一保障性住房范畴的新工房廉租住房项目已投入使用，能够满足安置需求，马钢集团决定自6月起，对玫瑰园解困安置房进行清理和市场化出售。

新工房廉租住房项目：2009年3月18日，康泰公司向马钢集团提交了《关于建设马钢廉租房项目的情况报告》，提出充分利用国家的政策支持，选定公司3处存量土地，规划建设672套廉租住房，作为解决公司低收入无房职工家庭住房问题的一个渠道，报告得到了公司的批准。6月16日，市政府将马钢新工房廉租住房项目列入当年马鞍山市廉租住房建设实施方案。马钢新工房廉租住房项目由新工房组团（新工房38、39栋，136套住房）、八三大院组团（八三大院31、32、33栋，326套住房）、西园路组团（雨山七村17、18栋，210套住房）组成。新工房组团于2009年9月开工，2010年11月完成竣工验收，根据市政府对廉租住房“属地管理，租售并举”的指导意见，公司决定将该组团向符合安置条件的职工家庭出售。2013年7月，市保障性住房管理中心下发了《关于马钢新工房廉租住房出售的指导意见》，据此，10月8日公司下发了《关于出售新工房廉租住房的通知》，经过规定的申报、审核、公示流程，至2014年底，136套住房面向冶金厂和矿山的职工家庭全部售出。八三大院组团于2011年3月开工，2012年底开始以低收入住房困难职工家庭为主要安置对象开始安置工作。西园路组团于2010年9月开工，2013年8月开始以人才型职工家庭为主要安置对象开始安置工作，2016年5月安置对象扩展到单身大学生职工。

为规范对廉租住房的管理，参照省市相关政策规定，马钢集团先后于2012年12月和2013年1月下发了《马钢廉租住房租售管理暂行办法》《马钢廉租住房安置工作实施细则》《马钢人才型职工家庭公共租赁住房安置管理暂行办法》。2014年，国家将原分类管理的廉租住房和公共租赁住房合并为公共租赁住房统一管理，为贯彻落实这一要求，马钢集团于7月22日制定了《关于马钢公共租赁住房和廉租住房并轨运行的实施意见》，得到了市保障性安居工程建设领导小组的批准，该政策沿用至今。

[物业管理]

20世纪90年代中期，为适应国家房改政策落实和住宅管理制度改革的需要，马钢在新建的鹊桥小区推行物业管理试点，住宅管理逐步由行政福利型管理模式向经营型管理模式转变。从1999年至2001年，先后对新工房、新风、王家山、山南、东岗、新岗、大治安民等住宅小区实施了物业管理。从2002年起，继企业内部改革，房管和物管分离，又组建了专业物业公司，对物业小区实施统一管理，同时承担着马钢住宅区域内的文明卫生城市创建等社会责任。截至2019年，马钢集团管理的物业形态已由单纯的住宅小区拓展到公共楼宇、农贸市场、高校园区、医院等多种类型，物业市场也由本市拓展到池州市青阳县、芜湖市繁昌县等周边城市。

为强化资产管理与经营运作，提高资产使用效率和收益，2014年3月10日，马钢集团成立资产经营管理公司，负责马钢集团（不含子公司）资产的集中管理，构建资产运作平台。同时，由于历史原因，马钢集团将部分投资性房产、未出售的职工住宅、简易平房、单身楼、中转楼及公共配套设施，委托康泰公司管理；将马钢宾馆、盆山度假村、黄山太白山庄委托力生公司管理，并以《资产委托管理协议》明确了双方的权利义务关系。

截至2019年9月，马钢集团授权资产经营管理的实物资产1210项，资产原值17.45亿元，资产净值11.95亿元。

第二章　股份制改革

第一节　安徽欣创节能环保科技股份有限公司挂牌新三板

[启动阶段]

2015年底，欣创环保在马钢集团的指导下，开始筹备引进战略投资者、挂牌全国中小企业股份转让系统（简称新三板）工作，先后与航天环境工程有限公司、北京佰能蓝天科技股份有限公司以及中冶华天工程技术有限公司、江东控股集团有限责任公司（简称江东控股）进行商谈战略合作事宜，最终确定引进由马鞍山政府出资组建的江东控股。

2016年6月1日，马钢集团召开欣创环保挂牌新三板上市工作启动会，确定成立欣创环保挂牌新三板项目推进小组，项目组成员由马钢集团企管部、资本运营部、计财部、人力资源部、财务部、法务部、投资公司、欣创环保等单位组成。2016年6月7日，马钢集团第81次总经理办公会同意欣创环保加快推进增资扩股事宜。欣创环保增资扩股和马钢（合肥）供水资产评估及审计工作全面开展，同时启动律师事务所、辅导券商的尽职调查以及欣创环保股权激励、考核机制方案的设计工作。

2016年7月21日，欣创环保召开第13次股东大会，会议批准聘请瑞华会计师事务所和北京天健兴业资产评估有限公司分别为增资扩股的财务审计和资产评估机构。会议审议批准了《关于增资扩股的议案》及增资扩股协议书，同意欣创环保增资扩股、引进战略投资，引进江东控股5000万元人民币现金增资入股。

2016年7月26日，江东控股5000万元现金注资到位，瑞华会计事务所出具了验资报告。7月27日，欣创环保即完成了各项资料的工商登记及营业执照的变更工作。由于马钢（合肥）供水公司与合肥公司资产剥离历史程序未完成，未能按计划引入。至此，第一阶段增资扩股工作完成。

[申报阶段]

以2016年7月31日为基准日，欣创环保开展新三板上市工作。8月初，在马钢集团企管部和人力资源部的全力支持下，完成了股权激励方案设计和三位委派高管人员劳动关系变更。9月底，按照新三板上市要求，马鞍山市工商局、安监局、质监局等12个直管部门对欣创环保及其控股母公司、控股子公司的合法合规性出具证明，欣创环保公司相关人员分工协作，并在马钢集团法务部等相关部门的协助下，一个月内完成办理。10月，在马钢集团资本运营部的协助下，办理国有资产股权登记备案，制定欣创环保国有资产管理方案，11月获安徽省国资委批复同意。

2016年10月10日，欣创环保召开2016年第一次临时股东大会，审议批准欣创环保股份在全国中小企业股份转让系统公开转让、纳入非上市公众公司监管，同意聘请瑞华会计师事务所为财务审计机构、国元证券股份有限公司为上市辅导和保荐机构、上海锦天城（合肥）律师事务所为法律指引机构。同时，会议审议批准了《公司章程》（挂牌适用版）及有关规则、细则和管理办法，发布了欣创环保制度汇编，完善了制度管理，也为上市后期工作提供了制度支撑。

2016年10月底，欣创环保新三板上市的审计工作完成，法律意见书初步形成。11月中旬，券商内部审核过程中，因长钢烧结余热发电项目的承揽模式产生分歧，未能通过审核，11月底未能按照计划向全国中小企业股份转让系统有限公司（简称股转公司）报送材料。12月初，欣创环保挂牌新三板项目推进小组召开会议，就第一次申请挂牌新三板工作进行总结，决定以12月31日为基准日，重新补充审计，继续推进欣创环保新三板挂牌工作。

2017年1月初，欣创环保董事会继续聘任瑞华会计事务所为欣创环保审计单位。4月7日，瑞华会计事务所出具了审计报告。4月19日，欣创环保成功向股转公司报送材料，4月20日，收到股转公司的受理函。

[补充审计、反馈沟通阶段]

2017年5月9日，收到股转公司关于欣创环保挂牌新三板第一轮反馈意见，共有22个问题需要解释说明。欣创环保立即召集相关部门，组织解答，6月上旬，向股转公司递交了第一轮反馈意见；6月下旬，收到股转公司关于欣创环保挂牌新三板第二轮反馈意见，共有2个问题需要会计师事务所进行解答，会计师事务所在3个工作日内完成解答；7月上旬，收到股转公司关于欣创环保挂牌新三板第三轮反馈意见，反馈意见与第二轮问题相同，会计师事务所立即给予了解答。

[成功挂牌]

2017年7月24日，欣创环保收到股转公司的通知函，批准欣创环保在新三板挂牌，股票简称欣创环保，股票代码871890。9月5日，欣创环保新三板挂牌仪式在北京全国中小企业股权转让系统有限公司举行。

第二节　安徽马钢表面技术股份有限公司挂牌新三板

安徽马钢表面技术股份有限公司（简称表面技术公司）是工程技术集团控股子公司（控股比例94.847%），具有独立法人资格，注册资金为27500万元，成立于2011年，前身是马鞍山马钢表面工程技术有限公司。

为了积极推动工程技术集团的改革改制，表面技术公司在工程技术集团实施变革突破的战略引领下，在慈湖高新区鼎力支持与政府部门的大力推动下，于2017年12月启动新三板挂牌工作，聘请了安徽天禾律师事务所、中兴华会计师事务所、北京天健兴业资产评估有限公司、国元证券股份有限公司作为公司挂牌的中介机构，辅导公司新三板挂牌工作。在马钢集团和各方股东的支持指导下，2018年先后完成了股改、增资扩股和新三板申报工作。

2018年8月27日，表面技术公司召开创立大会暨第一次股东大会，会议审议通过了《关于安徽马钢表面技术股份有限公司章程的议案》《关于安徽马钢表面技术股份有限公司筹办情况的报告》《关于安徽马钢表面技术股份有限公司各发起人出资情况的报告》等共18项议案。

2018年8月30日，表面技术公司由有限公司整体变更为股份制公司，注册资本2.75亿元。表面技术公司总股本27500万股，其中安徽马钢工程技术集团有限公司认缴出资2.60亿元，持股94.847%，为公司控股股东，马鞍山慈湖高新技术产业开发区投资发展有限公司认缴出资1417.075万元，持股5.153%。

2018年12月28日，表面技术公司将申报材料上报全国中小企业股份转让系统并拿到全国中小企业股份转让系统有限责任公司出具的挂牌受理通知书。

2019年3月8日，表面技术公司收到全国股转公司股份系统函《关于同意安徽马钢表面技术股份有限公司股票在全国中小企业股份转让系统挂牌的函》。

2019年3月27日，正式挂牌新三板，在全国股转系统挂牌公开转让（证券简称：马钢表面，证券代码：873245，转让方式：竞价集合转让）。

2019年5月17日，表面技术公司在位于北京金融街的全国中小企业股份转让系统举行挂牌仪式。

第三节　飞马智科信息技术股份有限公司挂牌新三板

2018年，根据马钢集团对“1+7”多元产业资本证券化的工作要求，结合飞马智科信息技术股份有限公司（简称飞马智科）战略发展规划，围绕“新三板”挂牌申报，先后完成了股份制改革、股权多元化、“新三板”申报、发行股票募集资金等系列工作，改革发展推进有力，为公司经营业绩提升、产业发展作出了积极的贡献。

2018年4月24日，马钢集团在飞马智科4楼3号会议室召开了创立大会，整体变更设立股份有限公司。以截至2017年12月31日飞马智科审计确认的净资产2.1695亿元（瑞华审字〔2018〕02280033号），按照1∶0.507的比例折成股份11000万股，全部股本划分为等额股份，每股面值为人民币1元。经国家工商总局核准，公司名称由安徽马钢自动化信息技术有限公司变更为飞马智科信息技术股份有限公司，同时，组建了第一届董事会和监事会。

2018年初，马钢集团重点围绕具有优势资源的冶金行业企业、市场化程度高的IT行业企业，寻找战略投资者。经商谈，中冶赛迪集团有限公司（简称中冶赛迪）出资3000.8万元，冶金工业规划研究院（简称冶金规划）以其全资子公司北京四方万通节能技术开发有限公司出资900.24万元，对飞马智科进行增资扩股，增资完成后飞马智科的注册资本由1.1亿元增加至1.2573亿元。飞马智科2018年8月27日召开的2018年第四次临时股东大会，审议通过了公司章程修正案，对公司注册资本和董事会进行调整。中冶赛迪和冶金规划院两家公司的加入，为飞马智科的改革发展注入新的活力。

2018年9月12日，飞马智科召开2018年第五次临时股东大会，审议通过了申请股票进入全国中小企业股份转让系统挂牌转让的相关议案，并于9月28日正式向全国股转提交挂牌申请材料。12月25日，公司收到全国股转公司《关于同意飞马智科信息技术股份有限公司股票在全国中小企业股份转让系统挂牌的函》，同意公司股票在全国中小企业股份转让系统挂牌。2019年1月16日，公司股票在全国股转系统挂牌公开转让（证券简称飞马智科，证券代码873158）。1月18日，飞马智科在北京全国股转中心举行“新三板”挂牌仪式。

为了加速产业发展，加快战略落地，飞马智科2019年8月启动登陆“新三板”后的第一次股票发行工作，计划通过发行股票募集资金为IDC项目建设提供资金保障，同时进一步推动股权多元化工作。2019年12月9日，飞马智科发布股票发行认购结果，共6家投资者出资7.16亿元，认购飞马智科2.35亿股。其中，原股东马钢集团和马钢投资公司分别出资2亿元、1亿元，合肥公司（出资2亿元）、马鞍山基石智能制造产业基金合伙企业（出资1.5亿元）、江苏苏盐国鑫发展基金（出资0.36亿元）、安徽省高新创业投资有限责任公司（出资0.299亿元），4家投资者共出资4.1562亿元。

第三章　兼并重组

第一节　内部资产重组

［建设系统重组］

2001年9月25日，马钢集团正式下发《关于马钢集团公司建设系统体制改革的决定》，将原建设系统的建安公司、民建公司、土建一公司、二公司和机电安装公司5家单位重组整合为马钢集团建设有限责任公司（简称建设公司），并按专业成立了建设公司所属1个子公司、3个分公司和1个设备租赁部。

2002年，建设公司重组后，根据现代企业制度的要求，初步建立了公司法人治理结构。建立健全了公司组织管理机构、议事规则和各项工作管理制度，决策层、管理层和监督层各司其职，运行正常。法人授权委托已在经济合同的签订和专项工作管理上体现。

根据马钢集团体制改革决定精神，制定了《建设公司2002年—2004年改革发展规划》。按照先整合、后优化的原则，建设公司在完成了体制改革重组整合方案的基础上，为构筑以项目法管理为核心的经营运行机制，结合实际，集中了混凝土搅拌站，组建了商品混凝土分公司；整合了各单位实验室，成立了工程质量检测中心；集中了所有周转材料和部分机械设备，划归设备租赁事业部；成立了多种经营办公室，统一了对“三产”实体、后勤和物业工作的管理，基本完成了公司重组优化工作。

［机电分公司、钢结构分公司整体划入马钢股份］

2005年2月27日，经马钢两公司2005年第一次党政联席会议研究决定，撤销马钢集团建设公司机电设备安装分公司和马钢集团建设公司钢结构制作安装分公司，马钢股份将其成建制整体收购后组建“马鞍山钢铁股份有限公司机电设备安装工程公司”与“马鞍山钢铁股份有限公司钢结构制作安装有限责任公司”。

2005年4月28日，马钢股份在马钢宾馆西二楼会议室召开董事会议，会议决议批准收购马钢集团建设有限公司钢结构制作安装业务和机电设备安装业务。批准设立马鞍山钢铁股份有限公司机电设备安装工程分公司。

［南山矿、姑山矿变更为马钢集团下属分公司］

2009年6月，经公司研究，决定将马钢集团南山矿业有限责任公司、马钢集团姑山矿业有限责任公司由全资子公司变更为马钢集团下属分公司。变更后两家矿业公司工商登记名称为马钢（集团）控股有限公司南山矿业公司、马钢（集团）控股有限公司姑山矿业公司。

根据《中华人民共和国公司法》规定，原南山矿和姑山矿下属3家分公司（花山留守处、当涂钢材经营分公司、庐江钢材经营分公司）变更为马钢集团的分公司，即其投资主体变更为马钢集团。变更后工商登记名称为马钢（集团）控股有限公司花山留守处、马钢（集团）控股有限公司当涂钢材经营分公司、马钢（集团）控股有限公司庐江钢材经营分公司。

原南山矿管理的马钢集团设计研究院有限责任公司、马钢集团测绘有限责任公司和马鞍山马钢矿山岩土工程勘察联合公司3家子公司，由于经营资质的要求，保留独立法人地位，并继续委托马钢

（集团）控股有限公司南山矿业公司管理。

［马钢集团矿业有限公司成立］

经马钢集团2011年第三次党政联席会研究，决定对马钢集团矿业资源实施整合，成立马钢矿业公司。2011年4月6日，马钢集团下发《关于成立马钢矿业公司的决定》，马钢矿业公司正式成立。

［建设公司和康泰公司改制］

2002年，对房地产公司进行公司制改制，将其重组为房地产开发、物业管理、房产管理3个经营实体，按不同业务独立实施市场化经营和管理工作。

2010年3月，马钢集团经研究决定，选择建设公司和康泰公司两家作为实行产权多元化改制试点单位。4月，马钢集团对两家改制单位全面启动审计评估工作，对两家单位参与改制资产的范围进行了划分。5月，完成了两家单位改制初步方案。6月24日，马钢集团第25次总经理办公会原则通过两家单位的改制方案。6月30日和7月21日，康泰公司和建设公司分别召开职工代表大会。审议了改制方案并通过了职工安置方案。企管部起草了建设公司改革决定（讨论稿）和康泰公司改革决定（讨论稿），提交公司党政联席会讨论。9月6日，马钢集团党政联席会通过了两家单位改革决定。9月8日，马钢集团下发了两家单位改革决定并报市政府。9月19日，马鞍山市政府下达《关于马钢集团建设有限公司和马钢集团康泰置地发展有限公司改制方案的批复》，两家单位的改制方案取得了市政府的原则同意。9月25日，康泰公司和建设公司分别召开了第一次股东会、首届董事会第一次会议、首届监事会第一次会议，分别选举了首届董事会成员、监事会成员，聘任了经理层成员。9月26日，两家改制单位隆重揭牌。年底前完成了两家单位的补充审计、验资和注册登记工作。

2011年，继续进行建设公司和康泰公司两家单位改制后国有股权转让工作。2月12日，与安徽长江产权交易所正式签订了《产权转让交易合同》。6月，正式启动了两家单位部分国有股权转让工作。7月6日，两家单位部分国有股权正式在交易所挂牌转让。8月15日，在收到安徽长江产权交易所就两家单位部分股权挂牌转让项目流标结果通知后，为了顺利推进两家单位改制工作的进程，根据《企业国有产权转让管理暂行办法》《安徽省企业国有产权转让管理暂行办法》及有关规定，对相关办法进行了调整，并经马钢集团董事会作出决议同意后，两家单位部分国有股权在安徽长江产权交易所重新挂牌转让。至10月底，两家单位国有股权挂牌转让工作已顺利完成。

［推进力生公司和实业公司改制］

在2010年建设公司和康泰公司两家单位产权多元化改制的基础上，2011年4月，马钢集团又启动了力生公司、实业公司、利民公司和马钢嘉华4家单位改制工作。10月，为加快改制进度，制订了《马钢集团公司所属3家单位推进改制工作流程和工作计划》（利民公司因故暂停），并按进度计划积极推进。同时，密切关注省厂办大集体改革实施意见等相关政策文件进展出台情况，对于利民公司的改制工作，本着先有序推进内部各项工作的改制准备，一旦条件成熟，将快速启动。根据《马钢2010—2014年发展规划纲要》，为培育非钢支柱产业，进一步完善马钢股份辅业单位运行机制，实现市场化运作，制定了马钢股份表面工程技术有限公司（原二机制公司）、电气修造有限公司、钢结构制作安装有限公司、设备安装工程有限公司4家单位改制方案，并于6月完成了马钢股份4家单位改制工作。为进一步规范母公司与子公司行为，制定了《马钢股份公司对马钢钢结构工程有限公司等4家全资子公司的管理通则》。

2012年3月9日，取得了马鞍山市政府同意对力生公司和实业公司两家单位改制方案的批复，3月29日，取得了安徽省国资委同意两家单位改制方案的备案批复。2011年5月，马钢集团正式启动力生有限责任公司、实业发展有限责任公司两家单位改制工作。10月18日，马钢集团举行力生集团有限公司和钢晨实业有限公司揭牌仪式，分别与力生公司、钢晨实业公司签订了经济关系总协议。随后，马钢集团又分别与力生公司、钢晨实业公司签订了服务协议、资产托管协议、融资租赁协议、《马钢日报》委托印刷协议，并与安徽长江产权交易所沟通有关两家单位股权转让事宜，积极进行转让方案和各项转让材料的准备。经马钢集团批准后，于10月11日对两家单位部分国有股权转让公开对外挂牌公告，12月19日，马鞍山力生集团有限公司、马鞍山钢晨实业有限公司部分国有股权在安徽长江产权交易挂牌转让成功。

[马钢集团实施资产重组]

2013年，马钢集团根据安徽省委、省政府提出的“三步走”目标要求，以改革创新的思维，对未来发展进行系统谋划，积极开展资产重组和非钢板块构建，顺利完成马钢集团并购马钢股份20家子（分）公司的资产重组工作，既精干了钢铁主业，又明确了非钢产业发展方向，在集团层面构建了钢铁主业和矿产资源业、工程技术、产品产业化、节能环保、贸易与物流、金融与投资、房地产与服务业的“1+7”多元产业发展模式，开启了加快转型发展的新征程。

2013年6月，马钢集团党政联席会研究决定实施资产重组，全面筹划此项工作。公司成立了资产重组领导小组，领导小组下设财务组和综合组，成员包括公司相关部门主要负责人。8月7日，安徽省国资委《关于对马钢集团公司资产重组有关事项的批复》，同意马钢集团实施资产重组，确定由马钢集团收购马钢股份拥有的12家二级公司股权、8家分公司资产及部分土地资产，具体收购范围为：马鞍山马钢电气修造有限公司100%股权、马鞍山马钢钢结构工程有限公司100%股权、马钢国际经济贸易总公司100%股权、马鞍山马钢表面工程技术有限公司100%股权、马鞍山马钢设备安装工程有限公司100%股权、马鞍山市旧机动车交易中心有限责任公司100%股权、马钢控制技术有限责任公司93.75%股权、安徽马钢工程技术有限公司58.96%股权、安徽马钢粉末冶金有限公司51%股权、马钢联合电钢轧辊有限公司51%股权、马鞍山港口（集团）有限责任公司45%股权、安徽省郑蒲港务有限公司35%股权，以及马鞍山钢铁股份有限公司机电设备安装分公司、耐火材料公司、汽车运输公司、输送机械设备制造公司、修建工程公司、重型机械设备制造公司、自动化工程公司、设备检修公司。9月11日，安徽省国资委《关于马钢资产重组资产评估项目核准的批复》核定的评估价值为45.01亿元，其中马钢持有的权益为38.43亿元。由于资产重组涉及马钢集团及马钢股份两个层面的收购和出售行为，马钢严格履行相关决策程序，先后召开3次马钢股份董事会、4次马钢集团董事会，完成资产剥离的审议决策工作。7月18日、22日，马钢股份、马钢集团第一次董事会分别审议通过了出售资产议案。8月21日、22日，马钢集团、马钢股份第二次董事会分别审议通过了资产出售协议及关联交易协议，9月11日，马钢股份第三次董事会审议通过设立持续关联交易委员会、确定了股东大会召开时间，10月29日，马钢股份股东大会通过了资产出售协议和关联交易协议，通过率超过99%。马钢集团第三次、第四次董事会分别审议通过了资产重组专项融资及部分公司变更方案、部分公司章程修改方案及委派人员方案等。

为做好资产重组后续衔接工作，确保重组企业平稳运行，马钢集团深入调研，梳理重点问题，制定工作措施。

（1）确保职工队伍稳定。此次重组单位共涉及马钢职工近9000人，稳妥处置劳动关系调整，事关企业稳定及发展，马钢集团人力资源部门吃透国家相关政策，并走访实施类似重组的企业，确定企业内部劳动关系调整方案，并取得了安徽省、马鞍山市人社部门的支持。重组单位交割集团后，马钢集团立即利用报刊、网络等方式宣传资产重组下一步的做法。

（2）统筹协调马钢集团与马钢股份之间的经济关系。马钢股份20家重组单位多数依赖马钢股份内部市场，马钢集团需通过内部资源调整保证其在一定过渡期内的业务稳定。9月，马钢股份成立了持续关联交易委员会，负责持续交易的动态监督后，马钢集团根据关联交易总额，制定相关办法，进一步明确资产重组相关单位在若干年内的经济关系。12月，马钢集团成立了集团层面经济关系协调委员会，负责统筹协调、解决与马钢股份的经济关系。

（3）构建财务集中管控信息化平台。本次资产重组工作将会给现有马钢股份信息化系统带来必要的组织结构调整及功能变更，同时，也对重组单位的财务信息化带来很大的变化，涉及各单位的经营稳定。公司高度重视ERP系统脱离后的运行对接问题，并以本次资产重组为契机，首次在SAP平台实现多账套运行，“集团统一财务管控平台”建设迈出了实质性步伐。推动建立重组单位资产整合及法人治理结构。为规范资产重组单位交割后的运行，马钢集团系统谋划所涉子（分）公司的设立方案，原20家单位变更为马钢集团16家二级子公司和1家三级子公司；建立完善子公司法人治理结构，建立了董事会、监事会，研究制定了委派人员方案，保障其平稳规范运行。

在资产重组过程中，马钢集团着力解决重点难点问题，提升工作效率与效果。

（1）确保低成本筹措资金到位。马钢集团本次资产收购，年内需支付24.60亿元。为确保以最低的资金成本，按约定的付款条件支付交易对价。公司财务部门从8月开始，与工行、农行、中行、建行、徽行、进出口银行、农商行及财务公司等金融机构分别商谈资产收购专项融资事宜，协调各商业银行调增授信额度和可用融资额度，寻求最优融资方案，年内实现专项融资25.34亿元。同时，按计划推进建设银行建信融资租赁工作，为下一步资产重组资金全面筹措到位提供了保证。

（2）用好用足税收政策。本次资产重组，涉税工作是重点，更是难点问题，是决定资产重组效果的一个关键因素。本次资产重组转让土地使用权及地上建筑物等应缴纳土地增值税、契税、印花税等共计3.24亿元，马钢集团积极与安徽省、马鞍山市政府沟通，取得“即征即返”的支持政策。鉴于马钢集团资金较为紧张，经与市财政局、地税局反复协调操作细节，经积极争取，马鞍山市政府同意采用分批次、小金额、即征即返的方式具体操作，按照资产重组计划目标在12月15日前完成了税金3.24亿元“即征即返”工作。

在收购资产重组的单位后，马钢集团根据发展战略，在对现有业务单元和产业板块梳理的基础上，按照专业化、市场化、协同化、母子公司管理、稳定有序的原则，初步形成了“1+7”的产业新格局，并着手实施产业板块内部整合，按照同业归并和“一板块、一核心”的原则，对现有非钢业务和资产，实施整合重组，提高产业板块专业化、规模化、集成化水平，发挥协同效应，形成新的竞争优势。

[车轮轮箍分公司更名为车轮公司]

2005年2月28日，经马钢集团2005年第一次党政联席会讨论，决定将“马鞍山钢铁股份有限公司车轮轮箍分公司”更名为“马鞍山钢铁股份有限公司车轮公司”（简称车轮公司）。

2013年，由于外部市场的变化和车轮产品在马钢产品系列中的特殊性，马钢股份在车轮公司推行事业部制运行模式。车轮公司按照“管理规范化、作业标准化”的要求，重新梳理各项管理流程，建立起一套包括干部人事、人力资源优化、销售及服务、财务管理、技术研发、质量管控、设备管理、全员绩效考核等内容的管理制度，同年《构建车轮事业部制运行模式下的管理机制》申报马钢股份公司级管理创新项目。2月28日，车轮公司销售部正式揭牌，车轮公司事业部制开始实质性运作。

第二节 外部联合重组

2001—2019年，马钢集团外部联合重组遵循政府推动、市场化运作为主要原则，联合重组了合钢、长江钢铁，收购了法国瓦顿公司，组建成立了马钢股份轮轴事业部。

[重组合钢]

合钢为合肥市属国有企业，1958年建厂，20世纪初，由于技术水平落后，加上摊子太大，其生产经营陷入困境。安徽省政府、合肥市政府积极主张由马钢集团进行收购重组。马钢集团进行深入分析后，认为收购合钢钢铁主业，有利于实现合钢钢铁主业生产经营走出困境和可持续发展，有利于马钢做大做强，有利于安徽省内钢铁资源的整合和提高省内钢铁产业的集中度。

在具体操作上，由合肥市工业投资控股有限公司先行全权收购合钢，然后，合肥市工业投资控股有限公司拿出了合钢的钢铁主业部分与马钢组建新合资公司。

2006年5月，由马钢股份和合肥市工业投资控股有限公司共同投资设立的马钢（合肥）钢铁有限责任公司正式设立。新公司注册地仍在合肥，注册资本为5亿元，马钢股份以现金出资3.55亿元，持股比例为71%，占据绝对的控股权。合肥市工业投资控股有限公司以1.15亿元现金以及评估后的合钢净资产3000万元出资，持股比例为29%。至此，马钢集团在安徽省就有了第二个钢铁生产基地——合肥公司。合肥公司管理体制纳入马钢的管理体系，马钢集团对合肥公司管理体制、治理和组织结构进行了重新设计和调整，制定了一系列部门管理职责以及程序文件，为新公司能够在较短的时间内步入良性生产经营的轨道创造了条件。

在重组的过程中，安徽省政府将合钢200万吨产能和省内淘汰落后的100万吨产能，共300万吨产能配置给了马钢集团，同时比照罗河铁矿配置给马钢集团的政策，将霍邱县张庄矿资源配置给马钢作为后备矿山。为支持新公司走出困境、持续经营和稳定发展，在新公司成立5年内，安徽省政府和合肥市政府对新增增值税中合肥市政府留存部分、企业所得税（若有），以及地方规费全部即征即退。

由于环保问题，2015年9月，安徽省委、省政府决定将合肥公司冶炼部分实施彻底关停，涉及到的全部资产和人员由合肥市全面接收。同年12月19日，该公司关停冶炼产能工作启动，并提前顺利实现安全停产，累计淘汰炼铁产能160万吨、炼钢产能204万吨、焦炭产能30万吨。

[重组长江钢铁]

长江钢铁于2000年7月20日在安徽省当涂县注册成立，注册资本为5.40亿元人民币。长江钢铁前身是创办于20世纪90年代的当涂县龙山桥钢铁总厂。在1999年改制的基础上，以龙山桥异型轧钢厂为核心，通过收购改造日新棒材厂、当涂县初轧厂，2000年7月成立马鞍山市长江钢厂，2008年12月变更为安徽长江钢铁股份有限公司。重组前，长江钢铁具备年产铁102万吨、钢127万吨、材129万吨的综合生产能力，具备烧结、炼铁、炼钢、轧钢等钢铁生产全部工序以及料场、煤气柜等公辅配套设施。

2009—2010年，国家先后出台了《钢铁产业调整和振兴规划》《促进中部地区原材料工业结构调整和优化方案》以及《关于进一步加大节能减排力度加快钢铁工业结构调整的若干意见》，强调要加快钢铁企业的兼并重组，支持优势大型钢铁企业集团开展跨地区、跨所有制兼并重组。在这种背景下，国内钢铁兼并重组开始活跃起来，多家钢铁企业开始了谋划，包括宝钢集团、八一钢铁联合重组，宝钢、韶关钢铁联合重组等。

为全面落实国家《钢铁产业调整和振兴规划》，省政府编制了《安徽省钢铁产业调整和振兴规划》，以国家产业政策为指导，以市场为导向，以提高钢铁产业集中度、结构调整和产业升级为主线，围绕总量调控和淘汰落后，大力推进联合重组，优化产业布局，支持马钢集团做大做强，到2011年，马钢集团要形成2000万吨钢生产规模，实现销售收入1000亿元。同期，民营企业长江钢铁在结构调整、环保达标等陷入困境，湖南华菱钢铁集团公司等省外钢铁企业多次与长江钢铁洽谈，重组长江钢铁意愿强烈。安徽省政府支持马钢集团对其进行联合重组，在安徽省政府及马鞍山市政府主导下，由马钢股份作为主体，开启了市场化联合重组长江钢铁的进程。

长江钢铁2009年12月31日审计报告显示其总资产达186640万元，净资产为112389万元。重组范围是坐落于马鞍山市当涂县太白镇龙山桥工业园内的钢铁主业资产（包括新300万吨产能置换项目）、安徽长江气体有限责任公司、马鞍山黄梅山机械有限公司的资产及与上述资产相关的，包括但不限于土地、商标、与生产和经营相关的各类许可证等无形资产。

重组方式为以长江钢铁（经评估）审计后的净资产评估值为参考基准，马钢定向向其注入新的注册资本。增资后马钢股份拟持有长江钢铁55%左右的股份。重组时，马钢股份投资约12.34亿元，增资长江钢铁非公开发行股份6.6亿股，占股55%，马钢股份占绝对控股地位，同时，原长江钢铁民营股东占股45%，形成了马钢股份控股，自然人参股的混合所有制的市场主体，有利于马钢股份放大资本控制力，有利于马钢股份做大做强，有利于形成现代企业经营管理机制。

长江钢铁在公司章程中约定股东大会、董事会、监事会、经理层职权，以及明确关键岗位人员提名权限归属，规范国有股东与民营股东分权机制。长江钢铁股东大会由马钢股份和长江钢铁的5个自然人股东（即全体股东）组成。长江钢铁设董事会，成员为7人。其中，马钢股份公司提名4人，长江钢铁提名3人。经营层通过董事会聘任。长江钢铁设监事会，成员3人。其中，马钢股份提名1人，长江钢铁提名1人，职工民主选举产生1人。监事会主席由马钢股份提名。长江钢铁设财务总监1人，为公司财务负责人，由马钢股份提名。

马钢重组长江钢铁后，严格按照国家相关政策、节能减排要求和技术装备标准淘汰落后产能。重组长江钢铁过程中及重组完成后，以社会稳定为重，妥善处理好人员安置问题。重组长江钢铁后，马钢选择性地注入自有的管理和技术，加强和规范其管理，为长江钢铁的后续发展奠定基础。

[**收购法国瓦顿公司**]

法国瓦顿公司（简称瓦顿公司）被誉为法国工业之花，也是世界百年品牌，与日本新日铁住金集团、德国BVV公司、意大利卢奇尼公司为全球拥有成熟高铁轮轴技术的4家著名企业。瓦顿公司在高铁车轮、车轴和轮对方面拥有核心技术，创造世界最高试验时速574.8公里/小时的法国高铁公司所用车轮，由瓦顿公司设计制造。

受行业周期下行等因素影响，瓦顿公司于2013年10月向法院申请企业破产保护，法院指定破产管理人在全球寻求竞购者。马钢集团着眼车轮产品产业化布局，积极抢抓机遇，在调研、咨询和反复论证的基础上，决定参与竞购瓦顿公司。最初报价全球有6家企业参与竞购，中国仅有马钢集团一家。2014年6月，法国瓦朗西亚商事法院宣布，法国瓦顿公司破产重整竞购案中，安徽马钢集团胜出。马钢集团以接受全部资产和487名员工的收购形式，成功收购世界高铁轮轴名企法国瓦顿公司，收购金额为1300万欧元。

[**马钢股份轮轴事业部成立**]

2015年12月，马钢股份决定将车轮公司、轨交公司和瓦顿公司整合成立马钢轮轴事业部。

2016年，面临外部市场大规模萎缩的不利局面，马钢轮轴事业部发挥资源融合优势，强化内部管理，积极开拓市场，实现营收15.18亿元。轮对顺利通过质量体系复审，并取得TSI认证资格，拿到进入欧洲市场的通行证；装有马钢制造的中国标准动车组以420公里的时速成功进行交会试验，并完成60万公里运行考核；250千米/小时动车组已经完成50万公里的装车运行，状态良好；350千米/小时标准动车轮获CRCC认证证书。

2017年是马钢轮轴事业部深度融合、深化改革、加速发展、做强品牌、不断加快轮轴产品全球化进程的一年，160件高速车轮顺利进入德铁，这是马钢高速车轮首次实现批量化商业运用。全年营收14.01亿元，瓦顿公司销售收入5600万欧元。地铁车轮消音环异响以及失圆等运用问题研究工作开始起步，扩展了马钢车轮技术研究领域。11月，马钢股份与德国铁路股份公司（简称德铁）签订了两年4200套轮对供货框架协议，成为德铁亚洲首家直接供货商，成为融合的成功案例。

2018 年，面对国内市场竞争日益激烈的局面，实现营收 17.57 亿元，瓦顿公司全年完成合同量 8100 万欧元。相继开发俄罗斯、哈萨克斯坦等国外市场及德国准高速车轮、韩国高速车轮、澳大利亚 45 吨轴重等高端产品，2019 年，全年累计出口创汇 1.34 亿美元，创历史最高水平。马钢股份轮轴产品分别在“国家改革开放 40 周年展”“德国柏林铁路展会”“首届中国自主品牌博览会”“世界制造业大会”上精彩亮相，品牌知名度再次提升。

第四章　产业结构

第一节　淘汰落后产能

化解钢铁过剩产能实现脱困发展，是党中央、国务院落实“三去一降一补”的重要抓手，是推进供给侧结构性改革的重大部署。我国经济发展进入以“速度变化、结构优化、动力转换”为基本特征的新常态，新旧动能转换阵痛是一个无法回避的矛盾，经济转型更加突出产业结构调整、生态环境改善、发展质量和效率的提升，更加注重发挥市场在资源配置中的决定性作用，更加注重从供给端解决产能过剩的顽疴痼疾。作为产能严重过剩的钢铁行业，高水平同质化竞争加剧，市场竞争激烈，钢铁企业普遍出现经营效益大幅下滑，全行业大面积亏损，不少企业生产经营难以为继，不得不实施减产或停产。《国务院关于钢铁行业化解过剩产能实现脱困发展的意见》提出：“鼓励钢铁产能规模较大的重点地区支持属地企业主动承担更多的压减任务。”“转产搬迁压减产能。对不符合所在城市发展规划的城市钢厂，不具备搬迁价值和条件的，鼓励其实施转型转产；具备搬迁价值和条件的，支持其实施减量、环保搬迁。”

国家推进化解钢铁行业过剩产能是钢铁企业实施供给侧结构性改革的重大政策机遇。作为大型钢铁联合生产企业，马钢切实增强“四个意识”，把去产能工作作为“讲看齐、见行动、作表率”的具体实践，认真贯彻落实《国务院关于钢铁行业化解过剩产能实现脱困发展的意见》，果断行动，主动作为，坚决压减过剩产能，加速产品、产业结构调整和转型升级步伐，坚定不移做强做优做大，不断增强企业创新力和竞争力。在安徽省委、省政府和省国资委、经信委、人社厅、财政厅、发改委等省直部门的关心指导下，以扭亏脱困、转型升级为目标，制定下发了《马钢集团化解过剩产能实现脱困发展实施方案》，成立了以马钢集团主要负责人为组长的“马钢化解过剩产能实现脱困发展工作领导小组”，全面负责、协调推进公司去产能各项工作。领导小组下设办公室，与省市各级主管部门建立了直线联系制度，每月上报去产能信息，确保马钢去产能工作进展情况及时上报国家主管部门，同时也接受上级主管部门的督查和指导。

2017 年 1 月 23 日，马钢集团响应国家去产能号召，永久关停二铁总厂 10 号高炉生产线

马钢集团各分子公司和专业管理部门在领导小组的统一指挥下，分别负责产线关停、设备拆除、封存和资产处置、人员安置、资金管理、应急处置和维稳等方面的具体工作。坚持把去产能与转型升级、绿色发展、人力资源优化、产城融合相结合，注重发挥市场机制作用和更好发挥政府引导作

用，用法治化和市场化手段化解过剩产能，遵循“一次规划、分步实施、有序退出、稳妥安置”原则，用3年的时间，逐步关停部分成本高、效率低的钢铁冶炼产线。2015年12月25日，马钢（合肥）公司冶炼生产线全部停产，合计淘汰炼铁产能160万吨、炼钢产能204万吨、炼焦产能30万吨，淘汰405立方米高炉2座、420立方米高炉2座、45吨转炉3座、JN43-804型焦炉1座。2016年，永久性关停马钢股份二铁总厂1座500立方米高炉（11号）、1座40吨转炉（2号），重机公司1座15吨电炉、1座20吨电炉，退出炼铁产能62万吨、炼钢产能77万吨；2017年，永久性关停马钢股份二铁总厂1座500立方米高炉（10号）、长材事业部北区1座40吨转炉（1号），退出炼铁产能62万吨、炼钢产能64万吨；2018年，永久性关停马钢股份二铁总厂2座420立方米高炉（9号、13号）、长材事业部北区2座40吨转炉（3号、4号），退出炼铁产能100万吨、炼钢产能128万吨。用3年的时间，逐步关停部分成本高、效率低的钢铁冶炼产线，退出炼铁产能224万吨、炼钢产能269万吨，炼铁、炼钢产能退出任务全部完成。

2017年11月1日，马钢股份长材事业部北区1号转炉生产线关停

2018年10月29日，马钢股份长材北区炼钢系统永久性关停，标志着马钢3年产能退出计划全面完成

第二节　优化产业结构

2001—2015年，马钢集团不断优化产业结构，钢铁主业方面，新区2座4000立方米高炉、3座300吨转炉、热轧酸洗板生产线、长钢股份300万吨产能置换二期工程、苯加氢项目建成投产。合肥公司环保搬迁项目获国家批准。硅钢二期项目建成投产。1580热轧项目有序展开。板材产品成立7个重点产品开发工作组，针对高档汽车用钢进行研发，引进国外技术支撑团队，高附加值汽车板产量不断提高。车轮轮箍产品高速动车组车轮按铁道部要求完成评审，大功率机车车轮试运行进展顺利。特钢产品电炉成功开发生产出车轮钢、车轴钢等特种钢。非钢产业方面，加快后备矿山建设，和尚桥矿采选主体工程、白象山矿井巷控制性工程及地表工程完成，罗河矿基本建成并生产，张庄矿建设按计划进度推进，国家级矿产资源综合利用示范基地建设有序开展。利用安徽省支持马钢发展有关政策，整合开发铁矿资源。充分发挥马钢物资采购与产品销售平台，组建成立国际贸易公司。工程技术板块向组建工程技术集团方向迈出重要一步，组建了工程技术公司，推动工程技术、自动控制、装备制造、机电安装等业务单元发挥协同效应，由单一面向钢铁业务转向综合性服务，拓展外部市场，增强整体竞争优势。节能环保板块合资组建欣创节能环保公司，获得国家节能服务公司资质。高端装备制造板块利用马钢及合作伙伴掌握的系统集成和关键核心技术，重点发展轨道交通设备、智能制造装备等高端制造业和新兴产业，组建马钢晋西轨道交通装备公司。金融板块2011年组建财务公司，不断拓展业务范围。煤化工板块强化煤化工产品的市场开拓，延伸煤化工产业链。

“十三五”期间，马钢按照“钢铁产业、钢铁上下游紧密相关性产业和战略性新兴产业”三大主导产业结构，对各相关板块业务和资源，先行归并整合，再作进退取舍，逐步发展形成“3+4+3”产业布局。

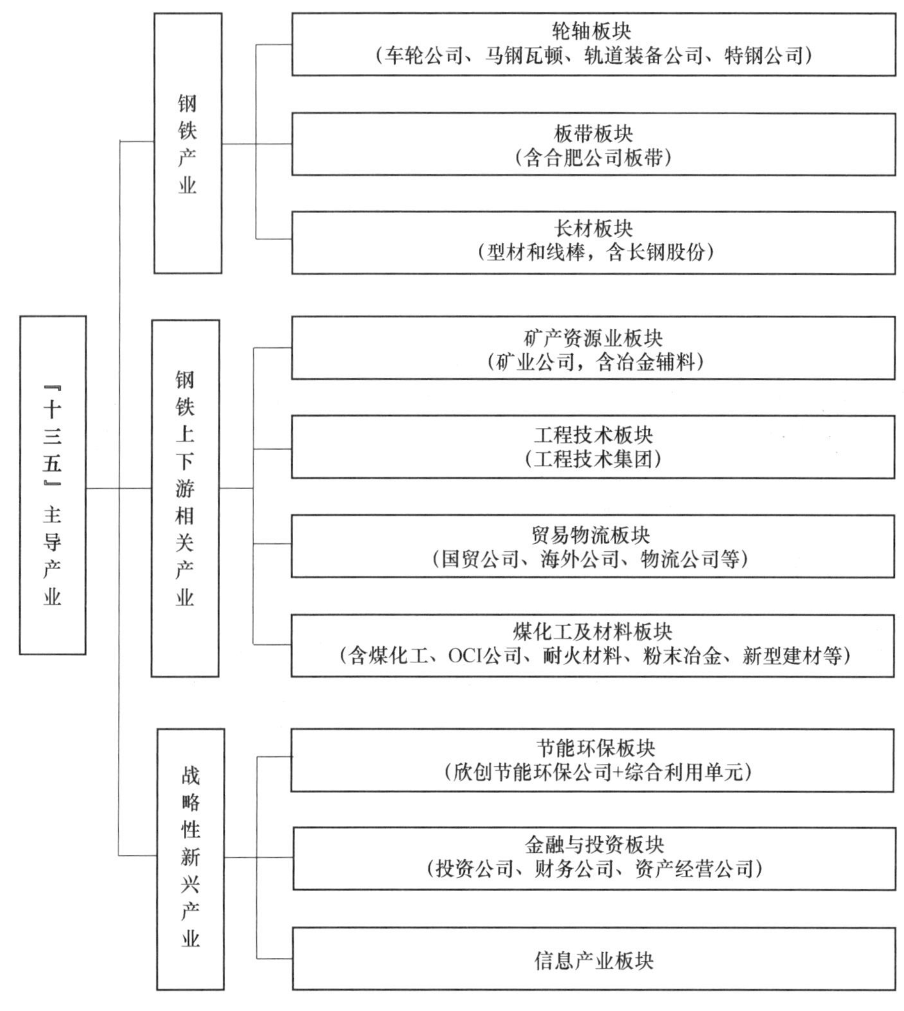

马钢“十三五”产业布局

钢铁产业重点构建“轮轴、板带、长材”三大特色板块，轮轴板块作为标志性品牌打造，以车轮公司、轨交公司、马钢瓦顿公司（MGV）为基础，实施相关资源和业务整合，推进产品研发、制造、营销一体化，形成轮轴产业板块。推进轮轴产线装备升级改造，新建弹性车轮加工组装线及配套装备，建成车轴制造线，新建2条车轴锻造生产线，实现全谱系车轴生产能力，加快轮对新增生产线建设，形成系统“轮轴架”综合配套能力。建立国家级轮轴产品研发中心，创建“国家轨道交通轮轴系统工程技术研究中心”和“安徽省轨道交通轮轴工程研究中心”，推进产品升级，加快研发轨道列车用齿轮、轴承、弹簧、制动盘、车厢板等零部件产品。以轮、轴及轮对产品为依托，发挥MGV公司平台作用，推进轮轴板块产业化、国际化，打造国际化经营的典范。

板带板块作为战略和核心板块打造，推进专业化生产、产业化延伸、差异化经营，赶超行业一流水平。以热板、冷板、涂镀板三大序列为主导，推进板带产品研发、制造、营销、服务一体化，构建板带专业化运营格局。通过自主攻关和合作研发，大力提升中高端产品比重，重点开拓汽车板、家电板、酸洗板、涂镀板、硅钢等市场。向产业链下游延伸，扩大终端客户，提高直供比，推进品牌建设和产业链合作。全面导入EVI服务模式，有效改善客户群结构。

强化加工中心的深加工、配套服务及信息收集功能，拓展终端战略合作能力，促进产业链延伸、产业化经营。建成合肥板材公司30万吨镀锌生产线、1420冷轧及高强镀锌生产线。改造升级CSP产线，淘汰110万吨中板产线。长材版块坚持品牌战略和低成本战略，整合型材和线棒产线，推进升级改造，打造精品长材制造基地。推进热轧大H型钢升级改造，巩固提升“中国名牌”优势。

新建1套80万吨高翼缘H型钢生产线，增补国内空白，顶替进口。加快中型材改造，增加60万吨全连轧智能化精品型材轧机，淘汰普通型材。实施特殊钢高线轧机改造，压缩普通建筑用线棒材。新建特殊钢棒材和线棒深加工产线，增加80万吨精品线棒材能力。扩大专用型材比重，重点开拓海工、铁路装备及建设等工程市场。推进型材产品升级和产业化延伸，实现钢结构深加工、服务一体化。推进线棒产品升级和深加工，逐步向中高端发展。

以“低成本、高强度、功能化”为方向，加快开发新一代高效节约型产品。建设长江钢铁精品建材基地。把长江钢铁打造为国有控股、民营机制的成功典范，在华东市场建立技术领先优势，马钢股份本部建筑用线棒材逐步转至长钢股份生产。

在高速重载车轮、大功率机车轮、海洋石油平台用型钢、汽车板等制造关键技术上形成了独特技术和核心自主知识产权，“轨道交通关键零部件先进制造技术”国家地方联合工程研究中心获国家发改委批准成立并挂牌运行，高速动车车轮获国内首张CRCC认证证书，冷镦钢产品应用于神五、神六飞船，高速动车车轮、高寒地区用热轧H型钢、天然气储罐用低温钢筋等新产品填补国内空白。马钢集团建成国内第一条重型H型钢生产线，成为国内首家全系列规格H型钢生产企业。

钢铁上下游紧密相关性产业重点发展矿产资源业、工程技术、贸易物流、化工及新材料等业务，战略性新兴产业重点发展政策扶持引导、具有发展前景的节能环保、金融投资、信息技术等业务，逐步形成产业布局，推进产业集群化、专业化、协同化发展，培育打造一批专业化平台公司。聚焦矿产资源、工程技术、金属资源综合利用、节能环保、信息技术等业务，策划实施了矿业资源集团、工程技术集团、废钢公司、物流公司、欣创环保等专业平台公司的搭建。矿产资源板块以建设成为国内技术先进的一流矿山为目标，系统推进质量、精益、平安、人文、科技、可持续“六型矿山”建设，实现产品提质增效。

工程技术板块以建设成为国内一流工程技术全过程服务商和面向全球服务的优秀企业集团为目标，推行工程总承包（EPC）服务模式，具备工程勘察设计、工程建设安装、装备制造、设备维检服务等多项专业能力，并获钢结构专业承包一级资质。

贸易物流板块以打造区域性贸易物流品牌为目标，建立汽运、航运、港务、仓储一体化联动机制，多式联运成为国家示范项目，打造5A级综合服务型物流企业。节能环保板块以建设成为国内节能环保领域知名综合型服务商为目标，推进设计采购施工运营总承包（EPCO）服务模式和PPP项目推进模式，获住建部环境设计资质，2017年，成功挂牌“新三板”。信息技术版块以打造IT行业具有较强竞争力的信息技术服务公司为目标，2019年，已形成以华东地区为主、覆盖10多个省市的客户群体，智能制造机器人实现集成应用。

第三节　分离改制

[楚江分局移交]

根据国家和省市有关文件要求，经过马钢与马鞍山市有关部门多次协商，2003年7月，马鞍山市公安局楚江分局正式成立，原马钢公安分局承担的执法职能移交给楚江分局。

[18所中小学移交]

2004年7月4日，安徽省政府在马鞍山市召开马钢企业分离办社会职能现场会，市政府和马钢正式签订了《马鞍山市政府接受马钢办社会职能协议书》。协议签订后，市政府与马钢成立联合工作组，经过近两个月的艰苦细致的工作，于8月21日签订了《补充协议》文本。在磋商过程中，马钢在解决教师的超编问题、退休教职工一并移交问题、矿山学校不按照属地移交等问题上，做了大量的工作，最终与市政府达成一致意见。马钢18所中小学从2004年9月1日起正式移交政府管理。

2003年7月18日，马鞍山市公安局召开楚江分局成立大会，原马钢公安分局移交后正式挂牌，141名同志纳入市公安序列

（1）整体移交。根据市行政区划企业自办中小学校布局情况，实行马钢18所（姑山矿学校视作市区移交，桃冲矿学校实行有偿移交）学校总体一次性分离，整体办理移交手续，分块接收。1）马钢二村小学、四村小学、九村小学、新建小学、山南小学、南山矿小学由雨山区政府接收，隶属于雨山区教育局管理。2）马钢幸福路小学、新工房小学、铁合金小学、长江路小学由金家庄区政府接收，隶属于金家庄区教育局管理。3）马钢王家山小学、矿山小学由花山区政府接收，隶属于花山区教育局管理。4）马钢红星中学、雨山中学、矿山中学、南山矿中学、姑山矿学校、桃冲矿学校由市政府接收，隶属于市教育局管理。5）对于当时已无学生的宁芜路小学，连同原退休的教师一并由金家庄区政府接收。

（2）分离人员。列入分离移交学校的在职人员按照《安徽省人民政府办公厅转发省编办、省教育厅、省财政厅关于贯彻国务院批准国家有关部门制定的中小学教职工编制标准意见的通知》（院政办〔2002〕60号）文件的相关规定和其2003年12月底在校学生数，再增加红星中学1998年底的初中在校生数核定编制进行分离。共移交学校在职人员1240人。马钢公司18所中小学在职教职工移交后，根据现行人事制度改革要求，实行全员聘用制。分离移交学校的退休教师列入分离范围。公司按人均15年缴纳退休金差额。共移交学校退休教师808人。

（3）资产移交。马钢自办中小学校的资产，包括现占有使用的土地、房屋、设施、设备及由学校占有使用的其他资产，公司一次性整体将学校资产无偿划转给接收单位，由学校继续使用。公司自办中小学校在建工程原则上由企业按原设计方案、项目预算、承包办法继续建设，竣工验收决算移后，无偿划拨给接收单位，由学校继续使用。

据统计，马钢向政府共移交固定资产4330万元（净值），学校房屋11.72万平方米，学校土地面积29.80万平方米。

[“三供一业”移交]

根据国家、安徽省、马鞍山市等各级政府及有关部门关于国有企业职工家属区“三供一业”分离移交政策要求和精神，2016年8月，马钢成立了以马钢集团副总经理为组长的“三供一业”分离移交领导小组，有力、有序推进职工家属区“三供一业”分离改造移交工作。本次共完成分离移交改造职工家属区91565户，其中，供水10911户，供电16187户，供气3456户，物业管理61011户。自2017年以来，马钢集团向安徽省国资委、省财政厅申请获补助资金43632万元。为加强省级财政补助资金管理，规范财政补助资金使用流程，马钢集团制定了《马钢集团公司“三供一业”分离移交财政补助资金使用办法》，做到了合法依规使用省财政补助资金。

[幼儿园移交]

2018年，马钢集团依据《关于印发马钢公司所属幼儿园移交地方政府实施方案的通知》和《马钢

(集团）控股有限公司所属幼儿园移交地方政府实施方案》，马钢集团与马鞍山市政府签订《马钢（集团）控股有限公司所属幼儿园移交马鞍山市人民政府协议书》，将幼教中心及所属13所具有办学资质的幼儿园按照属地原则进行移交马鞍山市政府。

［退休职工社会化管理］

早在1999年7月，马钢就对两公司退休职工进行了集中统一管理，经过几年的实践，在管理服务方面形成了一套符合马钢实际、具有马钢特色、较为完善的管理网络体系和运作机制，保持了退休职工队伍的稳定，得到了省、市及退休职工的充分肯定，同时，此举也为马钢退休职工向社会化管理过渡创造了条件。

2004年7月4日，作为深化国有企业改革，切实减轻企业负担的重大举措，马钢两公司与马鞍山市政府正式签署了《关于马鞍山市政府接收马钢退休人员纳入社区管理服务的协议》。协议规定，在马钢现有管理机构（离退休职工服务中心）的基础上成立马鞍山市企业退休人员服务中心马钢分中心。于2004年底前，将截至2003年12月底马钢两公司31500名退休人员（含尚未进入统筹的提前退休人员、矿山退休人员、退休后移居外地的人员）及相应活动场所、设施移交马鞍山市政府管理。考虑到马钢退休人员人数多及其工作的连续性，为积极稳妥地推进此项工作，设置5年过渡期（过渡期从2005年1月1日起至2009年底）。过渡期内原用于退休人员的活动场所、设施以及退休管理人员的各种费用继续由马钢承担。过渡期满，马钢退休管理人员撤出后，退休人员由街道、社区负责管理服务。马钢按照省、市有关每接收1名退休人员缴纳600元管理服务费的规定，一次性支付退休人员管理服务费用。经过几个月的运作，2004年10月22日，马鞍山市企业退休人员服务中心马钢分中心正式挂牌，标志着马钢退休职工社会化管理工作启动。

［主辅分离，辅业改制］

为进一步做好国有大中型企业主辅分离辅业改制分流安置富余人员工作，原国家经贸委等八部门《印发〈关于国有大中型企业主辅分离辅业改制分流安置富余人员的实施办法〉的通知》。马钢集团经慎重研究，按照有进有退，有所为有所不为的原则，推进了相关单位改革改制工作。

2005年，经马钢两公司第七次党政联席会议研究，决定对马钢医院实施产权制度改革。改制后医院的股权结构，国有股：占总股本的6.2%，由马钢集团公司持有；职工股（包括经营层以自然人入股）：占总股本的93.8%，出资来源为经济补偿金及受让的国有股权。改制后医院冠名：马鞍山市中心医院有限公司。

2006年，完成了向安徽省国资委关于马钢医院改制的情况报告，协调落实医院处理劳动关系，修订了马钢与医院的岗位期股转让协议，落实了医院84.23万元股权转让，协调完成公司与医院5个合同、3个协议并报公司审定。

2010年，马钢集团按照《印发〈关于国有大中型企业主辅分离辅业改制分流安置富余人员的实施办法〉的通知》精神，对马钢集团建设有限责任公司和马钢集团康泰置地发展有限公司实行产权多元化改制。

2012年，马钢集团再次推动了马钢集团力生有限责任公司和马钢集团实业发展有限责任公司实行产权多元化改制。

辅业5家单位改革改制基本流程。

（1）成立改制组织机构（工作组或指导组）。具体负责改革各项工作；根据需要，由政府、企业主管部门派驻指导组或工作组，对企业改革进行指导或组织实施。

（2）资产、债务的清理、审计、评估。对所属资产、债务情况进行清理，做到账账相符，账物相符；委托有资质的社会审计机构进行，并报上级单位备案。

（3）改制成本、可提留资产的测算、审核。严格按照国家相关法律、法规和省、市相关政策进行改制成本、可提留资产的测算；涉及职工社会保险、处置职工劳动关系经济补偿金以及职工医疗保险等方面的费用由劳动和社会保障部门负责审核，涉及职工住房方面的费用由房地产部门负责审核。

（4）改制方案的拟定。企业必须在明确资产、明晰产权的前提下拟定改制方案。企业改制方案内容应包括企业基本情况（包括下属分支机构情况）、资产清理、财务审计、资产评估情况、企业改制成本、可提留资产的测算、审核情况、新公司股本设置情况。如有境内外法人、自然人投资入股的，需其资信证明等相关材料。改制方案在上报前必须经职工大会或职工代表大会讨论通过，并形成决议。

（5）方案的初审、审核、公示、审批。

（6）组织实施。包括人员安置、治理机构安排、工商变更等。

［江东集体企业改制］

江东企业是1979年创办的安置型集体企业。截至2002年底，在册职工2.2万人，各类主体法人企业110家。随着市场经济体制的建立与逐步完善，在计划经济体制下形成的江东企业作为安置型企业，在市场的冲击下，企业自身固有的先天不足、后天失调的各种深层次矛盾和问题开始集中暴露出来，企业基础薄弱、人员负担过重、无主导产品、资金短缺、债务沉重、欠缴职工养老、医疗、失业保险等，这些问题已经严重束缚了江东企业的生存和发展，也形成了影响社会稳定的巨大风险。

为了化解风险，维护集体企业职工的利益，马鞍山市政府和马钢集团联合成立马鞍山市马钢江东改革与发展领导组，在前期调研的基础上，编制了《马钢江东企业公司深化企业改革改制指导意见》，马钢集团公司党政联席会议专题研究通过，市政府专门下发了《关于推动马钢江东公司加快改革与发展的指导意见》。重点策划设计了集体职工安置、改制费用、再就业、操作流程等方面的措施，按照“先易后难、彻底改、改彻底”的原则，计划利用3年时间，成熟一家，推进一家，确保稳定、顺行实施，全面推进企业改革改制工作。

2003年，积极支持江东集体企业的产权制度改革和职工身份置换工作并取得实质性进展，同时马钢集团收回了江东改制企业占用的马钢场地，形成“双赢”局面。起草了《关于规范由公司承担的江东企业改制费用管理的建议》《关于江东公司改制过程中若干问题的暂行规定》。对需要马钢集团承担改制费用的江东企业改制提出了具体方案，并做了大量的组织协调工作。

2003年上半年，马钢集团选择了停产近7年的江东无缝钢管厂进行改制试点，以此为标志，江东企业公司改制工作正式展开。根据省、市关于加快集体企业改革的总体要求，按照“先易后难、彻底改、改彻底”的原则，全面推进江东集体企业改革改制工作。

2004年，编制了《江东公司2004年企业改制总体安排》并制定了两个文件和一个细则，即《关于江东公司改革改制过程中若干具体问题的暂行规定》和《江东改制后重组企业规范进入马钢市场管理办法（试行）》，为马钢支持江东改制提供了统一的政策平台和实施指导。对位于马钢股份场地的江东改制企业实施搬迁、拆除。截至2004年12月底，江东企业原有各类企业110家，已完成改制102家，共有21000多名集体职工参加了改制，其中有6000多人经安置，实现了再就业。

2005年，组织了江东得月楼饭店、江东山南储蓄所、江东建安四建四处、江东建安公司消防安装分公司、江东商场5家企业的改制。截至2005年底，江东企业原有各类共110家企业中，已改制103家，占企业总数的93.6%，21905名职工参加了改制。同时，起草《关于妥善解决在江东企业工作的马钢全民职工安排问题的管理办法》，除留守人员外，其他马钢全民职工已返回马钢集团。研究拟定了《马钢江东企业公司机关改制重组初步方案》。对江东需要界定的土地、房屋等情况进行了梳理，明确了有偿转让的范围。妥善处理江东改制后的遗留问题。与马钢集团人力资源部、计划财务部共同对江东改制后劳务管理状况进行了专题调研，形成《关于江东劳务有关问题的调查报告》，坚持和把握了马钢集团对江东劳务实行“三统一”的原则。

2006年，马钢集团继续推进江东企业改制工作。起草了推进工作计划，认真组织修改江东机关改制方案，组织对江东机关全面审计和资产评估，彻底盘清了家底。明晰了江东商场地域土地、房产的产权归属。指导江东轧钢厂土地出让从内部统一认识，与政府土地管理部门积极协调，落实具体工作。对江东港务料厂劳务队的沿革、性质进行调查、分析，成立指导组进驻该单位做工作。江东港务料厂劳务队的改制方案于2006年9月28日经过该企业职工大会讨论通过。同时，认真妥善处理好原江东职工的来信来访，使集体企业的改制工作尽可能平稳进行。

2007年5月21日，马钢江东企业公司召开机关职工大会，讨论并通过了《马钢江东机关改制总体方案》《马钢江东机关改制剩余资产处置方案》《马钢江东机关改制重组实施方案》3个方案。5月28日，马钢集团公司主要领导办公会听取了有关情况汇报，公司原则同意江东机关的改革方案。至此，马钢江东公司改制工作基本完成。同时形成《关于江东公司机关改制职工关心的有关问题的说明》《马鞍山江创实业有限责任公司出资认购股权有关说明》《企业章程》《关于江东机关资产情况的说明》等文件文本。

2007年6月8日，马钢集团下发了《关于马钢江东公司机关改革改制方案等三个方案的批复》。7月19日，公司专题研究了江东改制等有关问题，发布《江东改制专题会议纪要》。7月25日，马钢集团下发了《关于撤销马钢江东企业公司的决定》。

2007年7月25日，随着马钢江东企业公司机关等最后一批单位的依法改制，马钢江东企业公司已基本完成改制工作，同时，由江东公司机关等5家单位改制设立的新公司——马鞍山市江创实业有限责任公司宣告成立。

2009年，研究探讨马钢股份辅业单位改制形式，研究起草《关于对马钢集团测绘大队南山测绘分队资源整合的决定》，并与产业部牵头做好马钢集团测绘大队南山测绘分队人员、资产整体划拨工作等，同时进一步处理江东改革遗留问题，继续推进江东轧钢厂改制。

[股权分置改革]

为维护股东权利和责任对等，有效发挥资本市场优化资源配置功能，有利于控股股东及其他股东、公司管理层及其他利益相关者之间形成统一的利益基础，构建有效的、市场化的激励与约束机制，2005年9月，马钢集团根据中国证券监督管理委员会（简称中国证监会）发布的《关于发布〈上市公司股权分置改革管理办法〉的通知》规定出具《马钢（集团）控股有限公司关于同意马鞍山钢铁股份有限公司进行股权分置改革的函》，同意马钢股份进行股权分置改革，并委托马钢股份董事会进行股权分置改革。

2005年12月29日，马钢股份五届三次董事会批准聘请中信证券股份有限公司为股权分置改革保荐机构，批准聘请北京市中伦金通律师事务所上海分所为股权分置改革法律顾问，听取了马钢集团的股权分置改革方案，方案明确“马钢集团拟向改革方案股权登记日登记在册的全体流通A股股东执行对价安排，全体流通A股股东每持有10股流通A股无偿获得3股股票”，马钢集团需送股1.8亿股。马钢股份董事会和独立董事均对改革方案发表了意见。马钢集团向安徽省上市公司股权分置改革联席会议办公室（简称省上市公司股改办）上报《关于马鞍山钢铁股份公司有限公司股权分置改革方案的请示》，省上市公司股改办组织专家对马钢的股改方案进行了论证。

2006年1月10日，马钢集团在安徽省国资委进行了股权分置改革备案。马钢股份董事会在《中国证券报》《上海证券报》《证券时报》《证券日报》上刊登了《马鞍山钢铁股份有限公司董事会关于召开股权分置改革相关股东会议的通知》。2006年1月中旬，马钢召开新闻发布会、举行网上路演、拜访机构投资者及证券公司等系列沟通交流活动，活动上主要反映对价安排不合理，由此，马钢集团于2006年1月22日再次向省上市公司股改办上报《马钢（集团）控股有限公司关于调整马钢股份股权分置改革方案的请示》，建议将改革方案调整为“马钢集团拟向股权分置改革方案实施股权登记日收市后登记在册的流通A股股东执行对价安排，全体流通A股股东每持有10股流通A股无偿获得3.4股股票”，马钢集团需送股2.04亿股。马钢集团在省国资委进行了第二次股权分置改革备案。马钢股份董事会在《上海证券报》上刊登《马鞍山钢铁股份有限公司关于股权分置改革方案沟通协商情况暨调整股权分置改革方案的公告》。

2006年2月13日，马钢集团向省国资委上报《关于马鞍山钢铁股份公司有限公司股权分置改革方案的请示》。同年2月21日，省国资委下发《关于马鞍山钢铁股份公司有限公司股权分置改革有关问题的批复》，明确股权分置政策实施完成后，马钢股份总股本645530万股，其中马钢集团持有国家股383056万股股份具有流通权。2006年2月27日，马钢股份在马钢宾馆召开股权分置改革A股市场相关股东会议，会议采取现场投票、征集投票及网络投票相结合的方式，会议审议通过了《马鞍山钢铁股份有限公司股权分置改革方案》。2006年3月16日，中华人民共和国商务部下发《商务部关于同意马鞍山钢铁股份有限公司股权变更的批复》，同意马钢集团将20400万股支付给流通A股股东，公司股权变更后，马钢股份股本总额为6.45亿股，其中国家股3.83亿股，占总股本的59.34%。募集法人股8781万股，占总股本的1.36%；社会公众股（A股）8.04亿股，占总股本的12.45%。境外上市外资股（H股）17.32亿股，占总股本的26.85%。2006年3月27日，马钢股份董事会在上海证券交易所发布《马鞍山钢铁股份有限公司股权分置改革方案实施公告》。2006年3月29日，为改革方案实施的股权登记日，于该日持有马钢股份流通A股的股东每10股自马钢集团无偿获得3.4股，该等无偿获得的股份于2006年3月31日上市。

股权分置改革完成后，马钢集团持有国家股数量由40.34亿股减少至38.30亿股、法人股4777万股，持股比例由63.24%下降至60.08%，控股股东地位不变。

2006年5月6日，中国证监会发布《上市公司证券发行管理办法》，明确了A股市场的再融资政策。鉴于“十一五”规划的500万吨高附加值板卷产品建设资金需求，马钢股份向中国证监会上报《马鞍山钢铁股份有限公司关于发行分离交易可转换公司债券的申请报告》，报告拟发行不超过55亿元认股权和债券分离交易的可转换公司债券（简称分离交易可转债），该品种是中国证券市场第一例，这一创新产品受到了中国证监会重视。2006年5月29日，马钢股份第五届董事会第六次会议审议通过分离交易可转债发行方案。2006年7月17日，马钢股份召开临时股东大会、A股类别股东大会、H股类别股东大会，股东大会就《关于分离交易可转换公司债券发行方案的议案》及发行规模、价格、对象、方式等逐项审议，并获通过。2006年7月19日，马钢股份向中国证监会上报《马鞍山钢铁股份有限公司关于发行分离交易可转换公司债券的申请报告》，向中国证监会正式申请发行五年期不超过55亿元的分离交易可转债，每张债券面值100元，每张债券的认购人可以获得23份认股权证，拟派发的认股权证总量不超过12.65亿份。认股权证的行权比例为1∶1，即每一份认股权证代表1股A股股票的认购权利。2006年11月3日，中国证监会下发《关于核准马鞍山钢铁股份有限公司公开发行分离交易的可转换公司债券的通知》，核准马钢股份向社会公开发行分离交易可转债。2006年11月13日，马钢股份通过上海证券交易所成功发行五年期人民币55亿元（5500万张，每张面值100元，票面利率1.40%）认股权和债券分离交易的可转换公司债券，债券募集资金净额约为人民币53.5565亿元；每张债券的认购人可以获得马钢股份派发的23份认股权证，即马钢股份派发的认股权证总量为12.65亿份，行权比例1∶1。

公司债券。2006年11月28日，上海证券交易所下发《关于核准2006年马鞍山钢铁股份有限公司企业债券上市交易的通知》（上证上字〔2006〕729号），核准马钢股份发行的55亿元2006年企业债券在上海证券交易所挂牌交易，债券简称为06马钢债，债券代码为126001。次日，06马钢债在上海证券交易所挂牌上市，债券上市起止日期为2006年11月29日至2011年11月13日，债券到期日为2011年11月13日，兑付日期为到期日2011年11月13日之后的5个工作日。马钢股份于2011年11月14日完成06马钢债的兑付、兑息工作，同日，06马钢债摘牌日。

认股权证。2006年11月28日，上海证券交易所下发《关于核准马鞍山钢铁股份有限公司权证上市交易的通知》（上证权字〔2006〕47号），核准马钢股份认股权和债券分离交易的可转换公司债券中的12.65亿份认股权证在上海证券交易所上市交易，权证简称为马钢CWB1，权证交易代码为580010。次日，马钢CWB1认股权证在上海证券交易所挂牌上市。认股权证存续期为自认股权证上市之日起24个月；初始行权价格为人民币3.40元/股，在认股权证存续期内，若马钢股份A股股票权、除息，对认股权证的行权价格、行权比例作相应调整；行权期共两次，认股权证持有人可以选择在2007年11月29日前的10个交易日，即2007年11月15—16日、19—23日、26—28日行权，也可以选择在2008年11月29日前的10个交易日，即2008年11月17—21日、24—28日行权。2007年7月11日，马钢股份A股股票除息，马钢股份董事会根据上海证券交易所有关规定对马钢CWB1认股权证的行权价格进行了相应调整，调整后的权证行权价格为人民币3.33元/股。2007年11月15—16日、19—23日、26—28日，马钢CWB1认股权证第一次行权，共有303251716份权证成功行权，募集资金净额约为人民币10.0478亿元。第一次行权结束后公司股份总数由6455300000股增加至6758551716股，权证流通数量由1265000000份减少至961748284份。2008年7月10日，马钢股份公司A股股票除息，马钢股份董事会根据上海证券交易所有关规定对马钢CWB1认股权证的行权价格进行了相应调整，调整后的权证行权价格为人民币3.26元/股。2008年11月17—21日、24—28日，马钢CWB1认股权证第二次行权，共有942129470份权证成功行权，募集资金的净额约为人民币30.5598亿元。第二次行权结束后马钢股份公司股份总数由6758551716股增加至7700681186股，权证行权率约98%，未成功行权的认股权证共计19618814份按规定注销。至此，马钢股份股本总额为77.00亿股，其中国家股38.30亿股，占总股本的49.74%；社会公众股（A股）21.37亿股，占总股本的27.75%；境外上市外资股（H股）17.32亿股，占总股本的22.50%。

马钢股份通过发行分离交易可转债及相关认股权证的两次行权，募集资金净额共约人民币94.1641亿元，该笔资金主要用于马钢股份新区500万吨薄板工程项目，为马钢“十一五”技术改造和结构调整总体规划的落地奠定坚实的基础，同时，就资金成本而言，马钢股份本次发行分离交易可转债的利率明显低于其取得同期银行贷款的利率，节约财务费用人民币10亿多元。

第四节 债务重组

[股权投资]

为做好非钢产业发展，2000年6月18日，马钢两公司印发《马钢两公司发展非钢产业的工作意见》，成立了马钢两公司非钢产业领导小组，8月下旬，领导小组办公室（简称非钢办）正式组建，下设信息、研究开发、资源利用3个专业组，负责公司招商引资、股权投资相关职能。11月初，马钢集团启动新一轮体制改革。

2001年，非钢办研究制订两公司非钢产业“十五”发展规划和实施计划。“钢渣综合利用、水渣微粉”两项目正式启动，新成立“马钢钢渣综合利用有限责任公司”。到2002年，非钢产业办公室会同战略研究室研究拟定了《“十五”期间马钢发展非钢产业指导意见》，确立了马钢发展非钢产业的工作目标，2002 年钢渣处理、钢结构、高村铁矿一期、不锈钢生产线 4 个项目建成投产，投资金额分别为 1500 多万元、3000 万元、6000 万元、374 万元；商品混凝土与嘉华集团公司合资项目、钢筋焊网与新加坡 BRC 亚洲公司合资两个项目的合资合同和公司章程完成谈判；商品混凝土扩建项目总投资 2500 万元；钢筋焊网扩建项目以各持股 50%由黑马公司与新加坡 BRC 亚洲有限公司合作。

2003 年 1 月，马钢两公司成立产业发展部，负责马钢非钢产业发展项目和资产投资管理；马钢股份计划财务部成立对外投资科，负责马钢股份对外投资管理。2003 年，马钢股份合资组建安徽马钢和菱包装材料有限公司，投资 3000 万元成立马钢（芜湖）钢材加工配售有限公司，10 个非钢项目正式建设。2004 年，马钢比亚西钢筋焊网有限公司上海分公司、马钢（广州）钢材加工有限公司、河南豫港（济源）焦化有限公司、山东滕州盛隆煤焦化有限公司等 9 个项目按计划建成投产。2006 年，合资组建安徽奥马特汽车变速系统有限公司。2007 年，投资 4500 万美元合资组建马钢联合电钢轧辊有限公司；与比利时 CMI 公司合资组建马鞍山马钢考克利尔国际培训中心有限公司。2008 年，引进 1820 万元资金合资组建马鞍山江南化工有限公司。与淮北矿业公司、安徽省投资集团等合资组建安徽华塑股份有限公司煤盐一体化项目。2009 年，合资组建安徽省郑蒲港务有限公司。2003—2010 年，马钢股份对外投资项目主要为：2006 年 5 月，马鞍山钢铁股份有限公司重组合肥钢铁集团有限公司。

2011 年 7 月，马钢成立资本运营部，承担马钢集团和马钢股份股权投资职能。2011—2017 年，马钢集团、马钢股份股权投资项目主要有：2011 年，马钢集团和马钢股份出资新设财务公司、欣创环保公司；马钢股份重组长江钢铁。2012 年，马钢集团对欣创环保公司二次出资；马钢股份出资设立马钢晋西轨道交通公司、冶金粉末公司、合肥材料公司，对合肥钢铁进行增资。2013 年，马钢集团实施资产重组，整合收购马钢股份有关股权（具体见第六篇第三章第一节）；马钢股份对马钢晋西轨道交通公司二次出资，对合肥钢铁进行增资。2014 年，马钢集团对张庄矿进行增资；5 月，马鞍山钢铁股份有限公司收购法国瓦顿公司的交易获得法国 VALENCIENNES 商事法院的批准裁定；对马钢晋西轨道交通三次出资，对合肥材料公司进行增资。2015 年，马钢集团投资新设投资公司、物流公司；马钢股份合资设立奥瑟亚化工，参股临涣化工，对金马能源进行增资，收购晋西车轴持有的马钢晋西轨道交通公司 50%股权。2016 年，马钢股份新设埃斯科特钢公司，对马钢轨道交通公司进行增资。2017 年，马钢集团合资设立瑞泰马钢，对物流公司、财务公司进行增资；马钢股份对财务公司和瓦顿进行增资。

2018 年，马钢集团实施机关机构改革，马钢集团投资管理职能调整至新设的马钢集团投资管理部，马钢股份股权投资职能调整至马钢股份计划财务部。2018 年，马钢集团对马钢股份所属相关股权进行重组，向化工能源、马钢嘉华新型建材进行增资，收购废钢公司部分股权，投资公司合资设立融资租赁公司、商业保理公司等，国贸公司对上海国贸进行增资；马钢股份投资新设武汉材料公司。2019 年，马钢矿业新设建材科技公司，工程技术集团合资设立大连长兴环境公司等，马钢国贸合资新设马钢长燃等；马钢股份对武汉材料公司、马钢轨道交通公司、废钢公司、瓦顿等公司进行增资。

[破产清算]

2012 年 10 月 8 日，马钢裕远物流有限公司向安徽省马鞍山市中级人民法院申请重整。该院于 2012 年 10 月 12 日裁定受理其重整申请，并指定安徽明博律师事务所担任破产管理人。因重整计划草案未获得通过，且马钢裕远管理人在与债权人协商后，仍不能提交新的重整计划草案，安徽省马鞍山市中级人民法院于 2014 年 7 月 31 日裁定终止马钢裕远重整程序，宣告马钢裕远物流有限公司破产。

2016 年，完成马钢联合电钢轧辊有限公司盘活工作。自合资公司投产至 2015 年底，马钢联合电钢公司累计亏损已接近资产净值的一半，年均达产率不足涉及产能的 25%，通过实施股权和债务重组，引入民营股东活化机制，以盘活亏损企业。重组后，合资公司在成本控制、市场开拓、营收账款等方面取得了显著改善。

经马钢（上海）工贸有限公司申请，上海市宝山区法院于2017年9月7日作出《民事裁定书》（〔2017〕沪0113破2-1号），裁定受理马钢（上海）工贸有限公司破产清算的申请，并于2017年10月18日作出《决定书》，指定北京盈科（上海）律师事务所担任马钢（上海）工贸有限公司破产管理人。

［清理处置低效无效资产］

2014年12月，为实现马钢利益最大化，马钢集团将南京大酒店拆迁置换主体、所置换的和睿大厦马钢房产权利人均变更为马钢集团，实现拆迁置换收入1.35亿元。同时，服务于"三个不亏损"目标，争取收储补偿价值最大化，马钢集团与马鞍山市土地储备中心签订了汽运公司、旧车交易市场和盆山农场部分土地的《国有土地使用权有偿收购合同》，完成了三宗土地的收储工作，收储总价2.97亿元，实现收储收益2亿元。

2017年6月，利用马钢海口房产被列为棚户区改造项目契机，与海南省海口市龙华区拆迁办签订拆迁补偿协议，通过盘活变现解决原历史遗留的房产问题，收回资金504万元。同年，马钢集团结合去产能政策契机，盘活原向阳中学和粉末冶金公司预留土地的资产，与马鞍山市国土资源局签订收储协议，收储总价5656万元。

2016—2017年，出售工程技术集团9套房产和车位，其中5套在2016年底完成交易，其余4套在2017年底完成交易，共收回资金6811万元。

2018年，为盘活金海岸名邸房地产项目资产，转让出售项目二、三期资产，资产共分为三部分：一是412.41亩房地产开发土地；二是在建停工的5栋高层及人防工程地下室等，在建工程面积37776.11平方米；三是施工临时设施，主要有围墙、道路和施工用电设施等。通过在安徽省产权交易中心挂牌公开转让，实现收入14.10亿元（评估价10.63亿元，溢价32%），实现利润3亿元。同年，按照马钢集团固定资产管理办法的相关规定，处置合肥公司关停冶炼区域资产2.76亿元，处置耐火公司关停闲置资产437.88万元，处置马钢股份、工程技术集团、自动化公司资产120.83万元。

2019年3月，马钢集团与华润置地（深圳）开发有限公司签订《深圳市罗湖区湖贝片区城市更新项目东片区房屋拆迁安置补偿协议》，以原马钢深圳办事处房产（建筑面积358.5平方米），按照建筑面积1∶1调换办公物业。按照《拆迁安置补偿协议》约定：建设期限为3年，自该房产建设期开始3年后完成交房，自2019年4月8日起交由华润置地开发建设后，期间支付资产经营公司安置补助费34.42万元/年。截至2019年9月，该工程尚未开工，安置补助费款项均按时到账。

第七篇 科技工作

第七篇　科技工作

概　　述

马钢集团技术创新体系经过不断改革、调整，于2001年形成了以国家级企业技术中心为核心的技术创新体系，成立了技术创新委员会和技术专家委员会，秉承“技术先行、创新驱动”科技理念，建立了“技术创新决策层、科研机构核心层、二级厂矿工作层”的三层技术创新工作网络，以及“政、产、学、研、用”开放协同的技术创新体系。

2003年4月，马钢集团博士后科研工作站正式挂牌运作，其主要任务是，引进高层次科研人才，针对马钢两公司生产、经营和发展中具有较好市场前景的项目进行研究与开发，培养并带动一批高层次、复合型科技和管理人才，提高研发水平，增强技术创新能力，促进马钢两公司的发展。

2010年，马钢集团建立了安徽省企业院士工作站，4位博士后进站，5名技术骨干分赴北京科技大学攻读博士学位和匹兹堡大学进修，与安徽工业大学共建研究生联合培养基地，首批联合培养研究生37名。

2011年，马钢集团公司被科技部、中华全国总工会、国务院国资委授予全国创新型企业。马钢集团成立了由集团公司总经理担任主任，副总经理、总工程师担任常务副主任的技术创新推进委员会，负责推进企业技术创新工作，为进行重大技术创新决策提供咨询建议。

2015年，推进马钢集团技术创新体系改革。建立了高级技术主管带题上岗和跟踪评价模式，成立了10个APQP产品开发项目组，建立开放式科技项目运行机制，加强与高等院校和科研院所的产学研合作，共建协同创新模式，推进科技成果的产业化应用，促进科技成果转化，推动重大技术创新和突破。

2001—2019年，马钢集团拥有国家、省级创新平台8个，其中国家级企业技术中心1个，国家级创新平台2个，省级创新平台5个。围绕制约市场和现场的技术难题，组织实施科研与技术攻关项目1505项，研发投入总额57.97亿元，累计开发新产品2262万吨。主持制修订国际标准1项、国家标准22项、行业标准44项，通过安徽省工业和信息化领域标准化示范企业认定。获国家、安徽省、冶金行业科学技术进步奖168项。申请专利2721件，授权专利1625件，申请PCT专利9项，获国家、安徽省专利奖6项。

第一章　科研机构

第一节　科研管理机构

2002年，为建立以钢材为核心的技术研究与开发创新体制，马钢将原钢研所和原科技质量部合并组建技术中心，承担公司的科研开发和科技管理职能，原科技质量部承担的质量宏观管理职能调整到质量监督中心。2011年8月，技术中心分立为马钢股份技术质量部、马钢集团科技创新部、检测中心、新技术中心，技术质量部负责马钢股份技术管理、质量管理、技术输出、标准化、产品认证等管理工作，科技创新部负责马钢集团（包括马钢股份）科技规划、科技政策研究、管理体系、知识产权、创新型企业建设、科协、科研项目管理等工作。2013年9月，原马钢股份技术质量部和原马钢集团科技创新部合并成立马钢集团、马钢股份科技质量部，承担马钢集团技术创新体系建设、科技质量发展规划、科技质量政策研究、知识产权管理、标准化管理、科技保密、创新型企业建设、科协、科技项目管理职能；承担马钢股份技术创新体系建设、科技质量发展规划、知识产权管理、标准化管理、科技和攻关项目、新产品开发、军工管理、管理体系推进、技术管理、质量管理、产品认证管理职能。2015年1月，科技质量部更名为科技管理部，在线技术质量、技术主数据管理职能调整到制造部。2018年6月，马钢股份科技管理部并入运营改善部。

第二节　马钢股份技术中心（新产品开发中心）

[概况]

技术中心是国家级企业技术中心，是集钢铁制造流程工艺技术研究、新材料与新产品开发、能源环保及资源综合利用研究、材料化学与物理分析技术研究、科技信息研究等于一体的研发机构。主要承担新产品、新技术、新工艺、新装备的研究与开发；开展重大、前沿、基础性等科研项目研究；开展EVI项目策划与实施，提供用户技术服务；支撑现场技术难题（质量、成本、工艺、效率等）的解决。

技术中心负责国家认定企业技术中心的日常运行与管理；负责公司有关的国家级和省级重点实验室、工程研究中心、工程技术研究中心、有关产业技术创新联盟等创新平台的日常运行与管理；承担公司院士工作站、博士后工作站和在读研究生科研培训基地的日常运行管理；承担全国标准样品技术委员会冶金技术委员会授权的冶金标准样品定点研制单位的日常运行与管理。

技术中心设有4个管理科室，包括综合管理室、党群工作室、技术管理部、条件安全保障室。13个研究所（基地），包括炼铁工艺技术研究所、炼钢工艺技术研究所、长材研究所、型钢研究所、车轮研究所、硅钢研究所、热轧结构钢研究所（轧钢工艺研究所）、汽车板研究所、家电板研究所、综合利用研究所、科技信息研究所、检验技术研究所、中间试验基地。

2019年，技术中心共有职工392人。

[历史沿革]

2001年1月，成立马钢股份技术中心，研究机构为7所1基地，即H型钢研究所、板线材研究所、车轮轮箍研究所、工艺技术研究所、综合利用研究所、科技信息研究所（图书馆）、检验技术研究所、中间试验基地。其中，检验技术研究所分设4个研究室（车间），分别为物理研究室、化学研究室、中心检化验室、机械加工车间。

2002年3月，马钢集团撤销科技质量部，拆分其科技管理和质量管理职能，将其科技管理职能和科协工作划归技术中心，充实技术中心科技工作管理职能。科技质量部原有综合科（办公室）、炼铁科、炼钢科、轧钢科、车轮科（军工科）、标准科、科协办公室成建制划入技术中心。技术中心调整后的新增职能为：中长期科技发展规划的编制，科技项目的立项申报和组织实施，科研技术开发计划的制订，新产品开发的管理，技术改造项目的前期论证评估，技术市场管理，科协、技术协会和专利管理。生产工艺技术规程的制定检查，主要技术经济指标的制定攻关和考核，产品认证工作管理，新产品、新技术、新工艺的推广，耐火材料、原辅材料新产品的归口管理，产品标准管理，军工产品归口管理，日常的生产技术管理及科技保密工作。

技术中心按调整后的职能重新设置相应机构，相应增设综合管理科、军工科、标准科和科协办公室，其他机构（所）按调整后的职能要求重新整合。

2003年7月，马钢集团决定技术中心在管理岗和技术业务岗位编制（含科级编制）总数不变的情况下调整机构编制。将标准科与综合管理科合并，更名为知识产权管理科，保留标准科牌子；将开发科与军工科合并，更名为技术开发管理科，保留军工科牌子。撤销H型钢研究所、板线研究所、车轮研究所，成立产品开发研究所，产品开发研究所下设型钢研究室、车轮研究室、板材研究室、线棒研究室。

2003年11月，因轮箍分公司质量保证体系的不断完善、生产经营管理水平的不断提高，已具备军环产品产、销、运一体化管理能力。为简化管理流程，减少管理环节，公司决定对技术中心现行军环产品管理职能进行调整，由轮箍分公司承担部分军环产品管理职能。军环管理职能调整后，技术中心在马钢集团军工产品领导小组的领导下，继续承担公司军工产品归口管理工作，其主要军工管理职责为：公司军工综合管理；军工新产品（涉及钢种、生产工艺路线变化的）组织管理工作；组织军工新规格产品工艺评审；军工产品技术标准管理工作；军工产品的冶炼、轧制工艺技术规程等技术管理和监督检查考核；军工保密管理；负责处理、提供国家军工生产管理部门和国家安全部门所需有关数据、资料、文件；向公司军工生产领导小组提出军工生产工作奖惩建议；组织军环产品的售后服务和质量异议处理工作。

2004年2月，为进一步明确职责、简化流程，准确高效地完成保产检验任务，强化大型仪器的功能开发与方法创新，经技术中心党政联席会研究决定，发布《关于调整理化检验管理机构的决定》，将物理研究室、化学研究室驻厂检化验室、物理研究室力学组（包括低倍检验）划归检验科管理。撤销技术中心检化验室，成立大高炉分析检测作业区；原技术中心检化验室一铁组、二铁组、二烧组与冷板检验作业区一并划归检验科管理；成立大型仪器维修研究室。

2004年2月，马钢股份批准设立马钢股份技术咨询服务公司。经营范围为技术咨询服务、技术转让、技术培训、技术开发、冶金产品研制及性能检测。8月，解散原马钢钢研所技术咨询服务公司，成立马钢股份技术咨询服务分公司。

2007年1月，为快速提高技术创新能力，适应马钢集团“十一五”的跨越式发展，为生产经营提供更好的技术支撑和服务，马钢技术中心发布《关于技术中心部分基层单位机构调整的通知》，决定撤销工艺技术研究所，成立炼铁工艺研究所和炼钢工艺研究所；撤销产品开发研究所，成立板材研究一所、板材研究二所、长材研究所和车轮研究所；成立设备润滑与磨损状态检测中心，与检验技术研究所合署办公；撤销大型仪器维修室，其仪器仪表维修职能划入检验技术研究所，计算机软硬件维修职能划入科技信息研究所。2007 年 6 月，为符合国家有关规定，发挥技术中心设备检验检测优势，公司决定将公司特种设备检验检测中心由修建工程公司划归技术中心。

2011 年 7 月，为适应马钢母子公司管理体制，精干马钢股份管理机构，提高管理效率，经马钢集团 2011 年第 6 次党政联席会议研究，决定技术中心承担工艺技术攻关、产品开发、技术服务等工作，不再行使专业管理职能。

2011 年 8 月，撤销知识产权管理部、技术管理部、检验管理部、科协、理化检验一站、理化检验二站、理化检验三站；增设科研管理部；技术中心知识产权管理部 6 人、科协 1 人划入公司科技创新部；技术中心技术管理部 7 人、信息所 4 人划入公司技术质量部；技术中心检验管理部、理化检验一站、理化检验二站、理化检验三站 426 人划入检测中心。

2014 年 12 月，马钢股份决定按专业管理归并的原则，将技术中心承担生产检验的设备与相关人员划入检测中心。调整后技术中心检验系统研究人员主要从事功能实验室建设、科研研究和产品开发的检验工作。技术中心除保留大型科研仪器和科研研究用理化检验设备外，其他检验设备划拨到检测中心。

2015 年 6 月，根据马钢集团检化验系统整合后技术中心理化检验职能和定位变化，经技术中心研究决定撤销检验管理部，将检验管理部承担的职能分别并入检验技术研究所和技术管理部。检验技术研究所除承担原职能外，增加理化检验日常业务的承接和管理、国家认可实验室认可质量体系的日常管理、江南钢铁材料监督检测公司和安徽省钢铁材料质量监督检验一站的日常运营和体系管理等职能。技术管理部负责理化检验的宏观管理。

2016 年 3 月，为满足构建适应现场市场的体制机构，加快产品结构调整升级，充分挖掘人力资源潜力的需求，决定将长材研究所中的型钢部分分离出来，成立型钢研究所（承担型钢产品的开发研究、生产工艺研究、应用技术研究及用户技术服务，完成相关的科研、攻关和临时任务）；长材研究所（承担线棒材、特钢产品的开发研究、生产工艺研究、应用技术研究及用户技术服务，完成相关的科研、攻关和临时任务）。同时撤销板材研究一所，成立电工钢研究所（承担电工钢产品的开发研究、生产工艺研究、应用技术研究及用户技术服务，完成相关的科研、攻关和临时任务）、热轧结构钢研究所（承担热轧结构钢产品的开发研究、生产工艺研究，应用技术研究及用户技术服务，完成相关的科研、攻关和临时任务）；板材研究二所更名为家电板研究所。

第二章　科技发展

第一节　体系创新与激励机制

[技术创新体系建设]

2001年，马钢形成了以国家级企业技术中心为核心的技术创新体系，建立了“技术创新决策层、科研机构核心层、二级厂矿工作层”的三层技术创新工作网络，以及“政、产、学、研、用”开放协同的技术创新体系。

技术创新决策层由最高管理者（公司领导）、技术管理推进委员会组成，负责对马钢集团中长期科技发展规划、技术创新规划和重大科研项目的立项开展专项技术研讨、论证，对各专业领域前沿技术跟踪、前瞻性和共性技术研究、应用技术研究和现场转化，负责各专业领域技术对标、技术进步和制造能力提升等工作。

科研机构核心层主要由规划与科技部、技术中心、制造管理部、营销中心等组成，负责马钢科技创新工作的具体实施，其中：技术中心承担了公司重大、前沿、基础性项目和新产品、新技术、新工艺、新材料的研究与开发；科研成果的应用与转化支撑；生产过程技术难题（品种、质量、成本、工艺等）攻关与解决；重大技术的合作研究和用户使用技术研究；支撑公司重大工程开展自主集成技术创新研究及冶金产品的检验技术研究任务。

制造单元工作层主要由炼铁总厂、炼焦总厂、长材事业部、特钢公司、冷轧总厂、四钢轧总厂等制造单元组成，主要负责现场技术攻关、科技创新成果转化落地，并与科研机构核心层共同完成各项科研工作。

马钢集团不断创新并强化开放式科技项目运行机制，加强与高校的协同创新，向高等院校和科研院所发布产学研合作需求，通过建立开放式科技项目运行机制，充分发挥优势特长领域有关专家、学者作用，不断提高马钢科技人员研究水平。马钢集团参与、承担各类创新平台9个，其中国家级2个、省部级7个。国家实验室建设取得决定性进展，国家级创新平台建设加速推进，拥有国家认定的企业技术中心和CNAS认证资格的检验技术研究所，建有博士后科研工作站。2006年，马钢建立“安徽省高性能建筑用钢工程技术研究中心”、牵头成立“高性能建筑用钢高效开发利用产业技术创新联盟”；2011年，马钢建立工信部“工业（车轮、H型钢）产品质量控制和技术评价实验室”“高性能轨道交通新材料及安全控制安徽省重点实验室”；2015年，建立“安徽省轨道交通轮轴工程研究中心”；2019年，建立“轨道交通关键零部件先进制造技术国家地方联合工程研究中心”等。

2001年，马钢股份技术中心由国家经济贸易委员会、财政部、国家税务总局、海关总署联合批复为国家企业技术中心。技术中心是马钢集钢铁制造流程工艺技术研究、新材料与新产品开发、能源环保及资源综合利用研究、材料化学与物理分析技术研究等于一体的学科齐全、实验手段完善、技术力量雄厚的研发机构。所属检验技术研究所于2002年7月获中国实验室国家认可委员会（CNAS）认可。2003年、2005年、2010年分别建成马钢股份博士后科研工作站、在读研究生科研培训基地和院士工作站。

2019 年 1 月，“轨道交通关键零部件先进制造技术国家地方联合国地联合中心”（简称国地联合中心）由国家发展和改革委员会批复建设。共建单位为先进钢铁材料技术国家工程研究中心、高效轧制国家工程研究中心。国地联合中心以轨道交通轮轴技术及关键零部件（齿轮、轴承、弹簧、紧固件、制动盘、车钩等）产品开发创新为重点，打造轨道交通轮轴及关键零部件核心技术研发体系和工程化、产业化转化平台，促进技术创新成果转化为具有自主知识产权，形成“材→轮轴及关键零部件”轨道交通产品产业链，为我国轨道交通关键零部件研发设计、金属材料、机械加工、装备制造提供创新服务，进而打破国外在轨道交通研发方面的技术垄断，大幅度提高国内高等级高质量轮轴产品的研发和制造水平，从而增强国内轮轴及关键零部件产品的国际竞争力。

［科技人员激励机制］

2002 年起，马钢集团陆续制定了《专利管理办法》《科技成果管理办法》《技术秘密管理办法》等激励制度，对技术创新成果进行激励。2012 年起，在《生产经营绩效管理办法》中对从事科研、技术攻关、新产品开发、EVI 的科技人员按照“创效项目、创奖项目、技术储备项目、B 类委托项目”四类项目进行评奖，按照评定级别给予激励。2014 年起，为推进马钢技术创新，充分发挥广大职工参与技术创新活动的积极性和创造性，增强企业核心竞争力，制定发布《科技创新激励政策的若干规定》，对于获奖团队给予 5 万元至 50 万元不等的奖励。同年，为进一步调动一线岗位职工参与技术创新活动的主动性，推进企业技术进步，制定发布《岗位创新创效成果激励管理办法》，对于获奖人员给予 1 万元至 10 万元不等的奖励，大大提升了一线岗位职工特别是科技人员的技术创新热情；为鼓励公司各单位发挥自身专业特长，为马钢集团本部以外单位提供专业服务，制定发布了《对外技术和管理输出管理办法》，对参与工作的技术人员，根据净收入按比例提取奖励。

2016 年，为适应马钢做精钢铁主业和发展多元化产业对人才的需求，人力资源部发布了《人才引进管理办法》，对引进人才薪酬财务“一人一议”、提供住房补贴等，为公司引进科技人才提供了支撑。

［科技成果奖］

对获国家科学技术进步奖项目，公司按 1∶3 的比例配套奖励。

对获冶金行业科学技术进步奖项目，公司按 1∶2 的比例配套奖励。

对获得安徽省科学技术进步奖项目，公司按 1∶2 的比例配套奖励。

对获得马鞍山市科学技术进步奖项目，公司按 1∶1 的比例配套奖励。

公司技术创新成果奖，每年评审一次。特等奖 50 万元以上，一等奖 20 万—30 万元，二等奖 10 万—20 万元，三等奖 5 万—10 万元，标准成果奖 1 万—5 万元。

［专利奖励］

对发明人实行“两奖两酬”，增加专利受理奖，提高发明专利授权奖金额度，提高专利实施报酬、专利转让许可报酬兑现比例。

发明专利受理后给予发明人 1000 元的专利受理奖。实用新型专利受理后奖励 500 元。

发明专利授权后给予发明人 4000 元专利授权奖。实用新型专利授权后 1500 元。

专利申请授权并实施一年后，以专利实施的直接利润纳税后的 3%—5% 作为一次性报酬发给发明人或设计人及各级专利管理人员。

专利项目转让或许可其他单位或个人实施的，从专利转让费或许可使用费纳税后提取 10%—30% 作为报酬，发给发明人或者设计人以及为专利转让或许可工作作出贡献的管理人员。

2001—2018 年，马钢兑现专利奖酬 11179854 元，获奖人数 4193 人。

［技术秘密奖励］

对经公司评审发布的技术秘密按照其创新性进行评价，实施“一奖两酬”，即技术秘密创新奖、技术秘密实施报酬、技术秘密转让许可报酬。

按不同等级给予技术秘密创新奖获奖发明人奖励。

丙等创新技术秘密，奖励完成人200—500元；乙等创新技术秘密，奖励完成人500—1000元；甲等创新技术秘密，奖励完成人1000—3000元。

实施一年以上的获奖创新技术秘密，以年经济效益纳税后的1%—3%作为一次性报酬发给完成人和各级技术秘密管理人员。

技术秘密通过技术贸易途径获取收益的，从公司所得收益的净利润中提取10%—30%作为酬金，发给技术秘密提出人以及为该技术秘密的形成、许可使用作出贡献的有关人员。

[计算机软件著作权]

对于已获登记证书的职务软件作品实行“一奖两酬”，设立计算机软件著作权登记奖、计算机软件著作权实施报酬和计算机软件著作权许可报酬。

凡获国家版权局“计算机软件著作权”证书的职务软件作品，每项给予计算机软件著作权登记奖2000元。

计算机软件著作权登记一年后，以计算机软件实施的直接利润纳税后的1%作为一次性报酬发给作者及各级计算机软件著作权管理人员。

计算机软件著作权转让或许可其他单位或个人实施的，从转让费或许可使用费纳税后提取2%作为报酬，发给作者以及为计算机软件著作权转让或许可工作作出贡献的管理人员。

[技术标准奖励]

主导国际标准制修订，每项奖励20万元；主导起草国家标准，每项奖励15万元；主导修订国家标准，每项奖励5万元；主导起草行业标准，每项奖励10万元；主导修订行业标准，每项奖励5万元；主导起草地方标准，每项奖励5万元；主导修订地方标准，每项奖励2万元；制修订企业标准（内控标准），发布后奖励主要起草人500—1000元；另外，每年评奖一次，一等奖5000元，二等奖3000元，三等奖2000元。

[新产品项目激励]

视新产品开发难易程度设置2万—4万元节点奖。

新产品转产后，以一年为周期按新产品销售利润的1%—5%比例提奖，提奖比例按新产品开发的不同阶段确定。计算新产品销售利润时，其质量成本（废品损失、钢种和性能改判损失、带出品损失、质量异议损失等）、销售费用、科研费用、试验材料费、检验费等全部纳入项目成本核算。

[科研项目激励]

对当期有效益的，按成果应用后一年内取得的直接效益的1%—5%比例提奖；对当期无效益的，项目结题后，视科研项目难易程度、成果应用预估效益和结题评价结果，给予3万—8万元的一次性奖励（重大项目报总经理批准）。技术中心自主立项且报公司备案的科研项目，验收结题自评为A等的项目（不超过项目总数的20%），推荐到公司，由归口管理部门初审、组织公司相关专业专家评价后，视评价结果参照公司级科研项目进行奖励。

[技术攻关项目激励]

制造单元承担的技术攻关项目，项目结题后按降本增效额的1%—2%比例提奖。非制造单元（技术中心、制造部等）承担的技术攻关项目，项目结题后按降本增效额的1%—5%比例提奖。部门、总厂自主立项且报公司备案的技术攻关项目，验收结题自评为A等且效益显著的（不超过项目总数的20%），推荐到公司，由归口管理部门初审、组织公司相关专业专家评价后，视评价结果参照公司级技术攻关项目进行奖励。

［**EVI 项目激励**］

对当期有效益的，按项目期内新增订单所创效益额的 1%—5%提奖，提奖比例按创效益额分段确定。对当期无效益的，项目结题后，视 EVI 项目难易程度、成果应用预估效益和结题评价结果，给予 2 万—4 万元的一次性奖励。

第二节 科技成果

［**科技进步成果奖**］

成果管理与成效：马钢在科研项目立项初期，设定知识产权和科技成果申报目标，对国家、省部、马钢集团重点项目的实施强化过程监控和管理，重点引导和培育重大科技成果。重视已有成果的分析，归纳和提炼重大科技成果；对已取得的各类科技成果进行分析、整合和归并，在此基础上提炼出新的集成创新成果。2001—2019 年，马钢共获国家科学技术进步奖 3 项、冶金科学技术奖 76 项，其中特等奖 1 项、一等奖 17 项、二等奖 58 项、三等奖 85 项（详见表 7-1、表 7-2），安徽省科学技术进步奖 89 项（详见表 7-3），马鞍山市科学技术进步奖 69 项。主要在 H 型钢产品开发与应用、薄板连铸连轧，及高速、重载轮轴产品开发与应用、干熄焦技术等领域：马钢拥有自主知识产权的热轧 H 型钢生产技术，按美标、英标、欧标、日标自主开发了 30 个系列 265 个新品种 H 型钢、工字钢和钢板桩产品，马钢股份热轧 H 型钢产品和应用技术成果是中国建筑型钢产品的一个重大突破，奠定了中国钢结构产业快速发展的基础。

表 7-1 2001—2019 年马钢获国家科学技术进步奖统计表

获奖年度	项目名称	获奖等级	奖项类别
2006 年	热轧 H 型钢产品开发与应用技术研究	二等奖	国家科学技术进步奖
2007 年	转炉-CSP 流程批量生产冷轧板技术集成与创新	二等奖	国家科学技术进步奖
2009 年	干熄焦引进技术消化吸收“一条龙”开发和应用	二等奖	国家科学技术进步奖

表 7-2 2001—2019 年马钢获冶金科学技术进步奖（特等奖、一等奖、二等奖）统计表

获奖年度	项目名称	获奖等级	奖项类别
2001 年	低贫化放矿工业试验与应用研究	二等奖	冶金科学技术进步奖
2002 年	大型钢铁联合企业计算机管理信息系统——MGMIS	二等奖	冶金科学技术进步奖
2003 年	高产低耗高炉操作技术	二等奖	冶金科学技术进步奖
2003 年	高强度高韧性海洋石油平台用 H 型钢	二等奖	冶金科学技术进步奖
2003 年	附着式轧制力智能监测系统研制与应用	二等奖	冶金科学技术进步奖
2004 年	220 t/h 全烧高炉煤气的高温高压电站锅炉	一等奖	冶金科学技术进步奖
2004 年	干熄焦装置接运红焦技术及设备研制	二等奖	冶金科学技术进步奖
2004 年	200 km/h 高速铁路客车车轮的开发	二等奖	冶金科学技术进步奖
2005 年	干熄焦引进技术消化吸收“一条龙”开发和应用	一等奖	冶金科学技术进步奖
2005 年	铁路机车车轮的研制和开发	二等奖	冶金科学技术进步奖
2005 年	冶金矿山生态环境综合整治技术示范研究	二等奖	冶金科学技术进步奖
2006 年	热轧 H 型钢产品开发与应用技术研究	特等奖	冶金科学技术进步奖
2006 年	车轮成形工艺创新及关键技术研究	二等奖	冶金科学技术进步奖

续表 7-2

获奖年度	项目名称	获奖等级	奖项类别
2007 年	马钢烧结带冷机低温烟气余热发电技术	二等奖	冶金科学技术进步奖
2007 年	马钢转炉-CSP 流程批量生产冷轧板技术集成与创新	二等奖	冶金科学技术进步奖
2007 年	《废钢铁》标准—技术性贸易措施的研究	二等奖	冶金科学技术进步奖
2008 年	钢水温度快速响应红外比色连续测量系统	二等奖	冶金科学技术进步奖
2009 年	高钢级 X70—X80 热轧管线钢的研制	二等奖	冶金科学技术进步奖
2010 年	马钢真空碳酸钾法焦炉煤气脱硫工艺优化与创新	二等奖	冶金科学技术进步奖
2010 年	转炉汽化回收蒸汽发电技术的研究与应用	二等奖	冶金科学技术进步奖
2010 年	低品位铁矿石综合利用新技术及装备研究与应用	二等奖	冶金科学技术进步奖
2011 年	钒氮微合金化技术及高效节约型建筑用钢开发	一等奖	冶金科学技术进步奖
2011 年	重载铁路列车用车轮钢及关键技术研究	二等奖	冶金科学技术进步奖
2011 年	板带轧制中试研究装备与应用	二等奖	冶金科学技术进步奖
2012 年	露天矿岩土工程灾变控制技术	一等奖	冶金科学技术进步奖
2014 年	7.63 米焦炉热工精细调控与生产高效运行的技术开发	二等奖	冶金科学技术进步奖
2014 年	免后续热处理节能型冷镦钢产品开发及应用技术	二等奖	冶金科学技术进步奖
2015 年	高品质铁路机车用整体车轮关键制造技术研究与产品开发	一等奖	冶金科学技术进步奖
2015 年	大型钢铁联合企业能源优化管理控制系统的自主研究开发与应用	二等奖	冶金科学技术进步奖
2015 年	冷轧连退线自动化系统集成研发	二等奖	冶金科学技术进步奖
2015 年	钢渣在线实时分类处理及综合利用	二等奖	冶金科学技术进步奖
2016 年	细碎矿仓堵塞原因分析及成套助流装备研制	二等奖	冶金科学技术进步奖
2017 年	高寒地区结构用热轧 H 型钢关键制造技术研究与应用	一等奖	冶金科学技术进步奖
2018 年	马钢高速车轮制造技术创新	一等奖	冶金科学技术进步奖
2018 年	地下金属矿山绿色安全高效关键技术开发	二等奖	冶金科学技术进步奖
2018 年	CTX 旋转磁场干式磁选机在超细碎闭路碎矿回路中的应用研究	二等奖	冶金科学技术进步奖
2019 年	重载车轴钢冶金技术研发创新及产品开发	一等奖	冶金科学技术进步奖
2019 年	热轧板带材表面氧化机理研究与新一代控制技术开发及应用	一等奖	冶金科学技术进步奖
2019 年	基于铸轧全流程的轧机振动协同控制技术及推广应用	二等奖	冶金科学技术进步奖

2002 年，马钢自主研发干熄焦旋热焦罐车，有力支撑干熄热技术在全国钢铁行业的推广，显著减少了耗水，大大减轻了环境污染。“十五”期间，在国际上首家同步建设了以第二代 CSP 技术为核心的转炉→薄板坯连铸连轧 CSP→冷轧（热镀锌）→彩涂薄板制造系统，通过“转炉→CSP 流程批量生产冷轧板技术集成与创新”项目研究，解决了薄板坯连铸连轧工艺大规模生产冷轧原料这一国际性难题，形成了系统的利用转炉→CSP→冷轧流程生产高质量冷轧、镀锌和彩涂板的集成技术。研究成果达到国际先进水平，产品在汽车、家电、电机等下游行业得到了良好的应用，并为国内同流程企业提供了技术参考。马钢车轮为中国铁路运输事业的发展做出了巨大的贡献，通过自主创新，吸收和借鉴国内外车轮设计生产的先进技术，淘汰落后工艺，调整产品结构，实现了产品的全面升级换代，满足了铁路高速重载对优质车轮的需要。为了改变中国高铁及重载铁道车辆用车轴严重依赖进口的局面，马钢集团针对高速、重载车轴材料成分设计、冶金及产品制造技术中的难点，通过“结构—材料—关键制备技术集成与创新”研发出以时速 350 公里为代表的高速系列以及世界最大轴重 45 吨为代表的重载系列车轴钢及车轴产品，使中国在高速、重载车轴研发生产领域实现了从跟跑、并跑到领跑的跨越式发展。

马钢通过“政、产、学、研、用”开放协同的技术创新体系建立，不断创新并强化开放式科技项目运行机制，加强与高校的协同创新，重点聚焦科研、新产品开发、科技成果等，创新指标实绩整体提升，科技创新实现多点突破，为公司高质量发展提供有力支撑。

表 7-3　2001—2019 年马钢获安徽省科学技术进步奖（一等奖、二等奖）统计表

获奖年度	项目名称	获奖等级	奖项类别
2001 年	马钢中型（50 吨）转炉溅渣护炉系统优化技术应用研究	二等奖	安徽省科学技术进步奖
2001 年	小方坯高效连铸技术	二等奖	安徽省科学技术进步奖
2001 年	马钢集团姑山矿业公司露天采矿场边坡可靠性研究与优化决策	二等奖	安徽省科学技术进步奖
2002 年	高产低耗高炉操作技术	二等奖	安徽省科学技术进步奖
2002 年	高强度高韧性海洋石油平台用 H 型钢产品研制	二等奖	安徽省科学技术进步奖
2002 年	马钢集团南山矿业公司凹山采场西北帮边坡稳定性及综合治理研究	二等奖	安徽省科学技术进步奖
2003 年	高效异型坯连铸技术的开发与应用	一等奖	安徽省科学技术进步奖
2003 年	干熄焦装置接运红焦技术及设备研制	二等奖	安徽省科学技术进步奖
2003 年	焦炉自动加热优化串级控制系统	二等奖	安徽省科学技术进步奖
2005 年	烟气分析动态控制炼钢技术在长寿复吹转炉中的开发研究与应用	二等奖	安徽省科学技术进步奖
2006 年	近终形异型连铸坯裂纹形成原因及质量控制技术研究	二等奖	安徽省科学技术进步奖
2006 年	马钢高炉高配比使用高铝矿的研究	二等奖	安徽省科学技术进步奖
2006 年	炼焦煤资源配置与焦炭质量预测控制技术	二等奖	安徽省科学技术进步奖
2007 年	高性能低成本冷镦钢在线软化技术的研究	一等奖	安徽省科学技术进步奖
2007 年	钢包精炼炉电极控制系统智能建模及控制技术的研究与开发	二等奖	安徽省科学技术进步奖
2008 年	离散制造业生产优化与执行系统	一等奖	安徽省科学技术进步奖
2008 年	马钢转炉污泥循环利用综合技术开发	二等奖	安徽省科学技术进步奖
2009 年	高钢级 X70—X80 热轧管线钢的研制	一等奖	安徽省科学技术进步奖
2009 年	CSP 流程 M50W800 电工钢研制	二等奖	安徽省科学技术进步奖
2010 年	节约型含微量铌控冷 400 MPa 级钢筋的研制	二等奖	安徽省科学技术进步奖
2010 年	汽车用超低碳洁净 IF 钢冶金工艺技术研究	二等奖	安徽省科学技术进步奖
2010 年	基于设计突破的高炉系统节能增效新技术集成	二等奖	安徽省科学技术进步奖
2011 年	重载铁路列车用车轮钢及关键技术研究	一等奖	安徽省科学技术进步奖
2011 年	露天转地下开采平稳过渡关键技术	一等奖	安徽省科学技术进步奖
2011 年	8.8—10.9 级紧固件用冷作强化非调质钢研究开发	二等奖	安徽省科学技术进步奖
2011 年	高炉长寿综合技术研究与应用	二等奖	安徽省科学技术进步奖
2012 年	露天矿开采岩土工程灾变控制技术	一等奖	安徽省科学技术进步奖
2013 年	家电用环保型热镀锌钢板研究开发与制造技术	二等奖	安徽省科学技术进步奖
2014 年	功能型自润滑热镀锌钢板的研究开发与制造技术	二等奖	安徽省科学技术进步奖
2015 年	钢渣在线实时分类处理及综合利用	二等奖	安徽省科学技术进步奖
2015 年	高性能铁路机车用整体车轮关键制备技术集成及国产化	一等奖	安徽省科学技术进步奖
2016 年	薄板坯连铸连轧生产无取向电工钢技术集成与创新	二等奖	安徽省科学技术进步奖

续表 7-3

获奖年度	项目名称	获奖等级	奖项类别
2016 年	钢铁企业电能质量控制与综合节电运行关键技术研究与应用	二等奖	安徽省科学技术进步奖
2017 年	马钢高速车轮技术研究与产品开发	一等奖	安徽省科学技术进步奖
2018 年	高低温韧性热轧 H 型钢关键制造技术研究	一等奖	安徽省科学技术进步奖
2018 年	车体轻量化用系列热轧高强钢的绿色制造及产业化	二等奖	安徽省科学技术进步奖
2019 年	超超临界高压锅炉管用 P91 钢关键冶金技术研究及产品开发	二等奖	安徽省科学技术进步奖
2019 年	CSP 铸轧全流程薄带钢振痕生成机制研究与抑振控制	二等奖	安徽省科学技术进步奖
2019 年	转炉能量高效利用与低排放技术集成与创新	二等奖	安徽省科学技术进步奖

[重大技术成果]

热轧 H 型钢产品开发与应用技术研究：热轧 H 型钢是一种高效节材型的绿色环保经济断面型钢，是现代钢结构的基础材料。1998 年前，国内热轧 H 型钢生产基本空白。马钢集团重点突破的关键技术主要内容及创新点。

无缺陷异形坯高效连铸技术。主要包括：(1) 无缺陷异形坯质量控制技术，通过研发新型浸入式水口结构、开发异形坯二冷段控制技术和新型异形坯专用保护渣、优化结晶器结构，2005 年，异形坯表面缺陷清理率由平均 27.91% 下降到 1.22% 以下，废品量下降了 87.2%，达到国际领先水平；(2) 异形坯高效连铸技术，首创了异形坯连铸机中间包双水口快换技术，开发了异形坯连铸二冷扇形段润滑技术，2005 年，最高单包连浇时间达 39 小时 15 分，平均连浇炉数 37 炉，达到国际领先水平。

热轧 H 型钢高质量轧制技术。该项目获 2006 年国家科学技术进步奖二等奖。

转炉→CSP 流程批量生产冷轧板技术集成与创新：成功将 CSP 产量中冷轧原料比例由 30%提高到 75%以上，并开发了以电工钢、汽车（家电）板和彩涂板为代表的不同系列产品，在市场上得到广泛应用，推动了 CSP 流程高质量、高效化生产冷轧板方面的技术创新，在 CSP 流程高质量冷轧板生产技术领域做出了一定的创新和发展。该项目获 2007 年国家科学技术进步奖二等奖。

重载车轴钢冶金技术研发创新及产品开发：车轴是高铁及重载铁道车辆的关键部件，为了改变高铁及重载铁道车辆用车轴等关键部件严重依赖进口的局面，马钢集团开发了以下关键技术：高速车轴钢长疲劳寿命、低缺口疲劳敏感性控制技术，开发出了长疲劳寿命、低缺口口敏感性、高低温韧性高铁车轴钢，其通用性和性价比得到显著提升，优于进口产品；高速重载车轴钢大型夹杂物控制技术，利用固态夹杂物较液态夹杂物更易聚合和去除机理，通过炉外精炼或将固态夹杂物近乎全部去除，显著降低了车轴大型夹杂物探伤不合比率；高速重载车轴高均质化轧制、锻造及热处理控制技术。提出了车轴锻造过程中“粗晶环”形成机理，并通过锻造压下量及旋转角度的合理分配加以解决。开发了高速、重载车轴热处理技术，确保了车轴性能的稳定性和纵向探伤良好透声性。该项目获 2019 年冶金科学技术进步奖一等奖。

高速车轮技术研究与产品开发：高速列车是我国确定首先走向世界的战略性高端装备产业。高速车轮因承受巨大的动载荷和热负荷，易发生各类疲劳损伤，直接影响高速列车运营安全，是世界上公认的技术要求最高、生产难度最大的车轮尖端产品。日本、德国等生产高速车轮的国家和企业都将高速车轮技术列为战略性核心技术高度保密，以高于普通车轮十余倍的价格向我国出口产品。但进口车轮服役过程中暴露出的疲劳损伤、多边形、寿命短等问题已影响到车辆的运行安全和使用成本，更是制约了我国高铁“走出去”战略的实施。

马钢作为我国铁路车轮制造基地，在多项国家、安徽省科技项目牵引下，联合铁科院、钢研总院等知名院校及研究机构，历时十余年，累计投入 50 多亿元，紧随我国高速铁路发展的准备阶段（1997

年起，铁路客车提速120千米/小时、160千米/小时）、起步阶段（2002—2006年，“中华之星”等270千米/小时高速试验列车投入试用）和验证提升阶段（2007—2016年，CRH系列动车组、中国标准动车组的投入运营），通过开展系统研究，建成了高速车轮制造体系、检测体系及质保体系，具备年产10万件高速车轮生产线，形成硅钒合金化、脆性夹杂物控制、轮辋/辐板强度匹配、N/Al比控制、硬度差异化热处理、超声波定量探测和全生命周期质量管理信息化等技术创新，授权发明专利5项，实用新型4项，发表论文8篇，企业技术秘密10项，参与制定行业标准2项，研制的高速车轮于2016年7月15日完成举世瞩目的国际首次双向420公里高速交会试验，并通过60万公里运用考核和铁总技术评审验收，马钢成为国内首家获得CRCC认证证书的高速车轮制造企业。

与国外产品相比，马钢在高速车轮材料设计、冶金质量、综合性能、检测技术、智能制造方面明显优于进口同类高速车轮产品，达到国际先进水平。马钢高速车轮制造技术自主创新促进了我国冶金和制造行业的进步，实现了我国战略性优势产业的安全发展，支撑我国高铁产业的发展和“走出去”战略的实施，为“中国制造”向“中国创造”转型提供了示范效应，进一步彰显国有骨干企业在支撑国家经济发展和重大战略实施上发挥的重大作用。该项目获2017年度安徽省科学技术进步奖一等奖。

[标准成果]

马钢争取参加国际标准、国家标准、行业标准的制（修）订工作，将技术优势转化为市场优势，扩大在行业中的知名度和市场影响力，持续推动企业科技创新工作。2001—2019年，共主持制（修）订国际标准1项，国家和行业标准66项（详见表7-4）。2006年，《热轧H型钢和剖分T型钢》（GB/T 11263—2005）国家标准获得中国标准创新贡献奖三等奖；2008年，《废钢铁》（GB/T 4223—2004）国家标准获得中国标准创新贡献奖三等奖；2016年，《高炉鼓风机机前冷冻脱湿工艺规范》（YB/T 4269—2012）行业标准获得中国标准创新贡献奖二等奖。2018年，马钢主持修订的ISO 5948：2018国际标准获批发布；2019年，马钢通过安徽省工业和信息化领域标准化示范企业认定。

表7-4　马钢主持制（修）订国际标准、国家和行业标准一览表

序号	发布时间	类 别	标准编号	标准名称
1	2019年	行业标准	YB/T 4721—2019	焦化燃料油
2	2019年	国家标准	GB/T 5068—2019	铁路机车、车辆车轴用钢
3	2019年	行业标准	YB/T 4751—2019	H型钢腹板平面度检验平尺
4	2019年	行业标准	YB/T 4754—2019	船用热轧T型钢
5	2019年	行业标准	YB/T 4755—2019	高耐候热轧型钢
6	2019年	行业标准	YB/T 4596—2019	冶金企业煤气站所无人值守安全技术规范
7	2019年	行业标准	YB/T 4765—2019	无碳钢包衬砖
8	2019年	行业标准	YB/T 4796—2019	风碎—热闷集成处理钢渣技术规范
9	2018年	国际标准	ISO 5948：2018	Railway rolling stock material—Ultrasonic acceptance testing
10	2018年	行业标准	YB/T 4637—2018	莫来石质流钢砖
11	2018年	行业标准	YB/T 4604—2018	转底炉法粗锌粉　锌含量的测定　EDTA络合滴定法
12	2018年	行业标准	YB/T 4681—2018	焦化非芳烃
13	2018年	行业标准	YB/T 4704—2018	连铸异形钢坯
14	2018年	行业标准	YB/T 4705—2018	热轧平行腿槽钢
15	2018年	行业标准	YB/T 4713—2018	喷砂磨料用钢渣

续表 7-4

序号	发布时间	类 别	标准编号	标准名称
16	2018 年	行业标准	YB/T 4722—2018	转底炉烟气余热回收利用技术规范
17	2017 年	行业标准	YB/T 4592—2017	转炉炼钢安全生产操作技术要求
18	2017 年	行业标准	YB/T 4593—2017	高炉鼓风轴流压缩机安全运行技术规范
19	2017 年	行业标准	YB/T 4594—2017	焦炉煤气制氢站安全运行规范
20	2017 年	国家标准	GB/T 11263—2017	热轧 H 型钢和剖分 T 型钢
21	2017 年	行业标准	YB/T 4620—2017	抗震热轧 H 型钢
22	2017 年	国家标准	GB/T 33976—2017	原油船货油舱用耐腐蚀热轧型钢
23	2017 年	国家标准	GB/T 34103—2017	海洋工程结构用热轧 H 型钢
24	2017 年	国家标准	GB/T 4223—2017	废钢铁
25	2016 年	国家标准	GB/T 706—2016	热轧型钢
26	2016 年	国家标准	GB/T 33365—2016	钢筋混凝土用钢筋焊接网 试验方法
27	2015 年	行业标准	YB/T 4490—2015	钢铁企业停送燃气作业化学检验安全规范
28	2015 年	行业标准	YB/T 4489—2015	高炉自动拨风安全技术规范
29	2014 年	国家标准	GB/T 30895—2014	热轧环件
30	2014 年	国家标准	GB/T 20933—2014	热轧钢板桩
31	2014 年	行业标准	YB/T 4439—2014	加热炉用高铝质锚固砖
32	2014 年	行业标准	YB/T 4427—2014	热轧型钢表面质量一般要求
33	2014 年	行业标准	YB/T 4423—2014	H 型钢翼缘斜度用卡板
34	2014 年	行业标准	YB/T 4426—2014	汽车大梁用热轧 H 型钢
35	2014 年	行业标准	YB/T 4424—2014	H 型钢专用角尺
36	2014 年	行业标准	YB/T 4415—2014	钢包加盖保温技术规范
37	2014 年	行业标准	YB/T 4419. 3—2014	转底炉法金属化球团化学分析方法 钾和钠含量的测定 电感耦合等离子体原子发射光谱法
38	2014 年	行业标准	YB/T 4419. 1—2014	转底炉法金属化球团化学分析方法 碳和硫含量的测定 高频燃烧红外吸收法
39	2014 年	行业标准	YB/T 4417. 2—2014	矿山企业采矿选矿生产能耗定额标准 第 2 部分：铁矿石选矿
40	2014 年	行业标准	YB/T 4419. 2—2014	转底炉法金属化球团化学分析方法 锌和磷含量的测定 电感耦合等离子体原子发射光谱法
41	2014 年	行业标准	YB/T 4417. 1—2014	矿山企业采矿选矿生产能耗定额标准 第 1 部分：铁矿石采矿
42	2014 年	行业标准	YB/T 4375—2014	轨道交通车轮及轮箍超声波检测方法
43	2014 年	行业标准	YB/T 4376—2014	轨道交通车轮磁粉探伤方法
44	2012 年	国家标准	GB/T 29087—2012	非调质冷镦钢热轧盘条
45	2012 年	国家标准	GB/T 5953. 3—2012	冷镦钢丝 第 3 部分：非调质型冷镦钢丝
46	2012 年	行业标准	YB/T 4274—2012	海洋石油平台用热轧 H 型钢
47	2012 年	行业标准	YB/T 033—2012	煤沥青筑路油 黏度的测定
48	2012 年	行业标准	YB/T 4269—2012	高炉鼓风机机前冷冻脱湿工艺规范
49	2012 年	行业标准	YB/T 4272—2012	转底炉法含铁尘泥金属化球团
50	2012 年	行业标准	YB/T 4271—2012	转底炉法粗锌粉

续表 7-4

序号	发布时间	类 别	标准编号	标准名称
51	2012 年	行业标准	YB/T 031—2012	煤沥青筑路油萘含量测定 气相色谱法
52	2012 年	行业标准	YB/T 4270—2012	转炉汽化回收蒸汽发电系统运行规范
53	2012 年	行业标准	YB/T 030—2012	煤沥青筑路油
54	2012 年	行业标准	YB/T 032—2012	煤沥青筑路油 蒸馏试验
55	2011 年	行业标准	YB/T 4262—2011	钢筋混凝土用钢筋桁架
56	2011 年	行业标准	YB/T 4261—2011	耐火热轧 H 型钢
57	2010 年	国家标准	GB/T 11263—2010	热轧 H 型钢和剖分 T 型钢
58	2009 年	国家标准	GB/T 223. 83—2009	钢铁及合金 高硫含量的测定 感应炉燃烧后红外吸收法
59	2009 年	国家标准	GB/T 24184—2009	烧结熔剂用高钙脱硫渣
60	2008 年	国家标准	GB/T 1786—2008	锻制圆饼超声波检验方法
61	2008 年	国家标准	GB/T 223. 59—2008	钢铁及合金 磷含量的测定 铋磷钼蓝分光光度法和锑磷钼蓝分光光度法
62	2008 年	国家标准	GB/T 4354—2008	优质碳素钢热轧盘条
63	2008 年	国家标准	GB/T 701—2008	低碳钢热轧圆盘条
64	2008 年	国家标准	GB/T 706—2008	热轧型钢
65	2007 年	国家标准	GB/T 20933—2007	热轧 U 型钢板桩
66	2004 年	国家标准	GB/T 4223—2004	废钢铁
67	2004 年	行业标准	YB/T 4122—2004	微机继电保护运行技术管理规程

[产学研合作成果]

为获得持续、先进的技术与人才支持，马钢集团不断加强与钢铁研究总院、东北大学、北京科技大学、上海交通大学、美国匹兹堡大学等国内外高校、科研院所的合作，建立起开放型、高层次、多元化的产学研联合体，形成了联合开发、委托开发、共建联合实验基地、人才联合培养等多种形式的合作模式，营造了产学研良好合作氛围。在围绕马钢集团产品开发和技术攻关需要开展产学研合作的同时，组成具有优势的产学研团队，联合申报国家、省市科研项目。

2003 年，马钢集团与钢铁研究总院、中国铁道科学研究院金属及化学研究所、北京科技大学、西南交通大学等科研院所组成产学研合作团队，成功申报国家高技术研究发展计划（“863”计划）课题“高速铁路用车轮材料及关键技术研究”，2005 年成功申报“863”计划课题“重载铁路用车轮材料及关键技术研究”，2008 年成功申报“863”计划课题“高速动车组用车轮研制”，2015 年成功申报“863”计划课题“30 吨轴重重载列车车轮材料服役行为及关键设计、制备技术”。

2016 年，为了优化 CSP 产品结构、提升 CSP 产线盈利能力，与北京科技大学合作的“CSP 流程铁素体轧制材料特性及软化机理研究”项目，成功开发出 CSP 流程低碳钢、超低碳钢铁素体轧制技术，不仅打通了 CSP 供合肥板材冷轧基料的流程，而且实现了 CSP 铁素体轧制热轧商品卷，提升了 CSP 产线效能。

2017 年，马钢集团与上海交通大学、北京交通大学、钢铁研究总院等高校和科研院所组成产学研合作团队，成功申报国家重点研发计划项目“基于理性设计的高端装备制造业用特殊钢研发”，马钢集团为该项目课题 4 的承担单位；与钢铁研究总院、中国科学院沈阳自动化研究所、宁波英飞迈材料科技有限公司等组成产学研团队，成功申报国家重点研发计划项目“双光源全自动大尺度金属构件成分偏析度分析仪”，马钢集团为该项目课题 7 的承担单位；与首钢集团、北京科技大学、鞍钢股份有限公司等单位成功申报国家重点研发计划项目“钢铁流程绿色化关键技术”，马钢集团为该项目课题 5 的承担单位。

2018 年，为减少热轧带钢跑偏、在精轧出口测宽仪处能够得到带钢中心线具体的偏移数据，马钢集团与北京科技大学合作开发了热连轧机架间带钢跑偏检测系统，能够实时显示上游机架带钢的位置信息，宽度测量最大误差 1.65 毫米、位置测量最大误差 1.81 毫米，减少了两条热轧产线的甩尾率；为紧跟国内新能源产业发展带来的高质量电池壳用钢需求，马钢集团与安徽工业大学合作开发出了超薄电池壳钢并实现了批量稳定供货，拓展了马钢产品市场影响力。

2019 年，为了获得标杆车型的材料数据库和下车体数模，加强汽车板研发团队对整个新能源汽车用材和结构设计的理解以进一步提升汽车板 EVI 服务能力。同时，为了开发出满足驱动电机特殊需求的高磁感型硅钢产品，与东北大学合作开发出了新能源汽车驱动电机用高磁感硅钢 35HV1700 和 30HV1500，适应了新能源汽车发展中的钢材需求。

［钢铁联合研究项目］

2002 年以来，马钢集团积极与国内高校、科研院所、企业联合申报，并承担国家科技项目、安徽省政府科技项目等各类政府支持项目 47 项（详见表 7-5）。通过开展钢铁联合研究项目，攻坚克难，产品研发成效显著，推动研发成果转化，填补国内空白。

表 7-5　2001—2019 年钢铁联合研究项目一览表

序号	项目类型	项目名称	起止时间
1	国家技术创新项目	建筑用高品质耐火 H 型钢的研制与开发	2002 年 1 月—2003 年 12 月
2	国家技术创新项目	铁路车辆专用大规格帽型钢研制	2002 年 1 月—2004 年 12 月
3	国家技术创新项目	近终形异型坯连铸工艺技术研究	2002 年 1 月—2004 年 12 月
4	国家新产品	KKD 快速客车轮	2000 年 1 月—2003 年 12 月
5	国家“863”计划课题	高速铁路用车轮材料及关键技术研究	2003 年 1 月—2005 年 12 月
6	国家“863”计划课题	重载铁路用车轮材料及关键技术研究	2005 年 1 月—2008 年 12 月
7	国家“863”计划课题	高速动车组用车轮研制	2008 年 1 月—2011 年 12 月
8	铁道部重大科技计划	大功率机车车轮自主创新	2009 年 1 月—2012 年 12 月
9	省科技计划	大型钢铁企业系统节能减排信息与控制技术研发	2009 年 1 月—2013 年 12 月
10	合芜蚌自主创新	高速动车组车轮研究与开发	2009 年 1 月—2011 年 12 月
11	国家技术创新工程试点	高档汽车用薄板关键技术研究及产业化	2010 年 1 月—2013 年 12 月
12	国家技术创新工程试点	轨道交通高端车轮产品的研究及产业化	2011 年 1 月—2014 年 12 月
13	省科技计划	薄板坯连铸连轧生产高牌号无取向电工钢 50W350 材料基础特性研究	2011 年 1 月—2013 年 12 月
14	市科技计划	750 兆帕级热轧交强钢项目	2012 年 1 月—2014 年 12 月
15	国家技术创新工程试点	7 兆瓦级风力发电系统关键零部件用铁基新材料产品开发	2012 年 7 月—2014 年 6 月
16	省科技计划	液化天然气储罐建设工程专用低温钢筋的研制	2012 年 1 月—2014 年 12 月
17	省科技计划	动车组轮对转向架总成国产化关键技术研究	2012 年 7 月—2016 年 12 月
18	省科技计划	轨道交通用车轴钢和动车组轮轴产品开发及产业化	2013 年 1 月—2015 年 12 月
19	省科技计划（国际合作）	出口韩国准高速车轮开发	2013 年 1 月—2015 年 10 月
20	省科技计划	轨道交通移动装备用高强高韧紧固件开发研究	2013 年 9 月—2015 年 12 月
21	省科技计划（重大仪器）	新型连续退火和镀锌流程测试系统关键技术开发和应用研究	2014 年 9 月—2015 年 9 月
22	省科技计划	高强度冷轧系列双相钢制造及应用技术	2013 年 5 月—2015 年 5 月

续表 7-5

序号	项目类型	项目名称	起止时间
23	国家“863”计划课题	30 吨轴重重载列车车轮材料服役行为及关键设计、制备技术	2015 年 6 月—2018 年 6 月
24	国家“973”计划课题	高速、重载轮轨系统金属材料与服役安全基础研究	2015 年 1 月—2019 年 12 月
25	省科技计划项目	高寒地区油气结构用热轧 H 型钢研制	2015 年 1 月—2016 年 12 月
26	省科技重大专项	先进轨道交通关键零部件动车组联轴器和高速列车制动盘研发及产业化	2015 年 10 月—2017 年 12 月
27	省科技重大专项	轨道交通高速重载轮轴用钢关键共性工艺技术研究及其产品开发	2015 年 10 月—2017 年 12 月
28	省科技重大专项	重载列车用高强度高耐候先进结构钢材料及制造技术研究	2015 年 10 月—2017 年 12 月
29	省科技计划	高强度热镀锌双相钢制造及应用技术	2016 年 1 月—2018 年 12 月
30	省科技重大专项	时速 350 公里高铁用高性能车轴产品开发	2016 年 1 月—2018 年 12 月
31	省科技重大专项	面向工业企业的质量大数据分析云服务平台	2016 年 1 月—2018 年 12 月
32	省重点研究与开发计划	焦炉机车的无人化及智能化改造	2017 年 1 月—2018 年 12 月
33	国家重点研发计划项目	资源节约型高耐蚀镀层技术与除雾霾抗菌涂层技术开发	2017 年 7 月—2021 年 6 月
34	国家重点研发计划项目	高端装备典型构件用特殊钢的示范应用研究	2017 年 7 月—2021 年 6 月
35	国家重点研发计划项目	大尺度高速铁路车轮坯件成分偏析度与夹杂物分析方法研究	2017 年 7 月—2021 年 6 月
36	国家重点研发计划项目	460 兆帕级抗震耐蚀耐火 H 型钢（“建筑结构用抗震耐候耐火钢”项目的子课题）	2017 年 7 月—2021 年 6 月
37	国家重点研发计划项目	低温 X80 钢管制造及应用技术研究（“低温、高压服役条件下高强度管线用钢”项目的子课题）	2017 年 7 月—2021 年 6 月
38	国家重点研发计划项目	冶金起重机健康监测诊断技术及装备研发	2017 年 7 月—2021 年 6 月
39	省科技重大专项	减振降噪车轮研究开发及产业化	2017 年 7 月—2019 年 12 月
40	省科技重大专项	煤基气制环氧丙烷产业化及系统集成关键技术研究	2017 年 7 月—2019 年 12 月
41	省科技重大专项	吉帕级超高强热轧钢板绿色制造关键技术及商用车轻量化示范应用	2018 年 1 月—2020 年 12 月
42	省科技重大专项	加热炉燃烧效能在线智能检测与优化控制系统	2018 年 1 月—2020 年 12 月
43	省科技重大专项	低合金化冷热成形柔性化应用超高强韧汽车用钢研究开发	2018 年 1 月—2020 年 12 月
44	中国工程院院地合作项目	高速车轮产业化战略研究	2018 年 12 月—2020 年 9 月
45	工信部工业强基工程项目	高性能齿轮渗碳钢工程实施方案	2019 年 1 月—2021 年 12 月
46	省科技重大专项	2100—2300 兆帕级超高强韧弹簧钢关键技术研究及产品研发	2019 年 7 月—2022 年 6 月
47	省科技重大专项	和谐电力机车车轮剥离损伤行为及优化研究	2019 年 7 月—2022 年 6 月

车轴钢冶金质量和生产技术是“卡脖子”难题。马钢集团通过在车轴钢化学成分设计、大圆坯偏

析形成机理和控制研究，成功开发具有自主知识产权的多项关键冶金技术及系列高速重载列车用车轴钢产品，打破了国外垄断，达到国际领先水平，为国家高水平科技自立自强作出贡献。该产品在国内首批通过了铁总认证并批量应用，并出口欧洲、澳大利亚等，年创效数千万元，有力支撑了国家轨道交通发展及“一带一路”倡议实施。

马钢股份研发的时速350公里高铁车轮，通过60万公里考核，实物质量和服役表现优于进口，中国工程院重大咨询项目认定，马钢高速车轮具备稳定生产能力，达到国际先进水平，建议加快自主化。2019年初，在国家部委、国铁集团的支持下，马钢高铁车轮获准在“复兴号”整车扩大装应用。马钢自主研发的高速车轮、大功率机车车轮已批量出口德国、法国、韩国，时速320公里高铁车轮已通过德铁100万公里运营测试。不仅如此，马钢重载车轮在重载铁路发达的澳大利亚市占率超过60%、马钢机车车轮在全球知名机车制造商美国通用电气公司的市占率超过70%，不仅为企业创造了可观的经济效益，更进一步提升了马钢轮轴品牌的全球影响力。

第三章　技术开发

第一节　科研开发

科研开发工作主要依托项目形式开展，马钢集团科技项目主要分科研和技术攻关两大类，科研项目指对提升公司的技术创新能力，增强企业核心竞争力、履行社会责任具有重要意义的新技术、新材料、新产品、新工艺、新装备等研究项目，包括以实验室研究为主的前瞻性、独特性、探索性预研项目，以及节能环保、智能制造项目等。技术攻关项目指为解决生产现场技术质量问题、提升关键技术质量指标、稳定与提高产品实物质量或实现生产稳定顺行，通过工艺技术优化和技术管理自主实施的项目，包括为提高环保绩效、降低能耗、解决基础设施稳定运行、功能和精度提升等瓶颈问题而实施的技术改进项目。

随着2003年一钢轧总厂CSP、2006年四钢轧总厂冷轧薄板线和热轧薄板线、2011年特钢产线的陆续投产，科研开发主要集中在炼铁、炼焦、炼钢、轮轴、线棒、型钢、热轧板、冷轧板（包括汽车板、家电板、电工钢等）领域。每年实施开展科研与技术攻关项目超过百个，促进了马钢产品发展、工艺进步和质量提升，创造了可观的经济效益。

2017年，开展“板带产品高精度轧制技术研究”项目，通过聚类再改进的基于距离的异常检测方法对样本进行挖掘分析，为模型诊断优化和工艺改进以及热连轧生产过程异常检测提供一种新思路，并实现对工艺参数的动态优化调整来实现轧件性能的在线闭环控制，保证板带产品质量的可持续性。

2018年，开展“板带产品质量一贯制监控分级与判定技术”项目，对炼钢、连铸、热轧、冷轧等工序及用户反馈数据进行梳理，分类确定了全流程的关键质量判定因子；形成了对各类缺陷的标准化命名和分级处理，实现自动判定规则能够覆盖全部人工判定缺陷，为今后表面质量判定技术的深入研究和无人化判钢的逐步实现打下了良好基础。

2019年，启动了“MCEV整车开发”（Masteel Concept Electric Vehicle（马钢概念电动汽车）整车开发）系列项目一期研究，主要内容是对一款纯电动汽车开展了整车全流程解析工作，通过此项目掌握了世界先进钢质标杆车基本性能参数及整车CAD数模，项目的实施对马钢掌握整车解析技术和相关设计开发流程具有指导意义。

由于研发费用在企业经营发展中的作用越来越大、关系到企业的长远可持续发展，公司持续加大科研投入，确保研发费用落实到对应项目中，同时不断规范研发费用的核算归集，马钢集团研发投入率由2017年的0.3%增长到2019年的1.08%，有力支撑了科研活动的开展。以科研与技术攻关项目为基础，组织广大技术人员从项目中凝练核心技术和工艺诀窍，持续性地形成专利和各项科技成果，技术人员也从中取得良好的发展道路和成长空间，形成了科研—成果循环发展的良好氛围。

第二节　新产品开发

［概况］

2001—2019年，是马钢在消化吸收先进技术的基础上，实现自主集成创新的阶段。其间，马钢进行了大规模的新产线建设、新工艺开发、技术改造，这些工作促进了公司产品结构的进一步升级。

“十五”期间，马钢通过引进国外先进技术和工艺，改造了中板和初轧生产线，新建了一套年产200万吨的CSP连铸连轧热轧薄板生产线和配套的冷轧薄板生产线。“十一五”期间，马钢集团公司投资兴建了年产500万吨钢的全流程精品板材生产基地。“十二五”期间，配套兴建了年产110万吨钢的特钢生产线。马钢产品由“线、型、轮”升级为“长材、板带、轮轴”三大系列产品。

从2001年到2019年，马钢产能从600万吨发展到1800万吨，开发新产品2000余个品种，新产品在研期间销售量达到1798万吨。2015—2019年，开发新产品233.93万吨，累计销售利润6.57亿元。其中，“液化天然气储罐建设工程专用低温钢筋”“CL65、CL70级新材质重载货车车轮”“超超临界高压锅炉管用P91连铸圆坯”“经济型X70和X80管线钢”“高强度无间隙原子钢热镀锌汽车板”“HRB335E、HRB400E、HRB500E系列抗震钢筋”“Q345—Q420兆帕级高强度耐候H型钢”“时速350公里中国标准动车组用车轮”“1500兆帕级无镀层热成形钢”等80余项新产品通过国家、省、市级新产品鉴定和高新技术产品认定。“免后续热处理节能型冷镦钢产品开发及应用技术”“高性能铁路机车用整体车轮关键制备技术集成及国产化”“高寒地区结构用热轧H型钢关键制造技术研究与应用”“家电用环保型热镀锌钢板研究开发与制造技术”“车体轻量化用系列热轧高强钢的绿色制造及产业化”等60余项新产品研发技术获国家、省、市或冶金行业科学技术奖项。

[**轮轴领域**]

2001年开始，我国铁路进入快速发展期，铁路运输朝客运高速、货运重载的方向发展。在此期间，马钢为支撑中国铁路发展，在国家大力支持下，相继立项国家级和省部级项目17个，车轮技术得到快速发展，产品由普通客车、货车车轮向品种丰富、高端化的高速车轮、重载车轮、大功率机车车轮等产品转变。

2003年，马钢承担了国家“863”计划课题“高速铁路用车轮材料及关键技术研究”，成为国内最早研发高速车轮的企业，试制的高速试验车轮在270公里/小时高速试验中安全运行60万公里。

2006年起，马钢先后承担了国家“863”计划课题“重载铁路用车轮材料及关键技术研究”和“30吨轴重重载列车车轮材料服役行为及关键设计、制备技术”，开发出国内货运25吨以上轴重货车用新材质CL65、CL70重载车轮，以及出口30吨以上轴重货车用AAR系列重载车轮，实现我国在重载铁路车轮技术、产品上的突破，并形成产业化，有力支撑了我国重载铁路专线万吨级运输的实施，同时在澳洲等重载铁路发达地区的市场占有率超过60%。

2008年，马钢与铁道部签署了《中国高速列车车轮自主创新合作协议》，正式开启我国高铁车轮的自主研发，科技部、原铁道部相继配套国家“863”计划课题“高速动车组用车轮的研究与开发”、铁道部重大课题“动车组车轮自主创新”和“时速350公里中国标准动车组轮轴设计研究”，历时10年，完成产品的研发、装车考核、认证。2018年，依托中国工程院“高铁轮对产品产业化战略研究”重大咨询项目论证，认定具备产业化条件，实现向德国铁路、韩国铁路批量出口。

2009年，马钢集团参与铁道部课题“大功率机车轮对自主创新”，开发出“和谐号”系列机车用车轮，打破了国外的技术、产品垄断，并取得认证，成为国内唯一供货大功率机车车轮的企业，国产化替代率超过50%。

2017年，车轴投产后，开发生产新产品100余个，先后通过青岛四方、大连机车、法铁、Alstom、韩国铁路公社、美国AAR等国内外二方、三方认证，并出口法国、德国、美国、澳大利亚、韩国等国家。

2001—2019年，马钢股份车轮方面获13项省部级科学技术奖及行业奖（见表7-6），重载车轮、大功率机车车轮、高速车轮等高品质产品先后被认定为国家重点新产品（2项）、安徽省重点新产品（2项）、安徽省新产品（8项）和安徽省高新技术产品（3项）（见表7-7）。

表 7-6　2001—2019 年马钢车轮获省部级奖以及行业奖情况

序号	类型	名称	等级	时间
1	中国钢铁工业协会、中国金属学会冶金科学技术进步奖	200 公里/小时高速铁路客车车轮开发	二等奖	2004 年
		铁路机车车轮的研制与开发	二等奖	2005 年
		车轮成型工艺创新及关键技术研究	二等奖	2006 年
		重载铁路列车用车轮钢及关键技术研究	二等奖	2011 年
		高品质铁路机车用整体车轮关键制造技术研究与产品开发	一等奖	2015 年
		马钢高速车轮制造技术创新	一等奖	2018 年
2	安徽省科学技术进步奖	200 公里/小时高速铁路客车车轮开发	三等奖	2003 年
		离散制造业生产优化与执行系统	一等奖	2009 年
		重载铁路列车用车轮钢及关键技术研究	一等奖	2012 年
		高性能铁路机车用整体车轮关键制备技术集成及国产化	一等奖	2016 年
		马钢高速车轮技术研究和产品开发	一等奖	2018 年
3	中国钢铁工业产品开发市场开拓奖	铁路货运重载车轮		2012 年
		高品质整体机车车轮		2016 年

表 7-7　2001—2019 年马钢车轮获国家级、省级新产品和高新技术产品情况

序号	类型	名称	时间
1	国家重点新产品	新材质重载货车车轮	2011 年
		大功率机车用 J1、J2 辗钢整体车轮	2013 年
2	安徽省重点产品	新材质重载货车车轮	2011 年
		大功率机车用 J1、J2 辗钢整体车轮	2013 年
3	安徽省新产品	CL65、CL70 级重载车轮	2010 年
		大功率机车用 J1、J2 辗钢整体车轮	2012 年
		出口大轴重重载矿运列车用系列高硬度材料	2013 年
		大功率 HXN5 内燃机用整体机车车轮	2014 年
		J11 材质整体机车车轮	2015 年
		40—45 吨轴重重载矿运列车用车轮	2016 年
		重载列车用 AAR-BM 车轮	2018 年
		城市轨道交通用阻尼环车轮	2019 年
4	安徽省高新技术产品	CL65、CL70 级新材质重载货车车轮	2011 年
		大功率机车用 J1、J2 辗钢整体车轮	2012 年
		时速 350 公里中国标准动车组用车轮	2017 年

特钢：为了满足我国动车组轮轴国产化及高品质特殊钢产品开发需要，2009 年，马钢正式开始特钢生产线建设，并于 2011 年 10 月建成投产，历经十余年的发展，马钢特钢产品已广泛应用于轨道交通、能源、汽车零部件、高端制造四大领域。

轨道交通用钢：2012—2017 年，马钢承担了“基于超高功率电炉流程的 LZ50 车轴钢产品开发”“轨道交通用车轴钢和动车组轮轴产品开发及产业化”“轨道交通高速重载轮轴用钢关键共性工艺技术研究及其产品开发”“时速 350 公里高铁用高性能车轴产品开发”等多项安徽省科技攻关项目。依托项目的研究，马钢在国内首次开发出具有完全自主知识产权的连铸工艺高品质车轴钢，填补了国内空白。其中，开发出的连铸工艺铁路货车用 LZ50 车轴钢通过了国金恒信认证，实现了批量供货；开发出的重载车轴用 LZ45CrV 车轴钢在国内第一家通过了国金恒信认证，实现批量供货。开发出的时速 250 公里动车组车轴钢、时速 350 公里高速动车组车轴钢均顺利通过装车运行考核，产品实物质量及关键技术达到了国际先进水平，实现了批量供货，为我国高铁车轴的国产化奠定了扎实的基础。同时，开发出了 IDC35e、JZ35、AAR M101F、EA1N、EA4T、RSA1、RSA2 等系列车轴钢产品，实现了连铸工艺车轴钢的全谱系覆盖。马钢股份连铸工艺车轴钢产品在巩固已有国内及北美市场的基础上，成功进入韩国、阿根廷、南非等市场，市场占有率为 60%以上。

在连铸工艺车轴钢研发的同时，马钢依托“重载及高速列车用高品质齿轮钢关键技术开发”“先进轨道交通关键零部件动车组联轴器和高速列车制动盘研发及产业化”等安徽省科技攻关项目，相继开发了一系列轨道交通关键零部件用钢。其中，开发的重载列车钩尾框用钢填补国内空白，实现批量供货；在国际上首次采用连铸工艺成功开发了轨道交通用三级齿轮材料，并通过了 GE 轨道（AGMA923 grade3）认证，使马钢成为继美国铁姆肯（电渣工艺）之后全球第二家、国内唯一一家通过 GE 轨道认证的企业，结束了我国轨道交通用三级齿轮材料全部依赖进口局面。

2018—2019 年，马钢承担了国家重点研发计划“高端装备典型构件用特殊钢的示范应用研究”、工信部工业强基工程“高性能齿轮渗碳钢工程实施方案”。依托项目的研究，开发的高铁齿轮钢 18CrNiMo7-6 通过中车认证并在复兴号装车运行考核超过 80 万千米。重载机车用从动齿轮用钢通过认证，在西北铁路线运行。开发出了大型非金属夹杂物高效评价方法；开发出了采用微缩构件法预测全尺寸车轴疲劳极限方法。

[能源用钢]

2012—2015 年，马钢承担了马鞍山市科技计划项目“高品质石油开采用钻铤钻杆用合金钢棒材的研发”、安徽省自主创新专项资金项目“7 兆瓦级风力发电系统关键零部件用铁基新材料产品开发”。依托项目的研究，开发出了 4137H、4145H、27CrMoNbTi 等石油开采用钢，实现批量供货；开发出了石油采油树用钢 AISI 4130、F22 产品，实现批量供货，替代进口产品；开发出了 P11、P22、12Cr1MoVG 等锅炉管用钢，实现了批量供货。

2016—2017 年，在国内首次开发出了连铸工艺超超临界高压锅炉管用 P91 钢，并在 P91 钢的研究基础上，开发出了连铸工艺超超临界高压锅炉管用 P92 钢，产品实物质量及关键技术达到了国内领先水平，填补了国内空白，实现了批量供货。开发出了风电轴承用 42CrMo4-OJ、42CrMo4，风电齿轮用 18CrNiMo7-6、18CrNiMo7-6FAL/09 等产品成功进入上海欧标柯特有限公司、成都天马铁路轴承有限公司、南京高速齿轮制造有限公司、徐州罗德艾德环段有限公司等一流风电轴承、齿轮企业，实现批量供货。开发出了核电转子用 20Cr2Ni1Mo 钢，通过了国核（北京）科学技术研究院二方审核，实现批量供货。

2018—2019 年，开发出了深海采油接头用不锈钢 AISI 410，实现批量供货。开发出了风电环件用钢 42CrMo-C 通过了瓦轴二方审核。开发出了风电齿轮用钢通过了 GE 风电集团二方审核及样件认证，并先后通过了徐州罗德艾德、新罗、海陆的二方审核认证。开发出了高强度页岩气开采套管用 MY140V 热轧圆钢，填补了国内空白，实现批量供货。

[汽车零部件用钢]

2012—2014 年，开发出了齿轮钢 22CrMoH，通过了国内多家知名齿轮生产企业试用，实现批量供货。

2015—2017 年，开发出了前轴用 40Cr、42CrMo 热轧圆钢、重载变速箱用 FM8T 热轧圆钢、后桥主、从动齿轮用 22CrMoH 热轧圆钢产品，首次实现汽车 A 类保安件用钢批量供货。开发出了汽车盆角齿用钢 8822H 通过南高齿、杭齿、株齿等国内知名齿轮钢企业的试用。

2018—2019 年，开发出了汽车前桥用 42CrMo/40Cr 热轧圆钢，通过了相关企业的现场审核及产品认证，实现批量供货。开发出了高性能汽车齿轮用 8620 系列及 19CN5 系列齿轮钢产品，实现批量供货。

[高端制造用钢]

2012—2014 年，高碳铬轴承钢 GCr15 通过全国工业产品生产许可证办公室审查，国家质量监督检验检疫总局颁发了全国工业产品生产许可证，并通过瓦轴及洛轴的二方认证。

2001—2019 年，马钢特钢领域共获 2 项省部级科学技术进步奖及行业奖（见表 7-8）。高速车轴用钢 EA4T 产品、超超临界高压锅炉管用 P91 连铸圆坯、时速 350 公里动车组用 DZ2 车轴钢等高品质产品先后被认定为安徽省新产品（6 项）、安徽省高新技术产品（2 项）、冶金行业品质卓越产品（1 项）、冶金产品实物质量认定“金杯优质产品”（1 项）（见表 7-9）。

表 7-8　2001—2019 年马钢特钢领域获行业及省部级奖情况

序号	类型	名称	等级	时间
1	中国钢铁工业协会、中国金属学会冶金科学技术进步奖	重载车轴钢冶金技术研发创新及产品开发	一等奖	2019 年
2	安徽省科学技术进步奖	超超临界高压锅炉管用 P91 钢关键冶金技术研究及产品开发	二等奖	2019 年

表 7-9　2001—2019 年马钢特钢领域省级新产品和高新技术产品

序号	类型	名称	时间
1	安徽省新产品	轨道交通用高品质连铸工艺 LZ50 车轴钢	2015 年
		高强度拉杆用热轧圆钢	2017 年
		重载钩尾框用钢	2017 年
		轨道交通高速车轴用钢 EA4T 产品	2018 年
		超超临界高压锅炉管用 P91 连铸圆坯	2018 年
		时速 350 公里动车组用 DZ2 车轴钢	2019 年
2	安徽省高新技术产品	轨道交通重载车轴用钢 LZ45CrV 产品	2017 年
		时速 350 公里动车组用 DZ2 车轴钢	2018 年
3	冶金行业品质卓越产品	连铸工艺生产铁道车辆车轴用 LZ50 钢坯	2017 年
4	冶金产品实物质量认定“金杯优质产品”	连铸工艺生产铁道车辆车轴用 LZ50 钢坯	2018 年

[线材领域]

1987 年，马钢引进了国内首条高速线材生产线。为保持产线的先进性，在 2003 年和 2015 年分别进行了两轮技术改造升级，支撑马钢在线材领域实现产品结构升级。

2003—2008 年，马钢承担了国家“863”计划项目“在线软化处理高性能冷镦钢研究开发”、国家“863”计划引导项目“低温控轧控冷型紧固件用非调质钢线材的研究开发”、国家支撑计划项目“钢结构连接件用低成本高强度非调质冷镦钢产品开发”。依托项目的研究，马钢集团在国内首次实现高速线材热机械轧制工艺技术与装备的自主开发与创新，突破了非调质冷镦钢制造高强度紧固件近 30 年的制约瓶颈，拥有在线软化处理高性能低成本冷镦钢的核心技术和自主知识产权。

2009—2015 年，马钢承担完成了安徽省科技项目“节能型紧固件用含硼钢产品开发及应用技术”，开发了免退火含硼冷镦钢系列产品，成为国内唯一拥有在线软化处理高性能低成本冷镦钢的核心技术和自主知识产权的企业，并在国际上率先制定了非调质冷镦钢的盘条、钢丝及紧固件制造的国家标准，为节能型冷镦钢的大量生产及推广应用奠定了基础，具有里程碑式的重要意义。通过技术攻关与市场推广，马钢集团已形成了碳素冷镦钢、免退火冷镦钢、非调质冷镦钢、含硼冷镦钢、合金冷镦钢等全系列冷镦钢产品。

2016—2019 年，新开辟了电炉流程“二火”成材生产工艺路线，产品定位为高端工业线材，经过多年的技术攻关，成功开发了汽车用冷镦钢、汽车悬架弹簧钢、稳定杆及轨道交通用弹簧钢、高等级滚珠滚针用轴承钢、超高强度钢丝绳用高碳钢、高强度焊丝钢等新产品，实现了批量供货，其中开发的轨道交通移动装备用高强高韧紧固件用钢技术指标达到了国际先进水平。

2001—2019 年，马钢线材领域形成的成果获省部级科学技术奖及行业奖 5 项，其中一等奖 1 项、二等奖 2 项（见表 7-10），高强度紧固件用冷镦钢热轧盘条、含硼冷镦钢热轧盘条等产品先后被认定为安徽省新产品（2 项）和安徽省高新技术产品（3 项）（见表 7-11）。

表 7-10　2001—2019 年马钢线材领域获省部级奖及行业奖情况

序号	类型	名称	等级	时间
1	中国钢铁工业协会、中国金属学会冶金科学技术进步奖	免后续热处理节能型冷镦钢产品开发及应用技术	二等奖	2014 年
2	安徽省科学技术进步奖	高性能低成本冷镦钢在线软化技术的研究	一等奖	2007 年
		8. 8—10. 9 级紧固件用冷作强化非调质钢研究开发	二等奖	2011 年

表 7-11　2001—2019 年马钢线材领域省级新产品和高新技术产品

序号	类型	名称	时间
1	安徽省新产品	高强度紧固件用冷镦钢热轧盘条	2010 年
		含硼冷镦钢热轧盘条	2013 年
2	安徽省高新技术产品	高强度紧固件用冷镦钢热轧盘条	2011 年
		含硼冷镦钢热轧盘条	2013 年
		10. 9 级轨道交通紧固件用 ML45Mn2 冷镦钢	2019 年

［热轧带肋钢筋领域］

热轧带肋钢筋作为马钢特色产品之一，主要包括高强（抗震）钢筋、低温钢筋、耐蚀钢筋等产品。马钢热轧带肋钢筋曾获国家质检总局颁发的全国首批国家质量免检产品称号，被中国建筑材料企业管理协会评为中国建材质量信得过知名品牌，通过香港 BS 注册认证。

2008—2012 年，马钢承担了国家科技支撑项目“高效节约型建筑用钢产品开发及应用研究”子课题二“低成本节约型热轧带肋钢筋产品开发”。针对我国热轧带肋钢筋生产应用方面存在的钢筋性能低、钢材浪费大、生产工艺落后、资源能源消耗较高等问题，进行了低成本节约型热轧带肋钢筋产品开发、生产关键技术和性能研究，实现了工业规模的大批量生产和应用，实物质量达到了国际先进水平。

2013—2018 年，马钢承担了安徽省科技攻关项目“液化天然气储罐建设工程专用低温钢筋的研制”，通过自主创新，突破了若干关键生产工艺技术，低温钢筋 HRB500DW 性能完全满足 LNG 储罐使用技术要求，该产品替代了进口并填补了国内空白，在国内 LNG 储罐建设中实现首发示范应用和批量推广应用。

2019 年，为适应建筑钢筋高强化的发展趋势，马钢自主开发国内最高强度的 HRB635E 建筑钢筋产品，与 HRB400 兆帕钢筋相比，可节省钢筋用量达 32%，明显降低了布筋密度，提高了钢筋混凝土的结合力，大幅度提升混凝土结构的抗震强度与抗核冲击波的能力，已形成了批量生产能力，产品质量受到用户好评，在涡阳奥体中心、寰宇设计院大楼、颍上淮河吾悦广场、六安工商银行金库工程等重点工程项目上实现批量应用。

2001—2019 年，马钢热轧带肋钢筋领域形成的成果获省部级科学技术进步奖及行业奖 6 项，其中一等奖 1 项、二等奖 1 项（见表 7-12），液化天然气储罐用低温钢筋、600 兆帕级抗震钢筋等产品先后被认定为安徽省新产品（2 项）和安徽省高新技术产品（2 项）（见表 7-13）。

表 7-12　2001—2019 年马钢热轧带肋钢筋领域省部级奖以及行业奖情况

序号	类型	名称	等级	时间
1	中国钢铁工业协会、中国金属学会冶金科学技术进步奖	钒氮微合金化技术及高效节约型建筑用钢开发	一等奖	2011 年
2	安徽省科学技术进步奖	节约型含微量铌控冷 400 兆帕级钢筋的研制	二等奖	2010 年

表 7-13　2001—2019 年马钢热轧带肋钢筋领域省级新产品和高新技术产品情况

序号	类型	名称	时间
1	安徽省新产品	液化天然气储罐用低温钢筋 HRB500DW	2018 年
		经济型微铬 Nb-V 复合微合金化 600 兆帕级抗震钢筋	2019 年
2	安徽省高新技术产品	HRB335E、HRB400E、HRB500E 系列抗震钢筋	2011 年
		低成本控冷自正火 HRB400 钢筋	2011 年

［型钢领域］

马钢大 H 型钢生产线是国内第一条大型热轧 H 型钢生产线，为满足市场品种、规格配套需求，马钢相继新建了小 H 型钢生产线、中型材生产线，2019 年又建成国内首条重型 H 型钢生产线，马钢热轧型钢总产能达到 310 万吨，产品规格覆盖国标、日标、韩标、美标、英标、欧标、俄标等标准，并在高等级产品研发上取得诸多突破，在国内率先开发了海洋石油平台、铁道车辆、高寒油气结构、高强耐火抗震、汽车大梁等高附加值专用热轧 H 型钢产品，打破了国外在高等级热轧 H 型钢关键生产技术上的封锁，结束了国外热轧 H 型钢对中国市场的垄断。

2001—2005 年，BS55C 热轧 H 型钢钢桩首次通过香港开发总署认证，成功进入香港市场，并逐步实现批量供货。耐火热轧 H 型钢研制获得成功，并应用于上海中福花园高层住宅的建设，填补了国内耐火 H 型钢的生产空白。首次开发海洋石油平台用热轧 H 型钢，全面替代进口产品。成功研制国内首批铁道车辆用耐候热轧 H 型钢，进行装车运行试验验证，取得成功。在此期间，马钢热轧 H 型钢在美国反倾销胜诉，成为国内首家反倾销成功案例。

2006—2010 年，铁道车辆用耐候热轧 H 型钢研发取得重大突破，首次大批量应用于铁道车辆制造，尤其是 Q420 高强铁道车辆用耐候热轧 H 型钢，批量应用于中车各车辆厂。成功开发汽车大梁用热轧 H 型钢和高速铁路客运专线用铁路接触网耐候 H 型钢，实现大批量应用。

2011—2015 年，成功试制大规格铁塔角钢，获国家电网资质认证，并实现 1.2 万吨产品顺利供货。成功开发耐低温热轧 H 型钢、热轧角钢和热轧槽钢产品，并获俄罗斯亚马尔项目首批订单 2.2 万吨。

2016—2019 年，成功开发热轧花纹 H 型钢，专用车鹅颈用热轧 H 型钢，厚度方向性能 H 型钢及 W14 和 W4 极限规格热轧 H 型钢，并实现批量生产及供货，填补国内空白。针对多个领域提出的新要求，相继开发铁道车辆用钢、低温钻机用钢、特高压输电塔用钢、美标船体用钢、桥梁用钢等10余个新品种。

2001—2019年，马钢在型钢研发过程中形成的成果获得国家级和省部级奖共计11项，其中特等奖1项、一等奖3项、二等奖3项、三等奖4项（见表7-14），被认定安徽省新产品2项、安徽省高新技术产品2项（见表7-15），主持制修订型钢国家标准和行业标准15项（见表7-16）。

表7-14　2001—2019年马钢型钢领域获国家和省部级等奖项（特等奖、一等奖、二等奖）情况

序号	类型	名称	等级	时间
1	国家科学技术进步奖	热轧H型钢产品开发与应用技术研究	二等奖	2006年
2	冶金科学技术进步奖	热轧H型钢产品开发与应用技术研究	特等奖	2006年
		高寒地区结构用热轧H型钢关键制造技术研究与应用	一等奖	2017年
3	安徽省科学技术进步奖	高强度高韧性海洋石油平台用H型钢产品研制	二等奖	2002年
		高效异型坯连铸技术的开发与应用	一等奖	2003年
		近终形异型连铸坯裂纹形成原因及质量控制技术研究	二等奖	2006年
		高低温韧性热轧H型钢关键制造技术研究	一等奖	2018年

表7-15　2001—2019年马钢型钢领域省级新产品和高新技术产品

序号	类型	名称	时间
1	安徽省新产品	高速铁路接触网支柱用热轧H型钢	2014年
		S355ML耐低温高韧性热轧H型钢	2015年
2	安徽省高新技术产品	Q345-Q420兆帕级高强度耐候H型钢	2011年
		高速铁路接触网支柱用热轧H型钢	2014年

表7-16　2001—2019年马钢主持制修订型钢标准

序号	类型	名称	发布时间
1	国家标准	GB/T 20933—2014热轧钢板桩	2014年
		GB/T 706—2016热轧型钢	2016年
		GB/T 11263—2017热轧H型钢和剖分T型钢	2017年
		GB/T 33968—2017改善焊接性能热轧型钢	2017年
		GB/T 33976—2017原油船货油舱用耐腐蚀热轧型钢	2017年
		GB/T 34103—2017海洋工程结构用热轧H型钢	2017年
2	行业标准	YB/T 4754—2002船用热轧T型钢	2002年
		YB/T 4261—2011耐火热轧H型钢	2011年
		YB/T 4274—2012海洋石油平台用热轧H型钢	2012年
		YB/T 4423—2014 H型钢翼缘斜度用卡板	2014年
		YB/T 4426—2014汽车大梁用热轧H型钢	2014年
		YB/T 4427—2014热轧型钢表面质量一般要求	2014年
		YB/T 4620—2017抗震热轧H型钢	2017年
		YB/T 4705—2018热轧平行腿槽钢	2018年
		YB/T 4755—2019高耐候热轧型钢	2019年

［热轧板领域］

马钢热轧板产品从2003年10月马钢股份CSP产线建成投产后开始起步，2007年和2013年分别建成了常规流程2250线和1580线，经过不断研发，形成了以建筑用材、汽车结构钢、管线钢、船板用钢、容器板用钢、耐蚀钢等品种体系，产品研发伴随着市场需求向着高强、高耐蚀、高韧性、极限规格等方向发展。

2003—2007年，通过与重庆汽车研究所的合作，结合开展国际合作项目“V、Nb微合金化在CSP产品开发的应用研究”，成功在CSP线上开发出汽车用大梁钢。2005年3月，采用薄板坯连铸连轧工艺成功轧制出第一批MG-W600无取向硅钢热轧卷；2005年，成功批量轧制1.95毫米耐候钢SPA-H；2006年，CSP线生产花纹板试轧成功；2006年，成功开发了铌微合金化X52等系列管线钢。在中板线开发了A32/A36、D32/D36系列高强船板，并与中国人民解放军海军工程大学等科研院校合作在中板线开发了军工用耐蚀B级船板。

2007—2011年，马钢股份第四钢轧总厂2250产线建成投产，马钢通过自主技术创新，形成了系统的X80、X70高强韧管线钢批量生产集成技术，解决了在传统2250连轧机组批量工业生产厚规格X80和X70管线钢的国际性难题，2250线生产的X80管线钢超厚规格达21.4毫米。开始供应以“西气东输二线”工程为代表的高强管线钢，这一时期马钢集团成为国内公认的五大管线钢制造基地之一。“X42—X80热轧管线钢”获安徽省级新产品认定。“高钢级X70—X80热轧管线钢的研制”获冶金科学技术奖二等奖。2009年，马钢集团国内首发的直缝焊管用液压油缸管用钢Fe510D获Marcegaglia公司认可，开始批量供货，在国内开启了再冷拔焊管在液压油缸上的应用。2008年，屈服强度700兆帕级高强钢开始立项研发。马钢系列焊瓶钢产品取得了特种设备制造许可证。2011年，马钢船板钢取得了七国船级社（DNV、BV、GL、ABS、LR、NK、RINA）认可证书。

2012—2015年，“焊接气瓶用钢HP295和HP345”“集装箱耐候钢SPA-H和345兆帕级铁路车辆用耐候钢”“铁道车辆用高强耐候钢Q450NQR1的开发和研究”“混凝土搅拌罐用钢M520JJ和M750JJ”获安徽省级新产品和高新技术产品认定。2012年，与三一重工股份有限公司签订了《高强度焊接结构钢S600MCD和S700MCD供货技术协议》，开始供应起重机吊臂用高强钢。2013年8月，X90分别通过中石油华油钢管有限公司制管及评价和中石油管道工程技术研究院热轧板和钢管认证评价。获国内唯一X90特种设备制造许可证。2014年，S450EW高强度高耐候货车车厢板通过了铁路系统生产资质认证。2015年，研制的M520JJ和M750JJ高强钢攻克2100毫米极限宽度规格轧制难题。

2016—2019年，“车体轻量化用系列热轧高强钢的绿色制造及产业化”项目获安徽省科学技术奖二等奖。安徽省科技重大专项“吉帕级超高强热轧钢板绿色制造关键技术及商用车轻量化示范应用”立项，启动混凝土用搅拌罐车用新型超高强钢M950JJ立项研发。2018年，马钢研发海底管线钢X65MO产品，并快速形成了批量供货，在国内DF13-2项目、渤中34-9项目、垦利6-1项目等8个海底管线工程上实现了工程应用，总量近6万吨，并于2019年“海底管线钢X65MO”获安徽省高新技术产品认定。

2001—2019年，马钢热轧领域获国家、安徽省、行业科学技术奖项共15项，其中一等奖2项、二等奖6项、三等奖7项（见表7-17），2001—2019年，马钢热轧领域取得的省级新产品和高新技术产品认定情况见表7-18。

表 7-17 2001—2019 年马钢热轧领域获科学技术进步奖（一等奖、二等奖）情况

序号	类型	名称	等级	时间
1	国家科学技术进步奖	转炉-CSP 流程批量生产冷轧板技术集成与创新	二等奖	2007 年
2	中国钢铁工业协会、中国金属学会冶金科学技术进步奖	马钢转炉-CSP 流程批量生产冷轧板技术集成与创新	二等奖	2007 年
		高钢级 X70—X80 热轧管线钢的研制	二等奖	2009 年
		热轧板带材表面氧化机理研究与新一代控制技术开发及应用	一等奖	2019 年
		基于铸轧全流程的轧机振动协同控制技术及推广应用	二等奖	2019 年
3	安徽省科学技术进步奖	高钢级 X70—X80 热轧管线钢的研制	一等奖	2009 年
		车体轻量化用系列热轧高强钢的绿色制造及产业化	二等奖	2018 年
		CSP 铸轧全流程薄带钢振痕生成机制研究与抑振控制	二等奖	2019 年

表 7-18 2001—2019 年马钢热轧领域省级新产品和高新技术产品

序号	类型	名称	时间
1	安徽省新产品	M510L—M590L 汽车用热轧大梁钢板	2010 年
		焊接气瓶用钢 HP295 和 HP345	2012 年
		铁道车辆用高强耐候钢 Q450NQR1 的开发和研究	2012 年
		集装箱耐候钢 SPA-H 和 345 兆帕级铁路车辆用耐候钢	2013 年
		经济型 X70 和 X80 管线钢	2013 年
		混凝土搅拌罐用钢 M520JJ 和 M750JJ	2014 年
2	安徽省高新技术产品	X42—X80 热轧管线钢	2011 年
		M510L—M590L 汽车用热轧大梁钢板	2011 年
		焊接气瓶用钢 HP295	2012 年
		铁道车辆用高强耐候钢 Q450NQR1 的开发和研究	2012 年
		集装箱耐候钢 SPA-H 和 345 兆帕级铁路车辆用耐候钢	2013 年
		经济型 X70 和 X80 管线钢	2013 年
		混凝土搅拌罐用钢 M520JJ 和 M750JJ	2014 年
		海底管线钢 X65MO	2019 年

［硅钢领域］

根据国民经济及市场对硅钢产品的巨大需求，依托“十五”期间国家科技支撑项目，通过自主研发，马钢成功研制出系列无取向电工钢产品并建成年产 55 万吨的三条全工艺电工钢生产线，丰富了马钢产品结构，并成为国内无取向电工钢产品生产的主要企业之一。

“十五”期间，马钢集团与钢铁研究总院、武汉钢铁集团有限公司三家联合开展薄板坯连铸连轧（CSP）流程生产无取向硅钢研究。2005 年开始将研究成果应用于马钢 CSP 流程生产硅钢热轧原料。

2005 年，国内首家采用 CSP 流程成功生产出半工艺无取向硅钢 MBDG，产品当年成功推广应用于黄石东贝、天津扎努西等企业。随后根据市场需求，陆续开发出 M50B450、M50BSP 等半工艺硅钢产品。

2007 年 3 月，硅钢一期工程（2 架 UCM 单机架轧机、2 条连续低牌号连退机组、1 条推拉式酸洗机组）竣工投产，设计产能 40 万吨。国内首家采用 CSP 生产无取向硅钢，投产当年实现 M50W1300、M50W800、M50W600 共 3. 58 万吨的批量化生产和市场应用。

2008 年，马钢形成完整的 CSP 流程半工艺电工钢产品技术，成为国内最大的半工艺电工钢供应商，产品在天津扎努西、上海海立、常州腾普等知名企业大量应用。

2009 年，马钢 CSP 流程全工艺冷轧电工钢产品技术趋于完善，形成了优于常规流程磁性能及成本的短流程全工艺电工钢系统技术，并形成相关成果。2010 年，硅钢一期生产线基本达产，无取向硅钢产量达到 38.35 万吨，产能利用率 88.37%。2011 年，马钢股份短流程全工艺电工钢产品在板形质量控制取得重要突破和进展，产品进入高端电机市场。2012 年 12 月，硅钢二期工程（1 条酸洗常化线、1 台 UCM 单机架轧机、一条中高牌号连退机组）竣工投产，产能设计 15 万吨。2013 年，具备 CSP 和传统流程生产无取向硅钢的能力，陆续开发出市场需求量大的 M50W470、M35W300 主流中高牌号硅钢产品，同年，硅钢总量达到 41.15 万吨，全面达产，其中高效高牌号硅钢占比 25%。

2014—2017 年，2014 年 M35W300 产品在格力批量应用于高效压缩机，2016 年底成立新能源汽车驱动电机用硅钢开发小组，启动市场调研和产品开发工作。2016—2017 年，高牌号硅钢进入快速开发和应用阶段，平均年产量达到 51 万吨，产能利用率 127%。形成通用型 M50W270-W1300、M35W250-W550、M50W470H-W600G、新能源硅钢 M35V2100-V1700、M30V1800-V1600 及个性化系列产品。

2018 年 10 月，1 号单机架轧机、1 条底牌号连退机组（CA2）完成产线改造，同时新增 1 条常化机组，马钢硅钢产线首次具备 2 条常化机组和 2 条中高牌号连续退火机组，硅钢设计总产能达到 5 万吨/年，其中高牌号产能设计达到 35 万吨，板型及尺寸精度控制技术达到国内先进水平。

2019 年，马钢硅钢产品实现低中高牌号全系列覆盖，涵盖 0.27—0.65 毫米厚度全系列无取向硅钢产品；产品牌号涵盖 M65W800-M65W400、M50W1300-M50W250、M35W550-M35W250、M30W230 及新能源汽车 M35V2100-M35V1700、M30V1800-M30V1600、M27V1500、高磁感系列 M35HV1700、M30HV1500、M27HV1400 及个性化需求产品。

马钢硅钢领域经过“十五”时期的发展和进步，形成了自主知识产权和制造集成技术，授权发明专利 100 余项，承担安徽省重点攻关项目 2 项，安徽省自然基金项目 1 项，公司科研及攻关项目 70 余项，中心级科研项目 60 余项。先后获安徽省科学技术进步奖二、三等奖、冶金行业科学技术进步奖二等奖共 7 项，其中二等奖 3 项、三等奖 4 项（见表 7-19）；安徽省名牌产品、安徽省新产品和高新技术产品认定情况见表 7-20；产品广泛应用于家电、工业电机、发电装备、新能源汽车等领域。

表 7-19　2001—2019 年马钢电工钢领域国家、省部级奖及行业奖二等奖情况

序号	类型	名称	等级	时间
1	科技部国家科学技术进步奖	转炉-CSP 流程批量生产冷轧板技术集成与创新	二等奖	2007 年
2	安徽省科学技术进步奖	CSP 流程 M50W800 电工钢研制	二等奖	2009 年
		薄板坯连铸连轧生产无取向电工钢技术集成与创新	二等奖	2016 年

表 7-20　2001—2019 年马钢硅钢领域省级新产品和高新技术产品

序号	类型	名称	时间
1	安徽省新产品	CSP 流程 M50W1300—M50W600 无取向电工钢	2010 年
		CSP 流程无取向电工钢 M50W470	2012 年
		工业电机用 M50WGD 硅钢	2014 年
		高磁感无取向电工钢 M50W600G 产品	2016 年
		薄规格高牌号无取向硅钢 M35W300	2017 年
		M35W300D 高磁感无取向硅钢	2018 年
		高性能取向硅钢热轧卷 MCGO-2 产品	2019 年

续表 7-20

序号	类型	名称	时间
2	安徽省高新技术产品	CSP 流程 M50W1300—M50W600 无取向电工钢	2011 年
		SP 流程无取向电工钢 M50W470	2012 年
		工业电机用 M50WGD 硅钢	2014 年
		高磁感冰箱压缩机用 M50W600-H 产品	2015 年
		定频空调压缩机用 M50WLD 产品	2015 年
		高效电工钢 M50W470H 产品	2016 年
		M35W440 薄规格无取向硅钢	2017 年
		超高效压缩机用高磁感硅钢 NJ-1	2018 年

[冷轧板领域]

马钢集团在“十五”期间成为国内较早生产冷轧板带产品的企业，并逐步发展为包含酸洗板、冷轧板、镀层板、彩涂板的产品体系，提供市场超 300 万吨/年的优质冷轧板带产品，产品覆盖空调、冰箱、洗衣机、IT 产品、影视组件模块、厨卫电器、卫浴电器、生活家电及相关配套领域，国内市场占有率持续保持在 25%以上，稳居国内钢铁企业第一梯队。

2004—2008 年，随着 1 号镀锌线及彩涂线的投产，冷轧系列薄板正式进入马钢产品家族。冷轧板材研发初露头角，无铬耐指纹镀锌产品实现国内首发，成为格力电器等家电企业的主流供应商，高性能彩涂产品进入计算机、DVD、电冰箱等领域。

2009—2011 年，高档家电板产品研发持续发力，成功进入美的、三星、中兴等国内外知名企业。围绕高技术难度、引领性新产品，重点研发了冰箱侧板、写字板等家电专用彩涂产品。无铬环保热镀锌钢板荣膺 2011 年安徽省高新技术产品。

2012—2014 年，重点开发了焊管用冷轧板、深冲用镀锌板、自润滑镀锌板、绒面彩涂板、功能型热镀锌产品、功能型自润滑热镀锌钢板等新产品。深冲用锌铁合金热浸镀锌钢板的研究与开发通过 2012 年安徽省科学技术成果鉴定。根据市场和客户导向，积极优化产品结构，酸洗板形成家电压缩机用系列产品，进入了格力、凌达等名企，捆包带用高强冷轧产品突破关键技术并形成批量。具有自主知识产权的功能型系列产品成功应用于富士康等标杆企业，家电用环保型热镀锌钢板研究开发与制造技术获得 2013 年安徽省科学技术成果奖二等奖。2014 年，重点拓展了功能型热镀锌产品，功能型自润滑热镀锌钢板的研究开发与制造技术获 2014 年安徽省科学技术进步奖二等奖。热轧酸洗板覆盖电冰箱、空调压缩机用钢全系列并广泛应用。彩涂板占据 90%电梯行业市场份额，产量同比提升近 2 倍，基于电梯门用高耐蚀彩涂板的研制与开发通过 2014 年安徽省科技成果鉴定。

2015—2016 年，推行研产销工作机制和 EVI 服务战略，渗氮用钢及第二代渗氮钢实现国内首发，通过苏泊尔认证并批量应用。全系列搪瓷钢抗鳞爆性能取得突破，形成规模用户群。功能型热镀锌材料占有率跃居国内第一。门业、油桶、焊丝钢及电镀基板等通过用户认证，支撑合肥板材机组快速达产。酸洗板通过美芝空调压缩机认证。彩涂板领域攻克电视机背板用彩涂板成形难题，推广印花彩涂工艺应用于门业，热覆膜彩板产品扩展新市场，“杏白”彩板通过格力认证，深冲彩板通过美的空调认证。

2017—2019 年，持续推进技术研发、现场和 EVI 技术服务，为 5 号镀锌机组达产提供重要支撑，环保型耐高温家电用镀铝硅产品引领国内市场，表面质量大幅度提升，高端应用领域不断扩大，耐低温用热镀锌产品通过上海真兰认证，伺服器用高导电热镀锌产品通过富士康认证。搪瓷钢系列产品跃居国内第一梯队，新能源汽车电池用钢形成系列，填补省内空白，通过沃特玛认证并批量供货，极薄规格冷轧电池壳钢稳定批量供货，部分替代进口。冷轧耐候钢稳定应用于唐车 160 千米/小时动车车体制造。彩涂新品通过格力、美的、索尼等行业领军企业认证，批量应用于空调、电冰箱、空气能热水器、电视机等大家电行业。成功开发了特殊行业用耐双氧水彩涂板、畜牧养殖行业及医疗净化行业等专用彩涂板，室外电器 PCM 化技术方案得到格力电器、A. O 史密斯等客户认可。

2001—2019 年，马钢冷轧领域获安徽省级科学技术进步奖情况见表 7-21，2001—2019 年，马钢冷轧领域取得安徽省级新产品和高新技术产品情况见表 7-22。

表 7-21　2001—2019 年马钢冷轧领域省级科学技术进步奖

序号	类型	名称	等级	时间
1	安徽省科学技术进步奖	家电用环保型热镀锌钢板研究开发与制造技术	二等奖	2013 年
		功能型自润滑热镀锌钢板的研究开发与制造技术	二等奖	2014 年

表 7-22　2001—2019 年马钢冷轧领域省级新产品和高新技术产品

序号	类型	名称	时间
1	安徽省新产品	焊接气瓶用钢 HP295 和 HP345	2012 年
		基于捆包带用高强度冷轧系列产品	2014 年
2	安徽省高新技术产品	无铬环保热镀锌钢板	2011 年
		基于捆包带用高强度冷轧系列产品	2014 年

［**汽车板领域**］

马钢集团自 2007 年新区板带基地投产正式进入汽车板领域，经历了 10 年的快速发展。汽车板产销量从零开始，产品从软钢到高强钢、从内板到面板，客户从自主到合资，技术服务从局部到整车解决方案，经历了从无到有、由弱转强的发展过程，成为了国内主力供应商之一。

2004 年 12 月，马钢集团“十五”期间技改工程“CSP-冷轧薄板系统（CSP、1720 酸洗冷轧、罩式退火炉、1 号+2 号镀锌线）”正式投产，标志着马钢由传统的建材用钢生产企业步入冷轧薄板生产企业，马钢汽车板产品也始于此时。2005 年，马钢第一块短流程的汽车板开始向奇瑞汽车供货，此时的汽车板品种仅为低等级 CQ 系列（SPCC、DC01、DC03）。为加强合作，双方成立了“马钢-奇瑞联合实验室”。

“十一五”期间，马钢集团启动新区 500 万吨精品板带结构调整工程。2007 年 9 月 20 日，马钢股份新区长流程钢轧生产线（炼钢、连铸、2250 热轧、2130 冷轧、3 号、4 号镀锌线）正式投产，标志着马钢正式开启汽车板之路，并向高端、精品迈进，汽车板的发展进入快车道。同年 10 月 18 日，马钢深冲级高端汽车板 DC04 成功开发，标志着开始具备高品质汽车板批量生产的实力，当年汽车板实现供货 20 万吨，并在随后 2 年的时间内，密集开发了 IF 钢、高强 IF 钢、烘烤硬化钢、低合金高强钢、汽车面板等系列高等级高附加值产品。2009 年 12 月，实现了向江淮汽车整车供货，标志着具备了整车供货能力，翻开了马钢集团向汽车生产厂家整车供货的新篇章。

“十二五”期间，启动了热、冷轧双相钢、热成形钢等先进高强汽车用钢以及镀锌汽车外板的开发计划，陆续开发了 450—600 兆帕级冷轧/镀锌双相钢、590—780 兆帕级冷轧/镀锌 TRIP 钢、540 兆帕和 590 兆帕级高扩孔热轧酸洗双相钢等系列高强钢产品。2013 年，马钢集团把汽车板列为公司战略产品，整合汽车板研发、生产、销售，成立了汽车板推进处，按照事业部模式运行汽车板板块，并引进了国外先进汽车板企业的制造技术，进一步提升马钢汽车板文化、管理、技术、质量、营销等。同年9月，马钢成功开发的1980毫米超宽幅冷轧面板和1805毫米超宽幅锌铁合金化面板分别通过陕汽和江淮汽车试用认证，成为国内第二家1800毫米以上宽幅汽车板供货商。2013年，马钢汽车板产销量首次突破110万吨，跻身国内汽车板产销“百万俱乐部”，到2015年，汽车板销量突破150万吨，其中高强钢突破45万吨，占比达30%，完成了第一代先进高强钢的全覆盖开发。此后，马钢汽车板销量逐年以20%速率增长。

在汽车板客户开发方面，马钢通过了奇瑞、江淮、南汽、上汽、长安、吉利、东风等主要自主品牌的材料认证并实现了供货。为了进一步提升自我，实现向高端合资品牌供货，从2012年启动通用汽车认证，2013年10月，马钢4个钢种冷轧牌号通过通用汽车全球一级工程认证，标志着马钢汽车板得到世界一流汽车主机厂的认可，具备向全球通用汽车供应汽车板产品的资质，此后高端主机厂认证不断突破，先后通过了悦达起亚、上汽大众、长安福特等主机厂的认证。

在汽车板营销模式方面，从2014年汽车板在公司内率先开始探索EVI（Early Vendor Involvement，供应商早期介入）创新商业模式，并逐步由传统的材料供应商向服务商转变。为此建立了汽车板应用技术服务团队（包括成形技术、连接技术和涂装技术等），在车型设计开发、车型合理选材、个性化牌号开发、技术降本和技术服务等方面为客户提供售前、售中、售后一揽子解决方案和贴身化的服务，这种先进的营销模式和特色服务，强化了马钢与客户的深度合作，也支撑了马钢汽车板的逐步强大。

在平台方面，不断强化汽车板专业研发实验室建设，已具备了从材料开发、缺陷分析、物化分析，成形、连接和涂装等用户技术服务能力。2016年，通过验收获批挂牌成立“安徽省汽车用钢与应用工程技术研究中心”。2008年，马钢集团作为第二批伙伴单位加入中国汽车轻量化技术创新战略联盟，并于2017年升级为成员单位。

“十三五”期间，汽车板产品逐步走向自主创新之路。2016年，开发了高冷弯性能DP980产品，标志着马钢集团实现1000兆帕级以下高强钢产品全覆盖。

2017年，首卷锌基镀层热成形钢下线并小批量应用，高冷弯性能抗氢致延迟断裂新型热成形钢研发实现突破，产品性能达到国内领先水平，形成了包括锌基镀层、高冷弯、抗氢致延迟断裂热成形钢在内的热成形钢产品家族。

2018年，马钢集团再接再厉，突破产线瓶颈，在常规连退线上，成功开发出第三代汽车用钢QP980，使马钢集团实现并成为国内为数不多的具备QP980生产能力的钢企，同年汽车板销量突破280万吨，达到历史最高水平。

2019年，无镀层免抛丸、新型高韧性铝硅镀层、1800兆帕级高冷弯等热成形钢产品的开发，使马钢成为国内热成形钢领域产品种类最丰富、生产技术实力领先的企业。

2001—2019年，马钢汽车板领域获省部级奖及行业奖共4项，其中一等奖2项、二等奖1项、三等奖1项（见表7-23）；2001—2019年，马钢集团汽车板领域取得的安徽省级新产品和高新技术产品情况见表7-24。

表7-23　2001—2019年马钢汽车板领域省部级奖及行业奖（一等奖、二等奖）

序号	类型	名称	等级	时间
1	安徽省科学技术进步奖	车体轻量化用系列热轧高强钢的绿色制造及产业化	二等奖	2018年
2	全国商业科学技术进步奖	乘用车超高强耐冲撞关键构件先进成形技术研发及产业化	二等奖	2017年
3	中国汽车工业科学技术进步奖	高性能热成形钢马氏体钢开发及其在汽车安全件上的应用	一等奖	2019年

表 7-24 2001—2019 年马钢汽车板领域省级新产品和高新技术产品

序号	类型	名称	时间
1	安徽省新产品	M510L—M590L 汽车用热轧大梁钢板	2010 年
		高强度无间隙原子钢	2012 年
		高强度无间隙原子钢热镀锌汽车板	2014 年
		340—420 兆帕汽车结构用细晶粒热轧酸洗板	2014 年
		热轧屈服 600—700 兆帕级纳米析出型超高强汽车结构钢	2016 年
		1500 兆帕级热轧、酸洗、冷轧热冲压成形用钢板	2017 年
2	安徽省高新技术产品	M510L—M590L 汽车用热轧大梁钢板	2011 年
		DC01—DC06 汽车用冷轧低碳钢板	2011 年
		600 兆帕热镀锌双相钢	2016 年
		800 兆帕级热镀锌双相钢	2017 年
		1500 兆帕级无镀层热成形钢产品	2019 年
3	冶金行业品质卓越产品	冷轧钢板与钢带	2015 年

第四章 知识产权

第一节 概 况

马钢集团知识产权管理包括专利、技术秘密、商标、计算机软件著作权管理。2001 年，专利由科技质量部管理。2002 年，由技术中心管理，商标由法律事务部管理，技术秘密和计算机软件著作权未纳入公司管理。2006 年 1 月，首次将技术秘密纳入知识产权管理，由技术中心负责。2011 年，首次将计算机软件著作权纳入知识产权管理，由自动化公司管理。2018 年 6 月，计算机软件著作权由运营改善部管理。截至 2019 年，累计有效授权专利 1380 件，注册商标 33 件，认定技术秘密 4571 件，登记计算机软件著作权 48 项。

第二节 管理机构

知识产权职能最早由技术中心管理，但只管理专利和技术秘密。2002 年，专利管理职能随科技质量部并入技术中心，标准科为专利主管科室，标准科先后更名为知识产权科、知识产权部。2002 年 7 月，马钢成立知识产权管理委员会，知识产权办公室设在技术中心，负责知识产权日常管理工作。2006 年 1 月，发布《马钢科技保密管理细则（试行)》，首次将技术秘密纳入知识产权管理。2011 年 8 月，知识产权管理职能划入科技创新部，知识产权科为主管科室。2013 年 9 月，知识产权管理职能划入科技质量部，综合科为主管科室。2015 年 1 月，知识产权管理职能划入科技管理部，知识管理科为主管科室。2018 年 6 月，知识产权管理职能划入运营改善部，科技管理室为主管科室。

第三节 知识产权和专利管理

［管理制度］

2002 年，《马钢两公司专利管理办法》出台。2006 年，马钢两公司下发《马钢科技保密管理细则(试行)》，但其他知识产权还没有管理办法。2008 年，马钢集团将“加强知识产权管理”列入 2008 年公司第 29 项重点调研课题，课题组以《马钢两公司知识产权管理通则》为总纲，制定或修订其他 5 项专业管理办法：《马钢两公司商标管理办法》《马钢两公司著作权管理办法》《马钢两公司专利管理办法》《马钢两公司技术秘密管理办法》《马钢两公司商业秘密管理办法》，至此，马钢集团公司建立了统一的知识产权管理体系和知识产权管理制度。2011 年后，因国家相关知识产权法律法规的修改以及马钢集团公司机构改革，马钢集团对知识产权管理制度进行了适应性修改。

［管理措施］

马钢集团深入贯彻落实国家知识产权战略，积极抢占自主创新先机，加大自主创新力度，强化知识产权保护。马钢集团公司将知识产权战略纳入企业发展战略中，把强化知识产权管理作为企业获得并保持市场竞争优势的重要保证，不断创新知识产权取得、运用和维护管理，知识产权保护取得显著成效，形成了一批核心技术成果。注重激励引导，调动员工创新积极性。马钢集团出台了知识产权政策激励，在国家“一奖两酬”的基础上，设立专利受理奖，推出“两奖两酬”（两奖指专利受理奖、专利授权奖；两酬指专利实施报酬和专利许可、转让报酬），并加大奖酬的力度，极大提高了员工专利发明的积极性和创造性。同时积极推进创新方法培训，培养出创新工程师160余名、掌握创新方法的员工420余名，实现专利申请和授权量逐年大幅提高。

［专利布局］

马钢集团把知识产权与企业产业结构调整、技术开发、市场营销紧密结合，积极构建专利池，保护产品技术和市场。马钢集团2019年在轨道交通、高性能建筑钢材、汽车板、电工钢和环保型焦炉技术等领域构建了多个专利池。同时，对接目标市场，积极布局国际专利申请，3件贝氏体车轮国际专利申请进入澳大利亚、美国、德国、巴西、捷克、乌克兰、意大利、日本、俄罗斯等国家。自主开发的具有颠覆性创新意义的真空精炼技术《直筒型真空精炼装置及其使用方法》于2017年1月20日首次获日本专利授权，2017年11月17日首次获美国专利授权，2018年4月4日首次获欧洲专利授权。

［专利成果转化应用］

2001—2019年，马钢集团专利实施率大于50%。专利的实施，为公司竞争力的提高和效益的提升起到了重要作用。如采用《一种耐低温H型钢及其生产工艺》和《一种耐低温韧性H型钢及其生产工艺》专利生产的S355ML牌号含钒、铌热轧H型钢共4.11万吨，全部用于俄罗斯Yamal项目，实现销售利润1.41亿元。《铁路货车用低合金车轮钢及其车轮制备方法》专利群实施的4年间，共生产17.5万余件，其中出口15.8万余件，该专利产品已在我国乃至北美、韩国、巴西、澳大利亚等国家和地区得到广泛推广应用。

［专利分析和预警］

马钢集团积极推进重点产品、重点市场专利分析和预警工作，实行重大科研项目和市场开拓的知识产权评议制度，有效降低产品侵权、项目投资、市场开拓、海外维权的风险，促进产品专利产业化。在完成高速列车走行部知识产权评议后，马钢集团又与国家专利局国之预警中心合作，推进高端电工钢产品知识产权评议，为马钢集团推进高端电工钢研发和国际经营战略减少专利侵权的风险。供株洲机车公司参展德国的车轮，在参展前进行了专利侵权预警分析，避免了可能因侵犯知识产权给公司国际形象和市场营销带来的损害。

［专利保护］

马钢集团在生产经营和技术创新活动中，认真执行国家专利法，既保护好马钢集团的权益，也尊重和维护他人的知识产权。马钢集团不断完善知识产权保护体系。科研立项和产品开发之前，做好立项和产品开发的专利文献检索，避免侵权。在科研开发过程中，对专利文献的跟踪检索，对具备申请专利条件的研究开发成果及时申请专利，保护企业的利益。出口新产品、新技术时，做好有关专利技术的法律状态检索。在工程、设备外委活动过程中，强化技术保密和专利等知识产权保护，建立在工程技改和设备委托加工项目合作合资过程中的知识产权保护机制，防止公司无形资产流失。

［管理成效］

2001—2019年，马钢集团申请专利2721件，其中发明专利1593件，授权专利1625件，其中发明专利638件。申请PCT专利9项，授权4项，美、日、欧等境外授权11件，马钢集团累计获国家、安徽省专利奖6项（见表7-25）。2001—2019年，马钢集团认定技术秘密4571项，注册商标25项（详见表7-26），获驰名商标2项（详见表7-27），登记计算机软件著作权44项（见表7-28）。

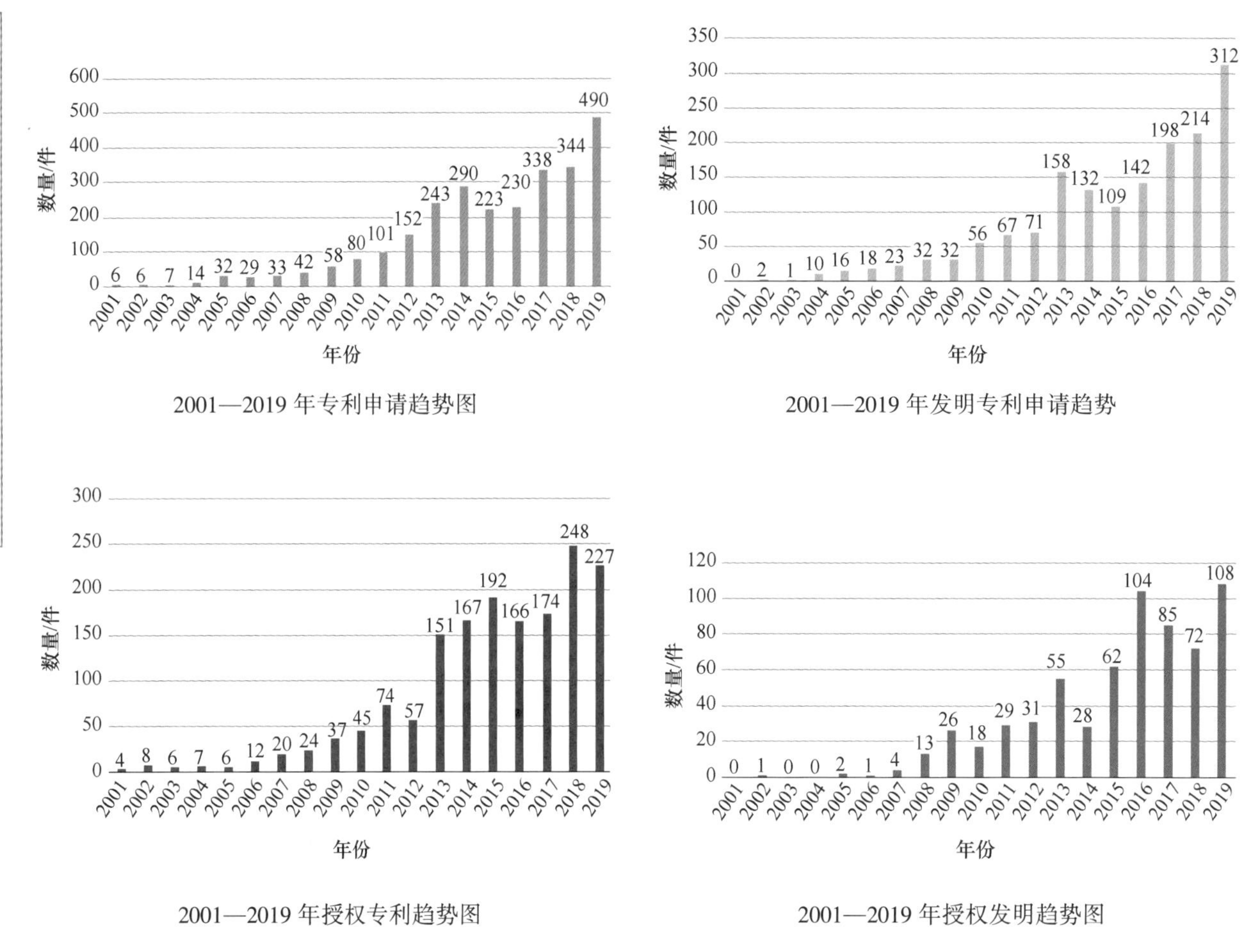

2001—2019 年专利申请趋势图

2001—2019 年发明专利申请趋势

2001—2019 年授权专利趋势图

2001—2019 年授权发明趋势图

表 7-25 2001—2019 年马钢股份获专利奖统计表

序号	年度	专利名称	专利号	奖项名称	等级
1	2015 年	铁路货车用低合金车轮钢及其车轮制备方法	201110046426.8	第十六届中国专利奖	中国专利优秀奖
2	2011 年	8.8 级高强度冷镦钢用热轧免退火盘条的生产方法	200410103089.0	第十三届中国专利奖	中国专利优秀奖
3	2019 年	一种热轧带肋钢筋组合控制轧制工艺	200810124723.7	第六届安徽省专利奖	省专利金奖
4	2017 年	热轧 H 型钢轧后控制冷却装置	200910215303.4	第五届安徽省专利奖	省专利优秀奖
5	2014 年	铁路货车用低合金车轮钢及其车轮制备方法	201110046426.7	第三届安徽省专利奖	省专利金奖
6	2012 年	冶金污泥管道输送处理方法及装置	200610038146.0	第一届安徽省专利奖	省专利优秀奖

表 7-26　2001—2019 年马钢股份注册商标一览表

序号	类别	注册号	商标中文	申请日期	注册日期	有效日期	使用商品
1	6	1975832		2001-09-27	2002-12-07	2022-12-06	钢板、钢板桩、钢结构建筑、钢条、合金钢、建筑用金属架、建筑用金属柱、铁路金属材料、未加工或半加工普通金属、铸钢
2	12	4019613	马钢	2004-04-16	2006-05-28	2026-05-27	火车车轮、火车车轮毂、汽车底盘、车辆车轴、车轮、车轮毂、陆地车辆减速齿轮、陆地车辆用连接杆（非发动机零部件）
3	12	4019614		2004-04-16	2006-06-07	2026-06-06	火车车轮、火车车轮毂、汽车底盘、车辆车轴、车轮、车轮毂、陆地车辆减速齿轮、陆地车辆用连接杆（非发动机零部件）
4	12	4019615		2004-04-16	2006-06-07	2026-06-06	火车车轮、火车车轮毂、汽车底盘、车辆车轴、车轮、车轮毂、陆地车辆减速齿轮、陆地车辆用连接杆（非发动机零部件）
5	11	4019616	马钢	2004-04-16	2006-05-28	2026-05-26	热气装置、熔炉冷却装置、耐火陶土制炉灶配件、加热炉管道、气体发生器（设备）、污水处理设备
6	11	4019617		2004-04-16	2006-06-07	2026-06-06	热气装置、熔炉冷却装置、耐火陶土制炉灶配件、加热炉管道、气体发生器（设备）、污水处理设备
7	11	4019618		2004-04-16	2006-06-07	2026-06-06	热气装置、熔炉冷却装置、耐火陶土制炉灶配件、加热炉管道、气体发生器（设备）、污水处理设备
8	9	4019619	马钢	2004-04-16	2006-05-28	2026-05-27	自动旋转栅门、电焊设备
9	9	4019620		2004-04-16	2006-06-07	2026-06-06	自动旋转栅门、电焊设备
10	9	4019621		2004-04-16	2006-06-07	2026-06-06	自动旋转栅门、电焊设备
11	7	4019622	马钢	2004-04-16	2006-05-28	2026-05-27	轧辊（轧钢用）、搅炼机、升降设备、起重机、运输机（机器）、绞盘、铸造机械、锅炉管道（机器部件）、切削工具（包括机械刀片）、轴承（机器零件）、飞轮（机器）

续表 7-26

序号	类别	注册号	商标中文	申请日期	注册日期	有效日期	使用商品
12	7	4019623		2004-04-16	2006-06-07	2026-06-06	轧辊（轧钢用）、搅炼机、升降设备、起重机、运输机（机器）、绞盘、铸造机械、锅炉管道（机器部件）、切削工具（包括机械刀片）、轴承（机器零件）、飞轮（机器）
13	7	4019624		2004-04-16	2006-06-07	2026-06-06	轧辊（轧钢用）、搅炼机、升降设备、起重机、运输机（机器）、绞盘、铸造机械、锅炉管道（机器部件）、切削工具（包括机械刀片）、轴承（机器零件）、飞轮（机器）
14	6	4019625	马钢	2004-04-16	2006-06-07	2026-06-06	未加工或半加工普通金属、粉末冶金、金属板条、合金钢、铸钢、大钢坯（冶金）、普通金属合金、铁砂、钢砂、角铁、金属管、金属建筑材料、箍钢带、五金器具、金属法兰盘、集装箱、金属容器、金属焊条、压缩气体或液态空气瓶（金属容器）、钢丝、钢板
15	6	4019626		2004-04-16	2006-06-07	2026-06-06	未加工或半加工普通金属、粉末冶金、金属板条、合金钢、铸钢、大钢坯（冶金）、普通金属合金、铁砂、钢砂、角铁、金属管、金属建筑材料、箍钢带、五金器具、金属法兰盘、集装箱、金属容器、金属焊条、压缩气体或液态空气瓶（金属容器）、钢丝、钢板
16	6	4019627		2004-04-16	2006-06-07	2026-06-06	未加工或半加工普通金属、粉末冶金、金属板条、合金钢、铸钢、大钢坯（冶金）、普通金属合金、铁砂、钢砂、角铁、金属管、金属建筑材料、箍钢带、五金器具、金属法兰盘、集装箱、金属容器、金属焊条、压缩气体或液态空气瓶（金属容器）、钢丝、钢板

续表 7-26

序号	类别	注册号	商标中文	申请日期	注册日期	有效日期	使用商品
17	4	4019628	马钢	2004-04-16	2006-11-14	2026-11-13	工业用油、重油、燃料、气体燃料、发生炉煤气、工业用蜡、苯、二甲苯
18	4	4019629		2004-04-16	2006-12-14	2026-12-13	工业用油、重油、燃料、气体燃料、发生炉煤气、工业用蜡、苯、二甲苯
19	4	4019636		2004-04-16	2006-12-14	2026-12-13	工业用油、重油、燃料、气体燃料、发生炉煤气、工业用蜡、苯、二甲苯
20	1	4019637		2004-04-16	2006-12-14	2026-12-13	氮、氧、氩、氦、工业用固态气体、硫酸、硫磺、工业用白云石
21	1	4019638		2004-04-16	2006-12-14	2026-12-13	氮、氧、氩、氦、工业用固态气体、硫酸、硫磺、工业用白云石
22	1	4019639	马钢	2004-04-16	2006-11-14	2026-11-13	氮、氧、氩、氦、工业用固态气体、硫酸、硫磺、工业用白云石
23	7	4234531	马钢	2004-08-24	2007-01-28	2027-01-27	搅炼机、升降设备、起重机、运输机（机器）、锅炉管道（机器部件）、绞盘、铸造机械、切削工具（包括机械刀片）、轧辊（轧钢用）、轴承（机器零件）、飞轮（机器）、自动化立体仓库成套设备
24	7	4234532		2004-08-24	2007-01-28	2027-01-27	搅炼机、升降设备、起重机、运输机（机器）、锅炉管道（机器部件）、绞盘、铸造机械、切削工具（包括机械刀片）、轧辊（轧钢用）、轴承（机器零件）、飞轮（机器）、自动化立体仓库成套设备
25	7	4234533	马钢	2004-08-24	2007-01-28	2027-01-27	搅炼机、升降设备、起重机、运输机（机器）、锅炉管道（机器部件）、绞盘、铸造机械、切削工具（包括机械刀片）、轧辊（轧钢用）、轴承（机器零件）、飞轮（机器）、自动化立体仓库成套设备

表 7-27　2001—2019 年马钢股份获驰名商标统计表

序号	注册人名义	商标	认定范围	认定文号	认定时间
1	马鞍山钢铁股份有限公司	“马钢”及图	车轮	商标驰字〔2010〕第 239 号	2010 年
2	马鞍山钢铁股份有限公司	“马钢”及图	钢板、合金钢	商评字〔2013〕第 01671 号 商标争议裁定书	2013 年

表 7-28　2001—2019 年马钢登记软件著作权统计表

序号	软件著作名称	登记号	证书号
1	维修电工仿真实训考核系统 1.0	2011SR063490	软著登字第 0327164 号
2	马钢耐火综合信息管理系统 V1.0	2012SR056481	软著登字第 0424517 号
3	马钢新区质控中心二级检化验管理系统 V1.0	2012SR056726	软著登字第 0424762 号
4	电炉检化验数据传输系统	2012SR056701	软著登字第 0424737 号
5	马钢质量管理系统检化验数据查询软件 V1.0	2012SR056421	软著登字第 0424457 号
6	热轧加热炉过程级功能模拟软件 V1.0	2012SR120280	软著登字第 0488316 号
7	过程控制级报表批量处理通用软件 V1.0	2012SR120282	软著登字第 0488318 号
8	中试基地及科研试样管理信息系统 V1.0	2012SR120276	软著登字第 0488312 号
9	技术中心综合信息资源平台及办公自动化系统 V1.0	2012SR120270	软著登字第 0488306 号
10	马钢基于铁矿石高温特性烧结配矿系统软件 V1.0	2014SR084659	软著登字第 0753903 号
11	马钢第一钢轧总厂专家诊断系统 V1.0	2014SR084656	软著登字第 0753900 号
12	马钢硅钢二期检化验二级管理系统 V1.0	2014SR165844	软著登字第 0835080 号
13	马钢检测中心冷板化验室磁性测量仪数据通讯系统 V1.0	2014SR165839	软著登字第 0835075 号
14	马钢三钢检化验数值修约功能模块软件 V1.0	2014SR165878	软著登字第 0835114 号
15	马钢 7.63 米焦炉直行温度数据采集分析软件 V1.0	2014SR191486	软著登字第 0860722 号
16	马钢副枪测量 Multi-Lab Ⅲ仪表数据采集通讯软件 V1.0	2015SR138964	软著登字第 1026050
17	马钢技术中心检化验管理系统 ARL 通讯模块软件 V1.0	2015SR171448	软著登字第 1058534 号
18	马钢理化一站质量检化验查询系统 V1.0	2015SR170944	软著登字第 1058030 号
19	马钢冷轧总厂设备能力评价系统 V1.0	2015SR185601	软著登字第 1072687 号
20	马钢 7.63 米焦炉推焦计划及八大系统连锁软件 V1.0	2016SR178573	软著登字第 1357190 号
21	马钢煤焦化物资管理软件 V1.0	2016SR178420	软著登字第 1357037 号
22	马钢板材检化验系统 V1.0	2016SR213722	软著登字第 1392339 号
23	马钢外购耐火材料检化验管理系统 V1.0	2016SR213931	软著登字第 1392548 号
24	铁矿石冶金经济价值评价及铁水成本测算系统 V1.00	2016SR213773	软著登字第 1392390 号
25	马钢第一钢轧总厂 RH 炉数据管理信息系统 V1.0	2016SR213924	软著登字第 1392541 号
26	马钢第一钢轧总厂 CSP 轧机设备管理信息系统 V1.0	2017SR595137	软著登字第 2180421 号
27	马钢一钢轧 CSP 轧线跟踪软件 V1.0	2017SR595045	软著登字第 2180329 号
28	马钢八座焦炉全自动装煤软件 V1.0	2017SR726974	软著登字第 2312258 号
29	马钢煤焦化焦炉四大机车联锁定位系统 V1.0	2017SR729417	软著登字第 2314701 号
30	马钢冷轧总厂修旧利废系统 V1.0	2018SR164047	软著登字第 2493142 号
31	马钢苯加氢氢气泄漏应急救援仿真模拟系统 V1.0	2018SR118811	软著登字第 2447906 号

续表 7-28

序号	软件著作名称	登记号	证书号
32	马钢焦炉推焦测温软件 V1.0	2018SR118817	软著登字第 2447912 号
33	苯加氢煤气泄漏应急救援仿真模拟系统 V1.0	2018SR538248	软著登字第 2867343 号
34	马钢股份公司直供电预测模型系统软件 V1.0	2018SR199992	软著登字第 2529087 号
35	马钢四钢轧热轧工序能效诊断与评价系统 V1.0	2018SR199998	软著登字第 2529093 号
36	马钢检测中心理化二站实验室配套马钢二铁 4 号高炉工程检化验管理系统 V1.0	2018SR680203	软著登字第 3009298 号
37	马钢板材检化验系统之锌层重量测定数据通讯软件 V1.0	2018SR678705	软著登字第 3007800 号
38	马钢一钢轧 CSP 加热炉跟踪软件 V1.0	2018SR926325	软著登字第 3255420 号
39	PDA 数据管理系统	2019SR0805517	软著登字第 4226274 号
40	高炉喷吹用煤结构优化系统	2019SR0805527	软著登字第 4226284 号
41	炉内钢坯全市场温度监测系统软件	2019SR0269763	软著登字第 3690520 号
42	马钢检测中心试样进度跟踪管理平台	2019SR0806097	软著登字第 4226854 号
43	马钢三铁设备信息化管理软件	2019SR0268720	软著登字第 3689477 号
44	马钢一钢轧 CSP 表面缺陷在线监测系统设备诊断软件	2019SR0806333	软著登字第 4227090 号

[科技信息化平台建设]

为规范知识产权管理流程，确保信息的安全性及数据历史追溯性，提升管理效率，马钢集团于2016 年 8 月立项建设知识产权管理系统，项目总费用 25 万元。2018 年 1 月，经马钢集团科技管理部和飞马智科通力合作，历时一年多的时间，自主开发的科技管理暨知识产权管理系统整体完成，全面投入运行。

该系统具备科研管理、合同管理、专利申请、专利奖酬、技术秘密、成果申报、专利缴费等功能。可实现全流程跟踪，流程文件存档，全程监控、查询，并生成相应报表，对不同角色进行相应授权，既满足公共用户查询，又确保敏感信息的安全性，该系统还具备扩展性，可适应管理流程的变化。该系统由科技管理部管理，科技管理部知识产权管理员给各二级单位知识产权管理员开设账户和密码。二级单位知识产权管理员为本单位需要申报专利、技术秘密、科技成果、科研项目的人员开设账户和密码。二级单位相关人员按要求在系统中填报资料、上传附件，单位知识产权管理员初审后上传给本单位领导审核，二级单位领导审核的项目由科技管理部知识产权管理员审查，审查合格的项目由科技管理部领导审批。应用该系统将结束马钢知识产权纸质申报、邮箱、QQ、微信传递技术资料的历史，减少工作量，增强信息安全，大幅度提升管理效率，促进马钢集团科技管理迈上新台阶。

第五章　科技交流

第一节　马钢科学技术协会

马钢科学技术协会（简称马钢科协）是马钢集团党委领导下的科学技术工作者的群众组织，是马钢集团党委和行政领导干部联系科技工作者的桥梁和纽带，是推动马钢科学技术进步的重要力量。

马钢科协代表大会和它选举产生的马钢科协委员会是马钢科协的领导机构。科协代表大会每五年举行一次，由马钢科协委员会召集，特殊情况下，可以提前或延期举行。

2003年11月28日，马钢科协召开第四次代表大会。马钢两公司副总以上领导、马鞍山市科协有关领导应邀出席大会，来自马钢两公司各单位382名代表出席会议。会议选举产生了马钢科协第四届委员会。

2009年6月16日，马钢科协召开第五次代表大会。来自马钢科协48个基层科协301名代表出席了会议。会议选举产生了马钢科协第五届委员会。

2014年9月12日，马钢科协召开第六次代表大会。来自马钢各单位145名代表参加了会议。安徽省科协党组书记、常务副主席王洵出席会议并致辞。会议选举产生了科协委员38名，科协常务委员15名，科协办公室挂靠在科技质量部，日常办事机构为马钢科协办公室，科协秘书长由科技质量部部长兼任。各二级厂矿（单位）成立科协分会或基层科协，作为马钢科协的基层组织，第六届马钢科协有35个基层科协。

马钢科协的主要任务：引导广大科技工作者学习贯彻党的路线方针政策，反映科技工作者的建议、意见和诉求，维护科技工作者的合法权益，建设科技工作者之家；开展学术交流活动，活跃学术思想，倡导学术民主，优化学术环境，促进学术水平的提高，推动企业自主创新；深入实施创新驱动发展战略，组织科学技术工作者开展科技创新和技术攻关，参与科学论证、科技咨询服务和科技成果鉴定等工作，建设科技创新智库，加快科学技术成果转化应用，助力科技创新发展，增强马钢自主创新能力作贡献；弘扬科学精神，普及科学知识，传播科学思想，倡导科学方法，推广先进技术，提高科技工作者和广大员工的科学技术文化素质；发现培养杰出科技人员和创新团队，举荐科学技术人才，表彰奖励优秀科技工作者，宣传科技人员先进事迹；开展民间国际科学技术交流活动，促进国际科学技术合作，发展同国外的科学技术团体和科技工作者的友好交往。

第二节　学术活动

开展学术交流是马钢科技工作的主要职责和重要工作任务之一，马钢科协积极发挥科协广泛联系的优势，为广大科技人员提供交流的平台和机会。

马钢科协围绕马钢发展战略，以问题为导向，聚焦重点产品和关键技术，借助外力外智，邀请知名院校、相关企业、产学研合作单位等专家学者来马钢开展技术讲座和学术交流，促进产学研用合作，支持公司破解难题。例如，针对公司高速车轮、重载车轮车轴钢研发和生产重难点问题，马钢科协重点组织与西南交通大学、大连交通大学、北京科技大学等先后开展了“我国高速列车轮轨磨耗特征和对车辆轨道行为的影响”“车轮轮轨表面组织特征相关技术”“轴承的失效现象与模拟”“超纯净轴承钢中夹杂物检测技术”“车轮（车轴）钢生产技术”“高铁车轮钢研究技术交流”等一系列技术交流活动。在H型钢、管线钢、高强度汽车用钢、先进能源用钢、极地及超低温环境用钢、洁净钢冶炼技术、钢铁绿色发展技术、智慧制造等方面与北京科技大学、钢铁研究总院、上海大学、中国矿业大学、中南大学、安徽工业大学、Tata公司、日本三R株式会社等开展了多场次技术讲座和学术交流活动。2014年以来，马钢科协层面邀请外部专家来马钢开展重点学术交流50余场次。

马钢科协充分发挥马钢高级技术主管、技术专家、优秀技术人员、首席技师等内部人才作用，开展不同类型、不同层次的专题技术讲座和学术交流活动。举办高级技术主管技术大讲坛活动，开展内部技术讲座约120场次。组织开展关键共性技术研讨活动，举办“选矿学术研讨与技术交流会”“高炉长寿技术学术交流会”“高炉冷却壁维护技术研讨会”“炼钢关键共性技术研讨会”等，广泛交流技术和实践经验，促进技术协同共享。

马钢科协积极发挥科协广泛联系的特色和优势，遴选重点学术会议，选派科技人员参加交流研讨，推荐发布学术论文。2014年以来，重点组织参加国内外会议60余场，征集学术论文347篇。

马钢科协积极组织全国性的行业学术会议，2014年11月，马钢科协承办“中国废钢铁资源及其综合利用学术会议”，总结、交流和推广我国废钢铁产业的研究成果、管理经验、技术进步，促进废钢质量提高，促进炼钢多用废钢，促进冶金渣的深度处理和综合利用。中国工程院院士殷瑞钰、中国金属学会专家委员会主任李文秀、中国金属学会常务副理事长王天义、中国废钢铁应用协会常务副会长王镇武、马钢集团相关领导出席会议。钢铁研究总院、鞍山钢铁集团、宝钢股份、首钢股份、武钢集团、马钢股份等企业和科研院所的相关领导及相关工程技术人员共计80余人参加了此次学术会议。2019年6月，由中国金属学会、中国金属学会冶金自动化分会、中国金属学会能源与热工分会主办，马钢科协和省金属学会协办的“钢铁行业能源管理中心建设、运行与升级技术研讨会”在马鞍山召开，来自冶金企业、设计院、研究院、高校的300余名与会代表围绕能源管理与安全、高效利用、采用大数据技术进行能源精细化管理、能量流网络与信息流网络的协同等方面进行交流讨论，着重探讨钢铁行业能源管理中心的智能化问题，推动能源管理中心的优化升级。2019年6月，由中国金属学会、北京科技大学、安徽工业大学、马钢集团联合主办的“冶金流程工程学学科发展及教学研讨会”在马鞍山召开。中国工程院院士殷瑞钰、毛新平，中国金属学会、安徽工业大学、马钢集团公司相关领导出席会议。来自国内科研院所、大学、冶金企业等单位的100余名科技人员参加会议。会议旨在适应钢铁工业加快两化融合，推动智能化升级，抢占新一轮产业竞争制高点，促进学科发展，推进教学创新。

第三节　群众性技术创新

马钢科协积极组织开展“讲理想、比贡献”竞赛活动，6次获中国科协“讲理想、比贡献”先进集体；组织开展“金桥工程”项目建设，5次获安徽省“金桥工程”优秀组织奖，20项成果获中国科协、省科协“金桥工程”一、二、三等奖。积极组织参加全国创新方法大赛活动，并多次获奖。2016年，“首届全国企业创新方法大赛”中，获一等奖1项，二等奖2项，三等奖2项；2017年，“第二届全国企业创新方法大赛”中获得二等奖2项，三等奖3项。2018年，中国科协、科技部联合主办的“首届中国创新方法大赛”中获一等奖1项，二等奖4项。2019年，在中国创新方法大赛全国总决赛中获二等奖2项，三等奖4项。

为调动广大科技人员开展技术研究的积极性，活跃科技创新学术氛围，马钢科协积极组织开展优秀科技论文评选活动。2014 年以来，马钢科协联合党委工作部、人力资源部等单位坚持每两年开展一次马钢集团优秀科技论文评选活动，共征集论文 700 余篇，评出优秀论文 135 篇，并对获奖论文作者和优秀组织单位进行表彰奖励。为交流与推广公司设备系统在保产、降本增效和产品开发工作中的技术和管理创新成果与经验，马钢科协联合马钢股份设备部和《冶金动力》编辑部开展了“设备技术与管理创新成果”论文征集评选活动，并举办发布会，表彰奖励优秀创新成果。为倡导科学创新方法，加强创新体系建设，营造群众性创新创效的良好氛围，马钢科协与《安徽冶金科技职业学院学报》编辑部联合开展了“方法引领创新、创新促进增效”主题论文征集与评选活动，对优秀论文进行表彰奖励，推动创新方法在设备检修、工艺改造、产品研发、品质提升及专利布局等领域的深入应用。

第四节　科 普 工 作

马钢科协高度重视科普宣传活动，深入贯彻实施《全民科学素质行动计划纲要（2016—2020年)》，弘扬科学精神，营造科学氛围，普及科普知识，为推动全民科学素质不断提升发挥了积极作用。马钢科协积极响应中国科协号召，每年定期开展“科技活动周”和“全国科普日”活动。活动期间，重点组织开展科技政策宣讲培训、创新成果展览展示、科普知识展览、科普知识讲座、专题学术交流等活动，马钢科协连续多年获得马鞍山“科技活动周”优秀组织单位和“全国科普日”优秀组织单位。

• 第八篇 节能环保

第八篇 节能环保

概 述

2001—2006年11月，马钢股份设备管理部承担能源管理职能，马钢两公司安全环保部承担环保管理职能。2006年12月，马钢组建两公司能源环保部。2008年3月，两公司能源环保和节能减排管理委员会成立。2011年10月，按照母子公司运行机制，马钢集团成立节能减排管理委员会。2017年10月，成立马钢集团中央生态环境保护督察整改工作领导小组，切实抓好中央第四批环境保护督察及省督察组督察反馈意见的整改落实工作。2018年4月，马钢集团成立能源环保部和安全管理部（合署办公），马钢股份环保管理职能划入能源管控中心。能源管控中心机构设置为：综合管理部、党群部、安全保卫部、能源管理部、设备保障部、生产技术部，增设环保管理部、环境绩效管理部、综合利用部、供电分厂、热力分厂、供水分厂、燃气分厂、能中一分厂、能中二分厂。

2019年4月4日，马钢股份气体销售分公司生产经营系统并入能源管控中心。为优化职能配置、提高效率效能，构建科学规范、管控高效的能源环保管理体系，提升专业化管理水平，成立马钢股份能源环保部，与能源管控中心合署办公。机构设置为：综合管理部、党群工作部、安全管理部、生产技术部、设备保障部、市场经营部、能源管理室、环保管理室（环境监察大队）、综合利用室、能中一分厂、能中二分厂、供电分厂、制氧分厂、燃气分厂（燃气防护站）、热力分厂、供水分厂、水处理分厂、质量检验站。

主要职能：负责马钢股份能源管理职能，主要包括能源管理、能源体系管理等。负责马钢股份环保管理职能，主要包括环境体系管理、环境保护管理、环保事件管理、环境风险管控等。负责马钢股份范围内污染源排放、污染物处置的现场监督、检查、处理和现场环境绩效监察，负责环保设施日常运维的指导、督查和考核，负责污染源在线监测设施运行管理、过程合规性监督及检查评价，负责人工监测及视频监控管理。

“十五”以来，马钢坚持战略导向，编制环境保护中长期战略规划，明确目标指标及重点工作举措。在跨越式滚动发展过程中，从“绿色制造、绿色产品、绿色马钢”到“环境经营、绿色发展”，将环保理念视为企业经营战略的新要素，把环境保护活动作为企业生产经营活动和运营管理的重要内容，通过结构调整、转型升级，践行清洁生产、绿色采购、绿色制造、绿色市场营销、污染物排放最小化和废弃物循环再利用，构建“资源节约型、环境友好型”绿色企业。

马钢集团以环境风险防控为核心，全面推进污染防治。坚持环境保护“党政同责”“一岗双责”的原则，层层签订落实目标责任，依托环境管理体系（ISO 14001:2015）、能源管理体系（ISO 50001:2018）开展节能减排标准化科学管理。响应国家环保新政，合规开展环评、验收、排污许可证申领和排污费改税等工作，以价值流为导向，以系统运行状态为基础，协同优化物流、能流，推进能源环保精益运行模式。推进环保治理和攻关，彻底解决南部渣山综合利用和北区渣山环境综合整治等一批污染难题、统筹推进超低排放改造。逐步实施脱硫、脱硝等重点环保设施、水质处理、污染源在线设施第三方专业化托管运营，实行费用总包、指标总包、责任总包。以中央环保督察为契机，借鉴二十国集团（G20）杭州峰会期间环境管控长效模式，从组织机构、过程管控、应急响应等方面，形成以生产、技术、采购、物流、设备、宣传等多部门协同的环保工作联动机制。

2016 年，马钢股份获中国钢铁工业协会“中国钢铁行业清洁生产环境友好企业”称号。2017 年，马钢股份获首批国家级“绿色工厂”称号。2001—2019 年，马钢股份钢产量从 477 万吨上升到 1529 万吨，工业废水排放量由 1 亿吨降至 4031 万吨，主要污染物化学需氧量（COD）、烟粉尘、二氧化硫分别由 5366 吨、18433 吨、31057 吨降至 600 吨、5120 吨、7296 吨。

2019 年 6 月，马钢股份成立长江大保护专项工作领导小组，深入贯彻习近平总书记关于长江经济带“共抓大保护、不搞大开发”的指示精神，扎实推进黑臭水体整治、环境综合整治、水系的美化、固废等专项行动和工作。

第一章 节能减排

第一节 能源管理

[管理制度]

为系统提升能源管理能力及合规水平，马钢股份对能源管理制度进行了不断修订和完善，制定发布了《能源基准、标杆和绩效参数管理办法》《节能降耗管理程序》《能源评审管理程序》《能源统计管理办法》《重难点节能技术应用策划管理办法》《重点节能设施监督管理办法》《能源经济运行系统设计管理办法》《合同能源管理项目实施管理办法》《能源计量管理办法》等16项程序文件及作业文件。

[体系建设]

能源管理体系自2015年10月9日试运行以来，马钢集团公司能源管理方针得到有效贯彻执行，能源管理目标总体完成情况良好，能源管理体系持续改进机制有效实施。2016年5月23—27日，北京国金衡信认证有限公司对马钢股份能源管理体系进行认证审核，2016年7月6日通过认证并发证。

能源管理体系的建立和实施，包括能源方针、目标、能源指标以及能源效率、能源使用和能源消耗相关的措施计划。能源管理体系能够帮助公司设定并实现目标和能源指标，采取所需的措施以改进公司能源绩效。

[主要能源指标]

随着公司能源管理工作的不断深入，吨钢综合能耗、吨钢耗新水指标持续刷新，2001年吨钢综合能耗891千克标准煤，2003年降至770千克标准煤，2014年降至611千克标准煤，2019年“破六见五”降至573千克标准煤。吨钢耗新水2001年降至39立方米，2006年降至9立方米，2008年降至7.26立方米，2009年降至5.52立方米，2016年降至3.65立方米，2019年降至2.99立方米，达历史最好水平。

[能源经济运行]

持续开展能源经济运行系统设计，落实能源计划、过程控制、分析改进与考核等工作流程，修订能源绩效考核办法并严格落实；强化能源统计，通过推进综合能源管控系统项目，整合公司相关信息系统资源；实施能源经济运行管理日统计、周分析、月评价制度，并制定相应措施，指导经济运行工作开展，提升经济运行管理水平。成立能源经济运行系统设计组，分别按铁前、钢轧以及能源动力成立3个能源经济运行组，各经济运行主体单位均成立了经济运行工作组织机构开展工作，各经济运行小组按照计划及工作措施，分别在管理、技术上组织落实和推进，并把经济运行工作同生产组织、工艺与操作优化、设备状态、技改技措等措施紧密结合。

[能源技术进步]

新区能源综合利用电厂项目：马钢股份新区建成后，2座3600立方米高炉将产生大量的高炉煤气，除马钢股份自用外每小时还富余30万—40万立方米高炉煤气。为了更有效地对能源进行综合利用，最大限度地利用高炉所产生的高炉煤气，不使高炉煤气直接排放，从而节约能源、保护环境，马钢股份决定新建新区能源综合利用电厂。2007 年 9 月 20 日，马钢北区建设一座 150 兆瓦燃气-蒸汽联合循环发电机组，发电机额定功率 153 兆瓦，年发电量约 11 亿千瓦时。燃气-蒸汽联合循环发电机组的燃料为高炉、焦炉混合煤气，混合煤气及压缩空气分别经湿式静电除尘器及空气过滤器处理，进入低氮燃烧室燃烧，烟气推动燃气轮机发电后，再经余热锅炉生产蒸汽，推动蒸汽轮机发电。燃气-蒸汽联合循环发电机组效益，年节能折合标准煤 13.4 万吨，减少外排烟气中烟尘排放量 2.12 万吨、二氧化硫排放量 0.46 万吨。项目投资 12 亿元。

烧结低温余热发电工程：烧结工序是钢铁企业生产流程中的耗能大户，其能源消耗仅次于炼铁工序，占钢铁产业总能耗的 10%，而在烧结工序总能耗中，有近 50%的热能却是以烧结机烟气和冷却机废气的显热形式排入大气，既浪费了热能又污染了环境。2004 年 9 月 1 日，马钢股份炼铁总厂在人头矶山洼村烧结一分厂开工建设了国内第一套主机全进口的烧结烟气余热发电系统，是国内首家从日本川崎引进的烧结机余热发电技术。技术采用世界一流的中低温余热利用技术，配 17.5 兆瓦汽轮发电机组发电，项目于 2005 年 9 月投运发电，年发电量 1.4 亿千瓦时，所产生的电可满足烧结机约一半的用电，所发电每年可节约标准煤 5 万吨，年可减排二氧化碳 12.5 万吨。实现能源循环利用，降低了生产成本。

饱和蒸汽发电工程：为提高马钢股份能源综合利用率，减少炼钢蒸汽放散，全国第一家低压饱和蒸汽发电项目于 2007 年 9 月在马钢股份第一能源总厂建成投运，项目设计 1 台 10 兆瓦汽轮机配 1 台 12 兆瓦发电机组。该项目投运不仅可以缓解马钢蒸汽富裕压力、减少资源浪费、提升马钢整体经济运行质量，杜绝了一钢轧总厂转炉炼钢蒸汽放散，年发电量 2500 千瓦时，而且通过能源的循环利用，为马钢股份创造可观的经济效益和社会效益。

焦炉干熄焦工程：2002 年 6 月，国家发改委正式批复将“干熄焦技术开发”列为国家重大引进消化吸收“一条龙”攻关开发和国债贴息项目，并将马钢 5 号、6 号焦炉干熄焦工程首选为第一个采用国产技术和装备的大型干熄焦总承包示范工程，设备国产化率达 90%以上，工程总投资 1.7 亿元，处理能力为 125 吨/小时，相应配套了干熄焦锅炉和凝汽式汽轮发电机组。结合 5 号、6 号焦炉干熄焦工程成功经验，1—4 号焦炉干熄焦、北区焦炉干熄焦工程于 2007 年下半年先后建成，至此，马钢股份焦炉实现全干法熄焦。

能源中心：为提高马钢集团能源系统管理水平，提高能源综合利用率，降低吨钢综合能耗，2007 年，马钢股份北区能源中心通过高速数据网络在线采集能源数据，利用计算机统一管理能源的购入、转换、分配和使用诸环节，监视能源设备的安全运行，实时解决二次能源供需调度平衡，综合进行能源需求预测、优化分配、合理利用、计划平衡和辅助决策，实现节能降耗和生产“安全、稳定、高效”。2011 年南区能源中心建成投运，能源系统管控能力得以提升，实现部分站所采用无人值守管理，大大提高劳动生产率。

特钢电炉余热回收项目：为全量回收电炉烟气余热、降低电炉工序能耗，2019 年 3 月施工建设，通过改造汽化烟道、新建余热锅炉，回收余热资源。于 2020 年 5 月投运，回收过热蒸汽 34.5 吨/小时，年经济效益 3300 万元。

光伏发电项目：为提高马钢集团绿色能源利用率，实现节能降碳，盘活闲置屋顶资源，马钢集团能源环保部组织马钢股份分布式光伏发电项目的调研、规划及实施，全面启动马钢股份光伏发电项目建设，2019 年底在冷轧总厂成品库完成首个光伏项目，装机容量为 5.95 兆瓦，年发电量约 500 万度。

[节能新技术的应用]

2016 年，针对压缩空气在干燥处理过程中的气损问题进行研究，采用了德国贝克欧公司零损耗吸附式干燥机工艺技术，在能源总厂三空、十一空，对大型空压机干燥机进行改造，改造 4 台干燥机组，气损率从25%降低到1%以下，实现了干燥过程“零损耗”。2017年，采用变频调速控制技术，对A号、B号烧结机4台7800千瓦主抽风机进行变频改造，通过远程控制来实现风机转速的自动调节，并且实现了分级在变频、工频模式下无扰切换，在满足现场风量需求的前提下，年节电4000万千瓦。2017年，为解决热轧线产能不匹配问题，采用富氧燃烧技术，对1580热轧3号加热炉燃烧系统进行了改造，实施效果表明，加热产能提高15%以上、燃耗下降20%以上、钢坯加热温度均匀性明显改善。2018年，采用激光分段燃烧分析系统，优化加热炉炉膛气氛，对1580热轧2号加热炉空燃比进行合理控制，实现了氧化烧损降低10%、燃耗降低3%目标。

[国家政策应用、财政奖励]

为提高企业开展节能降耗积极性，国家出台了相应的引导政策，马钢股份能环部紧密跟踪国家政策，积极申报国家财政奖励，成果显著。

2009年，受发改委和财政部委托，北京鉴衡认证中心、天津财政投资评审中心组成的审核专家组对马钢燃气蒸汽联合循环发电等6个节能财政奖励项目进行审核，审核结果总节能量62.39万吨标准煤，获得节能技术改造财政奖励650万元。

2010年，充分利用国家的节能减排奖励等引导政策，积极申报节能减排项目鼓励和补助资金，争取到国家节能财政奖励5740万元。

2012年，积极申报资源节约与环境保护2013年中央预算内投资备选项目以及马鞍山市工业转型发展专项资金。继续开展清洁发展机制（简称CDM）贸易相关工作，完成新老区干熄焦清洁发展机制项目第四期现场审核，开展煤气综合利用发电等项目清洁发展机制开发准备，通过了审计署对高炉鼓风脱湿、电机系统节能、焦炉煤调湿三项目的审计。争取各类政策奖励（补助）及碳减排贸易资金1148万元。

2013年，在节能减排等方面合计争取清洁发展机制碳减排贸易、国家节能财政奖励（补助），到账资金折合人民币3000余万元。

2015年，新区煤焦化全干熄焦工程项目获省节能财政奖励60万元。桃冲矿淘汰落后产能获中央财政奖励资金242万元。部分节能项目获马鞍山市2014—2015年工业转型发展基金项目补助资金合计300万元。

第二节 减排管理

[管理制度]

为系统提升减排管理能力及合规水平，马钢股份制定发布了相关的程序文件及作业文件。2003年，为加强马钢各产线排污管理，发布《马钢排污费管理办法》，为加强公司用水管理，下达《节约用水管理办法》。为加强马钢环境污染事故的紧急应对，2004年发布《污染防治管理程序》，2005年发布《环境污染事故应急预案》。响应国家水资源管理要求，2006年发布《水资源管理办法》。为加强公司水排口合格排放、加强排口监控，2009年发布《新区总排口排水控制管理办法》及《马钢污染源自动监控设施运行管理办法》等。

[体系建设]

2011年10月10日，成立马钢集团节能减排管理委员会。为切实抓好中央第四批环境保护督察及省督察组督察公司反馈意见的整改落实工作，2017年成立马钢集团中央环境保护督察整改工作领导小组。减排委员会、督察整改工作领导小组由马钢集团主要领导挂帅，马钢股份制造部、能环部、设备部、技术部、技术中心等主要职能部门及二级单位为成员单位，开展马钢减排管理工作。减排委员会、督察整改工作领导小组成立后，通过建立完善体系建设、加强排口管理、新建环保减排项目、建立在线监控系统、加强减排督察，使节能减排成果显著，吨钢综合能耗持续下降，各排口做到达标排放。

第三节　项目与成果

随着国家耗能总量、能耗强度日益严格以及对环境保护要求不断增强，马钢集团加大项目投入，为公司实现绿色发展、提高企业竞争力提供坚实的保障。

六汾河污水处理项目：日处理污水量 10 万立方米、总投资 9990 万元的污水处理厂于 2006 年 12 月开工建设，2009 年建成运行。汇集到六汾河的马钢股份三厂区热轧、炼钢、炼铁、动力等设施生产排水及厂区居民区的大部分生活排水，经处理后回用于铁前系统、炼钢、轧钢和焦化等用户循环水系统的补充水。每年可降低吨钢新水用量约 3.4 立方米，减少油排放量 175 吨，化学需氧量 3150 吨。

烧结机烟气脱硫工程：二铁 1 号烧结机烟气脱硫工程 2009 年 7 月建成，投资 1.2 亿元，引进奥钢联技术，采用半干法石灰脱硫工艺，年减排二氧化碳约 3000 吨。三铁 A 号烧结机烟气脱硫工程 2013 年 6 月建成，投资 7255 万元，采取投资加运营模式，采用航天环境工程有限公司自主研发、具有独立知识产权的气动脱硫技术，脱硫效率高，运行稳定，年减排二氧化碳约 5000 吨。

第二章　环境保护

第一节　环保管理

［管理制度］

2003年马钢股份启动ISO 14001环境管理体系建设，制定发布《环境因素识别、评价管理程序》《环境保护设施管理办法》《相关方管理程序》《马钢环境保护专业管理考核办法》《马钢环保专项治理项目管理办法》《建设项目环境保护管理办法》等26项程序文件及20项作业文件。此后，根据国家不断出台的环保法律法规、标准和其他要求，结合马钢实际，每年修订、完善文件制度，发布马钢两公司《环保设施托管运营管理办法》《危险废物管理办法》等管理制度，规范环境保护专业管理流程。2009年初，根据安徽省环保厅要求，马钢股份编制下发《马钢两公司环境监督员实施管理办法》《环境监督员管理制度》，启动环境监督员制度建设，完善环境管理责任架构，强化现场环境管理。

［体系建设］

管理体系：2003年，马钢股份启动ISO 14001环境管理体系建设；2006年，首次通过ISO 14001环境管理体系认证。制定环境方针，郑重承诺“与社会和谐发展”，及时识别、评价企业适用的国家法律、法规及其他要求，从原燃材料、设备、物资的采购，到钢铁冶炼、产品制造、成品外运全过程预防和控制污染排放，实现持续改进。2017年，马钢股份公司通过体系换版认证，制定“环境美好、绿色发展、都市工厂”的环境方针，对环境因素进行了生命周期全过程的识别、评价、引入环境风险的概念。

2009年，马钢股份作为安徽省试点企业，建立由企业环境总负责人、环境监督员组成的环境监督管理体系，2011年12月23日，马钢环境监督员制度通过安徽省环保厅专家组验收。“十一五”以来，环境监督员制度与ISO 14001环境管理体系互相融合，健全环境管理“制度体系、责任体系、指标体系、评价体系”四大体系。在责任体系方面，按“谁污染、谁治理；谁发生污染事故、谁消除影响”的原则，优化完善环境保护责任追究制，做到“四不放过”。在制度体系方面，对文件进行了梳理，完善三级巡查制度、环保例会制度及通报制度等。在指标体系方面，将环境目标指标分解落实公司、总厂、分厂（车间）、作业区等，落实责任人，制定实现目标的措施。在评价体系方面，通过体系内审及监督员制度滚动检查、环保目标责任书考评、环保专业考核，对二级单位的环境行为和绩效水平进行逐月的考评，对评价结果进行通报、奖惩。2016年，马钢股份融入卓越绩效管理模式，不断夯实环保基础管理。

［污染防治］

环评与“三同时”验收。“十五”以来，马钢股份依法依规开展建设项目环评与验收工作。经国家环境评估中心技术评估，2008年11月17日合肥公司环保搬迁及马钢结构调整规划环评方案批复通过，2009年3月马钢新区结构调整项目通过国家环境部验收。2019年3月，全面完成了合肥公司搬迁系统工程环保自主验收。2015年，新《中华人民共和国环境保护法》实施后，马钢股份梳理并重新设计了环评及验收程序，规范环评议标、合同签订、内部评审、验收现场勘查、监测方案确定、费用支付等流程。2017 年，强化报批前预评审制度，加强对咨询单位约束机制，实施政府受理公示与环评修改同步进行等举措，结合国家《建设项目环境保护条例》《建设项目竣工环保验收暂行办法》政策的新变化，制定企业自主验收管理办法，履行工程各阶段的信息公开程序，并及时网上备案。“十一五”至“十三五”期间，开展 150 万吨链箅机-回转窑、合肥公司环保搬迁等建设项目环评 77 项。完成合肥公司环保搬迁暨马钢股份结构调整、长材南区铁水倒灌改造、四钢轧热轧平整线项目、北区钢渣处理综合利用、二硅钢水处理提标改造等 12 个自主验收项目。

[排污许可管理]

2017 年，马钢股份启动排污许可证申领工作，编制下发了《排污许可管理办法》。2017 年 6 月取得热电排污许可，2017 年 12 月取得焦化、电镀行业排污许可，2018 年 8 月取得马钢股份公司排污许可证，首次污染物年许可量分别为：二氧化硫，21069.82 吨；氮氧化物，39568.21 吨；颗粒物，34498.33 吨；化学需氧量，1565.28 吨；氨氮，124.56 吨。

[清洁生产审核]

2000 年，马钢股份首先在炼铁、炼钢、轧钢、焦化开展清洁生产审核试点，根据国家和地方政府要求，各重点单位于 2008 年、2011 年、2014 年开展三轮清洁生产审核，通过对清洁生产审核中、高费方案的实施，实现工序减排，马钢股份总体达到行业清洁生产标准三级水平，清洁生产效果显著。此后按 5 年一个周期进行全工序清洁生产审核。

[环保治理投入]

“十五”以来，马钢股份持续加大环保投入，控制污染物排放。在新、扩、改建新项目方面，环保投资比例不低于项目总投资的 5%，确保了新建项目不产生新的污染。在老污染源和老环保设施治理改造上，“十五”“十一五”期间共投入约 50 亿元资金。2014 年 11 月，环保部印发《长三角地区重点行业大气污染限期治理方案》，要求钢铁企业脱硫、脱硝设施建设以及相关焦炉、高炉、转炉、原料场除尘改造项目在 2015 年 7 月 1 日前限期完成治理工作，马钢股份安排落实资金 3 亿元，对 3 台烧结机、3 座竖炉、3 台燃煤锅炉实施脱硫脱硝及除尘改造。“十二五”期间，马钢股份累计投入资金 7.5 亿元，用于污染治理项目建设。根据国家及省市要求，马钢股份 2018 年 8 月底发布《马钢超低排放改造三年行动方案》《马钢股份蓝天碧水保卫战三年行动方案》，除实施有组织排放、无组织排放、清洁运输和监测监控外，统筹实施水和固废处理及利用，并按年度制订具体推进计划，建立机制予以推进。2019 年 5 月，对照《关于推进实施钢铁行业超低排放的意见》，修订完善项目实施计划，截至 2019 年年底，马钢股份累计立项 29.5 亿元，推进实施 50 个超低排放改造项目。

[排污费与环境税]

2003 年，国家按《排污费征收使用管理条例》实施总量收费原则，马钢两公司 2003—2017 年缴纳排污费 5.05 亿元，获政府补助资金返回（或贷款）1.89 亿元。2018 年 1 月 1 日起，环境保护税法开始实施，排污费由环保部门核定征收改为企业自行申报，税务部门征收。2018 年，马钢集团实现“费改税”平稳过渡，制定《环保税管理办法》，规范了马钢股份环保税的申报，2018—2019 年，实际缴纳环境税 1.01 亿元，减免 1125.19 万元，获政府补助资金返回 2267 万元。

[环保设施专业化托管运营]

“十二五”以来，马钢股份逐步实施脱硫、脱硝等重点环保设施、水质处理、污染源在线设施第三方专业化托管运营，实行“费用、指标、责任”总包。2012 年 1 月起，马钢股份将全部生产水处理水质药剂系统托管欣创环保运营。2013 年 3 月起，二铁总厂烧结烟气脱硫系统托管欣创环保运营。2014 年 10 月之前，马钢股份污染源在线设施委托欣创环保进行第三方托管运营，2014 年 10 月起由飞马智科托管运营。

[环境信息化系统]

2015年，投资650万元的马钢股份环境信息化综合管理系统建成运行。该系统集排口在线自动监测、现场环境视频监视、总量减排设施运行监控为一体，实现对重点污染源全覆盖、全自动、全天候的动态监控。

[突发环境污染事故应急预案]

2014年4月，根据国家《突发环境事件应急预案管理暂行办法》及省市要求，组织编制马钢突发环境事件应急预案，构建了包括1项综合预案、4项专项预案和17项现场预案的环境污染应急预案体系。2017年，首次完成马钢股份环境应急预案体系建立及政府报备工作，此后结合实际进行演练、修订并按每3年一次向政府备案。

[现场常态化环境绩效管控]

随着2015年新环保法实施，马钢股份立足现场，将提升现场环境管控水平作为常态化管理。2015年以来，每年修订《生产经营绩效管理办法》，将现场污染防控作为重要内容，加大考核覆盖面及考核力度，发挥正确导向功能。针对污染源在线管理，梳理流程，修订《污染源自动监控系统管理办法》，明确主体责任，实行总包，规范污染源在线设施的运行、维护及合规性管理。加强现场环境监督管理，对制度落实、异常状态管理、设施（含在线）运行、污染物排放等，详细编制现场监督检查表，建立滚动检查制度。优化环保治理项目管理流程，加快项目实施进度。制定马钢重点环节风险点、重点排口应急控制措施以及环保督查期间的生产现场应急控制方案等，落实作业区、总厂、公司分级监控职责，实行全天候、全方位管控，基本形成污染防控体系并持续完善。完成青奥会、国家公祭日、G20峰会高标准环境管控及中央环保督察有关任务。

[中央环保督察与突出环境问题整改]

随着中央环保督察工作启动。2016年12月，马钢集团制定《中央环保督察马钢环境风险控制方案》，马钢集团主要领导两次召开马钢集团迎检工作动员会，按照督察前、督查中两个方面系统部署迎检工作及要求。督察期间，马钢集团环境绩效较好，未发生重大环境问题。2019年，马钢集团贯彻长江大保护精神，解决突出环境问题，对防护堤违建进行拆除，对337米长江大堤实施建新绿工程，面积约4445平方米。按时完成铁运公司长江岸堤道口改道工程，完成雨山河东岸沿线700米废弃铁轨、枕木进行清理实施工作，为后续政府美化雨山河两岸创造有利条件。协调解决雨山河两岸步道及美化改造需占用公司部分用地。马钢股份办公西区、中心食堂实现了雨污分流，生活污水排入市政管网。

[宣传教育]

“十五”以来，马钢集团每年以“六·五”世界环境日为契机，开展宣传培训教育活动，全面提升职工环境意识、各级领导环境风险意识，不断增强职工参与环境保护的能力和环保管理技术人员专业水平。利用内外部媒体，宣传公司节能减排先进经验和做法，马钢“十二五”期间节能减排工作被作为亮点向媒体推荐。2008年以来，作为上市公司马钢股份定期发布社会责任报告，将环境社会责任履行情况向社会公众公开。

第二节　绿化建设

[概况]

截至2019年，马钢集团绿化面积354.65万平方米，绿地率26.2%，绿化覆盖率27.7%。

[绿化建设]

从2001年起，马钢集团抓住钢铁行业大发展契机，投入大量人力财力加大厂区绿化建设，号召各二级单位挖潜，提出“两条腿走路”的方针，调动上下两方面积极性，多渠道筹集资金发展绿化，使马钢集团绿化建设工作得以长足发展。据不完全统计，截至2003年，马钢两公司累计实施绿化项目114项，建设面积62.19万平方米。2004年，为了科学合理进行绿化建设，马钢两公司组建了绿化专家库，召开了专家咨询论证会，对三厂区绿化建设的指导思想进行了认真的科学论证，确定了“以绿化为主、绿中求美、档次适度、生态优先、兼顾景观效果”的指导思想，对三厂区进行综合治理，新建绿化及改造36.25万平方米，比原有绿化面积增加了22.23万平方米，三厂区率先实现了树绿草茵、黄土不见天的厂容绿化新景观。

2005—2008年，以推进一厂区整治为主线，强化管理，聘请具有甲级设计资质的园林设计院对一厂区绿化进行总体规划设计，整治绿化面积15.16万平方米，新增绿化面积6.26万平方米。其间，抓住马钢产品结构调整及基建技改建设力度加大的有利时机，将绿化项目与技改主体工程同时规划、同时设计、同时实施，实行“三同时”。绿化工作列入项目经理责任制，仅2007年结合马钢新区建设一次性投入3500万元，新建绿地101万平方米。

2009年起，绿化建设工作重心由绿化建设转入绿化养护管理，公共绿化以调整和完善厂区主干道、污染区域绿化为主，兼顾厂区苗木补植和拾遗补缺。截至2009年底，按照当时统计口径，马钢集团厂区和矿区累计绿地率为43.82%。其中马钢集团绿地率60.72%；马钢股份绿地率为21.46%。据不完全统计，2009—2015年，马钢累计实施绿化项目230项，建设面积120.34万平方米。

2016年，钢铁行业性亏损，根据马钢集团降本要求，绿化项目建设“一事一议”，仅对涉及生产、安全刚性需求的项目予以支持，全年实施厂管绿化项目4项。2017—2019年，根据马钢集团品牌建设战略要求，先后实施“八线四面”“五线四面”“九线七面”美化提升重点工程，同时，实施厂管绿化项目43项，建设面积53.99万平方米。

为适应绿化建设工作需要，马钢在制度建设方面持续改进，对管理要求和作业标准进行了多次的修改和完善。2005年制定《马钢绿化工程建设管理办法》《马钢绿化工程施工安全管理办法》《绿化工程现场签证工作程序》《绿化工程现场管理工作程序》等制度。2007年，制定《绿地占用、损坏审批及恢复改造标准》《绿化养护交接及质保金支付改造标准》等标准化工作流程。2015—2019年，对相关的管理制度整合、优化、完善，先后经过2次修订，形成《绿化项目建设管理办法》《绿化项目建设质量监督管理办法》《绿化项目建设施工安全管理办法》。

第三节 项目与成果

[环境保护项目]

“十五”以来，马钢集团持续加大环保投入，控制污染物排放。在新、扩、改建新项目方面，环保投资比例不低于项目总投资的5%，确保了新建项目不产生新的污染；在老污染源和老环保设施治理改造上，2001—2015年，共投入近60亿元资金实施环境治理改造。

2014年11月，环保部印发《长三角地区重点行业大气污染限期治理方案》，根据要求，马钢系统开展钢铁脱硫、脱硝设施建设以及相关焦炉、高炉、转炉、原料场除尘改造策划工作。2015年，新《中华人民共和国环境保护法》和一系列环保新标准实施，马钢集团加快环境保护工作力度，当年安排落实资金3亿元，对3台烧结机、3座竖炉、3台燃煤锅炉实施脱硫脱硝及除尘改造等，同时，结合钢铁去产能工作政策要求，先后淘汰了2座100平方米烧结机、4座500立方米小高炉、4座40吨转炉等，有力地提升了污染物减排水平。

2018年，生态环境部《关于钢铁行业超低排放改造工作方案（征求意见稿）》发布后，2018年8

月底，马钢集团发布《马钢超低排放改造三年行动方案》《马钢股份蓝天碧水保卫战三年行动方案》，以建设绿色现代都市工厂为目标，除实施有组织排放、无组织排放、清洁运输和监测监控等超低排放改造外，统筹实施水和固废处理及利用，并按年度制定具体推进计划，建立机制予以推进。2019 年 5 月，对照《关于推进实施钢铁行业超低排放的意见》，修订完善项目实施计划。2016—2019 年底，马钢集团公司累计立项 29.5 亿元，推进实施了 50 个超低排放改造等三治项目，全面推进实施焦炉、烧结、球团、发电锅炉等烟气脱硫脱硝，相关烧结机尾、成品除尘、高炉出铁场除尘、炼钢二次除尘等提标，以及原料场大棚、煤场筒仓及部分皮带通廊及转运站封闭改造等工作；启动实施废水零排放工作，推进南区厂区雨污分流和六汾河废水深度处理等项目可研等前期策划。

[重点项目]

水资源利用综合利用项目。2001 年，由经贸委和计委联合审批立项，投资 2.2 亿元的马钢水资源利用综合利用项目启动，历时 4 年，2005 年 3 月工程全部建成投产，仅 2001—2005 年，按吨钢耗新水环比计算，4 年共节约新水 5.23 亿吨，节约水资源费、排污费 7323.4 万元。

烟气脱硫脱硝项目。2009 年起，马钢集团持续开展烟气脱硫脱硝治理。2009 年 7 月，马钢引进奥钢联技术，投资 1.2 亿元，采用半干法石灰脱硫工艺，二铁 1 号烧结机烟气脱硫工程建成投运，这是马钢集团第一个脱硫项目，随着治理技术水平的日益成熟，2013 年起，马钢集团又陆续完成 A 号、B 号烧结机烟气脱硫项目、热电 12 号发电机组烟气脱硫工程、链箅机-回转窑烟气脱硫工程、12 号发电机组脱硝工程。2018 年马钢启动超低排放改造后，共计完成 5 台烧结机烟气脱硫脱硝、8 座焦炉烟气脱硫脱硝超低排放改造。

渣山环境综合整治工程。2016 年，马钢集团实施马钢股份南区钢渣处理综合利用工程，一期项目为钢渣热闷项目，即环保工程，总投资约 6500 万元。项目于 2017 年 9 月 20 日建成，有效解决了钢渣热泼中产生的粉尘问题，不仅改善了工作环境，还大大降低了整个三渣山区域环境污染。2016 年和 2017 年，马钢分别投资 1000 万元和 4800 万元，实施了二期环境改造工程，将一渣山北中心料场积存的约 10 万吨钢渣清理干净，4 万平方米的场地退渣还绿，新建钢结构脱硫渣处理厂房和铸余渣处理厂房各一座，并增设水雾喷淋装置和移动式吸尘罩进行除尘，项目于 2018 年 10 月 30 日建成投运。

炼焦总厂南区新建筒仓工程项目。建设煤场筒仓，将炼焦洗精煤全部进入筒仓储存和配料等，有效减少损失，防治无组织排放，保护环境。项目分一、二期建设，每期为 10 个筒仓本体及物料皮带输入系统、受料系统（含火车翻车机、火车螺旋卸车机、汽车受料以及筒仓输入系统）、贮配煤系统（仅 B 列 10 个筒仓），以及给排水、电气、消防等相关公辅设施等。项目投资 42224.70 万元，一期工程计划 2019 年 12 月竣工，二期工程计划 2021 年 6 月竣工，一期工程于 2019 年 5 月开工建设，2019 年 12 月底建设完毕。

马钢原料场环保升级及智能化改造工程。实施原料一次料场全封闭大棚改造，有效防控物料无组织排放，保护环境。新建 1 号 C 型料棚、2 号 C 型料棚、1 号 B 型料棚和 2 号 B 型料棚，并同步对上述建设内容进行相应的进出料系统改造和智能化改造。项目投资 150000 万元，于 2019 年 3 月开工建设，计划 2022 年 6 月全部竣工。截至 2019 年底，1 号 B 型棚基本完工，滑移轨道拆除、防尘网安装，2 号 B 型棚桩基、承台施工，2 号 C 型棚的桩基施工收尾。

7 号焦炉烟气脱硫脱硝工程。针对 7 号焦炉烟气，建设脱硫脱硝设施，实现烟气超低排放（颗粒物不大于 10 毫克/立方米；二氧化硫不大于 30 毫克/立方米；氮氧化物不大于 150 毫克/立方米）。主要内容为新建 7 号焦炉烟气系统二氧化硫/氮氧化物脱除系统、活性焦再生系统，物料循环系统、除尘系统、控制系统组成；建设一座共用氨站系统，共设两台氨水储槽；建设再生气处理系统，将高浓度二氧化硫气体通过硫铵吸收工艺生成硫酸铵母液，输送至硫铵车间。项目总投资 8000 万元，2018 年 9

月开工，2019年10月工程建成，2019年12月工程完成验收，各项指标均达到设计要求（超低排放）。

[环境保护成果]

2002年，南山矿取得“国家矿区生态示范区”荣誉。

2003年，马钢股份H型钢项目被国家环保总局评为国家环境保护“百佳工程”。

2007年，马钢股份获中钢协“环保管理优秀单位”。

2008年，马钢股份获第五届“中华宝钢环境奖”企业环境优秀奖。

2009年，马钢股份被列为国家第二批循环经济试点企业，并于2013年通过国家验收。

2010年，马钢股份获国家级首批“两化融合促进节能减排试点示范企业”。同时，被工业和信息化部列为创建“资源节约型、环境友好型”企业的第一批试点企业。同年3月18日，马钢股份获2009年市环保目标责任书市政府表彰；12月20日，马钢股份获2009年度安徽省污染减排目标超额完成奖。

2011年5月，马钢股份被授予首届安徽省“环境友好企业”。

2012年，马钢股份二铁总厂被授予“十一五”全国减排先进集体。

2013年，马钢股份管理创新课题“实现节能环保产业化发展的实践”获中钢协冶金企业管理现代化创新二等奖。

2016年，马钢股份获中国钢铁工业协会“中国钢铁行业清洁生产环境友好企业”称号。2016年，马钢股份被评为“安徽省环境信用评价最高等级——诚信企业”。

2017年，马钢股份获首批国家级“绿色工厂”称号。同年，马钢股份“基于环境经营与城市融合发展的绿色和谐钢铁企业建设”获安徽省第十三届企业管理现代化创新成果。

[重点绿化项目]

2004年，为了科学合理推进绿化建设，马钢集团组建了绿化专家库，并召开了专家咨询论证会，对三厂区绿化建设的指导思想进行了科学论证，确定了“以绿化为主、绿中求美、档次适度、生态优先、兼顾景观效果”的指导思想。同时制定了《马钢绿化建设工程质量监督管理暂行办法》。全年共投入资金1200万元，完成了三厂区综合治理的绿化建设，三厂区率先实现了树绿草茵、黄土不见天的厂容绿化新景观。

2007年，根据《新区绿化工程会议纪要》精神和新区绿化方案，按25个大标段限额设计。5月底，完成新区绿化所有标段的招标工作。组织绿化建设单位、各项目部和设计人员，进行现场检查、指导、协调200多场次，提出设计变更并组织设计52项，并先后会同基建技改部召开9次新区绿化工程专题会，在“9·20”新区投产典礼前，完成新区98.94万平方米绿化任务，比原绿化设计要求增加了19%。新区绿化设计费用3500万元，计划内新区25个标段绿化工程，通过招投标发生的费用实际为3121.63万元，约节省资金10.81%。

2013年，完成生产指挥中心北侧绿化改造项目和一钢轧总厂硅钢二期等重点基建技改实施绿化项目管理等工作。

2017年，根据马钢集团品牌建设战略要求，组织实施了“八线四面”绿化、美化提升工程，在绿化建设过程中充分利用区域优势，注重将“点、线、面”相结合，利用丰富花木品种，在道路拐角处建造层次分明的景观造型“点”；道路两侧种植乔木和低矮灌木，形成以绿色带为主的“线”；在开阔成块的场地种植花卉树木及色块，形成色彩斑斓的“面”，打造了绿化精品工程。完成了日本ITEC公司向马钢集团赠送的100棵樱花树的选址、种植以及交接仪式组织工作。

2018年，“五线四面”绿化提升工程全面完成。作为马钢集团品牌建设的重要内容之一，先后对高炉西路南段、高炉西路北段、马钢大道、高线大道、钢轧西路、四钢轧板坯库南景观面及资源分公司南区入口、四号线1号门、五号线19号门的景观面进行了绿化美化，共计完成绿化提升线路近7400米，新建绿化面积12.6万平方米。

2019年，继续加大厂区重点线路及区域绿化美化改造提升力度，确立并组织实施“九线七面”重点绿化工程。先后对钢轧大道、钢轧中路、煤焦西路、煤焦北路、轮箍东路、三钢南路、二厂路、钢轧25号路、三钢西路等线路和教培中心主干道、长江大堤马钢段、钢轧大道西北角、新区土渣山东侧、新11号门、飞马游园、一号炉区域、九号炉工业遗址等区域进行绿化美化。

[绿化建设成果]

马钢集团先后被评为2001年全国绿化先进集体、2004年全国绿化模范单位和全国冶金绿化先进单位、2014年全国绿化先进集体和全国部门迁林绿化400佳单位、2015年安徽省绿化红旗单位。2009年和2016年，全国绿化委员会先后两次来到马钢集团，对马钢集团“全国绿化先进集体”进行复查和工作督导，对马钢集团的绿化工作给予高度肯定。

第三章　循环经济

第一节　固体废物管理

［概况］

钢铁工业是典型的资源能源密集型工业，钢铁生产需要消耗大量的铁矿石、煤炭、新水等资源，并产生大量的“三废”资源。据统计，吨钢固废产生量约600千克，根据产生界面的不同，固体废物主要有高炉渣、钢渣、含铁尘泥、环境尘泥、废旧耐材、自备电厂粉煤灰和脱硫石膏等。随着企业发展，生铁、粗钢产量增长，高炉渣、钢渣等大宗工业固废也呈增长态势。2019年，马钢集团固废65个品种，年固体废物产生总量约843.49万吨。

随着《中华人民共和国土壤污染防治法》颁布施行，“无废城市”试点工作正式启动，《长江保护修复攻坚战行动计划》全面实施，“清废行动”常态化，固废监管已经形成高压态势。

［管理制度］

“十五”以来，马钢集团固体废物管理坚持“减量化、资源化和无害化的原则”。2001—2007年，马钢集团固废管理在安环部，后公司撤销安环部，固废管理职能划到新成立的能源环保部。为贯彻落实《中华人民共和国固体废物污染环境防治法》，2004年马钢股份发布了《固体废物管理程序》，明确了固危废管理流程。为进一步规范马钢股份公司危险废物各环节的管理流程，防止违规处置，降低环保风险，2009年，马钢股份首次发布《危险废物管理办法》，2013年，根据国家危险废物管理相关法规政策，修订马钢股份《危险废物管理办法》。同时，将固危废管理纳入ISO 14001环境管理体系，并结合实际逐步形成和完善固危废责任、标准、检查、评价、考核等制度体系。

［体系建设］

随着马钢股份管理变革和发展，固体废物管理体系进一步明确，形成由能环部牵头，多职能部门分工协作，资源分公司执行，各生产单位属地负责的管理体系。具体职能：马钢股份能源环保部是固体废物的综合管理部门，负责贯彻国家法律法规和管理标准，负责落实政府和上级部门的相关要求，负责固危废统计和处置、外销；马钢股份制造管理部负责生产过程产生的可利用的工业固体废物内部循环利用管理；技术中心负责固体废物的综合利用工艺技术的研发、相关技术标准的管理，负责编制固体废物内部利用或处置方案；设备管理部负责设备检修及大中修、固定资产投资项目中产生的固体废物的监督管理和合规处置；技术改造部负责建设项目中产生的固体废物的现场管理和合规处置；仓配中心负责资材类工业固体废物的相关管理与销售工作；经营财务部负责工业固体废物回收、处理、利用、处置业务的经济性分析，负责制（修）订与工业固体废物业务相关的各种费率，负责核定返生产利用工业固体废物（二次资源）效益和工业固体废物利用综合效益，负责可利用资源的价格管理；行政事务中心负责生活垃圾的管理；运输部负责工业固废的厂内物流管理；检测中心负责对工业固体废物加工、利用、出厂等过程中的计量管理；保卫部负责工业固体废物进出厂门禁管理和物资查验；资源分公司负责冶金废渣、污泥、氧化铁皮等含铁资源及粉煤灰、废旧耐火材料、工业回收物等可利用资源以及危险废物的回收和处置；各生产单位对所辖的固危废全面负责。2012年8月23日，马钢股份七届十四次董事会批准设立冶金固废资源综合利用分公司（简称资源分公司），负责公司固废资源的回收、加工、利用、销售。

[综合利用]

马钢集团始终把大宗固体废物资源综合利用作为节能环保战略性新兴产业的重要组成，不断寻求节约资源、防止污染的有效途径和最佳办法。以“让环境更加优美，让资源更有价值”为导向，初步实现了覆盖范围内的固废综合利用由“低效、低值、分散利用”走向“高效、高值、规模利用”，形成了资源综合利用循环经济发展的新型产业模式，极大减少了固废排放占用的土地和对环境的污染，带动了周边生态环境整治与好转。2007年，马钢股份被列为国家第二批循环经济试点企业，并于2013年通过国家验收。

2016年，马钢集团有固废综合利用生产线15条，主要包括：OG泥管道输送利用生产线、含锌尘泥转底炉脱锌综合利用生产线、酸再生处理生产线、南北钢渣处理线、港务原料综合利用生产线等。能环部将固废设施运行情况纳入全年监理计划，确保其高效运行。发布实施《固体废弃物综合利用专项奖励办法（试行）》，鼓励引导二级单位提高固废资源利用效率，加强固废资源再开发和危险废品处置利用研究。

2016年，马钢修编了冶金固废资源产业化发展规划，编制形成马钢冶金渣综合利用示范基地建设规划并上报国家发改委；2017—2018年，完成“钢渣制备高性能橡胶功能充填料技术开发”“基于钢渣的生态护岸工程用材料制备及应用技术研究”等产学研合作项目。

“十五”以来，马钢集团利用国家综合利用减免税政策，开展资源综合利用产品申报工作，先后完成高炉灰、氧化铁皮返烧结利用项目，高、焦、转炉煤气回收项目，高炉瓦斯泥、转炉OG泥返烧焦项目等申报工作。截至2008年，马鞍山市地税局根据国家有关规定，已对马钢资源综合利用产品实现的企业所得税共计近3万元给予减免。

[主要固废综合利用技术应用]

钢渣在线分类处理及综合利用技术。马钢集团自2004年新区筹建开始，就按照“3R”原则统筹考虑炼钢工序钢渣环保、高效、资源化处理利用。经过自主创新和集成创新，开发了“钢渣在线分类处理工艺”，建立了“渣不落地”的渣处理模式，实现了钢渣在炼钢工序内部利用、烧结工序利用及外部利用的“小、中、大循环利用”的钢渣在线实时分类处理及综合利用的目标。形成马鞍山市大宗固体废弃物综合利用基地建设实施方案12项专利技术，其中发明专利9项，授权5项，实用新型3项，制定行业标准1项。先后获2015年度冶金科技进步奖二等奖和安徽省2015年度科学技术进步奖二等奖。通过项目实施，形成包括转炉渣风碎、转炉渣热闷、钢包渣滚筒水淬、KR渣处理线、无组织干渣处理线、废弃耐火材料加工线等6条钢渣处理生产线，实现转炉渣风碎→热闷组合在线处理及分类利用，年处理量80余万吨。钢包渣滚筒水淬在线处理及分类利用，年处理量约10万吨。处理后钢渣通过在线加工和直接利用等方式实现钢渣资源化利用，包括返回烧结、返回炼钢利用，用于混凝土细集料和喷丸磨料、水泥、道路等，年创造直接经济效益超1亿元。同时通过在线处理，使钢渣显热得到高效利用，年节约能源相当于4万吨标煤，减少碳排放约10万吨。减少转运环节，降低粉尘排放，产生良好的社会效益。

转底炉处理含锌尘泥技术。马钢股份转底炉（RHF炉）是国内第一条含锌尘泥脱锌工业化生产线，于2009年6月建成投产，用于处理高炉、烧结机及球团生产线所产生的含锌尘泥及除尘灰，设计处理量为20万吨/年。转底炉系统主产品为金属化球团、粗锌粉和过热蒸汽。其中，金属化球团含铁量大于65%，金属化率大于70%，抗压强度大于1000牛/帕，粗锌粉氧化锌质量分数在40%—50%，外卖供专业公司进行深加工，过热蒸汽压力为1.6兆帕，温度为260摄氏度。转底炉系统作业率达

92%以上、脱锌率91%以上，脱除60%的钾、钠，解决了有害元素对高炉的危害，获得了高品位的金属化球团，同时解决了瓦斯泥对环境的污染。

“转底炉资源化利用冶金含锌尘泥技术研究与工业应用”获2011年中国钢铁工业协会、中国金属学会冶金科学技术奖三等奖。“马钢新区二次资源综合利用关键技术研发”获安徽省2013年技术创新进步奖三等奖。“一种转底炉换热器清灰装置”获冶金青年2018年创新创意大赛三等奖。2019年，马钢集团已牵头完成转底炉处理含锌尘泥技术相关行业标准6项，获国家授权专利10余项。

低锌含铁尘泥综合利用工艺技术。马钢股份共建设2套低锌含铁尘泥综合利用系统，第一套于2007年建成投用，第二套于2018年建成投用，主要用于处理含锌相对较低（$w(Zn)<1\%$）的一类含铁尘泥，包括环境、工艺除尘灰（如料场除尘灰，高炉炉前、槽下灰等）、富余转炉OG泥（烧结机检修时）等，两套系统设计处理能力30万吨/年（湿基）。该工艺分为污水处理工艺、除尘灰处理工艺及污矿加工工艺三部分，对应三大功能分别为：一是污水浓缩、分离再利用功能；二是除尘灰与污泥进行强力混合的加工功能；三是加工形成的污矿参与烧结混匀造堆再利用功能。

转炉OG泥管道输送返烧结资源化利用技术。OG泥是转炉炼钢生产过程中煤气湿法除尘的副产物，含有铁、钙、镁和碳等元素，其粒度极细，小于5微米的占70%以上，脱水后泥饼黏度大，运输、处理利用难度大。为解决这一难题，马钢集团自2002年起开展多年专题研究，于2007年成功开发出转炉OG泥管道全封闭输送喷淋利用技术，同年在马钢股份新区建成应用，解决了OG泥浓缩、脱水系统占地面积大、脱水成本高、循环利用难度大等一系列问题，节约了烧结用水，利用了其中的铁、钙、镁等有益元素，并有利于提高烧结混合料的造粒效果，改善烧结料层透气性，起到了降低烧结固体燃耗的作用，变废为宝。马钢股份2011年有两套转炉OG泥综合利用系统，分别为三铁总厂、二铁总厂转炉OG泥综合利用系统。其中，马钢股份二铁总厂转炉OG泥综合利用系统于2011年6月底竣工，用于处理一钢、三钢总厂产生的转炉OG泥。输送泵将浓度为8%—10%的泥浆通过管道长距离输送至二铁总厂烧结污泥处理站，污泥经浓缩池浓缩、进入搅拌站搅拌均匀，螺杆泵喷浆到烧结配混系统参与配料，设计喷浆浓度为20%—30%。马钢股份两套转炉OG泥综合利用系统自2007年、2011年投用以来，一直在稳定运行，基本实现了马钢股份转炉OG泥的资源化再利用，避免了OG泥对环境的污染，同时节约水处理能耗及新水消耗，经济效益和社会效益显著。

第二节　项目与成果

[循环经济项目]

马钢集团历来高度重视节能环保，大力发展循环经济，坚持绿色发展、标本兼治，深入践行环境经营理念，按照“污染超低排放，总量控制有效，环境风险可控，建设项目合规，生产过程清洁，资源循环利用”总体要求，坚定不移地淘汰落后，推进装备大型化和现代化，不断加大循环经济项目投入，走绿色发展、生态发展的道路。

转底炉含锌尘泥处理工程。2009年，马钢股份建设投产了炉床面积240平方米的转底炉造球脱锌系统，年处理高锌含铁粉尘及污泥20万吨。将对钢铁冶炼过程不利的物质变害为宝，通过敞焰煤基直接还原焙烧的方式，生产金属化球团作为高炉的优质原料。脱锌率达到90%以上，物料中的铁、碳得到有效利用。

高炉脱湿鼓风技术。针对能控中心两座2500立方米高炉鼓风站，建设一套蒸汽制冷站，配两台制冷量为300万大卡的双效蒸汽型溴化锂吸收式制冷机组及配套设备（一拖二）。管网蒸汽作为制冷机动力源，压力0.6兆帕，蒸汽小时最大消耗约15吨。马钢股份北区4000立方米高炉也建设了双效溴化锂吸收制冷高炉鼓风脱湿项目。项目建成后，提高高炉冷风供风品质，对高炉稳定高效运行提供有力支撑。

焦炉煤调湿。2010年6月，焦炉煤调湿系统建成投产，总投资2亿元，建设一套煤炭干燥装置、湿煤运输系统、干煤运输系统及辅助系统，煤炭处理能力167吨/小时，煤中水分降到5%、增产10%、降低工序能耗10千克标准煤/吨。

电厂干灰回收系统建设。在建成热电厂电除尘三号电场干灰回收系统后，马钢股份又投资1600万元建设一号、二号电厂干灰回收系统，形成年回收12万吨干灰的能力，将湿排灰全部改为干排灰，回收用作水泥原料，节约了用水。

二次能源综合利用。"以气代煤"改造燃煤锅炉，提高煤气掺烧利用量，马钢股份先后对热电总厂3台220吨/小时煤粉锅炉进行改造，使3座煤粉锅炉具备掺烧6万立方米/小时的能力，还先后建成3座220吨/小时全烧高炉煤气锅炉，在新区建设有153兆瓦煤气-蒸汽联合循环发电机组、135兆瓦煤气-煤粉混合燃烧汽轮发电机、全燃煤气高温高压锅炉和1台带抽汽发电的60兆瓦汽轮机组，上述项目投运后，马钢股份公司煤气利用水平逐年提高，发电量也由2002年的7.64亿千瓦时，上升至2019年的52.99亿千瓦时。

[循环经济成果]

加快淘汰落后。先后淘汰了一批烧结机、小高炉、平炉、炼钢小电炉、初轧机、复二重线材轧机、燃煤小锅炉等落后、高耗能工艺和装备。

大力回收余热余能。回收利用焦炭余热；利用烧结机冷却低温废气（烟气）余热；在轧钢加热炉上推广应用蓄热式燃烧技术；利用高炉炉顶余压发电（简称TRT）；利用富裕饱和蒸汽发电。余热余能的回收有效降低了焦化、炼铁、轧钢的工序能耗，公司自发电比例持续上升，实现了节能增效。

大力发展连铸工艺，提高连铸坯热装温度和热装率。大力开发连铸坯红送热装技术和连铸机与轧机之间热衔接技术，回收利用大量钢坯显热，释放系统产能。

通过绿色制造实现铁元素资源循环。在高炉渣、钢渣、粉煤灰、氧化铁皮、铁红等可用于下游企业的资源上采用独资或合资的模式进行综合利用。

2008年，马钢集团设计研究院和马钢股份能源环保部根据国家发展循环经济的相关要求，结合马钢实际情况，共同编制了《马鞍山钢铁股份有限公司发展循环经济建设实施方案》，为马钢发展循环经济提出了明确方向和具体要求。

• 第九篇 员工队伍

第九篇 员工队伍

概 述

2001—2019 年，马钢集团持续推进人力资源管理，不断优化人力资源体系。2003—2005 年，在借鉴宝钢经验的基础上，马钢股份在一钢“两板”引进宝钢以作业长制为中心的基层管理项目的试点取得成功。通过以作业长制为中心的基层管理改革，培养了一支作业长队伍，加强了作业区之间、厂际之间的协作，提高了生产效率。2007—2012 年，马钢集团印发《科级管理人员管理工作程序》，对科级管理岗位的日常管理工作做出具体的规定，起草下发《有关单位科级干部交流轮岗工作实施意见》，规范科级干部管理。修改《人力资源管理程序》和相关作业文件，配合建立测量体系。全面梳理在册不在岗人员，全面实施人力资源管理信息系统。制定《职工劳动关系调整与安置方案》，按照《企业内部风险控制规范》的要求，实施员工考勤、内部流动、专家管理、科级干部管理、作业长管理、人才引进等管理行为。制定下发《劳动纪律管理办法》《员工考勤和休假管理规定》《编外人员管理办法（试行）》《关于编外人员待遇等若干问题的补充规定》《关于加强劳动纪律管理、严肃责任追究的有关规定》，下发《关于开展在册不在岗人员专项清理工作的通知》，有序推进人力资源优化。

2013 年，马钢集团开展钢铁主业单位劳动组织调研工作，并根据安徽省委、省政府“去行政化，建新机制”要求，形成《员工岗位层级体系及运作实施方案》。2015 年，马钢集团完成人力资源优化设计工作，下发《关于下发〈关于组织开展人力资源优化设计工作的决定〉的通知》。马钢股份二级单位完成机构、岗位初步设计，对有关单位下达调整内部管理机构及编制定员。2017 年，统一两级机关配置标准，二级单位两级机关按党群行政、生产技术安全、设备、经营系统和分厂机关五大分类，制定两级机关配置方案。2018 年，马钢集团下发《关于马钢集团机关机构改革及人力资源优化的决定》《关于股份公司机关机构改革及人力资源优化决定》，实施机关机构改革和人力资源优化。同时开始马钢集团高层次人才培养工程设计。2019 年，正式确定为“1+2+4 科技领军人才培养工程”。

2001—2019 年，马钢集团深入贯彻落实《党政领导干部选拔任用工作条例》，坚持党管干部原则，提高识人、用人水平。始终坚持按照党的干部队伍“四化”方针和德才兼备原则选人用人，积极推进干部任用工作的科学化、民主化、制度化。实施干部任前公示制、干部考察预告制、党委常委会讨论任免干部票决制等，不断深化干部人事制度改革，为马钢集团改革和生产经营建设提供强有力的组织保证。严把“入口关”，提升中层管理人员队伍整体素质。

与此同时，马钢集团始终把对员工教育培训作为人力资源管理的重要一环，进一步健全完善教育培训的管理制度，汇编行政管理、教学管理、培训管理、科研管理、学生管理、招生就业、后勤管理等各类规章制度，以开阔的视野和战略的眼光，理清教育培训思路，找准定位。不断完善分层分类岗位赋能培训体系。以打造管理、技术、技能三支队伍和培养造就高素质专业化人才队伍为目标，系统策划、精准实施，与马钢集团“同频共振”，科学系统开展分层分类岗位赋能培训。

第一章　人力资源管理

第一节　机构沿革

2001—2005 年 3 月，马钢人力资源管理机构为马钢两公司人事部、劳动工资部，以及教育培训部。

2005 年 3 月，撤销马钢两公司人事部、劳动工资部、教育培训部，设立马钢两公司人力资源部。内设机构为一室八科，即：办公室、劳动组织科（编制科）、薪酬管理科、劳动保险科、员工管理科、人才开发科、培训管理科、外协管理科、机关劳资科。编制定员 53 人。

2011 年 7 月，马钢 2011 年第 6 次党政联席会议研究决定，设立马钢集团人力资源部，马钢股份人力资源部保留建制，管理职能由马钢股份委托马钢集团行使。

2013 年 1 月，马钢 2013 年第 1 次党政联席会议研究决定，马钢集团、马钢股份挂牌设立人力资源部，马钢集团管理机构与马钢股份管理机构各自成体系。

2018 年 4 月—2019 年，马钢集团党委工作部（党委组织部、党委宣传部、人力资源部、企业文化部、统战部、团委）承担党组织建设、机关党群管理、统战、干部管理、宣传与企业文化、人事效率、薪酬福利、员工发展、团委职能，内部不设置科室机构，以职能模块为单位配置人员。马钢股份公司设置股份人力资源部，内设规划配置室、员工发展室、薪酬福利室，承揽规划配置、员工管理、培训开发、薪酬福利、作业长制推进职能。

马钢集团人力资源服务中心于 2016 年 5 月 31 日成立，9 月 30 日正式挂牌运行。成立之初，主要围绕马钢人力资源优化和去产能工作，承担落聘转岗、去产能转岗人员的转岗培训及再上岗等工作。下设：办公室、培训服务科、再就业管理科。2018 年 4 月，根据马钢集团机关机构改革决定和人力资源管理体系变革要求，赋予人力资源服务中心新的业务内容，2018 年 5 月中旬，按新的功能定位正式运行。下设：综合管理室、员工服务室、薪酬发放室、培训招聘室、信息化室。主要承接集团人力资源事务性工作和服务职能，承担集团薪酬发放、社保征缴、退休审核、年金管理事务、员工招聘代理、离岗政策办理、内部流动、劳动合同日常管理、入离职、职称评定、转岗培训、HR 信息系统运维、报表统计及机关人事档案等业务工作。

第二节　员工队伍结构

［员工来源］

高校、职技校等院校毕业生招聘：马钢集团一直持续不断优化提升人员结构，结合发展需要有计划地补充招聘新员工，在面向全日制高校开展招聘的同时，注重职技校等院校毕业生对一线生产员工队伍的补充。2002 年，共招聘技校毕业生 200 人、大中专毕业生 92 人，厂矿班党校毕业生 112 人。

2006—2010 年，为保证新区按计划顺利投产，结合人力资源发展规划，连续开展招聘，共补充高校生 615 人。2008 年，共招聘 103 名新毕业生，其中博士研究生、硕士研究生以及重点学院毕业生占总数的 75.7%。2009 年，招聘高校毕业生 31 人，其中博士生 3 人、硕士研究生 6 人。

2011—2015 年，共招聘高校生 1398 人。2012 年，为持续优化人力资源专业结构，通过校招录用应届高校毕业生 145 人（其中研究生 30 人），技校生 160 人。2013 年，制定《2013—2015 年新员工补充方案》，同年招录全日制应届高校生 248 人，安徽冶金职业学院（马钢技师学院）应届毕业生 60 人。2014 年，共补充新员工 425 人，其中高校毕业生 309 人，安徽冶金职业学院（马钢技师学院）应届毕业生 115 人。2015 年，按照“减总量、调结构、提效率”原则，制定《2015 年—2017 年度马钢集团新员工补充规划》并组织招聘，共补充新员工 512 人，其中高校毕业生 415 名（研究生 167 名，本科生 248 名），安徽冶金职业学院（马钢技师学院）应届毕业生 97 人。

2016—2019 年，共招聘高校毕业生 959 人。2016 年，共补充新员工 290 人，其中高校毕业生 150 余人（研究生 60 人），安徽冶金职业学院等高职院校毕业生 140 余人。2017 年，共招聘新员工 540 人，其中高校毕业生 298 人（研究生 81 人），安徽冶金科技职业学院等高职院校毕业生 242 人。2018 年，校园招聘高校毕业生 110 人（博士 2 人、研究生 38 人、本科生 70 人），安徽冶金职业学院等高职院校毕业生 448 人。

社会化招聘与人才引进：2006 年，引进外部人才 1 人。2011—2015 年，面向社会开展招聘共补充 921 人，外部人才引进共 2 人。2016—2019 年，面向社会开展招聘共补充 652 人，外部人才引进 3 人。

军转干部及退伍士兵安置：2002 年，安置复员退伍军人 185 人。2008 年，接收安置退役士兵 231 人。2009 年，接收安置退役士兵（官）183 人。2011 年，接收安置退役士兵 194 人。2013 年，接收安置退役士兵 36 人。2019 年，通过政策性补员及退伍军人安置，补充了 6 人。

［岗位测定与定员］

2001—2003 年，马钢集团通过组织技术测定，为机构精减和减员提供较为科学的依据。2001 年，完成烧结厂、球团厂、三轧钢厂、二钢厂等 16 家生产单位测定工作，测定定员较原定员减员 17. 3%，较在岗人数减员 15. 9%。2002 年，马钢股份组织对股份 23 家单位的职能科室、车间、工段、班组、岗位劳动组织调查和技术测定工作，测定前 23 家单位原有定员 29842 人，测定后降为 26732 人，减幅 10. 42%（其中主线厂减幅 12. 89%），现有人员减幅 11. 35%。2003 年，马钢股份下达股份 23 家单位新编制定员。截至 2002 年底，集团在册员工由 2001 年的 70217 人减少至 69471 人；在岗员工由 2001 年的 67203 人减少至 64851 人。

2004—2019 年，持续优化在岗、在册人员，在册人员由 2004 年的 67315 人减少至 2019 年的 45634 人，在岗减少至 2019 年的 43572 人。马钢集团 2001—2019 年在册、在岗人数见表 9-1。2019 年，马钢集团开展与宝山基地、新兴铸管、京唐、南钢等先进钢企的新一轮人力资源对标工作，确定目标定员 15055 人，形成人均产钢 1000 吨的阶段性岗位设计目标，并深挖优化潜力，着手研究实现人均产钢 1500 吨的基本路径。

表 9-1　马钢集团 2001—2019 年在册、在岗人数　（单位：人）

年度	2001	2002	2003	2004	2005	2006	2007	2008	2009	2010	2011	2012	2013	2014	2015	2016	2017	2018	2019
在册	70217	69948	69471	67315	66647	64277	62839	61415	59787	58422	54547	51129	50030	48452	47078	45123	42907	40813	45634
在岗	67203	65917	64851	62487	61881	59602	58766	57488	56543	55598	51640	48577	47880	46661	45487	42209	38771	37494	43572

2003—2005 年，在借鉴宝钢经验的基础上，分阶段推进以作业长制为中心的基层管理模式。

2007 年，马钢集团印发《科级管理人员管理工作程序》，对科级管理岗位的日常管理工作做出具体的规定。

2013 年，开展钢铁主业单位劳动组织调研工作，并根据省委、省政府“去行政化，建新机制”要求，形成《员工岗位层级体系及运作实施方案》。

2015—2018 年，通过机构优化、岗位调整，进一步提升岗位工作效率，加强岗位职责管理。2015 年，马钢集团完成人力资源优化设计工作，下发《关于下发〈关于组织开展人力资源优化设计工作的决定〉的通知》。马钢股份二级单位完成机构、岗位初步设计，对有关单位下达调整内部管理机构及编制定员。2017 年，统一两级机关配置标准，二级单位两级机关按党群行政、生产技术安全、设备、经营系统和分厂机关五大分类，制定两级机关配置方案。2018 年，马钢集团下发《关于马钢集团机关机构改革及人力资源优化的决定》《关于股份公司机关机构改革及人力资源优化决定》，实施机关机构改革和人力资源优化，马钢集团机关员工精简为 189 人；马钢股份机关员工精简为 443 人。

2019 年 9 月，在册员工 47736 人，其中马钢集团 17125 人，马钢股份 30611 人。因马钢加大专业化板块运营，兼并重组专业化板块公司，人员总数较 2015 年略有提升。马钢集团 2006—2019 年各岗位序列人员数量变化见表 9-2。

表 9-2　马钢集团 2006—2019 年各岗位序列人员数量变化　　（单位：人）

年度		2006	2007	2008	2009	2010	2011	2012	2013	2014	2015	2016	2017	2018	2019
按岗位分类	管理岗位	4206	4464	4711	4602	4657	4450	4193	4184	4115	4003	3615	3518	3419	3926
	技术岗位	7028	6958	6865	6742	6612	5853	5572	5619	5769	5715	5579	5460	5384	6346
	操作岗位	48368	47344	45912	45199	44329	41337	38812	38077	36777	35769	33015	29793	28691	33300

［文化水平］

学历结构分布及变化：2008 年，在岗员工研究生学历（博士、硕士）占比 0.9%，大学学历占比 10.4%，大专学历占比 18.4%，中专学历占比 4.3%，技校毕业占比 9.5%，高中毕业占比 21.9%，初中毕业占比 33.6%。截至 2019 年，在岗员工研究生学历（博士、硕士）占比 3.0%，大学学历占比 16.8%，大专学历占比 24.2%，中专学历占比提升至 5.7%，技校毕业占比 8.2%，高中毕业占比 16.1%，初中毕业占比 23.0%。2008—2019 年，研究生、大学、大专等学历持续保持上升。中专、技校占比变化较小，高中、初中学历下降幅度明显。2008—2019 年在岗职工学历分布情况见表 9-3。

表 9-3　2008—2019 年在岗职工学历分布情况　　（单位：人）

年度			2008	2009	2010	2011	2012	2013	2014	2015	2016	2017	2018	2019
按学历分类	研究生		518	513	552	558	573	636	750	880	890	934	959	1355
	其中	博士	10	13	16	19	19	22	24	24	23	24	26	35
		硕士	508	500	536	539	554	614	726	856	867	910	933	1320
	大学		6051	6311	6488	6178	6065	6315	6467	6505	6173	6263	6311	7549
	大专		10697	10976	11011	10336	9922	10058	10065	9909	9371	8932	8970	10866
	中专		2493	2307	2222	2020	1868	1804	1726	1655	1393	1278	1250	2544
	技校		5522	5297	5227	5074	4992	4923	4831	4760	3671	3475	3445	3685
	高中		12717	12396	12094	11317	10544	10244	9802	9286	5428	4796	4638	7236
	初中以下		19490	18743	18004	16157	14613	13900	13020	12492	15283	13093	11921	10337

[技术、技能等级分布情况]

2008—2019 年技术、技能等级分布情况见表 9-4。

表 9-4　2008—2019 年技术、技能等级分布情况　　（单位：人）

年度	按专业技术职称分类				按技术等级分类					
	高级职称	中级职称	初级职称	未评职称	高级技师	技师	高级工	中级工	初级工	无技能等级
2008	2278	4012	4258	1028	125	1814	14887	24027	1974	3085
2009	2369	3934	4219	822	126	1998	15670	22973	1820	2612
2010	2361	3822	4167	919	153	2159	15697	22296	1829	2195
2011	2231	3519	3745	808	147	2113	15463	20314	1696	1604
2012	2199	3412	3477	677	136	2163	14841	18705	1759	1208
2013	2182	3350	3453	818	136	2192	14578	17731	1858	1582
2014	2175	3288	3403	1018	131	2305	14275	16904	2169	993
2015	2124	3237	3366	991	146	2285	13943	16008	2349	1038
2016	2027	2962	3140	1065	170	2238	13125	14356	2283	843
2017	1944	2840	2929	1265	171	2111	12165	12612	2311	423
2018	1959	2788	2925	1131	191	2023	11843	11985	2060	589
2019	1974	2978	2822	2602	174	1871	10985	10530	3261	7702

[年龄分布情况]

2008—2019 年年龄分布情况见表 9-5。

表 9-5　2008—2019 年年龄分布情况　　（单位：人）

年度	按年龄分类								
	25 岁以下	26 岁至 30 岁	31 岁至 35 岁	36 岁至 40 岁	41 岁至 45 岁	46 岁至 50 岁	51 岁至 55 岁	56 岁至 60 岁	61 岁以上
2008	1315	3555	8375	15032	15019	6637	5422	2133	0
2009	1107	2858	7095	13560	15081	8804	5541	2497	0
2010	1066	2405	6211	12004	15005	10771	5370	2766	0
2011	1018	2060	4902	10331	14652	11613	4380	2684	0
2012	851	1851	3961	8925	13990	12709	3669	2621	0
2013	1390	1615	3458	7726	13662	12749	4659	2621	0
2014	1363	1666	2872	6713	12446	12880	6274	2447	0
2015	1244	1905	2397	5841	10900	12925	7937	2338	0
2016	1014	1962	2093	4664	9536	12540	8371	2029	0
2017	1098	1992	1854	3745	8312	11947	8457	1366	0
2018	1465	1984	1645	3450	7755	11797	7874	1524	0
2019	1615	3789	3102	3748	7383	12237	9042	2645	11

第三节　员 工 发 展

[员工管理]

劳动合同管理：2002—2006 年，马钢两公司职工解除和终止劳动合同 218 人，续签劳动合同 2150 人，为 400 多名新进人员签订了劳动合同，开展了“清理在册不在岗”工作，办理工伤退休、工亡和病故遗属顶招 60 人，组织实施人力资源管理信息系统建设。2017—2019 年，完善协商一致解除合同政策的修订工作，持续推进编外、保留劳动关系等离岗政策的实施，严格落实离岗政策审批流程，完成机关机构改革及人力资源优化工作。

劳动纪律管理：2012—2016年，开展专项整治工作，进一步规范员工考勤和休假日常管理，强化员工管理制度的刚性。制定《马钢员工进入合资企业工作劳动关系及相关管理规定》，规范员工到合资企业工作后劳动管理、薪酬福利等各项管理，积极引导员工到合资企业工作。

作业长管理：从2003年开始，持续推进了作业长培训和管理。2019年，马钢集团全面提升作业长素质，修订发布《作业长管理办法》，制定《2019年作业长素质提升工作方案》，全年共组织10期691人次作业长素质提升培训，332人次参加后备作业长任职资格培训，266人通过并取得后备作业长任职资格证书。

［协力工管理］

2005年，马钢股份首次对46家在马钢股份从事劳务的企业进行全面系统的资质审查和绩效评价，将所有劳务人员登记造册备案。2006年，马钢股份主线单位劳务工9850人。2008年，根据《中华人民共和国劳动合同法》规定并结合马钢劳务用工情况，下发《劳务派遣用工管理办法（试行）》和《规范劳务管理实施意见》两个管理性文件。2008年，对煤焦化公司和车轮公司部分关键岗位使用的劳务工进行调整，将115名劳务工从关键生产岗位上撤下来并进行了妥善安置，其中48人与劳务单位解除了劳动合同。自2009年起，马钢集团由安管部牵头组织开展劳务用工职业健康体检。2010年，按照市人社局的通知要求，对劳务工工资支付进行了专项检查，保障了劳务工的合法权益。2011年，处理关于当涂劳务工要求提高待遇的上访。2013年，组织调研钢铁主业单位计时劳务，梳理工种及岗位名称、班制、人数等情况。2018年，为供内部各用工单位参考，马钢股份形成外部用工分类与价格意见，作为核定外部用工费用依据。2019年，开展顶岗劳务转业务外包专项工作，自此之后不再对协力工直接管理。

［转岗培训］

2016年，人力资源服务中心组织马钢股份落聘政策宣讲（3期）、铁运劳务替代转岗培训班、非标岗位转岗培训班、南山矿落聘人员转岗培训班，培训人员208人次。2017年2—6月，集中组织马钢股份岗位发布及说明培训班、冶金综合班、胶带机班、道口看护班、非标岗位转岗培训班共5期转岗培训班，采取理论培训和实作相结合的形式，培训127人次。2018年，有针对性地为二铁总厂北区、一钢中板线、长材事业部北区等去产能产线关停举办5期转岗培训班，通过全脱产理论培训及导师带徒的形式，提升了1346名转岗人员的理论知识及操作技能。同时，配合表面技术公司新三板上市改制，为未与改制后公司签订劳动合同的17名员工举办专项转岗培训班。2019年，组织长材事业部北区13个批次612人次转岗培训，助力转岗员工较快掌握专业知识和岗位技能。围绕人力资源管理的热点、焦点问题，先后举办了三期主题分别为“企业转型升级背景下的员工绩效管理”“企业劳动用工管理及风险防控”“宽带薪酬与层级管理”的合资企业HR沙龙，举办了11期“人力资源服务每月大讲堂”、2期矿业及工程技术集团的“流动大讲堂”活动，促进了马钢集团人力资源管理人员基本业务素质提升。

［人才队伍建设］

高级技术主管：2004年，为进一步落实人才强企战略，加强专业技术人才队伍建设，拓展专业技术人才发展通道，开始推进实施高级技术主管管理制度。2005年，经过公开选拔，首次聘任了50名高级技术主管。2009年，进行了第二届高级技术主管评审，共选聘高级技术主管55名。2012年，进行了第三届高级技术主管选聘，共选聘高级技术主管51名。2015年，根据高层次人才队伍发展实际需要，结合实际运行过程中的经验，马钢集团对高级技术主管制度进行了修订。2015年，根据新的管理制度进行了一次高级技术主管增补，共增补66名高级技术主管。2016年，直接聘任5名高级技术主管。2017 年，增补 12 名高级技术主管。2018 年，在多元产业增补 14 名高级技术主管。

首席技师：2007 年，马钢两公司提出“建立首席技师制度”的目标和要求，发布《马钢首席技师评聘办法》。2008 年 12 月，马钢两公司选聘了首批共 17 名首席技师。2012 年，进行第二届首席技师选聘，共选聘首席技师 19 名。2016 年，对首席技师管理制度进行修订，首席技师定位为马钢集团公认的优秀高技能人才的标志性称号，是马钢核心人力和智力资本，属马钢集团所有。2017 年，马钢集团根据新的制度对首席技师进行了一次增补，共增补 39 名首席技师。

“1+2+4”科技领军人才培养工程：2018 年，马钢集团开始高层次人才培养工程设计。2019 年，正式确定为“1+2+4 科技领军人才培养工程”，组建车轮、型钢、工业线材、特钢、矿业 5 个领域团队。工程以 1 名行业内具有较高知名度且为公司本专业领域带头人为引领，每个专业方向 2 名技术骨干为支撑，4 名高潜质人才为后备的科技领军人才培养模式。“1+2+4”科技领军人才培养工程实施后初步形成人才集聚效应。团队成员活跃在难题攻关、项目建设、新产品研发主战场，推动企业效益效率不断提升。

[优秀科技人员津贴]

2001 年，马钢两公司开始试点优秀科技人员津贴制，制定津贴管理办法，并将技术业务人员分层管理，设置了 18 个配置专业带头人的专业。首次设立共 4 个等级：一等 1500 元/月、二等 1000 元/月、三等 800 元/月、四等 500 元/月。2003 年，提高津贴比例，一等 2000 元/月、二等 1500 元/月、三等 1000 元/月、四等 600 元/月，并一直延续使用。2003 年，马钢两公司实行技能专家、技术能手津贴，津贴分为两档，技能专家为 1200 元/月，技术能手为 600 元/月。2005 年，两公司首次开展对马钢专家、优秀科技人员和技能专家、技术能手实施年度考核。评审频次从 1 年 1 次逐步过渡到 3 年 1 次，年年考核。2015 年，马钢集团对技术技能津贴制度进行调整，由各单位进行评审：技术津贴一、二等，技能津贴一等由公司审批；技术三、四等，技能津贴二等由人力资源部审批。2018 年，根据管理要求，马钢集团只对职数进行核定，并对职数按照技术业务岗总数进行了调整，技术津贴按技术业务岗在岗人数的 16%核定，技能津贴职数按操作维护岗在岗的 2%核定。子公司可根据实际状况，进行分解指标，同时对各级津贴直接比例进行了规定，由子公司进行评审，马钢集团备案。

[职业技能竞赛]

2001—2019 年，马钢集团作为中国钢铁工业协会会员单位，连续参加了 9 届全国钢铁行业职业技能竞赛。2002 年，“五工种”选手在“唐钢杯”首届全国冶金行业职业技能竞赛上，取得团体第三名。2004 年，“昆钢杯”全国冶金行业职业技能竞赛中，高炉炼铁工取得第一名。2006 年，“莱钢杯”全国冶金行业职业技能竞赛中，理论考试总成绩名列第二，团体总分第六。2008 年，“太钢杯”全国冶金行业职业技能竞赛中，获团体第四名。2010 年，“武钢杯”全国冶金行业职业技能竞赛中，获团体第五名。2012 年，“马钢杯”全国冶金行业职业技能竞赛中，获团体第一名。2014 年，“宝钢杯”全国冶金行业职业技能竞赛，获团体第八名。2016 年，“鞍钢杯”全国冶金行业职业技能竞赛，获团体第五名。2018 年，“首钢杯”全国冶金行业职业技能竞赛，获团体第八名。

[职称评定]

马钢集团职称评审分为三个阶段：（1）1993 年，马鞍山钢铁公司组建了冶金和机械两个高级职称评审委员会；2002 年，马钢两公司按照《马钢冶金、机械高级工程师任职资格评审标准》开展评审，评审结果报安徽省人事部门审核批准。（2）2002—2008 年，马钢两公司根据评审标准开展企业内部职称评审，评审结果在马钢内部可以运用。2009 年开始，马钢两公司职称评审由企业内部评审面向社会化评审过渡，评审结果继续向人社部门报送审批。（3）2010 年，安徽省人力资源和社会保障厅重新授权马钢组建冶金、机械高级工程师评审委员会（简称“评委会”并代行工程师评审职能），评委会下设矿业、铁烧、炼钢、轧钢、焦耐、冶金建筑6个专业组。机械工程下设冶金机械、工程机械、自动化工程、综合4个专业组。

2010—2019年，经安徽省人力资源和社会保障厅批复，马钢集团共有2963人通过职称评审获得工程师、高级工程师等相应职称，其中工程师1161人，高级工程师1802人，年均296人。

第四节　干部管理

[制度建设]

2001年，为适应建立现代企业制度的需要，马钢两公司制定《马钢两公司高层管理人员管理办法》；为增加干部工作的透明度和职工群众的参与度，下发《关于中层管理人员任前公示制暂行办法》；为进一步完善干部选拔任用工作程序，印发《公司党委常委会研究任用干部实行无记名投票表决制办法（试行）》。2005年，为推动干部管理工作的规范化和制度化，先后制定和实施《马钢两公司科级干部管理暂行办法》《马钢两公司厂长（经理）助理选拔任用暂行规定》等制度，转发《中共中央组织部关于切实解决干部选拔任用工作中几个突出问题的意见》。2007年，印发《厂处级领导班子和厂处级干部管理暂行办法》。2009年，制定《马钢两公司中层管理人员选拔任用暂行规定》《关于在推荐公司中层管理人员人选工作中严禁拉票行为的暂行规定》《马钢两公司科级管理人员选拔任用暂行规定》《关于公司中层管理人员患病或非因公负伤管理的暂行规定》等制度。

2010年，重新修订《马钢两公司中层管理人员选拔任用暂行规定》等管理制度，研究制定并实施《马钢调研员和助理调研员管理暂行规定》，进一步完善马钢中层管理人员配套管理，推动管理工作的科学化、制度化和规范化。2011年，马钢集团加强了对科级管理人员管理的指导、检查与监督，制定《科级管理人员公开选拔管理办法》，组织编写《中高层管理人员岗位职责说明书》。2012年，制定《马钢中层管理人员选拔任用规定》《马钢科级管理人员选拔任用规定》《马钢公开选拔公司中层管理人员工作暂行规定》《马钢二级单位（部门）领导班子和公司中层管理人员管理办法》等制度。2013年，马钢集团制定《马钢调研员和助理调研员管理办法》。2014年，马钢集团印发《关于完善公司中层管理人员选拔任用及改非管理的意见》《马钢调研员和助理调研员管理暂行规定》，起草《公司中层管理人员任期制暂行规定》。

2015年，制定《公司党委常委会研究任用领导人员实行无记名投票表决制管理办法》《公司直接管理的领导人员任前公示制管理办法》《公司中层管理人员助理选拔任用管理办法》等，起草《关于进一步加强各级管理人员管理，增强责任意识和担当意识的意见》《马钢建立领导人员上讲台制度实施办法》《关于进一步规范公司中层以上管理人员兼职问题的通知》。2016年，下发《关于科级管理人员竞聘上岗工作的指导意见》，加强对科级管理人员竞聘上岗工作的指导和督促。下发《关于鼓励非钢产业（含合资企业）吸纳公司机关人员的指导意见》，为机关部门科级管理人员优化创造条件。

[干部聘任]

2001年，持续推进蹲点跟踪、动态考核，不断扩大考察的覆盖面，提高考察工作的针对性，针对干部公示后反映出的一些问题进行深入考察，提高选人用人的准确性，做好中层管理人员的考察任用工作。2004年，坚持精干原则，强化能力培训，不断减少中层管理人员职数。从提高管理人员能力入手，加大培训力度，抓住结构调整、区域整合的有利时机，以到龄改任非领导职务，实行中层管理人员兼职和党政交叉任职等形式，不断减少中层管理人员职数，中层管理人员由1996年底的498人减少到2004年底的402人。为及时了解中层管理人员的学习、工作、生活和思想等情况，印发《公司领导与中层干部谈心制度》，此后每年精心安排公司领导与中层干部谈心活动，做好中层管理人员各项情况的收集汇总工作。

2005 年，进一步完善干部任前公示制度，增强干部任用工作的透明度，力求扩大选人视野，就改善班子的年龄、知识和专业结构等方面，提出合理化建议，制定马钢“十一五”期间经营管理者队伍建设目标。2010 年，拓宽选人用人渠道，丰富选拔任用方式，马钢两公司在全公司范围公开选拔 8 名中层管理人员，共有 359 人报名，332 人符合条件参加了笔试，41 人进入面试，取得较好效果。

2011 年，积极推进马钢中层管理人员选拔任用制度改革，拓宽选人用人渠道，提高选人用人公信度，继续在全公司范围内公开选拔 6 名中层副职管理人员工作。2014 年，马钢集团开展调查研究，起草公司管理层级设置方案、各单位党群领导人员配备意见、党群部门设置及人员配备意见等材料。组织实施了工程技术集团总经理及财务总监、表面工程技术公司总经理、利民公司和张庄矿各 1 名行政副职人选的公开竞聘工作。

2001—2019 年，马钢集团、马钢股份累计提拔中层及以上管理人员 400 余人次。

2016 年，按照“三减”原则，核定了马钢股份各单位科级管理岗位编制，重新下达了马钢集团及机关部门科级机构设置和科级岗位编制，加强科级管理人员编制审批，严格科级管理人员选拔任用程序和任免审批。2017 年，根据人员和机构调整变化需要，及时核定部分单位科级管理岗位编制。严格审批各单位科级管理人员任免，建立公司科级管理人员数据库，加强基层单位科级管理人员选拔任用管理，适时组织跨单位交流轮岗，持续优化科级管理人员队伍结构，提升队伍素质。

[“授权组阁、竞争上岗”]

2016 年，针对当时极为严峻的行业形势和竞争力现状，马钢集团下定决心推出一系列变革举措。经过马钢党委常委会研究决定，全面推进中层管理人员“授权组阁、竞争上岗”工作，起草《“授权组阁、竞争上岗”工作实施方案》，明确了具体工作步骤，制定《关于明确“授权组阁、竞争上岗”中退出现岗位的公司中层管理人员工作安排的通知》《关于科级管理人员竞聘上岗工作的指导意见》等管理办法。共有 69 个单位和部门的 403 名中层管理人员和科级管理人员参与了经营团队“授权组阁、竞争上岗”工作，9 名公司中层管理人员退出现岗位，8 名科级管理人员通过竞争上岗，走上公司中层管理人员岗位，销售公司 3 名科级管理人员通过竞争上岗走上了销售总监岗位，22 名中层管理人员助理通过竞聘重新行文任命。

2017 年，马钢集团总结中层管理人员“授权组阁、竞争上岗”经验，持续推进竞争上岗工作。严格按照程序，在全公司范围内公开推荐、选拔马钢股份副总经理和总经理助理各 1 名。通过公开竞聘选拔 2 名财务总监，为张庄矿和合肥公司分别选拔 1 名副总经理。协助设备检修公司做好电气修造公司经营团队内部公开竞聘，选拔了 2 名副总经理。协助马鞍山建设集团公司组织实施经营层高级管理人员内部公开竞聘，选拔了 3 名副总经理。同时指导和帮助财务部、表面技术公司等单位，公开选拔科级管理人员，加大公开竞争性选拔力度。2018 年，进一步加强竞争性选聘经验的推广和运用，以公开竞聘的方式选拔了新闻中心副主任、保卫部副部长和团委书记预备人选各 1 名。

[“四好”领导班子创建]

2006—2010 年，按照安徽省委组织部和省国资委的要求，制定《马钢两公司深入开展“四好”领导班子创建活动的实施意见》及实施细则，在马钢两公司两级领导班子中深入开展了“四好”领导班子创建活动，落实创建措施、强化评议考核，定期开展创建活动经验交流。2006 年，马钢集团领导班子获全国国有企业创建“四好”领导班子先进集体称号。2008 年，组织开展了马钢创建“四好”领导班子经验交流会，5 个单位在交流会上发言交流，10 个单位经验交流材料编印成册。2009 年，深入开展“四好”领导班子创建活动，经过各单位申报和公司研究，“七一”期间表彰了二能源总厂等 6 家

"四好"领导班子先进集体，发挥典型示范作用，建立长效机制，不断推动二级单位领导班子建设。

2011 年，持续推进"四好"领导班子创建活动，马钢集团组织开展基层"四好"领导班子满意度测评，全面了解基层班子建设情况，进一步加强领导班子思想政治建设，增强班子成员顾全大局、团结协作的主动性和自觉性，进一步提高责任意识和工作执行力。

[职业经理人模式]

2017 年，马钢集团学习借鉴职业经理人理论研究成果、先进企业实践经验、上级部门实施意见，制定《马钢推行模拟职业经理人制度实施方案》，梳理推行模拟职业经理人制度组织工作程序，落实党组织研究讨论是董事会、经理层决策重大问题前置程序的要求。召开改革例会，选择欣创环保、比亚西、嘉华建材公司 3 家单位作为首批试点，推行经营层成员任期制、契约化管理，帮助试点单位完善党委会、董事会建设，促进试点工作顺利推进。2018 年，新增飞马智科等 4 家模拟职业经理人试点单位。

[合资企业干部委派]

马钢集团制定和实施《马钢委派人员选拔委派暂行规定》《马钢（集团）控股有限公司合资企业委派人员管理办法》，并修订完善。根据要求，制订委派人员任期调整计划，对委派人员实行集中管理，及时了解和掌握派驻人员及其家庭等方面情况，做好合资企业委派人员考核以及任期届满后的人员考察、调整和选派、实地调研以及工资福利等工作。完善委派人员到相关企业任职程序，草拟制发委派人员任职文件，调整委派工作资料，做好委派人员管理和服务工作。

[干部考核]

为全面提高公司中层管理人员队伍的素质，马钢集团建立能上能下的中层管理人员机制，根据安徽省委组织部和省国资委党委等上级部门相关要求，制定完善各项考核制度。按照有关文件规定，严格做好公司中高层管理人员年末测评和年度绩效考评等工作，实现中高层管理人员考核率 100%。同时加强中层管理人员绩效考评结果的运用，认真做好考评结果反馈、考评末尾人员谈话、提供考评优秀嘉奖名单等工作，将考核结果与薪酬分配、选拔任用、培养教育和管理监督等工作进行挂钩。

制度建设：2006 年，马钢两公司印发《马钢厂处级干部绩效考评办法（试行）》，2007 年进行了修订。2008 年，马钢两公司修改完善公司中层管理人员绩效考评办法，建立绩效考评档案。2009 年，印发《马钢中层管理人员绩效考评办法（试行）》《马钢两公司中层管理人员年薪考核办法》。2011 年，组织编写《中高层管理人员岗位职责说明书》，制定《马钢中高层管理人员绩效考评办法（试行）》。2017 年，制定下发《马钢集团公司各单位领导班子和领导人员综合考核工作办法》。在广泛征求意见和总结经验的基础上，各项考核制度多次进行修订，对评价标准、考评方式、权重分配等作进一步改进，健全和完善激励约束机制。

考核方式：2003 年，马钢两公司引入绩效管理办法，不断加大领导班子考核力度，扩大领导班子的考核面，把班子整体考核作为干部管理的核心来抓，初步形成了马钢中层管理人员绩效考评的总体思路和考评方案。2005 年，尝试通过参加公司生产例会、到基层与领导班子成员进行沟通交流等形式考核了解干部。以先进性教育活动为契机，通过参加督导组活动和查阅党性分析材料，了解干部在先进性教育活动中的表现。

2016 年，按照安徽省委《关于完善省委管理的领导班子和领导干部综合考核工作的意见》和《省属企业领导班子和领导人员综合考核工作办法》文件要求，制定"双百"考核办法，全面开展"双百"考核工作。根据"双百"考核要求，参照上级"双百"考核的基本模式，组织制定马钢集团对各单位领导班子、党组织建设等考核标准、公司机关部门"双百"考核标准和实施方案、基层单位领导班子及领导成员测评表等。2017 年，继续实施公司机关部门和二级单位"双百"考核工作。各单位领导班子和领导人员“双百”考核结果与年薪适当挂钩，在先进评比、培训人员推荐等工作中，注重考核结果运用。根据“双百”考核要求，修订完善党建、干部管理等方面考核细则，全面建立日常考核记录制度，努力提高考核的针对性、可操作性和科学性。

[干部交流]

为进一步优化领导班子结构，提高领导干部的素质和能力，激发领导干部的积极性、创新性，防止腐败，根据《党员领导干部交流工作规定》以及有关文件要求，深入推进干部交流工作，实现人员和岗位相适应，建强马钢集团领导干部队伍。

内部交流：为提高调整交流干部工作的针对性，进一步开拓干部管理思路，了解掌握干部的个体，研究分析班子内每个成员的融洽、适应程度，根据阶段性制约公司生产经营的薄弱环节，及时调整交流干部，让每个干部都能在最适合的岗位和班子中，发挥个人最大潜能。

2006 年，重点对马钢集团物资采购单位科级干部进行了交流轮岗。2008 年，修订《马钢厂处级干部交流管理意见》，起草并下发《关于加强马钢两公司中层管理人员交流工作的意见》《两公司科级干部交流轮岗工作实施细则》，使交流轮岗工作进一步规范化和制度化。2014 年，马钢集团制定《中层管理人员交流工作管理办法》。2016 年，结合竞聘上岗工作，马钢集团组织各单位加强科级管理人员内部交流轮岗，共交流科级管理人员 305 人次，占竞聘后科级管理人员总数的 16.95%。以设备部、工程管理部、采购中心为重点，按照有利于干部锻炼成长、有利于风险防控体系建设和有利于工作开展的原则，在广泛征求相关单位意见的基础上，制定和实施《2016 年度科级管理人员跨单位交流轮岗实施方案》，共交流科级管理人员 13 人。2001—2019 年，累计调整交流中层及以上管理人员 1000 余人次。

干部挂职交流：2014 年，选派 1 名干部到安徽省阜阳市阜南县王堰镇马楼村开展扶贫工作。2017 年，选派 3 名干部分别到安徽省蚌埠市五河县挂职副县长、省国资委和省总工会挂职锻炼；选派 9 名年轻干部到市直部门挂职，做好服务和管理工作，在实践中锻炼干部。按照省委组织部《关于进一步加强省直和中央驻皖单位选派帮扶干部工作的通知》要求，在全公司范围内选派 3 人组成扶贫工作队，进驻阜阳市阜南县地城镇李集村开展扶贫工作。

[干部监督]

干部监督工作是整个干部管理中一个重要环节，是增强干部队伍自身战斗力、生命力的重要保障。为认真贯彻执行党的干部路线、方针、政策，及时建立了科学的干部监督管理工作机制，扎实推进干部监督工作，转变理念、拓宽渠道、创新方式，制定《关于加强和改进中层以上管理人员监督管理工作的意见》等制度办法并认真贯彻落实，有效监督广大中层管理人员。

填报个人事项报告：2013 年以来，根据安徽省委组织部《转发中组部〈关于做好领导干部报告个人有关事项工作的通知〉的通知》和省国资委党委的通知要求，印发《马钢贯彻执行〈关于党员领导干部报告个人有关事项的规定〉实施办法》，中层及以上管理人员先后填报个人事项报告 2000 余人次，报告个人有关事项，并向省委组织部、省国资委党委书面汇报有关情况，同时做好相关解释说明。

加强“三龄两历”审核：2012 年转发省委组织部《转发中组部〈关于严格审核干部任前公示信息的通知〉的通知》，重点加强中层管理人员“年龄、党龄、工龄”和“学历学位、工作经历”的审核，同时检查通报公司二级单位干部人事档案审核工作情况。

落实报告制度：严格落实干部人事任免等重要事项向上级报告制度，向省委组织部汇报马钢相关职务任免工作。督促马钢各单位严格落实干部人事任免等重要事项在研究决定时，事先报告，事后备案。

特殊信息备案：2009 年，马钢两公司起草下发《关于填报马钢特定身份人员备案信息的通知》，按照新确定的登记备案人员范围定期收集、审核汇总各单位填报的登记备案人员信息和特定身份人员备案信息，上报市公安局。

出入境政审工作：马钢集团严格按照上级文件精神，制定《马钢职工因私出国（境）管理办法》，办理因公出国（境）人员备案和因私出国（境）审批，集中保管备案人员的因私证件，并向公安局报备登记备案人员信息变更手续。

其他监督工作：持续开展中层管理人员诫勉谈话、任前谈话等工作，做好马钢中层管理人员离任审计工作。

[后备干部培养]

为进一步完善公司后备干部队伍结构，加大培养选拔优秀年轻干部的力度，结合马钢集团工作实际，定期选拔年轻后备干部进行重点培养。通过重点培养锻炼，打造一支素质优良、勇于担当的后备干部队伍，为适时任用和优化中层干部结构奠定基础，为公司发展提供坚强的组织保障和人才支持。

组织实施：2005 年，马钢两公司提出公司级后备干部推荐方案，整理上报公司级后备干部人员建议人选相关材料。2006 年，印发《马钢两公司厂处级后备干部管理暂行办法》，在全公司范围内重新调整和组建一支 240 人的厂处级后备干部队伍。

2009 年，两公司认真做好新一轮公司中层管理人员后备干部的推荐选拔工作，共有 64 个二级单位、机关部门组织推荐了 282 名后备干部人选，经公司研究审定，确定了 229 名公司中层管理人员后备干部，调整和充实了公司后备干部队伍，并分批次进行培训，加强后备干部管理。

2012 年，马钢集团拟发《关于开展新一轮公司中层管理人员后备干部推荐工作的通知》，并做好相关解释和推荐材料的收集汇总等工作，共有 70 个二级单位、机关部门组织开展了后备干部人选推荐工作，共上报推荐 260 人。

2015 年，马钢集团制定《公司中层管理人员后备干部管理办法》，组织开展新一轮公司中层管理人员后备干部推荐工作，共有 73 个单位组织了推荐，共上报推荐人选 144 人，经初审，其中 108 人符合推荐条件。

年轻干部培养：持续加强干部队伍年轻化建设，在领导干部日常选拔任用过程中，注重选拔使用优秀年轻干部，优化干部队伍年龄结构，保持干部队伍的战斗力和旺盛的生命力，提高干部队伍整体素质与效能，使领导班子更加富有朝气和活力。

2018 年，落实习近平同志关于干部人才工作的重要讲话精神，创新选拔任用形式，大力培养优秀年轻干部。在全公司范围内进行优秀年轻干部的推荐和竞选，经过审核确定 112 名年轻后备干部人选。经组织考察，选拔了 32 名中层管理人员助理，由公司统一调配使用，优化了后备干部队伍。

马钢集团在不断扩大年轻后备干部队伍的同时，还不断加强后备干部培养锻炼和考核管理，进一步提高后备干部整体素质。通过分期分批举办培训班、到兄弟企业考察学习和轮岗交流等方式，认真做好后备干部队伍建设工作。

第五节　薪酬福利

[薪酬体系和薪酬制度]

薪酬体系：2001—2002 年，马钢两公司继续执行岗位技能工资制度。进一步提高岗位工资标准。2001 年，调整了岗位工资标准和夜班津贴；2002 年，调整了岗位工资标准和交通费标准。2003 年，在总结 2002 年 4 个单位工资制度改革试点经验的基础上，制定《马钢两公司 2003 年基本工资制度改革的方案》，经公司党政联席会和职代会代表团团长联席会讨论通过，7 月 1 日起实施岗位绩效工资制。

2004—2017 年，继续执行岗位绩效工资制度，期间相继调整岗位工资基额标准，提高岗位工资系数标准，调整津补贴中交通费标准。2018 年，为更好发挥薪酬的激励和保障作用，马钢集团对薪酬结构进行调整，设立基础工资单元，基础工资包含年功工资和保留工资两部分。取消原工龄工资项目，将原工龄工资金额并入保留工资中，作为新的保留工资不再增长。年功工资项目按照职工马钢企业工龄分档设置，共设 9 个档位。

2019 年，马钢集团调整了年功工资档级薪资标准，调高各档级之间的级差。

薪酬制度：2006 年，马钢两公司下发《两公司薪酬非现金形式发放管理暂行办法》《两公司单项奖非现金发放实施办法》，平稳有序地完成了薪酬非现金发放工作。2008 年，依照国家有关规定，对薪酬发放管理系统进行调整，相继调整月平均工作时间与工资折算数据、马钢股份个税由拨现金方式改公司财务统一划账缴纳、个人所得税工资薪金所得减除费用标准等。下发《关于开展对职工月工资收入超常发放情况进行督查的通知》，采取单位自查和公司抽查的双向督查方式，监督职工月工资收入的超常发放情况。

2016—2019 年，2016 年根据《关于转发〈2015 年巡查发现问题的管理建议书〉强化问题整改的通知》，马钢集团人力资源部牵头，会同企管部、计财部、财务部、监察审计部，对《两公司薪酬非现金形式发放暂行办法》进行修订，并以企业标准体系文件由马钢集团颁布，进一步明确薪酬非现金发放审批程序。在执行过程中对各单位反映的问题和单项奖发放出现的情况进行汇总，在薪酬发放系统中增加栏目，进一步规范薪酬发放。自 2017 年起，安徽省国资委将马钢集团工资总额纳入省国资委统一管理，根据省国资委对工资总额实行预算管理的要求，马钢集团提出实行工资总额包干、预算、审批制不同的管理模式。2018 年，进一步规范集团各二级子公司的工资总额管理，建立与效益挂钩的工资总额决定机制，促进子公司经营效益和人事效率提升。2019 年，按照“整体预算、月度监控、季度盘点、年度清算”方式进行工资总额动态管理。全面实现通过新的 SAPHR 信息系统完成薪酬发放，优化了本部范围内所有单位的发放流程优化。在国家实行新所得税法的背景下，在较短时间内建立了内部报税以及职工所得税核对相关流程，较好完成了新个税在马钢集团范围的实施推广。

[薪酬分配与员工绩效]

薪酬分配：2001—2002 年，马钢两公司继续提高以岗位工资标准为主的工资，两年人均月增资 166.86 元。2001 年，调整下岗职工基本生活费，下岗职工基本生活费标准调整为 370 元、460 元、550 元三档，每人每月增加 30 元；下达《调整夜班津贴标准的通知》，调整后小夜班 3 元，大夜班 4 元，大三班 4.5 元。2002 年，提高职工上下班交通费标准，月人均增资 20 元。2002 年，下发《关于提高全日制大学本科以上毕业生的初期工资待遇的通知》。向马鞍山市政府呈报《2001 年—2002 年马钢经营者年薪制实施方案》，经过与安徽省、马鞍山市劳动部门协调，2001 年两公司经营者年薪制指标考核采取定比考核的办法，经过审计部门审计与上级部门考核，经营者年薪水平同比有一定的增长。

2003 年 7 月 1 日起，马钢两公司实行岗位绩效工资制，岗位工资基额为 450 元，岗位系数 1.0—4.6。参加这次基本工资制度改革的全体在岗职工人均增资 119 元。向安徽省、马鞍山市劳动主管部门申报 2002 年马钢经营者年薪方案并取得批复，按照马鞍山市审计局对马钢 2002 年各项指标完成情况的意见书测算了马钢经营者 2002 年年薪水平，并在得到马鞍山市劳动主管部门批复以后，兑现了 2001 年、2002 年两公司副总以上领导年薪和 2002 年、2003 年处级干部模拟年薪。在调查收集各大钢资料和内部调研召开各层面人士座谈会征求意见的基础上，制定下发《马钢公司级技能专家、技术能手管理办法》，通过建立技能专家和技术能手津贴制度，与马钢两公司科级管理人员激励机制相配套。上报并获批准《关于马钢实行新一轮功效挂钩办法》，经马鞍山市政府批准的马钢 2002—2004 年新一轮功效挂钩办法中“两低于”的挂钩原则不变，继续实行定比考核办法，一定3年不变。其中：经济效益（即实现利润）基数按前3年（1999—2001年）的平均水平核定，工资总额基数按前3年应提工资的平均水平核定。挂钩形式仍然采用实现利润和上交税金两个指标，浮动比例统一按40%，封顶线由原来40%提高到50%。

2005年，马钢两公司先后召开了5次由公司各层面人员参加的座谈会，广泛听取职工意见，并收集6家样本单位职工近3年的收入统计数据，制定了《2005年调整职工工资方案》，此次调资将岗位工资基额由450元提高到500元，而后按照公司建立与区域效益增长相匹配的员工收入增长机制的要求，分别在2008年和2010年，在保持基额不变的情况下，调整岗位系数，每人分别增加0.8个系数和0.5个系数，最终岗位系数调整为2.3—5.9，人均增资730元。津补贴方面，在2008年调整了夜班费标准，调整后大三班为12元、大夜班为10元、小夜班为6元、值班为6元。另外，2005年，交通费由40元提高到100元，2006年提高到200元，2007年继续增至365元。2009年，根据《国家税务总局关于企业工资薪金及职工福利费扣除问题的通知》规定，为规范马钢福利费列支项目，提高薪资发放系统效率，在不降低职工收入和工资制度框架基本不变的前提下，下发《关于简化和调整薪酬项目的通知》，从10月1起执行，将薪酬中物价补贴（106元）、交通费（365元）、洗理费（男34元、女36元）项目进行归并，归并后取名为“综合补贴”，标准统一调整提高为510元。

自2012年2月起，对已完成阶段性人力资源优化工作的19家主线单位，按照《关于印发〈工资总额包干管理办法（试行）〉的通知》规定，相应下达按目标定员核定工资总额的包干计划。工资总额的管理主要根据下达的包干基数，依据集团经济责任制及股份绩效管理办法考核结果，采取月度预算、季度结算、年终决算的办法初步实行工资总额管理，在2013年制定了《工资总额包干管理办法》。后续几年，根据马钢降本增效任务及劳动生产率等指标的调整，工资总额管理的办法进行微调，促进和提高各单位挖掘现有人力资源潜力，减少外部用工数量，优化人力资源配置。2011年，在保持基额不变情况下，岗位系数调整为2.7—6.6，每人增加0.7个系数；同时，调整夜班津贴，大三班调整为25元，大夜班调整为20元，以在岗人员统计两项调整月人均增加505.07元。

根据“调结构、提保障”薪酬调整总体思路以及《2018年职工薪酬调整方案》，优化工资结构，设立基础工资单元，调整岗位工资单元。基础工资分保留工资和年功工资，保留工资为原积累工资和工龄工资之和，新设立年功工资，根据工龄分段，分为9档，年功工资从520到740元。同时调整岗位工资系数，系数范围由2.7—6.6调整为1.7—5.6，基额由500元提高至600元。本次调整从2018年4月1日开始执行。2019年，又调整年功工资各档级薪资标准，提高各档级之间的差级，年功工资调整后标准为820—1200元。

员工绩效：2003年9月，马钢两公司下发《关于印发〈员工绩效管理办法（试行）〉的通知》，在两公司内推广全员绩效管理。2006年，马钢两公司对专业技术人员开始实行每年一次的技术业务述职和考核。对评为技术专家、技能专家的人员实行专项动态考核和管理，并实行定期评选，不搞称号终身制。对科技人员实行技术职务评审和聘任分开的管理制度，对获得技术职务资格的但工作态度差、责任心不强的不予聘任。对技术工人实行持证上岗制度，对达不到持证上岗要求的给予待岗、调岗和下浮工资30%等处理。

2008年，在马钢两公司机关24家单位开展绩效管理信息系统的推进工作。下发《公司机关绩效管理信息系统推进计划》，由企管部牵头，推进机关绩效管理工作。2009年，马钢两公司进一步完善中层管理人员的激励与约束机制，建立有效的考核评价体系，5月下发《马钢两公司中层人员年薪考核办法》，中层管理人员年薪收入由基本年薪、绩效年薪和奖励年薪组成。其中中层管理人员绩效考核内容主要由绩效指标、综合管理两部分组成。马钢人力资源信息系统的开发使用，为实施岗位绩效考核提供了基础。制定了《绩效考核管理（试行）办法》，明确规定了考核目的、考核周期、考核权重、考核评价等级、加减分项目、绩效考核结果应用等。二季度首次将全部奖金纳入绩效考核。

2012年，马钢集团不断完善中高层管理人员绩效评价体系，制定了《马钢中高层管理人员2012年量化指标考核办法》，并结合公司2012年预算目标，年度重点工作及岗位职责，重新梳理各单位KPI指标，完成了马钢集团机关及各二级单位中高层管理人员岗位绩效评价体系量化指标考核细则，并于4月下发。7月，按照《关于2012年下半年公司重点工作措施分解的通知》要求，将公司下半年40项重点工作措施列入中层管理人员绩效考核体系运行。2013年，年初组织制定《关于全员岗位绩效管理指导性意见（试行）》和《员工不胜任现岗位工作等情况的管理规定（试行）》，经职代会联席会审议通过，3月正式下文。4月研究出台了《全员岗位绩效管理实施细则》，自5月起全面施行。2015年，进一步完善马钢集团中高层管理人员绩效评价体系。结合安徽省委对省属企业综合考核的相关要求，下发《马钢集团公司各单位领导班子和领导人员综合考核工作办法（试行）》，并进行考核。

2016—2018年，结合安徽省委对省属企业综合考核的相关要求，继续开展各单位领导班子和领导人员综合考评工作。

［福利保障］

社会保险与住房公积金：从2001年1月起，实施职工养老保险统筹与马鞍山市的并轨工作，职工养老统筹基金实行全额预付预收和实缴实发差额清算的办法。从7月1日起，职工个人养老保险缴费比例提高到6%，并以上年度个人收入为基数。同时，从1月起，企业按工资总额2%、个人按1%，计3%的比例上缴失业保险费，并建立了职工养老保险个人账户电话与触摸屏查询系统。

从2002年6月起，为617名离休人员和339名新中国成立前参加工作的老员工两次按月人均120元水平增加职务（岗位）补贴，并对离休人员按厅级1000元、处级800元、科级以下600元3个标准发放一次性生活补贴。7月起，为30467名2001年底前退休人员，分1953年底前、转业干部、副高以上职称等不同情况调整基本养老金，人均月增资41元。2003年，调整职工个人养老保险的缴费基数和比例，个人缴纳养老保险比例为7%。从1月起，为609名离休干部调整增加级别工资，人均月增资138.6元。按上级规定核发离休干部一次性生活补贴（厅级、教授级1300元，处级、副教授级1000元，科级以下800元）。申请批准了马钢职工养老保险管理系统升级项目，确保社会化发放实行。2004年，按照安徽省委省政府要求，与马鞍山市劳动保障局签订马钢退休人员纳入社区管理的协议，就移交原则、时间、过渡期限、相关费用等达成协议，从1月起，马钢离退休人员基本养老金实行社会化发放。根据安徽省政府颁发的工伤保险条例实施办法，与市劳动保障局就马钢工伤保险统筹的范围、缴费比例和运作方式等达成共识。2006年，转发安徽省政府《关于完善企业职工基本养老保险制度的决定》、省劳动和社会保障厅《关于贯彻〈安徽省人民政府关于完善企业职工基本养老保险制度的决定〉的实施意见》《关于核定社会保险缴费工资基数有关问题的通知》等文件，至此，马钢两公司职工均参与企业职工基本养老保险，与市社保进行并轨。

2007年，马钢两公司下发《关于调整职工住房公积金缴存基数和比例的通知》，并组织实施。宣贯省政府《关于完善企业职工基本养老保险制度的决定》。在省级统筹前妥善处理马钢提前退休人员问题，经与市劳动局协商，同意马钢将未进统筹的提前退休人员从2007年8月1日起一次性进入社会统筹，并实现平稳交接。2008年10月，下发《关于印发〈职工带薪年休假实施办法〉的通知》。2010年，马钢两公司下发《关于调整职工住房公积金缴存基数与比例的通知》和《关于调整2010年度企业年金缴费基数的通知》，从7月起职工个人以本人2010年6月实际发放的积累工资、岗位工资和综合补贴之和作为企业年金的缴费基数，人均年金缴费基数增加393.36元，人均缴费提高39.4元。

2011年，根据国资发分配〔2011〕63号文和皖国资改革〔2011〕60号文精神，就关于解决国有企业职教幼教等教育机构退休教师待遇开展工作，马钢集团对产生的问题以专题报告提交市国资委。组织教培中心、力生公司和离退休中心等相关部门对职教、幼教有关材料进行再次整理、审核，梳理相关政策规定，并就初审情况与遇到的问题分别向公司和市国资委进行汇报。最终在2014年按安徽省、马鞍山市国资委统一部署和市人社局要求，对马钢集团621名职教幼教退休人员的统筹外企业补贴再次进行统计确认，确保人社局按时对公司621名职教幼教退休人员待遇补差的发放。

2012年，按照《马钢关于贯彻落实省市〈关于促进经济平稳较快发展的若干意见〉请求市政府帮助协调解决相关问题的请示》，以及马钢集团《创效目标分解与措施落实情况》要求，积极与马鞍山市人社局对接协调，落实以下优惠政策：享受省市特定就业政策补助金共计1300万元，以抵缴马钢应缴的社会保险基金；降低失业和工伤保险费率0.7%，每月少缴纳170万元；马钢集团社会保险费缴纳基数按职工缴费基数之和进行缴纳，每月少缴约300万元；社会保险费缓缴6个月，月缓缴金额约6000万元；一次性返还公司因病死亡职工丧葬费和一次性困难补助费153万元。2013年，继续与市人社局对接协调，落实优惠政策：享受省市稳岗就业补贴1500万元，以抵缴马钢应缴的社会保险基金；降低失业和工伤保险费费率0.6%，每月少缴纳140万元；社会保险费缴纳基数按职工缴费基数之和进行缴纳，每月少缴约400万元；社会保险费缓缴6个月，月缓缴金额约6000万元；马鞍山市医保中心对马钢集团先前支付的一次性工伤医疗补助金26.49万元进行返还；按马鞍山市有关政策规定，享受市稳岗就业补贴3000万元。

2016年，转发市人社局《关于阶段性降低社会保险费率的通知》，自2016年5月1日起至2018年4月30日止，基本养老保险单位缴费比例从20%降至19%，失业保险单位缴费费率由1.5%降至1%。2019年，失业保险费费率和工伤保险费费率分别继续降低1%和0.65%，养老保险费费率从5月起由19%降至16%。完成马钢集团所有在册人员省统一金融社保卡的换发工作。

年金：2004年6月10日，经马钢两公司职代会联席会议讨论通过《马钢企业年金实施办法（试行)》出台，自2005年1月起在马钢两公司范围内实行企业年金制度。2015年，马钢集团组建“马钢企业年金理事会”，同时成立理事会办公室，负责企业年金的日常管理。选定上海浦东发展银行为马钢企业年金的账户管理人，中国银行和中国工商银行为年金的基金托管人，分别签订《账户管理协议》和《企业年金托管协议》，相关责任方还签订了《马钢企业年金基金管理三方协议》，稳步推进马钢企业年金计划。1月开始进行年金的征集工作，6月企业年金管理应用程序正式运行，9月年金账户管理开始运行，10月托管账户开立，10月21日进行第一次收益分配，年金托管也正式运行，马钢企业年金计划运行步入正轨。到10月底，66500多人参加了马钢企业年金计划，归集年金1.54亿元，马钢成为全国企业中首家建立规范化企业年金制度的企业。11月7日，《人民日报》、“人民网”刊发文章《看马钢怎么管年金》，详细报道了马钢实施企业年金的情况。

2006年3月，马钢企业年金理事会通过并下发了《马钢企业年金理事会章程》，7月11日，马钢企业年金第一笔投资资金到位，标志着马钢集团企业年金基金运作正式开始。2010年3月，马钢召开企业年金理事会会议，讨论并一致通过与五家投资管理人续签投资合同，对华夏基金和中信证券分别追加投资1.3亿元和1亿元。从2005年1月以来，年金基金累积资金13.6亿元，参加计划职工人数为59550人，期间马鞍山市中心医院年金计划剥离1347人，转移资金445.01万元。在投资管理人的运作下，6年来，投资收益已达3.24亿元，本金累计收益率27.48%。

2011年，马钢集团下发《关于修改〈马钢企业年金试行办法〉有关条款的通知》，从7月起调整年金缴费基数及缴费比例，职工缴纳本人缴费基数的1%，企业缴纳职工缴费基数的5%。2012年，与投资管理人南方基金续签一年投资协议。建立年金理事会办公室月度工作例会制度。2013年，与5家投资管理人续签投资合同。2014年，分别与中国银行和浦发银行续签托管和账户管理合同。马钢集团召开各投资管理人参加的年金投资研讨会。通过年金投资管理人协助的公司短期融资债券50亿元成功发行。2016年，企业年金经第三方审计，未发现违规运作。

2016年，马钢集团下发《关于暂停筹集企业年金的通知》，从3月1日起，暂停筹集企业年金。2017年，根据《企业年金计划》和生产经营情况，马钢集团公司决定恢复企业年金，自2017年3月1日起恢复缴费。

2018年9月21日，企业年金理事会办公室通过招标，选定中标人中国人寿养老保险股份有限公司为马钢企业年金受托管理人，并签订了《马钢企业年金计划受托管理合同》，标志着马钢企业年金由理事会管理转为法人受托管理。

第二章　教育培训

第一节　机构设置

［概况］

马钢教育培训中心（简称教培中心）设有办公室、政治处（学生工作处）、人力资源处、后勤保卫处、工会、党校工作处、管理人员培训处、技术技能培训处、安全技术培训处（职业技能鉴定处）、教务处、学生处、招生就业处、创新创业中心、信息与电化教育中心、管理研究和科研开发处等15个管理处室，设有冶金工程系、自动控制系、机械工程系、经济管理系、计算机系、护理系、外国语系、基础学科部、思想政治理论课教学科研部、图书馆等10个教学机构。

党校工作处、管理人员培训处、技术技能培训处、安全技术培训处（职业技能鉴定处），主要承担公司和学校党建、管理人员、技术技能人员和在校学生的培训和鉴定取证。

教务处、学生处、招生就业处、创新创业中心、冶金工程系、自动控制系、机械工程系、经济管理系、计算机系、护理系、外国语系、基础学科部、思想政治理论课教学科研部，主要承担高中职学历教育。

［历史沿革］

2001年，安徽马钢高级技工学校设置办公室、政工科、工会、学生工作科（团委）、总务科、招生就业指导办公室、教务科、培训科、实习工厂（校办工厂）、西区管理办公室10个部门。2005年，学校为了使管理工作更加贴近教学一线，更加贴近学生，决定采用系部制管理模式，成立了机械工程系、电气工程系、信息工程系、冶金工程系、护理系和基础部，将教学管理和学生管理的部分职能下放到系部，使管理重心下移，成立了考试鉴定中心，实施了教考分离。2005年，积极申办技师学院，在2006年1月18日安徽省技师学院设置评审会上，安徽马钢技师学院获得高票通过，成为安徽省首批技师学院。2006年6月省政府批复同意设立安徽马钢技师学院。

安徽冶金科技职业学院（简称安冶学院）成立于2003年6月，以马钢职工大学和马钢党校为基础，建立安徽冶金科技职业学院。当年设置的部门有办公室、教务科、培训科一科、培训科二科、继续教育研究室、理论教研室、学生科、财务室、总务科、图书馆、电大科、政工科、工会、规划改制办公室、招生就业指导办公室、外事办公室、计算机实验中心、冶金教研室、计算机系（计算教研室）、机械工程系（机械教研室）、自动控制系（电气教研室）、企管教研室、马列教研室、党建教研室、外国语系（外语教研室）、经济管理系（社会科学教研室）、经济管理系（市场营销教研室）、土建力学教研室、数学教研室、物理化学教研室、实习工厂31个部门。2005年，学院部门机构进行优化调整，调整后有办公室、财务处、政治处、工会、教务处、学生处、成教处、培训处、党校工作处、后勤处、图书馆、冶金系、计算机系、自动控制系、机械工程系、经济管理系、外语教研室、基础学科部、实习工厂19个部门。

2009年8月，马钢集团成立教培中心，以安徽冶金科技职业学院、安徽马钢技师学院的人员及资产为基础，保留原“安徽冶金科技职业学院”“安徽马钢技师学院”“马钢党校”“马钢高级技校”

“马钢卫校”牌子。成立后内设办公室、政治处（学生工作部）、工会、人力资源处、财务处、保卫处、后勤处、培训一处（党校工作处）、培训二处、管理研究与科研开发处、职业技能鉴定处、教务处、学生处、招生就业处、成人教育处（函办）、实习实训处、能源动力培训站、特种作业培训站、矿铁钢轧培训站、加工制造培训站、建筑工程培训站、冶金工程系、机械工程一系、机械工程二系、自动控制系、计算机系、经济管理系、外国语系、医学护理系、基础学科部、图书馆31个部门。

2011年，教培中心成立思想政治理论课教学科研部。2012年，机械工程一系和机械工程二系合并成立机械工程系，取消原机械工程一系和机械工程二系建制。2013年，教培中心成立督导处、职业教育研究所、职业技能培训处、安全技术培训处，撤销培训二处。2014年，教培中心成立信息与电化教育中心，撤销基建处，原有部分职能及员工合并入后勤处。2015年，培训部门进行整合，成立管理与技术人员培训处（党校工作处）、职业技能与安全技术培训处。2017年，撤销职业教育研究所，其职能并入办公室；撤销实习实训处，其职能并入教务处。2018年，设立党校工作处，科研处（党校工作处）变更为科研处；撤销督导处，其职能并入教务处。2019年4月，成立创新创业中心、技术技能培训处、安全技术培训处（与职业技能鉴定处合署办公），管理及技术人员培训处更名为管理人员培训处。

第二节　学历教育与岗位技能培训

［高等学历教育］

安冶学院是经省政府批准、教育部备案、由马钢集团投资兴办的一所全日制公办高职院校，是马钢集团高技能人才培养基地。其前身是创建于1983年的马钢职工大学，2003年6月经省政府批准正式成立“安徽冶金科技职业学院”。2019年10月，省人力资源与社会保障厅批准学院设立“安徽省第十期博士后科研工作站”。

2019年，安冶学院占地330亩，有南、北两个主功能校区，南校区为学历教育和马钢集团工程技术人员培训区，北校区为实习实训和操作维护人员培训区，安冶学院具有较为完备的教育教学、培训实训和生活设施。安冶学院坚持“面向市场、服务发展、促进就业”的办学方针，秉承“打造金色蓝领”的价值追求，以“崇德 尚能 笃学 践行”为校训，为马钢及社会培养了数以万计的“金色蓝领”，受到社会各界的高度赞誉。

师资队伍：截至2019年9月，安冶学院共有教职工276人。其中，校内专任教师152人，高级职称103人，双师型教师中等职业101人、高等职业26人，博士学位教师1人、硕士学位教师45人，“百骏”工程骨干教师75人，“双十”计划教学名师、主任培训师11人。安冶学院常年在马钢聘任具有较高理论水平的首席技师、高级技师、技术专家担任客座教授和兼职教师，建立了一支具有企业办学特色的“双师型”教师队伍。

专业设置：安冶学院开设材料成型与控制技术、安全技术与管理、城市轨道交通机电技术、城市轨道交通运营管理、电气自动化技术、钢铁冶金设备应用技术、工程造价、工业机器人技术、黑色冶金技术、护理、会计、机电一体化技术、机械设计与制造、机械制造与自动化、计算机网络技术、建筑工程技术、酒店管理、老年保健与管理、汽车检测与维修技术、市场营销、数控技术、物联网应用技术、物流管理、应用电子技术、轧钢工程技术、建筑钢结构工程、信息安全与管理、物业管理、城市轨道交通通信信号技术等29个专业。其中，省级特色专业3个（冶金技术、材料成型与控制技术、数控技术），校级特色专业6个（电气自动化技术、冶金技术、材料成型与控制技术、旅游管理、数控技术、汽车检测与维修技术专业）。

改革发展：2003年，经安徽省人民政府批准，安冶学院新征建设用地187亩。2007年底，征地拆迁任务完成。2008年，学院启动新校区建设工程，当年新建一幢学生餐饮中心。2009年9月10日，马钢教育培训中心挂牌成立。同年，安冶学院新校区建设一期工程全面竣工，新建一幢教学楼、一幢图书楼、一个标准田径运动场，地下管网工程全面完成，总建筑面积20000多平方米。2010年，又投入1000万元加强教学设施建设。新校区建设合计投资1.3亿元。

2010年，安冶学院通过安徽省高职院校人才培养工作评估。以评估为起点，印发了《关于进一步加强教学工作的决定》。2012年，召开首次教学工作会议，开始不断强化内涵建设，实施了提高教学质量的一系列举措。修订完善各级各类不同层次的教学管理规章制度近80项，加强教学管理，加强专业建设，加强课程建设，加强学风建设。依托省级特色专业——冶金技术、材料成型与控制技术专业获得中央财政400万元支持的提升专业服务产业发展能力项目。依托电气自动化设备安装与维修、电子技术应用和工业自动化仪器仪表装配与维护3个专业，获得国家财政补助500万元的国家级高技能人才培训基地建设项目。创新人才培养模式，深化校企合作，强化工学结合，学生在全国、省市技能大赛中频频获奖。每年发布人才培养质量年度报告，教育教学质量稳步提高。2015年7月，召开首次专业管理研究成果发布会，29个处室、系部负责人发布中心成立5年来各单位专业管理研究取得的成果、存在的问题、努力的方向，编印了专业管理研究论文集《探索 创新 共享 发展》。2018年，制定《安徽冶金科技职业学院"百骏"工程、"双十"计划遴选及考核办法》，6月开展"百骏"工程、"双十"计划教师遴选工作，38名教师获"百骏"工程教师称号、5名教师获"双十"计划教师称号。2019年，马钢集团深化产教融合，积极申报马钢集团产教融合型企业，4月，教育部向社会正式公布全国先期重点建设培育的24家产教融合型企业名单，马钢集团位列其中，为安徽省唯一入选企业，同时也是全国唯一入选的钢铁企业。

荣誉情况：2010年，安冶学院被安徽省教育厅评为安徽省就业工作先进单位。2016年，安冶学院获"安徽省学生资助工作先进单位"。2019年，安冶学院申报并获批第十批安徽省博士后科研工作站；被命名为安徽省"第二批校企合作示范基地"。2019年，安冶学院成功举办"马钢杯"第六届全国大学生物流设计大赛决赛，获大赛特殊贡献奖。马钢集团教培中心获2019年第十五届中国企业培训创新成果金奖。马钢教培中心被命名为"马鞍山市专利产品推广应用优秀企业"。

[中等职业学历教育]

安徽马钢技师学院（简称技师学院）创办于1978年，是马钢投资兴办的一所培养中高级技工、技师、高级技师的综合类职业院校。1993年被冶金部命名为"全国冶金系统一类技工学校"，1994年被安徽省政府命名为"安徽省重点技工学校"，1997年被劳动和社会保障部命名为"国家级重点技工学校"，1999年12月晋升为国家高级技工学校。2006年6月，经省政府批准，升格为技师学院。2009年8月，马钢两公司整合优化技师学院教育资源，增强了师资力量，办学条件得到了进一步改善。2019年，技师学院申报并获批以轨道交通装备制造为主要建设方向的国家高技能人才培训建设项目，获500万元中央财政支持。

技师学院具有较完备的教育教学与生活设施，建有10个计算机机房、2个多媒体语音室以及轧钢炼铁仿真、数控加工、汽车维修、智能楼宇、计算机应用、网络技术、机械加工技术、电气技术等50余个实验实训室，在省内外50余家企业建立校外实习实训基地。学院以马钢为依托，以服务区域经济发展为宗旨，秉承"打造金色蓝领"的价值追求，坚持面向市场、服务发展、促进就业的办学方向，坚持职业教育与职业培训共同发展、服务马钢与服务社会互为补充、特色传承与模式创新相互促进的发展策略，培养了数以万计的"金色蓝领"。

马钢卫生学校是1978年8月经省政府批准，由马钢投资兴办的一所全日制中等卫生学校，开设护理专业。建校之初由马钢医院主管，2003 年马钢医院改制后划归马钢技校管理，2009 年，马钢两公司整合教育资源，并对外保留马钢卫生学校办学资质，在安冶学院开设高职护理相关专业，实现了中高职融通教育，马钢卫生学校学生绝大部分升入高职护理专业继续学习。依托企业的支持，学校不断优化资源配置，建立了基础护理、模拟病房、急救护理、儿科护理与育婴员、解剖生理、护士站、老年康复护理、妇产科护理等实验实训室。马钢卫生学校与马鞍山市人民医院、中心医院、十七冶医院、解放军八六医院、当涂县人民医院等市内外多家医院建立了校企合作关系，为学生顺利实习、就业提供了帮助。2016 年，临床护理获批省级示范专业和省级示范实训基地。

师资队伍：技师学院组织机构健全，设有办公室、政治处、人力资源处、教务处、招生就业处、学生处、职业技能鉴定处、技术技能培训处、创新创业中心等 15 个管理处室。学院拥有一支较高水平的师资队伍，2019 年 9 月，共有教职工 276 人，其中专任教师 110 人，兼职教师 21 人；具有企业实践经验的教师 46 人，占教师队伍总数的 35%；技术理论课教师 74 人，实习指导教师 18 人；理论实习教学一体化教师占技术理论课教师和实习指导教师总数的 80%；具备中级以上职业资格的教师占技术理论课教师的 69%；具备技师、高级技师职业资格的教师占实习指导教师的 78%。教职工中具有高级职称资格 105 人，中级职称资格 108 人，本科及以上学历 213 人，硕士及以上学位 46 人，“双师”素质教师 106 人，“百骏”工程骨干教师 75 人，“双十”计划教学名师、主任培训师 11 人，享受技术技能津贴人员 11 人。学院还建有“国家职业技能鉴定所”，可以组织冶金、机械、计算机、电气类 100 余个工种的中高级工职业技能鉴定。

专业设置：技师学院招生专业有钢材轧制与表面处理、钢铁冶炼、电气自动化设备安装与维修、焊接加工、应用电子技术、机电一体化技术、计算机网络应用、计算机信息管理、酒店管理、矿物开采与处理、煤化工、烹饪、汽车维修、数控加工、数控技术、3D 打印技术应用、机械设备维修、铁路信号、护理、烹饪与餐饮管理、物流工程管理、智能焊接技术、工业网络技术、新媒体技术应用、数控编程、设备点检技术、轨道交通车辆运用与维修、城市轨道交通运输与管理、无人机应用技术、现代物流等专业。

改革发展：2009 年 8 月，马钢将技师学院与安冶学院整合，办学力量进一步加强。学院近年来致力于完善内部治理结构，以法治思维推进依法治校，建立健全各种办事程序、组织规则、议事规程，形成科学的决策机制、执行机制和监督机制。坚持问题导向，梳理了原有制度体系，进一步健全完善各类管理制度，汇编行政管理、教学管理、培训管理、科研管理、学生管理、招生就业、后勤管理等各类规章制度。建立了一套科学、规范、高效的管理制度体系。学院领导在研究国内外职教理论和新时代中国经济发展的基础上充分开展调研，以开阔的视野和战略的眼光，厘清办学思路，找准办学定位。技师学院在长期的办学实践中，形成了自己的办学特色，2019 年通过安徽省技工院校办学能力评估。

荣誉情况：2004 年 12 月 10 日，技师学院被国家劳动和社会保障部授予“技能人才培养突出贡献单位”，成为冶金行业中高职学历教育基地、马钢工程技术人员继续教育基地、国家高技能人才培训基地、安徽省中高职教师企业实践基地（国家级）、安徽省创新方法推广应用基地。

[中小学教育]

从 1958 年兴办第一所小学——宁芜路小学开始，到 2004 年，马钢集团共创办了 18 所中小学校。这 18 所中小学分别是：红星中学（含原星光学校）、雨山中学（含原向阳中学）、南山矿中学、矿山中学、矿山小学、南山矿小学、九村小学、四村小学、二村小学、山南小学、新建小学、王家山小学、幸福路小学、新工房小学、铁合金小学、长江路小学、姑山矿学校（当涂县境内）、桃冲矿学校（繁昌县境内）。

截至 2004 年，马钢集团中小学校共有教职工 1200 多人，在校学生 3 万人左右。马钢先后成立了马钢教委、马钢教育培训部，对中小学实行统一集中管理。

在 40 多年的办学历程中，马钢集团中小学校始终坚持党的教育方针，坚持立德树人，促进学生的全面发展。不断加强教师队伍建设，强化教育教学管理，深化教育教学改革，推进素质教育，教育教学质量不断提高。马钢集团十分重视中小学教育，千方百计提高中小学教师待遇，不断增加教育投入，改善办学条件。马钢中小学的教学楼、图书楼、实验室、体育馆中，有不少建筑成为马鞍山市中小学的标志性建筑。马钢中小学的办学条件在全市处于领先地位。马钢集团先后建成了一批示范学校和特色学校，培养了一批教学名师。红星中学是首批安徽省示范高中。九村小学、四村小学、二村小学、山南小学是马鞍山首批特色学校。涌现出一大批教学名师，如四村小学的徐佩琳被评为全国特级模范教师。

马钢集团中小学校在马钢历史上发挥了十分重要的积极作用。一是为方便职工子女上学、解除职工后顾之忧、稳定职工队伍作出了重要贡献。如南山矿中学、南山矿小学、矿山中学、矿山小学、姑山矿学校、桃冲矿学校等矿山学校的设立，解决了马钢矿山职工子女的上学难问题。二是为马鞍山中小学教育的发展做出了积极的贡献。马鞍山是一个因钢立市的城市，在相当长的时间内，特别是在马鞍山建市初期，教育资源相对贫乏，教育基础薄弱，马钢集团兴办中小学有其历史的必然性。马钢集团兴办中小学，不仅解决了本企业职工子女的上学问题，也为马鞍山市基础教育的发展作出了积极贡献。

2004 年 9 月，马钢集团 18 所中小学正式划归政府管理。

[幼儿教育]

马钢幼儿教育管理中心（简称马钢幼教中心）下设 13 所幼儿园（其中花和幼儿园、红东幼儿园由马鞍山市花山区教育局委托力生公司承租经营）、1 个早期教育指导中心心萌教育培训中心，省级示范园 2 所，市级一类园 9 所，共开设 90 多个教学班，承担全市 3200 多个家庭子女的早期教育。从 1957 年的第一个园所创建开始，马钢幼教中心多年来精心致力于为家长、社会提供高质量的幼教服务。

2001 年 5 月，力生公司成立幼教系统改革领导小组，讨论研究幼教系统进一步深化改革的具体方案，并将二幼作为试点园，引入市场机制，理顺内外关系，放开经营，由园长领衔承包，创办并形成特色教育。2002 年 7 月，继马钢第二幼儿园（简称二幼）、马钢第五幼儿园（简称五幼）改制后，对幼教系统全面实施改革。2003 年，马钢幼教中心根据各个幼儿园的不同特点，因地制宜，创办特色教育，提升服务档次。二幼、五幼的全国教育科学“十五”规划重点课题“玩具及操作性学习方式与幼儿创新能力发展关系的研究”，二幼、马钢第四幼儿园（简称四幼）、五幼、马钢第十一幼儿园（简称十一幼）的蒙氏教育，马钢第十二幼儿园（简称十二幼）的分享阅读等的实施得到了家长与社会的认可。先后有 15 个幼儿园开设了特色班。68 篇论文在“健康杯”全国第二届中小学心理健康教育优秀成果评选中分别获一、二、三等奖。绘画、歌舞等艺术作品多次在省市幼儿系统竞赛中获奖。

2005 年，关停三幼、马钢第八幼儿园（简称八幼），马钢第七幼儿园（简称七幼）、十二幼，转型经营，对师资及幼儿合理分流。四幼、六幼、马钢第九幼儿园（简称九幼）、马钢第十幼儿园（简称十幼）、十一幼取得民办幼儿园办学资质，为幼儿园步入市场创造了条件。

2007 年 1 月，幼儿保教协会成立，进一步放宽幼儿园的经营自主权，鼓励幼儿园创办特色，创建品牌，11 所幼儿园全部开设了特色班，特色班增加到 15 个以上。5 月，花园实验幼儿园开园。2010 年 3 月，幼儿保教协会变更为马钢幼教中心。2012 年 9 月，花山区政府正式将花和佳苑幼儿园移交给马钢幼教中心，以零租金普惠园方式承办，首期承办 5 年。

截至2015年，马钢幼教中心有教职员工464名（其中在岗178名，内退62名，劳务工224名），在岗教职工大专以上学历141人，高级教师和一级教师80人，二级教师98人。

2018年12月26日，马钢幼教中心正式移交属地管理。

第三节 继续教育

［专业培训］

马钢明确教培训中心三项职能：负责马钢两公司员工培训，高、中职学历教育，科研及管理咨询。2019年，教培中心为马钢集团直属机构，对内以马钢教育培训中心开展各类培训、管理咨询、科研等业务，对外以安冶学院、技师学院等办学资质，独立开展高、中职学历教育与职业培训。截至2019年9月，共有教职工276人，校内专任教师152人，高级职称103人，双师型教师中职101人、硕士及以上学位的教师46人，“百骏”工程骨干教师75人，“双十”计划教学名师、主任培训师11人，享受技术技能津贴人员11人。中心每年承接企业培训项目300余项，有管理类、技术业务类、操作维护类、安全类培训，以及初中高级工、技师、高级技师的职业技能鉴定等。每年培训各类人员达2万余人次。

十年来，教培中心不断完善分层分类岗位赋能培训体系。以打造管理、技术、技能三支队伍和培养造就高素质专业化人才队伍为目标，系统策划、精准实施。科学设计各类岗位人员学习地图。按照管理、技术、技能三支队伍岗位特点，结合企业实际，探索建立关键岗位能力素质模型。已绘制生产经营骨干、后备作业长、设备点检员、“1+2+4”科技人才培养等关键岗位人员的学习地图。提升培训效果，打造特色培训项目。不断强化培训项目开发、过程管控和结果评价，提升培训成效，已形成技能菁英创新训练营、“1+2+4”科技人才培养专业研修、职业素养训练营等一批品牌培训项目。加大岗位赋能资源开发力度，建立共建共享机制。结合培训实际整合各类培训教师资源，构建满足需要的内外部教师结合、专兼职教师比例协调、专业结构基本覆盖的培训师队伍。开展以TRIZ理论为主要内容的创新方法推广应用与研究。搭建分类分层导入平台，已形成“五层三类”分类分层导入培训模式。实施差异化推广应用策略，针对技术管理人员、工程技术人员和现场技师不同的工作性质和特点，实施差异化的推广应用策略。推进创新行动计划，助推创新成果向技术成果、商业成果转化。实施本土化培训师和创新工程师团队培养。开展岗位创新创效竞赛活动。通过各级各类大赛的锻炼，马钢集团的创新方法推广初显成效。

2011年，教培中心召开首次培训工作会议，成立培训课程开发研究所，立项开发课程121门，完成课程开发91门，制定“优秀培训项目”和“优秀培训课程”评选标准，评选出优秀培训项目10项，优秀培训课程15项。2012年，举办为期2个月的教培中心教师培训能力提升班，100多名教师和厂矿教育培训人员参加培训，180多名教师参加全国培训师资格考试。2014年，组织制订马钢TRIZ推广应用培训大纲，录制“TRIZ基础知识”网络培训课程。2015年，积极创新培训模式，开展特色培训，以三钢轧总厂开展学习巴登文化试点为契机，积极开展管理人员培训、员工能力提升培训。在中层管理人员、青年后备干部培训中开展线上与线下培训有机结合的混合式培训尝试。在马钢国际化经营后备人才外语培训中开展模拟实战考核。2017年，承办马钢第八届职业技能竞赛理论考试和实作考核。2018年，持续推进创新方法行动计划，承办马钢第二届创新方法大赛，并代表安徽省参加中国首届创新方法大赛。2019年，成功举办马钢第三届创新方法大赛，21支代表队56个创新项目2017名选手参赛，并代表安徽省参加中国创新方法大赛。

2009—2014年，累计完成管理技术岗位人员培训484个班次，培训学员29366人次；累计完成操作维护岗位人员培训、安全管理人员培训690个班次，培训学员36806人次。2013年，2项培训成果在第九届中国企业教育培训百强评选中获创新成果金奖。

2015—2017 年，累计完成各级各类培训项目 369 个，培训学员 53020 人次。2016 年，获第十二届中国企业培训创新成果金奖，在 11 月举办的“首届全国企业创新方法大赛”中，5 个项目代表安徽省参加此次全国总决赛并全部获奖，其中 1 个项目获第一名。2017 年，获“中国企业教育先进单位百强”，获第十三届中国企业培训创新成果金奖。

2018 年，完成各类人员培训 107 个项目、14121 人次，新开发培训项目及课程 94 项。协助有关部门举办各类培训 30 个班次、2709 人次。配合有关部门积极做好各类大赛的组织、辅导与参赛工作，协助厂矿开展技能竞赛与岗位练兵活动，参赛及受训 2000 余人次。承办马钢第二届创新方法大赛，并代表安徽省参加中国首届创新方法大赛，获 1 个一等奖、4 个二等奖。

2019 年，完成各类人员培训 580 个班次、27000 人次，涵盖经济管理类、技术业务类、安全培训及技能鉴定类等相关培训。完成马钢集团 2019 年第一期、第二期 TRIZ 创新方法理论与实践应用培训。获 2019 年第十五届中国企业培训创新成果金奖；承办马钢第三届创新方法大赛，并代表安徽省参加中国创新方法大赛，获 2 个二等奖、4 个三等奖。

2019 年，教培中心依托马钢集团深化产教融合，积极申报马钢集团产教融合型企业。4 月，教育部向社会正式公布全国先期重点建设培育的 24 家产教融合型企业名单，马钢集团位列其中，为安徽省唯一入选企业，同时也是全国唯一入选的钢铁企业。

[新入职员工教育培训]

2001—2010 年，在新区建设过程中，马钢两公司加大新员工培养力度，逐步积累新员工培养经验。2006 年，对新入职员工安排集中培训，并组织参观凹山采场、原料码头、烧结和炼铁、炼钢以及钢铁产品轧制现场，了解马钢板、轮、型、材等主要产品的现代化生产过程。2008 年，试点安排新入职大学生近 80 人到解放军南京政治学院参加英语口语强化培训。

2011—2019 年期间，马钢集团对新入职员工加强职业化、理想、态度、技能、道德、沟通和形象等必修课程培训，有选择地安排“80 后”管理人员和优秀青年科技人员介绍个人成长历程与体会，使之尽快转变角色以适应马钢集团的工作环境。从 2014 年开始，创新入职培养培训模式，从“自然式成长”转向“引导式成长”，按照企业认知培训、岗位认知培养和工作文化培养三模块培养；召开新入职员工欢迎大会，马钢集团董事长为新入职员工上职业生涯启蒙课，点燃新入职员工的人生激情。安排企业文化环境较好的代培单位集中管理，通过入职引导、岗位实习、师傅带徒、岗位轮换、绩效辅导等方式，对新入职员工进行职业素养和工作文化的培养。采取“请进来、走出去”的方式，邀请北京科技大学、东北大学、燕山大学等高校就业及教务部门负责人来马钢集团交流，就如何加速毕业生培养、让毕业生尽快融入企业、促进毕业生岗位成才等课题，进行校企间充分研讨。马钢集团到北京科技大学等高校，与校就业部门、教务部门负责人进行研讨，并到院系实地宣讲、调研，吸引北科大等知名高校学子加盟马钢。经过两年“引导式”员工引导培养的实践，2016 年，以 51 名材料专业大学生为试点，在岗位认知阶段实施集中培养，由教培中心作为培养实施者，制定统一的培训计划，统一部署，统一实施，提高岗位认知培养的效果，再分配到各专业厂开展工作文化的培养。新入职员工的引导式培养方法，已经成为马钢新入职员工培养模式。

第四节 管 理 研 修

[管理人员任职资格培训]

管理人员任职资格培训主要以“后备作业长任职资格培训”为主，通过系统学习作业长制相关知识、管理基础理论与岗位实习，掌握工作关系、工作指导、工作改善、工作安全等基层管理技能，满足作业长上岗能力要求，以持续加强作业长后备队伍建设。

2009—2014 年，马钢集团完成管理技术类培训项目 179 项，培训班次 404 个，参加培训人数 24069 人，其中管理类培训人时数 484730，技术业务类培训人时数 361287。2015—2018 年，完成后备作业长任职资格培训，共培训 494 人，培训人时数 58480。

［管理人员在职研修］

教培中心以提高培训项目品质为主线，以课程开发为重点，不断提升培训基础能力，进一步提高培训的针对性与有效性。在对培训需求进行调研和精心准备的基础上，密切联系马钢集团改革发展实际，科学设计培训方案，主要开展了中层管理者领导力提升研修、基层管理者能力提升研修、党性教育与基层党建工作实务、各类专业管理培训等。

2009—2014 年，完成管理类培训人时数 484730。2015—2018 年，完成技术业务人员继续教育和管理人员管理研修 252 项，其中管理人员在职研修 4484 人。2019 年，共完成马钢集团和马钢股份各二级单位等技术业务人员继续教育和管理人员管理研修 158 项，其中管理人员在职研修 3116 人。

［管理研究］

教培中心积极发挥企业办学的优势和有利条件，依据专业特色和人才优势，坚持为马钢两公司生产经营和改革发展服务，大力开展应用性的项目研究。充分体现企业办学特点，发挥智库作用，组织教师开展马钢决策咨询课题研究、马钢技术攻关和技术服务项目。2009 年以来，共立项并组织实施各级各类课题项目 83 个，其中纵向课题 64 个，与企业横向合作课题项目 19 个。

代表性的课题项目有："马钢合肥公司经营管理模式的调研与建议""钢铁企业科技创新理论与方法的应用推广研究""铁矿浆管道疏运段在线检测系统开发""电气设备安装与维修专业资源包开发""中高级维修电工仿真实训系统"等 5 个仿真软件开发项目；"马钢中高层管理人员绩效管理系统开发""马钢家园文化建设""马钢培训网站及员工在线学习平台建设""马钢分层分类培训体系研究""马钢卓越绩效管理模式下企业理念文化提炼总结研究"等。下属测量控制研究所承担了马钢"车轮探伤"和"轧机喷嘴控制系统优化"等 2 项技术攻关课题研究，开展了钢轧测温项目的技术服务，完成了"彩图板图层测量"等技术开发课题研究。

科研项目经费：2010—2019 年，管理研究与科研开发处组织实施的科研课题项目以及技术服务共获得项目经费 800 余万元。其中，测量控制研究所获得 2 个项目经费 87 万元，钢水测温系统技术服务费 320 余万元。管理信息工程研究所获得绩效信息系统开发 3 个项目经费 40 万元，信息维护费 75 万元。马钢决策咨询委托 2 个课题经费 20 万元。马钢仿真实训软件委托开发项目经费 110 万元。横向合作课题 2 个项目经费 43 万元。中国就业指导中心世界银行贷款委托项目经费 57.1 万元等。

研究成果：2009—2019 年，教培中心在各类公开刊物累计发表论文或研究报告 240 余篇，在内部资料刊物发表论文 250 余篇；累计出版教材 26 部。

2010 年，获国家用新型授权专利 1 项，国家软件著作权 1 项；2013 年，4 项成果获安徽省党校系统优秀科研成果奖三等奖；2014 年，获国家软件著作权 3 项，1 项成果获安徽省职业教育优秀成果奖一等奖。

第五节　网络培训

［网络培训平台建设］

2013 年 7 月，马钢集团人力资源部牵头，教培中心配合，着手马钢网络培训平台建立工作。通过走访宝钢集团股份有限公司和上海汽车集团股份有限公司，认为租用网络培训公司平台来建立马钢网络培训平台更合理，最终确定由时代光华公司开发马钢网络培训平台。一期平台于9月11日开通，科级以上管理人员可进入系统学习。随后进行了二期开发，并于12月1日开通，全体员工都可进入系统学习。2014年1月，正式向全公司推广。

2017年底，学习平台启动升级，人力资源部、教培中心、时代光华公司经过商讨，形成《马钢集团在线学习平台升级实施方案》，确定了在不影响学习平台正常运行的前提下完成阶段升级目标，即实现PC端个性化改版、移动端微平台和专属APP上线、建立分级培训管理、实现培训项目的线上管理。经过半年多推进，完成了马钢培训网与马钢员工在线学习平台的合二为一，使用一个域名，呈现一个界面，“马钢员工在线学习平台”更名为“马钢网络大学”。“马钢培训”微信公众号上线，实现与“马钢网络大学”对接。

2018年，网络学习改版升级，按照专业重新布局平台，改革学分学时办法。自2018年开始，教培中心全方位开展员工在线学习平台运营，由引导员工自主化学习向组织专业部门全平台体系化建设渐进。经过3年的转型变革，马钢员工在线学习平台一年上一个台阶，从原来年登录率不足10%提升至2019年40%。

[网络培训资源建设]

2014年，为推进马钢集团自主网络课程开发和建设，教培中心投入近百万元建设全高清录播室，用于录制制作网络课程。同年，开发制作完成“马钢TRIZ创新方法培训”，课程共9讲220分钟，并发布到马钢员工在线学习平台上。

2016年，对平台原有课程类别和线上课程进行梳理，调整为8个大类38个子类，同时线上课程也相应进行增减，调整后线上课程为3049门。

2018年，教培中心与冶金工业教育资源开发中心签订合作协议，中国钢铁培训网学考平台在马钢建立分平台，实现本地化运行，弥补了钢铁冶金类网络培训资源不足的现状。

[网络培训实施]

“马钢员工在线学习平台”基于时代光华PASS学习服务平台（ELP4.0），时代光华作为在线学习供应商，提供用以支持e-Learning学习及整体管理的软件系统平台和以“时代光华PAAS学习服务平台软件公共课程”为主的网络化学习（e-Learning）课件库。

教培中心作为网络培训实施主体，主要负责在线学习组织与指导。一是整合在线学习内容与呈现方式，设立专门机构负责平台的运营；二是管理人员培训处、技术技能培训处、安全技术培训处、创新创业中心在实施线上线下混合培训过程中，监控学员线上课程学习情况；三是聘用和培训高素质的在线培训教师，承担在线学习课程教学工作；四是提供必需的技术条件，开发在线学习课程和平台管理功能；五是同时代光华合作，处理在线学习过程中的突发问题，不断提升线上培训质量。

人力资源部是网络培训的监管方与支持者，以集团管理文件发布《员工网络学习管理办法》（JT/M 123 010），保障马钢集团网络培训的有效实施。

马钢集团分子公司是网络培训的最终实施与受益者，按照“统一管理、分级实施、资源共享、全员开放”的原则，搭建分平台满足企业个性化网络培训的需求，构建运营体系。

第六节　职业技能鉴定与特种作业考核

[职业技能鉴定]

鉴定管理：为贯彻就业准入制度和推行职业资格证书制度，适应持证上岗的要求，在原先已有地方政府相关职业资格鉴定机构的基础上，2000 年 11 月，经冶金工业职业技能鉴定指导中心审核、劳动社会保障部培训就业司批准，马钢两公司成立行业鉴定站（冶金工业职业技能鉴定指导中心下属第 042 号鉴定站），并颁发了鉴定许可证。鉴定范围涉及冶金行业铁、钢、轧、烧、焦、采选等大类专业 158 个工种的初、中、高级工三个等级。行业鉴定站成立之初，鉴于当时公司的管理体制，为了便于统一协调组织公司职业技能鉴定工作，鉴定站领导与成员分别由两公司劳资部、教培部、技工学校构成。2005 年 3 月，马钢两公司对人事、劳资和培训等职能部门进行整合，成立马钢两公司人力资源部。技能鉴定管理工作随之列为人力资源部管理范畴。下设办公室，负责鉴定站的日常事务。人力资源部人才开发科和技师学院考试鉴定中心，负责日常事务。同时，还有通用工种三电计量、机修、冶金、运输、动力、后勤站等鉴定所，隶属于市劳动和社会保障局，依附于技师学院的系、部，合署办公，既为职校提供服务，也同时为公司职工服务。随着培训中心内部机构的优化，通用工种鉴定所逐步与企业鉴定站合并。2014 年起，国务院逐渐取消了 7 批 433 项职业资格，占国务院设置的职业资格 618 项的 70%。2017 年，国家开始改革职业技能等级制度，发布了《关于公布国家职业资格目录的通知》，清单外不允许鉴定。2017 年，职业技能鉴定清单出台，只有清单内的 140 项职业允许认可和鉴定。其中，技能人才共 83 个，准入类 5 个，焊工，轨道列车司机等，水平评价类 76 个职业，其中冶金行业 14 个。2019 年，政府推动实现由用人单位和第三方机构开展职业技能等级认定、颁发职业技能等级证书，政府不再颁发职业技能等级证书。对涉及国家安全、公共安全、生态环境安全、人身健康、生命财产安全的水平评价类职业资格，确需实施准入管理的，依照法定程序调整为准入类职业资格。

鉴定实务：自 2001 年起，根据劳动和社会保障部 6 号令精神，按照通用工种、行业工种和辅助工种的分类，马钢两公司采取脱产、半脱产、业余和自学加辅导的多种形式，每年一个主题，每年一个重点，交叉平行培训，经过 3 年努力，技术工人持证上岗率达到 95.6%，46000 名职工持证上岗。与此同时，结合减员增效，开展一专多能工试点，一大批职工取得了多个职业资格证书，成为工作上的多面手。通过开展技术等级培训和鉴定，职工队伍素质结构得到了进一步改善，基本实现了 3 年内公司生产服务岗位的职工实行持证上岗的任务。至此，职业技能等级鉴定一直作为技能人才能力提升的一种重要方式，每年持续开展，持续推进。每年根据需求调研有计划地开展技能等级认定，并以技师考评为代表全面推进技能人才队伍建设。根据分工安排，公司成立工人技师考评领导小组领导公司技师考评。2003 年，在组织大规模的技能鉴定工作的同时，技术等级培训活动同步推进，从电工、钳工已经取得高级工证书的人员中选拔了 82 名骨干进行技师考评。为表彰马钢在技能人才工作中做出的突出贡献，2004 年 12 月，马钢两公司被授予“国家技能人才培育突出贡献奖”称号。同时，2004 年又被安徽省确定为八家“高技能人才队伍建设试点单位”之一。

从 2006 年起，马钢两公司技师考评分为三个渠道：一是公司集中组织；二是选拔人员参加马钢技师学院为期二年的技师班学习；三是委托各有关单位进行特殊工种的技师考评。2007 年，为规范技师聘任管理工作，两公司下发《技师聘任管理办法》，对于技能等级鉴定的方式进行了规范。2009 年技师班最后一届招生后，技师考评渠道主要是公司集中或委托厂考评，高级技师由公司集中组织考评。

[特种作业考核]

根据国家对安全技术培训的规范要求，教培中心拥有三项资质：安徽省安全生产协会批准的“甲类安全培训机构”，安徽省安监局、马鞍山市安监局批准的“马鞍山市安全生产资格考试点”，安徽省质监局批准的“特种设备作业人员考试机构”。

安监资质：2006 年 3 月，马钢技师学院向安徽省安监局申请了“三级安全培训机构”资质。资质范围基本覆盖了马钢特种作业的工种范围，满足了职工持证上岗的需求。2007 年，根据两公司的实际状况，虽然国家的特种作业目录中没有煤气工，但技师学院还是向省安监局申请了将煤气工列入省级发证的特种作业目录，使煤气工的培训、考核、发证合法化。2009 年，经安徽省安全生产监督管理局同意，正式将煤气工列入省级发证，结束了马钢自主发证的历史。2010 年，国家安监总局 30 号令新修订的特种作业类别中，将煤气工正式列入了国家发证的范畴。2012 年，技师学院完成《工业煤气安全技术》教材的修订，填补了安徽省一项空白。

质监资质：2006 年，安徽省质监局批准了马钢高级技工学校“特种设备作业人员考试机构”资质。

考核工种范围：电工作业、焊接与热切割作业、高处作业、冶金（有色）生产安全作业、金属非金属矿山安全作业、危险化学品安全作业、安全管理人员培训考核。

2009—2019 年累计完成安全技术类特种（设备）作业人员培训 17488 人次；完成特种作业人员资质复审 23950 人次。

第七节　培训管理与师资队伍建设

[培训管理]

2001—2005 年，马钢两公司围绕生产建设和改革发展，针对区域整合、机构调整和公司各项改革，开展了多层次的教育培训活动。制定了《马钢“十五”职工培训规划》，修订了《马钢两公司职工教育检查评估考核标准》。加强指导、协调与培训过程管理。两公司创办了《培训简报》，直至 2005 年机构改革，教培部撤销。2002 年，马钢两公司被劳动和社会保障部、中国职工教育和职业培训协会评为“全国企业职工培训先进单位”。2002 年 7 月，马钢两公司实施职工教育培训体制改革，将教培部所属的 9 个专业培训站划归高级技校管理。首次组织作业长及作业长师资班人员培训，选派骨干参加到宝钢学习，参加了为期 30 天的封闭式培训和现场实习，为马钢股份三厂推行作业长制培养了作业长后备人才，选派了 24 名骨干赴宝钢培训参加作业长师资培训，组织编写了《马钢作业长制培训教材》。围绕“十五”期间后期建设及配套项目建设开展了超前培训。2005 年，马钢两公司被中国企业家联合会授予“全国职工培训先进单位”。

2006—2010 年，重点为新区建设培训各类人才，联系宝钢集团、武钢集团、首钢集团等行业内单位，安排新区炼铁、炼钢、连铸、热轧、冷轧、水处理、点检员等岗位实习。2009 年，借鉴宝钢集团分类分层人员培训体系的经验，初步提出马钢分类分层培训体系设计方案，为进一步完善培训体系和制度建设，开展有针对性培训奠定基础。加大培训工作评估，指导厂矿开展培训评价。人力资源部直接组织问卷调查或召开座谈会等形式，检查和了解培训的实际效果及存在问题，将评价意见及时反馈有关培训单位，对教培中心进行年度培训能力评估，推进教培中心加强培训师资队伍和能力建设、优化资源配置。2010 年，完善分类分层培训体系建设。改善培训需求识别，培养师资队伍，推进教材建设，落实考核管理措施。按照分类分层培训体系建设的要求，在管理类人员中选择科级管理人员试点开展年度轮训，全年组织开展科级管理人员年度轮训班 21 期。组织作业长培训师资开展调研学习活动，深入作业区开展现场实践组织赴宝钢学习交流，修订和完善了马钢作业长制培训教材。抓好重点项目专项培训。重点开展 TS16949 体系五大核心工具应用培训以及、炼钢、精炼、连铸技术技能研修项目培训。

2011—2015 年，马钢集团教育培训工作按照公司职代会的工作主题，围绕“调结构、减总量、增效益”的人力资源中长期规划，提高员工素质。每年 11 月向各基层单位和各部门下发培训需求调查，着重了解和指导培训需求，科学汇总各类培训需求，识别确认培训需求，形成培训计划初步建议，征求各相关部门意见，召开马钢集团教育委员会会议确定年度培训计划。年中对培训执行情况进行动态跟踪，保证计划有效管理。继续深化分类分层培训管理模式。培训项目围绕公司技术人才规划，针对多元化产业发展急需的经营、管理和专业人才培养组织内外资源开展培训，围绕目标定员优化、提高劳动生产率，推行大工种区域化作业，组织开展一专多能操检合一技能培训，围绕推行卓越绩效管理和标准化工作，提高产品质量和工作质量，满足员工岗位胜任和能力提升组织开展针对性和差异化培训，加强战略性后备人才培养，为马钢集团开拓海外市场和高端市场培养一批既有专业背景、外语综合能力突出，同时具有营销素质的复合型人才。继续突出重点工作开展相应培训，在三钢轧总厂、冷轧总厂、能控中心等单位开展了学习巴登，优化目标定员和提高劳动生产率的大工种培训工试点。

2016—2019 年，马钢集团围绕高质量发展要求，以“分级管理、各司其职”为原则，构建集团培训三级架构。以分类分层培训为基础，推进重点人才培养工程。以评价机制为抓手，提升培训效率与效果。以学分管理为突破，激发员工学习内生动力。聚焦人才培养，突出战略导向。以服务集团战略为出发点，突出人力资源优化、管理创新、精益运营、科技创新、能源环保等重点工作推进需要。围绕提高劳动生产率，马钢集团在二铁总厂、能控中心一钢轧总厂等单位实施大工种培训。深化国际化人才培养，开展国际化人才导师带徒、岗位实习等项目。拓展订单式培养，订单式培养扩大到非安徽冶金科技职业学院等其他高职院校或高等学校。以突出满足公司需要为宗旨，实现培训目标与企业用工需求的无缝对接。2018 年，马钢集团大力实施“雏鹰计划”，提高新入职大学生岗位适应能力，211 名高校毕业生被分配到 37 个二级单位及部门进行培养。扩大订单式培养的高职院校数量，189 名来自安冶学院等职业学院的应届毕业生与马钢集团签订就业协议，并参加为期 4 个月的高端操作维护岗订单式培养。

[课程开发]

本着“实际、实用、实效”的原则，教培中心科学进行培训课程开发。在课程整体设计上，遵循课程难度适中、课程实用性强、课程内容新、课程目的性强四个标准。根据培训的目的、场所、师资和培训对象的素质水平、上班时间等因素来确定培训的时间，以提高培训时间利用率。在培训过程中不断听取学员的反馈意见，并结合培训评估结果及时完善培训课程，同时定期更新培训课程，以满足学员不断变化的培训需求。

管理课程开发：2017 年，马钢集团围绕重点工作推进和重点培训项目，组织开展培训项目研究与课程开发、网络培训课程开发（购买）和网络平台租赁使用、优秀培训项目、课程和优秀培训师资评选与奖励、培训教材的编写和修订、英语计算机水平考试等。2018 年，开发的党建类培训课题有“学习贯彻党的十九大精神”等 7 项，开发的管理类培训课题有“精益 EHS 安全管理领导力”等 7 项。2019 年，马钢集团开发“推进党组标准化建设，推动党支部巩固提升”等 7 项党建类培训课题、“企业战略与企业文化”等 11 项管理类培训课题，绘制了生产经营骨干、后备作业长、设备点检员、“1+2+4”（腾飞）等关键岗位人员的学习地图。

技术课程开发：2019 年，教培中心成立技术技能培训处，先后开发了“Zwick 材料试验机（静态、动态）技术新进展及在材料分析领域的应用”“专利规避与布局、专利文献撰写技巧”“因果分析与资源分析”“技术矛盾与创新原理”“物理矛盾与分离原理”“技术系统计划法则”“创新思维与创新方法”等 24 门课程。

技能课程开发：2009—2019 年，教培中心先后开发了“铸坯质量控制”“LF 精炼工艺优化及钢水质量控制”“机械传动故障分析与维护”“液压系统故障诊断”“设备故障管理”“互联网遇上班组长”等 20 门课程。参与编写教材《马钢点检培训教程》《TRIZ 企业应用实践》。

[专兼职教师队伍建设]

马钢集团围绕战略导向及核心业务，积极培育各级优秀人员，引入外部专家，充实兼职教师队伍。

从安冶学院、马钢集团、国内高校、其他企业、其他培训机构等五个方面组织师资、建立师资库，并加强与师资库教师的联系，保证随着培训项目的拓展更新、补充师资库。加强培训教师的学习，不断充电，更新知识结构，适应培训教学的发展需要。有计划、有重点、有成果地开展培训师资专题备课活动。

专职教师队伍建设：教培中心不断培养高素质的内部专职教师队伍。2018 年，安冶学院遴选出了 75 名“百骏”工程教师和 11 名“双十”计划教学名师、主任培训师，他们已成为主体班教学的中坚力量。

兼职教师队伍建设：打造专业化的外部师资队伍，加强与复旦大学、上海交通大学、安徽省委党校、江苏省委党校等学院机构的沟通，筛选出具备相关专业领域丰富经验、熟悉钢铁行业的师资，每年主体班外请教师 50 余人；塑造高实战的内部兼职教师队伍。每年聘任马钢集团内部具有较高理论水平的首席技师、高级技师、技术专家担任客座教授和兼职教师；2019 年 3 月，教培中心印发《马钢教育培训中心培训兼职（外聘）教师管理办法》，加强对培训师资的使用和管理。

[对外交流与培训]

教培中心坚持企业需求，紧贴产业，坚持把人才作为第一资源，实施产教融合发展的职业教育战略，加强企业之间的沟通交流，协同开发培训课程，共同开展职业技能竞赛与岗位练兵活动，共组织职业技能竞赛 30 余场，参赛选手达万人。

对外交流：2012 年以来，马钢集团开展以“TRIZ 理论”为主要内容的创新方法推广应用于研究，助推创新成果向技术成果、商业成果转化，通过各级各类大赛的锻炼，创新方法推广初显成效。以 2017 年举办的“TRIZ 理论推广应用培训班”为例，86 名学员共解决技术问题 69 项，提出创新性解决方案 243 个，专利申请意向 92 个，其中发明专利意向 21 个。培训学员已有 143 人取得国家创新工程师资格，11 人取得国际 TRIZ 一级资格，4 人取得国际 TRIZ 三级资格。在全国第二届创新方法大赛中，由教培中心集训的马钢代表队获 2 个二等奖、3 个三等奖，逐步形成“马钢创新方法推广应用”特色品牌。

引入培训：发挥企业办学优势，与马钢集团所属各厂矿共建共享工匠基地和创新工作室，积极开展工学交替、工学结合的人才培养模式改革，引导企业深度参与人才培养模式的创新、课程开发。积极承担青年教师企业实践培训项目，连续 3 年承办安徽省、马鞍山市高研班。

第三章 分流安置

第一节 转岗与分流

2001—2010年，马钢两公司为适应企业发展需要，持续整合优化资源配置。2001年，马钢两公司为优化建设单位资源配置，下达《关于成立马钢集团建设有限责任公司及其分（子）公司暨两级公司机关管技人员编制的通知》，将原建设系统的建安公司、民建公司、土建一公司、二公司和机电安装公司5家单位重组整合为马钢集团建设有限责任公司，成建制划拨两级机关263名管理岗人员和各基层车间（队）共计4914名职工。2002年，马钢两公司结合产业结构调整和新扩建项目需要，支撑南区冷轧项目建设，分流原初轧厂员工298人，办理两公司机构调整人员调动146人次，办理平衡劳动力余缺需要调动103人次。2003年，根据市政府关于公安保卫体制改革的要求，马钢集团完成保卫部141名公安干警转入马鞍山市公安局楚江分局的手续办理。2007年，结合马钢两公司生产和结构调整的需要，两公司员工内部调动1239人次，涉及热电总厂消防队成建制划拨到煤焦化公司。二级厂矿管理岗351人挂靠组干部，技术业务岗38人挂靠人力资源部。淘汰第一炼铁总厂落后工艺，永久关停铁二区5座中型高炉，拆除2号烧结机，分流600人到港务原料总厂、第三炼铁总厂、第一钢轧总厂、第四钢轧总厂等单位。截至2009年7月，马钢两公司研究决定整合检修资源，从一铁总厂、二铁总厂、一钢轧总厂等11家单位累计划入设备检修公司2710人。

2013年，马钢集团根据省委省政府“三步走”目标要求，积极开展资产重组和非钢板块构建，顺利完成马钢集团并购马钢股份20家子（分）公司的资产重组工作，原20家单位变更为马钢集团16家二级子公司和1家三级子公司。此次重组涉及相关单位8000余名员工的劳动关系处理事项，向安徽省、马鞍山市有关主管部门请示汇报后，妥善处理员工劳动关系随资产整体转移、劳动合同变更。

2014—2017年，马钢集团根据发展和改革需要，围绕产线结构调整及时做好人力资源调剂工作，充分盘活人力资源存量。2014年，马钢集团完成重机公司271人、马钢粉末冶金公司61人的转岗安排。完成企管部、能环部、汽车板推进处、财务公司、新闻中心等单位的内部招聘工作。2015年，马钢集团调整二钢轧总厂员工86名到冷轧产线，18名重机公司员工到特钢产线，选聘36名营销人员充实到销售一线。2016年，自冷轧总厂划入保卫部21人、划入制造部4人，划入检测中心9人，检测中心划入冷轧总厂6人。5吨以上货车及危化品运输车辆集中划拨42人到汽运公司；长材事业部划入特钢公司281人。信息化整合划拨39人到自动化公司。检修集中第一批划拨138人，第二批划拨102人。档案集中划拨38人。仓配公司划拨到集团834人。2017年，完成耐火材料公司合资改革中141人劳动关系调整。

第二节 减员与安置

2001年，马钢两公司为拓宽下岗职工再就业渠道，做好下岗职工安置工作，经马钢两公司党政联席会议研究决定，成立了马钢劳动服务公司，与马钢再就业服务中心合署办公，并制定下岗职工3年协议期满出中心的政策，根据老、弱、中、青不同层次人员情况，为下岗职工出中心制定了6条措施，即：病退、退养、应聘空岗、劳动服务公司录用、解除劳动合同与办理协议保留养老和医疗关系。截至2001年底，有65名下岗职工出中心（站）解除了劳动合同，退养19人，病退6人，自谋职业37人，两公司年末下岗职工586人，自谋职业338人。2002年，马钢两公司根据国家政策规定，结合实际情况，提出《下岗职工协议期满出中心工作意见》和时间安排，全年办理下岗职工出中心451人，先后在H型钢厂、三烧结厂、一钢厂等单位安置劳务工132人。2003年，再就业服务中心管理的自谋职业职工共有450人，劳动服务公司累计安置下岗职工30人。下岗职工进中心的协议全部到期，再就业服务中心管理下岗职工的使命已基本完成。2004年，以《下岗职工出中心若干问题的规定》为依据，采取劳动服务公司安置录用、办理自谋职业、解除劳动合同和退职等措施，全面实现下岗职工全部出中心的目标。针对自谋职业5年协议陆续期满的人员，按返回原单位或解除劳动合同并给予经济补偿两个途径选择，截至10月底，办理回单位82人，解除劳动合同27人，发放经济补偿70万元。

2011—2015年，马钢集团结合“十二五”发展规划，持续优化人事效率。2011年1月3日，根据《马钢“十二五”发展战略与规划》，经马钢集团党政联席会议研究决定，下达《关于全面推进人力资源系统优化的决定》，正式启动马钢人力资源配置系统优化工作：一是分类制定和审核各单位人力资源优化配置方案，年底前下达了马钢股份钢铁主业单位2012年定员方案；二是清理“在册不在岗”人员，加强监管和制定配套的管理办法，两项举措双管齐下，制定《劳动纪律管理办法》《编外人员管理办法（试行）》《关于加强劳动纪律管理、严肃责任追究的有关规定》等办法，共核查各类“在册不在岗”人员（含工伤和大病重症人员）合计1771人；三是为精干钢铁主业的员工配置，使不具备上岗条件的“老弱病残”离开岗位，有序推进人力资源配置优化，马钢集团组织相关人员到市劳动能力鉴定机构进行鉴定，同时组织了马钢集团内部认定工作。全年清理“在册不在岗”人员，解除劳动合同330人，办理保留劳动关系299人，为在建项目配置员工1351人，退休减员1635人，其他原因解除劳动合同103人。2012年，马钢集团根据改制方案规划，办理力生公司、实业公司员工与马钢集团的劳动合同解除手续，与改制后新成立企业建立劳动关系。办理钢渣公司（含生兴公司）42名员工与马钢股份建立劳动关系、订立劳动合同。办理14名员工到晋西轨道交通装备公司、8名员工到长江钢铁公司、8名员工到欣创环保的劳动关系手续。2013年，经研究决定成立马钢工程技术集团有限公司，划转在岗职工6000余人。

2016—2019年，马钢集团按照“十三五”规划，明确人效提升目标、分步实施策略。2016年，马钢集团缩减冗员，提高劳动生产率；彻底解决历史遗留矛盾，离岗安置不胜任岗位人员，创造持续优化条件。全年人力资源优化7961人（马钢股份6269人，马钢集团其他子分公司、二级单位1692人），实现当年优化目标。其中，科级管理人员减少131人，作业长减少289人。马钢股份待岗员工由年初的600余人引导安置至100人左右。2017年，马钢集团下发《马钢集团公司2017年人力资源优化指导意见》，在岗人员净减3287人，完成净减3000人任务。2018年，根据《马钢集团化解过剩产能实现脱困发展人员退出分流安置总体方案》和马钢集团“十三五”人力资源规划目标，制定下发《马钢集团公司2018年人力资源优化方案》，6月底前马钢股份二铁总厂北区完成全部539人（含科级管理人员、作业长及技术业务人员）的岗位安置，其中外单位安置292人。一钢轧板坯、中板线关停产线人员安置331人，其中安置到外单位135人。长材事业部北区在岗人员办理退休及离岗政策170人，北区未关停产线安置591人，转岗安置1094人（长材内部转岗1020人，其他单位转岗安置74人），辞职、调动等15人。同时为支撑马钢集团机关改革，29家单位共计提供226个岗位，完成机关811人划拨调动工作，完成年初设计的优化目标。2019年，马钢集团持续开展人力资源优化，提升人事效率，做好关键岗位余缺统计和缺员预案，保障员工利益，配套出台《企业与员工协商一致解除劳动合同实施方案》等政策措施，全年股份本部净减员2184人，超额完成公司职代会提出的8%优化任务，达到9.4%。

• 第十篇 党群工作

第十篇　党群工作

概　述

2001—2019年，马钢集团党委高度重视发挥党组织的领导核心和政治核心作用，把方向、管大局、保落实，依照规定讨论和决定企业重大事项。以提升组织力为重点，突出政治功能，使基层党组织建设成为宣传党的主张、贯彻党的决定、领导基层治理、团结动员群众、推动改革发展的坚强战斗堡垒。强“根”铸“魂”，充分发挥党支部战斗堡垒和党员先锋模范作用，推动基层党建工作与生产经营、改革发展有机融合，把国有企业独特的政治优势转化为企业核心竞争力。

马钢集团党委坚持党要管党、从严治党的原则，严格按照国有企业好干部“二十字”方针，大力加强各级领导班子队伍建设，提高领导班子整体素质；牢牢把握党对企业的政治领导权，大力加强领导班子思想政治建设，充分发挥党组织政治核心、战斗堡垒作用和思想政治工作的优势。注重宣传贯彻马克思列宁主义、毛泽东思想、邓小平理论、“三个代表”重要思想、科学发展观、习近平新时代中国特色社会主义思想，以及习近平总书记在全国国有企业党的建设工作会议上的重要讲话精神及系列指示批示要求。注重引导党员讲学习、讲政治、讲正气，持续巩固深化“两学一做”学习教育、“不忘初心、牢记使命”等主题教育成果，不断增强党员队伍先进性、纯洁性；落实党风廉政建设责任制和领导干部“一岗双责”，强化政治监督、专责监督、日常监督、巡察监督和专项整治等工作，一体构建不敢腐、不能腐、不想腐，着力构建风清气正的营商环境和政治生态，提高各级管理人员廉洁从业主动性和自觉性。

马钢集团党委高度重视统战工作，指导和支持民主党派围绕公司改革发展和生产经营建设的中心任务，宣传和落实党的统战工作方针、政策，发挥参谋、服务、监督、协调和执行的作用，牢牢把握统一思想、凝聚力量的工作主题，按照“了解情况、掌握政策、协调关系、安排人事、增进共识、加强团结”工作职能，为企业的深化改革、转型发展寻找最大公约数、增进最大共识度、画好最大同心圆，凝聚最广泛的力量支持。

马钢集团党委坚持加强对工会的领导，以党建带工建，充分发挥各级工会组织联系职工群众的桥梁和纽带作用，深入贯彻落实党的全心全意依靠工人阶级的根本方针，坚持走中国特色社会主义工会发展道路，认真履行维护职工合法权益、竭诚服务职工群众的基本职责，深度融入企业改革发展中心大局，创新工会工作格局，提升工会工作质效，团结引领全体职工立足岗位建功立业，在推进马钢高质量发展的新征程中贡献工会力量和智慧。

马钢集团党委坚持党建带团建，指导马钢团委抓牢为党育人核心任务，认真履行引领凝聚青年、组织动员青年、联系服务青年基本职责，实现企业与青年员工共同发展。马钢各级团组织充分发挥党的助手和后备军作用，筑牢青年思想政治根基，全面贯彻党的理论主张。以马钢生产经营建设发展为中心，积极组织开展青年创新创效、争当“号手岗队”等符合企业和青年特点的活动；发挥党联系青年的桥梁和纽带作用，倾听青年呼声，维护青年权益，努力解决青年困难问题。加强自身建设，巩固和加强共青团的基础工作，激发基层团建活力。

马钢集团党委始终注重加强厂区内部治安保卫和综治维稳工作，领导保卫部围绕打造平安马钢工作主线，主动服务于生产经营建设，净化厂区治安、交通环境，增强职工安全感、满意度。多年来，通过深化公保联动、专案攻坚，破获大案要案。通过强化勤务管理、完善执勤程序，不断推进门禁规范化建设。通过梳理优化管理流程，建立重点工程治安打防管控一体化模式。通过常态化管控与专项整治相结合方式，多措并举改善厂区交通安全环境。以主动担当责任感和使命感为导向，以提升体系能力、服务效能为切入点，推动治安保卫和各项专业管理工作创新发展，有效保障了马钢政治、治安大局稳定。

第一章 历次党代会

第一节 第三次党代会

2004 年 12 月 1—3 日，中国共产党马钢集团、马钢股份第三次代表大会（简称第三次党代会）召开。大会主题是：高举邓小平理论和“三个代表”重要思想伟大旗帜，以党的十六大和十六届三中、四中全会精神为指导，全面落实科学发展观，为把马钢建设成为具有国际竞争力的现代化企业集团而奋斗。

大会全面回顾了马钢两公司五年来跨越式发展的辉煌历程，实事求是地总结了第二次党代会以来马钢党的建设和党的工作，高度概括了马钢五年来不断发展壮大的基本经验。大会认真分析了新形势下马钢两公司面临的历史机遇和挑战，明确了马钢新一轮改革发展的指导思想和发展目标，勾画了马钢未来发展的美好蓝图。围绕建设具有国际竞争力的现代化企业集团，对此后五年马钢两公司党的建设和党的工作任务进行了全面部署，提出了此后一个时期马钢改革发展的指导思想、奋斗目标和战略任务。

大会一致通过了《马钢第三次党代会关于马钢两公司党的第二届委员会工作报告的决议》和《马钢第三次党代会关于马钢两公司党的第二届纪律检查委员会工作报告的决议》。

这次大会的代表有 386 名。会议选举产生了 9 名新一届党委常委，以及新一届党的纪律检查委员会成员。

大会开幕式上，安徽省委组织部、马鞍山市委负责同志以及省、市委有关部门领导和十七冶、中冶华天、安徽工业大学、马鞍山矿山研究院等单位的党委主要负责同志出席了开幕式。

第二节 第四次党代会

中国共产党马钢集团、马钢股份第四次代表大会（简称第四次党代会）于 2009 年 12 月 11—12 日召开。这次大会是在我国钢铁工业发展形势发生深刻变化、马钢正处于改革发展关键时期召开的大会。这次大会，对于认真总结好第三次党代会以来，马钢改革发展和党的建设各项工作，充分认识马钢内外部环境的深刻变化，在新的发展平台上，践行科学发展，打造马钢特色，奋力把马钢改革发展推向新的里程，具有极其重要的现实意义和深远的历史意义。

大会充分肯定了马钢第三次党代会以来五年的工作。总结过去的五年是马钢实现跨越式发展的五年，也是党的工作围绕中心、服务大局、充分发挥政治保证作用的五年。大会要求要以打造优势产品为关键，做强钢铁主业；要以建设紧密型产业链为重点，培育壮大非钢支柱产业；要以深化改革为动力，建立高效的管理体制和运行机制；要以落实“依靠”方针为根本，促进和谐共赢发展；要深入贯彻落实党的十七大、十七届四中全会精神，坚持围绕中心、服务大局、拓宽领域、强化功能，不断提高党的建设科学化水平，为实现马钢又好又快发展提供强有力的政治保证。

大会一致通过了《中国共产党马钢（集团）控股有限公司、马鞍山钢铁股份有限公司第四次党员代表大会关于中共马钢第三届委员会工作报告的决议》和《中国共产党马钢（集团）控股有限公司、马鞍山钢铁股份有限公司第四次党员代表大会关于中共马钢第三届纪律检查委员会工作报告的决议》。

参加这次大会的代表有 393 人。会议选举产生了 9 名马钢党委第四届常务委员会委员，以及马钢第四届党的纪律检查委员会成员。

安徽省委组织部、省国资委，马鞍山市委、市纪委、市委组织部负责同志亲临大会指导。十七冶、中冶华天、安徽工业大学、马鞍山矿山研究院党委主要负责同志出席了开幕式。

第三节　第五次党代会

2016 年 8 月 10—11 日，中国共产党马钢集团第五次代表大会（简称第五次党代会）召开。这次大会是在全公司上下认真学习贯彻习近平总书记在庆祝中国共产党成立 95 周年大会上的重要讲话和视察安徽重要讲话精神、扎实开展“两学一做”学习教育、认真落实中央巡视组巡视“回头看”整改任务、积极抢抓供给侧结构性改革战略机遇、奋力夺取马钢“十三五”发展良好开局的重要时刻召开的一次十分重要的大会。

大会的主题是：践行五大发展理念，加快转型升级步伐，为共建共享马钢美好家园而努力奋斗。

大会肯定第四次党代会以来的六年，在安徽省委省政府的领导和马鞍山市委、市政府以及方方面面的大力支持下，马钢集团党委团结动员全体党员和广大干部职工，全力打好家园保卫战，战略布局绘就新篇章、生产经营构建新模式、技术创新展现新亮点、改革管理激发新活力；创造性地推行党建工作模式，为马钢集团改革发展提供了坚强政治保证。在对六年来的经验进行总结、对面临的内外部环境作了深入分析后，大会明确了未来五年马钢集团改革发展的指导思想、战略定位、奋斗目标和战略举措。大会强调必须坚持问题导向、创新工作方法、完善工作机制，持续加强党建工作，不断增强基层党组织的创造力、凝聚力和战斗力，为共建共享马钢美好家园提供坚强有力的政治保证。

大会一致通过了《中国共产党马钢（集团）控股有限公司第五次代表大会关于中国共产党马钢（集团）控股有限公司第四届委员会工作报告的决议》和《中国共产党马钢（集团）控股有限公司第五次代表大会关于中国共产党马钢（集团）控股有限公司第四届纪律检查委员会工作报告的决议》。

2016 年 8 月 10—11 日，马钢集团召开第五次党代会，图为开幕式

参加这次大会的代表有 350 人，会议选举产生了 9 名马钢党委第五届常务委员会委员，以及马钢第五届党的纪律检查委员会成员。

安徽省委组织部、省纪委、马鞍山市委负责同志以及省、市委有关部门领导出席了大会。

第二章 组织建设

第一节 概 况

2001—2019年，马钢集团党委坚持固本强基，积极发挥党组织的政治核心作用，深入推进党建规范化标准化建设，全面推动基层党支部品牌建设；坚持“四同步，四对接”，不断优化基层党组织设置，做到应建尽建、设置规范，有力保证党建工作有序推进；贯彻“坚持标准、保证质量、改善结构、慎重发展”新时期发展党员的方针，积极推进“双向培养”，严格执行发展党员三项制度；坚持深化党员信息化建设，党组织、党员基本信息数据上线可控，实现省内组织关系转接无纸化办理；围绕中心、服务大局，认真组织党员安全“两无”“创先争优”等党建主题活动，切实开展“党员责任区”“党员示范岗”创建，整体提升基层党组织工作水平；持续强化基本制度建设，加强服务指导，全面承接运用上级党委党建制度规定，严格领导干部双重组织生活制度，推动制度流程一贯到底全覆盖。

第二节 党组织结构

［党组织机构设置］

2001年，马钢集团党委下设办公室、组织部、纪委、宣传部（统战部）、武装部、工会、团委，马钢股份党委下设办公室、组织部、纪委、宣传部（统战部）、武装部、工会、团委。2005年，马钢集团党委、马钢股份党委将组织部调整为组干部。2011年，为进一步完善和规范母子公司管理体制，马钢股份党委隶属马钢集团党委管理，日常事务由马钢集团党委代行。将组干部、宣传部、团委合并，成立党委工作部，负责马钢集团党组织建设、中层管理人员管理、精神文明建设、宣传、企业文化、统战、共青团工作。将监察部与审计部合并，成立监察审计部，与纪委合署办公，负责马钢集团党纪检查、行政监察、内部审计及马钢股份内部控制工作；武装部与保卫部单独挂牌，机构合并，作为二级单位代行马钢集团武装、保卫管理职能。2016年，党委工作部与党委宣传部分设，成立巡察工作办公室和巡察组，巡察工作办公室与马钢集团纪委合署办公。马钢股份党委下设机关部门，保留建制，其管理职能委托马钢集团党委行使。2017年，马钢集团党委党组织关系由马鞍山市委管理调整为省国资委党委管理，全面推进基层党组织标准化建设，并于次年顺利通过省国资委党委检查验收。2018年，马钢集团党委调整为下设党委办公室、党委工作部（党委组织部、党委宣传部、人力资源部、企业文化部、统战部、团委）、纪委（监察审计部、巡察办公室、监事会工作办公室）、工会，马钢股份党委下设党委办公室、党委工作部（党委组织部、党委宣传部、人力资源部、企业文化部、统战部、团委）、纪委（监察审计部、巡察办公室、监事会工作办公室）、工会。2019年，马钢集团党委调整为下设党委办公室、党委工作部（党委组织部、党委宣传部、人力资源部、企业文化部、统战部、团委）、纪委（党委巡察办、审计稽查部）、工会，马钢股份党委下设党委办公室、党委工作部（党委组织部、党委宣传部、人力资源部、企业文化部、统战部、团委）、纪委（党委巡察办、审计稽查部）、工会。

[二级单位党组织机构设置]

2001 年，组建技术中心、建设公司党委、纪委班子，健全各级党的组织。2002 年，按照两公司教育体制改革的要求，及时组建技工学校、职工大学等 3 家党委，在承担基建技改项目的单位中成立新项目部党支部。2003 年，为配合 CSP 项目建设，马钢集团党委及时组建热轧板厂、冷轧板厂 2 家党委，编写了基层党建经验交流材料，全面总结各单位党建工作，进行系统分析，供基层交流借鉴。2004 年，马钢股份组建了第一炼铁总厂、第二炼铁总厂等党委。同时，进一步规范合资企业党建工作，马钢集团明确马钢合资企业在未移交属地管理前，建立健全党群组织，完善工作制度，保证党群组织工作正常化，条件具备的及时建立党组织，暂不具备条件的明确挂靠或代管单位。同时，进一步强化了合资合作企业的党组织建设，至 2005 年底，为适应非钢产业发展，马钢集团陆续组建和菱包装材料公司、嘉华商品混凝土公司等合资合作企业党组织。

2005—2016 年，先后组建（含更名）34 个基层党委和 10 个基层纪委，增补 85 名基层党委委员和 45 名纪委委员，增补直属总支部委员 5 名。其中，2013 年完成资产重组所涉单位党组织关系转接工作，协调实业公司、力生公司党组织整体划转属地管理。2016 年，马钢股份党委撤销一铁总厂党委等 3 个基层党委。一些承担重点基建技改项目的单位及时成立新项目部党支部。

2017 年，根据安徽省委组织部《关于调整部分省属企业及省属企业分支机构党组织隶属关系的通知》，马钢集团党委及时制定工作方案，顺利完成马钢集团党委隶属关系调整为由安徽省国资委党委管理。完成长江钢铁 196 名党员和合肥公司 300 名党员组织关系调整，由属地管理调整为马钢集团党委管理。对 61 家二级单位党委（直属总支、支部）进行全覆盖党组织标准化建设专项督查，下发检查通报，对发现的问题及时召开工作例会和推进会要求整改。批准成立投资公司、制造部等 2 个直属党（总）支部，指导重点工程项目部成立 9 个临时党支部。

[换届选举工作]

2001—2002 年，组建技术中心、建设公司“两委”班子，增补一铁厂等 15 个单位的 21 名党委、纪委委员，对 7 个单位的党委、纪委充实、调整了 9 名委员；2005—2016 年，增补 85 名基层党委委员和 45 名纪委委员，增补直属总支部委员 5 名。从 2006 年起，马钢两公司党委先后制定《关于公司基层党委换届选举工作若干问题的暂行规定》《基层党委换届选举管理办法》，指导二烧结厂、桃冲矿业公司、煤焦化公司等 79 个单位党委进行换届选举，督促基层党委对 772 个基层党支部进行了换届。

[基层党支部建设]

2001—2019 年，持续强化基层党组织党支部建设，协助基层党委做好党支部换届选举工作，持续创新支部活动，不断增强基层党组织的凝聚力、创造力、战斗力。

2001—2002 年，马钢集团党委指导、督促二烧结厂、桃冲矿、煤焦化公司等 9 家基层党委所属的 406 个任届期满党（总）支部进行换届。2006 年，督促指导基层党委完成 33 个下属党支部换届选举，分片召开 4 场工作经验交流会，共 43 个基层党支部参加。协助理顺合肥公司党组织隶属关系及党委、纪委组成人员的考察工作，指导基层单位结合生产经营实际工作，通过开展党支部“达标创先”“六比六看”和党员“目标管理”“我为党旗争光辉”等活动，进一步增强党员党性意识。

2007 年，进一步修订完善党内各类先进评比制度，开展党支部“达标创先”及党员安全“两无”“党员先锋岗”等活动，提升基层党支部工作水平，发挥党员先锋模范作用。2008 年，制定《公司流动党员及特殊情况党员管理暂行规定》。2009 年，在二铁总厂开展国企党建工作考评试点及课题研究，为公司党建创新做出有益尝试。制定《马钢两公司基层党组织党内情况通报和情况反映制度（试行）》，促进党务公开规范化、制度化。与当涂太白镇长江村签订城乡基层党组织共建协议，开展党建共建活动。2010年，马钢集团党委深入开展“创先争优”活动，积极开展党建创新试点，指导二铁总厂、汽运公司党委对党建试点工作进行总结交流。

2011年，马钢集团党委持续深化“创先争优”活动，举办基层党支部工作经验交流会，推广自动化公司网上党建工作经验。2012年，马钢集团党委建立党委书记工作例会制度，各级党组织结合工作实际开展“决战下半年，党员当先锋”主题实践活动，结合生产经营开展党建工作。2013年，作为安徽省第一批党的群众路线教育实践活动单位，马钢集团党委认真贯彻落实上级部署，迅速成立组织机构，形成例会制度和全程督导，取得了转变作风、推动工作的阶段性成果。2014年，马钢各级党组织广泛开展创建服务型党组织活动，自觉以服务型党组织建设引领基层党建工作进行工作试点，并于2015年，制定下发实施方案，进一步深化服务型党组织建设，构建适应马钢生产经营建设和改革发展需要的党建工作新体制新机制，不断提高马钢党建工作的覆盖面和科学化水平。2016年，依托“两学一做”学习教育，深入推进基层党组织规范化工作。按照中央确定的创建服务型党组织“六有”目标要求，以服务市场和现场为重点，加强党组织建设。打造跟班蹲点“升级版”，马钢中高层管理人员坚持每季度下基层班组了解情况，与党员职工谈心、开展宣讲和督查活动。

2017年起，按安徽省委组织部和省国资委党委统一部署，全面推行基层党组织标准化建设，下发《马钢集团公司党委关于推进基层党组织标准化建设的实施方案》。2018年，马钢集团进一步深化基层党组织标准化建设。注重抓基层、抓基础，以“三个清单”为抓手，坚持分区域阶段督导，召开2017年度基层党组织标准化建设先进表彰会，总结前期工作开展情况，明确巩固提升要求。按照国有企业党建工作“四同步”要求，应建尽建、设置规范，健全完善基层党组织体系。

2018年，马钢集团落实党支部建设提升行动，深入推进“两学一做”学习教育常态化制度化，按省委组织部和省国资委党委要求，及时制定下发工作方案与实施计划，结合实际，精心部署，强力推进，编印使用《基层党支部工作手册》，全面推行马钢基层党组织标准化建设。学习宣贯党的十九大精神走实走深，“讲严立”专题警示教育取得实效。着重落实党支部建设提升行动，注重抓重点、补短板、提质量、强效果，督促未达标的党支部切实加强问题整改、尽快达标，指导已达标的党支部持续抓好巩固提升、争当优秀。进一步规范“三会一课”，督促基层支部建立落实“党员活动日”制度，开展支部“党员活动日”案例征集，推广好的经验做法，提升党员活动参与率。丰富“三会一课”形式内容，党员领导干部持续到基层党支部联系点上党课、讲形势。

2019年，制定下发了《马钢集团公司党委关于开展党支部品牌创建工作的意见》，认真落实党支部工作条例，围绕巩固提升基层党组织标准化建设，进一步筑牢党建根基，促进基层党支部围绕落实马钢集团公司党委各项决策部署，创新工作方式方法，强化工作成效和影响力。

第三节 制度建设

2001—2019年，马钢集团党委始终高度重视党建制度建设，针对企业改革发展的新情况、新任务，进一步增强了抓基层打基础的责任感和紧迫感，着重强化制度建设，不断增强基层党组织的生机和活力。

2005年，在先进性教育活动过程中，积极做好资料的搜集整理，发掘、提炼基层党组织在活动中好的经验和做法，编印了约10万字的《马钢保持共产党员先进性教育活动资料汇编》。2006年，马钢两公司党委进一步完善党建工作机制，制定《公司党内先进评选办法》《关于公司基层党委换届选举工作若干问题的暂行规定》。2007年，印发了《关于进一步贯彻落实中央、省和公司保持共产党员先进性长效机制系列文件的通知》，制定《马钢合资企业党建工作暂行规定》，进一步理顺合资企业党组织隶属关系。2008 年，印发了《公司流动党员及特殊情况党员管理暂行规定》，建立流动党员信息库，实施流动党员活动证制度，进一步加强流动党员管理工作，认真贯彻中组部《关于中国共产党党费收缴、使用和管理工作的规定》及省委组织部的实施意见。2009 年，制定了《马钢两公司基层党组织党内情况通报和情况反映制度（试行）》，促进党务公开的规范化、制度化，建立党组织及党员信息库，并做好日常更新维护工作。

2011 年，马钢集团党委下发《关于认真贯彻执行基层党委换届选举制度的通知》，制定到期应换届单位换届选举工作计划，督促延期换届党组织严格履行报批手续并严格执行换届选举制度。2013 年，马钢集团党委下发《关于建立马钢基层党组织晋位升级长效机制的实施办法》，协助基层党委做好支部换届选举工作，加强对支部书记的培训。2014 年，马钢集团下发《集团公司党委关于加强服务型党组织建设的意见》《关于开展创建基层服务型党组织活动实施方案》，修订《基层党委换届选举工作管理办法》《基层单位党员领导人员民主生活会管理办法》《合资企业党建工作管理办法》《党内先进评选办法》等，并纳入标准体系文件管理平台；贯彻落实《关于建立马钢基层党组织晋位升级长效机制的实施办法》。2015 年，马钢集团党委转发省委办《深化“四风”整治巩固和拓展教育实践活动成果的指导意见》，下发马钢集团党委《关于进一步加强领导班子作风建设，巩固和拓展党的群众路线教育实践活动成果的实施意见》，加强整改落实。

2016 年，马钢集团党委在全面分析 2015 年党建工作实践经验的基础上，发布《工作情况通报》。2017 年，修订了《基层党委换届选举工作管理办法》，对需换届的基层党委（总支、支部）进行梳理，明确换届要求，修订《基层单位党员领导人员民主生活会管理规定》，研究制定《马钢党费收缴和使用管理办法》，下发《关于公布 2017 年上半年各单位缴纳党费情况的通知》，对 2016 年省管党费和市管党费使用情况进行公示。2018 年，修订了《基层党委换届选举工作管理办法》，对需换届的基层党委（直属总支、支部）进行梳理，明确换届要求，修订《基层单位党员领导人员民主生活会管理规定》，根据上级要求，及时下发《关于调整 2017 年党费缴纳基数的通知》，指导基层单位完成党费交纳基数核算，确保党费上缴足额合规，研究制定《马钢党费收缴和使用管理办法》。

第四节　党员队伍建设

[**党员发展**]

2001—2019 年，马钢集团党委始终贯彻“坚持标准、保证质量、改善结构、慎重发展”的工作方针，督促基层党组织做好党员发展工作，重点从生产、工作一线职工中的班组长、生产骨干、优秀团员中选苗子，加强积极分子队伍建设，认真落实发展党员公示制，为党组织增添新鲜血液，壮大了党组织的力量。2001 年起，全面推行发展党员公示制，2007 年，马钢两公司实施了发展党员票决制、预审制、责任追究制试行办法。组织或授权举办 165 期入党积极分子培训班，培训人员 11096 名。为不断改善和优化党员队伍结构，积极推进“双向培养”，2011 年开始，根据马鞍山市委组织部的要求和马钢集团实际情况，制定下发《年度党员工作计划的通知》，深入贯彻落实发展党员三项制度。19 年来，共发展新党员 7151 名。

[**党员信息化管理**]

2009 年，马钢两公司建立党组织及党员信息库，并做好日常更新维护工作。2017 年，马钢集团完成 700 余个党组织、2. 9 万余名党员基本信息采集工作，基本实现系统数据上线。按规定理顺党组织关系转接流程，及时接转党组织关系 160 人次。2018 年，马钢集团搭建“马钢智慧党建”信息化管理平台，加强党组织和党员信息网上管理，持续日常功能维护，2. 9 万余名党员和 700 余个党组织在线可控，实现省内组织关系转接无纸化办理。2019 年，马钢集团全面加强“基本队伍”建设。加强党组织和党员信息基础管理，结合“严强转”专项行动开展党员组织关系集中排查整改，完成组织处置和补录，2.87 万余名党员和 600 余个党组织在线可控。

第五节 党员教育

[党员培训]

马钢集团运用多种形式加强党员培训，不断提高党员的思想政治素质。2008 年，马钢两公司连续举办 5 期中层管理人员学习党的十七大精神培训班，并协助基层党委做好科级以下党员干部的培训工作。认真抓好组织干部系统的学习，先后举办了政治处主任培训班、组工干部理论讲座；基层党委通过举办党支部书记培训班、党员轮训班以及开展党员目标管理等活动，加强学习培训，提高广大党员和支部书记的整体素质和业务水平，当年两公司基层党委共举办 241 期党员培训班，培训党员 16831 人次。2010 年，马钢两公司印发《关于贯彻落实省属企业〈省属企业 2010 年—2013 年党员教育培训规划〉的意见》，促进党员教育培训工作深入扎实开展，从 2013 年开始，马钢集团落实党员承诺践诺制度，2015 年，马钢集团贯彻落实安徽省委组织部《关于进一步加强新形势下党员管理工作的意见》，抓好入党积极分子队伍建设，落实“双培养”，常态化开展党员教育培训规划总结工作。

[组织生活]

严格“三会一课”、民主生活会、组织生活会等制度，创新活动形式，通过业余党校培训、电化教育、宣传优秀党员事迹等活动，教育引导党员的先进意识和向上精神。2015 年，马钢集团认真开展“三严三实”专题教育活动，领导班子成员讲专题党课 27 次，2000 多名党员和管理人员参加了党课学习。领导班子带头开展 3 个专题的集中学习，召开集中学习研讨会 12 次。各基层单位领导班子成员上党课 138 次，基层单位党委班子成员参加学习研讨 1529 人次。2016 年，在“两学一做”学习教育中，马钢集团开展“宣讲到基层、凝聚精气神、持续转作风、同心筑家园”活动。2017 年，马钢集团持续巩固推进“两学一做”学习教育成果，修订《基层单位党员领导人员民主生活会管理规定》，配合做好公司及基层单位领导班子 2016 年度民主生活会和“讲重作”专题警示教育民主生活会的组织、指导和督促。2019 年，深入开展“不忘初心、牢记使命”主题教育，抓好学习教育、调查研究、检视反思和整改落实四项重点工作，督促基层支部建立落实“党员活动日”制度，开展支部“党员活动日”案例征集，党员领导干部到基层党支部联系点上党课、讲形势，坚持开展跟班蹲点活动，注重党建工作与生产经营深度融合，继续开展党员安全“两无”微视频征集活动。

第六节 党 校

[机构与职能]

2001 年，马钢党校下设 7 个科室，其中，办公室具有行政、党建、纪检、武装、保卫、工会、共青团、档案、保密等管理职能。教务科具有党校主体班、培训班、研修班、党员轮训班、专题培训班等管理职能。函授办公室具有安徽省委党校函授学院马钢教学点函授本科班、函授大专班管理职能。总务科具有后勤服务、设施维修、基本建设、厂容绿化、综合卫生等管理职能。理论研究室具有理论研究、决策咨询研究、《马钢党校校刊》编辑出版、图书采购与借阅等管理职能。马列教研室主要承担马克思主义理论、时事政治等课程教学工作。党史党建教研室主要承担党建理论、党的历史文化等课程教学工作。企业管理教研室主要承担经济管理、企业管理、企业信息化等课程教学工作。

2002 年，为整合内部师资力量、发展职业教育，马钢党校与马钢职工大学合并，成立安徽冶金科技职业学院，保留马钢党校建制及其职能。

2009 年，为深化机构改革，进一步优化整合内部教育资源，安徽冶金科技职业学院与马钢技师学院合并，成立马钢教育培训中心，保留马钢党校建制及其相关职能。马钢党校下设办公室、党校工作处、管理人员培训处、科研处、思想政治理论课教学科研部等管理部门。其中，管理人员培训处具有党校培训班组织实施等职能。党校工作处具有理论研究、决策咨询研究、党校校刊编辑出版、党校之间协作等职能。

2011 年，马钢党校获“安徽省党校系统科研优胜单位”称号。

[师资队伍]

2019 年 12 月，马钢党校在册教职工 276 人，其中，马钢集团中层管理人员 4 人、专职教师 152 人，具有高级职称 87 人、中级职称 105 人，本科及以上学历 200 人、硕士及以上学位 49 人，“百骏”工程骨干教师 71 人，“双十”计划教学名师和主任培训师 10 人。

[培训设施]

2013 年，“马钢员工在线学习平台”建成并试运行。2014 年，马钢党校开展线上线下混合式培训试点，实现培训项目线上管理。2017 年，马钢集团学习平台升级更名为“马钢网络大学”，实现 PC 端个性化改版、移动端微平台和专属 APP 上线。2019 年，马钢党校拥有南、北两个主功能校区，校舍建筑面积 13.01 万平方米，教学行政用房 9.70 万平方米，建有教学楼、报告厅、多媒体教室、全高清录播室等培训教学设施。

[培训班次]

根据马钢集团党委下达的培训计划，组织实施中高层管理人员进修班、中青年干部培训班、支部书记业务培训班、入党积极分子培训班、党群干部培训班等培训班次。培训教学由思想政治理论课教研部、党校工作处和相关系部教师承担，并邀请上级党校、知名高校的专家学者来校讲课。

第三章 纪律检查

第一节 概　况

马钢集团纪委、监察审计部与马钢股份纪委、监察审计部，实行四块牌子一套班子合署办公，并代管党委巡察工作领导小组办公室、监事会工作办公室。委部机关下设信访检查、教育审理、效能监察、纪检监察综合管理、内部审计、党委巡察办、监事办工作7个职能模块，分别承担纪律检查、信访举报、执纪审查、党风廉政教育、案件审理、效能监察、内部审计、监事会监督以及内部巡察等工作职能。其中，信访检查、教育审理、效能监察、纪检监察综合管理四个职能模块主要负责纪律检查工作，工作人员16人。

2001年，马钢集团纪委、监察部与马钢股份纪委、监察部，继马钢集团1998年9月依法改制并进行机构改革后，一直实行四块牌子一套班子，合署办公，委部机关下设办公室、党风廉政教育室、信访室、案件检查室、案件审理室、效能监察室6个内设机构。马钢下属单位设党委的均设纪委，与监察科合署办公。两级纪检监察机构工作职责明确、工作流程规范，纪检监察的工作领导体制、工作机制得到进一步健全完善。

2004年12月，马钢两公司第三次党代会选举产生了中国共产党马钢集团、马钢股份第三届纪律检查委员会。2009年12月，马钢两公司第四次党代会选举产生了中国共产党马钢集团、马钢股份第四届纪律检查委员会。

2011年7月，为理顺马钢母子公司管理体制，建立适应集团化发展的管控模式和运行机制，优化人力资源配置，马钢集团监察部与审计部合并，成立监察审计部，与纪委合署办公。马钢股份设监察审计部，与纪委合署办公，委托马钢集团纪委（监察审计部）行使管理职能，内设机构调整为六室三科，分别是办公室、党风廉政教育室、信访室、案件检查室、审理室、效能监察室和审计一、二、三科。2012年7月，纪委（监察审计部）报经公司同意调整内设机构设置，将信访室、案件检查室合并为信访检查室，将党风廉政教育室、审理室合并为教育审理室，将审计一、二、三科合并为审计室，合并后内设机构为办公室（内控办公室）、信访检查室、教育审理室、效能监察室、审计室5个室。2016年2月，马钢集团党委成立巡察工作领导小组办公室和巡察组，与纪委合署办公，配备少量专兼职人员，内设机构增为6个。

2016年8月，马钢集团第五次党代会选举产生中国共产党马钢集团第五届纪律检查委员会，共15名委员，为历届委员人数最多的一次。2018年4月，马钢集团将监事会工作办公室职能归并划转至监察审计部，与纪委（监察审计部、巡察办）合署办公。2018年7月，根据马钢集团机关机构改革和推行集团管控模式，各内设机构统一设置为职能模块，分别是信访检查、教育审理、效能监察、纪检监察综合管理、内部审计管理、党委巡察工作、监事办工作7个职能模块。

2001年以来，马钢纪检监察机构认真履行党章党规和企业规章制度赋予的工作职责，严格监督执纪问责，协助马钢党委落实全面从严治党要求，推进党风廉政建设和反腐败工作，落实党风廉政建设责任制，一体构建不敢腐、不能腐、不想腐，着力构建风清气正的营商环境和政治生态，以扎实的纪检监察、内部监督工作成效，为生产经营和改革发展提供有力的纪律保证。马钢纪委监察部曾获“全国纪检监察系统先进集体”“全省纪检监察机关执法监察先进集体”“全省纪检监察机关办案先进集体”等荣誉。两级纪检监察机构探索创新的实践和理论成果，有30多篇论文在中国冶金职工思想政治工作研究会、全国钢铁企业纪检监察工作研究会的年会论文评比中获奖。

第二节　制度建设

马钢集团一以贯之落实党和国家关于党风廉政建设和反腐败工作方面的各项制度，并结合实际修订完善相关制度，形成了较为完备的制度体系和工作规范。

[党风廉政建设责任制]

2002年12月，马钢两公司依据中共中央、国务院《关于实行党风廉政建设责任制的规定》和省企业工委贯彻实施办法，对《马钢集团公司、马钢股份公司关于实行党风廉政建设责任制的暂行规定》及配套的考核细则进行了修订，印发《马钢集团公司、马钢股份公司关于党风廉政建设责任制的规定》。2005年8月，依据《国有企业领导人员廉洁从业若干规定（试行）》和上级贯彻党风廉政建设责任制的规定及实施办法，再次修订印发《马钢（集团）控股有限公司、马鞍山钢铁股份有限公司关于党风建设和反腐倡廉工作责任制的规定》及考核细则。2009年7月，为贯彻落实党的十七大以来中央关于反腐倡廉建设系列重大部署，依据中央纪委《国有企业领导人员廉洁从业若干规定》和安徽省纪委、监察厅《关于实施党风廉政建设责任制追究的暂行办法》，修订印发《马钢两公司党风建设和反腐倡廉工作责任制的规定》。2013年12月，依据上级一以贯之要求再次修订，并将规定更名为《马钢集团公司党风建设和反腐倡廉工作责任制实施细则》，以更好地落实中央党风廉政建设和反腐倡廉工作要求。2014—2016年，为强化落实党风廉政建设党委主体责任和纪委监督责任，根据《中共安徽省委关于落实党风廉政建设党委主体责任和纪委监督责任的意见》及相关规定，马钢集团又相继制定《关于落实党风廉政建设党委主体责任和纪委监督责任的实施意见》及配套的落实党风廉政建设“两个责任”考核办法、述责述廉和接受评议办法、约谈办法、责任追究办法和责任清单。2017年12月，制定了《关于实行公司领导党风廉政建设“一岗双责”制度的通知》，进一步压实各级党委、纪委和党员领导干部党风廉政建设工作责任。

[权力运行制约监督]

为规范权力运行，促进领导人员廉洁自律，2008年11月，马钢两公司党委对1997年制定的《关于马钢两公司党政领导干部廉洁从政的十条规定（试行）》进行了修订，发布《马钢两公司领导人员廉洁从业十条规定》。2008年12月，马钢两公司党委制定了《关于严禁设立“小金库”的规定》，以严肃财经纪律，纠治和杜绝“小金库”现象；2017年2月，根据安徽省委《关于全面构建“小金库”防治长效机制的意见》的要求再次修订，印发了《马钢集团公司党委关于严禁设立“小金库”的规定》。2014年3月，为健全公司内部约束和责任追究机制，增强中高层管理人员责任意识和大局意识，促进中高层管理人员正确履行职责、落实管理责任，马钢集团党委制定了《马钢集团公司中高层管理人员问责管理办法》。2017年12月，马钢集团党委制定了《马钢集团公司党委贯彻〈中国共产党问责条例〉实施办法》，落实全面从严治党要求，规范和强化党的问责工作。2018年12月，为全面贯彻落实党的十九大精神、习近平新时代中国特色社会主义思想，持续深入落实党中央全面从严治党新要求和持之以恒正风肃纪新部署，马钢集团党委制定了《马钢集团公司党委关于贯彻落实中央八项规定精神深入推进作风建设的实施办法》，坚决整治“四风”突出问题，坚持不懈改作风转作风，巩固和拓展党的十八大以来贯彻落实中央八项规定精神成果。

[惩防体系建设]

2006 年 7 月，为全面贯彻党的十七大精神，进一步落实建立健全惩治和预防腐败体系实施纲要，扎实推进惩治和预防腐败体系建设，马钢两公司党委制定了《关于贯彻落实建立健全教育、制度、监督并重的惩治和预防腐败体系实施纲要的意见》，成立惩治和预防腐败体系领导小组，进行责任分解，制定工作计划，强化教育、制度、监督各项工作，同时，自 2007 年起初步形成责任机制、保障机制、考核机制，至 2010 年构建起符合马钢两公司实际的惩治和预防腐败体系的基本框架。2011 年，为切实发挥预防腐败制度运行的整体性、协调性、长效性作用，马钢集团探索实施廉洁风险防控工作，制定了《关于马钢廉洁风险防控试点工作的实施意见》，在 7 家单位开展试点，并于 2012 年在全公司全面推进，自 2014 年起每年下发工作要点，组织开展廉洁风险防控测试，进行情况通报。其间，马钢集团党委先后制定印发了《马钢廉洁风险防控试点工作检查考核评估办法》《关于全面推进廉洁风险防控管理工作的意见》《马钢廉洁风险防控管理工作检查考核评估办法》《马钢廉洁风险防控管理四项机制相关办法》。

同时，马钢集团根据上级部署，系统开展预防职务犯罪工作，以系统化的理念和思路，从单项、局部的工作举措，向“强化不敢腐的震慑，扎牢不能腐的笼子，增强不想腐的自觉”的整体布局转变。2014 年 8 月，为发挥查办案件的治本功能，加强预防职务犯罪工作的针对性和实效性，马钢集团党委制定了《个案预防工作实施办法（暂行）》，并在 2019 年 8 月修订为《个案预防工作实施办法》，进一步推进“以案示警、以案为戒、以案促改”警示教育工作制度化常态化，突出用身边事教育身边人，推深做实个案预防工作。2015 年 12 月，为加强马钢中高层管理人员廉洁教育、监督和管理，促进中高层管理人员廉洁从业，马钢集团党委制定了《马钢集团公司中高层管理人员廉洁从业公开承诺制的规定》，并先后下发《2015 年预防职务犯罪工作意见》《马钢集团公司预防职务犯罪 2017—2020 年工作实施意见》等，整体推进预防职务犯罪工作。

[纪检监察工作规范]

2007 年，马钢两公司全面推进标准化工作，纪委监察部以此为契机编印了《马钢纪委监察部机关工作标准》，旨在指导两级纪检监察机构正确履职、规范程序、做好服务，提高工作质量和水平，并于 2008 年 3 月举行了首发式。2008 年 8 月，马钢两公司又针对纪检监察公文的政策性、专业性、特殊性，组织编印了《马钢纪检监察机构公文规范》，指导两级纪检监察机构提高公文质量和实务水平，深入推进标准化工作。2015 年 5 月，为坚持和健全民主集中制，进一步规范纪律检查委员会全体会议、纪委（监察审计部）办公会议事内容和程序，制定了《中共马钢集团公司纪律检查委员会全体会议议事规则》《马钢纪委（监察审计部）办公会议事规则》。12 月，又协助党委同步制定了《纪委书记工作目标与岗位职责》，编制了《纪委书记工作手册》，明确纪委书记职责定位、工作重点，强化纪委书记保障和监督作用，提升纪检监察工作科学化、规范化水平。马钢纪检监察机构结合实际，相继制定各专业工作制度和标准，下发《马钢集团公司纪委（监察审计部）信访监督实施办法》，每 3 年更新一版《纪检监察信访举报工作目标管理实施细则》，规范做好信访举报管理；制定了《审查调查谈话安全规范》《审查调查突发事件处置预案》《审查调查人才库管理暂行规定》《纪检监察信访举报交办件管理办法》《马钢纪检监察机构违规违纪款物管理暂行办法》，规范各专项工作流程和内容，拓宽监督渠道，制定了《马钢集团公司党风廉政建设监督（信息）员工作办法》，规范党风廉政建设监督（信息）员工作。贯彻落实党的十八届三中全会关于“各级纪委书记、副书记的提名和考察以上级纪委会同组织部门为主”的精神，制定了《马钢集团公司二级单位纪委书记、副书记提名考察办法（试行）》，规范二级单位（包括子、分公司及直属机构等）纪委书记、副书记的提名和考察工作。

第三节 廉政教育

2001年以来，马钢两级纪检机构围绕中心工作，发挥廉洁文化的教育、示范、熏陶和导向作用，开展形式多样的党风廉政和反腐倡廉宣传教育培训及廉洁文化活动，不断创新、丰富廉洁文化建设的内容和载体，提高廉政教育和廉洁文化宣传教育的渗透力和感染力，营造以廉为荣、以贪为耻的氛围，为反腐倡廉工作提供有效的思想引领、文化支持和舆论氛围。2007年3月，马钢纪检监察网站开通运行，成为马钢强化党风廉政宣传教育、展示纪检监察工作动态、交流监督执纪工作经验的有效载体。

[预防职务犯罪]

主动加强与上级纪委、司法机关的沟通联系和协作配合，将预防职务犯罪工作列为纪检监察重点任务，制定年度工作意见、措施，积极开展廉洁从业教育、任前廉洁测试、廉洁承诺、廉政谈话、责任追究以及检企共防、案例剖析、警示教育、预防职务犯罪知识讲座等工作，推进教育制度监督并重的惩防体系建设，源头预防职务犯罪。2003年7月10日，马钢两公司在职工大学图书馆报告大厅举行了马鞍山市检察院马钢警示教育点揭牌仪式，并举办了预防职务犯罪专题讲座。2004年，两公司开展了“艰苦奋斗、廉洁从政”主题教育活动。2005年，马钢两公司组织编印发放《领导人员廉洁从业学习手册》，增强高层管理人员廉洁自律和廉洁从业意识，并于2010年、2019年两次进行了修订。2012年10—12月，马钢集团与马鞍山市检察院共同主办了马鞍山市预防职务犯罪论坛活动，以“举社会之力、集专家之长，究腐败之源、求治本之策，倡廉政之风、谋和谐之道”为主题，并重点选择了国有企业、涉农惠民领域、工程建设领域、基层组织、文化教育卫生领域、金融系统等6个主题，进行了广泛而深入的研讨与交流，共征集预防职务犯罪论文60余篇，有20篇论文分获一、二、三等奖和优秀奖，马钢集团纪委报送的论文《以制度之力提升国有企业预防职务犯罪工作实效》荣获一等奖，另有5篇论文分获三等奖和优秀奖。2014年，马钢集团建立个案预防工作机制，用身边的事教育身边的人。2015年，马钢集团配合安徽省人民检察院完成的“马钢系列职务犯罪案件预防”被评为全省检察机关“十大精品预防项目”。2016年，马钢集团在全公司范围开展学习宣传《安徽省预防职务犯罪工作条例》和测试活动，6569人参加学习，6528人参加测试，合格率100%。

[案例警示教育]

2007年9月，马钢两公司在全公司范围内组织党员干部职工集中收看《赌之害》警示教育片。2010年4月，马钢集团纪委分两批组织全体在职中层以上管理人员参观了安徽省反腐倡廉警示教育基地——省蜀山监狱，听取职务犯罪服刑人员现身说法，观看由省纪委拍摄的教育片《失去自由的日子》和反腐倡廉警示教育展览。2011年5月，马钢组织两公司副总以上领导、全体中层管理人员共340余人，集中开展“反腐倡廉教育日”活动，组织观看反腐倡廉图片展，听省纪委领导作警示教育报告，进行党风建设和反腐倡廉工作交流发言。2013年7—8月，针对全体党员、重点是领导人员、科级管理人员开展了廉政警示教育片集中播放月活动。2017年，在全体党员干部重点是中层以上党员管理人员中开展“讲政治、重规矩、作表率”专题警示教育，并组织马钢中高层党员领导干部，到安徽省党风廉政教育基地，集中接受警示教育，集体重温入党誓词，进一步坚定理想信念，夯实廉洁从业的思想根基。2018年，开展了“讲忠诚、严纪律、立政德”专题警示教育，以鲁炜案、徽商集团腐败窝案及马钢近年来发生的少数党员干部违纪违法案件等为反面教材，教育引导全体党员领导干部深刻反思、汲取教训，举一反三、引以为戒。2019年，在“不忘初心、牢记使命”主题教育中开展了“以案示警、以案为戒、以案促改”警示教育，组织马钢内部近年来发生违纪违法典型案件的16家单位进行“以案促改”，用身边事教育身边人，让党员干部知敬畏、存戒惧、守底线，更好地践行忠诚、干净、担当。各基层单位也通过组织到巢湖监狱、马鞍山监狱、马鞍山市廉政教育基地等开展警示教育，开展专题调研、专题讲座、家庭助廉等活动，唱响反腐倡廉主旋律。

为堵塞漏洞，查找症结，用身边事教育身边人，马钢集团纪委本着关口前移、预防在先的原则，对发生在公司内部的部分典型案例情况进行了梳理和分析，分别于2010年、2013年、2017年组织编印了《警醒》系列反腐倡廉典型案例剖析教育读本，旨在强化警示教育效果，把开展案例警示教育作为对员工思想政治工作、反腐倡廉教育的一项重要内容，不断增强教育的吸引力、说服力和感染力，积极营造勤勉廉洁、风清气正的良好氛围。同时做好成果运用，在马钢纪检监察网站开辟“学习讨论”专栏，向各单位征集学习体会文章择优录用，供全体员工学习交流，开展优秀体会文章评比，有力促进了案例警示教育活动的持续深入开展。

［**廉洁文化建设**］

创建廉政文化建设示范点：2011—2012年，马钢集团纪委积极推动省级廉政文化示范点创建工作，强化示范引领作用，马钢设备检修公司获安徽省第二批廉政文化建设示范点，马钢汽运公司获安徽省第三批廉政文化建设示范点。

反腐倡廉知识网上测试：2013年，马钢集团纪委发挥现代网络技术和资源的优势，提高教育的针对性和实效性，自主研发建立并开通了马钢党风建设和反腐倡廉知识网上测试系统，组织党员干部、拟提任人员和全体纪检监察人员进行网上知识测试，以考促学，以学促廉，并两次更新测试系统的题库，2018年指导安排52家基层单位重要岗位人员2336人开展了网上知识测试。

廉洁文化作品征集评选：2018年，马钢集团纪委开展廉洁文化作品征集评选活动，共征集88件作品，评选出优秀作品55件，推荐参与安徽省纪委开展的“全省廉洁文化精品库”遴选，有5件入选首届“安徽廉洁文化精品工程”，被省纪委监委纳入“安徽廉洁文化精品库”，并在安徽纪检监察网、马钢家园微信公众号等媒体进行了专题展播。马钢集团纪委被省纪委评为“优秀组织奖单位”。

党员酒驾醉驾问题专项整治：2018年8月，马钢集团纪委在全公司开展党员酒驾醉驾问题专项整治，教育引导广大党员充分认识酒驾、醉驾等交通违法行为的严重后果，层层签订《党员严禁酒驾醉驾承诺书》，加强自我约束，增加法律观念，自觉遵守交通法规。据统计，全公司组织专题学习212场次，约谈9813人，签订承诺书1.3万余人。

党员干部赌博问题专项整治：2019年，马钢集团纪委在全公司开展党员干部赌博问题专项整治，组织学习有关法律法规，教育和引导广大党员干部增强法律意识，做出不参与各类赌博活动的郑重承诺。据统计，全公司组织学习601场次，15597人参加学习和进行承诺。

第四节 纪检信访

进入新世纪以来，特别是党的十八大以来，党中央持续加大反腐力度，反腐倡廉工作被提升到新的高度。面对新形势、新任务、新变化，马钢集团两级纪检机构结合实际，围绕中心，服务大局，创新方法，尽职履责，耐心细致做好信访接待工作，及时将受理的信访件呈送领导，按照批示意见及时办理。按照“分级负责，归口办理”的原则，做到及时转办和交办，加强对热点、难点信访件的调查，快速、及时、有效查清查实，坚持多办少转，加大信访件自办力度；加强对二级单位纪委和公司有关职能部门查办信访件的催办、督办、审核工作，做到件件有着落、事事有回音、案案有结果，及时妥善解决信访问题，积极化解企业内部矛盾。2001—2019年，马钢集团两级纪检机构共受理来信来访来电网络举报共计5445次，其中来信4326件、来访290人（次），电话举报592件（次），其他方式237件（次）。

同时，马钢集团两级纪检机构针对不同时期信访举报的特点和规律，进一步做好信访信息工作，及时准确地做好统计、分析，归纳整理有价值的信访信息，为领导决策提供参考。组织开展交流活动，通报工作情况，交流好的做法，分析信访问题多发的原因，总结减少和消除信访问题的经验；围绕管理难点问题，对反映公司和二级单位重大管理问题的信访件深查细究，及时纠正管理问题，完善管理制度。注重发挥信访举报的教育和预警作用，坚持查处与预防相结合，把强化信访监督工作与查办信访案件、提供信访信息放到同等重要的位置，建立起融提醒防范、动态监督和保护挽救于一体的预警纠错机制。2009 年，针对反映强烈的二级单位私设“小金库”问题，马钢两公司组织专题调研，及时向公司建言献策，据此开展了“小金库”专项清理，建立健全禁设“小金库”长效机制和制定相关配套制度，推动基层单位持之以恒抓好禁设“小金库”工作。

第五节　案件查处

马钢集团各级纪检机构忠实履行《中国共产党章程》赋予的监督职责，坚持把维护党的路线、方针、政策，协助各级党委推进全面从严治党任务作为工作重心，强化日常监督，紧盯关键少数，加大对工程、物资、资金、资源等重要管理领域的违规违纪问题的核查，查处了一批有影响的案件。2001—2019 年，马钢集团两级纪检监察机构共查办各种违规违纪违法案件 379 起，涉及中层管理人员 45 人、科级管理人员 123 人、一般管理人员 106 人、工人 105 人。给予党纪处分 332 人，其中，开除党籍 223 人，留党察看 24 人，撤销党内职务 1 人，严重警告 27 人，警告 57 人。给予政纪处分 265 人，其中，解除劳动合同 179 人，留用察看 31 人，撤销行政职务 18 人，降职降级 2 人，记大过、记过、警告共 35 人。受到刑事处理 237 人，其中，判处无期徒刑 1 人，劳动教养 1 人，有期徒刑 211 人，免予刑事处罚 24 人（上述 379 人中，有 228 人受到党纪政纪双重处分）。

党的十八大以来，马钢集团各级纪检机构坚持运用监督执纪四种形态处置问题线索，落实好纪委监督责任，并加强了建章立制、纪检监察设施建设等工作。2019 年，公司投资 400 余万元，按照安徽省纪委监委、马鞍山市纪委监委留置场所的标准和要求，改造建设了马钢廉政教育基地（标准化谈话室），执纪审查硬件设施建设显著提升。配套出台了《廉政教育基地使用管理办法》《“走读式”谈话管理办法》《执纪审查谈话安全规范》《执纪审查谈话突发事件处置预案》《办案人才库管理暂行规定》等一系列制度。

第六节　专项监督

[效能监察]

马钢于 1996 年在同行中率先开展效能监察工作，并形成了符合实际、具有马钢特色的工作模式。先后制定了《效能监察实施细则》《效能监察优秀项目、先进单位评定办法》《效能监察管理办法》《立项效能监察实施办法》等规章制度，每年下发《效能监察工作意见》，坚持开展立项效能监察工作，对执行制度不力、经营管理不善等问题，及时提出监察建议，督促整改落实。

2001—2019 年，马钢集团层面共立项开展“建立合金辅料战略供方、提升供应链竞争能力”“强化机旁备件集中管理、提高备件使用率”“推进建设工程项目转固工作，完善流程并建立长效机制”“规范煤气外转供管理”“强化可利用资源对外销售管理”“加强马钢股份基建技改工程用材管理”等 12 个效能监察项目，有效促进了生产经营管理和经济效益的提升。二级单位共立项 1208 个，内容涉及工程项目建设、物资采购、物料消耗、节能降耗、降本增效、质量控制、管理创新等多个方面，提出监察建议 1677 条，建章立制 1808 项，完善业务流程和改进管理方式 1082 项，创造直接经济效益 335.68 万元。组织对项目进行审批、跟踪、指导和立卷归档，实行项目联络员制度，定期开展效能监察先进单位及优秀项目评比，共表彰优秀效能监察项目 845 个，先进单位 132 个。马钢集团纪委监察部撰写的《坚持四个服务开展效能监察、促进企业经济运行质量和效益的提高》被编入中国检察出版社 2001 年《效能监察理论研究与实践》一书。

2002 年 5 月 29—30 日，安徽省企业工委在马钢召开了安徽省属企业效能监察现场会，安徽省纪委和马鞍山市领导出席会议。同年 6 月 10—12 日，由中国监察学会常务理事刘占书率天津市政建设集团公司、江苏南京化工集团等单位纪检监察系统人员在马钢集团召开效能监察工作理论研讨会。监察体制改革后，效能监察相关工作纳入专项监督。

［工程项目监督］

自“十五”期间基建技改项目建设开始，到马钢股份新区建设，再到“十三五”发展规划工程建设，马钢集团纪检监察机构向重点工程建设项目部派出 60 多个监督组，每周参与公司工程例会，抓住工程投资、进度、质量、工期、安全等重点环节，对建设项目实施全过程监督，编写建设工程监督情况《简报》，为打造优质高效廉洁工程提供纪律保障。2002 年 12 月、2005 年 9 月和 2017 年 10 月，三次编写马钢工程建设项目监督工作手册，出台《马钢工程建设项目管理人员工作纪律》《工程建设廉洁承诺书》《承包方（供方）廉洁承诺书》等多项制度。2002 年，马钢两公司开展了工程建设转包、挂户、违法分包的专项检查，发现问题 21 个，提出处理建议 19 条，对 3 个单位违规分包的行为进行了经济处罚和通报批评。

2009—2012 年，马钢集团开展了工程建设领域突出问题专项治理、工程建设项目信息公开和诚信体系建设工作。对总投资额 5000 万元以上的 19 个重点项目和 5000 万元以下的 70 个项目进行了排查，共排查整改问题 14 个。2001—2012 年，马钢两公司派员参加 13590 项建安、设备招议标的现场监督，合同金额为 336.75 亿元，有效保证公司招标采购制度的贯彻落实，控制了工程费用。2012 年，马钢集团开展了工程建设中挂靠借用资质投标、违规出借资质问题专项治理，对 16 个 2011 年以来新开工、投资额 500 万元以上的在建工程项目的 83 个标段开展了现场排查工作。2014—2017 年，马钢集团开展了工程项目建设任务内部承接管理规范化的监督检查，共组织了 13 次专项检查，重点检查承担内部工程的各家单位对评审决定事项的执行及操作规范性等情况，并通报检查结果。2018 年，马钢集团开展了公司“十三五”重点工程建设项目抽查，发现组织机构、合同管理、工程质量控制、工程进度控制等方面 8 大项 40 个问题，并督促落实整改。

［招标监督］

为进一步规范招标工作，科学合理地实施招标活动，预防和遏制招标过程中违纪违法行为，2011 年，马钢集团由监察审计部牵头开展招标管理情况专题调研，同时赴上海宝山钢铁股份有限公司和安徽铜陵有色金属集团控股有限公司考察调研网上招标平台建设情况，提出集中采购招标、成立招标中心的建议被马钢集团采纳。2012 年 6 月，马钢集团决定组建招标中心筹备组，8 月，马钢招标中心正式揭牌成立，监察审计部向招标中心派出专职监督人员，从职能定位、流程设计、业务界定，到电子商务平台建设、管理办法的制定，再到招标活动的现场监督，开展全程跟踪参与。2012 年 11 月，马钢集团招标监督工作固化为制度，出台《马钢（集团）控股有限公司招标监督管理办法（暂行）》，并于 2016 年 3 月进行了修订。为巩固改革成果，强化招投标工作管理，2013—2019 年，马钢集团监察审计部牵头开展了 8 次马钢招投标管理制度执行情况的专项检查，共检查 51 家（次）单位，考核 18.77 万元。2016 年，马钢集团招标管理日臻完善，监察审计部落实纪检监察机构“转职能、转方式、转作风”要求，逐步退出招标现场监督。

[作风建设督查]

为加强和改进党的作风建设，坚决反对形式主义和官僚主义，马钢集团纪委在全面加强作风建设宣传教育，发挥廉洁文化典型示范作用的同时，严格执行改进作风规定，严明各项纪律要求，并在重要时段和节点，通过明察暗访、专项检查等多种形式开展作风建设督查，严肃查处党员领导干部作风问题。2001 年，全公司查纠各类问题 61 个，处理 37 人，并配合市纪委开展了公车迎亲行为抽查和用公款为领导干部住宅配备电脑、支付上网费用和清理占用军队住房等工作。2002 年，针对少数单位奖金余额等账外资金管理问题，马钢两公司开展自查清理出账外资金 3000 余万元，并督促制定管理办法将账外资金纳入财务统一管理。在元旦春节期间，开展坚决刹住收受和赠送"红包"歪风活动，全公司共有 55 人拒收或上交礼品礼金价值 17.99 万余元。2005 年 1 月，中央纪委七室副局级专员黄金生为组长的两节期间贯彻廉洁自律规定督查组到马钢两公司进行了督查。2007 年，按照上级纪委的统一布置，两公司开展了领导人员投资入股煤矿问题的清理登记工作，对 25 名异地调动干部的住房进行了清查。2008 年，马钢两公司开展了领导干部"作风教育月"活动。2012 年，马钢开展了"以人为本，执政为民"主题教育活动。

党的十八大以后，马钢集团纪委坚决贯彻落实纠正"四风"不停步、作风建设永远在路上等指示精神，强化措施加强作风建设督查工作。2013 年，根据上级部署，马钢集团在纪检监察系统开展了会员卡专项清退活动。2014 年，马钢集团制定了马钢 20 条规定和细化落实的具体措施，公司领导班子就反对"四风"、改进作风进行了公开承诺。开展了两级纪检监察机构工作人员、两级领导班子及成员会员卡专项清退活动，签订了《会员卡零持有承诺书》。完成了党员领导干部违规建房和多占住房、违规经商办企业的专项清理。开展了"正风肃纪集中推进月"活动，集中对领导人员职务消费、精简会议和文件、清理"小金库"、廉洁风险防控等情况进行了专项检查。2015 年，马钢集团开展了分厂厂长、车间主任在岗情况突击检查、公务支出公款消费监督检查和吃喝风、"红包"风专项整治，违规用公款为职工购买商业保险专项检查，公司内部培训机构自查和抽查工作、国庆期间公车使用情况排查等。2016 年，马钢集团组织了节假日期间公务用车专项督查、公务支出和公款消费专项检查，实施办公用房、劳动纪律、现场管理等专项整治，整饬纪律，改进作风；协调组织"四个专项行动"，即：强化责任担当、认真解决懒政怠政问题专项行动，强化正风肃纪、认真解决发生在群众身边的"四风"和腐败问题专项行动，强化为民服务、认真解决群众反映的突出问题专项行动，促进各级管理人员切实转变工作作风。2017 年，马钢集团开展"酒桌办公"专项整治，组织基层单位围绕公务接待情况，通过检查报销票据、调查了解、接受举报等方式，对本单位贯彻落实"禁酒令"，特别是使用公款购买消费高档白酒问题进行全面排查。2019 年，马钢集团党委制定《马钢集团公司党委关于贯彻落实中央八项规定精神深入推进作风建设的实施办法》《马钢集团公司党委加强机关作风建设十条规定（试行）》等管理制度。根据上级要求开展了"严规矩、强监督、转作风"集中整治形式主义官僚主义专项行动。

[专项监督]

2001 年，马钢两公司开展了物资采购招投标和物资采购合同管理的监督检查，共检查合同 3197 份，在物资采购计划、合同、招议标、合格供方等方面发现问题 36 个，提出整改建议 52 条。2003 年，马钢两公司开展职工拖欠公款行为专项治理，155 名职工归还了拖欠的公款，总金额 172 万元。2004—2005 年，马钢两公司为全面纠正干部、职工在住房方面的违规问题，开展了"清房"专项工作，共清理违规购房户 84 户，收缴购房款 86 万元。2006 年，开展了"小金库"问题专题调研，针对"小金库"形成的原因，制定对策，进一步完善管理制度。2008 年，针对违规外供电、擅自转供电、窃电现象，马钢两公司开展了为期 8 个月的专项整治，停止对外供电用户 307 户，马钢股份线损平均下降

12.85%，每月减少损耗128万度（73万元），收缴拖欠电费189613元。2011年，马钢股份开展了铁前辅料管理和使用情况专题调研，针对21种铁前辅料及熔剂品种采供管理情况，发现和总结铁前辅料在供方管理、质量管理和使用管理中存在的问题，提出重建采供体系、规范质检操作、完善使用评定等方面的若干对策，供公司领导决策。2012—2017年，马钢集团成立外购原燃辅料质量督察组，对国内精矿粉、冶金石灰、原燃辅料等重要原料开展了164（批）次专项联合质量督察。2016年，马钢集团开展了废钢公司可利用废钢销售有关问题专题调研，通过走访市场部、招标中心、特钢公司、冷轧总厂、废钢公司、慈湖加工中心等单位，形成报告呈报公司，并督促相关单位落实整改工作。2018年，马钢集团开展了违规蒸汽外转供专项治理，完成33个外转供用户36个点位和力生公司托管食堂、浴室44个用汽点位的计量装置安装，依法依规对马钢以外13个单位已使用的蒸汽费进行追溯，共挽回经济损失55万元。组织了以“查漏洞、抓反弹、补短板”为主要内容的中央巡视整改“回头看”自查自纠、督查整改等工作，集中对中央巡视“回头看”、省委专项巡视、“4+4”专项整治、监事会监督检查涉及的83个方面问题整改情况进行梳理，对督查组反馈的9个方面19个问题和自查自纠发现的13个问题落实整改，并集中开展工作督查，推进持续改进。

第七节　廉洁风险防控

[廉洁风险防控试点探索]

2011年7月，为切实发挥廉洁风险防范控制的规范性、整体性、有效性作用，马钢集团纪委在对首钢、本钢等兄弟企业廉洁风险防范工作进行考察学习的基础上，以风险查找为基础，以风险预防为关键，以风险控制为核心，更加注重治本，更加注重预防，更加注重制度建设，整体推进惩治和预防腐败体系建设。马钢集团、马钢股份党委下发《关于马钢廉洁风险防控试点工作的实施意见》，在安徽省属企业中率先探索实施廉洁风险防控工作，选择南山矿业公司、质量监督中心、国贸总公司、物资公司、修建公司、第四钢轧总厂和热电总厂7家单位，按照“计划、执行、检查、改进”（计划，即查找风险点，制定防控措施；执行，即落实风险防控工作的各项措施；检查，即检查风险防控工作各项措施的落实情况；改进，即根据考核评估结果，纠正存在的问题，完善防控措施）4个环节，先行开展廉洁风险防控试点工作，推出“3534”廉洁风险防控模式，即注重单位、部门、岗位3个层次，查找思想道德、制度机制、业务流程、岗位职责、外部环境5类风险，设立前期预防、中期监控、后期处置3道防线，抓好计划、执行、检查、改进4个环节，形成基础防控、分类防控、预警防控“三位一体”的防控体系。2011年8月，马钢集团被安徽省国资委列为开展廉洁风险防控管理工作试点单位。2011年12月，马钢集团纪委印发《马钢廉洁风险防控试点工作检查考核评估办法》，建立了具体的廉洁风险防控检查考核评估方法、程序和标准。至2012年2月，试点工作全面通过检查考核评估，取得了阶段性成果，马钢集团7家试点单位共查找出风险点4634个，其中，一级风险点884个、一级风险岗位353个，梳理业务流程705个，梳理各项制度642个，确定重点防控岗位493个，重点防控部门66个，制定防控措施4676条，优化业务流程21项，新采用科技防控手段8处，编制风险防控流程图232张，新制定制度规定28个，修订完善相关制度57个。

[廉洁风险防控全面推进]

2012年5月，马钢集团根据试点工作积累的成功经验，按照党中央、中纪委及安徽省委、省国资委有关工作部署，决定在全公司范围内全面推进廉洁风险防控管理工作，印发马钢集团党委《关于全面推进廉洁风险防控管理工作的意见》，以制约和监督权力运行为核心，以岗位风险防控为基础，以加强制度建设为重点，以现代信息技术为支撑，形成前期预防、中期监控、后期处置“三道防线”，构建权责清晰、流程规范、风险明确、措施得力、制度管用、预警及时的廉洁风险防控机制，并坚持以“系统化设计、制度化保障、科技化支撑、创新化管理”的理念，先后制定了《马钢全面推进廉洁风险防控管理工作指导手册》《马钢廉洁风险防控管理工作检查考核评估办法》《马钢廉洁风险防控管理四项机制相关办法》，进一步增强各单位廉洁风险防控的主动性和全体职工特别是各级领导人员廉洁风险意识，推动建立“全面覆盖、重点防控、分级管理、责任到位”的廉洁风险防控管理机制、风险及时发现和及时处理机制、检查考核机制、责任追究机制“四项机制”，采取基础防控、分类防控、预警防控、科技防控的办法，构建“四位一体”的防控体系。

[**廉洁风险防控长效管理**]

经过 2013—2015 年逐步固化—优化—深化，马钢集团基本形成了廉洁风险前期预防、中期监控、后期处置的“三道防线”，并从 2014 年起，每年下发廉洁风险防控工作要点，自 2015 年开始，本着持续改进、不断创新的指导思想，系统组织各单位对廉洁风险防控体系进行测试，成立工作小组对部分单位进行抽查测试，对有关情况进行通报，进一步探索廉洁风险防控工作规律，及时检查和发现廉洁风险防控管理工作是否落到实处，查找分析廉洁风险防控工作存在的薄弱环节，确保廉洁风险处在受控状态，提升马钢廉洁风险防控管理工作科学化水平。据不完全统计，2019 年马钢集团廉洁风险防控管理工作有关数据：一级风险岗位人数 1657 人、风险点总数 18892 个（一级 2812 个、二级 6040 个、三级 10040 个）、防控措施 20118 条、实施制度+科技防控措施数 1583 个（点、处）、当年优化流程 563 个、当年制定修订制度规定数 1594 个（项）、编制风险防控流程图数 1047 个（张），廉洁风险防控常态化、长效化管理扎实推进、成效显著。

第四章 巡察工作

第一节 概　　况

为进一步健全完善党内监督制约机制，推进党风建设和反腐倡廉工作，2015年起，马钢集团党委在学习借鉴中央企业和省委、省国资委专项巡视的做法的基础上，启动并实施了专项巡视督察工作。巡视督察对象包括公司各二级单位、分（子）公司、机关部门领导班子和成员（含全资或控股子公司领导班子和马钢委派、管理的班子成员），必要时直接对各单位、分（子）公司所管辖的子公司、控股公司领导班子和成员进行巡视督察。2015年6月18日，马钢集团召开专项巡视督察工作动员大会，标志着马钢巡视督察工作正式启动。

2016年2月，根据《中国共产党巡视工作条例》和安徽省委、省国资委关于进一步加强巡视监督的要求，马钢集团党委将“巡视督察”名称变更为“巡察”，成立马钢集团党委巡察工作办公室和巡察组，明确巡察工作办公室是公司党委的工作部门，在马钢集团党委的领导下，具体负责公司巡察工作日常事务管理及巡察的沟通协调、组织服务工作。巡察工作办公室与公司纪委合署办公，由公司纪委副书记担任巡察工作办公室主任，配备少量专职人员和兼职人员。巡察组在公司党委领导下开展工作，实行组长负责制，一次一授权，组长根据每次巡察任务由公司党委或巡察工作领导小组确定并授权，副组长协助组长开展工作。每个组配备5—8名工作人员，人员从公司巡察工作领导小组成员单位及相关专业管理部门抽调。

截至2019年，马钢集团党委共组织开展了8轮巡察，完成对59家单位党组织的巡察任务，不断强化问题发现、预警、整改功能，建立和完善问题发现、信息传导、整改落实工作机制，促进中央、安徽省委及马钢集团公司党委重大决策部署有效落实，充分发挥发现问题、形成震慑，推动改革、促进发展作用。

第二节 制度建设

马钢集团党委按照边巡察边探索边完善的模式，逐步建立完善巡察工作制度，不断规范巡察工作流程，提高巡察工作实效。2015年，制定了《马钢集团公司党委巡视督察工作实施办法（试行）》，2016年，在认真总结2015年巡视督察工作的基础上，根据《中国共产党巡视工作条例》和《中共安徽省委贯彻（《中国共产党巡视工作条例》实施办法），修订《马钢集团公司党委巡察工作实施办法》，制定《关于规范巡察移交工作的意见（试行）》《关于规范巡察整改工作的意见（试行）》，规范巡察移交和整改工作，促进巡察成果运用。

2017年，制定了《马钢集团公司党委推进巡察全覆盖的工作方案》，做到巡察有形覆盖和有效覆盖相统一，实现党内监督全覆盖、无盲区、无死角。2018年12月，为深入贯彻落实党的十九大精神，以及省委关于巡视巡察工作的新要求，深化政治巡察，推动巡察工作向纵深发展，对《马钢集团公司党委巡察工作实施办法》进行了第二次修订，进一步明确巡察工作指导思想、组织领导、对象和内容工作程序和方式、工作要求和纪律。建立涵盖纪检监察、组织人事、企管、财务、审计、人力资源、法律等各专业管理信息传导、工作联系的巡察工作协调机制，实现资源共享，实现各类监督的贯通衔接。同年，出台《马钢被巡察党组织配合巡察工作规定》，强化被巡察党组织切实履行配合巡察工作的责任意识，形成巡察监督合力。

2019年，制定《马钢集团公司党委巡察人才库成员管理办法（试行）》，整合公司内部巡察人力资源，建立了由党务、纪检、企业管理、财务、审计、采购、销售、工程等方面143名专业人员组成的巡察人才库，发挥各类专业人才的骨干作用，为巡察工作提供有力支撑。马钢巡察机构制定完善巡察工作流程，按照“下发巡察工作意见—制定巡察计划—巡察准备（编制巡察计划、成立巡察组、制定巡察方案、召开启动会、收集问题线索、协调进驻事宜、筹备巡察工作动员会）—进驻巡察（巡察公告、召开动员会及组织测评、信息发布）—巡察工作领导小组成员现场指导—驻点巡察结束，起草巡察报告—向党委书记办公会汇报对每一家党组织的巡察情况—向公司巡察领导小组和常委会报告巡察综合情况—巡察反馈—巡察整改约谈—巡察成果运用（移交、管理建议书）—巡察整改—对整改情况（包括管理建议书）进行督查督办—通报整改进展—立卷归档”流程，将巡察各个环节的任务、目标、程序、责任具体化、规范化，把依规依纪依法要求落实到巡察工作全过程。

第三节　巡　　察

马钢集团党委按照巡察工作要求，推动对所属党组织巡察全覆盖。2015年，对6家单位开展了专项巡视督察；2016年，启动并实施了2轮对9家单位的常规巡察或专项巡察；2017年，成立3个巡察组分两轮对12家单位开展常规巡察或专项巡察；同时延伸巡察了2个基层党支部。

2018年，贯彻中央和安徽省委关于政治巡察定位的要求，进一步聚焦巡察监督重点，加快巡察进度，上半年采取“一托三”、下半年采取“一托二”方式，完成对15家单位的巡察任务，并延伸巡察5个基层党支部，专项巡察2个“十三五”期间重点工程临时党支部。2019年，分两轮对17家单位进行了巡察，并首次开展意识形态工作专项检查，对6家单位开展巡察整改“回头看”检查。至此，马钢集团党委共对59家单位党组织进行了巡察。

马钢集团党委紧盯全面从严治党、从严治企方面的突出问题，在不同阶段，落实“六大纪律”“六围绕一加强”和“五个持续”要求，重点检查被巡察单位贯彻落实党的十九大精神和党中央重大决策部署、履行“两个责任”、落实新时代党的建设总要求等情况，同时将职工关注的“四资一项目”、选人用人和薪酬分配等焦点问题作为重点巡察内容，突出巡察工作的针对性和实效性。巡察组严格按照巡察方案，认真组织民主测评、听取专题汇报、个别谈话，结合前期摸排的问题线索及职工群众来信来电反映的问题，有针对性地调阅查看财务凭证、内部规章制度和相关资料台账，深入其下属单位、部门，了解问题线索、职工思想动态。不断创新巡察方式方法，开展对“十三五”期间重点工程建设项目的专项巡察，推动建设优质高效廉洁工程。开展延伸巡察，巡察组下沉至基层党支部，通过“解剖麻雀”，发现基层党建和企业管理存在的突出问题，推动全面从严治党向基层延伸。加强巡察前研判，收集相关问题线索，做到有的放矢，通过抓牢管党治党薄弱点和生产经营风险点，发现了党建工作逐层弱化、党风廉政建设“两个责任”落实不到位、执行选人用人制度规定不严、工程项目管理不完善、物资和资源管理粗放、专项经费使用管理不规范、采购管理存在薄弱环节、财务制度执行不严、薪酬分配不规范、分（子）公司风险管控意识不强等具体问题。截至2019年，巡察共发现问题1139个，提出整改建议568条。

第四节　巡察整改及成果运用

马钢集团党委建立了党委常委会、党委书记专题会、巡察工作领导小组听取巡察情况汇报制度，研究巡察发现问题和线索办理意见，明确公司党委、巡察工作领导小组、巡察办（组）、被巡察单位党组织四方责任，为落实整改、促进巡察成果运用夯实责任体系。被巡察单位作为整改任务的责任主体，党委主要负责人为第一责任人，班子其他成员按照“一岗双责”落实整改责任，党委集体研究整改措施、责任单位和责任人员，建立问题清单、责任清单、任务清单。

截至2019年，59家被巡察单位针对巡察反馈的1139个问题，共制定整改措施1990条，被巡察单位对当下能整改的问题马上改。对需要一定时间整改的，制定措施，推进全面整改，建立长效制度，按时向公司巡察机构提交整改方案和整改情况报告，并在一定范围内通报了整改进展情况。马钢集团公司党委巡察组反馈的问题整改完成1121个，整改完成率达98.4%。

马钢集团党委对巡察发现的问题和线索坚持统一管理、归口办理、分类处理。对发现的备品备件管理粗放、“三会一课”制度未严格执行、科级管理人员选拔程序不规范、关键岗位人员缺乏交流等问题及时进行制止，提出整改意见，督促立行立改。通过抓早抓小，压实全面从严治党主体责任，对少数管理人员存在的违纪违法的线索和问题进行处置，截至2019年，马钢集团党政领导对相关被巡察单位69名党政主要负责人及相关人员进行了约谈，对30名相关人员进行诫勉谈话，给予9人组织处理，给予5人党纪政纪处分，将存在违法行为的1名基层管理人员移交司法机关。通过对巡察发现的违规违纪人员严肃处理，形成了一定的震慑作用。

对巡察中发现的共性问题，巡察机构每年向公司党委提交巡察发现问题的《管理建议书》，2016—2019年，共提出管理建议114条。马钢集团党委根据建议在公司层面明确了责任领导和责任单位（部门），并下发各单位党组织进行自查自纠，督促在集团范围内对问题进行全面清查整改。针对薪酬发放、财务报销、备件管理、工程管理等方面存在的问题开展专项治理或专项检查，有效防范生产经营风险和廉洁风险，提升企业党建和经营管理工作水平。

第五章　宣传工作

第一节　机构设置

2001—2010年，马钢集团党委宣传部与统战部合署办公，机构名称为党委宣传部、统战部。党委宣传部主要负责理论教育、形势任务宣传、舆论宣传、企业文化建设以及精神文明建设。

2011年，马钢为进一步强化新形势下党的工作，适应人力资源系统优化工作需要，对相关职能部室业务进行优化整合，撤销党委宣传部，宣传工作由党委工作部（团委）负责。

2015年，马钢集团党委为加强正面舆论引导和宣传思想工作，组建党委宣传部，主要负责理论学习、意识形态工作、形势任务教育、对外宣传、企业文化建设、精神文明建设。

2018年，党委宣传部与党委组织部、人力资源部、企业文化部、统战部、团委合署办公，机构名称为党委工作部。

2019年，马钢集团党委宣传部与党委组织部、人力资源部、企业文化部、统战部、团委合署办公，机构名称为党委工作部，宣传工作主要包含意识形态工作、理论教育、形势任务教育和舆论宣传。

第二节　宣　　传

2001年，马钢两公司党委深入开展“思想解放、观念创新”活动，在全公司掀起“警钟响起，我们怎么办”大讨论。马钢宣传网站正式开通。冷、热轧薄板即“两板”工程奠基消息在《人民日报》、中央电视台、中央人民广播电台等媒体播发。积极组织参加在人民大会堂举行的“绿色环保钢材、服务科技奥运”大型产品推介活动的宣传工作。

2002年，马钢两公司重点开展新“三精方针”宣传、销售过百亿宣传和产品推介宣传，重点宣传马钢成功应诉H型钢反倾销案。《人民日报》、新华社、中央电视台以及香港媒体到马钢进行采访报道，其中中央电视台《新闻联播》两次宣传马钢。

2003年，马钢两公司开展“居安思危、加快发展”为主题的形势教育。《人民日报（海外版）》大篇幅介绍马钢近年来的改革发展实践。开展防治非典和环境卫生整治的宣传，积极应对突如其来的“非典”疫情。开展纪念马钢高炉出铁50周年宣传教育活动，隆重举办“9·16”大型纪念文艺晚会，拍摄《辉煌50年》系列电视宣传片，编写《激情岁月》一书，举办纪念马钢高炉出铁50周年美术、书法、摄影展览。

2004年，组织开展冷热轧薄板工程竣工投产、第三次党代会、攀登800万吨、铁前系统重组整合、七运会等专项宣传。召开有《人民日报》、新华社、中央人民广播电台、香港电台、香港《明报》等主流媒体参加的新闻发布会。央视《新闻联播》播发《用科学的发展观打造新马钢》新闻。《马钢日报》创刊40周年，实现扩版。《马钢》杂志获安徽省“十佳”刊物称号。

2005年，加大对对标挖潜、“与国际先进企业找差距”活动宣传力度。精心组织全面推进作业长制、医院改制等专题宣传。组织开展“安徽在崛起，马钢怎么办?”主题教育宣传活动，牵头组织创业创新精神报告会，开展新区纪实摄影首拍式活动。做好温家宝等党和国家领导人视察马钢的宣传工作。央视《新闻联播》3次宣传马钢，《安徽日报》连续在头版头条编发“马钢速度解读”“弘扬马钢创业创新精神”等重点报道。

2006年，重点开展“春季新区建设百日会战”宣传，围绕马钢两公司“十五”期间发展成就、宝钢集团和马钢集团战略联盟、重组原合钢主业等开展专题宣传。马钢宣网日点击量突破6500次。《人民日报》、新华社、中央电视台、美国彭博新闻社、英国《金融时报》、中国港澳媒体采访团、中国台湾媒体联合采访团等媒体50多批次来马钢集团采访报道。

2007年，马钢两公司扎实做好党的十七大召开前后的各项宣传工作。组织开展“崛起——新区建设纪实”摄影采风活动，组织开展标准化工作宣传月活动，举办“标准化工作知识竞赛”。围绕建党86周年、庆祝香港回归十周年、迎奥运等活动，开展形式多样的专题宣传活动。

2008年，围绕北京奥运会、庆祝改革开放30周年等开展重大主题宣传活动。加强改制期间和奥运期间的网络宣传安全管理。马钢宣网点击量超过1000万次。

2009年，组织开展以“降本增效保生存”“全员决战四季度”为主题的重点宣传，组织内部媒体和宣传干部赴南钢学习借鉴应对危机的有益经验，围绕“打造命运共同体”“全员提合理化建议”等活动开展宣传。与《安徽日报》共同策划“逆境超越的钢铁力量”“对话‘铜墙’‘铁壁’”等重点宣传。成立马钢外宣工作领导小组和网络宣传管理办公室，完成马钢宣网和互联网官网全新改版，马钢领导首次与网友进行在线交流，宣网日访问量达到2万人次。切实加强舆情监管，创办《网络舆情快报》。

2010年，精心组织创建学习型党组织、“创先争优”等主题活动宣传。新华社《国内动态清样》刊发了马钢评聘首席技师的典型做法，受到党和国家领导人的高度评价。搭建内部统一的二级域名网络平台，开展“我身边先进人物”新闻图片竞赛活动，在线回复职工关注的热点问题200余条。

2011年，重点开展“大功率机车车轮成果”宣传，做好马钢与长江钢铁联合重组的对外宣传。承办新华社安徽分社在马钢召开下半年度采编工作会议。开展年度宣网报道优秀通讯员及网宣先进个人、“五佳版主”评比表彰活动。利用宣网论坛平台，组织开展一系列献爱心活动。

2012年，开展“保持党的纯洁性、喜迎党的十八大”主题教育实践活动宣传工作，组织干部职工学习贯彻党的十八大精神，加强党的十八大期间马钢内外网安全防护措施。做好在马钢举办的全国钢铁行业职业技能竞赛宣传报道工作。马钢节能减排工作新闻稿件在人民网、《香港商报》《中国证券报》及省市主流媒体发表。协助领导与职工网友开展在线交流，开展职工网上合理化建议活动等。建立完善突发事件新闻报道应急管理办法和应急预案。

2013年，策划实施毛主席视察马钢55周年、马钢出铁60周年纪念活动专题专栏报道宣传。持续开展寻找“最可爱的马钢人”专题宣传活动。在开展党的群众路线教育实践活动期间，迅速推出马钢群众网。完成《马钢日报》电子版和马钢电视视频上网工作。

2014年，组织开展2014年度寻找“最可爱的马钢人”新闻人物宣传活动，组织开展“‘点将论道’——马钢炼铁的问题出在哪里”网络活动。开通“马钢家园”微信号，重点跟踪关注合钢转型发展、钢贸案突发新闻报道等舆情。

2015年，马钢集团组织开展“奋力求生存，携手保家园”主题教育活动，举办3场“可爱家园——讲述马钢的故事”先进人物事迹宣演活动，组织开展“家园卫士”新闻人物宣传活动，举办“精益运营在一线”“安全随手拍”一系列网络宣传活动。建立内网“点名回复”的反馈新机制。

2016年，紧紧围绕“授权组阁，竞争上岗”、推行EVI技术服务模式等工作开展宣传，马钢集团精心策划“奋力求生存、携手保家园”大型宣演活动和“五一”表彰大会。开展“马钢尖兵”新闻人物宣传和“榜样·马钢尖兵”先进人物推荐活动。马钢再次亮相央视《新闻联播》。大力推广新媒体关注订阅，建立网络平台申报审批制度和关闭退出机制。

2017年，制作发布马钢集团、马钢股份宣传片。与找钢网、腾讯网联合开展“带你感受江南一枝花”网络视频直播活动，点击观看达184.8万人次。拍摄制作行业第一部VR宣传片——马钢轮轴宣传片。参展第十七届中国国际冶金工业展，马钢集团获展会最佳组织奖。组织开展马钢2017“年度人物”评选宣传活动，评选宣传党建先锋、品牌尖兵、改革勇士、最美马钢人等年度人物。马钢家园微信关注人数超过3万人，获2017年度全国企业电视“十大有影响力的微信公众号”。

2018年，持续推进媒体深度融合，策划制作《致敬！马钢功勋炉“光荣退休”》微专题和“60周年60个赞”朋友圈分享集赞活动。央视纪录片《我们一起走过——致敬改革开放40周年》第五集《血总是热的》讲述了马钢改革转型经验，南山矿凹山生态治理登上央视《新闻联播》，与《安徽日报》组织策划报道马钢改革开放40周年取得的成绩。组织开展意识形态领域突出问题“大摸底、大整改、大督查”活动。

2019年，马钢具体举办“致敬70年，奋斗新时代”系列庆祝专题活动。组织开展马钢“改革先锋”年度新闻人物宣传。围绕庆祝新中国成立70周年对外开展马钢成就宣传报道。快闪——马钢集团唱响《我和我的祖国》被“学习强国”推送。联合《安徽日报》组织策划“传承光荣 见证发展”专题报道，安徽广电台“70年安徽之最”采访活动中，车轮和H型钢入选。建立与马鞍山市网信、网宣、网安及市主要网媒负责人交流机制。

第三节 理论教育

2001年，马钢两公司党委中心组本着“先学一步，学深一点”的思想，重点抓好“七一”讲话和“三个代表”重要思想的学习宣传贯彻。组织“七一”讲话巡回宣讲组，作辅导报告50余场次，并邀请中央党校教授作专题辅导讲座。

2002—2003年，《“三个代表”重要思想学习纲要》列入两级党委中心组学习计划，开辟学习实践“三个代表”重要思想专题和专栏，举办3期处级干部脱产培训班，在组织大型报告会同时，组织宣讲小组到基层举办了60余场辅导报告。紧紧围绕迎接、宣传、贯彻党的十六大精神这条主线，举办领导干部和宣传干部学习党的十六大精神培训班，组织党的十六大精神宣讲组，编发辅导材料至班组，其中党课下基层活动受到省委宣传部表彰。

2004年，深入贯彻党的十六届四中全会精神，开展理论下基层活动，宣讲30多场次。

2005年，编写《保持共产党员先进性教育50问》和《共产党员先进事迹汇编》，组织理论宣讲组巡回宣讲50余场次。举办优秀共产党员事迹报告会，开展“时代先锋——保持共产党员先进性教育活动专题”大型主题宣传活动。

2006年，突出加强对“全员找差距，创新争一流”解放思想大讨论活动的宣传引导，开展“万人看马钢，感受新成就”活动。

2007年，印发《关于认真学习宣传贯彻党的十七大精神的意见》，成立学习党的十七大精神宣讲小组，深入基层宣讲60余场次。2007年，马钢两公司党委中心组被评为“安徽省党委理论学习中心组先进单位”。

2008年，组织了“快速转变发展方式”为主题的解放思想大讨论活动，深入基层宣讲30余场次。

2009年，深入学习宣传中国特色社会主义理论体系和党的十七大、十七届四中全会精神，启动党的十七届四中全会精神集中宣讲活动。精心部署、扎实开展深入学习实践科学发展观活动宣传教育，深入基层宣讲70多场次。马钢学习实践活动被省委宣传部列为重点宣传典型，《人民日报》等媒体推广马钢的典型经验。

2010年，以科学发展观为指导，深入贯彻马钢第四次党代会精神，重点开展党的十七届四中全会精神集中宣讲。

2011年，组织开展党的十七届五中全会精神暨马钢“十二五”发展规划集中宣讲40余场次。

2012—2013年，举办中高层管理人员学习贯彻党的十八大精神培训班，329人参加培训。

2014年，以学习贯彻党的十八届三中全会精神和习近平总书记系列重要讲话精神为主线开展理论教育活动，组织中层管理人员开展“发展马钢生产力大家谈”和调研活动，3篇论文获中国冶金政研会调研论文奖。

2015年，认真组织“三严三实”专题教育学习活动，深入开展党的十八届四中全会精神、习近平总书记系列重要讲话精神和“四个全面”战略布局等学习活动，邀请专家学者举办多场专题讲座。

2016年，认真组织学习贯彻习近平总书记系列重要讲话，特别是习近平总书记“七一”重要讲话精神和视察安徽时重要讲话精神；组织开展“两学一做”和“讲看齐，见行动”专题学习讨论，开设学习教育网站，编印学习简报；组织开展“百人宣讲到基层，千堂党课进支部”活动。

2017年，深入推进党的十九大精神学习宣传，制定“讲重作”专题教育学习研讨工作方案，宣讲团共举办宣讲报告会38场，实现党的十九大精神宣讲全覆盖。

2018年，突出抓好党的十九大精神轮训，组织中层以上管理人员参加集中轮训班，推动科级管理人员和基层党员轮训实现全覆盖。

2019年，在学习习近平新时代中国特色社会主义思想上下功夫，努力学懂弄通做实；认真学习贯彻党的十九届四中全会精神。深入开展“不忘初心、牢记使命”主题教育，围绕“三个持续”巩固提升主题教育成果。

在强化理论教育的同时，重点强化意识形态工作。2015年，督促指导各二级单位建立意识形态工作责任体系和组织机构，建立舆情会商机制和舆情会商小组。2017年，严格落实各二级单位一年两次汇报意识形态工作情况的报告制度，对各级网络意识形态阵地进行安全检查和督查。2019年，扎实推进省委意识形态工作专项检查反馈问题整改，开展意识形态领域风险隐患排查行动、突出问题整治行动和阵地管理提升行动。

第四节 思想政研

［概况］

2001—2019年，马钢集团党委坚持不懈加强思想政研工作，努力提高员工队伍思想政治素质和职业道德水平，努力培养新时代所需要的高素质人才，为企业战略目标的实现保驾护航，保障企业在新时期的高质量发展。

2001—2005年，马钢两公司党委根据企业生产经营建设和改革发展的实际，制定下发了《关于进一步加强和改进思想政治工作的实施意见》，不断加强改进思想政治工作，为生产经营建设和改革发展的顺利推进提供了有力保证。党委在推进企业改革发展过程中，尤其在区域整合和改革、改制工作中，坚持以人为本，做好深入细致的思想政治工作，确保各项改革发展措施顺利实施，促进了企业稳定和职工队伍稳定。针对思想政治工作的环境、任务、内容渠道和对象发生深刻变化的实际，党委在工作实践中注重运用新载体，拓展新领域，总结新经验，不断创新思想政治工作。2002年，马钢获第十三届《半月谈》思想政治工作创新奖，研究成果首次获安徽省精神文明建设“五个一工程”“入选作品奖”。2003 年，马钢两公司出版《金钥匙——企业思想政治工作 40 法》一书。多篇论文分获全国优秀思想政治工作研究成果评选一等奖、冶金政研会优秀成果一等奖、安徽省精神文明建设“五个一工程”“入选作品奖”。多人次获《半月谈》思想政治工作创新奖、安徽省优秀思想政治工作者和安徽省职工政研会“开拓创新奖”。马钢职工思想政治工作研究会被评为“全国冶金企业优秀思想政治工作研究会”。

“十一五”期间，马钢集团大兴调研之风，坚持每年年初制定下发调研课题，形成调研成果，并组织参加上级部门举办的各种论文评比和交流研讨活动，多篇论文分获冶金政研会和安徽省政研会优秀成果奖和马鞍山市社科联优秀成果奖。认真开展政研会工作，坚持每 3 年召开一次政研会年会，“十一五”期间，召开马钢政研会第十三次和第十四次年会，总结回顾政研会工作，部署今后一个阶段的重点任务，调整了政研会理事会，表彰了先进政研分会、先进个人和优秀论文，编辑了优秀论文集。坚持两年编印一次《先锋》杂志，加大对优秀党员、先进党组织的宣传力度。

“十二五”“十三五”期间，围绕生产经营建设和改革发展中心积极开展思想政研工作，营造同舟共济、合力攻坚的浓厚氛围。2011 年，马钢集团各单位政研分会围绕公司和本单位生产经营管理情况及职工思想实际，组织思想政治工作人员深入基层单位、贴近生产一线，积极开展党建创新工作调研。组织开展职工思想政治工作暨第十届职工道德论坛征文活动，先后参加中组部党员教育网络征文活动、省国有资产管理协会、中国冶金企业文化论坛、省政研会论文交流活动，马钢政研会荣获全省政研活动优秀组织奖，多篇论文分获中国冶金政研会、省政研会各类奖项。2012 年，6 篇论文分获中国冶金政研会、安徽省政研会一、二、三等奖，马钢政研会获全省调研课题组织奖。2017 年，围绕企业热点难点，马钢集团精心策划 26 个重点课题开展研究，2 名职工在安徽省国资委开展的“三新”理论宣讲视频竞赛中分获一、二等奖。

第五节　精神文明建设

马钢精神文明建设坚持以党的重要思想为指导，紧紧围绕生产经营和改革发展实际，全面推进实施精神文明建设规划和计划，大力开展思想道德建设，坚持开展文明单位创建和“双十佳”评选表彰活动，组织群众性精神文明建设活动，提升员工的综合素质，激发员工的创造活力，使精神文明建设符合马钢发展改革的实际和需要，成为巩固团结奋斗的思想基础，为马钢改革发展提供了精神动力、智力支持、思想保证和文化条件。

［**思想道德建设**］

马钢以职业道德建设作为思想道德建设的工作主线，不断强化社会主义思想道德建设，构建和谐模范企业。

坚持以德治企与依法治企相结合。深入进行“诚信为本”宣传教育。广泛开展建诚信机关、诚信窗口，做诚信员工等活动。2005 年，为庆祝抗日战争胜利 60 周年，编写《民族精神教育职工读本》。2006 年，为庆祝红军长征胜利 70 周年，开展“庆祝红军长征胜利 70 周年图片巡展”活动。每年坚持开展送温暖活动，对困难职工、绝重症病人、抚恤户情况进行核实登记，定期走访慰问特困大病职工家庭。

深入贯彻《公民道德建设实施纲要》，大力开展社会主义荣辱观宣传教育活动，积极开展形式多样、内容丰富的群众性创建活动。2006 年，马钢两公司编写《社会主义荣辱观教育职工学习读本》。2008 年后，持续开展了“构建和谐马钢大家谈”征文活动和“做一个文明有礼的马鞍山人”主题教育活动。

从2016年起，大力开展社会主义核心价值观宣传教育和以职业道德为重点开展公民道德、家庭美德建设，突出加强职业道德建设，组织开展“道德大讲堂”活动。大力弘扬“工匠精神”。开展“学雷锋”志愿者服务活动，到2019年，已有7045名马钢职工注册成为中国志愿者。

[文明单位创建活动]

2001—2015年，马钢集团先后三次修订《马钢文明单位管理办法》。2017年，制定、发布新版《马钢文明单位创建管理办法》，发布《马钢文明单位考核细则》。

自2001年起，开始对文明单位实行分级管理、分类指导、严格考核，不搞“终身制”，并在坚持每年评选文明单位的基础上，开展文明单位标兵评选。同时积极参与全国文明城市、国家卫生城市、园林城市创建活动。

“十五”“十一五”期间，马钢集团持续深入开展文明单位创建工作。坚持每两年一次开展文明单位、文明单位标兵、双十佳评比、表彰和宣传工作；实施文明单位预申报制度，文明单位创建工作迈入科学化、规范化、常态化轨道。

文明单位创建硕果累累，自2005年起，第一炼铁厂、马钢设计研究院、南山矿先后获全国文明单位称号，一批二级单位获安徽省文明单位、马鞍山市文明单位、省属企业文明单位称号。

[群众性精神文明建设活动]

积极开展形式多样、内容丰富的群众性创建活动。陆续开展“文明大看台”“书香马钢阅读季”“我们的节日”“构建和谐马钢大家谈”征文活动和“做一个文明有礼的马鞍山人”主题教育活动等。各二级单位结合实际开展丰富多彩的创建活动，有力地促进了马钢生产经营建设和职工精神面貌的提升。

广泛开展职工喜闻乐见的文体活动。两级工会、团委和马钢文联、体协积极组织职工开展内容丰富、健康向上的群众性文体活动，在重大节日，围绕主题开展重大活动暨文艺晚会。2001—2005年，坚持每两年举行一届文艺汇演，先后举办“世纪之春”“盛世欢歌”“钢铁颂歌”文艺会演活动，职工文艺创作空前繁荣，文化艺术精品不断涌现。每年组织参加全市“江南之花”文艺会演和市“李白诗歌节”活动，推送的节目多次荣获全市“江南之花”文艺会演第一名。组织参加“找钢网杯”全国钢铁行业围棋大赛，马钢代表队囊括团体冠军和个人冠军、亚军；在省属企业“新时代，新安徽，新作为”群众性主题演讲比赛中，获优秀组织奖、演讲比赛单项奖。

在重要纪念日开展活动，先后开展纪念毛主席视察马钢55周年、马钢出铁60周年纪念活动、抗日战争暨世界反法西斯战争胜利70周年活动；开展“奋力求生存、携手保家园”主题教育活动、“为生存而战”五个一百系列宣传教育活动，弘扬光荣传统，振奋职工干劲。2003年，编辑出版《激情岁月——马钢高炉出铁50年纪念文集》。2018年，在马钢成立60周年之际，开展“我与马钢共成长”系列征文活动，编印文学作品集、摄影作品集和书法绘画作品集，举行庆祝“9·20”（马钢纪念日）升挂马钢旗帜活动。

第六章 统战工作

第一节 机构设置

2001年，马钢党委统战部与党委宣传部合署办公。2011年7月，马钢党委宣传部（统战部）与组干部、团委3个部门，整合成立马钢集团党委工作部。2015年8月，马钢党委宣传部（统战部）从马钢集团党委工作部分离，单独成立马钢集团党委宣传部（统战部）。2018年4月，马钢集团党委宣传部（统战部）与马钢集团党委工作部合署办公。统战工作围绕公司改革发展和生产经营建设的中心任务，宣传和落实党的统战工作方针、政策，起好参谋、服务、监督、协调和执行的作用，牢牢把握统一思想、凝聚力量的工作主题，为企业的深化改革、转型发展凝聚最广泛的力量支持。

2019年，马钢集团党委宣传部与党委组织部、人力资源部、企业文化部、统战部、团委合署办公，机构名称为党委工作部。

第二节 统一战线工作

[工作机制]

充分发挥党委总揽全局、协调各方的领导核心作用，建立健全党委统一领导、统一战线部门牵头协调、各单位共同推进的统一战线工作机制，整合统一战线资源，做到各司其职、各尽其责、相互配合，形成统一战线工作的强大合力。建立集中统一的统一战线工作领导机制，马钢党委在政治关心，在工作上支持，从基础上配齐配强各民主党派基层组织的领导班子，积极支持民主党派和无党派人士参与企业改革管理、民主监督、加强自身建设，夯实政协委员的队伍基础。在党委每年召开的党委工作会议上，都专题研究企业统战工作在转型升级、改革发展中的重大问题，把统战工作切实抓在手上，摆上位置。两级党委领导班子，带头学习宣传和贯彻落实统一战线政策法规，落实省、市统战部长会议等文件精神。切实履行党委抓统战工作的主体责任，把是否重视统战工作、能否善于做统战工作，作为检验各级党委书记政治上是否成熟、能力上是否合格的重要标准，把党委书记抓统战工作作为一条政治纪律、政治规矩来落实和推动，不讨价还价、不打折扣、不搞变通。2016年以来，马钢集团党委将统战工作的检查、考核、评估，纳入马钢集团“党建”“发展”双百分考核中，作为二级单位领导班子工作评价的重要内容，着力推动基层统战工作顺利开展。健全有效运转的统战工作协调机制，建立了党委领导、统战部门及有关部门、单位参加的统战工作联席会议制度，根据工作需要及时召开相关成员单位会议，研究、交流工作情况，制定具体工作措施，协调解决各种问题。

[党外代表人士队伍建设]

坚持教育培训、推荐使用、实践锻炼等多措并举，扎实推进党外代表人士队伍建设。加大教育培训，提升统战队伍素质。每年都把党外代表人士的教育培训纳入公司教育培训总体规划，建立联合调训机制，对党外代表人士培训工作做出统一安排，分层分级分类实施培训。按照“干什么、学什么，缺什么、补什么”的原则，有计划、有步骤地选送党外代表人士参加各类专题研修学习。强化使用安排，拓宽选拔任用渠道。根据高质量发展对人才队伍的强烈需要，党外人才广、多、专的特点，注重在各行各业中发现人才、培养人才、选用人才。建立了包括党外高知、党外各级人大代表、少数民族人才在内的党外人才库，采集具有副高级以上职称的统一战线代表人士信息，把党外人才资源与党内人才资源统筹考虑。加强人才储备，培养党外后备干部。将党外后备干部纳入公司后备干部队伍建设的总体规划，统一部署、同步实施。坚持备用结合，实行动态管理。随着党外人士年轻化的趋势日趋明显，在发现党外代表人士方面注重向年轻群体延伸，把一批政治素质好、思想觉悟高的中青年人才纳入联系培养的范围，逐步形成党外代表人士的合理结构和年龄梯次，确保党同党外人士合作共事的连续性、稳定性。

[作用发挥]

始终把发挥统一战线工作优势、凝聚智慧与力量、服从和服务于马钢工作大局，作为统战工作的出发点和落脚点，牢牢抓住生产经营建设和改革发展的关键环节，调动一切积极因素，努力调动统战人士的积极性，同心同德，群策群力，维护和发展企业团结的政治局面，为企业加快转型发展做出了积极贡献。以献计献策为切入点，为马钢发展提供智力支撑。马钢统战人士结构具有多学科、多领域、多层次的优点，对此，马钢充分发挥统战人士人才荟萃优势，积极组织他们为企业改革发展建言献策。公司党委组织各界人士开展建言献策活动，工会开辟合理化建议平台，对政协委员、各界人士的意见建议进行重点收集，一些好的建议被有关职能部门采纳，产生了良好的经济效益。以爱岗敬业为主题，为马钢转型发展提供精神动力。开展好各种围绕中心、服务大局的主题实践活动，是新时期党外代表人士队伍建设工作的基本工作方式和工作手段。马钢统战部门利用各种形式，充分调动党外代表人士的积极性、主动性和创造性，以做好本职工作的实际行动推动企业改革发展。不定期召集党外代表人士开展座谈、协商，征求意见建议，充分展现马钢各界人士热爱马钢、珍惜岗位、主动担当，共建共享美好家园的精神风貌。发挥人大代表、政协委员履职作用，破解发展难题。马钢努力为人大代表、政协委员依法履职创造条件，提供保障。人大代表和政协委员也把履行职责作为首要任务，针对马钢集团发展亟待解决的问题，将实地调研与对策研究相结合，主动发出声音，积极呼吁，通过参政议政的渠道，着力解决马钢集团遇到的难题。马钢各级人大代表、政协委员提出的议案、提案，在企业土地征用、环保整治、创新扶持、减轻企业负担等方面发挥了积极作用。

第三节 合作共事

2001 年，认真学习和正确理解全国统战工作会议上提出的“培养人才、用好人才、吸引人才”的知识分子政策，公司建立学科带头人、专业带头人制度，为各级专业技术带头人、骨干设立专业技术津贴，并视情况进行每两年或一年评选，极大地鼓舞了专业技术人员的工作积极性。2002 年，人大、政协换届，马钢集团共有安徽省政协委员 4 人，马鞍山市政协副主席 1 人，马鞍山市政协委员 38 人，区政协副主席 2 人，党外人士任市人大常委会委员 1 人、区人大常委会副主任 1 人，担任各民主党派市委委员以上职务 8 人，市宗教界秘书长以上职务 5 人。2003 年，根据马钢集团公司统战干部队伍基本上都是兼职且变动频繁的实际情况，采取提供进修、请专家教授讲课等多种形式对统战干部进行思想业务培训。2004 年，为抓好党外干部队伍建设，开展党外干部情况调查，并向上级统战部门推荐了 4 名党外县处级后备干部候选人。为党外干部积极创造条件，帮助他们在自己的专业领域做出成绩，充分发挥他们在公司改革发展中的重要作用。

2007 年，大力支持和协助市、区人大政协做好换届工作，27 人当选为区政协委员，分别有 1 人当选为市天主爱国会主委、副主委。2008 年，根据省、市委统战部的部署，在有高级职称并担任各级人大代表、政协委员的无党派人士和公司副处级以上领导职务的无党派人士中开展以“自觉接受中国共产党的领导，坚持走中国特色社会主义道路”为主题的教育活动，确定了5名党外人士为市党外后备干部推荐人选。2009年，马钢两公司统战部先后被评为“安徽省统战系统先进集体”“安徽省民族团结进步模范集体”荣誉称号。2010年，调整安徽省企业统战工作研究会理事人选，撰写理事（扩大）会议交流材料进行交流发言。

2011年，参加全省企业统战工作实践创新成果经验交流会，并进行工作交流发言，承办市统战部部长联席会议。2012年，贯彻落实《中共中央关于加强新形势下党外代表人士队伍建设的意见》，向省、市委统战部推荐马钢党外代表人士57人，完成九届市政协委员、常委人选推荐考察和市党外知识分子联谊会会员人选的推荐工作。2013年，协调落实3名党外人士参加中央统战部、市委统战部举办的无党派人士理论研究班及党外中青年干部培训班。在公司党的群众路线教育实践活动职工代表交流座谈会上，4名党外人士结合自身工作实际围绕反对“四风”、改善生产经营效果、维护群众利益等方面提出了10余条意见和建议。2014年，迎接省委统战部联合督查调研组来马钢督查调研党外代表人士队伍建设情况，承办全市统战部部长联席会议，推荐市统战理论研究会会员及理事候选人并参加市统战理论研究会会员大会。2015年，推荐2名省企业统战工作研究会理会换届理事人选，完成省委统战部党外干部及党外代表人士有关情况统计及党外知识分子情况统计上报工作。

2016年，推荐1名省企业统战工作研究会副会长人选。2017年，分三批次向省、市委统战部推荐马钢党外代表人士57名，充实了马钢党外代表人士队伍。完成十届市政协委员人选推荐及十三届人大常委会委员人选推荐考察工作。2018年，建立党外人才库，采集具有副高以上职称的294年统战代表人士信息，上报“全省统一战线基础库”。在党外人才中提拔公司中层副职管理人员1名，中层人员助理1名，正科3名，副科19名，新增高级技术主管2名为九三学社成员。

第四节　民族宗教

贯彻党的民族宗教政策。遵循“民族、宗教无小事”精神，认真做好民族宗教工作。坚持落实中央的有关规定，尊重少数民族的习惯和信教职工的宗教感情，处理好少数民族职工和信教职工的有关风俗习惯和宗教礼仪方面的问题。重点做好宗教团体负责人的工作，通过他们团结和教育广大信教群众，努力使宗教与社会主义社会相适应，抵御境外反动势力利用宗教进行渗透。做好民族宗教有关工作。2005年以来，先后有3名少数民族干部、技术人员担任市民族事务管委会主任等职。

第五节　侨台工作

2001年，做好“三胞”（中国香港、中国澳门、中国台湾同胞）亲属接待工作，对他们反映的问题耐心听取、仔细调查、认真解决。2004年，加强港澳台和海外统战工作，贯彻落实《中华人民共和国归侨侨眷权益保护法》，进一步密切与出国留学和学成归国人员的联系，鼓励他们通过多种形式为公司发展服务；积极参与上级部门组织的《人在海外》一书的编写和稿件征集工作。2005年，顺利完成市台联第四次代表会议、侨联第五次代表会议马钢代表、委员候选人推荐工作。

2006年，协助市侨联换届，从公司推荐了52名归侨侨眷代表、2名委员候选人，并完成安排代表出席会议等具体组织工作。2007年，协助有关部门组织台胞台属外出学习考察，牵头协调有关部门为归侨、台属落实政策2起。2009年，开展市侨情调查，做好省第五次侨代会马钢代表推荐及归侨侨眷先进个人评选表彰推荐工作，组织归侨侨眷参加市侨联有关全国第八次、全省第五次侨代会召开情况通报会，省台联组织台胞赴台考察有关工作，做好省级归侨侨眷先进个人宣传材料撰写报送工作。2010年，会同市委统战部做好海外联谊会换届委员人选核实工作，推荐6名侨眷的海外亲属作为理事候选人，协同市侨联走访慰问在马钢生产一线工作的归侨侨眷，做好市第五次台胞台属代表会议代表推荐工作，推荐7名台胞、18名台属作为代表。

2011年，推荐市第五次台胞台属代表会议25名台胞台属代表、市第六次归侨侨眷代表大会40名归侨侨眷代表，并与各二级单位协调落实代表参会，在市第六次侨代会上，马钢6名侨眷、1名侨务工作者受到表彰。2012年，做好中国台湾省出席党的十八大代表候选人初步人选在马钢中国台湾省籍党员中进行公示，协调确保马钢台胞参加省中国台湾同胞第九次代表大会，为省台联成立30周年庆祝活动提供马钢台胞在本职工作岗位工作情景图片资料，推荐4名台胞出席并获全省在皖台胞先进人物表彰，完成市委统战部台籍人士信息的统计上报及在台人员情况了解工作，看望慰问因病住院的省市政协台胞委员和5名在生产一线工作的侨眷。2013年，参与市侨联征求《中国侨联章程》修改意见工作，组织15名统战干部、侨联委员、侨代会代表等参加市侨联、市政协联办的“海外华人的中国梦”专题报告会，推荐1名省海外交流协会换届理事人选。2014年，协调落实台胞台属代表参加市台联组织的赴厦门台联学习考察活动，做好省侨联第六次侨代会代表候选人人选推荐工作并协调落实马钢代表赴合肥参会工作，完成市侨联成立青年委员会委员候选人2名人选推荐工作。2015年，组织公司侨联委员、侨眷、统一战线干部参加市侨联2015年海内外侨界青年辞旧迎新风尚大典活动、中国侨联“中华情”慰问演出活动及宣传采风活动，参加市台联年会及其组织的参观考察活动。

2016年，协助市侨联做好第七次侨代会的工作，完成3名委员候选人推荐、2名侨界先进个人、1名侨联系统先进工作者、21名代表推荐以及参会工作。协助市台联做好市台胞台属联谊会第六次代表大会的工作，完成20名台胞台属代表的推荐、参会工作。2019年，推荐1名侨眷为省第七次归侨侨眷代表大会代表并作为省侨联第七届委员会委员初步人选；按照市委统战部和侨联的统一部署，配合完成马钢集团侨情数据线上采集工作。

第六节　民主党派与无党派工作

2002年，加强对民主党派工作的指导，九三学社成立基层委员会时，帮助规范组织选举程序，把符合条件的成员选配到基层组织的领导班子中。2003年，促进民主党派的自身建设，在抗击非典的战斗中，马钢医院农工党支部全体成员不畏艰险，主动请缨到抗非第一线。2004年，进一步支持和引导民主党派搞好组织建设和思想建设，提供学习资料、活动场所和适量的活动经费，促进民主党派成员更好地在社会发展、经济建设等重大问题中发挥参政议政、民主监督的作用。

2006年，支持和协助市委统战部做好民主党派市委换届委员人选的推荐和考察工作，共有7名民主党派成员作为候选人，并均以高票当选，1人当选为驻会副主委。2008年，在有高级职称并担任各级人大代表、政协委员的无党派人士和公司副处级以上领导职务的无派人士中开展以“自觉接受中国共产党的领导，坚持走中国特色社会主义道路”为主题的教育活动，全年发展8名民主党派新成员。2009年，根据中央、省委和市委统战部有关文件精神，做好马钢“无党派人士”政治面貌规范使用工作，确定马钢无党派人士的范围，完成无党派人士登记上报工作。2010年，推荐6名无党派人士作为市无党派人士联谊会会员候选人，做好致公党市委换届马钢市委委员的推荐考核工作，全年发展民主党派成员4名。民革马钢支部被民革中央评为全国先进基层组织。

2011年，协调落实8名民主党派成员参加市委统战部举办的全市民主党派骨干成员培训班学习。做好民主党派市委会换届新一届委员建议人选、马钢基层组织换届有关人选考察等工作。全年发展民主党派成员5名。2012年，参与民进市委换届涉及马钢委员人选考察、民进马钢支部换届班子成员配备，协助九三学社市委顺利完成了马钢基层委员会的换届工作，发展民主党派成员2名，组织民主党派骨干成员参加市民主党派主题教育活动。2013年，协调落实致公党马钢支部全体党员及致公党市委会机关全体成员到二级单位开展民主党派课题调研活动。民盟马钢支部、农工党马钢支部获民主党派市委先进支部表彰。协同民主党派市委做好发展对象考察工作，全年发展民主党派成员5名。2014年，组织4名无党派人士、17名民主党派成员参加市委统战部举办的无党派人士、民主党派基层组织建设专题培训班，向省委统战部推荐上报1名无党派人士先进事迹，1名民主党派成员提拔为公司中层管理人员，1名民主党派成员获公司技术创新优秀奖。2015年，协调安排1名公司民主党派基层组织负责人参加党派省委举办的培训班，与民主党派市委及公司民主党派基层组织保持良性互动，参加党派市委年度党员大会，参与公司民主党派基层组织响应民主党派中央、省、市委开展的庆祝抗战胜利70周年活动，全年发展民主党派成员3名。

2016年，协助市委统战部做好7个民主党派市委换届及涉及马钢进班子成员人选考察工作，九三学社马钢基层委等五个支部成功换届并给予一定的经费支持，协同民主党派市委做好党派成员发展把关工作，发展民主党派成员3名，支持并协调1名民主党派基层支部负责人参加党派省委举办的培训班，与民主党派市委及公司民主党派基层组织保持良性互动，参加农工党市委会成立三十周年庆祝大会、九三学社马钢基层委、农工党马钢支部组织的考察采风活动等。2019年，开展民主党派、无党派人士“不忘初心，继续携手前进”主题教育活动，落实各民主党派马钢支部的活动经费。

第七节　统战群众团体组织

2003年，组织人大代表、政协委员及各界人士代表开展参观考察调研活动，除在公司内部对重点工程项目进行考察调研，还组织走出去参观改革开放地区、考察民营企业等，积极支持各界人士开展公益活动，到本市所辖农村及边远地区送医送药、赈灾捐款、科技下乡活动等，为社会提供服务贡献力量。2004年，组织统战各界人士围绕建国55周年和纪念邓小平诞辰100周年，开展以“祖国好、共产党好、社会主义好、改革开放好”为主要内容的“四好”教育活动，召开座谈会并赠送《邓小平手迹选》一书。接待了省委统战部全体人员、铜陵市委统战部人员，以及中国佛教协会西藏佛教分会、南京市玄武区政协等组织到马钢参观调研。2005年，接待了甘肃省定西市、江西省新余市等多个省市的政协委员、老委员、民主党派成员等400余人次来马钢参观，交流座谈，通过社会各界感受马钢，进而宣传马钢，扩大马钢的知名度。

2006年，组织各界人士参加在全公司开展的“感受新成就，万人看马钢”的参观活动，接待省内外统战系统到马钢参观6批300余人次，展示马钢，树立良好形象。2007年，组织马钢各界人士参观马钢新区建设，精心组织召开新春联谊会、中秋国庆座谈会，通过各种活动的开展进一步调动各界人的工作积极、主动性和创造性。2008年，接待省内外统战系统人士、经贸考察团来马钢参观、洽谈，较好地宣传和展示了马钢良好形象。2009年，组织各界人士代表学习党的十七届四中全会精神，参加公司庆祝新中国成立六十周年座谈会、联谊、外出考察等活动，让各界人士感受国家、企业又好又快发展的新成就。2010年，组织召开马钢各界人士学习党的十七届五中全会精神辅导会，考察革命圣地井冈山，参观八一南昌起义纪念馆，使各界人受到了爱国主义教育。

2011年，组织召开了马钢各界人士学习贯彻党的十七届六中全会精神报告会，35名马钢各界人士赴山东枣庄、台儿庄开展参观考察活动，60余人参加新春联谊会。2013年，举办了马钢各界人士新春座谈联谊会，安排落实各界人士代表参加公司团拜会。2015年，参加市台联年会及其组织的参观考察活动，举办了各界人士代表党的十八届四中全会精神学习贯彻培训班。

2016年，组织马钢统战各界人士代表学习贯彻党的十八届六中全会精神，宣讲公司生产经营形势，参观考察马钢生态矿山张庄矿等。2018年，安排民革马鞍山市委会一行11人就“马钢9号高炉工业遗产保护与利用”来马钢一铁总厂开展专题调研、民进马鞍山市委会一行4人赴马钢老年大学就文化养老课题进行专题调研，为人大代表、政协委员依法履职创造条件。2019年，安排民进马鞍山市委20余人，赴马钢9号高炉和南山矿凹山采场考察学习，全市工商联系统直属商协会会长、秘书长及部分民营企业家约50人赴马钢厂区参观热轧、冷轧生产线，现场感受新中国成立70年以来马钢建设成就。

第七章　武装保卫工作

第一节　历史沿革

2003年前，马钢保卫部为兼有管理职能的二级单位，马钢集团保卫部、马钢股份保卫部和马钢公安分局实行三块牌子一套班子。

2003年3月始，马钢保卫部对公安和内保工作实行新的运行模式，成立3个保卫分部。7月18日，原马钢公安分局顺利移交，楚江公安分局挂牌，141人纳入市公安序列。马钢保卫部机构进行了重组，重新核定了编制和机构设置，组建了机动特勤大队与两个厂区检查大队。

2004年，马钢两公司第三次党政联席会议研究决定，自2004年5月8日始，马钢股份治安保卫工作实施集中管理。撤销马钢股份各二级单位的保卫科建制，其保卫人员成建制划拨至马钢保卫部，按厂区布局实际，建立区域治安保卫体系，设置4个保卫分部。新设交通管理大队，承担厂区内部交通指挥任务。机动特勤大队继续负责马钢铁路物资运输站点守卫及沿线机动保卫任务。机关保卫科更名为警卫大队，机关各科室的设置和职能不变。

2005年，马钢保卫部组建成立警犬大队，购置警犬40条，选派近40人赴南京军犬训练基地进行专业培训。7月，警犬正式上岗执勤，担负配送中心及新区等8个区域巡逻、护卫任务。

2008年10月，马钢按照精简高效的原则，撤销保卫分部，按厂区组建三个门禁大队，对原机动特勤大队和各分部机动力量优化整合，机动特勤大队下设四个驻厂中队，组建护卫大队、督察大队，生产保卫科与指挥中心合署办公。二级单位增设保卫科，实行武装部、保卫部两块牌子一套人员。

2011年7月，马钢集团下发《关于调整马钢集团公司机关机构设置的决定》，武装部与保卫部单独挂牌，机构合并，作为二级单位代行马钢集团武装、保卫管理职能。

2014年8月29日，根据《马鞍山钢铁股份有限公司董事会决定事项》，马钢股份设立保卫部，与马钢集团保卫部两块牌子一套班子。负责公司内部治安保卫、综治（维稳、禁毒、普法）、交通管理、技术防范、无线电管理、防火防爆、武装、人防、防汛、门禁管理等。

截至2019年9月，马钢集团保卫部共有职工939人。保卫部下设17个科级机构，其中机关科室9个（综合管理部、党群工作部、综治办、生产保卫科、技通科、督察大队、防汛办、军事科、人防办），基层大队8个（门禁一大队、门禁二大队、门禁三大队、机动特勤大队、护卫大队、交管大队、警卫大队、警犬大队）。

主要职能：按照国务院《企业事业单位内部治安保卫条例》制定和组织落实应由企业承担的各项治安保卫制度；马钢集团、马钢股份厂区突发事件的前置处理工作；马钢集团、马钢股份厂区门禁、围栏围墙管理和厂区内部治安巡逻；马钢集团公司消防管理；马钢集团、马钢股份重大活动的安全保卫工作；马钢集团综合治理委员会部署的综合治理、维稳工作等；组织、协调各单位做好资源、资产、重点工程、公路铁路运输的治安保卫工作；指导马钢集团、马钢股份二级单位（含机关部委室，以下同）开展群众性的治安保卫工作，对二级单位治安综合治理、重要部位、防火、防爆炸等工作进行检查、督促、指导、考核；配合公司有关部门处置群体性上访事件；协同公安机关完成各类案件查处任务；协同公安交警部门做好厂区道路交通管理工作。

第二节 国防动员工作

[概况]

马钢集团设有国防动员委员会、武装人防委员会，成员单位由相关部室组成。马钢武装部设有军事科、办公室（保卫部综合管理部）、人防办、防汛办4个科室。

2001年，武装部设置办公室（包含原政工科、防汛办相关工作）、军事科、人防办3个科级机构。

2011年，马钢武装部与马钢保卫部合署办公，实行两块牌子、一套班子。随着企业机构改革的推进，一些基层单位武装部的职能被并入党群、安全等部门，但保留公章。

[民兵建设]

年度民兵整组工作。根据《民兵工作条例》，按照马鞍山军分区统一部署，马钢武装保卫工作围绕上级军事机关下达的民兵组织整顿工作任务，优化结构布局，健全巩固组织，选准配强骨干，结合专业需求合理分解任务，完成民兵出入转队体检政审，清点补充装备，签订预征预储协议，完善规章制度，落实组织整顿任务，全力提升后备力量建设质量。2001—2019年，8家二级单位武装部被马鞍山军分区评为“民兵整组先进单位”，10人次被评为“民兵整组先进个人”。

民兵政治教育。马钢武装保卫工作紧贴使命任务，利用各种媒介开展教育，通过设置灯箱、橱窗、LED屏，张贴英雄画像、宣传图片、励志标语等方式，让民兵在浓郁的军事文化氛围中接受熏陶。结合年度整组工作，开展民兵入队、升旗、宣誓等仪式，让民兵在神圣的仪式活动中接受熏陶。依托“两微一端”新媒体平台，开展战备教育、民兵光荣传统教育，规范民兵预建党组织建设，规范民兵干部推荐任命程序，坚持不懈抓组织强功能，跟进做好民兵遂行应急应战行动政治工作，推动民兵政治教育走深走实，打牢民兵思想政治工作基础。

落实训练、演练任务。按照马鞍山军分区下达的军事训练任务，以《军事训练大纲》为依据，马钢武装保卫工作突出训练重点，创新组训模式，严格治训抓训，狠抓训练落实，推动国防动员力量训练向使命任务聚焦、向实战实训转变。2001—2019年，结合使命任务，开展高炮、高机、防化、工兵、网络、导弹、应急分队、重要目标防卫分队等专业分队训练和综合演练，较好地完成了各项任务，打牢军事技能基础，增强参训人员任务行动能力，锻炼顽强意志品质，培养优良战斗作风，全面提升民兵遂行任务能力。

2006年，马钢两公司组织保卫队员开展集中训练

2001年9月，根据上级军事机关部署，马钢集团组织民兵工兵分队、防空分队、防化分队、医疗救护分队参加“马鞍山市反空袭作战综合演练”，圆满完成“空中烟幕遮障”“火力拦截空中兵力兵器”“防化侦毒、洗消”“战场医疗救护”等课目。2007年，根据马鞍山军分区部署，马钢武装部（保卫部）安排民兵参加庆祝建军80周年野营拉练，组织民兵分队开展紧急拉动演练，接受省军区导调组的考核验收，圆满完成演练任务。2008年7月，组织4名海军预备役人员赴南海舰队参加为期10

天的动员演练。同年10月，抽调20名基干民兵组成抢险应急队参加马钢集团举行的防破坏性地震演习，顺利完成搭设“抗震救灾临时指挥所”和参与搜救被困人员任务。2013年5月，组织民兵参加“马鞍山军分区多课题实兵演练”，马钢民兵防化分队汇报演练了防毒面具及防毒衣的使用穿戴、侦毒器的使用、防化学侦察战术、防化实地救援等课目，圆满完成演练任务。2014年10月18日，圆满完成军分区下达的马鞍山市国动委综合演练装备物资征集调运任务。2019年4月16日，组织民兵参加马鞍山市应急营成立大会暨授旗仪式，顺利完成点验任务。

遂行多样化军事任务。2002年2月14日（大年初三）下午，马鞍山军分区电话通知，博望镇（原）迟村至独山一线以北发生山林火灾，过火面积较大，灾情严重，军分区命令马钢集团迅速组织民兵参加扑灭山林火灾。马钢集团组织应急分队组建单位民兵干部、骨干140余人分梯队参加灭火战斗，在大家共同努力下，安全顺利扑灭山林火灾，保卫了人民生命和国家财产安全。2005年4月5日夜，当涂县大青山发生山林火灾，根据军分区命令，马钢两公司立即组织高炮分队30名基干民兵并协调调运两辆牵引车迅速赶赴大青山，执行人工降雨作业任务，高炮分队按照要求发射了16发人工降雨弹，帮助扑灭大火。

2001年、2004年，马钢武装部被安徽省军区评为“先进武装部”；2002年，马钢集团被总参谋部授予“全国基层民兵预备役工作先进单位”；2005年，马钢武装部被安徽省军区评为“先进大型企业武装部”；2011年，马钢武装部被安徽省军区评为“先进基层武装部”。

[动员准备]

马钢武装保卫工作着眼形成与上级国防动员方案相匹配、与本级担负任务相对应、与已有成果相衔接的动员备战体系，扎实做好动员准备工作。修订完善重要目标防卫方案。加强备战问题研究，结合马钢实际，马钢武装部针对影响动员能力提升和战时重要目标防卫行动的短板弱项，勘查马钢厂区重要防卫目标现场，研究兵力部署，修订完善计划方案，调整优化专项任务分队布局，充实完善重点潜力，落实重要目标防卫计划。做好潜力调查。根据上级军事机关要求，马钢集团完善调查实施方案，每年开展人民武装、经济动员、交通战备、人民防空、信息动员等潜力数据统计调查，落实预备役登记统计，做好战时快速动员准备。

2006年10月，根据马鞍山市国动委指示，马钢集团修订完善应急物资保障预案，成立物资保障机构，落实上级有关部门要求的1500吨螺纹钢、500吨角钢、500吨工字钢和1000吨线材的应急动员准备物资保障任务，确保作战行动所需。

[国防教育]

马钢集团党委把国防教育纳入党委理论学习中心组学习内容。同时，根据新形势、新任务，对全体干部职工开展国防理论、国防精神、国防历史、国防法制、国防常识等为重点内容的国防教育。

组织武装干部和民兵骨干参加军分区集训、公司集训。为马钢技师学院和安徽冶金科技职业学院开展新生军训工作。每年的“八一”和“全民国防教育日”，组织民兵干部参观部队军营建设、开展实弹射击等“军事日”活动。邀请南京政治学院、解放军陆军指挥学院、马鞍山军分区等单位专家到马钢集团做形势报告。开展“爱我国防”主题征文、“国防知识竞赛”、“我爱国防”演讲比赛等形式多样的国防教育活动，不断提高广大干部职工国防观念和意识，自觉履行国防义务，关心、支持、参与国防建设。

第三节 武器装备

马钢集团严格落实武器装备管理制度要求，采取人防、物防、技防结合的方法实施军事装备仓库管理，定期组织检查武器装备，确保良好安全状态。

根据工作需要，经请示马鞍山军分区，2002 年 7 月 2 日，将原配置在建设公司建筑安装公司红旗桥武器库房的 6 挺 14. 5 高机重新配置到煤焦化公司。

根据上级军事机关要求，2005 年 5 月 24 日，完成 6 门双 37 高炮移交安徽省军区武器库。2012 年 10 月 25 日，完成 95 支轻武器移交到军分区武器库工作。2019 年 4 月 18 日，完成煤焦化公司保管的 6 挺 14. 5 高机及配件移交工作。

第四节　人民防空工作

［历史沿革］

马钢集团人民防空办公室（简称马钢人防办）前身隶属马钢武装部综合科，负责马钢集团在马鞍山区域的人防工作。在马鞍山市人民防空办公室的统一领导下，马钢人防办认真贯彻落实《中华人民共和国人民防空法》，围绕“战时防空、平时服务、应急支援”的目标，认真完成各项工作。

［人防设施］

截至 2019 年 9 月，马钢有人防工程约 4 万平方米，主要分布在马鞍山、雨山、西山、人头矶、核桃山、西山以及朱家岗，其中朱家岗工程为地道式工程，其余为坑道式工程。

［工程建设与维护］

马钢人防办根据马钢年度人防建设计划，对早期人防工程进行仔细排查摸底，确定工程整治范围，认真做好工程整治方案和工程造价，组织管理工程施工，做好早期人防工程被覆工程及除险支护等工作。

［信息化建设］

马钢人防办加强警报维护管理工作，强化管理，加强人员教育培训，对安装在马钢的 25 台防空救灾警报器进行检查和维护，及时排除故障，对有问题的警报器进行维修、更新，确保防空警报器始终保持较好的使用状态。按照市国动委要求，完成一年一度的“9・18”防空警报试鸣工作，做到同一时间、同一信号、同一程序，鸣响覆盖率达 96%以上。

［防灾减灾及演练］

根据军分区及市人防办的工作部署，遵循“专业对口，平战结合”的原则，从 2018 年起，马钢人防办从炼焦总厂抽调 10 名专职消防队员成立人防消防救援队，参加全市拉动演练，旨在提高城市整体综合保障能力。2019 年 5 月，按照市国防动员委员会和人防办的要求，组建了 150 人的跨区支援专业队伍。同时，顺利完成人防其他专业队伍的整组工作。

第五节　拥军优属工作

完善双拥工作机制，扎实做好双拥工作。按照全市双拥工作要点规定，积极参加“双拥模范城”创建活动，落实相关任务。认真贯彻上级关于扎实开展双拥工作指示，认真抓好双拥工作宣传，每年“八一”前，公司领导都带队到驻马部队进行慰问，开展对生活特别困难的优抚对象慰问活动。武装部指导各二级单位在“八一”和春节期间大力开展拥军优属宣传，组织参加双拥知识竞赛、演讲比赛、书法摄影展等丰富多彩的活动，广泛开展走访慰问，结合实际加强军民共建，做好双拥工作。建立健全优抚网络，落实优抚政策，激励广大复转退军人继承和发扬部队优良传统，为马钢的生产经营建设贡献积极的力量。2002 年，公司调整提高在职职工现役期间优待金发放标准，鼓励职工踊跃报名参军，报效祖国。完成了对企业退休的1953年底后入伍的参战参试退役战士的情况进行登记统计，着力做好对“两参”（参加对越自卫反击战等战斗、参加核试验）人员优抚政策的落实。2002年6月，马钢被评为省“拥军优属模范单位”；2009年，马钢被评为全国“拥军优属模范单位”，马钢2人获马鞍山市第一届“最美退役军人”“最美双拥人物”称号。

第六节　防汛抗灾工作

[历史沿革]

2001—2011年，马钢集团进一步完善防汛领导机构，成立了马钢防汛指挥部，由总经理任指挥长，副总经理任副指挥长，下设由武装部、保卫部、生活服务公司、纪委、团委、矿山公司、房产处、设备处、基建技改部、宣传部组成的日常办事机构。

2011年后，马钢防汛指挥部再作调整，由总经理任防汛指挥长，设常务副指挥长1名，副指挥长3名。成员单位有：办公室、党委工作部（团委、机关党委）、工会、企管部、人力资源部、行政事务部、安管部、财务部、工程管理部、计财部、设备部、仓配公司、采购中心、汽运公司、矿业公司、保卫部（武装部）、康泰公司、利民公司。马钢防汛指挥部下设办公室，办公室设在武装部。

马钢防汛指挥部下设4个排涝办公室：矿山系统排涝办公室设在矿业公司、厂区防汛排涝办公室设在设备部、建设现场防汛排涝办公室设在技改部、职工生活区排涝办公室设在康泰公司。

[防汛任务]

按照市防汛指挥部的统一部署，自2000年以来，马钢集团防守大堤总长为8309米，其中长江大堤3045米，慈湖河堤3464米，六汾河堤1800米。根据谁受益、谁负责的原则，分单双年值守，每年有11家二级单位防守。

[培训与演练]

为提高各单位处置防汛各类险情的能力，自2012年起，马钢防汛办每年都组织开展防汛抢险知识培训和防汛抢险实战演练，防汛知识培训纳入马钢年度培训计划。

[防汛抢险]

马钢集团始终树立全市一盘棋思想，积极履行社会责任，在做好自身防汛工作的同时，全力支援地方抢险抗灾。

2016年6月，马鞍山市遭遇百年一遇大洪水，洪水阻断铁路大动脉，严重威胁人民生命财产和马钢生产秩序，根据市防汛指挥部的统一部署，马钢防汛办布置各相关单位开展排查整治，调配抢险人员，备齐应急物资，防汛人员24小时驻堤防守。7月1日，六汾河马钢防区出现漫堤险情，严重威胁流域群众和马钢厂区安全。马钢防汛办协调各有关部门紧急抢险处置：主动停产一台发电机组，高炉减风，减少对六汾河排水。安排抢险队员，增设排涝设备，协助恒兴村开展救灾。为应对江水倒灌险情发生，协调能控中心历时5天耗费150余万元，在六汾河桥头紧急架设电路，安装5台功率1500立方米/小时的大型水泵，强排泄洪，保障了六汾河流域居民财产的安全。同时，协调购买调运救生衣、角钢、杉木等防汛物资支援含山县、博望镇等地区，有力保障了全市防汛救灾工作的开展。

第七节　保 卫 工 作

[门禁管理]

2004年，马钢保卫部加大三厂区大门建设力度，修建围墙10千米，设立厂区大门9个，并逐步推进三厂区及办公西区监控系统建设。12 月 24 日和 28 日，门禁管理系统相继在公司机关大院和办公西区及三厂区试运行，实现了区域封闭式管理。

2005 年，一厂区重新规划建设了 9 个大门，当年 9 月起，一厂区全面推行门禁管理。2008 年底，二厂区、新区厂区 8 个大门建成。2009 年 6 月，门禁设施投入使用，马钢实现门禁管理全覆盖。

2010 年初，公司对厂区大门重新编号，共计 24 个有编号的大门。2019 年，持续推进厂区封闭化管理，完成天门大道、新三台路、钢轧东路沿线近 5000 米围墙的改造，成功封闭了余坳通道，配合相关部门组织实施了门禁监控系统的升级改造。

马钢保卫部通过检查、考核、评比、验收等方式，不断深入推进门禁管理规范化建设。通过互学互助、集中培训、劳动竞赛、岗位练兵等形式，不断提升文明规范执勤水平。通过提前预判、合理调度、有效疏导，保障了厂区物流和职工出行畅通。执勤队员恪尽职守、履职尽责地“严查细过”，筑牢了门禁管理“最后一道防线”。

加强外来人员门禁管理，建立违法违规人员信息库。2012 年，完成厂区劳协人员身份信息第一次采集，从 34 家单位 1.5 万条劳务用工信息中，初步筛选出重点管控人员近 300 人，对其中涉嫌盗窃人员进行了清理，实现劳协工治安动态管理。从 2012 年开始，劳务工办卡一律坚持从信息库中过滤，将一批不法劳务人员拒之马钢大门之外。截至 2019 年，信息库共收录违法违规人员信息 1156 条。

［**厂区交通**］

2004 年 6 月，马钢两公司组建成立交通管理大队，承担厂区道路管理及“两板”发货场交通指挥任务。9 月 1 日始，正式启用三厂区主要路口的红绿灯信号系统。12 月 9 日，为规范厂区内部交通管理工作，与市交警支队签订《关于马钢厂矿内部道路交通管理工作的协议》，成立 50 人的交通协管员队伍，经过培训，协管员在交通民警的带领下正式上路执勤。

2006 年，交通管理大队开展厂区“无证无牌”等专项整治行动，处理违规车辆 6200 余起，为新区建设的顺利进行，组织实施大件护送行动，疏导交通堵塞 580 余起。2007 年，修订下发《马钢厂区道路交通安全管理办法》，与参与马钢运输业务 1336 家单位、3172 辆车辆签订厂区道路交通运输安全协议。2008 年，逐步完善了厂区各类交通标志、标牌。2009 年，开展套牌车整治和严查夜间酒后驾驶整治行动，查处各类违章 9189 起。

2010—2019 年，交通管理大队与市交警六大队建立联防机制，开展“抛、洒、滴、漏”车辆、厂区道路环境卫生、超载、超速、酒驾、货运车辆、铁路道口交通安全多种专项整治行动，在厂区内形成对交通违规行为的严管高压态势，全面净化厂区道路交通环境，交通事故大幅下降，交通秩序明显好转。

［**治安巡防**］

2004—2008 年，马钢保卫部持续深入开展厂区周边及内部治安复杂地段的整治工作，加强对公司内部各重要物资仓库和物资集散地的治安防范工作，做好重点工程现场的安全保卫工作，积极推进技防建设，做到“人防、物防、技防”工作三落实，堵塞资源流失漏洞。

积极构建实施“治安巡防管控”实战应用机制。持续推动“大巡防”工作模式，不断完善和拓展“机动车定点巡逻”“携犬徒步巡逻”“‘警灯闪烁’交管摩托车巡逻”三种方式相结合的治安巡逻模式，形成多层次、全覆盖的治安防控网络。

2019 年，坚持高站位、早行动、严部署，开展扫黑除恶专项斗争。高密度、多频次、广点位开展 3 万余次/趟巡防工作，提升路面见警率，增强职工群众安全感。

在重点工程安保上，主动对接业主单位，全程跟进服务保障，抓好重点工程治安打防管控一体化模式的推广应用，强化治安要素管控，狠抓现场治安管理、落实巡防、守卫以及管制等工作措施，织密织牢治安防控网，实现重点工程治安的全方位管控，为长材系列升级改造、特钢优棒项目等公司

“十三五”期间重点工程建设以及二铁北区拆除、1号高炉大修等项目建设创造了良好的治安环境。

[案件侦破]

马钢集团加强与市公安、工商等执法部门的联防联动联勤的协调配合，打破传统办案模式，综合利用各种资源和手段，对系列性、团伙性各类侵财犯罪实施精准打击。

2005年，马钢两公司组建警犬大队后，训导员与军犬日常训练场景

2001年，立刑事案件326起，其中，查破犯罪团伙12个、54人，团伙案件49起，打击处理各类违法犯罪人员487人，追缴损失200余万元。集中警力破获了“5·12”杀人案、“7·3”系列盗窃宾馆案、“12·23”马-南线抢劫案等大案。

2009年初，抽调精干力量30余人，楚江公安分局派出8名民警，组建成立8支便衣行动队，重点加强夜间伏击，有针对性地在易盗部位、案件多发地段开展“打盗抢犯罪”专项行动。当年，便衣队共抓获各类偷盗人员765人，打击处理456人，缴获各类物资153余吨。2012年5月，因厂区治安环境发生变化，便衣队撤销。

2019年，破获了一系列大案要案，打掉19个犯罪团伙，对厂区内的违法犯罪活动形成有力震慑。典型案例：“2016·4·11”特大盗窃四钢轧贵重合金系列案，该案打掉8个犯罪团伙（其中1个系公安部挂牌督办的涉枪团伙），42人被采取刑事强制措施，涉案价值达150万元。

2012年后，针对马钢集团改革发展新变化、新要求和保卫工作新特点、新趋势，马钢保卫工作立足于解决治安突出问题，以门禁管理规范化、治安巡防常态化、打击犯罪精准化、工程安保系统化、专项整治长效化为工作重点，以公司满意、厂方满意、职工群众满意为目标，持续深化治安打防管控工作，着力打造平安马钢。

第八节　治安综合治理

为维护公司政治、治安大局的稳定，马钢集团治安综合治理工作实行“属地管辖”和“谁主管、谁负责”的原则，在公司党委坚强领导下，实现厂区治安持续稳定。

[历史沿革]

马钢综合治理委员会成立于1995年，由马钢分管领导担任历届公司综治委主任，马钢16个部门主要负责人组成综治委成员，下设办公室（简称综治办，设在保卫部）。

[基础建设]

马钢集团把综治平安建设工作摆上重要位置，每年综治委召开全委会进行工作部署，听取上一年度综治平安建设工作完成情况、年终考评情况及重点工作的汇报，审议本年度《治安综合治理目标管理责任书》，审议并下发综治（普法、禁毒）年度工作要点。公司主要领导亲自组织研究协调解决工作中的重点难点问题。公司领导与各单位签订《治安综合治理目标管理责任书》。综治委各成员单位完善体制机制，创新工作措施，进一步加大齐抓共管力度。严格执行社会治安综合治理领导责任制和目标管理责任制考核，2008年5月（2014年4月换版）制定并下发《治安综合治理管理办法》，向有关单位及时反馈职工犯罪情况，下发《马钢职工、外协工违法违规通报》，督促相关单位及时做出处理意见。认真履职尽责，对公司级各类评优评先等进行综治审核并提出书面意见。

各单位成立主要领导亲自担任组长的综治工作领导小组，配备专（兼）职综治工作人员，在人员配备、责任分解、资金保障上抓好落实。完善厂区内部治安防范体系，加强对厂区重点区域的整治，开展厂区治安巡逻和交通整治工作。加强群防群治建设，对存在治安隐患的单位下发《治安隐患整改通知书》并督促整改。做好铁路护路联防工作，加强与马鞍山市公安局、火车站派出所联勤联动联防工作，看护铁路沿线运输物资，打击大规模盗抢事件，排查整治治安隐患。

马钢综治办按计划举办年度专（兼）职综治工作人员培训班，邀请有关专家讲授相关法律法规，提高综治干部的工作能力和业务水平。积极开展综治宣传工作，充分利用各类宣传媒体向广大员工传授防盗抢、防诈骗、防火灾、防毒品、防邪教等，提高全体职工创建平安单位活动的知晓率。

［专项工作］

马钢集团国家安全人民防线建设小组运用多种阵地和形式推动国家安全宣传教育深入开展，组织“4・15”全民国家安全教育日宣传活动，增强职工国家安全意识。

加强重大矛盾纠纷排查和化解工作，确保早发现、早预警、早处置。注重源头防范，及时收集上报各类情况信息，积极稳妥处置各类上访（群访）事件，组织参与各类矛盾纠纷调处工作。开展重大决策社会稳定风险评估，建立风险评估机制。组织开展多种形式反邪教警示教育，全面掌握邪教“法轮功”人员基本情况，开展打击邪教“法轮功”违法犯罪专项斗争，加强邪教“法轮功”重点人员的帮教和管控。2000 年，邪教“法轮功”练习者 93 名（其中退休职工 51 名），经多年工作，绝大多数已转化，截至 2019 年，原邪教“法轮功”练习者在职职工仅剩 1 名。

在“四五”“五五”“六五”“七五”普法期间，马钢法治宣传办公室科学制订规划，坚持把普法依法治企工作纳入企业战略发展的总体规划，保障法制宣传依法治企工作有序推进。每年制订普法工作计划，层层分解，将普法依法治企工作纳入检查考核之中。抓好领导干部集中学法、骨干轮训，加强普法阵地宣传，丰富活动内容，组织开展普法知识竞赛、有奖问答、演讲比赛、展板评比、普法征文等一系列活动。

马钢禁毒办公室认真组织禁种铲毒工作，确保毒品原植物零种植目标。开展多种形式的禁毒宣传教育活动，紧紧围绕“6・1”《中华人民共和国禁毒法》实施纪念日、“6・3”虎门销烟纪念日、“6・26”国际禁毒日等主要时间节点集中宣传。在马钢教培中心开展青少年毒品预防教育工作，加强对易制毒化学品规范管理。

马钢综治办被授予 2009 年度、2010 年度全省社会治安综合治理先进集体称号。马钢集团“五五”普法工作获全国先进单位称号，1 人获“全国普法工作先进个人”。

第八章 信访保密

第一节 信访工作

［历史沿革］

2000年起，延续设置马钢集团公司、马钢股份公司信访办公室（副处级机构），归属马钢集团办公室。主要负责职工、群众来信、来访、市长公开电话办理、信访事项的综合协调工作。信访业务指导和年度目标考核归属省信访局、省国资委。自2000年起，马钢集团信访办配备了专职信访工作人员，建立了三级信访网络，各单位各部门均配备了兼职信访工作人员，有专兼职信访工作人员约50人。经过不断规范和完善，马钢集团信访办设立了独立的接访室、联合接访室、会商协调室、资料室和监控室，进一步规范了信访接待、协调会商、资料登记存档的管理。

［组织领导］

随着马钢集团领导成员的调整和组织机构的变化，公司及时调整公司信访工作领导小组，马钢集团党政主要领导担任组长，有关职能管理部门为成员单位，马钢集团信访办公室负责日常工作。2000—2019年底，共调整公司信访工作领导小组5次，召开会议35次，研究处理信访疑难问题290件次。2005年初，马钢成立了协调组，信访办专门设立工作机构，对职工群众反映最多、矛盾最尖锐的热点问题，深入开展调查研究，认真分析研判，并提出处理意见和解决办法，及时提供信息为领导决策参考。

［制度建设］

2005年6月，马钢集团重新修订了《关于健全党政领导干部信访接待日制度的意见》，将每周星期五下午作为公司领导接待职工群众来访日，并形成一项制度坚持开展。同时重新修订了《马钢两公司信访办公室来信工作暂行办法》《马钢两公司信访办公室接待来访工作暂行办法》和《马钢两公司信访办公室督查督办工作暂行办法》4个文件。2007年，修订《马钢两公司信访工作目标管理先进单位及先进个人评比表彰实施办法》和《马钢两公司信访工作领导责任追究制暂行规定》。2012年8月，修订并印发了《马钢集团公司群体性事件专项应急预案》和《马钢中高层管理人员群体性事件问责细则（试行）》。

［主要工作］

正确引导，积极争取职工对企业改革改制的理解和支持。2003—2007年，马钢根据国家经贸委等八部委联合下发《关于国有大中型企业主辅分离辅业改制分流安置富余人员实施办法》，企业改革改制高峰期，先后对江东企业公司、马钢建设公司、马钢医院等单位进行改制和中小学移交等，涉及职工高达3万余人（其中集体企业职工20100人），部分职工因改制政策和资产处置分配、身份置换等问题反映强烈，先后多次到马钢及上级部门上访。据统计，4年间，上访职工达6500余人，经过做细致的工作，妥善地处理了上访职工的诉求，平稳有序地推进了企业改革改制，维护了企业和社会的稳定。

多策并举，妥善处理退伍军人、98届技校毕业就业安置等问题。自2004年开始，国家对退役士兵安置政策进行了调整，从“统包统揽和指令性安置”转变为“安排工作与自谋职业相结合”，实行市场化的双向选择。为使这项工作平稳有序进行，公司实行三年过渡期，逐年减少（第一年70%，第二年50%，第三年30%）。2007年，暂定接收70%马钢职工子女的退伍军人就业，仍有30%职工子女不能实现进马钢就业，导致这部分职工采取过激行为集体上访，马钢及时与市有关部门协调，三年过渡期内，马钢职工子女的退役士兵全部得到妥善安置。2004年9月—2013年5月，针对98届马钢技校毕业生（300人）要求马钢履行当时马钢技校招生简章“不包分配，择优录用”承诺，录用进马钢工作的问题，信访办牵头组织召开专题会26次，联合接访30余次，组织安排公司领导接访8次，为推动问题的解决起到积极作用。同时妥善处理化解了当涂太白劳务工、职教幼教落实教师待遇，幼教移交等具有社会影响力群体性信访问题。

信访工作指标全省领先。截至2019年底，马钢集团信访工作先后被评为全省信访目标考核先进单位12次，省属企业信访工作先进单位15次，1人获全省优秀党员，4人获安徽省属企业信访工作先进个人。

第二节　保密工作

[历史沿革]

2005年3月，马钢集团党委针对人员变动情况及时对保密委员会成员进行了调整，并结合马钢集团实际，重新成立了科技保密办公室，信息保密办公室和涉外保密办公室，取代原科技、通信、外事等3个专业保密办公室。2006年，健全保密机构，继成立信息、科技、外事保密办公室之后，又成立了军工保密办公室。2014年，公司根据人事变动和工作需要，调整了公司党委保密委员会，并按照业务谁主管、保密谁负责的原则，调整了科技，外事、信息、军工、经营信息5个专业保密办。各二级单位也根据需要及时调整了保密工作组织，形成了完善的两级保密管理网络。2018年，根据马钢集团机关机构改革以及人事变动情况及时调整保密委员会组成人员，并重新调整设立了集团层面的外事、经营信息、科技、信息等专业保密办，为做好集团整体保密工作提供了组织保证。

[组织领导]

2005年9月，马钢集团下发《公司保密委员会第三十次会议纪要》，明确规定保密工作评比表彰每两年开展1次，表彰经费专项报批。2007年，马钢两公司对全公司近300名涉密人员进行了界定和审查，指导各单位与涉密人员签订了保密协议和保密承诺书等。2010年，根据人事变动情况完成了保密委调整工作，开展了涉密人员审批登记工作，结合近年人员岗位变化，对马钢集团所有涉密人员重新进行了登记审批，组织签订了保密承诺书。2017年，马钢集团保密委员会召开第四十二次会议，根据公司领导层的分工变化及机构调整，及时调整了公司保密委员会。按照公司定密工作程序规定，确定了公司定密责任人和指定定密责任人。

[制度建设]

2001年，马钢集团保密委员会办公室组织起草了《马钢（集团）控股有限公司、马鞍山钢铁股份有限公司保密工作暂行规定》，对公司保密工作做出了系统的规定，明确规定商业秘密及内部管理事项的定义、保密期限等要求。制定《密码及密码电报、传真工作规定》，进一步明确密码管理工作的责任人和管理要求。2003年，根据国家有关法律法规，马钢集团公司组织起草《马钢保密管理暂行规定》《马钢商业秘密管理暂行规定》，对公司涉及的国家秘密、商业秘密和工作秘密的管理做出了系统规定。

2005年9月，制定并实施《马钢科技保密管理细则（试行）》等规章制度。2007年，制定下发了13项保密规章制度，编制近10万字的《保密制度及工作知识汇编》，制修订了《马钢商业秘密管理办法》等4项保密制度。制定下发《马鞍山钢铁股份有限公司经营秘密管理细购（试行）》，修订下发

《马钢科技保密管理细则》和《马鞍山钢铁股份有限公司内幕信息知情人登记制度》。

2013 年，修订和完善《马钢保密宣传制度》《马钢涉密人员管理办法》《马钢涉外活动保密管理规定》《马钢加强国家秘密载体保密管理的规定》《马钢保密要害部门、部位保密管理规定》等 8 项保密制度。2015 年，组织修订了《技术秘密管理办法》《信息系统运行维护管理办法》《计算机信息系统安全管理制度》《计算机系统主机房管理制度》及《计算机网络后台管理细则》等专业保密制度。同时，马钢集团制定了《马钢集团公司定密工作程序规定》《技术秘密管理办法》《马钢集团公司信息系统安全管理办法》等规章制度。

［主要工作］

2006 年，马钢两公司正式启动了军工科研生产保密资格认证工作，全面开展科技定密工作。2007 年 9 月，安徽省武器装备科研生产单位保密资格审查认证委员会批准马钢为二级保密资格单位，这为公司产品进入军工市场提供了必要的条件。2013 年 12 月中旬，顺利通过了安徽省军工保密资格认证委组织的二级保密资格现场审核。

2017 年，按安徽省委保密委的要求，更新了公司全部涉密计算机、打印机等设备。实现了所有涉密设备的国产化，在保密要害部位配置了保险柜、手机屏蔽柜，安装了 24 小时视频监控和电子门禁系统，在醒目位置张贴警示标志，禁止无关人员接近保密要害部位，对出入涉密场所和使用涉密设备的人员均做到有记录、有台账。

2018 年，以通过军工资格认证为重，做好各项准备工作，升级保密技防措施，更新了公司全部涉密计算机、打印机等设备，实现了所有涉密设备的国产化。

2005 年，马钢集团被评为全国“四五”保密法制宣传教育先进单位。

第九章 历次职工代表大会

第一节 概 述

在马钢集团党委领导下，马钢建立了公司级、总厂（矿、中心、事业部）级、分厂（车间）级三级职工代表大会（简称职代会）制度。职代会一般每年召开一次，三年一届。马钢集团职代会和马钢股份职代会同时召开，各自履行职权。2001年，制定《马钢两公司职代会实施办法》。2009年，马钢两公司工会首次开展“职代会先进单位”创建评比表彰活动，推进职代会规范化建设。2011年，由于马钢集团公司和马钢股份公司由平级关系变更为母子公司，职工代表的身份也随之发生变化，马钢集团职代会职工代表具有单一身份，马钢股份职工代表具有马钢集团和马钢股份职代会职工代表双重身份。马钢集团坚持将公司改革发展重要事项和与职工切身利益相关的重要问题提交职代会履行民主程序，听取、审议总经理工作报告，审议社会保险以及企业年金、住房公积金缴费和管理情况报告、职工福利费使用情况报告、民主管理工作报告、职工董事职工监事工作报告、经济责任制考核方案等，审议通过职工福利费使用方案，职工代表对公司领导人员进行民主评议，保障落实职工代表的知情权、参与权、表达权、监督权。

第二节 历次职代会情况

2001年1月8—10日，召开马钢集团十二届四次、马钢股份二届四次职工代表大会。出席大会的正式代表840人。代表们听取、审议马钢集团总经理、马钢股份董事长顾建国所作的题为《加快发展 提升效益 努力开创马钢各项工作新局面》的工作报告。会议审议通过《2001年集团公司职工福利费安排意见》《2001年股份公司经济责任制考核方案》《2001年股份公司公益金和职工福利费使用方案》《马钢两公司优秀科技人员津贴管理办法（试行）》《马钢两公司职工年休假实施办法》《马钢两公司2000年度职工住房货币化分配的原则意见》《马钢两公司职代会民主评议领导干部办法（修改稿）》，审议《2000年集团公司业务招待费使用情况报告》《2000年股份公司业务招待费使用情况报告》《股份公司职工监事工作报告》。马钢两公司党委书记顾章根作了题为《贯彻五中全会精神 加快发展提升效益 为实现马钢“十五”发展的良好开局而努力》的讲话。

2002年1月8—10日，召开马钢集团十三届一次、马钢股份三届一次职工代表大会暨祝捷大会。出席大会的正式代表793人。代表们听取、审议马钢集团总经理、马钢股份董事长顾建国所作的题为《加快发展步伐 提高竞争能力 以积极的姿态迎接新一轮市场竞争的挑战》的工作报告。会议审议通过《2002年集团公司职工福利费使用方案》《2002年股份公司经济责任制考核方案》《2002年股份公司公益金和职工福利费使用方案》《马钢“十五”职工培训规划》《马钢职工医疗保险制度改革试行办法修正案》《马钢两公司职工代表大会实施办法》《两公司职代会六个专门工作委员会人员名单和劳动争议调解委员会中职工代表委员名单》，审议《2001年集团公司业务招待费使用情况报告》《2001年股份公司业务招待费使用情况报告》《股份公司职工监事工作报告》。马钢两公司党委书记顾章根作了题为

《努力提高马钢市场竞争能力 为全面完成2002年各项奋斗目标而努力奋斗》的讲话。马鞍山市代市长丁海中宣读了中共马鞍山市委、马鞍山市人民政府的贺信。安徽省经贸委主任黄海嵩宣读了中共安徽省委、安徽省人民政府的贺电。安徽省副省长黄岳忠作了题为《努力把马钢培育成具有国际竞争力的大企业集团》的讲话。

2002年12月24—25日，召开马钢集团十三届二次、马钢股份三届二次职工代表大会。出席大会的正式代表793人。代表们听取、审议马钢集团总经理、马钢股份董事长顾建国所作的题为《加快结构调整 创新体制机制 推进科学管理 提升经济效益》的工作报告。会议审议通过《2003年集团公司职工福利费使用方案》《2003年股份公司经济责任制考核办法》《2003年股份公司公益金和职工福利费使用方案》《马钢两公司职工代表大会提案工作试行办法》，审议《2002年集团公司业务招待费使用情况报告》《2002年股份公司业务招待费使用情况报告》《股份公司职工监事工作报告》。会议期间，职工代表对马钢两公司领导干部进行民主评议。马钢两公司党委书记顾章根作了题为《认真贯彻十六大精神 全心全意依靠职工 为全面完成2003年各项目标任务而努力奋斗》的讲话。

2003年12月18—20日，召开马钢集团十三届三次、马钢股份三届三次职工代表大会。出席大会的正式代表782人。代表们听取、审议马钢集团总经理、马钢股份董事长顾建国所作的题为《抢抓机遇 深化改革 全力推进马钢跨越式发展》的工作报告。会议审议通过《2004年集团公司职工福利费使用方案》《2004年股份公司公益金和职工福利费使用方案》，审议《2003年集团公司业务招待费使用情况报告》《2003年股份公司业务招待费使用情况报告》《马钢职工养老、失业保险缴费情况的汇报》《两公司关于职工医疗保险基金管理情况的汇报》《马钢职工住房公积金管理情况汇报》《股份公司职工监事工作报告》。会议期间，职工代表对马钢两公司领导干部进行民主评议，并视察了2号大高炉和热轧板厂。马钢两公司党委书记顾章根作了题为《抢抓发展机遇 依靠全体职工 为实现2004年各项目标而努力奋斗》的讲话。

2004年12月21—22日，召开马钢集团十四届一次、马钢股份四届一次职工代表大会。出席大会的正式代表770人。代表们听取、审议马钢集团总经理、马钢股份董事长顾建国所作的题为《鼓足干劲 乘势而上 夺取“十五”改革发展的全面胜利》的工作报告。会议审议通过《2005年集团公司职工福利费使用方案》《2005年股份公司公益金和职工福利费使用方案》《两公司职代会六个专门工作委员会人员名单和劳动争议调解委员会中职工代表委员名单》，审议《关于两公司2004年职工养老、医疗、失业等保险金和住房公积金缴纳和管理情况的报告》《2004年集团公司业务招待费使用情况报告》《2004年股份公司业务招待费使用情况报告》《股份公司职工监事工作报告》。两公司党委书记顾章根作了题为《凝心聚力 开拓创新 扎实工作 为全面完成2005年各项目标任务而奋斗》的讲话。

2005年12月19—21日，召开马钢集团十四届二次、马钢股份四届二次职工代表大会。出席大会的正式代表748人。代表们听取、审议马钢集团公司总经理、马钢股份董事长顾建国所作的题为《坚定信心 沉着应对 强化措施 挖潜增效 努力实现“十一五”发展的良好开局》的工作报告。会议审议通过《2006年集团公司职工福利费使用方案》《2006年股份公司公益金和职工福利费使用方案》，审议《关于两公司2005年职工养老、医疗、失业保险以及企业年金、住房公积金缴费和管理情况的报告》《2005年集团公司业务招待费使用情况报告》《2005年股份公司业务招待费使用情况报告》《股份公司职工监事工作报告》。会议期间，职工代表对两公司领导干部进行了民主评议，视察了新区。马钢两公司党委书记顾章根作了题为《牢固树立科学发展观 紧紧团结和依靠职工 为全面完成2006年各项目标任务而奋斗》的讲话。

2006年12月18—20日，召开马钢集团十四届三次、马钢股份四届三次职工代表大会。出席大会的正式代表722人。代表们听取、审议马钢集团总经理、马钢股份董事长顾建国所作的题为《深入推

进标准化工作 加快实施低成本战略和品牌战略》的工作报告。会议审议通过《2007年集团公司职工福利费使用方案》《2007年股份公司公益金和职工福利费使用方案》，审议《关于两公司2006年职工养老、医疗、失业等保险以及企业年金、住房公积金缴费和管理情况的报告》《2006年集团公司业务招待费使用情况报告》《2006年股份公司业务招待费使用情况报告》《股份公司职工监事工作报告》。会议期间，职工代表对两公司领导干部进行了民主评议，视察了新区建设情况。马钢两公司党委书记顾章根作了题为《认清新形势 应对新考验 落实新举措 为全面实现2007年各项目标而努力奋斗》的讲话。

2007年12月19—21日，召开马钢集团十五届一次、马钢股份五届一次职工代表大会。出席大会的正式代表808人。代表们听取、审议马钢集团总经理、马钢股份董事长顾建国所作的题为《快速转变发展方式 显著提高经营效果 以崭新的姿态朝着马钢的战略目标奋进》的工作报告。会议审议通过《2008年集团公司职工福利费使用方案》《2008年股份公司职工福利费使用方案》《两公司职代会六个专门工作委员会成员建议名单和劳动争议调解委员会中职工代表委员名单》，审议《关于两公司2007年职工养老、医疗、失业等保险以及企业年金、住房公积金缴费和管理情况的报告》《2007年集团公司业务招待费使用情况报告》《集团公司2008年经济责任制实施方案》《2007年股份公司业务招待费使用情况报告》《股份公司职工监事工作报告》《股份公司2008年经济责任制实施方案》。会议期间，职工代表对两公司领导干部进行了民主评议。马钢两公司党委书记顾章根作了题为《紧扣工作主题 狠抓措施落实 为全面完成2008年各项目标而奋斗》的讲话。

2008年6月30日，召开马钢集团十五届二次、马钢股份五届二次职工代表大会。出席大会的正式代表800名。马钢集团总经理、马钢股份董事长顾建国就公司上半年主要工作情况和马钢集团产权多元化改革情况向大会作报告。会议听取了《马钢产权多元化改革方案通报》，审议通过了《职工劳动关系调整与安置方案》。马钢两公司党委书记顾章根在会上讲话。

2008年12月19—20日，召开马钢集团十五届三次、马钢股份五届三次职工代表大会。出席大会的正式代表810人。代表们听取、审议马钢集团总经理、马钢股份董事长顾建国所作的题为《聚焦品种质量 强化内部管理 以必胜信心和有效措施应对新的严峻挑战》的工作报告。会议审议通过《2009年集团公司职工福利费使用方案》《2009年股份公司职工福利费使用方案》，审议《关于两公司2008年职工养老、医疗、失业等保险以及企业年金、住房公积金缴费和管理情况的报告》《2008年集团公司业务招待费使用情况报告》《集团公司2009年经济责任制实施方案》《2008年股份公司业务招待费使用情况报告》《股份公司职工监事工作报告》《股份公司2009年经济责任制实施方案》。会议期间，职工代表对两公司领导干部进行了民主评议。马钢两公司党委书记顾章根作了题为《坚定信心 强化措施 应对挑战 在转变发展方式上迈出更大步伐》的讲话。

2009年12月25—26日，召开马钢集团十五届四次、马钢股份五届四次职工代表大会。出席大会的正式代表778人。代表们听取、审议马钢集团总经理、马钢股份董事长顾建国所作的题为《打造竞争优势 提高盈利能力 奋力夺取应对危机挑战的新胜利》的工作报告。会议审议通过《2010年集团公司职工福利费使用方案》《2010年股份公司职工福利费使用方案》，审议《关于两公司2009年职工养老、医疗、失业等保险以及企业年金、住房公积金缴费和管理情况的报告》《2009年集团公司业务招待费使用情况报告》《集团公司2010年经济责任制考核方案》《马钢员工奖惩办法（试行）》《2009年股份公司业务招待费使用情况报告》《股份公司职工监事工作报告》《股份公司2010年经济责任制考核方案》。会议期间，职工代表对两公司领导干部进行民主评议。

2010年12月16—17日，召开马钢集团十六届一次、马钢股份六届一次职工代表大会。出席大会的正式代表722人。代表们听取、审议马钢集团、马钢股份董事长顾建国所作的题为《强化管理创新深化降本增效 奋力实现“十二五”科学发展的良好开局》的工作报告。会议审议通过《2011年集团公司职工福利费使用方案》《2011年股份公司职工福利费使用方案》《两公司职代会五个专门工作委员会委员名单》，审议《关于两公司2010年职工养老、医疗、失业等保险以及企业年金、住房公积金缴费和管理情况的报告》《2010年集团公司业务招待费使用情况报告》《2010年股份公司业务招待费使用情况报告》《股份公司职工监事工作报告》。会议期间，职工代表对两公司领导干部进行民主评议。

2011年12月21—23日，召开马钢集团十六届二次（马钢股份六届二次）职工代表大会。出席大会的正式代表723人。代表们听取、审议马钢集团总经理、马钢股份董事长苏鉴钢所作的题为《紧紧围绕市场和效益 加快转型发展 全面提升企业竞争力》的工作报告。会议审议通过《2012年集团公司职工福利费使用方案》《2012年股份公司职工福利费使用方案》。会议听取《公司2011年度选人用人工作情况的报告》，审议《关于集团公司2011年社会保险以及企业年金、住房公积金缴费和管理情况的报告》《2011年集团公司业务招待费使用情况报告》《2011年股份公司业务招待费使用情况报告》《股份公司2012年生产经营绩效管理方案》《股份公司职工监事工作报告》。会议期间，职工代表对公司领导干部进行民主评议。马钢集团党委书记、董事长顾建国作了题为《坚定信心 振奋精神 为全面完成各项目标任务而努力奋斗》的讲话。

2012年12月27日—28日，召开马钢集团十六届三次（马钢股份六届三次）职工代表大会。出席大会的正式代表711人。代表们听取、审议马钢集团总经理、马钢股份董事长苏鉴钢所作的题为《创新驱动 转型发展 全力打好扭亏增盈攻坚战》的工作报告。会议审议通过《2013年集团公司职工福利费使用方案》《2013年股份公司职工福利费使用方案》。会议审议《关于集团公司2012年社会保险以及企业年金、住房公积金缴费和管理情况的报告》《2012年集团公司业务招待费使用情况报告》《集团公司2013年经济责任制考核意见》《2012年股份公司业务招待费使用情况报告》《股份公司2013年生产经营绩效管理办法》《股份公司职工监事工作报告》。会议期间，职工代表对公司领导干部进行民主评议。马钢集团党委书记、董事长顾建国作了题为《坚定信心 凝聚力量 真抓实干 确保全面实现2013年扭亏增盈目标》的讲话。

2013年12月30—31日，召开马钢集团十七届一次（马钢股份七届一次）职工代表大会。出席大会的正式代表676人。代表们听取、审议马钢集团总经理、马钢股份董事长丁毅所作的题为《聚焦“1+7”多元产业 全面深化改革创新 奋力开创马钢转型发展新书面》的工作报告。会议审议通过《2014年集团公司职工福利费使用方案》《2014年股份公司职工福利费使用方案》《集团公司第十七届（股份公司第七届）职代会五个专门工作委员会委员名单》，审议《关于集团公司2013年社会保险以及企业年金、住房公积金缴费和管理情况的报告》《2013年集团公司业务招待费使用情况报告》《集团公司2014年绩效考核方案》《2013年股份公司业务招待费使用情况报告》《股份公司2014年生产经营绩效考核方案》《股份公司职工监事工作报告》。会议期间，职工代表对公司领导干部进行民主评议。马钢集团党委书记、董事长高海建作了题为《以“去行政化、建新机制”为推动 汇聚改革创新、转型升级的强大合力》的讲话。

2014年12月25—26日，召开马钢集团十七届二次（马钢股份七届二次）职工代表大会。出席大会的正式代表661人。代表们听取、审议马钢集团总经理、马钢股份董事长丁毅所作的题为《全力推进精准运营 全面激发人的活力 在主动适应新常态中追求卓越》的工作报告。会议审议通过《2015年集团公司职工福利费使用方案》《2015年股份公司职工福利费使用方案》，审议《关于集团公司2014年社会保险以及企业年金、住房公积金缴费和管理情况的报告》《2014年集团公司业务招待费使用情况报告》《集团公司2015年绩效考核方案》《2014年股份公司业务招待费使用情况报告》《股份公司2015年生产经营绩效考核方案》《股份公司职工监事工作报告》。会议期间，职工代表对公司领导干部进行民主评议。马钢集团党委书记、董事长高海建作了题为《以人为本 同舟共济 携手共建马钢美好家园》的讲话。

2015年12月30—31日，召开马钢集团十七届三次（马钢股份七届三次）职工代表大会。出席大会的正式代表657人。代表们听取、审议马钢集团总经理、马钢股份董事长丁毅所作的题为《聚焦两大战场 锐意变革突破 众志成城奋力打好家园保卫战》的工作报告。会议审议通过《2016年集团公司职工福利费使用方案》《2016年股份公司职工福利费使用方案》，审议《关于集团公司2015年社会保险以及企业年金、住房公积金缴费和管理情况的报告》《2015年集团公司业务招待费使用情况报告》《集团公司2016年绩效考核方案》《2015年股份公司业务招待费使用情况报告》《股份公司2016年生产经营绩效考核方案》《股份公司职工监事工作报告》。会议期间，职工代表对公司领导干部进行民主评议。马钢集团党委书记、董事长高海建作了题为《以变革求突破 以担当保家园 为实现全年各项目标任务提供强有力保障》的讲话。

2016年12月22—23日，召开马钢集团十八届一次（马钢股份八届一次）职工代表大会。出席大会的正式代表581人。代表们听取、审议马钢集团总经理、马钢股份董事长丁毅所作的题为《坚定不移深化改革 坚持不懈做强品牌 开创马钢转型升级、健康发展新局面》的工作报告。会议审议通过《马钢集团化解过剩产能实现脱困发展人员退出分流安置总体方案》《马钢集团化解过剩产能期间员工居家休养暂行规定》《2017年集团公司职工福利费使用方案》《2017年股份公司职工福利费使用方案》《集团公司第十八届（股份公司第八届）职代会五个专门工作委员会委员名单》，审议《关于集团公司2016年社会保险以及企业年金、住房公积金缴费和管理情况的报告》《2016年集团公司业务招待费使用情况报告》《集团公司2017年绩效考核方案》《集团公司职工董事工作报告》《集团公司职工监事工作报告》《2016年股份公司业务招待费使用情况报告》《股份公司2017年生产经营绩效考核方案》《股份公司职工监事工作报告》。会议期间，职工代表对公司领导干部进行民主评议。马钢集团党委书记、董事长高海建作了题为《把握改革发展大势 凝聚家园强大合力 为实现全年各项目标任务而努力奋斗》的讲话。

2017年12月28—29日，召开马钢集团十八届二次（马钢股份八届二次）职工代表大会。出席大会的正式代表578人。代表们听取、审议马钢集团总经理、马钢股份董事长丁毅所作的题为《以党的十九大精神为指引 加速提升创新竞争力 奋力实现新时代马钢全面精益运营的新跨越》的工作报告。会议审议通过《2018年集团公司职工福利费使用方案》《2018年股份公司职工福利费使用方案》，审议《关于集团公司2017年社会保险以及企业年金、住房公积金缴费和管理情况的报告》《2017年集团公司业务招待费使用情况报告》《集团公司2018年绩效考核方案》《集团公司职工董事工作报告》《集团公司职工监事工作报告》《2017年股份公司业务招待费使用情况报告》《股份公司2018年生产经营绩效考核方案》《股份公司职工监事工作报告》。会议期间，职工代表对公司领导干部进行民主评议。马钢集团党委书记、董事长魏尧作了题为《深入贯彻习近平新时代中国特色社会主义思想 为推动马钢实现高质量发展而不懈奋斗》的讲话。

2018年12月19日—20日，召开马钢集团十八届三次（马钢股份八届三次）职工代表大会。出席大会的正式代表580人。代表们听取、审议马钢集团总经理、马钢股份董事长丁毅所作的题为《聚焦变革突破 聚力价值创造 奋力开创马钢高质量发展新局面》的工作报告。会议审议通过《2019年集团公司职工福利费使用方案》《2019年股份公司职工福利费使用方案》，审议《关于集团公司2018年社会保险以及企业年金、住房公积金缴费和管理情况的报告》《2018 年集团公司业务招待费使用情况报告》《集团公司 2019 年经营绩效考核方案》《集团公司职工董事工作报告》《集团公司职工监事工作报告》《2018 年股份公司业务招待费使用情况报告》《股份公司 2019 年生产经营绩效考核方案》《股份公司职工监事工作报告》。会议期间，职工代表对公司领导干部进行民主评议。马钢集团党委书记、董事长魏尧作了题为《深入践行新发展理念　强化效率和效益导向　为做强做优做大马钢而努力奋斗》的讲话。

第十章　工　　会

第一节　机构设置

2001—2019年，马钢集团工会和马钢股份工会合署办公。2001年工会设有7部1室：财务部、经济工作部、宣教文体部、生活保险部（省职工互助会代办处）、组织民管部、法律工作部、女工部、办公室（党总支）；两个直属科级机构：《江南文学》编辑部、文体中心。

2008年，工会购置功辉大厦后，成立功辉大厦管理办公室（科级编制）。后因马钢两公司机构变革，公司文联办（科级编制）划入工会，工会设7部1室、4个直属科级机构：财务部、经济工作部、宣教文体部、生活保险部（省职工互助会代办处）、女工部，组织民管部、法律工作部、办公室（党总支），文体中心、《江南文学》编辑部、文联办、功辉大厦管理办公室。2009年3月，工会网站上线运行。

2011年7月21日，根据《关于调整马钢集团公司机关机构设置的决定》，马钢集团设立工会委员会，马钢股份工会委员会隶属于马钢集团工会委员会，日常事务由马钢集团工会委员会代行。

2015年9月，根据马钢集团机构改革的要求，工会机构精简合并为4部1室1中心：经济工作部、宣教文体部（文联办、《江南文学》编辑部）、生活保险女工部（省职工互助会代办处）、组织民管法工部、办公室（财务部）、文体中心（功辉大厦）。

2016年7月20日，经马钢集团机关党委批复同意，撤销工会党总支，成立工会党支部。2018年4月11日—2019年9月，工会机关机构设置为财务资产管理、权益保障女工、组织民管宣教、劳动和经济工作四个职能部门。2018年4月26日，“马钢e工汇”APP和PC端同时上线运行。2018年5月，《江南文学》停刊。

2019年9月，马钢集团工会下设财务资产管理室、权益保障女工室、组织民管宣教室、劳动和经济室。

第二节　工会组织建设

2001—2019年，马钢集团工会按照《中华人民共和国工会法》《中国工会章程》的规定，围绕中心，服务大局，坚持促进企业发展，维护职工合法权益原则，切实履行维护、建设、参与、教育职能，团结动员公司广大职工充分发挥主力军作用，为马钢高质量发展做出积极贡献。服务生产经营建设，广泛开展“创新创效”劳动竞赛、合理化建议活动、“工人先锋号”创建活动、职工职业技能竞赛等群众性经济技术创新活动。大力弘扬劳模精神、劳动精神、工匠精神，开展各类先进典型的选树和宣传。坚持职工代表大会为基本形式的民主管理制度，不断拓宽职工参与民主管理的渠道，创新民主管理形式，丰富民主管理内容，坚持将涉及公司改革发展和职工切身利益的重大事项提交职代会审议通过，保障职工的民主权利有效落实；积极推进和谐劳动关系创建，形成“党委领导、行政支持、工会协调、各方配合、职工参与”的创建工作格局。注重职工关心关爱，不断完善帮扶机制，日常帮扶、

“两节”慰问、大病救助、金秋助学等成为“民心工程”，签订《集体合同》《工资专项集体合同》《女职工权益保护专项集体合同》，筑牢职工权益保障“防护网”。以创建“全国模范职工之家”为突破口，以增强基层工会活力为重点，全方位加强工会自身建设。马钢和马钢工会先后获全国模范劳动关系和谐企业、全国“五一”劳动奖状，全国模范职工之家、全国厂务公开工作先进单位、全国群众体育先进单位、全国劳动争议调解先进单位等省、国家级荣誉。

［会员代表大会］

2004 年 9 月 16—17 日，召开马钢集团工会第八次、马钢股份工会第三次会员代表大会。安徽省总工会、马鞍山市总工会领导出席开幕式并讲话。工会领导和相关负责人向大会作了题为《以“三个代表”重要思想统领工会工作 团结动员全体职工为把马钢建成具有国际竞争力的现代化大型企业集团而努力奋斗》的报告，第二届经费审查委员会工作报告和财务工作报告。会议选举产生马钢集团工会第八届、马钢股份工会第三届委员会委员、常委、工会主席、工会副主席。大会选举产生马钢集团工会第八届、马钢股份工会第三届经费审查委员会委员、主任。闭幕式上，马钢集团总经理、马钢股份董事长顾建国作了《坚持全心全意依靠工人阶级办企业的方针 为把马钢建成具有国际竞争力的现代化企业集团而奋斗》的讲话。

2010 年 9 月 15—16 日，召开马钢集团工会第九次、马钢股份工会第四次会员代表大会。安徽省总工会、马鞍山市委、市总工会参会并致贺词。工会领导和相关负责人向大会作了题为《弘扬工人阶级伟大品格 全力“打造命运共同体”团结动员广大职工在促进马钢又好又快发展中建功立业》的报告，经费审查委员会工作报告和财务工作报告。大会选举产生马钢集团工会第九届、马钢股份工会第四届委员会委员、常委、工会主席、副主席。大会选举产生马钢集团工会第九届、马钢股份工会第四届经费审查委员会委员、主任、副主任。闭幕式上，马钢两公司党委书记顾建国作了题为《服务企业大局 发挥独特优势 在推动马钢新一轮又好又快发展中施展更大作为》的讲话。

［制度建设］

2001 年，组织学习宣传贯彻新《工会法》，印制 5000 余本《工会法》学习资料发到基层单位，召开学习座谈会，组织 5.6 万名职工参加《工人日报》专题知识竞赛。2002 年，制定《两公司工会贯彻〈工会法〉若干实施意见》，以公司党委名义批转执行。2004 年，组织学习宣传《安徽省贯彻〈工会法〉实施办法》，推动依法治会、依法维权。

2006 年，马钢两公司党委批转《关于加强车间级工会工作的意见》，选择南山矿业公司、热电总厂进行车间级工会主席直选试点，深入推进车间级工会工作。修订《建设职工之家实施办法》。2007 年，研究制定《马钢贯彻〈企业工会工作条例〉实施细则》，以党委文件批转各单位执行，使工会工作得到进一步规范和加强。

2012 年，马钢集团建立和完善工会机关目标责任考核与绩效考核、学习考核三位一体的综合考评体系和过失责任追究制度。制定《工会机关工作目标责任制考核办法》《工会机关职务（岗位）责任追究制度》，修订《工会机关员工动态考核办法》，为推动各级工会组织规范化建设发挥了带头示范作用。2014 年，制定印发《马钢集团公司新成立二级单位工会工作管理办法》。

2016 年，印发《关于做好居家休养、编外人员管理的会员会籍管理和缴纳会费工作的通知》。2018 年，贯彻落实中央、省市《关于推进新时代产业工人队伍建设改革实施意见》，牵头制定马钢推进产业工人队伍建设改革行动方案。

［主要工作］

2001 年，马钢两公司加强会员会籍管理，为 8.8 万名会员（含江东公司、利民公司等集体企业）换发会员证。工运理论研讨工作被安徽省总工会评为先进单位。工会工作目标责任制被马鞍山市总工会授予特等奖。2002年，开展车间级工会组织建设情况调研。2003年，举办工会主席、工会干部培训班，深入学习“三个代表”重要思想、国家八部委859号文件精神以及工会业务知识。2004年，举办工会主席和工会干部培训班，深入学习邓小平理论和“三个代表”重要思想。工运理论研讨工作分别受到中国机械冶金建材工会和安徽省总工会表彰。2005年，根据马钢两公司党委的部署，组织工会系统党员领导干部开展保持共产党员先进性教育活动，召开3次征求意见座谈会，落实整改措施。组织300名工会干部参加“四五”普法考试。开展调查研究，在区域整合中深入整合单位了解并反映基层工会组织的呼声和意愿。

2007年，马钢两公司开展合资企业工会工作调研，合资企业工会在探索中得到加强。根据公司部署，修订工会管理职能和各部室管理职责，制定工会机关岗位工作标准。2008年，根据省总工会《关于进一步做好基层工会法人资格登记工作的通知》要求，为49个基层工会办理了法人资格登记。2009年，根据马钢两公司党委要求，开展工会系统深入学习实践科学发展观活动。按照省总工会要求，开展“双走访、促三保”活动，进一步提升工作质量与服务水平。2010年，根据公司党委“创先争优”工作的总体要求，在工会系统组织开展学习教育活动。

2011年，各级工会组织召开专题会议、座谈会学习贯彻胡锦涛“七一”重要讲话和党的十七届六中全会精神，实施党工共建创先争优活动。承办召开全国大型钢铁企业第28届工会主席联席会，中国机械冶金建材工会、省市总工会以及宝钢、鞍钢、马钢等全国17家大钢工会主席、有关负责人出席会议。组织近200名基层劳动争议调解员开展业务培训。马钢集团被国家人社部确定为全国劳动争议预防调解示范企业。2012年，马钢集团深入学习贯彻党的十八大精神，在工会系统开展“保持党的纯洁性”主题教育实践活动。开展合资企业工会工作专题调研，加强对力生公司、实业公司等改制单位工会工作的指导。2013年，按照马钢集团党委部署，工会系统组织开展党的群众路线教育实践活动。认真组织学习贯彻省工会十三大及全总十六大精神，举办专职工会干部培训班和劳动争议调解委员会主任、调解员业务知识培训班。开展全总关于修正《中国工会章程》和省人大常委会关于制订《安徽省企业民主管理条例》问卷调查。指导15家基层工会做好会员代表大会的换届选举、增补委员、补选副主席等工作。2014年，根据马钢集团党委建设服务型党群组织的要求，深入开展“面对面、心贴心、实打实服务职工在一线活动”，工会党总支组织工会干部深入基层开展调研和服务活动。10月11日召开马钢集团工会九届六次（马钢股份工会四届六次）全委会。开展基层工会工作法征集和评审工作，征集工作法43项，经评审确定工作法36项。2015年，以学习贯彻全总十六大、省工会十三大精神为重点，开展工会干部学习培训。编印《领航·家园—马钢工会工作20法》，推动基层工会的学习交流和创新发展。按照马钢集团党委“跟班蹲点”要求，组织工会干部深入基层开展调研，及时掌握职工思想动态，帮助职工解决实际问题。8月13日，召开马钢集团工会第九届（马钢股份工会第四届）委员会第八次全体会议。8月14日，召开马钢集团工会第九届（马钢股份工会第四届）经费审查委员会第十二次全体会议。召开马钢集团（马钢股份）工会会员代表会议，选举产生48名出席市工会十二大会议代表。

2016年，在工会系统开展“两学一做”学习教育和“讲看齐、见行动”学习讨论活动。指导14家基层单位工会成立工会、换届选举以及在公司推进“授权组阁”工作中及时调整工会组织成员设置。多层次多渠道开展工会业务知识培训，开展“送课下基层”活动，举办工会“万千百十”普法宣传知识讲座暨工会业务知识培训班，参加培训近700人次。2018年，按照公司党委统一部署，工会系统开展“讲严立”专题警示教育和“三查三问”工作，持续推进“两学一做”学习教育常态化制度化。持续改进机关作风建设，通过开展党员活动日、结对共建、跟班蹲点等活动，深入基层调研、讲课、指导工作100余人次。3月15日，召开马钢集团工会第九届（马钢股份工会第四届）委员会第十一次全体会议，进行常委和委员的调整。深化集团管控模式下工会改革创新，梳理和调整集团层面工会工作职责，明晰职能定位和管控界面，着力构建精干高效的运行机制。全年指导33家基层工会依法规范做好成立工会、工会换届选举等工作。组织工会干部参加上级和公司工会业务培训达300余人次。2019年，根据集团党委的部署要求，稳步推进机关机构改革“回头看”，全面梳理、逐步优化工作职能，提升人事效率。加强工会机关效能建设，结合工会实际开展结对共建、跟班蹲点、业务授课等活动，带课题下基层开展针对性调研，在一线为职工解决实际问题。3月7日，召开马钢集团工会第九届（马钢股份工会第四届）委员会第十二次全体会议，履行委员调整程序。4月9日，召开马钢集团工会第九届（马钢股份工会第四届）委员会第十三次全体会议，履行委员调整程序。对23家基层工会召开会员代表大会、成立工会、增补委员、补选主席等事项进行指导。组织工会干部参加上级和公司工会业务培训及“送课下基层”近460人次。

[职工之家]

2001年，开展“职工之家”建设活动，修订《马钢两公司工会深入开展“职工之家”建设考核评分标准》，验收合格职工之家6个、先进职工之家5个。2006年，在汽运公司、建设公司、利民公司等单位开展劳务工入会试点，发展会员1547名。马钢两公司工会被中国机械冶金建材工会评为工会工作先进单位，两公司工会被推荐全省“模范职工之家”。2007年，完善“建家”活动规定，命名一批“模范职工之家”和“先进职工之家”，推动“建家”活动深入开展。工运理论研讨工作被安徽省总工会评为“优秀组织奖”单位。马钢两公司获得国家三方组织命名的“全国模范劳动关系和谐企业”称号。2008年，中华全国总工会命名马钢工会为“全国模范职工之家”。马钢两公司工会命名一批二级单位工会为“模范职工之家”和“先进职工之家”。2018年5月，发布新修订的《职工之家建设管理办法》，推动基层工会职工小家建设。2018年4月26日，经过近一年的策划、设计、开发，智慧工会平台—马钢e工汇正式上线运行，旨在建设更具温度的网上职工之家。2019年，开展评选表彰“模范职工之家”和“先进职工之家”活动。

第三节　职工民主管理与厂务公开

[职代会联席会议]

2001年，召开两次职代会联席会议，审议通过马钢两公司《职工内部退养管理办法》《2001年调整职工工资实施方案》《劳动纪律管理办法》《关于调整夜班津贴标准的通知》《两公司集体合同》草案。2003年，召开两次职代会联席会议，审议通过《2003年马钢基本工资制度改革方案》《马钢两公司2003年度职工住房货币化分配实施细则》。2004年，召开三次职代会联席会议，审议通过《马钢企业年金实施办法》《集体合同》等。2005年8月30日，召开职代会联席会议，审议通过调整职工工资方案，选举产生马钢股份公司第五届职工监事，通报马钢医院改制情况。

2006年，召开职代会联席会议，审议通过马钢两公司《集体合同》《女职工权益保护专项集体合同》。2007年6月22日，召开职代会联席会议，审议通过《关于调整住房公积金缴存基数与比例的方案》《关于调整职工交通费标准的通知》。2008年，召开五次职代会联席会议，审议通过《关于进一步深化马钢职工住房制度改革的方案》《关于对1997年上半年登记在册的无房户进行住房货币化分配的方案》《职工手册》《关于暂缓实施〈职工劳动关系调整与安置方案〉及相关问题的处理意见决议》，选举产生马钢股份第六届监事会职工监事。2010年，召开两次职代会联席会议，审议通过《马钢员工奖惩通则》《马钢工资专项集体合同》和《2010年职工薪酬调整方案》。

2011年，召开五次职代会联席会议，审议通过《集体合同》《女职工专项集体合同》《关于清理在册不在岗相关问题的处理办法》《劳动纪律管理办法》《员工考勤和休假管理规定》《职代会专门工作委员会工作制度及职责》《职代会提案工作办法》《2011年马钢职工工资调整方案》，选举产生马钢股份第七届监事会职工监事。制定下发《工会组织协助行政对部分患有特殊疾病职工进行编外管理的意见》。2012年，召开两次职代会联席会议，选举产生马钢企业年金理事会职工理事，审议通过《员工盗窃公司财务惩处暂行规定》。2013年，召开三次职代会联席会议，审议通过《全员岗位绩效考核指导意见（试行）》《员工不胜任现岗位工作等情况的管理规定（试行）》《工资专项集体合同（草案）》，选举产生马钢集团职工董事、职工监事、马钢股份职工监事、集体协商职工方协商代表。2014年，召开两次职代会联席会议，审议通过《集体合同（草案）》《女职工权益保护专项集体合同（草案）》，选举产生马钢股份第八届监事会职工监事。2015年，召开两次职代会联席会议，审议通过《关于盛泰名邸经济适用住房出售实施细则》，选举马钢集团监事会职工监事、马钢股份第八届监事会职工监事。制定下发《马钢集团公司党委关于加强协商民主建设的实施意见》《2015年马钢厂务公开民主管理工作意见》。

2016年，召开两次职代会联席会议，审议通过《员工居家休养实施办法（草案）》《企业与员工协商一致解除劳动合同实施办法（草案）》《员工与企业协议保留劳动关系实施办法（草案）》《编外人员管理办法（草案）》《关于〈企业与员工协商一致解除劳动合同〉的补充规定（草案）》《马钢集团公司职工代表大会实施办法（修订稿草案）》。制发《2016年马钢厂务公开民主管理工作意见》，将厂务公开纳入公司党委专项巡察。在公司实施化解过剩产能推进人力资源优化过程中，组织召开3次职工座谈会，征求对《分流安置总体方案》《居家休养暂行规定》的意见和建议。2017年，召开两次职代会联席会议，审议通过《关于公司离岗安置政策调整的若干规定（草案）》《集体合同（草案）》《女职工权益保护专项集体合同（草案）》《工资专项集体合同（草案）》，选举产生集体协商代表、马钢股份第九届监事会职工监事。公司党委将厂务公开民主管理工作作为巡查内容，对销售公司、铁运公司、四钢轧总厂等12家单位和40个分厂（车间）进行督查。指导耐火材料公司等改革改制单位依法履行民主程序，维护职工合法权益。

2018年，召开三次职代会联席会议，审议通过《企业与员工协商一致解除劳动合同有关规定的调整方案（草案）》《马钢企业年金方案（修订版草案）》《2018年马钢集团薪酬调整方案（草案）》《马钢集团公司员工奖惩通则〔试行〕（修订版草案）》《员工盗窃公司财物惩处实施细则（修订版草案）》，通报公司机构改革及人员优化情况。参与二铁总厂北区、长材事业部北区产线关停职工安置，工程技术集团规划设计院、飞马智科、表面技术公司职工劳动调整，幼教移交地方政府等工作。2019年，召开三次职代会联席会议，审议通过《2019年马钢集团薪酬调整增资方案（草案）》《企业与员工协商一致解除劳动合同实施方案（草案）》，听取审议中国宝武与马钢集团联合重组有关事项。

[职工代表视察]

2002年9月中旬，组织120名职工代表对公司“十五”期间重点工程建设情况、职工住房建设及职工康复中心建设情况、安全生产管理与职工劳动保护情况、《集体合同》履行情况进行视察。2005年9月2日，组织80余名职工代表对马钢集团公司新区工程建设情况以及《集体合同》履行情况开展视察。11月11日，组织职工代表巡视市场营销工作。两公司职代会预备会议后，组织500余名职工代表视察新区工程建设。

2006年，组织开展3次职工代表视察活动，对防暑降温、安全保卫、免费工作餐、新区工程建设等职工关注的热点问题开展视察。2007年8月，组织80名职工代表，对新区投产情况、标准化工作推进情况和职工住房货币化分配情况进行视察。2008年12月4日，组织140多名职工代表，对原燃材料采购、人力资源管理、效能监察及廉洁从业、新产品研发等重点工作进行视察。2009 年 5 月 20—22 日，组织 170 余名职工代表分两批赴沙钢集团、长江钢铁学习考察。12 月 16 日，组织 47 个单位的 120 名职工代表，对降本增效、反腐倡廉、品种质量及后备矿山建设工作进行视察。2010 年 5 月，组织 80 余名职工代表赴合肥公司、江汽集团，深入后备矿山、炼铁炉台、轧钢现场等实地参观考察。

2011 年，组织职工代表进行“清理在册不在岗人员”专项督察，对马钢集团重点工程建设、应对危机挑战、矿山建设、非钢产业发展等开展视察，赴上海参观“2011 年上海职工科技创新成果展”。2012 年 4 月起，组织职工代表围绕矿山系统冲刺 400 万吨成品矿、全员降本增效、非钢产业发展、品种质量四个专题开展贯穿全年的长效视察。12 月，对马钢集团节能减排和非钢产业发展集中开展视察，职工代表对公司生产经营积极建言献策。2013 年，根据马钢集团党委开展党的群众路线教育实践活动的部署安排，马钢集团党政主要领导两次与来自基层一线的职工代表开展面对面的交流对话，听取职工的意见和建议，回应职工的关切和诉求。2014 年 12 月，组织职工代表围绕公司体制机制创新、机关作风建设、炼铁生产、现场管理、安全生产、矿山生产 6 个方面开展视察。2015 年 12 月，组织职工代表围绕新产品开发、劳务工清理、转变废钢采购模式、促进生产型矿山向经营型矿山转变四个专题开展视察。参与合肥公司冶炼产线关停人员转岗分流和部分单位改革工作。

2017 年 12 月，组织 120 余名职工代表围绕公司品牌战略计划、工匠基地建设、高炉新建改建工程、现场美化亮化工程、提升多元产业竞争力五个专题开展视察。2018 年 12 月，组织 100 名职工代表围绕精益工厂创建、重点工程建设、板块发展、机构改革、工匠基地建设五个专题进行视察。

［提案征集与督办］

2001 年，开展征集职代会提案工作，立案 36 项，全部落实反馈。2002 年，召开职代会联席会议，审议通过《2002 年调整职工工资实施方案》《关于调整职工医疗保险制度改革政策的方案》，选举产生马钢股份第四届监事会职工监事。2003 年，制定《两公司职代会提案工作试行办法》。征集职代会提案共计 92 项，立案 75 项，办结率达 100%。2003 年，职代会期间征集提案 81 项，立案 64 项，其中重要提案 7 项，一般提案 57 项。2004 年，征集职代会提案 62 项，立案 54 项，其中，重要提案 16 项、一般提案 38 项。2005 年，职代会提案征集 110 项，立案 86 项，提案办结率 100%。

2006 年，职代会期间征集提案 81 项，立案 69 项，全部得到落实。2007 年，征集职代会提案 75 项，立案 32 项，其中，重要提案 4 项、一般提案 28 项。2008 年，征集职代会提案 72 项，立案 68 项，其中，重要提案 14 项、一般提案 54 项。2009 年，征集职代会提案 69 项，立案 53 项，其中，重要提案 7 项、一般提案 46 项。着眼提高提案工作的质量和效率，组织开展“十佳”提案评选活动。

2011 年，征集职代会提案 82 项，立案 28 项，其中，重要提案 2 项、一般提案 26 项。2012 年，征集职代会提案 55 项，立案 34 项，其中，重要提案 2 项、一般提案 32 项。2013 年，征集职代会提案 71 项，立案 20 项，其中，重要提案 9 项、一般提案 11 项。2014 年，征集职代会提案 88 项，立案 45 项，其中，重要提案 7 项、一般提案 38 项。2015 年，征集职代会提案 83 项，立案 57 项，其中，重要提案 7 项、一般提案 50 项。

2016 年，征集职代会提案 158 项，立案 47 项，其中，重要提案 6 项、一般提案 41 项。2017 年，征集职代会提案 78 项，立案 46 项，其中，重要提案 6 项、一般提案 40 项。2018 年，征集职代会提案 83 项，立案 57 项，其中，重要提案 5 项、一般提案 52 项。2019 年，征集职代会提案 45 项，立案 40 项，其中，重要提案 5 项、一般提案 35 项。

［厂务公开］

2001 年，制定下发《关于推进厂务公开的试行意见》《实行厂务公开通则》，各二级单位普遍建立厂务公开制度。2002 年，马钢两公司获安徽省厂务公开先进单位称号，并在省电视电话会议上作了经验介绍。2003 年 10 月，对部分二级单位的厂务公开工作进行调研和抽查。11 月 11 日，安徽省、马鞍山市检查组到马钢两公司检查，抽查一铁厂等单位的厂务公开工作，检查项目全部通过。11 月 20 日，召开厂务公开工作领导小组会议，传达省、市厂务公开工作会议精神，决定由公司党政主要领导厂务公开工作领导小组组长。马钢两公司被评为全国厂务公开民主管理先进单位。

2004 年，南山矿业公司试点将厂务公开工作引入 ISO 9000 质量认证体系管理，推动厂务公开工作与现代企业管理制度相结合。11 月，马鞍山市厂务公开检查组到马钢两公司检查厂务公开工作并给予高度评价。2005 年，南山矿业公司把 ISO 9000 质量管理标准引入厂务公开取得阶段情况成果，在全国机械冶金建材工会全委会上获创新成果奖。11 月 22 日，召开厂务公开民主管理质量体系推进现场会，总结和推广试点经验。

2006 年，马钢两公司被推荐为全国厂务公开民主管理先进单位。2007 年，马钢联两公司被全国总工会、国家劳动和社会保障部等联合命名为“全国模范劳动关系和谐企业”。2007 年 11 月，安徽省、马鞍山市厂务公开检查组到马钢检查厂务公开工作，给予肯定。2008 年 11 月，马鞍山市厂务公开领导小组、安徽省厂务公开民主管理工作检查组先后到马钢两公司进行工作检查，马钢集团获颁“全国厂务公开民主管理先进单位”奖牌。2009 年 11 月 4 日，召开马钢两公司推行厂务公开十周年总结表彰会，回顾总结十年来马钢集团推行厂务公开工作的基本经验，提出今后一个时期工作思路。

2012 年 3 月 29 日，安徽省总工会对南山矿创建省厂务公开示范单位工作情况进行检查验收。7 月，第七次全国厂务公开民主管理示范单位调研检查组先后来马钢调研厂务公开民主管理工作。2014 年 6—9 月，马钢集团公司厂务公开领导小组开展厂务公开民主管理工作调研检查，通报命名 45 家厂务公开民主管理工作达标单位。2015 年 7 月，安徽省厂务公开民主管理调研检查组来马钢集团调研检查厂务公开工作。

2016 年，安徽省厂务公开民主管理调研检查组、省人大常委会执法检查组先后来马钢调研检查厂务公开工作。马钢集团被评为安徽省厂务公开民主管理示范单位。2017 年，在全省工会基层组织建设和企业民主管理现场会上，马钢工会作了先进典型发言。2018 年，制定下发《2018 年马钢厂务公开民主管理工作意见》，落实中央巡视组巡视“回头看”自查自纠整改任务，开展厂务公开民主管理专题调研检查。2018 年 8 月，全国企业民主管理工作调研检查组来马钢调研检查民主管理工作。2019 年，深化“公开解难题、民主促发展”主题活动，开展厂务公开民主管理工作调研检查，制定实施《马钢集团厂务公开内容目录》。

第四节　集体协商

自 1996 年马钢两公司首次签订《集体合同》以来，坚持每两年开展一次续签工作，每年开展集体合同履约情况检查，并向职代会报告。2001 年 8 月，召开职代会联席会议审议通过两公司《集体合同（草案）》，举行《集体合同》签字仪式。2003 年，启动新一期集体合同续签工作。2004 年 9 月，举行马钢第四次《集体合同》续签仪式。通过《马钢日报》、马钢电视、网站等多种渠道进行宣传，印制 8500 份集体合同宣传手册，发到基层班组、机关科室。新的集体合同文本规定，将维护职工合法权益作为公司和工会的共同职责，适时施行企业年金制度，职工困难补助标准由 1.5 元/(人·月) 提高到 2.5 元/(人·月)，筹集资金帮助特困职工解决实际困难等。2005 年 9 月，组织 80 余名职工代表对两公司《集体合同》履行情况进行视察。

2006 年，开展集体合同续签工作。在集体合同文本修改中，既考虑到职工利益诉求，也兼顾公司实际情况，保障职工的劳动权益。如，职工体检由三年一次调整为两年一次、职工困难补助费由 2.5

元/(人·月) 提高到3.5元/(人·月)，适当提高职工住房公积金缴存比例。同年，首次签订《女职工权益保护专项集体合同》，明确了女职工特殊劳动保护生育与健康等权利。11月17日，公司行政方与职工方首席协商代表在《集体合同》《女职工权益保护专项集体合同》上签字。2007年，开展《集体合同》《女职工权益保护专项集体合同》学习宣传，在《马钢日报》全文刊载，印制1万份宣传手册，发到作业区、班组、工会小组供职工学习。2008年12月，续签新一期《集体合同》《女职工权益保护专项集体合同》。2009年，根据安徽省总工会有关创建全国劳动关系模范和谐企业的要求，马钢启动签订《工资专项集体合同》工作。2010年4月1日，召开职代会联席会议审议通过《工资专项集体合同（草案)》。5月13日，举行《工资专项集体合同》签字仪式。至此，马钢形成《工资专项集体合同》与《集体合同》《女职工权益保护专项集体合同》“三位一体”维权工作新格局。

2010年10月—2011年1月，开展《集体合同》《女职工权益保护专项集体合同》续签工作。2012年7月—2013年4月，开展《工资专项集体合同》续签工作，并经马钢集团十六届三次（马钢股份六届三次）职代会第二次联席会审议通过。新一期工资专项集体合同提高了公司最低工资标准，由原来马鞍山市职工最低工资标准的120%提高到130%。2013年10月—2014年4月，开展新一期《集体合同》《女职工权益保护专项集体合同》续签工作，并经马钢集团十七届一次（马钢股份七届一次）职代会第一次联席会议审议通过。新一期集体合同规定，将困难职工补助费由月人均5元调整为8元，调整女职工产假时间，明确女职工再生育的假期和待遇等。2015年，参加全省工会法律和集体合同工作汇报座谈会、全国总工会集体合同部赴马鞍山市调研座谈会，马钢集体合同工作受到上级工会的认可和好评。

2016年9月，启动《集体合同》《女职工权益保护专项集体合同》《工资专项集体合同》续签工作。2017年11月17日，马钢集团十八届一次（马钢股份八届一次）职代会第二次联席会议审议通过三个集体合同（草案)。新一期集体合同提高了职工福利费标准和住房公积金缴存基数上限标准，进一步明确了职工享有的劳动安全卫生、职业培训等劳动权益，让职工实实在在享受到企业发展的“红利”。

第五节　劳动竞赛与技能竞赛

[劳动竞赛]

2001年，各级工会围绕重点工程开展劳动竞赛，开展炉机长竞赛和节能增效活动。马钢股份对13个生产厂继续开展炉机长竞赛，32个单位开展了节能增效活动，助推吨钢综合能耗降至0.90吨标准煤以下。2002年，组织重点工程建设劳动竞赛和十工种技术比武，开展创最佳和优胜项目经理部竞赛。组织重点工程建设单位开展“保工期、保质量、保投资、保安全、创建优质工程”的“四保一创”劳动竞赛。继续在马钢股份主要生产厂开展炉机长竞赛，全年兑现奖金近30万元。2003年，继续在15个主线生产厂开展炉机长竞赛，全年兑现奖金30余万元。从二季度开始，在矿山系统开展提高精矿品位竞赛。针对公司结构调整开展重点工程建设竞赛，表彰最佳项目经理部1个、优胜项目经理部3个。针对重点工程的陆续投产，组织开展顺产达产竞赛。2004年，继续在15个主体生产厂的12座高炉、11座转炉、9条连铸生产线、14条钢轧线开展炉机长竞赛，全年兑现奖金50余万元。围绕重点工程，开展创最佳和优胜项目经理部以及“四保一创”竞赛，评选最佳项目经理部2个、优胜项目经理部4个。在3个矿山开展提高矿石产量和品位竞赛，在设备系统开展创先进和优胜房所竞赛。划拨20余万元经费支持新竣工项目开展达产顺产竞赛。2005年，围绕加快新区建设，确保工程质量，组织11个项目部开展创最佳和优胜项目部竞赛，并在年底组织7个部门开展考核评比，表彰奖励7个项目部。组织参加新区建设的单位开展“四保一创”竞赛。高温期间，工会出资20余万元支持新区各项目部、参建单位和主体生产厂开展竞赛。

2006年，瞄准同行业先进指标，突出质量和降本，在7个主体厂的23条生产线组织开展炉机主操竞赛。围绕新区建设，组织8个项目部开展最佳和优胜项目部竞赛，组织9个参建单位开展“四保一创”竞赛。围绕推进设备TnPM工作，在一能源总厂、气体分公司、热电总厂三家单位开展创先进和优胜房所竞赛，表彰了一批先进和优胜房所。开展群众性增效节支活动，在三钢轧总厂召开现场会，总结推广4家单位经验。全年各单位增效节支2600多万元。在3个矿山开展提高矿石产量和品位劳动竞赛。2007年，在炼铁总厂、钢轧总厂和煤焦化公司等8家单位开展节能降耗对标竞赛，在11个主体厂开展炉机系统攻关竞赛，在3个矿山开展以提高成品矿产量和品位为主要内容的矿山系统竞赛，组织一铁总厂等5家单位开展设备零故障管理竞赛，组织一能源总厂等4家单位开展先进和优胜房所竞赛。根据新区建设和投产实际，组织各项目部和参建单位开展“四保一创”劳动竞赛。

2008年，会同生产部、技术中心等部门组织11个单位继续开展炉机攻关竞赛。会同能环部组织开展节能环保知识竞赛，并在节能减排任务较重的单位开展节能降耗对标竞赛，在7个单位组织开展设备零故障管理竞赛，在4个单位开展先进和优胜房所竞赛。会同产业发展部在3个矿山开展以提高成品矿产量和加强后备矿山建设为主要内容的竞赛。四季度，面对国际金融危机给钢材市场带来的严重冲击，工会会同有关部门，在有效益、有边际效益、有市场订单的生产线开展专项竞赛，助力公司提高抗御风险能力。2009年，围绕公司“聚焦品种质量、强化内部管理”工作主题，开展“短、平、快”专项劳动竞赛。会同有关部门在马钢股份7个主体生产单位开展炉机系统对标竞赛，会同能环部开展节能增效竞赛。2010年，围绕品种质量，结合公司重、难点工作开展各类劳动竞赛。

2011年，围绕品种质量和成本，组织开展炉机对标竞赛、节能降耗竞赛、设备运行零故障管理竞赛、重点检修项目竞赛以及“十二五”期间重点工程建设项目“安康杯”专项竞赛等系列竞赛活动。2012年，在矿山系统开展全年冲刺400万吨成品矿石劳动竞赛，在铁前系统开展均衡稳定生产劳动竞赛，在钢后系统开展提升质量、提高品种兑现率竞赛和提升指标、降本增效竞赛，在公司范围内开展“战高温、保安全、降成本、夺效益”百日竞赛和作业区（班组）建设升级竞赛等活动。2013年，组织开展矿山冲刺520万吨劳动竞赛，助推矿石产量再创历史新纪录。围绕高炉经济运行和提高产品质量，开展铁前稳定顺行和钢轧系统降耗减损指标竞赛。2014年，重点围绕铁水瓶颈和产品质量，在铁前和钢后系统组织开展对标竞赛。在矿山系统组织开展攻关竞赛。针对市场开拓、品种开发和效益提升等，结合实际开展“短、平、快”专项竞赛。2015年，围绕推进精益运营目标，重点在铁前和钢后系统组织开展对标竞赛。在矿山系统组织开展攻关竞赛。

2016年，紧盯市场和现场，组织开展“当好主力军、建功‘十三五’”劳动竞赛，重点开展生产稳定顺行和指标改进对标竞赛，质量提升和设备精度管理重点产线专项竞赛、EVI（语音识别应用）项目专项劳动竞赛等。2017年，组织开展铁前系统、指标升级和均衡高效生产赛、钢后系统对标赛、矿山质量效益赛、设备综合效率（OEE）竞赛、能控节能降耗赛、EVI项目赛、“十三五”期间重点工程赛，以及“大干四季度、建功十三五”全员劳动竞赛。2018年，围绕挖潜增效、指标升级、提升质量、节能降耗，开展铁前和钢后系统、矿山系统、设备运行管理、节能降耗、重点检修等对标竞赛。围绕品牌建设和多元产业，开展EVI项目、能源管控、精益采购和营销、节能环保、工程技术、贸易物流等专项竞赛，1万余名职工参加各类竞赛。2019年，以市场拓展、品牌创建、产业链服务升级为目标，开展多元板块劳动竞赛。以“挖潜增效、指标升级、提升质量、节能降耗”为主要内容，开展钢铁主业系列劳动竞赛。开展全员微创新劳动竞赛，引导全员参与创建精益工厂。

［技能竞赛］

2002 年，组织开展 10 工种职业技能竞赛，45 个单位经层层选拔，推荐 536 名选手参赛，产生团体奖 6 个、优秀组织奖 11 个、“技术状元”10 名和“技术能手”39 名。组队参加全国冶金行业 5 工种职业技能竞赛，获团体第三名和“十佳”优秀组织奖，1 人获“全国技术能手”称号，4 人获“冶金行业技术能手”称号。

2005 年 6—10 月，组织开展第二届十工种职业技能竞赛，共有 26 家单位 588 名选手参加竞赛。2006 年，会同人力资源部组织 5 个工种参加“莱钢杯”全国冶金职业技能大赛，获团体第六名，1 人获“全国技术能手”称号。2007 年，组织开展马钢第三届职工职业技能竞赛，33 家单位的 1182 名选手参赛，参赛人数是前两届之和。2008 年，会同人力资源部组队参加第四届“太钢杯”全国钢铁行业职业技能竞赛，获团体总分第四名。举办新区和新建项目 11 个工种职业技能竞赛，共有 608 名职工参加。2009 年，组织开展马钢第四届职工职业技能竞赛，共有 15 个工种、1716 名职工选手参赛。会同人力资源部组织 35 名选手参加马鞍山市第一届职业技能竞赛 6 个工种的角逐，获 5 个工种第一名。2010 年，组队参加第五届“武钢杯”全国钢铁行业职业技能竞赛，获团体总分第六名。

2011 年，组织开展马钢第五届职工职业技能竞赛，设立 16 个比赛工种，29 家单位 1486 职工参加竞赛。2012 年，在公司生产经营极其艰难的情况下，会同人力资源部等部门成功承办“马钢杯”第六届全国钢铁行业职业技能竞赛，获得团体第一名。2013 年，组织开展马钢第六届职工职业技能竞赛，28 家单位 1500 余名职工参加比赛。2014 年，组织职工参加“宝钢杯”全国钢铁行业职业技能竞赛，以训促赛，以赛强训。2015 年，组织开展马钢第七届职工职业技能竞赛，近 1500 名职工参加竞赛，从中涌现出 15 名“技术状元”和 76 名“技术能手”。

2016 年，组队参加第八届“鞍钢杯”全国钢铁行业职业技能竞赛，在全国 61 家行业代表队中荣获团体第五名。组织 22 家单位近 3000 名职工参加全国机械冶金工会开展的“职工网上练兵”活动。2017 年，开展马钢第八届职工职业技能竞赛，近 5000 名职工积极参赛，从中选拔 1700 名选手参加竞赛，表彰 15 名“岗位技术状元”、75 名“岗位技术能手”、60 名“优秀选手”。2018 年，开展品牌知识、“七五”普法网上竞赛和首届“职工网上练兵”等活动，参加网上练兵的职工达 130 万人次。组队参加“首钢杯”第九届全国钢铁行业技能竞赛，荣获团体总分第八名。2019 年，开展第二届“职工网上练兵”，参与职工达 35 万人次。举办马钢第九届职工职业技能竞赛，4447 名职工踊跃参赛，1400 余名职工参加决赛。组织参加海峡两岸暨香港职工焊接技能竞赛，2 名职工分获男子组冠亚军。

第六节　群众性创新活动

2001 年，组织职工开展合理化建议和增效节支活动。全年共征集合理化建议 1683 条，评出最佳合理化建议 10 条和优秀合理化建议 44 条。各单位增效节支完成 2932 万元。开展以“三自四主”为主要内容的班组建设活动。配合教培部举办各类班组长培训班 38 期，组织 33 个单位 184 名班组长撰写论文，推广交流先进经验。2003 年，配合公司开展的“百日活动”，征集合理化建议 2907 条。对各单位申报的 32 条先进操作法组织专家进行评审。修订下发《班组建设管理办法》和《标杆班组实行动态考核的暂行规定》，创建智能型、效益型班组，表彰 10 个班组建设先进单位、32 个标杆班组。2004 年，全年征集合理化建议 2950 条，其中有 5 项获省重大合理化建议奖。开展增效节支活动，全年完成增效节支 2342. 2 万元。6 月，召开班组建设工作会议，表彰班组建设先进单位 11 个、标杆班组 33 个、优秀班组长 15 名。1 个班组被全总命名为“全国职工创新示范岗”，1 个班组被省总命名为“省十大标杆班组”，2个班组被省总命名为“省模范班组”，53个班组被市劳动竞赛委员会命名为“市模范班组”。2005年，开展合理化建议活动，征集合理化建议约3000条，有6条被评为安徽省重大合理化建议奖。举行职工经济技术创新成果展，2000多人次职工参观成果展。

2006年，根据生产组织管理模式变化，加强作业区（班组）建设，全年表彰10个标杆作业区、25个标杆班组、15名优秀作业（班组）长。6月，召开劳动竞赛工作表彰大会，表彰10个先进集体和14名优秀组织者。全年征集合理化建议3309条，评选最佳合理化建议10条和优秀合理化建议30条，其中4条获得安徽省重大合理化建议奖。开展先进操作法评选，各单位上报39项操作法，命名表彰10项先进操作法。2008年，发动职工开展合理化建议活动，评选10条最佳合理化建议和53条优秀合理化建议。2009年，制定下发《马钢合理化建议活动实施意见》，形成“行政主抓、工会牵头、部门配合、基层实施”的运行机制，构筑公司、厂（公司）、分厂（车间）、作业区（班组）上下联动的梯度结构，实现由重号召、征集向重转化、实施迈进，从阶段性向长效性转变。全年征集合理化建议8522条，公司认定的有5422条，五级以上的有956条。2010年5月，开展“合理化建议月”活动。上线运行马钢合理化建议信息化管理平台，通过信息化平台共征集合理化建议3629条，实现合理化建议工作常态化。开展作业区（班组）升级竞赛活动，在标杆作业区（班组）的基础上命名表彰一批“工人先锋号”。

2011年，以品种质量和对标挖潜为重点，开展“合理化建议月”活动，征集有效建议2554条，评出等级建议1175条。组织开展首届职工岗位创新创效成果评选活动，26家单位申报岗位创新创效成果312项，评定一线职工岗位创新创效成果46项。2012年，征集合理化建议17639条，其中有效建议13509条，等级以上建议5856条，超额完成全年增创效益5000万元目标。开展创建职工创新工作室试点工作，对22家单位申报的34个创新工作室进行检查指导，命名一批职工创新工作室，表彰一线职工岗位创新创效成果46项。2013年，征集合理化建议11053条，评定一、二级合理化建议54条。召开创建职工创新工作室现场经验交流会，首批命名表彰6个职工创新工作室。开展第二届职工岗位创新创效成果评选活动，评选一线职工岗位创新创效成果30项，其中一等奖3项。评选命名马钢先进操作法10项。2014年，表彰2013年度合理化建议工作优秀单位。全年征集有效建议7171条，评定一、二级合理化建议48条。制定《马钢岗位创新创效成果奖励管理办法》。开展第三届岗位职工创新成果和先进操作法评选活动，表彰一线职工岗位创新创效成果30项，技术创新杰出职工和技术创新优秀职工8名，命名10项先进操作法。命名表彰11个公司级创新工作室。2015年，征集有效合理化建议7777条，创新创效成果216项。命名4个公司级创新工作室。开展“高效工作在岗位、增效节支做贡献”活动，设立“龙虎榜”按季评比表彰，全年完成降本增效5000万元。

2016年，征集合理化建议8530条，实施转化1804条，创效1.6亿元。表彰职工岗位创新创效成果18项，命名先进操作法8项。一批职工创新工作室被授予全国冶金行业、省机械冶金系统及市示范性创新工作室。2017年，以产品研发、设备改进、质量提升为重点，加大扶持力度，创建一批职工（劳模）创新工作室。召开马钢首届职工经济技术创新成果发布会，命名表彰杰出工匠4名、优秀工匠14名。编发《群众性经济技术创新工作指南》，总结发布一线职工创新成果6项。征集合理化建议8796条。25家单位申报岗位创新创效成果172项，其中33项成果获公司级表彰。自动化公司的“优化冷轧薄板精整处理线控技术”项目获省“首届职工技术创新成果”二等奖。2018年，举办马钢第二届职工经济技术创新成果发布会暨职工创新论坛，命名表彰34项一线职工创新创效成果和9项先进操作法。新建成8个工匠基地，累计完成培训4200人次，培养高级技师4名、技师69名，完成课题307项，获得专利42项各类成果259项。职工申报合理化建议9000余条。2019年，举办马钢第三届职工经济技术创新成果发布会暨职工创新论坛。征集合理化建议10231条，命名公司级先进操作法9项、公司级创新工作室11个。举办“融合创新、共建共享”职工创新研修班，与宝钢股份开展创新工作室结对共建活动。全面建成12个工匠基地，构筑以工匠基地为引领、创新工作室为中坚、基层工作室为基础的职工创新培育体系。工匠基地全年开展岗位培训349次，培训职工6954人次；申报QC成果49项，技术革新142项，专利123项，产生创新创效成果28项，先进操作法21项。

第七节 劳动保护

2001—2018年，以“安康杯”竞赛为主要载体，制定了“安康杯”竞赛细则，与共青团组织开展的“青安杯”“青安岗”和安环部开展的“安全生产夺金牌”等活动有机结合。开展“排查治理事故隐患、重大危险源（点）活动”。常年开展高温慰问活动，拨付专项资金进行慰问。参加全国钢铁企业工会劳动保护工作联合会的交流，每年开展劳动保护论文评选工作。参加职工安全生产事故的调查工作，维护职工在企业的合法权益。马钢集团连续18年获得全国“安康杯”竞赛优胜单位。

2019年，全面对标中国宝武，开展安全“1000”作业区（班组）建设，加强职工劳动保护监督工作。与安全管理部联合开展安全知识竞赛活动，强化一线职工“我要安全、我会安全、我能安全”的意识。维护广大职工劳动安全健康权益，开展“安康杯”竞赛，作业区（班组）、分厂（车间）参赛率达100%。与安全管理部联合开展劳动防护用品使用管理情况调研，为改进一线职工劳动防护用品的使用管理建言献策。开展班组（作业区）升级竞赛。组织开展夏季高温“送清凉”工作，筹集发放高温慰问金214.2万元，保护一线职工的身心健康。

第八节 职工帮扶救助

［困难帮扶］

2001年春节期间，马钢集团发放帮扶资金190万元，对2760位特困职工548名大病重症职工、709名下岗职工、2040户抚恤户及孤寡户及退休职工进行慰问。2002年，马钢集团把特困职工进入低保线作为维护弱势群体利益的重要工作来抓，经过深入细致的调查、统计、上报，1190户特困职工进入了低保线。按照公开、公平、公正的原则，对困难职工无房户申报廉租公寓进行逐户调查摸底和张榜公布，68户困难职工无房户于4月初搬进了廉租公寓。及时落实安徽省、马鞍山市有关规定，为3038户抚恤户、3266人提高了抚恤标准。筹集近200万元慰问款及实物，在春节期间为特困、困难职工2760人、离退休困难职工1612人、患各类大病职工548人、下岗职工709人、抚恤户及孤寡2646人送去温暖。“五一”期间，公司党政领导为特困劳模开展送温暖活动。2003年春节期间，筹集近200万元款物，为特困、困难职工32人，患各类大病职工568人，下岗职工180人，2600余户抚恤户及孤寡户送去温暖。与教委、关工委、团委密切协作，救助100名特困职工子女就学。两级女职工组织筹集万余元，对57户单亲女职工家庭进行慰问。为住外抚恤户建立详细档案，定期走访慰问，为抚恤户3296户、3454人（含孤寡28人）发放抚恤金60余万元。2004年春节期间，筹集送温暖资金189.5万元慰问64户大病职工、2208户困难职工家庭和数千户退休困难职工。全年累计为3204户抚恤户发放抚恤金60余万元。2005年春节期间，筹集200万元资金慰问3000户特困、困难职工。为3448户发放抚恤金618.20万元。

2006年，开展春节送温暖活动，为3312户困难职工家庭送去慰问款（物）合计180余万元，为1173户抚恤户发放抚恤金近600万元。11月，组织开展“扶贫献爱心、慈善一日捐”活动，职工累计捐款200余万元。2007年，对446名困难生病职工及家属进行帮困救助，总额170余万元。完成1930

户抚恤户的资格审核。对涉及1054户、1160人的抚恤金额进行调整，发放抚恤金600余万元。11月下旬，组织开展“扶贫献爱心、慈善一日捐”活动，职工累计捐款超170万元。2008年7月，马钢困难职工帮扶中心挂牌成立。在公司十分困难、大力压缩各项费用的情况下，春节送温暖资金仍有一定幅度增加，总额达400余万元。各单位工会对近200户大病职工家庭、246户退休职工家庭、900多户困难抚恤户进行了慰问。“金秋助学”活动救助91名特困职工子女23万元。为1125户抚恤户发放抚恤金600余万元。为32名女职工办理出险理赔金额13.44万元。2009年，“金秋助学”活动发放43.30万元，帮助151名特困职工子女上大学。提高抚恤费标准并实施社会化发放，全年为118户抚恤户、1233人发放抚恤金600多万元。2010年，按照“提标、扩面”的原则，加大对大病重症职工帮扶力度，全年累计帮扶453人次职工及家属。开展“金秋助学”活动，资助职工子女232人。组织开展“困难职工百户行”等送温暖活动。

2011年，坚持“分档建户、一户一档”，登记建档困难职工2200户（人），实现对大病重症、先进劳模、抚恤遗孤、退休职工、集体企业等各类困难职工的全覆盖，形成电子化、动态化、精细化的三级管理网络。提高救助标准，全年救助大病职工及家属496人，“金秋助学”活动资助职工子女144人。2012年，建立动态跟踪体系，充实基础数据，在档困难职工及家属达2078户。“两节”期间，组织走访慰问困难户（人）7620人次，发放慰问款物580余万元。启动基本生活救助，首批将23名职工纳入基本生活救助对象。将在档特困职工子女全部纳入助学范围。全年救助大病职工372人、家属166人，救助资金达340余万元。2013年“两节”期间，两级工会组织筹集下发慰问款570余万元。实施大病救助，惠及职工及家属522人次，发放救助款326万元。“金秋助学”活动资助73名困难职工子女25.5万元。重新梳理公司层面1700人的各类大病困难职工档案。非因公死亡职工供养直系亲属抚恤工作审核469户570人，发放抚恤金280余万元。2014年“两节”期间，组织走访慰问特困、大病、退休职工及抚恤户12179人，发放包括中央财政帮扶资金在内的慰问金346.92万元。对抚恤户集中进行走访慰问，为517户审核发放抚恤金295万余元。2015年，面对极其艰难的生产经营实际，马钢集团克服当期困难拨付相应资金，公司工会从本级财务调拨大额帮扶资金予以配套，并积极争取中央、安徽省、马鞍山市、行业工会的专项帮扶资金。2015年“两节”期间，马钢集团两级工会组织筹集款物570余万元，慰问各类困难职工1.05万人。“金秋助学”活动资助62名困难职工子女20.6万元。为447户审核发放抚恤金300余万元。

2016年，面对马钢集团经营亏损及职工收入下滑的严峻形势，公司工会积极争取中央财政、安徽省、马鞍山市、行业工会的专项帮扶资金，开展送“一份慰问金、一份慰问品、一份大病救助金”关爱慰问活动。2016年“两节”期间，各级组织走访各类困难职工1.05万人次，发放各类慰问款物935万元。全年审核救助大病职工及家属566人，发放救助款471万余元，“金秋助学”活动救助职工子女44人20万元。完成在档非因公死亡职工养直系亲属477户502人次抚恤资格认证工作，全年审核发放抚恤金155万元。2017年，开展困难职工生活状况调查，对中央财政帮扶平台中543户困难家庭情况进行排查核实清理，完成“一对一”结对帮扶240户。“两节”期间，各级工会走访慰问困难职工近万人次、发放慰问金、救助款754万元。43名困难职工子女领取“金秋助学”金14.5万元。审核在档非因公死亡职工供养直系家属448户453人，累计发放抚恤金208万元。2018年，开展困难职工生活状况调查，调整公司级困难职工标准。开展“两节”送温暖活动，走访慰问各类困难职工1.1万人次，发放慰问款769万元。调整公司非因工死亡职工遗属抚恤金标准，完成在档非因死亡职工供养直系亲属资格审核认定393户397人，发放抚恤金268万元。“金秋助学”活动通过“爱心助学”“金牌蓝领计划”等形式资助学生79人，发放助学款15.6万元。2019年，调整最低生活标准，提前完成全国总工会帮扶平台建档立卡的773户困难职工解困脱困任务。春节期间，发放慰问款615万元，慰问困难职工 1.09 万人次。在马钢集团党委开展的“不忘初心、牢记使命”主题教育活动中，公司领导结对帮扶慰问困难职工 30 人次。“金秋助学”活动资助 21 名困难职工子女 9.5 万元。

［互助互济］

2001 年，职工互助保险工作在原有险种基础上，增开了“重大疾病（甲种）保险”，发展新会员 4133 名，新增保费金额近 100 万元，马钢两公司职工参保总额达到 2300 余万元。2003 年，制定《马钢职工互助帮困资金会章程》和《互助帮困资金使用管理办法》，公司决定每年拿出 100 万元作为帮困资金。2004 年，制定《职工互助帮困资金使用管理办法》，成立互助帮困资金管理委员会，筹集帮困资金 100 多万元，累计为 220 位大病职工及家庭解决互助帮困资金 88 万元。职工安康保险储金达 2408 万元，全年理赔 21 万多元。2005 年，马钢集团将互助帮困资金来源由原来的行政拨款 100 万元，调整为每年从职工福利费中支出 300 万元，并实行动态补充。职工安康互助合作保险和女职工防癌保险参保金额突破 3600 万元，参保职工 2.3 万人。

2006 年，互助帮困资金筹集 670 多万元，累计发放救助资金近 400 万元，救助职工 422 人、职工家属 267 人。安康互助保险参保资金达 4000 多万元，参保职工 2.02 万人。6 月，根据上级通知精神，积极稳妥办理储金退保工作，安全退还 1220 名职工保险金 2200 多万元，退保人数和金额超过 50%。2007 年，职工互助保险工作退储金及红利达 1831 万元。参加职工意外伤害、重大疾病和女职工特殊疾病保险的会员达 2.7 万余人。2008 年，职工互助帮困资金救助大病特困职工及家属 498 人，救助金额 182 万元。2009 年，职工互助帮困资金共救助大病特困职工及家属 770 人、救助金额 220 万元。互助保障计划发展新会员 3248 人，办理理赔 53 起 22 万元。

2012 年，35 家单位 2.35 万名职工参与全国总工会在职职工互助保障计划，全年理赔 313 起、68 万余元。2013 年，组织 1.86 万人次参加互助保障计划，办理赔付 448 起 86.45 万元。2014 年，62 名困难职工子女分别得到安徽省总工会、马鞍山市总工会及马钢集团互助帮困资金资助款 20.3 万元。为 3.37 万人（次）办理各种互助保障计划，办理赔付款 103.6 万元。2015 年，职工互助保障计划为 3.24 万名职工办理参险，为 621 名出险职工发放赔付款 106 万元。互助帮困资金救助大病职工及家属 574 人，发放救助款 437.6 万元。

2016 年，互助保障计划缴纳互助金 188 万元，办理赔付 507 起 85 万元。2017 年，职工互助帮困资金全年救助大病职工、家属 504 人次，发放包括离退休职工在内的大病救助金近 600 万元。职工互助保障计划全年参保 3.6 万余人次，上缴互助费 236 万元，办理赔付 562 起 125 万元。参与公司职工商业保险续保、条款修订及理赔工作，39 名职工获重疾理赔款 312 万元。2018 年，职工互助帮困资金救助大病职工、家属 400 人次，发放大病救助金 550 万元。互助保障计划全年组织参保 3.6 万人次，办理赔付 861 人次，发放赔付金 180 万元。协调职工商业险理赔纠纷 10 余起，职工获赔款达 1382 万元。2019 年，职工互助帮困资金救助大病职工及家属 505 人次，发放大病救助金 435 万元。组织职工参加全国总工会在职职工互助保障计划 4.31 万人次，收缴互助金 242 万元，发放赔付金 188 万元。职工及家属共 2281 人次获商业保险赔付，赔付金额共计 1325 万元，20 余起理赔纠纷得到妥善处理。

［职工疗休养］

2001 年以来，马钢坚持开展职工疗休养工作。2008 年，安排休养职工 1300 人、职工疗养 409 人。2009 年，组织职工休养近 1300 人、疗养 470 人，安排工作业绩突出的职工外出休养，职工休养由福利待遇型向奖励激励型转变。2010 年，选送 1225 名职工赴国内多个休养点进行短期休养，安排 430 多名患有特殊疾病的老职工赴安徽半汤进行病疗。配合行政做好医疗、工伤、生育保险市级并轨工作。

2011 年，组织 1500 余名职工外出休养。全年组织安排病疗人员 400 多人。2012 年，坚持优先安排生产骨干和先进模范疗休养，重点照顾一线艰苦岗位的职工，全年安排 1478 人次参加疗休养。在公司特殊岗位人员中开展健康休养试点工作，9家单位144位特殊岗位人员参加了首批健康休养。2013年，安排落实职工外出疗养45批次1558人，特殊岗位人员健康休养12批次504人。2014年，安排职工疗休养57批2320人次，其中组织安排2013年度“最可爱的马钢人”进行集体休养，组织安排一线特殊岗位职工504人次参加健康休养。2015年，组织职工休养35批次1290人，组织特殊岗位职工健康休养12批次502人，组织“最可爱的马钢人”休养49人。

2016年，职工疗休养工作向基层一线和先进模范倾斜，组织职工疗养10批次394人，休养46批次1427人。2017年，安排包括“劳动模范”“马钢尖兵”“十大女杰”在内的职工疗休养近1800人。2018年，职工疗休养工作完成疗养33批次1300人，特殊岗位健康疗养194人次，劳模休养32人次。2019年，职工疗养完成16批次697人，其中职工健康疗养194人次，劳模、女杰、先进人物休养35人次。

第九节　女工工作

2001年以来，各级女工组织紧密融入生产经营和改革发展，牢牢把握“服务大局、服务女工”总体要求，持续深化“巾帼建功”活动，切实维护女职工合法权益和特殊利益，团结动员全体女职工在企业改革发展中奋力拼搏、奋勇争先。2002年，表彰“三八”红旗集体30个、红旗女职工委员会8个、“三八”红旗手175名。2004年，开展第二届“十大女杰”评选。6月23日—7月2日，举行马钢“十大女杰”事迹报告会。2005年，举办两公司女职工三工种职业技能竞赛，43家单位351名女职工参加竞赛。

2006年，围绕马钢生产经营目标，大力实施“女职工建功立业工程”，深入开展巾帼文明示范岗争创活动，开展争当增收节支标兵活动，开展“我为生产、效益献一计”活动，开展第三届马钢“十大女杰”评比活动，引领女职工在马钢改革发展中展现巾帼风采。2009年，马钢两公司工会女职工委员会被评为全国先进女职工委员会。2010年，以庆祝“三八”国际妇女节100周年为契机，开展女工综合事务员技能大赛、合理化建议征集、岗位成果发布会、巾帼文明岗创建等活动，引导女职工提升素质、岗位建功。

2011年2月，召开马钢两公司工会女职工委员会三届六次、四届一次会议，选举产生21人组成的两公司工会第四届女职工委员会。在新一届女职委领导下，各级女工组织坚持以“爱岗敬业 携手共进”活动为主线，广泛开展“十大女杰”评选、技能竞赛、巾帼文明岗创建、家庭才艺表演赛等活动，为女职工素质提升和岗位建功搭建平台。2012年，各级女工组织坚持弘扬“四自”精神，开展“争创1000万 岗位创新业”竞赛活动，实施“特别关爱”行动，推进家庭文化建设，引导女职工提素建功。2013年，全面实施“巾帼建功 助力扭亏”活动，深化女职工“关爱行动”，为两公司全力打好扭亏增盈攻坚战发挥了“半边天”作用。2014年，持续实施“建功提素行动”，开展“书香为伴”女职工读书心得体会网络展评活动，举办“平安家庭”知识现场竞答暨职工家庭文化成果展示活动，启动“情暖母亲”单亲女职工帮扶救助资金，健全女职工心理辅导室各项机制，团结动员广大女职工为公司改革发展作出积极贡献。2015年，深化“巾帼建功 保卫家园”竞赛活动，维护女职工合法权益和特殊利益，引领广大女职工奋力拼搏。

2016年，围绕马钢集团工作主题，以“聚焦两大战场 女职工在行动”主题竞赛为主线，全面推进思想引领、提素建功、维权关爱、组织建设四项行动，维护好女职工合法权益和特殊利益，引领广大女职工奋力拼搏，为马钢家园建设添光增彩。2017年，深入推进巾帼建功竞赛，开展巾帼岗位“展风采 树形象”活动、第八届“十大女杰”评选活动、“爱心牵手行”巾帼志愿活动、“树品牌展巾帼

风采 读好书育家园情怀”活动，深化和谐家庭创建，推动女职工队伍整体素质进一步提升。2018年，贯彻实施《安徽省妇女发展纲要（2011—2020年）》工作方案，举办各级心理健康讲座10余场，拓展“爱心牵手行”巾帼志愿活动，关心青年大学生职工成长，促进职工队伍和谐稳定。2019年，评选表彰第九届马钢“十大女杰”，开展“创造新业绩 巾帼建新功”主题竞赛，引导女职工立足岗位建功立业。

第十节　文体活动

［文艺活动］

2001年以来，马钢两公司持续开展多种形式的文体活动，丰富职工的文化生活，提升职工的文化素养。2001年9月，举办“世纪之春”职工文艺调演。2005年，围绕新区建设，组织百余名摄影爱好者开展“崛起——马钢新区纪实摄影”活动，出版画册《崛起》。举办纪念毛泽东在延安文艺座谈会上的讲话发表63周年“马钢书画精品展”“马钢·攀钢美术书法摄影作品展”“第二个春天”马钢离退休职工书画展、“关爱妇女儿童摄影展”“热血长城——马钢庆祝抗日战争胜利60周年朗诵演唱会”。全年，马钢美术、书法、摄影、音乐舞蹈、文学创作在全国性大赛获奖4人次，省部级大赛获奖22人次。9月，举办“钢铁颂歌”第三届职工文艺调演。

2006年，举办“马钢新区纪实摄影作品展”。组织作家协会会员深入基层采风，出版报告文学集《新区建设者》。举办“和谐马钢”第四届职工文艺调演，分3个专场进行，共有37家单位69个节目参赛，节目数量和质量均为历届文艺调演之最。2008年，组织马钢书画家参观新区建设风貌，召开老艺术家座谈会。与公司团委联合举办“庆祝马钢成立五十周年诗歌朗诵会”。为庆祝新中国成立60周年，2009年9月，举办“唱响红色经典 抒发马钢情怀——庆祝新中国成立60周年职工红歌会”“马钢美术书法摄影展”。

2011年5月，举办“劳动者之歌——庆祝中国共产党成立90周年职工歌咏比赛”。7月，举办庆祝中国共产党成立90周年暨马钢第六届职工集邮展览。2012年1月，举办“马钢之夜——2012年新年音乐会”。举办“迎新春——奋进中的马钢”职工美术、书画、摄影展览。4月，组织参加安徽省职工文艺调演，马钢选送的水鼓舞《凤舞九天》获得好评。2013年2月，举办2013年新春团拜会，马钢各界人士、各种类型代表欢聚一堂，同贺新春，祝愿马钢在新的一年里奋发有为，长足发展。举办“迎新春”马钢书画展、安全生产美术、书法、摄影展览。2014年1月，举办2013年度“最可爱的马钢人”新闻人物颁奖典礼，为30名2013年度“最可爱的马钢人”新闻人物进行了颁奖。12月，举行2014年度“最可爱的马钢人”颁奖典礼，为40名2014年度“最可爱的马钢人”新闻人物颁奖。同年，举办“迎新春安全生产书画摄影巡回展”活动。2015年2月，举办2015年春节团拜会暨“可爱的家园——讲述马钢的故事”宣演活动。同年，举办“马钢纪念抗日战争70周年”书画作品展。

2016年2月，举办3场“奋力求生存、携手保家园——2015年马钢的故事”宣演活动，2000多名职工现场倾听马钢人的故事，共同感受马钢家园的温暖。2017年1月，举办“钢铁家园　精彩无限——2016年马钢的故事”宣演活动，宣演分为“春”“夏”“秋”“冬”4个篇章，融入歌曲、舞蹈、快闪、小品、多元剧、讲述等多种艺术形式，由马钢人自编自导自演。同年，举办“不忘初心、牢记使命”马钢职工美术书法作品展。组织参加“中国梦·劳动美·安徽篇——喜迎党的十九大”全省职工书画摄影集邮展活动。

2018年2月，举办“新时代 新征程——2017马钢的故事”宣演活动，宣演分“品牌之光”“创新之梦”“家园之暖”3个篇章，800多名职工现场观看了宣演活动。为庆祝马钢成立60周年，3月举办

"辉煌岁月·舞动马钢"健身广场舞比赛。8月，举办"如歌岁月·声动马钢"十佳职工歌手比赛。9月12日，"辉煌60年"马钢职工美术书法摄影作品展在马鞍山市图书馆开展。9月20日，在马鞍山保利大剧院举办"马钢颂"纪念毛主席视察马钢60周年暨马钢成立60周年主题晚会。12月，举办"奋斗新时代"马钢职工文艺汇演。2019年1月，举办"奋斗新时代"马钢职工文艺汇演暨马钢迎新春文艺演出。9月，组织拍摄《我和我的祖国》快闪，在"学习强国"安徽平台播放。马钢集团选送的歌舞节目《金色炉台》，参加"筑梦江淮　辉煌历程"庆祝新中国成立70周年全省职工文艺演出。10月，为庆祝中华人民共和国成立70周年，举办马钢职工美术书法作品展。

［体育活动］

2001—2019年，因地制宜举办桥牌、冬泳、乒乓球、羽毛球、围棋、象棋、拔河等形式多样、职工喜闻乐见的体育比赛。2001年，组织一钢轧总厂代表中国参加了在南非举办的世界拔河锦标赛。2003年，组织参加中国第三届国际青年登黄山大赛，马钢男子登山队夺得A组（公开组）男子团体第一名。2004年4月8日—9月8日举办马钢第七届职工运动会，运动会主题"团结、奋进、超越"，会歌为《向明天飞翔》。运动会共设田径、游泳、足球、篮球、乒乓球、羽毛球、网球、保龄球、桥牌、中国象棋、围棋、拔河、大众体育等13个大项64个小项的比赛。48个代表团近2500名运动员参赛，南山矿业公司、第二炼铁总厂、铁运公司、煤焦化公司、姑山矿业公司、轮箍分公司、高级技校、修建工程公司获总团体分前八名，修建工程公司、南山矿业公司、机关、机制公司、轮箍分公司、热电总厂获总体育道德风尚代表团。2005年，组织参加第三届全国冶金职工运动会，承办第三届全国冶金职工运动会桥牌和围棋比赛，马钢两名选手分获围棋比赛个人冠亚军，马钢集团获桥牌比赛团体亚军。马钢体协承办安徽省第二届"健康杯"老年桥牌赛暨名人赛。

2006年，组织参加第三届全国冶金职工运动会羽毛球比赛，夺得职工组男子团体第二名。组织参加第三届全国冶金职工运动会象棋比赛，马钢集团获团体第四名，夺得个人第一名。组队参加第三届全国冶金职工运动会桥牌比赛，夺得团体第二名。2007年，组织参加马鞍山市第九届运动会，两个代表团共300余名运动员、教练员，参加了成人组所有10个项目的比赛和广播体操表演，共夺得28枚金牌、20枚银牌和13枚铜牌，夺得团体总分、金牌总数、奖牌总数三项第一。马钢集团还获优秀组织奖和体育道德风尚代表团。组织参加第三届全国冶金职工运动会"马钢杯"乒乓球比赛，获女子团体铜牌、男子团体第六名。2008年1月，调整马钢全民健身指导委员会和马钢体育协会。4月18日—7月8日，举办马钢第八届职工运动会。运动会主题"全民健身，和谐发展"，会歌为《激情如飞》。运动会共设田径、游泳、篮球、乒乓球、羽毛球、网球、桥牌、中国象棋、围棋、拔河、大众体育11个大项64个小项的比赛。49个代表团近2700名运动员参赛，南山矿业公司、第一钢轧总厂、技师学院、第三钢轧总厂、煤焦化公司、姑山矿业公司、两公司机关、第三炼铁总厂获团体总分前八名，姑山矿业公司、第二炼铁总厂、第一钢轧总厂、第三钢轧总厂、车轮公司、煤焦化公司获体育道德风尚代表团。2010年，举办马钢首届职工羽毛球俱乐部等级联赛、职工乒乓球联赛。组织参加第四届全国冶金职工运动会，桥牌比赛获团体第二名，羽毛球比赛获男单第一名、男双第三名。

马钢集团第八届职工运动会田径比赛

2011年，举办马钢第二届职工羽毛球俱乐部等级联赛、职工乒乓球联赛。组织参加第四届全国冶金职工运动会，乒乓球比赛获女团第三名、男团第四名，象棋比赛获团体第二、个人第五名，围棋比赛获团体第四名。组织参加全国拔河锦标赛，马钢队获男子640公斤级第三名、560公斤级、680公斤级第四名，男子600公斤级、混合600公斤级第五名、男子600公斤级第六名。组织参加马鞍山市第十届运动会。马钢组团参加成人组10个项目的比赛，夺得15枚金牌、16枚银牌、9枚铜牌、6项一等奖、1项三等奖。2012年，举办马钢第三届职工羽毛球俱乐部等级联赛、职工乒乓球联赛。组织参加第四届全国冶金职工运动会，马钢代表团夺得为期三年的第四届全国冶金职工运动会总团体分第六名。2013年，举办马钢第四届职工羽毛球俱乐部等级联赛、职工乒乓球联赛。2014年，举办马钢第五届职工羽毛球俱乐部等级联赛、职工乒乓球联赛、职工网络健步走季赛。马钢工会承办和举办2014年全国拔河新星系列赛（马钢站）比赛暨马钢职工拔河比赛，一钢轧总厂拔河代表队获得男子公开组（新星赛）600公斤级、男子职工组640公斤级、男女混合职工组600公斤级的比赛三个级别的冠军。一钢轧总厂拔河队代表中国参加了在爱尔兰举办的世界拔河锦标赛。2015年，举办马钢第六届职工羽毛球俱乐部等级联赛、职工乒乓球联赛、职工网络健步走季赛。组织参加第五届全国冶金职工运动会，马钢队获羽毛球比赛团体总分二等奖，同时获体育道德风尚运动队。组团参加马鞍山市第十一届运动会田径、拔河、乒乓球、羽毛球、围棋、象棋6个项目的比赛，获得优异战绩。一钢轧总厂拔河队参加全国拔河锦标赛，分别夺得男子600公斤级和680公斤级第三名。

2016年7月，由国家体育总局社会体育指导中心、中国拔河协会主办的2016“冶力关杯”中国拔河公开赛，代表马钢出战的一钢轧总厂拔河队夺得冠军。9月，组织参加全国拔河锦标赛，马钢队在草地项目的比赛中获女子540公斤级第一和第二名，男子600公斤级第二名，男子640公斤级第三名。在公开组比赛中，马钢队获男子560公斤级第三名，男子600公斤级第二名和第三名，男子640公斤级第二和第三名，女子540公斤级第三名，600公斤级混合第二名。同年，举办马钢第七届职工羽毛球俱乐部等级联赛、职工乒乓球联赛。2017年4—11月，举办马钢首届职工健身运动会，运动会主题“快乐运动 健康职工”。运动会设游泳、三人篮球、乒乓球、羽毛球、象棋、围棋、拔河、竞技扑克和大众体育（含6个独立项目）9个大项和41个小项的比赛，共有49个代表团3000余名运动员参赛。同年，组织参加全国拔河锦标赛暨国际拔河邀请赛，一钢轧总厂拔河队获大众组男女混合600公斤级冠军，公开组男子600公斤级亚军、男子640公斤级季军。2018年8月，组织参加全国拔河锦标赛，一钢轧总厂拔河队一举夺得混合地方组580公斤级混合冠军，男子公开组640公斤级亚军、600公斤级季军。2019年8月，组织参加在马来西亚吉隆坡举办的世界拔河俱乐部锦标赛，代表中国参赛的马钢集团拔河队夺得室内男子640公斤级比赛冠军，实现了中国拔河协会在世界拔河俱乐部锦标赛男子项目金牌零的突破。

2019年8月，马钢集团拔河队勇夺世界冠军

第十一节 马钢文学艺术界联合会

马钢集团、马钢股份文学艺术界联合会（简称马钢文联）成立于1991年9月。2014年8月进行换届，选举产生新一届马钢文联委员会。2019年，有作家、美术家、书法家、摄影家、音乐舞蹈家5个协会，会员1220人，其中国家级会员85人、省级以上会员602人。

2001年以来，马钢文联紧紧围绕马钢生产经营建设改革发展中心，服务大局，组织广大文艺爱好者深入厂矿一线，贴近企业、贴近职工，服务于企业，服务于职工，服务于文艺爱好者，坚守艺术良知，恪守职业精神，唱响主旋律，树立正能量，创作讴歌时代的优秀作品。

2014年8月13日，马钢文联召开第四次代表大会

2001—2019年，马钢文联5个协会出版各类文艺作品72部，发表文学作品2000多万字，52位作家、书画家、词作家出版个人作品专集，120件作品入选由中国美术家协会、中国书法家协会和中国摄影家协会举办的国家级展览。在全国冶金行业获奖182个，其中大奖和金奖30个。获安徽省、产业（行业）各类金、银、铜奖580多人次。10人获安徽省政府文学奖。举办各种展览50多次，展出作品6000余件。

［作家协会］

2019年，马钢作家协会有中国作协会员8人、省作协会员56人。

2002年，与《马钢日报》联合举办“真情永远”“激情岁月”迎接党的十六大专题征文活动。12位青年作家作品入选全省青年作家文艺丛书。举行马钢《民族精神教育职工读本》首发式。

2007年，召开马钢5人小说选《我们》首发式暨作品研讨会。2011年，出版《马钢文学作品集》。2012年，与《马钢日报》联合举办“春之声”文学作品大赛。2015年，马钢作者3篇散文被中国盲文出版社《带盲童看祖国》图书选用。

2017年，开展“我与马钢共成长”系列征文活动，出版马钢诗歌、散文等文学作品集。2018年，利用自媒体平台，在报刊、杂志等媒体上刊登马钢优秀文艺作品，分批宣传介绍马钢优秀作家。2019年，与马鞍山市《作家天地》联合举办《马钢作者作品专刊》2期。

据不完全统计，2001—2019年，马钢作家先后在《人民文学》《诗刊》《清明》《安徽文学》《散文世界》《散文》《中国当代诗歌经典》《安徽文学》《清明》《雨花》《散文百家》《佛山文学》《华夏散文》《作家天地》等各类报刊、杂志发表小说、诗、散文、报告文学等2000多万字文学作品，相继推出52部文学作品。

［美术家协会］

2019年，马钢美术家协会有中国美术家协会会员5人、安徽省美术家协会会员42人。

2001年以来，先后举办“马钢首届漫画作品展”“马钢青年美术家新人新作展”“工业场景、自然风光写生作品展”“大人眼中的孩子、孩子眼中的世界——马钢少儿书画展”“纪念马钢诞辰60周年美术展”“马钢工业版画回顾展”等。先后有百余幅画作入选全国、省、部书画作品展。

［书法家协会］

2019年，马钢书法家协会有中国书法家协会会员11人，安徽省书法家协会会员75人。1987年，成立“金泉印社”印社，现有社员22人。

2001—2019年，先后举办纪念毛泽东在延安文艺座谈会上的讲话发表63周年“马钢书画精品展”“走进笔墨空间——马钢12人书法篆刻作品展”“挥洒夕阳——马钢五位老书法家作品展”“马钢五人书法展”“马钢·攀钢美术书法摄影作品展”“‘第二个春天’马钢离退休职工书画展”“马钢书法小品展”“马钢中青年书法篆刻作品展”“马钢中青年书法篆刻作品研讨会”“马钢庆祝中华人民共和国成立60周年美术书法摄影作品展”等。2016年，在中国共产党诞辰95周年之际，举办“两学一做”马钢职工书法作品展。2017年，在党的十九大召开之际，举办“不忘初心 牢记使命”马钢职工美术书法作品展。2018年，举办纪念马钢诞辰60周年书法展、马钢离退休职工美术书法摄影集邮展。春节期间先后组织公司书法作者到南山矿、姑山矿、二铁总厂、长材事业部、四钢轧总厂、供气厂、特钢公司、车轮公司、煤焦化公司、利民公司、机关等单位为职工书写春联，坚持开展送春联、送文化、送祝福进万家活动。2019年，为庆祝新中国成立70年，在马鞍山市图书馆举办马钢职工美术书法作品展，共征集700余幅美术书法作品，展出90幅作品。2001年以来，马钢书法家协会有120幅作品入选全国、省部级展览，有30幅作品入选西泠印社和全国篆刻展，20人出版书法作品集。

[**摄影家协会**]

马钢摄影家协会成立于1978年8月。2019年，有中国摄影家协会会员50人、安徽省摄影家协会会员80人。

2001年，举办热电厂、煤焦化公司、南山矿业公司、建设公司、一钢厂5单位摄影作品联展。2003年，举办“马钢人看世界”摄影作品展。在庆祝中华人民共和国成立55周年之际，与安徽省摄影家协会共同举办“马钢摄影艺术大奖赛”，与建设公司、修建工程公司、自动化工程公司等5家单位共同举办“建设者”纪实摄影展活动。2005年，组织百余名摄影爱好者开展“崛起——马钢新区纪实摄影”活动。2012年，举办第二届“魅力马钢”摄影大赛。2015年，与工程技术集团联合举办“马钢商汇杯”职工摄影大赛。2016年，与煤焦化公司、四钢轧总厂联合举办“高温下的马钢人”“牢记使命 奉献马钢”摄影大赛。2017年，在高温期间举办“精彩马钢人”摄影展；举办马钢首届职工健身运动会摄影展。2018年，举办纪念马钢诞辰60周年摄影展。2019年4月，举办“奋斗新时代”——马钢职工艺术摄影作品展；11月，举办以“礼赞祖国美、奋进新时代”为主题的马钢职工艺术摄影作品展。据统计，至2019年底，马钢摄影协会会员作品获国家级奖牌60多枚，省部级各类奖牌40多枚，其他各类大赛奖牌320多枚。

[**音乐舞蹈家协会**]

2019年，马钢音舞协会有会员154人，其中，中国音乐舞蹈家协会会员5人、安徽省音乐舞蹈家协会会员50人。

2001年，组织基层文艺骨干参加安徽省文化艺术节活动，分获一二等奖；2003年，马钢音舞快板《点击马钢》在安徽省第二届曲艺节调演比赛中获金奖；歌曲《圆月亮》在安徽省第三届少儿艺术节新创歌曲中获创作演唱一等奖。

2004年，与安徽省总工会、安徽省文联成功举办“马钢杯”第二届全省职工歌手大赛。2005年，小品《里外都是人》获中国曲艺金奖。舞蹈《纶蕴》获全国冶金职工文艺调演金奖；歌曲《大山里的女孩》获全国征歌二等奖；音舞说唱《超越激情》获安徽省第三届曲艺节金奖；2005年举办“热血长城——马钢庆祝抗日战争胜利60周年朗诵演唱会”。2009年，马钢作者作词、谱曲的歌曲《小草垛》获全国“万众歌颂新中国‘中国杯’共和国六十周年优秀词曲、歌手、乐手展示大赛”全国总决赛少儿歌曲创作词曲金奖；2011年，组织参加“重钢杯”全国冶金职工歌手大赛，组织开展马钢两公司庆“三八”女子健排舞比赛并参加马鞍山市舞蹈大赛。2014年，参加马鞍山市总工会“中国梦——与改革同行、与梦想起飞”主题宣讲展示比赛。2015 年，举办 2 期声乐、舞蹈讲座。2016 年，文艺爱好者积极赴马鞍山市级文艺创作基地开展活动。2017 年，组织参加安徽省广播电视台举办的“心有力量 歌声响亮”首届安徽省合唱大赛。2018 年，在安徽省属企业“新时代·新安徽·新作为”群众性主题演讲比赛中，获优秀组织奖、演讲比赛二等奖和优秀奖。2019 年，举办庆祝新中国成立 70 周年“马钢职工合唱比赛”。

第十一章 共 青 团

第一节 机构设置

2001年以来，马钢集团团委和马钢股份团委实行一套班子、两块牌子合署办公的运行体制。

2001年，马钢集团团委机关下设2部1室，即组织部、青工部（下辖青少年宫）、办公室。2010年，撤销青少年宫，仍保留2部1室。2012年，马钢集团团委机关整合至党委工作部，团委机关2部1室合并为青工部1个部门。2018年，团委青工部调整为青年工作室。

2019年，马钢集团有35周岁以下青年7664人，团员2363人，基层团委35个，基层团总支2个，基层团支部195个，专兼职团干部600人。主要工作职责：团结、教育、引导团员青年成为有理想、有本领、有担当的新时代青年，发挥党的助手和后备军作用；筑牢青年思想政治根基，全面贯彻党的重要会议精神，落实党建带团建工作，激发基层团建活力；以马钢集团生产经营建设改革发展为中心，积极组织开展青年创新创效、争创青年文明号、争当青年岗位能手、创建青年安全生产示范岗、创建青年突击队等符合青年和企业特点的活动；加强自身建设，发挥党联系青年群众的桥梁和纽带作用，维护青年权益，了解青年困难问题，努力为团员青年办实事、做好事。

第二节 共青团建设

[制度建设]

2002年，下发《关于加强和改进团的作风建设的实施意见》《团的工作考核及“五四”红旗团委创建管理办法》《团支部工作手册》。2005年，马钢两公司团委在认真调研的基础上，拟订《关于加强两公司基层共青团工作的若干意见》，以公司党委文印发。2014年，启动团委协作区分片活动，为其提供费用和政策的支持，各片区定期开展各类文化活动、学习交流活动。2015年，围绕团干部作风建设，开展“三严三实”专题教育活动，加强团干与基层青年的密切联系。2017年，推进共青团改革，出台《马钢基层团干部到公司团委机关挂职管理办法》，选调基层团干部到公司挂职锻炼。2019年，按照共青团“四维”工作格局，结合实际，开展“一团一品”创建活动，有160多个支部在组织推进。发挥纽带作用，完善关爱青年的服务机制。

[组织建设]

2002年12月18日，马钢两公司团委正式开通“马钢共青团网站”。2004年，创新团的工作运行模式，实行分区协作、定点联系制度，有效整合资源、推进工作。在全省共青团系统尝试创新基层组织设置形式，在单身大学生公寓建立单宿团总支。

2006年，在马钢两公司及各二级单位成立青年工作委员会，并以党委文件形式正式下发意见，明确有关组织设置及工作职能。2007年，两公司第一次青年工作委员会召开，38家基层单位成立厂级青年工作委员会。指导机电公司召开第一次青年代表大会，在全省首开了青代会召开的先例。2009年，试点建设基层企业青联，发挥青联组织横向联系、专业兴趣、活动活跃等特点，取得较好阶段性成效。

2010年，平稳完成青少年宫人员分流、机关2名团干部转岗输送工作。2011年，组织基层团支部、青年工作组集中换届改选。建立共青团信息统计系统，对团员、团干部信息进行动态管理并及时上报组织数据。

2019年，开展基层团支部整理整顿，指导督促6家单位成立团组织，3家单位完成换届选举。

[主要荣誉]

2006年，马钢两公司团委被团中央授予“全国五四红旗团委”荣誉称号。2012年，马钢集团团委先后被评为“全省企业共青团工作标兵单位”、全国钢铁行业“青安杯”竞赛先进单位。2019年，炼铁总厂1号高炉团支部获“全国五四红旗团支部”。

第三节　共青团代表大会

[马钢总公司第七次团代会、马钢股份第二次团代会]

共青团马钢总公司第七次代表大会、共青团马钢股份第二次代表大会于2001年9月4—6日召开。大会的主要任务是：听取和审议共青团马钢总公司第六届委员会、马钢股份第一届委员会的工作报告；选举产生共青团马钢总公司第七届委员会和马钢股份公司第二届委员会；选举产生出席共青团马鞍山市第九次代表大会代表。本次大会正式代表201名。马钢两公司党委常委、马钢关工委领导、共青团马鞍山市委领导及各二级单位党组织负责人参加开幕大会。马钢两公司团委副书记王艳在会上作题为《把握机遇，开拓创新，为实现马钢“十五”发展目标贡献青春和力量》的工作报告。大会以无记名投票的方式选举产生由25人组成的团的新一届委员会。一致通过《关于工作报告的决议》。

[马钢总公司第八次团代会、马钢股份第三次团代会]

共青团马钢总公司第八次代表大会、共青团马钢股份第三次代表大会于2006年9月6—8日召开。大会的主要任务是：审议和通过共青团马钢第七届委员会的工作报告，选举产生共青团马钢总公司第八届委员会和马钢股份公司第三届委员会。共青团安徽省委、共青团马鞍山市委、马钢群团组织、安徽工业大学、中国十七冶集团有限公司、中钢集团马鞍山矿山研究院有限公司、中冶华天工程技术有限公司等单位代表分别致贺词。宝钢、首钢、武钢、本钢等单位专门发来贺电、贺信。共青团安徽省委、共青团马鞍山市委、马钢关工委领导，各二级单位党委负责人等出席大会。会上，马钢两公司团委副书记陈钰作了题为《凝聚力量，整合资源，创新思路，提升水平，充分发挥团员青年在马钢“十一五”发展中的生力军作用》的工作报告。大会以无记名投票方式选举产生共青团马钢总公司第八届、共青团马钢股份第三届委员会，正式委员23人，常务委员7人。大会通过《共青团马钢总公司第八次、共青团马钢股份公司第三次代表大会关于工作报告的决议》和《给马钢团员青年的倡议书》。

[马钢集团第九次团代会]

共青团马钢集团第九次代表大会于2011年10月17—18日召开。大会的主要任务是：审议和通过共青团马钢第八届委员会的工作报告，选举产生共青团马钢集团公司第九届委员会。共青团安徽省委、共青团马鞍山市委、马钢群团组织、安徽工业大学、中国十七冶集团有限公司、中钢集团马鞍山矿山研究院有限公司、中冶华天工程技术有限公司等单位代表分别致贺词。宝钢、首钢、武钢、本钢等单位专门发来贺电、贺信。共青团安徽省委、共青团安徽省委城市工作部、安徽省国资委团工委、共青团马鞍山市委、马钢关工委领导，各二级单位党委负责人以及全体会议代表出席了大会。马钢集团团委副书记杨智勇作了题为《创新工作思路 深化服务领域 团结带领团员青年为实现马钢“十二五”宏伟蓝图再立新功》的工作报告。大会以无记名投票方式选举产生共青团马钢集团第九届委员会，正式委员21人，常务委员7人。大会一致通过《共青团马钢（集团）控股有限公司第九次代表大会关于工作报告的决议》，并向马钢团员青年发出《倡议书》。

［马钢集团公司第十次（马钢股份公司第四次）团代会］

共青团马钢集团第十次（马钢股份第四次）代表大会于2018年8月28日召开。大会主要任务是：审议和通过共青团马钢集团第九届委员会工作报告，酝酿并选举产生共青团马钢集团第十届（马钢股份第四届）委员会。共青团安徽省委、共青团马鞍山市委相关负责人，马钢集团党委领导，各二级单位党委分管共青团工作的领导及全体会议代表出席了大会。马钢集团团委副书记杨智勇作了题为《不忘初心跟党走、砥砺奋进建新功，在助推马钢集团实现高质量发展的火热实践中贡献青春力量》的工作报告。大会以无记名投票方式选举产生共青团马钢集团第十届（马钢股份第四届）委员会，正式委员21人，常务委员9人。大会一致通过《共青团马钢（集团）控股有限公司第十次（马鞍山钢铁股份有限公司第四次）代表大会关于工作报告的决议》，并向马钢团员青年发出《倡议书》。

第四节　团的主要工作

［学习教育］

2001年，围绕庆祝建党80周年、江泽民同志发表“七一”重要讲话，团委组织专职团干召开座谈会、研讨会以及团干学“七一”讲话心得交流会。2002年，以学习党的十六大精神、学习江泽民同志“七一”讲话、庆祝建团80周年等为重点，深入开展学习教育活动，并开展专职团干、支部书记专题培训，召开青年学理论座谈会。2003年，围绕党的十六大、团十五大精神学习，重点抓好青年骨干学习，举办党的十六大精神理论培训及开展“党的十六大与马钢青年”征文活动、召开团干学习贯彻团十五大精神座谈会。2004年，举办团干部学习党的十六届四中全会和团十五届二中全会理论培训班，以中华人民共和国成立55周年和“五四”运动85周年为契机，组织开展了“投身新跨越、建设新马钢、创造新业绩”主题系列教育活动。2005年，推进“学理论知团情”理论学习和“我为团旗添光彩”主题实践活动，基层500多个团支部、6000多名团员积极参与到教育实践活动中。

2006年，围绕社会主义荣辱观，联合党委宣传部、关工委举办“共享成长”青年荣辱观教育座谈会，通过先进青年典型现场宣传，引导团员青年树立正确的荣辱观，举办《江泽民文选》学习报告会和多场次青年职业发展系列讲座，加强重大理论学习和形势任务教育。2007年，在团员青年中组织开展“贯彻十七大 创造新业绩”主题教育活动。2009年，以纪念五四运动90周年为契机，集中开展“汇聚青春力量 共促和谐发展”主题青年月活动。

2011年，结合庆祝建党90周年，联合关工委开展“学党史、知党情、跟党走”主题活动，组织4场次访谈会、报告会、座谈会，邀请老党员、老职工等为团员青年讲述中国共产党的奋斗历程及马钢发展的真实故事，教育团员青年将爱国热情化为立足岗位、奉献马钢的实际行动。2012年，组织各级团组织和广大团员青年深入学习贯彻党的十八大精神，举办团干部专题培训班，开展“党的十八大”精神学习讨论活动。在建团90周年、“七一”期间开展团史宣讲、党史教育，联合关工委开展“心向党，讲品德，见行动”座谈会，坚定团员青年“高举团旗跟党走”的信念。2013年，组织各级团组织深入开展党的十八大精神、团的十七大精神学习宣传工作。2014年，通过集中学习、座谈交流、主题团日等形式，认真学习贯彻党的十八届三中全会、习近平总书记系列重要讲话精神，引导团员青年将学习与公司改革建设实践相结合。2015年，举办庆祝中国人民抗日战争暨世界反法西斯战争胜利70周年专题报告会，邀请安徽省委讲师团成员为200余名团员青年做专题辅导。

2016年，组织动员团员青年认真学习党的十八届五中、六中全会精神及习近平总书记系列重要讲话精神，组织“两学一做”青年党员专题宣讲会，坚定青年党员的理想信念。2017年，开展“放飞新时代青春梦、党的十九大精神走进青年”宣讲活动20余场，在全公司范围内开展“学习习近平总书记重要讲话、做合格共青团员”的“一学一做”教育实践活动。2018年，组织团员青年学习习近平新时代中国特色社会主义思想和党的十九大精神、团的十八大精神。2019年，开展“青春心向党·建功新时代”主题宣传教育实践活动，各基层单位共组织57场次覆盖1500多名团员青年的主题活动。组织1300多名团员青年收看纪念五四运动100周年大会直播，并以宣讲、知识竞赛、座谈、征文等形式学习宣传贯彻习近平总书记在大会上的重要讲话精神。深入开展“青年大学习”活动，线上线下结合，面向公司团员青年广泛开展学习宣传教育。

[**主要活动**]

2001年，各级团组织以推进新世纪读书计划为载体，以学习邓小平理论、“三个代表”重要思想为内容，组织团员青年开展读书交流、座谈讨论等活动。2002年，结合马钢“十五”期间钢铁主业结构调整，启动实施“展青春风采，为‘十五’工程建功立业”活动，在项目建设施工单位组织了以“保质量、保安全、保工期”为内容的劳动竞赛和“一奖三星”的评比活动。2003年，牵头成立马钢青年读书俱乐部，制作发放近5000张青年读书俱乐部会员卡，与多家书店、图书馆签订购书、借书协议。2004年，结合纪念邓小平同志诞辰100周年，开展了邓小平理论读书月活动。2005年，“五四”期间，以“传承‘五四’报国志，夺取‘十五’新胜利”为主题，开展“青春马钢”系列活动，引导团员青年学习、创造、奉献。

2007年，围绕马钢“推进标准化工作”的全年工作主题，启动“青春助推标准化”主题活动，推出了我为标准化献一计、青年标准化巡查、青年标准化示范岗创建、青年标准化示范岗交流推进会等一系列具体有形的活动载体。2008年，成功承办全国钢铁行业青年工作年会，全国近50家大型钢铁企业团干部参会，团中央书记处领导、中钢协领导首次出席该项活动。2009年，结合纪念五四运动90周年，开展“十杰百星”青年群英评选，41家单位306名优秀青年参与评选，并隆重召开了马钢青年群英会。开展“降本增效 共渡难关 青年当先”主题活动，积极宣传公司经营发展形势，引导青年围绕降低吨铁吨钢成本、降低能耗、修旧利废，从岗位做起，从点滴做起。2010年，全力推进“密切联系青年”主题工作，通过开展各类调研、走访、对话活动，建立青年基本信息数据库，建立QQ群。牵头设立了“大学生职工购房首付款贷款基金”，通过申报、登记、排序，全年为40名大学生职工提供每人10万元的购房首付款低息贷款，新华社、《中国日报》《中国青年报》《安徽日报》等媒体先后进行了专题报道。

2011年，编印了《马钢青年思想引导手册》，启动青年思想状况专题调研，形成调研论文19篇。2012年，开展“贯彻干部大会精神，青年决战一线”主题活动，凝聚青年正确认识钢铁行业面临的危机。2013年，开展“关注热点、汇聚力量，我与马钢共奋进”青年对话会，邀请公司相关部门与青年面对面交流热点问题，帮助青年了解公司生产经营状况以及公司推进降本增效等各项举措。2014年，组织青年认真学习公司重点会议精神，帮助青年了解公司形势，立足岗位，奋发有为。2016年，开展“聚焦市场现场·青年勇于担当”系列主题实践活动，引导青年严把现场质量关，努力以质量赢得市场。开展团干部“1+100”（每位团干部直接联系100名普通青年）活动，加强与基层青年职工联系，与青年交朋友，解决青年遇到的难题。2018年，结合公司“品牌就在身边工程”实施方案，开展“一团一品”品牌创建活动，引导各级团组织突出工作重点、打造特色、形成品牌，服务本单位生产经营建设，建设青年专属阵地，探索性地在姑山矿白象山铁矿井下500米建设“青年之家”。2019年，组织500名团员青年参加公司“我和我的祖国”主题快闪活动，组织200人次的团员青年参加“我和我的祖国”主题团日活动，庆祝新中国成立70周年。开展安全知识竞赛，3300余名职工参与线上答题和现场决赛。完成685个青年创新创效“双五小”项目立项结题等工作。除夕当天组织外地单身大学生职工共度除夕。开展水果采摘、制作蛋糕、户外拓展等符合青年时代需求的联谊活动，全年为400多名单身青年搭建交友平台。组织青年3V3趣味篮球比赛。加强自身建设，提升团的基层组织力。加强协作区建设，促进各单位之间的交流互访，学习交流等活动16场。

［文化活动］

2003年，在“马钢高炉出铁50周年、马钢股份上市10周年”纪念活动中，开展“我心中的马钢”主题演讲比赛，承担完成“9・16”（庆祝马钢成立50周年）文艺晚会现场的部分组织工作。2006年5月4日，在市南湖广场为15对马钢青年举办盛大的“青春同禧”首届马钢青年集体婚礼。2008年，开展庆祝马钢成立50周年系列活动，组织“创业五十年，感恩传精神”走访老职工活动，举办“我心中的马钢”诗歌朗诵大赛，开展“情动马钢”十大青年人物评选并举办隆重的颁奖典礼，引导广大青年传承美德、敬业爱岗。实施“提升品种质量，青年勇当先锋”主题活动，通过举办“质量在我心中，效益在我手中”演讲比赛，联合质监中心开展质量异议巡展活动，在一线青年职工中营造关注品种质量、参与提升品种质量的良好氛围。2009年，围绕新中国成立60周年，先后开展了“新老团员话辉煌”两代马钢人访谈交流、“红色箴言，青春记忆”诗歌朗诵大赛等活动。

2013年，开展贯穿全年的“降本增效当先锋 青春贡献正能量”主题活动，联合关工委、新闻中心开展“爱马钢，做贡献”主题征文暨“降本增效当先锋，青春贡献正能量”微博大赛，“打造质量升级版，青年在行动”活动，“打造质量升级版、实现质量强企梦”演讲比赛等。2015年，开展“我的中国梦”主题教育和社会主义核心价值观教育，联合关工委、新闻中心组织“马钢梦、我的梦”主题征文大赛，征集征文100余篇。2017年，在开展“一学一做”教育实践活动的基础上，开展“我的青春我的梦”征文。2018年，举办“走进新时代 青春勇担当”诵读会，联合关工委开展“传承马钢精神 绽放青春梦想”专访活动。

第五节　青年突击队

2001年，组织开展青年创新创效活动成果申报，形成574项优秀成果。“青安杯”竞赛继续规范发展，各参赛单位广泛开展“反违章、查隐患、促整改”等活动，马钢集团团委夺得全国冶金系统“青安杯”竞赛大钢赛区“青安杯”，马钢股份团委被评为“优秀组织单位”。在“青年文明号”创建工作中，团委强化公示监督制度，并在窗口行业推行“青年文明号”服务卡及上道工序为下道工序提供优质服务承诺等制度，拓展创建领域，39个青年班组被授予马钢“青年文明号”。将争当青年岗位能手活动作为广大青工提高职业技能的有效抓手，大力开展岗位练兵、技术比武等活动。年底，组织开展了第二届“马钢杰出青年岗位能手”和“马钢青年岗位能手”评审。

2002年，以组织“青工创新素质与企业竞争力”征文、青年创新创效成果巡回展示、首届马钢青年科技论坛、举办“创建学习型组织”知识讲座等活动形式，引导青工投身创新实践。组织青年技术人员针对制约生产经营的难点和重点，自找项目，开展攻关，为马钢提高产能、降本增效做出积极贡献。组织30多名青工参加全国青年电工网上模拟技能创新创效大赛，3名青工分别取得安徽省第一、第三、第八的好名次并入围复赛。马钢团委被团中央评为全国青年创新创效活动示范基地。

2003年，在项目单位组织开展评选马钢两公司“十五”期间建设“十佳青年集体”和“十大杰出青年”活动。针对新项目陆续建成投产，相关单位团组织协助做好人员培训工作，为工程项目建成后尽快顺产、达产做好前期准备。设立马钢青年创新创效活动成果评审专项基金，为青年创新创效活动的深入开展提供机制保证。

2004年，遵循项目化运作工作模式，青年岗位成才建功行动8个主体工作项目全面启动实施。举行“五四”表彰暨建功行动推进大会。组织多场次青工计算机培训，组织专职团干部开展“超越自我”团队集训，联合科协举办青年科普知识讲座和首届青年网页设计大赛。组织2003—2004年度青年创新创效成果收集评审，97项优秀成果受到表彰，6项成果在首届马钢青年科技论坛上做现场发布。牵头成立青年职业生涯导航课题组，编写、研发青年职业生涯导航内训课程。加大对“青年文明号”创建申报班组的现场督查指导，并首次引入竞争淘汰机制，提升创建水平。

2005年，在马钢新区参建单位团员青年中开展以“赛质量、赛安全、赛管理、赛进度、赛创新”为内容的青年建功竞赛活动，以“岗位育人、建队育人、工程育人”为目标，组织35周岁以下参建青年和青年集体积极争创优秀青年突击队、优质青年工程、争当青年建设标兵，首批9家单位14项青年工程、21支青年突击队参赛。在马钢第二届十工种职业技能竞赛中，广大青工踊跃参与并取得优异成绩，41名参赛青工获奖并被授予“马钢青年岗位能手”称号。在首届“振兴杯”全国青年职业技能大赛中，马钢青工取得个人第5名的优异成绩。

2006年，围绕马钢新区建设，联合基建技改部开展新区建设青年建功竞赛“双十佳”评选，举办“五四”表彰暨新区建设青年建功竞赛现场推进会，“新区建设伴我行”DV短片大赛。建立健全“青安杯”竞赛区域管理网络，举办青安岗长（员）培训班、安全知识网上大赛、安全短信有奖征集等活动，40余家单位3000多名青工踊跃参与。开展第二届青年创新创效活动成果评审，300项成果参评，111项成果受到公司级表彰。举办首届“马钢青工技能月”启动仪式暨第二届青年创新创效成果发布会。

2007年，着眼于提高青年安全工作贡献率，建立健全“青安杯”竞赛管理网络，联合工会、安管部举办“安全发展，和谐马钢”青年安全文艺表演赛和“特色安全，全新视角”青年安全主题沙龙。围绕新区安装、调试、达产、顺产，深化新区建设青年建功竞赛活动，评选、表彰、宣传第二批竞赛“十佳青年集体”。深入基层一线为青年文明号班组送奖、慰问。举办青年文明号创建辅导讲座。举办2007年“振兴杯”马钢青年职业技能竞赛，4个竞赛工种近200名青工踊跃参加，10名青工取得国家技师职业资格。

2008年，举办第三届青年创新创效申报评审活动，30家单位近千名青工上报378项成果，119项成果受公司表彰。深化“青春助推标准化”活动，联合企管部开展首批“青年标准化示范岗”评审表彰。推进青年安全工作，联合多部门举办青年安全技能大赛。扎实开展导师带徒活动，全年共指导20家单位缔结公司级师徒对子215对，厂级师徒对子100对，年终70%徒弟通过高级工职业技能鉴定。举办第二届“振兴杯”马钢青年职业技能竞赛，273名青工参加四工种比赛，9名青工获得技师资格，10多名青工晋升高级工，一批青工在安徽省马鞍山市青工大赛中摘金夺银。

2009年，开展青年“对标夺金”指标竞赛活动，以青工岗位中涉及的均衡生产、实物消耗、品种（规格）兑现、质量等各方面细分较小指标为重点内容，确立“标杆指标”，开展对标竞赛，第一赛季中，铁钢轧13家主体单位124个青年集体参加竞赛，514项各类指标纳入竞赛，指标综合完成率超过80%。持续开展青年“双五小”项目攻关活动，30家单位上报公司级项目44项，厂级项目180项。扎实开展“青安杯”竞赛活动，并按片区举办青安岗交流会。举办马钢青年安全生产应急预案演练电视作品大赛。

2010年，25家单位千余名青年科技人员和操作人员共完成公司级、厂级青年“双五小”项目270项。15家主线单位153个青年作业区（班组）参加青年“对标夺金”指标竞赛，涉及各类指标600余项。举办第三届“振兴杯”马钢青年职业技能竞赛，5工种27家单位400名青工参赛。

2011年，继续推进“对标夺金”指标竞赛活动，18个单位206个青年作业区（班组）参加竞赛，741项各类指标纳入竞赛。同时以活动为契机，在青年集体中开展青年文明号创建、青年岗位承诺活动。“安全月”期间，指导基层单位分4个片区开展青年特色安全活动。联合工会、安管部开展青年生产安全事故案例展板大赛。建立青年科技人员“双五小”活动明细表、“双五小”项目进度表，引导一线青年操作人员申报项目，全年共完成Ⅰ类项目300余项，Ⅱ类项目200余项。承办市级“振兴杯”青年职业技能竞赛计算机程序设计员、中式烹调师两个工种的命题、考务和实作考试等工作。1名青工获全国“振兴杯”青年职业技能竞赛计算机程序设计员第二名。

2012年，扎实开展“三比一创”青年岗位建功竞赛活动，推进“对标夺金”指标竞赛活动，共有18家单位134个青年作业区（班组）参加竞赛，在工程技术公司等多家单位开展“对标夺金”个人赛。联合工会、安管部组织青年安全标准化多媒体作品大赛，31家单位32部作品参赛，汇编制作优秀作品合集光盘。1个青年集体被评为安徽省级青年文明号，5个集体被评为马鞍山市级青年文明号。在全公司范围内推广一线技术业务岗大学生全员参与“双五小”活动，共有2000余名青工主动参与项目攻关，全年共完成双五小Ⅰ类项目359项，Ⅱ类项目200余项。举办第四届“振兴杯”马钢青年职业技能大赛，15家单位170余名青工参加比赛。1名青工在安徽省级大赛中获得工具钳工第三名，12名青工取得技师资格。

2013年，持续推进“对标夺金”小指标竞赛活动，17家单位194个青年作业区（班组）参加竞赛，776项各类指标纳入竞赛，以小指标提升为马钢大指标降本做贡献。组织2000余名青工参与青年“双五小”活动，举办青年“双五小”专利申报讲座，完成“双五小”项目500余项。扎实推进“青安杯”竞赛，开展青年安全生产标准化、反习惯性违章简图大赛，并将大赛作品编印成安全培训教材。

2014年，连续第6年开展青年“对标夺金”指标竞赛，15家主线、能源介质保产单位140个青年作业区（班组）参赛，共涉及各类小指标523项。深入开展青年“双五小”项目攻关活动，推动青年大学生全员参与，涉及25家二级单位357项公司级Ⅰ类项目，200余项厂级Ⅱ类项目，并积极组织负责人参与专利申报工作，共申报专利34项。开展第五届“振兴杯”马钢青年职业技能竞赛。1名青工获安徽省级比赛第一名。2015年，推动生产一线青年大学生职工全员参与青年“双五小”项目攻关活动，28家二级单位千余名人员申报公司级Ⅰ类项目388项。安全月期间，联合工会、安管部开展安全知识竞赛。承办马鞍山市“振兴杯”数控车床工种竞赛，1名青工获该工种第一名。

2016年，深化青年“双五小”技术攻关活动，组织基层一线1000余名青年参加项目攻关，共立项结题365项。深化“青”字号品牌活动，安全月期间，联合安管部、工会，开展“安全卫士”演讲比赛。承办马鞍山市“振兴杯”电焊工竞赛。自动化公司先后3人次代表安徽参加全国“振兴杯”比赛。

2017年，通过开展青年岗位质量因素分析、质量知识竞赛、质量事故图片展、青年质量标兵评选、岗位承诺等活动，引导青年严把现场质量关，努力以质量赢得市场。紧盯现场，拓展青年突击队服务内容，动员团员青年开展“我身边的浪费行为”自查、随手拍等活动。深化青年“双五小”技术攻关活动，全年共立项316项。“安全月”期间，联合安管部、工会组织开展“学意见·谈感悟·促改革”主题有奖征文活动。

2018年，申报立项青年“双五小”Ⅰ类项目636项。深化“青”字号品牌活动，拓展青年突击队服务内容，组织“风雪中，团员青年请出列”抗击冰雪活动。组织安全月系列活动，开展“青年安全生产示范岗”创建，命名表彰28个2016—2017年公司级青年文明号。

2019年，深化“青安杯”竞赛活动，安全月期间，联合工会、安管部开展安全知识竞赛，3300余名职工参与线上答题和现场决赛。在马钢股份开展“安全生产 青年当先”主题活动，1个作业区被评为全国青年安全生产示范岗。创新开展青年创新创效“双五小”活动，全年共完成685个项目课题选题立项结题等工作。以“振兴杯”青年职业技能竞赛为契机，以赛促训，共有4名电工、3名钳工参加安徽省的省级比赛，3 名计算机程序设计员代表安徽省参加全国比赛，1 名青年获计算机程序设计员项目全国第 17 名，3 名电工获省级二等奖。

第六节　志愿者服务

2001 年，马钢两公司团委进一步健全青年志愿者网络体系，积极促进企业精神文明建设。组织 50 余家二级单位 300 多名青年志愿者走上街头开展“世纪新风”青年志愿者活动，为市民提供便民义务服务 60 余项。组织质监中心、炉料公司部分青年志愿者为“百城自行车赛”提供驻地服务。2002 年，开展“共建美好道德家园”便民服务活动。结合现场整治，在“十五”期间工程施工现场组织青年志愿者义务劳动。根据上级团组织的统一要求，筹划青年志愿者注册工作，推动马钢志愿者服务活动规范发展。2003 年，面对突如其来的非典疫情，组织招募了 225 名志愿者承担起马鞍山市东大门—东环路口防非检疫点的工作重任，在历时近两个月的时间里，来自 21 家单位的 52 名志愿者完成日均 4000 余辆过往车辆、近万名乘客的登记、检测工作。全年完成近 5000 名志愿者注册报名登记，近 1000 名志愿者网上注册。会同宣传部、武装部举行马钢两公司纪念向雷锋同志学习 40 周年暨志愿者注册工作推进仪式。2004 年，联合武装部开展以“学习、服务、成才”为主题的学雷锋志愿服务日统一行动。2005 年，组织 200 余名团员青年在“3・5”学雷锋期间面向社会提供志愿服务。

2006 年，组织 200 余名团员青年参加志愿服务活动。根据马钢爱卫会的统一部署，组织 200 名团员青年在马向铁路沿线开展环境卫生大整治行动。2007 年，组织团员青年参加文明城市创建“万人百点”卫生整治活动，圆满完成“9・20”新区投产典礼剪彩礼仪任务。2008 年，在“9・20”纪念活动中，青年志愿者出色地完成了“辉煌五十年”展厅解说、剪彩及纪念大会礼仪任务。面对年初突如其来的冰雪灾害，马钢两公司上千名团员青年快速反应，积极行动，清扫厂区积雪，《中国青年报》等媒体专文予以报道。四川汶川特大地震发生后，各级团组织迅速行动，全力做好来自重灾区青年大学生的安抚、关心、慰问工作，团员青年踊跃奉献爱心，向灾区捐款近 200 万元，另交特殊团费 7 万元。2009 年，配合马钢门禁宣传，在学雷锋日当天，组织 300 余名团员青年、青年志愿者到 30 多个门岗开展“执行门禁制度、自觉从我做起”执勤、宣传活动。2010 年，组织千余青年志愿者围绕修旧利废、清污除淤、资源回收、美化环境等开展志愿活动。高温时节，组织开展“清凉快递”青年志愿者行动，为服务生产贡献力量。

2011 年，组织“3・5”志愿服务统一行动，千余名青年志愿者开展现场环境卫生清洁、资源回收利用、服务社会公益事业等形式多样的学雷锋志愿服务活动，承担马钢重大会议、庆典的礼仪服务活动，展示马钢青年的良好风貌。组建青年禁毒志愿者队伍，提高青年防毒、拒毒、禁毒意识，提升马钢禁毒宣传和毒品预防教育工作的整体水平。2012 年，以马钢集团“志愿常青”青年志愿者行动为引领，以“3・5”学雷锋统一行动为开端，全年开展资源回收、美化环境、清淤疏浚、便民服务、社会公益等多种形式的志愿活动 30 余次。组织 30 多家基层单位数百名青年志愿者开展“清凉快递”行动，为一线职工送去防暑降温用品，二钢轧总厂“在线冰点”志愿者服务等工作被人民网等主流媒体报道。在“马钢杯”第六届全国钢铁行业职业技能竞赛中，80 余名青年志愿者以饱满的热情，优质、高效的服务圆满完成大赛接待、礼仪及一些会务性工作。2013 年，持续深入开展马钢“志愿常青”青年志愿者行动。夏季高温季节，组织青年志愿者开展“清凉快递”行动。2014 年，关心弱势群体，开展“爱心结对”“爱心日”等活动，组织青年志愿者无偿献血，全年 1300 人次参加各类志愿者服务，累计服务人数达到 2100 人。2015 年，组建青年网络文明志愿者队伍，引导团员青年将先进性和担当精神延伸到网上，争当“中国好网民”，在网上积极发出“青年好声音”。

2016年，组织20余名团员青年参加马鞍山市植树造林志愿服务活动。2017年，开展“3・5”志愿服务活动。关注单宿大学生群体，联合工会、康泰公司为大学生公寓青年开展送清凉志愿活动。2018年，开展贯穿全年的“学雷锋精神 展青年风采”青年志愿服务主题活动。推荐南山矿志愿者服务队参加安徽省国资委文明办2018年学雷锋志愿服务“十佳志愿服务组织”评选，推荐2名青年参加“十佳志愿者”评选。春节期间广泛开展“1+100团干部集中服务青年月”活动。2019年，统筹年度志愿服务工作方案，在春节期间开展“邻里守望・红红火火过大年”、“暖冬行动”主题活动，在“3・5”期间开展志愿服务活动，在“3・12”期间开展义务植树活动，有1000余名青年参与。

第十一篇 企业文化

第十一篇　企业文化

概　　述

马钢企业文化是伴随着火热的生产和经营管理实践提炼生成的。进入21世纪，马钢集团把企业文化建设作为推动跨越式发展的战略举措，全面整合、系统构建。2001年，马钢两公司制定《马钢企业文化建设规划》。2008年，形成了以理念识别系统、形象识别系统和行为识别系统为主要内容的第一套企业文化体系。2015年，马钢集团主动适应钢铁行业的严峻形势，全面推行卓越绩效管理模式，引进德国巴登钢厂文化精髓，提炼发布第二套企业文化体系。2017年，发布《马钢"十三五"企业文化建设规划》，全面启动多元板块企业文化建设。党的十九大后，马钢集团进一步深化改进企业文化建设，丰富文化内涵、完善文化体系、促进文化落地，深入开展创新文化、精益文化、竞争文化和家园文化以及品牌文化实践活动。

一直以来，马钢集团既注重品牌培育，也注重品牌传播。2002年，马钢标识正式启用，适用于马钢集团和马钢股份。作为营造社会美誉度、塑造竞争新优势的重要抓手，马钢集团积极在传统媒介上开展品牌传播的同时，更注重通过文化、商务、技术交流会、洽谈会和展会及新媒体渠道进行品牌传播，车轮和H型钢产品获得"中国名牌"称号，马钢商标被评为中国驰名商标，马钢股份获"全国质量奖"。

经国家新闻出版署批准，马钢股份主办并公开发行《冶金动力》期刊，安冶学院主办并公开发行《安徽冶金科技职业学院学报》；经安徽省主管部门批准，马钢股份承办内部资料性期刊《安徽冶金》，马钢党校编印内部资料性期刊《马钢党校》。

随着企业的发展壮大，马钢也持续加大对外新闻宣传力度，充分发挥《中国冶金报》马钢记者站平台以及马钢日报、马钢有线电视、"马钢家园"微信平台、马钢宣传网站等企业媒体力量，讲好马钢故事，传播好马钢声音，提升马钢软实力。坚持正确的舆论导向，坚持团结稳定鼓劲和正面宣传为主的原则，严格对外宣传工作纪律，加强和规范对外新闻宣传工作，为马钢加快转型升级、推进高质量发展营造了良好舆论氛围。

《马钢志》的编纂工作起步于20世纪80年代。2000年12月，马钢启动新一轮编修《马钢志》工作，于2004年底由方志出版社出版发行。2001—2019年，马钢集团二级单位出版志书9卷。《马钢年鉴》起始于1987年，每年编纂出版一卷，至2019年已连续出版发行33卷，重点突出马钢生产经营建设、改革发展和精神文明建设情况。为了拾遗补缺，1986年马鞍山钢铁公司创办了内部刊物《马钢史志》杂志，主要刊载史志资料和马钢职工亲力亲为的回忆文章。

2008年以来，马钢集团秉持"诚信、和谐、绿色、发展"的社会责任理念，将履行社会责任作为企业的主动追求，融入自身经营战略，在追求经济效益的同时，兼顾政府、股东、员工、客户、合作伙伴、社区等利益相关方。2010年，马钢集团发布了首份社会责任报告，并以此为新的起点，进一步健全社会责任体系，完善社会责任报告发布机制。同时，积极组织开展社会捐赠、定点扶贫、义务植树、无偿献血等多项社会性工作，彰显了国有企业良好的社会形象和责任担当。

第一章　企业文化建设

第一节　文　　化

［机构设置］

2001 年，马钢企业文化建设委员会成立，委员会下设形象策划组、精神文化组、行为规范组和办公室，企业文化组织建设得到加强。2007 年后，马钢企业文化建设委员会下设的各专业组和办公室不再开展工作，马钢各二级单位相应成立了企业文化建设委员会或领导小组，明确责任部门，积极开展企业文化建设工作。在马钢党委的带领下，马钢企业文化建设委员会在企业文化的规划决策、制度建设、体系建设、活动组织等方面进行统筹规划，为马钢企业文化建设各项举措的贯彻执行提供了保证。

［制度建设］

2001 年下发《马钢企业文化建设规划》，明确马钢企业文化建设的指导思想、主要任务和推进步骤。《马钢企业文化建设规划》坚持继承传统和勇于创新、兼收并蓄和创造特色、总体规划和循序渐进、党政统一领导和各方分工负责的原则，推动马钢在新世纪的永续经营和可持续发展。

2006 年，制订发布 2006 版《马钢视觉识别系统手册》。2008 年，发布《马钢员工行为规范》。组织编辑《马钢企业文化简明读本》，为干部职工进行企业文化培训提供了教材。

2015 年，以企业管理体系标准文件的形式发布《企业文化管理办法》《企业文化建设评价考核办法》《〈马钢视觉识别系统手册〉管理办法》《马钢视觉识别系统建设管理办法》《马钢旗帜管理办法》《〈马钢之歌〉管理办法》等 6 项工作制度，填补了企业文化建设管理机制的空白。修订、发布 2015 版《马钢视觉识别系统手册》。

2017 年，起草发布《马钢“十三五”企业文化建设规划》，明确马钢“十三五”企业文化建设方向和具体内容。

［文化体系］

马钢集团拥有深厚的文化底蕴。20 世纪 60 年代初，马钢首创“文明生产”理念，以“江南一枝花”享誉全国。1996 年，马钢总公司明确“江南一枝花”精神为马钢企业精神。2001 年，马钢两公司开始制定企业文化建设规划，到 2008 年初步构建了独具特色较为系统的企业文化体系。2013 年后，马钢集团引进卓越绩效管理模式，吸收借鉴德国巴登钢厂文化，大力加强企业文化建设，以观念创新为先导，注重激发员工的归属感和荣誉感，不断提高员工的思想政治觉悟、思想道德水平、文明素质和业务技能。2015 年初，马钢集团又发布了新的企业文化理念，促使马钢员工努力形成与现代化企业、国际上市公司相适应的企业文化。构建的形象识别系统有效提升了马钢的市场知名度和社会美誉度，有力推动了马钢的跨越式发展。

党的十九大后，马钢集团进一步深化改进企业文化建设，丰富文化内涵、完善文化体系、促进文化落地，深入开展创新文化、精益文化、竞争文化、家园文化以及品牌文化实践活动。实践中，马钢有意识地把文化因素导入企业管理和生产经营建设中，注重从工作实践中提升经验，导入文化理念，指导工作实践，努力为企业改革发展营造浓厚文化氛围，以文化力提升竞争力，企业焕发出勃勃生机。

企业文化体系建设：2001—2005 年，组织开展马钢价值观和马钢精神讨论，整个提炼工作经过各相关部门和广大职工的积极参与集思广益，经历学习宣传、广泛征集、集中研讨、征求意见和完善确立五个阶段，于 2006 年确立了马钢精神、马钢价值观和马钢愿景，并召开新闻发布会，正式发布马钢企业文化理念识别系统。

2009 年，下发《关于执行马钢员工行为规范的通知》，发布《马钢员工行为规范》，推进马钢员工行为规范建设。认真开展企业文化宣传教育工作，组织员工企业文化培训，加强企业视觉识别系统的规范应用和管理。编辑《马钢企业文化读本》，出版报告文学集《风雨兼程》。同年，马钢被中国企业文化研究会评为“全国企业文化建设优秀单位”和“改革开放 30 年全国企业文化优秀单位”。

2013 年、2014 年，广泛开展企业文化调研活动，深入一线与职工面对面交流，征求意见和建议。2015 年，马钢集团发布企业文化新体系。新发布的企业文化理念识别系统包括：马钢精神、核心价值观、企业使命、企业愿景 4 项文化理念以及安全理念、廉洁文化理念、科技理念、质量理念等 12 项子文化理念。作为马钢集团管理体系标准文件发布的企业文化建设管理文件包括《企业文化管理办法》《企业文化建设评价考核办法》等 6 项管理制度和工作制度，明确了马钢企业文化建设管理体制和工作机制，填补了评价、考核和激励机制的空白。

2016 年，组织二级单位和机关部门开展子文化建设和特色文化建设。启动马钢工作服升级工作。2017 年，全面启动多元板块企业文化建设工作，指导多元板块各分子公司开展企业文化建设。2018 年，开展职工企业文化问卷调查，职工企业文化认知率达到 90%以上。

第二节　品牌与传播

［品牌培育］

进入 21 世纪后，马钢集团更加重视品牌培育工作。2002 年，马钢标识正式启用，适用于马钢集团和马钢股份。作为马钢营造社会美誉度、塑造竞争新优势的重要抓手。2017 年，马钢集团成立品牌建设管理委员会，各单位成立品牌建设专项工作组，建立品牌专员队伍，构建立体化的品牌建设推进网络。以“坚定不移深化改革，坚持不懈做强品牌”为工作主题，按照“自上而下、总体策划、系统提升”及“一三四五”工程（即：一个目标，三年内进入中国实体经济品牌 100 强；三个结合，品牌建设工作与供给侧结构性改革相结合、与全面推进精益运营相结合、与深化卓越绩效管理模式相结合；四个载体，打造钢铁强势品牌、多元个性品牌、管理精益品牌和文化特色品牌；五项任务，制定公司品牌战略，建立品牌管理体系，推进产品和产业升级，夯实品牌建设基础，建立特色品牌文化）。确定品牌组织网络建设、品牌培育咨询项目、各板块品牌建设、品牌传播与品牌营销、品牌建设效果评价等 5 个模块 20 项品牌建设重点任务，马钢集团系统策划、全面开展品牌培育工作。

［品牌载体］

2001 年以来，根据新时期的市场发展和需要，马钢两公司强化市场跟踪与研究，灵活调整经营策略，动态优化资源配置，致力于“市场零距离”“服务进终端”，有效支撑经营创效。做好产品应用技术服务，切实保证用户的问题得到解决。持续改进产品的合同兑现能力与质量保供能力，不断提升客户满意度。由此，马钢集团形成了“用产品创造品牌、用服务体现价值，用产品做大品牌，用服务做强品牌”的良好局面。

经过坚持不懈的结构调整，“十二五”（2011—2015 年）期间，马钢集团形成了“板、型、线、轮、特”钢铁精品格局。马钢车轮和 H 型钢产品获“中国名牌”称号，马钢商标被评为中国驰名商标。众多拳头产品达到国际先进水平。马钢集团是热轧 H 型钢国家标准的主持者，全国市场和技术的开拓者、主导者、引领者，应用领域全国第一，出口销量全国第一，全球热轧 H 型钢规格覆盖率超过 96%。

［品牌表象］

2002 年 12 月 16 日，马钢标识正式启用，马钢标识巧妙地将马钢两个字汉语拼音的第一个字母 MG 组成一个变化的“M”，以其新颖的构思、简练的线条、强烈的时代感和厚重的钢铁文化底蕴获得了全体员工的认可。从导入形象识别系统入手，确立了马钢集团标识、标准字、标准色，制定了《马钢视觉识别系统手册》，全面塑造、展示马钢形象。确定了代《马钢之歌》。以评选职工岗位格言、礼貌用语、安全警句为切入点，开展征集“马钢员工行为规范”用语活动，着力塑造马钢职工的良好形象。2008 年，在纪念马钢成立 50 周年之际，正式确定了《马钢之歌》。

［品牌内涵］

马钢标识图形由“马钢”汉语拼音“MA GANG”词首大写字母“MG”艺术地构架而成。图形刚劲有力，体现着现代钢铁的力量和气派，象征着马钢是以钢铁为主业的大型化、现代化、多产业的现代企业集团。马钢标识的红色象征着企业的热情和信心，黑色象征着钢铁的特质，红与黑的结合，既能产生强烈的视觉冲击，又具有良好的识别性。马钢标识由图形与英文字母组合而成，充分体现了马钢人的现代意识和兼收并蓄、海纳百川的宽阔胸怀，显示出马钢是一个面向世界、全面开放的国际化企业集团。马钢标识图形如一朵花的蓓蕾，蕴含着马钢“江南一枝花”的文化传统，同时展示出马钢人一马当先、追求卓越的时代精神。马钢标识图形意象为一本打开的书卷，充分显示着马钢是善于学习、勇于探索、勤于实践的学习型企业，寓意着马钢人与时俱进、和谐共进、创造美好生活和实现永续经营的不懈追求。2017 年 11 月，马钢品牌定位、马钢品牌核心价值发布。

［马钢品牌定位］

“成为最具创新竞争力的钢铁材料多元化企业集团”。

含义：一是马钢集团的竞争力就是创新；二是马钢集团塑造着以创新为核心的企业竞争力体系。将马钢品牌定位简略地描述为“创新竞争力”，体现了马钢集团不仅仅在钢铁制造上，在多业并举的企业发展上，也在企业战略上和理念上“敢为人先”“勇于创新”的企业情怀和远大抱负。

［马钢品牌核心价值］

“奔腾不止，共享无限”。

含义：基于“奔马”及马钢集团“用产品和服务创造价值”的企业使命，使“活力马钢”的形象得以凸显。“奔腾不止，共享无限”对仗工整、语言简练概括，表达了企业持续追求卓越的战略意图，创新地提升管理水平、创新地发展新业务板块、创新地参与社会责任等，体现了马钢与相关方共同进步、共享价值的决心，持续向客户及社会传递出高品质、具备创新力的企业形象。

［品牌传播］

21 世纪以来，马钢积极在传统媒介上开展品牌传播的同时，更注重通过文化、商务、技术交流会、洽谈会和展会及新媒体渠道进行品牌传播。2018 年，制定发布《品牌传播管理办法》，进一步加强品牌传播工作，致力于建立品牌忠诚度，增强品牌影响力。

2001 年，马钢制作了全新的产品画册和宣传手册，参与组织“广州 2001 年热轧 H 型钢设计应用技术交流会”和在人民大会堂举行的“绿色环保钢材、服务科技奥运—奥运场馆 H 型钢设计应用研讨会”等大型产品推介活动，参加首届中国国际钢结构展览会，先后接受《人民日报》、新华社、中央人民广播电台、中央电视台、《经济日报》《科技日报》《安徽日报》、香港《文汇报》、香港电视台、中安网等 20 多批次近百名记者来马钢参观采访。2002 年，举办冶金行业国家认定技术中心研讨会、全国热轧 H 型钢设计应用技术交流会以及全国炼铁生产技术研讨会暨炼铁年会等重要会议。2003 年，设计并规范使用产品包装、铭牌和商标，加大对新型“板、型、线、轮”产品的推介和展示力度。2004年，以冷热轧薄板工程投产为契机，编辑了新版马钢画册。

2006—2010年，围绕新产品开发、管理创新、新技术应用、节能环保、人文关怀等方面大力开展对外品牌传播工作。

2011年，开展大功率机车轮的重大科研成果宣传，新华社编发的通讯稿为数十家媒体采用，中央人民广播电台编辑了内参件。2012年，组织马钢节能减排工作重点稿件，在国家、省市主流媒体发表，展现了马钢关注生态、保护环境的形象。2013年，策划实施了马钢车轮、硅钢投产、汽车板研发、高效节约型建筑用钢研发的对外传播。2014年，开展车轮、汽车板、H型钢等产品的宣传，树立马钢拳头产品的市场地位。

2016年，拍摄制作《卓越马钢精彩无限》宣传片和家电板、硅钢、特钢产品宣传片。2017年，制作发布马钢股份宣传片和马钢集团宣传片，并拍摄了大H型钢和热轧结构钢宣传片，以及行业第一部VR宣传片——马钢轮轴全景仿真VR宣传片。2018年，制作发布马钢集团新的形象宣传画册，10余家基层单位制作了宣传片和宣传画册。参加首届中国自主品牌博览会、世界制造业大会、亚洲汽车轻量化展、亚洲国际建筑工业化展览会等展会。2019年，修订完善6部主要钢铁产品宣传片。组织参加冶金工业展、西部国际投资贸易洽谈会、“长三角”三省一市企业文化建设合作交流论坛。

［企业展示］

马钢集团展示设计工作起始于20世纪80年代末，由马钢史志办公室承担。在随后的一系列国家、省部级展览中逐步形成了以史志办公室为核心的展示设计队伍。1994年7月14日，马钢编制委员会核准成立马钢展示设计中心，与史志办公室实行两块牌子一套班子。经过不断实践，展示设计工作逐步摸索出一整套符合马钢发展实际的展示设计理念，在历年全国举办的各届各类展览中都体现出了马钢作为国有特大型钢铁企业的风采。

2001年以后，马钢展示设计中心承办了马钢各项重大、重点工程建设项目奠基仪式和投产仪式。如2001年的冷热轧薄板工程奠基仪式和2004年的投产仪式、2005年的马钢“十一五”技术改造和结构调整系统工程奠基仪式及2007年的竣工典礼等。

2008年，为庆祝马钢成立50周年，马钢集团在新建成的集团公司办公楼设立了展厅，由马钢两公司办公室负责组织设计施工。收集整理了50年来大量珍贵的历史资料，结合现代电子技术和创新的设计手段，采用“静态展示、动态展示、互动展示和远程展示”相结合的模式，全面地展示了马钢集团50年走过的辉煌历程。9月20日，举行了开馆仪式，给参观的来宾留下了深刻、新颖的感受，受到了中国钢铁工业协会及安徽省、马鞍山市领导以及原国家部委和马钢老领导等来宾的称赞。

据不完全统计，2001—2019年，马钢展示设计中心承接的各类展览、工程仪式、会场布置等各类设计布展近100次。

第三节　期　　刊

［《安徽冶金》］

《安徽冶金》创刊于1986年，季刊，是反映安徽省和国内外冶金领域科学技术成果和发展动向的省级综合性技术刊物。由安徽省冶金工业厅、安徽省金属学会主办，马钢股份、铜陵有色金属集团公司和马鞍山矿山研究院等安徽省内的几家大企业轮流编辑出版。1995年停刊。

自2000年起，安徽省冶金工业协会、安徽省金属学会和马钢股份共同努力，开展恢复《安徽冶金》的出版工作。2001年初，安徽省科技厅、安徽省新闻出版局同意《安徽冶金》复刊，确定由安徽省冶金工业协会主管，安徽省金属学会主办，马钢股份承办（编辑部设在马钢技术中心），并颁发了省内部资料准印证——安徽省内部资料准印证第 00-2143 号。《安徽冶金》每期出刊后，需向安徽省新闻出版局邮寄样本供其审核，确保次年核发新的准印证，并与国内 59 家冶金企业编辑部和安徽省内 19 家冶金企业进行交流。栏目设置有试验研究、综合评述、生产实践、技术交流、采矿选矿、企业管理，全部为科技论文。为进一步提高《安徽冶金》的办刊质量，从 2004 年起，《安徽冶金》由安徽省冶金工业协会主管，安徽省金属学会与马钢股份联合主办，经安徽省新闻出版局审核，准印证号变更为安徽省内部资料准印证号：（综）00-2018。栏目设置有综合评述、试验研究、生产实践、技术交流、企业管理。

2008 年，经安徽省新闻出版局审核，准印证号变更为安徽省内部资料准印证号：00-107。2013 年，准印证名称变更为安徽省内部资料性出版物准印证号：00-107。栏目设置有综合评述、试验研究、生产实践、技术交流。2008—2015 年，《安徽冶金》重点开展了马钢股份二级单位科技论文专辑出版工作，共发行 14 期科技论文专辑。2017 年，准印证名称变更为安徽省内部资料性出版物准印证号：皖 L00-107。

2018 年，经安徽省新闻出版局审核，准印证号变更为安徽省内部资料性出版物准印证号：皖 L00-044，确定由安徽省冶金工业协会主管，安徽省金属学会编印，马钢股份公司承办。2018 年 10 月 18 日，根据安徽省新闻出版广电局下发的《内部资料性出版物管理办法》（国家新闻出版广电总局令第 2 号）要求，以“工作指导、信息交流”为原则进行改版，旨在搭建省内冶金系统信息交流平台，反映安徽省冶金企业与科研院所各冶金领域科学技术成果和发展动向，为科研、生产建设等服务。《安徽冶金》改版后仍为季刊，每期重点宣传一个安徽省金属学会会员单位，内容占当期的三分之一，其他会员单位内容占三分之二。栏目设置有行业简讯、冶金科技、技术交流、学习园地和企业管理。其中，行业简讯为各会员单位及所属行业学会活动、交流等信息；冶金科技与技术交流为科技论文；学习园地为各会员单位相关领域专家约稿、科技成果、专利展示等；企业管理为各会员单位管理创新举措、企业文化建设、绿色发展等。

[《冶金动力》]

《冶金动力》1982 年创刊，由马钢股份主办。1993 年，由国家新闻出版主管部门批准的国内公开发行的科技期刊，为双月刊。2014 年，被原国家新闻出版广电总局认定为首批科技类学术期刊，国内统一连续出版物号 CN34-1127/TK，国际标准连续出版物号 ISSN 1006-6764。办刊宗旨是面向冶金企业、面向应用技术，及时报道最新动力能源专业科技成果、冶金行业相关的技术创新成果，传播科技信息，交流工作经验，促进技术创新，为企业和读者服务。

《冶金动力》编辑部还承担着中钢协设备分会冶金动力信息网的日常工作；拥有一个网站（http：//yjdl. publish. founderss. cn/）和一个微信公众号，是期刊对外的窗口。《冶金动力》编辑部积极推进期刊融媒体建设，与万方数据库、中国知网、维普资讯、博看网、超星期刊等多家网站签订了数字出版和数据库收录合作协议。

2013 年，经安徽省新闻出版局批准《冶金动力》由双月刊变更为月刊。2015 年 9 月，马钢股份成立能源管控中心，《冶金动力》编辑部成建制划至设备部。

2018 年 3 月，马钢股份注资 50 万元成立马鞍山迈特冶金动力科技有限公司，经营范围：冶金动力科技研发、技术咨询、技术服务；国内广告制作、代理、发布；杂志零售；会展服务。同时负责《冶金动力》的日常出版经营工作。

2019 年 8 月，《冶金动力》加入“学术期刊融合出版能力提升计划项目”A 类研究课题，课题编号：MTRH2019-639，2019 年第 8 期 OSID 码正式上线。同年，与中国科学技术信息研究所签署了《国家科技学术开放平台作品使用协议》。

《冶金动力》被评为 2017—2018 年度安徽省优秀期刊。

[《安徽冶金科技职业学院学报》]

《安徽冶金科技职业学院学报》前身是《马钢职工大学学报》，创刊于1990年。2000年3月，国家新闻出版署批准授予《马钢职工大学学报》国内统一连续出版物号：CN34-1222/G4，季刊，16开本，准予公开出版。7月，ISSN中国国家中心授予国际标准连续出版物号：ISSN 1009-5136。

《马钢职工大学学报》于1990年创刊，为自然科学、社会科学综合学刊，每年出版一期。学报由马钢（集团）控股有限公司主管、安徽冶金科技职业学院主办，安徽冶金科技职业学院学报编辑部编辑出版。

学院学报坚持社会主义办刊方向，面向高职院校和企业，加强对高职教育（职业教育、技能培训等）理论研究和实践总结，努力推进学校科研工作的发展，促进提高教育质量，活跃学术气氛，增进校际间科研、教研信息交流。

2004年8月，经安徽省邮政局批准同意，学报纳入邮局征订发行目录，邮发代号为：26-209，2005年1月起全国各地邮发征订。学报为《中文科技期刊数据库》《万方数据-数字化期刊群》《中国核心期刊（遴选）数据库》《中国学术期刊综合评价数据库》《中国期刊网》《中国学术期刊光盘版》等全文收录或源期刊。

《马钢职工大学学报》设有“科技学术交流”“教学经验交流”“成人高教理论研究与实践”“高职教改探讨”“人文学术研究”等栏目。更名为《安徽冶金科技职业学院学报》后，栏目有冶金科技（金属学、冶金、压力加工、机械、电气与自动化、建筑等）、高职教育、企业经济与管理、人文学术研究等，以自然科学为主。

《马钢职工大学学报》公开刊号的第一期为2000年第1期（当年仅出一期）。2001年起，以季刊形式出版。2002年，第1期起改版为国际标准版（大16开）。2002年，第4期为最后一期。2003年1月起，更名为《安徽冶金科技职业学院学报》出版。截至2019年底，学报共出刊29卷，86期（不计增刊）。

因马钢职工大学于2003年6月改建为“安徽冶金科技职业学院”，同年7月经报安徽省新闻出版局同意并向国家新闻出版总署申请学报更名，于2003年1月起暂改用新刊名，并加注原刊名出版，刊期不变。2004年5月，国家新闻出版总署以“新出报刊〔2004〕598号”文件批复安徽省新闻出版局，同意《马钢职工大学学报》更名为《安徽冶金科技职业学院学报》，仍为季刊，逢1、4、7、10月出版，新编国内统一连续出版物号为：CN 34-1281/Z，2004年9月由国际连续出版物数据系统中国国家中心授予国际标准连续出版物号：ISSN 1672-9994，并从2005年1月起启用新刊号。

学报2004年获安徽省“编辑突出贡献奖”，在高校学报检查评比中，2004年、2008年分获“优秀编辑”奖。

[《马钢党校》]

《马钢党校》由马钢党校编印，2003年创刊，为安徽省内部资料性出版物，半年刊。《马钢党校》坚持社会主义办刊方向，以马克思列宁主义、毛泽东思想、邓小平理论、“三个代表”重要思想、科学发展观、习近平新时代中国特色社会主义思想为指导，面向马钢党校和企业，加强党建理论和实践研究，努力推进党校教学、科研、培训工作的开展，活跃学术气氛，开展信息交流和教研工作，促进教学质量提高，为学校和企业从事党建和思想政治工作人员提供学习和研究的园地。

期刊设有专稿、理论研究、企业党建、企业管理与思想政治工作、党校教学研究、科研与培训、工作交流、调研报告、学员论坛、纵横谈等栏目。

截至2019年底，共出刊34期。现内部资料性出版物准印证号为（皖）L06-014，每4个月出刊一期。

第二章　新闻工作

第一节　机构设置

新闻中心是马钢集团新闻宣传工作流程的出品、制作单元，负责马钢的新闻报道、媒体出品，承担公司企业文化建设和品牌建设的宣传推广工作。同时，开拓外部业务市场，加大增值服务力度。新闻中心新闻宣传工作接受党委工作部（党委宣传部）指导和考评。新闻中心位于湖南路22号E座，截至2019年9月，共有职工65人，固定资产1297万元。按照“一次采集、多元生成、综合报道”的资源共享思路，“精简、高效”的原则，新闻中心内设综合部（传媒广告部）、总编辑部、节目制作部、新媒体部（《中国冶金报》马钢记者站）、采编部5个部门。

主要职责：负责新闻调度，包括媒体广告、传媒功能拓展性经营开发等工作；负责日报、电视、新媒体系列新闻的宣传统筹；负责《马钢日报》编辑工作；负责新闻的重大宣传、重点策划、重点评论等工作；负责工作通联、基层通讯员培训与考核表彰等工作；负责马钢有线电视台节目具体策划与播出，电视新闻采编合成等工作；负责自办专栏节目（《马钢工匠》《职工大讲堂》《风采》等非新闻性专栏节目）采访、制作、播出，指令性专题节目制作，拓展性专题片策划、制作等工作；负责马钢官网、马钢宣网、马钢家园微信公众号宣传策划、活动组织等工作；负责来自各新闻业务部门等渠道的新闻编辑、制作、上传、发布等工作，负责马钢各类即时新闻的采编、发布和传播等工作；负责马钢新媒体宣传推广、功能拓展与开发运营，以及微视频、微电影和音像制品等制作工作；负责《中国冶金报》马钢记者站各项业务和工作的开展；负责报纸、电视、新媒体新闻采访撰稿、新闻调查等工作；负责《马钢》杂志和各类学习资料的编辑出品工作；负责新闻摄影等工作。

新闻中心增强做好宣传思想工作的政治自觉、思想自觉和行动自觉，坚定承担“举旗帜、聚民心、育新人、兴文化、展形象”的使命任务，按照公司党委的部署要求，紧跟时代发展步伐，紧随媒体发展趋势，紧贴企业中心工作，深化改革创新，强化自身建设，加速媒体融合，推动经营发展，全力打造报纸杂志优势内容平台、有线电视品牌传播平台、网站新媒流量平台、文化产业运营平台。

2001年1月—2005年2月底，作为马钢集团二级单位的《马钢日报》社、马钢党委宣传部下属的马钢有线电视中心，以及《中国冶金报》马钢记者站，根据各自侧重分别承担着马钢相关内外部新闻宣传工作。

2005年，马钢两公司第一次党政联席会议研究决定，从3月起，将《马钢日报》社、马钢有线电视中心、《中国冶金报》马钢记者站、宣传部对外宣传业务进行成建制整合，组建马钢集团新闻中心。目的是从马钢发展战略的要求出发，优化新闻宣传资源配置，理顺新闻宣传管理体制，管理与操作分开，实现新闻宣传业务的统一、规范管理，以进一步提高新闻宣传服务质量。新闻中心为隶属于马钢集团的从事新闻宣传任务的二级单位。设1室2部1社1站1中心，即综合办公室、经营部、财务部、《马钢日报》社、《中国冶金报》马钢记者站、马钢有线电视中心。为开展业务需要，《马钢日报》社和马钢有线电视中心还分别设有若干个科级业务部门。新闻中心设立党总支，隶属于马钢集团党委。

2018 年 4 月，新闻中心的职能定位从马钢集团二级单位变更为集团直属服务保障机构，将公司内外网门户网站、新媒体、马钢杂志编辑发行等业务划拨至新闻中心。同时，新闻中心承担舆情监管的日常管理，配合党委工作部（党委宣传部）做好对突发事件网络舆情的应急管理和应对处置；组织、实施重大网上宣传活动。同年 6 月，完成新的机构设置和全员竞聘上岗，中心内设部优化精简为五个。

2019 年 7 月，《马钢》杂志停刊。

第二节　对外宣传

[职责分工]

2000 年—2011 年 6 月，对外宣传由党委宣传部负责。

2011 年 7 月，党委宣传部并入党委工作部（团委），对外宣传由党委工作部（党委宣传部）负责。

2015 年 8 月，宣传部自党委工作部划出，设立党委宣传部，对外宣传由党委宣传部负责。

2018 年，设立党委工作部（党委组织部、党委宣传部、人力资源部、企业文化部、统战部、团委），承担宣传与企业文化职能。

[主要工作]

2001 年，创办宣传网站。突出宣传一钢厂“平改转”、一烧结厂球团改造、热电厂新建 4 号全烧高炉煤气锅炉、三钢 OG 等重点工程。开展“广州 2001 年热轧 H 型钢设计应用技术交流会”和在北京人民大会堂举行的“绿色环保钢材、服务科技奥运”大型产品推介活动以及首届中国国际钢结构展览会、厦门中国投资贸易洽谈会的宣传工作。

2002 年，重点开展新“三精方针”宣传，销售过百亿宣传和产品推介宣传，加强了对马钢股份第五个“百日活动”和马钢集团第一个“百日活动’的宣传，推动百日活动深入发展。重点宣传马钢成功应诉 H 型钢反倾销案。

2003 年，加强“对标挖潜”“百日活动”等专题活动的宣传，突出“十五”期间结构调整的宣传，组织马钢“十五”末实现 1000 万吨钢配套生产规模和“十一五”发展规划的专题宣传。开展了公司防治“非典”和环境卫生整治的宣传。

2004 年，组织贯彻职代会精神、形势教育、冷热轧薄板工程竣工投产、第三次党代会、攀登 800 万吨、“十一五”发展规划等宣传战役，开展了铁前系统重组整合、“三标一体化”、七运会等专项宣传。策划在《安徽日报》《中国冶金报》和香港《文汇报》上的宣传专版，召开由《人民日报》、新华社、中央人民广播电台、香港电台、香港《明报》《安徽日报》等新闻单位参加的新闻发布会。当年，《马钢》杂志获安徽省“十佳”刊物称号。

2005 年，开展温家宝等党和国家领导人视察马钢、国际徽商大会在合肥举办等宣传工作，《人民日报》、新华社、中央电视台、《光明日报》《经济日报》以及“聚焦安徽大型企业，第二届网络媒体安徽行”采访组到马钢进行了专题采访和报道，英国 TWI 独立电视媒体集团到马钢进行拍摄采访。

2006 年，开展马钢与宝钢签署战略联盟协议、合肥公司成立大会、国际徽商大会和合肥公司扭亏为盈的对外宣传。《人民日报》、新华社、中央电视台、美国彭博新闻社、英国《金融时报》、港澳媒体采访团、台湾媒体联合采访团等 50 多批次的媒体先后到马钢进行采访报道。

2007 年，邀请中央、省、市及香港媒体采访投产典礼，在香港《文汇报》开展庆祝香港回归十周年专版宣传，开展马钢产品宣传和形象展示。制定下发《马钢对外宣传管理办法》《马钢对外宣传保密意见》。全年先后接待中央媒体采访团、“和谐安徽行”国际广播采访团、安徽省“政协工作江淮行”新闻采访报道组、安徽省“十七大精神在江淮”采访组等 50 多批次省级以上媒体。

2008 年，围绕年初抗击雪灾和下半年应对市场挑战，推进标准化工作、实施目标计划值管理、科技支撑项目等重点开展专项宣传。组织抗震救灾、北京奥运会、庆祝改革开放 30 周年等重大宣传活动，北京奥运会召开前后，成立奥运宣传指挥部。接待日本 NHK 记者采访。

2009 年，围绕结构调整、技术创新和重点产品，在《安徽日报》精心策划了《逆境超越的钢铁力量》《对话“铜墙”“铁壁”》等重点宣传。成立马钢外宣工作领导小组，制定《马钢对外报道竞赛管理办法》《马钢突发新闻报道事件专项应急预案》。成立网络宣传管理办公室，完成马钢网和马钢宣网全新改版。制定《马钢网络宣传管理办法》《马钢网络舆情回复制度》。

2010 年，组织开展马钢两公司第四次党代会精神的宣传，精心组织创建学习型党组织、“创先争优”等主题活动宣传，大力开展原辅材料整治、导入卓越绩效管理等专题宣传，策划开展“车轮在行动”系列宣传。积极开展对外宣传。全年共接待新华社、《中国证券报》、日本 NHK 等各类媒体 40 余批次。制定《马钢网评队伍管理办法》和《马钢舆情信息工作制度》。

2011 年，重点开展“大功率机车车轮成果”宣传，新华社编发的通讯稿被数十家媒体采用，中央人民广播电台编辑了内参件。做好马钢与长江钢铁联合重组的对外宣传和“入世 10 周年”国内主流媒体采访团到马钢集中采访。成功接待新华社安徽分社在马钢召开的下半年度采编工作会议，全年共接待外部媒体 60 多批次。

2012 年，组织节能减排工作重点稿件在人民网、《香港商报》《中国证券报》及安徽省市主流媒体发表。组织安徽省、市主流媒体对马钢廉租房建设、马钢集团获全国扶贫开发先进集体等方面进行宣传报道。对外刊发了《马钢财务公司开业一季盈利 1865 万元》《欣创公司获国家节能服务公司资质》等稿件，完成马钢晋西轨道交通项目开工、苯加氢工程投产等重点项目重要节点的对外宣传报道。开展马钢地铁车轮驶入中国台湾、马钢管线钢中标西气东输三线工程、马钢 H 型钢中标海洋石油平台、马钢镀锌汽车板生产创历史新高、马钢家电板打入 IBM 等系列新闻宣传。印发《2012 年马钢对外宣传、网络宣传工作要点》《马钢突发事件新闻报道应急管理办法》。

2013 年，在中央电视台、《香港商报》等 10 多家主流媒体刊发专版报道，策划实施马钢车轮、硅钢投产、汽车板、高效节约型建筑用钢专题宣传，先后接待新华社、《安徽日报》《香港商报》、安徽广播电台、安徽电视台及马鞍山市媒体 20 余批次。配合省、市媒体做好毛主席视察马钢 55 周年、马钢出铁 60 周年纪念活动专题专栏报道宣传。被评为 2013 年马鞍山市外宣先进单位。

2014 年，《马钢资产重组》《7 月份实现月度扭亏为盈》等稿件在《中国冶金报》《安徽日报》《安徽工人报》、人民图片网、中安在线、皖江在线刊发报道。先后接待新华社、《中国日报》《安徽日报》、安徽电视台及马鞍山市媒体 20 余批次。重新修订《马钢网宣管理办法》。

2015 年，开展马钢“十二五”期间成就对外宣传活动，邀请《人民日报》、新华社、中央电视台、中央人民广播电台、中国之翼等重要媒体和中新网、新浪网等网络媒体参加“走进新国企・中国绿生活”宣传活动。共计接待新华社参观考察团、中央电视台纪录片拍摄组、韩国钢企代表团、安徽日报采访组等新闻媒体近 20 批次。

2016 年，马钢集团再次亮相央视《新闻联播》。围绕打响马钢产品品牌，开展了轮轴、汽车板、家电板、硅钢、H 型钢等拳头产品的对外宣传报道。同时做好马钢集团节能环保、职工关怀、防汛保产等工作对外宣传，共接待省级以上媒体 40 多批次。

2017 年，深入推进党的十九大精神学习宣传活动，党的十九大开幕当天晚上的安徽新闻联播的头条新闻，播放了马钢电视台拍摄的马钢职工收看开幕式畅谈感受的报道。与找钢网、腾讯网联合开展“带你感受江南一枝花”网络视频直播活动，点击观看达 184.8 万人次，全年接待省级以上媒体 40 余批次。

2018 年，中央电视台财经频道《浩荡东方》大型专题片摄制组，新闻频道《长江直播》栏目组，分别对马钢高端制造、生态保护做了报道。南山矿凹山生态治理登上央视《新闻联播》。对接由中央网信办、生态环境部举办的“美丽中国长江行（安徽段）”网宣活动，共有 23 家媒体报道了马钢矿山复垦。与《安徽日报》组织策划报道了马钢改革开放 40 周年取得的成绩。2019 年，积极主动对接权威主流媒体，讲好马钢故事，全年接待重要媒体采访 54 次，建立与马鞍山市网信网宣网安及市主要网媒负责人交流机制。

[主要成绩]

2001 年，马钢两公司全年在省级以上新闻媒体用稿 400 余篇，在市级新闻媒体用稿 2000 余篇。2002 年，全年在省级以上媒体刊发稿件 798 篇。新华社、《人民日报》、中央电视台以及香港媒体到马钢进行了采访报道，其中中央电视台新闻联播两次宣传马钢。马钢宣传网站完成改版，日点击量达到 1000 次以上。2003 年，在上海证券交易所与《人民日报》华东分社联合主办的《上市公司》杂志以及《人民日报（海外版)》上大篇幅介绍了马钢近年来的改革发展实践。拍摄《辉煌 50 年》系列电视宣传片。2004 年，中央电视台《新闻联播》播发了《用科学的发展观打造新马钢》。全年《人民日报》《安徽日报》等省级以上主流媒体刊发马钢典型报道 100 多篇。2005 年，《安徽日报》连续在头版头条编发了《马钢速度解读》和《弘扬马钢创业创新精神》重点报道。全年省级以上及海外新闻媒体刊发马钢报道 400 多篇，《人民日报》、中央电视台、《半月谈》《光明日报》《经济日报》《中国冶金报》、香港《文汇报》《安徽日报》等主流媒体刊发马钢报道 100 多篇，其中中央电视台《新闻联播》3 次宣传马钢。

2006 年，马钢年产 500 万吨高档板材生产基地建设全面启动、马钢与宝钢签署战略联盟协议等新闻在中央电视台播出，全年在省、市以上新闻媒体用稿 2000 余篇。2007 年，在省级以上刊物发表文章 800 余篇，中央电视台共 4 次对马钢的生产经营建设情况进行宣传报道。2008 年，全年先后接待 50 多批次外部媒体采访，在省级以上媒体发稿 800 余篇（幅），在市级以上媒体发稿 2000 余篇。2009 年，全年共接待新华社、《人民日报》等省级以上媒体 50 多批次，在省级以上媒体发稿 1000 多篇（幅）。2010 年，马钢报道在中央电视台、人民网、《工人日报》等省级以上媒体发稿 800 多篇（幅）。其中，新华社《国内动态清样》刊发了马钢评聘首席技师的典型做法。

2011 年，马钢外网发稿 373 篇。2012 年，马钢在国家、省市主流媒体及香港媒体发表新闻稿件 2000 余篇。共接待境内外媒体 30 多批次。马钢外网发稿 312 篇。2013 年，在中央及省级主流媒体刊发稿件 200 余篇，地市级媒体刊发稿件 2000 余篇，平息在 3 月、8 月发生的两次较大的舆情突发事件。2014 年，在中央及省级主流媒体刊发稿件百余篇，地市级媒体刊发稿件 2000 余篇。9 月份，开通马钢微信号——“马钢家园”。2015 年，在中央及省级主流媒体刊发稿件 200 余篇，地市级媒体刊发稿件 2000 余篇。

2016 年，对外宣传发稿 2000 余篇。2017 年，对外宣传发稿 2000 余篇。2018 年，围绕高速车轮等公司重点工作接待了多家省级以上媒体采访报道，组织对外发稿，省级以上发稿 400 多篇。2019 年，省级以上发稿 400 多篇。

第三节 企业媒体

[《马钢日报》]

《马钢日报》是马钢集团企业媒体的主阵地，优质新闻报道作品的“中央厨房”，坚持以重点报道、深度报道、现场报道和系列评论增强传播力、引导力、影响力、公信力，以“内容+观点”来吸引人、凝聚人、引领人。

《马钢日报》国内统一刊号：CN34—0041。每周五期，每期发行量为3万份。2001年以来，历经多次改版，不断推陈出新。2004年7月1日，在创刊40周年之际，《马钢日报》正式由四开四版改成对开四版，版面、信息更加丰富。2004年9月1日，《马钢日报》社印刷厂与报社分离，成建制划归马钢实业公司。

2003年初开始，《马钢日报》着重在增强头版吸引力上下功夫，探索新闻写作、版面编排的形式，特别注重编发新颖生动、角度新鲜、文风清新的小特写、小故事，并开辟了“头条新闻竞赛”“马钢论坛”“高温下的马钢人”等栏目，受到读者欢迎。其中，“高温下的马钢人”一直延续至今，于每年高温期间推出，成为报纸的品牌栏目。

2004年，报社建成计算机采编中心和局域网，采编效率大幅提升。2005年，对报纸照排系统进行设备更新，《马钢日报》于7月1日起，每周一和重大节日及公司重大活动时出彩报。2006年，更换报纸照排文稿录入系统设备。2007年，升级了北大方正编排软件，报纸编排、出版迈上新台阶。

2011年，报社组建言论写作、新闻摄影、评报员三支队伍，通过记者、编辑与基层通讯员的左右互通、上下联动，不断提升办报水平。从2013年起，陆续推出“最可爱的马钢人”“家园卫士”“马钢尖兵”等一系列典型人物宣传，唱响好声音、凝聚正能量，获得公司上下一致好评。2014年7月1日，以《马钢日报》创刊50周年为契机，推出全彩特刊，并对报纸进行改版。在版面编排、栏目设置、颜色使用、图片搭配等方面求新求变，增设了基层“声音”、编辑点评等元素。

2015年，开设“奋力求生存，携手保家园”等系列栏目，围绕高炉“过冬”组织专题采访，刊发系列评论员文章，强化导向、挖掘经验、报道典型、鼓舞士气，为公司求生图强营造氛围、凝聚力量。

2017年，在党的十九大召开期间，《马钢日报》增刊3期、扩版3次、加版32版，转发新华社通稿，报道会议盛况。党的十九大胜利闭幕后，开设专栏，掀起学习贯彻落实习近平新时代中国特色社会主义思想和党的十九大精神热潮。同年，报纸照排系统全面升级，方正畅想全媒体生产系统、方正新媒体数字报刊系统管理平台投用，马钢日报走进移动采编、全媒采编时代。

2019年，《马钢日报》四个版面全部进行彩印，全面进入“全彩时代”。2019年1月2日，从新年第一张报纸开始，对报纸进行全面改版。按照“报纸板块化，板块栏目化，栏目精品化”的新思路，将报纸二、三版设立为生产一线、市场前沿、安全环保、技术质量、工程设备、精益工厂、党建园地、群团工作、综合资讯等板块，轮流推出专版，构建立体多元、专业聚焦的宣传格局。同时，在内容上把握“四个度”，打造有高度、有深度、有力度、有温度的新闻作品；在题材上抓好“三个一”，通过一个好头条、一篇好评论、一幅（组）好照片，增强可读性。

《马钢日报》2005年、2011年获全国先进企业报。2006年被评为安徽省广告发布诚信单位、安徽省广告行业文明单位，2007年荣膺“二十佳企业报”，2014年被评为全国优秀企业报。

2001年以来，每年都有10篇以上稿件在安徽省新闻奖、马鞍山市新闻奖，以及中国企业新闻奖、冶金记协好新闻评选中获奖。其中，2001年，评论《警钟再次响起》获安徽省新闻奖一等奖；2012年，《马钢研发高效节能型建筑用钢系列报道》获安徽省新闻奖一等奖；2013年，评论《变化的世界需要变革的心》获安徽新闻奖一等奖；2019年，通讯《打了一场漂亮的“洋官司”》获安徽新闻奖一等奖。2016年，“马钢文化名人系列”专栏，在全国报纸副刊评比中被评为优秀栏目；2017年，副刊作品《杨贵钧的“平凡世界”》获第三届中国冶金文学奖报告文学类一等奖。

[马钢有线电视]

马钢有线电视拥有新闻、生活两个频道，自办栏目包括每周五期的《马钢新闻》，每周一期的“新闻视野”“纪事”等新闻栏目，以及“马钢工匠”“职工大讲堂”“风采”等非新闻性专栏节目。

马钢有线电视同时承担马钢重大会议、活动全场录像，以及相关专题片、宣传片的拍摄制作任务。

2001年以来，马钢有线电视持续提升节目制作水平、改进制作质量、推进设备改造升级，解决了当天新闻不能当天播发这一久拖未决的难题，增强了新闻宣传的时效性，既为马钢生产经营和改革发展营造了良好舆论氛围，又极大地丰富了广大职工及家属的业余文化生活。

2002年，对演播厅进行改造，建成虚拟演播厅系统，使马钢有线电视装备水平上了一个新台阶。2003—2005年，在安徽省企业台中第一家完成网络升级改造。将原550兆赫兹网络，改造成860兆赫兹双向HFC网络，传送43套电视节目，改造约3.6万户，节目传输质量明显提高，同时增加了有线电视网络"宽带上网"业务。新建非编网络和硬盘播出系统，购置了一套整场录像设备，为丰富电视荧屏提供了硬件支持。

2007年，马钢有线电视完成了首次现场直播。

2011年8月15日，历时两年多时间，马钢有线电视数字化改造工程顺利完成，成为当时安徽省唯一全面完成数字电视改造的企业台。4万多用户看上了图像清晰、功能齐全的数字电视。同时用户服务系统、银行收费系统、售后服务体系相继建立。2012年，顺利完成南山矿、姑山矿有线电视数字化整转工作，1万多户矿山职工看上了数字电视。

2014年7月1日，按照马钢集团部署，马钢有线电视完成台网分离工作，有线电视收费和网络维护业务以及相关人员、资产划转至自动化公司。

2018年9月18日，高清演播室改造完成，投入使用。经改造，原演播区域变为1号、2号演播室，虚拟演播室和导控室。

2001年以来，每年有近10篇电视作品在各级新闻评比中获奖。2003年，马钢有线电视中心被全国企业电视协会授予"全国企业有线电视最佳电视台"称号。2005年以来，马钢有线电视先后5次被评为全国最佳企业台。

[“马钢家园”官方微信]

2014年10月22日，马钢微信平台"马钢家园"正式开通。"马钢家园"官微由党委工作部（党委宣传部）主办，是继报纸、电视、网络后又一重要宣传平台。主要发布马钢生产经营管理和企业文化讯息，以及马钢在自主创新、履行社会责任等领域的新举措、新成绩、新故事，包括职工群众普遍关注的热点问题。马钢的重要信息也第一时间通过微信这一手机平台，向社会公众公开发布，形成马钢与社会公众的良性互动。同时，把马钢生产经营情况和重大决策部署，原原本本地传递给职工，让职工知家底、明实情，进一步增强职工与企业同呼吸、共命运的意识。截至2019年9月，关注人数近4万人。

2019年，"马钢家园"依托《马钢日报》、马钢有线电视等媒体资源，深化媒体融合，变信息"搬运工"为"深加工"，培养"全媒通讯员""全媒记者""全媒编辑"，生产"全媒产品"，马钢集团公司重要新闻视频嵌入微信公众号，迈出了从大屏向小屏延伸的变革步伐。

2017年12月，"马钢家园"进入国资委中国企业新媒体指数榜前100，被评为2017年度全国企业电视"十大有影响力的微信公众号"。2019年"马钢家园"微信公众号作品《致敬！马钢功勋炉"光荣退休"》获安徽新闻奖一等奖，并被推荐参评中国新闻奖。

[马钢官网]

马钢宣传网站于2001年4月2日正式开通。2009年，根据马钢两公司党委要求，成立了网络宣传管理办公室，按节点完成了马钢官网和马钢宣网改版工作。改版后的马钢宣网日访问量达2万人次以上。

作为公众信息获取和交换的平台，马钢宣传网站充分发挥其迅捷快速、信息量大的优势，多方面、多角度、及时准确地反映马钢生产经营建设和改革发展成果。紧紧围绕公司工作主题和目标，充分发挥舆论宣传作用，努力发挥网络传媒的优势，坚持贴近实际、贴近生活、贴近群众，用事实说话，用典型说话，用群众喜闻乐见的方式开展宣传教育工作。同时，进一步加大宣传思想工作资料库的建设，加强信息技术资源的整合和网上宣传服务功能，使其成为公司重要的网络宣传阵地。

随后，经过多次整合改版，“马钢官网”成为公司对外宣传和政务发布的重要渠道，全方位展示企业形象，并为供应商、客户、投资者等外部利益相关方提供全面的信息服务；“马钢宣网”逐步走向成熟，已发展成公司意识形态、舆论宣传工作的主阵地和舆论场。

2018 年 8 月 1 日，马钢内外网站改版升级工程经公司审批通过立项。9 月 10 日，新版网站成功上线试运行，9 月 20 日正式上线。

第三章 史志工作

第一节 志书编纂

［《马钢志》编纂］

《马钢志》的编纂工作起步于20世纪80年代。1985年1月，马钢正式启动《马鞍山钢铁公司志》的编纂工作。后因种种原因，未能正式出版。2000年12月，马钢两公司重新启动编修《马钢志》工作。此轮编修以1985年第一轮修志积累的资料为基础，运用新的修志研究成果，采用重新编修的方法，断限时间确定为上限自1911年马鞍山矿区铁矿开采时起，下限至2000年。经过历时3年的征稿、撰稿、审改和分纂、总纂，至2003年底，《马钢志》的整体修改加工已基本结束，经过贯通校对后，于2004年7月由方志出版社出版发行。《马钢志》采用篇、章、节、目的编排形式，除序言、综述、特载、重要记述、大事记、附录之外，分设概貌、建设、生产、营销、科技、管理、职工生活、文化与教育、党群工作、集体企业和人物等11篇、68章、281节，共120万字。

［省、市志书编纂］

根据安徽省政府、省国资委和马鞍山市政府文件通知，按照安徽省地方志办公室、省国资委和马鞍山市地方志办公室要求，史志办公室做好省、市志书编纂工作。2001—2019年，史志办公室先后参与了《马鞍山市志（1988—2005）》《安徽省志（1986—2005）》第36卷、《安徽省志·国有资产管理志（1999—2008）》的编纂工作，组织并完成了上述志书马钢相关内容的组稿、编写、修改、补充和完善等各项工作，圆满完成了省、市志书的编纂任务。

《马鞍山市志（1988—2005）》的编纂工作于2003年启动，起初其下限确定为2003年。史志办公室对马钢篇章内容进行组稿、编纂，于2005年完成。2005年底，马鞍山市政府决定将《马鞍山市志》的下限延至2005年。史志办公室按照马鞍山市地方志办公室的通知要求，重新组稿补充2004—2005年的相关内容，并于2006年完成。2008年8月，按照市地方志办公室的通知要求，史志办公室对马钢篇章内容进行了修改、补充和完善，于2009年4月完成。《马鞍山市志（1988—2005）》于2009年11月出版，其中马钢篇章内容置于第十八编，分为6章、20节，附记1篇，共13万字。

《安徽省志（1986—2005）》第36卷的编纂工作于2010年启动，史志办公室对马钢篇章内容进行了编纂，经过修改、补充和完善，于2010年11月完成。《安徽省志（1986—2005）》第36卷于2014年12月出版，其中马钢篇章内容置于第一编，分为6章、20节，附记3篇，共10.3万字。

《安徽省志·国有资产管理志（1999—2008）》的编纂工作于2011年启动，史志办公室对马钢篇章内容进行了组稿、编纂，经过修改、补充和完善，于2012年7月完成。《安徽省志·国有资产管理志（1999—2008）》于2014年9月出版，其中马钢集团篇章内容置于第六篇省属企业第一章工业类企业第一节，共3.3万字。

［马钢二级单位志书编纂］

部分二级单位将收集整理的资料编纂成册，内部编印了单位志书。2001—2019年，内部编印的志书9卷，共330.5万字。

《马钢钢研所志》2001年内部编印，上限1958年，下限2000年，共30万字。全书按“总述”“科研开发”“生产检验”“企业管理”“党群工作”“年鉴”“大事记”“附录”等8个部分编写，共8章、33节。

《马钢修建志》（第二卷）2001年内部编印，上限1991年，下限2000年，共35万字。全书按“概况”“机构设置”“基层分述”“建设施工”“企业管理”“党群工作”“文化与教育”“大事记”“特载”“附录”等10个部分编写，共10章、46节。

《车轮轮箍志》（第三卷）2004年内部编印，上限1994年，下限2003年，共18.5万字。全书按“建立适应市场经济的管理机制”“技术管理创新与技术改造”“管理”“党群工作”“企业文化建设”“附录”等6个部分编写，共35章、113节。

《马钢利民志》2004年内部编印，上限1979年，下限2003年，共42万字。全书按“概述”“基层企业”“企业管理”“党群工作”“文明建设”“大事记”“附录”等7个部分编写，共26章、142节。

《热轧板厂志》（第二卷）2005年内部编印，上限1985年，下限2004年，共35万字。全书按“中板生产线技术进步”“薄板坯连铸连轧生产线”“生产”“安全”“技术质量”“设备”“人力资源”“综合管理”“党的建设”“工会”“共青团”“精神文明建设”“人物”“大事记”“附录”等15个部分编写，共14章、90节。

《马钢港务原料厂志》2007年内部编印，上限1991年，下限2004年，共24万字。全书按“综述”“建设”“生产”“设备”“安全环保”“技术质量”“人力资源”“管理”“武装保卫”“党建工作”“纪检监察”“工会”“共青团”“精神文明建设”“大事记”“名录”“附录”等17个部分编写，共13章、94节。

《重机公司志》2008年内部编印，上限1958年，下限2007年，共50万字。全书按“概述”“生产经营”“技术质量”“设备保障”“安全环保”“工厂管理”“人力资源”“党的建设”“群团工作”“精神文明”“人物”“大事记”“附录”等13个部分编写，共10章、46节。

《马钢（合肥）公司志》2011年内部编印，上限2006年，下限2010年，共50万字。全书按“概述”“基本建设”“生产经营”“技术与科研”“企业管理”“党群工作”“大事记”“附录”等8个部分编写，共33章、105节。

《姑山铁矿志》（第二卷）2014年由黄山书社出版，上限1989年，下限2012年，共46万字。全书分为“概述”“沿革”“矿山建设”“生产”“经营管理”“组织机构”“车间（科室）分述”“党群工作”“教育”“生活福利”“大事记”“附录”等12章，共59节。

《马钢康泰志》2014年内部编印。上限1999年，下限2013年。25万字，全书按“综述”“特载”“大事记”“企业改制与改革”“企业管理”“房产管理”“住宅建设”“物业管理”“建安公司”“党群工作”“人物”“附录”“编后记”编写，共5篇、8章、43节。

第二节　年鉴编纂

[《马钢年鉴》编纂]

《马钢年鉴》起始于1987年，在全国冶金行业中，马钢是年鉴编纂出版最早的企业之一。《马钢年鉴》每年编纂出版一卷，至2019年已连续出版发行33卷，总字数为2319万字。《马钢年鉴》是公开出版发行的年鉴，为16开本，带有彩色插页和彩色护封的精装本（除创刊卷为普装本外），每卷发行1000—1200册。2001年卷发行1000册，2009年起每卷发行800册。负责《马钢年鉴》出版的出版社先后有展望出版社、安徽人民出版社、黄山书社、冶金工业出版社和方志出版社等，2001—2018年，由方志出版社出版，2019年起，《马钢年鉴》由冶金工业出版社出版。

通过多年的编纂实践，史志办公室不断完善和创新《马钢年鉴》的栏目设置，将栏目定位在15—16个，重点突出马钢生产经营建设、改革发展和精神文明建设情况，进一步增加了年鉴的信息量，使内容更加全面、完整，结构更加合理、清晰。在手段上，也较早地进行更新。通过工作实践，从2005年起，基本形成了年鉴电子化编辑模式，使年鉴编辑工作更加规范、高效。

2001年以来，《马钢年鉴》多次在全国和安徽省地方志（年鉴）编纂出版质量评比中荣获优异成绩。2003年卷在全国第三届年鉴质量评奖中获得综合类二等奖、框架设计二等奖、条目编写二等奖和装帧设计一等奖。2010年，在首届安徽省年鉴编纂出版质量评比中，《马钢年鉴》2008年卷获综合特等奖、框架设计特等奖、装帧印制特等奖、编校质量特等奖。2011年，在全国地方志系统第二届年鉴评奖中，《马钢年鉴》2008年卷获二等奖。2013年，在安徽省第二届年鉴编纂出版质量评比中，《马钢年鉴》获综合奖特等奖，专项奖框架设计、条目编写、编校质量特等奖及装帧印刷一等奖。

[行业及省、市年鉴编纂]

在做好《马钢年鉴》编纂工作的同时，史志办公室积极完成行业及省、市年鉴相关编纂工作，2001—2019年，撰稿共29.5万字，较好地完成年度《中国钢铁工业年鉴》《安徽年鉴》《马鞍山年鉴》要求的马钢相关内容的年鉴文字编写和图片供稿工作。

第三节　其他史志书刊、杂志编纂

[《马钢史志》杂志编辑]

在年鉴、志书编纂的同时，为了拾遗补缺，马钢史志办公室于1986年创办了《马钢史志》杂志，为马钢内部刊物。1991年6月之前，《马钢史志》杂志不定期编印。1991年7月以后，每年定期编印两期。《马钢史志》杂志以史为线，立足马钢，面向职工，主要刊载史志资料和马钢职工亲力亲为的回忆文章。2001—2019年，《马钢史志》杂志每期刊登11—15篇文章，约5万字。

2008年，为庆祝马钢成立50周年，组织编印了《马钢史志》杂志特刊，征集刊登了43篇、近22万字的有关马钢生产经营和改革发展历史以及个人经历的追忆性文章，特刊共190页，其中彩页28页，增加了特刊的历史厚重感，在庆祝马钢集团成立50周年系列活动中得到较好反响，巩固和发扬了《马钢史志》杂志的办刊风格和独具特色的企业史志杂志的个性；同时，特刊印制2000册，发行增加到科室、分厂（车间）一级，扩大了《马钢史志》杂志的读者面和影响力。

《马钢史志》杂志在发放方面，除做好二级单位和机关部门的发放以外，2011年起，重点向离退休中心各中心站发放，扩大离退休职工中的读者群，以扩大作者队伍。

《马钢史志》于2014年停刊。从创刊至停刊，《马钢史志》杂志共出版发行52期。

[其他史志书刊编纂]

2007年，为庆祝马钢集团“十一五”前期技术改造和结构调整系统工程竣工投产，史志办公室承担设计编印了《新的跨越》纪念画册，画册全面回顾和展示了马钢新区建设的历程和成就，分中文、英文2个版本印制。

2008年，配合完成安徽省经贸委、安徽省发改委、马鞍山市经贸委和马鞍山市发改委等部门组织的“马钢改革开放三十年”组稿工作，完成了8000字文字材料的撰稿任务。同年，市委办公室、市委党史研究室组织征编《潮涌江东——马鞍山改革开放30年》党史专题，马钢配合完成相关专题的组稿工作，形成4.5万字文字稿件。《潮涌江东——马鞍山改革开放30年》于2008年12月由当代中国出版社出版，全书170万字。

2011年，配合完成安徽省政府主办的《安徽省情》第八卷“十一五”成果专版和安徽省国资委出版的大型文献图书《和谐安徽》的供稿工作，展示和宣传了马钢集团“十一五”期间的发展成就。

2012年，组织完成马鞍山市地方志办公室征编的“人文马鞍山”系列丛书，形成1.7万字的文字材料撰件。“人文马鞍山”系列丛书第一辑共四部分卷，于2012年10月由黄山书社出版。

2016年，配合完成了安徽省政府办公厅组织编纂的《安徽省情》第九卷（2011—2015年）马钢集团相关内容的编纂工作。

第四章　社会责任

第一节　社会责任管理

［概况］

2008年以来，马钢构建了自上而下的社会责任管理架构，由董事会、经理层、职能部门三级构成，各级职责分工明确、协调统一。同时，秉持“诚信、和谐、绿色、发展”的社会责任理念，将履行社会责任作为企业的主动追求，融入自身经营战略，在追求经济效益的同时，兼顾政府、股东、员工、客户、合作伙伴、社区等利益相关方。

［社会责任报告］

2010年，马钢集团发布首份社会责任报告——《马钢集团2009年社会责任报告》，并以此为新的起点，进一步健全社会责任体系，完善社会责任报告发布机制，推动企业在新的平台实现新的又好又快发展。历经两个多月时间编撰而成的《马钢集团2009年社会责任报告》以《中国企业社会责任报告编写指南》和GRI发布的《可持续发展报告指南》为指引，从马钢集团概况、跨越发展、持续创新、奉献社会、以人为本、绿色发展、互惠共赢等方面，全面阐述了马钢集团与经济、环境、社会的关系，系统总结了马钢集团5年来在履行社会责任方面所做的工作和绩效。报告对环境保护给予了特别关注，体现了马钢作为能源资源密集型企业履行社会责任的特色，被中国社会科学院企业社会责任研究中心评级认定为“优秀”企业社会责任报告。

《马钢集团2010—2011年社会责任报告》是马钢集团公开发布的第2份社会责任报告，报告从社会责任体系、科学发展、环保安全、员工发展、社会贡献和供应绩效等方面，系统总结了马钢集团2010—2011年社会责任工作。报告披露了金属冶炼及压延加工业大部分核心指标，在突出企业自身鲜明特点的基础上，其完整性、实质性、平衡性、创新性等实现新突破。中国社会科学院经济学院企业社会责任研究中心对报告做出评级，综合评定为四星，是一份优秀的企业社会责任报告。

《2012—2013年马钢社会责任报告》是马钢集团公开发布的第3份社会责任报告。该报告以“敬人、精业、共赢”核心价值观为统领，秉持“永续发展、回馈社会”的责任理念，从社会责任体系、经济责任、环境责任、员工发展、社会责任五个方面，系统总结了马钢2012—2013年社会责任工作，展示了履责实践的新情况、新进展和新成果，在突出企业自身鲜明特点的基础上，体现了延续性、系统性、平衡性和可视性。马钢集团并被中国工业经济联合会、联合国工业发展组织评为“首届中国工业企业履行社会责任五星级企业”。

《2014—2015年马钢社会责任报告》是马钢集团公开发布的第4份社会责任报告。报告共分为公司概况、履责实践、履责绩效、履责展望4个篇章，重点展示了马钢集团在创新发展、协调发展、绿色发展、开放发展、共享发展等方面的新情况、新进展和新成果，体现了马钢集团对股东、用户、员工、社会等各利益相关方负责任的履责态度，在安徽省国资委、安徽省经信委、安徽工经联联合评出的5份“2015年度安徽省工业企业‘最佳社会责任报告’”中荣登榜单。

《2016—2017年马钢社会责任报告》是马钢集团公开发布的第5份社会责任报告。报告共分为公司概况、履责实践、履责绩效3个篇章，以“敬业爱岗、诚信共赢”核心价值观为统领，秉持“诚信、和谐、绿色、发展”的社会责任理念，重点展示了马钢在打造钢铁强势品牌、多元个性品牌、管理精益品牌、文化特色品牌等方面的新情况、新进展和新成果，特别突出了马钢在结构调整、国际化经营、产业发展、深化改革、技术创新、党建引领、家园建设、关爱职工等方面的履责实践，体现了马钢对投资者、用户、员工、供应商、政府、社区等各利益相关方负责任的履责态度，彰显了马钢的卓越履责品牌。

第二节　捐赠与帮扶

马钢集团积极响应党中央、国务院的号召，按照安徽省委省政府要求，认真履行社会责任，组织开展赈灾援助、扶贫捐赠、公益支持等多项社会性工作，彰显了国有企业良好的社会形象和责任担当。

[机构设置]

1998年10月，马钢集团和马钢股份设立社会事业部，两块牌子一套班子，承担马钢两公司扶贫赈灾等社会事务。2015年8月，马钢集团决定成立行政事务部，承担公司赈灾扶贫捐赠等社会事务。2018年4月，马钢集团决定成立行政事务中心。行政事务中心作为马钢集团直属机构，承担公司的公益支持、扶贫捐赠等职能。

[社会捐赠]

2001年9月27日，安徽省扶贫开发协会就捐建霍邱县宋店乡上湖村希望小学一事给马钢来函，马钢两公司决定捐款6万元。霍邱县有关部门专程到马钢集团表示感谢，并赠送了锦旗。

2002年，为响应党中央、国务院的号召，从稳定大局和扶助救济特困职工的需要出发，马钢两公司于1月18—31日，组织了奉献爱心扶贫济困捐助活动，57个二级单位、6.53万名在职职工伸出援助之手，共捐款221.29万元。以此作为铺垫资金，建立了扶贫济困专项资金。同时，为使扶贫济困进一步制度化、规范化，专门成立了扶贫济困专项资金管理委员会，并制定了《扶贫济困专项资金管理使用办法》，规定了专项资金的使用范围和标准，于2002年9月1日起施行。

2004年，马钢两公司向寿县、无为县资助50万元建学校、烈士纪念碑。为支持“保护长江万里行”活动，做好长江水资源综合利用与环境保护工作，捐款15万元。

2005年1月，市委、市政府在市民政局举行了济困助贫献爱心捐赠仪式，马钢捐款108万元。同年2月，马钢向海啸受灾国及安徽省红十字会捐款180万元。8月，马鞍山市慈善总会开展“告慰英魂”专项捐赠活动的倡议，马钢集团捐款20万元。9月，向安徽省国资委捐赠200万元，用于金寨、霍邱等灾区救灾。11月，向霍山县黑石渡镇捐款35万元。全年社会捐款共计543万元。

2007年，向马鞍山市慈善协会办理了共计200万元的善款，为当涂县丹阳镇丹东村新农村建设捐赠30万元，向安徽省红十字会开展的“博爱在江淮”大型捐助活动捐款130万元。

2008年，中国发生了南方地区的特大雪灾和“5·12”汶川特大地震。马钢集团通过企业出资、职工捐款、党员上交特殊党费、捐赠紧缺物资等形式，共向灾区捐款1830万元。其中，通过安徽省民政厅捐款1170万元（包括职工个人捐款600万元、企业捐款570万元）。通过全国总工会捐献30万元。通过市慈善总会捐款100万元。马钢集团驻外机构（包括境外）通过当地慈善机构捐款200万元。马钢集团全体党员上交特殊党费330万元。以低于市场价每吨800元的价格向灾区供应彩涂板6000多吨，计500万元。此外，落实国家发改委要求马鞍山支援汶川地震灾区200台液压锤，用于救灾和灾后重建的紧急任务，马钢集团负责100台液压锤的生产原料——460多吨专用钢板的生产及200台液压锤的运输。经过迅速组产，马钢集团圆满完成这项紧急任务。同时捐献御寒衣被76460件。同年，对当涂县太白镇及新农村建设结对帮扶试点村丹阳镇丹东村投入大量资金、人力和物力，用于支援该村水利设施、蔬菜大棚、道路建设及公益事业等项目。

2008 年 5 月 15 日，马钢两公司机关抗震救灾捐款

2008 年 10 月 24 日，马钢两公司心系汶川，组织职工捐款捐物抗震救灾

2009 年通过多种形式共捐赠 180 万元。其中，向中国台湾“莫拉克”台风灾区捐赠 100 万元，向丹东村新农村结对帮扶捐赠支农种子基金 30 万元。

2010 年，重点开展青海玉树赈灾募捐、青海玉树及甘肃舟曲灾后重建认建等赈灾工作，捐赠资金 786 万元。其中，青海玉树新华书店认建项目 486 万元，舟曲认建项目 300 万元。2011 年，对舟曲、玉树赈灾援建项目的资金和进度跟踪管理。2012 年，完成舟曲迭峰小学、玉树新华书店等赈灾援建项目建设捐赠任务。

2013 年 7 月，黄山市徽州区潜口镇遭遇洪水灾害，马钢集团对潜口镇蜀源村进行定点帮扶，捐款 50 万元帮助灾区人民重建家园。2014 年，积极推进黄山市蜀源村“美好乡村建设”结对帮扶工作，对蜀源村申报的污水处理项目进行现场调研，支持项目资金 50 万元，用于中心村污水管网及处理系统建设。

马钢集团公司 2006 年获马鞍山市慈善捐赠优秀单位称号，2009 年获中华慈善突出贡献单位（企业）奖、首届安徽慈善奖爱心慈善企业奖，2017 年获马鞍山市慈善捐赠优秀单位称号，2018 年荣获马鞍山市 2017 年度慈善捐赠贡献奖。

[慈善一日捐]

根据马鞍山市委办公室党办〔2006〕43 号文件精神，经马钢两公司党政研究决定，2006 年 11 月 24 日—12 月 10 日，在两公司范围内开展了“济困献爱心，慈善一日捐”活动。此次参加捐款人数为 63741 人，捐款金额 248.37 万元。此后，马钢集团响应市慈善总会号召，每年组织开展“慈善一日捐”活动。截至 2019 年，累计捐赠 1008.37 万元，为马鞍山市慈善工作贡献了一份力量。

马钢集团 2010 年获马鞍山市“慈善一日捐”模范企业称号。

[定点扶贫]

2001 年 6 月，国务院印发了《中国农村扶贫开发纲要（2001—2010 年）》，提出从中央到地方的各级党政机关及企事业单位，都要继续坚持定点联系、帮助贫困地区或贫困乡村。

自 2002 年底，安徽省政府做出马钢定点帮扶泾县的决定后，公司高度重视并作了统筹部署和安排，公司分管领导每年定期到泾县调研，和泾县党政领导共同商讨帮扶措施和落实帮扶项目。2002—2004 年，共帮扶泾县资金 221.72 万元，用于泾县新城区的规划设计和泾县泾川镇幕溪河治理一期工程，捐赠价值 15000 元书籍给泾县茂林小学。2005—2006 年，出资 102.22 万元，用于泾县泾川镇幕溪河治理一期工程超支追加费用、幕溪河治理二期工程建设等项目和用于响应省计生委“关爱女孩”行动捐赠泾县贫困家庭。2007—2012 年，马钢向泾县捐赠帮扶资金 280 万元，用于该县“马钢桥”、烈士陵园等扶贫项目建设。

2011 年，中共中央、国务院印发了《中国农村扶贫开发纲要（2011—2020 年）》，扶贫开发进入“两不愁三保障”阶段。2012 年，党的十八大把脱贫攻坚纳入“五位一体”总体布局和“四个全面”战略布局，标志着扶贫攻坚战全面打响。同年 11 月，国务院扶贫办、中组部等八部门联合印发了《关于做好新一轮中央、国家机关和有关单位定点扶贫工作的通知》，确定了新一轮定点扶贫结对关系，第一次实现了定点扶贫工作对国家扶贫开发工作重点县的全覆盖，并要求选派德才兼备的优秀中青年干部赴定点扶贫地区挂职扶贫。

2013 年，马钢开展阜南县结对帮扶工作，先后参加了安徽省省直单位定点帮扶阜南县工作座谈会和阜南县定点帮扶相关会议，听取阜南县经济社会发展和扶贫开发工作汇报。按照安徽省扶贫开发领导小组、省委组织部《关于建立“单位包村、干部包户”定点帮扶制度的实施意见》要求，马钢集团分别于 2014 年 10 月和 2017 年 4 月开始对阜南县王堰镇马楼村和地城镇李集村开展对口帮扶工作。

2014 年，马钢集团根据安徽省委省政府及省发改委、省国资委要求，积极完成阜南县定点扶贫任务，先后支持阜南县中小企业服务中心硬件建设资金 20 万元，对阜南县专业技术人员进行培训，对阜南县王堰镇马楼村进行包村帮扶，并委派专人作为第六批选派干部驻村开展帮扶工作。10 月 17 日，第一个“扶贫日”期间，在全公司范围内组织开展募捐活动，募捐款用于对阜南县王堰镇马楼村的对口帮扶和其他慈善活动，同时认领了马楼村的“土楼至夏庄道路建设项目”。

2015 年，积极完成阜南县定点扶贫任务，重点对马楼村 117 户贫困家庭进行了调查摸底，对马楼村小学进行调研，对 13 个“干部包户”的贫困户进行了建档立卡。对认领的马楼村“土楼至夏庄道路建设项目”施工及竣工情况进行跟踪了解，并对 2016 年准备认领的帮扶项目“60 千瓦光伏发电站”项目进行调研论证。开展了春节慰问和“捐过冬衣被，暖马楼人心”送温暖活动，为 30 户贫困户送去了 1. 8 万元慰问金，为马楼村的全体贫困户送去了职工捐赠的冬衣冬被 1700 余件，受到了马楼村村民的欢迎。

2016 年，与阜南县扶贫办共同申报“马楼村蔬菜大棚产业示范园”扶贫项目，项目总投资 89. 4 万元，其中马钢援助 30 万元。在马楼村小学开展“助力马楼教育扶贫，丰富留守儿童知识”活动，采购价值 3000 元的儿童读物，并发动职工捐赠各类少儿读物 2000 余本，建立马楼小学课外读物图书室。进一步落实干部包户工作，12 月，马钢集团领导率马钢集团、马钢股份包户干部和协作单位负责人赴马楼村对帮扶的 10 户贫困户进行了“一对一”集中走访、入户帮扶，了解贫困户的想法和诉求，针对每户制定具体帮扶方案。在此基础上，针对贫困户普遍缺乏过冬衣被的情况，组织了包户干部和协作单位为阜南县马楼村贫困户捐衣捐被捐物。

2016 年 9 月 30 日，马钢举行“金秋助学”活动捐助仪式

2017 年，新增定点帮扶阜南县地城镇李集村脱贫的任务，并选派 3 名同志作为第 7 批选派干部组成驻村扶贫工作队，赴李集村开展扶贫工作。在马楼村 10 户特困户的基础上，将李集村 27 户特困户纳入“一对一”干部包户、结对帮扶对象。组织部分公司领导和中层管理人员开展帮扶工作，带领包

户干部队赴贫困户家中进行入户走访慰问，了解贫困户致贫原因和帮扶需求，制定了因户施策的帮扶措施，为因病致贫的家庭提供医疗补助，为有劳动能力的家庭提供养殖资金，为住房不安全的家庭修缮房屋。在认领帮扶项目上，出资在李集村实施“农机合作社项目”，在马楼村实施未脱贫户危房改造项目。此外，向马楼村和李集村小学生赠送安全书包，向贫困户捐款捐物进行节日慰问，向李集村村部、医务室和马楼村村部捐赠空调和办公设备，向马楼村小学捐赠电脑、建电子阅览室等。驻村扶贫工作队也定期走访贫困户，积极帮助贫困户落实政府的相关扶贫政策。通过一系列举措，全方位做到“扶贫扶智扶精神，脱贫脱困脱俗气”。继2016年马楼村实现“村出列、户脱贫”目标后，2017年，李集村也顺利实现“村出列、户脱贫”目标。

2018年，第6批选派干部驻村扶贫工作任期已满，根据省委组织部要求，马钢集团安排了第7批选派干部驻李集村开展扶贫工作。在定点帮扶马楼村和李集村的脱贫工作中，马钢提高政治站位，强化责任落实，加大扶贫力度，定点扶贫显现成效。为准确把握脱贫攻坚新形势、新任务、新要求，公司党委将习近平总书记脱贫攻坚的战略思想和省委、省政府的工作部署纳入党委中心组学习内容。为制定切实可行的帮扶措施，公司领导每季度深入贫困村调研走访，实地了解贫困村的困难和需求。为加强责任落实，公司党委每季度定期听取定点扶贫工作汇报，及时推进各项帮扶举措。2018年，实施帮扶项目7个，李集村农机合作社项目和村集体入股大户分红项目为李村集体增收共计14万元。马楼村小学教工宿舍改造和篮球场硬化工程的实施改善了教师待遇和教学条件。李集村道路亮化工程项目的实施为脱贫后的美好乡村建设提供有力支持。组织部分公司领导和中层管理人员到结对贫困户家中走访慰问，按照“一户一案”的原则，提供医疗补助、支持种养殖资金等帮扶。公益活动接续传承。在第5个“全国扶贫日”和第26个“国际消除贫困日”期间组织募捐活动，共募集善款152.2万元，建立专项账户，用于扶贫和慈善。

2019年，马钢集团党委先后4次听取扶贫工作情况汇报，并对帮扶项目进行研究和部署。公司主要领导及相关领导数次到贫困村调研走访，送项目、送温暖。继续推进“一对一”干部包户结对帮扶工作，及时了解贫困户生活生产状况，解决实际困难和问题；按照“一户一策”的原则，包保干部采取节日慰问、提供医疗补助和助学金、支持种养殖资金等措施，对贫困户进行帮扶。实施产业扶贫项目4项，资助李集村100万元苗木基地项目和20万元入股金达箱包分红项目。共为村集体增收12万元，资助马楼村70万元建设扶贫车间，帮助望江县黄河村销售玉竹耳250千克，马楼村变更的入股阜南县利民混凝土有限公司分红项目为村集体增收6万元。实施张庄矿委托马钢技师学院定向阜南县扶贫招生项目，采取“订单”方式招收近100名“励志班”学生，继续推进“助学计划”，为9月开学期间14名贫困户就学子女每人发放2000元助学金。围绕贫困村脱贫后精神文明建设和乡村振兴发展，资助马楼村20万元建设残疾人康复和养老中心。在扶贫日期间，积极参与和落实上级主管部门组织的系列活动和工作部署，组织撰写《国有企业参与精准扶贫的实践与思考》和《关于马楼村抓党建促脱贫工作的研究》两篇论文参加安徽省脱贫攻坚研讨活动，组织各单位干部职工收看全国脱贫攻坚特别节目。此外，张庄矿、罗河矿、合肥板材公司、矿业资源集团材料科技有限公司等单位向当地政府捐款，积极参与“扶贫日”期间的扶贫济困活动。

第三节 公益事业

[义务植树]

马钢集团高度重视义务植树工作，义务植树一直是马钢的一项传统活动。每年“3·12”植树节前后，公司党政领导都带头参加植树活动，干部职工积极参与，营造人人爱绿护绿的良好氛围。马钢盆山度假村、南山矿和尚桥铁矿排土场、新区电厂新路、特钢公司等多处区域都留下了干部职工植树造林的身影。同时，多次完成马鞍山市政府下达的濮塘林场、霍里、宁芜高速两侧的义务植树任务和荒山植树造林任务。

［无偿献血］

自 1998 年国家实施无偿献血以来，马钢制定了《马钢献血管理办法》等一系列献血管理办法，成立了以各二级单位为中心的献血管理组织体系，积极与二级单位和马鞍山市中心血站联系和协调，同时大力宣传无偿献血，弘扬人道主义和无私奉献精神。2002 年，马钢集团获安徽省无偿献血组织奖、获 2002—2003 年度全国无偿献血促进奖（单位奖）。2004—2005 年，职工无偿献血约 8100 人次。2005 年，马钢两公司职工获全国无偿献血金奖 4 人、银奖 5 人、铜奖 12 人。

2006 年，国家取消献血计划任务指标后，马钢两公司仍一如既往重视献血工作，建立健全了无偿献血组织领导机构，把 50 个二级单位和 3 个合资企业划分为 9 个片，定期召开例会，明确任务，将无偿献血的动员、组织、管理和监督落实到位，同时加大宣传教育力度，在广大职工群众中树立起无偿献血无上光荣的观念，使无偿献血逐渐从计划指标的任务转变为职工群众自觉自愿的行为。2007—2009 年，马钢共有 5206 人次，无偿献血 147. 86 万毫升，占马鞍山市 3 年无偿献血总量的 50%，为马鞍山市获得全国无偿献血先进城市作出了突出贡献。2012—2013 年，马钢职工无偿献血 5220 人次，献血 103. 40 万毫升；2016—2017 年，4382 名员工参加无偿献血，献血量 116. 68 万毫升；2018 年，马钢无偿献血总人次为 3609 名，献血量达 103. 84 万毫升。马钢集团先后获“马鞍山市 2007—2009 年无偿献血特别促进奖”“2012—2013 年度全国无偿献血促进奖（单位奖）”、安徽省 2018 年“无偿献血先进集体”等荣誉称号，长材事业部获“2018—2019 年度全国无偿献血促进奖”称号。

马钢集团支持职工自愿加入造血干细胞捐献行列，2011—2019 年共有 7 名职工完成了造血干细胞捐献。

［公益活动］

金秋花展：马钢集团公司作为马鞍山市金秋花展的主要参展单位，从 1992 年开始至 2019 年，已连续参加市举办 28 次金秋花展，共投入资金 900 多万元，屡次获得历届花展一等奖，有力地促进了国家园林城市、卫生城市、文明城市的创建。

• 第十二篇 人物与荣誉

第十二篇　人物与荣誉

第一章　人物简介

本简介所列人物均为历任公司正职领导，按任正职先后排列，任正职时间相同的、按姓氏笔画排序。本简介主要记述所列人物在马钢的任职情况。

顾建国　男，汉族，1953年出生，江苏省南通市人，1983年加入中国共产党，研究生。

1977年由江西冶金学院毕业分配到马钢工作，先后任二钢厂转炉车间技术员、副主任，二钢厂、三钢厂副厂长。1992年任马钢公司经理助理。1993年任马钢股份董事、副总经理。1995年任马钢股份总经理、副董事长、党委副书记。1997年任马钢总公司（1998年改制为马钢集团）总经理、党委副书记，马钢股份董事长、总经理、党委副书记。1999年任马钢集团总经理、党委副书记，马钢股份董事长、党委副书记。2008年起，先后任马钢集团党委书记、总经理、董事长，马钢股份党委书记、董事长。2011年任马钢集团党委书记、董事长，马钢股份党委书记。2013年退休。

顾章根　男，汉族，1947年出生，上海市人，1973年加入中国共产党，研究生。

1968年由上海冶金专科学校毕业分配到马钢工作，先后任一铁厂团委、宣传教育科干事、厂党委秘书、秘书科科长。1983年任一铁厂党委副书记、书记兼纪委书记。1993年任马钢股份工会主席。1997年任马钢总公司（1998年改制为马钢集团）党委书记、副总经理，马钢股份党委书记、副董事长。2008年退休。

朱昌逑　男，汉族，1946年出生，上海市人，1975年加入中国共产党，大学本科。

1970年由北京钢铁学院毕业分配到马钢工作，先后任机修厂锻铆焊车间设备员、二金工车间副主任，厂秘书科副科长、科长，生产科科长。1986年任机修厂副厂长，1993年起，先后任第一机械厂厂长、机械设备制造公司副经理（正处级）、机动部经理。1997年任马钢股份副总经理。1999年任马钢集团党委常委，马钢股份董事、总经理、党委常委。2008年退休。

苏鉴钢 男，汉族，1955 年出生，江苏省靖江市人，1975 年加入中国共产党，研究生。

1976 年在马钢三铁厂工作。1979 年起先后任马钢党委办公室调研科科员、副科长、调研室主任、副主任兼政研室主任。1993 年任马钢股份董事会秘书室主任。1995 年起先后任马钢股份副总经济师、总经济师、董事、副总经理兼董事会秘书室主任、计划财务部经理。2008 年任马钢集团党委常委、董事，马钢股份党委常委、总经理、董事。2009 年起，先后任马钢集团党委副书记、董事、总经理，马钢股份党委副书记、董事、总经理、董事长。2013 年任马钢集团党委副书记、副董事长。2015 年退休。

高海建 男，汉族，1957 年出生，江苏省盱眙县人，1985 年加入中国共产党，工商管理硕士。

1982 年由马鞍山钢铁学院毕业分配到马钢工作，先后任高速线材厂技术员、技术科副科长、副主任工程师、副厂长。1995 年任万能型钢厂筹备处主任，H 型钢厂厂长。1997 年任万能型钢厂筹备处主任，H 型钢厂厂长、党委书记，马钢股份副总经理。1999 年任马钢股份董事、副总经理。2009 年任马钢集团党委常委，马钢股份党委常委、董事、副总经理。2011 年任马钢集团党委常委、副总经理，马钢股份党委常委、董事。2013 年任马钢集团党委书记、董事长。2017 年 12 月不再担任马钢集团党委书记、董事长。

魏　尧 男，汉族，1963 年出生，安徽省巢湖市人，1994 年加入中国共产党，管理学硕士。

2017 年 12 月起，任马钢集团党委书记、董事长。

丁　毅 男，汉族，1964 年出生，安徽省当涂县人，1985 年加入中国共产党，博士研究生。

1990 年由北京科技大学毕业分配到马钢工作，1990 年任料场码头筹备处、港务原料厂电气科技术人员。1995 年起先后任港务原料厂电气车间副主任、机动部（设备部）副经理、设备部经理、总经理助理。2004 年任马钢股份副总经理。2011 年任马钢集团副总经理。2013 年任马钢集团总经理、董事、党委副书记，马钢股份董事长。

钱海帆 男，汉族，1961 年出生，安徽省芜湖市人，1994 年加入中国共产党，大学本科。

1984 年由马鞍山钢铁学院毕业分配到马钢工作，任高速线材厂生产计划科技术人员。1989 年赴利比亚米钢工作。1992 年起先后任高速线材厂生产计划科副科长、科长、厂长助理、副厂长。2000 年任线材改造筹备处主任、基建技改部经理。2005 年任四钢轧总厂党委书记、厂长。2010 年任马钢股份副总工程师。2011 年任马钢股份总经理、董事。2012 年任马钢集团党委常委、董事，马钢股份总经理、董事。

第二章 人物表

第一节 2001—2019年历任行政领导人员一览表

2001年

马钢集团

总 经 理 顾建国

副总经理 顾章根、王让民、施兆贵、党智弟（9月退休）、丛明奇、胡献余（6月提任）

总经理助理 牟金荣（4月退休）、王大鹏

马钢股份

董 事 长 顾建国

副董事长 顾章根

总 经 理 朱昌逑

副总经理 朱云龙（7月退休）、苏鉴钢、高海建、蒋平（6月提任）

总工程师 朱云龙（7月退休）

总经济师 苏鉴钢

监事会主席 高声海（2月退休）、高晋生（6月提任）

总经理助理 王大鹏、蒋平（6月离任）

副总工程师 黄达文、何庆天（7月退休）、杨永和

2002年

马钢集团

总 经 理 顾建国

副总经理 顾章根、王让民、施兆贵、丛明奇、胡献余

总经理助理 王大鹏（11月退休）、季怀忠（1月提任）

副总经济师 杨阳（1月提任）

马钢股份

董 事 长 顾建国

副董事长 顾章根

总 经 理 朱昌逑

副总经理 苏鉴钢、高海建、蒋平（1月离任）、亓四华（5月挂职）

总 经 济 师　苏鉴钢
监事会主席　高晋生
总经理助理　王大鹏（11 月退休）、丁毅（1 月提任）、季怀忠（11 月任职）
副总工程师　黄达文、杨永和、苏世怀（1 月提任）

2003 年

马钢集团

总　经　理　顾建国
副 总 经 理　顾章根、王让民（5 月退休）、施兆贵、丛明奇、胡献余
总经理助理　季怀忠
副总经济师　杨阳

马钢股份

董　事　长　顾建国
副 董 事 长　顾章根
总　经　理　朱昌逑
副 总 经 理　苏鉴钢、高海建、亓四华（挂职）
总 经 济 师　苏鉴钢
监事会主席　高晋生
总经理助理　季怀忠、丁毅
副总工程师　黄达文、杨永和、苏世怀

2004 年

马钢集团

总　经　理　顾建国
副 总 经 理　顾章根、施兆贵、丛明奇（10 月退休）、胡献余、杨阳（1 月提任）、季怀忠（1 月提任）
总经理助理　季怀忠（1 月离任）
副总经济师　杨阳（1 月离任）

马钢股份

董　事　长　顾建国
副 董 事 长　顾章根
总　经　理　朱昌逑
副 总 经 理　苏鉴钢、高海建、亓四华（挂职，9 月离任）、丁毅（1 月提任）
总 经 济 师　苏鉴钢
监事会主席　高晋生
总经理助理　季怀忠（1 月离任）、丁毅（1 月离任）
副总工程师　黄达文、杨永和、苏世怀

2005年

马钢集团

总　经　理　顾建国

副 总 经 理　顾章根、施兆贵（12月退休）、胡献余、杨阳、季怀忠（7月离任）、高晋生（7月任职）

总经理助理　崔宪（8月提任）

马钢股份

董　事　长　顾建国

副 董 事 长　顾章根

总　经　理　朱昌逑

副 总 经 理　苏鉴钢、高海建、丁毅

总 经 济 师　苏鉴钢

监事会主席　李克章（9月任职）、高晋生（9月离任）

副总工程师　黄达文、杨永和（11月退休）、苏世怀

2006年

马钢集团

总　经　理　顾建国

副 总 经 理　顾章根、胡献余、高晋生、杨阳

总经理助理　崔宪

马钢股份

董　事　长　顾建国

副 董 事 长　顾章根

总　经　理　朱昌逑

副 总 经 理　苏鉴钢、高海建、丁毅

总 经 济 师　苏鉴钢

监事会主席　李克章

副总工程师　黄达文（4月退休）、苏世怀

2007年

马钢集团

总　经　理　顾建国

副 总 经 理　顾章根、胡献余、高晋生、杨阳

总经理助理　崔宪

马钢股份

董　事　长　顾建国

副 董 事 长　顾章根
总　经　理　朱昌逑（12月退休）
　　　　　　苏鉴钢（12月退休）
副 总 经 理　苏鉴钢（12月离任）、高海建、丁毅
总 经 济 师　苏鉴钢
监事会主席　李克章
副总工程师　苏世怀

2008年

马钢集团

总　经　理　顾建国
副 总 经 理　顾章根（12月离任）、胡献余、高晋生、杨阳
总经理助理　崔宪、唐琪明（7月提任）

马钢股份

董　事　长　顾建国
副 董 事 长　顾章根
总　经　理　苏鉴钢
副 总 经 理　高海建、丁毅
总 经 济 师　苏鉴钢
监事会主席　李克章（7月退休）、张晓峰（8月任职）
总经理助理　朱昮南（7月提任）、唐琪明（7月提任）
副总工程师　苏世怀

2009年

马钢集团

总　经　理　顾建国
董　事　长　顾建国（3月任职）
副 总 经 理　胡献余（2月离任）、高晋生、杨阳
总经理助理　崔宪、唐琪明

马钢股份

董　事　长　顾建国
副 董 事 长　顾章根（1月离任）
总　经　理　苏鉴钢
副 总 经 理　高海建、丁毅
总 经 济 师　苏鉴钢
监事会主席　张晓峰
总经理助理　朱昮南、唐琪明
副总工程师　苏世怀

2010年

马钢集团

董　事　长　顾建国

总　经　理　顾建国

副总经理　高晋生、杨阳、唐琪明（1月任职）

总会计师　陈昭启（4月任职）

总经理助理　崔宪、唐琪明（1月离任）

马钢股份

董　事　长　顾建国

总　经　理　苏鉴钢

副总经理　高海建、丁毅、苏世怀（1月任职）

总工程师　苏世怀（1月任职）

总经济师　苏鉴钢

监事会主席　张晓峰

总经理助理　朱莅南、唐琪明（1月离任）

副总工程师　苏世怀（1月离任）、高海潮（4月提任）、钱海帆（4月提任）

2011年

马钢集团

董　事　长　顾建国

总　经　理　顾建国（2月离任）、苏鉴钢（2月任职）

副总经理　高海建（7月任职）、高晋生、杨阳、丁毅（7月任职）、苏世怀（7月任职）、唐琪明

总工程师　苏世怀（7月任职）

总会计师　陈昭启

总经理助理　崔宪、高海潮（7月任职）

马钢股份

董　事　长　顾建国（2月离任，7月董事会决定）、苏鉴钢（2月任职，7月董事会决定）

总　经　理　苏鉴钢（7月离任）、钱海帆（7月提任）

副总经理　高海建（7月离任）、丁毅（7月离任）、苏世怀（7月离任）、任天宝（7月提任）、严华（7月提任）、陆克从（7月提任）

总工程师　苏世怀（7月离任）

监事会主席　张晓峰

总经理助理　朱莅南（3月退休）

副总工程师　高海潮（7月离任）、钱海帆（7月离任）

2012年

马钢集团

董　事　长　顾建国

总　经　理　苏鉴钢

副总经理　高海建、高晋生、杨阳、丁毅、苏世怀、唐琪明、陈昭启（9月任职）、蒋育翔（9月任职）

总工程师　苏世怀

总会计师　陈昭启

总经理助理　崔宪、高海潮

马钢股份

董　事　长　苏鉴钢

总　经　理　钱海帆

副总经理　任天宝、严华、陆克从

监事会主席　张晓峰

2013年

马钢集团

董　事　长　顾建国（6月离任，7月退休）、高海建（6月任职）

副董事长　苏鉴钢（6月任职）

总　经　理　苏鉴钢（6月离任）、丁毅（6月任职）

副总经理　高海建（6月离任）、高晋生、杨阳、丁毅（6月离任）、苏世怀、唐琪明、陈昭启、蒋育翔

总工程师　苏世怀

总会计师　陈昭启

总法律顾问　蒋育翔（9月任职）

总经理助理　崔宪、高海潮（2月离任）

马钢股份

董　事　长　苏鉴钢（6月离任）、丁毅（6月任职）

总　经　理　钱海帆

副总经理　高海潮（2月任职）、任天宝、严华、陆克从

监事会主席　张晓峰

总工程师　高海潮（2月任职）

2014年

马钢集团

董　事　长　高海建

副董事长　苏鉴钢
总　经　理　丁毅
副总经理　高晋生（2月退休）、杨阳、苏世怀、唐琪明、陈昭启、蒋育翔
总工程师　苏世怀
总会计师　陈昭启
总法律顾问　蒋育翔
总经理助理　崔宪（10月退休）
副总会计师　张乾春（9月提任）

马钢股份

董　事　长　丁毅
总　经　理　钱海帆
副总经理　高海潮、任天宝、严华、陆克从
监事会主席　张晓峰
总工程师　高海潮
副总工程师　乌力平（9月提任）、王炜（9月提任）、黄发元（9月由三铁总厂提任）

2015年

马钢集团

董　事　长　高海建
副董事长　苏鉴钢（6月退休）
总　经　理　丁毅
董　　　事　高海建、苏鉴钢（6月退休）、丁毅、杨阳、陈冬生（4月任职）、钱海帆、陆克从（4月提任）
副总经理　杨阳、苏世怀、唐琪明、陈昭启、蒋育翔、严华（5月提任）、任天宝（5月提任）
总工程师　苏世怀
总会计师　陈昭启
总法律顾问　蒋育翔
副总会计师　张乾春

马钢股份

董　事　长　丁毅
总　经　理　钱海帆
董　　　事　丁毅、苏世怀、钱海帆、任天宝
常务副总经理　高海潮（8月任职）
副总经理　高海潮（8月离任）、任天宝（5月离任）、严华（5月离任）、陆克从
监事会主席　张晓峰
总工程师　高海潮
副总工程师　乌力平、王炜（8月离任）、黄发元
总经理助理　王炜（8月任职）、杜松林（8月提任）、田俊（8月提任）、张文洋（8月提任）

2016年

马钢集团

董　事　长　高海建

总　经　理　丁毅

董　　　事　高海建、丁毅、杨阳、陈冬生、钱海帆、陆克从

副 总 经 理　杨阳、苏世怀、唐琪明、陈昭启、蒋育翔、严华、任天宝

总 工 程 师　苏世怀

总 会 计 师　陈昭启

总法律顾问　蒋育翔

副总会计师　张乾春

马钢股份

董　事　长　丁毅

总　经　理　钱海帆

董　　　事　丁毅、苏世怀、钱海帆、任天宝

常务副总经理　高海潮

副 总 经 理　陆克从

监 事 会 主 席　张晓峰

总 工 程 师　高海潮

副 总 工 程 师　乌力平、黄发元

总 经 理 助 理　王炜、杜松林、田俊、张文洋

2017年

马钢集团

董　事　长　魏尧（12月任职）、高海建（12月离任）

总　经　理　丁毅

董　　　事　魏尧（12月任职）、高海建（12月离任）、丁毅、杨阳（9月退休）、陈冬生、钱海帆、陆克从

副 总 经 理　杨阳（9月退休）、苏世怀、唐琪明、陈昭启、蒋育翔、严华、任天宝

总 工 程 师　苏世怀

总 会 计 师　陈昭启

总法律顾问　蒋育翔

副总会计师　张乾春

马钢股份

董　事　长　丁毅

总　经　理　钱海帆

董　　　事　丁毅、苏世怀（11月离任）、钱海帆、任天宝、张文洋（11月任职）

常务副总经理　高海潮
副 总 经 理　陆克从、田俊（1月任职）、张文洋（1月任职）、伏明（10月提任）
监事会主席　张晓峰
总 工 程 师　高海潮
副总工程师　乌力平、黄发元
总经理助理　王炜（11月退休）、杜松林、田俊（1月离任）、张文洋（1月离任）、章茂晗（9月提任）

2018年

马钢集团

董 事 长　魏尧
总 经 理　丁毅
董　　事　魏尧、丁毅、陈冬生、钱海帆、陆克从
副 总 经 理　苏世怀、唐琪明、陈昭启、蒋育翔、严华、任天宝
总 工 程 师　苏世怀
总 会 计 师　陈昭启
总法律顾问　蒋育翔
副总会计师　张乾春
总经理助理　王文潇（8月提任）

马钢股份

董 事 长　丁毅
总 经 理　钱海帆
董　　事　丁毅、钱海帆、任天宝、张文洋
常务副总经理　高海潮（2月退休）
副 总 经 理　陆克从、田俊、张文洋、伏明
监事会主席　张晓峰
总 工 程 师　高海潮（2月退休）
安 全 总 监　伏明（8月任职）
副总工程师　乌力平、黄发元
总经理助理　杜松林、章茂晗、王光亚（8月提任）

2019年

马钢集团

董 事 长　魏尧
总 经 理　丁毅
董　　事　魏尧、丁毅、陈冬生（11月离任）、刘国旺（11月任职）、钱海帆、陆克从（11月离任）
副 总 经 理　钱海帆（常务，12月任职）、苏世怀（3月退休）、唐琪明、陈昭启、蒋育翔（11月离任）、严华、任天宝

总法律顾问　蒋育翔
总 工 程 师　苏世怀（3 月退休）
总 会 计 师　陈昭启
副总会计师　张乾春
总经理助理　王文潇

马钢股份

董　事　长　丁毅
总　经　理　钱海帆（12 月离任）、王强民（12 月任职）
董　　　事　丁毅、王强民（12 月任职）、钱海帆、任天宝、张文洋
副 总 经 理　陆克从（12 月离任）、田俊、张文洋、伏明
监事会主席　张晓峰
安 全 总 监　伏明
副总工程师　乌力平（12 月退休）、黄发元
总经理助理　杜松林、章茂晗、王光亚

第二节　2001—2019 年历任党群领导人员一览表

2001 年

马钢集团

党 委 书 记　顾章根
党委副书记　顾建国、李克章
工 会 主 席　李克章
党 委 常 委　顾章根、顾建国、朱昌逑、李克章、王让民、苏鉴钢、胡献余、高晋生

马钢股份

党 委 书 记　顾章根
党委副书记　顾建国、李克章
工 会 主 席　李克章
党 委 常 委　顾章根、顾建国、朱昌逑、李克章、王让民、苏鉴钢、胡献余、高晋生

2002 年

马钢集团

党 委 书 记　顾章根
党委副书记　顾建国、李克章
工 会 主 席　李克章
党 委 常 委　顾章根、顾建国、李克章、朱昌逑、王让民、苏鉴钢、胡献余、高晋生

马钢股份

党 委 书 记　顾章根

党委副书记　顾建国、李克章
工 会 主 席　李克章
党 委 常 委　顾章根、顾建国、李克章、朱昌逑、王让民、苏鉴钢、胡献余、高晋生

2003年

马钢集团

党 委 书 记　顾章根
党委副书记　顾建国、李克章
工 会 主 席　李克章
党 委 常 委　顾章根、顾建国、李克章、朱昌逑、王让民（5月退休）、苏鉴钢、胡献余、高晋生

马钢股份

党 委 书 记　顾章根
党委副书记　顾建国、李克章
工 会 主 席　李克章
党 委 常 委　顾章根、顾建国、朱昌逑、李克章、王让民（5月退休）、苏鉴钢、胡献余、高晋生

2004年

马钢集团

党 委 书 记　顾章根
党委副书记　顾建国、李克章
工 会 主 席　李克章
党 委 常 委　顾章根、顾建国、李克章、朱昌逑、苏鉴钢、胡献余、高晋生、张晓峰（1月提任）

马钢股份

党 委 书 记　顾章根
党委副书记　顾建国、李克章
工 会 主 席　李克章
党 委 常 委　顾章根、顾建国、朱昌逑、李克章、苏鉴钢、胡献余、高晋生、张晓峰（1月提任）

2005年

马钢集团

党 委 书 记　顾章根
党委副书记　顾建国、李克章
工 会 主 席　李克章
党 委 常 委　顾章根、顾建国、李克章、朱昌逑、苏鉴钢、胡献余、高晋生、张晓峰

马钢股份

党 委 书 记　顾章根

党委副书记　顾建国、李克章
工 会 主 席　李克章
党 委 常 委　顾章根、顾建国、李克章、朱昌逑、苏鉴钢、胡献余、高晋生、张晓峰

2006 年

马钢集团

党 委 书 记　顾章根
党委副书记　顾建国、李克章
工 会 主 席　李克章
党 委 常 委　顾章根、顾建国、李克章、朱昌逑、苏鉴钢、胡献余、高晋生、张晓峰

马钢股份

党 委 书 记　顾章根
党委副书记　顾建国、李克章
工 会 主 席　李克章
党 委 常 委　顾章根、顾建国、李克章、朱昌逑、苏鉴钢、胡献余、高晋生、张晓峰

2007 年

马钢集团

党 委 书 记　顾章根
党委副书记　顾建国、李克章
工 会 主 席　李克章
党 委 常 委　顾章根、顾建国、李克章、朱昌逑（12 月退休）、苏鉴钢、胡献余、高晋生、张晓峰

马钢股份

党 委 书 记　顾章根
党委副书记　顾建国、李克章
工 会 主 席　李克章
党 委 常 委　顾章根、顾建国、李克章、朱昌逑（12 月退休）、苏鉴钢、胡献余、高晋生、张晓峰

2008 年

马钢集团

党 委 书 记　顾章根（12 月离任）、顾建国（12 月任职）
党委副书记　顾建国（12 月离任）、李克章（7 月退休）
工 会 主 席　李克章（7 月退休）、张晓峰（8 月任职）
党 委 常 委　顾章根（12 月离任）、顾建国、李克章（7 月退休）、苏鉴钢、胡献余、高晋生、张晓峰

马钢股份

党委书记　顾章根（12月离任）、顾建国（12月任职）

党委副书记　顾建国（12月离任）、李克章（7月退休）

工会主席　李克章（7月退休）、张晓峰（8月任职）

党委常委　顾章根（12月离任）、顾建国、李克章（7月退休）、苏鉴钢、胡献余、高晋生、张晓峰

2009年

马钢集团

党委书记　顾建国

党委副书记　苏鉴钢（12月任职）

工会主席　张晓峰

党委常委　顾建国、苏鉴钢、高海建（12月任职）、胡献余（2月离任）、高晋生、杨阳（12月任职）、张晓峰、蒋育翔（12月任职）

马钢股份

党委书记　顾建国

工会主席　张晓峰

党委常委　顾建国、苏鉴钢、高海建（12月任职）、胡献余（2月离任）、高晋生、杨阳（12月任职）、张晓峰、蒋育翔（12月任职）

2010年

马钢集团

党委书记　顾建国

党委副书记　苏鉴钢

工会主席　张晓峰

党委常委　顾建国、苏鉴钢、高海建、高晋生、杨阳、张晓峰、蒋育翔

马钢股份

党委书记　顾建国

党委副书记　苏鉴钢

工会主席　张晓峰

党委常委　顾建国、苏鉴钢、高海建、高晋生、杨阳、张晓峰、蒋育翔

2011年

马钢集团

党委书记　顾建国

党委副书记　苏鉴钢

工会主席　张晓峰

党 委 常 委　顾建国、苏鉴钢、高海建、高晋生、杨阳、张晓峰、蒋育翔

马钢股份

党 委 书 记　顾建国

党委副书记　苏鉴钢

工 会 主 席　张晓峰

2012 年

马钢集团

党 委 书 记　顾建国

党委副书记　苏鉴钢

工 会 主 席　张晓峰

党 委 常 委　顾建国、苏鉴钢、高海建、高晋生、杨阳、张晓峰、蒋育翔、钱海帆（8 月任职）

马钢股份

党 委 书 记　顾建国

党委副书记　苏鉴钢

工 会 主 席　张晓峰

2013 年

马钢集团

党 委 书 记　顾建国（6 月离任，7 月退休）、高海建（6 月任职）

党委副书记　苏鉴钢、丁毅（6 月任职）

工 会 主 席　张晓峰

纪 委 书 记　陈冬生（6 月任职）

党 委 常 委　顾建国（6 月离任）、高海建、苏鉴钢、丁毅（6 月任职）、高晋生、杨阳、张晓峰、陈冬生（6 月任职）、蒋育翔、钱海帆

马钢股份

工 会 主 席　张晓峰

2014 年

马钢集团

党 委 书 记　高海建

党委副书记　苏鉴钢、丁毅

工 会 主 席　张晓峰

纪 委 书 记　陈冬生

党 委 常 委　高海建、苏鉴钢、丁毅、高晋生（2 月退休）、杨阳、张晓峰、陈冬生、蒋育翔、钱海帆

马钢股份

工 会 主 席　张晓峰

2015 年

马钢集团

党 委 书 记　高海建
党委副书记　苏鉴钢（6 月退休）、丁毅
工 会 主 席　张晓峰
纪 委 书 记　陈冬生
党 委 常 委　高海建、苏鉴钢（6 月退休）、丁毅、杨阳、张晓峰、陈冬生、蒋育翔、钱海帆

马钢股份

工 会 主 席　张晓峰

2016 年

马钢集团

党 委 书 记　高海建
党委副书记　丁毅
工 会 主 席　张晓峰
纪 委 书 记　陈冬生
党 委 常 委　高海建、丁毅、杨阳、张晓峰、陈冬生、蒋育翔、钱海帆、陆克从（8 月任职）、严华（8 月任职）

马钢股份

工 会 主 席　张晓峰

2017 年

马钢集团

党 委 书 记　魏尧（12 月任职）、高海建（12 月离任）
党委副书记　丁毅、陈冬生（3 月任职）
工 会 主 席　张晓峰
纪 委 书 记　陈冬生
党 委 常 委　魏尧（12 月任职）、高海建（12 月离任）、丁毅、杨阳（9 月退休）、张晓峰、陈冬生、蒋育翔、钱海帆、陆克从、严华

马钢股份

工 会 主 席　张晓峰

2018 年

马钢集团

党 委 书 记　魏尧

党委副书记　丁毅、陈冬生
纪 委 书 记　陈冬生
工 会 主 席　张晓峰
党 委 常 委　魏尧、丁毅、陈冬生、张晓峰、钱海帆、蒋育翔、陆克从、严华

马钢股份

工 会 主 席　张晓峰

2019 年

马钢集团

党 委 书 记　魏尧
党委副书记　丁毅、陈冬生
纪 委 书 记　陈冬生
工 会 主 席　张晓峰
党 委 常 委　魏尧、丁毅、陈冬生、王强民（11 月任职）、张晓峰、钱海帆、蒋育翔（11 月离任）、陆克从、严华

第三节　2001—2019 年历次全国党代会代表

顾建国　2002 年当选中国共产党第十六次全国代表大会代表。

第四节　2001—2019 年历届全国人大代表

吴结才　2003 年当选第十届全国人民代表大会代表。
顾建国　2008 年当选第十一届全国人民代表大会代表。
江　波　2013 年当选第十二届全国人民代表大会代表。
程　鼎　2018 年当选第十三届全国人民代表大会代表。

第五节　2001—2019 年国家、部、省级先进模范人物名录

[全国劳动模范]

2005 年　顾建国
2010 年　严开龙
2015 年　卜维平

[全国五一劳动奖章]

2001 年　顾建国
2002 年　万祖培
2003 年　张少全
2004 年　张福生

2006 年　王爱民
2007 年　顾章根
2008 年　朱　涛
2009 年　李元水
2012 年　卜维平
2013 年　王志堂
2014 年　程朝晖
2016 年　王　庆
2018 年　程　鹏

[全国建材行业劳动模范]

2007 年　杨友仁

[全国绿化劳动模范]

2011 年　高晋生

[全国钢铁工业劳动模范]

2009 年　管亚钢　朱能志　时振华　姚　鑫　裴永红　周　琨　赵　滨　严文格　李　强
2014 年　王　炜　洪振川　王立涛　朱乐群　张　烨　秦长荣
2019 年　吴保桥　袁军芳　林震源

[安徽省劳动模范]

2002 年　朱昌逑　崔　宪　朱苠南　黄汝水　吴结才　杨俊峰　金重山　俞洁文　韩存周　张少全
2007 年　张新杰　刘家彪　高根生　尹有福　李元水　严开龙　刘　芸　毛一平　杭桂生　姜爱平
2012 年　肖　挺　杨迎东　崔银会　邵学梅　侯　军　葛太安　江　波
2017 年　丁　晖　李明军　程　鹏　胡文华　钟　凛

[安徽省十佳个人】(享受安徽省劳动模范待遇)

2004 年　方明凤

[女职工先进个人]

2004 年全国优秀女职工　张　静
2009 年全国女职工建功立业标兵　毕　翔

[三八红旗手]

2008 年全国三八红旗手　赵月英

第六节　2001—2019 年享受省以上政府津贴人员名录

2004 年　国务院政府特殊津贴　耿承浩　杜松林
　　　　安徽省政府特殊津贴　秦长荣　张　烨
2006 年　安徽省政府特殊津贴　周亚平　张　宁
2008 年　国务院政府特殊津贴　王爱民
2010 年　国务院政府特殊津贴　汪昌平
　　　　安徽省政府特殊津贴　安　涛　于同仁

2012 年　国务院政府特殊津贴　李　强

　　　　安徽省政府特殊津贴　卜维平

2014 年　国务院政府特殊津贴　卜维平　张　烨

2016 年　国务院政府特殊津贴　李　翔　胡惠华

　　　　安徽省政府特殊津贴　张　建

2018 年　安徽省政府特殊津贴　江　波　林震源

第七节　2001—2019 年正高级技术职称人员名录

2001 年　崔　宪　王重渝　骆秉才　刘玉兰　杜松林

2002 年　高海潮　李爱群　叶光平

2003 年　周亚平　张太平　杨开保　吴耀光

2004 年　张吾胜　奚　铁　胡孝三

2005 年　朱青山　胡夏雨　完颜卫国　刘国平

2006 年　丁　毅　黄发元

2007 年　朱昌逑　李小宇　严松山　刘　芸　秦长荣

2008 年　王卫东　朱　涛　安　涛　孙复森　任天宝

2009 年　曹月林　葛新建　苏允隆　金　俊　于同仁

2010 年　王文潇　吴　明　袁新运　胡军尚

2011 年　邱全山　王永林　沈立嵩

2012 年　钱海帆　王晓光　张　建　张明如　邓培蒂　宋　强　王　炜　朱伦才

2013 年　蒋育翔　何世文　陈友根　蔡长生　范昌梅

2014 年　李学林　毕振清　崔银会　王步更

2015 年　杨兴亮　梁越永　吴　坚　王世标　许万国　陈胜利

2016 年　耿培涛　刘永刚

2017 年　李冬清　刘爱兵　王　洋　孙业长　程　鼎　王立涛

2019 年　汪开忠　沈　昶　江　波　谷海容

第八节　2001—2019 年全国技术能手名录

2002 年　全国技术能手　张　宁　季东林

2004 年　全国技术能手　李　强

2006 年　全国技术能手　季劲松　汪昌平

2008 年　全国技术能手　解文中

2010 年　全国技术能手　陆俊峰

2012 年　全国技术能手　王昔文　王志堂

2012 年　全国第六届钢铁行业职业技能竞赛“钢铁行业技术能手”　温惠蓉

2014 年　全国技术能手　刘　军

第三章　先进集体

2001—2019 年，马钢集团所获国家级、省部级荣誉奖项如下。

［全国五一劳动奖状］

2001 年　马钢集团

2003 年　马钢集团姑山矿铁运车间检修班

2004 年　马钢集团

2008 年　马钢股份机电分公司电装二队电工五班

［全国先进基层党组织］

2006 年　马钢集团党委

［全国工人先锋号］

2008 年　三铁总厂炼铁分厂 B 号高炉、一能源总厂供电分厂第四作业区

2010 年　南山矿凹山车间电铲工段电器维修班

2011 年　煤焦化公司炼焦分厂干熄焦作业区

（全国“安康杯”竞赛优胜企业、示范企业和安康十年成就奖）

2010 年　马钢集团

［全国文明单位］

2005 年　第一届全国文明单位

马钢股份一铁总厂

2009 年　第二届全国文明单位

马钢设计研究院

2012 年　第三届全国文明单位

马钢设计研究院有限责任公司

2015 年　第四届全国文明单位

马钢集团南山矿

2017 年　第五届全国文明单位

马钢集团南山矿

［国家高新技术企业］

2009 年　马钢设计研究院

［全国钢铁工业先进集体］

2008 年　三铁总厂、自动化公司

2013 年　热电总厂、铁运公司

2019 年　长材事业部

2019 年　飞马智科

2019 年　长江钢铁

[全国“安康杯”竞赛优胜企业]

2001 年　马钢集团

2002 年　马钢集团

2003 年　马钢集团

2004 年　马钢集团

2005 年　马钢集团

2006 年　马钢集团

2007 年　马钢集团

2008 年　马钢集团

2009 年　马钢集团

2010 年　马钢集团

2011 年　马钢集团

2012 年　马钢集团

2013 年　马钢集团

2014 年　马钢集团　姑山矿

2015 年　马钢股份　三铁总厂

2016 年　马钢集团

2017 年　马钢集团

2018 年　马钢集团

[全国“安康杯”竞赛优胜企业和示范企业、全国安康十年成就奖、全国职工安全健康知识竞赛优秀组织单位]

2011 年　马钢集团

[全国“安康杯”竞赛优胜班组]

2013 年　港务原料总厂港口分厂作业区

[全国三八红旗集体]

2004 年　马钢集团工会女职工委员会

2009 年　马钢集团工会女职工委员会

[全国先进女职工组织]

2005 年　马钢集团工会女职工委员会

2007 年　马钢集团工会女职工委员会

[全国巾帼文明岗]

2005 年　煤焦化公司第二回收车间化验气相班

2007 年　基建技改部合同计划室

2009 年　一钢轧总厂轧钢三分厂脱盐水制备站

[全国女职工建功立业标兵岗]

2009 年　南山矿地质测量科化验班

[全国五一巾帼标兵岗]

2011 年　热电总厂新区化学监督岗

[全国群众体育先进集体]

2001—2004 年度　马钢集团

[**全国冶金行业体育先进单位**]
2008—2012 年　马钢集团
[**全国全民健身先进单位**]
2011 年　马钢集团
[**第四批全国文明单位**]
2015 年　马钢集团南山矿
[**安徽省先进集体**]
2002 年　煤焦化公司
2006 年　三钢轧总厂
2007 年　南山矿
2014 年　二钢轧总厂
2016 年　铁运公司
[**安徽省文明单位**]
2002 年　第五届安徽省文明单位
马钢集团、马钢股份（机关）
一铁厂
二铁厂
二轧钢厂
南山矿
2004 年　第六届安徽省文明单位
一铁厂
二轧钢厂
南山矿
港务原料厂
热轧板厂
马钢设计研究院
2006 年　第七届安徽省文明单位
马钢设计研究院
南山矿
二钢轧总厂
港务原料总厂
热电总厂
马钢医院
一烧结厂
2008 年　第八届安徽省文明单位
南山矿
港务原料总厂
一烧结厂
热电总厂
马钢设计研究院

离退休中心
技术中心

2011 年　第九届安徽省文明单位

马钢设计研究院
南山矿
技术中心
港务原料总厂
热电总厂
汽运公司
力生公司
重机公司
铁运公司

2014 年　第十届安徽省文明单位

工程技术公司
南山矿
汽运公司
铁运公司
港务原料总厂
热电总厂
重机公司
离退休中心
力生公司

2017 年　第十一届安徽省文明单位

南山矿
汽运公司
铁运公司
港务原料总厂
热电总厂
离退休中心
车轮公司
设备检修公司
长材事业部

• 专　　记

专　　记

马钢完胜应诉美国反倾销调查案

从20世纪70年代开始，随着新兴材料的大规模运用，欧美发达国家的钢铁工业逐渐沦为“夕阳产业”，经营惨淡。但是在包括中国在内的发展中国家，钢铁企业依然是国民经济的骨干产业，甚至被认为是衡量工业发展水平和综合国力的重要指标之一。20世纪90年代末，美国经济结束了长达10年的高增长而进入了调整期，世界经济随之相对低迷，钢铁市场供大于求也相对更为明显。据国际钢铁学会的统计数据，2001年全球钢铁生产量为10.68亿吨，而需求量仅为7.22亿吨，设备使用率只有77%，其中，欧盟、亚洲、北美生产能力分别过剩40%、37%和23%。尤其是“9·11”事件发生后，美欧钢铁企业更是雪上加霜，破产企业直线上升，要求政府采取保护的呼声日渐高涨，人为制造的“反倾销案”也多如牛毛。在这种情势下，中国钢铁企业冲击海外市场就会遇到更多的深沟高垒。

2001年5月23日，美国Nucor-Yamato Steel Co.等4家结构型钢厂联合向美国商务部递交了对中国、俄罗斯、德国、意大利等8个国家和地区结构型钢的调查申请，不久，马钢即以“有倾销行为”而被立案调查，并被初裁倾销幅度为152%。而就在马钢多方斡旋之时，美国商务部于2001年12月进一步做出裁决，将马钢列为反倾销对象，其产品H型钢进入美国市场的税率由0%猛升至159%。

马钢人对反倾销并不陌生，早在1999年，欧盟就对马钢生产的中板提起过反倾销调查，那次也是以马钢胜利而终结。面对复杂的国际贸易形势，马钢人深刻认识到，中国加入世贸组织后，机遇与挑战并存。要想在国际贸易舞台上纵横驰骋，游刃有余，就要认真熟悉、学习有关规则，并利用这些规则维护国家的合法权益。特别是当厄运临头时，更要勇于站出来进行抗争。2001年4月，当获悉美国将对马钢的H型钢产品提起反倾销调查时，公司就密切关注此事，同我国外经贸部和经贸委联系，随时准备应诉。在严酷的现实面前，马钢两公司管理者认为：在日趋激烈的国际市场竞争中，一些贸易纠纷、争端将不可避免，委曲求全未必有好的结果。在遵守WTO规则的前提下，通过合法渠道维护正当权益，并在此过程中积累更好地处理国际贸易争端的经验，是唯一正确的选择。于是，马钢义无反顾地举起了应诉的旗帜。

美国商务部正式立案后，马钢迅速反应，成立了以主要领导为组长的反倾销应诉小组，并很快选择了美国有名的律师事务所作为马钢在美国的应诉代表。6月22日，马钢召开了反倾销应诉动员会议，要求涉案的十几家二级单位都要指定具体人员专门从事反倾销应诉工作。至此，公司的反倾销应诉准备工作全部就绪。

为了赢得这场没有硝烟的战斗，马钢应诉小组研究制定了一套缜密的方案。通过对内部各项应诉基本材料、公司运行数据及凭证进行了实事求是的自我评价，认为马钢作为国际知名上市公司，生产经营中规中矩，H型钢出口海外确实不存在任何倾销行为，因此对应诉坚定了必胜的信心。为了加重获胜的砝码，马钢派人专程赴国家外经贸部、司法部、国家经贸委和中国钢铁工业协会广询良策，并通过议标方式延请了在国际上信誉卓著、业绩优良、答辩能力强的美国美迈斯律师事务所作为公司应诉律师。

按照美国商务部的要求，马钢前后共3次分别完成了“ACD问卷”和补充问卷，对企业基本情况、成本核算、产品出口比例等做了解答和补充解答。由于中国被美国视为“非市场经济”国家，美国商务部对马钢的调查问卷分为A、C、D卷三部分，其中，A卷是关于公司组织结构、财务制度、市场和经营商品方面的，C卷是关于原材料进口和产品出口方面的，D卷是关于生产要素构成和产品成本核算方面的。马钢与律师密切配合，按期提交了A、C、D问卷的答卷。12月28日，美国商务部发布了初裁结果，裁定H型钢倾销幅159%。尽管这个结果非常不理想，出人意料，但马钢毫不灰心丧气，坚信自己产品竞争力，积极与律师分析原因、商讨对策。通过对初裁报告的分析，找出了美方做出错误裁决的原因在两个方面：一是存在计算错误；二是使用的部分生产要素的替代国价格非常高。马钢委托律师随即向美方提交“初裁答辩书”，严正阐述了马钢的申辩理由。

2002年1月26日，美国商务部组成了一个3人团，专程赴马鞍山对马钢进行了近10天实地核查取证。在马钢，美方专员深入H型钢轧制的11个直接生产厂和20多个辅助厂矿，从原材料的采购、炼铁、炼钢、钢后轧制、检验、包装等进行了全过程追踪，涉及水、电、风、气诸多细节，重点检查了各种原始材料、数据、档案等报表。他们清晰地看到，由于马钢近几年坚持改革，加强管理，大幅度提高了马钢的市场竞争力，从而其产品才具有了价格优势。为了验证自己的结论，美方专员还将视角直接切入到马钢生产工艺、产品开发、产品销售等环节中，而马钢提供的相关报表更令他们始料未及。报表除记录了生产一根H型钢需要几名工人、需要几度电等，甚至还详细记录了原材料的运输流程——从起步方位、途经路段到目标位置，全都一目了然。美方专员终于信服了，他们连连称道，马钢是一个规范化运作的国际上市公司，是按国际惯例操作运营的、值得信赖的公司。

在经过了长达1年的调查取证后，美国商务部于2002年5月24日对8个国家和地区的结构型钢进口问题做出裁决，其中，马钢税率由最初的159%降至0%，争取到了最好的结果，而其他7家公司税率则分别为0.33%—230.6%不等。6月17日，美国国际贸易委员会对马钢H型钢反倾销案做出“无损害”的最终裁定。美方称，马钢的产品是以市场为导向，按国际市场变化和需求而组织一定比例并以合理的价格进行出口活动的，认定马钢并没有将其钢材（H型钢）“倾销”到美国市场，马钢则继续享有0%的进口税率。至此，长达1年之久的马钢应诉美国反倾销调查案，以马钢大获全胜而告终。

马钢应诉美国反倾销调查案取得完胜引起了国际商界的广泛关注。美迈斯律师事务所（美国十大律师事务所之一）官员潘诺顿从三方面分析了马钢获胜的原因。其一，管理者经营有方及对成本的有效控制，为确立价格优势奠定了基础，其出口价格“低”得有理有据；其二，完美执行了国际会计制度，各种财务记录清晰、详尽、真实、可靠；其三，良好的态度和从容自信的大家风范。面对无端的指控和近乎苛刻的核查，马钢始终保持了沟通、合作和开放的态度，而其自信则来源于诚信为本的高透明度的经营行为。

海外媒体对马钢获胜也做出了客观的评述。他们认为，马钢获胜是中国企业综合实力大大增强的体现。马钢敢于应诉争胜的行为，也是大陆企业学习和借鉴的范例。中国虽然已加入了WTO，但并不代表公平的贸易环境从此从天而降，它只是给中国企业提供了维护公平贸易的权利、手段和机制。对在国际贸易摩擦中可能带来的切实损害，回避不是办法，否则就要无辜缴纳高额反倾销税或干脆退出得之不易的国际市场份额，损失是巨大的。只有依照和灵活运用WTO规则，充满信心，敢于并善于抗争，才能使争端得以公正合理地解决。

马钢应诉美国反倾销调查案取得完胜在中国钢铁行业引起巨大反响，为今后相关企业应对美欧的反倾销提供了成功的经验和完美的范本。成功应诉，充分证明了马钢实行了规范稳健的营销策略，对进口国相关政策与法规有认真的了解和深入研究；充分证明了马钢进行了严格基础管理、规范企业运作，从而提升了企业的综合竞争实力；充分证明了马钢人面对“洋官司”的压力，敢于挺起腰杆，沉着应对，据理力争，交出了一份优秀的答卷，充分展示了马钢人应有的风采。

联合重组的成功之路

2006年5月12日，马钢（合肥）钢铁有限责任公司（简称合肥钢铁或合钢）正式挂牌成立。马钢成功重组合肥钢铁，这是安徽省推进国有企业战略性重组的重大举措，揭开安徽钢铁产业做大做强新的一页。2011年4月27日下午，马钢股份长江钢铁联合重组正式签字生效，这是国有企业与民营企业间携手合作的新模式，是一项有利于优势互补、资源共享、实现双赢的具有重大战略意义的举措。

一、马钢联合重组合肥钢铁

合肥钢铁始建于1956年，1958年正式投产。1970年底形成了10万吨优钢规模。至1976年底，合钢先后建成投产矽铁、烧结、制氧、薄板、管带、锻等生产线，基本形成了钢铁联合企业。属安徽省地方骨干企业，合肥市重点大型国有企业。

20世纪70—90年代间逐渐形成优钢、普钢两个炼钢生产基地。90年代中期至重组前，合钢逐渐陷入困境。2002年至2006年5月底，主要产品产量呈下降趋势，亏损逐年增加。2003年亏损0.2亿元，2004年亏损2.008亿元，2005年亏损4.3亿元，2006年前4个月月均亏损达到3150万元，濒临破产境地。

截至2005年，合钢拥有固定资产原值29.43亿元，净值18.68亿元，形成了年产铁120万吨、钢130万吨、钢材125万吨的综合生产能力。

2005年5月，国家《钢铁产业发展政策》出台后，安徽省从整合省内钢铁生产资源、进一步做优做强全省钢铁工业出发，将马钢联合重组合钢工作提上了重要的议事日程。10月28日，省政府召开关于合钢改革重组有关问题的协调会，省政府希望马钢从全省经济发展的大局出发，从做大做强马钢以及解决合钢生存发展的角度，重新考虑重组合钢问题，并要求马钢尽快制定托管合钢的方案以及合钢下一步的发展规划方案。马钢迅速着手重组合钢主业的工作。12月29日，马钢与合肥市政府签订了《合肥市人民政府、马鞍山钢铁股份有限公司就重组合钢工作的备忘录》（简称《备忘录》）。

《备忘录》是马钢重组合钢的纲领性文件，双方就重组范围、资产评估、新公司接受合钢人员、重组过程以及新公司享受的有关政策等方面达成了共识。双方明确了重组后新公司的股权结构，马钢股份公司控股71%，合肥市政府参股29%。新公司重组范围为合钢主业，接收合钢主业已进行身份置换的6000名员工，承担与合钢主业有关联的钢材预收款、购买资源的欠款、银行贷款等债务。同时，把合钢200万吨钢产能配置给马钢。比照罗河铁矿配置给马钢的政策，将霍邱张庄矿配置给重组后的新公司作为后备矿山。

根据《备忘录》精神，2006年1月5日，合肥市政府成立合钢体制改革指导组，制订了合钢改制的阶段性工作计划，全面协调政府相关部门以及合钢的工作。2月22日上午，合肥市召开合钢改制专题会，提出了“两个确保”，即确保马钢董事会所需材料齐全，确保合钢职代会成功召开。3月13日，合肥市合钢体制改革协调组进驻合钢，统一协调改制的各方面工作。

合钢也成立了改革工作领导小组，下设专业工作组，具体实施各项工作。自2006年2月初起，围绕职代会召开，合钢与市改革指导组配合，迅速推进新公司的土地规划确界、有效资产和债务界定、改制方案、人员分流安置方案、进入新公司人员的身份置换补偿金办法、合钢不同层次的董事会及股东会的召开、存续单位的处置、职代会前的宣传等各项工作。

2006年2月27日，马钢重组合钢的工作组进驻合钢，标志马钢重组合钢进入实质性操作阶段。工作组提前介入的主要任务是配合合钢班子抓好新公司成立前的生产经营及安全工作，维持生产稳定。重点是对合钢生产经营现状、资产状况、职工队伍、工艺技术装备、新公司的改革发展战略、成本控制、人员安置等开展全面调研和谋划工作，为新公司的成立做好前期准备工作。

2006年3月29日，合钢职代会召开，340名代表以票决制，顺利通过了改制方案及人员分流方案，同意以合钢主业资产与马钢联合重组，主业6000职工身份置换后进入新公司。4月21日，合钢与合肥市工业投资控股有限公司（简称合肥工投）签订了《资产出售及购买协议》，合肥工投向合钢及其控股四家公司（合钢集团公司、合钢有限公司、合钢股份公司、恒兴轧钢）分别购买了有效资产，并继承与有效资产相关业务，合肥工投以所购资产为出资形式入股新公司。

2006年4月25日，马钢股份公司召开董事会，批准了设立马钢（合肥）钢铁有限责任公司的议案。4月28日，马钢股份与合肥工投签署了《关于马钢（合肥）钢铁有限责任公司设立的出资人协议》，次日，双方正式签订投资人协议，共同投资成立马钢（合肥）钢铁有限责任公司。

2006年4月29日，在首次股东会议和董事会议结束后，新公司在合钢采石文化广场召开即将重组进入新公司的合钢主业干部大会，新公司领导班子集体亮相，介绍了新公司的发展设想，第一次提出了“三步走”规划。同时提出了整合机关管理部门、实施一级财务核算体系、对装备进行必要检修、全力降低采购价格提高销售价格、实施资源优化、稳定当前生产、全心全意依靠职工办企业、建立系统完善的责任追究制度等八项措施。“三步走”战略和“八项措施”成为新公司成立当年及此后两年的工作重心。

鉴于合钢生产经营运转已相当困难，应合肥市政府要求，马钢提前接管合钢主业。2006年5月1日零时整，新公司与合钢的生产经营正式交接工作在合钢第二炼钢厂转炉炉前平台举行。自零时起，重组进入新公司的合钢主业生产经营工作正式由新公司接手管理。

2006年5月12日上午，马钢（合肥）钢铁有限责任公司成立大会在合肥稻香楼宾馆隆重举行，至此，马钢与合钢的重组工作全面完成。

2008年3月23日，合肥公司厂区夜景

2010年8月11日，合肥公司高速线材、炼钢生产现场

二、马钢联合重组长江钢铁

安徽长江钢铁股份有限公司（简称长江钢铁）于2000年7月20日在安徽省当涂县注册成立，注册资本为5.4亿元人民币。公司前身是创办于20世纪90年代的当涂县龙山桥钢铁总厂。在1999年改制的基础上，以龙山桥异型轧钢厂为核心，通过收购改造日新棒材厂、当涂县初轧厂，2000年7月成

立马鞍山市长江钢厂。2008年12月变更为安徽长江钢铁股份有限公司。重组前，长江钢铁具备年产铁102万吨、钢127万吨、材129万吨的综合生产能力。具备烧结、炼铁、炼钢、轧钢等钢铁生产全部工序以及料场、煤气柜等公辅配套设施。

2008年3月，安徽省经济委员会发布《关于安徽省“十一五”期间淘汰钢铁工业落后生产能力实施意见的通知》要求长江钢铁淘汰2座258立方米高炉。

2010年，国务院办公厅发布《关于进一步加大节能减排力度加快钢铁工业结构调整的若干意见》，强调要加快钢铁企业的兼并重组，意见明确指出：“支持优势大型钢铁企业集团开展跨地区、跨所有制兼并重组。”

马钢与长江钢铁实施重组，是安徽省推动钢铁产业结构调整和优化升级的重大战略举措，也是加快推进钢铁企业跨所有制兼并重组的有益探索和尝试，对于提升马钢和长江钢铁的整体素质和市场竞争力，促进地方经济和我国钢铁产业健康发展都具有重要意义。通过重组，有利于进一步提升马钢的整体产能和综合实力，加快实现马钢总体发展战略；有利于长江钢铁淘汰落后产能，优化产品结构，提升装备、技术和管理水平，实现压小上大、节能减排，进一步增强可持续发展能力，提升对当地经济发展的支撑作用，进而实现双方优势互补、互利共赢。

经过马钢与长江钢铁主动接触、充分协商，在达成基本共识的基础上形成了马钢与长江钢铁重组方案。

2010年7月26日，安徽省经济和信息化委员会在马钢宾馆组织省、市及当涂县三级政府的相关部门召开马钢与长江钢铁重组方案专题论证会。会议就马钢与长江钢铁重组方案进行了认真讨论和研究，一致认为马钢与长钢重组符合国家产业政策要求和安徽钢铁产业发展实际，《重组方案》基本可行。

2010年9月6日，马钢股份董事会会议批准开展重组长江钢铁相关工作。此后，马钢集团与长江钢铁共同聘请了具有证券从业资质的审计与评估中介机构，对长江钢铁纳入重组范围的资产、负债进行审计与评估。

2010年9月10日，在安徽省、马鞍山市及当涂县政府有关负责人的见证下，马钢与长江钢铁签署了重组《框架协议》。此后，重组双方同意以2010年9月30日为基准日，对长江钢铁纳入重组范围的资产、负债进行审计和评估。

2011年12月16日，长江钢铁炼钢生产线炼钢七机七流机组

2012年12月12日，长江钢铁新区轧钢双棒生产线冷床

2011年2月，中介机构出具了审计和评估初稿。经审计，截至2010年9月30日，长江钢铁净资产为7.69亿元。经评估，截至2010年9月30日，净资产评估价值为10.63亿元。随着审计、评估工

作的结束以及重组法律文件终稿的形成，实施重组的基本条件已经成熟。

2011 年 4 月 27 日，马钢股份董事会审议批准以长江钢铁 2010 年 9 月 30 日资产评估价值为 10.63 亿元为基础，重组双方同意净资产折价为 10.10 亿元，以此确定定向增发每股价格为 1.87 元，马钢投资约 12.34 亿元，购买长江钢铁非公开发行股份 6.6 亿股，占长江钢铁增资扩股后股份总数的 55%，实施重组长江钢铁。

2011 年 4 月 27 日下午，《马鞍山钢铁股份有限公司　安徽长江钢铁股份有限公司联合重组》协议签字仪式在马鞍山长江国际大酒店举行。马钢与长江钢铁成功联合重组，这是马钢重组合钢之后，通过资本运作实施钢铁主业扩张的又一成功举措。

三、联合重组的成功，助推合肥公司、长江钢铁管理和效益产生质的飞跃

马钢重组合钢公司后，对管理体制与机制进行了脱胎换骨式的改革，全面对标马钢的各项标准，构建了组织结构扁平化、业务流程化、管理规范化、作业标准化的新型管理模式。将合钢原 12 个生产单位整合优化为 2 个主体生产单位、1 个公辅运行保障单位和 1 个物资与物流保障单位。将合钢原 28 个职能部门整合归并 7 个职能部门。

2012 年 9 月 28 日，长江钢铁新区 1080 立方米高炉

在管理流程设计方面，对财务、采购、销售、仓储物流、动力辅助系统、后勤保障等均实施集中一贯管理。在生产、营销和经营管理方面，马钢以低成本战略思想，综合规划生产规模，按照改革、管理和技改扩大再生产的系统要求，扎实推进，全力支持合钢公司发展，以采、购、销一条龙的方式确保合钢公司吃得进、产得稳、销得出。在企业文化建设方面，将马钢创业、创新、创造精神和现代化管理理念引入其中，依托马钢和原合钢公司的人才优势，协力建设和管理合肥公司。在质量体系建设方面，以板带产线为体系建设突破口，先后完成了 ISO 9001/IATF 16949 质量管理体系、环境管理体系、职业健康安全管理体系、两化融合管理体系、能源管理体系和测量体系认证，建立了内控管理体系，导入了卓越绩效管理模式，开展了精益工厂创建工作。2017 年和 2018 年，合肥公司深入推进层级管理，形成了专业管理层、技术业务层和操作层三个层级。2019 年起，合肥公司全面推进以马钢冷轧总厂为标杆的对标管理工作，依托马钢集团工艺、技术装备优势，加快合肥公司技改工作按照满足冶炼产线配套补齐和着眼转型发展两个方向推进。2007 年 2—7 月，先后完成原有的 3 座 20 吨转炉的改造，5 月完成高速线材项目，7 月完成 4 万制氧机搬迁项目，10 月完成 1 号高炉大修。2008 年 10 月，完成 2×95 平方米烧结机大修搬迁项目。2014 年 2 月，完成“合肥公司环保搬迁项目——冷轧工程”，开始实施“向钢铁深加工领域迈进”的转型发展战略。2012 年 4 月，完成 BOT 工业供水项目。2017 年 5 月，完成连续镀锌线项目。

截至 2019 年，合肥公司已具有年产冷硬卷 150 万吨、冷轧退火卷 120 万吨、热镀锌板 32 万吨的生产能力，可生产 100 多种型号产品的现代化花园工厂。2017—2019 年底，累计实现利税 1.19 亿元，利润 6460 万元。

在成功整合合肥公司基础上，马钢又开始积极探索认真贯彻落实国家和省市各项决策部署，充分发挥好大企业集团辐射和带动作用，把新长江钢铁纳入总体发展规划，明确发展定位，找准主攻方向，推动长江钢铁实现持续稳定健康发展的路子。2011 年 4 月 27 日，长江钢铁与马钢股份联合重组。重组后，长江钢铁从马钢引入专业技术人才 22 人，引进马钢人力资源管理、安全生产管理、精益现场 6S 管理等先进的管理经验，取得突飞猛进的发展。

为提高工艺装备水平，淘汰落后产能，完善产能配套，马钢助推长江钢铁加快实施 300 万吨产能置换技改项目。项目主要内容为新建 3 台 192 平方米烧结机、11 座 4 平方米球团竖炉、2 座 1080 立方米高炉、1 座 1250 立方米高炉，2 座 120 吨转炉，配套 1 条 50 万吨高线生产线和 2 条 110 万吨棒材生产线。同时淘汰 2 台 36 平方米烧结机、1 台 72 平方米烧结机、2 座 258 立方米高炉、8 座 3 平方米球团竖炉和 510 轧机、420 轧机。项目总投资为 60 亿元，分两期完成，一期工程于 2011 年 12 月全部竣工。二期工程于 2011 年 12 月开工，2013 年 7 月建成投产，至此，长江钢铁形成 380 万吨钢生产能力。

为促进企业转型发展、绿色发展，根据钢铁产业政策等相关要求，2019 年，长江钢铁开始实施产能减量置换技改项目 140 吨电炉炼钢工程，项目淘汰原有的 2 座 40 吨转炉，利用其炼钢产能新建 1 座 140 吨电炉及其相应的配套设施，实现炼钢产能的减量置换。

长江钢铁充分利用“国有控股、民营机制”优势，进一步推进体制机制创新，抢抓机遇，坚持以经济效益为中心，走科学可持续发展之路，围绕打造精品建材基地，全面实施技改技措，完成了产品结构的提档升级，企业安全、环保、质量大幅提升，参与市场竞争能力明显增强，经济效益持续稳定增长，钢产量从 2011 年的 145 万吨上升到 2019 年的 454 万吨，营业收入由 57. 5 亿元上升到 160. 2 亿元，利润总额由 2. 49 亿元上升到 15. 40 亿元，已成为马钢重要的精品建材基地。

马钢联合重组合肥钢铁和长江钢铁取得成功，离不开国家产业政策的指引，离不开安徽省委、省政府，马鞍山市委、市政府及相关部门的大力支持和指导，离不开马钢、合钢、长江钢铁 3 家单位的通力协作，更离不开全体职工的理解、支持和积极的参与。如今的合肥公司、长江钢铁已经发生了翻天覆地的变化，企业的综合实力和市场竞争力得到显著的增强，经济效益得到极大地提高，员工的工作环境和生活品质得到明显改善，企业发展潜力得到更大的释放。与此同时，随着管理理念和企业文化的不断融入，广大职工的精神面貌也发生了巨大的变化，对马钢的企业文化认同感进一步加强，给企业的建设和发展带来无限的生机和活力。

钢铁星座——马钢新区500万吨钢规模工程竣工投产侧记

在马钢的版图上，500万吨钢规模的新区工程，宛如崛起的钢铁星座，气势磅礴，流光溢彩，这是马钢结构调整亮出的新名片，这是马钢又好又快发展的新看点。同时，也是英雄的马钢人献给党的十七大的一份厚礼。

仅用短短的两年多时间，就在一片荒山和河滩之上建起了一个500万吨钢规模、技术先进、流程顺畅、产品精良的现代化厂区，这无疑是马钢人在新时期创造的一个新奇迹。

奇迹从何而来？

（一）

作为我国重要的钢铁基地，半个世纪以来，马钢的创业、创新、创造精神薪火相传、生生不息，成为推动企业滚动发展的巨大力量。步入21世纪后，马钢抢抓机遇、乘势而上，一举实现了以冷热轧薄板项目为龙头的“十五”技术改造和结构调整，企业的市场竞争能力、科技开发能力和抗御风险能力显著提高。

站在年产钢1000万吨的平台上，马钢的决策层并没有怡然自得，沉醉其间，而是把目光定格在企业的后续发展上，他们认为，马钢虽然有了长足的进步，但产品总体技术含量和附加值还不高，与先进的企业相比，差距还十分明显。再从装备上看，马钢还拥有相当数量的小烧结机、小高炉、小转炉、横列式轧机等落后工艺装备，产品质量差、能耗高、劳动生产率低、环境污染严重，直接影响企业的经济效益和社会效益。

中流击水，不进则退。为应对钢铁行业快速发展的严峻挑战，马钢必须进一步加快结构调整、淘汰落后步伐，提高产品市场竞争力，推进新一轮跨越式发展。

早在马钢“十五”结构调整紧锣密鼓地实施之际，马钢的决策层就审时度势，将马钢“十一五”规划摆上了重要的议事日程。令马钢人感到信心倍增的是，在酝酿筹划马钢“十一五”规划过程中，国家、省、市及方方面面给予了极大的关注和支持。一批国内知名专家先后汇聚马钢进行认真、科学指导，马钢决策层在与相关专家交流、咨询后很快达成共识：马钢具有加快发展的基础、优势和有利条件，“十一五”期间建设一条从焦化、烧结、炼铁、炼钢到连铸、热轧、冷轧、连退线以及镀锌线等，年产500万吨高档板材的全流程先进工艺生产线，是马钢做强钢铁主业，尽快进入我国钢铁行业第一梯队，全面提高市场竞争能力，努力实施新的跨越式发展的一项重大举措。同时，明确了“十一五”规划“起点高、投资省、速度快、效果好”的总体奋斗目标。

这对马钢集团而言，显然是一次历史性的抉择。

马钢“十一五”规划选址在马鞍山市西北部的慈湖地区一块集三座山峰和滩涂、水塘凹地之上。马钢决策层在考虑紧靠长江可充分利用水运有利条件，减少物流运输成本的同时，始终把少占用基本农田、保持生态平衡作为“十一五”规划的前提。

马钢“十一五”规划规模庞大，系统复杂。如何把诸多系统布置在这片面积不大的土地上，是总图设计面对的一大难题。为设计好总图，设计单位吸取国际上先进钢铁厂总图布置的优点，认真研究，不断优化，先后三易其稿，最终总图布局结合厂区地形特点，实现了缩短中间环节物流运距，充分、合理使用土地的目的，吨钢占地面积仅为0.6平方米，达到了国际先进水平。

2004年11月24日，国家发改委正式批准了马钢“十一五”技术改造和结构调整总体规划，马钢迅速成立了以集团公司总经理、股份公司董事长顾建国，两公司党委书记顾章根为组长，股份公司总经理朱昌逑为常务副组长的基建技改领导小组，与之相关的各个项经理部同时成立，至此，马钢“十一五”技术改造和结构调整工程建设全面启动。

（二）

2004年11月底，以马钢南山、姑山、桃冲三家矿业公司为主力的移山大军，爆响了新区移山工程第一炮。

马钢新区建设区域横亘着马三峰、马四峰、洋河山三座山头。新区建设的前提是必须要铲平这三座大山。马钢曾将这一任务外委给专业公司，但对方来现场实地考察后表示，搬山的工期至少要8个月，所需资金不能少于4.2亿元，不仅工期难以保证要求，而且费用也超出了控制范围。

困难吓不倒马钢人。为赢得时间，马钢决策层经过缜密考察，决定创新思维，依靠自己的施工队伍啃下这三块“硬骨头”。时值数九寒冬，建设者们在泥泞的土地上穿梭不停，在滚滚的尘烟中来来往往，久违的夯歌又一次次在荒郊野地回荡……广大参战人员夜以继日，奋战拼搏，仅仅用了5个月，三座大山就被夷为平地，土石爆破量达560万立方米，挖填土石近1000万立方米比外部施工单位的预期提前了3个月工期，节约资金1.5亿元。有人计算过，如果用这个土方量筑起宽1米、高2米的围墙，总长度将超过5000千米。当外委方故地重游时，不由感慨万分地说：“马钢人创造了神话”。

在新区场平工程拉开大幕的同时，建设公司路桥分公司一支“尖兵”队伍就火速开进新区，挑起了新区铁前区域A座高炉艰巨的桩基施工重担。2004年12月8日，路桥分公司地基处理工程处在新区建设工地顺利地打下第一根钻孔桩，他们克服了地基松软、地下水位高等重重困难，仅用了25天的时间，新区A座高炉405根钻孔桩便胜利告捷，创造了比网络工期要求整整提前了13天的新奇迹。

啃下这块硬骨头，路桥分公司地基处理工程处参战将士的信心更足了，随后，他们在新区近百个施工点展开节点会战，完成钻孔灌注桩4350根，浇注混凝土6.7万立方米，预应力管桩1万余套，在新区打赢了第一仗。

2250毫米热轧工程是马钢新区建设中的龙头工程。作为一支善打硬仗、屡建奇功的铁军，建设公司建安分公司不辱使命，他们知难而进，通过不断的施工技术创新，啃下了一块块硬骨头。

沉淀旋流池工程，设计标高为负38米，直径36米，如果按照传统的施工方法，先期要进行大面积土方开挖后，再进行施工。由于施工区域负1米以下全部为流砂层构造，加之江南地区气候湿润多雨，若采取传统的施工工艺，伴随着土方开挖逐步向下延伸，必将造成边坡土方塌方频繁，土方开挖难度增大，土建工期将严重滞后，而且还将给日后的施工作业带来极大的安全隐患。建设公司工程技术人员充分借鉴国内新的施工技术，积极开展技术创新，大胆地提出采用“逆作法”进行施工。这一全新的施工工艺，打破了传统施工中由下而上的施工组织方法，改为从上而下的施工组织程序。采用这种新工艺，极大地提升了施工效率，实现了质量、安全、工期三丰收，在马钢建设史上堪称一大创举。技术创新让建设公司真正地尝到了甜头。他们在新区实施技术创新上百项，仅在2250毫米热轧的精轧区和卷取区就节省了4个月的工期，并创造了新区土建项目全部提前或按期交付设备安装的惊人速度。

新区工程钢结构总量达35万吨，由钢结构分公司承担的制作安装总量达10余万吨。为在短短的一年时间内完成如此艰巨的施工任务，钢结构分公司创新管理模式，精心组织，周密安排，克服设计变更多、单件构件超长超重、工期要求紧、现场条件差等各种困难，紧跟土建工序，加班加点全力拼抢。从2005年10月8日立起第一根钢柱到2006年10月，仅一年时间就圆满完成了新区钢结构制作安装任务。“马钢钢构”品牌声名鹊起。

两座4000立方米高炉炉壳的制造，无疑是修建工程公司在新区的重头戏。高炉炉壳的卷制、开孔、校正、退火、组对、焊接、吊装等工序，是工程中的重要环节。由于钢板超厚、超大、超宽，给板材移位、找基准线等都带来一定难度，大型数控卷板机无法满足承载力。职工们积极开动脑筋，不断创新工艺，制作了一个活动支杆，依靠这个支杆，完成了2座高炉及300吨转炉6000多吨厚板及进口异型板全部卷制任务。

在新区，最让修建人感到骄傲和自豪的，要数在安装两座国内目前最大转炉8万立方米煤气柜施工中所运用实用、先进、可行的整体吊装法，彻底解决了235吨重柜吊装、侧板立柱安装、底板及活塞底板焊接、橡胶帘安装四大难题，大大提高了气柜安装稳定性和安全性，使两座8万立方米气柜升顶一次成功。

4000立方米高炉

马钢新区是一项庞大的系统工程，丝丝相连，环环相扣。随着土建、钢结构工程各网络节点的频频告捷，催促着“马钢制造”的鼓点尤为紧迫。

2005年3月17日，马钢股份重机公司以非凡的气魄和雄厚的技术力量，揽下了新区20000吨机械设备制造任务。

2005年10月12日，净重234吨、高12.3米、宽4.4米、厚0.92米马钢新区最大热轧薄板轧机机架在重机公司浇注成功，再次改写华东地区机械制造单体重量之最新纪录。

在重机公司所承担的新区六大项工程中，炼钢系统两套300吨大包回转台是国内最大大包回转台。此项设备工件必须按德国SN200标准制作，德方进行全过程跟踪“a”检。制作如此巨大的炼钢系统大包回转台设备，重机公司还是第一次。“德方能做到的，我们也能做到!”这一响亮的口号，再次显示了重机人要战胜一切困难的决心和勇气。

2006年9月初，重机人经过顽强拼搏，使第一套大包回转台进入了重要的预组装阶段。在组装连杆、升降臂过程中，所使用的轴承是关节轴承，装配时销轴外圆和轴承内孔在极小的间缝中很难对正，加之关节轴承是双层，更增加了组装难度。重机公司组织相关部室、分厂对组装方案进行反复论证，在得到外方和马钢新区项目部认可后，调集精兵强将全力攻坚，使首套大包回转台于9月30日成功完成预组装，这不仅在新区设备制造中打赢了关键一仗，而且一举实现了与世界先进技术对接的新超越。就在“马钢制造”如火如荼向前推进之时，国贸总公司承担的新区技术装备引进工作，同样凯歌高奏。

兵马未动，粮草先行。早在2004年初，在国贸总公司的精心组织、安排下，先后邀请了数10家知名的外国公司，分别进行了3—4轮技术谈判，先后组织技术谈判90余场，至2004年底，基本上完成了有长线项目的对外技术谈判工作，并形成最终技术附件。

2004年11月24日，国家发改委正式批复马钢“十一五”规划后，在相关部门的大力配合下，国贸总公司仅用1天时间就办理完成了热轧薄板、冷轧薄板两大项目的所有上网国际招标手续，并于11月26日在网上发布招标通告。速度之快，令国内同行赞叹不已。紧接着，国贸总公司经过不懈努力，至2005年6月，基本完成了所有进口项目的国际招标工作。马钢“十一五”规划项目共签署进口合同53个，合同总金额7.56亿美元，涉及20多个国家的40余家公司，所有合同都得到顺利履行。

2006年2月18日，机电分公司在2250毫米热轧工程竖起第一片精轧机架，标志着新区设备安装已全面展开。

时间就是效益，速度决定成败。由于受设备到货及上道工序等种种因素的制约，热轧工程施工网络计划被迫一破再破，要保证关门工期不倒，重任如山般压到了机电人的肩头。

在新区建设会战打响后，机电分公司以施工现场为赛场，使一大批技术骨干和能工巧匠脱颖而出，并创新出了“母线安装升降台架”“酸洗泵并联工艺”“桥架立柱定位法”等一批“职工专利”，成为他们在新区建设中攻坚克难无往不胜的法宝。

为用先进的工艺技术支撑起工程速度，机电分公司坚持在科技人员中深入灌输“以技术为先导”的工作理念，使科技力成为领跑新区工程建设的先驱。高压除鳞管道的焊接就是考验机电人的一大难题。以往这种管道都是随设备一并发货，由设备生产厂用机床直接加工好了U形坡口，到工地对好口就可以直接焊接。这种U形坡口焊接，机电人有自己成熟的工艺。新区工程中，马钢为了降低成本，这种管道直接作为材料进货，安装施工中必须现场打坡口。而现场使用的坡口机只能打出平滑的V形坡口，有关人员立即展开技术攻关。经过反复的研究试验，通过改变常规的焊接间隙一举解决了焊接工艺问题，保证了施工顺行。水处理工程中涉及到大量的法兰对接，要采用传统工艺技术，安装施工便会遥遥无期。好学善钻的青工朱旭海根据平时的观察和总结，设计“法兰对接模具”，一下子将工效提高了3倍。

机电分公司就是这样以科技力助推新区工程建设，按照马钢决策层的既定工期要求，胜利完成了2250毫米热轧工程设备安装任务，创造了“十一五”建设的马钢新速度。

在智者面前，压力总会变成为一种动力。在经过“两板”工程锤炼后，自动化工程公司深知自己承担的自动化和信息化工程在新区工程建设中的作用，也熟悉自动化和信息化工程施工周期长，现场设备安装时间短，调试时间更短的现状。为了克服这一现状带来的不足，给现场调试更多的时间和技术保证，自动化工程公司以工艺流程为界面，以新区自动化技术特点为依据，成立了铁前、钢轧、能源、信息化等四个项目部，从而打破了传统以部门和专业划分界限。他们要求每个参建人员从源头做起，认真消化吸收技术资料，强化技术准备；从自身做起，严把施工质量，缩短每一个工时，前道工序对后道工序负责。在四钢轧1号、2号连铸机调试过程中，因外方专家调试不能满足现场双机双流投产的工期要求，自动化人更是挺身而出，主动请缨，独立承担1号连铸机的调试任务。时值春节，工程技术人员主动放弃长假和亲人团聚的机会，全身心投入到设备调试中，历时30天，圆满完成了任务，为炼钢生产线提前投产创造了先决条件。正是以这样的一种敬业精神为支撑，从新区能源水系统工程开始到B座高炉本体、热风炉基础自动化设备安装，从转炉本体施工到冷热轧MCS系统上线运行，自动化人以过硬的质量，按期兑现了每一个工程节点，赢得了马钢新区项目部和业主的高度称赞。

三铁总厂、四钢轧总厂、二能源总厂项目部及港务原料总厂、煤焦化公司、一能源总厂、热电总厂等新区建设相关单位项目部，既是所辖工程的指挥“中枢”，也是业主。他们要当好施工组织、协调的主角，更要为马钢内部施工队伍和外方专家搞好服务。早在2006年3月初，各单位就把还未上岗的职工提前介入设备安装和调试工作中，不仅给施工单位增添了有生力量，而且为尽快掌握和熟练驾驭这条当今世界一流的生产线打了坚实的基础。同时，公司有关部门闻风而动，积极指导、配合新区各业主单位，全力做好资源平衡计划、生产组织预案、生产技术储备、产品目标市场选择等生产准备工作，岗前开展人员选调、岗位培训等工作更是紧锣密鼓。高效率、快节奏，已成为新区建设的主旋律。

马钢新区工程是安徽省建设史上最大的工程项目，也是我国钢铁工业发展史上一次性建设规模最大的全流程钢铁项目之一。马钢集团“十一五”工程建设，其实就是一场规模宏大的战役。因此，建立一个高效的工程协调指挥体系，是打赢这场攻坚战的根本保证。

实施并完善了具有马钢特色的项目经理负责制和矩阵式管理模式，是新区建设中最大的亮点，是马钢集体智慧的结晶。其所成立的 11 个项目经理部，充分发挥项目经理部组织稳定、职责清晰、指挥顺畅、高效灵活的特点，纵向以项目部作为项目管理的实施单位，横向以公司基建技改部等有关业务部门进行项目业务管理，形成了基建技改领导小组协调指挥，基建技改部监督管理、项目经理部具体操作、相关部门协调配合的整体推进的扁平化管理格局。

如果说创新的管理模式和高效的工程协调指挥体系是新区建设决战决胜的前提，那么建立健全的各项制度就是确保新区建设健康推进的助推器。的确如此，公司先后制定的《马钢“十一五”基建技改工程施工安全管理办法》等一系列制度，使工程建设各个环节都有章可循；在与项目经理签订《廉政承诺书》的基础上，向各项目部派出监督小组，对项目建设全过程进行监督，大大促进了工程建设的规范运行。

（三）

光阴似箭，日月如梭。仿佛在弹指一挥间，马钢人便迎来一个硕果累累的收获季节。

2006 年 5 月 22 日至 2007 年 1 月 15 日，综合原料场进料系统、公辅系统、烧结项目、焦炉项目陆续建成；2007 年 2 月 8 日至 7 月 26 日，高炉系统、转炉系统、热轧系统、冷轧系统、镀锌线、连退线等主体项目陆续建成……马钢“十一五”规划各项目全面建设完成。

新区建设时期全景照片

马钢“十一五”规划工程建设，是马钢人“创业、创新、创造”精神的生动体现；新的“马钢速度”让科学发展观，在马钢“又好又快”地得到具体的彰显。

在“十五”结构调整中，马钢人创造了备受赞誉的“马钢速度”，在“十一五”规划项目建设过程中，马钢人又创下令人惊叹的新的“马钢速度”——广大工程建设者，忘我拼搏、攻坚克难、日夜奋战，仅仅用了两年多的时间，一个 500 万吨钢规模的现代化新厂区就拔地而起！其中高炉建设周期仅 26 个月，B 座高炉试生产后一周不到利用系数就超过了 2.0。2250 毫米热轧仅用了 20 个月，比平均建设周期缩短 5 个月。钢轧系统成功开发出 X80 管线钢等高技术产品。CCPP 机组建设周期 23 个月，和外方要求 28 个月的建设周期相比，缩短了 5 个月。7.63 米焦炉工程从土建施工到投产仅 19 个月，创同类焦炉建设速度最快纪录。纵观马钢“十一五”规划各主体项目，比计划工期提前 1 个月以上，一批项目在试生产期间各主要指标就已达到了国内先进水平。2006 年 12 月 18 日，安徽省省长王金山在视察马钢时称赞：“‘马钢速度’是以快著称，今天创造的是‘马钢新速度’，新就新在又好又快上，这是科学发展观的具体体现。”

马钢始终把发展循环经济，实现可持续发展放在首位。“十一五”规划项目的建成投产，使马钢产品生产迈入了高质量的汽车板、家电板、管线钢、造船板等高档板材领域，与原有的 CSP 生产配套，形成了750万吨冷热轧薄板生产能力，总体生产规模迈上了年产1600万吨钢平台，工艺装备水平和产品结构得到进一步优化，企业市场竞争能力和抗御风险能力大大增强。“十一五”规划项目的建成投产，也使马钢进一步加快了淘汰落后的步伐。2007年，马钢先后关闭了一铁总厂铁二区的全部5座300立方米高炉，淘汰落后炼铁产能近200万吨。随着“十一五”后期进一步的结构调整和技术改造，马钢将全部淘汰落后的烧结、炼铁、炼钢和轧钢产能，全面实现装备的大型化和现代化。

新区的竣工投产，是马钢发展史上的一个重要里程碑。马钢以此为新的起点，进一步加快建设具有国际竞争力的现代化企业集团的步伐，为推动我国钢铁工业由大到强的快速转变和省市经济发展作出新的更大的贡献。

钢铁星座，前程似锦。

中国宝武与马钢集团联合重组

2018 年 6 月 1 日，安徽省委书记李锦斌在《马钢改革发展专题汇报提纲》作出重要批示："如何把握大势、抓住机遇、深化改革、强强联合，促进安徽五大发展，高水平、高质量建设具有世界一流品牌的大而强的新马钢，确实值得我们认真思考。"以此为标志，中国宝武和马钢集团联合重组工作正式提上日程。

2018 年 8 月中旬至 2019 年 2 月中旬，安徽省国资委与中国宝武就重组事宜进行了多轮谈判。2019 年 2 月 22 日，安徽省政府第 44 次常务会议审议并原则通过重组事项。4 月 25 日，省政府发出《关于马钢（集团）控股有限公司与中国宝武集团有限公司重组有关事项的批复》，正式批准马钢集团与中国宝武联合重组事项。

2019 年 5 月 31 日，安徽省人民政府国有资产监督管理委员会与中国宝武钢铁集团有限公司签署《马钢（集团）国有股权无偿划转之协议》。根据协议，安徽省国资委向中国宝武无偿划转安徽省国资委持有的马钢集团 51%股权。同日，安徽省国资委以《省资委关于无偿划转马钢（集团）控股有限公司 51%股权的通知》（皖国资产权函〔2019〕241 号），通知马钢集团股权无偿划转事项。

2019 年 6 月 19 日，国务院国资委以《关于马钢（集团）控股有限公司国有股权无偿划转问题的批复》（国资产权〔2019〕301 号），同意自 2019 年 1 月 1 日起，中国宝武钢铁集团有限公司无偿划入安徽省国资委持有的马钢集团 51%国有股权。

2019 年 7 月 22 日，香港证监会收购和合并委员会就中国宝武提交的马钢股份 H 股豁免要约申请公布最终裁决结果，安徽省国资委向中国宝武转让马钢集团 51%股权完成后触发的强制性全面要约的责任将不会获得宽免。

2019 年 7 月 26 日，中国宝武与马钢集团联合重组事项获得韩国反垄断调查批复。

2019 年 7 月 29 日，中国宝武与马钢集团联合重组事项获得德国及欧盟反垄断调查批复。

2019 年 8 月 28 日，国家市场监督管理总局以《经营者集中反垄断审查不予禁止决定书》（反垄断审查决定〔2019〕310 号），对中国宝武钢铁集团有限公司收购马钢集团股权案不予禁止。

2019 年 8 月 29 日，中国证券监督管理委员会以《关于核准豁免中国宝武钢铁集团有限公司要约收购马鞍山钢铁股份有限公司股份义务的批复》（证监许可〔2019〕1562 号），核准豁免中国宝武因国有资产行政划转而控制马钢股份 3506467456 股股份，约占该公司总股本的 45.54%而应履行的要约收购义务。

2019 年 8 月 30 日，国家发展和改革委员会以《境外投资项目备案通知书》（发改办外资备〔2019〕663 号），同意对中国宝武钢铁集团有限公司可能强制性有条件现金要约收购马钢股份 H 股项目予以备案。

2019 年 9 月 19 日，安徽省人民政府国有资产监督管理委员会与中国宝武钢铁集团有限公司签署《关于重组马钢集团相关事宜的实施协议》。同日，完成马钢集团股权变更登记，中国宝武成为马钢集团实际控制人。

2019 年 9 月 30 日至 11 月 11 日，完成马钢股份 H 股要约收购工作，结果达到预期，剩余 H 股的流通比例满足香港联交所规定的最低流通比例要求，马钢股份在香港的上市地位未受影响。

中国宝武与马钢集团的联合重组，既是响应国家制造强国战略和长三角一体化战略、深入推进钢铁行业供给侧结构性改革、提升钢铁行业集中度的重要举措，也是打造钢铁领域世界级的技术创新、产业投资和资本运营平台，加快培育具有全球竞争力的世界一流企业的重要举措。从安徽省来看，通过深化国有企业改革，加强与中央企业战略合作，有利于持续做强做优做大国有企业，加快现代化五大发展美好安徽建设，推进贯彻落实长江经济带发展和长三角一体化发展国家战略。从中国宝武来看，将进一步优化“沿江沿海”“弯弓搭箭”空间布局，加快打造亿吨钢铁集团、建设全球一流企业进程，构筑高质量钢铁生态圈，实现“全球钢铁业引领者”的企业愿景。从马钢集团来看，将借助央企大平台，重塑竞争新优势，加快打造治理规范、管理科学、技术先进，营业收入过千亿元、利润过百亿元、核心竞争力强，具有世界一流品牌的大而强的新马钢，进一步提升在中国钢铁业的地位，提升对安徽经济社会发展的贡献度，实现更高质量发展。

• 附　　录

附　录

[2001—2019 年党和国家领导人视察马钢集团一览表]（以视察马钢集团时间先后为序）

附表 1　2001—2019 年党和国家领导人视察马钢集团一览表

日期	领导姓名	职务
2001 年 4 月 24 日	陈锦华、毛致用	全国政协副主席
2002 年 7 月 31 日—8 月 1 日	张怀西	全国人大常委、民进中央常务副主席
2002 年 7 月 31 日—8 月 1 日	王立平	全国政协常委、民进中央副主席
2004 年 12 月 18 日	贾庆林	中共中央政治局常委、全国政协主席
2005 年 5 月 19 日	何鲁丽	全国人大副委员长
2005 年 8 月 11 日	温家宝	中共中央政治局常委、国务院总理
2005 年 10 月 25 日	张思卿	全国政协副主席
2005 年 11 月 6 日	汪洋	国务院常务副秘书长
2005 年 11 月 6 日	周强	共青团中央第一书记
2006 年 2 月 6 日	吴邦国	中共中央政治局常委、全国人大常委会委员长
2006 年 5 月 5 日	盛华仁	全国人大常委会副委员长、秘书长
2007 年 4 月 25 日	徐匡迪	全国政协副主席、中国工程院院长
2007 年 9 月 4 日	吴官正	中共中央政治局常委、中央纪委书记
2007 年 9 月 20 日	曾培炎	中共中央政治局委员、国务院副总理
2008 年 10 月 31 日	栾恩杰	全国政协常委、中国科协副主席
2008 年 11 月 21 日	王兆国	中共中央政治局委员、全国人大常委会副委员长、中华全国总工会主席
2009 年 7 月 3 日	吴邦国	中共中央政治局常委、全国人大常委会委员长
2018 年 5 月 16 日	丁仲礼	全国人大常委会副委员长、民盟中央主席

[2001—2019 年马钢集团主要产品产量统计表]

附表 2　2001—2019 年马钢集团主要产品产量统计表　（单位：万吨）

年份	铁矿石	铁精矿	烧结矿	焦炭	生铁	粗钢	钢材
2001	703. 59	267. 62	652. 33	205. 42	464. 02	477. 43	443. 01
2002	724. 83	265. 16	662. 11	207. 51	492. 54	538. 03	513. 89
2003	743. 68	263. 63	720. 95	207. 64	544. 67	606. 21	559. 19
2004	813. 02	281. 49	940. 31	220. 91	707. 43	803. 12	747. 86
2005	799. 92	282. 19	1111. 36	252. 05	837. 17	964. 58	888. 79
2006	818. 02	295. 39	1196. 57	288. 4	944. 44	1091. 23	1024. 29
2007	852. 78	284. 18	1664. 45	404. 97	1269. 81	1416. 6	1318. 98

续附表 2

年份	铁矿石	铁精矿	烧结矿	焦炭	生铁	粗钢	钢材
2008	955.37	272.92	1848.88	501.12	1377.79	1503.9	1421.31
2009	957.25	263.66	1904.3	502.35	1412.65	1482.52	1412.64
2010	949.26	241.37	2003.22	496.85	1455.8	1539.76	1470.46
2011	990.31	229.46	2160.63	491.49	1604.68	1668.39	1591.5
2012	1113.83	290.11	2348.43	498.04	1737.17	1733.82	1659.12
2013	1468.85	417.33	2487.21	497.44	1811.92	1879.41	1812.59
2014	1872.25	532.41	2506.13	473.72	1797.04	1890.29	1837.61
2015	1967.98	570	2513.84	450.6	1800.9	1882.02	1823.4
2016	2218.44	675.26	2450.84	440.96	1764.17	1862.63	1767.39
2017	2088.54	696.39	2458.51	464.81	1817.13	1971.4	1857.99
2018	2078.21	691.7	2420.98	451.12	1800.39	1964.19	1868.88
2019	2148.39	691.76	2431.91	455.11	1809.53	1983.53	1874.87

[2001—2019 年马钢集团主要经济指标统计表]

附表 3　2001—2019 年马钢集团主要经济指标统计表　　（单位：万元）

年份	工业总产值	工业销售产值	资产总额	营业收入	上缴税费	利润总额	利税总额	净资产收益率/%	固定资产投资总额	固定资产净额
2001	1061142	1064284	2124759	984772		42332			89694	1205854
2002	1160590	1161615	2135331	1154144	141950	76367	183498	4.83	234115	1135253
2003	1559293	1559752	3072124	1636816	159033	298134	453720	18.58	534044	1544908
2004	2718166	2724485	3650333	2759925	240366	402861	620471	20.12	529372	1954085
2005	3382713	3382888	4419472	3338404	328275	333277	583020	14.03	707088	1998874
2006	3430857	3427232	6193834	3513919	306696	330829	556594	12.38	947374	2042188
2007	4942095	4937813	7908482	5319206	390730	282286	674291	9.76	1267463	4328321
2008	6935823	6930172	7444242	7463668	488248	82620	557671	2.47	722192	4270620
2009	5080482	5070338	7650289	5467526	382688	66270	316850	1.86	161664	4047370
2010	6153069	6155811	7983964	6805958	366401	169812	454397	3.45	166403	3659171
2011	7365446	7394321	9211083	9229817	257124	38819	239668	0.68	492418	3465958
2012	6576231	6565435	8849156	8184660	235566	-346454	-183618	-10.92	751712	3529615
2013	6542049	6528495	8982650	8210520	279359	19032	275167	-0.04	567585	3460199
2014	6040846	6046286	8971610	6915216	311649	55897	314852	0.86	231990	4338421
2015	4446310	4419748	8227636	5037063	286745	-549552	-341467	-20.39	214991	4057834
2016	4486162	4470922	8594298	5441197	315238	107009	377244	3.31	308532	4309181
2017	6983616	6990817	9175555	7958732	434027	560845	903357	15.04	195063	4097225
2018	7790174	7781284	9700447	9178433	565428	894468	1323957	20.41	236300	3961980
2019	7442088	7426852	10882634	9857236	553128	364546	821660	7.02	336278	3796155

2001—2019年间，马钢股份聘请安永华明会计师事务所进行年度财务审计，并客观、完整地出具审计报告。

附表4　2001—2019年马钢股份产量及经营情况统计表

年份	生铁/万吨	粗钢/万吨	钢材/万吨	营业收入/万元	利润总额/万元
2001	464.0	477.4	443.0	954792.87	29713.13
2002	492.5	538.0	513.9	1097391.72	47970.25
2003	544.7	606.2	556.4	1574034.84	298791.36
2004	707.4	803.0	743.4	2677005.45	402963.73
2005	837.2	964.6	888.8	3208309.60	332226.69
2006	944.4	1091.2	1023.8	3541006.07	280647.82
2007	1269.8	1416.6	1318.8	5064539.46	279670.47
2008	1377.8	1503.9	1411.4	7125973.94	80587.42
2009	1412.7	1482.8	1412.0	5185996.95	56287.57
2010	1455.8	1539.7	1469.6	6498111.25	171111.17
2011	1604.68	1668.39	1591.10	8684220.22	30109.94
2012	1737.17	1733.82	1659.12	7440436.40	-374631.76
2013	1811.92	1879.41	1812.59	7384888.34	32214.54
2014	1797.04	1887.25	1837.61	5982093.83	51211.64
2015	1800.90	1881.51	1823.40	4510892.67	-472657.20
2016	1764.17	1862.63	1767.39	4827510.03	136857.55
2017	1817.10	1971.40	1858.00	7322802.96	580896.66
2018	1800.40	1964.20	1868.80	8195181.35	823892.39
2019	1809.53	1983.53	1874.87	7826284.60	229775.57

供稿人员名单（以姓氏笔划为序）

[撰稿人员名单]

丁少江　丁　玲　丁福强　卜庆华　于文坛　马　昊　马咏梅　马琦琦
王小平　王　广　王心宇　王本静　王　达　王　丽　王　陈　王　者
王　松　王　念　王泽仁　王宝驹　王　胜　王　桃　王晓原　王　银
王　琼　王　森　王雯静　王　舜　王雷雷　王　磊　毛杰雅　尹纯锋
甘富媛　石千柱　卢志武　卢学蕾　叶发智　申　艳　田伟亮　田朝林
冯　星　印体明　朱子瑶　朱文生　朱以超　朱　勇　朱婷婷　庄根平
刘凤超　刘安兰　刘军捷　刘　轩　刘　松　刘府根　刘建强　刘　洋
刘海波　刘淑薇　刘　辉　刘　瑾　齐春梅　江　宁　江　勇　江　霞
汤　莉　汤　毅　许书萍　许　庆　阮　健　孙国斌　孙　俊　孙恒斌
孙曼丽　纪长青　芮明义　严晓燕　杜　方　杜　超　李山桐　李　飞
李夫波　李升银　李田艳　李宁宁　李先发　李　炜　李　峥　杨召辉
杨　帆　杨旭东　杨定国　杨　珑　杨　彬　杨　滔　杨　毅　肖卫东
吴定康　吴　雄　吴　雷　何章清　余劲松　邹　超　汪少云　汪青青
汪国俊　汪　莉　沈良彪　宋守忠　张庆彬　张红莲　张丽丽　张　轩

张国珍　张　英　张明伟　张　荣　张　钧　张　俊　张晓莉　张　峰
张悠炳　张维忠　张雅丽　张增贵　张　磊（办公室）　张　磊（长材事业部）
张耀妮　陈立彬　陈　扬　陈伟革　陈志鹏　陈　俊　陈　莹　陈恩芸
陈　琴　林章敏　杭　帆　罗继胜　帕　然　季　源　金　花　金良军
周功烈　周华光　周宏宇　庞　湃　郑　燕　项　娟　赵小冬　赵世丹
赵　明　荀　著　荣　健　胡艺耀　胡文婷　胡庆春　胡　芳　胡　柏
胡善林　胡静波　查　培　柏超翔　钟小庆　饶添荣　姜国强　姜　勇
洪　瑾　姚　辉　姚蔓莉　秦学志　秦玲玲　袁中平　袁文舟　诰盛中
袁应霞　耿培涛　聂　毅　贾国恒　夏其祥　顾厚淳　顾　颖　钱和革
钱建锋　倪　骏　徐　平　徐亚彦　徐若非　徐　昕　徐峻峰　徐　萍
徐　康　徐　璐　殷志斌　凌　毅　高广静　高文恺　高　亮　高跃飞
郭元友　郭嗣宏　郭福林　唐　方　唐　军　浦绍敏　诸葛鸣　陶　晟
黄龙炎　黄全福　黄远顺　黄劲松　黄建辉　黄　勇　黄　康　黄震环
黄　韡　龚仕辉　龚胜辉　盛　敏　崔海涛　梁　玉　彭　鹏　彭新华
韩　远　程韦华　程　红　储怡萌　鲁世宣　鲁敬东　童红武　童　强
谢　飞　谢世红　谢　红　谢志燕　路　斌　鲍金启　鲍晓媛　解珍健
谭春琳　樊晶莹　薛　敏　穆璐燕　戴坚勇　戴　虹　檀言来

[图片摄影人员名单]
马恩恕　刘正发　刘军捷　李建军　余　军　汪寿康　张克飞　张明伟
张　磊（长材事业部）　陈　闻　陈　涛　陈　磊　罗继胜　金太和　赵陶春
胡　迅　姜　宁　洪晓安　陶国庆　梅　光　梅晨光　章隆胜　葛新岭
潘兴胜

审稿人员名单（以姓氏笔划为序）

王大鹏　王天九　王让民　王　炜　方宗涛　邓殿清　丛明奇　朱云龙
朱昌逑　刘忠富　牟金荣　苏世怀　苏鉴钢　杜松林　杨永和　杨　阳
吴本星　何庆天　宋德玉　杭永益　周兆祥　胡献余　施兆贵　顾建国
党智弟　钱月娥　钱国安　高声海　高晋生　高海建　高海潮　崔　宪
蒋定中

评 审 情 况

1. 主题突出、深刻。坚持以习近平新时代中国特色社会主义思想为指导，坚持辩证唯物主义和历史唯物主义的立场、观点、方法来谋篇布局，突出了发展这个主题，反映了新时代的主旋律，比较翔实地记述了马钢进入新世纪以来的发展历程和取得的成就，具有存史、资治、教育的功能，是一部高质量的志书。

2. 体例规范、严谨。《马钢志（2001—2019 年）》遵循续志的体例与规范，与首部《马钢志（1911—2000 年）》相得益彰，一脉相承。全书篇章结构合理，门类设置齐全，内容详略得当，充分体现了志书的连贯与完整。

3. 内容客观、全面。全书既有企业组织架构，又有企业发展业态；既有经营管理史实，又有改革创新实例；既有国有企业的责任担当，又有浓郁的钢铁企业文化。充分展示了马钢发展的方方面面，特别是书中采用了大量的数据、项目来引证企业的发展，资料更加翔实。既是一部钢铁产业发展的工具书，还是一部企业经营管理的经典教材。

4. 特色鲜明、生动。全书重点突出，主线清晰，以改革为动力，以项目为支撑，以产业为纽带，体现了鲜明的马钢特色，反映了新世纪以来马钢提升创新、高质量发展的崭新面貌。全书图文并茂，“钢铁辉煌”与“专记”几篇文章记述生动，可读性强。

评审人员：胡文国　杨　勇　沈隆坤　石　珊

中共马鞍山市委党史和地方志办公室

2024 年 9 月 23 日

编 后 记

马钢集团第二轮修志工作起始于2019年上半年，距第一轮开始修志已近20年。2018年上半年，马钢集团实施机关机构改革，集团史志办整体划拨至新成立的直属机构——行政事务中心，在逐步理顺职能基础上，史志办加大了收集史料的工作力度，为第二轮修志工作的展开奠定了基础。2019年3月，为延续记录企业的发展历程、弘扬企业文化，马钢集团领导审时度势，决定续修《马钢志（2001—2019年）》。2019年8月中旬，马钢成立了《马钢志（2001—2019年）》编纂委员会，并印发《马钢志（2001—2019年）》编纂工作实施方案。后因机构调整和人员变动，每年都对《马钢志（2001—2019年）》编纂委员会进行调整。2020年4月30日，马钢集团在新冠疫情形势仍然较为复杂的情况下，以视频会议的形式组织召开《马钢志（2001—2019年）》编纂工作启动会，阐明了续修《马钢志》的重要意义，动员开展续修工作，从而标志着《马钢志（2001—2019年）》编纂工作正式启动。

2020年是马钢集团全面融入中国宝武经营发展的关键之年，面对机构职能调整、人员调动幅度大、相关资料收集难度大等不利因素，从年初开始，修志工作围绕编纂工作实施方案，着手进行了志书的框架结构、编辑队伍、图片构成、出版社的甄选等总体设计工作，并开始筹备对撰稿人员的培训。2021年4月8—9日，在黄山太白山庄（宝武集团教育培训基地）组织开展了修志编纂工作专题培训，马钢集团各单位、宝武托管单位及马钢关联企业共89人参加了培训，邀请了安徽省委党史研究院（安徽省地方志研究院）史五一主任、宝武集团史志办张文良主任进行了授课。在此基础上，经过马钢集团史志办的牵头组织，马钢集团各单位的积极配合，群策群力，多方征集意见，四易其稿，于2021年6月中旬，形成并下发《马钢志（2001—2019年）》编纂大纲，明确了编纂框架结构和编纂要求，开始进行稿件征集工作。经过3个月的时间，共征集稿件200余万字，同时开展了对初稿的润色和整理。2021年10月下旬，马钢集团从所属单位中聘请了3名具有一定文字功底和工作经验的人员充实到编辑部，专事编辑修改。在编辑修改的过程中，史志办分别组织召开了铁前、钢轧、公辅系统及经营管理4个板块编纂工作交流会，恳谈撰稿心得、挖掘特色工作，查找各中不足。同时，编辑人员与相关部门和单位的撰稿人员通过“走过去”“请过来”“通电话”等方式沟通交流达百余次，进一步明确各单位需修改、补充或完善的稿件内容和完成的时间节点。后经各单位补充完善稿件，于2022年底基本完成稿件收集整理和编辑工作。

2023年初，史志办整理起草编纂工作阶段性汇报材料向公司汇报编纂工作情况和存在的问题，并向公司提出统稿阶段工作计划。在编纂阶段，史志办共组织召开审稿会议6次，集中审稿2次，对部分篇、章、节、目的相关内容进行了调整和补充，同时，向相关单位发出通知或函件21份，针对部分细节问题进行补充完善。并开始补充征集图片资料，重新撰写专记各稿件内容。2023年11月，经修改补充稿件后，形成全书贯通稿，约125万字。12月，从征集到的近500张照片中，挑选书稿用图，经讨论及反复斟酌，初步选定220张收录在书中，其中文前彩页125张，文中图片95张。

2024年1月上旬，发冶金工业出版社对《马钢志（2001—2019年）》进行文字稿及文前彩页排版。1月19日，通篇志书排版稿初稿提交马钢集团公司分管领导审核。2024年3月中旬，组建统稿人员、图片审稿人员团队，开展统稿前的文字和图片稿件审核工作。2024年4月中旬，按照统稿人员和图片审稿人员审核意见，组织对志书排版初稿进行修改完善，形成征求意见稿并打印成册，分发至公司现任领导和历任老领导，同时，通过公文系统转发通知至各单位，广泛征求意见，共收集到意见和建议200余条。6月中旬，先后召开4次专题会，逐条讨论研究收集的意见和建议，组织人员对志稿进行了深度修改。7月初，开始组织对全书进行统稿，7月22日，马钢集团召开集中统稿专题会，开始进行为期一周的集中统稿并最终成稿。9月9日，马钢集团召开党委常委会专题研究《马钢志（2001—2019年）》出版事宜，对书稿的编纂工作给予了充分肯定。9月23日，通过了中共马鞍山市委党史和地方志办公室组织的评审验收。8月中旬—9月下旬，开展了3轮校对工作，同步开展出版审核工作。10月上旬—11月下旬，开展复核工作。12月初，书稿交付印刷，12月底出版发行。

《马钢志（2001—2019年）》的编纂出版历时5年多的时间，在编纂过程中，始终得到安徽省、马鞍山市地方志部门的关心与指导，始终得到宝武集团史志部门的指导与关心；始终得到马钢集团公司党政领导的重视与支持，始终得到马钢历任老领导的支持与重视；始终得到马钢集团各部门、单位的大力配合与帮助，始终得到宝武集团生态圈部分单位的帮助与配合。在此，谨向他们表示衷心感谢！

抚卷感叹续修艰辛。作为编者，我们肩负使命，爬梳史料，竭尽所能将这一时期的内容真实呈现，未敢懈怠，以求不负众望，然水平有限，难避纰漏之处，敬请读者批评指正。

《马钢志（2001—2019年）》编辑部

图书在版编目（CIP）数据

马钢志：2001—2019 年 /《马钢志（2001—2019 年）》编纂委员会编 . -- 北京：冶金工业出版社，2024. 12.

ISBN 978-7-5240-0003-7

Ⅰ. F426. 31

中国国家版本馆 CIP 数据核字第 20242Z82N5 号

马钢志（2001—2019 年）

出版发行	冶金工业出版社	**电　　话**	(010)64027926
地　　址	北京市东城区嵩祝院北巷 39 号	**邮　　编**	100009
网　　址	www. mip1953. com	**电子信箱**	service@ mip1953. com

责任编辑　杜婷婷　美术编辑　彭子赫　版式设计　郑小利

责任校对　郑　娟　责任印制　禹　蕊

北京捷迅佳彩印刷有限公司印刷

2024 年 12 月第 1 版，2024 年 12 月第 1 次印刷

889mm×1194mm　1/16；39. 5 印张；12 彩页；1146 千字；614 页

定价 328. 00 元

投稿电话　(010)64027932　投稿信箱　tougao@cnmip. com. cn

营销中心电话　(010)64044283

冶金工业出版社天猫旗舰店　yjgycbs. tmall. com

(本书如有印装质量问题，本社营销中心负责退换)